Nr. 28 S. 7697–7976 1956 11. Juli

Chemisches Zentralblatt

Vollständiges Repertorium für alle Zweige der reinen und angewandten Chemie

1830 gegründet. 1897—1945 von der Deutschen Chemischen Gesellschaft fortgeführt.
Im Auftrage der Deutschen Akademie der Wissenschaften zu Berlin, der Chemischen Gesellschaft in der Deutschen Demokratischen Republik, der Akademie der Wissenschaften zu Göttingen und der Gesellschaft Deutscher Chemiker

herausgegeben von Prof. Dr. **Maximilian Pflücke**

127. Jahrgang

1956

Chefredakteure: Dr. Eugen Klever und Prof. Dr. Maximilian Pflücke

Akademie-Verlag GmbH., Berlin — Verlag Chemie, GmbH., Weinheim/Bergstr.

Inhalt

Namenregister

Chemisches Zentralblatt

1956 Nr. 28 11. Juli

A. Allgemeine, physikalische und anorganische Chemie.

A_1. Kernphysik und Kernchemie.

Henning Harmuth, *Die Unschärferelation in den Dirac-Gleichungen und in der relativistischen Schrödinger-Gleichung.* Aus den DIRACschen Gleichungen u. der relativist. SCHRÖDINGER-Gleichung (KLEIN-GORDON-Gleichung) erhält Vf. eine verallgemeinerte Unschärferelation, aus der die HEISENBERGsche als ein Spezialfall für vernachlässigbaren relativist. Massenzuwachs abgeleitet wird. (Z. Naturforsch. **11a**. 101—18. Febr. 1956. Ithaca, N. Y., Cornell Univ., Advanc. Electr. Center; General Electr. Co.) GERHARD SCHMIDT. 80

Irwin Goldberg und **Allen Janis,** *Transformationsgruppen im Konfigurationsraum.* (Sitzungsbericht.) (Physic. Rev. [2] **99.** 676. 15/7. 1955. Syracuse Univ.) GERHARD SCHMIDT. 80

H. Alfvén, *Über den solaren Ursprung der Höhenstrahlung.* 2. Mitt. (1. vgl. C. **1950.** I. 1561.) Die Theorie von TELLER u. RICHTMYER über die Entstehung der Höhenstrahlen wird diskutiert. Die Beschleunigung der Teilchen auf Höhenstrahlenergie findet in der Nähe der Sonne durch einen Betatron-ähnlichen Mechanismus statt. Das außerhalb der Sonne existierende Fangfeld hat die Form eines Toroids mit einer Ausdehnung von 0,1 Lichtjahren u. wird wahrscheinlich durch die Relativbewegung des Sonnensyst. zur interstellaren Materie erzeugt. (Physic. Rev. [2] **77.** 375—79. 1/2. 1950. Stockholm, KTH.) E. REUBER. 85

Stirling A. Colgate, *Voraussage der Aurora-γ-Strahlen.* (Sitzungsbericht.) (Physic. Rev. [2] **99.** 665. 15/7. 1955. Livermore, Univ. of California.) GERHARD SCHMIDT. 85

M. Koshiba und **M. F. Kaplon,** *Energiereiche elektromagnetische Erscheinungen in der Höhenstrahlung.* (Vgl. C. **1956.** 3748.) 49 ILFORD G 5-Emulsionsschichten wurden auf 41° in Ballonflügen der Höhenstrahlung ausgesetzt u. nach energiereichen Elektronenschauern durchsucht. Von 16 Schauern mit einer ursprünglichen Paarenergie >1 GeV können 12 als durch einen einzigen γ-Strahl ausgelöst angenommen werden u. 2 durch 2 γ-Strahlen. Die γ-Strahlung rührt vermutlich vom $\pi^0 \rightarrow 2\gamma$-Zerfall her. Bei 2 Schauern jedoch muß die Zahl der prim. Photonen >2 gewesen sein, in einem Fall mindestens 4. Die Unterss. über den Dreizackprozeß wurden fortgesetzt u. die Abweichungen von der Theorie bestätigt. Die mittlere freie Weglänge in Emulsionen ist um den Faktor 2,5 kleiner als theoret. vorausgesagt. (Physic. Rev. [2] **100.** 327—39. 1/10. 1955. Rochester, N. Y., Univ., Dep. of Phys.) M. WIEDEMANN. 85

R. K. Soberman, A. Beiser und **S. A. Korff,** *Variation der Lage des Intensitätsmaximums der Höhenstrahlneutronen mit der geomagnetischen Breite.* Die Kurve der Intensität der Höhenstrahlneutronen in Abhängigkeit vom Druck bzw. der Höhe zeigt ein Maximum. Derartige Kurven wurden auf Ballonflügen mit BF_3-Zählern, in denen ^{10}B angereichert war, gemessen. Vff. zeigen, daß die Lage des Maximums eine Funktion der geomagnet. Breite λ ist: $\Theta_{max} = C - D\,\lambda^2$ mit Θ atmosphär. Tiefe u. C sowie D Konstanten. Für 90° liegt das Maximum bei 70, für 0° bei 120 mbar. (Physic. Rev. [2] **100.** 859—60. 1/11. 1955. University Heights, N. Y., New York Univ.) M. WIEDEMANN. 85

F. B. Harris und **I. Escobar V,** *Ost-West-Asymmetrie positiver und negativer Mesonen am geomagnetischen Äquator.* Mittels zweier ident. Anordnungen aus Magneten mit Feldern von 17000 Gauß u. Zählern wurden Dreifach- u. Vierfachkoinzidenzen gemessen. Es wurden auf 4,9° S u. 5210 m Höhe (548 g/cm²) die Intensitäten der positiven u. negativen μ-Mesonen in der vertikalen u. unter Zenitwinkeln von 45° in der Ost-West-Ebene bestimmt. Die Wirkungen der Änderung des geomagnet. Abschneidens mit der Einfallsrichtung der Primärteilchen u. der Krümmung der Bahnen der erzeugten Mesonen im erdmagnet. Feld werden diskutiert. Der mittlere Winkel der Erzeugung von Pionen wird zu $14 \pm 2°$ angenommen. Die Daten weisen nicht auf die Ggw. einer nennenswerten Anzahl negativer Primärteilchen hin. (Physic. Rev. [2] **100.** 255—68. 1/10. 1955. Cambridge, Mass., MIT, Labor. for Nucl. Sci.; La Paz, Univ., Mayor de San Andrés.) M. WIEDEMANN. 85

Paul R. Barker, *Höhenstrahlelektronen nahe Seehöhe und auf Berghöhen.* Auf 280 m (I), 3260 m (II) u. auf 4300 m (III) wurden die Höhenstrahlelektronen mittels einer zylindr. Nebelkammer von 29 cm Durchmesser untersucht, die Al, Messing u. Pb-Platten enthielt u. von einem Teleskop mit engem Winkel gesteuert wurde. Als Zenitwinkel wurden 0, 45 u. 60° gewählt. Die Energieverteilung der Elektronen war unabhängig von Höhe u. Zenitwinkel u. gehorchte zwischen 30 u. 400 MeV dem E^{-1}-Gesetz, dann fiel sie steiler ab. Die Abhängigkeit der Elektronenintensität vom Zenitwinkel läßt sich durch $\cos^n\Theta$ beschreiben, mit n = 3,0 für E > 80 MeV auf II u. III u. n = 2,3 auf I. Auf I war die Vertikalintensität für E > 10 MeV 0,0028 ± 0,00025/cm²/sec/Raumwinkel. Vf. nimmt an, daß die Elektronen aus Kernwechselwirkungen, vermutlich über π^0, herrühren, daß aber bei der Entstehung wie beim Zerfall der π^0 große Abweichungen von der Primärrichtung vorkommen. (Physic. Rev. [2] **100.** 860—69. 1/11. 1955. Ann Arbor, Mich., Univ. of Michigan, Dep. of Phys.) M. Wiedemann. 85

Herman Yagoda, *Mesonischer Zerfall eines ausgesandten Tritons.* (Vgl. C. **1956.** 4323.) (Sitzungsbericht.) (Physic. Rev. [2] **99.** 651. 15/7. 1955. Nat. Inst. of Health.) Gerhard Schmidt. 85

U. Camerini, J. H. Davies, P. H. Fowler, C. Franzinetti, H. Muirhead, W. O. Lock, D. H. Perkins und **G. Yekutieli,** *Durch Höhenstrahlteilchen großer Energie ausgelöste Kernumwandlungen.* 6. Mitt. *Experimentelle Ergebnisse über die Mesonenerzeugung.* (5. vgl. Carlson u. Mitarbeiter, C. **1951.** II. 1689.) In auf 68000 ft exponierten Platten wurden in 87 cm³ Emulsion 15300 Kernzertrümmerungen oder Sterne beobachtet. An 2000 mit diesen Sternen verbundenen Bahnen wurden Messungen der Streuung u. der Korndichte durchgeführt, ferner wurden Korndichte u. räumliche Verteilung von 3070 Schauerteilchen (weniger als 16 Körner je 50 μ) u. von 1508 grauen Bahnen (16—80 Körner/50 μ) gemessen. Bei 200 Sternen war die Primärbahn lang genug, um die Energie zu bestimmen. Bei einzelnen schnellen Pionen mit weniger als 1 GeV wurde starke Kernwechselwrkg. gefunden. Aus der Energiebilanz in Sternen wurde auf die Häufigkeit neutraler Mesonen geschlossen. (Philos. Mag. [7] **42.** **1241**—60. Nov. 1951. Bristol, Univ., H. H. Wills Phys. Labor.) M. Wiedemann. 85

U. Camerini, J. H. Davies, C. Franzinetti, W. O. Lock, D. H. Perkins und **G. Yekutieli,** *Durch Höhenstrahlteilchen großer Energie ausgelöste Kernumwandlungen.* 7. Mitt. *Interpretation der experimentellen Ergebnisse.* (6. vgl. vorst. Ref.) Die Ergebnisse (l. c.) wurden an Hand der Theorien der Mesonenerzeugung analysiert, dabei wurde die Wechselwrkg. der Rückstoßnucleonen u. der erzeugten Mesonen mit dem Ursprungskern berücksichtigt. Die Verss. gestatten keine Entscheidung zwischen multipler u. pluraler Mesonenerzeugung. In jedem Fall muß sek. Mesonenerzeugung durch Rückstoßnucleonen u. bei der multiplen Theorie die Meson–Nucleon-Wechselwrkg. berücksichtigt werden. Die unelast. Streuung wird erst bei Energien von 2 GeV mit der elast. vergleichbar. Resorption schneller Mesonen im Ursprungskern erscheint unwahrscheinlich. Die Kernwechselwrkg. schneller Pionen wird diskutiert. Bei Sternen mit Multiplizitäten zwischen 0 u. 4 ist die Zahl der neutralen Mesonen etwa ebenso hoch wie der geladenen. (Philos. Mag. [7] **42.** 1261—76. Nov. 1951.) M. Wiedemann. 85

H. J. J. Braddick, W. F. Nash und **A. W. Wolfendale,** *Assoziierte durchdringende Teilchen der Höhenstrahlung unter der Erde.* Unter 26 m Wasseräquivalent unter der Erde wurden mittels zweier Nebelkammern, die durch Dreifachzählerteleskope gesteuert wurden, durchdringende Teilchen der Höhenstrahlung registriert. Die zylindr. Kammer war 30 cm im Durchmesser u. 13 cm tief mit 2 cm Pb darüber, die andere Kammer von 40 × 39,5 × 36 cm konnte bis zu 13 Pb-Platten von 1 cm enthalten. Die Entstehung von Paaren assoziierter durchdringender Teilchen im Pb u. ihr Eintritt von oben wurde beobachtet. Vff. schließen, daß μ-Mesonen beim Durchgang durch Materie durchdringende Sekundärteilchen erzeugen, u. zwar 1 Teilchen je Ereignis. Der Wirkungsquerschnitt beträgt in Pb sowie in Sandstein $\sim 5 \cdot 10^{-29}$ cm²/Nucleon. Bei den Sekundärteilchen mit $\sim 10^9$ eV handelt es sich wahrscheinlich um μ-Mesonen. (Philos. Mag. [7] **42.** 1277—88. Nov. 1951. Manchester, Univ., Phys. Labors.) M. Wiedemann. 85

K. Gottstein, B. Roederer, J. Roederer, N. Varshneya und **P. Waloschek,** *Schwere instabile Teilchen aus der kosmischen Strahlung.* (Vgl. C. **1956.** 4896.) Die im Verlauf der systemat. Durchmusterung eines Blocks von 40 kernphotograph. Emulsionen (Ilford G 5) von je 600 μ Dicke (stripped emulsions), der für 7 Std. in einer Höhe von 27 km über Sardinien exponiert worden war, beobachteten Ereignisse ermöglichen die Best. der Energie- u. Massenwerte von 2 τ^+-Mesonen, 3 angeregten Fragmenten (von denen eins im Fluge zerfällt), einem Einfang eines K-Mesons, das sich aus der Emission eines schnellen Teilchens ergibt, u. von 4 $K_{\mu 2}$-Teilchen, von denen eins in Verbindung mit einem negativen Hyperon hervorgerufen worden ist. (Z. Naturforsch. **11a.** 152—56. Febr. 1956. Göttingen, MPI für Phys.) Gerhard Schmidt. 85

B. Stiller, M. M. Shapiro und **N. Seeman,** *Gebremste K-Mesonen, die in der Nähe des geomagnetischen Äquators beobachtet worden sind.* (Sitzungsbericht.) (Physic. Rev. [2] **99.** 641–42. 15/7. 1955. Naval Res. Labor.) GERHARD SCHMIDT. 85

G. Yekutieli, M. F. Kaplon und **J. Klarmann,** *β-Zerfall von K-Mesonen.* (Sitzungsbericht.) (Physic. Rev. [2] **99.** 641. 15/7. 1955. Univ. of Rochester.) GERHARD SCHMIDT. 85

H. DeStaebler jr., H. S. Bridge, B. Rossi und **B. V. Sreekantan,** *Neueste Ergebnisse an S-Teilchen.* (Sitzungsbericht.) (Physic. Rev. [2] **99.** 642. 15/7. 1955. MIT.) GERHARD SCHMIDT. 85

W. H. Arnold, J. Ballam und **George T. Reynolds,** *Nebelkammerbeobachtungen an geladenen V-Teilchen.* Auf 10600 ft Höhe wurden mittels einer doppelten Nebelkammer die Zerfälle von 46 geladenen V-Teilchen beobachtet, darunter von 21 positiven u. 22 negativen. Die obere Impulskammer war 16×16×6 in. u. befand sich in einem Magnetfeld von 5500 Gauß. Die untere Plattenkammer war 20×20×7 in. u. enthielt 7 Pb-Platten von 0,5 in. u. 7 Cu-Platten derselben Dicke, später auch 11 W-Platten von 0,6 inch. Die Kammern wurden durch einen Detektor für durchdringende Schauer ausgelöst, der aus Pb u. GEIGER-Zählern über den Kammern, Proportionalzählern dazwischen u. Proportionalzählern u. Pb unter den Kammern bestand. Die Teilchen wurden nach p*, dem Impuls des geladenen Zerfallteilchens im Schwerpunktsyst. des Primärteilchens, klassifiziert u. geprüft, ob es sich um einen Zweikörperzerfall eines der bekannten schweren Mesonen oder eines Hyperons handeln kann. Zwischen $\Theta \to \pi + \pi^0$ u. $K_{\mu 2} \to \mu + \nu$ konnte nicht sicher entschieden werden. Doch dürfte sich für Θ M. $= 953 \pm 8\ m_e$ ergeben. Ferner wurden an insgesamt 20 V^+ u. 12 V^- Bestimmungen der Lebensdauer durchgeführt. Mit über 90% Wahrscheinlichkeit liegen diese unter $5 \cdot 10^{-9}$ sec, mit 50% Wahrscheinlichkeit zwischen 3 u. $8{,}5 \cdot 10^{-10}$ sec. Die Diskrepanz gegenüber den bisher beobachteten längeren Lebensdauern wird diskutiert. (Physic. Rev. [2] **100.** 295–302 1/10. 1955. Princeton, N. J., Univ., Palmer Physic. Labor.) M. WIEDEMANN. 85

Freeman J. Dyson, *Streuung von Mesonen durch einen festen Streuer.* Es wird eine Verallgemeinerung der Analyse von CHEW u. LOW für die Streuung von Mesonen durch einen festen Streuer gegeben, wobei Meson sowie Streuer beliebige Drehimpulse haben. Es werden zwei Kopplungsschemata gegeben, bei ihrer Verknüpfung treten RACAH-Koeffizienten auf. Die Theorie kann auf geladene Mesonen ausgedehnt werden. (Physic. Rev. [2] **100.** 344–48. 1/10. 1955. Princeton, N. J., Inst. for Advanc. Stud.) M. WIEDEMANN. 90

G. E. Masek, A. J. Lazarus und **W. K. H. Panofsky,** *Elektromagnetische Erzeugung von μ-Mesonen.* (Sitzungsbericht.) (Physic. Rev. [2] **99.** 650. 15/7. 1955. Stanford Univ.) GERHARD SCHMIDT. 90

R. J. Finkelstein und **R. E. Behrends,** *Strahlungskorrekturen am μ-Mesonenzerfall.* Termberichtigung zu der C. **1956.** 3476 referierten Arbeit. (Physic. Rev. [2] **98.** 1870. 15/6. 1955.) M. WIEDEMANN. 90

R. H. Helm, K. M. Crowe und **G. W. Tautfest,** *μ–e-Zerfallsspektrum.* (Sitzungsbericht.) (Physic. Rev. [2] **99.** 650. 15/7. 1955. Stanford Univ.) GERHARD SCHMIDT. 90

Peter H. Moulthrop, *Pionenerzeugung durch Neutronen auf Helium.* (Sitzungsbericht.) (Physic. Rev. [2] **99.** 651. 15/7. 1955. Berkeley, Calif., Univ. of California.) GERHARD SCHMIDT. 90

D. Stork und **S. Whetstone,** *Querschnitte für $p + p \to \pi^+ + p + n$.* (Sitzungsbericht.) (Physic. Rev. [2] **99.** 651. 15/7. 1955. Berkeley, Calif., Univ. of California.) GERHARD SCHMIDT. 90

J. E. Carothers und **C. G. Andre,** *π^+/π^--Verhältnisse, die durch 340 MeV-Protonen bei 0° hervorgerufen worden sind.* (Sitzungsbericht.) (Physic. Rev. [2] **99.** 651. 15/7. 1955. Univ. of California.) GERHARD SCHMIDT. 90

Dale R. Corson, William S. McDonald und **Vincent Z. Peterson,** *Photoerzeugung neutraler Mesonen in Meson-Vorwärtswinkeln.* (Sitzungsbericht.) (Physic. Rev. [2] **99.** 652. 15/7. 1955. Cornell Univ. u. California Inst. of Technol.) GERHARD SCHMIDT. 90

R. Stephen White, Mark J. Jakobson und **Gordon W. Repp,** *π^+-Photomesonenerzeugung bei 143°.* (Sitzungsbericht.) (Physic. Rev. [2] **99.** 651. 15/7. 1955. Berkeley, Calif., Univ. of California.) GERHARD SCHMIDT. 90

F. E. Mills und **L. J. Koester jr.,** *Neutrale Photomesonen aus Wasserstoff.* (Sitzungsbericht.) (Physic. Rev. [2] **99.** 651. 15/7. 1955. Univ. of Illinois.) GERHARD SCHMIDT. 90

L. J. Koester jr., *Neutrale Photomesonen aus Wasserstoff.* (Vgl. vorst. Ref.) (Sitzungsbericht.) (Physic. Rev. [2] **99.** 651–52. 15/7. 1955.) GERHARD SCHMIDT. 90

M. Sands, M. Bloch, J. G. Teasdale und **R. L. Walker,** *Suche nach der Photoerzeugung von Mesonenpaaren in Wasserstoff.* (Sitzungsbericht.) (Physic. Rev. [2] **99.** 652. 15/7. 1955. California Inst. of Technol.) GERHARD SCHMIDT. 90

L. T. Kerth, D. H. Stork, R. W. Birge, R. P. Haddock und **M. N. Whitehead,** *Erzeugung von schweren Mesonen im Betatron.* (Sitzungsbericht.) (Physic. Rev. [2] **99.** 641. 15/7. 1955. Berkeley, Calif., Univ. of California.) GERHARD SCHMIDT. 90

R. W. Birge, J. R. Peterson, D. H. Stork und **M. N. Whitehead,** *Massenwerte der K-Mesonen.* Ein Stapel von Emulsionen wurde den 114 MeV-K-Mesonen des Bevatrons, ein anderer Stapel den 170 MeV-K-Mesonen ausgesetzt. Im ersten Stapel wurden Massenbestimmungen an 459 K_L u. 55 τ, im zweiten an 177 K_L u. 16 τ durchgeführt. Es ergaben sich im Mittel im ersten Stapel $K_L = 971{,}1 \pm 1{,}3$ u. $\tau = 978 \pm 4$, im zweiten $K_L = 962 \pm 1{,}9$ u. $\tau = 965{,}4 \pm 3{,}8\,m_e$. (Physic. Rev. [2] **100.** 430—31. 1/10. 1955. Berkeley, Calif., Univ. of California, Radiat. Labor.) M. WIEDEMANN. 90

G. Harris, J. Orear und **S. Taylor,** *Lebensdauern der τ^+- und $K_L{}^+$-Mesonen.* Aus der Schwächung des K-Bündels eines Bevatrons (6,2 GeV) im Verhältnis zu den Pionen u. Protonen wurden die Lebensdauern der τ^+- u. $K_L{}^+$-Mesonen ermittelt. Zwei gleiche Stapel von 39 ILFORG G 5-Emulsionen, 6×7 in. $\times 0{,}6$ mm, wurden im Abstand von 70 in. dem Bündel ausgesetzt. Im näheren Stapel A fanden sich 37 τ u. 77 K, im entfernteren B 17 τ u. 156 K, die Intensitäten berechnen sich zu 1310 K_L/cm^2 u. 63,5 τ/cm^2 in A u. 87 K_L u. 5,0 τ in B. Hieraus ermittelt sich für $\tau_K = 7(-1 + 1{,}5) \cdot 10^{-9}$ sec u. $\tau_\tau = 8(+5 - 2) \cdot 10^{-9}$ sec. (Physic. Rev. [2] **100.** 932. 1/11. 1955. New York, N. Y., Columbia Univ., Dep. of Phys.) M. WIEDEMANN. 90

T. D. Lee und **J. Orear,** *Spekulationen über schwere Mesonen.* (Vgl. vorst. Ref.) Vff. nehmen die Zerfälle $\Theta^\pm \to \pi^\pm + \pi^0$ u. $\tau^\pm \to \pi^\pm + 2\pi$ an, ferner vermuten sie, daß das schwerere Meson eine Lebensdauer von 10^{-8} sec hat u. das leichtere ein beträchtliches Verzweigungsverhältnis für γ-Zerfall. Vff. diskutieren die Kaskadenmöglichkeiten, die sich ergebenden Massendifferenzen u. die Lebensdauer des leichteren Mesons. Dabei behandeln sie die Fälle, daß beide Mesonen den Spin 0 haben u. daß sie ihn beide nicht haben. (Physic. Rev. [2] **100.** 932—33. 1/11. 1955.) M. WIEDEMANN. 90

W. F. G. Swann, *Über Materie, die zur inneren Struktur der Nucleonen gehört.* (Sitzungsbericht.) (Physic. Rev. [2] **99.** 650. 15/7. 1955. Bartol Res. Found.) GERHARD SCHMIDT. 90

Dieter Kurath, *Intermediäre Kopplung in der 1p-Schale.* (Sitzungsbericht.) (Physic. Rev. [2] **99.** 648. 15/7. 1955. Argonne Nat. Labor.) GERHARD SCHMIDT. 95

P. Goldhammer und **E. Feenberg,** *Kopplung von $2s_{1/2}$- und $1d_{3/2}$-Bahnen.* (Sitzungsbericht.) (Physic. Rev. [2] **99.** 648. 15/7. 1955. Washington Univ.) GERHARD SCHMIDT. 95

Ebbe Rasmussen und **Victor Middelboe,** *Hyperfeinstruktur und Kernmomente von ^{85}Kr.* Vff. untersuchen das Infrarotspektr. des langlebigen Kr-Isotops ^{85}Kr. Zur Best. des Kernspins werden die Linien 7685 Å, $1s_2 - 2p_1$ u. 8508 Å, $1s_2 - 2p_4$ herangezogen, um Störungen durch Fremdkomponenten möglichst auszuschalten, u. der Wert $I = 9/2$ gefunden. Ferner werden die Verhältnisse zwischen den magnet. Momenten der beiden ungeraden Kr-Isotopen ^{85}Kr u. ^{83}Kr zu $[\mu(85)/\mu(83)] = 1{,}035 \pm 0{,}002$ u. das Verhältnis zwischen den Quadrupolmomenten $[Q(85)/Q(83)] = 1{,}66 \pm 0{,}10$ bestimmt. (Z. Physik **141.** 160—65. 1955. Kopenhagen, Kgl. Tierärztl. u. Landwirtschaftl. Hochschule, Phys. Labor.) E. HAHN. 95

J. P. Hobson, J. C. Hubbs, W. A. Nierenberg und **H. B. Silsbee,** *Kernspin von ^{81}Rb. Meßmethode.* (Sitzungsbericht.) (Physic. Rev. [2] **99.** 612. 15/7. 1955. Berkeley, Calif., Univ. of California.) E. KLEVER. 95

Ulrich Meyer-Berkhout, *Bestimmung der elektrischen Quadrupolmomente der Kerne ^{85}Rb und ^{87}Rb durch Messung der Hochfrequenzübergänge im angeregten $6\,^2P_{3/2}$-Term des Rb-Atoms.* Mit der Doppelresonanzmeth. wird die Hyperfeinstrukturaufspaltung des $6\,^2P_{3/2}$-Zustands am Rb unter Benutzung von zusätzlich induzierten Hochfrequenzübergängen bestimmt. Aus den Messungen ergeben sich die Quadrupolmomente der beiden Rb-Isotope zu $Q(^{85}Rb) = +(0{,}295 \pm 0{,}02) \cdot 10^{-24}\,cm^2$ u. $Q(^{87}Rb) = +0{,}143 \pm 0{,}01) \cdot 10^{-24}\,cm^2$. Ferner wird die Halbwertsbreite des Resonanzübergangs als Funktion der Hochfrequenzfeldstärke H_1 angegeben. (Z. Physik **141.** 185—97. 1955. Heidelberg, Univ., I. Physikal. Inst.) E. HAHN. 95

Jacob Bigeleisen, *Statistische Mechanik von Isotopensystemen mit kleinen Quantenkorrekturen.* (Sitzungsbericht.) (Physic. Rev. [2] **99.** 638. 15/7. 1955. Brookhaven Nat. Labor.) R. LEVI. 95

H. Brysk und **M. E. Rose,** *Theoretische Ergebnisse über Bahneinfang.* (Sitzungsbericht.) (Physic. Rev. [2] **99.** 649. 15/7. 1955. Oak Ridge Nat. Labor.)
GERHARD SCHMIDT. 103

V. K. Rasmussen, D. W. Miller, M. B. Sampson und **U. C. Gupta,** *Reaktionen* ^{9}Be (α, α'), ^{9}Be (α, d) *und* $^{9}Be(d, d')$. (Vgl. C. **1956.** 6005.) Mit einem CsJ(Tl)-Scintillationszähler weisen Vff. die Existenz eines Niveaus in ^{9}Be bei 3,01 ± 0,1 MeV durch die unelast. Streuung von 21,6 MeV-α-Teilchen u. 10,8 MeV-Deuteronen nach. Das verwendete Target besteht aus einer aufgedampften Be-Metallfolie (trägerfrei), welche etwas C- u. O_2-Verunreinigung enthält. Für ein Niveau in ^{9}Be bei 1,74 ± 0,1 MeV werden ebenfalls Anzeichen gefunden. Die vorliegenden experimentellen Daten können am einfachsten durch einen Dreikörperaufbrechprozeß des Compoundkerns mit einer Endzustand-Potentialstreuungs-Wechselwrkg. zwischen dem austretenden Neutron u. ^{8}Be erklärt werden. Das Auftreten der Rk. ^{9}Be(α, d)^{11}Be zum Grundzustand u. zum 2,14 MeV-Zustand von ^{11}B wird bestätigt. (Physic. Rev. [2] **100.** 851—55. 1/11. 1955. Bloomington, Ind., Indiana Univ., Dep. of Phys.) GERHARD SCHMIDT. 103

J. B. Marion, T. W. Bonner und **C. F. Cook,** *(d,n)-Reaktionen an Bor und Kohlenstoff.* Vff. verwenden die Zählerverhältnismeth. zur Unters. der Neutronenschwellen bei den (d, n)-Rkk. an ^{10}B, ^{11}B, ^{12}C u. ^{13}C. Schwellenwerte werden gefunden, die angeregten Zustände in ^{11}C* bei 8,107, 8,430 u. 8,660 MeV, in ^{12}C* bei 15,100 MeV, in ^{13}N* bei 2,37 MeV u. in ^{14}N* bei 5,683 MeV entsprechen. Resonanzen in der Rk. ^{12}C(d, n) zeigen sich bei 3,01 u. 3,36 MeV u. in der Rk. ^{13}C(d, n) bei 1,80, 2,45 u. 3,46 MeV. Die absol. Querschnitte für die Rkk. ^{10}B(d, n), ^{11}B(d, n) u. ^{13}C(d, n) werden bestimmt. (Physic. Rev. [2] **100.** 847—51. 1/11. 1955. Houston, Tex., Rice Inst.)
GERHARD SCHMIDT. 103

D. H. Wilkinson, *Energieabhängigkeit der Querschnitte für die Reaktionen* $^{12}C(d,n)$ ^{13}N *und* $^{12}C(d, t)^{11}C$ *bis zu* $E_D = 20$ *MeV.* (Sitzungsbericht.) (Physic. Rev. [2] **99.** 632. 15/7. 1955. Brookhaven Nat. Labor.) GERHARD SCHMIDT. 103

William M. Visscher und **Richard A. Ferrell,** *Kernkräfte und β-Zerfall von* ^{14}C. (Sitzungsbericht.) (Physic. Rev. [2] **99.** 649. 15/7. 1955. Univ. of Maryland.)
GERHARD SCHMIDT. 103

J. W. Butler, *Deuteroneneinfang durch* ^{16}O. (Sitzungsbericht.) (Physic. Rev. [2] **99.** 643. 15/7. 1955. Naval Res. Labor.) GERHARD SCHMIDT. 103

B. J. Toppel, D. H. Wilkinson und **D. E. Alburger,** *Ein* 2^-*-Zustand bei 8,85 MeV in* ^{16}O. (Sitzungsbericht.) (Physic. Rev. [2] **99.** 632. 15/7. 1955. Brookhaven Nat. Labor.)
GERHARD SCHMIDT. 103

J. C. Grosskreutz, *Die Winkelverteilung von Protonen aus der Reaktion* $^{16}O(d,p)^{17}O$ *als eine Funktion der Beschußenergie.* (Sitzungsbericht.) (Physic. Rev. [2] **99.** 643. 15/7. 1955. Univ. of Texas.) GERHARD SCHMIDT. 103

Emmett L. Hudspeth, Ira L. Morgan und **Joseph T. Peoples,** *γ-Strahlen aus dem Protonenbeschuß von* ^{18}O. (Sitzungsbericht.) (Physic. Rev. [2] **99.** 643. 15/7. 1955. Univ. of Texas.) GERHARD SCHMIDT. 103

Norman A. Bostrom, Emmett L. Hudspeth und **Ira L. Morgan,** *Anregungskurve für* $^{19}F(n, \alpha)^{16}N$. (Vgl. vorst. Ref.) (Sitzungsbericht.) (Physic. Rev. [2] **99.** 643—44. 1955.)
GERHARD SCHMIDT. 103

H. D. Holmgren und **J. W. Butler,** *Die Reaktion* $^{18}O(d,n\gamma)^{19}F$. (Sitzungsbericht.) (Physic. Rev. [2] **99.** 655. 15/7. 1955. Naval Res. Labor.) GERHARD SCHMIDT. 103

C. B. Bigham, K. W. Allen und **E. Almqvist,** *Energieniveaus in* ^{12}B, ^{12}C, ^{13}C *und* ^{21}F. (Sitzungsbericht.) (Physic. Rev. [2] **99.** 631. 15/7. 1955. Univ. of Liverpool.)
GERHARD SCHMIDT. 103

B. D. Kern und **L. W. Cochran,** *γ-Strahlen aus dem Protonenbeschuß von Phosphor.* (Sitzungsbericht.) (Physic. Rev. [2] **99.** 645. 15/7. 1955. Univ. of Kentucky.)
GERHARD SCHMIDT. 103

Gérard-André Renard, *Das Spektrum der inneren Bremsstrahlung des* ^{32}P *im Bereich niedriger Energien.* Zur Best. der inneren Bremsstrahlung eines ^{32}P-Strahlers wurde dieser im Zentrum einer Pb-geschirmten Kammer gehaltert. Durch einen ebenfalls geschirmten Kanal treten die β-Strahlen von ^{32}P sowie die innere Bremsstrahlung (weiche Röntgenstrahlen) in das Be-Fenster (17 mg/cm²) eines GEIGER-Zählers mit Edelgasfüllung. Die prim. β-Strahlung von ^{32}P wird durch ein transversales Magnetfeld im Verbindungskanal-Präparatzähler abgelenkt, so daß der Zähler nur die innere Sekundärstrahlung des Präp. aufnimmt, deren Härte durch eingeführte Al-Folien bestimmt werden kann. Der Zähler wurde in Proportionalschaltung verwendet, die Impulshöhen sind proportional der eingestrahlten Energie zwischen 5,9 (^{55}Fe) u. 24,1 kV (^{113}Sn). Die

Messung der von ^{32}P ausgehenden weichen Röntgenstrahlung zwischen 5 u. 30 kV ergab eine nach größerer Härte zunächst steil abfallende Kurve für die Impulszahl, die ab ~10 kV in einen flacheren Abfall übergeht. Der Verlauf ist in Übereinstimmung mit den theoret. Ansätzen von CHANG u. FALKOFF. (J. Physique Radium **14.** 361–65. Juni 1953. Paris, Coll. de France, Labor. de Chim. nucl.) W. REUSSE. 103

F. Ajzenberg, A. Rubin und **J. G. Likely,** *Neutronen aus dem Protonenbeschuß von* ^{32}S *und* ^{34}S. (Sitzungsbericht.) (Physic. Rev. [2] **99.** 654. 15/7. 1955. Boston, Mass., Univ.; Princeton, N. J., Univ.) GERHARD SCHMIDT. 103

B. M. Spicer, (γ, p)-*Reaktion in Argon 40.* Vf. bestimmt die Energie- u. Winkelverteilung der Photoprotonen aus Ar, das mit 22,5 MeV Bremsstrahlung bestrahlt worden ist. Die Protonen werden in einem Paar ILFORD E 1-Emulsionen (100 μ) nachgewiesen. Die Protonenausbeute ergibt sich zu $6{,}6 \cdot 10^5$ Protonen/Mol/r in Übereinstimmung mit den Literaturdaten. Die Winkelverteilung der Protonen zeigt an, daß die Absorption wie erwartet vorwiegend elektr. Dipol ist. Die Energieverteilung zeigt eine Spitze bei 2,6 MeV, u. aus ihrer Charakteristik wird geschlossen, daß die COULOMB-Schwelle für Protonen plus ^{39}Cl nur ~2,5 MeV beträgt, u. daß die Niveaudichte in ^{39}Cl mit der Energie angenähert wie exp. (E) zunimmt. Die Ergebnisse werden in Termen des des Compoundkernmodells u. des direkten Photoeffektmodells diskutiert. (Physic. Rev. [2] **100.** 791–96. 1/11. 1955. Champaign, Ill., Univ. of Illinois, Phys. Res. Labor.) GERHARD SCHMIDT. 103

Robert B. Schwartz, James W. Corbett und **William W. Watson,** *Protonen aus dem α-Beschuß von* ^{36}Ar *und* ^{40}Ar. (Sitzungsbericht.) (Physic. Rev. [2] **99.** 655. 15/7. 1955. Yale Univ.) GERHARD SCHMIDT. 103

C. K. Bockelman, C. M. Braams, W. W. Buechner und **D. B. Guthe,** *Winkelverteilung der Protonengruppen aus der Reaktion* $^{42}Ca(d, p)^{43}Ca$. (Sitzungsbericht.) (Physic. Rev. [2] **99.** 655. 15/7. 1955. MIT.) GERHARD SCHMIDT. 103

L. J. Lidofsky, N. Benczer und **V. K. Fischer,** *Radioaktiver Zerfall von* ^{47}Ca. (Sitzungsbericht.) (Physic. Rev. [2] **99.** 658–59. 15/7. 1955. Columbia Univ.) GERHARD SCHMIDT. 103

Takeo Hayashi, Mitsuhiro Kawamura und **Atsushi Aoki,** *Richtungsbeziehung der* ^{46}Ti-γ-γ-*Kaskade.* Die γ–γ-Richtungskorrelation von ^{46}Ti wird für 5 Winkel zwischen 90 u. 180° u. mit mehr als 50000 echten Koinzidenzzählungen gemessen. Die sukzessiven γ-Strahlen erweisen sich als quadrupol, die Spins des Grundzustandes, des ersten u. zweiten angeregten Zustandes würden 0, 2 bzw. 4 sein. Die Ergebnisse stimmen gut mit den theoret. Werten für 4(Q) 2(Q) 0 überein. (J. physic. Soc. Japan **10.** 334–36. Mai 1955. Kyoto, Saikyo Univ., Dep. of Phys.) E. HAHN. 103

Charles E. McFarland, Franklin B. Shull, Alexander J. Elwyn und **Benjamin Zeidman,** *Die Abstreifreaktionen* $^{56}Fe(d,p)^{57}Fe$ *und* $^{57}Fe(d, p)^{58}Fe$. (Sitzungsbericht.) (Physic. Rev. [2] **99.** 655. 15/7. 1955. Washington Univ.) GERHARD SCHMIDT. 103

H. Morinaga, *Die Reaktion* $^{58}Ni(\alpha, \gamma)^{62}Zn$. (Sitzungsbericht.) (Physic. Rev. [2] **99.** 655. 15/7. 1955. Purdue Univ.) GERHARD SCHMIDT. 103

C. E. Weller und **J. C. Grosskreutz,** γ-*Strahlen aus dem Protonenbeschuß von* ^{63}Cu *und* ^{65}Cu. (Sitzungsbericht.) (Physic. Rev. [2] **99.** 655–56. 15/7. 1955. Univ. of Texas.) GERHARD SCHMIDT. 103

Vera Kistiakowsky Fischer, *Metastabile Zustände in* ^{180}Re, ^{191}Ir, ^{193}Au, ^{201}Pb *und* ^{203}Pb. (Sitzungsbericht.) (Physic. Rev. [2] **99.** 672. 15/7. 1955. Univ. of California, Radiat. Labor. and Columbia Univ.) GERHARD SCHMIDT. 103

W. Porschen und **W. Riezler,** *Sehr langlebige natürliche α-Strahler.* Die Elemente *La, Ce, Pr, Nd, Eu, Gd, Tb, Dy, Ho, Er, Tm, Yb, Cp, Hf, W, Re, Os, Ir, Pt, Au, Tl, Pb, Bi* werden auf schwache α-Aktivität hin untersucht. Zum Nachw. der α-Teilchen werden überwiegend ILFORD C 2-Platten (100 μ; 1×3 Zoll) benutzt. Bei 19 Elementen wird keine α-Aktivität beobachtet. Bei dieser Gruppe von Elementen läßt sich lediglich eine untere Grenze für die Halbwertszeit gegenüber α-Zerfall angeben. Diese Grenze wird für 2 Energiebereiche (1,5–2,5 MeV u. 2,5–3,7 MeV) berechnet. Bei Nd, W, Pt u. Bi zeigt sich ein positiver Effekt. Bei Nd wird ^{144}Nd als akt. Isotop nachgewiesen. Bei W ist die Zuordnung des beobachteten schwachen Effekts noch unklar. (Z. Naturforsch. **11a.** 143–51. Febr. 1956. Bonn, Univ., Inst. für Strahlen- u. Kernphys.) GERHARD SCHMIDT. 103

H. Niewodniczański und **M. Wielowiejska,** *Bestimmungen der 3,20 MeV-γ-Strahlung von ThD durch die photographische Emulsionstechnik.* Vff. untersuchen das Spektr. der von MsTh ausgesandten γ-Strahlen oberhalb 1,67 MeV. Die γ-Strahlen werden durch 4,5 cm Pb gefiltert, durchlaufen eine 1,5 cm weite Bleiröhre u. treffen an deren Ende auf eine Be-Kugel von 0,9 cm Durchmesser. Drei photograph. Platten sind in einem Winkel von 13° gegen die Horizontale in gleichem Abstand von der Be-Kugel angebracht. Durch die Rk. $^9Be(\gamma, n)^8Be$ entstehen Neutronen. Durch Zusammenstoß von Neutronen mit Protonen auf dem Weg zwischen Be u. Platte entstehen auf diesen Bahnen von Protonen. Aus der Länge solcher Bahnen, die mit der Richtung der einfallenden ungebremsten Neutronen nur einen kleinen Winkel bilden, kann die Energie der mit den Protonen kollidierten Neutronen errechnet werden. Es werden 2 Gruppen von Protonenbahnen u. damit Neutronen beobachtet, die Energien von 0,88 u. 1,35 MeV haben. Daraus errechnen sich die Energien der γ-Strahlen, die diese Neutronen aus Be erzeugen, zu 2,62 bzw. 3,20 MeV. Das Verhältnis der γ-Intensitäten von 3,20 MeV : 2,62 MeV ergibt sich von 1:10 bis zu 1:11. Die relativ geringe 3,20 MeV-γ-Intensität wird diskutiert. (Bull. Acad. polon. Sci., Cl. III. **1.** 293–96. 1953. Krakau, Jagellonian Univ., Phys. Labor.) Max Schmidt. 103

R. W. Lamphere und **R. E. Greene**, *Querschnitte der neutroneninduzierten Spaltung von ^{234}U und ^{236}U.* Mit einer Doppelionisationskammer messen Vff. die Spaltquerschnitte von ^{234}U u. ^{236}U von ihren Schwellenwerten bis zu 4,0 MeV Neutronenenergie unter Verwendung von Neutronen aus der Rk. $T(p, n)^3He$. Für die meisten Meßpunkte variierte die Neutronenenergiestreuung von 60–100 keV. ^{234}U hat einen Schwellenwert bei $\sim$300 keV. Der Spaltquerschnitt ergibt sich zu 1,24 barn bei 850 keV, geht auf 1,08 barn bei 1,06 MeV zurück, steigt auf 1,47 barn bei 1,9 MeV, senkt sich auf 1,40 barn bei 2,4 MeV u. erhebt sich zu 1,55 barn bei 4,0 MeV. In gleicher Weise hat ^{236}U einen Schwellenwert bei 670 keV, der Querschnitt steigt auf 0,36 barn bei 970 keV u. bleibt nahezu konstant bis 1,04 MeV, wo er wieder ansteigt u. 0,75 barn bei 1,4 MeV erreicht, auf 0,66 barn bei 1,56 MeV fällt, sich zu 0,89 barn bei 2,5 MeV erhebt, auf 0,87 barn bei 2,7 MeV fällt, um dann auf 0,99 barn bei 4,0 MeV anzusteigen. Die Genauigkeit der Ergebnisse wird zu 6% angenommen. (Physic. Rev. [2] **100.** 763–70. 1/11. 1955. Oak Ridge, Tenn., ORNL.; Union Carbide Comp., K-25 Plant.) Gerhard Schmidt. 103

H. O. Banks jr., *Darstellung von Fluor 18.* Vf. beschreibt die Darst. von ^{18}F durch Beschuß von $LiNO_3$ oder Li_2CO_3 mit Neutronen nach $^6Li(n, \alpha)^3H$ u. $^{16}O(^3H, n)^{18}F$. Das geschmolzene $LiNO_3$ wird nach der Bestrahlung in W. gelöst, KF u. Pb-Acetat zugegeben u. mit konz. HCl PbClF gefällt. Der Nd. wird in 25%ig. NaOH gelöst, mit 10%ig. H_2SO_4 angesäuert, $PbSO_4$ abfiltriert u. das Filtrat mit KOH alkal. gemacht. ^{18}F zeigt einen reinen Zerfall mit 112 Min. Halbwertszeit ohne Anzeichen von Fremdaktivitäten. 0,4 g $LiNO_3$ ergeben in einem Neutronenfluß von $3{,}6 \cdot 10^{12}$ Neutronen/cm²/sec nach 112 Min. Bestrahlung 0,4 mC ^{18}F. Mehr als 1 g $LiNO_3$ können nicht verarbeitet werden, da PbClF dann nicht mehr ausfällt. Statt dessen wird Li_2CO_3 verwendet, es liefert nach 24 Std. Bestrahlung 2 mC ^{18}F/g Li_2CO_3. Zur Isolierung wird in HNO_3 gelöst, auf 4 g Li_2CO_3 10 mg F^- sowie Ca^{2+} zugesetzt u. mit NaOH CaF_2 u. $Ca(OH)_2$ gefällt. $Ca(OH)_2$ wird nach dem Zentrifugieren in Essigsäure gelöst u. vom CaF_2 getrennt. Dieses wird in Säure gelöst, verd. durch eine Ionenaustauschersäule Ca^{2+} abgetrennt u. in KOH aufgefangen. Ausbeute 80–85%, Dauer der Trennung 1½ Stunden. (Nucleonics **13.** Nr. 12. 62. Dez. 1955. Upton, N. Y., BNL., Hot Labor.) G. Herrmann. 104

G. G. Fowlie und **G. Morris**, *Eliminierung einer elektrostatischen Gefahr durch Anwendung von radioaktivem Strontium 90.* Am Beispiel einer Pb-Styphnat-Trocknungsanlage wird die Ausschaltung der Entzündungsgefahr durch überspringende Funken erläutert. Vff. erreichen eine „Raumionisierung" durch die von ^{90}Sr ausgesandten β-Strahlen, wodurch Funkenbldg. ausgeschlossen wird. (Ind. Chemist **29.** 585–91. Dez. 1953.) Max Schmidt. 106

Borschel, *Lithium und die Wasserstoffbombe.* Übersicht. (Glückauf **88.** 1007–09. 11/10. 1952.) W. Wesly. 110

W. L. Robb, J. B. Sampson, J. R. Stehn und **J. K. Davidson**, *Spaltproduktaufbau in lang brennenden thermischen Reaktoren.* Vff. berechnen die relative Vergiftung von mit ^{235}U oder ^{233}U betriebenen Reaktoren durch die entstehenden Spaltprodd. in Abhängigkeit von der Zahl der Abbrände bis zu 10 Abbränden. Die relative Vergiftung ist definiert durch $\sum n_i \sigma_i / n_f \sigma_f$ (n_i Zahl der Atome, σ_i Einfangquerschnitt der wichtigsten Spaltprodd., n_f, σ_f entsprechende Daten für das spaltbare Material), der Abbrand durch Zahl der Spaltungen/Zahl der spaltbaren Kerne in einer Reaktorfüllung. ^{233}U zeigt eine um 20% geringere relative Vergiftung als ^{235}U. Die Verteilung der Vergiftung auf die verschied. Elemente wird gegeben, ^{135}Xe u. ^{149}Sm stellen den Hauptanteil, der Rest wird fast vollständig durch andere Seltene Erden verursacht. Durch kontinuierliche Entfernung der Edelgase kann die relative Vergiftung auf die Hälfte vermindert werden. (Nucleonics **13.** Nr. 12. 30–33. Dez. 1955. Schenectady, N. Y., General Electric Co., Knolls Atom. Power Labor.) G. Herrmann. 110

L. P. Hatch und **W. H. Regan jr.,** *Erste Stufe bei der endgültigen Abfallbeseitigung: Konzentrierung von Spaltprodukten.* Bei der Beseitigung von radioakt. Abfällen durch Adsorption an Montmorillonit stören große Mengen inakt. Salze, z. B. bei der Verarbeitung von U-Metall u. U–Al- bzw. U–Zr-Legierungen HNO_3, Al^{3+} oder Zr^{4+}. 90% der HNO_3 wird durch Dest. entfernt, der Rest bis auf 0,05n HNO_3 durch Elektrodenionisation, bei der H^+ an der Kathode in H_2, NO_3^- durch eine nur für Anionen durchlässige Membran in den Anodenraum übergeführt werden. Die schwach saure Lsg. wird dann in einer Kombination von Drehofen u. Kugelmühle eingedampft u. in Al_2O_3 übergeführt. Zr-haltige Abwässer enthalten HF, aus ihnen werden in derselben Weise ZrF_4 + AlF_3 abgeschieden u. durch Dampf bei höherer Temp. in die Oxyde umgewandelt. Al_2O_3 wie ZrO_2 werden mit W. ausgelaugt u. die Reste der Spaltprodd. an Montmorillonit adsorbiert. Nur *Cs* wird in erheblichen Mengen ausgelaugt. Lediglich ^{106}*Ru* wird nicht erfaßt, es muß anschließend nach Eindampfen in Glas oder keram. Material eingebaut werden. (Nucleonics **13.** Nr. 12. 27—29. Dez. 1955. Upton, N. Y., NBL.)
G. Herrmann. 110

Paul A. Caldwell und **J. D. Graves,** *Sekundärstandard-^{60}Co-Quellen, hergestellt durch Elektroabscheidung.* Vff. beschreiben die Darst. von 4 ^{60}Co-Standards mit 0,055—55,0 mC. ^{60}Co wird als $CoCl_2$ mit 21,3 mg Co auf 6,5 ml W. verd. u. 45 Min. mit 340 mg $(NH_4)_2S_2O_8$ unter Rückfluß gekocht, dann langsam 0,8 ml NH_3 (D. 0,90) zugegeben u. 24 Std. stehengelassen. Die Elektrolyse erfolgt auf eine Pt–Ir-Scheibe von 1,5 cm Durchmesser u. 0,25 mm Dicke, auf die ein 7 cm hohes, unten verjüngtes Glasgefäß so aufgesetzt u. mit Teflon abgedichtet wird, daß die Abscheidung 0,625 cm Durchmesser hat. Als Anode dient ein rotierendes Pt-Blech. Vor der Elektrolyse werden auf 5 ml Elektrolyt 0,5 ml NH_3 zugegeben u. der Zusatz alle 8—12 Std. wiederholt. Es wird 12 Std. mit 8, 6 Std. mit 4 u. 24 Std. mit 2 mA elektrolysiert. Das Pt-Blech wird dann mit einem gleichartigen bedeckt, durch eine Stahlkammer zusammengedrückt u. Cu–Ag-Lot bei 800° im Vakuum verlötet. Die 4 Standards werden aus der Stammlsg. durch Verdünnen nach Zusatz von inakt. Co hergestellt u. mit einem prim. Standard verglichen. (Nucleonics **13.** Nr. 12. 49—52. Dez. 1955. Washington, D. C., Naval Res. Labor., Nucl. Div.)
G. Herrmann. 112

W. Wayne Meinke und **D. N. Sunderman,** *Isotopenaustausch erlaubt starke β-Strahlenquellen von Silber 111.* ^{111}Ag [aus Pd(n, $\gamma\beta$)] wird vom Pd durch Isotopenaustausch an einer AgJ-Elektrode abgeschieden. Dazu wird ein Pt-Drahtnetz von 3 cm Höhe u. 1 cm Durchmesser mit 5 mg Ag bedeckt, indem eine Lsg. von 10 mg Ag in 10 ml 3mol. NaCN u. 0,5mol. NaOH 4 Min. bei 3 V elektrolysiert wird. Die Elektrode wird 30 Sek. mit W. gewaschen, in 10 ml 0,05mol. HJ u. 0,05mol. $NaHSO_3$ getaucht u. mit der Elektrode als Anode 5 Min. bei 1,5 V elektrolysiert, gewaschen u. in HNO_3 1 : 1 aufbewahrt. Zur Abtrennung von ^{111}Ag von anderen Aktivitäten (außer Halogeniden) wird die Elektrode 5 Min. bei Zimmertemp. in die saure Lsg. getaucht u. anschließend 1 Min. in strömender HNO_3 1 : 1 gewaschen. Dann wird das AgJ in dem alkal. CN^--Bad abgelöst u. Ag kathod. auf Pt oder anderen Metallen abgeschieden. Zum Schutz kann eine Schicht inakt. Ag aufelektrolysiert werden. Die Ausbeute beträgt $>$ 98%, wenn die Elektrode mit einigen mg AgJ hergestellt wird. Die Fremdionenkonz. darf 0,5mol. (Pd) bzw. 2mol. (andere Ionen) nicht überschreiten. Bei einem Neutronenfluß von 10^{14} Neutronen/cm²/sec werden pro g Pd nach einer Woche Bestrahlung 1,0 C ^{111}Ag erhalten. (Nucleonics **13.** Nr. 12. 58—61. Dez. 1955. Ann Arbor, Mich., Univ. of Michigan, Dep. of Chem.)
G. Herrmann. 112

D. W. Engelkemeir und **L. B. Magnusson,** *Auflösung von α-Spektren durch Ionisationsimpulsanalyse von kollimierten Proben.* Vff. beschreiben einen Ionenimpulsanalysator mit hoher Auflösung zur Unters. der Feinstruktur des α-Zerfalls. Die Probenfolie wird mit einem sehr feinen Ni-Netz bedeckt, welches die α-Teilchen bündelt u. gleichzeitig die Strahlungen des angeregten Zustandes absorbiert. Die Auflösung des Instrumentes wurde mit Proben von ^{212}Bi, ^{230}Th u. ^{238}Pu geprüft. Die gemessenen Intensitäten u. die Teilchenenergien waren in guter Übereinstimmung mit Meßdaten aus der magnet. Ablenkung. Es wurden Abweichungen des α-Maximums von 12—13 keV erhalten bei einer Nachweiswirksamkeit von 0,04 Impulsen pro Zerfall, wobei die Abweichung durch das Verstärkergeräusch allein 10 keV betrug. (Rev. sci. Instruments **26.** 295—302. März 1955. Lemont, Ill., Argonne Nat. Labor., Chem. Div.) C. Gottfried. 112

P. G. Koontz, C. W. Johnstone, G. R. Keepin jr. und **J. D. Gallagher,** *Ein neuer Mehrkanal-Zeitverzugsanalysator mit Registrierung.* (Sitzungsbericht.) (Physic. Rev. [2] **99.** 664. 15/7. 1955. Los Alamos Scient. Labor.) Gerhard Schmidt. 112

E. W. Godbole, *Neuer Typ von β-, γ-Detektor.* Der Detektor besteht aus einem Sodaglasrohr (Dicke = 0,5 mm oder 45 ± 5 g/cm², Länge = 18 cm, Außendurchmesser = 2,3 cm), das evakuiert ist u. mit Joddampf von ~ 0,5 mm Hg bei 30° gefüllt ist. Wechselnde Potentiale der Frequenz von 50 Hz (0—3 kV) werden an die beiden Ringelektroden gelegt, die um das Rohr gewunden sind. Wenn die Entfernung zwischen den Ringelektroden 70 mm beträgt, ist die Schwelle für kontinuierliche Entladung 1,6 kV. Das Syst. zeigt Ansprechen auf β- u. γ-Strahlen von 1—1,6 kV. Bei kleineren Elektrodenabständen ist der Wert für diese Schwelle entsprechend niedriger. (J. chem. Physics **24.** 166. Jan. 1956. Bombay, Inst. of Sci., Dep. of Chem.) Gerhard Schmidt. 112

John A. Doremus, *Fernmeßsystem für die radioaktive Schneedickenmessung.* Zur Fernbest. der Schneehöhe im Gebirge wurde eine automat. registrierende u. drahtlos das Meßergebnis übertragende Anlage entwickelt. Die Messung der Schneehöhe erfolgt dabei durch Best. der Absorption einer ^{60}Co-γ-Strahlung u. Messung in einem Geiger-Zähler in angemessenem Abstand. Im Zählergehäuse ist für die Eichung ein ^{90}Sr-Präp. untergebracht, dessen Strahlung durch eine magnet. zu öffnende Blende auf den Zähler gelangen kann. Bei äquivalenten Wasserschichten unterhalb 45 in. ist der Meßfehler $<5\%$. (Electronics **24.** 88—91. Febr. 1951. Chicago, Ill., Motorola, Inc.) W. Reusse. 112

G. F. Garlick und **G. T. Wright,** *Charakteristik von Scintillationszählern.* Vff. führten eine experimentelle Unters. über die Impulshöhenverteilung von Scintillationszählern bei der Messung von homogenen α-Teilchen durch. Um die durch die Kristalle verursachte Verteilung von der vom Multiplier verursachten unterscheiden zu können, wurde letztere durch Bestrahlung der Photokathode mit Lichtblitzen einer Neonlampe ermittelt, deren Intensität durch neutrale Filter verändert wurde. Als Kristalle wurden Scheelit, NaJ(Tl), ZnS(Cu), Anthracen, Stilben, die beiden letzteren z. T. in Naphthalin, verwendet, einige der Kristalle waren fehlerhaft. Ausschlaggebend für die Impulshöhenverteilungen, die in allen Fällen Gaussssche Glockenkurven waren, ist die Zahl der Photoelektronen, die an der Photokathode auftreten. (Proc. physic. Soc., Sect. B **65.** 415—21. 1/6. 1952. Birmingham, Univ., Dep. of Phys.) G. Herrmann. 112

I. M. Rosman und **K. G. Zimmer,** *Über die Anwendung von Scintillatoren in der Dosimetrie.* 1. Mitt. Vortrag. Beschreibung der Scintillationdosimetrie für α- u. β-Strahlen, therm. u. schnelle Neutronen. Verss. zum Bau eines Luminescenz-Röntgendosimeters sowie spezielle Konstruktionen u. Probleme auf dem Gebiet der Scintillationsdosimetrie werden gegeben. — 59 Literaturhinweise. (Z. Naturforsch. **11b.** 46—52. Jan. 1956. Hamburg-Eppendorf.) Gerhard Schmidt. 112

W. J. Oosterkamp, *Allgemeine Betrachtungen über die Dosimetrie von Röntgen- und γ-Strahlung. Zusatz.* (Vgl. C. **1954.** 10408.) Zusatz, der die durch die ICRU festgelegte neue Definition des Röntgens als Einheit der Strahlendosis u. die neuen Begriffe „Strahlenmenge", „absorbierte Dosis" sowie die Einführung des „rad" als Einheit der absorbierten Dosis an Stelle des „rep" berücksichtigt. (Appl. sci. Res. B **3.** 477—78. 1954. Eindhoven, N. V. Philips' Gloeilampenfabr., Res. Labor.) G. Herrmann. 112

F. Newton Hayes, Donald G. Ott, Vernon N. Kerr und **Betty S. Rogers,** *Flüssige Scintillatoren.* 1. Mitt. *Impulshöhenvergleich primärer gelöster Stoffe.* Vff. geben für 102 fl. Scintillatoren, gelöst in Toluol, die maximale Impulshöhe I_{max}, die Konz., bei der I_{max} auftritt, als Maß für die Selbstlöschung u. das Verhältnis der Impulshöhe mit TiO_2- u. Al-Reflektor als Anhalt für das emittierte Spektrum. Folgende Zusammenhänge zwischen chem. Struktur u. Eignung als fl. Scintillator bestehen: 1. 4-Ringsysteme sind besser als 3-Ringsysteme, 2. 4-Ring- u. 5-Ringsysteme haben bessere Löslichkeit, wenn heterocycl. Ringe wie Oxazol eingebaut sind, 3. günstige Ringsysteme sind Bzl., Naphthalin, Furan, Pyrrol, Oxazol, 1.3.4-Oxadiazol, Pyridin, Indol u. Benzoxazol, ungünstig sind Thiophen, Thiazol, 1.3.4-Thiadiazol, Pyrazin, Pyridazin u. Benzothiazol u. 4. günstige Substituenten sind CH_3—, CH_3O—, F- u. Cl—, ungünstige Br—, J—, NO_2— u. phenol. OH—. (Nucleonics **13.** Nr. 12. 38—41. Dez. 1955. Los Alamos, N. Mex., LASL.) G. Herrmann. 112

Leonard Malling, *Kernresonanzspektrometer.* Übersicht über Methoden der Kernresonanzuntersuchungen. (Electronics **26.** Nr. 4. 184—87. April 1953. San Carlos, Calif., Varian Assoc.) H. Liepack. 112

R. T. Nichols, A. V. Pohm, J. H. Talboy jr. und **E. N. Jensen,** *β-Spektrometer für Koinzidenzmessungen.* Vff. beschreiben ein Zwischenbildspektrometer mit einem Anthracenkristall für die β-Strahlen u. mit einem NaJ-Kristall für die in Koinzidenz auftretenden γ-Strahlen. Die Durchlässigkeit beträgt 10%, die Auflösung 5,5%. (Rev. sci. Instruments **26.** 580. Juni 1955. Ames, Io., Iowa State Coll., Inst. for Atom. Res., Dep. of Phys.) G. Herrmann. 112

J. M. Auclair, P. Hubert und **G. Vendryès,** *Ein Beugungskristallspektrometer für Neutronen.* Beschreibung einer App. zur Monochromatisierung eines Neutronenbündels aus einem Reaktor. Als Monochromatorkristalle dienen LiF (Reflexion an 1 1 1), NaCl (Transmission durch 2 0 0 u. 2 2 0) u. Be (Transmission durch 1 0 0 u. 1 1 0). Der Meß-

bereich der Anordnung liegt zwischen 0,01 u. ca. 100 eV. (J. Physique Radium **16.** 50 S—52 S. Juli 1955. Saclay, Commis. à l'Énergie Atom., Serv. de Neutron exp.)
H. C. Wolf. 112

Walter Porschen und **Wolfgang Riezler**, Langlebige α-Aktivitäten bei natürlichen Elementen. Als Ms. gedr. Köln u. Opladen: Westdt. Verl. 1955. (25 S. m. 5 Abb.) 4° = Forschungsberichte d. Wirtschafts- u. Verkehrsministeriums Nordrhein-Westfalen. Nr. 210. DM 8,80.

A$_2$. Optisches Verhalten der Materie.

R. W. Larenz, *Zur Entstehung der überthermischen kosmischen Radiofrequenzstrahlung.* (Vgl. C. **1956.** 6016 u. **1955.** 10665.) Unter Beschränkung auf elektron. Dichteschwankungen zeigt Vf., daß eine Ausstrahlung analog der einer Langdrahtantenne entsteht, für die Strahlungsausbreitung u. Laufrichtung der Raumladungswelle zusammenfallen, wenn einer Raumladungswelle eine Plasmaströmung unter endlichem Winkel überlagert wird. Die dabei entstehenden Wellen können sich bei endlichem Brechungsindex mit der Plasmafrequenz ausbreiten. Bei Elektronentempp., die z. T. noch als real angenommen werden können, lassen sich die beobachteten hohen Äquivalenttempp. erklären. Eine dem vorausgesetzten Mechanismus entsprechende Bewegung liegt vor bei kompressibler Turbulenz. (Z. Naturforsch. **10a.** 901—13. Dez. 1955. Hannover, TH, Inst. für theoret. Phys.) H. Liepack. 113

G. G. Getmanzew, K. Ss. Stankewitsch und **W. Ss. Troitzki,** *Monochromatische Radioemission von Deuterium auf der Welle 91,6 cm aus dem Zentrum der Galaxis.* Mittels eines Radioteleskops, dessen Blockschema wiedergegeben ist, wurde in der kosm. Radiostrahlung aus dem Zentrum der Galaxis in Absorption die Linie 91,6 cm des interstellaren Deuteriums beobachtet. Die effektive Temp., die einer Linientiefe entspricht, beträgt $\Delta T_{eff} = 2{,}5^0$ ($+2$, -1^0). Die Konz. des D ergibt sich daraus zu $\sim {}^1/_{300}$ der des neutralen H im interstellaren Raum. (Доклады Академии Наук СССР [Ber. Akad. Wiss. UdSSR] **103.** 783—86. 11/8. 1955.) M. Wiedemann. 113

D. M. Hunten, *Anregung von Natrium D-Linien im Nachtleuchten.* Wie von Fode raro u. Donahue vermutet wurde, soll die im Nachtleuchten beobachtete Na-Strahlung von der Sonnenseite der Erde aus übertragen werden, was verschied. diffuse Reflexionen an der Oberfläche u. Streuungen an der Na-Schicht der oberen Atmosphäre erfordern würde. Es muß daher erwartet werden, daß das Intensitätsverhältnis D_2/D_1 sehr groß ist, da D_2 viel stärker als D_1 gestreut wird. Jedoch ergeben die Messungen von Berthier einen Wert von 1,98 ± 0,05. Ein anderes Argument gegen den vermuteten Mechanismus basiert auf der Dicke der Na-Schicht, die einen Wert von 10^{11} Atomen bei einem Querschnitt von 1 cm² haben müßte. Aber die verschiedentlich ermittelte Dicke beträgt nur ca. 10^9 Atome/cm². Demnach scheint die Streuung für die Anregung der Emission des Nachtleuchtens unwichtig zu sein. (Physic. Rev. [2] **97.** 1178. 15/2. 1955. Saskatoon, Can., Univ. of Saskatchewan.) H. Preuss. 113

Henry Margenau, *Elektroneneffekt bei der Spektrallinienverbreiterung.* (Sitzungsbericht.) (Physic. Rev. [2] **98.** 1195. 15/5. 1955. Yale Univ.) E. Klever. 114

Bennett Kivel, *Elektronenstoßverbreiterung der Spektrallinien von Helium.* (Sitzungsbericht.) (Physic. Rev. [2] **98.** 1195. 15/5. 1955. Los Alamos Scient. Labor.)
E. Klever. 118

Robert K. Steunenberg und **Richard C. Vogel,** *Das Absorptionsspektrum von Fluor.* Vff. untersuchten das sichtbare u. UV-Absorptionsspektr. von F_2 im Gaszustand zwischen 2100 u. 8000 Å bei 25, 50, 75 u. 100°. Das Spektr. enthält eine breite Bande bei 2845 ± 5 Å, die mit der blaßgelben Farbe des gasförmigen F_2 in Zusammenhang steht. Das Beersche Gesetz gilt im Druckbereich von 50—760 mm. Durch die Ggw. von N_2 wird das Spektr. nicht merklich beeinflußt. Bei den höheren Tempp. ist nur eine geringe Abnahme der Absorption festzustellen, die auf die schnellere Verätzung der Quarzfenster der Zelle zurückzuführen ist. (J. Amer. chem. Soc. **78.** 901—02. 5/3. 1956. Lemont, Ill., Argonne Nat. Labor., Engng. Div.) E. Forche. 118

Marianne Schütte, *Über das Bandenspektrum des Calciumchlorids.* Inhaltlich ident. mit der C. **1954.** 10878 referierten Arbeit. (Z. Naturforsch. **9a.** 891—96. Okt. 1954.)
M. Gehlen-Keller. 118

C. Z. Van Doorn, *Temperaturabhängigkeit der verbotenen Zone beim ZnS.* Mittels H_2-Kontinuum u. registrierendem Spektralphotometer wird die Grundgitterabsorptionskante als Funktion der Temp. T zwischen 77 u. 878° K gemessen. Aus der Verschiebung der Absorptionskante mit T ergibt sich eine Abnahme der Breite der verbotenen Zone von ca. 3,7 auf ca. 3,1 eV mit einem Koeff. von $4{,}6 \cdot 10^{-4}$ eV/° K bei 77° K u. von $8{,}5 \cdot 10^{-4}$ eV/° K um 800° K in guter Übereinstimmung mit älteren Messungen. (Physica **20.** 1155—56. Dez. 1954. Eindhoven, N. V. Philips Gloeilampenfabr., Res. Labor.)
J. Rudolph. 118

L. R. Furlong und **C. F. Ravilious,** *Tieftemperaturluminescenz und -absorption von CdS.* (Vgl. C. **1955.** 7610.) Absorption u. Emission von CdS-Einkristallen wurden bei 4, 77 u. 300° K untersucht. Bei 4° K wurde eine Gruppe von Emissionslinien im Bereich zwischen 4850 u. 5020 Å gefunden, die sich gegenüber den bekannten grünen Linien durch geringe Breite u. sehr niedrige Intensität auszeichnen. Eingehendes Studium der Meßergebnisse führen Vff. zu dem Schluß, daß die beobachteten Linien von einem Syst., bestehend aus CdS u. adsorbiertem Gas, emittiert werden. (Physic. Rev. [2] **98.** 954—55. 15/5. 1955. Washington, D. C., U. S. Naval Res. Labor.) H. W. Levi. 118

D. Premaswarup, *Schwingungsanalyse der Tantaloxydbanden.* Vf. photographierte das Bandenspektr. des zweiatomigen Mol. TaO zwischen den Wellenlängen 3400 u. 5000 Å. Die beobachteten Bandenköpfe mit ihren Wellenlängen, Wellenzahlen u. Intensitäten sind tabellar. zusammengestellt. Die hauptsächlichsten Banden ließen sich als Glieder zweier Systeme A u. C erklären. Die (0, 0)-Bande des Syst. A hat 26678,9 cm^{-1}, die entsprechende Bande des Syst. C konnte nicht mit Sicherheit festgelegt werden. Aus den Ergebnissen wurden die Schwingungskonstanten ω_e u. $x_e\,\omega_e$ für den Grundzustand u. die 2 angeregten Zustände berechnet. (Indian J. Physics Proc. Indian Assoc. Cultivat Sci. **29.** 109—20. März 1955. Waltair, Andhra Univ., Phys. Dep.) C. Gottfried. 118

David B. Smith und **John Chipman,** *Die optische Temperaturskala und das Emissionsvermögen von flüssigen Eisen-Kupfer-Nickel-Legierungen.* An reinem Cu, Fe u. Ni sowie an bin. Legierungen mit 22—75(%) Cu, Rest Fe sowie an Legierungen mit 50 Fe u. 50 Ni sowie mit 25, 50 bzw. 75 Cu, Rest Ni, ferner an tern. Legierungen mit je 33,33 Cu, Fe u. Ni oder 68 Cu, 16 Fe, 16 Ni oder 64,5 Cu, 17,75 Fe, 17,75 Ni wird für eine Temp. von 1535° das konstante Emissionsvermögen ermittelt u. in einem tern. Diagramm dargestellt. Hierbei zeigte sich u. a., daß in jedem der bin. kupferhaltigen Systeme ein maximales Ausstrahlungsvermögen bei ca. 20—30% Cu lag. Die größte Abweichung der einfachen Mischungsregel wurde bei ungefähr 50—60% Cu gefunden. (J. Metals **4.** 643—44. Juni 1952. Stamford, Conn., Dorr Co.; Cambridge, Mass., MIT.) H. Hochstein. 119

W. C. Dash, R. Newman und **E. A. Taft,** *Optische Absorption von Ge- und Si-Ein-Kristallen.* (Sitzungsbericht.) (Physic. Rev. [2] **98.** 1192. 15/5. 1955. General Electric Res. Labor.) E. Klever. 119

D. M. Warschauer, W. Paul und **H. Brooks,** *Einfluß von Druck auf die optischen Absorptionskanten bei Silicium und Germanium.* (Sitzungsbericht.) (Physic. Rev. [2] **98.** 1193. 15/5. 1955. Harvard Univ.) E. Klever. 119

T. D. Price, P. B. Hudson und **D. F. Ashman,** *Überhöhte Lichtabsorption durch Verbindungen auf Chromatogrammen.* Beim Durchleuchten eines papierchromatograph. Flecks einer Verb. auf trockenem Papier wird eine hyperchrom. Lichtabsorption absorbierbarer Wellenlänge beobachtet. Sie ist von der Lichtbrechung abhängig. Wird das Papyrogramm mit Öl (Nujol) getränkt, dessen Brechungsindex dem der Cellulose gleichkommt, wird die Absorption von 254 mμ-Licht auf ca. $^1/_3$ verringert u. erreicht nach dem Verdampfen des Öles oder durch Auswaschen wieder ihren Ausgangswert. Am Beispiel Adenylsäure wird gezeigt, daß die Beziehung opt. D./Schichtdicke empir. dem Lambert-Beerschen Gesetz gehorcht. Theoret. ist dieser lineare Verlauf jedoch nur denkbar, wenn die einfallenden Photonen, die durch andere Schichten absorbiert werden, von jeder Zunahme der absorbierenden Substanz nicht beeinflußt werden. Bei geringen Absorberschichtdicken muß wegen der möglichen, etwa gleich großen Abschweifungen in die Dimensionen der Papierebene die durchschnittliche Weglänge der durchtretenden Photonen ca. 3mal so groß sein als der geometr. Weg durch das Papier. Mehrfache Reflexionen von den Oberflächen der Papierfasern dürften die Weglänge weiter erhöhen. Die Unters. der Absorption auch anderer Verbb. in Abhängigkeit von der Wellenlänge zeigt, daß die hyperchrom. Absorption sowohl im UV- als auch im sichtbaren Spektr. auftritt. (Nature [London] **175.** 45—46. 1/1. 1955. New York, N. Y., Columbia Univ., Coll. of Physic. and Surg. and Francis Delafield Hosp., Dep. of Biochem. and Urol. and Inst. of Cancer Res.) H. Endrass. 119

Allen B. Scott, *Die Oberflächenenergie kolloidaler Metalle in Ionengittern.* Vf. berechnete die Energie einzelner koll., in Alkalihalogenidgitter eingelagerter Alkalimetalle. Die früher ermittelte, bei der Bldg. von F-Zentren frei werdende Absorptionswärme für in Kristalle eingebettete koll. Metalle ist kleiner als die für außerhalb derselben berechnete. Vf. hat unter Berücksichtigung der zwischen dem Metall u. dem Kristallgitter bestehenden Energieverhältnisse der bisher nur quantitativ bekannten Energiedifferenz auf rechner. Wege die qualitative Bedeutung gegeben. (Philos. Mag. [7] **45.** 610—20. Juni 1954. Bristol, Univ., H. H. Wills Phys. Labor.) D. Forst. 119

Spencer Macy, *Der elektrooptische Effekt in monoklinen Kristallen.* Vf. untersuchte theoret. die Intensität u. Polarisation des von der Oberfläche eines monoklinen Kristalls der Klasse des *Dikaliumtartrates* reflektierten Lichtes. Messungen dieser Größen kann man zur Best. der elektroopt. Konstanten des Kristalls benutzen. (Proc. South Dakota Acad. Sci. [52] **31.** 216—18. 1/12. 1952. Rapid City, South Dakota, School of Mines and Technol.) C. GOTTFRIED. 119

René de Mallemann und **Jean Grange,** *Magnetisches Rotationsvermögen von NO unter schwachem Druck.* Das spezif. Rotationsvermögen ist zwischen 200 u. ca. 1900 mm Hg unabhängig vom Druck; zwischen 6 u. 85° nimmt es dem Betrage nach ab. (C. R. hebd. Séances Acad. Sci. **241.** 5—7. 4/7. 1955.) G. KIRSCHSTEIN. 119

P. E. Jellyman und **J. P. Procter,** *Infrarote Reflexionsspektren von Gläsern.* Im Bereich 4—15 μ werden die Diagramme der Reflexionsspektren von einigen handelsüblichen Gläsern u. von SiO_2-, B_2O_3-, bin. Silicat-, bin. Borat- u. Natriumborosilicatgläsern angegeben. Die Auswertung dieser Messungen erlaubt eine Zuordnung der wichtigsten Bindungstypen. Bei der Zugabe von Na_2O zu B_2O_3-Glas bildet sich 4er-koordiniertes B, bis $^1/_5$ aller B-Atome in 4er-Koordination vorliegen; weiteres Na_2O ergibt O-Ionen, die sich nicht in Brückenstellung befinden. In Natriumborosilicatgläsern liegt alles B in 4er-Koordination vor, vorausgesetzt, daß genügend SiO_2 u. Na_2O vorhanden sind. In diesen Gläsern ist die B—O—Si-Bindung gegenüber der B—O—B-Bindung bevorzugt. In bin. Silicat- u. Boratgläsern werden die Banden durch Zugaben von Netzwerkwandlern nach längeren Wellen verschoben. Mit PbO u. BaO zeigen sich Ausnahmen von dieser Regel. (J. Soc. Glass Technol. **39.** Trans. 173—92. Aug. 1955.) H. SCHOLZE. 120

T. H. Maiman und **W. E. Lamb jr.,** *Triplettfeinstruktur von Helium.* (Sitzungsbericht.) (Physic. Rev. [2] **98.** 1194. 15/5. 1955. Stanford, Univ.) E. KLEVER. 121

R. H. Romer und **R. H. Dicke,** *Herabsetzung der Dopplerverschiebung von Mikrowellenlinien.* (Sitzungsbericht.) (Physic. Rev. [2] **98.** 1160. 15/5. 1955. Princeton, N. J., Univ.) E. KLEVER. 121

Koichi Shimoda, Tetsuji Nishikawa und **Takashi Itoh,** *Mikrowellenspektrum von Methylamin.* (Sitzungsbericht.) (Physic. Rev. [2] **98.** 1160. 15/5. 1955. Univ. of Tokyo.) E. KLEVER. 121

D. Kivelson und **D. R. Lide jr.,** *Innere Schwingung in Methylamin.* (Sitzungsbericht.) (Physic. Rev. [2] **99.** 667. 15/7. 1955. N. B. S.) E. KLEVER. 121

R. Braunstein und **J. W. Trischka,** *Molekularkonstanten und Kern–Molekül-Wechselwirkungen von $^7Li^{19}F$ nach der elektrischen Resonanzmethode von Molekularstrahlen.* (Vgl. C. **1954.** 1408.) Es wurden die von den Übergängen vom Typ (I, m j) → (I, m j') herrührenden Spektren von $^7Li^{19}F$ nach der elektr. Resonanzmeth. der Molekularstrahlspektroskopie untersucht. Erhalten wurden die Spektren der Übergänge (1, 0) → (1, $\pm$1) u. (2, 0) → (2, $\pm$2) für die Schwingungszustände v = 0 u. v = 1. Die letzten Übergänge wurden durch einen Doppelquantenprozeß beobachtet, der durch die Absorption oder angeregte Emission zweier Quanten auftritt. Aus der Analyse der Hyperfeinstruktur wurde für die Quadrupolkopplungskonstante des ^7Li $+412\pm7$ kHz erhalten (dieser u. die folgenden Werte beziehen sich auf den Schwingungszustand v = 0; die hiervon wenig abweichenden Werte sind ebenfalls numer. angegeben). Die Spin-Rotations-Konstante für F beträgt $+32{,}9\pm1{,}0$ kHz, die für ^7Li $\pm2{,}2\pm0{,}6$ kHz. Aus der Kerndipol–Dipol-Wechselwrkg. von $+12{,}8\pm2{,}0$ kHz wurde ein Kernabstand von $1{,}51\pm0{,}8$ Å erhalten. μ^2 A (μ = permanentes elektr. Dipolmoment, A = Trägheitsmoment) ist gleich $837{,}1\pm0{,}9\cdot10^{-76}$ cgs-Einheiten. Hieraus u. aus dem Kernabstand wurde das Dipolmoment zu $6{,}6\pm0{,}3$ D erhalten. Beobachtet wurden ferner die Doppelquantenübergänge (2, 0) → (2, $\pm$2) von $^6Li^{19}F$. Hieraus ergab sich für die Schwingungskonstante ω_e von 756 ± 38 cm^{-1} gegenüber ω_e von $^7Li^{19}F$ von 646 ± 32 cm^{-1}. Das Verhältnis μ^2 A von $^6Li^{19}F$ u. $^7Li^{19}F$ beträgt $1{,}120\pm0{,}001$. (Physic. Rev. [2] **98.** 1092—98. 15/5. 1955. Syracuse, N. Y., Univ.) C. GOTTFRIED. 121

S. L. N. G. Krishnamachari, *Kraftkonstanten für substituierte Germane.* 1. Mitt. *GeH_3Cl und GeD_3Cl.* Unter Benutzung der WILSONschen F—G-Matrixmeth. wurden die Kraftkonstanten von GeH_3Cl u. GeD_3Cl bestimmt. Die Symmetriekoordinaten sind dieselben, die CLEVELAND u. MEISTER (vgl. Amer. J. Phys. **14.** [1946.] 13) für CH_3Cl benutzt hatten. Die F-Matrizen wurden aus der Potentialenergiematrix u. der Matrix von den Koeffizienten der inneren Koordinaten erhalten, welche ihrerseits aus den Symmetriekoordinaten hergeleitet wurden. Die G-Matrizen sind dieselben wie für CH_3Cl, nur mit dem Unterschied, daß für μ_C μ_{Ge} gesetzt wurde. Die bei den Berechnungen benutzten Bindungslängen wurden aus den Mikrowellenspektren von MAYS u. DAILEY (vgl. C. **1953.** 7722) bestimmt. Die Werte der 8 Konstanten wurden so korr., bis sie den beobachteten Frequenzen des GeH_3Cl entsprachen. Sie sind tabellar. zusammengestellt. Diese Kraftkonstanten wurden hierauf benutzt, um die Frequenzen von GeD_3Cl zu berechnen. Während bei GeH_3Cl die Übereinstimmung zwischen beobachteten u. berechneten Frequenzen sehr gut ist, besteht bei GeD_3Cl ein mittlerer Fehler von 0,81%. (Indian J. Physics Proc. **29.** 147–50. März 1955. Waltair, Andhra Univ., Phys. Dep.) C. GOTTFRIED. 121

Albert Vollmer, Atomsysteme u. Spektrallinien, Atomphysik wesenseinfacher Atome. Köln: Pick. 1955. (183 S. m. 34 Abb.) 8°. DM 9,60.

A₃. Elektrizität. Magnetismus. Elektrochemie.

W. Bez und **K. H. Höcker,** *Theorie des Anodenfalls.* 4. Mitt. *Der Anodenfall des Homogenkohle-Hochstrombogens in Luft.* (3. vgl. C. **1956.** 6016.) Vff. behandeln den Mechanismus der therm. Ionisierung unter Berücksichtigung der Kontraktion der Entladung vor der Anode. Der Hauptanteil der Ionisierungsprozesse wird auf Elektronenstoß zurückgeführt. Bei einer Achsentemp. von 11000° K führt die Kontraktion zu Stromdichten von mehr als 50000 A/cm². Für die Anodenfallspannung werden 29 V berechnet, die Dicke des Fallgebietes beträgt $1{,}4 \cdot 10^{-3}$ cm. Der maximale Wert der Elektronentemp. beträgt 180000° K, das Temperaturäquivalent der Anodenfallspannung 280000° K. (Z. Naturforsch. **11a.** 118–23. Febr. 1956. Stuttgart, TH, Inst. für theoret. u. angew. Phys.) H. LIEPACK. 131

Albert Simon, *Ambipolare Diffusion in einem Magnetfeld.* Es wird gezeigt, daß die Diffusion von Ionen in einem Plasma senkrecht zu einem Magnetfeld bei den meisten Entladungsexperimenten keinen ambipolaren Charakter besitzt. Entsprechend der hohen anisotropen Leitfähigkeit dieses Mediums diffundieren die Ionen quer zum Magnetfeld entsprechend ihren eigenen spezif. Werten. Die Neutralisation der Raumladung wird durch einen schwachen Ausgleich des Stromes in Richtung des Magnetfeldes bewirkt. Die von BOHM angegebene Diskrepanz zwischen Theorie u. Experiment erweist sich damit als unbegründet u. es ist nicht notwendig, zusätzliche Mechanismen, wie Plasmaschwingungen, anzunehmen. (Physic. Rev. [2] **98.** 317–18. 15/4. 1955. Oak Ridge, Tenn., Nat. Labor.) B. MÜLLER. 131

F. Bitter und **J. F. Waymouth,** *Eine Analyse des Plasmas von Fluorescenzlampen.* 1. Mitt. (Sitzungsbericht.) (Physic. Rev. [2] **98.** 1148. 15/5. 1955. Sylvania Electric Prod., Inc.) E. KLEVER. 131

J. F. Waymouth und **F. Bitter,** *Eine Analyse des Plasmas von Fluorescenzlampen.* 2. Mitt. (1. vgl. vorst. Ref.) (Sitzungsbericht.) (Physic. Rev. [2] **98.** 1148–49. 15/5. 1955. Sylvania Electric Prod., Inc., u. F. Bitter, MIT.) E. KLEVER. 131

L. G. H. Huxley und **R. W. Crompton,** *Ein Beitrag zur Diffusion von Elektronen einer kleinen Quelle in einem Gas.* Vff. diskutieren die Verteilung der Elektronenkonzentration. Die in früheren Veröffentlichungen benutzte Hypothese, daß sich die Elektronenquelle als Dipolquelle verhält, erweist sich als unrichtig. (Proc. physic. Soc., Sect. B **68.** 381–83. 1/6. 1955. Adelaide, Univ., Dep. of Phys.) B. MÜLLER. 131

V. D. Farris, *Diffusion in sich bewegenden Schichten.* Zurückgreifend auf die PUPPschen Verss. über die Verteilung u. Temp. der Elektronen in einer *Ar*-Entladung (PUPP, Physik. Z. **36.** [1935.] 61) wird die Verteilung des Verhältnisses der positiven Ionen zu den Elektronen entlang der Achse eines Entladungsrohres unter Entw. einer FOURIER-Reihe berechnet u. zum anderen unter der Annahme, daß die Ionenbldg. durch Stöße zwischen Ar-Atomen im Grundzustand u. Elektronen erfolgt, deren Energieverteilung streng der MAXWELLschen Verteilungsfunktion gehorcht. Beide Kurven stimmen in Gestalt u. Lage überein bis auf eine Abweichung zwischen den Absolutwerten der Maxima. (Proc. physic. Soc., Sect. B **68.** 383–85. 1/6. 1955. Belfast, Queen's Univ., Phys. Dep.) B. MÜLLER. 131

E. T. Hungerford und **R. D. Birkhoff,** *Elektronenstreuung in dünnen Folien.* Zur Unters. von Gestalt u. Halbwertsbreite der Energieverteilung wird der Energieverlust für folgende Folien gemessen: 54,5 u. 28,2 mg/cm² *Al*; 11,9 u. 28,0 mg/cm² *Cu*; 14,8 u. 31,0 mg/cm² *Ag* u. 29,0 mg/cm² *Au*. Die Ergebnisse stimmen überein mit der Theorie von LANDAU-BLUNCK-LEISEGANG. Die Abweichung bei dickeren Folien wird auf Mehrfachstreuung in diesen zurückgeführt. (Physic. Rev. [2] **95.** 6–7. 1/7. 1954. Knoxville, Tenn., Univ. of Tennessee, Phys. Dep.; Oak Ridge, Tenn., Oak Ridge Nat. Labor.) H. LIEPACK. 131

E. Herrmann, *Über die dielektrischen Eigenschaften eines organisch–anorganischen Mischkörpers.* Ein Mischkörper aus Fe_2O_3 u. *Buna* zeigt Frequenzabhängigkeit der DK. u. dielektr. Verluste. Zur Berechnung der gemessenen Werte der DK. bewährte sich die logarithm. Mischungsregel von LICHTENECKER. Eine ½ std. Erwärmung auf 140° erhöht den Verlustfaktor. Änderungen der DK. werden erst oberhalb 200° merklich. Die Verluste der auf 140° behandelten Körper setzen sich aus einem OHMschen u. einem Hysteresisanteil zusammen. (Arhiv Kemiju [Arch. Chim.] **23.** 123—32. Okt. 1951.) K. L. WOLF. 132

Werner Känzig, *Raumladungsschicht in der Nähe der Oberfläche eines Ferroelektrikums.* Raumladungsoberflächenschichten sind bei Halbleitern bekannt u. werden allg. der Defektleitung der Elektronen zugeschrieben. Sie können auch bei ferroelektr. $BaTiO_3$ beobachtet werden u. bleiben oberhalb des CURIE-Punktes erhalten. Dadurch erklärt sich das Ergebnis, daß bei einer Polarisation mit relativ kleinen elektr. Feldern keine dielektr. Hysteresis beobachtet werden kann. Die Feldstärken sind zu klein, um die Raumladungen niederzubrechen. Dagegen werden bei dem ferroelektr. KH_2PO_4 keine Raumladungsschichten beobachtet, weil KH_2PO_4 kein Halbleiter ist u. auch wegen der größeren Reinheit als bei $BaTiO_3$ keine Defektleitung möglich ist. (Physic. Rev. [2] **98.** 549—50. 15/4. 1955. Urbana, Ill., Univ., Dep. of Phys.) H. FAHLENBRACH. 133

John A. Hooton und **Walter J. Merz,** *Ätzstreifen und ferroelektrische Bereiche bei $BaTiO_3$-Einkristallen.* Bei der Ätzung mit HCl zeigen polarisierte $BaTiO_3$-Einkristalle Stellen verschied. Ätzgeschwindigkeit in der Weise, daß die positiven Stellen stärker als die negativen reagieren. Diese Tatsache gibt ein Werkzeug in die Hand, die ferroelektr. Elementarbereiche sehr genau zu untersuchen. Es werden eine ganze Reihe solcher Elementarbereichstrukturen sichtbar gemacht, aus denen bes. eine sehr starke Dipolwechselwrkg. mehrerer Bereiche hergeleitet werden muß. Die Bilder zeigen ferner, wie beim Ferromagnetismus, die verschied. Arten von BLOCH-Wänden u. den starken Einfl. mechan. Spannungen auf die Strukturen. (Physic. Rev. [2] **98.** 409—13. 14/2. 1955. Murray Hill, N. J., Bell Telephone Labors.) H. FAHLENBRACH. 133

Sol Triebwasser und **Frederic Holtzberg,** *Ferroelektrisches Verhalten der festen Lösungen von $KNbO_3$ und $KTaO_3$.* (Sitzungsbericht.) (Physic. Rev. [2] **98.** 1201. 15/5. 1955. IBM, Watson Labor.) E. KLEVER. 133

Roberto Levi, *Verbesserte „imprägnierte Kathode".* Vf. beschreibt einige Verbesserungen an der von ihm früher (vgl. C. **1954.** 1314) beschriebenen sogenannten „imprägnierten Kathode". Die Darst. geschah durch Imprägnieren des porösen W-Körpers in H_2-Atmosphäre mit einer Schmelze von 5 Mol BaO, 2 Mol Al_2O_3 u. 3 Mol CaO. Gegenüber der alten Kathode war die Emissionsstromdichte um einen Faktor von ca. 4 größer. Ferner konnte der lange Hochtemperaturalterungsprozeß auf 2—3 Std. red. werden. Auch die Geschwindigkeit der totalen Ba-Verdampfung (Ba + BaO) in den ersten 2000 Std. betrug bei 1465° K nur ca. $2 \cdot 10^{-10}$ g Ba/cm²·sec. Nach 5000 Betriebsstunden konnten noch keine Mängel festgestellt werden. Die Austrittsarbeit ist $\Phi = 2{,}12$ eV bei 1410° K, der Temperaturkoeff. $\Delta\,\Phi/\Delta\,T = 3{,}2 \cdot 10^{-4}$ eV/Grad. (J. appl. Physics **26.** 639. Mai 1955. Irvington-on-Hudson, N. Y., Philips Labor.) C. GOTTFRIED. 134

John Lambe, *Rekombinationsprozesse in Cadmiumsulfid.* Vf. untersucht Photoleitfähigkeit u. Luminescenz von CdS. Die spektrale Verteilung der Photoleitung ist insofern bemerkenswert, als die Maxima von Absorption u. Photoleitung nicht zusammenfallen. Dieses Verh. läßt sich durch die Annahme erklären, daß die Lebensdauer der Leitungselektronen von der Wellenlänge des anregenden Lichtes abhängt. Weiterhin wurden die Beziehungen zwischen Photoleitung u. Luminescenz bei *Ag*-aktiviertem u. bei rot bzw. grün luminescierendem unaktiviertem CdS untersucht. Es wurde gefunden, daß die Luminescenz weit schneller abfällt als die Photoleitfähigkeit. Zur Deutung dieses Befundes wird ein neues Modell vorgeschlagen, in dem die Luminescenz auf der Rekombination eines lokalisierten Elektrons u. eines freien Loches basiert (vgl. nachst. Ref.) (Physic. Rev. [2] **98.** 985—92. 15/5. 1955. Washington, D. C., U. S. Naval Res. Labor.) H. W. LEVI. 134

John Lambe und **Clifford C. Klick,** *Modell der Luminescenz und Photoleitfähigkeit in den Sulfiden.* (Vgl. C. **1956.** 5740.) Vff. stellen dem konventionellen Modell, bei dem ein Elektron durch opt. Anregung vom Valenz- in das Leitungsband gelangt, das zurückgebliebene Loch von einer negativen Störstelle strahlungslos eingefangen wird u. schließlich das Leitungselektron mit der neutralisierten Störstelle unter Luminescenz rekombiniert, ein anderes gegenüber, bei dem der Cyclus ganz ähnlich verläuft, aber mit dem Unterschied, daß der zur Luminescenz führende Schritt nicht die Rekombination des Leitungselektrons mit der Störstelle ist, sondern das Einfangen des positiven Loches durch eine negative Störstelle. Das Störniveau, das durch ein einatomiges Aktivatormetall gebildet wird, liegt in dem vorgeschlagenen Modell unterhalb des Leitungsbandes u. nicht, wie bei dem konventionellen Modell, kurz oberhalb des Valenzbandes. Die Erscheinung, daß die Luminescenz wesentlich schneller abklingt als die Photoleitfähigkeit, läßt sich in dem neuen Modell zwanglos erklären, während nach dem alten hierzu Zusatzannahmen erforderlich sind. Der bei doppelt aktivierten Sulfiden beobachtete temperaturabhängige Farbwechsel der Luminescenz läßt sich in beiden Modellen gleich gut deuten. Einen direkten Beweis für ihr Modell liefern Vff., indem sie die Photoleitung von *Ag*-aktiviertem *CdS* bei Bestrahlung mit Licht von 1 u. 3 μ Wellenlänge untersuchen. Aus dem beobachteten Verh. ergibt sich die Existenz von Störniveaus ca. 0,4 eV unterhalb des Leitungsbandes, die auf die Ag-Atome zurückgehen, u. von anderen, die ca. 1 eV oberhalb des Valenzbandes liegen u. normalerweise im CdS vorhanden sind. Dieses Bild stimmt in den wesentlichen Zügen mit dem vorgeschlagenen Modell überein, das auch noch in einigen weiteren Punkten experimenteller Prüfung standhält. (Physic. Rev. [2] **98.** 909–14. 15/5. 1955.) H. W. LEVI. 134

Hartmut Kallmann und **Barnet Rosenberg,** *Beständige innere Polarisation.* In photoleitenden fluorescierenden Stoffen mit geringer Dunkelleitfähigkeit können durch Strahlungseinw. in Ggw. elektr. Felder innere Polarisationen von mehr als 10000 V/cm erzeugt werden, die sich längere Zeit nach Feldeinw. bei Aufbewahrung der Kristalle im Dunkeln halten. Der Effekt wurde bes. an *(Zn, Cd)S* u. *Anthracen* sowie an *Chrysen, 9-Bromanthracen* u. *trans-Stilben* beobachtet. Außer UV, sichtbarem u. infrarotem Licht sind auch energiereiche Strahlen (γ- u. β-Strahlen) wirksam. Die innere Polarisation baut sich mit der Zeit bis zu einem Sättigungswert steigend auf u. ist eine logarithm. Funktion der Bestrahlungsintensität sowie eine lineare Funktion der angelegten Spannung. Der stationäre Wert ist eine spezif. Stoffeigenschaft. Die Ursache wird in einer Lokalisierung der durch das Licht freigesetzten u. durch das Feld getrennten beweglichen Ladungen in Haftstellen gesehen. Ladungsträgereinwanderung über die Elektroden spielt dabei keine Rolle. Beziehungen dieser Polarisationseffekte zu Photoleitung u. Fluorescenz werden in einem phänomenolog. Modell, das einige Ergebnisse quantitativ zu beschreiben vermag, besprochen u. die Möglichkeiten der Unters. der Energiespeicherung in Kristallen mit Hilfe dieser Effekte diskutiert. (Physic. Rev. [2] **97.** 1596 bis 1610. 15/3. 1955. New York, N. Y., Univ., Phys. Dep.) J. RUDOLPH. 134

N. Sclar und **E. Burstein,** *Optische und Stoßrekombination bei der Photoleitfähigkeit durch Verunreinigungen in Germanium und Silicium.* (Sitzungsbericht.) (Physic. Rev. [2] **98.** 1178–79. 15/5. 1955. U. S. Naval Res. Labor.) E. KLEVER. 134

E. M. Conwell, *Leitung im Störstellenband von Germanium und Silicium.* (Sitzungsbericht.) (Physic. Rev. [2] **98.** 1178. 15/5. 1955. Sylvania Electric Prod., Inc.) E. KLEVER. 135

G. Dresselhaus, A. F. Kip und **C. Kittel,** *Cyclotronresonanz von Elektronen und Löchern in Silicium- und Germaniumkristallen.* (Vgl. C. **1954.** 8977.) Es wird über die Ergebnisse der Cyclotronresonanzverss. an Ladungsträgern in Si- u. Ge-Einkristallen bei 4^0 K diskutiert u. eine Beschreibung der Lichtmodulationstechnik, welche gute Signal–Rausch-Verhältnisse zeigt, gegeben. Ferner werden Experimente mit zirkular polarisierter Mikrowellenstrahlung sowie Unterss. des Anisotropieeffektes beschrieben. Die Elektronenenergieoberflächen in Ge nahe der Bandenkante sind entlang der (1 1 1)-Achse orientiert u. haben den longitudinalen Massenparameter $m_1 = (1{,}58 \pm 0{,}04)$ m u. den transversalen Massenparameter $m_t = (0{,}082 \pm 0{,}001)$ m. Für Si entlang der (1 0 0)-Achse gelten die Werte $m_1 = (0{,}97 \pm 0{,}02)$ m u. $m_t = (0{,}19 \pm 0{,}01)$ m. Für Ge u. Si werden die Gleichungen der Energieoberflächen der Löcher angegeben. (Physic. Rev. [2] **98.** 368–84. 15/4. 1955. Berkeley, Calif., Univ., Dep. of Phys.) E. HAHN. 135

G. Dresselhaus, A. F. Kip, C. Kittel und **G. Wagoner,** *Cyclotron- und Spinresonanz in Indiumantimonid.* (Vgl. vorst. Ref.) In Fortsetzung der l. c. referierten Arbeit über Cyclotronresonanzen bei 24000 MHz wird eine Resonanzlinie bei niedrigen Feldstärken beobachtet, die einer effektiven M. $m^* = (0{,}013 \pm 0{,}001)$ entspricht. Die Resonanz erscheint isotrop bei Rotation in einer (1 0 0)-Ebene. Aus der isotropen M. wird geschlossen, daß die Resonanz mit Leitungselektronen verbunden ist. Vorläufige Beobachtungen an 2 Resonanzlinien mit schwereren Massen, $m^* \sim 0{,}18$ m u. $m^* > 1{,}2$ m, ergeben, daß diese Linien etwas anisotrop sind. Bei einem g-Wert von $2{,}11 \pm 0{,}03$ wird an 2 InSb-Kristallen eine Elektronenspinresonanzlinie beobachtet. (Physic. Rev. [2] **98.** 556–57. 15/4. 1955. Berkeley, Calif., Univ. of California, Dep. of Phys.) GERHARD SCHMIDT. 135

W. Kohn und **J. M. Luttinger,** *Theorie der Donatorzustände im Silicium.* (Vgl. C. **1956.** 6578.) Unter Verwendung der kürzlich gemessenen effektiven Massen für n-Typ Si ($m_1 = 0{,}98$ m; $m_2 = 0{,}19$ m) werden Näherungslsgg. der SCHRÖDINGERschen effektiven Massengleichung gefunden. Die Genauigkeit dieser Lsgg. wird an den Grenzfällen $m_2/m_1 = 1$ bzw. 0 geprüft. Die Natur der resultierenden Zustände u. ihre Entartung werden unter Berücksichtigung der Tatsache, daß das Leitungsband des Si 6 gleichwertige Minima enthält, diskutiert. Experimentell gemessene Ionisierungsenergien zeigen, daß die Theorie der effektiven Massen im Falle des Grundzustandes falsch ist, was mit dem Versagen der Theorie in der Nähe des Donatorkernes zusammenhängt.

Vff. geben abschließend ein theoret. Spektr. für die Bindung der Elektronen durch *P*-, *As*- oder *Sb*-Donatoren an. (Physic. Rev. [2] **98.** 915–22. 15/5. 1955. Pittsburgh, Pa., Carnegie Inst. of Technol., Dep. of Phys.; Ann Arbor, Mich., Univ. of Michigan, Dep. of Phys.; Murray Hills, N. J., Bell Telephone Labors.) H. W. LEVI. 135

R. Rosenberg und **M. Lax,** *Gültigkeit der Theorie des Deformationspotentials bei n-Typ Ge.* (Sitzungsbericht.) (Physic. Rev. [2] **99.** 649. 15/7. 1955. Syracuse, Univ.) GERHARD SCHMIDT. 135

R. M. Baum und **J. F. Battey,** *Elektroneneinfangwahrscheinlichkeit des oberen Kupferacceptorniveaus in Germanium.* Ein Ge-Präp. wird durch Einfang von Cu-Atomen so aktiviert, daß die Lebensdauer der Minderheitsladungsträger umgekehrt proportional der Einfangwahrscheinlichkeit des oberen Cu-Acceptorniveaus ist, das als Rekombinationsniveau wirkt. Es wird gefunden, daß die Lebensdauer mit steigender Temp. exponentiell abfällt. Als Erklärung wird vorgeschlagen, daß nur Elektronen, deren Energie mehr als 0,22 eV über der Unterkante des Leitungsbandes liegt, das zweite Cu-Acceptorniveau erreichen können. (Physic. Rev. [2] **98.** 923–25. 15/5. 1955. Ipswich, Mass., Sylvania Electric Prod., Inc., Electronic Div.) H. W. LEVI. 135

R. A. Logan, A. J. Goss und **M. Schwartz,** *Halbleiter aus Einkristallen von Germanium–Silicium-Legierungen.* (Vgl. C. **1955.** 2364.) Vff. finden, daß sich die physikal. Eigg. von Si–Ge-Legierungen kontinuierlich mit der Zus. ändern. Durch Diffusion in die feste Phase gelang es, p—n-Übergänge in die Ge–Si-Einkristalle einzuführen. Die elektr. Charakteristiken von *As*-behandelten reinen Ge- u. Ge–Si-Präpp. werden untersucht. (J. appl. Physics **25.** 1551–52. Dez. 1954. Murray Hills, N. J., Bell Telephone Labor.) H. W. LEVI. 135

G. B. Benedek, W. Paul und **H. Brooks,** *Die Druckabhängigkeit des Widerstandes, des Hall-Effekts und des magnetischen Widerstandes beim Germanium.* (Sitzungsbericht.) (Physic. Rev. [2] **98.** 1193. 15/5. 1955. Harvard Univ.) E. KLEVER. 135

W. Schultz und **H.-U. Harten,** *Das System Gasphase/Halbleiter und das System Metall/Halbleiter.* Vff. untersuchen die elektr. Eigg. der Systeme Gasphase/Halbleiter u. Metall/Halbleiter. Es wird auf den Einfl. u. die Wrkg. der Halbleiteroberflächen hingewiesen u. bes. auf die Oberflächenrekombination, Oberflächendoppelschicht u. Oberflächenleitung eingegangen. Der Stromdurchgang durch die Phasengrenze zwischen Metall u. Halbleiter wird durch die Raumladungszone bestimmt u. ist von der außen anliegenden Spannung, bes. von deren Vorzeichen abhängig. Dieser „Gleichrichtereffekt" wird nicht nur durch die Eigg. der Halbleiteroberfläche beeinflußt, sondern auch durch Wanderung von Metall- u. Halbleiteratomen in Kontaktnähe. (Z. Elektrochem., Ber. Bunsenges. physik. Chem. **60.** 20–28. 1956. Belecke/Möhne, AEG-Labor.) D. HAHN. 135

N. W. Sawaritzki, *Supraleitfähigkeit des Wismuts unter hohem Druck.* Einer Anregung von ALEXEJEWSKI (1949) folgend, wiesen CHESTER u. JONES 1953 nach, daß bei Tempp. unterhalb 7° K Bi bei 20000 at supraleitend wird; Steigerung des Drucks bis 40000 verschob diese Temperaturgrenze nur um einen unbedeutenden Wert. Da BRIDGEMAN 1935 bereits nachgewiesen hatte, daß bei 25000 at ein aus Bi-Dampf kondensierter Film supraleitend wird, scheint damit nachgewiesen zu sein, daß bei Bi es sich um einen Modifikationswechsel (wie bei Sn) handeln dürfte. (Природа [Natur] **43.** Nr. 9. 114–15. Sept. 1954. Wawilow-Inst. für physikal. Probleme.) A. v. WILPERT. 136

N. L. Muench und **H. E. Rorschach jr.,** *Verschiebung des kritischen Feldes der Supraleitfähigkeit durch Druck.* (Sitzungsbericht.) (Physic. Rev. [2] **99.** 668–69. 15/7. 1955. Rice Inst.) E. KLEVER. 136

A. W. McReynolds, W. Augustyniak, Marilyn McKeown und **D. B. Rosenblatt,** *Neutronenbestrahlungseffekte in Cu und Al bei 80° K.* (Vgl. C. **1955.** 4281.) Cu u. Al wurden bei der Temp. des fl. N_2 1 Monat lang mit Neutronen eines Reaktors bestrahlt. Die Bestrahlung mit einem gesamten Neutronenfluß von $1{,}1 \cdot 10^{19}$ n/cm² bewirkte eine Zunahme des elektr. Widerstandes von ca. 20 bzw. 33% u. ferner eine Zunahme der krit. Scherspannung für beide Metalle um einen Faktor von ca. 5. Hierauf wurde die Kinetik der Erholungsprozesse durch Anlassen bei Tempp. zwischen −80 u. 500° untersucht. Es wurde gefunden, daß zwischen −80 u. +20° $^2/_3$ der Widerstandszunahme des Cu wieder verschwinden; die krit. Scherspannung nahm in diesem Temperaturbereich nicht ab. Die Aktivierungsenergie beträgt bis zu 0,6 eV. Zwischen Anlaßtempp. von 300–350° wird das restliche Drittel der Widerstandszunahme sowie gleichzeitig der krit. Scherspannungseffekt mit einer Aktivierungsenergie von 1,9–2,0 eV entfernt. In Al verschwinden die durch die Bestrahlung bewirkten Zunahmen des Widerstandes u. der krit. Scherspannung bei ca. −60° mit einer Aktivierungsenergie von 0,55 eV. (Physic. Rev. [2] **98.**

418—25. 15/4. 1955. Upton, N. Y., Brookhaven Nat. Labor.; Philadelphia, Pa., Frankford Arsenal, Pitman-Dunn Labor.) C. GOTTFRIED. 136

J. S. Dhillon und **D. Shoenberg,** *Der de Haas-van Alphen-Effekt.* 3. Mitt. *Versuche bei Feldern bis 32 kG.* (2. vgl. SHOENBERG, C. **1953.** **4647.**) An Einkristallen von *Bi* u. *Zn* wird die period. Abhängigkeit der magnet. Anisotropie bei Tempp. von 4,19 u. um 1,5° K im Magnetfeldbereich 1,5—32 kGauß, bes. im Hinblick auf Form, Phase u. Feldabhängigkeit der period. Schwankungen, untersucht. Bei Bi besteht Übereinstimmung mit der Theorie bis auf das Vorzeichen der Grundamplitude u. der ungeraden Harmonischen. Beim Zn dagegen entsprachen bei höheren Feldern die Feldabhängigkeit der Amplitude sowie die Phase der Grundamplitude u. der 1. Harmon. nicht der theoret. Beziehung, u. die Harmonischen waren viel schwächer als beim Bi. Bei höchsten Feldern wurden für Zn sehr kurze period. Schwankungen beobachtet. Die Feldabhängigkeit der Anisotropie von Zn u. Bi wird auch bei 85° K untersucht. Weitere Unterss. an *Pb, Cu, Ag* u. *Au* ergaben nur für Pb einen nachweisbaren DE HAAS-VAN-ALPHEN-Effekt. (Philos. Trans. Roy. Soc. London, Ser. A **248.** 1—21. 26/4. 1955. New Delhi, Nat. Phys. Labor. of India.) J. RUDOLPH. 137

William C. Overton jr. und **Ted G. Berlincourt,** *Druckabhängigkeit der de-Haas-van-Alphen-Parameter in einem Wismutkristall bei 4,2° K.* (Sitzungsbericht.) (Physic. Rev. [2] **98.** 1180. 15/5. 1955. U. S. Naval Res. Labor.) E. KLEVER. 137

J. Crangle, *Die magnetischen Momente von Kobalt–Kupfer-Legierungen.* Im Temperaturbereich des kub. flächenzentrierten Kristallgefüges bis herauf zu 1100° wird die Sättigungsmagnetisierung von Co–Cu-Legierungen zwischen 0 u. 11 Atom-% Cu gemessen u. auf 0° K extrapoliert. Aus diesen Messungen wird die Änderung des Atommoments mit der 3d-Elektronenkonz. berechnet. Dabei werden ähnliche Ergebnisse wie für Ni–Cu-Legierungen erhalten. Bes. ergibt die Extrapolation auf eine dem Ni entsprechende Elektronenkonz. auch das Atommoment 0,6 μ_B von Ni. Für das Syst. Co–Cu wird das Gesetz der korrespondierenden Zustände nicht bestätigt, d. h. die red. Temp.–Magnetisierungs-Kurven stimmen nicht für alle Legierungen überein. Mit wachsenden Cu-Gehh. wird die red. Temp.–Magnetisierungs-Kurve eckiger. (Philos. Mag. [7] **46.** 499—513. Mai 1955. Sheffield, Univ., Phys. Dep.) H. FAHLENBRACH. 137

R. R. Heikes, *Die magnetische Umwandlung in MnBi.* (Sitzungsbericht.) (Physic. Rev. [2] **98.** 1199. 15/5. 1955. Westinghouse Res. Labors.) E. KLEVER. 137

R. L. Conger, *Magnetisierungskurven von dünnen Schichten.* Es werden Hystereseschleifen von dünnen Vakuumaufdampfschichten einer 80% *Ni*, 20% *Fe* enthaltenden Legierung sichtbar gemacht. Durch das Aufdampfen in einem Magnetfelde wird eine Orientierung der Elementarbereiche mit einer rechteckigen Hystereseschleife bei Messung in der Richtung des Aufdampffeldes erreicht. Bei Schichtdicken von $2 \cdot 10^{-5}$ cm sind nur Drehprozesse für die Magnetisierungsprozesse verantwortlich, wie durch Verss. mit geeigneten Spulenanordnungen bewiesen wird. Damit werden die heutigen theoret. Grundlagen bestätigt, da BLOCH-Wände bei den erwähnten kleinen Abmessungen energet. nicht existenzfähig sind. (Physic. Rev. [2] **98.** **1752—54.** 15/6. 1955. Corona, Calif., U. S. Naval Ordnance Labor.) H. FAHLENBRACH. 137

T. G. Nilan und **W. S. Paxton,** *Gebietskonfiguration und kristallographische Orientierung von kornorientierten Fe–Si-Legierungen.* (Sitzungsbericht.) (Physic. Rev. [2] **98.** 1200. 15/5. 1955. U. S. Steel Corp.) E. KLEVER. 137

H. P. J. Wijn, E. W. Gorter, C. J. Esveldt und **P. Geldermans,** *Bedingungen für eine rechteckige Hystereseschleife bei Ferriten.* Für bestimmte Zwecke (Rechenmaschinen, Schaltelemente usw.) benötigt man Magnetkerne aus magnet. weichen Werkstoffen mit nahezu rechteckiger Hysteresisschleife. Hierfür sind Ferrite geeignet, die außerdem den Vorteil besitzen, daß bei schnellen Feldänderungen geringe Wirbelstromverluste auftreten u. die daher schnell ansprechen. Vff. zeigen, daß sich bei kub. Ferriten fast rechteckige Magnetisierungskurven mit einem Verhältnis von Remanenz zur Sättigungsmagnetisierung von 0,87 realisieren lassen, wenn von den drei Arten der Anisotropien die Kristallanisotropie groß gegenüber der Spannungsanisotropie (Magnetostriktion) u. bes. der Formanisotropie gehalten wird. Da gleichzeitig niedrige Koerzitivkraftwerte erforderlich sind, darf die Konstante der Kristallanisotropie auch nicht zu groß werden. Zur Verringerung der Formanisotropie u. der Koerzitivkraft ist in jedem Fall die Porosität bei diesen Stoffen durch eine Dichtsinterung möglichst klein zu halten. Ferner ist ein niedriger Wert der Anfangspermeabilität aus Gründen der Frequenzlinie anzustreben, da mit der Abnahme der Anfangspermeabilität die ferromagnet. Resonanzfrequenz im allg. erhöht wird. Die Arbeit gibt einige *Mg–Mn-, Mn–Ni–Mg-, Mg–Ni-, Li–Ni-* u. *Li–Cu*-Ferrite mit einem geringen Porenvol. von ca. 5% an, die sich für den genannten Zweck eignen. (Philips' techn. Rdsch. **16.** **124—34.** Okt./Nov. **1954.** Eindhoven, N. V. Philips' Gloeilampenfabrieken.) H. FAHLENBRACH. 137

J. B. Goodenough und **A. L. Loeb**, *Eine Theorie der Ionenordnung, der Kristallstörung und des magnetischen Austausches infolge von Kovalenzkräften in Spinellen.* Da sich elast. u. elektrostat. Energiebetrachtungen für eine Erklärung der Kationenordnung zwischen tetraedr. u. oktaedr. Stellen in Spinellen als nicht ausreichend erwiesen haben, werden Kovalenzbindungen zur Erklärung eingeführt. Dabei werden drei Typen, je nach Stellung der Kationen zu den benachbarten O-Atomen, unterschieden, die tetraedr., die oktaedr. u. die quadrat. Kovalenzbindung. Es wird gezeigt, daß diese Bindungskräfte in der Lage sind, die Kationenordnung, Gitterstörungen u. die antiferromagnet. Austauschwechselwirkungen zu erklären. Für die Kationenordnung sind alle Arten von Kovalenzkräften verantwortlich. Rein qualitativ lassen sich alle beobachteten Anordnungen herleiten. Die orthorhomb. Gitterverzerrung von Fe_3O_4 bei tiefen Tempp. wird einer Kationenordnung auf oktaedr. Gitterplätzen zugeschrieben. Dagegen ist die bei Mn_3O_4, $ZnMn_2O_4$ u. $CuFe_2O_4$ bei der Abkühlung beobachtete tetragonale Gitterverzerrung einer Ordnung auf den quadrat. Kovalenzbindungen der Oktaederplätze zuzuschreiben. Diese tetragonale Gitterverzerrung wird durch die tetraedr. Kovalenzbindung verhindert. Die bisher unbekannte Struktur von Mn_3O_4 wird mit $Mn^{2+}(Mn_2^{III})O_4$ angegeben, wobei Mn^{2+} die Elektrovalenz u. Mn_2^{III} die Kovalenz andeutet. Zur Erklärung der antiferromagnet. Austauschwechselwrkg. wird der Begriff der „Semikovalenz" eingeführt, der eine Kovalenzbindung infolge der Wechselwrkg. eines einzigen Elektronenspins mit dem Gesamtspin eines Kations darstellt. Mit diesem semikovalenten Austausch wird der Paramagnetismus von Mn_3O_4 u. die Magnetisierung von Fe_3O_4 unterhalb 119° K erklärt. (Phyic. Rev. [2] **98.** 391–408. 15/4. 1955. Lexington, Mass., MIT, Lincoln Labor.)
H. FAHLENBRACH. 137

Henri Bizette und **Belling Tsai**, *Die magnetische Susceptibilität des Kupferoxydes CuO.* Die Susceptibilität von CuO wird von nahe 0° K bis zu 400° K gemessen. Sie fällt bei tiefen Tempp. mit wachsender Temp. sehr stark ab zu einem Minimum bei ca. 100° K u. steigt dann mit wachsender Temp. wieder langsam an. Am T_λ-Punkt bei 220–230° K wird keine Unstetigkeit festgestellt, obwohl unterhalb dieser Temp. eine antiferromagnet. Wechselwrkg. zweier Atomketten K u. K' des monoklinen Gitters als Superaustausch über die O_2-Atome zu erwarten ist. Daß der T_λ-Punkt in der Susceptibilität–Temp.-Kurve nicht stärker zum Ausdruck kommt, wird mit einer überlagerten Umladung des Cu^{2+}-Ions erklärt. (C. R. hebd. Séances Acad. Sci. **241.** 182–84. 11/7. 1955.)
H. FAHLENBRACH. 137

Marc Foëx und **Jules Wucher**, *Über das magnetische Verhalten des Ti_2O_3 zwischen 300 und 1700° K.* Ti_2O_3 wurde durch Vakuumschmelzen von Ti_3O_5 u. Ti-Metall mit der Zus. $Ti_2O_{3,05}$ erhalten u., unter Vakuum eingeschmolzen, magnet. untersucht. Gemessen wurde die Susceptibilität zwischen 300 u. 1700° K. Bis zu 473° K ist die Susceptibilität annähernd unabhängig von der Temp. u. steigt dann bei dieser Temp. steil an, um weiter bei Temperatursteigerungen einem Grenzwert bei hohen Tempp. zuzustreben. Bei 473° K ist früher auch eine kleine Umwandlungswärme von 215 cal/Mol gemessen worden. Eine Erklärung der Ergebnisse wird angekündigt. (C. R. hebd. Séances Acad. Sci. **241.** 184 bis 188. 11/7. 1955.)
H. FAHLENBRACH. 137

A. H. Cooke, S. Whitley und **W. P. Wolf**, *Entmagnetisierungsversuche an Cer-Äthylsulfat.* Die Verb. hat unterhalb 1° K eine starke Anisotropie der magnet. Susceptibilität mit einer mol. CURIE-Konstanten von 1,35 parallel u. $< 0,01$ senkrecht zur Hauptachse. Entmagnetisierungen parallel zur Hauptachse zeigten ein Maximum der Susceptibilität bei tiefen Tempp. u. lieferten einen Wert für die spezif. Wärme, der zu groß ist, um einer magnet. Dipolwechselwrkg. zwischen den magnet. Ionen zugeschrieben werden zu können. Dieses Verh. wird einer antiferromagnet. Ionenkopplung zugeschrieben, möglicherweise nfolge einer atomaren elektr. Quadrupol–Quadrupol-Kopplung. Nach adiabat. Entmagnetisierung zur Tiefsttemperaturerzeugung kann in der Richtung der niedrigen Susceptibilität ein Magnetfeld ohne wesentliche Temperaturerhöhung angelegt werden, so daß auch magnet. Eigg. unterhalb 1° K untersucht werden können. Mit dieser Meth. wurden die krit. Magnetfelder von supraleitendem *Zn* u. *Pb* unterhalb von 1° K in guter Übereinstimmung mit früheren Angaben gemessen. (Proc. physic. Soc., Sect. B **68.** 415–21. 1/7. 1955. Oxford, Clarendon Labor.)
K. REICHEL. 137

Warren E. Henry und **Dieter M. Gruen**, *Sättigungsmagnetisierung und Remanenz von β-Uranhydrid.* (Sitzungsbericht.) (Physic. Rev. [2] **98.** 1200. 15/5. 1955. U. S. Naval Res. Labor. and Argonne Nat. Labor.)
E. KLEVER. 137

L. D. Roberts und **R. B. Murray**, *Magnetische und thermische Eigenschaften von UJ_3 bei Temperaturen des flüssigen Heliums.* (Sitzungsbericht.) (Physic. Rev. [2] **98.** 1180. 15/5. 1955. Oak Ridge National Labor.)
E. KLEVER. 137

Emil Slowinski und **Norman Elliott**, *Gitterkonstanten und magnetische Susceptibilitäten von festen Lösungen von Uran- und Thoriumdioxyd.* Mischkristalle von ThO_2 u. UO_2 werden durch Schmelzen mit Borax bei 1000—1200° erhalten. Es zeigt sich, daß ThO_2 u. UO_2 in allen Verhältnissen feste Lsgg. bilden u. daß für die Gitterkonstanten der Mischkristalle das VEGARDsche Gesetz Gültigkeit besitzt. Die magnet. Susceptibilitäten der Lsgg. folgen dem WEISS-CURIEschen Gesetz. Das magnet. Moment des U^{4+}-Ions nimmt mit steigender Verdünnung ab u. nähert sich dem „spin-only"-Wert in Übereinstimmung mit den Beobachtungen anderer Autoren (TRZEBIATOWSKI u. SELWOOD, C. **1951.** I. 2848; DAWSON, C. **1953.** 13). (Acta crystallogr. [Copenhagen] **5.** 768—70. 10/11. 1952. Upton, L. I., N. Y., Brookhaven Nat. Labor., Chem. Dep.) W. KRÖNERT. 137

W. Pierce Smith und **C. R. Estee**, *Die experimentelle Bestimmung von Äquivalentleitfähigkeiten.* Zur Feststellung der Genauigkeit eines von der Firma LEEDS AND NORTHRUP CO. hergestellten Standardleitfähigkeitsapp. in Verbindung mit einer CAMPBELL-SHACKELTON-Brücke bestimmten Vff. zunächst die Äquivalentleitfähigkeiten von KCl-Lsgg. bei 25° unter Benutzung der Frequenzen 500, 1000 u. 2000 Hz. Die erhaltenen Werte wichen von den Angaben der Literatur im Mittel um höchstens 0,6 % ab. Mit diesem App. wurde hierauf die Äquivalentleitfähigkeit von wss. Lsgg. von *Neodymnitrat* bei 25° u. einer Frequenz von 1000 Hz gemessen. Der bisher nicht bekannte Wert der Äquivalentleitfähigkeit, extrapoliert auf unendliche Verdünnung, ergab sich zu 145,9 cm^2 Äquivalente^{-1} Ohm^{-1}. Unter Benutzung der bekannten Ionenäquivalentleitfähigkeit des NO_3-Jons bei unendlicher Verdünnung erhält man für die Ionenäquivalentleitfähigkeit des Nd-Ions den Wert 74,5 cm^2 Äquivalente^{-1} Ohm^{-1}. Mit Hilfe der NERNSTschen Gleichung erhält man hieraus einen Diffusionskoeff. von $6,61 \cdot 10^{-6}$ cm^2 sec^{-1}. (Proc. South Dakota Acad. Sci. [52] **31.** 237—43. 1/12. 1952. Vermillion, Univ. of South Dakota.) C. GOTTFRIED. 138

Élisabeth Billard, *Über die elektrische Leitfähigkeit von Fluoroborsäure- und verschiedenen Metallfluorboratlösungen.* Vf. untersucht zwischen 20 u. 30° die elektr. Leitfähigkeit von Borfluorwasserstoffsäure, *H[BF₄]* (I), u. verschied. Metallfluoborate von *Cd, Cr, Co, Cu, Mg* u. *Mn*, die durch Einw. von I auf die Carbonate bzw. Oxyde der betreffenden Metalle dargestellt wurden. Die graph. Darst., Abhängigkeit der Äquivalentleitfähigkeit von $\sqrt{c}$, wo c = Konz. in Äquivalenten ist, zeigt für jede der untersuchten Lsgg. eine Kurve, die sich aus zwei Geraden mit sehr verschied. Steigungen zusammensetzt. Vf. schließt daraus für den Bereich kleiner Konzz. auf die Existenz einer Hydroxofluoroborsäure der wahrscheinlichen Zus. $H[BF_3(OH)]$ neben der $H[BF_4]$ bei höheren Konzentrationen. (C. R. hebd. Séances Acad. Sci. **233.** 1276—77. 19/11. 1951.) H. SURAWSKI. 138

Roger G. Bates und **Gladys D. Pinching**, *Saure Dissoziationskonstante und daraus abgeleitete thermodynamische Größen für das Monoäthanolammoniumion in Wasser von 0 bis 50°.* Aus EMK.-Unterss. an 23 verschied. gepufferten Lsgg. von *2-Aminoäthanol* u. *Monoäthanolammoniumchlorid* in W. in annähernd äquivalentem Molverhältnis bei 11 verschied. Tempp. im Bereich von 0—50° läßt sich für die saure Dissoziationskonstante K_{bh} des *Äthylammonium*-Ions (I) die Gleichung: $-\log K_{bh} = 2677{,}91/T + 0{,}3869 + 0{,}0004277\,T$ (absol.) ableiten. Die Änderungen der freien Energie, des Wärmeinhalts, der Entropie u. der spezif. Wärmen, die mit der Dissoziation von einem Mol des I verknüpft sind, werden aus der Dissoziationskonstante u. ihrer Temperaturabhängigkeit berechnet u. ergaben sich zu $\Delta F^0 = 25{,}675$ Joule·Mol^{-1}, $\Delta H^0 = 6{,}023$ Joule·Mol^{-1}, $\Delta S^0 = -65{,}9$ Joule·$Grad^{-1}$ Mol^{-1} u. $\Delta C^0p = -190$ Joule·$Grad^{-1}$ Mol^{-1}. Mit der Dissoziation ist also eine geringe Abnahme der spezif. Wärme verbunden, wonach das I eher dem NH_4-Ion ähnlich zu sein scheint als den Methyl-substituierten Amoniumionen, für die sich ziemlich große Zunahmen der spezif. Wärmen bei der Dissoziation ergeben haben. (J. Res. nat. Bur. Standards **46.** 349—52. Mai 1951. Washington.) W. NIEMITZ. 139

K. M. Joshi, *Wechselstromelektrolyse.* 3. Mitt. *Elektrolyse von Schwefelsäurelösung mit Platinelektroden.* (2. vgl. KAPPANA, J. Indian chem. Soc. **29.** [1952.] 211.) Es wurde die Elektrolyse von H_2SO_4-Lsgg. verschied. Konzz. bei Wechselstrom mit Rechteckwellen (sqarewave) unter Verwendung polierter Platinelektroden untersucht. Bei Frequenzen unter 30 Hz findet an beiden Elektroden eine Gasentw. statt. Das erhaltene Gas ist eine Mischung von H_2 u. O_2, wobei das theoret. Verhältnis $H_2:O_2 = 2:1$ überschritten wird. Daneben findet während der Elektrolyse eine Bldg. von H_2O_2 statt. Eine Unters. der verschied. Einfll. auf die Stromausbeute ergibt ein Sinken der Stromausbeute mit steigender Frequenz, Dauer der Elektrolyse u. Konz. des Elektrolyten u. einen Anstieg mit steigender Stromstärke u. Temperatur. Die Frequenz, bei der bei einer bestimmten Stromstärke gerade eine sichtbare Gasentw. einsetzt, wurde bestimmt. Bei dieser Frequenz konnte für die verschied. Stromstärken ein konstanter Wert für die Anzahl Coulomb in einem halben Cyclus gemessen werden. Zahlreiche der beobachteten Effekte finden ihre Erklärung in der Tatsache, daß die Entladung der Ionen schneller vor sich geht als die Kombination der entstehenden Atome. Die Annahme der BOWDEN-Theorie, daß sich eine monomolekulare Wasserstoffschicht während der Entladung der H-Ionen an der Elektrode bildet, wird durch die Versuchsergebnisse gestützt. Die Erniedrigung der Stromausbeute mit der Frequenz wurde als Folge der Rekombinations-Rk. an den Elektroden erklärt. Für die Bldg. von H_2O_2 wird ein Mechanismus aus HO_2-Radikalen nach der Gleichung $2\,HO_2 \rightarrow H_2O_2 + O_2$ an den Elektroden angenommen. (J. Indian chem. Soc. **31.** 278—84. April 1954. Nagpur, Coll. of Sci., Dep. of Chem.) G. MAIER. 141

David M. Kern, *Eine polarographische Untersuchung des Perboratkomplexes.* Es werden polarograph. Messungen am O_2–H_2O_2-Paar in Ggw. von K_3BO_3 bzw. Na_3BO_3 u. H_3BO_3 bei 25° beschrieben u. diskutiert. Potentialmessungen am O_2–H_2O_2-Paar in 0 bis 0,5 mol. Borat- u. mmol. H_2O_2-Lsgg. deuten im Einklang mit Ergebnissen anderer Autoren auf die Existenz des Perborations $[H_2O_2B(OH)_4]^-$ mit der Dissoziationskonstanten K = 0,03 Mol/Liter hin. Bei kleinen Borationenkonzz. erhöht sich jedoch der scheinbare Wert von K auf ca. 0,05. Halbwellenpotentiale u. Diffusionsströme der H_2O_2-Reduktionswelle wurden als Funktion der Borationenkonzz. bestimmt (Diagramme). Die Potentialdaten deuten darauf hin, daß die Perborat-Red. über das H_2O_2-Mol. verläuft. (J. Amer. chem. Soc. **77.** 5458—62. 5/11. 1955. Hannover, N. H., Dartmouth Coll., Steel Chem. Labor.)
H. HOFMANN. 142

Paul Rüetschi und **Paul Delahay,** *Wasserstoffüberspannung und Elektrodenmaterial. Eine theoretische Untersuchung.* Auf Grund kinet. Überlegungen wird gezeigt, daß die H_2-Überspannung an verschied. Metalloberflächen unter sonst gleichen Bedingungen u. unter der Voraussetzung, daß die Kinetik des Elektrodenvorganges im wesentlichen durch die Geschwindigkeit der H^+-Ionenentladung bestimmt wird (dieses ist bei $\eta > 0{,}1$ bis 0,15 V der Fall), eine lineare Funktion der Adsorptionswärme von atomarem H an dem betreffenden Elektrodenmaterial darstellt. Die Linearität der Beziehung wird an nachst. Metallen demonstriert: *Ag, Be, Cd, Cr, Cu, Fe, Ga, Hg, In, Ni, Pb* u. *Tl.* (J. chem. Physics **23.** 195—99. Jan. 1955. Baton Rouge, La., Univ., Dep. of Chem.)
E. MOISAR. 143

A_4. Thermodynamik. Thermochemie.

B. Widom, *Über die Struktur des Konfigurationsintegrals in der statistischen Mechanik reiner Flüssigkeiten.* Theoret. thermodynam. Untersuchung. (J. chem. Physics **23.** 560—68. März 1955. Chapel Hill, N. C., Univ., Dep. of Chem.) C. GOTTFRIED. 146

J. A. Enderby, *Das Domänenmodell der Hysterese.* 1. Mitt. *Unabhängige Domänen.* Beim Übergang von einem thermodynam. Gleichgewichtszustand zu einem anderen wird beim Hin- u. Rückgang eine Hysteresekurve beschrieben, die durch die Annahme von Domänen oder Elementarbereichen, die voneinander unabhängig sind, theoret. zu beschreiben versucht wird. Dabei stellen die Domänen eine Gruppe von gleichartigen Atomen dar. Es wird gezeigt, daß das EVERETTsche Theorem variabler ξ-Werte (Bestandteile von Domänen) nicht allg. gültig sein kann. Mit dieser Theorie werden einige thermodynam. Beziehungen hergeleitet. (Trans. Faraday Soc. **51.** 835—48. Juni 1955. Wythenshawe, Manchester, British Rayon Res. Assoc.) H. FAHLENBRACH. 146

Helmut G. Reik, *Zur Theorie irreversibler Vorgänge.* 4. Mitt. (3. vgl. C. **1956.** 4940.) Vf. wendet das erweiterte Zeitaxiom auf Systeme an, in denen gleichzeitig mehrere Vorgänge, die sich gegenseitig stören können, ablaufen. Ein neu eingeführtes „Integrabilitätstheorem" trägt der gegenseitigen Beeinflussung der einzelnen Vorgänge Rechnung. Dieses Theorem besagt, daß sich die Geschwindigkeiten der n. Vorgänge im Syst. darstellen lassen als partielle Ableitungen einer einzigen Integralfunktion, jeweils nach einer für den betrachteten Vorgang spezif. Größe, die mit der durch diesen Vorgang veranlaßten Entropieproduktion in Beziehung steht. Die Ergebnisse der allgemeinen Theorie werden auf Beispiele angewendet. Vf. zeigt, daß man im Falle der Effusion bei KNUDSENschen Gasen aus dem Integrabilitätstheorem den richtigen Wert für die Überführungsenergie erhält. Weiterhin gibt Vf. weitere Entwicklungen des Integrabilitätstheorems u. des Zeitaxioms an. So werden u. a. die ONSAGERschen phänomenolog. Gleichungen hergeleitet u. weitere über die ONSAGERschen Relationen hinausgehende Informationen gewonnen. (Ann. Physik [6] **13.** 73—96. 1953. Karlsruhe, TH, Inst. für theoret. Phys.)
E. WASSERROTH. 146

J. Skotnický, *Universale thermodynamische Gleichung, die die Gesetze der klassischen chemischen Thermodynamik vereinigt.* Von der Vorstellung ausgehend, daß allen Gesetzen der Thermodynamik das gleiche Naturgeschehen in chem. Systemen zugrunde liegt, entwickelt Vf. als Einheitsgleichung: $F = H + TdF/dT - TCdP/dT - RT^2\, d\ln k_p/dT$ bzw. $A = U + TdA/dT + TPdV/dT - RT^2\, d\ln k_c/dT$. Mit diesen Gleichungen werden die einzelnen Gesetze der chem. Thermodynamik übersichtlich dargestellt; sie überbrückt den bisherigen Dualismus ihrer Formulierung. (Bratislavské Lekárske Listy **34.** 1366 bis 1377. Dez. 1954.) R. K. MÜLLER. 146

Karl F. Alexander, *Zur Theorie der Thermodiffusion in Flüssigkeiten.* 1. Mitt. *Über den Zusammenhang zwischen kinetischer und phänomenologischer Theorie der Transporterscheinungen in kontinuierlichen Systemen.* Vf. zeigt an Hand einer theoret. Abhandlung, daß zwischen den üblichen kinet. Ansätzen u. Modellvorstellungen für Diffusion u. Thermodiffusion in Fll. u. der allg. phänomenolog. Theorie dieser Prozesse Widersprüche bestehen, die dadurch beseitigt werden können, daß eine einfache Transformation der phänomenolog. Gleichung unter gewissen Voraussetzungen für Systeme im mechan. Gleichgewicht durchgeführt wird. Die physikal. Bedeutung der vorgeschlagenen Transformation wird diskutiert. Sie ist gleichbedeutend mit der Einführung eines bewegten Bezugssyst. in die kinet. Theorie, auf das die kinet. Diffusions- u. Thermodiffusionsströme bezogen werden müssen. Die Existenz des bewegten Bezugssyst. wird als Translation des quasikristallinen Gitters gedeutet. Sie wird durch den Rückstoß der kinet. Diffusions- u. Thermodiffusionsströme hervorgebracht, die sich im lokalen Impulsgleichgewicht mit dem Gitter befinden. Die Translation des Gitters kann makroskop. nicht unmittelbar beobachtet werden. (Z. physik. Chem. **203.** 181—202. Aug. 1954. Berlin, Deutsche Akad. der Wiss., Inst. Miersdorf.) V. BURBACH. 149

Karl F. Alexander, *Zur Theorie der Thermodiffusion in Flüssigkeiten.* 2. Mitt. *Diffusion und Thermodiffusion in binären flüssigen Mischungen und Lösungen.* (1. vgl. vorst. Ref.) Die in der vorst. Arbeit abgeleiteten allg. Beziehungen werden für Mischungen aus zwei neutralen Komponenten u. für bin. Elektrolytlsgg. spezialisiert. Die entsprechenden Ausdrücke für die Diffusionskoeffizienten, SORET-Koeffizienten u. Thermodiffusionspotentiale werden angegeben. Eine bemerkenswerte Schlußfolgerung ist, daß die kinet. Überführungswärme des Lösungsm. auch in ideal verd. Lsgg. in den Ausdruck für den SORET-Koeff. eingeht. Daher ist eine kinet. Diskussion der Thermodiffusion in solchen Lsgg. ohne Berücksichtigung der kinet. Eigg. des Lösungsm. unvollständig. (Z. physik. Chem. **203.** 203—12. Aug. 1954.) V. BURBACH. 149

Karl F. Alexander, *Zur Theorie der Thermodiffusion in Flüssigkeiten.* 3. Mitt. *Bestimmung der Soret-Koeffizienten von verdünnten wässerigen Alkalihalogenidlösungen bei den mittleren Temperaturen 30, 40, 50 und 60°.* (2. vgl. vorst. Ref.) Vf. bestimmt mit Hilfe des Trennrohrverf. die SORET-Koeffizienten von 0,05 n Lsgg. von *LiCl, LiBr, LiJ, NaCl, NaBr, NaJ, KCl, KBr* u. *KJ* bei den mittleren Tempp. 30, 40, 50 u. 60° (tabellar. aufgeführt). Es konnte eine starke Abhängigkeit der gemessenen Koeffizienten von der Meßtemp. festgestellt werden. Die additive Zus. der gemessenen SORET-Koeffizienten aus den Ionenanteilen im Rahmen der Fehlergrenzen der Messungen wird nachgewiesen. (Z. physik. Chem. **203.** 213—27. Aug. 1954.) V. BURBACH. 149

Karl F. Alexander, *Zur Theorie der Thermodiffusion in Flüssigkeiten.* 4. Mitt. *Überführungswärme und Struktur wässeriger Elektrolytlösungen.* (3. vgl. vorst. Ref.) Vf. untersucht den Einfl. von Konzentrationsänderungen auf die Überführungswärmen wss. Elektrolytlsgg. unter Bezugnahme der in den vorst. Arbeiten entwickelten Vorstellungen u. stellt fest, daß sich eine Änderung des Assoziationszustandes des W. stark auf die kinet. Überführungswärme des W. u. damit auch auf die phänomenolog. Überführungswärmen auswirkt. Aus dem Konzentrationsverlauf der Überführungswärmen kann auf die Stärke der Strukturänderung, die die verschied. Ionenarten ausüben, geschlossen werden. Zur Deutung des Temperaturverlaufes der Überführungswärmen in verd. Lsgg. ist außer dem Lösungsmitteleinfl. noch ein Ioneneinfl. zu berücksichtigen, der mit der Temperaturabhängigkeit der Ionenhydratation in Verbindung gebracht werden kann. (Z. physik. Chem. **203.** 228—31. Aug. 1954.) V. BURBACH. 149

W. F. Giauque, *Bestimmung von thermodynamischen Temperaturen in der Nähe von 0° K ohne Einführung von Wärme unterhalb von 1° K.* Die KELVINsche Definition der thermodynam. Temp. T durch den Ausdruck TdS = dQ macht es notwendig, zur Best. von T Wärmemengen in ein Syst. einzuführen. Vf. beschreibt zunächst 8 Möglichkeiten, diesen Vorgang experimentell auszuführen u. diskutiert die Vor- u. Nachteile u. experimentellen Grenzen dieser Methoden. Vf. zeigt schließlich, daß es möglich ist, thermodynam. Tempp. unterhalb 1° K ohne den umständlichen Weg von Wärmezufuhren durch magnet. Messungen zu bestimmen. (Physic. Rev. [2] **92.** 1339—45. 15/12. 1953. Berkeley, Calif., Univ. of California, Dep. of Chem.) E. WASSERROTH. 149

J. W. Corbett und **W. W. Watson,** *Thermische Diffusion in mehrkomponentigen Isotopenmischungen.* (Sitzungsbericht.) (Physic. Rev. [2] **98.** 1165. 15/5. 1955. Yale Univ.) E. KLEVER. 149

George J. Yevick und **Jerome K. Percus,** *Einige Beiträge zur Feynmanschen atomaren Theorie von flüssigem Helium.* (Sitzungsbericht.) (Physic. Rev. [2] **98.** 1164—65. 15/5. 1955. Stevens Inst. of Technol.; New York City.) E. KLEVER. 149

H. N. V. Temperley, *Über die Beziehungen zwischen den Modellen von Landau und London-Tisza für flüssiges Helium II.* Nach der Aufdeckung von gemeinsamen Zügen der beiden Modelle betrachtet Vf. ausführlich die Grenzen der Anwendbarkeit des Modells von LANDAU (einer Abart eines DEBYE-Modells) u. die Möglichkeiten seiner Ergänzung. Es scheint sicher zu sein, daß es in der Nähe des λ-Punktes nicht mehr, sondern nur bei tieferen Tempp. gültig ist. (Proc. physic. Soc., Sect. A **65.** 490—509. 1/7. 1952. Cambridge, King's College.) G. KIRSCHSTEIN. 149

H. Forstat und **C. A. Reynolds,** *Der „geschlossene" Spindeleffekt und die Kompressibilität von Helium II.* (Sitzungsbericht.) (Physic. Rev. [2] **98.** 1196. 15/5. 1955. Univ. of Connecticut.) E. KLEVER. 149

K. R. Atkins, *Einige Bemerkungen über Heliumfilme.* Mit der Potentialtheorie von POLANYI kann man die hohe D. der untersten Schichten des He-Films gut verständlich machen. Sie sind zwischen 1,75° K u. dem λ-Punkt fest, darüber liegt ein He I-Film, u. der oberste Teil besteht aus He II. Bei der Berechnung der Filmdicke als Funktion der Höhe über dem Flüssigkeitsspiegel ist die Nullpunktsenergie zu berücksichtigen; einfallende Strahlung scheint von geringerem Einfl. zu sein. (Canad. J. Physics **32.** 347—55. Mai 1954. Toronto, Univ., Dep. of Phys.) G. KIRSCHSTEIN. 149

K. R. Atkins, *Flüssige Heliumfilme.* Vorläufige Mitt. zu der vorst. referierten Arbeit. (Physic. Rev. [2] **92.** 1571—72. 15/12. 1953.) G. KIRSCHSTEIN. 149

Per Schmeling, *Die Diffusion von Argon und Luft durch Polyvinylchlorid und Gummi.* Bei Verss. mit Ar bzw. Luft in einem geschlossenen Syst. diffundiert durch die Gummi- bzw. Polyvinylchloridrohre ein beträchtlicher Teil dieser Gase, der noch größer ist, wenn diese mit Hilfe einer Pumpe zu rascherer Zirkulation gebracht werden. Die Permeabilitätskonstanten P (P definitionsgemäß gleich 1, wenn 1 cm^3 Gas bei Standardbedingungen in 1 Sek. durch 1 cm^2 Membranfläche von 1 mm Dicke bei einer Partialdruckdifferenz von 10 Torr diffundiert) betragen für Polyvinylchlorid bei $18^0 \pm 2^0$ für Ar: $0{,}83 \cdot 10^{-9}$, für Luft: $0{,}48 \cdot 10^{-9}$. Ähnlich verläuft auch die Diffusion dieser Gase durch eine Gummirohrleitung. (Acta chem. scand. **7.** 1312. 1953. Göteborg, Chalmers Univ. of Technol., Labor. of Nucl. Chem.) H. GEDSCHOLD. 149

John Greenstadt, *Variationsbeziehungen in der Theorie der Verdampfungsvorgänge.* Eine LAPLACE-Transformation wird auf die linearisierte eindimensionale BOLTZMANN-Gleichung für Transport in Gasen angewandt, um den Umfang des Problems zu erörtern. Darauf wird die ursprüngliche (linearisierte) Gleichung nach dem Verf. von SCHWARZSCHILD in die Form einer FRIEDHOLM-Gleichung gebracht. Weiterhin wird eine Variationsbeziehung nach SCHWINGER für die Verteilung der in einem Gas gestreuten verdampften Moll. aufgestellt. Damit wird eine Integralgleichung abgeleitet für die Wahrscheinlichkeitsverteilung von Moll. an der Grenzfläche Fl.–Gas während langsamer (stationärer oder zeitabhängiger) Verdampfung. Die Resultate stellen eine Korrektion der elementaren Theorie für diesen Fall dar. (Physic. Rev. [2] **93.** 1140—48. 15/3. 1954. New York, N. Y., Internat. Business Mach. Corp.) E. U. FRANK. 150

F. Kreith und **F. E. Romie,** *Eine Untersuchung der Wärmediffusionsgleichung mit Grenzbedingungen entsprechend der Verfestigung oder dem Schmelzen von Stoffen unmittelbar bei der Schmelztemperatur.* Vff. bringen 2 neue analyt. Lsgg. zur Best. der Lage der Grenzfläche fest–fl. u. der Temp.-Zeit-Geschichte der sich verfestigenden oder schmelzenden Stoffe bei Erreichen der Schmelztemperatur. Die Lsgg. sind auf die eindimensionale Verfestigung des halbunendlichen festen Stoffes, des Zylinders u. einer Kugel begrenzt, wobei in den beiden letzten Fällen die Verfestigung nach dem Zentrum zu fortschreitet. Die behandelten Systeme sind ferner durch die folgenden Postulate definiert: 1. das Material hat einen definierten F., 2. anfänglich ist die Fl. bei der Schmelztemp. gleichförmig u. 3. alle Wärmeeigg. des Materials sind gleichförmig u. konstant. (Proc. physic. Soc., Sect. B **68.** 277—91. 1/5. 1955. Bethlehem, Pa., Lehigh Univ.; Los Angeles, Calif., Univ., Dep. of Engng.) C. GOTTFRIED. 150

M. Dank und **S. W. Barber,** *Spezifische Wärmen von glasiger und kristalliner Kieselsäure bei tiefer Temperatur.* Vff. nehmen Bezug auf noch nicht veröffentlichte Wärmekapazitätsmessungen von WESTRUM an *glasigem* SiO_2 u. an *Cristobalit* zwischen 5 u. 30° K u. kommen zu der Auffassung, daß diese neueren Beobachtungen auf die Existenz von hochanisotropen Strukturen für Cristobalit u. glasigem SiO_2 bei tiefen Tempp. hinzuweisen scheinen, während beide Oxyde bisher auf Grund von Röntgenaufnahmen u. der makroskop. Isotropie verschied. physikal. Eigg. als isotrop angesehen worden waren. (J. chem. Physics **23.** 597—98. März 1955. Toledo, O., Owens-Illinois Glass Co., Gen. Res. Div.) C. GOTTFRIED. 151

P. Herasymenko, *Thermodynamische Eigenschaften von α-Ag–Cd- und α-Au–Cd-Legierungen.* (Sitzungsbericht.) (Physic. Rev. [2] **99.** 614—15. 15/7. 1955. New York Univ.) R. STEIN. 155

W. I. Jagodkin, *Über die Stabilität der Abrißfront von Flammen in viscosem Medium.* Es wird eine theoret. Analyse der Fließstabilität eines viscosen Mediums gegeben, in dem die Front einer Flamme eine Teilung des Raumes in ein Gebiet unverbrannten Gases u. ein Gebiet verbrannten Gases bewirkt. Die rechner. Behandlung des Problems führt zu Ergebnissen, die mit bekannten Versuchsdaten in Einklang stehen. (Известия Академии Наук СССР, Отделение Технических Наук [Nachr. Akad. Wiss. UdSSR, Abt. techn. Wiss.] **1955.** Nr. 7. 101—08. Juli. Moskau.) R. K. MÜLLER. 157

D. E. Mann, H. P. Broida und **B. E. Squires,** *Die Zersetzung von CF_4 in Flammen.* Die Einführung von CF_4 in eine C_2H_2–O_2-Flamme vertieft die blaue Farbe des äußeren Kegels u. vermindert die C-Bildung. In dem inneren Flammenkegel lassen sich die Banden 1—0, 0—0, 1—1, 0—1, 0—2 u. 0—3 des CF-Syst. A—X nachweisen, aber keine Banden des Syst. B—$X^2\pi$. Die fast farblose H_2—O_2-Flamme wird durch CF_4 blau gefärbt. Das Spektr. enthält mehrere auf Verunreinigungen (bes. Cu-Verbb. aus dem Messingbrenner) zurückzuführende Banden zwischen 4000 u. 9000 Å. Unterhalb 3000 Å treten nur die gewöhnlichen OH-Banden auf. (J. chem. Physics **22.** 348—49. Febr. 1954. Washington, D. C., Nat. Bur. of Stand.) E. FORCHE. 157

W. G. Kannuluik und **E. H. Carman,** *Wärmeleitfähigkeit der Edelgase.* Die Wärmeleitfähigkeit k, die sich zwischen 17,40 u. 75,07 cm Hg als druckunabhängig erweist, wurde bei —78,5, 0, 100, 218,0 u. 305,9° (für *He, Ne, Ar* außerdem bei — 182,97°) gemessen. In 10^{-5} cal/cm·Grad·sec ergeben sich mit steigender Temp. folgende Werte: 16,55, 27,06, 34,06, 41,65, 49,47, 55,04 für He; 4,89, 8,76, 11,10, 13,57, 15,95, 17,89 für Ne; 1,41, 2,93, 3,94, 5,06, 6,14, 6,85 für Ar; 1,52, 2,08, 2,72, 3,40, 3,88 für Kr; 0,915, 1,23, 1,68, 2,08, 2,37 für Xe. Das Verhältnis $k/\eta c_v$, wo η die Viscosität u. c_v die spezif. Wärme ist, ergibt sich unabhängig von der Temp. zu 2,43 für He, 2,47 für Ne, 2,50 für Ar, 2,58 für Xe. (Proc. physic. Soc. Sect. B **65.** 701—09. 1/9. 1952. Melbourne, Univ., Phys. Dep.) G. KIRSCHSTEIN. 158

Georg Süssmann, *Über den Impuls der Schallquanten.* 1. Mitt. Vf. untersucht die DE BROGLIEsche Relation für Phononen, wobei er den „akust. COMPTON-Effekt", die BRAGGsche Reflexionsbedingung u. die KRONIGsche Ableitung der LANDAUschen Zweiflüssigkeitentheorie als gültig voraussetzt. Die durch die Tatsache, daß bei Schallwellen im Zeitmittel keine Materie transportiert wird, entstehende Diskrepanz bzgl. des Fehlens eines Impulses wird durch Einführung eines „Pseudoimpulses" Π zu klären versucht. Π genügt dem gleichen Erhaltungssatz wie der Gitterimpuls $\mathfrak{P}$ u. kann daher prakt. nicht von diesem unterschieden werden. Es wird angenommen, daß Π mit einem Anteil von $\mathfrak{P}$ verknüpft ist, $\mathfrak{P}$ erzeugt eine Translation des Gitters, während Π eine Verstellung um eine Gitterkonstante erzeugt. Die Annahmen werden an einem einfachen Modell untersucht. (Z. Naturforsch. **11a.** 1—14. Jan. 1956. Göttingen, MPI für Phys.) H. JACOB. 159

A₅. Kolloidchemie. Grenzschichtforschung.

Moïse Haïssinsky und **W. Gluzbarg,** *Die Wirkung von ionisierender Strahlung auf kolloidale Lösungen.* Vff. bestätigen die Ergebnisse von CROWTHER u. FAIRBROTHER (Philos. Mag. **4.** [1927.] 323, u. **7.** [1929.] 86) u. von BOUTARIC u. ROY (C. R. hebd. Séances Acad. Sci. **196.** [1933.] 1020) über die Stabilisierung negativ geladener bzw. die Koagulation positiv geladener koll. Teilchen durch ionisierende Strahlen an koll. Lsgg. von *Cu* (positive Ladung) sowie *Ag* u. *Au* (negative Ladung). Als Strahlenquelle dienen: γ-Strahlung von 20—400 mC aus $RaBr_2$, γ-Strahlen + Neutronen aus $RaBr_2$ + Be (600 mC) sowie langsame u. schnelle Neutronen aus dem Cyclotron des College de France (D + Be-Rk.). (C. R. hebd. Séances Acad. Sci. **233.** 1192—94. 12/11. 1951.) M. SCHENK. 163

R. K. Neogy, *Der Effekt von Elektrolyten auf die Stabilität und das ζ-Potential von Emulsionen.* Es wurden die ζ-Potentiale von Xylol–W.-Emulsionen, die mit Na-Oleat, Saponin oder Cetyldimethylbenzylammoniumchlorid als Emulgatoren stabilisiert waren, in Ggw. von wechselnden Mengen verschied. Elektrolyte gemessen. Als Elektrolyten wurden *KCl, NaCl,* K_2SO_4, *Na-Citrat,* $K_4[Fe(CN)_6]$, *HCl,* $BaCl_2$, $Al(NO_3)_3$ u. $Th(NO_3)_4$ verwandt. Ein „krit. Potential" wurde nicht beobachtet. Die Ergebnisse zeigen, daß der einzige entscheidende Faktor für die Stabilität von Emulsionen die Stärke u. die Beschaffenheit des die dispergierten Teilchen umgebenden Filmes ist. Andere Faktoren haben nur insoweit einen Einfl., als sie diesen Film verändern. (J. Indian chem. Soc. **31.** 291—98. April 1954. Calcutta, Univ., Coll. of Sci. and Technol., Phys. Chem. Dep.) G. MAIER. 163

Hans Leichter, *Zur Phänomenologie der Kryolyse.* Überblick über 125 Jahre Forschung auf dem Gebiet der Kryolyse. Der Name „Kryolyse" wurde 1927 von NORD eingeführt u. man versteht darunter das Forschungsgebiet, das sich mit der Tieftemperaturbehandlung von koll. Lsgg. bei Anwendung verschied. tiefer Tempp. u. verschied. Tiefkühlgeschwindigkeit beschäftigt. Neben der wissenschaftlichen Bedeutung behandelt Vf. auch die prakt. Bedeutung (z. B. Frischhalten von Nahrungs- u. Genußmitteln, Kälteeinw. im Pflanzen- u. Tierreich). — 28 Literaturangaben. (Kolloid-Z. **117.** 111—15. Mai 1950. Clausthal-Zellerfeld, Gmelin-Inst.) G. Wille. 163

Terutosi Murakami, Syû Ono, Mikio Tamura und **Michio Kurata,** *Über die Theorie der Oberflächenspannung einer regulären Lösung.* Es wird eine Theorie der Oberflächenspannung (OS) bin. Lsgg. unter Verwendung des Modells der quasikristallinen Lsg. abgeleitet, aus der sich die große Verteilungsfunktion der bin. Lsg. ergibt, in der die mol. Komponenten als Funktionen des Abstandes von der Oberfläche angesehen werden. Dabei wird die Konz. unter der Annahme bestimmt, daß das Syst. im thermodynam. Gleichgewicht ist. Die auf diese Weise erhaltene OS u. die Oberflächenüberschußbeträge der Komponenten stehen nicht im Widerspruch zu der Gibbsschen Adsorptionsformel. Die aus dem Modell der monomol. Schicht abgeleitete Theorie der OS regulärer Lsgg. von Guggenheim stellt danach einen Spezialfall der neuen Theorie dar, jedoch steht die Theorie der monomol. Schicht selbst im Widerspruch mit der Gibbsschen Formel, da das Syst. den Gleichgewichtszustand nicht erreichen kann, wenn der Unterschied in der Zus. von der Hauptmenge auf einen so kleinen Bereich wie eine ein- oder zweimol. Schicht beschränkt ist. (J. physic. Soc. Japan **6.** 309—12. Sept./Okt. 1951. Kyushu Univ., Fac. of Engng.; Kyoto Univ., Fac. of Engng.; Tokyo Inst. of Techn. [Orig.: engl.]) W. Niemitz. 166

Constantin Paparoditis und **Jean Guastalla,** *Oberflächenspannung der Lösungen von Verbindungen mit kationischen Oberflächen.* Vff. entwickeln eine neue Meth. zur Messung der Oberflächenspannung von Verbb. mit kation. Oberflächen (Verbb. mit einem Kation, das an eine oder mehrere lange organ. Ketten gebunden ist), bei denen die tensiometr. Plattenmeth. versagt. Dieses Versagen ist darauf zurückzuführen, daß die verwendeten mattgeschliffenen Pt-Platten von den genannten Verbb. gar nicht oder nur unvollkommen benetzt werden. Nach Verss. mit verschied. Metallen u. Oxyden fanden Vff. heraus, daß gute Ergebnisse mit Glimmerplatten, die mit Glaspapier mattgeschliffen wurden, erzielt werden können. Es existiert aber auch dann noch ein Konzentrationsbereich, in dem die Glimmerplatte unvollkommen benetzt wird. Für diese Fälle entwickeln Vff. eine Meth. von Matalon (Thèse, Lyon, 1948) weiter, die auf einer Messung der Kraft beruht, die auf einen Bügel mit einem horizontalen Draht ausgeübt wird, wenn er aus einer Fl. auftaucht. In einer graph. Darst. sind die Ergebnisse der Messungen an Lsgg. von *β-Oxyäthyldimethyldecylammoniumbromid* wiedergegeben. (C. R. hebd. Séances Acad. Sci. **237.** 977—79. 28/10. 1953.) G. Wille. 166

J. W. Taylor, *Ermittlung der unbekannten Oberflächenspannung einiger Metalle.* Die Oberflächenspannung der fl. Metalle wird nach verschied. Methoden berechnet. Die Beziehung zur Verdampfungswärme liefert die brauchbarsten Werte. (Metallurgia [Manchester] **50.** 161—65. Okt. 1954. Harwell, Atomic Energy Res. Establ.) K. Stein. 166

N. W. Tjabin, *Theorie der anomalen Viscosität disperser Systeme.* Vf. entwickelt eine phänomenolog. Theorie des Fließens unelast. anomal viscoser disperser Systeme, wobei er von der experimentellen Abhängigkeit des Geschwindigkeitsgefälles von der tangentialen Schubspannung ausgeht u. die Natur der Viscositätsanomalie nicht behandelt. Es zeigt sich, daß das anomal viscose disperse Syst. eine Fließkurve aufweist, die aus 3 Geraden besteht. Es wird im inhomogenen Spannungsfeld durch 5 Konstanten beschrieben: die Viscositätskonstanten η^0, η' u. η'' sowie die dynam. Grenzschubspannungen Θ' u. Θ''. Bisher wurden die anomal viscosen dispersen Systeme durch die Viscositätsabnahme mit steigendem Geschwindigkeitsgefälle charakterisiert. Es zeigt sich jedoch, daß neben der Viscositätsabnahme hierbei eine Zunahme der dynam. Grenzschubspannung eintritt. Als prakt. Beispiel wird das Fließen anomal viscoser Systeme im Zylinderrohr erörtert. Die entwickelte Theorie ermöglicht es, auf die unlinearen Systeme die Methoden der Hydrodynamik u. Rheologie von viscosplast. Systemen anzuwenden. (Журнал Технической Физики [J. techn. Physik] **25.** 339—50. Febr. 1955.) O. Lebtag. 172

S. Peter, *Über die Viscosität und die Selbstdiffusion von Flüssigkeiten.* An Hand eines einfachen Flüssigkeitsmodells wurde eine Beziehung zwischen Schallgeschwindigkeit, D., Aktivierungsenergie des Platzwechsels u. Viscosität abgeleitet, die eine Absolutberechnung der Viscosität Newtonscher Fll. erlaubt. Die erhaltene Beziehung wurde an Hand der Erfahrung geprüft u. liefert für nichtassoziierte, niedermol. organ. Fll. u. einatomige Metalle eine befriedigende Übereinstimmung mit dem Experiment. Dabei konnte gezeigt werden, daß die Viscosität n., d. h. das Newtonsche Viscositätsgesetz befolgender Fll. ausschließlich auf therm. Platzwechselvorgänge zurückzuführen ist, während die Berücksichtigung der durch die Schubspannung erzwungenen Platzwechsel zu einer Beziehung führt, die qualitativ das Verh. strukturviscoser Systeme wiedergibt. Die Selbstdiffusionskoeffizienten einiger Fll. wurden abgeschätzt u. mit experimentellen Diffusionskonstanten verglichen. (Z. Naturforsch. **9a.** 98—104. Febr. 1954. Hannover, TH, Inst. für phys. Chem.) W. NIEMITZ. 172

Carroll L. Lloyd und **B. L. Harris,** *Adsorption binärer Flüssigkeitsgemische.* Bei der selektiven Adsorption eines bin. Flüssigkeitsgemisches an einen festen Adsorbenten tritt ebenso wie bei der selektiven Adsorption eines bin. gasförmigen Gemisches die Schwierigkeit auf, das Gewicht des an den festen Körper adsorbierten Teiles des Gemisches zu messen. Die bei der Adsorption eines bin. gasförmigen Gemisches vorwiegend angewandte indirekte Meßmeth., die Best. der Adsorptionsisothermen der reinen, gasförmigen Komponenten des Gemisches, kann unter Annahme einfacher Bedingungen auf bin. Flüssigkeitsgemische übertragen werden. Als bin. Flüssigkeitsgemisch wurde wegen der genauen Kenntnis der Adsorptionswerte für die einzelnen Komponenten das Gemisch *Toluol-Isooctan* gewählt, während als Adsorbens *Kohle, Attapulgas-Ton* u. *Silicagel* verwandt wurden. Die Oberfläche der Adsorbenten wurde an Hand von Unterss. mit N_2 ermittelt. Die Änderung der Zus. des genannten Flüssigkeitsgemisches infolge Adsorption — der „aromat. Index" stellt ein Maß hierfür dar — wurde mittels eines Differentialrefraktometers bestimmt. Innerhalb bestimmter Bereiche wurde bei einer Genauigkeit von 1% eine lineare Beziehung zwischen der Oberfläche des Adsorbenten u. dem aromat. Index nachgewiesen. Sowohl für Kohle als auch für Silicagel zeigt die Kurve des aromat. Index als Funktion des Mischungsverhältnisses (ausgedrückt in Vol.-%) eine selektive Adsorption von Toluol. Die Kurve des Refraktionsindex als Funktion des Mischungsverhältnisses stellt eine angenäherte lineare Funktion dar u. zeigt somit das Verh. einer idealen Lösung. Die Adsorptionsisothermen der einzelnen Komponenten werden unter der Annahme gegenseitiger Nichtbeeinflussung abgeleitet. Die so erhaltenen Adsorptionsisothermen für die Komponenten des Flüssigkeitsgemisches befinden sich in Übereinstimmung mit denen der Gasphase, sofern man sich auf die Bereiche hoher Konz. beider Komponenten beschränkt. (J. physic. Chem. **58.** 899—903. Okt. 1954. Baltimore, Md., Univ., Chem. Engng. Dep.) D. FORST. 176

A_6. Strukturforschung.

W. Lippert, *Erfahrungen mit einer Zwischenlinse bei einem Siemens-Elektronenmikroskop älterer Bauart.* In ein SIEMENS-Elektronenmikroskop älterer Bauart wurde eine magnet. Zwischenlinse zwischen Objektiv u. Projektiv eingebaut. Dadurch wird eine kontinuierliche Vergrößerungsregelung um den Faktor 10 bei mäßiger Verzeichnung möglich; außerdem kann Feinbereichsbeugung u. Dunkelfeldabb. unter Benutzung besser definierter Bereiche des Beugungsspektr. durchgeführt werden. (Optik **12.** 274—80. 1955. Frankfurt/M., MPI für Biophysik.) F. LENZ. 181

W. Tretner, *Berichtigung zu „Die untere Grenze des Öffnungsfehlers bei magnetischen Elektronenlinsen".* Berichtigung zu der C. **1955.** 5010 referierten Arbeit. In der Magnetlinse mit beschränkter axialer Flußdichte beträgt bei richtiger Rechnung die untere Grenze für den Öffnungsfehlerkoeff. $C_ö \geqq 0{,}33 \cdot 2\,mV/(e|B_{max}|)$, wenn mV der Impuls, e die Ladung des Elektrons u. $|B_{max}|$ die obere Schranke für den Betrag der axialen Flußdichte ist. (Optik **12.** 293. 1955. Darmstadt, TH, Inst. für theoret. Phys.) F. LENZ. 181

Willard H. Bennett, *Eine allgemeine Theorie der magnetischen Selbstfokussierung.* (Vgl. C. **1955.** 4515.) (Sitzungsbericht.) (Physic. Rev. [2] **98.** 1169. 15/5. 1955. Naval Res. Labor.) E. KLEVER. 181

J.-G. Helmcke, *Theorie und Praxis der elektronenmikroskopischen Stereoaufnahmen. 3. Mitt. Methoden zur Tiefenausmessung elektronenmikroskopischer Objekte und Forderungen an ein photogrammetrisches Auswertgerät.* (2. vgl. C. **1956.** 5482.) Diskussion u. krit. Vgl. der verschied. Verff. zur Tiefenausmessung elektronenmkr. Objekte. Ausführliche Aufzählung der Forderungen an ein exaktes Ausmeßgerät für elektronenmkr. Stereoaufnahmen. Bei den vorhandenen Auswertungsgeräten ist eine völlige Wiederherst. der Aufnahmebedingungen nicht möglich. Ein Gerät, das die aufgezählten Forderungen erfüllt, wurde konstruiert. Seine ausführliche Beschreibung wird angekündigt. (Optik **12.** 253—73. 1955. Berlin-Dahlem, Max-Planck-Ges., Forschungsstelle für Mikromorphol.) F. LENZ. 181

Robert Rotter und **Lubomír Zahradník,** *Röntgenographische Methoden.* Überblick über die Röntgenmethoden der Mineralunters.: LAUE-Meth. u. ihre prakt. Anwendung; Drehkristallaufnahmen u. ihre Auswertung. — 6 Literaturhinweise. (Chem. rozbory nerostných surovin **1954.** Nr. 6. 1—34.) R. K. MÜLLER. 181

Kaj Drenck und **Ray Pepinsky,** *Neue Röntgenstrahlbeugungsröhren von großer Helligkeit.* Eine Feinfokusröhre, speziell zur Unters. von Mikroeinkristallen, mit Kathode nach

PIERCE u. magnet. Linse, lieferte bei Dauerstrom von 0,3 mA u. 35 kV (Belastbarkeit 15—20 kW/mm²) einen sehr hellen Brennfleck von 30 μ Durchmesser ohne Schädigung des Anodentargets. Die 1. Anode ist in einen Teflonring gelagert. Teflon wird auch für die Anglasungen verwendet. Eine zweite einfache Röhre mit auswechselbarer nadelförmiger Anode u. umgebender ringförmiger Kathode ist speziell verwendbar mit period. wechselnden Stromimpulsen (bis 200 mA) für stroboskop. Unterss. period. gestörter Kristalle. (Rev. sci. Instruments **22.** 539—40. Juli 1951.) F. W. KRÜGER. 181

R. G. Butters und **J. Gordon Parr,** *Ein Hochtemperaturröntgengoniometer.* Beschreibung des Goniometers, mit dem spektrometr. Messungen bis zu Tempp. von 1100° durchgeführt werden können. (Canad. J. Technol. **33.** 117—21. März 1955. Vancouver, Univ. of British Columbia, Dep. of Mining and Metallurgy.) C. GOTTFRIED. 181

Edmunds M. Pogainis und **Edwin H. Shaw jr.,** *Verdünnung und Belichtungszeit von Pulverproben für optimale Röntgenbeugungsdiagramme mit Kupferstrahlung.* (Vorl. Mitt.) Vff. stellten zuerst Pulveraufnahmen von einigen möglichen Verdünnungsmitteln (Stärke, Traganth, Weizenmehl, Casein, Norit A, Lampenruß, B_2O_3 u. amorphes Bor) dar. Am geeignetsten erwies sich Lampenruß, da die Diagramme keine Interferenzen, sondern nur einige schwache Halos zeigten, sowie wegen seines effektiv niedrigen Absorptionskoeffizienten. Aufnahmen an Alkalihalogeniden u. verschied. Alaunen mit Lampenruß als Verdünnungsmittel ergaben, daß man die besten Interferenzen erhält, wenn der lineare Absorptionskoeff. des Gemisches zwischen 10 u. 40 liegt. (Proc. South Dakota Acad. Sci. [52] **31.** 24—30. 1/12. 1952. Vermillion, S. D., Univ. of South Dakota, School of Med., Dep. of Biochem.) C. GOTTFRIED. 181

Edmunds M. Pogainis und **Edwin H. Shaw jr.,** *Verdünnung von Pulverproben für Röntgenbeugung.* (Vgl. vorst. Ref.) Vff. empfehlen zur Verdünnung von Pulvern für Pulverdiagramme Lampenruß. (Rev. sci. Instruments **25.** 524—25. Mai 1954.) C. GOTTFRIED. 181

A. Björnhaug und **J. Krogh,** *Eine Methode zur Strukturbestimmung in einfachen zentrosymmetrischen Systemen.* Vff. untersuchten den Einfl. des Ersatzes der Strukturfaktoren u. der Cosinusfunktionen durch ihre absol. Werte in den gewöhnlichen FOURIER-Reihen für die Elektronendichte in zentrosymm. Kristallen. (Acta crystallogr. [Copenhagen] **8.** 441. 10/7. 1955. Trondheim, Tekniske Högskole, Inst. för Teoret. Kjemi.) C. GOTTFRIED. 181

J. Thewlis, *Eine graphische Methode zur Bestimmung der Gitterkonstanten von nichtkubischen Substanzen aus Pulveraufnahmen.* Vf. gibt eine einfache graph. Meth. zur Best. der Gitterkonstanten aus Pulveraufnahmen an, die in jedem Falle auf tetragonale u. hexagonale Kristalle u. häufig auf rhomb. Kristalle anwendbar ist. Zur Erläuterung des Verf. werden die Gitterkonstanten von β-U bestimmt. (Acta crystallogr. [Copenhagen] **5.** 849 bis 850. 10/11. 1952. Harwell, Didcot, Atomic Energy Res. Establ.) W. KRÖNERT. 181

R. Gay, *Die Berechnung des Polarisations-Lorentz-Faktors 1/LP und seine Anwendung bei dem Retigraph.* Es wurde eine Formel zur Berechnung von 1/LP aus dem BRAGGschen Winkel ϑ, dem Winkel h, der die Breite der reziproken Ebene angibt, u. dem Winkel g, der den Einfallswinkel des direkten Strahls in bezug auf die Drehachse des Kristalls wiedergibt. Die Formel eignet sich speziell zur Konstruktion eines Nomogramms zum Ablesen von 1/LP beim Arbeiten mit dem Retigraph. (Bull. Soc. franç. Minéralog. Cristallogr. **77.** 1330—36. Okt./Dez. 1954. Bordeaux, Fac. des Sci.) C. GOTTFRIED. 181

Y. Kainuma, *Die Theorie der Kikuchi-Diagramme.* Vf. weist zunächst darauf hin, daß die ursprüngliche Theorie der KIKUCHI-Diagramme von LAUE nicht die Tatsache erklären konnte, ob u. wie die schwarz oder weiß erscheinenden Linien von der Richtung des einfallenden Strahles abhängen. Auch mit einer verbesserten Theorie konnten keine Schlußfolgerungen gezogen werden, die mit den experimentellen Ergebnissen verglichen werden konnten. Unabhängig von den Unterss. von LAUE entwickelte Vf. die gleiche Theorie u. beseitigte hierbei die Fehler der ursprünglichen Theorie von LAUE. Die Theorie wird theoret. genau auseinandergesetzt. (Acta crystallogr. [Copenhagen] **8.** 247—57. 10/5. 1955. Nagoya, Univ., Phys. Inst.) C. GOTTFRIED. 181

Moreno Papoular, *Elektronenbeugungslinien und -banden bei Energien nahe 1 MeV.* (Vgl. C. **1955.** 4291.) Vf. untersuchte experimentell die Bedingungen, unter denen auf Elektronenbeugungsdiagrammen KIKUCHI-Linien u. -Banden bei relativ hohen Elektronenenergien, bis zu 1 MeV, auftreten. Als beugende Kristalle wurden Glimmerblättchen verschied. Dicke benutzt. Vf. stellte fest, daß die unelast. Streuung keine wichtige Rolle bei der Bldg. von KIKUCHI-Diagrammen bei den benutzten Energien spielt. Ihr Erscheinen ist vielmehr an das Vorhandensein zahlreicher Ausbreitungsrichtungen in dem einfallenden Elektronenstrahlenbündel selbst gebunden. Andererseits besagt die dynam.

Theorie, daß die winkelmäßige Breite $2\,\varepsilon$ eines Hauptbeugungsmaximums erster Ordnung gleich $2\,d\sqrt{1/H^2 - \nu^2\lambda^2/16\,\pi^4}$ ist, wo d die Netzebenenabstände, H die Dicke des beugenden Kristalls, λ die Wellenlänge u. ν den den betreffenden Ebenen entsprechenden FOURIER-Koeff. bedeuten. Da dieses Maximum nur unterschieden werden kann, wenn seine Breite kleiner ist als der winkelmäßige Abstand zwischen denen der ersten Hauptmaxima, erhält man die Ungleichheiten $\nu^2/16\,\pi^4 < 1/(H\,\lambda)^2 < \nu^2/16\,\pi^4 + 1/16\,d^4$. Diese Beziehungen zeigen, daß H sich wie $1/\lambda$ ändern muß, wenn man Diagramme erhalten will, die mit verschied. Wellenlängen ähnlich sind. Ein Vgl. der Ergebnisse des Vf. mit früheren von KOSSEL u. MOLLENSTEDT erhaltenen Resultaten ist hierfür eine Bestätigung. (C. R. hebd. Séances Acad. Sci. **240.** 1874—76. 9/5. 1955.) C. GOTTFRIED. 181

J. C. Slater, *Einelektronenenergien von Atomen, Molekülen und festen Stoffen.* Von der Kenntnis ausgehend, daß bei Anwendung der Meth. des self-consistent-Feldes die Einelektronenenergien der besetzten Bahnen mit den entsprechenden Ionisationsenergien des Syst. große Ähnlichkeit aufweisen, stellte Vf., um solche Berechnungen mit dem Experiment vergleichen zu können, eine Tabelle der Ionisationsenergien für Atome mit den Atomzahlen 1—41 zusammen. Für die äußeren Elektronen wurden opt. Daten, für die inneren Elektronen die bekannten röntgenograph. Daten benutzt. Die 2 Reihen von Werten sollten nicht übereinstimmen, da die Nullpunktsenergie in den opt. Spektren die für ein Elektron ist, das von dem isolierten Atom in einem unendlichen Abstand entfernt ist, während in den Röntgentermen sich alle Energien auf die FERMI-Energie in dem Kristall beziehen. Da für die Alkalimetalle Li, Na, K u. Rb Messungen beider Typen miteinander verglichen werden konnten, wurden Korrekturen für die anderen Atome möglich. Die in der Tabelle zusammengestellten Werte wurden mit den experimentellen Ergebnissen weicher L-Röntgenspektren u. theoret. Berechnungen von Energieniveaus in Atomen, Moll. u. festen Stoffen verglichen. (Physic. Rev. [2] **98.** 1039—45. 15/5. 1955. Cambridge, Mass., Inst. of Technol.) C. GOTTFRIED. 182

S. J. Thomson und **G. Wardle,** *Die Diffusion von Helium in Natriumchlorid.* Die Diffusion von He in natürlichen NaCl-Kristallen wurde in Luft bei 25° u. im Vakuum zwischen 96 u. 147° untersucht. Die Diffusionskoeffizienten wurden berechnet auf Grund der Diffusion kleiner Kugeln. Sie lassen sich beschreiben durch die Gleichung $D = D_0 \exp(-E/RT)$, in der $D_0 = 2{,}8 \cdot 10^{-2}$ cm²/sec u. $E = 18{,}6 \pm 1{,}4$ kcal/Mol. Es handelt sich wahrscheinlich um Raumdiffusion im Gegensatz zu Korngrenzendiffusion. (Trans. Faraday Soc. **50.** 1051—56. Okt. 1954. Durham, Univ., Londonderry Labor. for Radiochem.) J.-E. HILLER. 190

J. H. Becker, *Untersuchung des Kristallwachstums sowie der elektrischen und optischen Eigenschaften von grauem Zinn.* (Sitzungsbericht.) (Physic. Rev. [2] **98.** 1192. 15/5. 1955. Nat. Bur. of Standards.) E. KLEVER. 190

Ernst Kordes, *Isomorphie, Mischkristallbildung und Fehlordnung bei anorganischen Stoffen.* Die Begriffe Isomorphie (= Isotypie), Mischkristallbldg. u. Fehlordnung werden vom Vf. präzisiert u. an vielen Beispielen diskutiert. Bes. der Unterschied zwischen Isomorphie u. Mischkristallbldg. sowie die verschied. Arten der Fehlordnung (durch Substitution, durch unvollständige Besetzung gleichwertiger Gitterpunkte u. durch Multiplikation) werden definiert u. erläutert. Vf. erwähnt die Beziehungen zwischen diesen Problemen u. techn. wichtigen Fragen bei der Herst. von Portland- u. Aluminatzementklinkern, künstlichen Phosphatdüngern u. anderen techn. Silicatmaterialien, bes. im Hinblick auf eine gezielte Beeinflussung der Eigg. dieser Materialien. (Sprechsaal Keram., Glas, Email **84.** 366—70. 20/9. 1951. Jena.) G. RUBAN. 190

Léone Walter-Lévy und **Yolande Bianco,** *Über die Isomorphie von basischem Magnesiumchlorid und -bromid des Typs $MgX_2 \cdot 9\,Mg(OH)_2 \cdot 5\,H_2O$.* Die Verb. $MgBr_2 \cdot 9\,Mg(OH)_2 \cdot 5\,H_2O$ (I) wurde nach der von Vff. beschriebenen Meth. (Vgl. BIANCO, C. **1954.** 2985) bei 75—175°, am besten aber bei 100° dargestellt. I wird von W. zerstört, ist aber gegen A. u. Ae. beständig. I krist. wie das analog zusammengesetzte *Chlorid* (II) in Büscheln aus sehr feinen u. langen Nädelchen. Das Verhältnis der D. von **I : II** wurde zu 1,117 bestimmt u. zu 1,125 berechnet. Da das Röntgendiagramm von I dem des II entspricht, schließen Vff. auf Isomorphie der beiden Verbindungen. (C. R. hebd. Séances Acad. Sci. **234.** 1779—80. 28/4. 1952.) H. NÖTH. 190

Jean Jaffray und **Noel Rodier,** *Über die Umwandlungspunkte von Kristallen von Nickelnitrathexahydrat.* Mittels therm. Differentialanalyse wurden für $Ni(NO_3)_2 \cdot 6\,H_2O$ unterhalb 0° K fünf Umwandlungen festgestellt, u. zwar bei 150 ± 3; 169 ± 3; 206 ± 3; 238 ± 3 u. 259 ± 3° K. Dilatometr. konnte nachgewiesen werden, daß es sich bei den 3 ersten Umwandlungen um solche zweiter Ordnung, bei den beiden folgenden Umwandlungen um Umwandlungen erster Ordnung handelt. Es wurde ferner die spezif. Wärme

der Verb. zwischen -130 u. $+20^0$ gemessen; Bezugssubstanzen bei diesen Messungen waren Korund u. Benzoesäure. Die erhaltenen Werte sind tabellar. zusammengestellt. Die bei den Messungen beobachteten Anomalien decken sich mit den vorhergehenden Messungen. Pulveraufnahmen wurden bei $+20$, -25 u. -130^0 angefertigt. Auch in diesem Fall wurden 3 verschied. Diagramme festgestellt. (J. Rech. Centre nat. Rech. sci. **1955**. 252—55. Juni. Clermont-Ferrand, Fac. des Sci., Labor. de Phys.)
C. Gottfried. 190

G. Wolff, L. Toman und **J. Clark,** *Beziehung zwischen der Härte, der Energielücke und dem Schmelzpunkt von Diamanttyp- und verwandten Strukturen.* (Sitzungsbericht.) (Physic. Rev. [2] **98.** 1179—80. 15/5. 1955. Signal Corps Engng. Labor.) E. Klever. 190

Aafje Vos und **E. H. Wiebenga,** *Die Kristallstrukturen von P_4S_{10} und P_4S_7.* Die Verbb. P_4S_{10} u. P_4S_7 werden durch Zusammenschmelzen der Elemente u. Extraktion der erkalteten Schmelzen mit CS_2 dargestellt. Goniometr. Vermessungen sowie Röntgenaufnahmen zeigen, daß die P_4S_{10}-Kristalle triklin sind: a = 9,07, b = 9,07, c = 9,16 (± 0,04) Å, $\alpha = 100,0^0$, $\beta = 93,8^0$, $\gamma = 108,5^0$ (± 0,4⁰). Die Raumgruppe ist C_i mit Z = 2 P_4S_{10}. Aus einer dreidimensionalen Patterson-Synth. wird die Gestalt des P_4S_{10}-Mol. bestimmt. Die Unterscheidung zwischen P u. S-Atomen ist jedoch lediglich auf Grund chem. Argumente möglich. Die Lagen der Moll. in bezug auf das Symmetriezentrum werden nach „trial and error" u. die genaueren Atomkoordinaten durch Fourier-Projektionen ermittelt. Der durchschnittliche S—P-Abstand beträgt bei Verknüpfung des S mit 2 P-Atomen 2,09 Å u. bei Verknüpfung mit einem P 1,96 Å. Die Verb. P_4S_7 ist monoklin u. krist. mit Z = 4 in der Raumgruppe $P\,2_1/n$ mit a = 8,87 ± 0,02, b = 17,35 ± 0,03, c = 6,83 ± 0,02, $\beta = 92,7 \pm 0,3^0$. Ein vorläufiges Bild der Struktur wird auf Grund einer dreidimensionalen Patterson-Synth. sowie chem. Daten erhalten. Interatomare Abstände u. Winkel stimmen innerhalb der Fehlergrenzen mit denen in P_4S_{10} überein. (Proc., Kon. nederl. Akad. Wetensch., Ser. B **57.** 497—99. Sept./Okt. 1954.)
W. Krönert. 195

M. Renninger, *Zur Elektronendichteverteilung im Steinsalzgitter.* Die absol. Intensitäten der Röntgenreflexe von Steinsalzkristallen werden bei 20 u. 290⁰ K mittels eines Zählrohrgerätes gemessen. Angewandt wird monochromat. MoK_α-, CuK_α- u. AgK_α-Strahlung. Die beobachteten F-Werte liegen durchweg höher als die von James u. Firth (Proc. Roy. Soc. [London], Ser. A **117.** [1927.] 62) u. Brill, Grimm, Hermann u. Peters (Ann. Physik **34.** [1939.] 393) angegebenen Meßdaten. Die Abweichungen werden größer mit steigender Interferenzordnung bzw. abnehmender Intensität. Bei $1/d = 2 \sin \vartheta/\lambda = 2$ beträgt der Unterschied ca. 20% in F, entsprechend 40% der Intensität, für die ($Na^+ + Cl^-$)-Reflexe. Mit der nicht streng gültigen Annahme eines gemeinsamen Temperaturfaktors für das ganze Kristallgitter errechnet sich eine charakterist. Temp. von 320 ± 5⁰ K für Steinsalz. Dieser Wert liegt wesentlich über dem aus Messungen der spezif. Wärme gewonnenen von 281⁰. Unter Berücksichtigung der verschied. Schwingungsamplituden der beiden Ionensorten ergibt sich für die B-Parameter der Temperaturfaktoren $1,12 \cdot 10^{-16}$ für Cl^- u. $1,25 \cdot 10^{-16}$ cm² für Na^+ bei 290⁰ K (gegenüber den von James u. Wallner [Proc. Roy. Soc. [London], Ser. A, **117.** [1927.] 214] bestimmten Werten 1,25 u. $1,45 \cdot 10^{-16}$ cm²) u. $0,32 \cdot 10^{-16}$ für Cl^- u. $0,60 \cdot 10^{-16}$ cm² für Na^+ bei 20⁰ K. Beim Auftragen über 1/d ergeben sich keinerlei Anzeichen für systemat. Abweichungen von glatten F-Kurven. Innerhalb der Genauigkeit der Messungen wird keine Abweichung von der Kugelsymmetrie in der Ladungsverteilung der Ionen u. deshalb keine Elektronenanhäufung im Gitter festgestellt. Die beobachteten F-Kurven stimmen unter Annahme der obigen Temperaturfaktoren bemerkenswert gut mit den F-Kurven von Hartree für Cl^- u. Na^+ (James u. Brindley, Proc. Roy. Soc. [London], Ser. A **121.** [1928.] 155) überein. Für Cl^- bieten sie eine Bestätigung der von Hartree u. Hartree (Proc. Roy. Soc. [London], Ser. A **156.** [1936.] 45) unter Berücksichtigung von Elektronenaustausch durchgeführten Neuberechnung. Systemat. Differenzen der F-Kurven bei den Tieftemperaturmessungen werden diskutiert u. zur Berechnung möglicher Abweichungen von der theoret. Ladungsverteilung herangezogen. (Acta crystallogr. [Copenhagen] **5.** 711—22. 10/11. 1952. Marburg, Univ., Kristallograph. Inst.) W. Krönert. 195

J. G. Kereiakes, *Röntgenanalyse von gepreßten KCl-Pulverkristallen.* KCl-Pulver mit einer Teilchengröße von 60—80 μ wurden im Vakuum bei Drucken zwischen 5000 u. 200000 lbs./sq.in. zu Scheiben gepreßt. Das Aussehen der Scheiben variierte von einer rein weißen Scheibe bis zu einer vollständig durchsichtigen Scheiben bei einem Druck von 125000 lbs./sq.inch. Die Diagramme der bei 5000 u. 10000 lbs./sq.in. dargestellten Scheiben zeigten gegenüber dem Ausgangspulver weniger Interferenzpunkte, was auf eine Abnahme der Korngröße hindeutet. Mit wachsendem Druck wurden die Interferenzen scharf, woraus eine Korngröße von $< 5 \cdot 10^{-3}$ mm zu ersehen ist. Eine Änderung der Kristallstruktur in den gepreßten Scheiben konnte nicht festgestellt werden. (Physic. Rev. [2] **98.** 553—54. 15/4. 1955. Cincinnati, O., Univ.) C. GOTTFRIED. 195

L. Heller, *Die Struktur von Dicalciumsilicat-α-Hydrat.* (Vgl. C. **1953.** 1936.) Das α-Hydrat besitzt die empir. Formel $2\,CaO \cdot SiO_2 \cdot H_2O$ u. entsteht durch hydrothermale Behandlung von β-Dicalciumsilicat. Die Abmessungen der rhomb. Elementarzelle sind a = 9,34; b = 9,22 u. c = 10,61 Å. Unter Berücksichtigung der experimentellen D. wird Z = 8. Die wirkliche Raumgruppe ist $P\,2_1\,2_1\,2_1$, die Strukturunters. wird jedoch mit der Pseudoraumgruppe P b c a durchgeführt. Die Atomkoordinaten werden mittels einer PATTERSON-Synth. u. „trial and error" bestimmt: Ca_1 (x = 4,22; y = 5,90; z = 8,00), Ca_2 (3,60; 0,20; 4,56), Si (7,04; 2,80; 10,35), O_1 (4,10; 3,30; 7,02), O_2 (5,56; 3,10; 9,85), O_3 (7,56; 1,60; 9,40); O_4 (8,08; 4,00; 10,25), O_5 (6,90; 2,50; 1,32). Die abgeleitete Struktur stellt eine idealisierte Näherung der wirklichen Struktur dar u. enthält diskrete $(SiO_3 \cdot OH)^{3-}$-Tetraeder. Die Atomabstände u. nächsten Nachbarn werden angegeben u. diskutiert. Die Strukturformel von Dicalciumsilicat-α-Hydrat ist $Ca_2(SiO_3OH)OH$. (Acta crystallogr. [Copenhagen] **5.** 724—28. 10/11. 1952. London, Birkbeck Coll., Res. Labor.) W. KRÖNERT. 195

Gopinath Kartha, *Die Struktur der Halogenate vom Typ $A(BO_3)_2 \cdot H_2O$.* 1. Mitt. *Bariumchlorat-Monohydrat $Ba(ClO_3)_2 \cdot H_2O$.* Die $Ba(ClO_3)_2 \cdot H_2O$-Kristalle erwiesen sich als monoklin mit der Raumgruppe C_{2h}^6 u. enthalten 4 Moll. in einer Einheitszelle mit a = 8,86 Å, b = 7,80 Å, c = 9,35 Å u. β = 93° 26′. Die Stellung der schweren Atome wurde zuerst durch eine PATTERSON-Projektion festgelegt u. die Stellung aller Atome durch eine FOURIER-Projektion entlang den drei Achsen erhalten. In der Struktur bewahren die Chlorationen ihre übliche flache Pyramidenform. Jedes Cl-Atom ist von 4 Ba-Atomen umgeben u. jedes Ba-Atom von 8 Cl-Atomen. Die Koordinatenwerte sowie die Atomabstände werden in Tabellen angegeben. Die Werte von $Ba(ClO_3)_2$ werden mit den Werten von $NaClO_3$ u. $KClO_3$ verglichen u. ein Anstieg der Atomabstände vom $NaClO_3$ über $KClO_3$ zum $Ba(ClO_3)_2$ festgestellt. Die Werte betragen für die Abstände O—O 2,38 Å; 2,43 Å; 2,52 Å; Cl—O 1,48 Å; 1,48 Å; 1,57 Å u. Cl—O_3-Ebene 0,48 Å; 0,50 Å; 0,45 Å. Die Struktur erklärt die schon bekannten opt. Eigg. des Kristalls. (Proc. Indian Acad. Sci., Sect. A **36.** 501—29. Dez. 1952. Bangalore, Indian Inst. of Sci., Dep. of Phys.) G. MAIER. 195

Gopinath Kartha, *Die Struktur von Bariumchlorat-Monohydrat, $Ba(ClO_3)_2 \cdot H_2O$.* (Vgl. vorst. Ref.) In Fortführung der Strukturunterss. von $Ba(ClO_3)_2 \cdot H_2O$ (C. **1955.** 3810 u. **1954.** 2773) bestimmt Vf. die Atomkoordinaten aus PATTERSON- u. FOURIER-Projektionen in Richtung der drei Achsen: Ba (x = 0,000; y = 0,396; z = 0,250); Cl (0,250; 0,250; 0,554); O_1 (0,092; 0,342; 0,562); O_2 (0,254; 0,096; 0,650); O_3 (0,267; 0,225; 0,396); H_2O (0,000; 0,062; 0,250). Das ClO_3^--Ion besitzt die Form einer verzerrten flachen Pyramide. Die aus drei O-Atomen gebildete Basis hat eine mittlere Kantenlänge von 2,52 Å. Der Abstand des Cl von der Basis beträgt 0,45 Å u. der mittlere Cl—O-Abstand 1,57 Å. Jedes Cl ist mit vier Ba-Atomen u. jedes Ba mit 8 Cl-Atomen in einem mittleren Abstand von 3,90 Å verknüpft. Senkrecht über der O-Basis liegt ein Ba-Atom, das von dem Cl-Atom des ClO_3-Ions 5,76 Å entfernt ist. Das Ba-Atom wird von zehn O-Atomen (mittlerer Abstand 2,87 Å) u. einem $O(H_2O)$ auf der Drehachse im Abstand 2,60 Å umgeben. (Acta crystallogr. [Copenhagen] **5.** 845—46. 10/11. 1952. Bangalore, Indian Inst. of Sci., Dep. of Phys.) W. KRÖNERT. 195

Olav Foss und **Olav Tjomsland,** *Die Kristallstruktur von Bariumselenopentathionat-Dihydrat.* (Vgl. C. **1955.** 9746.) Ein Darstellungsverf. für $BaSe(S_2O_3)_2 \cdot 2\,H_2O$ wird angegeben. Die Verb. bildet schwach gefärbte, gelbgrüne Kristalle, die sich unter Lichteinw. langsam zersetzen. Als Habitus werden flache Prismen mit den Begrenzungsflächen {0 0 1} u. {0 1 1} beobachtet. Es besteht Isomorphie mit Ba-Pentathionatdihydrat. Die Abmessungen der Elementarzelle in der Raumgruppe D_{2h}^{16} — P n m a sind a = 4,98, b = 10,36 u. c = 22,20 Å, wobei Z = 4. Die Atome besetzen 4- bzw. 8-zählige allg. Punktlagen. Die mittels FOURIER-Methoden bestimmten endgültigen Atomkoordinaten (x, y, z) sind: 4-zählig Ba (0,227, 0,250, —0,049), Se (0,561, 0,250, 0,177), $(H_2O)_1$ (0,743, 0,250, 0,010), $(H_2O)_2$ (0,320, 0,250, —0,160); 8-zählig S_2 (0,285, 0,088, 0,181), S_1 (0,305, 0,012, 0,092), O_1 (0,590, 0,005, 0,076), O_2 (0,180, —0,106, 0,098), O_3 (0,177, 0,095, 0,054). Das $Se(S_2O_3)_2^{2-}$-Ion besteht aus einem zweiwertigen Se-Atom, das mit 2 Thiosulfatgruppen verbunden ist. Die entsprechende S—S—Se—S—S-Kette ist unverzweigt u. nicht eben mit den Winkeln S_1S_2Se/S_2SeS_2' = 109° sowie S—S—Se = 103° u. S—Se—S = 101°. Die Atomabstände S—S u. S—Se betragen 2,13 bzw. 2,17 Å. Einige Bemerkungen zum Auftreten von Rotationsisomeren der Pentathionat-, Selenopentathionat- u. Telluropentathionatanionen werden angeschlossen. (Acta chem. scand. **8.** 1701—08. 1954. Blindern-Oslo, Univ., Kjem. Inst.) W. KRÖNERT. 195

W. L. W. Ludekens und **A. J. E. Welch,** *Reaktionen zwischen Metalloxyden und Fluoriden: Einige neue Doppelfluoridstrukturen vom Typ ABF_3.* Trockene Pulvergemische aus Alkalifluoriden u. den Oxyden von Mg, Ca, Sr, Ba u. Zn reagieren im festen Zustand bei 500—800° entweder unter Bldg. von zweiwertigen Fluoriden oder von Doppelfluoriden des Typs ABF_3. Rkk. der ersten Art, wie z. B. 2 LiF + MgO → Li_2O + MgF_2, finden zwischen LiF–MgO, –CaO, –SrO, –ZnO; NaF–CaO, –SrO, –BaO; KF–SrO, –BaO; RbF–SrO, –BaO; CsF–SrO u. –BaO statt; bei den restlichen Reaktionspaaren werden Doppelfluoride (z. B. 3 NaF + MgO → Na_2O + $NaMgF_3$) gebildet. Die röntgenograph. Unters. der Doppelfluoride mittels Pulveraufnahmen ergibt kub. Struktur für $RbCaF_3$ (a = 4,443 kX), $CsCaF_3$ (4,514 kX) u. $LiBaF_3$ (3,988 kX); tetragonale Struktur für $NaMgF_3$ (a = 7,65; c = 7,30 kX); $CsMgF_3$ (9,37; 8,70 kX); $NaZnF_3$ (7,74; 8,13 kX); $KZnF_3$ (8,49; 8,09 kX); $RbZnF_3$ (8,69; 8,01 kX) u. $CsZnF_3$ (9,88; 9,03 kX); monokline Struktur für $KMgF_3$ (a = b = c = 8,00 kX; β' = 91° 18′); $RbMgF_3$ (8,17; 98° 30′) u. $KCaF_3$ (8,80; 92° 36′). Alle Strukturen gehören zu den verschied. Modifikationen des Perowskittyps. Der Toleranzfaktor ist für alle Strukturen mit Ausnahme von $LiBaF_3$ (0,53) größer als 0,8. Durch Austausch von Li u. Ba, d. h. Annahme einer „inversen" Perowskitstruktur, wird auch in diesem Fall ein n. Wert erhalten. Daß sich die n. Perowskitstruktur nicht ausbilden kann, wenn Ba- u. Sr-Ionen beteiligt sind, beruht darauf, daß diese Ionen zu groß für die übliche 6-Koordination mit den F-Ionen sind. (Acta crystallogr. [Copenhagen] **5**. 841. 10/11. 1952. London, Imp. Coll., Dep. of Inorganic and Phys. Chem.) W. KRÖNERT. 195

S. Šćavničar und **D. Grdenić,** *Die Kristallstruktur von Trichlorquecksilberoxoniumchlorid.* Es wurde röntgenograph. das sogenannte Trimercurioxytetrachlorid, 2 $HgCl_2$ · HgO, untersucht. Vorausgeschickt sei, daß sich aus der hergeleiteten Struktur ergibt, daß das Gitter aus $(ClHg)_3O$-Kationen u. Cl-Anionen besteht u. daher als Trichlorquecksilberoxoniumchlorid anzusprechen ist. Schwenk-, LAUE- u. WEISSENBERG-Aufnahmen ergeben kub. Symmetrie mit a = 9,22 Å. Raumgruppe ist T^4 — P 2_1 3; Z = 4. Die Struktur wurde mit Hilfe von PATTERSON-Projektionen aufgeklärt. In dem Gitter liegen 4 O-Atome u. 4 Cl-Atome in vierzähligen Lagen, 12 Cl-Atome u. die restlichen 12 Cl-Atome in der allgemeinsten Lage. Die gefundenen Parameter sind Hg (x =) 0,269; (y =) 0,480; (z =) 0,573; O: 0,443; 0,443; 0,443; Cl: 0,075; 0,533; 0,717; Cl^-: 0,315; 0,185; 0,685. In dem Gitter umgeben je 3 Hg-Atome ein O-Atom mit trigonaler Symmetrie u. dem Abstand Hg—O = 2,03 Å. An jedes Hg ist ein Cl in einem Abstand von 2,28 Å gebunden, wobei die Linien Cl—Hg—O gerade verlaufen. Aus diesen Entfernungen ist zu schließen, daß die Bindungen Hg—O u. Hg—Cl kovalent sind. Die dritte Bindung zu dem O-Atom ist eine Koordinationsbindung mit dem O-Atom als Donator. Die Folge hiervon ist die Bldg. von positiv geladenen Oxoniumionen $(ClHg)_3O^+$, welche in der Struktur durch die Cl-Anionen zusammengehalten werden. Das Oxoniumion ist planar mit dem Winkel Hg—O—Mg = 120°. Diese Planarität war nicht zu erwarten u. läßt sich nur durch die Annahme erklären, daß die O—Hg-Bindungen nicht wirklich kovalent sind. Im Falle wahrer Kovalenz hätte man infolge der hybridisierten p^3-Bindungen pyramidale Konfiguration erwarten müssen. (Acta crystallogr. [Copenhagen] **8**. 275—79. 10/5. 1955. Zagreb, Univ., Fac. of Sci., Mineralog. and Petrolog. Inst., u. Labor. for Gen. and Inorg. Chem.) C. GOTTFRIED. 195

S. Šćavničar, *Die Kristallstruktur von Trimercurioxychlorid, $HgCl_2 \cdot 2\,HgO$.* $HgCl_2$ · 2 HgO wurde dargestellt durch Stehenlassen von Stücken von Marmor in einer 5% ig. wss. Lsg. von $HgCl_2$ bei Zimmertemperatur. Die erhaltenen Kristalle sind sehr glänzend u. schwarz mit braunem Strich. Schwenkaufnahmen ergaben monokline Symmetrie mit a = 7,16 Å; b = 6,87 Å; c = 6,86 Å; β = 126° 10′; Raumgruppe ist C_{2h}^5 — P 2_1/c; Z = 2. Die Struktur wurde mit Hilfe von PATTERSON-Projektionen u. FOURIER-Analysen aufgeklärt. Es liegen 2 Hg_1 in 0 0 0; 0 ½ ½, je 4 Hg_2, Cl u. O in der allgemeinsten Lage mit den Parametern Hg_2 (x =) 0,412; (y =) 0,365; (z =) 0,151; Cl: 0,185; 0,620; 0,233; O: 0,397; 0,115; 0,331. Aus den Werten der Atomkoordinaten von Cl u. O folgt, daß sich die Hg-Atome nicht nur kristallograph., sondern auch in ihrer chem. Funktion unterscheiden. Die Formel der Verb. ist daher $Hg(OHgCl)_2$ zu schreiben. Es bestehen im Gitter 2 Arten von Hg—O- u. Hg—Cl-Abständen, u. zwar gehören die längeren Abstände zu den Hg_1-Atomen, die kürzeren zu den Hg_2-Atomen; der Unterschied beträgt 0,3 Å. Der Abstand Hg_1—Cl mit 2,94 Å steht in guter Übereinstimmung mit den Ionenradien. Die oktaedr. Koordination um Hg_1 spricht für die Ionennatur des Hg_1; es ist von 2 O-Atomen u. 4 Cl-Atomen umgeben, die die Ecken eines verzerrten Oktaeders besetzen. Die Abstände des Hg_2 zu O (2,16 Å) u. Cl (2,66 Å) sind fast gleich der Summe der entsprechenden kovalenten Radien. Jedes Hg_2 wird von 3 O u. 1 Cl an den Ecken eines verzerrten Tetraeders umgeben. Diese OHgCl-Tetraeder sind durch die O-Atome zu einer unendlichen Schicht parallel (1 0 0) verknüpft. Außerdem gehört jedes O-Atom zu einem Hg_1-Oktaeder u. jedes Cl-Atom zu 2 solchen Oktaedern. Die Struktur ist demnach aus abwechselnden Schichten von Hg_1^{2+}-Kationen u. polymeren $(OHgCl)^-$-Anionen aufgebaut. (Acta crystallogr. [Copenhagen] **8.** 379—83. 10/7. 1955. Zagreb, Univ., Fac. of Sci., Mineralog. and Petrolog. Inst.) C. GOTTFRIED. 195

George Brown, *Der Einfluß isomorpher Substitutionen auf die Intensitäten der (0 0 1)-Reflexionen von Strukturen vom Glimmer- und Chlorittypus.* Vf. berechnete die F-Werte der bei 10, 5 u. 3,3 Å von Glimmer auftretenden Basisinterferenzen, u. zwar für verschied. Zuss. infolge verschieden starker Substitution der Al u. Mg in den oktaedr. Lagen durch Fe sowie bei verschied. K- bzw. H_2O-Besetzung der Zwischenschichtlagen. Ebenso wurden die F-Werte der Basisinterferenzen bei 14, 7, 4,7 u. 3,5 Å von Chloriten bei variierender Substitution der Mg- u. Al-Atome durch Fe berechnet. Aus den tabellar. zusammengestellten berechneten F-Werten ist ersichtlich, daß beträchtliche Änderungen in den F-Werten u. damit bei den Intensitäten sowohl in Glimmern als auch in Chloriten infolge isomorpher Substitution auftreten können. Wenn daher die Intensitäten eines unbekannten Glimmers oder Chlorits nach Korrektur für Absorption u. Orientierung von den berechneten Werten stark abweichen, dann liegt entweder die chem. Zus. außerhalb des der Berechnung zugrunde gelegten chem. Zusammensetzungsbereiches, oder die Atomkoordinaten weichen beträchtlich von den üblichen Koordinaten ab. (Mineralog. Mag. J. mineralog. Soc. **30.** 657—65. Juni 1955. Harpenden, Rothamsted Exp. Stat., Pedol. Dep.) C. GOTTFRIED. 195

Satio Takagi und **Tadasu Suzuki,** *Intensitätsmessung bei der Elektronenbeugung mit Hilfe eines CdS-Einkristalls.* Ausgehend von der bekannten Tatsache, daß man beim Bestrahlen eines CdS-Kristalls mit Röntgenstrahlen oder anderen Strahlungen einen starken Photoleitstrom erhält, untersuchten Vff. die Möglichkeit, mit Hilfe von CdS-Einkristallen die Intensität von gebeugten Elektronenstrahlen zu messen. Zu diesem Zweck wurde an Stelle der photograph. Platte ein kleiner hexagonaler CdS-Einkristall in die Kamera derart eingebaut, daß er senkrecht zum einfallenden Strahl bewegt werden konnte. Der Kristall befand sich zwischen zwei Cu-Elektrodenplatten, welche einen Abstand von 1 mm hatten. Beim Anlegen eines elektr. Feldes von $22{,}5\ V \cdot mm^{-1}$ an die Elektroden wurde ein Strom von 10^{-7} bis 10^{-4} A von einem abgebeugten Elektrodenstrahl erhalten. Dieser Strom ist wesentlich größer als der Dunkelstrom von ca. 10^{-8} A u. kann leicht gemessen werden. Bei Messungen der Intensitäten der Interferenzen von einem aufgedampften Ag-Film auf eine Kollodiumunterlage stimmten die gemessenen Intensitäten gut mit denen überein, die man mit Hilfe der kinemat. Theorie berechnet. (Acta crystallogr. [Copenhagen] **8.** 441—43. 10/7. 1955. Tokyo, Univ., Coll. of Gen. Educat., Inst. of Phys.) C. GOTTFRIED. 196

Jean-Jacques Trillat, Nobuzo Terao, Léa Tertian und **Henri Gervais,** *Untersuchung der kristallinen Orientierungserscheinungen durch Elektronenbeugung und gleichzeitigen Ionenangriff.* Ein *Au*-Nd., der auf eine Spaltfläche von NaCl bei 400° bis zu einer Dicke von ca. 2000 Å aufgedampft worden war, ergab bei streifendem Einfall der Elektronen gleich nach der Herst. ein reines DEBYE-SCHERRER-Diagramm, woraus sich ergibt, daß die Au-Mikrokristalle regellos orientiert sind. Nach kurzem Ionenbeschuß wurden einzelne Interferenzen beobachtet, welche einer Einkristallstruktur des Au (Ebene 0 0 2) entsprachen. Bei weiterem Ionenbeschuß tritt neben den Au-Interferenzen das Einkristalldiagramm des NaCl auf, während bei noch weiterem Ionenangriff nur das Diagramm des NaCl vorhanden ist. Wird das Au auf ein auf 20° gehaltenes NaCl-Spaltblättchen aufgedampft, dann erhält man zuerst auch nur das DEBYE-Diagramm des Au. Nach kurzem Ionenangriff zeigen die Diagramme eine mehr oder weniger faserige Struktur mit [1 1 0] des Au senkrecht zur Unterlage. Eine reine Einkristallstruktur des Au konnte hier nicht beobachtet werden. Eine analoge Erscheinung wurde beobachtet, wenn das Au auf eine Glasunterlage aufgedampft worden war. (C. R. hebd. Séances Acad. Sci. **240.** 1557—59. 4/4. 1955.) C. GOTTFRIED. 196

Roger Jouty, *Über die Beobachtung eines neuen Typs von Reliefs auf der Oberfläche von Siliciumcarbidkristallen.* Bei der phasenmkr. Unters. von Wachstumsspiralen auf Flächen von *SiC* beobachtete Vf. bei einem sehr kleinen Bruchteil der Proben noch nicht beobachtete Erscheinungen, welche in keiner Beziehung zu dem Wachstum zu stehen scheinen. Es handelt sich hierbei um Furchen mit freien Rändern, die mehr oder weniger parallel kristallograph. Richtungen verlaufen u. plötzliche Richtungsänderungen zeigen. Die Breite u. Tiefe jeder Furche sind bemerkenswert gleichmäßig, ändern sich jedoch von einer Furche zur anderen. Die Tiefen der Furchen lagen zwischen einigen Zehn Å bis zu einigen Tausend Å, die Breite liegt zwischen 1 u. 20 μ. Die Ränder einiger Furchen sind gezahnt; beim Kreuzen von 2 Furchen tritt bald Vereinigung, bald Überlagerung auf. Eine befriedigende Erklärung der Erscheinungen kann noch nicht gegeben werden. (C. R. hebd. Séances Acad. Sci. **240.** 1713—15. 25/4. 1955.) C. GOTTFRIED. 196

D. W. Pashley, *Die Orientierung von Silber, das durch Elektronenbeschießung von Silberhalogeniden entstanden ist.* (Vgl. C. **1952.** 3129.) Im Gegensatz zu der Auffassung von TRILLAT (C. **1955.** 8801; **1954.** 2776), der angibt, daß das bei der Elektronenbeschießung von orientierten AgBr-Filmen gebildete Ag keine bevorzugte Orientierung hinsichtlich des AgBr aufweist, stellt Vf. fest, daß, unabhängig von der Orientierung des Films zum Substrat (Spaltflächen von Glimmer, Steinsalz usw.), das gebildete Ag sich vorwiegend parallel zu den Ag-Halogenidkristalliten ausrichtet. (Acta crystallogr. [Copenhagen] **5.** 850. 10/11. 1952. London, Imp. Coll., Phys. Dep.) W. KRÖNERT. 196

Takeo Fujiwara, Iwao Ogura und **Shoso Tohi,** *Elektronenmikrographische Beobachtung der angeätzten Oberflächen von Einkristallplatten aus Aluminium.* Die Oberflächen von Al-Einkristallplatten wurden zunächst ca. 10 Sek. lang mit 40%ig. HF in Berührung gebracht u. hierauf einige Min. bei verschied. Tempp. mit 15- oder 12%ig. HCl angeätzt. Ein Teil der so angeätzten Platten wurde 20—300 Min. mit W. abgespült, mit Filtrierpapier abgewischt u. im Exsikkator vollständig getrocknet. Ein anderer Teil der Platten wurde hintereinander mit einer Mischung von Methylalkohol + HCl (1 : 1), Methylalkohol + Aceton (1 : 1) u. Bzl. behandelt u. in Luft getrocknet. Zum Schluß wurden alle Platten um 1—3% gereckt. Aus den elektronenmkr. Beobachtungen ergab sich, daß die Oberflächen je nach der Vorbehandlung ein verschied. Aussehen hatten. Beobachtet wurden die sogenannten Doppelgleitspuren, welche durch die kristallograph. Ebenen ($\bar{1}$ 1 1) u. (1 1 1) erzeugt worden waren. Die Stufenhöhe zwischen zwei benachbarten kristallograph. Gleitebenen wurde für den obigen ersten Fall zu 180—200 Å, für den zweiten zu 80—100 Å gemessen. Über die Gründe des verschied. Aussehens der Oberflächen u. der verschied. Stufenhöhen können vorläufig noch keine Aussagen gemacht werden. (J. Sci. Hiroshima Univ., Ser. A **16.** 107—09. Juli 1952. [Orig.: engl.]) C. GOTTFRIED. 196

Kaizo Kuwahara, *Verunreinigungen in Aluminiumplatten mit nur zur Hälfte ausgebildeten Einkristallen.* In Streifen geschnittene Al-Platten, die als Hauptverunreinigungen Fe u. Si enthielten, wurden nach teilweiser Bldg. von Einkristallen auf die Verteilung der Verunreinigungen in den Einkristallen u. den polykristallinen Teilen der Streifen chem. untersucht. Im Falle des Fe konnte in beiden Teilen die gleiche Menge Fe festgestellt werden. Bei Si scheint die Tendenz zu bestehen, sich gleichmäßiger in dem Einkristall zu verteilen. (J. Sci. Hiroshima Univ., Ser. A **16.** 85—87. Juli 1952. Hiroshima, Univ., Physic. Labor. [Orig.: engl.]) C. GOTTFRIED. 197

Takeo Fujiwara und **Kenichi Koizumi,** *Die teilweise verbesserte Methode zur Herstellung von Aluminiumeinkristalldraht und -platten mit jeder gewünschten kristallographischen Orientierung.* Vff. verbesserten die von FUJIWARA u. YAMASAKI (J. Sci. Hiroshima Univ., Ser. A **11.** [1941.] 89) zur Herst. von Metalleinkristallen gewünschter Orientierung entwickelte Meth., indem sie zusätzlich zu dem verschiebbaren elektr. Ofen ein eine KNO_3-Schmelze enthaltendes Salzbad benutzten. Die Al-Drähte wurden zunächst 5 Std. bei 450° angelassen, um 2,5% gezogen, an ihrem unteren Ende derart abgeätzt, daß sie eine kon. Form erhielten, u. hierauf langsam (12 mm pro Std.) mit ihrer Spitze in das auf 530° konstant gehaltene Salzbad getaucht. Nach Entfernen aus dem Bad wurde röntgenograph. die Orientierung des an der Spitze gebildeten Impfkristalls bestimmt u. hierauf der über diesem Kristall befindliche Teil des Drahtes derart gebogen u. verdreht, daß die gewünschte kristallograph. Orientierung mit der Drahtachse zusammenfiel. Die Drähte wurden hierauf wieder in das Salzbad getaucht, wobei der Impfkristall bis in den vertikalen geraden Teil des Drahtes wuchs. Hierauf wurden die Drähte in den elektr. Ofen eingebracht, der langsam über die Drähte geschoben wurde. Nach röntgenograph. Unterss. wich die gewünschte Orientierung des Drahtes um weniger als 2° von der wahren kristallograph. Orientierung ab. Sinngemäß wurde bei der Herst. von Al-Platten gewünschter Orientierung verfahren. Die Methodik wird genau beschrieben. (J. Sci. Hiroshima Univ., Ser. A **16.** 81—84. Juli 1952. Hiroshima, Univ., Physic. Labor. [Orig.: engl.]) C. GOTTFRIED. 197

Hiroshi Fujiwara, *Über den Prozeß der Torsion und des Biegens bei der Methode zur Herstellung von Einkristallplatten aus Aluminium mit jeder gewünschten kristallographischen Orientierung.* Unter Bezugnahme auf die von FUJIWARA u. KOIZUMI (vgl. vorst. Ref.) beschriebene Meth. zur Darst. von Al-Einkristallplatten mit jeder gewünschten Orientierung untersuchte Vf. experimentell den stufenweisen Einfl. der Torsion u. des Biegens oberhalb des Impfkristalls auf die Genauigkeit der gewünschten kristallograph. Orientierung. (J. Sci. Hiroshima Univ., Ser. A **16.** 111—16. Juli 1952. Hiroshima, Univ., Fac. of Sci., Physic. Labor. [Orig.: engl.]) C. GOTTFRIED. 197

N. K. Chen und **C. H. Mathewson,** *Gefügeuntersuchungen bei der plastischen Verformung in Aluminiumeinkristallen.* Einkristalle aus sehr reinem Al mit verschied. Orientierungen werden nach plast. Streckung röntgenograph. sorgfältig bestimmt, wobei bes. Aufmerksamkeit der Bldg. von Gleitlinien, Verformungsbändern u. dem Asterismus gewidmet wird. Eine Erklärung für die Geometrie u. den Vorgang der Bldg. von Verformungsbändern wird gegeben. (J. Metals **3.** 653—60. Aug. 1951; **4.** 526—29. Mai 1952. Baltimore, Md., John Hopkins Univ.; New Haven, Conn., Yale Univ.) H. HOCHSTEIN. 197

Hideo Nishimura und **Jin-ichi Takamura,** *Einfluß der Spannungsgeschwindigkeit auf die plastische Deformation in Aluminiumeinkristallen.* Vff. untersuchten röntgenograph. u. elektronenmkr. die Feinstrukturen von Gleitbändern in elektrolyt. polierten Al-Einkristallen, welche unter verschied. Belastungsgeschwindigkeiten gedehnt worden waren. Es wurde festgestellt, daß im Gegensatz zu einer hohen Dehnungsgeschwindigkeit bei geringer Dehnungsgeschwindigkeit die Gleitbänder breiter, ebenso die Abstände zwischen den Gleitbändern größer waren u. daß ferner eine größere Anzahl von Reihen von akt. Gleitebenen vorhanden war. Bei den langsam deformierten Proben wurde im allg. auf den Röntgenaufnahmen ein ausgesprochener Asterismus beobachtet, außerdem konnte ein bemerkenswertes plast. Fließen in der Oberflächenschicht festgestellt werden. In den Gebieten zwischen den deutlichen Gleitbändern tritt submkr. Gleiten auf. Mit Hilfe der Elektronenaufnahmen wurden durch stereograph. Analysen die Neigungen der Oberflächen festgelegt, welche während der plast. Deformation erzeugt worden waren. (Mem. Fac. Engng., Kyoto Univ. **13.** 1—20. Jan. 1951. [Orig.: engl.]) C. GOTTFRIED. 197

Jun Hino, Paul G. Shewmon und **Paul A. Beck,** *Wirkung der gleichzeitigen Spannung auf das Unterkornwachstum.* Frühere Beobachtungen haben ergeben, daß unter gleichzeitiger Spannung das Unterkornwachstum von Al beschleunigt wird. Die Unterss. ergaben, daß bei 350° unter einer Spannung von 224 kg/cm² nach 8,8 Std. bei einer Dehnung von 0,58% Unterkornwachstum beobachtet wurde, während nach 2,2 Std. unter sonst gleichen Bedingungen bei einer Dehnung von 0,24% eine Wrkg. nicht zu beobachten war. (J. Metals **4.** 873—74. Aug. 1952. Urbana, Ill., Univ. of Illinois.) F. VIER. 197

R. J. Wasilewski und **G. L. Kehl,** *Die Diffusion von Stickstoff und Sauerstoff in Titan.* Die Diffusionsgeschwindigkeiten in massivem β-Ti u. ihre Temperaturabhängigkeit wurden für N_2 im Bereich von 900—1570° u. für O_2 im Bereich von 950—1414° unter der Annahme untersucht, daß der Diffusionskoeff. D von der Konz. des gelösten Stoffes unabhängig ist. Dies erscheint im Falle von N_2 innerhalb des Löslichkeitsbereiches im β-Ti möglich. Die Diffusionsgeschwindigkeiten für O_2 scheinen jedoch bei höheren Konzz. des gelösten Stoffes abzunehmen. Die anfängliche Abweichung von dem parabol. Geschwindigkeitsgesetz bei Gas/Metall-Rkk. wird mathemat. berechnet. Eine angenäherte lineare Reaktionsgeschwindigkeit wird hierbei für kurze Reaktionszeiten abgeleitet. Der Fall einer Diffusion mit gleichzeitiger Bldg. u. gleichzeitigem Wachsen einer dünnen Oberflächenschicht wird erörtert. Es wird eine Gleichung abgeleitet, mit der eine Annäherungsberechnung des Diffusionskoeff. des gelösten Stoffes in der Oberflächenschicht aus zugänglichen Verfahrenswerten durchführbar ist, falls die Schicht für eine experimentelle Best. der Konzentrationsverteilung zu dünn ist. Die aufgestellte Gleichung wird zur Beurteilung der Diffusionskoeffizienten von N_2 im α-Ti u. Ti-Nitrid zwischen 900 u. 1570° verwendet. — 22 Schrifttumsangaben. (J. Inst. Metals **83.** 94—104 u. Tafel XIX. Nov. 1954. New York, N. Y., Columbia Univ.) H. HOCHSTEIN. 197

Sho Yoshida und **Takeo Fujiwara,** *Über die kristalline Faserstruktur von Siliciumstahlplatten.* Es wurden röntgenograph. die Faserstrukturen von kaltgewalzten Platten aus Siliciumstahl u. von Platten, die bei 625, 675 u. 1060° angelassen worden waren, u. schließlich von Platten, die nach Anlassen bei 1060° um 4 bzw. 20% gezogen worden waren, untersucht. Bei den kaltgewalzten Platten wurden 3 Faserstrukturen beobachtet: [1 1 2]: $(\bar{1}\,\bar{1}\,1)$; [0 $\bar{1}$ 1]: (2 1 1) u. [0 $\bar{1}$ 1]: (1 0 0). Das Mengenverhältnis der einzelnen Strukturen änderte sich mit der Schichtdicke der Platten, welche durch Ätzen in ihrer Dicke laufend red. worden waren. Nach dem Anlassen verschwanden 2 der obigen Texturen, während 3 neue Strukturtypen festgestellt wurden. Die mengenmäßige Verteilung dieser Typen war nicht nur von der Dicke der Platten, sondern auch von der Anlaßtemp. abhängig. Bei den nach Anlassen bei 1060° gezogenen Proben nahm die Menge zweier Rekristallisationsstrukturen ab, während die der beiden anderen Texturen zunahm. Auch hier änderte sich das relative Mengenverhältnis der einzelnen Texturen mit der Dicke der Platte. (J. Sci. Hiroshima Univ., Ser. A **16.** 101—06. Juli 1952. [Orig.: engl.]) C. GOTTFRIED. 197

Sho Yoshida, *Wachstum von Kristallkörnern in Siliciumstahlplatten.* (Vgl. vorst. Ref.) Vf. untersuchte röntgenograph. u. mkr. in kaltgewalzten u. 3 Std. bei 1060° angelassenen Platten von Siliciumstahl die plast. Deformation, speziell der Gleitlinien nach Recken, u. das Wachstum der Körner nach Erhitzen der gezogenen Proben in H_2-Atmosphäre in einem verschiebbaren elektr. Ofen. Es wurde beobachtet, daß bei fast allen Kristallkörnern Gleitlinien mit Erhöhung des Ziehgrades auftreten, während das Aussehen der Gleitlinien sich von Kristall zu Kristall ändert. In einer großen Anzahl von Kristallkörnern, die eine spezielle kristallograph. Orientierung hatten, verliefen die Gleitlinien gleichförmig u. gerade, in anderen ungleichförmig u. gebogen. Ferner wurde beobachtet, daß die meisten der Kristallkörner mit spezieller kristallograph. Orientierung nach Ziehen u. Erhitzen auf Kosten benachbarter Kristalle wachsen u. daß das Wachsen dieser Kristallkörner bevorzugt an der Oberfläche der Proben beginnt. (J. Sci. Hiroshima Univ., Ser. A **16.** 127—43. Juli 1952. Hiroshima, Univ., Physic. Labor. [Orig.: engl.])
C. GOTTFRIED. 197

J. Gordon Parr, *Die kristallographische Beziehung zwischen der γ- und der ε-Phase im System Eisen–Mangan.* (Vgl. C. **1956.** 2105.) Im Bereich 10—30% Mn wandelt sich die γ-Phase des Syst. Fe–Mn beim Abschrecken in die ε-Phase um. Der Übergang von der dichtestgepackten Atomanordnung der flächenzentrierten kub. (γ) zur ebenfalls dichtestgepackten hexagonalen (ε) Struktur erfolgt durch einen Schermechanismus, wie er von NISHIYAMA [1936] angegeben wurde. Die von diesem Autor geforderte Beziehung $(1\,1\,1)_\gamma \parallel (0\,0\,0\,1)_\varepsilon$ u. $(1\,1\,0)_\gamma \parallel (1\,1\,\bar{2}\,0)_\varepsilon$ ist erfüllt. Die Umlagerung ist mit einer Volumenkontraktion von 2% verbunden, wie sich aus den Gitterkonstanten von γ (a = 3,585 Å) u. ε (a = 2,528 u. c = 4,080 Å) u. der Umrechnung $\frac{1}{2} a_\gamma \sqrt{2} = 2{,}535$ Å u. $\frac{2}{3} a_\gamma \sqrt{3} = 4{,}140$ Å ergibt. (Acta crystallogr. [Copenhagen] **5.** 842—43. 10/11. 1952. Liverpool, Univ., Dep. of Metallurgy.)
W. KRÖNERT. 197

G. B. Harris und **W. Hume-Rothery,** *Die Liquidus- und Soliduslinien im Zustandsschaubild Eisen–Kobalt für 0 bis 30 Atomprozent Kobalt.* Mit therm. Analyse werden Unterss. über die Liquidus- u. Soliduslinien des Fe–Co-Syst. im Gebiet von 0—31 At.-% Co durchgeführt. Das Syst. enthält eine (δ + Fl. $\rightleftharpoons \gamma$) peritekt. Horizontale bei 1499°. Bei der Extrapolation durch die peritekt. Horizontale laufen beide Arme der Liquiduslinie in Zweiphasengebiete u. der bisherige thermodynam. Widerspruch des Zustandsschaubildes von ANDREW u. NICHOLSON wird dadurch behoben. Die Erstarrungsbereiche der beiden festen Lsgg. δ u. γ sind in diesem Zusammensetzungsbereich sehr schmal, u. das Herabdrücken des E. u. F. von δ-Eisen ist geringer als in den meisten Eisenlegierungen. Das Gleichgewichtsdiagramm läßt die Ähnlichkeit von Fe u. Co erkennen. (J. Iron Steel Inst. **174.** 212—18. Juli 1953. Oxford, Univ.) H. HOCHSTEIN. 197

F. C. Thompson und **A. R. Chaudhuri,** *Der Zustand von Kohlenstoff im Austenit und Martensit, wie er sich durch die Prüfung von Eggertz ergibt.* Auf Grund der EGGERTZschen Farbprüfung, die mit der Vorr. von SPEKKER ausgeführt wird, zeigt sich, daß die Farbe eine lineare Funktion des vorhandenen Carbids ist. Unter der Annahme, daß etwas vorhandener C in elementarer Form nicht zu der Färbung beiträgt, wird gezeigt, daß unlegierte Stähle, die aus dem Austenitgebiet abgeschreckt werden, gebundenen C enthalten, dessen Anteil mit dem C-Geh. zunimmt u. abnimmt, wenn die Abschrecktemp. gesteigert wird. Dies bedeutet, daß die Rk. $Fe_3C \rightleftharpoons 3\,Fe + C$ nach rechts verschoben wird, wenn die Abschrecktemp. ansteigt. Es wird geschlossen, daß C teilweise in Form einer chem. Verb. u. teilweise in elementarem Zustande gelöst vorhanden ist. Eine röntgenograph. Unters. des Austenitgefüges ergibt, daß dieses Ergebnis mit der vorst. Hypothese in Einklang zu bringen ist. Anlaßkurven ergeben, daß Anlassen ein zweistufiges Verf. ist, dessen erster Teil sich bis ca. 120° u. die zweite Stufe von ca. 200° bis zu der höchsten angewandten Temp. von 300° ausdehnt. Diese beiden Stufen werden durch einen Knick von 80—100° getrennt, während dessen, wie aus der Farbprüfung geschlossen wird, der Martensit in einem metastabilen Zustand ist. (J. Iron Steel Inst. **178.** 44—50. Sept. 1954. Manchester, Univ.; Massachusetts Inst. of Technol.)
H. HOCHSTEIN. 197

Xavier Waché, *Diskontinuierliche Verlängerung von Austeniten in einem gewöhnlichen Zugversuch bei hohen Temperaturen.* Mit einer CHEVENARDschen Zugmaschine untersuchte Vf. die zuerst von PORTEVIN u. LE CHATELIER (vgl. C. R. hebd. Séances Acad. Sci. **176.** [1923.] 507) eingehender untersuchte Erscheinung der „ruckweisen Verlängerung" von Metallen beim Ziehen nach Hyperabschreckung, u. zwar an einer *Ni-Cr-Legierung 80-20* (**I**), welche durch Zusatz von 2,5% Ti u. 1,2% Al strukturell härtbar gemacht worden war, u. zwar nach Hyperabschreckung von 1080° u. Anlassen bei 710°, an *Elinvar* [**II**; C 0,69(%), Ni 34,3, Cr 10,0, W. 3,3] u. an *Armco-Fe* (**III**), bei beiden Legierungen ebenfalls nach Hyperabschreckung. Die Zugverss. wurden bei Tempp. bis zu 800° durchgeführt; die Zuggeschwindigkeit betrug 2 mm/Minute. Führt man die Zugverss. an **I** ohne jeden Zusatz von härtenden Elementen nach Abschrecken von hoher Temp. in der Hitze durch, dann ist auf den Diagrammen Zuggewicht gegen Verlängerung ein Instabilitätsbereich zwischen 400 u. 700° zu beobachten, der auf den mechan. erhaltenen Kurven als eine Art Schraffierung erkennbar ist. Da es sich in diesem Fall nicht um eine übersätt. feste Lsg. handelt, müssen andere instabile Zustände der Grund für die beobachtete Erscheinung sein; außerdem ist der regellose Zustand der Ni–Cr-Lsg. nach der obigen Vorbehandlung erkennbar. Es ist daher notwendig, die alten Auffassungen über die sogenannte strukturelle Härtung entsprechend zu erweitern. Bei **II** wurde nach Hyperabschreckung die Instabilität ebenfalls beobachtet; in diesem Fall wird sie durch das Ausfallen von C verursacht. Die von **III** erhaltenen Kurven ähneln sehr den von andere Seite für weiche Stähle erhaltenen Kurven. (C. R. hebd. Séances Acad. Sci. **240.** 1892–94. 9/5. 1955.) C. GOTTFRIED. 197

Fritz Binder und **Eckard Macherauch,** *Die dehnungsfreien Richtungen des ebenen Spannungszustandes und ihre Bedeutung für röntgenographische Spannungsmessungen und Untersuchungen von Strukturen.* Aus den Gleichungen der Elastizitätstheorie wird eine allg. gültige Gleichung für die dehnungsfreien Richtungen bei ebenen Spannungszuständen an der Oberfläche eines homogenen, isotropen Körpers hergeleitet. Diese Gleichung wird erörtert u. für bestimmte Spannungszustände, gek. durch das Verhältnis der Hauptspannungen, spezialisiert. Von allen möglichen Spannungszuständen werden der rotationssymm., der einachsige u. der Schubspannungszustand ausführlich besprochen. Die dehnungsfreien Richtungen dieser Spannungsfälle werden in graph. Darstellungen u. in Bildern von Modellen anschaulich gemacht. Weitere Spannungszustände werden besprochen u. es wird gezeigt, daß es Richtungen gibt, in denen die Dehnung für alle Spannungszustände ident. verschwindet. Bei Röntgenrückstrahlaufnahmen kann die Einstrahlrichtung so gewählt werden, daß die Normale auf einer der reflektierenden Netzebenenscharen gerade eine dehnungsfreie Richtung ist. So ergibt sich aus einer vollständigen Rückstrahlaufnahme die Gitterkonstante der unverspannten Probe (Gitterkonstanten-Nullwert) u. die elast. Spannung an der betreffenden Probenstelle. Auch kann man sogar nur eine Seite einer Rückstrahlaufnahme auswerten u. erhält den Gitterkonstanten-Nullwert oder die elast. Spannung. (Arch. Eisenhüttenwes. **26.** 541 bis 545. Sept. 1955. Stuttgart, TH., Röntgeninst., u. MPI für Metallforsch.) H. HOCHSTEIN. 197

B. E. K. Alter und **C. W. Curtis,** *Fortpflanzung von plastischen Spannungen längs Bleischichten.* (Sitzungsbericht.) (Physic. Rev. [2] **98.** 1151–52. 15/5. 1955. Lehigh Univ.) E. KLEVER. 200

Clyde E. Work und **Thomas J. Dolan,** *Der Einfluß von Temperatur und Spannung auf die Eigenschaften torsionsbeanspruchter Metalle.* An verschied., auf Torsion beanspruchten Metallen wurde die Wrkg. von Temp. u. Zugbeanspruchung auf Härte, Dehnbarkeit u. Energieaufnahmevermögen untersucht. Im allg. wurde gefunden, daß erhöhte Spannung zu größerer Härte führt, während steigende Temp. die Härte aller Metalle verringert, wenn vom Blaubruchbereich der Stähle abgesehen wird. Bei einigen Metallen konnte bei den höchsten angewandten Tempp. (650°) eine äußerst große Dehnbarkeit erzielt werden, z. T. jedoch bei geringen Spannungen. Die Auswertung der Versuchsergebnisse führte zu mathemat. Beziehungen zwischen Einflußgrößen u. Eigg. unter Zuhilfenahme einiger empir. Konstanten. (Univ. Illinois, Engng. Exp. Stat., Bull. Ser. **51.** Nr. 420. 1–108. Nov. 1953.) H. SCHÖBERL. 200

W. P. Mason, *Versetzungsrelaxationen bei tiefen Temperaturen und die Grenzscherspannung in Metallen.* (Sitzungsbericht.) (Physic. Rev. [2] **99.** 615. 15/7. 1955. Bell Telephone Labors.) R. STEIN. 200

W. C. Overton jr. und **John Gaffney,** *Temperaturänderung der elastischen Konstanten von kubischen Elementen.* 1. Mitt. *Kupfer.* Mittels Ultraschalltechnik wurden die Geschwindigkeiten von akust. Wellen von 10 MHz in Cu-Einkristallen zwischen 4,2 u. 300° K gemessen. Die zylindr. Einkristalle hatten entweder [0 0 1] oder [0 1 1] als Zylinderachse. Gemessen wurden die Geschwindigkeiten der longitudinalen u. transversalen Wellen in den (0 0 1)-Kristallen sowie die der longitudinalen Wellen in den (0 1 1)-Kristallen. Die erhaltenen adiabat. Konstanten c_{11}, c_{12} u. c_{44}, die isothermen Konstanten, die adiabat. u. isothermen Gesamtmoduln sowie die Isotropiewerte sind tabellar. zusammengestellt. Die Isotropie, $(c_{11}-c_{12})/2\,c_{44}$, ist bis ca. 180° K konstant gleich 0,314 u. nimmt dann langsam auf 0,312 bei 300° K ab. Das besagt, daß c_{44} u. $(c_{11}-c_{12})/2$ bis zur Hälfte der DEBYE-Temp. dieselbe relative Temperaturänderung haben, daß aber bei höheren Tempp. $(c_{11}-c_{12})/2$ schneller abnimmt als c_{44}. Aus den Werten der elast. Konstanten wurde für die Kraftkonstante der Wechselwrkg. nächster Nachbarn ein Wert von 2,940 · 10^4 dyn · cm^{-1} u. der Wechselwrkg. übernächster Nachbarn der Wert 2,742 · 10^3 dyn · cm^{-1} erhalten. Die theoret. DEBYE-Temp. wurde zu 340,1° K bei 0° K bestimmt. (Physic. Rev. [2] **98.** 969—77. 15/5. 1955. Washington, D. C., U. S. Naval Res. Labor.) C. GOTTFRIED. 200

Takeo Fujiwara und **Kiyokazu Yukimoto,** *Über den Youngschen Modul und den Schermodul von gezogenen Kupferdrähten und ihre Rekristallisationsanordnungen.* Vff. untersuchten den Einfl. des Anlassens bei Tempp. von 100—700° auf die Rekristallisationstrukturen, den YOUNGschen u. den Schermodul an 2 Cu-Drähten, deren Durchmesser durch Ziehen um 99% (I) bzw. 55% (II) verringert worden waren. Durch Röntgenaufnahmen wurde zuerst die Textur des nichtgezogenen Drahtes, hierauf die der gezogenen Drähte untersucht, deren Durchmesser durch elektrolyt. Polieren allmählich red. worden war. In allen Fällen wurde eine Fasertextur beobachtet mit den Richtungen [1 1 1], [1 0 0] u. [1 1 2] bei **I** u. [1 1 1] u. [1 0 0] bei **II**. Der Grad der Faseranordnung ändert sich mit der Dicke des Drahtes u. ist außerdem von der Anfangstemp. abhängig. Bei **I** nimmt der YOUNGsche Modul mit steigender Anlaßtemp. ab, der Schermodul zu, u. zwar hat der YOUNGsche Modul bei ca. 265° einen minimalen Wert, der Schermodul einen maximalen Wert. Oberhalb dieser Temp. nimmt der erstere zu, der letztere ab. Bei **II** nahmen beide Moduln bis zu einer Anlaßtemp. von ca. 180° zu, oberhalb dieser Temp. nimmt der Wert des YOUNGschen Moduls bis zu 300° rasch, hierauf langsam ab, während der Schermodul bis 300° zu- u. hierauf langsam abnimmt. (J. Sci. Hiroshima Univ., Ser. A **16.** 89—95. Juli 1952. Hiroshima, Univ., Physic. Labor. [Orig.: engl.]) C. GOTTFRIED. 200

A. J. Kennedy, *Eine allgemeine Kriech- und Erholungseigenschaft von Metallen.* Vf. behandelte die in der Literatur bekannten Unterss. über vorübergehende Kriechverhh. einer Anzahl von Metallen unter verschied. Beanspruchungs- u. Temperaturbedingungen mathematisch. Als Ergebnis wurde gefunden, daß das relative vorübergehende Kriechverh. von Material intermittierender Beanspruchung, im Vgl. mit kontinuierlicher Beanspruchung, unter den gleichen Bedingungen nahezu konstant ist u. sich nicht merklich von Material zu Material ändert noch merklich von den Beanspruchungs- oder Temperaturbedingungen abhängig ist, vorausgesetzt der Typ der Kriechkurve bleibt derselbe. (Nature [London] **175.** 674—76. 16/4. 1955. London, Brit. Iron and Steel Res. Assoc.) C. GOTTFRIED. 200

A₇. Gleichgewichte. Kinetik.

Basudeb Das Sarma und **John C. Bailar jr.,** *Die Stereochemie von Metallchelaten mit vielzähnigen Liganden.* 1. Mitt. (Vgl. C. **1955.** 998.) Die Darst. der Komplexe des 6zähnigen Chelatbildners *Bis-salicylidentriäthylentetramin* (I; $HOC_6H_4CH{=}NCH_2CH_2NHCH_2CH_2 \cdot NHCH_2CH_2N{=}CHC_6H_4OH$) mit Co^{3+}, Co^{2+}, Fe^{3+} u. Al^{3+} wird beschrieben u. deren Strukturen werden unter Berücksichtigung ster. Gesichtspunkte sowie der entsprechenden Infrarotspektren diskutiert. **I** bildet außer mit vorst. Ionen stabile Komplexe mit Fe^{2+}, Ni^{2+}, Pd^{2+} u. a. Übergangselementen. Von den oktaedr. Komplexen des Co^{3+}, Fe^{3+} u. Al^{3+} konnten je 2 der 8 theoret. möglichen opt.-akt. Formen durch Spaltung der Racemate erhalten werden. Die opt.-akt. Formen des ebenen Cu(II)-Komplexes mit koordinativ 4wertigem Cu wurden durch asymm. Synth. dargestellt. Der Fe(III)-Komplex mit kovalent gebundenem Fe (d^2sp^3-Bindungen) konnte direkt in die opt.-akt. Isomeren gespalten werden. Bei Kondensation von *Salicylaldehyd* (**II**) mit *Triäthylentetramin* (**III**) bildet sich nicht **I** sondern Tris-salicylidentriäthylentetramin ($HOC_6H_4 \cdot CH{=}NCH_2CH_2NCH_2CH_2NCH_2CH_2N{=}CHC_6H_4OH$), das bei Rk. mit Co^{3+} in Ggw. von

$CH \cdot C_6H_4OH$

Luft **II** unter Bldg. des **I**–Co-Komplexes abspaltet, während im Falle von koordinativ 4wertigen Ionen wie Cu^{2+}, Pd^{2+} u. Co^{2+} die Abspaltung von **II** unterbleiben kann.

Versuche: Tris-salicylidentriäthylentetramin, $C_{27}H_{30}O_3N_4$, F. 105—106°, durch Kondensation von **III** mit **II** in *Methanol* (**IV**) in der Kälte; gelbe Kristalle; 80% (Ausbeute). Verss. zur Darst. von **I** durch Fällung von CuS aus der Lsg. des Cu-**I**-Komplexes blieben erfolglos. Bei Kondensation von **II** mit **III** in Ggw. von Na-Acetat wurde ein N-freies Prod. isoliert, das nicht identifiziert werden konnte. — Co(II)-bis-**II**, aus $CoCl_2 \cdot 6\,H_2O$ in W. u. **II** in **IV** durch Zugabe von wss. KOH-Lsg. unter Rühren; gelbbraune Kristalle aus verd. Alkohol. — *Bis-salicylidentriäthylentetramin-Co(II)*, **I**-Co(II), $[Co(C_{20}H_{24}O_2N_4)]$, durch Zugabe einer 7,3%ig. **III**-Lsg. zu vorst. Verb. in heißem **IV** u. Schütteln unter Luftausschluß; gelbbraune Kristalle aus Alkohol. — **I**-Co(III)-Chlorid, $[Co(C_{20}H_{24}O_2N_4)]Cl \cdot 2{,}5\,H_2O$, F. 240°, 1. durch allmähliche Zugabe von 10 cm^3 n. HCl zu der Suspension von 4,1 g **I**-Co(II) in 100 cm^3 W. unter Durchleiten von Luft (12 Std.)

u. Einengen bei Raumtemp.; braunschwarze hexagonale Prismen; 4 g. 2. Durch schnelles Mischen der kalten Lsgg. von 10 cm³ **III** in 50 cm³ **IV**, 12,1 g **II** in 50 cm³ **IV**, 5,6 g KOH in 20 cm³ W. u. 11,9 g $CoCl_2 \cdot 6 H_2O$ in 75 cm³ W. in vorst. Reihenfolge, 1std. Durchleiten von Luft, danach Zugabe von 10 cm³ verd. HCl (1 : 1), weiteres 12std. Durchleiten von Luft u. Einengen; 18,9 g. 3. Durch 5—6std. Einleiten von Luft in die Mischung aus **I** in Aceton, u. $CoCl_2 \cdot 6 H_2O$ in W. unter Zugabe von etwas Aktivkohle, danach Zugabe von NaOH, weiteres 2std. Einleiten von Luft u. Abkühlen im Eisbad. Zur Spaltung in die opt. Isomeren werden 0,5 g **I**-Co(III)-Chlorid in 20 cm³ **IV** mit 0,43 g Ag-d-Bromcampher-π-sulfonat verrieben u. das Filtrat im Vakuum auf 5—6 cm³ bis zur Abscheidung eines dunklen Öles eingeengt. Die wss. Lsg. wird eingedampft u. in wenig W. aufgenommen (a). Das Öl wird im Vakuum getrocknet u. in W. gelöst (b). Die am wenigsten lösl. Fraktion von (b) u. die am meisten lösl. Fraktion von (a) werden in W. gelöst u. mit gesätt. KJ-Lsg. gefällt. **I**-Co(III)-Jodid von (b), $[\alpha]_D$ —230°; **I**-Co(III)-Jodid von (a), $[\alpha]_D$ +220°. Spaltung mit SbO-d-Tartrat: Zur Lsg. von 1 g **I**-Co(III)-Chlorid in 50 cm³ **IV** wird 1 g Ag-SbO-d-Tartrat gegeben. Die Lsg. wird nach 1std. Rühren filtriert, das Filtrat eingeengt, die 1. Fraktion verworfen u. die 2. in W. gelöst. Fraktionierte Kristallisation ergibt 0,1 g *L-***I**-*Co(III)-SbO-d-Tartrat.* Aus dem Filtrat der 2. Fraktion scheidet sich beim Einengen 0,8—0,9 g des Komplexes aus. Diese werden abfiltriert, das Filtrat zur Trockne eingedampft, in W. gelöst u. als **I**-Co(III)-Jodid gefällt. **I**-Co(III)-Jodid der am wenigsten lösl. Fraktion, $[\alpha]_D$ —250°; **I**-Co(III)-Jodid der am meisten lösl. Fraktion, $[\alpha]_D$ +260°. Zur Spaltung mit d-Quarz wird die wss. Lsg. von **I**-Co(III)-Chlorid 15—20 Min. mit 1 g feingepulvertem d-Quarz digeriert u. das Filtrat polarimetriert; $[\alpha]_D$ —300°. Der Quarz wird mit **IV** extrahiert. Die Lsg. ergab eine Rotation von +0,015 ± 0,002°. — **I**-Cu(II), $[Cu(C_{20}H_{24}O_2N_4)]$, F. 78 bis 79° (Zers.), durch Zugabe von **III** zu einer Suspension von Cu-bis-**II** in 50%ig. **IV**; blaugrüne prismat. Nadeln aus 25%ig. **IV**, die im Vakuum unter Wasserabgabe in grüne Kristalle übergehen. L-**I**-Cu(II), aus Cu-d-Tartrat, **II**, **III** u. KOH in wss. **IV** durch 2std. Rühren unter Eiskühlung, u. Filtrieren. Das Filtrat wird mit **IV** versetzt u. die Lsg. durch Einleiten von Luft eingeengt; blaugrüne Kristalle aus 25%ig. **IV**; $[\alpha]_D$ —50°. D-**I**-Cu(II), aus Na_2Cu(II)-bis-1-glutamat wie vorst.; $[\alpha]_D$ +64°. —**I**-Al(III)-Jodid, $[Al(C_{20}H_{24}O_2N_4)]J \cdot 0,5 H_2O$, durch schnelles Mischen nachst. Lsgg. in angegebener Reihenfolge, Filtrieren u. Fällung mit KJ: **III** in **IV**, **II** in **IV**, KOH in W., $Al(NO_3)_3 \cdot 9 H_2O$ in wss. **IV**. **I**-Al-Nitrat, wie vorst. durch Einengen statt Fällen mit KJ; hexagonale Prismen. D-**I**-Al-SbO-d-Tartrat, $[Al(C_{20}H_{24}O_2N_4)]SbC_4H_4O_7$, aus **I**-Al-Jodid in **IV** u. Ag-SbO-d-Tartrat; $[\alpha]_D$ +44,8°. D-**I**-Al-Nitrat, aus vorst. Verb. in **IV** u. $AgNO_3$; $[\alpha]_D$ +20°. L-**I**-Al-SbO-d-Tartrat, $[Al(C_{20}H_{24}O_2N_4)]SbC_4H_4O_7 \cdot H_2O$, aus dem Filtrat von D-**I**-Al-SbO-d-Tartrat; $[\alpha]_D$ —59,3°. L-**I**-Al-Nitrat, aus vorst. Verb. in **IV** u. $AgNO_3$; $[\alpha]_D$ —124,4°. Beide isomeren Nitrate werden in **IV** schnell, die beiden Tartrate sehr viel langsamer racemisiert. Die Racemisation sämtlicher vorst. Al-Komplexe erfolgt in W. prakt. momentan. — **I**-Fe(III)-Nitrat, $[Fe(C_{20}H_{24}O_2N_4)]NO_3 \cdot H_2O$, Darst. analog der entsprechenden Al- u. Co(III)-Komplexe (2. Meth.) aus $Fe(NO_3)_3 \cdot 6 H_2O$, **II**, **III** u. KOH; purpurne Platten aus Wasser. **I**-Fe(III)-Jodid, $[Fe(C_{20}H_{24}O_2N_4)]J \cdot 1,5 H_2O$, F. 117—118°, aus vorst. Verb. u. KJ; schwarze Kristalle. Spaltung in der opt. Isomeren durch Rk. der vorst. Verb. mit Ag-SbO-d-Tartrat in **IV**, Einengen des Filtrats im Vakuum, Abfiltrieren der 1. Kristallfraktion (A) u. Eindampfen des Filtrats im Vakuum (Rückstand B). L-**I**-Fe(III)-SbO-d-Tartrat, $[Fe(C_{20}H_{24}O_2N_4)] \cdot SbC_4H_4O_7$, als die in **IV** am wenigsten lösl. Fraktion von (A); $[\alpha]_D$ —100°. L-**I**-Fe(III)-Nitrat, aus vorst. Verb. in **IV** u. $AgNO_3$; $[\alpha]_D$ —515°. D-**I**-Fe(III)-SbO-d-Tartrat, als die in **IV** am meisten lösl. Fraktion von (B); $[\alpha]_D$ +440°. D-**I**-Fe(III)-Nitrat, aus vorst. Verb. in **IV** u. $AgNO_3$; $[\alpha]_D$ +545°. (J. Amer. chem. Soc. **77**. 5476—80. 5/11. 1955. Urbana, Ill., Univ. of Illinois, Noyes Labor. of Chem.) H. HOFMANN. 223

J. P. Phillips und **A. L. Duckwall**, *Chelatverbindungen von 7-[α-Anilinobenzyl]-8-oxychinolin.* Darst. u. analyt. Best. der stöchimetr. Zuss. der Chelatkomplexe von *7-[α-Anilinobenzyl]-8-oxychinolin* (**I**), *7-[α-(o-Carbäthoxyanilino)-benzyl]-8-oxychinolin* (**II**), *7-[α-(o-Carboxyanilino)-benzyl]-8-oxychinolin* (**III**) u. *7-[α-(p-Carboxyanilino)-benzyl]-8-oxychinolin* (**IV**) mit folgenden Metallionen werden beschrieben u. mit den entsprechenden berechneten Formeln sowie denen analoger *8-Oxychinolin* (**V**)-Komplexe verglichen u. kurz diskutiert: Be^{2+}, Mg^{2+}, Ca^{2+}, Mn^{2+}, Ni^{2+}, Co^{2+}, Cu^{2+}, Zn^{2+}, Pd^{2+}, Ba^{2+}, Pb^{2+}, UO_2^{2+}, Al^{3+}, Sc^{3+}, Fe^{3+}, Ga^{3+}, Y^{3+}, In^{3+}, La^{3+}, Ce^{3+}, Nd^{3+}, Sm^{3+}, Bi^{3+}, Th^{4+}. Th-**I** hat einen größeren Th-Geh. als Th-**V**. **III** bildet in Analogie zu **V** mit 3wertigen Ionen Komplexe im Verhältnis Metall : **III** = 1 : 3, während für 2wertige Ionen etwa das Verhältnis 1 : 1,5 gilt. **II** u. **IV** bilden keine Chelate von anomaler Zusammensetzung.

Versuche: *7-[α-(o-Carbäthoxyanilino)-benzyl]-8-oxychinolin* (**II**), $C_{25}H_{22}O_3N_2$, F. 135°, aus 16,5 g Äthylanthranilat, 10,6 g Benzaldehyd u. 14,5 g **V** in 75 ml A. nach 10tägigem Stehen; 22 g (55%) (Ausbeute). — *7-[α-(p-Carboxyanilino)-benzyl]-8-oxychinolin* (**IV**), $C_{23}H_{18}O_3N_2$, F. 122°, aus 13,7 g p-Aminobenzoesäure, 10,6 g

Benzaldehyd u. 14,5 g **V** in 300 ml A. nach 35tägigem Stehen; cremefarbene Kristalle aus A.; 16 g (43%). Die obigen Metallkomplexe wurden allg. durch Zugabe der berechneten Menge des jeweiligen **V**-Deriv. in alkoh. Lsg. zu der verd. Metallsalzlsg. u. Fällung durch Puffern mit NH_4-Acetat, Na-Acetat oder NH_4OH dargestellt. Ce^{3+} u. Fe^{2+} werden von den Reagentien in annähernd neutraler Lsg. oxydiert. Die Komplexe von **I** mit Co, Bi, Pb, Nd u. Sm wurden nicht analysiert. — Die Metalle wurden gravimetr. als Oxyde nach Veraschung der Komplexe bestimmt. Die Best. der **V**-Derivv. erfolgte bromatometrisch. Folgende Empfindlichkeitsgrenzen (γ/ml) wurden ermittelt: a) **I**-Komplexe: Al^{3+} 0,7; Fe^{3+} 0,5; Cu^{2+} 0,6; Ni^{2+} 0,3. b) **III**-Komplexe: Al^{3+} 1,5; Fe^{3+} 0,5; Cu^{2+} 0,1; Ni^{2+} 0,2. (J. Amer. chem. Soc. **77.** 5504—06. 5/11. 1955. Louisville, Ky., Univ. of Louisville, Chem. Dep.) H. HOFMANN. 223

Henry Taube und **Franz A. Posey,** *Die Untersuchung eines Systems mit dem Gleichgewicht zwischen inneren und äußeren Komplexionen: $Co(NH_3)_5H_2O^{3+}$ und SO_4^{2-}.* Vff. untersuchten das Gleichgewicht zwischen $Co(NH_3)_5H_2O^{3+}$ u. $Co(NH_3)_5SO_4^+$ durch Extinktionsmessungen mit dem BECKMAN-Spektrophotometer bei 560 mμ. Das Gleichgewicht wird in sauren Lsgg. von beiden Seiten fast unabhängig von den anwesenden SO_4^{2+}-Ionen (0,02—2,6 mol.) bei gleichen Tempp. jeweils am gleichen Punkt erreicht. Vff. erklären diese Beobachtung durch Annahme einer Anlagerungsverb. $Co(NH_3)_5H_2O^{3+}\cdot SO_4^{2-}$, die je nach den SO_4^{2+}-Konzz. mit $Co(NH_3)_5SO_4^+ + H_2O$ oder $Co(NH_3)_5H_2O^{3+} + SO_4^{2-}$ im Gleichgewicht steht. Die Rkk. werden durch H^+ beschleunigt. Die Aktivierungsenergie für die Umwandlung des Sulfatoions in das Aquoion beträgt $19{,}3 \pm 0{,}5$ kcal/Mol u. für die umgekehrte Rk. $23{,}7 \pm 0{,}5$ kcal/Mol. (J. Amer. chem. Soc. **75.** 1463—67. 20/3. 1953. Chicago, Ill., Univ., George Herbert Jones Labor.) H. PLUSKAL. 223

Ingvar Lindqvist und **Lars-Henrik Andersson,** *Untersuchungen über Arsentrichlorid als Lösungsmittel.* 1. Mitt. *Die Existenz kristalliner Solvate.* Vff. konnten in Analogie zu krist. Hydraten die Verb. $(CH_3)_4NAsCl_4\cdot 2\,AsCl_3$ (**I**) in gut ausgebildeten Kristallen erhalten, aus der 2 Moll. $AsCl_3$ durch Erhitzen auf 100°/9 mm Hg abgespalten werden können. **I** ist gegen W. instabil u. wird bei einer Luftfeuchtigkeit von 40% bereits bei Zimmertemp. zersetzt. Zur Darst. von **I** wird über Na getrocknetes u. frisch dest. $AsCl_3$ (Kp. 130°) mit $(CH_3)_4NCl$ zur Rk. gebracht, nach völliger Auflösung filtriert u. $AsCl_3$ bei 9 mm Hg in eine durch Kältemischung gekühlte Vorlage dest., wobei **I** als Kristallmasse zurückbleibt. Sämtliche Operationen werden im N_2-Strom bzw. unter N_2 ausgeführt. Hinsichtlich apparativer Details muß auf das Original verwiesen werden. (Acta chem. scand. **8.** 128—29. 1954. Uppsala, Univ., Chem. Inst.) H. HOFMANN. 224

Benjamin C.-Y. Lu und **W. F. Graydon,** *Die Auflösungsgeschwindigkeit von Kupfer.* Vff. untersuchten die Auflösungsgeschwindigkeit polykristallinen metall. Cu in H_2SO_4-Lsg. in Abhängigkeit von der Temp., dem O_2-Druck, der H^+-Konz., der Oberflächengröße u. der Menge des korrodierenden Lösungsmittels. Verss., bei denen der zylindr. geformte Cu-Körper in Rotation versetzt wurde (250—4800 U/Min.), zeigten keine Abhängigkeit der Lösungs- von der Rotationsgeschwindigkeit. Aus 40 Verss. erhielten Vff. für die Geschwindigkeitskonstante (K) der Auflösung des Cu $K = 4{,}92\cdot 10^6$ ($\pm 0{,}24\cdot 10^6$) u. gelangten für die Auflösungsgeschwindigkeit unter den Versuchsbedingungen empir. zu folgender Gleichung: $d[Cu^{2+}]/dt = 4{,}92\cdot 10^6\cdot e^{-(14{,}1/RT)}\,[Cu^{2+}]^{1/2}(P_{O_2})^{1/2}$ A/V, worin $[Cu^{2+}] = 0-2{,}5\cdot 10^{-3}$ Mol/Liter; $T = 288-328°K$; $A = 5{,}47-11{,}10\ cm^2$; $V = 0{,}25-0{,}75$ Liter; $t = 3-30$ Std. u. $(P_{O_2}) = 0{,}05-1{,}00$ at bedeutet. Vff. nehmen an, daß die Auflösungsgeschwindigkeit durch die Oxydationsgeschwindigkeit des Cu(I)-Ions an der Cu/Lsg.-Grenzfläche bestimmt wird. (Canad. J. Chem. **32.** 153—63. Febr. 1954. Ontario, Toronto, Univ. of Toronto, Dep. of Chem. Engng.) H.-G. PLUST. 224

P. Daudel, R. Muxart und **R. Melet,** *Die Mikrobestimmung von durch Fällungen mitgerissenen Verunreinigungsspuren mit Hilfe von Radioindicatoren.* Vff. untersuchen unter Verwendung von ^{64}Cu, ^{65}Zn u. ^{60}Co die Mitfällung dieser Elemente bei der Fällung des Be als $Be(OH)_2$. Bei den unter gleichen Bedingungen stattfindenden Verss. liegen jeweils eines der 3 Elemente in akt., die beiden anderen in inakt. Form vor. Genaue Zus. der Lsgg., aus denen das $Be(OH)_2$ gefällt wird: 1. 2 mg Be + 1,016 mg $^{64}CuSO_4$ + 1 mg $Zn(NO_3)_2$ + 1 mg $Co(NO_3)_2$; 2. 2 mg Be + 1 mg $Cu(NO_3)_2$ + 1,050 mg $^{65}Zn(NO_3)_2$ + 1 mg $Co(NO_3)_2$; 3. 2 mg Be + 1 mg $Cu(NO_3)_2$ + 1 mg $Zn(NO_3)_2$ + 1,114 mg $^{60}Co(NO_3)_2$. Wie die Ergebnisse zeigen, genügt eine doppelte Fällung des $Be(OH)_2$, um Verunreinigungen wie Cu, Zn u. Co zu eliminieren. (Bull. Soc. chim. France, Mém. [5] **20.** C 104 bis C 105. Nov./Dez. 1953. Inst. du Radium.) H. GEDSCHOLD. 224

Kazimierz Kapitańcyk, *Chemische Reaktionen in flüssigem Ammoniak.* Das wasserähnliche Verh. von fl. NH_3 gegen verschied. Verbb. wird an Hand von 38 älteren Publikationen besprochen. (Wiadomości chem. **4.** 49—56. Jan./Febr. 1950. Poznań, Univ.) H. FREYTAG. 225

I. M. Issa, S. E. Khalafalla und **R. M. Issa,** *Die Stabilität von Kaliumpermanganat neben Tellursäure in alkalischen Lösungen.* Auf Grund von potentiometr. Titrationen verschied. gealterter stark alkal. $KMnO_4$-Lsgg. mit Tl^+ in Ggw. von H_6TeO_6 wird gezeigt, daß die Stabilität von alkal. $KMnO_4$-Lsgg. durch H_6TeO_6 stark erhöht wird. Die Geschwindigkeit der Zers. nimmt mit zunehmender Alkalikonz. u. abnehmender MnO_4^--Konz. zu. Die Red. verläuft hinsichtlich der OH^--Ionen als Rk. 1. Ordnung. Über die Rolle, die H_6TeO_6 für den Reaktionsmechanismus spielt, herrscht abgesehen von der Tatsache, daß sie frisch gefälltes MnO_2 auflöst, noch keine Klarheit. (J. Amer. chem. Soc. **77.** 5503—04. 5/11. 1955. Giza, Egypt., Cairo Univ., Fac. of Sci., Chem. Dep.) H. HOFMANN. 225

H. P. Broida und **A. G. Gaydon,** *Die Leuchtreaktion zwischen Kohlenmonoxyd und atomarem Sauerstoff.* Das bei der Rk. von CO mit atomarem O auftretende blaue Leuchten wurde in Abhängigkeit vom Druck spektrograph. untersucht. Das Spektr. zeigte die Banden der CO-Flamme u. war frei von dem üblichen kontinuierlichen Untergrund. Die Tatsache, daß es ein schwaches diffuses Leuchten u. keine lokalisierte „Atomflamme" ist, läßt vermuten, daß es durch einen Dreierstoß $CO + O + M \rightarrow CO_2^* + M$, der wenig Aktivierungsenergie braucht, zustande kommt. (Trans. Faraday Soc. **49.** 1190—93. Okt. 1953. London, Imp. Coll., Chem. Engng. Dep.) A. WELLER. 226

F. S. Dainton und **J. Rowbottom,** *Die primäre Radikalausbeute in Wasser. Ein Vergleich der Photolyse und Radiolyse von Wasserstoffperoxydlösungen.* (Vgl. C. **1953.** 5146.) Die Zers. von wss. H_2O_2 durch UV-Licht (Hg 3650 Å) u. ^{60}Co (1,2 MeV)-γ-Strahlung wurde bei kontinuierlicher u. intermittierender Bestrahlung sowie bei verschied. Tempp. untersucht. Sowohl bei UV als auch bei γ-Strahlung ist die Reaktionsgeschwindigkeit der 1. Potenz der H_2O_2-Konz. u. der Wurzel aus der Strahlungsintensität proportional; die Aktivierungsenergie der Gesamt-Rk. beträgt in beiden Fällen 5—6 kcal. Bei hohen Lichtintensitäten ergab sich für die Photolyse eine Grenzquantenausbeute von 1,9. Durch die γ-Strahlung werden pro 100 eV prim. $12{,}6 \pm 1{,}8$ H_2O zersetzt. (Trans. Faraday Soc. **49.** 1160—73. Okt. 1953. Leeds, Univ., Dep. of Chem.) A. WELLER. 226

H. A. Dewhurst, *Die Oxydation von Eisen(II)-sulfat in wässeriger Lösung durch Röntgen- und γ-Strahlen.* (Vgl. C. **1955.** **5040.**) Die Oxydation von Fe^{2+} zu Fe^{3+} durch 50 kV-Röntgen- u. ^{60}Co (1,2 MeV)-γ-Strahlung wurde in luftfreier u. belüfteter schwefelsaurer wss. Lsg. in Abhängigkeit von der Säurekonz., der Fe^{2+}-Konz. u. der Fe^{3+}-Konz. untersucht. Beide Strahlungsarten zeigen die gleiche Kinetik. Der Unterschied der räumlichen Verteilung der prim. entstandenen Radikale ist daher für die Reaktionsfolge unwesentlich. Sowohl in belüfteter als auch in luftfreier Lsg. zeigte sich eine merkliche Abhängigkeit der Anfangsausbeute von der Säurekonzentration. Die experimentellen Ergebnisse sind nicht in Übereinstimmung mit den aus dem bislang üblichen Reaktionsschema auf Grund der Stationaritätsbedingung abgeleiteten Gleichungen. (Trans. Faraday Soc. **49.** 1174—90. Okt. 1953. Edinburgh, Univ., Dep. of Natural Philos.) A. WELLER. 226

Tyson Rigg, Gabriel Stein und **Joseph Weiss,** *Die durch Strahlung induzierte Oxydation des Eisen(II)-Ions.* Vff. bestätigen die Ergebnisse von BARR u. KING (C. **1955.** 7630) u. zeigen, daß die Ergebnisse von DEWHURST (vgl. vorst. Ref.) durch den von Vff. vorgeschlagenen Reaktionsmechanismus durchaus gedeutet werden können. (J. Amer. chem. Soc. **77.** 4526—27. 5/9. 1955. Newcastle-upon-Tyne, Univ. of Durham, King's Coll.) M. SCHENK. 226

C. B. Amphlett, *Die katalytische Zersetzung von Distickstoffmonoxyd in einem großen Überschuß an Sauerstoff.* Die therm. Zers. von N_2O in O_2 ($1:10^5$—$1:10^3$) wurde bei Tempp. zwischen 250 u. 650° an folgenden, auf Asbest aufgebrachten Katalysatoren Cr_2O_3, CoO, CuO, NiO, CoO + NiO (1 : 1), sowie an reinem CoO untersucht. Die Rk. ist 1. Ordnung bzgl. N_2O. Reines CoO zeigte die größte katalyt. Wirksamkeit, die jedoch beim Gebrauch abnimmt, wahrscheinlich infolge Bldg. höherer, weniger akt. Oxyde. Erhitzen im Vakuum regeneriert die Aktivität. Die Wirksamkeit der auf Asbest aufgebrachten Katalysatoren nimmt in der Reihenfolge: CuO, CoO, CoO + NiO, NiO ab. Für den Reaktionsmechanismus schlägt Vf. folgendes Schema vor: N_2O + e (aus Katalysator) $\rightarrow N_2 + O^-$ (adsorb.), $O^- + O^- \rightarrow O_2$ (adsorb.) + 2 e (zum Katalysator), $O^- + N_2O \rightarrow N_2 + O_2$ (adsorb.) + e (zum Katalysator). (Trans. Faraday Soc. **50.** 273—78. März 1954. Harwell, Berks., Atomic Energy Res. Establ.) M. SCHENK. 227

L. W. Wright und **Sol Weller,** *Homogene katalytische Hydrierung.* 2. Mitt. *Die Wirkung der Umgebung des Katalysators auf die Aktivierung von molekularem Wasserstoff.* (1. vgl. WELLER u. MILLS, C. **1953.** 8026.) Vff. untersuchten die Wirkungen, die bei der homogenen katalyt. Aktivierung von H_2 durch Cu(I)-Acetat erhalten werden, wenn die Koordinationsatmosphäre um das Metallatom herum durch Chelatbldg. verändert wird. *Äthylen-*

diamin (I) u. *Äthylendiamintetraessigsäure* (II) vermindern die Geschwindigkeit u. das Ausmaß der Red. von *p-Benzochinon* (III) u. *Cu(II)-Acetatmonohydrat* (IV) in Chinolinlsg. bei 100°. Das Ausmaß dieser Verminderung steigt mit steigender Konz. des Chelatbildenden Reagens. Die Wrkg. auf die Red. von **IV** ist geringer als auf **III**. Eine Chinolinlsg. von Cu(I)-Acetat (**V**) allein ist gegen Hydrierung relativ beständig; diese Red. (zu Cu-Metall) wird jedoch durch red. **III**, durch **I** u. durch *Cystin* (**VI**), nicht aber durch **II**, beschleunigt. Wenn eine Mischung von **III** u. **IV** in Abwesenheit von **II** red. wird, so erfolgt die übliche Red. von **V** zu Cu nach dem Knickpunkt der Hydrierungskurve. Wenn jedoch **II** zugegen ist, so wird die Red. von **V** zu Cu verhindert. Vff. nehmen an, daß **I**, **II** u. **VI** sich mit **V** koordinieren, wobei entweder das Acetat-Ion oder Chinolin aus der Koordinationssphäre entfernt werden. Die Verminderung der Fähigkeit des **V**, durch **I** u. **II** die **III**-Hydrierung zu beschleunigen, wird mit der ster. Hinderung gegenüber **III** in Verbindung gebracht; weniger dagegen mit einer Verhinderung der H-Aktivierung, weil die Red. des Katalysators zu Cu-Metall noch in Ggw. von **I** stattfinden kann. Neben weiteren Diskussionen wird auch die allg. Frage behandelt, wie die Aktivierung des H_2 in diesem Syst. vor sich geht. Die erhaltenen Ergebnisse werden mit früheren verglichen; der früher für die katalyt. Hydrierung von **III** aufgestellte Mechanismus erklärt nicht die Katalyse der **V**-Red. durch **I**, **VI** oder red. **III**. (J. Amer. chem. Soc. **76**. 3345—46. 20/6. 1954. Linwood, Pa., Houdry Prozess Corp.) J. MATTNER. 227

Leon Wright, Sol Weller und **G. A. Mills,** *Homogene katalytische Hydrierung*. 3. Mitt. *Aktivierung von Wasserstoff durch Kupfer(I)- und Silberacetat in Pyridin und Dodecylamin*. (2. vgl. vorst. Ref.) Mol. H_2 wird durch Cu(I)- oder Ag-Acetat, welche in Pyridin oder Dodecylamin gelöst vorliegen, aktiviert. Vff. bestimmen die Kinetik dieser Hydrierungen bei 78 u. 100°. Ag-Acetat wird im Verlauf dieser Rk. zu Ag-Metall reduziert. Die Reduktionsgeschwindigkeit bei 78° hängt im Bereich von 94—415 mm linear vom H_2-Druck ab; sie ist bei konstantem H_2-Druck der Ag-Acetat-Konz. direkt proportional. Eine wss. 0,05 mol. Lsg. von Ag-Acetat wird bei 100° nicht meßbar von H_2 red., obgleich ein Farbwechsel von Farblos nach Grau zu beobachten ist. Eine gesätt. Lsg. in Eisessig wird bei 78° ebenfalls nicht reduziert. Auch eine 0,05 mol. Lsg. von AgCl in Pyridin absorbiert innerhalb von 2 Std. bei 100° keine meßbaren Mengen H_2. Ag-Metall ist kein Katalysator für die Red. von Ag-Acetat, wie aus dem Verlauf der erhaltenen Kurven hervorgeht. Bei der Hydrierung von Cu(II)-Acetat, die in Pyridin u. Dodecylamin etwa gleichartig verläuft, tritt eine Induktionsperiode auf. Die Rk. verläuft autokatalytisch. Die aufgenommene H_2-Menge zeigt Red. des Cu(II)-Acetats zu Cu(I)-Acetat an. Eine weitere Red. zu Cu-Metall scheint — wenn überhaupt — sehr langsam zu verlaufen. Die Anfangsgeschwindigkeit der Red. hängt linear von H_2-Druck ab, u. zwar bei Pyridin im Bereich von 37—282 mm, bei Dodecylamin im Bereich von 290—750 mm. Die Hydrierungsgeschwindigkeit von Cu-Acetat ist von der Konz. des Cu-Salzes nahezu unabhängig. Aus Mol.-Gew.-Bestimmungen von Ag- u. Cu-Acetat in Pyridin bei 115° u. dem beobachteten Gesetz der 1. Ordnung leiten Vff. ab, daß der geschwindigkeitsbestimmende Schritt die Rk. von H mit einem monomeren Metallion in sich schließt. Mögliche Strukturen des Metall-H-Komplexes werden diskutiert u. gegebenenfalls Arten der Spaltung der H—H-Bindung erörtert. Wenn D_2 bei 100° durch das Cu(I)-Acetat–Pyridin (oder –Dodecylamin)-Syst. aktiviert wird, erfolgt Isotopenaustausch mit einem gelösten H-Donator. Die Halbwertszeit für den Austausch in Pyridinlsg. beträgt $^1/_2$ Stunde. Dagegen erfolgt während oder nach der Red. von Ag-Acetat in Pyridin bei 78° weder mit reinem D_2 noch mit D_2—H_2-Mischung ein Austausch. Das Ag-Acetat–Pyridin-Syst. unterscheidet sich vom Cu-Acetat–Pyridin-Syst. ferner dadurch, daß die Red. des ersteren bei 78° durch D_2 um ca. 30% langsamer verläuft als durch H_2. (J. physic. Chem. **59**. 1060—64. Okt. 1955.) R. MATTNER. 227

George W. Watt, Archie Broodo, W. A. Jenkins und **S. G. Parker,** *Die katalytische Aktivität von Metallen, die durch Reduktion von Salzen in flüssigem Ammoniak gewonnen werden*. 3. Mitt. *Ruthenium, Rhodium und Palladium*. (2. vgl. C. **1953**. 3047.) Durch Red. mit K in fl. NH_3 nach der früheren Technik werden aus Ru-, Rh- u. Pd-Halogeniden als NH_3-unlösl. Prodd. die Metalle in unreiner Form gewonnen, die (außer Ru, bei dem aus RuJ_3 Prodd. mit 57—80% Ru erhalten werden) durch Waschen mit A. in das reine Metall übergeführt werden u. die alle 3 sehr akt. Hydrierungskatalysatoren sind. Aus $[Rh(NH_3)_5Br]Br_2$ wird auf diese Weise über ein pyrophores Prod. mit 80,7% Rh reines Rh, aus $Pd(NH_3)_2Br_2$ über pyrophores 96,8%ig. Pd das reine Pd mit dem Röntgenogramm des elementaren Pd erhalten. Ihre katalyt. Aktivität, bezogen auf die Oberflächeneinheit, wird durch Hydrieren von Olefinen u. aromat. Nitroverbb. (30°, 2 at H_2) bestimmt; sie ist wesentlich größer als die der entsprechenden durch Red. von Oxyd oder Halogenid mit H_2 bei höherer Temp. erhaltenen Metalle. Gegen Olefine als Acceptoren nimmt die Aktivität vom Ru über Rh zu Pd ab; gegen Nitrobenzol u. -toluol ist Rh besser als Pd (bei den Nitroverbb. wird zunächst die Nitrogruppe sehr schnell, dann der Kern äußerst langsam hydriert). Die höhere Aktivität von Rh im Vgl. zu Pd läßt sich aus dem d-Bandencharakter ableiten, aber nicht die hohe Aktivität des Ru; möglicherweise enthält das relativ unreine Ru Verunreinigungen mit Promotorwirkung. — Durch Behandeln von $Pd(NH_3)_2Br_2$ mit KNH_2 in fl. NH_3 bei $-33{,}5^0$ wird *Pd-Amid*, $Pd(NH_2)_2$, erhalten (gelbe feste M., die mit NH_3 gewaschen wird); die entsprechende Rk. mit $[Rh(NH_3)_5 \cdot Br]Br_2$ führt zu einem Prod., das überwiegend $Rh(NH_2)_3$ ist, aber keine streng reproduzierbaren analyt. Daten liefert u. wahrscheinlich durch Prodd. einer partiellen NH_3-Abspaltung (Imide, Nitride) verunreinigt ist. (J. Amer. chem. Soc. **76**. 5989—93. 5/12. 1954. Austin, Tex., Univ. of Texas, Dep. of Chem.) G. v. DECHEND. 227

Günther Rienäcker, Beiträge zur Kenntnis der Wirkungsweise von Katalysatoren u. Mischkatalysatoren. Berlin: Akademie-Verl. 1956. (53 S. m. Abb.) 4° = Abhandl. d. Dt. Akad. d. Wiss. zu Berlin. Kl. f. Chemie, Geologie u. Biologie. Jg. 1955. Nr. 3. DM 6,50.

A_8. Präparative anorganische Chemie. Komplexchemie. Metallorganische Verbindungen.

Jack Fischer, James Bingle und **Richard C. Vogel,** *Flüssigkeit–Dampf-Gleichgewichte in dem System Brom–Bromtrifluorid.* Die 75⁰- u. 100⁰-Isothermen des Syst. Br_2–BrF_3 wurden untersucht; die Ergebnisse sind tabellar. u. graph. wiedergegeben. Die beobachteten Drucke über Br_2–BrF_3-Gemischen sind größer als die Summen der Drucke der reinen Komponenten. Demnach muß noch mindestens eine andere Verb. vorliegen. Aus den scheinbaren Mol.-Geww. kann auf die Anwesenheit von *BrF* geschlossen werden. (J. Amer. chem. Soc. **78**. 902—04. 5/3. 1956. Lemont, Ill., Argonne Nat. Labor., Chem. Engng. Div.) E. FORCHE. 248

Max T. Rogers, John L. Speirs, Morton B. Panish und **H. B. Thompson,** *Das System Jodpentafluorid–Fluorwasserstoff. Fest–flüssig-Gleichgewichte, Dampfdrucke, Molvolumina und spezifische Leitfähigkeiten.* 7. Mitt. *Physikalische Eigenschaften der Halogenfluoride.* (6. vgl. C. **1956**. 7138). Vff. bestimmten Erstarrungspunkte, Dampfdrucke, Dichten u. spezif. Leitfähigkeiten von verschied. Mischungen des Syst. JF_5–HF. Das Phasendiagramm fest–fl. zeigt einen eutekt. Punkt bei $-83{,}49^0$ mit 99,5 Mol-% HF. Die bei 15^0 gemessenen Dampfdrucke liegen über den nach dem RAOULTschen Gesetz berechneten Werten, aber ein Azeotrop ist nicht festzustellen. Beim Mischen von JF_5 u. HF tritt eine geringe Volumenabnahme ein. Die spezif. Leitfähigkeit von reinem JF_5 beträgt bei 25^0 $5{,}4 \cdot 10^{-6}$ $Ohm^{-1}cm^{-1}$. Die spezif. u. mol. Leitfähigkeiten von JF_5–HF-Mischungen sind in einer Tabelle wiedergegeben. (J. Amer. chem. Soc. **78**. 936—38. 5/3. 1956. East Lansing, Mich., Michigan State Univ., Kedzie Chem. Labor.) E. FORCHE. 249

Frank B. Dudley, George H. Cady und **David F. Eggers jr.,** *Fluorfluorsulfonat.* Bei der Fluorierung von SO_3 mit elementarem F_2 (mit N_2 verd.) in Ggw. von AgF_2 bei 220^0 bildet sich neben SO_2F_2 in 60%ig. Ausbeute die Verb. SO_3F_2, die auf Grund ihres Mol.-Gew., chem. Verh. u. Ultrarotspektr. *Fluorfluorsulfonat* (I) ist. Sie entsteht auch aus Sulfaminsäure u. F_2. I ist ein ähnlich OF_2 riechendes Gas; Kp. $-31{,}3^0$; F. $-158{,}5^0$; latente Verdampfungswärme beim Kp. 5350 cal/Mol; TROUTONsche Konstante 22,15; latente Schmelzwärme ca. 1900 cal/ Mol. Dampfdruckgleichung $\log_{10}P(mm) = 6{,}56476 - 6{,}2687 \cdot 10^2/T - 6{,}3906 \cdot 10^4/T^2$. Die D. beträgt bei $-74{,}05^0$ 1,7844; bei $-69{,}7^0$ 1,7698; bei $-65{,}5^0$ 1,7564 g/cm³. Die Temperaturabhängigkeit der D. wird durch die Gleichung $\sigma_T = 0{,}00325\ T + 2{,}4314$ wiedergegeben. — I ist ein starkes Oxydationsmittel. Mit KJ-Lsg. reagiert es gemäß $SO_3F_2 + 2\,J^- \rightarrow SO_3F^- + F^- + J_2$, mit NaOH gemäß $SO_3F_2 + 2\,OH^- \rightarrow SO_3F^- + F^- + H_2O + {}^1/_2\,O_2$. Das Ultrarotspektr. von I im Dampfzustand wurde aufgenommen u. mit den Spektren von *Fluorsulfonsäuremethylester* (II) u. *Dimethyläther* verglichen. Es zeigt die S—O-Valenzschwingungen bei 1501 u. 1248 cm^{-1} (II bei 1465 u. 1235 cm^{-1}), die O—F-Valenzschwingung bei 879 cm^{-1}, die S—F-Valenzschwingung bei 852 cm^{-1} (II bei 840 cm^{-1}), die S—O-Valenzschwingung der S—O—F-Gruppe bei 789 cm^{-1} (S—O—CH_3-Gruppe von II bei 787 cm^{-1}) u. die O—S—O-Schwingung bei 575 cm^{-1} (II bei 520 cm^{-1}). (J. Amer. chem. Soc. **78**. 290—92. 20/1. 1956. Seattle, Wash., Univ. of Washington; Univ. of New England, Dep. of Chem.) E. FORCHE. 253

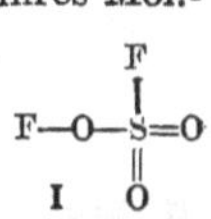

I

F. B. Dudley, J. N. Shoolery und **G. H. Cady,** *Kernmagnetische Resonanzspektren von Fluorfluorsulfonat, Thionyltetrafluorid und Pentafluorschwefelhypofluorit.* Die kernmagnet. Resonanzspektren wurden von *Fluorfluorsulfonat* (SO_3F_2), *Thionyltetrafluorid* (SOF_4) u. *Pentafluorschwefelhypofluorit* (SOF_6) aufgenommen. Das Spektr. von SO_3F_2 zeigt zwei gleiche Spitzen, die bei starker Auflsg. als Dubletts erscheinen. Demnach hat SO_3F_2 die Struktur *SO_2F—OF* (vgl. vorst. Ref.). — Das Spektr. von SOF_4 enthält nur eine Spitze; demnach ist für die Struktur *F_4S=O* wahrscheinlicher als SF_3—OF. —

Das Spektr. von SOF_6 besteht aus zwei Spitzen. Die O—F-Spitze liegt in demselben Gebiet wie bei SO_3F_2. Die Struktur kann nur SF_5—OF sein. Zwischen den F-Atomen besteht Spinkopplung, welche die SF_5-Resonanz in 6 Spitzen aufspaltet. Aus dem Fehlen von Symmetrie läßt sich schließen, daß die Rotation der O—F-Gruppe gegen die SF_5-Gruppe gehindert ist. Bei 5 gleichwertigen F-Atomen ist eine pentagonal-pyramidale Struktur oder eine oktaedr. Struktur, bei der die direkt an das S-Atom gebundenen F-Atome zwischen der planaren u. nichtebenen Lage wechseln können, möglich. Die zweite Möglichkeit erscheint wahrscheinlicher. (J. Amer. chem. Soc. **78.** 568. 5/2. 1956. Palo Alto, Calif., Univ. of Washington, Dep. of Chem. u. Varian Assoc.) E. FORCHE. 253

Peter W. Schenk, *Die Konstitutionsformel des dimeren Schwefelmonoxyds.* (Vgl. C. **1952.** 6983.) Gasförmiges SO ist ein Gemisch von monomerem SO mit dem dimeren S_2O_2 (vgl. Z. anorg. allg. Chem. **248.** [1941.] 297). S_2O_2 ist der Träger des UV-Absorptionsspektrums. Die Unters. dieses Spektr. (vgl. JONES, C. **1951.** I. 2843) ergab 2 mögliche Formeln des S_2O_2, OS=SO u. S=SO_2. Die letztere wird auf Grund des chem. Verh. ausgeschlossen: SO polymerisiert beim Kondensieren zu „Polyschwefeloxyden" (I). Beim Cracken durch Erwärmen auf Zimmertemp. entsteht nach anfänglicher SO_2-Abgabe wieder neben dimerem auch monomeres SO, das aus S=SO_2 nicht entstanden sein kann. Diese Tatsache, wie auch die Bldg. von Thionylhalogeniden bei der Rk. von **I** mit Halogenen, beweist die Ggw. von SO-Gruppen in **I**. Wenn aber **I** solche SO-Gruppen enthält, kann es nur aus OS=SO entstanden sein. Die Formel S=SO_2 läßt sich mit diesem Verh. nicht vereinbaren. (Z. anorg. allg. Chem. **270.** 301—03. Dez. 1952. Hannover, Zentrallabor. der Kali-Chemie A. G.) K. SCHILLER. 253

N. W. Luft, *Über die Dissoziationsenergien von S—S-Bindungen und verwandte Probleme.* Aus bekannten Daten für S_2 u. quantenstatist. berechneten Entropien des ringförmigen S_4-, S_6- u. S_8-Mol. ermittelt Vf. die Reaktionsenthalpien u. -entropien bei 600° K für die Polymerisations-Rkk. $S_{2n} \rightleftharpoons nS_2$ (n = 2, 3, 4) u. vergleicht sie mit thermodynam. ermittelten Werten aus der Literatur. Der Berechnung liegt ein S—S-Abstand im S_8-Mol. von 2,10 Å zugrunde. Die Werte von S_4 zeigen größere Differenzen. Die Berechnung von c_p^0, $-(F^0-H_0^0)/T$ u. S^0 (bei 300, 600 u. 1000° K) u. von den Bildungsenthalpien der S_2-, S_3-, S_4-, S_5-, S_6- u. S_8-Moll. zeigen, daß im S-Dampf auch S_3-, S_5- u. S_7-Moll. vorliegen. Die Bildungsenthalpien der Biradikale $-S_3-$, $-S_4-$, $-S_6-$ u. $-S_8-$ werden durch vergleichende Betrachtungen mit den Polyschwefelwasserstoffen gewonnen. Die Gleichgewichtskonz. an Biradikalen im S-Dampf ist nur unbedeutend, da zum Aufbrechen eines spannungsfreien S-Ringes 63 kcal/Mol erforderlich sind. Die niederen Biradikale zeigen wahrscheinlich Resonanz. (Mh. Chem. **86.** 474—84. 1955. Cheadle Hulme, Cheshire.) R. LACMANN. 253

Roger Pascard, *Einige Komplexe des Schwefelsäure- und Salpetersäureanhydrids.* Vf. untersucht das Syst. SO_3–HNO_3–H_2O im SO_3-reichen Bereich u. weist auf Grund der Analyse der nach einem näher beschriebenen Verf. dargestellten Kristalle zwei Verbb. der Zuss. $6\,SO_3 \cdot N_2O_5 \cdot 2\,H_2O$ u. $4\,SO_3 \cdot H_2O_5$ nach. (C. R. hebd. Séances Acad. Sci. **232.** 621—23. 12/2. 1951.) H. SURAWSKI. 253

A. A. Woolf, *Polysulfate einiger Oxykationen der V. und VI. Gruppe.* Einige von HAYEK u. HINTERAUER (C. **1952.** 1293) beschriebene Sulfate mit Kationen hoher Oxydationsstufe werden vom Vf., wie auch schon von anderer Seite (C. **1956.** 6607), als Polysulfate von Metalloxykationen geringerer Ladungszahl angesehen, so $Sb_2O(SO_4)_4$ als $(SbO_2)_2S_4O_{13}$, $V_2O(SO_4)_4$ als $(VO_2)_2S_4O_{13}$, $Nb_2O(SO_4)_4$ als $(NbO_2)_2S_4O_{13}$, $Ta_2(SO_4)_5$ als $(TaO_2)S_5O_{16}$, $CrO(SO_4)_2$ als $(CrO_2)S_2O_7$, $MoO(SO_4)_2$ als $(MoO_2)S_2O_7$, $WO(SO_4)_2$ als $(WO_2)S_2O_7$, $U(SO_4)_2$ als $(UO)S_2O_7$; ferner $TaOCl_3$ als $TaO_2(TaCl_6)$. (Chem. and Ind. **1954.** 1320. 23/10. Manchester, Univ. Dep. of Chem.) U. WANNAGAT. 253

Zbigniew Grabowski, *Borwasserstoffe.* Übersicht über die chem. u. physikal. Eigg. sowie die Struktur der *Borane.* — 44 Literaturangaben. (Wiadomości chem. **4.** 15—21. Jan./Febr. 1950. Warszawa, Uniw.) H. FREYTAG. 258

L. H. Long und **D. Dollimore,** *Die Chemie des Bors.* 4. Mitt. *Die Borchlorobromide.* (3. vgl. DOLLIMORE u. LONG, C. **1955.** 307.) Zur Darst. der Borchlorobromide BCl_2Br (**I**) u. $BClBr_2$ (**II**) wurde BBr_3 (**III**) mit AgCl, $HgCl_2$ u. $SbCl_3$ (**IV**) partiell chloriert. Bes. **IV** erweist sich als geeignet. Es ist nicht möglich, aus den Reaktionsmischungen durch fraktionierte Dest. **I** u. **II** rein zu isolieren, da sich ein Disproportionierungsgleichgewicht zu **III** u. BCl_3 (**V**) hin einstellt. Dies erfolgt schon bei —50°. Umgekehrt bilden sich in Mischungen von **III** u. **V** im Gleichgewicht **I** u. **II**. Sie können leicht ramanspektroskop. nachgewiesen werden. Folgende Banden (in cm^{-1}) dienen zur Best. der Komponenten in der Mischung: 471 **V**, 408 **I**, 347 **II** u. 279 **III**. (J. chem. Soc. [London] **1954.** 4457—61. Dez. Exeter, Univ. Coll.) H. J. BECHER. 258

W. I. Michejew und **N. N. Stulow,** *Über die Produkte der Hochtemperaturerhitzung von Schichtsilicaten.* Röntgenograph. untersucht wurden die beim Erhitzen von Silicaten im Bereich 1050—1200° entstehenden Produkte. Nachst. folgen Ausgangssilicat, Temp. u. Glühprod. in (): *Muskovit* 1200° (γ-Al_2O_3); *Biotit* 1200° (γ-Fe_2O_3); *Lepidomelan* 1200° (γ-Fe_2O_3); *Phlogopit* 1200° (*Olivin*); *Glaukonit* 1050° (*Magnesiumferrit*); *Montmorillonit* 1050° (*Spinell* u. *Alumosilicat*); *Bentonit* 1000° (Alumosilicat); *Chlorit* 1200° (*Spinell* u. *Olivin*); *Talk* 1150° (Mineral von *Enstatit*-Struktur); *Kaolinit* 950 u. 1200° (γ-Al_2O_3 bzw. *Mullit*); *Pyrophyllit* 1000 u. 1200° (Mullit bzw. dehydratisierter Pyrophyllit u. Mullit). (Записки Всесоюзного Минералогического Общества [Schr. Allunions mineralog. Ges.] [2] **84.** 3—29. 1955.) O. Lebtag. 261

A. N. Campbell, W. J. G. McCulloch und **E. M. Kartzmark,** *Das System Lithiumsulfat–Ammoniumsulfat–Wasser.* Das Eutektikum von $Li_2SO_4 \cdot H_2O$-Eis liegt annähernd bei —23° mit 26,1% Li_2SO_4 in der Lsg., ein von Friend (J. chem. Soc. [London] **1929.** 2330) postuliertes höheres Hydrat des Li_2SO_4 konnte nicht aufgefunden werden. Die beiden Eutektika im tern. Syst. $(NH_4)_2SO_4$–H_2O–Li_2SO_4 liegen bei —27° mit $(NH_4)_2SO_4$, $Li_2SO_4 \cdot (NH_4)_2SO_4$ (**I**) u. Eis [Zus. 33,2% $(NH_4)_2SO_4$ u. 10,5% Li_2SO_4] u. bei —30,0° mit $Li_2SO_4 \cdot H_2O$, **I** u. Eis [Zus. 10,6% $(NH_4)_2SO_4$ u. 27,4% Li_2SO_4] als festen Phasen. Das Doppelsalz **I** ist bei allen Tempp. von 0—95° stabil, die Löslichkeitsisothermen (0,1°; 71,8°; 95,2°) weisen auf begrenzte feste Lsg. des $(NH_4)_2SO_4$ in Li_2SO_4 hin. Die Bldg. von **I** nach $Li_2SO_4 \cdot H_2O + (NH_4)_2SO_4 \rightarrow$ **I** $+ H_2O$ ist endotherm mit $\Delta H = 1{,}28 \pm 0{,}01$ kcal, die Umwandlungstemp. von **I** in die Einzelkomponenten in wss. Lsg. liegt unterhalb des Gefrierpunktes des Systems. (Canad. J. Chem. **32.** 696—707. Juli 1954. Winnipeg, Man., Univ. of Manitoba, Chem. Dep.) U. Wannagat. 273

Henry Gilman, Reuben G. Jones und **L. A. Woods,** *Kohlenwasserstoffe als Produkte der Reaktion von Methyllithium und Äthylmagnesiumbromid mit Schwermetallsalzen.* Mit CH_3Li reagieren $TiCl_4$ (64%), $Ti(OC_2H_5)_4$ (59%), $ZrCl_4$ (56%), $Zr(OC_6H_5)_4$ (70%), $TaCl_5$ (72%), $MnBr_2$ (78%), $CrCl_3$ (73%), $CeCl_3$ (20%) u. $LaCl_3$ (14%) unter Bldg. von Methan, *AgBr* (86%), *CuCl* (80%), *CuJ* (80%) u. $CuCl_2$ (80%) unter Bldg. von Äthan, während $AuCl_3$ (17; 64%), $FeCl_2$ (56; 24%) u. $NiCl_2$ (36; 38%) sowohl Methan als auch Äthan bilden (Ausbeuten in Klammern). — C_2H_5MgBr setzt sich mit $TiCl_4$ (52%), $Ti(OC_2H_5)_4$ (58%), $ZrCl_4$ (48%), $TaCl_5$ (51%) zu Äthan, mit $CrCl_3$ (42; 33%), $MnBr_2$ (63; 29%), $FeCl_2$ (49; 40%), TlCl (34; 32%), CuJ (46; 45%), $CuCl_2$ (33; 28%) zu Äthan u. Äthylen, mit AgCl (43; 7; 7%), AgBr (56; 12; 11%), AgJ (51; 22; 20%), $AuCl_3$ (11; 15; 6%) zu Butan, Äthan u. Äthylen um. Die Entstehung der KW-stoffe wird über die intermediäre Bldg. therm. instabiler metallorgan. Verbb. gemäß $CH_3Li + MeX \rightarrow LiX + \{MeCH_3\}$; $\{MeCH_3\} \rightarrow Me + \{CH_3\}$; $\{CH_3\}$ + Ae. $\rightarrow CH_4$; $2\,\{MeCH_3\} \rightarrow 2\,Me + CH_3{-}CH_3$ u. $C_2H_5MgBr + MeX \rightarrow MeBrX + \{MeC_2H_5\}$; $\{MeC_2H_5\} \rightarrow Me + \{C_2H_5\}$; $C_4H_{10} \leftarrow 2\,\{C_2H_5\} \rightarrow C_2H_6 + C_2H_4$ wahrscheinlich gemacht. (J. Amer. chem. Soc. **76.** 3615—17. 20/7. 1954. Ames, Io., Iowa State Coll., Chem. Labor.) U. Wannagat. 273

Saul Gordon und **Clement Campbell,** *Differentialthermoanalyse anorganischer Verbindungen. Nitrate und Perchlorate der Alkali- und Erdalkalimetallgruppen und ihrer Nebengruppen.* Mittels Differentialthermoanalyse bei einem Temperaturanstieg von 15° pro Min. wurde das therm. Verh. anorgan. Oxydantien im Bereich von ca. 40—800° untersucht. Aus den automat. aufgezeichneten Kurven wurden Dehydratationstempp., Kristallumwandlungspunkte, Schmelzpunkte, Blasenbildungs- u./oder Kpp. u. die Tempp. der verschied. Stufen der sichtbaren Zers. ermittelt u. miteinander, sowie mit bereits bekannten Werten verglichen. Kristallumwandlungen wurden bei allen Alkalimetallnitraten u. -perchloraten beobachtet, außer bei denen des Li, die sich therm. ähnlich wie die entsprechenden Erdalkalimetallsalze verhalten. (Analytic. Chem. **27.** 1102—09. Juli 1955. Dover, Picatinny Arsenal, Pyrotechn. Chem. Res. Labor.) F. Umland. 280

Paul Ehrlich, Bernhard Alt und **Leonore Gentsch,** *Über die Hydridchloride der Erdalkalimetalle.* Vff. synthetisieren Erdalkalihydridchloride durch Zusammenschmelzen des reinen Metalls mit dem wasserfreien Chlorid im H_2-Strom u. (besser) durch Erhitzen eines äquimol. Gemischs von Erdalkalihydrid u. Dichlorid auf 900° (Ausbeute quantitativ). Es sind in glänzenden Blättchen krist., in organ. Lösungsmitteln unlösl. Verbb., die an der freien Luft bald zerfallen u. durch W. heftig unter Hydrolyse zers. werden. *CaHCl* ist farblos, *SrHCl* schwachbraunrot, *BaHCl* schwarz. Sie sind therm. etwas stabiler als die reinen Hydride. Das therm. Zustandsdiagramm zeigt, daß die neuen Verbb. scharf durch Schmelzpunktsmaxima definiert sind u. für die entsprechenden Dichloride u. Hydride kein Lösungsvermögen zeigen. CaHCl $D.^{25}_4$ 2,45, SrHCl $D.^{25}_4$ 3,48, BaHCl $D.^{25}_4$ 4,08. Strukturunterss. ergaben PbClF-Typ (tetragonal, Raumgruppe D^7_{4h} — P 4/n m m) mit den Gitterkonstanten: CaHCl: $a = 3{,}84_3$ (kX), $c = 6{,}84_7$; SrHCl:

a = 4,09₂, c = 6,94₇; BaHCl: a = 4,39₉, c = 7,18₈. Die Punktlagen der Ionen werden mitgeteilt. (Z. anorg. allg. Chem. **283**. 58—73. Jan. 1956. Gießen, Justus-Liebig-Hochschule, Chem. Inst.; Hannover, TH, Inst. für anorgan. Chem.) G. HARTMANN. 280

Charles Tanford und **Myron L. Wagner,** *Die aufeinanderfolgenden Konstanten für die Assoziation von Cadmium mit Imidazol.* Zum Vgl. der Bindungskonstanten von Metallen mit Serumalbumin (die Hauptbindungen gehen hier von den Imidazolgruppen des Proteinmol. aus) ermitteln Vff. potentiometr. nach der Meth. von BJERRUM die Bindungskonstanten von *Imidazol* (**I**)-*Cd*-Komplexen. Die Bildungskurven dieser Komplexe wurden zu einem Maximum von 4 gebundenen **I**-Gruppen extrapoliert, mit einer Genauigkeit von $\pm 0,05$ für $\log k_1$, $\pm 0,01$ für $\log k_2$, $\pm 0,12$ für $\log k_3$ u. $\pm 0,2$ für $\log k_4$ werden für 15, 25 u. 30° folgende Werte gefunden: $\log k_1$ 2,88; 2,80; 2,62. $\log k_2$ 2,18; 2,10; 2,03. $\log k_3$ 1,53; 1,55; 1,55. $\log k_4$ 1,17; 1,13; 0,96. Aus Messungen bei anderen Tempp. wird -5 ± 2 kcal/Mol als Wert für die Bindungsenergie aus $\log k_1$ ermittelt. — Der Wert für $\log k_1$ ist ident. mit dem Logarithmus der Assoziationskonstante der Verb. aus Cd mit den **I**-Gruppen von Serumalbumin des Rindes, diese ungeladenen Gruppen werden also in keinerlei sonstigen Bindungen beansprucht. — Durch Vgl. der log k-Werte wird die Ähnlichkeit der Affinitäten von **I** u. NH_3 zu Cd u. Zn aufgezeigt. (J. Amer. chem. Soc. **75**. 434—35. 20/1. 1953. Iowa City, Io., State Univ. of Iowa, Dep. of Chem.) G. BANKWITZ. 289

O. Glemser und **G. Rieck,** *Die Bindung des Wassers in den durch thermische Zersetzung von Aluminiumhydroxyden entstandenen Phasen.* Die von Vff. (C. **1956**. 4077) mitgeteilten Ergebnisse über die Prodd., die bei fortlaufender Erhitzung von verschied. Al-Hydroxyden entstehen, werden auf Grund von erneuten Ultrarotmessungen ergänzt bzw. berichtigt, da die hier angewandte KBr-Meth. für die in Frage stehenden Präpp. nicht geeignet ist. Die Messungen, die an unter Feuchtigkeitsausschluß in Paraffinöl eingebetteten Präpp. durchgeführt wurden, ergaben bei allen Prodd. nur die Absorption der OH-Valenzschwingung, während die Absorption der Deformationsschwingung des W. fehlte. Das Maximum der Absorption liegt bei ca. 3 μ. Die Bande ist bes. nach längeren Wellen (bis fast 4 μ) stark verbreitert. In den untersuchten Phasen liegen H-Brückenbindungen der Art O—H····O vor, u. zwar teilweise sehr feste Bindungen, da die Lage der OH-Absorption um so langwelliger wird, je kürzer der O—H···O-Abstand ist. Der Verbreiterung der OH-Bande von ca. 3—4 μ entspricht eine Folge von verschied. O—H···O-Abständen im Gitter, die mit dem wenig geordneten Zustand dieser Phasen zusammenhängen müssen. Auf Grund entsprechender Unterss. an mit Wasserdampf von 10 Torr gesätt. Hydrargillit (15,9% W.) wird der hygroskop. Charakter der obigen Verbb. allg. dahingehend gedeutet, daß kleine Wassermengen völlig, größere überwiegend als OH-Gruppen in das Gitter eingebaut werden. Nach Ansicht der Vff. können die durch therm. Zers. von Al-Hydroxyden erhaltenen Phasen auch als nichtstöchiometr. Hydroxyde mit wechselndem OH-Geh. betrachtet werden. Die η-Al_2O_3-Phase wird durch 180std. Erhitzen auf 700° vollständig entwässert, wobei das Gitter erhalten bleibt. (Angew. Chem. **68**. 182. 7/3. 1956. Göttingen, Univ., Anorgan.-Chem. Inst.) H. HOFMANN. 294

Henri Guérin und **René Martin,** *Über die Aluminiumphosphate.* Das Syst. P_2O_5–Al_2O_3–H_2O wurde bei 60° nach der Restmeth. untersucht. Es folgt, daß *Monoaluminiumphosphat,* $3\,P_2O_5\cdot Al_2O_3\cdot 6\,H_2O$ (**I**) in Lsgg. mit mehr als 54,5% P_2O_5 stabil ist. Es krist. in großen Stäbchen u. zeigt rechte Auslöschung. **I** ist sehr hygroskop. u. hydrolysiert rasch. Das bei 54,5—52,7% P_2O_5 beständige Salz $2\,P_2O_5\cdot Al_2O_3\cdot 4\,H_2O$ (**II**) krist. in feinen Nädelchen, die schiefe Auslöschung zeigen. Wie **I** ist es hygroskop. u. hydrolysiert leicht. Das *Dialuminiumphosphat,* $3\,P_2O_5\cdot 2\,Al_2O_3\cdot 10\,H_2O$ (**III**), existiert im Gleichgewicht mit einer Lsg. die 52,7—40,7% P_2O_5 enthält. Es krist. in dreieckigen Blättchen u. absorbiert polarisiertes Licht. An Luft geht **III** in $3\,P_2O_5\cdot 2\,Al_2O_3\cdot 20\,H_2O$ über. **III** hydrolysiert zu *Aluminiumphosphat* $P_2O_5\cdot Al_2O_3$ (**IV**). **IV** bildet zwei Hydrate. $P_2O_5\cdot Al_2O_3\cdot 4\,H_2O$ (**V**) krist. aus Lsgg. mit 40,7—31,2% P_2O_5, während $Al_2O_3\cdot P_2O_5\cdot 7\,H_2O$ (**VI**) in Ggw. von weniger als 31,2% P_2O_5 stabil ist. **V** u. **VI** sind mikrokristallin. Ihre Hydrolysenprodd. sind nicht definiert. Erhitzt man **I** auf 180°, so bildet sich *Aluminiummetaphosphat,* $3\,P_2O_5\cdot Al_2O_3$ (**VII**). **II** verliert 2 Moll. W. bei 150°, die beiden anderen bei 180°. **III** gibt bei 180° Aluminiumpyrophosphat. **V** u. **VI** dehydratisieren bei 115°. Erhitzt man **VII** auf 820°, so geht es unter Abspaltung von P_2O_5 in $2\,P_2O_5\cdot Al_2O_3$ über, das bei 850° das Pyrophosphat $3P_2O_5\cdot 2Al_2O_3$ liefert. Dieses spaltet bei 880° weiteres P_2O_5 ab unter Bldg. von **IV**. **IV** zerfällt bei 1000° in die Komponenten P_2O_5 u. Al_2O_3. (C. R. hebd. Séances Acad. Sci. **234**. 1777—79. 28/4. 1952.) H. NÖTH. 294

Charles Alexanian, *Feststellungen über die Beziehungen der Tonerden.* Vf. untersuchte den Einfl. der Temp. auf 3 industrielle französ. *Tonerden* (**I, II u. III**) unter gleichzeitiger Anwendung der Röntgenbeugung, der Entwässerung u. der therm. Differentialanalyse.

Das Ausgangsmaterial I u. II bestand aus *Hydrargillit* mit 34,62% H_2O, III aus *Bayerit* mit 33,16% H_2O; III enthielt als Verunreinigung noch ca. 4% Quarz, der durch Sedimentation abgetrennt wurde. Feingepulverte u. durchgesiebte Proben wurden hierauf auf Tempp. zwischen 100 u. 1400° erhitzt u. die Reaktionsprodd. röntgenograph. mittels Geiger-Müller-Zählrohr untersucht. Zwischen 20 u. 1400° erwiesen sich I u. II als vollkommen identisch. Es wurde die folgende Reaktionsfolge festgelegt: bis 220° Hydrargillit → bis 280° Böhmit → 380° Phase Al_2O_3 mit $^1/_2$ H_2O → bis 440° γ-Al_2O_3 → bis 560° δ-Al_2O_3 → 950° $\varkappa$-Al_2O_3 u. ab 1300° α-Al_2O_3 oder Korund. Die bei III beobachteten Phasen sind bis 220° Bayerit → bis 300° γ-Al_2O_3 → bis 450° δ-Al_2O_3 → bis 900° ϑ-Al_2O_3 u. ab 1300° α-Al_2O_3. Die Existenz der beobachteten Phasen steht in vollkommener Übereinstimmung mit den Kurven der Entwässerung u. der therm. Differentialanalyse. Bei den von anderen Seiten noch zusätzlich beobachteten Al_2O_3-Phasen ($\varkappa'$, δ_1, λ, μ, ξ u. ν) handelt es sich nach Ansicht des Vf. um Zweiphasengemische wechselnder Zusammensetzungen. Vf. macht noch darauf aufmerksam, daß minimale Verunreinigungen (Na_2O, K_2O, Li_2O, SiO_2 ...) sich von 600° ab mit Al_2O_3 verbinden können, die röntgenograph. als Verbb. nachweisbar sind, aber nicht als Al_2O_3-Phasen angesehen werden können. So ist z. B. von anderer Seite eine Verb. zwischen 1 Mol K_2O u. 12 Mol Al_2O_3 gefunden worden. (C. R. hebd. Séances Acad. Sci. **240**. 1621—22. 13/4. 1955.) C. Gottfried. 294

Je. I. Klabunowski, *Titan und Zirkonium.* Die beiden in der Erdkruste recht verbreiteten Metalle finden sich nur in wenigen Mineralien angereichert vor. Sie wurden fast um die gleiche Zeit entdeckt u. werden techn. fast nach denselben Verff. dargestellt. Als Zusatz (0,1%) zu Stahl verbessern sie diesen etwa im selben Sinne. (Природа [Natur] **43.** Nr. 9. 115. Sept. 1954. Inst. für organ. Chem. der Akad. der Wiss. der UdSSR.) A. v. Wilpert. 322

G. Lucas, M. Weddle und **A. Preece,** *Die Liquiduskurve von Metalloxyd–V_2O_5-Systemen und der Vorgang eines beschleunigten Angriffs der Metalle durch V_2O_5.* Mit dem Seger-Kegel wurde die Liquiduskurve einer Anzahl von V_2O_5–Metalloxyd-Systemen bestimmt. Ebenso wurde der Angriff von V_2O_5 auf Cr bei hohen Tempp. untersucht. Die Ergebnisse zeigen, daß Legierungen, welche der Oxydation infolge eines Schutzhäutchens aus Chromoxyd widerstehen, diese Eig. in Ggw. von V_2O_5 verlieren. (J. Iron Steel Inst. **179.** 342—47. April 1955. Durham, Univ.; Sheffield, Brown-Firth Res. Labor.) H. Hochstein. 330

Martin Linhard und **Melitta Weigel,** *Über Komplexverbindungen.* 18. Mitt. *Fluoropentamminchrom(III)-salze.* (17. vgl. C. **1956.** 5211.) Aus Aquo-pentammin-Cr(III)-perchlorat wird durch Umsatz mit NH_4HF_2 Fluoro-pentammin-Cr(III)-perchlorat gewonnen. Aus diesem Perchlorat werden das Chlorid, flußsaures Chlorid, Bromid, Jodid, Nitrat, Sulfat, Thiosulfat, Chromat, Dichromat u. Bromidazid des Fluoropentammin–Cr(III)-Komplexes dargestellt. Die orangeroten u. granatroten Salze sind den entsprechenden Co-Verbb. bzgl. Kristallform, Kristallwassergeh., Existenz flußsaurer Salze, Auftreten von Salzen mit verschied. außerkomplexen Anionen u. Löslichkeit außerordentlich ähnlich. Bzgl. der Zers. ihrer wss. Lsgg. verhalten sich die Fluoropentammin–Cr(III)- u. -Co(III)-Salze, $[Me(NH_3)_5F]X_2$, recht verschieden. Neutrale Lsgg. der ersteren hydrolysieren größenordnungsmäßig schneller zum Metallhydroxyd. In saurer Lsg. aquotisieren die Co-Salze zum Aquopentamminkomplex u. freien F-Ionen, die Cr-Salze zum Fluoroaquotetramminkomplex u. freiem NH_3-bzw. NH_4-Salz. Cr^{3+} bindet demnach F-Ionen fester komplex als Co^{3+}. Der hauptsächlich aus der Betrachtung der Ammine hergeleitete Schluß, die Co-Komplexe seien stets fester als die Cr-Komplexe, gilt nicht allgemein. Die beiden Metalle bevorzugen andere Liganden. Das Perchlorat ist, wie alle Co- u. Cr-Komplexperchlorate, explosiv. (Z. anorg. allg. Chem. **278.** 24—32. Jan. 1955. Clausthal, Bergakad., Chem. Inst.) W. Krönert. 335

R. W. Green und **K. P. Ang,** *Verbindungen von Chrom(III) mit Alanin.* Auf Grund von Bestimmungen freier NH_2-Gruppen nach der Meth. von van Slyke sowie von spektroskop. u. isopiest. Unterss. wird gezeigt, daß in Mischlsgg. von Cr(III)-Salzen u. *Alanin* (I) N-koordiniertes I vorliegt. Die Lsgg. enthalten beim p_H 4,5 Komplexe, in denen ein Cr-Atom mit 3 I-Resten verbunden ist, von denen der eine einen Chelatring bildet, während die beiden anderen nur über ihre Carboxylgruppen koordiniert sind. Beim p_H 7 bis 8 können Lsgg. dargestellt werden, in denen zwei I-Reste chelatartig an ein Cr-Atom gebunden vorliegen. Chelate noch höheren Grades sind sehr schwer löslich. (J. Amer. chem. Soc. **77.** 5482—88. 5/11. 1955. Singapore, Univ. of Malaya, Dep. of Chem.) H. Hofmann. 335

Thérése Dupuis, *Über eine neue Methode zur gravimetrischen Bestimmung der Wolfram. Infrarotabsorptionsspektren von bei verschiedenem p_H hergestellten Wolframaten.* Ausführliche Mitt. zu der C. **1956.** 2843 referierten Arbeit. (Mikrochim. Acta [Wien] **1955.** 851 bis 858. Paris, Labor. de Rech. microanalyt.) Friedrich Wolf. 336

Sten Ahrland und **Ragnar Larsson,** *Die Komplexität von Uran(IV)-chlorid, -bromid und -rhodanid.* Durch Messung des Redoxpotentials UO_2^{2+}/U^{4+} u. Verwendung der bekannten Komplexdaten des entsprechenden Uranylsyst. unteruchen Vff. die Komplexbldg. des U(IV) mit Cl^-, Br^- u. SCN^-. Die Messungen wurden bei 20° in Ggw. von ClO_4^- ($\mu = 1$) u. konstanter hoher Säurestärke zur Vermeidung der Hydrolyse durchgeführt. Die für die Messung notwendige schnelle Einstellung des Redoxpotentials konnte durch Zugabe von *Indigotetrasulfonat* (**I**) erreicht werden. Damit **I** u. a. entsprechend wirksam sein können, müssen verschied. Bedingungen erfüllt sein. Diese werden von Vff. diskutiert. Bzgl. der Komplexbldg. wurde gefunden, daß in dem untersuchten Syst. nur Einkernkomplexe existieren. Während im U(IV)–Cl^-- u. –Br^--Syst. nur jeweils das Vorhandensein des ersten Komplexes sichergestellt wurde, traf dies im SCN^--Syst. für die ersten beiden zu. Hier wurde außerdem die Existenz eines dritten Komplexes wahrscheinlich gemacht. (Acta chem. scand. **8.** 137—50. 1954. Lund, Schweden, Univ., Chem. Inst., Dep. of Inorg. and Phys. Chem.) H.-G. PLUST. 339

Charles L. Rulfs und **Philip J. Elving,** *Uran(III)-cupferrat.* Die Ergebnisse von polarograph. Unterss. anderer Autoren über die Red. von U(VI) u. von Cupferron (**I**) in verd. Mineralsäuren werden diskutiert u. mit den Ergebnissen eigener Unterss. der polarograph. Red. von mmol. UO_2^{2+}-Lsgg. in Ggw. von 10 mmol. **I**-Lsgg. bei 25° verglichen. Aus diesen Ergebnissen geht die Existenz eines ätherlösl. U(III)-**I**-Komplexes hervor. Die entsprechenden Strom–Spannungs-Diagramme sind wiedergegeben. (J. Amer. chem. Soc. **77.** 5502—03. 5/11. 1955. Ann Arbor, Mich., Univ. of Michigan, Dep. of Chem.) H. HOFMANN. 339

Guido Saini, *Über die aus Eisen(III)- und Fluoridionen in wässeriger Lösung gebildeten Komplexe.* Das Untersuchungsverf. beruht auf dem Zusatz von SCN^- in solcher Menge, daß infolge eines Überschusses an Fe^{3+} nur der Komplex $FeSCN^{2+}$ gebildet wird, dessen opt. Dichte bei 25° u. 470 mμ sowie 500 mμ gemessen wird. Es ergibt sich, daß in 0,003—0,01 mol. Lsgg. von $Fe(ClO_4)_3$ u. NaF, die 0,5 mol. an $HClO_4$ sind (zur Vermeidung der Hydrolyse des Fe^{3+}), bis zum Verhältnis der gesamten mol. Konzz. $C_{F^-}/(C_{Fe^{3+}} + C_{F^-}) = 0{,}7$ nur der Komplex FeF^{2+} gebildet wird, dessen Dissoziationskonstante $7{,}3 \cdot 10^{-6}$ bei der Ionenstärke 0,52 beträgt. Bei F^--Gehh., durch die das Verhältnis 0,7 überschritten wird, sind auch F-reichere Komplexe des Fe(III) möglich. (Gazz. chim. ital. **83.** 677—83. Juli/Aug. 1953. Turin, Univ., Istit. Chim.) W. METZENER. 354

Randolph Riemschneider und **Dietrich Helm,** *Über einige 1.1'-Disubstitutionsprodukte des Ferrocens.* Darst. u. Rkk. einiger 1.1'-disubstituierter Ferrocene werden beschrieben. 1.1'-Diacylferrocene wurden nach FRIEDEL-CRAFTS erhalten, doch ließen sich Oxalylchlorid, Alkylhalogenide (C_2H_5Br, iso-C_3H_7Cl) u. $C_6H_5CH_2Cl$ in Ggw. von $AlCl_3$ in CS_2 auch bei längerem Kochen nicht mit Ferrocen (**I**) zur Rk. bringen. Das durch Rk. von C_2H_5MgBr mit 1.1'-Diacetylferrocen (**II**) erhaltene *1.1'-Bis-[2-oxybutyl-(2)]-ferrocen* (**IV**) wurde in einer *meso-* u. einer *dl*-Form isoliert.

V e r s u c h e : *Ferrocen* (**I**), F. 173—174° (Bzl.), durch Zugabe einer Benzollsg. von 33 g Cyclopentadien zu einer sd. Ae.-Bzl.-Lsg. von C_2H_5MgBr, 12std. Erhitzen, Zutropfen von äther. $FeCl_3$, 1std. Kochen u. Eingießen in gesätt. NH_4Cl-Lsg.; 11,5 g (Ausbeute). — *1.1'-Diacetylferrocen* (**II**), F. 131°, rote Nadeln (Bzl.), aus **I**, CH_3COCl u. $AlCl_3$ in CS_2 (90 Min. bei 100°); 60%, bei Verwendung von CH_3COBr 38%, von Acetanhydrid 54%. — *1.1'-Dibenzoylferrocen* (**III**), $C_{24}H_{18}O_2Fe$, F. 105—106° (Bzl.) rot, analog mit $C_6H_5 \cdot COCl$ (2 Std. bei 100°); 53%. — *1.1'-Bis-[2-oxypropyl-(2)]-ferrocen,* $C_{16}H_{22}O_2Fe$, F. 124°, gelbe Prismen (PAe.), durch Zutropfen von **II** in Bzl. zu einer sd. äther. Lsg. von $CH_3 \cdot MgJ$; 56%; verd. Lsg. ist blau, konz. Lsg. ist rot mit blauer Fluorescenz. Erhitzen mit $KHSO_4$ unter N_2 (zuletzt $^1/_2$ Std. bei 150°) gab ein gelbbraunes, nicht schmelzbares *Polymerisat* $(C_{16}H_{18}O_{1,5}Fe)_x$. — *1.1'-Bis-[2-oxybutyl-(2)]-ferrocen* (**IV**), $C_{18}H_{26}O_2Fe$, 2 Isomere, F. 115—116°, gelbe Nadeln (Ligroin), bzw. F. 100—101°, gelbe Tafeln (PAe.), analog aus C_2H_5MgBr u. 5,5 g **II**; 5 g Gemisch, daraus durch dreimaliges Kristallisieren aus PAe. 1,5 g des höherschm., aus den Mutterlaugen das niedrigerschm. Isomere. — *1.1'-Bis-[α-oxydiphenylmethyl]-ferrocen,* $C_{36}H_{30}O_2Fe$, F. 179—181° (Bzn.), gelb, analog aus C_6H_5MgJ u. 1,2 g **III**; 1,1 g als Alkoholat ($C_{36}H_{30}O_2Fe \cdot C_2H_5OH$, F. 180—181°, gelbe Blättchen aus A.). — *1.1'-Bis-[buten-(2)-yl-(2)]-ferrocen,* $C_{18}H_{22}Fe$, 2 Isomere, F. 39°, rote Blättchen (CH_3OH), bzw. rotes Öl, Kp.$_4$ (des Gemisches) 172—176°, aus **IV** (Gemisch) u. $KHSO_4$ unter N_2 (langsames Erhitzen, zuletzt $^1/_2$ Std. bei 150°); n_D^{25} 1,6235 (interpoliert) bzw. 1,6221. — *1.1'-Bis-[α-isopropoxybenzyl]-ferrocen,* $C_{30}H_{34}O_2Fe$, F. 90—94° (PAe.), gelb, aus 4 g **III** u. Al-Isopropylat in sd. Isopropanol unter N_2 (4 Std.); 2,5 g. — Analog wurden aus 13,5 g **II** 9 g eines *Polymerisates* $(C_{14}H_{14}O_{0,5}Fe)_x$ erhalten. — *Ferriciniumbromoferrat(III),* $C_{10}H_{10}Br_4Fe_2$, braune Kristalle, durch Zutropfen von 10 g Br_2 in CCl_4 zu 3,7 g **I** in CCl_4 während 1 Std.; 5,3 g; lösl. in W. (rot mit blauer Fluorescenz), süßlicher Geruch. Aus I u. Br_2 (Molverhältnis 1:1) in CCl_4 bei 0° entstand ein dunkelviolettes Prod., Blättchen (CH_3OH bei −35°), bei n. Temp. instabil. Zutropfen von 3,7 g I in CCl_4 zu 6 g Br_2 in CCl_4 gab ein grünes Prod., lösl. in W. (rot mit blauer Fluorescenz). Zutropfen von $SnCl_2$ in HCl zu einer Lsg. des braunen oder grünen Prod. in verd. HCl gab **I**. (Chem. Ber. **89**. 155–61. 4/1. 1956. Berlin, F. U., Inst. für organ. Chem.)

J. ROTHE. 354

Allan Ågren, *Die Komplexbildung zwischen Eisen(III)-Ionen und Sulfosalicylsäure.* Mittels potentiometr. u. spektrophotometr. Methoden untersucht Vf. die Komplexbldg. des Fe^{3+} mit Sulfosalicylsäure (**I**) (RH_3). Danach bilden sich die Komplexe [FeR], $[FeR_2]^{3-}$ u. $[FeR_3]^{6-}$, die ein Absorptionsmaximum bei 510, 460 bzw. 425 mμ besitzen. Die Bldg. der Komplexe erfolgt nach $Fe^{3+} + RH^{2-} \rightleftharpoons H^+ + [FeR]$; $Fe^{3+} + 2\,RH^{2-} \rightleftharpoons 2\,H^+ + [FeR_2]^{3-}$ u. $Fe^{3+} + 3\,RH^{2-} \rightleftharpoons 3\,H^+ + [FeR_3]^{6-}$. Die potentiometr. (spektrophotometr.) ermittelten Werte der Gleichgewichtskonstanten (K) der verschied. Komplexe waren in der Reihenfolge der Gleichgewichte $K_1 = 480 \pm 70$ (480 ± 80); $K_2 = 50 \pm 15$ (52 ± 10) bzw. $K_3 = 0{,}11 \pm 0{,}006$ ($0{,}008 \pm 0{,}002$). Die zur Berechnung von K notwendige **I**-Dissoziationskonstante $K_a = [H^+] \cdot [RH^{2-}]/[RH_2^-]$ wurde zu $10^{-2{,}67 \pm 0{,}01}$C bestimmt. (Acta chem. scand. **8**. 266–79. 1954. Stockholm, Roy. Inst. of Techn., Dep. of Inorg. Chem.; Roy. Pharm. Inst., Dep. of Chem.)

H.-G. PLUST. 354

Richard G. Yalman und **Arthur B. Lamb**, *Eigenschaften der Acidokobaltammine.* 1. Mitt. *Die Chlorotriamminserie.* Die Gleichgewichtskonstanten in den Systemen $[Co(NH_3)_3(H_2O)_3]^{3+} + 3\,Cl^- \underset{K_1}{\rightleftarrows} [Co(NH_3)_3(H_2O)_2Cl]^{2+}$ (**I**) $+ 2\,Cl^- + H_2O \underset{K_2}{\rightleftarrows} [Co(NH_3)_3(H_2O)Cl_2]^+$ (**II**) $+ 2\,H_2O + Cl^-$ u. $[Co(en)NH_3(H_2O)_3]^{3+} + 3\,Cl^- \underset{K_3}{\rightleftarrows} [Co(en)NH_3(H_2O)_2Cl]^{2+}$ (**III**) $+ 2\,Cl^- + H_2O \underset{K_4}{\rightleftarrows} [Co(en)NH_3(H_2O)Cl_2]^+$ (**IV**) $+ Cl^- + 2\,H_2O$ wurden bei 0° bzw. 25° auf spektrophotometr. Wege bei verschied. Cl^--Konzz. bestimmt zu $K_1 = 0{,}3$ bzw. 0,8–1,3; $K_2 = 0{,}034$ bzw. 0,09–0,12; $K_3 = 0{,}066$ bzw. 0,21–0,25; $K_4 = 0{,}0064$ bzw. 0,014–0,022. Die Konstanten variieren etwas mit der zur Best. angewandten Wellenlänge. Für freie Energie, Bildungswärme u. Entropie ergaben sich die folgenden Werte: ΔF: **I** −12, **II** 1300, **III** 870, **IV** 2500 cal; ΔH: **I** 7,6, **II** 7,0, **III** 7,2, **IV** $6{,}9 \pm 0{,}5$ kcal; ΔS: **I** 25,5, **II** 19, **III** 21, **IV** 15 ± 1 cal. Die mehr allg. gehaltenen Beobachtungen von WERNER u. GRÜN [1905.], daß **III** u. **IV** weniger stabil wären u. größere Beweglichkeit der komplex gebundenen Cl^--Ionen besäßen als **I** u. **II**, ließen sich so exakt bestätigen. Die Bildungswärme für die Einführung eines Cl^--Ions in den Komplex ist für beide Stufen etwa gleich groß. (J. Amer. chem. Soc. **75**. 1521–23. 5/4. 1953. Yellow Springs, O., Antioch Coll., Dep. of Chem.)

U. WANNAGAT. 355

Richard G. Yalman (unter teilweiser Mitarbeit von **Robert Larson**), *Eigenschaften der Acidokobaltammine.* 2. Mitt. *Jodopentamminkobalt(III).* (1. vgl. vorst. Ref.) Jodopentamminkobalt(III)-Ionen sind wesentlich unbeständiger in wss. Lsgg. als die entsprechenden Fluoro-, Chloro- u. Bromoionen, die mit W. lediglich in einem Gleichgewicht analog a) stehen: Jod wird ausgeschieden, Co(III) zu Co(II) reduziert. Entsprechende Rkk. treten bei Aquopentamminkobalt(III)-Ionen in Ggw. von J^- auf. An Hand spektroskop. Messungen ergibt sich folgender Reaktionsablauf: a) $[Co(NH_3)_5J]^{2+} + H_2O \underset{k_{-1}}{\overset{k_1}{\longleftrightarrow}} [Co(NH_3)_5(H_2O)]^{3+} + J^-$; b) $[Co(NH_3)_5J]^{2+} + J^- \xrightarrow{k_2} [Co(NH_3)_5J]^+ + J$; c) $[Co(NH_3)_5J]^+ + 6\,H_2O \xrightarrow{k_3} [Co(H_2O)_6]^{2+} + 5\,NH_3 + J^-$; d) $J + J \underset{k_{-4}}{\overset{k_4}{\longleftrightarrow}} J_2$ mit $k_1 = 3{,}60 \pm 0{,}05 \cdot 10^{-3}$ bzw. $4{,}0 \pm 0{,}2 \cdot 10^{-3}\,min^{-1}$, $k_2 = 11{,}7 \pm 0{,}1$ Liter·$Mol^{-1} \cdot min^{-1}$ u. $k_1/k_{-1} = 4{,}8$. In trockenem Zustand oder in sehr verd. Lsgg. ist $[Co(NH_3)_5J]^{2+}$ ähnlich beständig wie die Chloro- u. Bromopentamminkobalt(III)-Ionen, bei einem Zusammenstoß mit J^- jedoch setzt durch Elektronenübertragung die Oxydo-Red. nach b) mit ihren Folge-Rkk. ein. (J. Amer. chem. Soc. **75**. 1842–45. 20/4. 1953.)

U. WANNAGAT. 355

Adriano Sacco, *Salzartige Kobaltcarbonylisonitrilkomplexe.* Den Einwirkungsprodd. von *Isonitrilen* (**I**) auf *Di-(Co-Tetracarbonyl)* (**II**) wurden bisher die Zuss. $(RNC)_5Co_2(CO)_3$ u. $(RNC)_3Co(CO)$ zugeschrieben. Es wurde nun gefunden, daß bei der Rk. 5 Moll. **I** 4 Moll. CO verdrängen, die entstehenden Prodd. also CO-reicher sind. Daß diese die salzartige Struktur $[(RCN)_5Co]^+[Co(CO)_4]^-$ haben, wird dadurch bewiesen, daß sie auch durch doppelte Umsetzung von *Co-Tetracarbonylnatrium*, $Co(CO)_4Na$ (**III**) mit Co(I)-Pentaisonitrilperchlorat ohne Gasentw. erhalten werden. Es handelt sich also darum, daß die im **II** symmetr. verteilten Elektronenladungen unter dem Einfl. des **I** disproportioniert werden zu einem Molekülteil mit positiv u. einem anderen mit negativ einwertigem Co.

V e r s u c h e : Die Aryl-**I** wurden nach HOFMANN in Isopropylätherlsg., das *Methylcarbylamin* (**IV**) nach GAUTIER dargestellt. Die Verbb. wurden analysiert, indem Co elektrolyt., Halogene durch Verbrennung in der PARRschen Bombe, N nach KJELDAHL u. CO durch Behandeln der Probe mit in Picolin gelöstem J_2 im LUNGEschen Nitrometer bestimmt wurden. — *Di-Co-Tetracarbonylpenta-(p-chlorphenylisonitril)*, $[(p\text{-}Cl\text{-}C_6H_4\cdot NC)_5Co][Co[CO]_4]$, gelbe Kristallnadeln aus CH_2Cl_2 durch Zusatz von Bzl., lösl. in Chlf., CH_2Cl_2 u. Aceton, sehr wenig lösl. in Bzl. u. A., unlösl. in den übrigen organ. Lösungsmitteln. Darst.: a) aus **II** + p-Chlorphenyl-**I** in Bzl., b) durch Überführung von **II** in benzol. Lsg. mit Na-Amalgam in **III** (völlige Entfärbung), dessen Neutralisierung mit Eisessig (Phenolphthalein) u. Umsetzung mit Co(I)-Penta-(p-chlorphenylisonitril)-perchlorat in CH_2Cl_2. — *Di-Co-Tetracarbonylpenta-(p-tolylisonitril)*, $[(p\text{-}CH_3\cdot C_6H_4\cdot NC)_5Co]\cdot[Co(CO)_4]$, gelbbraune Nadeln aus CH_2Cl_2 durch Zusatz von Bzl., gleiche Löslichkeit wie die der vorigen Verb., Darst. wie vorige Verb. a) aus **II** + p-Tolyl-**I**, b) aus **III** + Co(I)-Penta-(p-tolylisonitril)-perchlorat. — *Di-Co-Tetracarbonylpenta-(methylcarbylamin)*, $[(CH_3NC)_5\cdot Co][Co(CO)_4]$, hellgelbe Nadeln aus Aceton mit Ae., lösl. in CH_2Cl_2 u. Aceton, schwerlösl. in Bzl., A. u. PAe., unlösl. in Ae., Darst. aus **II** + **IV** in Äther. (Gazz. chim. ital. **83.** 632—36. Juli/Aug. 1953. Mailand, Univ., Istit. Chim. ind.) W. METZENER. 355

Lamberto Malatesta und **Adriano Sacco,** *Arylisonitrilkomplexe des zweiwertigen Kobalts. Jodide, Bromide und Perchloratohalogenide.* (Vgl. C. **1953.** 2087.) Es werden Homologe zu den l. c. beschriebenen *Co(II)-Tetraphenylisonitril* (**I**)*-halogeniden* durch Zutropfen der berechneten Menge des in A. gelösten, betreffenden Isonitrils zu 2 g CoJ_2, die in 60 ml 95%ig. A. aufgelöst sind, dargestellt, von denen auch diese Jodide in einer metastabilen, als Pulver violetten, als Kristalle metall. grün reflektierenden, diamagnet. α-Form u. in einer stabilen, gelbbraunen bis schwarzen, paramagnet. β-Form auftreten. Man erhält die α-Formen manchmal durch direkte Kristallisation aus den alkoh. Lsgg. oder durch Umkristallisieren aus den Lsgg. in Chlf. oder CH_2Cl_2 durch Zugabe von A. oder Isopropyläther. Die β-Formen gewinnt man durch Auflösen der α-Form in warmem Aceton u. Fällen mit Isopropyläther oder durch Umkristallisieren der in CH_2Cl_2 gelösten α-Form durch Zugabe von PAe. oder Bzl. oder durch Erwärmen der α-Form auf 40—50° oder bei geringerer Beständigkeit der α-Formen, nämlich des *Co(II)-Tetra-(p-chlorphenylisonitril)-jodids* (**IV**), des *Co(II)-Tetra-(m-chlorphenylisonitril)-jodids* (**V**), des *Co(II)-Tetra-(2-methyl-4-chlorphenylisonitril)-jodids* (**VI**), des *Co(II)-Tetra-(2.4-dimethylphenylisonitril)-jodids* (**VII**) u. des *Co(II)-Tetra-(p-tolylisonitril)-jodids* (**VIII**) durch direkte Kristallisation aus den alkoh. Lösungen. Heller gefärbt sind die β-Jodide, deren α-Formen sich sehr schnell in jene umwandeln. Eine Wiederumlagerung der β-Jodide in die α-Jodide ist nur über die Lösungsphase möglich. Die Jodide sind lösl. in Chlf., CH_2Cl_2, $C_6H_5NO_2$, Pyridin, wenig lösl. in A., Aceton, Bzl., C_6H_5Cl, C_6H_5Br, unlösl. in PAe. u. Wasser. Die Lösungsfarbe wechselt je nach Lösungsm., Konz. u. Temp. von Gelb oder Braun zu Violett. Aber auch die violetten Lsgg. sind paramagnet., wenn auch weniger als die gelben. Es besteht also in Lsg. ein Gleichgewicht zwischen der gelben u. violetten Form, da aus α- u. β-Jodiden jeweils nach kurzer Zeit ident. Lsgg. entstehen. Ihre magnet. Susceptibilität ist auch verschieden von der der α- u. β-Kristalle. Die OH-freien Lösungsmittel geben nur bei höchsten Konzz. violette Lsgg., die OH-haltigen (A., Essigsäure) stets, auch bei kleinster Konz., violette oder blaue. Temperaturerhöhung begünstigt in allen Fällen den Übergang von Violett nach Gelb. Alle Lsgg. sind elektrolyt. deutlich dissoziiert, so daß Mol.-Gew.-Bestimmungen keinen Aufschluß über die Struktur bieten. Alle **I**-Jodide sind leicht reduzierbar zu Derivv. des einwertigen Co, lassen sich aber auch in solche des 3wertigen überführen. Die Rk. mit *$AgClO_4$* (**II**) führt zu einer Disproportionierung 5 $Co(CNR)_4J_2$ + 4 **II** = 4 $Co(CNR)_5JClO_4$ + 4 AgJ + CoJ_2. Die Co(II)-Jodopentaarylcarbylaminperchlorate sind in organ. Lösungsmitteln elektrolyt. stark dissoziiert, in Lsg. violett, als Kristall schwarz u. diamagnet., entsprechen also den α-**I**-Jodiden. Man muß demnach beiden Verbindungsreihen eine analoge Struktur zuschreiben, die bei den α-**I**-Jodiden als mesomer zwischen einem 3wertigen, hexakoordinierenden Co u. einem einwertigen, pentakoordinierenden Co aufgefaßt werden kann. Das nur paramagnet. bekannte **I**-Bromid wird mit **II** in das diamagnet., schwarze, in Lsg. violette *Co(II)-Bromopentaphenylcarbylaminperchlorat* übergeführt.

V e r s u c h e (unter Mitarbeit von **L. Mattiello**): In einer Tabelle sind die magnet., mol. Susceptibilitäten für 293° K der α- u. β-Formen von **I**-Jodid, *Co(II)-Tetra-(2-methyl-3-chlorphenylisonitril)-jodid*, *Co(II)-Tetra-(2.5-dichlorphenylisonitril)-jodid*, *Co(II)-Tetra-(p-methoxyphenylisonitril)-jodid* (**III**), *Co(II)-Tetra-(β-naphthylisonitril)-jodid*, **IV**, **V**, **VI**, **VII** u. **VIII** angegeben. Für **III** sind in Tabellen angegeben die magnet. Susceptibilitäten der Lsgg. in Chlf., CH_2Cl_2, $C_6H_5NO_2$, die kryoskop. bestimmten Mol.-Gewichte in nitrobenzol. Lsg. verschied. Konz. (ca. 0,5—0,8 des theoret. Mol.-Gew. für $C_{32}H_{28}O_4N_4J_2Co$) u. die elektr. Leitfähigkeiten der Lsgg. in $C_6H_5NO_2$ u. CH_2Cl_2. — **I**-*Bromid*, $C_{28}H_{20}N_4Br_2Co$, leuchtendgrüne Kristalle, mit grüner Farbe lösl. in Chlf. u.

CH_2Cl_2, daraus mit PAe. fällbar. Darst. entsprechend dem I-Jodid. (χ_{mol}) $1690 \cdot 10^{-6}$, (μ) 1,99. Durch schnelle Verdampfung des Lösungsm. braune Kristallkrusten (α-Form?). — *Co(II)-Jodopenta-(phenylcarbylamin)-perchlorat*, $C_{35}H_{25}O_4N_5ClJCo$, glänzendschwarze Kristalle aus CH_2Cl_2 durch Fällung mit Bzl., Darst. aus I-Jodid in CH_2Cl_2 mit II, sehr leichtlösl. mit dunkelvioletter Farbe in Chlf., CH_2Cl_2 u. $C_6H_5NO_2$, in großer Verdünnung rosa. $80 \cdot 10^{-6}$, ~ 0. Mol.-Gew. in $C_6H_5NO_2$ ca. 0,5 des theoret. Wertes, Leitfähigkeit (s. Tabelle). — *Co(II)-Jodopenta-(p-methoxyphenylcarbylamin)-perchlorat*, $C_{40}H_{35}O_9N_5ClJCo$, schwarze Kristalle, mit violetter Farbe lösl. in Chlf. u. CH_2Cl_2, Darst. analog dem vorigen aus III + II. $118 \cdot 10^{-6}$, ~ 0. — *Co(II)-Bromopenta-(phenylcarbylamin)-perchlorat*, $C_{35}H_{25} \cdot O_4N_5ClBrCo$, schwarze Kristalle, Darst. entsprechend dem vorigen aus I-Bromid + II. $90 \cdot 10^{-6}$, ~ 0. (Gazz. chim. ital. **83**. 499—507. Juli/Aug. 1953. Mailand, Univ., Istit. Chim. industr.) W. Metzener. 355

Harold Greenfield, Heinz W. Sternberg, Robert A. Friedel, John H. Wotiz, Raymond Markby und **Irving Wender**, *Acetylenische Dikobalthexacarbonyle. Organometallische Verbindungen, die sich von Alkinen und Dikobaltoctacarbonyl ableiten. Dikobaltoctacarbonyl* (I) enthält 2 Arten von CO-Gruppen, nämlich Brücken- u. Endgruppen. Die Brücken-CO-Gruppen lassen sich in glatter Rk. quantitativ mit einem Alkin nach $RC{\equiv}CR' + Co_2(CO)_8 \rightarrow RC_2R'Co_2(CO)_6 + 2\,CO$ umsetzen, unabhängig von der Art des eingesetzten Alkins, so daß auch in konjugierten Diinen jede C≡C-Gruppe mit einem Mol. I reagiert. Die neuen Verbb. sind alle tief gefärbt, flüchtig u. in organ. Lösungsmitteln gut löslich. Ihre Infrarotspektren zeigen alle charakterist. Gruppen von Banden bei 4,78, 4,88 u. 4,94 μ, welche den End-CO-Gruppen zuzuordnen sind. Hingegen fehlt die Bande der Brücken-CO-Gruppen bei 5,38 μ; statt dessen tritt eine neue Bande bei $\sim 6\ \mu$ auf (5,98—6,16 μ je nach der Art des Alkins), die einer konjugierten Doppelbindung entspricht, während im Spektr. keine der C≡C-Gruppe entsprechende Bande auftritt. Da für Diphenylacetylendikobalthexacarbonyl (II) ein Dipolmoment von 2,0—2,1 Debye gemessen wurde, so dürfte dieser neuen Verbindungsklasse vermutlich vorstehende Struktur zukommen.

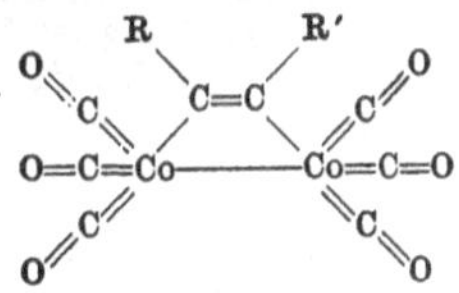

II ist diamagnetisch. Die Acetylendikobalthexacarbonyle sind oxydationsempfindlich, II liefert hierbei Benzil. Bei der therm. Zers. von II bei 101° tritt kein Diphenylacetylen auf.

Versuche: Die Darst. der Verbb. erfolgt in einem niedrigsd. organ. Lösungsm. (PAe., Pentan, Ae.) aus I u. dem entsprechenden Alkin bei Raumtemp. in einem mit Hg-Ventil geschlossenen Kolben. Nach Filtration wird im N_2-Strom das Lösungsm. entfernt u. das Alkinkobalthexacarbonyl durch Umkristallisieren, Sublimation oder Dest. gereinigt. — *Acetylendikobalthexacarbonyl*, $C_8H_2O_6Co_2$, F. 13,0—13,6°, $Kp._{3,5-4}$ 64—66°, dunkelrotes Öl. — *2-Butindikobalthexacarbonyl*, $C_{10}H_6O_6Co_2$, dunkelrotes Öl. — *1.7-Octadiin-tetrakobaltdodekacarbonyl*, $C_{20}H_{10}O_{12}Co_4$, F. 85—85,4°, rote Kristalle aus A. — *Phenylacetylendikobalthexacarbonyl*, $C_{14}H_6O_6Co_2$, dunkelrotes Öl. — *Diphenylacetylendikobalthexacarbonyl*, **II**, $C_{20}H_{10}O_6Co_2$, F. 109,5—110,0°, sublimiert bei 90°/1 mm, dunkelpurpurne Kristalle aus Methanol. — *Cyclodecindikobalthexacarbonyl*, $C_{16}H_{16}O_6Co_2$, dunkelrotes Öl. — *Isopropenylacetylendikobalthexacarbonyl*, $C_{11}H_6O_6Co_2$, F. 31,8—32,8°, dunkelrotbraune Kristalle. — *Propargylalkoholdikobalthexacarbonyl*, $C_9H_4O_7Co_2$, F. 52,2—52,6°, orangerote Nadeln aus PAe. (Kp. 60—68°). — *2-Butin-1.4-diol-dikobalthexacarbonyl*, $C_{10}H_6O_8Co_2$, F. $\sim 135°$ unter Zers., orangerote Nadeln aus PAe. — *2.7-Dimethylocta-3.5-diin-2.7-diol-tetrakobaltdodekacarbonyl*, $C_{22}H_{14}O_{14}Co_4$, Zers. ohne zu schm., dunkelgrünschwarze Kristalle aus Petroläther. — *Propylpropiolsäuredikobalthexacarbonyl*, $C_{12}H_{18}O_8Co_2$, F. 83 bis 85° unter Zers., dunkelrotbraune Kristalle aus Petroläther. — *Pentylpropiolsäuredikobalthexacarbonyl*, $C_{14}H_{12}O_8Co_2$, dunkelrotes Öl. — *Phenylpropiolsäuredikobalthexacarbonyl*, $C_{15}H_6O_8Co_2$, F. $\sim 120°$ unter Zers., dunkelpurpurbraune Kristalle aus Pentan. (J. Amer. chem. Soc. **78**. 120—24. 5/1. 1956. Brucetown, Pa., Bureau of Mines, Branch of Coal-to-Oil Res.) H. Nöth. 355

Normann C. Li und **Edward Doody**, *Metall—Aminosäure-Komplexe*. 2. Mitt. *Polarographische und potentiometrische Untersuchungen über die Komplexbildung zwischen Cu(II)- und Aminosäureion.* (1. vgl. C. **1951**. I. 1284.) Zur Erleichterung des Verständnisses komplizierter Systeme von Proteinen u. Enzymen mit Schwermetallionen untersuchten Vff. polarograph. u. potentiometr. die Komplexbldg. von Cu(II)-Ion mit Aminosäure- (*Glutamat* (**VI**)-, *Phenylalaninat* (**I**)-, *Threonat* (**II**)-, *Serinat* (**III**)-, *Methionat*-) Ionen sowie mit *Lysin* (**V**) u. *Arginin* (**IV**). Die polarograph. Resultate werden tabellar. angegeben. Die Ionisationskonstante pK_2 (NH_3^+) für die Aminosäuren wurde nach früher (l. c.) beschriebenen Methoden bestimmt, die Dissoziationskonstanten $k_c \cdot 10^{15}$ wurden aus der Gleichung $(E_{1/2})_c = 0{,}0296 \log k_c - p\,0{,}0296 \log C_{AH} + (E_{1/2})_s$ für die Komplexe mit I zu 2,2, mit II zu 2,9, III 2,9, IV 18, V 25, VI 0,72 u. *Glycin* (**VII**) 0,79 erhalten, sie sind größer als die des Komplexes mit **VII**-Ion (vgl. Keefer, C. **1946.** I. 303). Die elektronenanziehenden Phenyl- u. OH-Gruppen in **I, II** u. **III** erhöhen die Säurestärke der NH_3^+-Gruppe, die Basenstärke nimmt bei der Chelatbldg. mit Cu(II) an der Aminogruppe durch Teilung des Elektronenpaares ab, desgleichen sinkt in **I, II, III**-Ionkomplexen die Stabilität; dabei sind **II**- u. **III**-Komplexe auf Grund der mit der Chelatbldg. konkurrierenden Ausbildung intramol. Wasserstoffbindungen zwischen den OH- u. NH_2-Gruppen weniger stabil als solche mit **I**-Ion. — Die höhere Dissoziationskonstante des **IV**-Komplexes wird durch die Verknäulung des **IV**-Mol. erklärt: Die positiv geladene $=NH_2^+$-Gruppe ist der Aminogruppe zugeordnet, bei der Chelatisierung mit Cu(II) an der Carboxylat- u. α-Aminogruppe wird das Cu^{2+}-Ion durch die angrenzende positive Ladung abgestoßen. Der **V**-Komplex ist der unstabilste, der mit **VI**-Ion zeigt eine Stabilitätszunahme. — Die potentiometr. Titration von **III**-Ion mit Cu(II) ergibt ein Verhältnis 1,99:1, die Titration von **III** u. Biglutamat zeigt keinen Kurvenknick, die Abstoßung des positiv geladenen NH_3^+ vom Cu(II)-Kation überwiegt die Affinität des Carboxylations zum gleichen Kation. Der **III**-Komplex ist weniger stabil als der entsprechende **III**-Ionkomplex, da zur Annäherung von Cu^{2+} u. NH_3^+ bei ersterem zusätzliche elektr. Arbeit aufgebracht werden muß. Die Titrationskurve von **IV**-Hydrochlorid ergibt keinen Endpunkt, **IV** bildet einen 2:1, **IV**-Ion einen 1:1-Komplex. (J. Amer. chem. Soc. **74.** 4184—88. 20/8. 1952. St. Louis, Mo., Univ., Dep. of Chem.) G. Bankwitz. 358

Gunther L. Eichhorn und **Rashid A. Latif**, *Die Metallkomplexe des Trisanhydro-o-aminobenzaldehyds.* Vff. untersuchen die Rk. von *o-Aminobenzaldehyd* (**I**) mit *Cu^{2+}, Ni^{2+}, Co^{2+}* u. *Mn^{2+}*, die im Falle des Cu^{2+}, Ni^{2+} u. Co^{2+} unter Trimerisation von **I** zu

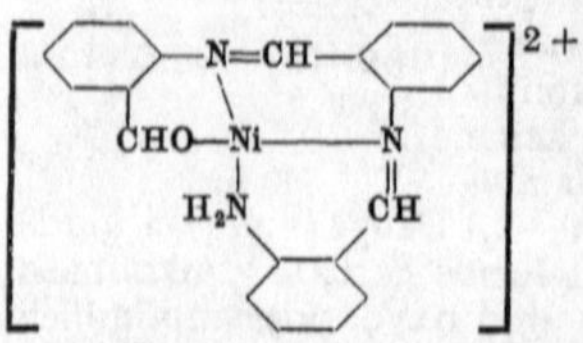

außerordentlich stabilen *Tris-anhydro-o-aminobenzaldehyd* (**II**)-Metallkomplexen führt (vgl. nebenst. Formel). Mit Mn^{2+} wurde kein Komplex, sondern nur reines **II** erhalten. Auf Grund der Tatsache, daß Cu^{2+} mit **II** den Cu(I)-**II**- u. Co^{2+} mit **II** den Co(II)-**II**-Komplex bildet, nehmen Vff. an, daß **II** durch Komplexbldg. die niederste Oxydationsstufe der Metallionen stabilisiert. In Lsgg. des Cu(I)-**II**-Komplexes läßt sich Cu(I) zu Cu(II) oxydieren. Den aus gleichen Lsgg. mit viel Alkali erhältlichen braunen Nd. halten Vff. für das Hydroxyd des Cu(I)-**II**-Komplexes. In Berührung mit Hg u. in Ggw. von Halogenionen erleidet der Cu(I)-**II**-Komplex in wss. Lsg. Disproportionierung in Cu u. Cu(II)-Komplex.

Versuche: *Tris-anhydro-o-aminobenzaldehydkupfer(II).* Zu 3,63 g **I** in 50 ml absol. A. wird unter Rühren u. Rückfluß auf dem Wasserbad nach u. nach eine Lsg. von 2,41 g $Cu(NO_3)_2 \cdot 2\,H_2O$ in 50 ml abs. A. zugetropft. Nach 6 Std. Kochen wird auf 20 ml eingeengt. Der dunkle kristalline Nd. wird mit A./Ae. gewaschen. F. $>300^0$. — *-nickel(II).* Darst. entsprechend dem Cu-**II**-Komplex. Orangefarbener kristalliner Nd. von F. $>300^0$. — *-kobalt(II).* Darst. entsprechend dem Cu-**II**-Komplex. Braune Kristalle vom F. $>300^0$. — *Trimerisation von* **I.** Rk. entsprechend Cu-**II**-Komplex, jedoch mit Mn(II)-Nitrat. Gelber Nd. vom F. 138—140⁰. (J. Amer. chem. Soc. **76.** 5180—82. 20/10. 1954. Baton Rouge, La., Louisiana State Univ., Coates Chem. Labor.) H.-G. Plust. 358

A₉. Mineralogische und geologische Chemie.

K. E. Bullen, *Zusammensetzung des äußeren Erdkernes.* Auf Grund neuerer Ergebnisse der Erforschung von Mars u. Venus gibt Vf. eine Korrektur u. Weiterführung seiner Hypothese über den Bau des Kernes von Erde, Mars u. Venus. (Nature [London] **174.** 505. 11/9. 1954. Ottawa, Dominion Observatory; Sydney, Univ.) J.-E. Hiller. 378

A. Dauvillier, *Die Struktur des Erdinneren.* Vf. gibt eine Übersicht über die chem. u. physikal. Verhältnisse im Erdinnern u. die sich darauf gründenden Theorien über den Aufbau der Erde. (Vjschr. naturforsch. Ges. Zürich **99.** 217—39. 31/12. 1954. Paris, Coll. de France.) J.-E. Hiller. 378

Kalervo Rankama, *Über Isotopengeologie.* Übersicht über die Grundlagen, Ergebnisse u. Probleme der Anwendung u. die Bedeutung von radioakt. u. stabilen Isotopen in der Geologie. (Suomen Kemistilehti **26.** A 257—71. 1953. Helsinki, Yliopiston geologian laitos.) S. Beckmann. 378

A. P. Winogradow, *Geochemie der Isotopen.* In der zusammenfassenden Übersicht über den heutigen Stand dieser Frage (ohne Literaturangaben) wird festgestellt, daß das nach verschied. Isotopenverff. ermittelte Höchstalter für die Erde u. die Stein- u. Eisenmeteorite mit ca. $5 \cdot 10^9$ Jahren den gleichen Wert hat. Tabellen unterrichten über das Verhältnis $^{16}O/^{18}O$ in verschied. Mineralien u. Gesteinen, ferner über den Geh. an ^{12}C u. ^{13}C in verschied. Gesteinen, Meteoriten, Kohlen, Erdöl, Atmosphäre u. Meerwasser.

(Вестник Академии Наук СССР [Nachr. Akad. Wiss. UdSSR] **24.** Nr. 5. 26—43. Mai 1954.) O. Lebtag. 378

W. Noddack und **G. Zeitler**, *Altersbestimmungen an Graniten des Fichtelgebirges nach der Argonmethode.* Mit der Halbwertszeit von $^{40}K = 1{,}3 \cdot 10^9$ Jahre wird das geolog. Alter von *Sylvin* u. einigen Graniten des Fichtelgebirges untersucht. Die Ergebnisse schwanken zwischen 1,09 bis $2{,}22 \cdot 10^8$ Jahren. Hierzu wird das Ar durch Erhitzen entfernt, die Nichtedelgase werden durch erhitztes Ca gebunden u. He, Ne u. Ar durch Adsorption an Kohle bei tiefer Temp. getrennt. Der K-Geh. wird analyt. bestimmt. (Z. Elektrochem., Ber. Bunsenges. physik. Chem. **58.** 643—46. 1954. Bamberg, Geochem. Inst.) J.-E. Hiller. 378

Harmon Craig, *Geochemische Anwendung der Isotopenzusammensetzung von Kohlenstoff in alten Gesteinen.* Vf. untersucht die Möglichkeit, die Isotopenzus. von C zur Feststellung des biolog. oder anorgan. Ursprungs anzuwenden. Die dabei auftretenden Probleme werden diskutiert u. angenommen, daß diese Möglichkeit ohne weiteres nicht besteht. (Geochim. cosmochim. Acta [London] **6.** 186—96. Nov. 1954. Chicago, Ill., Univ., Inst. for Nucl. Stud.) J.-E. Hiller. 378

Ivar Oftedal, *Einige Beobachtungen über die regionale Verteilung von Blei in südnorwegischen Granitgesteinen.* Auf Grund spektrograph. Analysen von *Alkalifeldspäten* wird festgestellt, daß gewisse Gegenden in Südnorwegen relativ reich an Pb, während andere, bes. das Oslo-Gebiet, sehr viel ärmer sind. Hier war entweder im Magma kein Pb enthalten, oder die ziemlich hohe Bildungstemp. des Orthoklas ließ keinen Einbau nennenswerter Mengen Pb zu. (Norsk geol. Tidsskr. **33.** 153—161. 1954. Oslo, Mineralog. Inst.) J.-E. Hiller. 378

John F. Lovering, *Mineralbildung des Ashfield Tonschiefers der Wianamatta-Gruppe.* Die siderit. Tonbänder im Ashfield Tonschiefer der Wianamatta-Gruppe enthalten *Baryt, Pyrit, Markasit, Kaolinit, Calcit. Siderit* u. Pyrit sind authigen u. syngenet. in neutraler bis alkal. Lsg. gebildet. Epigenet. Prozesse lieferten saure Lsgg., die Baryt u. Calcit absetzten, Pyrit in Markasit u. *Glimmer* in Kaolinit umwandelten. Die massigen Barytadern werden auf hydrothermale Einfll. im frühen Tertiär zurückgeführt. (J. Proc. Roy. Soc. New South Wales **87.** 163—70. 11/10. 1954. Sydney, Australian Museum, Dep. of Mineral. u. Petrol.) J.-E. Hiller. 378

Horst Lange, *Mineralogische Untersuchungen an Alkalifeldspäten.* Vf. fand eine Abhängigkeit einerseits zwischen dem Albitgeh. der Feldspäte u. dem opt. Achsenwinkel sowie andererseits eine Abhängigkeit zwischen der Kristallisationstemp. u. dem Achsenwinkel. Bei Homogenisierungsverss. von Perthiten wurde zur Bestätigung der gefundenen Resultate eine Abnahme des Achsenwinkels im getemperten Material festgestellt. (Silikattechnik **6.** 15—21. Jan. 1955. Freiberg, Mineral. Inst.) O. Bär. 380

Duncan McConnell, *Das Problem der Carbonatapatite.* Der von Romo (C. **1954.** 11141) beschriebene Hydroxylapatit von Durango ist nach neueren Analysen kein Hydroxylapatit, da er nur 0,13% H_2O aber 3,50% F enthält. Auch der synthet. von Romo hergestellte Carbonatapatit, von dem lediglich auf Grund des Infrarotspektr. seine Existenz behauptet wird, dürfte wahrscheinlich eine andere Substanz darstellen. Zumindest müßten weitere physikal. Daten bestimmt werden. (J. Amer. chem. Soc. **77.** 2344. 20/4. 1955.) F. Ensslin. 380

Alfred Schröder, *Der brasilianische Edelamblygonit.* Es werden als Amblygonit bestimmte Mineralien, die angeblich aus Minas Geraes, Brasilien, stammen, untersucht. Analyse: Pb_2O_5 47,52, Al_2O_3 33,34, Li_2O 9,45, Na_2O 0,53, F 1,75, H_2O 6,05%. D. 3,033, Spuren von Sn, Ni u. V. Es wurde Spaltbarkeit nach zwei Ebenen beobachtet, die röntgenograph. als (100) u. $(0\bar{1}1)$ bestimmt wurden. Die Dispersion der Orientierung u. die Größe der opt. Indikatrix im sichtbaren Spektralbereich werden ausführlich beschrieben. (Neues Jb. Mineralog., Mh. **1954.** 257—66. Dez. Hamburg.) J.-E. Hiller. 380

Slobodan Ristić, *Spektrochemische Analyse von serbischem Beryll.* Die Spektraluntiers. im Hilger-Spektrograph E 478 bei 2000—8600 Å ergab die Ggw. von Be, Al, Si, O, Li, Na, K, Rb, Cs, Ca, Sr, Mg, B, Cu, Fe, Mn, V u. Ti. Die Ggw. fast aller Alkalimetalle u. das Fehlen der Seltenen Erden ist charakterist. für den untersuchten Beryll. (Гласник Хемиског Друштва Београд [Ber. chem. Ges. Belgrad] **19.** 585—93. 1954. Belgrad-Vinča, Boris Kidrič-Inst. für Nuclearforschung.) O. Lebtag. 380

E. den Tex, *Sekundäre Zersetzung von Chromit.* Vf. nimmt Bezug auf eine Unters. von Miller III (vgl. C. **1956.** 6333) über die sek. Zers. von Chromit aus den ultramaf. Gesteinen von Webster-Addie u. beschreibt ähnliche Zersetzungserscheinungen des Chromits aus den Serpentiniten des Belledonne-Massivs in der Nähe von Grenoble. Der Chromit kommt hier in Körnern in dem serpentinisierten ultrabas. Kern einer trichterförmigen bas. Intrusion in die herzyn. Gesteine der Westalpen vor. Der Chromit ist von einem hoch ferromagnet. schwarzen u. undurchsichtigen Material überzogen, das auch in Risse der Körner eindringt. Gewöhnlich ist der Kern von einem farblosen Chlorit umgeben, der auf Grund seiner Optik reich an Amesit ist. Durch magnet. u. mechan. Trennung mittels Clerici-Lsg. wurde die Erzfraktion angereichert u. chem. u. röntgenograph. untersucht. Aus den Pulverdiagrammen ergab sich das Vorliegen von prakt. reinem Magnetit sowie imorphe Gemische der Fe^{2+}–Mg–Al–Chromit-Reihe. Die chem. Analyse lieferte folgende Werte: SiO_2 5,68 (%), Al_2O_3 15,77; Cr_2O_3 10,12; Fe_2O_3 44,26; FeO 15,34; MgO 9,28; CaO u. TiO_2 0,00. Diskutiert wird die Bldg. des Magnetits u. Amesits aus dem Chromit. (Amer. Mineralogist **40.** 353–55. März/April 1955. Victoria, Australia, Univ. of Melbourne.) C. Gottfried. 380

Ivar Hernes, *Eklogit-Amphibolit auf der Molde-Halbinsel, Südnorwegen.* Die Molde-Halbinsel an der Nordwestküste Südnorwegens besteht hauptsächlich aus quarzdiorit., granodiorit. u. granit. *Gneisen.* In ihnen befinden sich zahlreiche Linsen u. Zonen bas. Gesteine, wie Eklogit, Eklogit–Amphibolit, Granat–Amphibolit u. Amphibolit. In diese sind wieder Calcitmarmorzonen eingelagert. Die Unters. der bas. Gesteine zeigt, daß eine zunehmende Metamorphose bis zur Eklogitfacies stattgefunden hat, der eine Diaphthorese zur Epidot–Amphibolit-Facies folgte. Die Entstehung der Eklogit–Amphibolite u. das Alter der Molde-Halbinsel werden diskutiert. (Norsk geol. Tidsskr. **33.** 163–82. 1954. Bergen, Univ., Geol. Inst.) J.-E. Hiller. 380

H. S. Yoder und **H. P. Eugster,** *Phlogopitsynthese und Stabilitätsbereich.* Es wurde ein Hydroxylphlogopit synthetisiert u. seine obere Stabilitätsgrenze bei 75000 lbs./sq.in. Wasserdampfdruck bestimmt. Die darüber hinaus stabilen Phasen waren *Forsterit* + *Leucit* + rhomb. $KAlSiO_4$ + Dampf. Bei der niedrigsten beobachteten Temp. entsteht der Phlogopit als wechsellagernder 1-Schicht Phlogopit, bei höherer Temp. oder längerer Dauer bildet er sich zu der geordneten monoklinen 1-Schichtstruktur oder der trigonalen 3-Schichtstruktur um. Diese beiden lassen sich nicht röntgenograph. auseinanderhalten, u. opt. Methoden kommen wegen der Kleinheit der Kristalle nicht in Frage. 2 natürliche Phlogopite ergaben analoge Verhältnisse. Das Verh. des Phlogopits in sauren oder bas. magmat. Gesteinen wird durch die Beziehung seiner Stabilitätskurve zu den Minimumschmelzkurven von „*Granit*" u. „*Basalt*" bestimmt. (Geochim. cosmochim. Acta [London] **6.** 157–85. Nov. 1954. Washington, D. C., Carnegie Inst., Geophys. Labor.) J.-E. Hiller. 380

William F. Brace, *Die Einregelung von [1 0 0] der Hellglimmer in alpinen Tektoniten.* Von 12 verschied. ostalpinen *Glimmerschiefern* wurde die Orientierung von [1 0 0] u. (0 0 1) der Hellglimmer bestimmt. Die ersten zeigen in einigen Maxima gürtelartige Streuungen subparallel zu s; letztere erzeugen Gürtel, deren Achsen parallel zu den sichtbaren Faltenachsen liegen, u. schwache Anhäufungen parallel zu s. (Anz. österr. Akad. Wiss., math.-naturwiss. Kl. **1954.** 79–83. Innsbruck, Univ., Inst. für Min. u. Petrogr.) J.-E. Hiller. 380

N. Efremov, *Chemische Konstitution von Saponiten, Bowlingiten und Sauconiten.* Die Serpentinmineralien sind nicht nur durch eine beträchtliche Variabilität ihrer opt. Eigg. sondern auch ihrer chem. Zus. charakterisiert. Die chem. Zus. kann man durch wechselnde Werte des Koeff. K charakterisieren, der das Verhältnis MgO : SiO_2 in der chem. Formel angibt. In den chem. Formeln der von dem Vf. untersuchten Serpentinite lag K höher als 1,5 u. beträchtlich niedriger als 1,5; für die angenommene Formel des *Serpentins*, $H_4Mg_3Si_2O_8$ ist K = 1,5. Für einen *Antigorit* aus Caracas ist K = 1,40. Unter Verwendung verschiedener K-Werte kann man die chem. Konst. von *Saponiten, Bowlingiten, Hulliten,* Chlorophäiten u. anderen ähnlichen Mineralien erklären. Alle diese komplexen Mineralien kann man als Prodd. eines isomorphen, isovalenten Ersatzes $Mg_3^{2+} \rightarrow Al_2^{3+}$ oder $Mg_3^{2+} \rightarrow (Al, Fe^{3+})_2$ oder $Mg^{2+} + H^+ \rightarrow Al^{3+}$ in den Serpentinmoll. mit verschied. K-Wert ansehen. Eine Berechnung der Molekularzahlen in den Analysen von Saponiten, Bowlingiten, Hulliten u. Chlorophäiten erlaubte zu zeigen, daß diese Mineralien, ebenso wie der von anderer Seite untersuchte Zn-Saponit–Sauconit genau den Formeln der Serpentinmineralien entsprechen. Dies läßt das Auftreten von Zn-Serpentinen vermuten. (Bull. geol. Soc. America **64.** 1505. Dez. 1953. New York, N. Y.) C. Gottfried. 380

M. N. Albow, *Bildung von Stolzit in der Oxydationszone.* In einem verwitterten Eluvium von Gneisen wurde Erzzement gefunden, das zu 70% aus Stolzit, $PbWO_4$ (mit ein wenig Powellit) u. 30% *Muskovit* besteht (laut chem. Analyse); Brechungsindex der Körner 1,82–2,35 (bei engerer Auswahl 2,21–2,35). Aus dem *Wolframit* des Eluviums kann Stolzit nicht entstanden sein. (Записки Всесоюзного Минералогического Общества [Schr. Allunions mineralog. Ges.] **83.** 148–50. 1954.) A. v. Wilpert. 380

H. Vincienne und **H. Pélissonier,** *Mikroskopische Untersuchung der Mineralbildung des Ganges von Chaillats (Puy-de-Dome) am Südrand des Granites von Montmins und einiger zufälliger sulfidischer Mineralien in den wolframhaltigen Quarzgängen in der Nähe von Montboucher (Creuse).* Es wurden die Paragenesen der Erzgänge von Chaillats u. von Montboucher mkr. untersucht. Mineralien des ersten Vork. sind *Löllingit, Arsenkies, Kassiterit,* selten *W* u. *Pyrit, Zinkblende, Chalkopyrit, Stannin, Chalkosin* u. *Covellin*; Gangmineralien sind *Biotit, Muskovit, Topas, Fluorit, Quarz* u. *Skorodit.* Der zweite Gang enthält Arsenkies, Kassiterit, W, Zinkblende, n. u. gelben Stannin, n. u. orangefarbenen *Bornit,* Chalkopyrit, blauen Chalkosin; *Famatinit, Graukupfer, Wittichenit,* Covellin u. Skorodit. Gangmineral ist Quarz. Aus den Unterss. ergab sich, daß die paragenet. Verhältnisse in beiden Vorkk. sehr ähnlich sind. Man kann zwei Bildungsphasen unterscheiden, u. zwar eine sehr heiße, pneumatolyt. oder hypothermale Anfangsphase u. ferner eine hydrothermale, hypo- oder mesothermale Phase. (Bull. Soc. franç. Minéralog. Cristallogr. **77.** 1337—62. Okt./Dez. **1954.** Paris, École des Mines, Labor. de Géol. appl.) C. Gottfried. 380

Carlo L. Garavelli, *Ein neues Mineral unter den sekundären Produkten der Lagerstätte von Capo Calamita (Insel Elba).* Vf. berichtet über das Auffinden eines neuen Minerals in der Oxydationszone der Fe-Lagerstätte von Capo Calamita. Der Habitus der Kristalle ist tafelförmig, die Farbe schwankt zwischen grün u. gelb. Das Mineral ist in W. leichtlösl., wobei sich die Lsg. grün färbt. Ein unlösl. Rückstand bestand aus $Fe(OH)_3$. Das Mineral ist zweiachsig doppelbrechend mit den Brechungsindices $\alpha = 1{,}498$; $\beta = 1{,}554$; $\gamma = 1{,}594$; 2 V (berechnet) 78°, $D.^{20}$ 2,080. Eine vorläufige Analyse ergab das Vorhandensein von Fe, K, Oxalsäure u. Kristallwasser. Es wurde vermutet, daß das Mineral ident. ist mit dem künstlich dargestellten $K_3Fe(C_2O_4)_3 \cdot 3H_2O$, dessen D. u. opt. Eigg. mit denen des Minerals sehr gut übereinstimmen. Auch das goniometr. bestimmte Achsenverhältnis stimmt mit dem der synthet. Verb. überein. Aus dem Mittel mehrere chem. Analysen ergeben sich die folgenden Werte: Fe_2O_3 16,05 (%); K_2O 26,00; C_2O_3 42,13; H_2O^+ 11,35, H_2O^- 1,60; Al_2O_3 0,10; FeO 2,28; MgO 0,10; CaO 0,03; in HCl unlösl. Rückstand 99,74. Die Auswertung der Analysen führte zu der folgenden mineralog. Zus.: Kaliumeisen(III)-oxalattrihydrat 90,31%, Eisen(II)-oxalat (Oxalit) 6,02% u. Goethit 1,71%. Für das neue Mineral wird der Name „*Minguzzit*" vorgeschlagen. Die Daten eines Pulverdiagrammes sind tabellar. wiedergegeben. (Atti Accad. naz. Lincei, Rend., Cl. Sci. fisiche, mat. natur. [8] **18.** 392—402. April 1955. Firenze, Univ., Ist. di Mineral., Petrogr. e Geochim., Centro di Studio per la Geochim. e Mineralogia del C. N. R.) C. Gottfried. 380

John S. Carr, *Uranhaltige Mineralien und ihre Behandlung.* Überblick über Vork. u. Verwertung U-haltiger Mineralien unter besonderer Berücksichtigung der Verhältnisse in Australien. — 40 Literaturhinweise. (Chem. Engng. Mining Rev. **46.** 309—13. 10/5. 1954. Univ. of Melbourne, Dep. of Mining.) M. Winiker. 380

Royal S. Foote, *Wie die Geophysiker helfen, Uran zu finden.* Vf. gibt eine Übersicht über die Methoden zur Prospektierung von U-Erzen. Strahlungsmessung, Prospektion aus der Luft u. Bohrungen werden behandelt. (Engng. Mining J. **155.** Nr. 9. 96—97. 109. Sept. 1954. US Atomic Energy Comm., Chief Geophys. Explorat. Branch.) J.-E. Hiller. 380

Robert J. Wright, *Wo ist Uran zu finden.* Es wird eine kurze Übersicht gegeben über das Vork. von U in den verschied. geolog. Schichten u. Gesteinen unter besonderer Berücksichtigung der amerikan. Vorkommen. (Engng. Mining J. **155.** Nr. 9. 91—95. Sept. 1954. Grand Junction, Col., Chief Geol. Branch.) J.-E. Hiller. 380

C. Bignand, J. Goni und **C. Guillemin,** *Der Phosphoruranylit. Seine Beziehungen zu Dewindtit und Renardit.* Vff. analysierten chem. einen Phosphoruranylit (**I**) von Madagaskar sowie einen Renardit (**II**) von Katanga. Aus den Analysen ergab sich, daß eine isomorphe Reihe zwischen **I** u. **II** besteht, was auch durch Pulverdiagramme bestätigt werden konnte. Nach Abzug der Verunreinigungen hat **I** die Zus. CaO 3,5 (%), UO_3 79,1; P_2O_5 10,9 u. H_2O 6,5; **II** hat PbO 12,8; BaO 0,9; UO_3 73,3; P_2O_5 8,5; H_2O 4,5. Nimmt man an, daß in **II** ein kleiner Teil des Pb durch Ba ersetzt ist, dann erhält man für **II** die Formel $Pb(UO_2)_4(PO_4)_2(OH)_4 \cdot 2H_2O$. Für **I** erhält man analog $Ca(UO_2)_4 \cdot (PO_4)_2(OH)_4 \cdot 2H_2O$. Hierauf berichten Vff. über die Synth. von **I**, einmal durch Erhitzen von Lsgg. von Monocalciumphosphat u. Uranylacetat u. ferner durch Erhitzen von feinpulverisiertem natürlichem oder künstlichem Autunit mit Calciumacetat u. Uranylacetat. Auf Grund dieser Syntheseunterss. wird ein natürlicher Bildungsprozeß von **I** vorgeschlagen. Es wird noch darauf hingewiesen, daß sich **I** beim Erhitzen seiner wss. Lsg. auf 160° in Ggw. eines Pb-Salzes in **II** umwandelt. Zum Schluß wird mitgeteilt, daß die Pulverdiagramme von Dewindtit u. **II** ident. sind u. daß auch die opt. Eigg.

beider Mineralien vollkommen gleich sind. Durch weitere Unterss. muß erst sichergestellt werden, ob Dewindtit als eigenes Mineral anzusehen ist. (Bull. Soc. franç. Minéralog. Cristallogr. **77.** 1299—1306. Okt./Dez. 1954. Paris, Sorbonne, Labor. de Minéral. et Cristallogr.) C. GOTTFRIED. 380

S. Conti und **G. Rovereto,** *Geologie der Gruppe des Monte Besimauda (Ligurische und Seealpen) und moderne Probleme der Tektonik und der Petrogenese.* Geolog.-petrograph. Untersuchung. (Atti Accad. naz. Lincei, Mem., Cl. Sci. fisiche, mat. natur., Ser. II [8] **3.** 43—130. 1951. Genova, Univ., Ist. di Geol.) C. GOTTFRIED. 382

R. L. Erickson, G. B. Gott, A. T. Myers und **C. A. Horr,** *Assoziation von Uran und anderen Metallen mit Rohölen, Asphalten und petroleumhaltigen Gesteinen.* (Vgl. C. **1956.** 5774.) U-Analysen u. halbquantitative spektrograph. Analysen von ca. 100 Proben von Rohölen, natürlichen Asphalten, aus petroleumhaltigen Gesteinen extrahierten Öls sowie den Aschen dieser Proben ergaben, daß U sowie andere Elemente, wie V, Ni, Cu, Co, Mo, Pb, Cr, Mn u. As, in zuweilen ungewöhnlich hohen Konzz. vorkommen. Der U-Geh. der analysierten Proben lag in den Ölen u. Asphalten zwischen weniger als 0,001 bis mehr als 62500 Teilen pro Million u. von <10 bis >100000 Teilen pro Million in der Asche. Obwohl die Chemie der Metallverbb. in dem Petroleum nicht bekannt ist, treten diese Metalle wahrscheinlich in Form metallorgan. Verbb. auf u. sind in dem Schwerasphaltteil des Petroleums angereichert. (Bull. geol. Soc. America **64.** 1505—06. Dez. 1953. Denver, Col., U. S. Geol. Survey.) C. GOTTFRIED. 385

P. G. Werbitzki, *Versuchsschmelzen von basischen Gesteinen des mittleren Dneprgebiets.* Beim langsamen Erhitzen bas. Gesteine aus dem mittleren Dneprgebiet wurden bei 750—800° noch keine Veränderungen beobachtet; bei 1000—1100° traten Interferenzfärbungen auf; bei 1150—1170° schm. die Hornblende, bei 1200° der Pyroxen, etwas höher die Plagioklase, endlich bei 1250° schm. auch die mikropegmatit. Durchwachsungen von Quarz u. Kalifeldspat. Beim Abkühlen jedoch treten diese Bestandteile nicht rückläufig in derselben Folge auf, da die thermodynam. Bedingungen beider Vorgänge einander nicht entsprechen. Qualitativ am wertvollsten sind die Metadiabasen bei Apollonowka, nächstdem die Metadiabasen u. Diabasen bei Berodajewka. (Записки Всесоюзного Минералогического Общества [Schr. Allunions mineralog. Ges.] [2] **83.** 153—57. 1954.) A. v. WILPERT. 385

François Bienner, Marcel Louis und **Jean Ravier,** *Natur und Veränderung der organischen Substanz in dem metamorphen Albien der Pyrenäen.* Von 3 Gesteinen aus den obigen Formationen, einem anscheinend nicht metamorphen Gestein, einem mittel u. einem stark metamorphen Gestein, wurde das Reduktionsvermögen sowie die chem. Zus. bestimmt. Aus den Unterss. ergab sich, daß mit zunehmender Metamorphisierung der C-Geh. der organ. Substanz zunimmt u. die Werte von H u. N abnehmen. (C. R. somm. Séances Soc. géol. France **1955.** 10—12.) C. GOTTFRIED. 390

F. A. J. Armstrong, *Phosphor und Silicium im Seewasser in der Höhe von Plymouth während des Jahres 1954.* In Fortsetzung früherer Unterss. (vgl. C. **1955.** 3582) über den P- u. Si-Geh. des Meerwassers in der Höhe von Plymouth während der Jahre 1950—1953 berichtet Vf. über entsprechende Messungen im Jahre 1954. Die gemessenen mittleren Konzz. an PO_4-P u. Gesamt-P sowie an Si pro Liter zwischen 0 u. 50 m Seetiefe sind tabellar., die jahreszeitlichen Schwankungen graph. wiedergegeben. (J. Marine biol. Assoc. United Kingdom **34.** 223—28. Juni 1955. Plymouth Labor.) C. GOTTFRIED. 393

Max H. Hey, An index of mineral species and varieties arranget chemically, with an alphabetical index of accepted mineral names and synonyms. 2nd edn. London: Wheldon & W., and H. M. S. O. 1956. (V + 728 S.) 8°. 60 s.

B. Allgemeine und theoretische organische Chemie.

R. K. Asundi und **B. D. Joshi,** *Die Banden von p-Dichlorbenzol im nahen Ultraviolett.* Die Lage der 0.0-Bande ist 35755 cm^{-1} (35752 cm^{-1}) im Absorptions- (Emissions-) Spektr. von *p-Dichlorbenzol* in guter Übereinstimmung mit Ergebnissen von ANNO u. MATUBARA (C. **1956.** 2404). Die aus der Progression folgenden Frequenzen des oberen Zustandes nahe 1061 u. 1051 cm^{-1} werden im Gegensatz zu diesen Autoren den Grundfrequenzen 1084 u. 1071 cm^{-1} zugeordnet, da 1. die von ANNO u. MATUBARA (l. c.) vorgeschlagenen Grundfrequenzen 1164 u. 1102 im Emissionsspektr. anscheinend nicht auftreten, 2. die breite Emissionsbande bei 34672 cm^{-1} vielleicht zwei nichtaufgelösten Banden, die von den Grundzustandsfrequenzen 1084 u. 1071 ausgehen, zuzuordnen sind u. 3. RAMAN-Daten mit der vorgeschlagenen Zuordnung in Einklang sind. Die Grundfrequenz 248 hat offenbar keine entsprechende RAMAN-Linie, vermutlich entspricht ihr die Emissionsbande mittlerer Intensität im Abstand von 251 cm^{-1} von der 0.0-Bande in langwelliger Richtung. Die totalsymm. Grundfrequenz 331 wird als Satellitenbande der Frequenz 329 des angeregten Zustandes angesprochen. Das Auftreten der Grundfrequenzen 302 u. 486 wird als unsicher angesehen. (Nature [London] **177.** 36. 7/1. 1956. Banares, Banares Hindu Univ., Dep. of Spectroscopy.) B. GNAUCK. B 118

Záviš Holzbecher, *Die Fluorescenzspektren der Kondensationsprodukte des Salicylaldehyds und ihrer Salze.* 3. Mitt. *Acetylhydrazon, Semicarbazon und Thiosemicarbazon des Salicylaldehyds.* (2. vgl. C. **1956.** 6906.) Nach der l. c. beschriebenen Meth. wurden die Fluorescenz- u. Absorptionsspektren der alkoh.-wss. Lsgg. des *Acetylhydrazons* (**I**), *Semicarbazons* (**II**) u. *Thiosemicarbazons* (**III**) des *Salicylaldehyds* u. ihrer Zn- u. Al-Salze sowie des festen **II** u. **III** im Wellenlängenbereich von 330—650 mμ gemessen. Die größte Intensität sowohl der Fluorescenz als auch der Absorption weisen alkal. Lsgg., die geringste saure Lsgg. von **I**—**III** auf. Für Zn-Salze von **I**—**III** wurde mit der Meth der kontinuierlichen Variation das Verhältnis 1 Zn:1 **I**—**III** festgestellt. Beim Al-Salz von **I** wurde die Zus. 1 Al:2 **I** gefunden; dieselbe Zus. ist auch bei Al-Salzen von **II** u. **III** vorauszusetzen. Die fluorimetr. ermittelten Säuredissoziationskonstanten von **I**—**III** betragen: $K_I = (5 \pm 1) 10^{-9}$, $K_{II} = (3 \pm 1) 10^{-9}$, $K_{III} = (4 \pm 1) 10^{-9}$. (Chem. Listy **49.** 1162—66. Aug. 1955. [Orig.: tschech.]; Collect. czechoslov. chem. Commun. **20.** 1297 bis 1301. Dez. 1955 [Orig.: deutsch]. Praha, Vys. škola chem.-technolog., katedra analyt. chemie.) K. KÁMEN/Prag. B 118

S. P. McGlynn, M. R. Padhye und **M. Kasha,** *Die niedrigsten Triplettniveaus der Polyacene.* Vff. untersuchen die Lage der niedrigsten Tripletts des *Anthracens* (**I**) durch zwei indirekte Methoden. Eine schwache Absorption, bei ca. 14850 cm^{-1} beginnend, entsprechend dem Übergang (T ← S), wird durch die Lösungsmittelstörungsmeth. (L.) gefunden. Die umgekehrte Phosphorescenzemission wird photographiert u. die 0.0-Frequenz des **I** zu 14927 cm^{-1} gefunden. Es handelt sich um einen erlaubten Übergang vom u → g-Typ. Die mittlere Lebensdauer des **I**-Triplettzustandes wird mit 0,09 Sek. berechnet. **I** fügt sich damit gut in ein Schema ein, daß die Abhängigkeit der Lebensdauer von Wellenzahl u. Zahl der kondensierten Ringe darstellt, während das *Naphthalin* (**II**) nach REID (C. **1954.** 5483) — 19600 cm^{-1} u. 2,0 Sek. — sich anomal verhalten soll. Vff. berechnen die Lebensdauer des **II**-Tripletts zu 0,005 Sek. u. finden mit der L. die 1. starke Bande bei 10250 cm^{-1}, entsprechend den von der Theorie vorausberechneten Werten für die T ← S-Absorption. (J. chem. Physics **23.** 593—94. März 1955.) K. FRENKLER. B 118

William Moffitt, *Die Elektronenspektren katakondensierter Kohlenwasserstoffe.* (Vgl. C. **1955.** 8812.) Vf. erklärt die Hauptzüge der UV-Spektren katakondensierter KW-stoffe mittels des Perimetermodells nach PLATT (C. **1950.** I. 1961). Behandelt werden das regelmäßige Auftreten der 3 Bandensysteme β (bei 1750 Å, sehr intensiv), p (bei 2000 Å, weniger intensiv) u. α (bei 2500 Å, sehr schwach), die regelmäßigen Beziehungen zwischen deren Intensitäten u. ihre Unterschiede bei isomeren Verbb., die Steigerung der Intensitäten der α-Banden bei induktiver Substitution (wie sie bei Übergang von *Naphthalin* [**I**] zu *Chinolin* auftritt), die Beziehung zwischen dem **I**- u. dem *Azulen*(**II**)-Spektr. sowie die charakterist. Verschiebungen der α-Bande von **II** nach längeren oder kürzeren Wellenlängen in Abhängigkeit von der Art u. der Stellung von Substituenten. Rechner. behandelt werden dazu die Elektronenkonfigurationen der hypothet. cycl. Polyene der allg. Formel $C_{4n+2}H_{4n+2}$, ihre Elektronenbahn- u. Anregungsenergien, die Störungstheorie (Annäherung der Elektronenverteilung in den hypothet. cycl. Polyenen an die der entsprechenden katakondensierten KW-stoffe), die „geraden" u. „ungeraden" Störungen im Benzolkern. Die Rechenmeth. erfordert nicht die Lösung schwieriger Säkulargleichungen, die Schwierigkeiten in Zusammenhang mit der Berücksichtigung der Konfigurationswechselwirkungen wurden bei der Störungsrechnung vermieden. Angegeben sind die berechneten u. beobachteten Oscillatorstärken der 3 Bandensysteme von *Bzl.*, **I**, *Anthracen, Naphthacen* (**III**) u. *Pentacen* (**IV**), wobei die Übereinstimmung zwischen den Werten überraschend gut ist. Ferner sind α^+- u. p^+-Bandenverschiebungen (relativ zur β^+-Bande) für **III** bzw. **IV** u. deren Isomeren *1.2-, 2.3-, 3.4-* u. *9.10-Benzophenanthren* bzw. *1.2-Benzotetracen, Naphtho*-[*2.3*:*1.2*]-, -[*2.3*:*9.10*]-, -[*1.2*:*2.3*]-, -[*1.2*:*2.1*]- u. -[*1.2*:*3.2*]-*phenanthren* u. -[*2.3*:*1.2*]-*anthracen* sowie die Ladungsverteilung von **II** im ersten angeregten Zustand angeführt. (J. chem. Physics **22.** 320—33. Febr. 1954. Cambridge, Mass., Harvard Univ., Dep. of Chem.) B. GNAUCK. B 118

I. G. Ross, *Die Struktur von Pyridthion-(4).* Vf. untersucht das UV-Spektr. des *Pyridthion-(4)* (**I**, F. 184° [CH_3OH]), um zwischen beiden — in Analogie zum *Pyridon-(4)* (**II**, F. 149° [Aceton]) möglichen — tautomeren Formen zu unterscheiden. In A. zeigt **I** eine Bande bei 3410 Å, die auf ein chinoides Syst. hindeutet, in Hexan jedoch auch eine Bande bei 2350 Å, die der SH-Form zugeschrieben werden kann. Bei **II** tritt eine analoge Bande nicht auf. — **II** bzw. **I** wurden nach KING u. WARE (J. chem. Soc. [London] **1939.** 873) dargestellt. (J. chem. Soc. [London] **1951.** 1374—75. Mai. London, Univ. Coll., W. Ramsay and R. Forster Labors.) H. LEHWALD. B 118

R. Fleming und **L. Saunders,** *Die magnetooptischen Rotationen einiger flüssiger Zweikomponentensysteme.* Vff. messen für die Systeme *Äthylbromid–Äthyljodid* (**I**), *Pyridin–A.* (**II**), *Nicotin–A.* (**III**), *Pyridin–W.* (**IV**) u. H_2SO_4*–W.* die magnetoopt. Rotation (Na_D-Linie) bei 25°, Mittelwerte werden aus Messungen bei 4 verschied. Feldstärken gebildet. Die experimentellen VERDETschen Konstanten δ [Winkelmin./cm Gauß] werden mit den durch folgende 5 Mischungsregeln berechneten δ-Werten verglichen: a) SCHÖNROCKs Regel $\delta_I = \delta_1 q_1/s_1 + \delta_2 q_2/s_2$ (δ_I, δ_1 u. δ_2 VERDET-Konstanten der Mischung u. der Komponenten 1 u. 2; q_1 u. q_2 sind die zugehörigen Konzz. [g/cm³], s_1 u. s_2 die Dichten der reinen Komponenten); b) Volumenbruchregel $\delta_{II} = \delta_1 V_1 + \delta_2 V_2^f$ (V_1^f bzw. V_2^f folgen aus den Molenbrüchen N nach $V_1^f = N_1 V_1/(N_1 V_1 + N_2 V_2)$, worin V_1 bzw. V_2 die Molvol. der reinen Komponenten); c) für δ_{III} werden in vorst. Gleichung die Partialmolvoll. der Komponenten aus dem Diagramm $(N_1 M_1 + N_2 M_2)/D_4^{25}$ in Abhängigkeit von N_2 eingesetzt; d) für δ_{IV} wird V_1, das Molvol. des Lösungsm. als das der reinen Fl. eingesetzt, während V_2 als das scheinbare Molvol. Φ_2 ($\Phi_2 = [V - n_1 V_1]/n_2$) genommen wird; e) δ_V wird nach WARING, HYMAN u. STEINGISER [1938] $\delta_V = \delta_1 N_1 + \delta_2 N_2$ berechnet. Bei den Systemen **I** u. **II** sind die nach den vorst. Regeln berechneten δ-Werte nahezu gleichwertig u. besitzen nur geringe Abweichungen von den experimentell gemessenen Werten; diese Systeme werden als ideale bzw. pseudoideale bezeichnet. Für die nichtidealen Systeme **III** u. **IV** ergibt sich, daß die Mischungsregel nach d) die besten Werte liefert. (J. chem. Soc. [London] **1955.** 4147—50. Dez. London, Univ., School of Pharm.) K. FRENKLER. B 119

R. Fleming und **L. Saunders,** *Die magnetooptischen Rotationen von zwei Ephedrinisomeren und deren Hydrochloriden.* (Vgl. vorst. Ref.) Vff. untersuchen die magnetoopt. Rotation des (—)-*Ephedrins* (**I**) u. *Ψ-Ephedrins* (**II**) in A. sowie der *Hydrochloride* von **I** u. **II** in W. bei 25° für Natriumdampflicht. Die VERDET-Konstanten δ_{II} u. δ_{IV} liegen für **I** höher als für **II** u. deuten somit darauf hin, daß die Bindungskräfte zwischen den Moll. des **I** kleiner als zwischen den Moll. des **II** sind; die unterschiedlichen FF., Löslichkeiten u. Flüchtigkeiten beider Isomeren stützen diese Annahme. Die von FREUDENBERG u. Mitarbeitern [1932] angenommenen Konfigurationen werden durch die Ergebnisse bestätigt, wenn man annimmt, daß die Rotation zwischen den C-Atomen der Propanolseitenkette behindert ist. (J. chem. Soc. [London] **1955.** 4150—52. Dez.)

K. FRENKLER. B 119

W. M. Schubert und **W. A. Sweeney,** *Einflüsse von Ringgröße und Konjugation auf die Carbonylschwingungsfrequenzen von einigen Benzocyclanonen und Methylacetophenonen.* Die CO-Frequenz von *Methyläthylketon* (1718 cm^{-1}) wird mit den CO-Frequenzen von *Acetophenon* (1686), *o-Methylacetophenon* (1688), *2.4-* (1683) u. *3.4-Dimethylacetophenon* (1681) sowie *2.6-Dimethylacetophenon* (1700) u. *Acetomesitylen* (1701) verglichen. Die Verschiebung der CO-Frequenz beträgt danach bei den vollständig oder teilweise konjugierten aromat. Ketonen ~33 cm^{-1} („Benzolringeffekt"), bei den letzten beiden Verbb., die nach ihrem UV-Spektr. prakt. nicht konjugiert sind, ~18 cm^{-1}. — In der Reihe der *Benzocyclanone* (**I**) wird ein Sinken der CO-Frequenz beim Übergang α-Indanon → α-Tetralon → α-Suberon → α-Benzocyclooctanon beobachtet (vgl. LECOMTE, J. Physique Radium **6.** [1945.] 257). Nimmt man an, daß der Benzolringeffekt bei allen **I** etwa gleich groß ist, dann verläuft der Ringgrößeneffekt auf die CO-Frequenz bei den **I** u. Cyclanonen parallel. Bei mittleren Ringketonen wird der Winkel Θ geweitet u. dadurch der p-Charakter der CO-Bindung erhöht; die Frequenzen liegen niedriger als bei „n." Ketonen. — Die untersuchten Verbb. hatten folgende Eigg.: *Acetophenon,* $Kp._{21}$ 92°, n_D^{25} 1,5320; *o-Methyl-,* $Kp._{10,5}$ 84—85°, n_D^{23} 1,5300; *2.4-Dimethyl-,* $Kp._{32}$ 118—120°; n_D^{24} 1,5330 u. *2.6-Dimethylacetophenon,* $Kp._{32}$ 118—119°, n_D^{24} 1,5146; *Acetomesitylen,* $Kp._7$ 100—102°, n_D^{25} 1,5155; *Indanon-(1),* F. 39—40°; *Tetralon-(1),* $Kp._{20}$ 135°, n_D^{25} 1,5663; *Benzosuberon,* $Kp._{2,4}$ 111—112°, n_D^{25} 1,5628; *1.2-Benzocycloocten-(1)-on-(3),* $Kp._{2-2,5}$ 110—112°, n_D^{25} 1,5572; *Cyclopentanon,* Kp. 128—130°; *Cyclohexanon,* Kp.152 bis 153°; *Cycloheptanon,* $Kp._{14}$ 62—64°, n_D^{25} 1,5495. (J. Amer. chem. Soc. **77.** 4172—73. 5/8. 1955. Seattle, Wash., Univ., Dep. of Chem.) U. JOHN. B 120

Jean Lecomte, *Untersuchung der Carbonylfunktion (hauptsächlich bei Aldehyden und Ketonen) mittels der Infrarotspektrographie.* Vf. berichtet zusammenfassend über eigene u. fremde Arbeiten zur infrarotspektroskop. Unters. von *Aldehyden* u. *Ketonen,* bes. über die Lage der Carbonyl-Valenzschwingungsbande in Abhängigkeit von der Konstitution. Unter Wiedergabe von Infrarotspektren der Literatur werden eingehend behandelt: gesätt. u. ungesätt. aliphat. Ketone u. Aldehyde, Ketene, aromat. Aldehyde u. Ketone (u. die Zusammenhänge zwischen der Lage der C=O-Bande u. der HAMMETT-schen σ-Konstante), fulvenartige Ketone, Cyclanone u. Derivv., die Keto-Enol-Tautomerie u. die dabei u. bei Oxyoxoverbb. auftretende Chelatbldg. sowie die Lage der OH-Valenzschwingungsbande, substituierte u. unsubstituierte Chinone (Zusammenhang zwischen der Lage der C=O-Bande u. dem Redoxpotential bzw. der Zahl kondensierter Ringe u. deren Anordnung), Jonone u. Irone nebst Derivv. (Thiosemicarbazone u. 2.4-Dinitrophenylhydrazone), Steroidketone u. -ester (auch Lage der CH_3- u. CH_2-Schwingungsfrequenzen u. der C=C-Valenzschwingung in ungesätt. Steroiden, Einfl. der Deuterierung im Bereich von 1300—1500 cm^{-1}), Metallcarbonyle, disubstituierte Säureamide. Kurz behandelt wird ferner die Technik u. Theorie der Infrarotspektrographie. — 234 Literaturzitate. (Bull. Soc. chim. France, Mém. [5] **1955.** 717—56. Mai. Sorbonne, Labor. des Rech. Phys.) B. GNAUCK. B 120

T. Iredale, *Beziehung zwischen den Kernquadrupolwechselwirkungsfrequenzen und den polarographischen Halbwellenpotentialen.* (Vgl. GERGELY u. IREDALE, C. **1954.** 4816.) Die graph. Darst. der Frequenzen der Kernquadrupolwechselwrkg. einiger Aryljodverbb. (*m-Jodphenol, p-Jodacetanilid, Jodbenzol, m-Jodbenzoesäure, m-* u. *p-Dijodbenzol*) gegen die Halbwellenpotentiale P bei p_H 7 gibt annähernd eine Gerade. Abweichend hiervon verhalten sich die Jodaniline. Vf. stellt seine Befunde den Ergebnissen ähnlicher Diagramme von COLICHMAN u. LIU (C. **1954.** 9962) (P gegen die HAMMETTschen σ-Werte) u. von HATTON u. ROLLIN (C. **1955.** 4035) (Kernquadrupoldaten gegen σ-Werte) gegenüber. (Nature [London] **177.** 36—37. 7/1. 1956. Sydney, Univ., Dep. of Chem.) B. GNAUCK. B 121

Ch. Sadron, *Die Gestalt von Molekülketten in Lösung und Folgerungen.* Vf. gibt eine krit. Übersicht über die Prinzipien bei der Unters. von Lsgg. gerader Mol.-Ketten. Untersucht wird die Statistik der Konfiguration für Ketten mit u. ohne freie Rotation. Für die verschied. Fälle wird das mittlere Abstandsquadrat zwischen den Endgliedern gegeben. Weiter wird versucht, eine Durchschnittsform der Kette zu definieren. Es wird gezeigt, wie die vorst. Begriffe bei den Berechnungen einer Lsg. makromol. Verkettungen anzuwenden sind. Als Beispiel wird die Viscosität als Funktion der Mol.-Masse für n. *Paraffine,* monodisperse u. industrielle *Polyäthylenglykole* angegeben. (Ind. chim. belge **19.** 483—88. Mai 1954. Strasbourg, Inst. de Phys.) S. v. SCHIESZL. B 123

G. T. Wright, *Absolute Quantenausbeute der Fluorescenz von Anthracenkristallen.* Vf. diskutiert eingehend das Problem der Quantenausbeutemessung bei Luminescenzstoffen mit teilweise überlappender Emissions- u. Absorptionsbande. Auf Grund theoret. Beziehungen zwischen Kristall- u. Mol.-Fluorescenz wird eine Meßmeth. entwickelt, die zur Best. der Quantenausbeute η von Anthracenkristallen benutzt wird. Bei 290° K wird für die Mol.-Fluorescenz $\eta = 0{,}94 \pm 0{,}02$ gefunden, das sich für den Kristall infolge Selbstabsorption auf $0{,}80 \pm 0{,}05$ verringert. Die entsprechenden Abklingzeiten sind $6{,}4 \pm 0{,}2$ bzw. $18{,}0 \pm 0{,}5$ msec. (Proc. physic. Soc., Sect. B **68.** 241—48. April 1955. Grahamstown, Rhodes Univ., Dep. of Phys.) J. RUDOLPH. B 125

A. Schmillen, *Über die Abklingzeit der Acridinorangefluorescenz.* Die Abklingzeit τ der Gesamtfluorescenz der Acridinorangebase in Bzl. ist bis zu einer Konz. $c = 10^{-1}$ Mol/Liter konstant, $\tau = 5{,}5 \cdot 10^{-9}$ sec. Bei der wss. Lsg. des Chlorids, p_H 6, ist $\tau = 2{,}4 \cdot 10^{-9}$ sec für $c < 10^{-4}$ Mol/Liter. Bei höheren Konzz. steigt τ im langwelligen Teil des Spektr. stark an. In Methanol ist $\tau = 4{,}5 \cdot 10^{-9}$ sec für $c < 10^{-2}$ Mol/Liter. An Filterpapier adsorbiertes Chlorid fluoresciert bei geringer Konz. grün mit temperaturunabhängigem $\tau = 5 \cdot 10^{-9}$ sec, bei höherer Konz. rot, wobei τ mit sinkender Temp. gegen $36 \cdot 10^{-9}$ sec steigt. Zur Deutung wird angenommen, daß monomere Moll. grün mit kleinem τ, dimere rot mit größerem τ fluorescieren. (Z. Naturforsch. **9a.** 1036—39. Dez. 1954. Gießen, Justus-Liebig-Hochsch., Phys. Inst.) F. DÖRR. B 125

A. H. Boud, D. Cleverdon, G. B. Collins und **J. W. Smith,** *Die Molpolarisation und Assoziation einiger Oxyverbindungen in Benzollösung.* Vff. bestimmten die DKK., spezif. Voll. u. Brechungsindices der Benzollsgg. von *n-* (**I**) u. *tert.-Butyl-* (**II**) u. *Benzylalkohol* (**III**), *Diphenylmethanol* (**IV**) u. *Phenol* (**V**) im Konzentrationsbereich 0,2—0,7% u. berechneten die scheinbaren Molpolarisationen (MP) der gelösten Stoffe. Ferner wurden die Benzollsgg. von **I**, **II** u. **IV** kryoskop. untersucht, um den Assoziationsgrad der Alkoholmoll. zu bestimmen. Für alle Verbb. ist der Verlauf der MP-Konzentrationskurve anomal im Vgl. zu dem nichtassoziierter Stoffe. Die MP von **I** nimmt mit steigender Konz. bis zu 2% stark zu u. wird zwischen 3 u. 6% fast konstant. Da der Wert bei der Konz. 0 dem monomeren Alkohol entspricht, muß die MP für die dimere Form größer sein als für die monomere Form. Bei einer Konz. über 2% treten komplexere Formen auf, so daß die MP nicht weiter ansteigt. Die kryoskop. Meßergebnisse lassen erkennen, daß I hauptsächlich in monomol. Form u. polymeren Aggregaten vorliegt. Bei Konzz. über 6% steigt die MP von I wiederum an, was Vff. auf die Ausbldg. eines gewissen Ordnungsgrades in den Alkoholaggregaten zurückführen. Die Mol.-Refr. von I verändert sich nicht merkbar mit dem Ausmaß der Assoziation. Obwohl II nur etwas weniger assoziiert ist als I, unterscheidet sich die MP wesentlich. Sie ist bis zu einer Konz. von ca. 2% konstant u. nimmt dann allmählich ab. Vff. erklären dies durch ster. Gründe; das Dimere von II hat fast den gleichen mittleren MP-Wert wie das Monomere; weitere Assoziation führt zur Abnahme der MP. Sowohl für I als auch für II nehmen die spezif. Mol.-Voll. mit zunehmender Konz. ab. Für III u. IV nimmt die MP mit zunehmender Konz. stets zu. IV ist in Bzl. weit weniger assoziiert als I u. II; die MP für die dimere Form ist wesentlich größer als für die monomere. Der Verlauf der MP-Konzentrationskurve bei III u. V läßt darauf schließen, daß die Ggw. eines aromat. Ringes einen gewissen Ordnungsgrad in den Aggregaten, auch schon bei relativ niedriger Konz., herbeiführt. Obwohl wegen des anomalen Verh. der untersuchten Verbb. die MP-Werte nicht genau auf die Konz. Null extrapoliert werden konnten, wurden die scheinbaren Dipolmomente der monomeren Formen in Benzollsg. bestimmt: für I 1,69 D [$Kp._{760}$ 117,8°, $D.^{25}_{4}$ 0,80575, n_D^{25} 1,3973–1,3974], II 1,69 D [F. 25,54°, $Kp._{763}$ 82,5°, $D.^{25}_{4}$ 0,7811, n_D^{25} 1,3851], III 1,67 D [$Kp._{748}$ 203,5°, $D.^{25}_{4}$ 1,04157, n_D^{25} 1,5375], IV 1,62 D [F. 66,4° (PAe.)], V 1,45 D [$Kp._{763}$ 182°]. (J. chem. Soc. [London] **1955.** 3793–98. Nov. London, Bedford Coll., Battersea Polytechn.) J. KNAUL. B 132

H. C. Freeman, R. J. W. Le Fèvre, D. A. A. S. Narayana Rao und **I. G. Ross,** *Die Polarisation von Azobenzol als Dampf.* Die gesamte Polarisation des dampfförmigen *Azobenzols* (I) wurde zwischen 503,4 u. 611° K gemessen u. zu 67,6 ± 1,5 cm³ gefunden. Dieser Wert stimmt mit Literaturwerten gut überein. Unter Annahme einer trans-Konfiguration des I ergibt sich für die Atompolarisation 9 cm³. — Es wird eine App. zur Durchführung von Polarisationsmessungen bei Tempp. bis 340° beschrieben. (J. chem. Soc. [London] **1955.** 3840–42. Nov. Sydney, Univ.) H. NOTH. B 132

Boris Gutbezahl und **Ernest Grunwald,** *Der Einfluß des Lösungsmittels auf Gleichgewichts- und Geschwindigkeitskonstanten.* 2. Mitt. *Die Bestimmung und Beziehung der Säuredissoziationskonstanten von Anilinium- und Ammoniumsalzen im System Wasser–Äthanol.* (1. vgl. GRUNWALD u. BERKOWITZ, C. **1953.** 1782.) Bei Gleichgewichten der Form BZ + CZ′ ⇄ BZ′ + CZ (B u. C organ. Reste, Z u. Z′ funktionelle Gruppen) kann die Abhängigkeit der Gleichgewichtskonstanten von der Konst. u. dem Lösungsm. dargestellt werden durch die Gleichung $\log K - \log K^W = \log f_{BZ}/f_{BZ'} - \log f_{CZ}/f_{CZ'} = (m_B - m_C)\,Y_{Z,Z'}$ (1) (K^W = Gleichgewichtskonstante in W., K im Lösungsm., f_i = Aktivitätskoeffizienten, m_B, m_C = ausschließlich von der Konst. von B bzw. C abhängige Parameter, $Y_{Z,Z'}$ = Aktivitätsfunktion, ausschließlich vom Lösungsm. abhängiger Faktor; vgl. l. c.). Die Gültigkeit dieser Gleichung wird an Hand von Messungen der Dissoziationskonstanten der Ammoniumionen von *Anilin, p-Toluidin* u. *N-Methylanilin* geprüft. Die Best. von K erfolgt potentiometr., als Lösungsmittel dienen A.–W.-Gemische mit einem A.-Geh. von 0, 20, 35, 50, 65, 80 u. 95%. Die Lösungsmittelabhängigkeit von K wird durch die Aktivitätsfunktion quantitativ wiedergegeben. — K ist von der Konz. an Aniliniumionen u. von der Ionenstärke unabhängig. Das Aniliniumion ist eine stärkere Säure in A.–W.-Gemischen mit weniger als 50% A., bei höherer A.-Konz. ist das Verhältnis umgekehrt. — Aus den Ergebnissen folgt, daß die Konstanten ϱ u. σ der HAMMETTschen Gleichung lösungsmittelabhängig sind u. daß ϱ zu Y proportional ist. Die Anwendung von Gleichung (1) findet ihre Grenze in den Fällen, in denen das mesomere Syst. in der Base u. der konjugierten Säure unterschiedlich ausgedehnt ist. — Die HAMMETTsche Säurefunktion H_0 existiert nach Ableitungen der Vff. nur dann, wenn der Wert von Y_0 nahezu oder ganz Null ist. Möglichkeiten zur Best. von Y_0 u. H_0 in anderen Lösungsmittelgemischen werden diskutiert. (J. Amer. chem. Soc. **75.** 559–65. 5/2. 1953. Tallahassee, Fla., Florida State Univ., Chem. Dep.) J. KLEINWÄCHTER. B 139

A. M. Liquori und **A. Ripamonti,** *Physikalisch-chemische Untersuchungen über Aminobenzoesäuren und Derivate.* 1. Mitt. *Thermodynamische Dissoziationskonstanten der p-Aminobenzoesäure, o-Aminobenzoesäure und p-Aminosalicylsäure.* In den Aminobenzoesäuren liegen, von stark saurer Lsg. ausgehend, folgende Gleichgewichte vor: $HOOC-Ar-NH_3^+$ (I) ⇄ $^-OOC-Ar-NH_3^+$ (II), Konstante (→) K_A; I ⇄ $HOOC-Ar-NH_2$ (III), K_B; II ⇄ $^-OOC-Ar-NH_2$ (IV), K_C; III ⇄ IV, K_D. Für $K_1 = K_A + K_B$ u. $K_2 = K_C K_D/(K_C + K_D)$ u. die isoelektr. Punkte, definiert durch $pI = (pK_1 + pK_2)/2$, ergeben sich aus spektrophotometr. Unterss. für *Anthranilsäure* (V) $K_1 = 7{,}32 \cdot 10^{-3}$, $K_2 = 1{,}60 \cdot 10^{-5}$; pI = 3,47; *p-Aminobenzoesäure* (VI) $5{,}13 \cdot 10^{-3}$, $1{,}37 \cdot 10^{-5}$; 3,57; *p-Aminosalicylsäure* (VII) $1{,}02 \cdot 10^{-2}$, $1{,}21 \cdot 10^{-4}$; 2,95. Die Zunahme von K_2 in der Reihenfolge VI < V, VII kann auf die Bldg. einer intramol. H-Bindung zwischen dem O der CO-

Gruppe u. der NH_2- oder der OH-Gruppe in o-Stellung zu COOH zurückgeführt werden; beim Vgl. zwischen **V** u. **VII** ist von Bedeutung, daß eine H-Bindung OH···O stärker ist als eine H-Bindung NH···O. Da auch K_1 in derselben Reihenfolge ansteigt, ist eine Zunahme der Stabilität der NH_2- im Vgl. mit der NH_3^+-Gruppe in dieser Reihe anzunehmen. (Gazz. chim. ital. **85.** 578—88. Mai/Juni 1955. Roma, Univ., Ist. di Chim. farm.) R. K. MÜLLER. B 139

I. M. Kolthoff, Walter Stricks und **Noboyuki Tanaka,** *Die polarographischen Vorwellen von Cystin (RSSR) und Dithiodiglykolsäure (TSST) und die Oxydationspotentiale der Systeme RSSR—RSH und TSST—TSH.* Zwischen p_H 3 u. 9 wird die Vorwelle von *Cystin* (**I**) um 60 mV/p_H-Einheit nach negativeren Werten verschoben, die Höhe der Vorwelle wird nur wenig durch Änderung des p_H beeinflußt, ihr Maximum wird bei p_H 8 erreicht. Die Höhe der Hauptwelle ist unabhängig vom p_H im untersuchten Bereich. Die Höhen beider Wellen sind proportional [I] (zwischen $5 \cdot 10^{-5}$ u. $8 \cdot 10^{-3}$mol. **I** bei p_H 9,2), die Höhe der Vorwelle wird von der Zus. des Puffers beeinflußt. Die Temperaturkoeffizienten (zwischen 25 u. 45° bei [I] = $5 \cdot 10^{-4}$mol. bei p_H 9,2) betragen 1 bzw. 1,6%/Grad für die Höhe der Vor- bzw. Hauptwelle. Der Diffusionsstrom verhält sich umgekehrt proportional zur Quadratwurzel der Höhe h der Hg-Säule. Bei Vergrößerung von h auf das 2,5fache nimmt die Vorwelle nur um 10% zu. Zugabe des capillarakt. Cysteins (**II**) verschiebt die Vorwelle zu negativeren Potentialen, verändert aber nicht deren Höhe. Das Oxydationspotential E_0 des Syst. **I–II** an der Hg-Tropfelektrode beträgt +0,074 V (gegen die Normalwasserstoffelektrode), es entspricht dem thermodynam. reversiblen Oxydationspotential dieses Syst., dies trifft nicht zu für das *Glutathion*-Syst., wohl aber für das Syst. *Thioglykolsäure–Dithiodiglykolsäure* (**III**), dessen E_0-Wert +0,073 V beträgt. **III** zeigt ebenfalls eine Vorwelle (vgl. LEUSSING u. KOLTHOFF, C. **1954.** 4577), die aber (bei p_H 5) kleiner als die von **I** ist u. deren Höhe stark p_H-abhängig u. proportional [**III**] ist. Vergrößerung von h um das 2,5fache führte zu einer Verstärkung der Vorwelle von **III** ($5 \cdot 10^{-3}$mol. bei p_H 5) um 25%. Der Temperaturkoeff. betrug 2%/Grad zwischen 25 u 5°. 0,0025% Gelatine verminderte die Höhe der Vorwelle um 7%. Die Ergebnisse deuten darauf hin, daß die frühere Deutung der Vorwelle (vgl. KOLTHOFF u. BARNUM, J. Amer. chem. Soc. **63.** [1941.] 520) nicht zutrifft. Ihre Ursache ist kinet. Natur, u. zwar hängt sie mit der katalyt. Wrkg. der Hg-Oberfläche bei der reversiblen Gesamt-Rk. $I + 2e^- + 2H^+ \rightleftharpoons 2II$ zusammen. **I** (= RSSR) bildet mit Hg Mercuricysteinat $Hg(RS)_2$, das nach $Hg(RS)_2 + 2e^- + 2H^+ \rightleftharpoons Hg + 2RSH$ weiterreagiert; die Höhe der Vorwelle wird also von der Geschwindigkeit der Hin-Rk. [Bldg. von $Hg(RS)_2$] bestimmt. Für das Verhältnis $[Hg(RS)_2]/[RSSR]$ wurde der Wert $6 \cdot 10^{-4}$ gefunden, d. h. $[Hg(RS)_2]$ ist ca. $3 \cdot 10^{-7}$mol. an den Elektrodenoberflächen. (J. Amer. chem. Soc. **77.** 4739—42. 20/9. 1955. Minneapolis, Minn., Univ. of Minnesota, School of Chem.) B. GNAUCK. B 142

J. Volke, *Polarographische Reduktion der Chinolin- und Cinchomeronsäure.* (Vorl. Mitt.) *Chinolinsäure* u. *Cinchomeronsäure* zeigen ähnliche polarograph. Verh. wie Picolin- u. Isonicotinsäure (vgl. VOLKE u. VOLKOVÁ, Chem. Listy **49.** [1955.] 490). Es ist nur auf den polarograph. Kurven neben der ersten Dissoziationsstufe (pK = 6, t_1 = 3,8 Sek.) noch die zweite (pK = 8, t_1 = 3 Sek.) beobachtbar. (Chem. Listy **49.** 1236—37. Aug. 1955 [Orig.: tschech.]; Collect. czechoslov. chem. Commun. **21.** 246—47. 1956 [Orig.: engl.]. Praha, Československ. akad věd, Polarogr. Ústav.) P. ZUMAN/Prag. B 142

Jiří Pick, Vojtěch Fried, Eduard Hála und **Otakar Vilím,** *Gleichgewicht Flüssigkeit–Dampf.* 13. Mitt. *Phasengleichgewichte im System Wasser–n-Butanol–n-Butylacetat.* (12. vgl. Chem. Listy **48.** [1954.] 1109.) Nach der synthet. Meth. wurde das Gleichgewicht Fl.–Fl. im tern. Syst. *W.–n-Butanol–n-Butylacetat* bestimmt u. mittels graph. Korrelation die Temperaturabhängigkeit der Gleichgewichtskurve festgestellt. Weiter wurde das Gleichgewicht Fl.–Fl. beim Kp. mittels des WASHBURNschen Ebulliometers ermittelt u. die Konoden bestimmt. Aus der VAN LAARschen Gleichung dritter Ordnung mit experimentell bestimmten tern. Konstanten wurde für den homogenen Bereich des tern. Syst. das Gleichgewicht Fl.–Dampf berechnet. (Chem. Listy **49.** 1112—16. Aug. 1955 [Orig.: tschech.]); Collect. czechoslov. chem. Commun. **21.** 49—54. 1956 [Orig.: engl.]. Praha, Katedra fys. chem., Vysoká škola chem. technol.) V. KAČENA/Prag. B 150

Lucien Dollé und **Paul Laffitte,** *Über den Bereich der Entflammbarkeit von Gemischen aus Luft und Naphthalin- und Phthalsäureanhydrid-Dämpfen.* Es werden die Ergebnisse von Unterss. über die Entflammungsbereiche u. -grenzen der obigen Mischungen im Temperaturbereich von 75—350° für Luft–Naphthalin u. 125—450° für Luft–Phthalsäureanhydrid bei niederen Drucken bis zum Atmosphärendruck angegeben. (C. R. hebd. Séances Acad. Sci. **236.** 379—81. 26/1. 1953.) W. KAUFMANN. B 157

Y. I'Haya, *Konjugationsenergien dritter Ordnung.* Die in der früheren Mitt. (Bull. chem. Soc. Japan **28.** [1955.] 369 u. 376) für verschied. C—C-Bindungslängen berechneten Konjugationsenergien 3. Ordnung (Hyperkonjugation 2. Ordnung) waren wesentlich kleiner als die von anderen Autoren (vgl. z. B. COULSON u. CRAWFORD, C. **1953.** 8039) berechneten Werte. Sie werden daher mit verbesserten Voraussetzungen (1. wird des Resonanzintegral β proportional dem Überlappungsintegral S, 2. der Term δ des COULOMB-Integrals für Pseudo-H_3-Atome = −0,3 (vgl. C. **1956.** 2120) u. 3. der theoret. berechnete Wert des Überlappungsintegrals für $C-H_3$ oder $C-H_2$ [S^* = 0,541] vorausgesetzt u. 4. werden bei allen Säkulardeterminanten nur Überlappungsintegrale für benachbarte Atome u. keine Wechselwirkungen nichtbenachbarter Atome berücksichtigt) durch Lösung der Säkulardeterminanten für C_2H_6, C_2H_4 u. die CH_3-Gruppe neu berechnet u. in Einheiten von $|\beta|$ u. in kcal tabelliert. Die neuen Werte sind etwas größer als die Werte von COULSON u. CRAWFORD (l. c.). Mit ihnen wird die theoret. korr. Konjugationsenergie des Bzl. $-1{,}0383\beta$ u. β −72,2 kcal. (J. chem. Physics **23.** 1171. Juni 1955. Otsuka, Tokyo, Tokyo Univ. of Educat., Dep. of Chem.)

K. PRCHAL. B 182

Gaston Berthier, *Unvollständige Elektronenkonfigurationen.* 2. Mitt. *Untersuchung gewisser organischer Radikale und Biradikale nach der Methode des self-consistent-Molekularfeldes.* (1. vgl. C. **1955.** 8797.) Vf. berechnete die Energieniveaus der π-Elektronen in dem Radikal Allyl $CH_2-CH-CH_2$ u. dem Biradikal Diallylen $(CH_2)_2-C-C-(CH_2)_2$ nach der Meth. des self-consistent-Molekularfeldes. Der Grundzustand der beiden Moll. ist ein Zustand mit unvollständigen Elektronenschichten, welcher hier durch 2 Reihen von LCAO-Molekülbahnen dargestellt wird, die für Elektronen vom Spin α u. Elektronen vom Spin β verschieden sind. Die theoret. Vorhersagen, die man hieraus machen kann, wurden mit den für das Allylradikal bekannten experimentellen Ergebnissen sowie mit den Aussagen der empir. Methoden für das hypothet. Diallylenbiradikal verglichen. (J. Chim. physique Physico-Chim. biol. **52.** 141—49. Febr. 1955. Paris, Inst. du Radium.)

C. GOTTFRIED. B 182

H. Kofod, L. E. Sutton, W. A. de Jong, P. E. Verkade und **B. M. Wepster,** *Sterische Einflüsse auf die Mesomerie.* 6. Mitt. *Darstellung und Dipolmoment von Nitrodurol.* (5. vgl. WEPSTER u. VERKADE, C. **1953.** 4352.) Die von BIRTLES u. HAMPSON (J. chem. Soc. [London] **1937.** 10) als *Nitrodurol* (**I**; $C_{10}H_{13}O_2N$, F. 113—113,5°) bezeichnete Substanz (**II**) vom F. 68,8—69,8° ist in Wirklichkeit *Nitroäthoxydurol* ($C_{12}H_{17}O_3N$, F. 75,5°). Vff. beweisen dies durch die Darst. von **I** sowohl nach SMITH u. TAYLOR (J. Amer. chem. Soc. **57.** [1935.] 2370. 2460) aus Acetoxymercuridurol u. HNO_3 als auch durch Diazotieren von Aminonitrodurol u. Umsetzen mit 50%ig. unterphosphoriger Säure (5 Tage bei −5°, dann 5 Std. bei Raumtemp., 81—84%, schwachgelbliche Kristalle aus A.). **I** gibt mit **II** einen Misch-F. < 60°. Das Dipolmoment von **I** in Bzl. bei 25° wurde zu 3,62 ± 0,02 D bestimmt. (Recueil Trav. chim. Pays-Bas **71.** 521—24. Mai 1952. Oxford, Dyson Perrins and Phys. Chem. Labors.; Delft, TU, Labor. of Organ. Chem.)

F. SCHAUDER. B 182

L. H. Krol, P. E. Verkade und **B. M. Wepster,** *Sterische Einflüsse auf die Mesomerie.* 7. Mitt. *Entacylierung einiger Acetylaminonitronaphthaline und einiger ihrer Derivate.* (6. vgl. vorst. Ref.) Vff. untersuchten die (pseudo-) katalyt. Entacylierung verschied. substituierter Acetylaminonitronaphthaline in alkal. Medium in Abhängigkeit von Art u. Stellung der Substituenten. Eine schnelle Rk. ist zu erwarten, wenn sich eine polare Übergangsstruktur ausbilden kann, in der der Aminostickstoff positiv ist. Diese Übergangsstruktur ist vor allem dann begünstigt, wenn die $C_{(9)}-C_{(10)}$-Bindung doppelt ist u. damit in einem Ring noch eine Benzolmesomerie möglich ist. Zur Best. der Geschwindigkeitskonstanten k der Entacylierung wurde neben früher beschriebenen Methoden die Estermeth. neu entwickelt. Sie beruht auf der Best. des im Laufe der Rk. gebildeten Methylacetats u. liefert bes. bei kleinen Geschwindigkeiten bessere Werte. — k (min^{-1}) in 0,1 n $NaOCH_3$: Estermeth.: *2-N-Methylacetamido-5-nitrotoluol* (**I**) 0,00052, *1-* (**II**) 0,000033, *2-Acetamidonaphthalin* (**III**) 0,000037, *1-Acetamido-2-* (**IV**) 0,00965, *-3-* (**V**) 0,00079, *-5-* (**VI**) 0,00026, *2-Acetamido-6-* (**VII**) 0,00072, *-8-* (**VIII**) 0,00053, *-5-* (**IX**) 0,00011, *-7-nitronaphthalin* (**X**) 0,00011; Hydrochloridmeth.: *1-Acetamido-* (**XI**) 0,73, *1-N-Methylacetamido-4-nitronaphthalin* (**XII**) 0,0038; F.-Meth.: **IV** 0,008, *2-Acetamido-1-* (**XIII**) 2,2, *-3-nitronaphthalin* (**XIV**) 0,014, **XI** 0,68, *2-Acetamido-1.8-* (**XV**) > 5, *1-Acetamido-4.5-di-nitronaphthalin* (**XVI**) 0,9, *1-Acetamido-4-nitro-5-brom-* (**XVII**) 0,08, *2-Acetamido-1-cyannaphthalin* (**XVIII**) 0,09. — F.-Depressionen unter W.: *1-Acetamido-2-* 10°, *-4-nitrobenzol* 52°, **IV** 33°, **XI** 37°, **XIII** 16°, **XIV** 16°, **XV** 40°, *2-Acetamido-1.6-dinitronaphthalin* 32°, *3-Acetamido-2-nitrotoluol* (**XIX**) 22°, *-2-nitrochlorbenzol* 22°, *-2-nitro-1.5-dichlorbenzol* 22°, *6-Acetamido-5-* 25°, *-7-nitrotetralin* 16°. — Da bei **IX** u. **X** keine polaren Übergangsstrukturen möglich sind, beruht die ganze Vergrößerung von k gegenüber **III** nur auf dem −I-Effekt der NO_2-Gruppe. Bei **VI, VII** u. **VIII** sind polare Übergangsstrukturen möglich; k ist dementsprechend größer, als auf Grund des −I-Effektes zu erwarten ist. Bei **V**, das keine polaren Übergangsstrukturen ausbilden kann, wird das Anwachsen von k gegenüber **IX** u. **X** verständlich durch den verstärkten —I-Effekt der näheren NO_2-Gruppe. — Der Vgl. von **XIII** u. **XVIII** u. mit den entsprechenden Benzolderivv. zeigt, daß in **XIII** keine ster. Hinderung der Mesomerie auftritt. **XIX** kann nicht als Modellsubstanz für **XIII** dienen. — Die Kleinheit von k für **IV** zeigt, daß die Acetamidogruppe in 1-Stellung im Gegensatz zur NO_2-Gruppe ster. gehindert ist. Das im Vgl. zu **IV**, **XI** u. **XIII** kleine k von **XVI** erklärt sich daraus, daß im Übergangszustand keine Benzolmesomerie möglich ist. Das Anwachsen gegenüber **III** beruht auf dem —I-Effekt u. vielleicht auch auf Chelatbildung. — Die beiden NO_2-Gruppen in **XV** u. **XVI** sollten sich stark ster. behindern. Die Größe von k in beiden Fällen zeigt, daß eine Anordnung des Naphthalinsyst. möglich sein muß, die eine Mesomerie beider NO_2-Gruppen zuläßt. Ähnliches gilt für **XVII**. — Die Verzögerung der Rk. durch Einführung einer CH_3-Gruppe erfolgt bei **XII** u. bei **I** in gleichem Maße.

Versuche (alle Verbb. aus absol. A. krist.): *1-Amino-2-nitronaphthalin*, F. 144 bis 145°, aus **IV** durch 12std. Kochen mit 1n $NaOCH_3$, orangegelbe Kristalle. — *1-Amino-4-nitronaphthalin*, F. 195—196,5°, gelbe Nadeln. — *1-Acetylamino-3-* (**V**), F. 257—258°, aus 1.3-Dinitronaphthalin. — *2-Acetylamino-1-nitro-*, $C_{12}H_{10}O_3N_2$ (**XIII**), F. 126°, braune Kristalle, polymorphe Modifikation, F. 101—104°, gelbe Nadeln. — *2-Acetylamino-6-nitro-* (**VII**), F. 226—228°. — *2-Acetylamino-8-nitronaphthalin* (**VIII**), F. 196 bis 197°, gelbe Kristalle. **VII**, **VIII** u. **XIII** entstanden durch Nitrierung von **III**, Trennung nach SAUNDERS u. HAMILTON [1932]. — *2-Amino-3-nitro-*, F. 115—116°. — *2-Amino-6-nitro-*, F. 207—209°, orangerote Kristalle. — *2-Amino-5-nitronaphthalin*, F. 146 bis 147,5°, *Acetylderiv.* (**IX**), F. 191—192°, gelbe Kristalle. — *2-Amino-7-nitronaphthalin*, F. 182,5—183,5°, durch partielle Red. von 2.7-Dinitronaphthalin, orangebraune Blättchen, *Acetylderiv.* (**X**), F. 218,5—219,5°, gelb. — *1-Acetylamino-5-nitro-* (**VI**), F. 222—223°. — *1-Acetylamino-8-nitronaphthalin*, F. 193—194°, nach 3std. Kochen mit 0,02n $NaOCH_3$ unverändert. — *2-Acetylamino-1.8-dinitronaphthalin* (**XV**), F. 240—242° (leichte Zers.), aus 4,60 g **XIII** durch Nitrierung in konz. H_2SO_4, 2,31 g verfilzte Nadeln. — *2-Amino-1.8-dinitronaphthalin*, F. 227—228°. — *1-Acetylamino-4.5-dinitronaphthalin* (**XVI**), F. 245°, aus 1-Brom-4.5-dinitronaphthalin nach KERKHOF [1932], die dort beschriebenen braunen Verunreinigungen traten nicht auf, 23%, grüngelbe Kristalle. — *1-Amino-4.5-dinitronaphthalin*, F. 247—249°. — *1-Acetylamino-4-nitro-5-bromnaphthalin* (**XVII**), F. 226—228°. — *1-Amino-4-nitro-5-bromnaphthalin*, F. 190,5—192,5°. — *1-Methylamino-4-nitronaphthalin*, F. 184—185°, orange, *Acetylderiv.* (**XII**), $C_{13}H_{12}O_3N_2$, F. 127—128°, hellgelb. — *2-Amino-1-cyannaphthalin*, $C_{11}H_8N_2$, F. 130,5—131,5°, durch Entacylierung von **XVIII** (F. 165,5—166,5°). (Recueil Trav. chim. Pays-Bas **71**. 545—64. Mai 1952.)
F. SCHAUDER. B 182

G. Mohorčič, *Über die Züchtung großer Naphthalinkristalle.* Inhaltlich ident. mit der C. **1956**. 1542 referierten Arbeit. (Sloven. Acad. Sci. Arts, „J. Stefan" Inst. Physics, Rep. **1**. 77—81. Juni 1953.) C. GOTTFRIED. B 190

George M. Brown und **Hillyer G. Norment,** *Die Röntgenkristallographie von 2.6-Dimethyl-γ-pyron.* Dreh-, WEISSENBERG- u. Präzessionsaufnahmen an *2.6-Dimethyl-γ-pyron* ergaben eine monokline Zelle mit $a = 7{,}672 \pm 0{,}007$ Å; $b = 7{,}212 \pm 0{,}007$ Å; $c = 13{,}92 \pm 0{,}01$ Å; $\beta = 120^\circ 59' \pm 2'$; $a:b:c = 1{,}0638:1:1{,}9301$. Raumgruppe ist $C_{2h}^5 - P2_1/c$. Mit Hilfe der Transformation $a' = a$, $b' = -b$ u. $c' = -a-c$ erhält man das von WYROUBOFF [1909] goniometr. erhaltene Achsenverhältnis 1,0638:1:1,6563. Raumgruppe bei dieser Aufstellung ist $P2_1/n$. (Acta crystallogr. [Copenhagen] **8**. 363. 10/6. 1955. College Park, Md., Univ., Dep. of Chem.) C. GOTTFRIED. B 190

Bartlett T. Dewey und **Elmer M. Plein,** *Identifizierung von organischen Basen durch die optischen Eigenschaften der Diliturate (Nitrobarbiturate). Sekundäre aromatische Amine.* (Vgl. auch PLEIN u. DEWEY, C. **1956**. 2411.) Es wurden zu Zwecken der Identifizierung die Symmetrie, der Auslöschungswinkel, das opt. Vorzeichen, die Brechungsindices u. die Dispersion von den *Dilituraten* (*Nitrobarbituraten*) der folgenden aromat. Amine gemessen u. tabellar. zusammengestellt: *n-Amylanilin, Isoamylanilin, p-Benzylaminophenol, Benzylanilin, n-Butylanilin, Äthylanilin, Äthyl-1-naphthylamin, Äthyl-o-, -m-* u. *-p-toluidin, β-Oxyäthylanilin, p-Methylaminophenol, Methylanilin, Methyl-1-naphthylamin, Methyl-o-, -m-* u. *-p-toluidin, m-Nitromethylanilin* u. *Propylanilin.* (Analytic. Chem. **27**. 862—63. Mai 1955. Portales, N. Mex., Eastern New Mexico Univ., u. Seattle, Wash., Univ.) C. GOTTFRIED. B 190

Yoshihiko Saito, Octavio Cano-Corona und **Ray Pepinsky,** *Röntgenographische Untersuchung der Molekülkonfiguration von Asparagin in kristallinem L-Asparaginmonohydrat.* Zur Nachprüfung der von STEWARD u. THOMPSON (vgl. C. **1953**. 3548) vermuteten cycl. Struktur des Asparagins wurde die Struktur von *L-Asparaginmonohydrat* bestimmt. Aus Einkristallaufnahmen ergab sich eine rhomb. Zelle mit $a = 5{,}58 \pm 0{,}01$ Å; $b = 9{,}83 \pm 0{,}02$ Å; $c = 11{,}81 \pm 0{,}02$ Å. Raumgruppe ist $P2_12_12_1$; $Z = 4$. Aus einer dreidimensionalen PATTERSON-Analyse u. einer dreidimensionalen Elektronendichteverteilung folgt einwandfrei, daß das Mol. keine cycl. Struktur besitzt. Die der Bernsteinsäure analoge Kette des Mol. befindet sich in einer trans-Konfiguration. Die Struktur wird durch ein dreidimensionales Netzwerk von H-Bindungen zusammengehalten. Das Wassermol. scheint nahe dem Zentrum eines Tetraeders zu liegen, das aus 3 O-Atomen u. dem N-Atom der α-Aminogruppe gebildet wird. (Science [Washington] **121.** 435—36. 25/3. 1955. University Park, Pa., Pennsylvania State Univ., Dep. of Phys., X-Ray and Crystal Analysis Labor.) C. GOTTFRIED. B 195

S. du Pré und **H. Mendel,** *Die Kristallstruktur von Kreatinin.* Schwenk- u. WEISSENBERG-Aufnahmen ergaben für das monoklin kristallisierende *Kreatinin* die Elementarkörperdimensionen a = 8,06 ± 0,02 Å; b = 5,97 ± 0,01 Å; c = 13,34 ± 0,04 Å; β = 121°. Raumgruppe ist $P2_1/c$; Z = 4. Die Parameter wurden roh nach der Meth. der

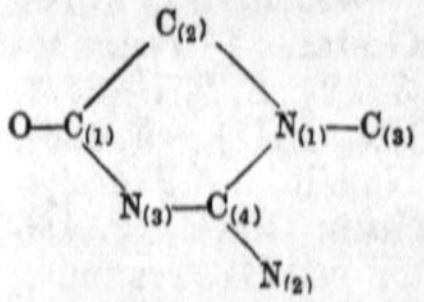

Ungleichheiten, eine Verfeinerung durch FOURIER-Synthesen erhalten. Folgende Parameter werden angegeben (wegen der Bezifferung vgl. nebenst. Zeichnung): $C_{(1)}$ (x =) 0,232; (y =) 0,585; (z =) −0,012; $C_{(2)}$ 0,325; 0,456; 0,096; $C_{(3)}$ 0,310; 0,478; 0,284; $C_{(4)}$ 0,175; 0,742; 0,118; $N_{(1)}$ 0,283; 0,562; 0,174; $N_{(2)}$ 0,100; 0,886; 0,157; $N_{(3)}$ 0,143; 0,763; 0,005; O 0,233; 0,549; −0,102. Das Mol. ist eben, mit Ausnahme des Atoms $C_{(3)}$, das 0,25 Å außerhalb der Ebene liegt. $N_{(1)}$ ist als Asymmetriezentrum anzusehen, so daß das Mol. opt.-akt. ist. Der Kristall enthält demnach die d- u. *l*-Formen, die durch die Symmetriezentren verbunden sind. Der Winkel zwischen der Molekülebene u. der a—c-Ebene beträgt 70°. Die Struktur läßt sich am besten durch 2 Schnüre von Moll. beschreiben, die parallel der C-Achse verlaufen u. die durch H-Brücken zusammengehalten werden. In der Richtung der b-Achse u. zwischen den Schnüren sind nur VAN DER WAALSsche Kräfte wirksam. (Acta crystallogr. [Copenhagen] **8.** 311—13. 10/6. 1955. Utrecht, State Univ., Labor. of Crystall Chem.) C. GOTTFRIED. B 195

S. C. Nyburg und **J. Hilton,** *Die Konformation von 1.4-Diphenyl-1.4-diarsacyclohexan.* Es wurde röntgenograph. das von JONES u. MANN (vgl. C. **1956.** 7239) hergestellte *1.4-Diphenyl-1.4-diarsacyclohexan* (I) untersucht. Die Verb. krist. rhomb. mit der Elementarzelle a = 7,41 Å; b = 16,74 Å; c = 11,90 Å; Z = 4. Aus den Auslöschungen ergibt sich

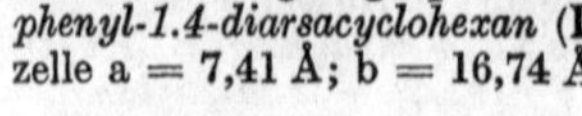

I

als Raumgruppe Pmcn, alle Interferenzen (0 k l) für k ungerade sind jedoch sehr schwach. In dieser Raumgruppe lägen die As-Atome nahe (1/2 0 1/6) u. (1/2 0 1/3). Mit diesen As-Punktlagen ist es jedoch unmöglich, das restliche Mol. entsprechend den Symmetriebedingungen unterzubringen. Nimmt man die Auslöschung (0 k l) mit k ungerade an, dann ist Raumgruppe Pbcn mit As nahe (x, 0, 1/2). Aus einer (1 0 0)-Elektronendichteprojektion ist ersichtlich, daß das Mol. zentrosymm. ist u. daß das Mol. die Sesselform besitzt. (Acta crystallogr. [Copenhagen] **8.** 358—59. 10/6. 1955. Keele, Staffordshire, Univ. Coll.) C. GOTTFRIED. B 195

Arne Jensen und **Ruth Christensen,** *Untersuchung von Carbamaten.* 11. Mitt. *Das Carbamat des Äthylendiamins.* (10. vgl. Acta chem. scand. **8.** [1954.] 1129.) Vff. untersuchen die Rk. von *Äthylendiamin* (I; $Kp._{768}$ 117.3—117,7°, n_D^{25} 1,4548) mit CO_2 bei direkter Einw. u. in wss. Lsg. bei 18°. Das Mol-Verhältnis **I**:CO_2 im Reaktionsprod. beträgt 1:1, 20% bestehen aus *äthylendicarbaminsaurem Äthylendiamin*, der Rest liegt als *Monocarbamat* vor. Die Geschwindigkeitskonstante für die Carbamatbldg. aus **I** u. CO_2 ist $k = 10^{5,30}$, die Gleichgewichtskonstante für die Zers. des Carbamats in wss. Lsg. entsprechend. $NH_2 \cdot CH_2 \cdot CH_2 \cdot NHCOO' + H_2O \rightleftharpoons NH_2 \cdot CH_2 \cdot CH_2 \cdot NH_2 + HCO_3'$, $K = 10^{-2,32}$. Die Gleichgewichtseinstellung erfolgt allerdings nach Ansicht der Vff. nicht entsprechend obiger Bruttogleichung, sondern nach a) Carbamat $\rightleftharpoons$ **I** + CO_2 u. b) $CO_2 + H_2O \rightleftharpoons H_2CO_3$. Die Geschwindigkeitskonstante für den Zerfall des Carbamats nach a) k_1 liegt zwischen $8{,}5 \cdot 10^{-5}$ u. $10{,}7 \cdot 10^{-5}$, die für die Carbonatbldg. nach b) zwischen $6{,}1 \cdot 10^{-4}$ u. $7{,}0 \cdot 10^{-4}$. — Die Gleichgewichtskonstanten für die Rk. $NH_2 \cdot CH_2 \cdot CH_2 \cdot NH_3^+ \rightleftharpoons NH_2 \cdot CH_2 \cdot CH_2 \cdot NH_2 + H^+$ ($K_1 = 10^{+10,17}$), $NH_3^+CH_2 \cdot CH_2 \cdot NH_3^+ \rightleftharpoons NH_2 \cdot CH_2 \cdot CH_2 \cdot NH_3^+ + H^+$ ($K_2 = 10^{-7,2}$) u. $NH_3^+ \cdot CH_2 \cdot CH_2 \cdot NHCOO' \rightleftharpoons NH_2 \cdot CH_2 \cdot CH_2 \cdot NHCOO' + H^+$ ($K_3 = 10^{-10,10}$) wurden bestimmt. (Acta chem. scand. **9.** 486—92. 1955. Kopenhagen, Kgl. Pharmazieschule.) J. KLEINWÄCHTER. B 221

I. M. Kolthoff, W. Stricks und **R. C. Kapoor,** *Gleichgewichtskonstanten der Austauschreaktionen von Cystin mit Glutathion und mit Thioglykolsäure im oxydierten und reduzierten Zustand.* (Vgl. C. **1956.** 7755.) Vff. bestimmten polarograph. u. durch Ermittlung der Löslichkeitsveränderungen von *Cystin* (I = RSSR) die Gleichgewichtskonstanten K der Rkk.: RSSR + 2 GSH (bzw. 2 TSH) $\rightleftharpoons$ GSSG (bzw. TSST) + 2 RSH (K_1), wobei TSH, RSH u. GSH *Thioglykolsäure* (**III**), *Cystein* bzw. *Glutathion* (**II**) u. TSST bzw. GSSG die entsprechenden oxydierten Formen bedeuten. Es bilden sich jedoch auch gemischte Disulfide, so daß folgende Rkk. zu berücksichtigen sind: RSSR + GSH (bzw. TSH) $\rightleftharpoons$ +GSSR (TSSR) + RSH (K_2), GSSR (bzw. TSSR) + GSH (bzw. TSH) $\rightleftharpoons$ GSSG (bzw. TSST) + RSH (K_3) u. RSSR + GSSG (bzw. TSST) $\rightleftharpoons$ 2 GSSR (bzw. 2 TSSR) (K_4). Zur Bestätigung, daß die erhöhte Löslichkeit von **I** in Ggw. von **II** auf eine Austausch-Rk. zurückzuführen ist, wurde die Löslichkeit von **I** mit u. ohne Ggw. von Glycylglycin bei p_H 6,95 bestimmt (8,4 bzw. $7{,}8 \cdot 10^{-4}$ Mol/Liter). Folgende K-Werte (Berechnungsweg ist näher beschrieben) wurden bei 25° ermittelt: Syst. **I**–**II** $K_2 = 2{,}8$, $K_3 = 1{,}0$, $K_4 = 3{,}0$ (zwischen p_H 5,65 u. 6,75 bzw. 5,90 u. 7,70; Ionenstärke μ = 0,08–0,19), bei 50° betrug K_4 6,1; der ΔH-Wert dieser Rk. betrug hiernach +5420 cal/Mol. Syst. **I**–**III** wurde bei p_H 5 untersucht, da bei höherem p_H Zers. des Syst. RSSR–TSST unter Sulfhydrylgruppenbldg. (mercurimetr. u. polarograph. bestimmt) eintritt. Offenbar ist das gemischte Disulfid RSST weniger stabil; es wird angenommen, daß es nach folgendem Schema zerfällt: 2 RSST + H_2O $\rightleftharpoons$ 2 TSH + 2 RSOH, 2. RSOH $\rightleftharpoons$ RSH + RSOOH, wobei das Gleichgewicht weit zugunsten der linken Seite liegt. K_2, K_3 bzw. K_4 betrugen bei 25° 0,8, 4,1 bzw. 5,1, der K-Wert der Gesamt-Rk. GSSG + 2 TSH $\rightleftharpoons$ 2 GSH + TSST wurde zu 1,7 berechnet. Sämtliche K-Werte sind von gleicher Größenordnung, woraus sich erklärt, daß BERSIN u. STEUDEL (Ber. dtsch. chem. Ges. **71 B.** [1938.] 1015) für das Syst. RSSR–TSH annähernd richtige K-Werte ermittelten, obwohl die Bldg. gemischter Disulfide unberücksichtigt blieb. Die polarograph. Messungen waren in guter Übereinstimmung mit den Daten aus der Löslichkeitsbest., die polarograph. Red. von RSSG ist weniger reversibel als die von **I**. Bei p_H 5 liegt TSST zu 76% als $^-$TSST$^-$, der Rest größtenteils in der Form TSST$^-$ vor, **I** bei p_H 7,7 zu 66,5% als $^\pm$RSSR$^\pm$ u. zu 33,4% als $^-$RSSR$^\pm$, bei p_H 5,9 dagegen zu mehr als 99% als $^\pm$RSSR$^\pm$. Die Thiolgruppe der Mercaptane ist bei den Versuchsbedingungen prakt. undissoziiert, sie liegen daher als RSH$^\pm$, GSH$^\pm$ bzw. TSH$^-$ vor. Da aber mit steigendem p_H obige Austausch-Rkk. sehr beschleunigt werden, wird dann das Mercaptidion als reaktives Partikel angesehen. Die Oxydationspotentiale der Systeme GSSG–GSH u. TSST–TSH betragen +0,093 bzw. +0,095 V gegen die Normalwasserstoffelektrode. (J. Amer. chem. Soc. **77.** 4733–39. 20/9. 1955. Minneapolis, Minn., Univ. of Minnesota, School of Chem.) B. GNAUCK. B 221

A. A. Sprysskow und **Ju. L. Kusmina,** *Untersuchung der Sulfurierungsreaktion.* 27. Mitt. *Gleichgewicht zwischen Polysulfonsäuren und ihren Chloriden.* (26. vgl. C. **1956.** 3960.) Eine Lsg. von *m-Benzoldisulfochlorid* (**I**; 1 Mol) in H_2SO_4 (mMol) + $ClSO_3H$ (nMol) wird mehrere Std. auf 80° erhitzt, die Lsg. auf Eis gegossen u. nichtumgesetztes **I** gewogen. Das sich prakt. nach 3 Std. einstellende Gleichgewicht entspricht der Gleichung $C_6H_4(SO_2Cl)_2 + H_2SO_4 \rightleftarrows C_6H_4(SO_2Cl)SO_3H + ClSO_3H$ (1) mit der Gleichgewichtskonstanten $K = x\,(n + x)/(1 - x)\,(m + x)$ (x = umgesetztes **I** in Mol), die im Mittel 1,33 beträgt. Wenn nach der Gleichung $C_6H_4(SO_2Cl)SO_3H + H_2SO_4 \rightleftarrows C_6H_4 \cdot (SO_3H)_2 + ClSO_3H$ (2) auch m-Benzoldisulfonsäure entstehen sollte, so müßte die Rk. 2 sehr viel langsamer als 1 verlaufen oder die Gleichgewichtskonstante der Rk. 2 verschwindend klein sein. Analog wird die Rk. von *Naphthalin-1.3.5-trisulfochlorid* in H_2SO_4 + $ClSO_3H$ behandelt. Das sich bei 100° prakt. in 1 Std. einstellende Gleichgewicht entspricht der Gleichung $C_{10}H_5(SO_2Cl)_3 + H_2SO_4 \rightleftarrows C_{10}H_5(SO_2Cl)_2SO_3H + ClSO_3H$ mit der Konstanten 1,90, die ebenfalls nach der Gleichung 1. Ordnung berechnet wird. (Сборник Статей по Общей Химии [Samml. Aufsätze allg. Chem.] **1.** 559–63. 1953. Iwanowo, Chem.-Technol. u. Med. Inst.) R. KNOBLOCH. B 221

Mansel Davies, *Intramolekulare Wasserstoffbrücken und physiologische Aktivität.* Eine große Anzahl physiol. wirksamer Moll. enthalten eine oder mehrere innere H-Brücken. Die Wechselwrkg. derartiger Moll. mit anderen ist wie im Fall gewöhnlicher Verbb. durch Entropie- u. Energiegrößen bestimmt, deren Beeinflussung durch innermol. Wechselwirkungen weitgehend unbekannt ist. Nach Beobachtungen GRIFFITHS zeigt *o-Methoxybenzoesäure* (**I**) in CCl_4 im Infrarot 2 scharfe monomere OH-Banden bei 3536 u. 3368 cm^{-1}, die der freien u. der in H-Brückenbindung stehenden OH-Gruppe zuzuordnen sind. Aus den relativen Intensitäten bei 23, 48 u. 72° berechnet sich ΔH der intramol. Wechselwrkg. zu $3{,}3 \pm 0{,}5$ kcal/g-Mol, ΔS zu 6,8 cal/(g-Mol·°K). Die für **I** u. *p-Methoxybenzoesäure* (**II**) in C_6H_6 nach der Verteilungsmeth. (J. chem. Soc. [London] **1940.** 850 u. C. **1953.** 9432) gemessenen thermodynam. Größen des Assoziationsgleichgewichts Dimeres $\rightleftharpoons$ 2 Monomere waren: **I** ΔH_{12} 3,4 kcal/g-Mol Dimeres; ΔS_{12} 9,3 cal/(g-Mol Dimeres, °K); **II** ΔH_{12} 10,0; ΔS_{12} 21,2. Unter der Annahme einer vollständigen Ausschaltung der intramol. Wechselwrkg. im Dimeren können diese Unterschiede allein auf die in der monomeren o-Verb. herrschende intramol. Wechselwrkg. bezogen werden. Die H-Brücke ist dann, in befriedigender Übereinstimmung mit direkten spektroskop. Daten, durch ΔH 3,2 $\pm$ 0,2 kcal/g-Mol u. ΔS 6,0 $\pm$ 0,8 cal/(g-Mol, ° K) charakterisiert. (Chem. and Ind. **1953**. 614—15. 20/6. Aberystwyth, Univ. Coll. of Wales, Edward Davies Chem. Labors.) K. MAIER. B 223

Leo H. Sommer, Herbert D. Blankman und **Paul C. Miller,** *Reaktionen der Neopentyl–Sauerstoff-Bindung ohne Umlagerung. Neue Synthese der Neopentylhalogenide.* (Vgl. C. **1954**. 9975.) Vff. berichten am Beispiel des *Triäthylneopentoxysilans* (I) über Rkk. der Neopentyl–Sauerstoff-Bindung, die ohne Umlagerung entsprechend S_N2 der INGOLDschen Substitutionssystematik erfolgen. Damit verlieren nach Ansicht der Vff. Unterss., die sich des Neopentylrestes zur Aufklärung des Spaltungsmechanismus von C—O-Bindungen auf Grund des Postulats bedienen, daß bei Neopentyl-O-Spaltung stets Umlagerung eintritt, ihren absol. Wert.

Versuche: *Triäthylneopentoxysilan* (I), $C_{11}H_{26}OSi$, aus Neopentylalkohol (**IV**), $(C_2H_5)_3SiCl$ u. Chinolin (**III**) in C_6H_6-Lsg. nach SAUER (C. **1947**. I. 847). — *Neopentylbromid* (**II**), $C_5H_{11}Br$, Kp.$_{733}$ 104°, a) aus **I**, PBr_3 u. wenig **III**·HCl bei 173° (16 Std.); n_D^{20} 1,4371, D.^{20} 1,200; 85% (Ausbeute); *Anilid*, F. u. Misch-F. 130°; b) aus **IV, III** u. C_6H_5Br bei 181° (24 Std.); 47%. — *Neopentylchlorid* (**III**), C_5H_{11} Cl, Kp.$_{725}$ 83°, Darst. ähnlich **II** a) mit $SOCl_2$ bei 115° (23 Std.), n_D^{20} 1,4043, D.^{20} 0,8659; 61%. (J. Amer. chem. Soc. **73**. 3542. Juli 1951. State College, Pa., Whitmore Labor.)

WOLFGANG SCHULZ. B 225

I. Dostrovsky und **F. S. Klein,** *Der Austausch von Sauerstoff zwischen Alkoholen und Wasser.* 2. Mitt. *Die säurekatalysierten Reaktionen von n-Butylalkohol und Neopentylalkohol.* (1. vgl. C. **1955**. 11364.) Vff. messen die Geschwindigkeiten des säurekatalysierten O-Austausches u. der Zers. von *n-Butylalkohol* (**I**) u. *Neopentylalkohol* (**II**) bei 125° im wss. Medium. Die Austausch-Rk. von **I** verläuft ca. 3mal so schnell wie seine Zers., während die Austausch-Rk. bei **II** 37mal so schnell wie die Zers. vonstatten geht. Die Zers. von **I** ist ca. 3mal langsamer als die Zers. von **II**; die Zersetzungsprodd. sind: sek.-Butanol, Di-n-butyläther, Buten-(1) u. Buten-(2) aus **I** u. tert.-Butylalkohol u. eine Mischung von Pentenen aus **II**. Aus diesen Ergebnissen u. aus Daten über die Hydratation von Buten-(1) wird geschlossen, daß die Austausch-Rkk. sich durch einen bimol. Angriff eines Lösungsmittelmol. auf die Säureform des Alkohols vollziehen. Der gleiche Mechanismus ist möglicherweise auch auf andere Rkk. prim. Alkohole in saurer Lsg. anwendbar, wie z. B. auf die Ätherbldg. u. die Halogenierung. Die Zers. vollzieht sich über die anfängliche Bldg. eines Carboniumions durch eine unimol. Ionisation der Säureform des Alkohols.

Versuche: *Neopentylalkohol*, F. 54,9°, aus Trimethylessigsäureäthylester durch Red. mit $LiAlH_4$ in Ae.; 60% (Ausbeute). — ^{18}*O-Neopentylalkohol*, durch Austausch-Rk. von ^{18}O-haltigem W. mit Trimethylessigsäure, nachfolgende Veresterung mit A. u. Reduktion. — ^{18}*O-n-Butylalkohol*, Kp. 116—117°, aus Na-n-Butylphosphat durch 2 Tage Kochen mit 10n ^{18}O-angereicherter NaOH unter kontinuierlicher Entfernung des Alkohol–W.-Azeotrops. — ^{18}*O-sek.-Butylalkohol*, Kp. 99,1—99,5°, aus Äthylmethylketon, welches vorher O mit $H_2{}^{18}O$ ausgetauscht hatte, durch Red. mit $LiAlH_4$. (J. chem. Soc. [London] **1955**. 4401—06. Dez. Rehovoth, Israel, Weizman Inst. of Sci., Isotope Dep.)

J. MATTNER. B 225

J. E. Baines und **C. Eaborn,** *Siliciumorganische Verbindungen.* 16. Mitt. *Die alkalische Hydrolyse von Triorganomonosilanen.* (15. vgl. C. **1956**. 7763.) Der Salzeffekt bei der alkal. Solvolyse von *Triäthylsilan* (**I**) wurde bei 34,9° in 94,5 Vol.-% A.–W. untersucht. Für die Rk. mit NaOH wird er durch log K_s = —0,79 bis 0,55 $\mu^{1/2}$, für die mit KOH durch log K_s = —0,87 bis 0,34 $\mu^{1/2}$ beschrieben. Die Rk. ist von 1. Ordnung. Bei Aryldimethylsilanen, deren größere Reaktivität die Anwendung geringerer Alkalikonzz. erforderlich macht, zeigt sich mit Fortschreiten der Solvolyse eine Abnahme der Konstanten 1. Ordnung, hervorgerufen durch den Verbrauch von OH^- bzw. $OC_2H_5^-$ unter Bldg. des Silanolanions nach $(CH_3)_2ArSiOH + OH^- \rightarrow (CH_3)_2ArSiO^- + H_2O$. Durch Verwendung von mehrfachem Überschuß an Silan kann dieser Effekt auch bei Trialkylsilanen beobachtbar gemacht werden. — Aktivierungsenergie (kcal/Mol), log Häufigkeitsfaktor (Zeit in Min.) u. relative Geschwindigkeiten bei 34,9° für die Solvolyse in 94,5 Vol.-% A.: **I** (E = 15,9, log A = 10,1, $k_{relativ}$ = 100). *Tri-n-propyl-* (16,8, 10,3, 40), *Tri-n-butyl-* (16,8, 10,2, 27), *Triisobutyl-* (17,3, 9,7, 4,1) u. *Triisopropylsilan* (18,1, 10,0, 2,2). Die Reaktivität nimmt mit zunehmendem Elektronendonatorcharakter der Alkylgruppe zu, jedoch werden in erster Linie ster. Effekte für die beobachtete Reihenfolge verantwortlich gemacht. *Dimethylphenylsilan* reagiert ca. 50mal so schnell wie **I** u. auch schneller als *Dimethyl-p-tolylsilan.* (J. chem. Soc. [London] **1955**. 4023—24. Nov. Leicester, Univ. Coll.) G. LOHAUS. B 225

Brynmor Jones und **John Robinson,** *Die alkalische Hydrolyse von substituierten Äthylbenzoaten. Die additive Wirkung von Substituenten.* Vff. untersuchen kinet. die alkal.

Hydrolyse von 34 1-, 2- u. 3fach substituierten Benzoesäureäthylestern. Folgende Werte für die Geschwindigkeitskonstanten bei 25° ($10^3 \cdot k^{25}$) u. für die Aktivierungsenergien [E'(cal)], berechnet nach E' = 2,303·RT [$\log_{10}$ $(PZ)_H$ − $\log_{10}$ k^{25}] wurden erhalten: *H* (Substituent): 0,607 ($10^3 k^{25}$), $10^3 k^{35}$ = 1,61, $\log_{10}$ PZ = 9,8, 17730 (E'); *p-CH₃*: 0,278, 18190; *m-CH₃*: 0,430, 17930; *p-OCH₃*: 0,133, 18630; *m-O·CH₃*: 0,805, 17560; *p-Cl*: 2,64, 16860; *m-Cl*: 4,63, 16530; *m-NO₂*: 41,5, 15230; *m-Br*: 4,92, 16490; *p-NH₂*: 0,00148, –; *p-O·C₂H₅*: 0,121, 18690; *p-O·CH(CH₃)₂*: 0,118, 18700; *p-O·CH₂·CH=CH₂*: 0,144, 18580; *p-O·CH₂·C₆H₅*: 0,140, 18600; *3.4-Di-CH₃*: 0,194, 18410; *3.5-Di-CH₃*: 0,302, $10^3 \cdot k^{35}$ = 0,825, $\log_{10}$ PZ = 9,9, E = 18330, 18140; *3-Cl-4-CH₃*: 1,97; 17030; *3-NO₂-4-CH₃*: 16,8, 15760; *3.4-Di-OCH₃*: 0,214, 18350; *3-Cl-4-OCH₃*: 0,709, 17640; *3-Br-4-O·CH₃*: 0,728, 17620; *3-NO₂-4-OCH₃*: 6,36, $10^3 \cdot k^{35}$ = 15,90, $\log_{10}$ PZ = 9,8, E = 16330, 16340; *3.5-Di-O·CH₃*: 1,04, 17410; *3-Cl-4-OC₂H₅*: 0,649, 17690; *3-Br-4-OC₂H₅*: 0,663, 17680; *3-Cl-4-OCH(CH₃)₂*: 0,701, 17650; *3-Br-4-OCH(CH₃)₂*: 0,699, 17650; *3-NO₂-4-OCH(CH₃)₂*: 5,05, 16480; *3-Cl-4-O·CH₂·CH=CH₂*: 0,763, 17590; *3-Cl-4-O-CH₂C₆H₅*: 0,748, 17600; *3.4-Di-Cl*: 14,6, 15850; *3.5-Di-Cl*: 39,7, 15250; *3.5-Di-Br*: 39,6, $10^3 \cdot k^{30}$ = 60,95, $\log_{10}$ PZ = 9,8, E = 15300, 15260; *3-Br-5-CH₃*: 3,45, 16700; *3.4.5-Tri-O·CH₃*: 0,927, 17480. — Aus diesen Ergebnissen folgt, daß die resultierende Wrkg. von 2 Substituenten sehr genau die Summe der Wirkungen der beiden Substituenten für sich allein wiedergibt, wenn in den betreffenden Estern die Möglichkeit einer gegenseitigen Beeinflussung der Gruppen untereinander gering ist; ist letzteres nicht der Fall, so ist die additive Beziehung weniger genau.

Versuche: Die alkal. Hydrolysen wurden in 84,6%ig. wss. A. ($D.^{20}_4$ 0,08319) durchgeführt. *Äthylbenzoat*, $Kp._{20}$ 97°. — *Äthyl-p-anisat*, $Kp._{25}$ 139°. — *Zimtsäureäthylester*, $Kp._{17}$ 139,5°. — *p-Aminobenzoesäureäthylester*, F. 92° (A.). — Daten der *Benzoesäuren* u. *Äthylester*: *m-Cl*, F. 158° u. $Kp._{25}$ 120°. — *m-Br*, F. 155°, $Kp._{11}$ 129°. — *m-NO₂*, F. 142°, F. 42°. — *p-Cl*, F. 235°, $Kp._{15}$ 115°. — *3.4-Di-Cl*, F. 202°, F. 37°. — *m-Toluylsäure*, F. 110°, aus m-Toluidin über das Nitril; *Äthylester*, $Kp._2$ 85°. — Die Alkoxysäuren wurden aus den entsprechenden Oxysäuren hergestellt: *m-O·CH₃*, F. 106°, *Äthylester*, $Kp._{20}$ 134,5°. — *p-O·C₂H₅*, F. 194°, $Kp._3$ 127°. — *p-O·CH(CH₃)₂*, F. 163°, $Kp._2$ 119°. — *p-O·CH₂·C₆H₅*, –, F. 46°. — *3-Chlor-4-methoxybenzoesäure*, F. 214°, *Äthylester*, F. 76°. — *3-Brom-4-methoxybenzoesäure*, F. 218°, 74°. — *3-Nitro-4-methoxybenzoesäure*, F. 192°, 101°. — *3.5-Dichlorbenzoesäure*, F. 184°, u. *3.5-Dibrombenzoesäure*, F. 230°, aus Anthranilsäure durch Halogenieren in Eisessig u. Desaminierung; *Äthylester*, F. 37° bzw. F. 58° (A.). — *3-Chlor-4-methylbenzoesäure*, F. 198°, aus 4-Methyl-3-nitrobenzoesäure durch Red. u. anschließende SANDMEYER-Rk.; *Äthylester*, $Kp._{14}$ 135°. — *3.5-Dimethoxybenzoesäure*, F. 182°, durch Methylieren von Orcin u. Oxydation des entstandenen 3.5-Dimethoxytoluols mit $KMnO_4$; *Äthylester*, F. 27°, — *3.4-Dimethylbenzoesäure*, F. 166°, aus 3.4-Dimethylanilin über Dimethylbenzonitril; *Äthylester*, $Kp._{12}$ 120°. — *3.5-Dimethylbenzoesäure*, F. 165°, durch Oxydation von Mesitylen mit heißer verd. HNO_3; *Äthylester*, $Kp._{10}$ 120°. — *3-Chlor-4-äthoxybenzoesäure*, $C_9H_9O_3Cl$, F. 208°. — *3-Brom-4-äthoxybenzoesäure*, $C_9H_9O_3Br$, F. 210°. — *3-Chlor-4-isopropoxybenzoesäure*, $C_{10}H_{11}O_3Cl$, F. 127°. — *3-Brom-4-isopropoxybenzoesäure*, $C_{10}H_{11}O_3Br$, F. 129°. — *3-Nitro-4-isopropoxybenzoesäure*, $C_{10}H_{11}O_5N$, F. 158°. — *3-Chlor-4-äthoxybenzoesäureäthylester*, $C_{11}H_{13}O_3Cl$, F. 51°. — *3-Brom-4-äthoxy-*, $C_{11}H_{13}O_3Br$, F. 59°. — *3-Chlor-4-isopropoxy-*, $C_{12}H_{15}O_3Cl$, F. 48°. — *3-Brom-4-isopropoxy-*, $C_{12}H_{15}O_3Br$, F. 50°. — *3-Nitro-4-isopropoxy-*, $C_{12}H_{15}O_5N$, F. 52°. — *4-Allyloxy-3-chlor-*, $C_{12}H_{13}O_3Cl$, F. 63°. — *4-Benzyloxy-3-chlor-*, $C_{16}H_{15}O_3Cl$, F. 66°. — *3-Brom-5-methylbenzoesäureäthylester*, $C_{10}H_{11}O_2Br$, F. 27°. — *3.4.5-Trimethoxybenzoesäure*, F. 168°, *Äthylester*, F. 56°. — *3-Brom-5-methylbenzoesäure* (I), F. 177° (A.), aus 4-Brom-2-methylacetanilid oder auf folgendem Wege: *2-Brom-4-methyl-6-nitroanilin*, F. 66°, aus 4-Methyl-2-nitroanilin durch Bromieren in Essigsäure; 96% (Ausbeute). — *3-Brom-5-nitrotoluol*, F. 82°, aus vorst. Verb. durch Diazotieren u. Desaminieren. — *3-Brom-5-methylanilinhydrochlorid*, aus vorst. Verb. durch Red. mit frisch geätztem Fe-Pulver u. konz. HCl in 50%ig. wss. A.; 100%. — *3-Brom-5-methylbenzonitril*, C_8H_6NBr, F. 62° (CCl_4), schwachgelbe Prismen, aus einer Suspension vorst. Verb. in einer Mischung von konz. HCl u. W. (1:1) durch Diazotieren bei 0°, Neutralisieren mit Na_2CO_3, Zugeben zu einer kalten, mit Bzl. bedeckten Lsg. von $K_3[Cu(CN)_4]$ unter starkem Rühren, 30 Min. Rühren bei 0—5°, 2 Std. bei Raumtemp. u. Erwärmen auf 55°. — I, aus vorst. Verb. durch 90 Min. Erhitzen mit 60%ig. H_2SO_4 in theoret. Ausbeute; *Äthylester*, F. 27° (A.) (J. chem. Soc. [London] **1955.** 3845—50. Nov. Hull, Univ.) J. MATTNER. B 225

A. A. Sprysskow und **N. A. Owssjankina**, *Untersuchung der Sulfurierungsreaktion. 30. Mitt. Über den Mechanismus der Hydrolyse der Sulfonsäuren.* (29. vgl. C. **1956.** 7796.) In allen Fällen erfolgt die Hydrolyse in Ggw. von H_3O^+-Ionen u. dem Anion der zugesetzten Mineralsäure (HCl, H_2SO_4, H_3PO_4) oder dem Anion der Sulfonsäure selbst.

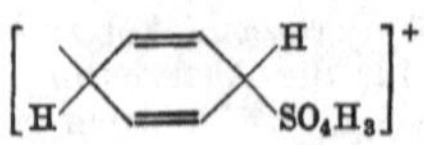

Aus der Sulfonsäure u. H_3O^+ entsteht nebenst. Komplex (Rk. 1), der mit dem Anion, z. B. Cl^-, unter Bldg. von C_6H_6, H_2SO_4 u. HCl (Rk. 2) reagiert. Von diesen Rkk. ist 2 die langsamere (vgl. C. **1952.** 5714); doch steigt mit der Konz. der H_3O^+-Ionen, die u. a. von der Natur der angewendeten Mineralsäure abhängt, auch die Konz. des Komplexes, wodurch der Ablauf nach 2 begünstigt wird. Diese Faktoren bestimmen die Geschwindigkeit der Gesamtreaktion. Verss. mit *Naphthalin-1-sulfonsäure* u. *Sulfosalicylsäure* (dem Sulfurierungsprod. von Salicylsäure) in CH_3CO_2H verschied. Konz. zeigen, daß die Hydrolysengeschwindigkeit im Vgl. mit Verss. in W. ohne jeden Zusatz verringert wird. Zur Deutung ist anzunehmen, daß die konkurrierende Rk. $RSO_3H + CH_3CO_2H \rightleftarrows RSO_3^- + CH_3CO_2H_2^+$ die Bldg. der Komplexe nach 1 zurückdrängt. Es werden die Hydrolysengeschwindigkeit von *1-Chlornaphthalin-4-sulfonsäure* in ca. 30% ig. HCl u. 54—59% ig. H_2SO_4 bei Tempp. von 101—122°, außerdem von *p-Chlor-* u. *p-Brombenzolsulfonsäure* in W. bei 162°, in 30% ig. HCl u. in 55% ig. H_2SO_4 bei 100—160° bestimmt. Die Ergebnisse werden unter dem Gesichtspunkt der Bldg. von Komplexen als Zwischenprodd. besprochen. Die von COWDREY u. DAVIES (C. **1950.** II. 25) u. BADDELEY u. Mitarbeitern (Nature [London] **154.** [1944.] 361) angegebenen Hydrolysierungsmechanismen werden angezweifelt. (Сборник Статей по Общей Химии [Samml. Aufsätze allg. Chem.] **2.** 882—86. 1953. Iwanowo, Chem.-Technol. u. Med. Inst.) R. KNOBLOCH. B 225

D. S. Sawelski und **L. A. Lischnewskaja**, *Reaktion von Diazoverbindungen mit Sulfaminsäure und ihren Derivaten.* 3. Mitt. *Untersuchung der hydrolytischen Spaltung von 1-Aryl-3-methyltriazen-3-sulfonsäuren.* (2. vgl. C. **1955.** 10715.) Die durch hydrolyt. Abspaltung der SO_3H-Gruppe aus 1-Aryl-3-methyltriazen-3-sulfonsäuren entstehenden 1-Aryl-3-methyltriazene sind in dem sauren Reaktionsmedium unbeständig u. zerfallen in N_2, CH_3OH u. *Arylamin.* Beispiele hierfür sind die aus N-methylsulfaminsaurem K u. 4-Nitro-2-chlorbenzoldiazoniumsalz oder 2-Nitrobenzoldiazoniumsalz entstehenden Triazensulfonate. Eine andersartige Spaltung erfolgt bei den Triazensulfonaten aus diazotiertem 3-Nitro-, 4-Nitro- u. 2.5-Dichloranilin. Außer dem Arylamin, das nach der eingangs angegebenen Rk. gebildet wird, wird das Triazensulfonat zu den Ausgangsverbb. — aromat. Diazoniumverb. u. N-methylsulfaminsaures K — hydrolysiert, worauf das Arylamin u. die Diazoniumverb. das symm. *Diaryltriazen* (*Diazoaminoverb.*) geben. Bei 1-[4'-Nitro-2'-chlorphenyl]-3-methyltriazen-3-sulfonat wird festgestellt, daß das Zwischenprod. des Zerfalls — 1-[4'-Nitro-2'-chlorphenyl]-3-methyltriazen — auch *N-Methyl-4-nitro-2-chloranilin* (u. N_2) liefern kann. Von diesem bildet sich wenig (6,6%), wenn die Zers. durch Erhitzen mit W. durchgeführt wird; dagegen entstehen bis zu 37% beim Aufbewahren des Triazensulfonats durch Einw. der Luftfeuchtigkeit. — Beispiele: *2-Nitroanilin*, aus 1-[2'-Nitrophenyl]-3-methyltriazen-3-sulfonat beim Kochen der wss. Lsg. oder beim Aufbewahren. — *4.4'-Dinitrodiazoaminobenzol*, F. 228—230°; 2 g 1-[4'-Nitrophenyl]-3-methyltriazen-3-sulfonat werden 4 Std. in W. vom p_H 4 (Acetatpuffer) auf 60—70° erhitzt; aus Bzl. gelbe Blättchen; 0,36 g. — *N-Methyl-4-nitro-2-chloranilin*; man läßt 0,568 g 1-[4'-Nitro-2'-chlorphenyl]-3-methyltriazen-3-sulfonat 1 Woche an der Luft liegen; Identifikation als *N-Nitrosoderiv.* (0,1305 g), F. 95°; gelbe Nadeln; Hauptprod. der Zers. ist *4-Nitro-2-chloranilin.* (Журнал Общей Химии [J. allg. Chem.] **25** (**87**). 362—71. Febr. 1955.) R. KNOBLOCH. B 225

J. D. Chanley und **Edward Feageson**, *Der Mechanismus der Hydrolyse von organischen Phosphaten.* 3. Mitt. *Aromatische Phosphate.* (2. vgl. C. **1955.** 3596.) In Fortführung ihrer Arbeiten untersuchten Vff. die Hydrolysegeschwindigkeit von *Phenyl-* (**I**), *m-Carboxyphenyl-* (**II**), *p-Carboxyphenyl-* (**III**), *α-Naphthyl-* (**IV**), *β-Naphthyl-* (**V**) u. *8-Carboxy-α-naphthylphosphat* (**VI**) bei 80,0 ± 0,05° (80,6 ± 0,05° bei **V**) u. der Ionenstärke $\mu = 0{,}1$ in Abhängigkeit vom p_H im Bereich $1 \leq p_H \leq 10$. Als Reaktionsprodd. traten die entsprechenden Phenole bzw. Naphthole u. Phosphorsäure auf. Die Hydrolyse aller Verbb. lief nach dem Zeitgesetz 1. Ordnung ab. Bei $p_H \approx 1$ u. > 8 waren die Ester beständig, sie besaßen in dem dazwischenliegenden Bereich ein Maximum der Hydrolysengeschwindigkeit. Für die unsubstituierten Verbb. **I, IV** u. **V** wurde die Gleichung $k_{beob.} = k_1 M_1$ u. für **II, III** u. **VI** $k_{beob.} = k_1 M_1 + k_2 M_2$ abgeleitet. Darin sind k_1 u. k_2 die spezif. Geschwindigkeitskonstanten der Hydrolyse der Mono- u. Diionenform von **I—VI** u. M_1 u. M_2 die Molenbrüche dieser Ionen beim jeweiligen p_H. (In der Dionenform von **II, III** u. **VI** liegt die Carboxygruppe als $-COO^-$-Gruppe vor.) Aus den Säureexponenten pK_1, pK_2 u. pK_3 für **I—VI** bei 26 ± 1° u. $\mu = 0{,}1$ konnten M_1 u. M_2 sowie M_0 u. M_3 (Molenbruch des undissoziierten u. des 3fach ionisierten Phosphates) errechnet werden. k_1 von **I, IV** u. **V** ergab sich aus $k_{beob.}$ bei p_H 3,8, wo bei diesen Verbb. M_1 ca. 0,99 betrug; k_1 u. k_2 von **II, III** u. **VI** berechneten sich analog aus $k_{beob.}$ bei p_H 2,3 u. 4,8. Die aus den M_i- u. k_i-Werten errechneten $k_{beob.}$ zeigten befriedigende Übereinstimmung mit den $k_{beob.}$-Werten, obwohl die pK_i (i = 1, 2, 3) bei 26° u. nicht bei 80° bestimmt worden waren. Qualitative Hydrolyseverss. an I—VI bei 37° zeigten die gleiche p_H-Abhängigkeit von $k_{beob.}$ wie bei 80°. Folgende Werte wurden ermittelt: pK_1 u. pK_2 von I 1,00 u. 5,88, IV 0,97 u. 5,85, V 1,28 u. 5,83; pK_1, pK_2 u. pK_3 von II 0,85, 3,91 u. 5,90, III 0,88, 4,20 u. 5,90, VI 0,97, 4,08 u. 6,57; Aktivierungswärme $\Delta H^{\neq}$ [kcal/Mol] u. Aktivierungsentropie $\Delta S^{\neq}$ [cal/Mol·Grad] von I 28,4 u. +0,9, IV 30,0 u. +4,1, V 28,9 u. +5,5; von II (entsprechend k_1 u. k_2 jeweils 2 Werte) 27,3 u. 27,1; −1,4 u. −2,6; von III 27,7 u. 26,8; +0,9 u. −3,1; von VI 30,4 u. 30,3; +5,0 u. +10,6. Aus den Ergebnissen an I—V geht hervor, daß im wesentlichen die Monoionenform hydrolysiert wird. Als hydrolysierendes, nucleophiles Agens muß das H_2O-Mol. angesehen werden. Die beiden folgenden einander entgegenwirkenden Effekte könnten dann die Reihenfolge der Reaktivität erklären: Je stärker negativ geladen die Phosphatgruppe ist, um so stärker wird auch das H_2O-Mol. abgestoßen, andererseits wird aber auch eine Trennung der P–O-Bindung zum aromat. Rest immer mehr erleichtert. Bei II u. III kommt dazu noch der induktive Effekt der COOH-Gruppe. Diese Gruppe zieht die Elektronen vom Reaktionszentrum in einem gewissen Maße ab, u. zwar bei III stärker als bei II. Der Effekt der COO^--Gruppe (vgl. k_2 von II u. III im Vgl. zu k_1 von I) ist nur gering. Im Gegensatz zu den Verbb. II u. III ist bei VI k_2 wesentlich größer als k_1. Der Mechanismus der Hydrolyse dieser Verb. dürfte dem bereits für o-carboxy-substituierten aromat. Phosphat vorgeschlagenen gleichen (vgl. C. **1953.** 8820).

Versuche: *Phenylphosphat* (I), F. 100—101° (Chlf.), aus 46,6 g Dichlorphosphorsäurephenylester ($Kp._{13}$ 122°) u. 8,0 g W. in Chlf. durch 2—3tägiges Rühren bei Zimmertemp. bis zur homogenen Lsg.; 20 g (Ausbeute). — *α-Naphthylphosphat* (IV), F. 157—158°, Umkristallisieren durch Zufügen von 20 Teilen sd. Bzl. zur heißen Lsg. von 1 Teil IV in 1,2 Teilen Aceton. — *β-Naphthylphosphat* (V), F. 177—178°, Umkristallisieren durch Zufügen von 2,5 Teilen heißem Chlf. zur heißen Lsg. von 1 Teil V in 1,3 Teilen Aceton. — *p-Carboxyphenylphosphat* (III), $C_7H_7O_6P$, F. 193° (Zers.), aus dem Trichlorid $ClCOC_6H_4OPOCl_2$ ($Kp._{2,5}$ 145—146°) in Bzl.-Aceton durch Zutropfen von W., 1 Tag Stehenlassen; 90%. — *m-Carboxyphenylphosphat* (II), $C_7H_7O_6P$, F. 193,5° (Zers.), analog III aus dem Trichlorid ($Kp._{1,5}$ 142°) ohne Aceton, 3 Tage; 90%. — *8-Carboxy-α-naphthylphosphat* (VI), $C_{11}H_9O_6P$, F. 177—179°, aus 7,5 g 8-Carboxy-α-naphthol (F. 173°) u. 13 g PCl_5 durch ½std. Erwärmen auf 70—75° nach Beendigung der heftigen Anfangs-Rk., Zufügen von Bzl. zur Fällung von PCl_3, dann Zugabe von Aceton u. mit W. Hydrolyse, Reinigung über das Trihydrat, Kristallwasser durch Erhitzen im Vakuum über P_2O_5 bei 80° entfernt, 3,0 (Trihydrat). *Trihydrat*, $C_{11}H_9O_6P \cdot 3H_2O$, F. 176—179° (wss. Aceton + Bzl.). (J. Amer. chem. Soc. **77.** 4002—07. 5/8. 1955. New York, N. Y., Mount Sinai Hosp., Dep. of Chem.) L. FISCHER. B 225

C. Eaborn und **R. A. Shaw,** *Siliciumorganische Verbindungen.* 15. Mitt. *Derivate von α- und γ-Picolin.* (14. vgl. C. **1956.** 5793.) *4-* (I) u. *2-[Trimethylsilylmethyl]-pyridin* (II) u. *2-[Bis-(trimethylsilyl)-methyl]-pyridin* (III) wurden dargestellt u. die Reaktivität ihrer Si–C-Bindungen untersucht. Die Leichtigkeit der Spaltung durch sd. A. (I zerfällt in γ-Picolin u. Hexamethyldisiloxan), Alkali u. Säuren nimmt in der Reihenfolge I > II ≫ III ab. Ster. Hinderung gegenüber Solvatation sowie Elektronendonatoreigg. der Trimethylsilylgruppe (Verringerung der Stabilität des Anions 2-[$(CH_3)_3SiCH$]·C_5H_4N) werden für die größere Beständigkeit von III, der ster. Effekt auch für sein Unvermögen, in absol. Ae. ein Pikrat zu bilden, verantwortlich gemacht. Vernachlässigung ster. Einfll. führt zu dem Schluß, daß in I die ω-H-Atome reaktiver sind als in II. Ersatz von ω-H-Atomen in α-Picolin durch Trimethylsilylgruppen bewirkt sukzessive Vergrößerung der Wellenlänge u. der Intensität des Hauptmaximums im nahen UV, während entsprechende Substitution im γ-Picolin nur geringe Wrkg. auf die Wellenlänge ausübt u. die Extinktion verkleinert. Der Einfl. der Trimethylsilylmethylgruppe auf die Absorption des Pyridins hat demnach die gleiche Richtung, ist jedoch größer als der der Methylgruppe.

Versuche: *2-[Trimethylsilylmethyl]-pyridin* (II), $C_9H_{15}NSi$, Kp. 191—192°, n_D^{25} 1,4866, u. *2-[Bis-(trimethylsilyl)-methyl]-pyridin* (III), $C_{12}H_{23}NSi_2$, Kp. 237—237,5°, n_D^{25} 1,4950, aus α-Picolin, KNH_2 u. Trimethylchlorsilan in Ae.; 6,7 bzw. 13,3% (Ausbeute). — Entsprechend aus γ-Picolin *4-[Trimethylsilylmethyl]-pyridin* (I), $C_9H_{15}NSi$, $Kp._{4,5}$ 73—74°, n_D^{24} 1,5000; 10,3%. *Pikrat* von I, $C_{15}H_{18}O_7N_4Si$, F. 120°, von II, F. 124°, aus Ae., spalten beim kurzen Kochen in A. in die Pikrate der Picoline. (J. chem. Soc. [London] **1955.** 3306—08. Sept. Leicester, Univ. Coll.; London, Birkbeck Coll.)
G. LOHAUS. B 225

Akari Nagasaka, Shogo Nukina und **Ryohei Oda,** *Freie-Radikal-Reaktionen.* Die Rk. von Mercaptoessigsäure (I) mit Maleinsäurediäthylester (II) verläuft in Ggw. von NH_4OH unter Bldg. von *Carboxymethylmercaptobernsteinsäurediäthylester* ($Kp._5$ 194 bis

200°) in 78,4%ig. Ausbeute; in Ggw. von Benzoylperoxyd (**III**) in 92,7%ig. Ausbeute. Der Reaktionsmechanismus verläuft offenbar analog dem von KHARASCH u. FUCHS (vgl. J. org. Chemistry **13.** [1948.] 97) für die Rk. zwischen **I** u. Acrylsäuremethylester vorgeschlagenen Mechanismus. Mit Thioharnstoff (**IV**) bildet **II** dagegen durch ion. Addition *Pseudothiohydantoinessigsäureäthylester* (F. 164—166°); in Ggw. von **III** wird die Ausbeute wenig erhöht. Ebenfalls durch ion. Addition entsteht aus **IV** u. Maleinsäure eine Additionsverb. (F. >238°), die entweder ein Salz oder ein Kondensationsprod. mehrerer Moll. von Pseudohydantoinessigsäure darstellt. Ceten-(1), Zimtsäure u. Styrol reagieren nicht mit **IV**. Aus Orthoameisensäureäthylester u. **II** entstehen nach 11std. Erhitzen auf 90—95° im CO_2-Strom in Ggw. von **III** *Phenylbernsteinsäurediäthylester, Triäthoxymethylbernsteinsäurediäthylester* (**V**, Kp.$_4$ 100—118°), *Benzoesäure* (**VI**), *Bzl., Tetralintetracarbonsäureester* u. nichtidentifizierte hochsd. Ester. Für die Bldg. von **V** wird ein Radikalmechanismus aufgestellt. Benzthiazol bildet nach 9std. Erhitzen auf 80—90° in CO_2-Atmosphäre in Ggw. von **III** nach einem Radikalmechanismus **VI**, *2-Phenylbenzthiazol* (F. 113°) u. *Benzthiazolbenzoat.* Für die Rk. von Keten mit Acetessigsäureäthylester (**VII**) bei 0—10° bzw. bei 70—90° in Ggw. einiger organ. Basen (Dimethylanilin, Chinolin, Pyridin, Triäthylamin u. Piperidin), NH_4OH u. NaOH werden die Ausbeuten der O-Acetyl- u. C-Acetylderivv. von **VII** bestimmt. (Bull. Inst. chem. Res., Kyoto Univ. [Kagaku Kenkyusho Hokoku] **32.** 34—36. Jan. 1954. Kyoto, Univ., Oda Labor. [Orig.: engl.]) J. KNAUL. B 225

C. David Gutsche und **Hugo H. Peter,** *Ringvergrößerungen.* 4. Mitt. *Sterische Einflüsse auf Diazomethan–Carbonyl-Reaktionen. Die Reaktion von cis- und trans-α-Dekalon mit Diazomethan.* (3. vgl. J. Amer. chem. Soc. **77.** [1955.] 109.) Vff. führten infrarotspektrophotometr. eine quantitative Produktanalyse der Rk. von *cis-* u. *trans-α-Dekalon* (*trans*-**I**) mit Diazomethan (**II**) durch u. untersuchten die Einfll. verschied. Reaktionsbedingungen. Durch katalyt. Red. von α-Naphthol wurde über die Zwischenstufen *5.8-Dihydronaphthol-(1)* u. *5.6.7.8-Tetrahydronaphthol-(1)* ein Gemisch von *α-Dekalolen* (**A**) erhalten, aus dem *cis.cis-α-Dekalol* isoliert werden konnte. Dieses lieferte durch Oxydation mit CrO_3 in Pyridin reines *cis*-**I**. Oxydation von **A** u. Erhitzen mit wss. methanol. NaOH führte zu *trans*-**I**. Die bei der Rk. von **I** mit **II** entstehenden Prodd., α- (**III**) u. *β-Hexahydrobenzosuberon* (**IV**) u. *α-Methylendekalinepoxyd* (**V**) wurden synthetisiert bzw. aus dem Reaktionsprod. isoliert. Katalyt. Red. von α-Benzosuberon (**VI**) in Ggw. von ADAMS-Katalysator u. anschließende Oxydation ergaben **III**, dessen cis-Isomeres in reiner Form über das Semicarbazon erhalten wurde. Ähnlich lieferte katalyt. Red. von **VI** in Ggw. von RANEY-Ni, Oxydation des Prod., Kochen mit wss.-methanol. NaOH u. Reinigung über das Semicarbazon reines *trans*-**III**. Die Darst. von *cis-* u. *trans*-**IV** erfolgte durch katalyt. Red. von β-[2-Carboxyphenyl]-propionsäure in Ggw. von ADAMS-Katalysator zu *cis-β-[2-Carboxycyclohexyl]-propionsäure* (*cis*-**VII**) — *trans*-**VII** wurde hieraus durch Erhitzen mit konz. NaOH auf 200° erhalten —, anschließende ARNDT-EISTERT-Rk. zu *cis-* bzw. *trans-γ-[2-Carboxymethylcyclohexyl]-buttersäure* (*trans*-**IX**) u. Cyclisierung der Thoriumsalze durch Pyrolyse. Die Darst. von reinem **V** gelang nicht; jedoch wurde durch Anwendung der Differenzmeth. aus einem Gemisch das Infrarotspektr. erhalten. Sowohl bei der „ex situ“-Meth. (Zusatz von **II** in äther. Lsg.) als auch bei der „in situ“-Meth. (Zugabe von N-Nitrosomethylharnstoff zu der alkal. Lsg. von **I**) zeigt trans-**I** stärkere Tendenz zur Bldg. von **V** als cis-**I**. Bei der „in situ“-Meth. ist allerdings diese Tendenz wegen der basenkatalysierten Inversion von cis-**I** zu trans-**I** geringer. Unter „ex situ“-Bedingungen verläuft diese Umlagerung nicht. Sie wird nachgewiesen durch Hydrolyse von **V** zu *trans-1-Oxy-1-oxymethyldekalin* (**X**), aus dem durch Umlagerung in methanol. H_2SO_4 *Dekahydronaphthalin-1-aldehyd* u. durch dessen Oxydation *trans.trans-Dekahydronaphthalincarbonsäure-(1)* erhalten wurde. Die Umlagerung von **X** in wss. H_2SO_4 führte zu *2-[Dekahydronaphthyl-(1)]-oktahydrospiro-1.3-dioxolan-[4:1'(2'H)]-naphthalin.* Frühere Beobachtungen (vgl. KOHLER u. Mitarbeiter, J. Amer. chem. Soc. **61.** [1939.] 1057), daß bei Ringerweiterungen von Cyclohexanonen mit **II** keine Einfll. der Temp., der Art der verwendeten Base, des Lösungsm. oder der Konz. von **II** auftraten, wurden in vorliegendem Fall nicht bestätigt. Vorst. Reaktionsbedingungen beeinflussen entweder das Ausmaß der Rk. oder das Verhältnis der Reaktionsprodd. oder beides. Die in allen Fällen beobachtete Abnahme der Rk. bei steigender Temp. wird auf die Temperaturabhängigkeit von Neben-Rkk. zurückgeführt (Polymerisation von **II** u. Rk. mit Methanol). Die unterschiedlichen Mengen des gebildeten Oxyds **V** aus cis- bzw. trans-**I** werden durch die Stereoselektivität des ersten Schritts der Addition von **II** u./oder der Zers. des Zwischenprod. erklärt. Einige Effekte deuten auf ein Reaktionsschema, das verschied. Zwischenstufen für das Keton u. das Oxyd einschließt. Die Rk. von trans-**I** mit einem Überschuß an **II** führte zu einem *Hexahydrobenzooctanon,* dessen genaue Konst. nicht ermittelt wurde; es entsteht offenbar aus einem Zwischenprod. bei der Rk. von **III** oder **IV** mit **II**; aus **III** oder **IV** selbst konnte es nicht erhalten werden.

Versuche: *5.8-Dihydronaphthol-(1)*, F. 71—74° [PAe. (Kp. 63—69°)], durch Red. von α-Naphthol, farblose Plättchen, λ_{max} 272,5 mμ (A.), ε = 1980; 298 mμ, 620; 97% (Ausbeute). — *5.6.7.8-Tetrahydronaphthol-(1)*, F. 68—69° [PAe. (Kp. 88—89°)], aus vorst. Verb. durch Hydrierung bei 2 at in Ggw. von Pd-Tierkohle; 87%. — *cis.cis-α-Dekalol*, F. 92—93° [PAe. (Kp. 63—69°)], aus vorst. Verb. durch Hydrierung in Eisessig in Ggw. von ADAMS-Katalysator, 4 Tage bei 2 at; 59%. — *cis-α-Dekalon* (*cis*-**I**), $Kp._{20}$ 120—121°, aus vorst. Verb. mit CrO_3 in Pyridin, n_D^{25} 1,4910, Infrarotspektr.; 71%; *2.4-Dinitrophenylhydrazon*, $C_{16}H_{20}O_4N_4$, F. 176—177° [Äthylacetat–PAe. (Kp. 88 bis 98°)], hellorange Nadeln. — *trans*-**I**, F. 31—32°, $Kp._{0,8}$ 58°, aus vorst. Verb. nach 12std. Erhitzen am Rückfluß mit alkoh. wss. Methanol, n_D^{20} 1,4852, Infrarotspektr.; 68%; *2.4-Dinitrophenylhydrazon*, $C_{16}H_{20}O_4N_4$, F. 238—239° [Äthylacetat–PAe. (Kp. 88 bis 98°)], feine, dunkelorange Nadeln. — *α-Hexahydrobenzosuberol*, $Kp._{0,8}$ 85—88°, durch Hydrierung von **VI** in Eisessig in Ggw. von ADAMS-Katalysator, 10 Tage bei 2 at, n_D^{25} 1,5075; 61%. — *cis-α-Hexahydrobenzosuberon* (cis-**III**), $C_{11}H_{18}O$, $Kp._{0,7}$ 70—75°, $Kp._1$ 92—94°, aus vorst. Verb. mit CrO_3 in Pyridin, n_D^{25} 1,4973, Infrarotspektr.; 44%; *Semicarbazon*, $C_{12}H_{21}ON_3$, F. 205—206° (W.–A.); *2.4-Dinitrophenylhydrazon*, $C_{17}H_{22}O_4N_4$, F. 146—147° (A.), orangefarbene Prismen. — *trans*-**III**, $C_{11}H_{18}O$, $Kp._5$ 107°, aus cis-**III** durch 12std. Erhitzen mit wss.-alkoh. NaOH, n_D^{25} 1,4893, Infrarotspektr.; 52%; daneben Gemisch von *Benzosuberon* u. *Hexahydrobenzosuberon*; *Semicarbazon* von trans-**III**, $C_{12}H_{21}ON_3$, F. 222—223° (wss. A.); *2.4-Dinitrophenylhydrazon*, $C_{17}H_{22}O_4N_4$, F. 176,5 bis 177° [Äthylacetat–PAe. (Kp. 88—98°)], feine, orangefarbene Nadeln. — *β-[2-Carboxyphenyl]-propionsäure*, F. 164—165°, durch Hydrierung von o-Carboxyzimtsäure [aus β-Naphthol durch Peressigsäureoxydation] in Ggw. von RANEY-Ni in wss. NaOH; 65%. — *cis-β-[2-Carboxycyclohexyl]-propionsäure* (*cis*-**VII**), F. 101,5—102,5° (W.), aus vorst. Verb. durch Hydrierung in Eisessig bei Zimmertemp. u. 2 at in Ggw. von ADAMS-Katalysator; 87%. — *cis-γ-[2-Carbomethoxymethylcyclohexyl]-buttersäuremethylester* (*cis*-**VIII**), $C_{14}H_{24}O_4$, $Kp._{0,5}$ 121—125°, durch Einw. von Oxalylchlorid auf das trockene Na-Salz von cis-**VII**, Rk. des gebildeten Bis-Säurechlorids mit **II** u. Umlagerung in Methanol in Ggw. von Ag-Benzoat, n_D^{25} 1,4660; 58%. — *cis-γ-[2-Carboxymethylcyclohexyl]-buttersäure* (*cis*-**IX**), $C_{12}H_{20}O_4$, F. 129—130° [Äthylacetat–PAe. (Kp. 88—98°)], durch Verseifung von cis-**VIII**, feine Nadeln; 92%. — *trans*-**VII**, F. 142—143° (W.), aus cis-**VII** mit wss. NaOH, 24 Std. im Autoklaven bei 200°; 59%. — *trans*-**VIII**, $C_{14}H_{24}O_4$, $Kp._{0,8}$ 121—125°, aus dem Säurechlorid von trans-**VII** mit **II** u. Umlagerung in Ggw. von Ag-Benzoat, n_D^{25} 1,4651, farbloses Öl; 78%. — *trans*-**IX**, $C_{12}H_{20}O_4$, F. 138—139° [Äthylacetat–PAe. (Kp. 88—98°)], durch Verseifung von trans-**VIII**; 98%; *Dihydrazid*, $C_{12}H_{24}O_2N_4$, F. 172—173° [Äthylacetat–PAe. (Kp. 88—98°)]. — *cis-β-Hexahydrobenzosuberon* (*cis*-**IV**), $C_{11}H_{18}O$, $Kp._{0,1}$ 69—71°, durch Pyrolyse des Thoriumsalzes von cis-**IX** bei 350—400° in Ggw. von Fe-Pulver, n_D^{25} 1,4975, Infrarotspektr.; 23%; *Semicarbazon*, $C_{12}H_{21}ON_3$, F. 196—197° (wss. A.); *2.4-Dinitrophenylhydrazon*, $C_{17}H_{22}O_4N_4$, F. 128 bis 129° (A.), gelborange Prismen. — *trans*-**IV**, $C_{11}H_{18}O$, $Kp._{0,2}$ 70—72°, durch Pyrolyse des Thoriumsalzes von trans-**IX**, n_D^{25} 1,4899; 16%; *Semicarbazon*, $C_{12}H_{21}ON_3$, F. 210,5 bis 211,5° (wss. A.); *2.4-Dinitrophenylhydrazon*, $C_{17}H_{22}O_4N_4$, F. 166—167° [Äthylacetat–PAe. (Kp. 88—98°)], hellgelbe Prismen. — *trans-1-Oxy-1-oxymethyldekalin* (**X**), $C_{11}H_{20}O_2$, F. 111—112° [Äthylacetat–PAe. (Kp. 88—98°)], a) aus 26,7 g cis-**I** mit N-Nitrosomethylharnstoff in methanol. K_2CO_3, Nadeln; 4,0 g; daneben 5,1 g trans-**I**, 9,5 g eines Gemisches von trans-**III** u. cis-**IV**, 1,6 g eines Gemisches von cis- u. trans-**IV** u. 1,2 g *Hexahydrobenzocyclooctanon* ($Kp._4$ 94—98°); b) aus trans-**I** wie unter a). — *trans.trans-Dekahydronaphthalin-1-aldehyd*, $Kp._{0,03}$ 50—60°, aus **X** durch 30 Min. Erhitzen mit H_2SO_4 in Methanol, n_D^{32} 1,4840; *2.4-Dinitrophenylhydrazon*, $C_{17}H_{22}O_4N_4$, F. 170 bis 171,5° (A.), hellgelbe Nadeln; *Semicarbazon*, $C_{12}H_{21}ON_3$, F. 194—195° (wss. A.). — *trans.trans-Dekahydronaphthoesäure-(1)*, F. 101,5—102,5°, durch Oxydation vorst. Verbindung. *Säureamid*, F. 223—224°. — *trans-Hexahydrobenzocyclooctanon*, $C_{12}H_{20}O$, $Kp._{0,03}$ 45—55°, n_D^{32} 1,4974; *2.4-Dinitrophenylhydrazon*, $C_{18}H_{24}O_4N_4$, F. 179—180° (A.), orange Nadeln; *Semicarbazon*, $C_{13}H_{23}ON_3$, F. 201—202° (Zers., A.). — *2-[Dekahydronaphthyl-(1)]-oktahydrospiro-1.3-dioxolan-[4:1'(2'H)]-naphthalin*, $C_{22}H_{36}O_2$, $Kp._{0,02}$ 130 bis 140°, aus **X** durch Erhitzen mit 20%ig. H_2SO_4, n_D^{25} 1,5150, viscoses Öl. (J. Amer. chem. Soc. **77**. 5971—77. 20/11. 1955. St. Louis, Miss., Washington Univ., Dep. of Chem.)

J. KNAUL. B 225

J. P. Wibaut, H. C. Beyerman und **H. B. van Leeuwen,** *Die thermische Zersetzung von (—)-Menthylestern.* Vff. untersuchen die Pyrolyse von (—)-*Menthylacetat* (**I**) in der Gasphase bei 425—450° u. von (—)-*Menthylstearat* (**II**) in fl. Phase bei 320—330°. Die Ausbeute an (+)-p-Menthen betrug 88% bzw. 85%. Im Gegensatz zu früheren Ergebnissen (vgl. Recueil Trav. chim Pays-Bas **60.** [1941.] 55) fanden Vff. jetzt als Reaktionsprod. ein Isomerengemisch von (+)-*trans-p-Menthen-(2)* (**III**) u. (+)-*p-Menthen-(3)* (**IV**), das nach der Meth. von Hückel (vgl. Liebigs Ann. Chem. **543.** [1940.] 191) analysiert wurde. Aus **I** entstand 36,32% **III** u. 64,67% **IV**, aus **II** 34,35% **III** u. 66,65% **IV**. Das Infrarotspektr. der (+)-p-Menthengemische zwischen 3100 u. 775 cm^{-1} war ident. mit dem von Frank u. Berry (vgl. C. **1955.** 7686) für **IV** angegebenen Spektrum. Die für **III** bisher als charakterist. angenommene Bande bei 965 cm^{-1} trat nicht auf.

Versuche: (−)-*Menthylacetat* (**I**), $Kp._{26}$ 126°, $Kp._{18}$ 112°, aus (−)-Menthol [**V**, F. 43°, $[\alpha]_D^{20}$ −49,8° (A., c = 5,2)] u. Acetylchlorid, n_D^{25} 1,4469, $[\alpha]_D^{23}$ −73,52°. — (−)-*Menthylstearat* (**II**), F. 39°, aus **V** u. Stearylchlorid (F. 22°, $Kp._{0,3}$ 162°), 1 Std. bei 100°, $[\alpha]_D^{20}$ −39,0° (A., c = 5,0), $[\alpha]_D^{25}$ −41,1° (Chlf., c = 5,1); 70% (Ausbeute). (+)-*p-Menthen*, $Kp._{767}$ 168,5°, $Kp._{15}$ 55°, Isomerengemisch von (+)-*trans-p-Menthen-(2)* (**III**) u. (+)-*p-Menthen-(3)* (**IV**) durch Pyrolyse vorst. Verb., n_D^{20} 1,4520, $[\alpha]_D^{18}$ +94,27°. (Recueil Trav. chim. Pays-Bas **71.** 1027—34. Sept./Okt. 1952. Amsterdam, Univ., Labor. of Organ. Chem.) J. Knaul. B 225

J. Versteeg und **C. A. Winkler,** *Die Reaktion von aktivem Stickstoff mit Äthylen.* (Vgl. Blades u. Winkler, C. **1953.** 6007.) Vff. wiederholen die früher untersuchte Rk. zwischen akt. N u. Äthylen. Die Bldg. von Polymeren des hauptsächlich gebildeten HCN, die früher beobachtet wurde, wurde durch Entfernung von Wasserdämpfen aus der App. u. Sublimation des HCN unter seinem F. aus dem Reaktionsgemisch verhindert. HCN wurde gravimetr. u. titrimetr. bestimmt. Die KW-stofffraktion wurde von HCN u. $(CN)_2$ durch Dest. bei 116° abgetrennt u. Acetylen u. Äthylen bestimmt, wobei das Restgas als Äthan betrachtet wurde. Mit diesen Bestimmungen wurden 95—96% des umgesetzten C nachgewiesen. Mit steigendem Äthylendurchgang nimmt die Bldg. von Methan u. Acetylen ab, die von Äthan zu. (Canad. J. Chem. **31.** 1—3. Jan. 1953. Montreal, Quebec, Can., McGill Univ., Phys.-Chem. Labor.) W. Ruske. B 226

Krischna Bahadur und **Ss. Ranganyaki,** *Vermutliche Reaktionen bei der Photosynthese von Glycin, Serin und Prolin in einem Gemisch von Paraformaldehyd und Kaliumnitrat.* Früher (C. **1954.** 9494) wurde gezeigt, daß bei Belichtung von Paraformaldehyd + KNO_3 + $FeCl_3$ in W. eine Reihe von Aminosäuren, u. a. *Glycin* (**I**), *Serin* (**II**) u. *Prolin* (**III**), gebildet werden. In vorliegender Besprechung wird ein Schema aufgestellt, nach dem **I**, **II** u. **III** in 7 bzw. 9 u. 14 Reaktionsstufen aus HCHO, H_2O u. NH_3, dem Reduktionsprod. von KNO_3 durch HCHO, entstehen. Das Licht wirkt wahrscheinlich als Aktivator von Hydratationen, Hydrierungen u. Dehydrierungen, während im lebenden Organismus Fermente diese Rolle spielen. (Журнал Общей Химии [J. allg. Chem.] **25** (**87**). 1629—31. Aug. 1955.) R. Knobloch. B 226

J. H. Baxendale und **D. Smithies,** *Strahlungschemie wässeriger Benzollösungen.* In luftgesätt. neutralen wss. Benzollsgg. wird bei Bestrahlung mit 190 kV-Röntgenstrahlen die Bldg. von *Phenol* mit einer Ausbeute η = 1,32 Mol pro 100 eV u. von H_2O_2 mit η = 2,14 beobachtet. Bei Abwesenheit von Luft ist *Diphenyl* das Hauptprod., dessen möglicher Bildungsmechanismus mit den ablaufenden Zwischen-Rkk. diskutiert wird. (J. chem. Physics **23.** 604. März 1955. Manchester, Univ., Chem. Dep.) J. Rudolph. B 226

J. L. Franklin und **D. E. Nicholson,** *Eine kinetische Untersuchung der Zersetzung von Kohlenwasserstoffen an Kieselsäure–Aluminiumoxyd-Katalysatoren.* Die Kinetik der katalyt. Zers. folgender Verbb. an einem *SiO_2–Al_2O_3-Katalysator* wird in einem stat. Syst. bei verschied. Drucken (verschieden je nach Verbb., zwischen ca. 60 u. 640 mm), Tempp. (ca. 350—550°) u. Reaktionszeiten (ca. 200—1600 Sek.) näher untersucht [in () Aktivierungsenergien ΔE der Zers. in kcal/Mol]: *Propan* (**I**; 41,7), *n-Butan* (**II**; 26,3), *n-Pentan* (**III**; 20,7), *n-Hexan* (18,4), *2-Methylpropan* (**IV**; 37,1) u. *-butan* (**V**; 20,5), *2.2-Dimethylpropan* (**VI**; 40,0) u. *Cyclohexan* (18,5). Unter den Zersetzungsprodd. werden Olefine nur in geringer Menge gefunden. Offenbar polymerisieren sie auf dem Katalysator. Therm. Zers. ist neben der katalyt. Zers. im allg. minimal. Nur bei **I** beträgt sie bei 550° ca. 20% der Gesamtzersetzung. — Unter den gewählten Versuchsbedingungen kann die katalyt. Zers. durch die Gleichungen homogener Gas-Rkk. beschrieben werden. Sie folgt im allg. einem Gesetz 1. Ordnung. Nur für **II** u. **III** ist die Ordnung ca. 1,5, wofür entweder das Adsorptions–Desorptions-Gleichgewicht oder die Art der Kettenstart- oder -abbruch-Rkk. verantwortlich sein können. Mol. Diffusion in den Katalysatorporen läßt sich ausschließen. — Der katalyt. Crackprozeß der untersuchten Verbb. scheint eine Induktionsperiode zu haben. Anzeichen hierfür sind einerseits die Abweichungen der kinet. Werte bei kurzen Reaktionszeiten (z. B. bei **IV**), andererseits die Erhöhung der Anfangsgeschwindigkeit bei Zusatz geringer Mengen bestimmter Olefine. Bei der **II**-Zers. beschleunigen so z. B. Propen u. Buten-(1), während 2-Methylpropen ohne deutlichen Einfl. ist u. Bzl. u. Äthylbenzol sogar etwas hemmen. Zur Deutung dieses Olefineinfl. diskutieren Vff. H- oder/u. Ladungsübertragungen mit der Annahme, daß die Bldg. des Mol.-Ions $C_4H_{10}^+$ durch bimol. Rk. von **II** mit dem aus dem zugesetzten Olefin gebildeten Mol.-Ion die wesentliche Rk. ist. — Die Abnahme der ΔE mit zunehmendem Mol.-Gew. verläuft im gleichen Sinne wie die Änderungen der Ionisierungspotentiale (I_Z) dieser Verbindungen. Nur **VI** bildet eine Ausnahme. Obwohl sein I_Z niedriger als das von **IV** oder **V** ist, ist es wesentlich schwerer katalyt. zersetzbar. Aus der Parallelität zwischen I_Z u. ΔE schließen Vff., daß der Katalysator als Elektronenacceptor auf die adsorbierten KW-stoffe wirkt. (J. physic. Chem. **60.** 59—62. Jan. 1956. Baytown, Tex., Humble Oil and Refining Comp., Refining Techn. and Res. Div.) K. Prchal. B 227

Herman Pines, F. J. Pavlik und **V. N. Ipatieff,** *Isomerisierung von gesättigten Kohlenwasserstoffen.* 9. Mitt. *Isomerisierung von Äthylcyclopentan, 1.3-Dimethylcyclopentan und 1.1-Dimethylcyclopentan bei Gegenwart von Aluminiumbromid. Synthese von 1.1-Dimethylcyclopentan.* (8. vgl. C. **1951.** II. 3432 u. 10. vgl. C. **1956.** 680.) Vff. untersuchen die Isomerisierung von *Äthylcyclopentan* (**I**), *1.3-* (**II**) u. *1.1-Dimethylcyclopentan* (**III**) in *Methylcyclohexan* (**IV**) bei 25° u. bei Ggw. von HBr–$AlBr_3$ allein sowie zusätzlich noch bei Ggw. geringer Mengen sek.-Butylbromid (**V**) oder Bzl., bei Bestrahlung mit UV-Licht bzw. bei Ersatz des HBr gegen die halbe Menge O_2. Die schon bei der Isomerisierung von Methylcyclopentan (**VIII**) in Cyclohexan (**IX**; vgl. l. c.) festgestellten Rkk. u. der ihnen zugrunde liegende, über Carboniumionen gehende Reaktionsmechanismus werden durch diese Unterss. gestützt. Die Isomerisierung von **VIII** in **IX** wird durch Bldg. von prim. Carboniumionen erklärt u. erfolgt am schnellsten. Von den in vorliegender Arbeit untersuchten Verbb. nimmt die Neigung zur Bldg. von **IV** durch Isomerisierung in der Reihenfolge **I, II, III** stark ab, was durch Betrachtungen über den Reaktionsmechanismus vorhergesagt wird (Bldg. von sek.- bzw. tert.-Carboniumionen bzw. Unmöglichkeit der Bldg. der letzteren bei **III**). Die Isomerisierung von **I** zu **IV** geschieht am leichtesten, wenn auch bedeutend langsamer als die von **VIII** in **IX**. — **V** oder O_2 wirken als Initiatoren für die Isomerisierung, Bestrahlung mit UV-Licht vergrößert ebenfalls das Ausmaß der Umlagerung. Diese Effekte sind bei **I** viel deutlicher als bei **VIII, II** u. **III**. Bzl. wirkt als Inhibitor.

V e r s u c h e: *Äthylcyclopentan* (**I**), Kp. 102—103°, aus Cyclopentanon u. C_2H_5·MgBr, n_D^{20} 1,4194. — *1.3-Dimethylcyclopentan* (**II**; Gemisch des cis- u. trans-Isomeren), Kp. 90—91°, analog aus 3-Methylcyclopentanon u. CH_3MgBr; n_D^{20} 1,4078. — *4-Methyl-4-formylcyclohexen* (**VI**), $C_8H_{12}O$, Kp. 164—166°, aus 102 g Methacrolein (Kp. 68°; n_D^{20} 1,4140), 88 g Butadien u. 1 g Hydrochinon in Bzl., 5 Std. bei 150° im Drehautoklaven; n_D^{20} 1,4640; $D.^{20}_4$ 0,9447; 72% (Ausbeute). *Semicarbazon*, F. 170—172° (A.). — *4.4-Dimethylcyclohexen*, Kp. 115,5—118°, aus **VI** durch Huang-Minlon-Wolff-Kishner-Red., jedoch Zugabe von KOH erst nach der Bldg. des Hydrazons; n_D^{20} 1,4414; 85%. — *β.β-Dimethyladipinsäure*, F. 80°, durch Oxydation von vorst. Verb. in wss. Na_2CO_3 mit $KMnO_4$ bei 0—5°, 8 Std.; 34%. — *3.3-Dimethylcyclopentanon* (**VII**), Kp. 153—154°, durch Erhitzen von 44 g vorst. Verb. mit 5 g krist. $Ba(OH)_2$ auf 300°; n_D^{20} 1,4342; 50%. *Semicarbazon*, $C_8H_{15}ON_3$, F. 179—180° (verd. A.). — *1.1-Dimethylcyclopentan* (**III**), Kp. 88°, aus 35 g **VII** durch Huang-Minlon-Wolff-Kishner-Red.; n_D^{20} 1,4139; 68%. (J. Amer. chem. Soc. **73.** 5738—40. Dez. 1951. Evanston, Ill., Northwestern Univ., Dep. of Chem., Ipatieff High Pressure and Catalytic Labor.) K.-H. Klasske. B 227

Jules Duchesne, Les vibrations et les spectres électroniques des molécules polyatomiques. Bruxelles: Palais des Académies. 1955. (75 S. m. Abb. u. Diagr.) 8°. fr. 60,—.

B. E. Eakin and others, Physical-chemical properties of ethane-nitrogen mixtures. Chicago: Inst. of Gas Technology. 1955. (40 S. m. Abb. u. Diagr.) Q. $ 5,—.

George Willard Wheland, Resonance in organic chemistry. New York: Wiley. 1955. (859 S. m. Diagr.) 8°. $ 15,—.

C. Präparative organische Chemie. Naturstoffe.

Henry G. Kuivila, Stanwood C. Slack und **Pentti K. Siiteri,** *Reaktionen von Aldehyden und Ketonen mit Alkylboraten.* Die Meerwein-Ponndorf-Rk. wird erweitert auf Borate an Stelle von Al-Alkoholaten: $[R(R)CHO-]_3B + 3R'COR'' \rightarrow 3RCOR + [R'(R'')CHO]_3B$. Es muß bei höheren Tempp. (150—175°) gearbeitet werden; aromat. Aldehyde geben gute, Ketone u. aliphat. Aldehyde geringe Ausbeuten neben polymeren Produkten. Esterbldg. läuft nicht nebenher. *Isopropylborat* (**I**) red. alle untersuchten Aldehyde ganz oder teilweise, bei *Furfurol, Anisaldehyd* u. *Zimtaldehyd* konnten nur polymere Prodd. neben Aceton erhalten werden; die anderen aromat. Aldehyde lieferten als Nebenprodd. entsprechende *Dibenzalacetone.* Ketone [*Acetophenon, Benzochinon* (**IV**),

Cyclohexanon (**V**), *Benzophenon* (**VI**), *Mesityloxyd* (**VII**)] wurden nicht reduziert. *Allylborat* (**II**) red. **IV** u. **V** teilweise, **VI** u. **VII** auch in 14 bzw. 48 Std. nicht. Als Neben-Rk. trat manchmal Aldolkondensation auf, bes. bei *Heptaldehyd*.

Versuche: Darst. der *Borate*: Entsprechenden Alkohol, Toluol (bei **I** Bzl.) u. Borsäure erhitzen, tern. Gemisch aus W., Alkohol u. Toluol abdestillieren. — Red.: 1 Mol Carbonylverb. mit 0,36 Mol Borat unter N_2 24—28 Std. auf 150—160° erhitzen unter Abdestillieren der gebildeten Carbonylverbindung. — Bei Verwendung von **I** wurden erhalten: Aus *Benzaldehyd* (**III**) 70%, nach 43 Std. 78% (Alkoholausbeute). — *2-Chlorbenzaldehyd* 59%. — *4-Chlorbenzaldehyd* 48%. — *2-Nitrobenzaldehyd* 83%. — *3-Nitrobenzaldehyd* 86%. — Bei Verwendung von **II**: **III** 75%; 18 Std. bei 175°. — **IV** 35% polymeres Produkt. — Bei Verwendung von *Isobutylborat*: **III** 44% in 30 Std. bei 180°. — Rk. von **II** mit **V** liefert 6% *Cyclohexanol*, Kp.$_{35}$ 83° (*α-Naphthylurethan*, F. 127,5 bis 128°) eine Fraktion mit Kp.$_{35}$ 106—108° (*Semicarbazon*, F. 165—167°; *2.4-Dinitrophenylhydrazon*, $C_{15}H_{16}O_4N_4$, F. 141—142°, vielleicht 1:1 Aldolkondensation von **V** mit Acroleïn) u. eine nichtidentifizierte Fraktion mit Kp.$_{35}$ 136—140°. — **I** gibt mit *n-Heptaldehyd* neben *Heptanol-(1)* (*3-Nitrophthalat*, F. 125—126°) die Fraktionen 150—153°/15 mm [n_D^{28} 1,4515, Mol.-Gew. 210; *2.4-Dinitrophenylhydrazon*, $C_{20}H_{18}O_4N_4$, F. 127 bis 128°], wahrscheinlich *2-n-Amylnonen-(2)-al* u. 130—205°/1 mm (Mol.-Geww. zwischen 380 u. 410), vielleicht ein Kondensationsprod. aus 4 Mol Heptaldehyd. (J. Amer. chem. Soc. **73.** 123—24. Jan. 1951. Durham, N. H., Univ., Dep. of Chem.) H. LIEBIG. 460

J. B. Polya und **T. M. Spotswood**, *Amide*. 7. Mitt. *Die Verwendung von Diacyliminen bei der Perkin-Reaktion.* (6. vgl. Recueil Trav. chim. Pays-Bas **69.** [1950.] 1297.) Bei Tempp. um 220° reagieren Diacylamine in Ggw. von Na-Acetat mit einem aromat. Aldehyd oder Furfurol (**IV**) oder Chloral nach PERKIN unter Bldg. des entsprechenden ungesätt. Amids. Als Nebenprodd. entstehen hierbei Bis-amide, deren Menge beim Benzaldehyd u. seinen Derivv. unter diesen Reaktionsbedingungen nur gering ist. Bei **IV** sind wegen sonst eintretender Verharzung niedrigere Tempp. (140—180°) erforderlich. Bis-amide wurden hier nicht beobachtet, dagegen *Brenzschleimsäure*. Einige Verbb. lassen sich mit dieser modifizierten PERKIN-Rk. in besserer Ausbeute über das Amid erhalten als nach der n. PERKIN-Rk., z. B. *5-[Furyl-(2')]-pentadien-(2.4)-säure*. Der Reaktionsmechanismus wird diskutiert.

Versuche: *Zimtsäureamid* (**II**), F. 146—147°, aus Benzaldehyd (**I**) u. Diacetimid mit Na-Acetat während 8 Std. bei 220°; 81% (Ausbeute), mit K-Acetat während 5 Std. bei 180° 38%, mit Na-Acetat 14 Std. bei 150° 33%. Aus **I** u. N-Acetylpropionamid mit Na-Acetat während 8 Std. bei 220° 46%, daneben 37% *α-Methylzimtsäureamid* (**III**), F. 127—128°; mit K-Acetat bei 180° während 5 Std. 22% **II** u. 18% **III**. Aus **I** u. N-Acetylbenzamid mit Na-Acetat während 18 Std. bei 220° 88% **II**, das gleiche mit K-Acetat während 5 Std. bei 180° gab 39% **II**. — **III**, aus **I** u. Dipropionimid mit Na-Acetat während 8 Std. bei 220°; 74%, während 20 Std. bei 140—152° 89%, mit K-Acetat während 5 Std. bei 180° 40%. — *2-Nitrozimtsäureamid*, F. 184—185°, aus 2-Nitrobenzaldehyd u. Diacetimid mit Na-Acetat während 8 Std. bei 220°; 90%. — *3-Nitrozimtsäureamid*, F. 194—196°, analog mit 3-Nitrobenzaldehyd; 87%. — *4-Nitrozimtsäureamid*, F. 213—215°, mit 4-Nitrobenzaldehyd; 91%. — *2-Chlorzimtsäureamid*, F. 167—168°, mit 2-Chlorbenzaldehyd; 85%. — *β-Furyl-(2)-acrylsäureamid*, F. 168 bis 169°, aus Diacetimid u. **IV** mit Na-Acetat während 5 Std. bei 180°; 74%; daneben 4% *Brenzschleimsäure*, F. 131—132°. Mit K-Acetat während 3 Std. bei 140° 60%. Unter gleichen Bedingungen, aber mit N-Acetylbenzamid, 61% u. mit Na-Acetat während 5 Std. bei 180° 83%. — *β-Furyl-(2)-acrylsäure* (**V**), F. 141—142°, aus **IV**, N-Acetylpropionamid u. Na-Acetat während 5 Std. bei 180°; 40%. Die Amidfraktion ließ sich nicht trennen u. wurde daher hydrolysiert. Daneben 32% *α-Methyl-β-furyl-(2)-acrylsäure* (**VI**), F. 106—107°, u. 18% *Brenzschleimsäure*. Mit K-Acetat während 3 Std. bei 140° 31% **V** u. 25% **VI**. — *α-Methyl-β-furyl-(2)-acrylsäureamid*, F. 135—136°, aus **IV** u. Dipropionimid mit Na-Acetat während 5 Std. bei 180°; 71%. Mit K-Acetat während 3 Std. bei 140° 53%. — *5-Furyl-(2')-pentadien-(2.4)-säure*, F. 153—154°, aus Furyl-(2)-acrolein, Acetanhydrid u. Na-Acetat während 5 Std. bei 180°; 6%; mit Diacetimid statt des Anhydrids 9—20%. — *γ.γ.γ-Trichlor-β-oxybuttersäure*, F. 118—119°, aus Chloralhydrat, Acetanhydrid u. Na-Acetat während 8 Std. bei 220°; 1%. Mit Diacetimid statt Acetanhydrid *γ.γ.γ-Trichlor-Δβ-butensäureamid*, F. 82—83°; 5%. Beide Verbb. gaben bei der Hydrolyse *Fumarsäure*. (Recueil Trav. chim. Pays-Bas **70.** 146—54. Febr. 1951. Hobart, Tasmania, Univ., Chem. Dep.) K. NEZEL. 470

J. B. Polya und **T. M. Spotswood**, *Amide*. 8. Mitt. *Benzyliden- und Furylidenbis-amide.* (7. vgl. vorst. Ref.; 9. vgl. C. **1953.** 4514.) Die Umsetzung von Benzaldehyd (**I**) oder Furfurol (**II**) führt bei Verwendung eines Amids zu symm., bei Verwendung von zwei verschied. Amiden zu unsymm. *N.N'-Benzyliden-* bzw. *N.N'-Furfuryliden-bis-amiden.* Unsymm. Bis-amide des Typs Phenyl—CH(NHCOR')(NHCOR) lassen sich auch in einer modifizierten Perkin-Rk. (vgl. vorst. Ref.) aus **I** mit einem symm. Diacylimin in Ggw. von K-Acetat darstellen. In diesem Falle stammt R'CONH— von dem verwendeten Diacylimin u. R''CONH— von dem Amid der Zimtsäure oder einer entsprechenden α-substituierten Zimtsäure. Bei der Verwendung von K-Acetat entstehen bei dieser Rk. Amide u. Bis-amide etwa zu gleichen Teilen. Mit Na-Acetat werden dagegen prakt. nur Amide erhalten.

Versuche: *symm.-N.N'-Benzyliden-bis-amide*: **I** wird mit der doppeltmol. Menge Acetamid, Propionamid, Benzamid, Zimtsäureamid oder α-Methylzimtsäureamid 4 Std. bei 140° erhitzt, die zerkleinerte M. nach dem Erkalten mit W. u. Ae. von nichtumgesetzten Prodd. befreit u. aus A. kristallisiert. — *N.N'-Benzyliden-bis-acetamid,* F. 244—245°; 49% (Ausbeute). — *N.N'-Benzyliden-bis-propionamid,* F. 225°; 45%. — *N.N'-Benzyliden-bis-benzamid,* F. 217—218°; 27%. — *N.N'-Benzyliden-bis-zimtsäureamid,* F. 249—250°; 62%. — *N.N'-Benzyliden-bis-α-methylzimtsäureamid,* F. 201°; 48%. — *unsymm.-N.N'-Benzyliden-bis-amide,* aus **I** u. den äquimol. Mengen zweier verschied. Amide während 6 Std. bei 140°, Extraktion mit A. bei 50—60°, Versetzen des Filtrats mit W. bis zur Trübung u. Kühlen der erwärmten Lösung. *N-[α-Acetamidobenzyl]-zimtsäureamid* (**III**), F. 214—215°; 39,6%. — *-propionamid,* F. 227—228°; 30,2%. — *-benzamid,* F. 206°; 42,7%. — *-α-methylzimtsäureamid,* F. 182—183°; 38,0%. — *N-[α-Propionamidobenzyl]-benzamid,* F. 189—190°; 38,5%. — *-zimtsäureamid,* F. 230—231°; 33,1%. — *-α-methylzimtsäureamid* (**IV**), F. 187—188°; 30,4%. — *N-[α-Benzamidobenzyl]-zimtsäureamid,* F. 205°; 29,7%. — *-α-methylzimtsäureamid,* F. 191—192°; 26,1%. — *N-[α-Cinnamoylaminobenzyl]-α-methylzimtsäureamid,* F. 206°; 25,0%. — *N.N'-Furfuryliden-bis-amide,* wie vorst. mit **II**, jedoch nur 2std. Erhitzen bei 100—120° u. Kristallisation aus Toluol. *N.N'-Furfuryliden-(2)-bis-acetamid,* F. 210° (Zers.); 50,8%. — *-bis-propionamid,* F. 216° (Zers.); 46,2%. — *-bis-benzamid,* F. 128°; 40%. — *N-[α-Acetamidofurfuryl-(2)]-propionamid,* F. 204—205°; 24,8%. — *-zimtsäureamid,* F. 211—212°; 26%. — Mit der modifizierten Perkin-Rk. wurden aus **I** u. Diacetylimin in Ggw. von K-Acetat während 5 Std. bei 180° 37,5% *Zimtsäureamid* (81,2%; Ausbeuten in () entsprechen dem Parallelvers. mit Na-Acetat während 8 Std. bei 220°) u. 36,2% (4,4%) **III** erhalten; aus **I** u. Dipropionimid 40,1% (73,6%) *α-Methylzimtsäureamid* u. 37,1% (3,9) **IV**; aus N-Acetylbenzamid 39,1% (88,1%) *Zimtsäureamid* u. 32,1% (Spuren) **III**. (Recueil Trav. chim. Pays-Bas **70**. 269—76. März 1951.) K. Nezel. 470

Richard C. Thomas und **Lester J. Reed,** *Synthese und Eigenschaften von $^{35}S_{(2)}$-DL-α-Liposäure von hoher spezifischer Aktivität.* Es wurde eine Halbmikrometh. für die Synth. von $^{35}S_{(2)}$*-DL-α-Liposäure* (**I**) entwickelt. Ausgangsprod. ist ^{35}S-Benzylmercaptan (**II**), das mit *DL-6.8-Dibromoctansäureäthylester* (**III**) zu $^{35}S_{(2)}$*-DL-6.8-Dibenzylmercaptooctansäure* (**IV**) umgesetzt wird. Entbenzylierung mit Na/fl. NH_3 u. Oxydation gibt **I**, die papierchromatograph. 3 Flecke zeigt; neben **I** wurde *β-Liposäure* (**V**) nachgewiesen, während der nichtwandernde Fleck nicht identifiziert wurde. **V** entsteht möglicherweise aus **I** während der Durchführung der Papierchromatographie. Die Lagerung von **I** ist mit einer Oxydation zu **V** verbunden (bis zu 10%), Lsgg. in A. oder in 1%ig. wss. $NaHCO_3$-Lsg. verändern sich dagegen nicht.

Versuche: ^{35}*S-Benzylmercaptan* (**II**), aus Benzyl-MgBr u. ^{35}S (mit inakt. S verd.) in Bzl. unter N_2 über Nacht bei Raumtemp., Rühren des festen Prod. in eiskaltem Skellysolve B mit 6n HCl bis zur völligen Lsg. u. Entfernung der wss. Schicht; 78% (Ausbeute). — $^{35}S_{(2)}$*-DL-6.8-Dibenzylmercaptooctansäure* (**IV**), F. 68,5—69,5° (Bzl.-Skellysolve B), durch Zugabe vorst. Lsg. von **II** + inakt. $C_6H_5CH_2SH$ zu **III**, Entfernen des Lösungsm. unter N_2, Zugabe von Na-Äthylat in A., 5std. Kochen unter N_2, 20std. Schütteln mit KOH bei n. Temp., Gießen in W., Ausschütteln mit Ae., Ansäuern mit 6n HCl u. Ae.-Extraktion; 71%. — $^{35}S_{(2)}$*-DL-α-Liposäure* (**I**), F. 60,5—61,5°, durch Zugabe von **IV** in Ae. zu fl. NH_3 u. Na-Draht, Entfernung von Ae. u. NH_3 unter N_2, Aufnehmen in W., Einstellen mit HCl auf p_H 9, Zugabe von $FeCl_3$, Durchleiten von Luft, Ausschütteln mit Ae., Ansäuern mit 6n HCl, Chloroformextraktion u. Dest. bei 90°/10^{-4} mm; 73—86%. (J. Amer. chem. Soc. **77**. 5446—48. 20/10. 1955. Austin, Tex., Univ., Biochem. Inst. u. Dep. of Chem., u. Clayton Found. for Res.) J. Miller. 480

Friedrich Weygand und **Otto Paul Swoboda,** *Verlauf der Folsäuresynthese mit $^{14}C_{(3)}$-1.1.3-Tribromaceton.* Es wird gezeigt, daß bei der Synth. von *Folsäure* aus 6-Oxy-2.4.5-triaminopyrimidin (**I**), p-Aminobenzoyl-DL-glutaminsäure (**II**) u. $^{14}C_{(3)}$-1.1.3-Tribromaceton (**III**) eine Folsäure entsteht, die zu ca. 63% aus $^{14}C_{(7)}$*-Folsäure* u. zu ca. 37% aus $^{14}C_{(9)}$*-Folsäure* besteht. Im Gegensatz zur Folsäuresynth. mit $^{14}C_{(3)}$-2.3-Dibrompropionaldehyd nimmt somit die Synth. mit **III**, dessen Darst. beschrieben ist, keinen einsinnigen Verlauf.

Versuche: $^{14}C_{(2)}$-*Bromacetylbromid*, Kp. 159°, durch Zutropfen von Br_2 zu einer gekühlten Aufschlämmung von rotem P in der Lsg. von Na-$^{14}C_{(2)}$-Acetat (Aktivität 0,11 mC; aus $Ba^{14}CO_3$ über $^{14}CH_3OH$, $^{14}CH_3J$ u. $^{14}CH_3CN$) in Eisessig u. Acetanhydrid u. anschließend 6std. Erwärmung; 90% (Ausbeute). — $^{14}C_{(3)}$-*1.1.3-Tribromaceton* (**III**), F. 27°; vorst. Verb. wird in äther. Lsg. mit CH_2N_2 bei 0° in das *Diazoketon* übergeführt, das mit Br_2 in Eisessig behandelt wird; 8,7%. — $^{14}C_{(7,9)}$-*Folsäure*, Nadeln aus W., durch Zutropfen einer Lsg. von **III** in absol. A. zu **I**-Sulfathydrat u. **II** in W. unter Rühren, wobei durch gleichzeitige Zugabe von 2n NaOH p_H 3—4 eingehalten wird; 5,1%. — $^{14}C_{(7,9)}$-*4-Oxy-2-aminopteridin-6-carbonsäure* (**IV**), durch Oxydation vorst. Verb. mit alkal. $KMnO_4$-Lsg.; 5std. Erhitzen auf 280° unter N_2 ergibt $^{14}CO_2$ (65%) u. $^{14}C_{(7)}$-*4-Oxy-2-aminopteridin* (**V**). Die Aktivität des **V** beträgt 61% derjenigen der **IV**. (Chem. Ber. **89**. 18—21. 4/1. 1956. Berlin-Charlottenburg, TU, organ.-chem. Inst.)

K. F. MÜLLER. 480

R. D. Dresdner, *Der Schmelzpunkt von Neo-C_5F_{12}*. In einem bei der Umsetzung von $(CF_3)_2SF_4$ mit $CF_3-CF=CF_2$ bei 520° erhaltenen Gemisch aus C_5F_{12}-Isomeren (vgl. auch DRESDNER, J. Amer. chem. Soc. **77**. [1955.] 6633) wurde das *Dodekafluorneopentan* (**I**) durch Verdampfen im Vakuum bei unterhalb 0° angereichert. Aus den F.-Bestimmungen an verschied. Fraktionen folgt, daß der F. von **I** mindestens 78,3° sein muß. (J. Amer. chem. Soc. **78**. 876. 20/2. 1956. Gainesville, Fla., Univ. of Florida, Dep. of Chem. Engng., Fluorine Res. Labors.)

E. FORCHE. 510

R. N. Haszeldine und **J. E. Osborne**, *Anlagerung freier Radikale an ungesättigte Systeme*. 12. Mitt. *Radikalischer und elektrophiler Angriff an Fluorolefine*. (11. vgl. C. **1956**. 1559.) Vff. untersuchten die Anlagerungs-Rkk. der elektrophilen Verbb. HJ, HBr u. JCl u. die Radikal-Rkk. von Br_2, HBr u. CF_3J mit *1.1-Difluoräthylen* ($CF_2=CH_2$), *2-Chlor-1.1-difluoräthylen* ($CF_2=CHCl$), *Perfluorbuten-(2)* (**I**), *Perfluorcyclobuten* (**II**) u. *Perfluorcyclohexen* (**III**), um festzustellen, ob durch die Ggw. von F-Atomen in Olefinen die elektrophile Anlagerung durch Desaktivierung der Doppelbindung oder durch ster. Effekte erschwert oder verhindert wird. a) Elektrophile Rkk.: $CF_2=CH_2$ lagert bei Raumtemp. im Dunkeln leicht HBr zu *1.1-Difluor-1-bromäthan* (**IV**, CF_2Br-CH_3), HJ zu *1.1-Difluor-1-jodäthan* (CF_2J-CH_3) u. JCl zu *1.1-Difluor-1-chlor-2-jodäthan* (CF_2Cl-CH_2J) an. Ebenso entsteht aus $CF_2=CHCl$ u. HJ *1.1-Difluor-2-chlor-1-jodäthan* (CF_2J-CH_2Cl). Dagegen reagieren die Olefine **I**, **II** u. **III** selbst bei Tempp. über 200° mit HBr u. HJ nicht. Aus JCl u. **I** erhält man nur das Cl_2-Anlagerungsprod. *2.3-Dichloroktafluorbutan*, aus **III** ebenfalls hauptsächlich die Dichlorverb. (**XII**) u. nur sehr geringe Mengen *1-Chlor-2-joddekafluorcyclohexan*; aus **II** jedoch das zu erwartende JCl-Anlagerungsprod. *1-Chlor-2-jodhexafluorcyclobutan* (**IX**). Die Leichtigkeit der elektrophilen Rkk. von Fluorolefinen nimmt in der Reihenfolge $CF_2=CH_2 > CF_2=CFCl >$ **II** $>$ **III** $>$ **I** ab. — b) Radikal-Rkk.: Im UV-Licht der Wellenlänge $>$2200 Å (Quarz) bildet sich aus $CF_2=CH_2$ u. HBr nach einer Radikalketten-Rk. *1.1-Difluor-2-bromäthan* (**V**); mit Licht der Wellenlänge $>$3000 Å (Pyrexglas) entstehen ca. gleiche Mengen **V** u. **IV**, d. h. die Ionen-Rk. u. die Radikal-Rk. laufen mit annähernd gleicher Geschwindigkeit ab. **I** setzt sich mit HBr im UV-Licht zu *2-Brom-1.1.1.2.3.4.4.4-oktafluorbutan* u. *2.3-Dibromoktafluorbutan* (**VI**) um; **VI** entsteht durch Pyrolyse von HBr u. Anlagerung des so gebildeten Br_2 an die Doppelbindung. Die photochem. Chlorierung von **I** verläuft schneller als die Bromierung. CF_3J lagert sich an **I** im UV-Licht zu *2-Jod-3-trifluormethyloktafluorbutan* an. — **II** bildet mit HBr im Licht *1-Brom-1.2.2.3.3.4-hexafluorcyclobutan* (**X**) u. etwas größere Mengen *1.2-Dibromhexafluorcyclobutan* (**VIII**). Durch photochem. Bromierung u. Chlorierung von **II** erhält man **VIII** bzw. *1.2-Dichlorhexafluorcyclobutan* (**VII**). Aus **II** u. CF_3J entsteht im UV-Licht *1-Jod-2-trifluormethylhexafluorcyclobutan* (**XI**). — **III** reagiert mit HBr im UV-Licht bei Raumtemp. nicht, seine photochem. Bromierung u. Chlorierung erfordern lange Belichtungszeiten, u. die Anlagerung von CF_3J verläuft außerordentlich langsam zu *1-Jod-2-trifluormethyldekafluorcyclohexan* (**XIII**) u. *Perfluor-1.2-dimethylcyclohexan*. — Unter Einbeziehung der Ergebnisse von früheren Unterss. läßt sich feststellen, daß die Leichtigkeit des Radikalangriffs an Olefine in der Reihenfolge $CH_2=CH_2$, $CH_3-CH=CH_2$, $CH_3-CH=CH-CH_3$, cyclo-C_6H_{10} $> CF_2-CH_2 > CF_2=CF_2 > CF_2=CHCl > CF_2=CFCl > CF_3-CH=CF_2 > CF_3-CF=CF_2 > CF_3-CF=CF-CF_3 >$ cyclo-C_4F_6 $>$ cyclo-C_6F_{10} abnimmt. Demnach wird die Rk. erschwert durch Austausch des vinyl. H-Atoms gegen F u. durch eine Perfluoralkylgruppe an dem Vinyl-C-Atom. Eine Doppelbindung in einem 4- oder 6gliedrigen Ring reagiert schwieriger als die Doppelbindung eines geradkettigen Olefins. Die Effekte lassen sich durch den durch F bewirkten Elektronenentzug u. durch ster. Hinderung erklären. Die bessere Reaktionsfähigkeit der Doppelbindung eines 4gliedrigen Ringes im Vgl. zu der eines 6gliedrigen Ringes kann auf die größere Spannung des ersten zurückgeführt werden. — Die Struktur der dargestellten Verbb.

wurde durch UV-Spektren u. durch verschied. chem. Umsetzungen bewiesen. — Die Cl-, Br- u. J-Atome in Polyfluorcyclobutanen u. -cyclohexanen lassen sich mit $LiAlH_4$ auffallend leicht gegen H austauschen, während dieselbe Rk. mit anderen Reduktionsmitteln nur außerordentlich schwierig oder gar nicht gelingt. Vermutlich beruht die Wrkg. des $LiAlH_4$ auf der Bldg. von Mol.-Komplexen mit dem als Lösungsm. verwendeten Ae. u. auf der Möglichkeit eines Hydridionenangriffs auf das C-Atom trotz des kräftigen Abschirmungseffektes der F-Atome. — Bei der Pyrolyse des K-Salzes der Perfluorvaleriansäure (**XIV**) entstehen gleichzeitig *Perfluorbuten-(1)* (**XV**) u. **I** im Verhältnis 1:1, ebenso bei der Pyrolyse eines äquimol. Gemisches aus K- u. Na-Salz. Dagegen liefert das Na-Salz allein nur **XV**. In der Bldg. der beiden Olefine **XV** u. **I** aus dem K-Salz sehen Vff. den Beweis für eine Fluorcarbanionumlagerung, bei der KF als Katalysator fungiert, während NaF wirkungslos ist. Da KF die Umlagerung von **XV** zu **I** nicht katalysiert, muß die Umlagerung vor der Olefinbldg. erfolgen.

Versuche: *1.1-Difluor-1-jodäthan*, $C_2H_3JF_2$, Kp. 45°, n_D^{19} 1,4183; aus 1,7 g $CF_2{=}CH_2$ u. 6,0 g wasserfreiem HJ im Einschlußrohr bei 20° in 6 Tagen im Dunkeln; 98% (Ausbeute). Die Rk. verläuft auch schon bei —30° in 2 Std. schnell, bes. in Ggw. von festem J_2 als Katalysator. — *1-Brom-1.1-difluoräthan* (**IV**), $C_2H_3BrF_2$, Kp. 14,4°; ebenso aus $CF_2{=}CH_2$ u. HBr bei 20° in 95 Std.; 100%. — *2-Brom-1.1-difluoräthan* (**V**), Kp. 56,5—57,0°; durch 1,2std. UV-Belichtung von 0,68 g $CF_2{=}CH_2$ u. 0,95 g HBr im Quarzrohr; 85% neben geringen Mengen **IV**; oder durch 17std. Bestrahlung von 1,54 g $CF_2{=}CH_2$ u. 1,90 g HBr im Pyrexrohr; 1,12 g neben 1,13 g **IV**. — *1-Chlor-1.1-difluor-2-jodäthan*, $C_2H_2ClJF_2$, Kp. 97,5°, n_D^{20} 1,465; aus 1,11 g $CF_2{=}CH_2$ u. 2,10 g JCl im Dunkeln bei Raumtemp. in 4 Tagen; 74%. — *2-Chlor-1.1-difluor-1-jodäthan*, $C_2H_2ClJF_2$, Kp. 101°, n_D^{18} 1,468; aus $CF_2{=}CHCl$ u. HJ bei 20° in 6 Tagen. — *2.3-Dichloroktafluorbutan*, Kp. 60—60,5°; aus **I** u. JCl bei 140° in 100 Std.; 90% neben 43% nichtumgesetztem **I**, oder aus **I** u. Cl_2 im UV-Licht in 3 Tagen; 88%. — *2.3-Dibromoktafluorbutan* (**VI**), Kp. 95—96°, n_D^{20} 1,355; aus **I** u. Br_2 im UV-Licht in 5 Tagen; 75%. — *2-Brom-1.1.1.-2.3.4.4.4-oktafluorbutan*, C_4HBrF_8, Kp. 53—54°, n_D^{17} 1,307; durch 51std. UV-Belichtung von 1,72 g **I** u. 0,73 g HBr im Quarzrohr; 60% neben 40% **VI**. — *2-Jod-3-trifluormethyloktafluorbutan*, C_5JF_{11}, Kp. 85—86,5°; durch 14tägige UV-Bestrahlung von 2,6 g **I** u. 5,1 g CF_3J im Quarzrohr; 79%. — *1.2-Dichlorhexafluorcyclobutan* (**VII**), $C_4Cl_2F_6$, Kp. 59—60°; aus **II** u. Cl_2 im UV-Licht in einem Tag; 71%, oder aus **IX** u. Cl_2 im UV-Licht in 8 Std.; 95%. — *1.2-Dibromhexafluorcyclobutan* (**VIII**), $C_4Br_2F_6$, Kp. 62°; ebenso aus **II** u. Br_2; 65%, oder aus **X** u. Br_2; 71%. — *1-Chlor-2-jodhexafluorcyclobutan* (**IX**), C_4ClJF_6, Kp. 99—100°, n_D^{15} 1,4059; durch eintägiges Erhitzen von 8,7 g **II** u. 18 g JCl auf 180°; 77% neben 10% **VII**. — *1-Brom-1.2.2.3.3.4-hexafluorcyclobutan* (**X**), C_4HBrF_6, Kp. 96°, n_D^{20} 1,389; durch 3tägige UV-Belichtung von 3,8 g **II** u. 2,5 g HBr; 33% neben 49% **VIII** u. 35% nichtumgesetztem **II**. — *1-Jod-2-trifluormethylhexafluorcyclobutan* (**XI**), C_5JF_9, Kp. 85—87°; durch 25tägige UV-Bestrahlung von **II** u. CF_3J; 67%. — *1.2-Dichlordekafluorcyclohexan* (**XII**), Kp. 109°, F. 37°; aus **III** u. Cl_2 im UV-Licht bei 50° in 25 Std.; 81%. — *1.2-Dibromdekafluorcyclohexan*, Kp. 139°, F. 30—32°; aus **III** im UV-Licht bei 80° in 48 Std.; 83%. — Aus **III** u. JCl erhält man ca. 30% **XII** u. nur 1—3% *1-Chlor-2-joddekafluorcyclohexan*, C_6ClJF_{10}, Kp. 140°. — *1-Jod-2-trifluormethyldekafluorcyclohexan* (**XIII**), C_7JF_{13}, Kp. 132°; aus **III** u. CF_3J im UV-Licht bei 60—65° in 6½ Wochen; 68% neben 11% *Perfluor-1.2-dimethylcyclohexan*, C_8F_{16}, Kp. 101—102°. — *1.1.2.2.3.4-Hexafluorcyclobutan*, $C_4H_2F_6$, Kp. 27°; durch langsame Zugabe von 4,9 g **IX** in 10 cm³ Ae. im Laufe von 3 Std. zu einer Suspension von 2 g $LiAlH_4$ in 30 cm³ Ae., 2std. Kochen u. Zugabe von 20 cm³ verd. H_2SO_4 u. W. zu dem erkalteten Gemisch; 51%, oder ebenso aus **X**; 63%, oder aus **VIII**; 60%, oder aus **VII**; 74%. — *1.3.3.4.4-Pentafluorcyclobuten*, C_4HF_5, Kp. 25°; durch 12std. Schütteln von 1,8 g der vorst.Verb., 2 g KOH u. 2 cm³ W. im Einschlußrohr; 77%. — *1H-Hexafluor-2-trifluormethylcyclobutan*, C_5HF_9, Kp. 36°; aus **XI** u. $LiAlH_4$ in Dioxan; 79%. — *Pentafluor-1-trifluormethylcyclobuten*, C_5F_8, Kp. 24°; durch 5std. Schütteln von 3,7 g der vorst. Verb., 4 g KOH u. 4 cm³ W.; 83%. — *1.2-Dichlorpentafluor-1-trifluormethylcyclobutan*, $C_5Cl_2F_8$, Kp. 80°; aus vorst. Verb. u. Cl_2 im UV-Licht; 91%. — *1H-Dekafluor-2-trifluormethylcyclohexan*, C_7HF_{13}, Kp. 86°; aus **XIII** u. $LiAlH_4$; 62%. — *1-Chlordekafluor-2-trifluormethylcyclohexan*, C_7ClF_{13}, Kp. 103°; aus vorst. Verb. u. Cl_2 im UV-Licht; 78%, oder ebenso aus **XIII**; 85%. — *Nonafluor-1-trifluormethylcyclohexen*, C_7F_{12}, Kp. 75°; durch 3std. Erhitzen von 3,1 g der vorst. Verb., 1,5 g KOH u. 3 cm³ W. im Einschlußrohr auf 85°; 78%. — *1.2-Dichlornonafluor-1-trifluormethylcyclohexan*, $C_7Cl_2F_{12}$, Kp. 130°; aus vorst. Verb. u. Cl_2 im UV-Licht; 65%. — *1.2-Dibromnonafluor-1-trifluormethylcyclohexan*, $C_7Br_2F_{12}$, Kp. 160°; ebenso mit Br_2; 57%. — *1-Bromdekafluor-2-trifluormethylcyclohexan*, C_7BrF_{13}, Kp. 115°; aus **XIII** u. Br_2; 78%. — *Perfluorbuten-(1)* (**XV**), C_4F_8, Kp. 0,3°; durch Erhitzen des Na-Salzes von **XIV** im Pt-Rohr bei 10 mm auf 270°; 91%. — *1.2-Di-*

bromoktafluorbutan, $C_4Br_2F_8$, Kp. 95°; aus **XV** u. Br_2 im Einschlußrohr bei 25° in 5 Std.; 97%. — Die Pyrolyse des K-Salzes von **XIV** liefert 43% **XV** u. 48% **I**, die durch Bromierung getrennt wurden. Ein Gemisch aus gleichen Teilen Na- u. K-Salz ergibt 45% **XV** u. 47% **I**. (J. chem. Soc. [London] **1956**. 61—71. Jan. Cambridge, Univ., Chem. Labor.) E. Forche. 510

Raymond Paul und **Serge Tchelitcheff**, *Synthese und Eigenschaften des Allylacetylens*. Inhaltlich in der C. **1954**. 1449 referierten Arbeit enthalten. (C. R. hebd. Séances Acad. Sci. **233**. 1116—17. 5/11. 1951.) H. Liebig. 530

E. Cerkovnikov, Z. Binenfeld, M. Drakulić und **M. Rill**, *Darstellung γ-ditertiärer Glykole aus den Estern von γ-Ketocarbonsäuren*. 2. Mitt. (1. vgl. C. **1954**. 9977). Aus 3-Ketoheptan-1-carbonsäureäthylester (**II**), dargestellt nach der von Vff. modifizierten Meth. von Tschitschibabin (C. **1932**. I. 3409) aus α-Furylpropylcarbinol (**I**), wird durch Grignard-Rk. mit Butyl-MgBr das ditert. *5.8-Dibutyldodecandiol-(5.8)* erhalten, aus 3-Ketohexan-1-carbonsäureäthylester (**III**) mit Phenyl-MgBr *1.1.4-Triphenylheptandiol -(1.4)*. Beide Diole geben die Denigès-Rk. auf tert. Alkohole. — Das aus Furfurol u. Octyl-MgBr gewonnene α-Furyloctylcarbinol ließ sich nicht zur 3-Ketododecan-1-carbonsäure aufspalten.

V e r s u c h e: *α-Furylpropylcarbinol* (**I**), $Kp._{15}$ 90,5—91° (im Original: 90,5—01°), aus Furfurol u. n-Propyl-MgBr; 62% (Ausbeute). — *3-Ketoheptan-1-carbonsäureäthylester* (**II**), $C_{10}H_{18}O_3$, $Kp._4$ 115—116°, aus **I** durch ½std. Erhitzen mit HCl in A., Abdest. des A. in CO_2-Atmosphäre u. Eingießen in 1%ig. NaOH; Fl. von aromat. Geruch; $D.^{20}_4$ 0,9710; n_D^{20} 1,4382; 40%. *Säure*, F. 53°, mit 5%ig. HCl; dünne, glänzende Blättchen. — *5.8-Dibutyldodecandiol-(5.8)*, $C_{20}H_{42}O_2$, F. 103°, aus **II** u. Butyl-MgBr; sehr dünne, glänzende durchsichtige Blättchen aus verd. Essigsäure; 80%. — *1.1.4-Triphenylheptandiol-(1.4)*, $C_{25}H_{28}O_2$, F. 113,5—114°, aus **III** u. Phenyl-MgBr; feine, seidige Nadeln aus PAe.; 50%. — *α-Furyloctylcarbinol*, $C_{13}H_{22}O_2$, F. 9°, $Kp._3$ 137—138°, aus Furfurol u. n-Octyl-MgBr; gelbliche Fl. von fruchtartigem Geruch, in der Kälte wachsartige M.; $D.^{20}_4$ 0,9287; n_D^{20} 1,4678; 41%. (Arhiv Kem. **26**. 285—87. 1954, herausgeg. Jan. 1955. Zagreb, Farmac. fak., Zavod za organ. kemiju. [Orig.: engl.]) S. Beckmann. 570

H. J. Backer, *Spaltung des Bis-[methylmercapto]-bis-[methylsulfonyl]-methans. Eigenschaften der Sulfonylgruppe*. 17. Mitt. (16. vgl. C. **1956**. 7779.) Krist. *Bis-[methylmercapto]-bis-[methylsulfonyl]-methan* (**I**), das 1 Jahr in einer verschlossenen Flasche, zu der Spuren von Luft Zutritt hatten, aufbewahrt wurde, verflüssigte sich unter Bldg. von *Dimethyldithiocarbonat* (**II**) u. *Methansulfinsäure* (**III**). Wurde die Hydrolyse in sd. W. durchgeführt, so lieferte sie außer den genannten Prodd. durch Eliminierung einer Methylmercaptogruppe *Methylmercapto-bis-[methylsulfonyl]-methan* (**IV**) u. *Methansulfensäure* (**V**). Entsprechend verlief die Spaltung in sd. Alkalien unter Bldg. von **IV** u. *Dimethyldisulfid* (**VII**), das durch Zers. von **V**-Na entstanden war. Die gleichen Ergebnisse wurden mit K-tert.-Butylat, KCN u. KSCN erhalten. Na-Propylmercaptid lieferte ebenfalls **IV** u. außerdem durch Abspaltung von zwei Methylmercaptogruppen *Bis-[methylsulfonyl]-methan* (**VIII**). An Stelle des zu erwartenden Methylpropyldisulfids wurde *Dipropyldisulfid* isoliert. Die Hydrolyse von **I** mit HCl lieferte **II**. Während die Einw. von konz. H_2SO_4 oder CH_3COOH nur zur Bldg. von **III** u. seiner Zersetzungsprodd. führte, wurde nach Rk. mit verd. H_2SO_4 **II** u. wenig **IV** erhalten. Die Spaltung mit wasserfreien Aminen oder Piperidin ist mit der alkal. vergleichbar u. führte zu **IV** u. **V**-*Amiden* bzw. -*Piperididen*. Abschließend wird der Elektronenmechanismus der erwähnten Rkk. diskutiert.

V e r s u c h e: *Benzylmethylsulfon* (**VI**), F. 125—126° (A.), durch 1jähriges Stehen von **I** ohne völligen Abschluß der Luftfeuchtigkeit, Neutralisation, Eindampfen der unteren Schicht u. Rk. mit alkoh. Benzylchlorid. *Dimethyldithiocarbonat* (**II**), $C_3H_6OS_2$, Kp. 167—170°, n_D^{20} 1,549, aus der oberen Schicht. — 4std. Kochen von **I** in W. u. teilweises Abdestillieren des W. lieferte aus dem Destillat **II**; 37% (Ausbeute). *Methylmercapto-bis-[methylsulfonyl]-methan* (**IV**), F. 196—198° (CH_3COOH), aus dem wss. Rückstand; 44%. Die Aufarbeitung der wss. Mutterlauge wie vorst. lieferte **VI** (entsprechend 26% **III**). — 10tägiges Stehen von **I** mit 20%ig. HCl lieferte 92% **II**. **III** wurde durch Extraktion der wss. Lsg. mit Ae. u. Titration des Ätherrückstandes mit $KMnO_4$ bestimmt; 72,5%. — 2std. Kochen von **I** mit 20%ig. HCl u. Wasserdampfdest. ergab 90% **II**. Die wss. Lsg. von **III** (62%) wurde wie üblich in **VI** übergeführt. — Durch 1½std. Kochen von **I** mit 0,5n H_2SO_4 u. Zugabe von W. wurden 74% **II** erhalten. Aus dem wss. Rückstand 15% **IV**. Die wss. Mutterlauge enthielt **III**. — Durch allmähliche Zugabe von **I** zu 96%ig. H_2SO_4, kurzes Erwärmen auf 40°, Gießen in W. u. Ätherextraktion wurde *Dimethyldisulfid* (**VII**), Kp. 107—115°, n_D^{20} 1,528, isoliert. Durch Neutralisation der wss. Mutterlauge mit $Ba(OH)_2$ u. Eindampfen 30% **III**-*Ba*, $C_2H_6O_4S_2Ba$. — Erwärmen von **I** mit Essigsäureanhydrid auf 80° u. Eingießen in W. lieferte **VII**. Durch Aufarbeitung der wss. Lsg. u. Rk. mit Benzylchlorid **VI**. — 3std. Erwärmen von **I** mit CH_3COOH u. 10% BF_3 u. Gießen in W. lieferte ein Öl, das sich beim Destillieren zers. u. *Methylmethanthiolsulfonat* enthielt. Die Rk. mit **VIII** ergab **IV**. — $^3/_4$std. Kochen von **I** mit n-NaOH u. Dest. der angesäuerten Lsg. lieferte ein Öl (wahrscheinlich **VII**); aus der wss. Lsg. 89% **IV**. — ½std. Kochen von **I** mit alkoh. K-tert.-Butylat, Aufnehmen in W. u. Ansäuern ergab 57% **IV**. Durch Abdestillieren des A. wurde ein Öl erhalten, das nach Zugabe von W. z. T. krist., F. 198°. — Durch 4std. Kochen von **I** in absol. CH_3OH mit KCN, Gießen in W. u. Aufnehmen in Ae. wurde **VII** isoliert; aus der wss. Lsg. durch Ansäuern 56% **IV**. — 4std. Kochen von **I** mit KSCN in absol. A. gab 39% **IV**. — 2std. Kochen von **I** mit Propylmercaptan-Na, Zugabe von W. u. Ansäuern der wss. Lsg. lieferte **IV**. *Bis-[methylsulfonyl]-methan* (**VIII**), F. 147° (W.), aus dem wasserunlösl. Rückstand. Die Fraktionierung der Mercaptanlsg. ergab *Dipropyldisulfid*, Kp. 193°. — *Methansulfensäurepiperidid*, $C_6H_{13}NS$, Kp. 172—176°, durch kurzes Kochen von **I** mit Piperidin u. Gießen in W.; n_D^{20} 1,498; 69%. Durch Ansäuern der wss. Lsg. 87% **IV**. — *Methansulfensäurediäthylamid*, $C_5H_{13}NS$, Kp. 127—128°, wie vorst.; n_D^{20} 1,453; 70%. Durch Ansäuern der wss. Lsg. 70% **IV**. (Recueil Trav. chim. Pays-Bas **70**. 260—68. März 1951. Groningue, Univ., Labor. de chim. organ.) HILDEGARD BAGANZ. 600

T. Gramstad und **R. N. Haszeldine**, *Perfluoralkylderivate des Schwefels*. 4. Mitt. *Perfluoralkansulfonsäuren*. (3. vgl. HASZELDINE u. KIDD, C. **1956**. 3852.) Durch Elektrolyse von Methansulfofluorid (**I**) oder Methansulfochlorid (**II**) in wasserfreier HF läßt sich *Trifluormethansulfofluorid* (**III**) in 96%ig. bzw. 87%ig. Ausbeute darstellen. Das Verf. ist allg. zur Darst. von Perfluoralkansulfofluoriden anwendbar. Bei der Elektrolyse von Methansulfonsäure treten infolge Bldg. von F_2O heftige Explosionen auf. — **III** wird im Gegensatz zu **I** von W. bei 100° nur langsam, von NaOH- oder $Ba(OH)_2$-Lsgg. schneller hydrolysiert. Das so erhältliche *Ba-Trifluormethansulfonat* kann als Ausgangsmaterial für die Gewinnung anderer Salze dienen. Aus **III** lassen sich Ester u. Amide der Trifluormethansulfonsäure darstellen. Letztere ist gegen konz. HNO_3 bei 150° beständig. — Die Ultrarotspektren der Verbb. mit $-SO_2$- u. $-SO_3$-Gruppen werden eingehend diskutiert; die charakterist. Banden von zahlreichen Verbb. sind in einer Tabelle zusammengestellt.

Versuche: *Methansulfofluorid* (**I**), CH_3O_2FS, Kp. 123—124°; durch Einrühren von 200 g **II** in eine Suspension von 150 g KHF_2 in 115 g W. bei 20°, ½std. Nachrühren, Dest. des Gemisches mit Wasserdampf, Trocknen der unteren Destillatschicht mit Na_2SO_4 u. Dest.; 84% (Ausbeute). — *Trifluormethansulfofluorid* (**III**), CO_2F_4S, Kp. —21,7°, Dampfdruckgleichung zwischen —47 u. —24°: $\log_{10} p$ (mm) = 7,736 — 1221/T, latente Verdampfungswärme 5590 cal/Mol, TROUTONsche Konstante 22,2; durch 15std. Elektrolyse von 30 g **I** in 580 g wasserfreier HF bei 5 V u. 5 A u. Kondensation des Gases bei —78°; 96%, oder ebenso aus 25 g **II** in 580 g HF in 19 Std.; 87%. — *Na-Trifluormethansulfonat*, F. 248° (Aceton); durch 4std. kräftiges Schütteln von 1,064 g **III**, 1 g NaOH u. 10 cm³ W. im Einschmelzrohr bei 20°; 92%. — *Ba-Trifluormethansulfonat*, F. > 370°; aus 1,070 g **III**, 4 g $Ba(OH)_2 \cdot 8\,H_2O$ u. 50 cm³ W. bei 20° in 1 Std.; 100%. — *K-Trifluormethansulfonat*, CO_3F_3SK, F. 230° (Aceton); durch Umsetzung einer Lsg. von 0,77 g des Ba-Salzes in 5 cm³ W. mit verd. H_2SO_4, Neutralisation der filtrierten Lsg. mit K_2CO_3, Eindampfen zur Trockene u. Extraktion mit Aceton; 84%. — *Ag-Trifluormethansulfonat* (**IV**), F. 356° (Bzn.-CCl_4 oder Ae.-CCl_4); ebenso mit Ag_2CO_3; 95%. — *N.N-Diäthyltrifluormethansulfonamid*, $C_5H_{10}O_2NF_3S$, $Kp._7$ 55°; aus **III** u. Diäthylamin im Einschlußrohr bei Zimmertemp.; 83%. — *Trifluormethansulfonamid*, $CH_2O_2NF_3S$, F. 119°; aus **III** u. NH_3 im Einschlußrohr; 78%. — *Trifluormethansulfonsäureäthylester*, $C_3H_5O_3F_3S$, Kp. 115°; durch Zugabe von 8,0 g Äthyljodid zu einer Suspension von 10,0 g **IV** in 50 cm³ Ae. u. ½std. Kochen; 74%. — *Trifluormethansulfonsäuremethylester*, $C_2H_3O_3F_3S$, Kp. 99°; aus **IV** u. Methyljodid; 69%. (J. chem. Soc. [London] **1956**. 173—80. Jan. Cambridge, Univ., Chem. Labor.) E. FORCHE. 600

—, *Chlorierung von Äthylalkohol*. Die Ausbeuten an *Chloral* (**I**) u. *Äthylchlorid* (**II**) bei der Chlorierung von A. in Abhängigkeit von den Versuchsbedingungen wurden systemat. untersucht, es wurde eine geeignete App. zur Darst. von **I** entwickelt. Die besten Ergebnisse wurden mit A., der 5—10% W. enthielt, beobachtet. Bei einem Mol-Verhältnis Cl_2 : A. = 2,51 : 1, anfänglicher Raumgeschwindigkeit von 90—100, nach Zusatz von 0,5 Mol Cl_2 auf 25—30 verringert, u. Reaktionstempp. zwischen 78 u. 94° betrug die Ausbeute an **I** 87%. Es besteht keine direkte Beziehung zwischen dem Anteil des A., der in **II** umgewandelt wird, u. der Ausbeute an **I**. Licht verschied. Wellenlängen zwischen UV u. Infrarot sowie Zusatz von $FeCl_3$ wirken sich nachteilig auf die Bldg. von **I** aus. (Chem. Age **67**. 661—63. 15/11. 1952. Rhode Island State Coll.) G. LOHAUS. 670

Lennart Schotte, *Die Struktur von Paulys Dibromdiäthylketon.* Die von PAULY [1901] als α.α'-Dibromdiäthylketon angesehene Verb. wird durch Hydrolyse zu *Acetylpropionyl* (I) u. Darst. von Derivv. von I als *α.α-Dibromdiäthylketon* identifiziert.

Versuche: *α.α-Dibromdiäthylketon,* $C_5H_8OBr_2$, Kp.$_{10}$ 75—77°, durch Zutropfen von Br_2 zu Diäthylketon in Ggw. von rotem P unter Durchleiten von N_2 u. Erwärmen auf 80° nach Zugabe der halben Menge Br_2; 74% (Ausbeute). — *Acetylpropionyl* (I), Kp.$_{752}$ 109—112°, durch Zutropfen vorst. Verb. zu alkoh. KOH, Stehen über Nacht, Abtrennen von KBr u. Neutralisation mit konz. HCl; 59%. *Dioxim,* F. 172—173°; *Ni-Salz,* F. 276—280°. — *Durochinon,* F. 108—110°, aus I in W. mit heißer verd. NaOH. (Acta chem. scand. **5.** 969—70. 1951. Uppsala, Univ., Chem. Inst.) U. LIPPOLD. 710

W. F. Martynow und **N. A. Rosepina,** *Untersuchungen auf dem Gebiet von Verbindungen mit dreigliedrigem Oxidoring.* 2. Mitt. *Reaktion von β.β-Dimethylglycidsäureäthylester mit Schwefelwasserstoff.* (1. u. 3. vgl. C. **1953.** 4673 bzw. **1954.** 6473.) β.β-Dimethylglycidsäureäthylester (I) reagiert mit H_2S in Ggw. von $Ba(OH)_2$ unter Bldg. von *α-Mercapto-β-oxyisovaleriansäureäthylester.* Die höhersd. Fraktionen ließen sich nicht identifizieren. Die Stellung der Mercaptogruppe ergab sich aus der Rotfärbung mit HNO_2 (REINBOLDT-Probe) u. durch Entfernung der Mercaptogruppe mit RANEY-Ni in alkoh. Lsg., wobei die Verseifung des entstandenen Esters *β-Oxyisovaleriansäure* gab. Verss., I im Rohr mit H_2S in wss.-alkoh. Lsg. mit u. ohne Mineralsäuren zur Rk. zu bringen, gelangen nicht.

Versuche: *α-Mercapto-β-oxyisovaleriansäureäthylester,* $C_7H_{14}O_3S$, Kp.$_{10}$ 97—99°; man leitet in eine Suspension 20 g $Ba(OH)_2$ in 100 ml W. 2 Std. H_2S, setzt tropfenweise eine Lsg. 40 g I in 80 ml A. zu u. setzt das Einleiten von H_2S noch 3 Std. fort; nach Stehen über Nacht wird CO_2 eingeleitet, $BaCO_3$ abfiltriert, der A. abdest. u. das Öl bei 10 mm fraktioniert; $D.^{23}_4$ 1,097; n_α^{23} 1,46262; 10 g (Ausbeute). *Quecksilbermercaptid,* $C_{14}H_{26}O_6 \cdot S_2Hg$, aus absol. A. Kristalle. — *β-Oxyisovaleriansäureäthylester,* Kp.$_7$ 62°; man mischt vorst. Verb. mit einer RANEY-Ni-Suspension in absol. A. u. erhitzt 8 Std.; $D.^{20}_4$ 0,975; n_α^{20} 1,4187; 71,5%. Hieraus durch Verseifung *β-Oxyisovaleriansäure* (*Ag-Salz,* $C_5H_9O_3Ag$). (Журнал Общей Химии [J. allg. Chem.] **22** (**84**). 1577—80. Sept. 1952. Leningrad, Shdanow-Univ.) O. POLLAK V. EMHOFEN. 850

J. F. Carson und **Harold S. Olcott,** *Braune Kondensationsprodukte aus Acetaldehyd und aliphatischen Aminen.* Zum Vgl. mit der „Bräunungs-Rk." von Glucose mit Proteinen wird die Rk. von *Acetaldehyd* (I) mit aliphat. Aminen u. NH_3 bei 3—25° in wss. Lsg. (p_H 6—7; Phosphatpuffer) durchgeführt; die Eigg. der braunen Reaktionsprodd. werden untersucht. Die Geschwindigkeit der „Bräunung" der Reaktionslsgg. wird colorimetr. verfolgt. Sie ist am größten bei der Kondensation von I mit *Methyl-*, *Äthyl-* (II) u. *n-Butylamin,* geringer bei der Rk. von I mit *Cyclohexylamin, Isopropylamin* u. *sek.-Butylamin,* am geringsten bei der Umsetzung von I mit NH_3. Die erhaltenen Prodd. sind braun, hygroskop., lösl. in W., Methanol u. A., unlösl. in Ae., Aceton u. Essigester. Aus der Analyse wird geschlossen, daß sich die Kondensationsprodd. aus Aldehyd u. Amin im Verhältnis 4 : 1 zusammensetzen, unabhängig von dem Mengenverhältnis der Ausgangsprodukte. Weniger als die Hälfte des N ist potentiometr. titrierbar, der nichttitrierbare N liegt wahrscheinlich in —C=N-Bindungen vor. Die Rk. von I mit sek. Aminen führt zu gelben, in W. unlösl., in Ae. lösl. Harzen. Crotonaldehyd reagiert mit II im Verhältnis 2 : 1 u. schneller als I. (J. Amer. chem. Soc. **76.** 2257—59. 20/4. 1954. Albany, Calif., West. Reg. Res. Labor.) I. FESTL. 900

Frederick Leonard und **Herman Horn,** *Potentielle Antivirusmittel.* 2. Mitt. *Analoge von Tetraalkyldiaminen.* (1. vgl. C. **1956.** 394.) Durch Rk. von Aminen mit Aminoalkylchloriden oder Red. bzw. partielle Verseifung von Glycinnitrilen werden *N-substituierte Äthylendiamine, Glycinamidhydrochloride, Glycine, Aminoalkylrhodanide* sowie *2-[Aminomethyl]-imidazoline* hergestellt. Sie werden auf antivirale, antibakterielle u. fungicide Aktivität untersucht. Keine der Verbb. besitzt lokalanästhet. Eigenschaften.

Versuche: Durch 17std. Kochen von Äthylenbromhydrin u. dem Amin in Bzl. nachst. Aminoäthanole: *N-[n-Heptyl]-N-isopropyl-*, $C_{12}H_{27}ON$, Kp.$_{10}$ 129—130°, n_D^{25} 1,4442; 50% (Ausbeute). — *N-[n-Nonyl]-N-methyl-*, $C_{12}H_{27}ON$, Kp.$_1$ 94—100°, n_D^{25} 1,4486; 46%. — Durch Kochen der Alkohole mit $SOCl_2$ in Bzl. u. gegebenenfalls Behandeln mit 40%ig. NaOH nachst. Äthylchloride: *2-Morpholino-*, *Hydrochlorid,* F. 178—180°, 4 Std. (Reaktionszeit); 95%. — *2-Thiamorpholino-*, *Hydrochlorid,* F. 204 bis 205°, 4 Std.; 74%. — *2-[n-Heptylisopropylamino]-*, $C_{12}H_{26}NCl$, Kp.$_2$ 90—93°, 5 Std.; n_D^{25} 1,4466; 78%. — *2-[Methyl-n-nonylamino]-*, $C_{12}H_{26}NCl$, Kp.$_1$ 96—104°, 15 Std.; 20%. — *N-[n-Heptyl]-N-isopropylglycinnitril* (I), $C_{12}H_{24}N_2$, Kp.$_{0,8}$ 93—96°, hellgelbes Öl, n_D^{25} 1,4405; 80%. — *N-Methyl-N-[n-nonyl]-glycinnitril,* $C_{12}H_{24}N_2$, Kp.$_{1,3}$ 105—110°, n_D^{25} 1,4392; 80%. — *N-[n-Dodecyl]-N-methylglycin, Na-Salz,* $C_{15}H_{30}O_2NNa$, F. 185—190°

(A.), durch 1½std. Rühren von Bromessigsäure u. n-Dodecylmethylamin bei 45°, 5std. Erhitzen auf 65°, Verdünnen mit W., Alkalisieren mit 10n NaOH u. Einengen (Meth. **A**). — Amine: *n-Heptylisopropylimidazolinyl-(2)-methyl-*, $C_{14}H_{29}N_3$, Kp.$_{0,2}$ 115—116°, nach **A**. — *n-Nonylmethylimidazolinyl-(2)-methyl-*, $C_{14}H_{29}N_3$, Kp.$_{0,05}$ 103—104°, nach **A**. — *n-Heptylisopropyl-β-morpholinoäthyl-*, $C_{16}H_{34}ON_2$, Kp.$_1$ 128—132°, nach **A**; n_D^{25} 1,4595. — *n-Nonylmethyl-β-morpholinoäthyl-*, $C_{16}H_{34}ON_2$, Kp.$_{0,3}$ 122—124°, nach **A**; n_D^{25} 1,4593. — *n-Heptylisopropyl-β-thiamorpholinoäthyl-*, $C_{16}H_{34}N_2S$, Kp.$_{0,3}$ 126—127°, nach **A**; n_D^{25} 1,4850. — *1-Benzyl-4-[2-(methyl-n-nonylamino)-äthyl]-piperazin*, $C_{23}H_{41}N_3$, Kp.$_{0,1}$ 158—158,5°, durch Kochen von 2-[Methyl-n-nonylamino]-äthylchlorid u. 1-Benzylpiperazin in Bzl. über Nacht (Meth. **B**); n_D^{25} 1,5018; 95%. — *1-Benzyl-4-[2-(isopropyl-n-heptylamino)-äthyl]-piperazin*, $C_{23}H_{41}N_3$, Kp.$_{0,3}$ 170—171°, nach **B**; n_D^{25} 1,5020. — *n-Heptylisopropyl-β-pyrrolidinoäthylamin*, $C_{16}H_{34}N_2$, Kp.$_{0,1}$ 78—80°, nach **B**; n_D^{25} 1,4570. — *n-Nonylmethyl-β-pyrrolidinoäthylamin*, $C_{16}H_{34}N_2$, Kp.$_{0,1}$ 87—89°, nach **B**; n_D^{25} 1,4578. — *n-Heptylisopropyl-β-piperidinoäthylamin*, $C_{17}H_{36}N_2$, Kp.$_1$ 110—116°, nach **B**; n_D^{25} 1,4612. — *2-[n-Heptylisopropylamino]-äthylrhodanid*, $C_{13}H_{26}N_2S$, Kp.$_{0,7}$ 131—135°, nach **B**; n_D^{25} 1,4778. — *N-[n-Heptyl]-N-isopropyläthylendiamin*, $C_{12}H_{28}N_2$, Kp.$_{0,3}$ 81—82°, durch 1½std. Rühren von **I** in absol. n-Butylalkohol mit Na in Toluol bei 100°, Zugeben von CH_3OH u. Gießen in Eiswasser; n_D^{25} 1,4427. — *N-[n-Nonyl]-N-methyläthylendiamin*, $C_{12}H_{28}N_2$, Kp.$_{1,0}$ 95—97°, wie vorst.; n_D^{25} 1,4461. — *N-Methyl-N-[n-nonyl]-glycinamid*, F. 63—63,5° (A.-W.) von konz. H_2SO_4 zu 4,4 g N-Methyl-N-[n-nonyl]-glycinnitril bei —10°, 72std. Stehen bei Raumtemp. u. Gießen auf Eis; 3,5 g. *Hydrochlorid*, $C_{12}H_{27}ON_2Cl$, F. 127—128° (A.-Ae.). — *N-[n-Heptyl]-N-isopropylglycinamidhydrochlorid*, $C_{12}H_{27}ON_2Cl$, F. 123—124° (A.-Ae.), analog. (J. Amer. chem. Soc. **78**. 1199—1201. 20/3. 1956. Yonkers, N. Y., Nepera Chem. Co., Inc., Res. Labors.) R. PASEDAG. 900

Jørgen Fakstorp und **Jytte Christiansen**, *Explosionen bei der Herstellung von Diäthylaminoäthyldinitrat.* Die bei der Darst. von *Diäthylaminoäthyldinitrat* nach BARBIÈRE (vgl. Bull. Soc. Chim. France, Mém. [5] **11**. [1944.] 473) auftretenden, sehr heftigen Explosionen können dadurch verhindert werden, daß man die Komponenten allmählich (etwa in 2 Std.) zusammengibt, mit Methanol (200 ml pro 23,4 g Diäthylaminoäthanol) u. 2 Liter Ae. verd., nach Stehen über Nacht unter Kühlung dekantiert, mit 50 ml wasserfreiem A. wäscht u. beim anschließenden Einengen im Vakuum 30° nicht überschreitet. (Acta chem. scand. **5**. 968—69. 1951. Copenhagen, „Pharmacia" Res. Labor.) U. LIPPOLD. 920

Michel Polonovski, Marcel Pesson und **Jean Bededeu**, *Über die Darstellung des β-Phenoxyisopropylamins und seiner N-substituierten Derivate.* Vff. synthetisieren *β-Phenoxyisopropylamin* durch Hydrogenolyse (120°/100 at) in Ggw. von RANEY-Ni von Phenoxyacetonazin; 63% (Ausbeute); oder durch RANEY-Ni-Hydrierung des Phenoxyacetons (**II**) (100°/100 at) in Ggw. von alkoh. NH_3; 51%. Durch analoge Hydrierung von **II** in Ggw. des entsprechenden Amins werden erhalten: *N-Methyl-* (**I**), Kp.$_{20}$ 120 bis 122°; 40%; *Hydrochlorid*, F. 104—105°; *N-Äthyl-*, Kp.$_{18}$ 125—127°; 22,5%; *Hydrochlorid*, F. 143—144°; *N-Isopropyl-*, Kp.$_{15}$ 124°; 31%; *Hydrochlorid*, F. 136—137°; *N-β-Oxyäthyl-*, F. 73—74°; 62%; *N-Cyclohexyl-* (**III**), Kp.$_4$ 150—155°; 40%; *Hydrochlorid*, F. 154—155°; *N.N-Dimethyl-* (**IV**), Kp.$_{18}$ 125—126°; 20%; *saures Oxalat*, F. 114—115°; *Jodmethylat*, F. 150°; u. *N.N-Pentamethylen-β-phenoxyisopropylamin*, Kp.$_{15}$ 163—165°, 20,4%; *Hydrochlorid*, F. 145—146°; *Jodmethylat*, F. 132°. Die Darst. des *N.N-Diäthyl-β-phenoxyisopropylamins* (**V**) nach dieser Meth. scheiterte, wahrscheinlich aus ster. Gründen. Dagegen sind durch Umsatz von 1 Mol **II** mit 5 Mol N.N-Diäthylformamid nach LEUCKART (15 Std. bei 150—170°) zugänglich: **V**, Kp.$_{18}$ 138—143°; 27%; *Pikrat*, F. 120—121°; **I** (30%) u. **IV** (41%). Der Umsatz von **III** mit Formaldehyd/HCOOH liefert *N-Methyl-N-cyclohexyl-β-phenoxyisopropylamin*, Kp.$_4$ 163—165°; 80%; *Hydrochlorid*, F. 145°; *Jodmethylat*, F. 156—157°. (C. R. hebd. Séances Acad. Sci. **233**. 1120—21. 5/11. 1951.) H. LIEBIG. 920

Russell Reed jr., *Tetramethylentrinitramintrifluoracetate.* Durch Umsetzung der Acetate 1-Acetoxy-2.4.6-trinitro-2.4.6-triazaheptan (**I**) u. 1.7-Diacetoxy-2.4.6-trinitro-2.4.6-triazaheptan (**II**) mit wasserfreier Trifluoressigsäure (**VIII**) wurden die Trifluoracetate *1-Trifluoracetoxy-2.4.6-trinitro-2.4.6-triazaheptan* (**III**, $CH_3-[N(NO_2)-CH_2]_3-OCO-CF_3$), *1-Acetoxy-7-trifluoracetoxy-2.4.6-trinitro-2.4.6-triazaheptan* (**IV**, $CF_3-COO-[CH_2-N(NO_2)]_3-CH_2-OCOCH_3$) u. *1.7-Bis-[trifluoracetoxy]-2.4.6-trinitro-2.4.6-triazaheptan* (**V**, $CF_3-COO-[CH_2-N(NO_2)]_3-CH_2-OCOCF_3$) dargestellt. Aus einer Lsg. von **I** in **VIII** scheiden sich bei 25° die Kristalle von **III** ab. Aus **II** entsteht das gemischte Diacetat **IV**. Bei 70° erhält man sowohl aus **II** als auch aus **IV** das *Bis-[trifluoracetat]* **V**. Letzteres wurde auch durch Umsetzung von Hexamin mit **VIII**, Trifluoressigsäureanhydrid u. HNO_3 bei 0° gewonnen. — Die Trifluoracetate lassen sich in Acetonlsg. mit 0,1n NaOH titrieren. Sie reagieren leicht mit W., Alkoholen, Aminen u. HNO_3, langsamer mit Essigsäure u. HCl. Mit Methanol entstehen aus **III**, **IV** u. **V** die entsprechenden Methylolnitramine *2.4.6-Trinitro-2.4.6-triazaheptanol-(1)* (**VI**), *1-Acetoxy-2.4.6-trinitro-2.4.6-triazaheptanol-(7)* u. *2.4.6-Trinitro-2.4.6-triazaheptandiol-(1.7)* (**VII**). **VI** entsteht auch durch Umsetzung von **I** mit HBr. **VII** gibt in Lösungsmitteln bei 25° Formaldehyd ab; das etwas beständigere **VI** geht beim Erwärmen auf 50° in *1.3.5-Trinitro-1.3.5-triazahexan* über. — Mit überschüssigem Benzylamin setzen sich **III**, **IV** u. **V** schnell zu *Bis-[benzylammonium]-methylendinitramin* u. *N-Benzyltrifluoracetamid* um; aus **IV** entsteht gleichzeitig *N-Benzylacetamid*. Dagegen wird **II** von überschüssigem Benzylamin zu *Benzylammoniumacetat* u. dem cycl. Trimeren aus Benzylamin u. Formaldehyd, *1.3.5-Tribenzyl-1.3.5-triazacyclohexan*, zersetzt. — **III**, **IV** u. **V** werden von HNO_3 in die entsprechenden Nitrate, von Essigsäure in die Acetate u. von HCl in die Chloride umgewandelt. — Die Ultrarotspektren der dargestellten Verbb. wurden aufgenommen.

Versuche: *1-Trifluoracetoxy-2.4.6-trinitro-2.4.6-triazaheptan* (**III**), $C_6H_9O_8N_6F_3$, F. 136—137° (Äthylenchlorid): Durch Zugabe von 15,0 g **I** zu 100 cm³ **VIII** u. 4 std. Stehen; 72% (Ausbeute), oder durch $^1/_4$ std. Kochen einer Lsg. von **I** in **VIII** in ähnlicher Ausbeute. — *1-Acetoxy-7-trifluoracetoxy-2.4.6-trinitro-2.4.6-triazaheptan* (**IV**), $C_8H_{11}O_{10}N_6F_3$, F. 151—152° (Äthylenchlorid); aus 26,8 g **II** u. 150 cm³ **VIII** in 3 Std.; 84%. — *1.7-Bis-[trifluoracetoxy]-2.4.6-trinitro-2.4.6-triazaheptan* (**V**), $C_8H_8O_{10}N_6F_6$, F. 149,5 bis 150,5° (Äthylenchlorid); aus 40,1 g **II** in 250 cm³ **VIII** durch 10 Min. langes Kochen, 1 std. Stehenlassen bei Raumtemp. u. 1 Std. bei —5°; 84%, oder durch Zugabe einer Lsg. von 18,0 cm³ 99,6%ig. HNO_3 in 80 cm³ Trifluoressigsäureanhydrid im Laufe von 30 Min. zu einer Lsg. von 13,3 g Hexamin in 50 cm³ **VIII** bei 10—15° u. 3 std. Stehenlassen bei Raumtemp.; 57%. — *2.4.6-Trinitro-2.4.6-triazaheptanol-(1)* (**VI**), $C_4H_{10}O_7N_6$, F. 141—142° (50%ig. wss. Aceton); aus 3,85 g **III** in 90 cm³ Methanol in 3—4 Min.; 73%, oder aus 20,0 g **I** u. 60 cm³ 48%ig. HBr bei 55° in 10 Min.; 81%. — *1-Acetoxy-2.4.6-trinitro-2.4.6-triazaheptanol-(7)*, $C_6H_{12}O_9N_6$, F. 130° (Zers.); aus **IV** u. Methanol; 51%. — *2.4.6-Trinitro-2.4.6-triazaheptandiol-(1.7)* (**VII**), $C_4H_{10}O_8N_6$, F. 145—147° (Aceton); aus **V** u. Methanol; 67%. — *1.3.5-Trinitro-1.3.5-triazahexan*, $C_3H_8O_6N_6$, F. 125 bis 126°; aus **VI** in sd. Äthylenchlorid. — Durch Zugabe von 6,42 g Benzylamin zu einer Lsg. von 0,01 Mol von **III**, **IV** oder **V** in 75 cm³ Dioxan, Abdampfen des Dioxans bei 25° im Vakuum, Ausäthern, Lösen des Rückstandes in 3 cm³ W. u. Zugabe von 10 cm³ Methanol erhält man *Bis-[benzylammonium]-methylendinitramin* (40% aus **III**, 30% aus **IV**, 37% aus **V**), u. aus dem Ae. *N-Benzyltrifluoracetamid*, F. 74,5—75,5° (63% aus **III**, 54% aus **IV**, 70% aus **V**). Aus **IV** bilden sich auch 34% *N-Benzylacetamid*, F. 60—61°. — Durch Zugabe von 25,0 g Benzylamin zu einer Lsg. von 5,0 g **II** in 120 cm³ Dioxan, 2 tägiges Stehen bei 5° u. Erwärmen auf 15° erhält man nach Aufarbeitung des Reaktionsgemisches 2,80 g (91%) *Benzylammoniumacetat* (F. 97—99°) u. 3,0 g *1.3.5-Tribenzyl-1.3.5-triazacyclohexan*, $C_{24}H_{27}N_3$, F. 50,2—51,0°. — *N-Phenyltrifluoracetamid*, F. 89,5 bis 90,5°; aus **V** in Dioxan u. Anilin in 6 Tagen; 70%. — *1-Chlor-2.4.6-trinitro-2.4.6-triazaheptan*, $C_4H_9O_6N_6Cl$, F. 140,7—141,7° (Äthylenchlorid); aus **III** u. HCl in Dioxan in 5 Tagen bei Raumtemp.; 81%. — Beim Sättigen einer Lsg. von **IV** in Dioxan mit wasserfreiem HCl bei 10° erhält man 24% *1-Trifluoracetoxy-2.4.6-trinitro-7-chlor-2.4.6-triazaheptan*, $C_6H_8O_8N_6ClF_3$, F. 114—115° (Bzl.-Cyclohexan) u. 55% *1.7-Dichlor-2.4.6-trinitro-2.4.6-triazaheptan*, $C_4H_8O_6N_6Cl_2$, F. 144,5—145,5° (Bzl.). — *1.7-Dimethoxy-2.4.6-trinitro-2.4.6-triazaheptan*, F. 104—105°; aus vorst. Verb. u. sd. Methanol. (J. Amer. chem. Soc. **78.** 801—04. 20/2. 1956. China Lake, Calif., U. S. Naval Ordnance Test Stat., Res. Dep., Chem. Div.)

E. FORCHE. 920

Jack M. Tien und **I. Moyer Hunsberger**, *Darstellung substituierter Hydrazine.* 3. Mitt. *Eine allgemeine Methode zur Darstellung N-substituierter Glycine.* (2. vgl. C. **1956.** 7809.) Analog N-[Pyridyl-(3)]-glycin (vgl. l. c.) lassen sich auch *N-[n-Hexyl]-* u. *N-Phenylglycin* durch Red. eines äquimol. Gemisches von n-Hexylamin bzw. Anilin u. Äthylglyoxylat, am besten in Eisessig bzw. 95%ig. A., darstellen. Diese Meth. scheint unter geeigneten Bedingungen allg. für die Darst. *N-substituierter Glycine* aus Alkyl-, Aryl- u. Heteroarylaminen anwendbar.

Versuche: *N-[n-Hexyl]-glycinhydrochlorid*, F. 215—218°, aus 0,00754 Mol n-Hexylamin u. 0,0104 Mol Äthylglyoxylat in Eisessig durch 2 std. Stehen, Hydrieren (2 std. Schütteln mit Pd-Kohle bei 3—4 atü), Neutralisieren, Ae.-Extraktion, 10 Min. Kochen des Extraktes mit 10%ig. NaOH, Ansäuern u. Erhitzen des Nd. mit Eisessig auf dem Wasserbad; 0,4 g (Ausbeute). — *N-Phenylglycinäthylester*, F. 57—58°, aus äquimol. Mengen Anilin u. Äthylglyoxylat in 95%ig. A. durch Hydrieren wie vorst.; 88%. — *N-Phenylglycinhydrochlorid*, F. 172—174°, aus vorst. Verb. durch 10 Min. Kochen mit HCl; 84%. (J. Amer. chem. Soc. **77.** 6696—98. 20/12. 1955.)

H. BERTSCH. 950

Leon Levintow, Jesse P. Greenstein und **Rembert B. Kingsley,** *Eine optische Spaltung der Glutaminsäure.* Vff. hydrolysierten *N-Carbobenzoxy-DL-glutaminsäure* [F. 120° (korr.)] asymm. durch Schweinenierenacylase zu *L-Glutaminsäure* ($[\alpha]_D^{26}$ +31,9° [c = 2; 5n HCl]; 83% [Ausbeute]; *N-Carbobenzoxyderiv.*, F. 136° [korr.]) u. *N-Carbobenzoxy-D-glutaminsäure* (**I**; $[\alpha]_D^{26}$ +7,5 [c = 4; Eisessig]; 85%) Die katalyt. Hydrierung von **I** ergab *D-Glutaminsäure* ($[\alpha]_D^{26}$ −31,5° [c = 2; 5n HCl]; 90%). *Carbobenzoxy-L-serin* [F. 118° (korr.)] wird durch das Enzym bestenfalls in der doppelten Zeit hydrolysiert, die *Carbobenzoxyderivv.* von *L-Asparaginsäure, L-Asparagin, L-Alanin, L-Arginin* u. *Glycin* werden kaum angegriffen. (Arch. Biochem. Biophysics **31.** 77—82. März 1951.)
K. NEHRING. 950

W. J. Leanza und **Karl Pfister III,** *Die β-Oxy-DL-glutaminsäuren.* Die beiden *rac. Diastereoisomeren* (**III** u. **V**) der *β-Oxyglutaminsäure* von hohem Reinheitsgrad werden dargestellt u. durch Derivv. charakterisiert. Für die Trennung von **III** u. **V** wird eine einfache Meth. angegeben.

Versuche: *α-Acetamidoacetondicarbonsäurediäthylester*, $C_{11}H_{17}O_6N$, F. 61° (Ae.), durch Zugabe von Oximinoacetondicarbonsäurediäthylester in Essigsäure zu einer Suspension von Zn-Staub in Essigsäureanhydrid u. Essigsäure innerhalb von 90 Min. bei 10—15° unter Rühren, dann bei 25—30° u. weiterem 3 std. Rühren, Filtrieren, Konzentrieren des Filtrats, Schütteln mit W. u. Extraktion mit Chlf.; 66% (Ausbeute). — *N-Acetyl-β-oxy-DL-glutaminsäurediäthylester* (**I**), $C_{11}H_{19}O_6N$, F. 64° (Prismen aus Aceton-Ae.; Reinheitsgrad 99,3 ± 0,2%), durch 2 std. Hydrierung bei 30—40 lbs./sq.in. von 129,7 g vorst. Verb. in W. bei 25° in Ggw. von RANEY-Ni, Filtrieren, Eindampfen des Filtrats, Lösen des Nd. in absol. A., erneute Konz. u. fraktionierte Kristallisation; 62 g. *Alloverb.* (**II**), F. 104—105° (Nadeln aus Aceton-Ae.; Reinheitsgrad 99,4 ± 0,3%), neben **I**; 29 g. — *β-Oxy-DL-glutaminsäure* (**III**), $C_5H_9O_5N$, F. 198° (Zers.; W.-A.), durch 2 std. Kochen von **I** u. 10%ig. HBr, Entfernen der HBr, nach Konz. Lösen in verd. A. u. Neutralisation mit Anilin; 64%. *Hydrochlorid*, F. 193° (Zers.). *N-Carbobenzoxyderiv.*, F. 160° (rosafarben, aus Äthylacetat), aus 1,6 g **III** in wss. $NaHCO_3$-Lsg. durch Zugabe von MgO u. 2,2 g Carbobenzoxychlorid unter Rühren u. Kühlen, weiteres 4 std. Rühren, Stehen über Nacht bei 10° u. Ätherextraktion; 0,6 g. *Diäthylesterhydrochlorid* (**IV**), F. 169°, durch 3 std. Kochen von 0,5 g **III** mit wasserfreier alkoh. HCl; 0,5 g. — *Allo-β-oxy-DL-glutaminsäure* (**V**), $C_5H_9O_5N$, F. 193—196° (Zers.; W.), aus **II** analog **III**; 84%. *Hydrochlorid*, F. 194° (Zers.). *N-Carbobenzoxydimethylester*, $C_{15}H_{19}O_7N$, F. 74° (Nadeln aus Ae.), durch Einw. von Diazomethan in Ae. auf 200 mg der amorphen N-Carbobenzoxyverb. von **V**; 100 mg. — Die Trennung einer künstlichen Mischung von **III** u. **V** erfolgte über **IV** u. **II**. (J. biol. Chemistry **201.** 377—83. März 1953. Rahway, N. J., Merck & Co., Inc., Res. Laborr.)
K. NEHRING. 950

H. Breederveld und **H. I. Waterman,** *Reaktion von Chlor mit Methoxy- und Äthoxytrichlorsilan.* DurchEinleiten von Cl_2 werden aus Methoxytrichlorsilan (**III**) *Chlormethoxytrichlorsilan* u. aus Äthoxytrichlorsilan (**IV**) *1-* (**I**) u. *2-Chloräthoxytrichlorsilan* gebildet. Verss. zur Darst. von **I** aus $SiCl_4$,Acetaldehyd u. HCl ergaben *1.1′-Dichlordiäthyläther. 2-Chlor-, 2.2-Dichlor-* u. *2.2.2-Trichloräthoxytrichlorsilan* erhält man in guter Ausbeute aus $SiCl_4$ u. dem entsprechenden Alkohol. *Trichlormethoxy-* (**II**) u. *Pentachloräthoxytrichlorsilan* werden durch Chlorierung von **III** bzw. **IV** unter dem Einfl. von UV-Licht dargestellt. **II** zerfällt bei ca. 150° in $COCl_2$ u. $SiCl_4$.

Versuche: *2-Chloräthoxytrichlorsilan*, Kp. 151—152°, F. < −25°; 70% (Ausbeute). — *2.2-Dichloräthoxytrichlorsilan*, $Kp._{10}$ 58—63°, F. < −25°; 27%. — *2.2.2-Trichloräthoxytrichlorsilan*, $Kp._{16}$ 76—78°, F. < −25°; 43%. — *Chlormethoxytrichlorsilan*, Kp. 123—128°, F. < −40°, durch Chlorierung von **III** im diffusen Tageslicht; 20%, 35% **III** wurden zurückgewonnen. — Die analoge Chlorierung von **IV** ergab 30% *1-Chloräthoxytrichlorsilan* (**I**; Kp. 129—134°, F. < −40°) u. ein Gemisch von **I** u. der 2-Chlorverbindung. — *1.1′-Dichlordiäthyläther*, Kp. 116—119°; 54%. — *Trichlormethoxytrichlorsilan* (**II**) K. 146—151° F. < −25°, aus **III** mit Cl_2 bei 80° u. UV-Licht, dann 4 Std. bei 100°. — *Pentachloräthoxytrichlorsilan*, $Kp._{16}$ 106—109°, F. −7 bis −8°, durch Chlorierung von **IV** bei 80° im UV-Licht; 51%. (Res. Corresp., Suppl. zu: Research **7.** Nr. 2. S12—S14. Febr. 1954. Delft, Technol. Univ., Labor. of Chem. Engng.)
R. BORCHARDT. 980

M. M. Sprung und **F. O. Guenther,** *Die partielle Hydrolyse von Methyltri-n-propoxysilan, Methyltriisopropoxysilan und Methyltri-n-butoxysilan.* Die drei untersuchten Silane erwiesen sich als sehr hydrolysenbeständig. *Methyltri-n-propoxysilan* (**I**) wurde durch mehrstd. Kochen der benzol. Lsg. in Ggw. von 3 Äquivalenten W., 0,09n an HCl nicht verändert. Wurde dagegen von vornherein n-Propylalkohol zugefügt, so wurden hauptsächlich harzartige Prodd., daneben wenig destillierbare Fraktion aus *cycl. Tetra-* u. *Pentasiloxanen* mit 3—4 Propoxygruppen je Mol. erhalten. Das einzige Prod. der

Hydrolyse von *Methyltriisopropoxysilan* war ein Harz mit durchschnittlich einer Isopropoxygruppe je 7 Siloxaneinheiten, während *Methyltri-n-butoxysilan* (**II**) unter den gleichen Bedingungen nicht reagierte u. erst bei Anwendung größerer Katalysatorkonzz. hauptsächlich ein Harz der entsprechenden Zus. neben wenig hochsd. Destillat u. einer festen Komponente lieferte. Die Verwendung von Methylisobutylketon als Lösungsm. begünstigte die Hydrolyse. Durch Zusatz von Methanol u. Kühlen wurde unter diesen Bedingungen aus **II** eine krist. *Verb.* $C_{13}H_{36}O_{14}Si_9$ mit einer Butoxygruppe erhalten; für die eine Struktur eines Polycyclosiloxans vorgeschlagen wird. Vier Methoden zur Darst. des sublimierbaren *Oktamethyloktasilsesquioxans* in Ausbeuten von 1—9% werden beschrieben. — Die Darst. der Silane erfolgte aus den getrockneten Alkoholen u. Methyltrichlorsilan in Ggw. eines geringen Überschusses Dimethylanilin. *Methyltri-n-propoxysilan* (I), Kp.$_{93}$ 130—133°, n_D^{20} 1,4000; 85% (Ausbeute). — *Methyltriisopropoxysilan*, Kp.$_{100}$, 102°, n_D^{20} 1,3869; 62%. — *Methyltri-n-butoxysilan* (**II**), Kp.$_{43}$ 146 bis 149°, n_D^{20} 1,4110; 77%. — *3.9-Epoxy-1.3.5.7.9-pentamethyl-1.5.7-tri-n-propoxycyclopentasiloxan* (?), $C_{14}H_{36}O_9Si_5$, Kp.$_{0,3}$ 74—91°, n_D^{20} 1,4090, durch Fraktionierung der Hydrolysenprodd. aus I. — *Oktamethyloktasilsesquioxan*, $C_8H_{24}O_{12}Si_8$, sublimiert bei 200—210°/1 mm, durch Hydrolyse von **II** u. von *Dimethyltetra-n-butoxydisiloxan* ($C_{18}H_{42}$·O_5Si_2, Kp.$_{0,1}$ 99,5—102°, n_D^{20} 1,4132—1,4134, $D.^{25}{}_4$ 0,909—0,912, isoliert als Nachlauf bei der Darst. von **II**). — *Verb.* $C_{13}H_{36}O_{14}Si_9$, F. 124—125° (Methanol). (J. Amer. chem. Soc. **77**. 6045—47. 20/11. 1955. Schenectady, N. Y., Gen. Electric Res. Labor.)

G. LOHAUS. 980

E. Profft und **G. Buchmann,** *Synthesen mit p-Cymol, einem Abfallprodukt bei der Sulfitzellstoffherstellung.* Vff. beschreiben die Gewinnung von reinem *p-Cymol* (I) aus dem beim Sulfitkochprozeß entstehenden techn. **I**. Bei eigenen Verss. über die Darst. von **I** durch Alkylierung von Toluol mit Isopropylalkohol in Ggw. von konz. H_2SO_4 konnten Vff. um 10% höhere Ausbeuten an **I** erhalten als MEYER u. BERNHAUER (Mh. Chem. **53/54.** [1929.] 721). Bei der Isoamylierung von Toluol erhielten Vff. sogar 51,2% 4-Isoamyltoluol neben nur 1,2% Dialkylierungsprodukt. Die Sulfonierung von 0,5 Mol **I** bei 3° durch Zutropfen von 1,5 Mol Chlorsulfonsäure innerhalb 1 Std. u. weiterem 1½ std. Rühren gab nach Gießen auf Eis u. Extraktion mit CCl_4 *p-Cymol-2-sulfochlorid* (**II**) Kp.$_{15}$ 157—161,5°; 65% (Ausbeute). Verwendung von äquivalenten Mengen Chlorsulfonsäure lieferte nur die entsprechende *Sulfonsäure.* Durch Zutropfen von $^3/_{20}$ Mol **II** in konz. HCl zu einer wss. Suspension von Zinkpulver (0,8 Mol Überschuß) bei 60°, weitere 3 Std. bei 90° u. Wasserdampfdest. erhielten Vff. *p-Cymol-2-mercaptan* (**III**), Kp. 235 bis 237°; 75%. Das K- oder Na-Salz von **III** ergab mit Isoamylbromid in 20%ig. alkoh. KOH nach längerem Kochen *Cymyl-(2)-isoamylthioäther* (**IV**), Kp.$_{14}$ 162—165°; 66%. Acetylierung von **IV** in CS_2 mit $AlCl_3$ u. CH_3COCl nach FRIEDEL-CRAFTS (5 Std. bei 50—55°) lieferte ein wahrscheinlich in p-Stellung zum S acetylierten **IV**, Kp.$_{14}$ 194—208°; 41%, wovon bis jetzt noch kein MANNICH-Reaktionsprod. erhalten werden konnte. Bei der Chlormethylierung von **I** konnte im Gegensatz zu D. R. P. 509 149 *2-Chlormethyl-p-cymol* (**V**), Kp.$_{18}$ 122—126°, erhalten werden durch 30 std. Rühren von 1 Mol **I** in konz. HCl mit 2,5 Mol Paraformaldehyd unter dauerndem HCl-Einleiten bei 60°; 67%. Nach WURTZ lieferte **V** *2.2′-Dimethyl-5.5′-diisopropyl-α.β-diphenyläthan*, Kp.$_{1,3}$ 176 bis 179°; 41%. Mit 2n alkoh. KOH wurde **V** bereits nach 6 std. Kochen verseift zu *2-Methyl-5-isopropylphenylcarbinol* (**VI**), Kp.$_8$ 114—120°; ca. 90%. Aus **VI** wurde durch Veresterung mit Salicylsäure unter Zusatz von wenig konz. H_2SO_4 bei 125° *Salicylsäure-[2-methyl-5-isopropylbenzyl]-ester*, Kp.$_{11}$ 226—234°, n_D^{235} 1,5655, erhalten; 30%. **V** in verd. A. liefert bei 2 std. Kochen mit NaCN *2-Cyanmethyl-p-cymol* (**VII**), Kp.$_{14}$ 153 bis 154°, fast 50%, das unter 20 at Druck zu *2-Methyl-5-isopropylphenyläthylamin* (**VIII**) hydriert wurde. Verseifung von **VII** mit alkoh. KOH gab *p-Cymyl-(2)-essigsäure*, Kp.$_{16}$ 184—187°; 53%, die bei Raumtemp. krist. wird, aber unscharf schm. u. bei Veresterung mit überschüssigem Äthanolamin u. Diäthylaminoäthanol in Ggw. von konz. H_2SO_4 *p-Cymyl-(2)-essigsäureaminoäthylester* (**IX**), Kp.$_{14}$ 244°, bzw. *p-Cymyl-(2)-essigsäurediäthylaminoäthylester* (**X**), Kp.$_{13}$ 199°, lieferte; 40%. Kondensation von **V** mit Natriumacetessigester bei 40° u. anschließendes 6 std. Kochen ergab *2-Methyl-5-isopropylbenzylacetessigester* (**XI**), Kp.$_{2,6}$ 164—171°; 68%. Ketonspaltung von **XI** mit n/2 alkoh. NaOH lieferte *[2-Methyl-5-isopropylphenyl]-äthylmethylketon*; 63%. (*Phenylhydrazon*, F. 122—123°) u. Säurespaltung von **XI** eine *Säure* vom F. 84—85°; 12%. Kondensation von **XI** mit Phenylhydrazin (3 std. Erhitzen) lieferte *4-[2-Methyl-5-isopropylbenzyl]-1-phenyl-3-methylpyrazolon-(5)* (**XII**), F. 143—145° (aus A. u. Ae.); 45%. Mit Malonsäurediäthylester lieferte **V** *2-Methyl-5-isopropylbenzylmalonsäurediäthylester*, Kp.$_{11}$ 199—201°; 50%, der weiter mit **V** *Bis-[2-methyl-5-isopropylbenzyl]-malonsäurediäthylester* (**XIII**), Kp.$_8$ 241—255°; 15%, u. mit Isoamylbromid zu *[2-Methyl-5-isopropylbenzol]-isoamylmalonsäurediäthylester* (**XIV**), Kp.$_8$ 204—207°; 48%, umgesetzt wird.

Mit Harnstoff u. Natriumäthylat im Autoklaven bei 135—140° entstand aus **XIII** *5.5-Bis-[2-methyl-5-isopropylbenzyl]-barbitursäure* (**XV**), F. 167—168°; 35%, u. aus **XIV** *5-[2-Methyl-5-isopropylbenzyl]-5-isoamylbarbitursäure*, F. 149°; 20%. Sechsstd. Kochen von **V** mit Pentachlorphenol in 15%ig. wss. KOH u. Umkristallisieren aus A. gab *Pentachlorphenyl-[2-methyl-5-isopropylbenzyl]-äther* (**XVI**), F. 86—87° (aus A.); 27%, das in CCl_4 bei 0° fast quantitativ zum zähfl. *Pentachlorphenyl-[3.4.6-trichlor-2-methyl-5-isopropylbenzyl]-äther* (**XVII**) kernchloriert wurde. Mit 6-Chlorthymol gab **V** analog *[6-Chlor-5-methyl-2-isopropylphenyl]-[2-methyl-5-isopropylbenzyl]-äther*, $Kp._8$ 216 bis 227°, n_D^{22} 1,5534; 56%. *Thioäther* wurden erhalten durch Umsatz von **V** mit p-Thiokresol zu *2-Methyl-5-isopropylbenzyl-p-tolylsulfid*, $Kp._{10}$ 206°, Öl; 63%, u. mit **III** zu *[2-Methyl-5-isopropylbenzyl]-[2-methyl-5-isopropylphenyl]-sulfid*, $Kp._{0,4}$ 175—180°; 60%, aus welchen mit H_2O_2 in Eisessig keine Sulfone zu erhalten waren. **VIII, IX, X** u. **XV** zeigten gute sedative Wrkg., wobei **IX** geringe u. **X** keine Toxizität besaßen. Die analget. Wrkg. von **XII** erreicht nicht ganz diejenige des Phenacetins. **VI** zeigte am isolierten Meerschweinchendarm nur geringe spasmolyt. Wirkung. **XVI** u. **XVII** besaßen nur sehr geringe insekticide, **XVII** dagegen stärkere fungicide Wirkung. (Chem. Techn. **7.** 138—46. März 1955.) S. Todt. 1010

H. J. Backer, *Oxydation von aromatischen Tetrathioorthocarbonaten. Eigenschaften der Sulfonylgruppe.* 16. Mitt. (15. vgl. C. **1955.** 6266.) Die Oxydation von aromat. Tetrathioäthern mit Benzoepersäure führt neben Sulfonsäuren zu Verbb., deren Zus. sich wenig von denen der erwarteten Tetrasulfone unterscheiden. Die Spaltung des Oxydationsprod. von Tetra-p-tolyltetrathioorthocarbonat mit Piperidin (**I**) lieferte *p-Toluolsulfopiperidid* u. *Piperidin-p-toluolsulfinat.* . Das Oxydationsprod. mußte also *Di-p-tolyldisulfon* (**II**) sein. Die Nitrierung von **II** ergab ein Dinitroderiv., das nach Spaltung mit **I** *3-Nitro-4-methylbenzolsulfopiperidid* u. *Piperidin-3-nitro-4-methylbenzolsulfinat* lieferte. Entsprechend wurde aus Tetraphenyltetrathioorthocarbonat *Diphenyldisulfon* (**III**) u. *Benzolsulfonsäure* erhalten. Die Rk. von **III** mit **I** ergab *Benzolsulfopiperidid* u. *Piperidinbenzolsulfinat.*

Versuche: *p-Toluolsulfonsäure, Monohydrat*, $C_7H_8O_3S\cdot H_2O$, F. 103—104°, durch Rk. von Tetra-p-tolyltetrathioorthocarbonat in Chlf. mit Benzoepersäure unter Kühlen, 2std. Stehen bei 0° u. 2tägiges Stehen; hygroskop. Nadeln. *Di-p-tolyldisulfon* (**II**), $C_{14}H_{14}O_4S_2$, F. 190° (langsames Erhitzen), Zers. bei 230° (bei schnellem Erhitzen), durch Ausschütteln vorst. Chloroformlsg. mit $KHCO_3$, Dest. des Filtrats u. Aufnehmen des Rückstandes in CH_3OH; trikline Kristalle aus A.–Dioxan. — *p-Toluolsulfopiperidid*, F. 99°, durch Erwärmen von **II** mit **I** auf 60° u. Eingießen der Lsg. in W.; 96% (Ausbeute). *p-Toluolsulfinsäure*, F. 81—84°, durch Eindampfen u. Ansäuern der wss. Lsg.; 60%. Das Na-Salz lieferte mit Benzylchlorid *Benzyltolylsulfon*, F. 144—145°. — *Bis-[3-nitro-4-methylphenyl]-disulfon*, $C_{14}H_{12}O_8N_2S_2$, F. 184—185° (Zers.), durch Rk. von **II** mit HNO_3 u. H_2SO_4 bei 0° u. Eingießen in W.; Kristalle aus CH_3COOH; 99%. — *3-Nitro-4-methylbenzolsulfopiperidid*, F. 109—109,3° (A.), durch Zugabe von **I** zur Lsg. der vorst. Verb. in Dioxan, Erwärmen auf 50° u. Gießen in W.; 98%. — *Benzyl-[3-nitro-4-methylphenyl]-sulfon*, $C_{14}H_{13}O_4NS$, F. 135—136°, a) durch Eindampfen der wss. Lsg., Aufnehmen in A., Rk. mit Benzylchlorid u. Gießen in W.; 83%; b) durch Rk. von p-Toluolsulfochlorid mit HNO_3 u. H_2SO_4 bei 0°, Aufnehmen der oberen Schicht in Chlf., Waschen mit Soda, Abdestillieren des Chlf., Behandlung des *3-Nitro-4-methylbenzolsulfochlorids* mit Na_2SO_3 u. NaOH, Zugabe von HCl zur Lsg., Aufnehmen der *3-Nitro-4-methylbenzolsulfinsäure* in verd. NaOH, Kochen mit alkoh. Benzylchlorid u. Abdampfen des Alkohols. — *Diphenyldisulfon* (**III**), $C_{12}H_{10}O_4S_2$, F. 187—190° (Zers.; CH_3COOH), aus Tetraphenyltetrathioorthocarbonat wie **II**. — *Benzolsulfopiperidid*, F. 91,2—91,7° (A.) aus **III** u. **I**; 96%. *Benzylphenylsulfon*, F. 146,5—147,5°, durch Eindampfen der wss. Mutterlauge u. Rk. des Rückstandes mit alkoh. Benzylchlorid; 95%. (Recueil Trav. chim. Pays-Bas **70.** 254—59. März 1951. Groningue, Univ., Labor. de chim. organ.)
Hildegard Baganz. 1090

H. J. Backer, J. Strating und **J. Drenth,** *Zersetzung von p-Tolylallylsulfon in alkalischem Medium. Eigenschaften der Sulfonylgruppe.* 18. Mitt. (17. vgl. C. **1956.** 7772; 16. vgl. vorst. Ref.) Kochen von p-Tolylallylsulfon (**I**) mit 2 n. u. 10n NaOH lieferte *p-Tolylmethylsulfon* (**II**), CH_3CHO u. *p-Tolyl-[propen-(1)-yl]-sulfon* (**III**). **III** konnte auch durch Überführung von p-Tolyl-[2-oxypropyl]-sulfon (**IV**) in *p-Tolyl-[2-chlorpropyl]-sulfon* u. Abspaltung von HCl erhalten werden. Die Umsetzung von **I** mit 0,025n NaOH oder 2n Na_2CO_3 ergab außerdem **IV**. Die Red. von p-Tolylacetonylsulfon (**V**) mit $LiAlH_4$ führte nicht zu **IV**, sondern zu *p-Tolylpropylsulfon.* Die Oxydation von **IV** mit CrO_3 ergab **V**. Durch diese Ergebnisse wurde bewiesen, daß die Rk. von **I** mit Alkalien unter Isomerisierung, Wasseranlagerung u. Spaltung verläuft. Die von

Otto [1894] bei der Rk. von **I** mit alkoh. KOH erhaltenen Ergebnisse konnten nicht bestätigt werden. Es wird angenommen, daß **III** in *cis-Form* vorliegt, so daß die Bldg. von H-Brücken möglich ist. Dadurch kann der hohe F. u. die Wasserdampfflüchtigkeit erklärt werden.

Versuche: *p-Tolyl-[propen-(1)-yl]-sulfon* (III), $C_{10}H_{12}O_2S$, F. 99—100°, durch 3std. Kochen von **I** mit 10n NaOH u. Dest.; aus W. Platten, aus PAe. Nadeln. *Acetaldehyd* [*Dinitrophenylhydrazon*, F. 153—155° (A. u. Xylol)], aus dem wss. Destillat. *p-Tolylmethylsulfon* (II), F. 86—87° (PAe.), a) durch Extraktion des Destillationsrückstandes mit Bzl.; b) aus Na-p-Toluolsulfinat u. Dimethylsulfat. — 3std. Kochen von **I** mit 2n NaOH lieferte *Acetaldehyd* (37% Ausbeute); **III**, durch Extraktion des Destillationsrückstandes mit Bzl. u. Behandeln des benzol. Rückstandes mit Wasser. **II**, durch Eindampfen der wss. Mutterlauge von **III**. — 3std. Kochen von **I** mit 0,025n NaOH ergab Spuren von *Acetaldehyd*. *p-Tolyl-[2-oxypropyl]-sulfon* (**IV**), $C_{10}H_{14}O_3S$, F. 77,5—78,5° (W.), durch Ansäuern der Reaktionslsg., Einengen im Vakuum u. Schütteln in Bzl.-PAe. mit Al_2O_3. — Kochen von **I** mit 2n Na_2CO_3 lieferte **III** (im wss. Destillat). Aus dem Reaktionsgemisch wurde **IV** wie vorst. isoliert. — Durch 3std. Kochen von **I** mit alkoh. KOH u. Dest. wurde eine Fl. erhalten, die keine Aldehyde oder Allylverbb. enthielt. Filtration des Rückstandes u. Ansäuern ergab **II**. — *p-Tolyl-[2-acetoxypropyl]-sulfon*, $C_{12}H_{16}O_4S$, F. 94,5—95° (PAe.-absol. A.), durch Erwärmen von **IV** u. Acetylchlorid u. Gießen in W.; 86%. — *p-Tolyl-[2-chlorpropyl]-sulfon*, $C_{10}H_{13}O_2ClS$, F. 49—50° (PAe.), durch 45 Min. langes Kochen von **IV** u. PCl_5 in Chlf., Abdampfen des Chlf. im Vakuum, Zugabe von Eis, Schütteln mit Bzl., Aufnehmen des benzol. Rückstandes in Bzl.-PAe. u. 24std. Stehen bei —5°; daneben **III**. Wird durch 2std. Kochen mit Pyridin u. Gießen in verd. HCl in **III** übergeführt. — *p-Tolylacetonylsulfon* (**V**), F. 51,5—52,5° (W.-CH_3OH; 1:1), durch 1std. Kochen von Bromaceton mit Na-p-Toluolsulfonat in absol. A., Einengen u. Gießen in W.; 54%. — *p-Tolyl-n-propylsulfon*, F. 53—53,5° (PAe.), a) durch Zugabe von äther. $LiAlH_4$ zu **V**, 2std. Erwärmen auf dem Wasserbad u. Zugabe von W. u. 2n H_2SO_4; b) aus n-Propylbromid u. Na-p-Toluolsulfinat; Nadeln. — Oxydation von **IV** mit $K_2Cr_2O_7$ u. 2n H_2SO_4, Verdünnen mit W., Extraktion mit Bzl. u. Eindampfen im Vakuum ergab **V**. (Recueil Trav. chim. Pays-Bas **70**. 365—72. April 1951.) Hildegard Baganz. 1090

H. J. Backer und **G. J. de Jong**, *Isomerisierung von β-olefinischen Sulfonen in α-olefinische Sulfone und der Einfluß auf ihr Additionsvermögen. Eigenschaften der Sulfonylgruppe.* 19. Mitt. (18. vgl. vorst. Ref.) *3-Benzylsulfonylbuten-(1)* (I), *Benzylmethallylsulfon* (II) u. *Benzylcrotoylsulfon* (III) wurden durch Rk. von Benzylchlorid (**IV**) mit den entsprechenden Na-Mercaptiden u. Oxydation der Thioäther mit H_2O_2–CH_3COOH dargestellt. Während **I** u. **II** unter dem Einfl. von Triamylamin (**VII**) oder N-Benzylpiperidin leicht in die α-olefin. Isomeren übergeführt werden, findet mit **III** keine Rk. statt. **I** u. *2-Benzylsulfonylbuten-(2)* lagern keine nucleophilen Reagentien an. Dagegen addieren **II** u. *1-Benzylsulfonyl-2-methylpropen-(1)* (**V**) W. u. Alkohol, jedoch keine Amine, Phenole u. Mercaptane. **III**, das nicht isomerisiert u. infolgedessen zu keinen Additions-Rkk. befähigt ist, wurde durch Hydrierung in *Benzyl-n-butylsulfon* übergeführt. Benzylallylsulfon (**VI**) u. **II** wurden beim Erwärmen in alkal. Lsg. in *Benzylmethylsulfon* gespalten. Die Isomerisierung der β-olefin. Sulfone wird als Allylumlagerung angesehen, die mit der Eliminierung eines Protons am α-C-Atom beginnt. Als Grund dafür, daß **III** nicht isomerisiert, wird angenommen, daß die Tendenz zur Aufrechterhaltung der Hyperkonjugation an der endständigen CH_3-Gruppe eine Stabilisierung des Mol. hervorruft. Die Addition im alkal. Medium an α-olefin. Sulfone erfolgt immer durch Anlagerung des Anions an das $C_{(\beta)}$-Atom u. anschließende Protonaddition an $C_{(\alpha)}$. Erhitzen von **VI** mit H_2SO_4 führte zu *5-Methyl-3.4-benzo-Δ³-1-thiacyclohexen-1.1-dioxyd*. Mit der α-isomeren Verb. findet eine derartige Rk. nicht statt. Durch Behandlung von 4-Benzylsulfonyl-4-methyl-2-chlorpentan mit KOH wurde an Stelle des erwarteten 4-Benzylsulfonyl-4-methylpentens-(2) *2-Phenyl-3.5.5-trimethylthiacyclopentan-1.1-dioxyd* erhalten.

Versuche: *Benzyl-[2-äthoxypropyl]-sulfon*, F. 64,5—65,5° (A.), durch 72std. Kochen von **VI** mit alkoh. **VII** u. Wasserdampfdest.; 49%. — *Benzyl-[2-benzylmercaptopropyl]-sulfon*, $C_{17}H_{20}O_2S_2$, F. 74—75°, durch 20 Min. langes Kochen von **VI**, Benzylmercaptan, KOH u. A., Neutralisation, Wasserdampfdest. des Filtrats u. Eindampfen des Rückstandes; aus A. Nadeln; 61%. — *5-Methyl-3.4-benzo-Δ³-1-thiacyclohexen-1.1-dioxyd*, $C_{10}H_{12}O_2S$, F. 112° (A.), durch 3std. Erwärmen von **VI** mit konz. H_2SO_4 auf 80° u. Gießen in W.; 70%. — *3-Benzylmercaptobuten-(1)*, $C_{11}H_{14}S$, Kp.$_4$ 85°, Kp.$_{19}$ 127°, aus 3-Mercaptobuten-(1) u. **IV** in A.; n_D^{20} 1,5477; 72%. — *3-Benzylsulfonylbuten-(1)* (I), $C_{11}H_{14}O_2S$, F. 40° (Ae.), durch Oxydation der vorst. Verb. mit H_2O_2–CH_3COOH u.

Abdampfen der CH_3COOH. — *2-Benzylsulfonylbuten-(2)*, $C_{11}H_{14}O_2S$, F. 68°, a) durch 6std. Erhitzen von I mit VII in Xylol auf 140°; b) durch 6std. Kochen von I mit Piperidin in Pyridin; 76%. — *3-Benzylmercapto-n-butanal*, $C_{11}H_{14}OS$, Kp.$_{13}$ 157—161°, durch Zugabe von KOH u. dann Crotonaldehyd zu Benzylmercaptan in A., ½std. Kochen u. Gießen in W.; n_D^{20} 1,5520; 85%. — *3-Benzylmercaptobutanol-(1)*, $C_{11}H_{16}OS$, Kp.$_{15}$ 177 bis 178°, durch 12std. Kochen von Al-Isopropylat u. der vorst. Verb. in Isopropanol, Entfernung des Isopropylalkohols u. Zugabe von H_2SO_4; 65%. — *Benzylmethallylsulfid*, $C_{11}H_{14}S$, Kp.$_{13}$ 122—123°, aus Benzylmercaptan u. Methallylchlorid; n_D^{20} 1,5526; 85%. — *Benzylmethallylsulfon* (**II**), F. 75—76°; 93%. — *1-Benzylsulfonyl-2-methylpropen-(1)* (**V**), $C_{11}H_{14}O_2S$, F. 92—93° (A.), durch 50std. Erhitzen von **II** mit **VII** in Isoamylalkohol auf 130° oder 2std. Kochen mit Piperidin; 20%. — *Benzylmethylsulfon*, Zers. bei 127°, durch 8std. Kochen von **II** mit 2%ig. Na_2CO_3; daneben **V**. — *1-Benzylsulfonyl-2-methyl-2-äthoxypropan*, $C_{13}H_{20}O_3S$, F. 89—90° (A.), a) durch 1std. Kochen von **V** mit Na in absol. A., Neutralisation u. Einengen; 20%; b) aus **II**. — *Benzylcrotylsulfid*, $C_{11}H_{14}S$, Kp.$_{18}$ 137—139°, a) aus **IV** u. Crotylmercaptan; 83%; b) aus Benzylmercaptan u. Crotylchlorid; n_D^{20} 1,552; 70%. — *Benzylcrotylsulfon* (**III**), $C_{11}H_{14}O_2S$, F. 57—58° (A.), durch Oxydation des Sulfids mit 30%ig. H_2O_2 in CH_3COOH; 63%. — *Benzyl-n-butylsulfon*, $C_{11}H_{16}O_2S$, F. 96°, a) durch Hydrierung von **III** in CH_3COOH in Ggw. von PtO_2; kleine Nadeln aus A.; b) durch Oxydation von Benzyl-n-butylsulfid, Kp.$_{12}$ 128°; 79%. Läßt sich weder durch Kochen mit KOH noch mit Piperidin isomerisieren. — *4-Benzylmercapto-4-methylpentanon-(2)*, $C_{13}H_{18}OS$, Kp.$_4$ 137—138,5°, durch Zugabe von Na-Äthylat u. dann Mesityloxyd zu Benzylmercaptan in A. (50—60°), Gießen in W. u. Ausäthern; n_D^{20} 1,5390. — *4-Benzylsulfonyl-4-methylpentanon-(2)*, $C_{13}H_{18}O_3S$, F. 127—128° (A.) mit 30%ig. H_2O_2 in CH_3COOH bei 0—10°; 66%. — *4-Benzylsulfonyl-4-methylpentanol-(2)*, $C_{13}H_{20}O_3S$, F. 94—95°, durch 14std. Rk. des vorst. Ketons mit Al-Isopropylat in Isopropylalkohol, Gießen in H_2SO_4, Wasserdampfdest. u. Einengen; 70%. — *4-Benzylsulfonyl-4-methyl-2-chlorpentan*, $C_{13}H_{19}O_2ClS$, F. 112—113° (W.), durch Rk. der vorst. Verb. mit $SOCl_2$ u. Gießen in W.; fast quantitativ. — *2-Phenyl-3.5.5-trimethylthiacyclopentan-1.1-dioxyd*, $C_{13}H_{18}O_2S$, F. 136—137° (A.), durch Schmelzen der vorst. Verb., Zugabe von KOH, ½std. Erhitzen auf 135° u. Zugabe von W.; fast quantitativ. (Recueil Trav. chim. Pays-Bas **70**. 377—88. Mai 1951.)

HILDEGARD BAGANZ. 1090

Olav Foss, *Aromatische Selen- und Tellurpolythionverbindungen.* Inhaltlich z. T. in der C. **1953**. 7275 referierten Arbeit enthalten. Es wird ferner die Darst. von *Se-* [F. 152—154° (Zers.)] u. *Te-Benzolthiosulfonat* [F. ca. 170° (Zers.)] aus Se_2Cl_2 bzw. $TeCl_4$ u. $C_6H_5SO_2SK$ u. von *Se-* [F. ca. 200° (Zers.)] u. *Te-p-Toluolthiosulfonat* [F. ca. 215° (Zers.)] mit $CH_3 \cdot C_6H_4 \cdot SO_2SK$ beschrieben. (Acta chem. scand. **5**. 967—68. 1951. Blindern-Oslo, Univ., Kjem. Inst.)

U. LIPPOLD. 1090

Dorothy V. Nightingale und **Howard B. Hucker**, *Die anomale Acetylierung einiger Dialkylbenzole.* Das früher (C. **1956**. 3558) bei der Acetylierung von sek.-Butylbenzol nach FRIEDEL-CRAFTS erhaltene angebliche 2.5-Di-sek.-butylacetophenon (**I**) ist *2.4-Di-sek.-butylacetophenon* (**II**), da das Oxydationsprod. von **II**, *sek.-Butylterephthalsäure* (**III**) mit der aus sek.-Butyl-p-xylol durch Oxydation erhaltenen **III** ident. ist. Das l. c. als Vergleichssubstanz dargestellte angebliche **I** war aus p-Di-sek.-butylbenzol (**IV**) durch Acetylierung gewonnen worden, jedoch beweist die Oxydation zu **III**, daß es sich auch hierbei um **II** gehandelt hat. **II** wurde auch bei der Acetylierung von **IV** bei —10 bis —15° erhalten; als Nebenprod. entstand p-sek.-Butylacetophenon (**XIV**). Die Acetylierung von p-Xylol unterhalb 0° ergab dagegen nur *2.5-Dimethylacetophenon* (**IX**), p-Di-n-butylbenzol (**VIII**) ergab *p-n-Butyl-* (**X**) u. *2.5-Di-n-butylacetophenon* (**XIII**). **XIII** lieferte bei der Oxydation wahrscheinlich *4-n-Butylisophthalsäure* (**V**). Der Vers., **V** als Vergleichssubstanz durch Oxydation von 1.3-Dimethyl-4-n-butylbenzol darzustellen, führte zu *Methylterephthalsäure. p-Di-tert.-butylbenzol* (**VI**) ergab bei der Acetylierung nur *p-tert. Butylacetophenon* (**XI**), p-Bis-[1-methylbutyl]-benzol (**VII**) ergab *p-[1-Methylbutyl]-acetophenon* (**XII**) u. ein *Bis-[1-methylbutyl]-acetophenon*, wahrscheinlich das *2.4-Bis-[1-methylbutyl]-derivat.* Bei der Oxydation dieser Verbb. entstanden nichtidentifizierbare Harze. Die analoge Hochtemperaturacetylierung bei dem Kp. des CS_2 führte bei p-Xylol zu **IX**, bei **VIII** zu **X** u. *2.4-Di-n-butylacetophenon.* Letzteres ergab bei der Oxydation *n-Butylterephthalsäure.* Das l. c. bei der Acetylierung von n-Propylbenzol bei erhöhter Temp. erhaltene Dipropylacetophenon dürfte 2.4-Di-n-propylacetophenon sein (Analogieschluß). Analog ergab **IV XIV**, **II** u. wahrscheinlich *2.4.6-Tri-sek.-butylacetophenon.* Die Acetylierung von **VI** führte zu **XI** u. *2.4-Di-tert.-butylacetophenon* u. die von **VII** zu **XII**, ferner wahrscheinlich zu *2.4-Bis-[1-methylbutyl]-acetophenon* (entstand auch bei der Acetylierung von 2-Phenylpentan), zu einem *Tris-[1-methylbutyl]-acetophenon* u. wahrscheinlich auch zu einem *Tetrakis-[1-methylbutyl]-acetophenon.* **XIII** wurde zur Identifizierung mit C_2H_5·MgBr in den entsprechenden tert. Alkohol u. dann mit $H_2/CuCr_2O_4$ in **IV** übergeführt. — Aus den Verss. folgt, daß Di-n-alkylbenzole bei möglichst tiefer Temp. acyliert werden sollten u. daß zur Darst. von 2.5-Di-sek.-alkylacetophenone andere Methoden angewandt werden müssen.

V e r s u c h e: Tieftemperaturacetylierung: 0,25 Mol des Dialkylbenzols wurden mit äquimol. Mengen Acetylchlorid u. $AlCl_3$ bei 0° acetyliert u. nach Aufarbeitung im Vakuum dest. (Meth. **A**). Hochtemperaturacetylierung: 0,5 Mol Dialkylbenzol wurden in 160 cm³ CS_2 gelöst, dann $AlCl_3$ zugefügt u. schließlich Acetylchlorid in Anteilen, die die Lsg. im Sieden halten; nach weiterem 3std. Kochen Zers. mit Eis–HCl u. Dest. (Meth. **B**). — *2.5-Dimethylacetophenon* (**IX**), $Kp._{4-5}$ 80—85°, aus 53 g p-Xylol nach **A**; n_D^{20} 1,5292; 48 g (Ausbeute); ferner aus 51 g p-Xylol nach **B**; 36 g. — *2.5-Dimethylbenzoesäure,* F. 134—135°, aus **IX** durch NaOCl-Oxydation. — *p-n-Butylacetophenon* (**X**), aus 47 g **VIII** nach **A** 2 g, aus 81 g **VIII** nach **B** 9,4 g. *Semicarbazon,* F. 182—183,5°. — *2.5-Di-n-butylacetophenon* (**XIII**), $C_{16}H_{24}O$, $Kp._{3-4}$ 140—146°, neben **X** nach **A**; n_D^{20} 1,5073; 33 g. *Semicarbazon,* $C_{17}H_{27}ON_3$, F. 130—131°. — *4-n-Butylisophthalsäure* (**V**), $C_{12}H_{14}O_4$, F. 222—222,5°, aus **XIII** durch Oxydation mit verd. HNO_3. — *p-sek.-Butylacetophenon* (**XIV**), $Kp._{3-4}$ 104—108°, aus 47 g **IV** nach **A** 7 g, aus 95 g **IV** nach **B** 9 g. *2.4-Dinitrophenylhydrazon,* F. 146—147°. — *2.4-Di-sek.-butylacetophenon* (**II**), $Kp._2$ 108—114°, neben **XIV** nach **A** 34 g, nach **B** 22 g. *Semicarbazon,* $C_{17}H_{27}ON_3$, F. 166,5—167°. — *sek.-Butylterephthalsäure* (**III**), $C_{12}H_{14}O_4$, F. 253—254°, aus **II** mit verd. HNO_3. — *p-tert.-Butylacetophenon* (**XI**), $Kp._{17-18}$ 142—149°, aus 47 g **VI** nach **A** 23 g, nach **B** 16 g. *Semicarbazon,* F. 232—233°. *2.4-Dinitrophenylhydrazon,* $C_{18}H_{20}O_4N_4$, F. 211,5—212,5°. — *p-[1-Methylbutyl]-acetophenon* (**XII**), $Kp._1$ 100—106°, aus 63,g **VII** nach **A** 6,5 g, aus 85 g **VII** nach **B** 16,5 g. — *Semicarbazon,* $C_{14}H_{21}ON_3$, F. 173—174°. — *2.4-Bis-[1-methylbutyl]-acetophenon,* $Kp._1$ 107—114°, neben **XII** nach **A**; 23 g. *Semicarbazon,* $C_{19}H_{31}ON_3$, F. 116—117°. — *p-sek.-Butyl-α-methyl-α-äthylbenzylalkohol,* $Kp._1$ 101—104°, aus 112 g **XIV** + C_2H_5MgBr; n_D^{20} 1,5164; 112 g; gibt über $CuCr_2O_4$ bei 250°/3400 lbs./sq.in. H_2 56,4 g **IV** ($Kp._{15-16}$ 115—117°; n_D^{20} 1,4886). 50 g **IV** geben bei Acetylierung bei —10 bis —15° Dest. u. Oxydation der Fraktion vom 97,5°/0,5 mm (14 g) mit verd. HNO_3 **III**. — *2.4-Di-n-butylacetophenon,* $C_{16}H_{24}O$, $Kp._1$ 129—130°, bei der Darst. von **X** nach **B**; 8 g. *Semicarbazon,* $C_{17}H_{27}ON_3$, F. 76,5—77,5°. — *n-Butylterephthalsäure,* F. 267—268°, aus vorst. Verb. mit verd. HNO_3. — *Tri-sek.-butylacetophenon,* $C_{20}H_{32}O$, $Kp._{3-4}$ 135—141°, bei der Darst. von **XIV** nach **B**; n_D^{20} 1,4927; 33 g. — *Di-tert.-butylacetophenon,* $C_{16}H_{24}O$, F. 42,5—43,5°, $Kp._{17-18}$ 148—155°, aus 95 g **VI** nach **B**; n_D^{20} 1,5088; 32 g. — *Bis-[1-methylbutyl]-acetophenon,* $C_{18}H_{28}O$, $Kp._{5-6}$ 154—160°, bei der Darst. von **XII** nach **B**; 8,4 g. *Semicarbazon,* $C_{19}H_{31}ON_3$, F. 127,5—128,5° (nach 10monatigem Stehen F. 133—139°). Daneben ein *Tris-[1-methylbutyl]-acetophenon,* $Kp._{3-4}$ 158—162°; 7 g. — *2.5.α-Trimethyl-α-äthylbenzylalkohol,* $C_{12}H_{18}O$, F. 43—45°, $Kp._1$ 96—97°, aus 148 g **IX** + C_2H_5MgBr, 150 g. — *2-sek.-Butyl-p-xylol,* $C_{12}H_{18}$, $Kp._{17-18}$ 91,5—93°, aus vorst. Verb. durch Hydrierung wie oben; 10g geben bei der Oxydation mit $KMnO_4$ in wss. Pyridin 10 g **III**. — *n-Butylterephthalsäure,* $C_{12}H_{14}O_4$, F. 267,5—268°, wie vorst. aus 2.5-Dimethyl-n-butyrophenon über 1.4-Dimethyl-2-n-butylbenzol. — *Methylterephthalsäure,* F. 327—328°, durch Oxydation von 1.3-Dimethyl-4-n-butylbenzol mit $KMnO_4$. (J. org. Chemistry **18.** 1529—37. Nov. 1953. Columbia, Mo., Univ., Dep. of Chem.) H. Lehwald. 1160

Merchant L. Cushing, *Induzierte Oxydation von p-Benzochinon.* Es wird das Verh. von *p-Benzochinon* (I) während der Oxydation von p-Kresol u. anderen Substraten (Brenzcatechin, 4-Chlor- u. 4.5-Dichlorbrenzcatechin) in Ggw. von Tyrosinase untersucht. Es wird gefunden, daß I bei der Oxydation des Substrats unter Verbrauch von ½ Mol O_2 je Mol I oxydiert wird. Läßt man O_2 auf I in Abwesenheit des Substrats in Ggw. des Enzyms einwirken, so findet keine Oxydation von I statt.Auch wenn I erst nach völliger Oxydation des Substrats hinzugefügt wird, tritt keine Oxydation von I ein. Es wird daraus gefolgert, daß die Oxydation von I durch eine intermediäre Form des oxydierten Substrats eingeleitet wird. Es ist erforderlich, daß I in fester Form zugegeben wird, bei Anwendung wss. Lsgg. wird I nicht oxydiert. — Das Enzym wurde aus dem Pilz *Psalliota campestris* gewonnen. (J. Amer. chem. Soc. **76.** 2257. 20/4. 1954. New York, N. Y., Stein Hall & Co., Inc., Paper Labor.) J. Festl. 1190

S. J. Metro, *2.6-Di-tert.-butylbenzochinon. 2.6-Di-tert.-butylbenzochinon* wurde bei der Oxydation von 2.6-Di-tert.-butyl-p-kresol (I) in Schmieröl–W. mit O_2 u. Cu–Fe-Kontakt erhalten.

V e r s u c h e: *2.6-Di-tert.-butyl-1.4-benzochinon,* $C_{14}H_{20}O_2$, F. 65—66°, gelb, λ_{max} 256 mμ ($\varepsilon = 15400$) aus 300 ml 0,4—0,8%ig. Lsg. von I in Schmieröl u. etwas W. durch katalyt. Oxydation mit O_2 bei 95°; nach 2—3 Tagen 100 mg. *Monooxim,* $C_{14}H_{21}O_2N$,

F. 219–220° (A.-W.), gelb. *2.4-Dinitrophenylhydrazon*, $C_{20}H_{24}O_5N_4$, F. 198–200°, rot. (J. Amer. chem. Soc. **77**. 2901–02. 20/5. 1955. Linden, N. J., Esso Res. Center.)

G. SEELIGER. 1190

Roger Adams, E. F. Elslager und **T. E. Young,** *Chinonimide.* 25. Mitt. *Anlagerung von Mercaptanen an p-Chinondibenzolsulfonimide.* (24. vgl. C. **1954.** 6713.) Mercaptane u. p-Chinondibenzolsulfonimid (**I**) reagieren auf zweierlei Weise: Das Thiol lagert sich an **I** unter Bldg. eines monosubstituierten *p-Phenylendibenzolsulfonamids* (**II**) an, oder **I** wird zu **II** red., während das Thiol zum Disulfid oxydiert wird. Die Verss. ergeben das Vorherrschen der 1. Reaktion. Bei der Unters. verschied. saurer u. bas. Katalysatoren (Kt) wurde festgestellt, daß Triäthylamin in allen Fällen die Anlagerung am besten beschleunigt. Das aus dem monosubstituierten Phenylmercapto-p-phenylendibenzolsulfonamid (**VIII**) durch Oxydation mit $Pb(OOCCH_3)_4$ erhaltene *Diimid* (**III**) addiert ein weiteres Mol. Thiophenol, wobei nur eines der möglichen Isomeren, vermutlich die *2.5-Bis-[phenylmercapto]-Verb.* (**IX**) entsteht. Eine weitere Anlagerung an das hieraus gewonnene disubstituierte **I** findet nicht statt. Das 2-Chlorderiv. von **I** gibt mit Thiophenol ein Gemisch zweier isomerer Verbb., aus dem das weniger lösl. *2-Chlor-5-phenylmercapto-p-phenylendibenzolsulfonamid* in reiner Form isoliert werden konnte. Die Struktur dieser Verb., die mit der durch Addition von HCl an **III** entstehenden Verb. ident. ist, wurde durch Synth. bestätigt.

V e r s u c h e (FF. korr.): Es wurden reinstes **I** (F. 188–189°; Eisessig), Chlf. u. Thiole benutzt; a) 1 Mol **I** in 25 cm³ Chlf. mit 1 cm³ gesätt. $CHCl_3$-Lsg. des Dioxan–H_2·SO_4-Komplexes (**IV**) u. mit 1,1 Mol RSH in Chlf. versetzen, wobei das tiefgelbe Gemisch in 5–10 Min. sich orange oder rot färbt; nach 2–24std. Stehen Abtrennen von etwas **II**, Einengen im Vakuum u. Umkristallisieren des Rückstandes aus Eisessig; b) ca. 1 Mol RSH + 1 Tropfen $N(C_2H_5)_3$ in 25 cm³ Chlf. zu 1 Mol **I** in 25 cm³ Chlf. zufügen (Lsg. vorübergehend orangefarben), nach 3 Sek. bis 5 Min. mit **II** animpfen u. nach 2 Std. wie a) verarbeiten; mit Morpholin (**V**) oder Piperidin (**VI**) als Kt gleiche Rk.; mit reinen Prodd. ohne Kt keine Änderung. **I** gab folgende *2-Mercapto-p-phenylendibenzolsulfonamide* [in () Kt u. die Zeit bis zur Entfärbung; Ausbeuten an **II** u. rohem Addukt]: *S-n-Butyl-*, $C_{22}H_{24}O_4N_2S_3$, F. 136,5–138,5°, mit n-Butylmercaptan (**VI**, 5 Sek. bis 2 Std.); 17 u. 53% (**IV**, 22 Std.); 8 u. 75% [$N(C_2H_5)_3N$, 3 Min.]; 3 u. 80%. – *S-Benzyl-* (**VII**), $C_{25}H_{22}O_4N_2S_3$, F. 148–150,5°, mit Benzylmercaptan (**V**, 1 Min.); 0 u. 94% (**IV**, 18 Std.); 8 u. 59% (A.); [$N(C_2H_5)_3$, 5 Sek.]; 0 u. 88%. – *S-Phenyl-*, (**VIII**), $C_{24}H_{20}O_4N_2S_3$, F. 167–168,5°, mit Thiophenol (H_2SO_4 als Kt; 12–16 Std.); 0–12 u. 96–64%; [$N(C_2H_5)_3$, 5 Sek.]; Spur u. 90% (A.). – *S-p-Tolyl-*, $C_{25}H_{22}O_4N_2S_3$, F. 156–157°, mit p-Tolylmercaptan [$N(C_2H_5)_3$, 3 Sek.]; 0 u. 91%. – *S-Benzthiazolyl-(2)-*, $C_{25}H_{19}O_4N_3S_4$, F. 169,5–172°, mit 2-Mercaptobenzthiazol (**IV**, 10 Min.); 7 u. 52% [$N(C_2H_5)_3$, 5. Min.]; 7 u. 65%. – *S-Carboxymethyl-*, $C_{20}H_{18}O_6N_2S_3$, F. 159–161° (A.), mit Thioglykolsäure (**V**, 20 Min.); 11 u. 66% (A.). – *S-β-Oxyäthyl-*, $C_{20}H_{20}O_5N_2S_3$, F. 133–139° (**VI**, 20 Min.); 0 u. 92% [$N(C_2H_5)_3$, 1 Min.]; 0 u. 93%. – *S-Acetyl-*, $C_{20}H_{18}$·$O_5N_2S_3$, F. 160–162° (–, 1 Std.); 0 u. 93%. – *S-β-Naphthyl-*, $C_{28}H_{22}O_4N_2S_3$, F. 182 bis 182,5° (**VI**, 6 Std.); 13 u. 55%. – *2-Phenylmercapto-p-chinondibenzolsulfonimid* (**III**), $C_{24}H_{18}O_4N_2S_3$, F. 151–152° (Zers.); **VIII** in CH_3COOH in 15 Min. mit $(CH_3COO)_4Pb$ versetzen u. 1 Std. bei Raumtemp. rühren; rote Nadeln aus CH_3COOH; 93%. – *2.x-Bis-[phenylmercapto]-p-phenylendibenzolsulfonamid* (**IX**), $C_{30}H_{24}O_4N_2S_4$, F. 226–227° (CH_3·$COOH$); **III** in Chlf. u. C_6H_5SH in Chlf. nach 5 Std. eindampfen; 92%. – *2.x-Bis-[phenylmercapto]-p-chinondibenzolsulfonimid*, $C_{30}H_{22}O_4N_2S_4$, F. 254–255°; $(CH_3COO)_4Pb$ in 15 Min. in die CH_3COOH-Lsg. von **IX** bei 60° eintragen, 4 Std./60° rühren u. 2 Tropfen $(CH_2OH)_2$ zugeben; rötlich purpurne Nadeln aus CH_3COOH; 93%. Hieraus mit C_6H_5SH in Chlf. durch 2std. Vakuumeindampfen u. Umlösen aus CH_3COOH 70% **IX**. – *2-Benzylmercapto-p-chinondibenzolsulfonimid*, $C_{25}H_{20}O_4N_2S_3$, F. 135–136°; **VII** in reinem Bzl. mit $(CH_3COO)_4Pb$ 3 Std. erhitzen, das kalte Filtrat auf 5 cm³ evakuieren u. mit PAe. fällen; tieforangefarbene Nadeln aus CH_3COOH; 88%. – *N-Benzolsulfonyl-2.5-dichlor-4-nitroanilin*, $C_{12}H_8O_4N_2Cl_2S$, F. 180,5–181,5°, durch 11std. Kochen von 2.5-Dichlor-4-nitroanilin u. $C_6H_5SO_2Cl$ in Pyridin; mit verd. HCl verrühren, den Nd. in CH_3COOH (Darco) lösen u. einengen; blaßgelbe Kristalle aus CH_3COOH; 35,8%. – *1-N-Benzolsulfonyl-2-chlor-4-nitro-5-phenylmercaptoanilin*, $C_{18}H_{13}O_4N_2ClS_2$, F. 157–159°, durch Eintropfen von wss. $Na_2S_2O_4$ (3 Min.) in 1,5 g vorst. Verb. in sd. A.; den Nd. in W. lösen u. auf 50 cm³ einengen; Nadeln aus A.; 71,5%. – *2-Chlor-5-phenylmercapto-p-phenylendibenzolsulfonamid*, $C_{24}H_{19}O_4N_2ClS_3$, F. 206–207,5°; a) durch 15std. Kochen vorst. Verb. u. $C_6H_5SO_2Cl$ in Pyridin, Gießen in W. u. Ansäuern; das Öl in CH_3COOH lösen u. einengen; Nadeln aus CH_3COOH; 26%; b) durch Einleiten von HCl-Gas in 2 g **III** in Chlf. u. Einengen auf 10 cm³; den Nd. (0,8 g) aus CH_3COOH umkrist., aus dem Filtrat ein Gemisch aus leichter lösl. *Isomeren*; insgesamt 89%; c) 4,21 g 2-Chlor-p-chinondibenzolsulfonimid u. C_6H_5SH in Chlf. nach 4 Std. auf 2 cm^3 einengen u. den Nd. aus CH_3COOH umkrist. (81%); das CH_3COOH-Filtrat auf 2 cm^3 verdampfen: *Isomerengemisch*, F. 179 bis 188° (CH_3COOH). — *Xanthyl-(2)-p-phenylendibenzolsulfonamid*, $C_{21}H_{20}O_5N_2S_4$, F. 182 bis 183° (CH_3COOH); 1,93 g **I** in CH_3COOH suspendieren, 0,98 g K-Xanthat zufügen u. nach 2 Min. schwach erwärmen; 83% roh. — Durch H_2S in Chlf. + etwas **V** wird **I** zu **II** red.; 90%; mit $N(C_2H_5)_3$ nur 25% Ausbeute. (J. Amer. chem. Soc. **75**. 663—66. 5/2. 1953. Urbana, Ill., Univ., Noyes Chem. Labor.) K. LEHMSTEDT. 1190

Roger Adams und **Paul R. Shafer**, *Chinonimide*. 26. Mitt. *Addukte von p-Chinon-bis-[dimethylaminosulfonimiden] und ihre Hydrolysenprodukte*. (25. vgl. vorst. Ref.) Die Derivv. von *p-Phenylen-bis-[dimethylaminosulfonamid]* (**I**) werden durch Bleitetracetat leicht zu denen von *p-Chinon-bis-[dimethylaminosulfonimid]* (**II**) oxydiert, die verschied. Moll. ähnlich wie die entsprechenden p-Dibenzolsulfonimide addieren. Die so erhaltenen **I** werden im Gegensatz zu den Dibenzolsulfamiden durch wss. HCl oder besser HBr leicht zu den substituierten p-Phenylendiaminen verseift. Diese sind auf diese Weise leicht zugänglich. Cyclopentadien lagert sich an die *2-Chlorverb.* (**III**) von **II** als Dien zum farblosen *7-Chlor-1.4-dihydro-1.4-methanonaphthalin-5.8-bis-[dimethylaminosulfonamid]* (**IV**) u. zum gelben *4a-Chlor-1.4.4a.8a-tetrahydro-1.4-methanonaphthalin-5.8-bis-[dimethylaminosulfonimid]* (**V**) an.

Versuche (FF. korr.): *Dimethylaminosulfochlorid*, Kp.$_{12}$ 74—76°, nach WHEELER u. DEGERING (J. Amer. chem. Soc. **66**. [1944.] 1242), jedoch bei Tempp. unter 60°; 30—70% (Ausbeute). — *p-Phenylen-bis-[dimethylaminosulfonamid]* (**I**), $C_{10}H_{18}O_4 \cdot N_4S_2$, F. 227—228° (Zers., A. oder Aceton–CCl_4); 36,2 g p-Phenylendiamindihydrochlorid, 70 g trockenes CH_3COONa, 35,2 g vorst. Verb. in sd. Ae. 48 Std. rühren, den Filterrückstand 4mal mit kaltem W. extrahieren u. das Rohprod. aus 15%ig. kaltem NaOH + HCl umfällen; 93% (roh). — *p-Chinon-bis-[dimethylaminosulfonimid]* (**II**), $C_{10}H_{16}O_4N_4S_2$, F. 182,5—183°; 14,2 g **I** in CH_3COOH 2mal bei 45° mit je 12 g $(CH_3COO)_4Pb$ versetzen, nach 15 Min. auf dem Dampfbad kurz lösen u. 1 Std. bei Raumtemp. stehenlassen; bei 0° mit W. verrühren u. aus Chlf.–CCl_4 umkrist.; orangefarben; 95%. — *2-Chlor-p-phenylen-bis-[dimethylaminosulfonamid]* (**VI**), $C_{10}H_{17}O_4N_4ClS_2$, F. 171,5—172,5° (Chlf.–CCl_4), durch Einleiten von HCl -Gas in die Chloroformlsg. von **II**; 98%. — *2-Chlor-p-chinon-bis-[dimethylaminosulfonimid]* (**III**), $C_{10}H_{15}O_4N_4ClS_2$, *rote Form*, F. 144—145° (Zers.), *gelbe Form*, F. 136—137° (Zers.); durch Dehydrieren von **VI** wie oben; 94%; das Gemisch aus CCl_4 oder CCl_4/n-Hexan umkrist. u. die gelbe Form mit Chlf. herauslösen oder manuell trennen; rote Tafeln aus Chlf.–CCl_4; durch Umkristallisieren der gelben Form entstehen stets Gemische; bei sehr langsamem Erhitzen der gelben Form F. 142 bis 143° (Zers.); Infrarotspektren in Chlf. fast gleich, in Nujol zwischen 1400—4000 cm^{-1} ähnlich, zwischen 600 u. 1400 identisch. — *2.3-Dichlor-p-phenylen-bis-[dimethylaminosulfonamid]* (**VII**), $C_{10}H_{16}O_4N_4Cl_2S_2$, F. 135,5—136,5°; aus **VI** u. HCl, wobei ein Gemisch von **VII**, nachst. **VIII** u. **IX** entsteht; 93,5%; 3mal mit je 25 cm^3 CCl_4 auskochen u. die Lsg. verdampfen; Nadeln aus CCl_4; 46,5% (roh); zum Nachw. der Struktur wurde **VII** mit 48%ig. HBr zum *2.3-Dichlor-p-phenylendiamindihydrobromid* verseift u. dieses in das *2.3-Dichlor-p-phenylendiamindibenzolsulfonamid* [F. 213,5—214° (Chlf.–CCl_4)] umgewandelt. — *2.5-Dichlor-p-phenylen-bis-[dimethylaminosulfonamid]* (**VIII**), $C_{10}H_{16}O_4 \cdot N_4Cl_2S_2$, F. 215,5—216° (Zers.), aus vorst. Rückstand; Prismen aus Aceton; 55,5%; ähnlich wie **VII** identifiziert. — *2.3.5-Trichlor-p-phenylen-bis-[dimethylaminosulfonamid]* (**IX**), $C_{10}H_{15}O_4N_4Cl_3S_2$, F. 180—180,5°, aus dem Gemisch von **VII** u. **VIII**; Nadeln aus Chlf.–CCl_4; 95%. — *2.3.5.6-Tetrachlor-p-phenylen-bis-[dimethylaminosulfonamid]* (**X**), $C_{10}H_{14}O_4N_4Cl_4S_2$, F. 231—232° (Zers.), aus **IX**; Nadeln aus Aceton; 92,5%. — *2-Phenylmercapto-p-phenylen-bis-[dimethylaminosulfonamid]* (**XI**), $C_{16}H_{22}O_4N_4S_3$, F. 144,8—145,6°; aus rohem **II** in Chlf., C_6H_5SH u. etwas $N(C_2H_5)_3$ in Chlf. u. Umkristallisieren des halbfesten Nd. aus wenig sd. A.; Nadeln; vorübergehend orangefarben; 93%. — *2-Benzolsulfonyl-p-phenylen-bis-[dimethylaminosulfonamid]* (**XII**), $C_{16}H_{22}O_6N_4S_3$, F. 181,8—182,6° (A.); durch portionsweise Zugabe von rohem **II** in CH_3COOH zu 1,5 Mol $C_6H_5SO_2Na$ + Spur H_2SO_4 u. Verdünnen nach 20 Min. mit W.; 92%. — *5.8-Dihydronaphthalin-1.4-bis-[dimethylaminosulfonamid]* (**XIII**), $C_{14}H_{22}O_4N_4S_2$, F. 182,8—183,6°; durch 30tägiges Stehen von fl. Butadien u. rohem **II** in Chlf. mit 0,25% A.; Entfernen des dunklen Nd., Einengen u. Verdünnen mit n-Hexan, Versetzen des Vakuumrückstandes mit CH_3COOH u. etwas HBr u. Verdünnen mit W.; Nadeln aus Chlf.–CCl_4; 74,5%. — *Naphthalin-1.4-bis-[dimethylaminosulfonamid]*, $C_{14}H_{20}O_4N_4S_2$, F. 167—168° (Zers.), durch 6tägiges Stehen von rohem **II** u. Acetoxybutadien in Chlf., Verdünnen mit n-Hexan, Aufnehmen des Nd. in CH_3COOH u. wenig 48%ig. HBr bei Raumtemp., Verdünnen mit W., Umkristallisieren aus Chlf.; aus A. Tafeln; 25% (roh). — *7-Chlor-1.4-dihydro-1.4-methanonaphthalin-5.8-bis-[dimethylaminosulfonamid]* (**IV**), $C_{15}H_{21}O_4N_4ClS_2$, F. 209,6 bis 210,6° (Zers.) u. *4a-Chlor-1.4.4a.8a-tetrahydro-1.4-methanonaphthalin-5.8-bis-[dimethylaminosulfonimid]* (**V**), $C_{15}H_{21}O_4N_4ClS_2$, F. 140—141° (Zers.), aus rohem **III** u. frisch dest. Cyclopentadien in Bzl., Verdünnen nach 12 Tagen mit n-Hexan u. Einengen; den Nd. in wenig CH_3COOH + Spur 48%ig. HBr lösen u. mit W. verdünnen; aus A. Pulver; 34% **IV**; durch Einengen der Mutterlauge, Zugabe von n-Hexan u. Umkristallisieren des Nd. aus A. + etwas 48%ig. HBr, dann aus A. gelbe Blätter von 34% **V**. — Die Hydrolyse der Dimethylaminosulfonamide zu den *Halogen-p-phenylendiaminhydrohalogeniden* [in () Meth. u. Zeit] erfolgte a) mit 75 Teilen konstant sd. HCl u. ca. 0,1% $ZnCl_2$ durch heftiges Kochen u. Zugabe von n-Octanol; b) mit 10—15 Raumteilen 48%ig. HBr durch gelindes Kochen, Filtrieren des heißen Nd. u. Fällen mit HBr bzw. konz. HCl: **I** [a) 1½ Std.] → *p-Phenylendiamindihydrochlorid*, $C_6H_8N_2 \cdot 2HCl$; 85%. — **VI** [a) 2 Std.]→ *2-Chlor-*, $C_6H_7N_2Cl \cdot 2$ HCl; 82,5%. — **VII** [b) 1 Min.] → *2.3-Dichlor-*, $C_6H_6N_2 \cdot Cl_2 \cdot 2$ HBr; 85,5%. — **VIII** [b) 10 Min.] → *2.5-Dichlor-*, $C_6H_6N_2Cl_2 \cdot 2$ HBr; 86%. — **IX** [b) 15 Min.] → *2.3.5-Trichlor-*, $C_6H_5N_2Cl_3 \cdot 2$ HBr, H_2O; 85,6%. — **X** [b) 5 Min.] → *2.3.5.6-Tetrachlor-*, $C_6H_4N_2Cl_4$, F. 221—222°; 71,3%. — **XI** [a) 18 Std.] → *2-Phenylmercapto-*, $C_{12}H_{12}N_2S \cdot 3$ HBr [b) 1 Min.]; 0 u. 95,5%. — **XII** [25% **XII** zurück; a) 6 Std.] *2-Phenylsulfonyl-*, $C_{12}H_{12}O_2N_2S \cdot 2$ HCl; 77% [b) 1 Min.]; $C_{12}H_{12}O_2N_2S \cdot 2$ HBr; 72%. **XIII** [a) 2 Std.] → *1.4-Diamino-5.8-dihydronaphthalindihydrochlorid*, $C_{10}H_{12}N_2 \cdot 2$ HCl; 70%. (J. Amer. chem. Soc. **75**. 667—70. 5/2. 1953.) K. Lehmstedt. 1190

Germaine Cauquil, Héribert Barrera und **Renée Barrera**, *Acetylierung aromatischer Substanzen durch Acetanhydrid in Gegenwart von Silberperchlorat; Oxydation der Methylarylketone durch Silberperchlorat.* Die Rk. von m-Xylol (**I**) bei Raumtemp. mit $AgClO_4$ u. Acetanhydrid (**IV**) liefert *2.4-Dimethylacetophenon* (**II**; *Semicarbazon*, F. 195°), das bei 5std. Kochen mit $AgClO_4$ unter AgCl-Bldg. zu *2.4-Dimethylbenzoesäure* (**III**; F. 127°; *Amid*, F. 180°) oxydiert wird, Ausbeute bezogen auf **II** 27%, 30% **II** wurde zurückgewonnen. Der Umsatz von **I** mit $AgClO_4$ bei 110° führt direkt zu **III**. Die Acylierungs-Rk. ist unabhängig von Konz. u. Zeit, Temperaturerhöhung wirkt günstig, die maximale Ausbeute wird, bezogen auf $AgClO_4$, für **IV**/$AgClO_4$ wie 2—4, bezogen auf **IV** für ein Molverhältnis von 1,5 erreicht. Die Ausführung der Rk. in Toluol liefert nur halbe Ausbeuten. Zur Erklärung nehmen Vff. eine Komplexbldg. von $AgClO_4$ mit **I**, Toluol u. **IV** an, von denen der **I**-Komplex beständiger als der Toluolkomplex sein soll. Die Rk. von **IV** mit dem Komplex ist erschwert, da die Arylkomponente schon mit einem elektrophilen Mol., wenn auch locker, verknüpft ist. Ein **IV**-Überschuß wirkt durch Verdrängen von **I** aus dem Komplex günstig, zu große Überschüsse lassen die Ausbeute sinken, da dann ein reaktionsträger $[AgClO_4]_2$-**IV**-Komplex entsteht. Die **III**-Ausbeute steigt fast linear mit der $AgClO_4$-Konz. u. der Erhitzungsdauer u. ist stark temperaturabhängig. Ein großer **IV**-Überschuß wirkt hier störend, da der $[AgClO_4]_2$-**IV**-Komplex schlechtere Oxydationswrkg. hat als der $AgClO_4$-**IV**-Komplex. Angenähert gilt: $RCOCH_3 + AgClO_4 \rightarrow RCOOH + AgCl + CO_2 + H_2O$. (C. R. hebd. Séances Acad. Sci. **233**. 1117—19. 5/11. 1951.) H. Liebig. 1210

Herbert E. Ungnade und **Louis Rubin**, *Methoxy (und Oxy)-phenoxybenzoesäuren.* Vff. beschreiben die Darst. der 19 möglichen *Methoxyphenoxybenzoesäuren* u. deren Entmethylierung nach drei Methoden zu den entsprechenden *Oxyphenoxybenzoesäuren*. Einzelne Säuren zeigen dabei anomales Verh., es wird angenommen, daß sowohl elektromere als auch ster. Effekte die Entmethylierungs-Rk. beeinflussen.

Versuche: Methylmethoxydiphenyläther, $C_{14}H_{14}O_2$, durch Kondensation von K-Phenolaten mit Arylhalogeniden nach Ungnade u. Orwoll (vgl. C. **1946**. II. 205): *3-Methyl-2-methoxy-*, F. 55,5—56° (PAe.); 39,6% (Ausbeute). — *4-Methyl-2-methoxy-*, F. 74—75° (verd. Methanol); 24%. — *5-Methyl-2-methoxy-*, F. 38,5 bis 39° (PAe.); 60%. — *6-Methyl-2-methoxy-*, F. 68—69° (PAe.); 15%. — *3'-Methyl-2-methoxy-*, $Kp._{0,1}$ 85—90°; 63%. — *4'-Methyl-2-methoxy-*, F. 50—51° (PAe,); 54%. — *4-Methyl-3-methoxy-*, $Kp._{740}$ 275—276°; 10%. — *5-Methyl-3-methoxy-*, $Kp._{18}$ 145—147°; 27,6%. — *3'-Methyl-3-methoxy-*, $Kp._{20}$ 178—180°; 16%. — *4'-Methyl-3-methoxy-*, $Kp._{20}$ 179—181°; 10%. — *3-Methyl-4-methoxy-*, F. 44—45° (PAe.); 37%. — *3'-Methyl-4-methoxy-*, $Kp._{20}$ 177—180°; 12,5%. — *4-Methyl-4'-methoxy-*, F. 47—48° (verd. A.); 15%. — *4-Brom-2-methylanisol*, $Kp._{25}$ 124—125°, F. 65,8°, aus 4-Brom-2-methylanilin über 4-Brom-2-methylphenol; 78%. — *Methyloxydiphenyläther*, $C_{13}H_{12}O_2$, aus vorst. Methoxydiphenyläthern durch Entmethylierung mit HJ in Essigsäure nach Ungnade (J. Amer. chem. Soc. **63**. [1941.] 2092): *4-Methyl-2-oxy-*, F. 78—79°; 89%. — *5-Methyl-2-oxy-*, F. 68,7—70°; 92%. — *6-Methyl-2-oxy-*, F. 121,5—122,6°; 98%. — *3'-Methyl-2-oxy-*, F. 68,5—69°; 96%. — *4'-Methyl-2-oxy-*, F. 63—63,8°; 87%. — *4'-Methyl-4-oxy-*, Doppel-F. 56—57° u. 72—73°. — Methoxyphenoxybenzoesäuren, $C_{14}H_{12}O_4$, a) durch Oxydation der Methylmethoxydiphenyläther mit CrO_3 oder $KMnO_4$; b) aus o-Chlorbenzoesäuren u. Arylhalogeniden nach ULLMANN [1904]; c) durch Kondensation von Oxybenzoesäureestern mit Arylhalogeniden; d) durch Methylierung der Oxyphenoxybenzoesäuren in wss. NaOH mit Dimethylsulfat: *2-Methoxy-3-phenoxy-*, F. 117,5—118° (PAe.), nach a) u. d); 44 bzw. 47%. — *3-Methoxy-4-phenoxy-*, F. 174—175° (Bzl., nach a); 30%. — *4-Methoxy-3-phenoxy-*, F. 186—186,5° (PAe.), nach a); 45%. — *3-Methoxy-2-phenoxy-*, F. 130—131° (Ligroin), nach c); 14%. *Äthylester*, $C_{16}H_{16}O_4$, Kp.$_1$ 170—180°, blaßgelbes Öl; F. 108,5—110° (A.), aus 2-Oxy-3-methoxybenzoesäureäthylester u. K-Methylat in Methanol, Abdest. des Lösungsm. gegen Ende im Vakuum bei 150° u. 6std. Erhitzen des trockenen Salzes mit Brombenzol in Ggw. von Cu-Pulver im Rohr auf 200—240°; 16,5%. — *2-[2-Methoxyphenoxy]-*, F. 110—111° (Bzl.), nach b); 30%. — *3-[2-Methoxyphenoxy]-*, F. 148—149° (Bzl.–Ligroin), nach a); 79%. — *4-[2-Methoxyphenoxy]-*, F. 159 bis 160° (Bzl.–Ligroin), nach a); 88%. — *2-Methoxy-6-phenoxy-*, F. 125—125,8° (Bzl.–Ligroin), nach b); 58%. — *2-Methoxy-4-phenoxy-*, F. 79—81°, nach a) u. d); 49%. — *3-Methoxy-5-phenoxy-*, F. 140—142° (Bzl.), nach a); 61%. — *4-Methoxy-2-phenoxy-*, F. 174—175° (Bzl.), nach b); 61%. — *2-[3-Methoxyphenoxy]-*, F. 131—132° (Bzl.–Ligroin), nach b); 35%. — *3-[3-Methoxyphenoxy]-*, F. 96,5—97,5° (Bzl.–PAe.), nach a); 23%. — *4-[4-Methoxyphenoxy]-*, F. 116,5—117,5° (Ligroin), nach a); 77%. — *3-Methoxy-6-phenoxy-*, F. 154—156° (Bzl.), nach b); 59%. — *2-Methoxy-5-phenoxy-*, F. 109—110° (Ligroin), nach a); 30%. — *2-[4-Methoxyphenoxy]-*, F. 144—145° (Bzl.), nach b); 57%. — *3-[4-Methoxyphenoxy]-*, F. 139—140° (Ligroin), nach a); 56%. — *4-[4-Methoxyphenoxy]-*, F. 175 bis 176° (Bzl.), nach c); 38%. — *2-Oxy-3-methoxybenzoesäure*, a) durch Oxydation des entsprechenden Aldehyds mit Ag_2O; 48,8%; b) durch partielle Entmethylierung der 2.3-Dimethoxybenzoesäure mit $AlCl_3$ in Bzl.; 27%. *Äthylester*, $C_{10}H_{12}O_4$, Kp.$_1$119—122°; 66,3%. — Oxyphenoxybenzoesäuren, $C_{13}H_{10}O_4$, durch Entmethylierung der Methoxyphenoxybenzoesäuren mit a) HJ, Essigsäure u. Acetanhydrid (15 Min. kochen); b) $AlCl_3$ in thiophenfreiem Bzl. (2std. Kochen); c) KOH in Äthylenglykol (4std. Kochen): *2-Oxy-3-phenoxy-*, F. 139—140,2° (Bzl.–Ligroin); nach a) 88%; nach b) 62%; nach c) 36%, zu 27% Decarboxylierung; oder aus dem Na- oder K-Salz des o-Phenoxyphenols nach KOLBE bei 200—230°/100—200 at; 24 bzw. 69%. — *3-Oxy-4-phenoxy-*, F. 146 bis 147° (Bzl.–Ligroin), nach a) 99%; nach b) 75%; nach c) 72% an Ausgangsprod. (AP.) zurück. — *4-Oxy-5-phenoxy-*, F. 187,6—188° (Bzl.–Ligroin), nach a) 90% AP.; nach b) 81%; nach c) zu 75% Decarboxylierung. — *5-Oxy-6-phenoxy-*, F. 152—153,5° (Ligroin); nach a) 40% unter partieller Entmethylierung; nach b) 75%; nach c) 62% AP. — *2-[2-Oxyphenoxy]-*, F. 111—114° u. 121—122° (Bzl.–Ligroin); nach a) 50%; nach b) 31%; nach c) 71% als Lacton. — *3-[2-Oxyphenoxy]-*, F. 121—123° u. 138—140° (Bzl.–Ligroin); nach a) 66%; nach b) 58%; nach c) 80%. — *4-[2-Oxyphenoxy]-*, F. 138,2—139° (Bzl.–Ligroin); nach a) 72%; nach b) 65%; nach c) 53%. — *2-Oxy-6-phenoxy-*, F. 124—125° (Ligroin); nach a) zu 67% Decarboxylierung; nach b) 62,5%; nach c) 75,8% AP. —*2-Oxy-4-phenoxy-*, F. 182,4—183° (Bzl.–Ligroin); nach a) 68%; nach b) 76%; nach c) 35% AP., zu 23% Decarboxylierung; oder aus dem K-Salz des m-Phenoxyphenols nach KOLBE bei 230°; 50%. — *3-Oxy-5-phenoxy-*, F. 216—217° (Bzl.); nach a) 98%; nach b) 50%; nach c) 65%. — *4-Oxy-6-phenoxy-*, F. 164—165° (W.); nach a) 67%; nach b) 54%; nach c) 71,5%. — *2-[3-Oxyphenoxy]-*, F. 119—120° (Ligroin); nach a) 50% unter partieller Entmethylierung; nach b) 40% AP.; nach c) 57%. — *3-[3-Oxyphenoxy]-*, F. 130—132° (Bzl.–Ligroin); nach a) 55,5%; nach b) 82% AP.; nach c) 70%. — *4-[3-Oxyphenoxy]-*, F. 163,5—165° (Bzl.); nach a) 89%; nach b) 65%; nach c) 66% AP. — *3-Oxy-6-phenoxy-* F. 167—168,5° (Ligroin–Chlf.); nach a) 55,5%; nach b) 62,5%; nach c) 73% unter partieller Entmethylierung. — *2-Oxy-5-phenoxy-*, F. 132—133° (Ligroin); nach a) 88%, nach b) 62%; nach c) 70% unter partieller Entmethylierung. — *2-[4-Oxyphenoxy]-*, F. 158 bis 159,5° (Bzl.–Ligroin), nach a) 99%, nach b) 62,5%; nach c) 60% unter partieller Entmethylierung. — *3-[4-Oxyphenoxy]-*, F. 169,5—170,5° (Bzl.); nach a) 89%; nach b) 62,5%; nach c) 60% unter partieller Entmethylierung. — *4-[4-Oxyphenoxy]-*, F. 190 bis 191° (Bzl.); nach a) 54%; nach b) 63%; nach c) 84%. — *2-[2-Oxyphenoxy]-benzoesäurelacton*, $C_{13}H_8O_3$, F. 100—101° (Ligroin), durch Ansäuern der wss. Lsg. des Na-Salzes der entsprechenden Oxysäure. (J. org. Chemistry **16**. 1311—17. Sept. 1951. Columbia, Mo., Univ., Chem. Dep.) E. HAAS. 1250

Jon Munch-Petersen, *Aryloxyester. Die Reaktivität des α-Wasserstoffs und des Carbonylkohlenstoffs gegenüber basischen Reagentien.* Wie bei Ketonen (vgl. C. **1950**. I. 521) wird auch bei Estern durch die Einführung einer Aryloxygruppe das Carbonyl-C stärker aktiviert als das α-H-Atom. Verss., Phenoxyessigsäureäthylester (I) durch Phenylbenzoat oder Phenylpropionat mit $NaNH_2$ zu acylieren, schlugen unter den verschiedensten Bedingungen fehl, ähnlich auch Verss. zur Acylierung mit Benzoylchlorid oder Acetylchlorid mit Triphenylmethyl-K. Diese Selbstkondensation wird bei verschied. Phenoxyestern untersucht.

Versuche: *2.4-Dichlorphenoxyessigsäureäthylester* (II), Kp.$_1$ 147°, aus der Säure u. A. + H_2SO_4; 66% (Ausbeute). — *2-Methyl-4-chlorphenoxyessigsäureäthylester* (V), $C_{11}H_{13}O_3Cl$, Kp.$_{10}$ 158—160°, analog II; 82%. — *Phenoxyessigsäureäthylester* (I), $C_{10}H_{12}O_3$, Kp. 250—251°, aus Na-Phenolat in A. mit Chloressigsäureäthylester; 65%. — *2.4.6-Trichlorphenoxyessigsäureäthylester* (VII), $C_{10}H_9O_3Cl_3$, F. 41,5—42,5°, analog I; 80%. *Freie Säure*, F. 177—178°. *Säurechlorid*, $C_8H_4O_2Cl_4$, F. 59°, Kp.$_{11}$ 160—165°. — *β-Naphthoxyessigsäureäthylester* (VI), $C_{14}H_{14}O_3$, F. 49—51° (A.), Kp.$_{10}$ 170—190°, analog I; 70%. — *α-[2.4.6-Trichlorphenoxy]-propionsäureäthylester*, $C_{11}H_{11}O_3Cl_3$, F. 22°, Kp.$_1$ 143°, Kp.$_{25}$ 189°, aus Na-2.4.6-Trichlorphenolat u. α-Brom- oder α-Chlorpropionsäureäthylester; 80 bzw. 30%. *Freie Säure*, F. 112—113° (Bzl.). — *Phenoxyessigsäure-tert.-butylester* (III), $C_{12}H_{16}O_3$, Kp.$_1$ 110—113° (bei 15 mm Zers.), aus Phenoxyacetylchlorid u. tert.-Butanol mit Dimethylanilin; 55%. — *2.4.6-Trichlorphenoxyessigsäure-tert.-butylester*, $C_{12}H_{13}O_3Cl_3$, aus K-2.4.6-Trichlorphenolat u. Chloressigsäure-tert.-butylester in tert.-Butanol; 75% (roh). — *α.γ-Diphenoxyacetessigsäureamid*, $C_{16}H_{15}O_4N$, F. 140° (A.), aus I u. $NaNH_2$; 25—30%. Daneben *α.γ-Diphenoxyacetessigsäureäthylester*; 40%. *Freie Säure*, Öl, zers. sich bei der Dest. unter 0,5 mm. *2.4-Dinitrophenylhydrazon*, $C_{24}H_{22}O_8N_4$, F. 159—160°, gelb.— *α.γ-Bis-[2.4-dichlorphenoxy]-acetessigsäureäthylester*, $C_{18}H_{14}O_5Cl_4$, F. 96—98° (A.), aus II mit $NaNH_2$ oder Diisopropylamino-MgBr (IV); 60%. — *α.γ-Diphenoxyacetessigsäure-tert.-butylester*, $C_{20}H_{22}O_5$, F. 57—58° (A.), a) beim Vers. der Propionylierung von III mit Phenylpropionat in Ggw. von $NaNH_2$; zers. sich bei der Dest.; 77%; b) durch Selbstkondensation von III in Ggw. von IV; 55%. *2.4-Dinitrophenylhydrazon*, F. 143—144°. — *α.γ-Diphenoxyaceton*, $C_{15}H_{14}O_3$, F. 59—60° (Nadeln aus A.), a) aus vorst. Verb. bei der Dest.; b) durch Oxydation von Glycerin-α.γ-diphenyläther (F. 81—82°) mit $K_2Cr_2O_7$ in H_2SO_4. *2.4-Dinitrophenylhydrazon*, $C_{21}H_{18}O_6N_4$, F. 125—126°. — V gab bei der Selbstkondensation mit IV ein Öl (21%) u. mit $NaNH_2$ das *Amid*, $C_9H_{10}O_2NCl$, F. 150—151°. — Das Prod. aus VI war ein Öl; 61%. — *α.γ-Bis-[2.4.6-trichlorphenoxy]-acetessigsäureäthylester*, $C_{18}H_{12}O_5Cl_6$, F. 77—78°, aus VII mit IV; 28%. — *2.4.6-Trichlorphenoxyacetamid*, $C_8H_6O_2NCl_3$, F. 195—196°, aus VII mit $NaNH_2$; 70%. — *α.γ-Bis-[2.4.6-trichlorphenoxy]-acetessigsäure-tert.-butylester*, $C_{20}H_{16}O_5Cl_6$, F. 129—131° (A.); 51%. — *α.γ-Dimethyl-α.γ-bis-[2.4.6-trichlorphenoxy]-acetessigsäureäthylester*, $C_{20}H_{16}O_5Cl_6$, F. 116—117°; 22%.— *α-Phenoxy-γ-benzoylaceton*, $C_{16}H_{14}O_3$, F. 81—82°, aus Acetophenon u. I mit $NaNH_2$; 60%. (Acta chem. scand. 5. 519—28. 1951. Copenhagen, Techn. Univ., Dep. of Organ. Chem.)

L. Lorenz. 1250

G. J. M. van der Kerk, J. H. Verbeek und **J. C. F. Cleton**, *Darstellung von Gallussäureestern mit höheren primären Alkoholen.* Die Herst. von *Galloylchlorid* (II) gelang Vff. durch Einw. von überschüssigem $SOCl_2$, das durch Dest. über rohem Leinöl von SCl_2 u. S_2Cl_2 befreit worden war, auf sorgfältig getrocknete Gallussäure (I) u. Abbruch der Rk. vor der Umsetzung der gesamten umgesetzten Säure. Das erhaltene Gemisch an Säure u. Säurechlorid wurde dann mit dem entsprechenden höheren prim. Alkohol verestert. Für die Darst. von reinem II ist die von Vff. beobachtete, im trockenen Zustand stabile *1 : 1-Additionsverb. aus* II *u. Dioxan* von Bedeutung. Die direkte Veresterung von I gelang durch „kontinuierliche Veresterung“ mit den entsprechenden Alkoholen unter Zuhilfenahme eines W. abtreibenden Lösungsm., wie Bzl., Toluol oder Xylol in Ggw. von p-Toluolsulfonsäure. Unter 100° ist die Veresterungsgeschwindigkeit recht niedrig, über 150° ist die Veresterung jedoch in wenigen Std. beendet.

Versuche: Zur Reinigung von $SOCl_2$ wird dieses mit rohem Leinöl (20: 1) über eine kleine Hempel-Kolonne dest. u. nach Abnahme eines kleinen Vorlaufs die bei 76—77° übergehende Fraktion aufgefangen. Die Umsetzung von $SOCl_2$ mit I erfolgte durch 5std. Erhitzen von 17 g I (sorgfältig getrocknet) u. 50 ml vorst. $SOCl_2$ im Ölbad bei 75° u. Abtreiben des überschüssigen $SOCl_2$ im Vakuum unterhalb 60°, wonach ein pulveriges Gemisch von I u. II zurück bleibt. — *Gallussäure-n-octylester*, $C_{15}H_{22}O_5$, F. 96 bis 97°, das I/II-Gemisch wird mit 47,5 ml n-Octanol versetzt, nach Abklingen der exothermen Rk. wird noch 4 Std. bei 100° erhitzt, mit gesätt. neutraler Bicarbonatlsg. neutralisiert, überschüssiges Octanol mit Wasserdampf abgetrieben u. der erstarrende Ester aus Bzl. krist.; 58% (Ausbeute). *n-Hexylester*, $C_{13}H_{18}O_5$, F. 94°; 51%. *n-Decylester*, $C_{17}H_{26}O_5$, F. 94—95°; 62%. *n-Dodecylester*, $C_{19}H_{30}O_5$, F. 96—97°; 56,5%. *Cyclohexylester*, $C_{13}H_{16}O_5$, F. 151—151,5°; 20%. — *Additionsverb. von* II *u. Dioxan*, $C_6H_5O_4Cl \cdot C_4H_8O_2$, das I/II-Gemisch wird mit 50 ml Dioxan (über Na dest.) versetzt, auf Zugabe von 500 ml Bzl. fällt hauptsächlich I aus, das Filtrat wird im Vakuum eingedampft, in 10 ml Dioxan gelöst u. mit Bzl. weitere I ausgefällt; nach Wiederholung dieser Operation wird der ölige Rückstand mit 75 ml Bzl. u. 75 ml PAe. versetzt u. das Filtrat im Vakuum eingedampft; hellgelbes Öl, das nach längerem Stehen krist. u. dann bei Zimmertemp. schmilzt. — *Direkte Veresterung*: *Gallussäure-n-dodecylester*, 17 g I, 93 g Laurylalkohol, 40 ml Xylol u. 1,3 g p-Toluolsulfonsäure werden in einer App. mit kontinuierlicher

Wasserabscheidung $2^1/_2$ Std. gekocht; anschließend wird mit dem gleichen Vol. Ligroin versetzt; 82%. Aus der Mutterlauge 17 g *Di-n-dodecyläther*, Kp.$_{0,2}$ 175°. — *Gallussäure-n-decylester*, 17 g I, 31,6 g n-Decanol, 120 ml Petroleum (Kp. 170—190°) u. 1,3 g p-Toluolsulfonsäure werden wie vorst. 5 Std. zum Sieden erhitzt; 75,5%. Aus der Mutterlauge noch 5,7 g *Di-n-decyläther*, Kp.$_{0,5}$ 140°. — Nach gleicher Meth. folgende Gallussäureester: *n-Heptyl-*, $C_{14}H_{20}O_5$, F. 96°; 54%. — *n-Octyl-*, $C_{15}H_{22}O_5$, F. 95°; 87,5%. — *n-Nonyl-*, $C_{16}H_{24}O_5$, F. 96—97°; 72%. — *n-Undecyl-*, $C_{18}H_{28}O_5$, F. 96—97°; 86%. — *n-Undecenyl-*, $C_{18}H_{26}O_5$, F. 88,5—89,5°; 64%. — *n-Tetradecyl-*, $C_{21}H_{34}O_5$, F. 97°; 85%. — *n-Hexadecyl-*, $C_{23}H_{38}O_5$, F. 99°; 49%. (Recueil Trav. chim. Pays-Bas **70**. 277—84. März 1951. Utrecht, Inst. für organ. Chem.) K. NEZEL. 1250

J. C. Westfahl und **T. L. Gresham**, *Substituierte Malonitrile des Typs Aryl—$CH_2CX(CN)_2$*. Beschrieben wird die Halogenierung von Benzylmalodinitrilen mit NaOCl oder NaOBr in alkal. Lösung. Mit NaOJ tritt keine Rk. ein. Die Cl- u. Br-Verbb. können als Halogenierungsmittel für Allylgruppen dienen. *Benzylbrommalodinitril* (I) zerfällt in wss. NaOH bei Wasserdampfdest. in *Benzaldehyd* u. *$CH_2(CN)_2$*.

Versuche: *2.5-Dimethoxybenzylchlormalodinitril*, F. 51,5—52,5° (Bzl.-Hexan), gelblich, aus 2.5-Dimethoxybenzylmalodinitril, NaOH u. wss. NaOCl; 85,1% (Ausbeute). — *Benzylbrommalodinitril* (I), F. 119,5—120,5° (Bzl.-Hexan), gelblich, aus Benzylmalonnitril, NaOH u. wss. NaOBr; 43,8%. — *β-Phenyl-α-brompropionsäure*, aus I durch Hydrolyse u. Decarboxylierung mit H_2SO_4-Eisessig; 92,8%. — *dl-Phenylalanin*, Zers. bei 275°, aus vorst. Verb. mit 28%ig. NH_4OH; 43,5%. *N-Benzoylverb.*, F. 186,5—187,5° (W.-A.). — Dampfdest. von I, Ansäuern des Destillats u. Ausäthern liefert *Benzaldehyd*; *Phenylhydrazon*, F. 154—155° (A.-W.); *Semicarbazon*, F. 214,5—215,5°; *2.4-Dinitrophenylhydrazon*, F. 235—235,8°. — Ebenso gibt nachst. Verb. *Anisaldehyd*; 15,4%; *2.4-Dinitrophenylhydrazon*, F. 257—259°. — *p-Methoxybenzylbrommalodinitril*, F. 59,5 bis 60,5°; 43,8%. — *Benzylchlormalodinitril*, F. 90—91°; 48,1%. — *2.4.6-Trimethylbenzylbrommalodinitril*, F. 95,5—96,5°; 84,6%. — *2.4.6-Trimethylbenzylchlormalodinitril*, F. 66,3—67,3°; 84,3%. — *3-Bromcyclohexen*, aus I, Cyclohexen (Kp.$_{730,7}$ 80,5—81°; $n_D^{23,5}$ 1,4450), CCl_4 u. Benzoylperoxyd durch ca. 12std. Kochen; ca. 12%. (J. Amer. chem. Soc. **77**. 2910—12. 20/5. 1955. Brecksville, O., B. F. Goodrich Res. Center.) G. SEELIGER. 1250

Vincent T. Oliverio und **Eugene Sawicki**, *Einige Fluorabkömmlinge des Urethans*. Für krebstherapeut. Unterss. wurden neue Mono-, Di- u. Trifluorabkömmlinge des Urethans dargestellt. Die Synthesen erfolgten durch Umsetzung von Isocyanaten mit dem Alkohol, von Chlorkohlensäureester mit Aminen, von Carbamylchloriden mit Alkoholen u. von Aldehyden mit Urethan.

Versuche: *Trifluoressigsäurebenzylester*, $C_9H_7O_2F_3$, Kp. 178—179°, durch 1std. Kochen von 146 g Trifluoressigsäureanhydrid u. 150 g Benzylalkohol am Rückflußkühler; 88% (Ausbeute). — *β.β.β-Trifluoräthylalkohol* (I), Kp. 74—75°, durch Einrühren von 150 g der vorst. Verb. in ein Gemisch aus 33,6 g $LiAlH_4$ u. 600 cm³ wasserfreiem Ae., Zerstörung des überschüssigen $LiAlH_4$ durch tropfenweise Zugabe von 200 cm³ W., Hydrolyse mit 500 cm³ 20%ig. H_2SO_4, Ausäthern u. Dest.; 64%. — *Carbaminsäure-β.β.β-trifluoräthylester*, Kp. 172—174°, durch Umsetzung von I mit 5 Mol $COCl_2$ bei 0—5°, Abdampfen des überschüssigen $COCl_2$, Lösen des Rückstandes in Ae. u. Umsetzung mit trockenem NH_3; ca. 7%. — *4-Äthoxyphenylcarbaminsäure-β.β.β-trifluoräthylester*, $C_{11}H_{12}O_3NF_3$, F. 112° (Hexan), durch Zugabe von 5 g I zu 8,2 g p-Äthoxyphenylisocyanat u. einem Tropfen Triäthylamin u. Kochen während einiger Min.; 52%. — Nach diesem Verf. wurden die folgenden Carbaminsäure-β-fluoräthylester dargestellt: *N-[2-Nitrophenyl]-*, $C_9H_9O_4N_2F$, F. 65—66°; 64%. — *N-[3-Nitrophenyl]-*, $C_9H_9O_4N_2F$, F. 88—89°; 51%. — *N-[4-Nitrophenyl]-*, $C_9H_9O_4N_2F$, F. 137—139°; 14%. — *N-[4-Äthoxyphenyl]-*, $C_{11}H_{14}O_3NF$, F. 91,5—92,5°; 62%. — *N-α-Naphthyl-*, $C_{13}H_{12}O_2NF$, F. 130—130,5°; 60%. — *N-[4-Xenyl]-*, $C_{15}H_{14}O_2NF$, F. 148; 73%. — Carbaminsäure-β.β-difluoräthylester: *N-Phenyl-*, $C_9H_9O_2NF_2$, F. 41—42°; 38%. — N-[4-Äthoxyphenyl]-, $C_{11}H_{13}O_3NF_2$, F. 95—96°; 52%. — *N-α-Naphthyl-*, $C_{13}H_{11}O_2NF_2$, F. 103°; 17%. — *N-β-Naphthyl-*, $C_{13}H_{11}O_2NF_2$, F. 91—92°; 40%. — Carbaminsäure-β.β.β-trifluoräthylester: *N-Äthyl-*, $C_5H_8O_2NF_3$, F. 25—26°, Kp.$_{37}$ 90—91°; 71%. *N-[3-Nitrophenyl]-*, $C_9H_7O_4N_2F_3$, F. 92—93°; 69%. — *N-[4-Nitrophenyl]-*, $C_9H_7O_4N_2F_3$, F. 131—131,5°; 48%. — *N-Phenyl-*, $C_9H_8O_2NF_3$, F. 70°; 92%. — *N-α-Naphthyl-*, $C_{13}H_{10}O_2NF_3$, F. 109°; 71%. — *N-β-Naphthyl-*, $C_{13}H_{10}O_2NF_3$, F. 114,5°; 80%. — *N-[4-Xenyl]-*, $C_{15}H_{12}O_2NF_3$, F. 168°; 44%. — *N-[3-Fluorphenyl]-carbaminsäureäthylester*, $C_9H_{10}O_2NF$, F. 38,5—39,0° (Hexan), durch tropfenweise Zugabe von 3 g Chlorkohlensäureäthylester zu 3 g 3-Aminofluorbenzol in 20 cm³ Pyridin u. Eingießen des Gemisches in kalte verd. H_2SO_4; 86%. — Mit dieser Rk. zwischen einem Chlorkohlensäureester u. einem Amin wurden nachst. Verbb. gewonnen: *N-[4-Fluorphenyl]-*, $C_9H_{10}O_2NF$, F. 55—56°; 92%. — *N-[3-Fluorphenyl]-thiocarbaminsäureäthylester*, $C_9H_{10}ONFS$, F. 41—42°; 85%. — *N-[4-Fluorphenyl]-*, $C_9H_{10}ON \cdot FS$, F. 69—70°; 70%. — *N-[4-Fluorphenyl]-carbaminsäure-β-chloräthylester*, $C_9H_9O_2 \cdot NClF$, F. 74,5°; 75%. *β-Fluoräthylester*, $C_9H_9O_2NF_2$, F. 74—75°; 93%. — *N.N'-m-Phenylendicarbaminsäuredi-β-fluoräthylester*, $C_{12}H_{14}O_4N_2F_2$, F. 114—115°; 77%. — *4-[β.β.β-Trifluorcarbäthoxyamino]-2'.3-dimethylazobenzol*, $C_{17}H_{16}O_2N_3F_3$, F. 143°; 80% bezogen auf rückgewonnenes, 15% bezogen auf eingesetztes Aminoazobenzol. — *Carbaminsäure-β.β.β-trifluoräthylester*, $C_3H_4O_2NF_3$, Kp. 172—174°; 100%. — *N.N-Dimethylcarbaminsäure-β-fluoräthylester*, $C_5H_{10}O_2NF$, $Kp._5$ 75—80°, durch $^3/_4$std. Kochen von 5 g Monofluoräthylalkohol u. 8,4 g Dimethylcarbamylchlorid; 76%. — Auf diese Weise wurden auch die folgenden drei Verbb. erhalten: *N.N-Diäthylcarbaminsäure-β-fluoräthylester*, $C_7H_{14}O_2NF$, $Kp._{23}$ 96°; 69%. — *N.N-Dimethylcarbaminsäure-β.β.β-trifluoräthylester*, $C_5H_8O_2NF_3$, $Kp._{20}$ 58°; 42% — *N.N-Diäthylcarbaminsäure-β.β.β-trifluoräthylester*, $C_7H_{12}O_2NF$, $Kp._{66}$ 65—68°; 50%. — *N.N'-Äthylidendicarbaminsäuredi-β.β.β-trifluoräthylester*, $C_8H_{10}O_4N_2F_6$, aus wss. A. Nadeln, F. 168°, durch Zugabe eines Mikrotropfens konz. HCl zu einer Lsg. von 0,1 g Acetaldehyd u. 0,6 g β.β.β-Trifluorurethan u. Stehenlassen des Gemisches über Nacht; 83%. — Analog wurden die beiden folgenden Verbb. dargestellt: *N.N'-Propylidendicarbaminsäuredi-β.β.β-trifluoräthylester*, $C_9H_{12}O_4N_2F_6$, F. 156°; 86%. — *N.N'-Benzylidendicarbaminsäuredi-β.β.β-trifluoräthylester*, $C_{13}H_{12}O_4N_2F_6$, F. 208°; 88%. (J. org. Chemistry **20**. 363—67. März 1955. Gainesville, Fla., Univ. of Florida, Cancer Res. Labor.) E. Forche. 1280

A. Burawoy, A. Chaudhuri und **C. E. Vellins**, *o-Mercaptoazoverbindungen*. 8. Mitt. *Darstellung und Debenzylierung von 2-Benzylmercapto-2'- und -4'-nitroazobenzol.* (7. vgl. C. **1956**. 4987.) *2-Benzylmercapto-2'-* (**I**) u. *-4'-nitroazobenzol* (**II**) wurden durch Kondensation von o-Benzylmercaptoanilin mit o- bzw. p-Nitronitrosobenzol dargestellt. **II** ergab durch Rk. mit HBr in Essigsäure (Eg.) *4-Nitroazobenzol-2'-sulfenylbromid* (**III**) u. p-Nitroanilin; das intermediäre 2-Benzylmercapto-4-nitrohydrazobenzol wird also von HBr schneller gespalten als es analog 2-Benzylmercaptohydrazobenzol die Benzidinumlagerung eingehen kann. In Ggw. von Azobenzol wurde aus **II** kein p-Nitroanilin gebildet. Im Gegensatz dazu ergab die Rk. von **I** mit HBr nur *2-Nitroazobenzol-2'-sulfenylbromid* (**IV**); entweder kann **I** nicht als H_2-Acceptor wirken, oder die Debenzylierung verläuft schneller als die Red. des Thiols; letzteres wird zu *Bis-[o-(o-nitrophenylazo)-phenyl]-disulfid* (**V**) oxydiert u. gibt durch weitere Einw. von HBr **IV**. Unabhängig davon wurde gezeigt, daß **V** u. das p-Nitro-Isomere (**VI**) von sd. HBr quantitativ in **IV** bzw. **III** übergeführt werden. Durch Erhitzen von **I** bzw. **II** mit Br_2 in Eg. wurden **IV** bzw. **III**, mit überschüssigem Br_2 *2-* (**VII**) bzw. *4-Nitroazobenzol-2'-sulfenyltribromid* (**VIII**) erhalten; **VIII** ist instabil u. gibt bei der Isolierung **IV** u. Br_2. Durch Rk. von **VII** bzw. **VIII** mit Dimethylanilin wurden *p-Dimethylaminophenyl-o-[o-* u. *p-nitrophenylazo]-phenylsulfid* dargestellt. Durch Einw. von NaOH auf **III** oder **IV** bildet sich eine tiefblaue Lsg.; die Isolierung der Sulfenate aus dieser Lsg. gelang nicht, durch Rk. mit Dimethylsulfat wurden jedoch *Methyl-o-[o-* u. *p-nitrophenylazo]-phenylsulfoxyd* erhalten. Beim Stehen obiger Lsg. tritt Disproportionierung unter Bldg. von **V** bzw. **VI** u. *2-* (**IX**) bzw. *4-Nitroazobenzol-2'-sulfinsäure* (**X**) ein; die Disulfidbrücke wird durch NaOH gespalten, das 2-Mercapto-4'-nitroazobenzol wieder zu **V** oxydiert, während die Sulfensäure **V** u. **IX** bildet. Die Sulfinsäuremenge nimmt beim Stehen stetig zu. **V** u. **VI** wurden auch durch Rk. von **IV** bzw. **III** mit Zn, **IX** u. **X** aus **VII** bzw. **VIII** durch Einw. von NaOH dargestellt. Die ausschließliche Bldg. von **IX** u. **X** ohne Auftreten blauer Lsgg. spricht für die Tetravalenz des S in den Tribromiden. **IX** u. **X** wurden als Nitrobenzylsulfone charakterisiert. **III** u. **IV** sind sehr stabil, wasserlösl. u. leicht in *Cyanide, Thiocyanate, Chloride, Jodide* u. *Perchlorate* überzuführen. Analog den Azobenzol-2-sulfenyl-Derivv. besteht auch hier die Möglichkeit, echte Salze zu bilden. 2-Nitroazobenzol-2 -sulfenyljodid ist weit weniger stabil als das 4-Nitroderiv., es geht leicht in **V** u. J_2 über. **V** ergab bei der Red. mit alkoh. Na_2S-Lsg. ein Prod., das hauptsächlich aus *2-Mercapto-2'-nitroazobenzol* bestand. Durch Red. von **III** wurde *Bis-[o-(p-aminophenylazo)-phenyl]-disulfid* erhalten.

Versuche: *2-Benzylmercapto-2'-nitroazobenzol* (**I**), $C_{19}H_{15}O_2N_3S$, F. 115—116° (orangefarbene Nadeln aus PAe. oder Bzl.), a) aus o-Nitronitrosobenzol u. o-Benzylmercaptoanilin in Eg. in 15 Min. bei 50° u. Stehen über Nacht; 80% (Ausbeute); b) aus 2-Mercapto-2'-nitroazobenzol u. Benzylchlorid durch 5 Min. kochen mit wss.-alkoh. NaOH; 57%. — *2-Benzylmercapto-4-nitroazobenzol* (**II**), F. 167—168° (orangerote Nadeln aus Bzl.), analog **I**. — *2-Nitroazobenzol-2'-sulfenylbromid* (**IV**), $C_{12}H_8O_2N_3BrS$, F. 257 bis 258° (gelbe Nadeln aus Eg.), a) aus **I** durch 5 Min. kochen mit Br_2 in Eg.; 97%; b) aus **I** durch 5 Min. kochen mit 48%ig. HBr in Eg.; 78%; c) aus **V** durch 3 Min. kochen mit 48%ig. HBr in Eg.; 76%; d) aus **IX** durch 10 Min. kochen mit 48%ig. HBr in Eg.; 86%. — *4-Nitroazobenzol-2'-sulfenylbromid* (**III**), F. 279—280° (gelbe Nadeln), a) analog

IV nach a); b) neben p-Nitroanilin (30%) analog **IV** nach b); 49%; c) durch 5 Min. Kochen von **II** u. Azobenzol in Eg. mit 48%ig. HBr; 78%; d) analog **IV** nach c) aus **VI**; 76%; e) analog **IV** nach a) aus **X**; 86%. — *Bis-[o-(o-nitrophenylazo)-phenyl]-disulfid* (**V**), $C_{24}H_{16}O_4N_6S_2$, F. 172—173° (orangegelbe Nadeln aus Bzl.), a) aus **I** durch 15 Min. Kochen mit Zn-Staub in Bzl.; 67%; b) aus **IV** durch Zugabe von 10%ig. wss. NaOH zu einer Suspension in wss. A. u. 24std. Rühren; 92%. — *Bis-[o-(p-nitrophenylazo)-phenyl]-disulfid* (**VI**), $C_{24}H_{16}O_4N_6S_2$, F. 228—229° (orangefarbene Nadeln aus Bzl.), a) aus **II** durch 30 Min. Kochen mit Zn-Staub in Bzl.; 67%; b) durch Zugabe von 10%ig. wss. NaOH zu **III** in W. u. 30 Min. Rühren; 78%; c) analog b) in 3 Std.; 54%. — *2-Nitroazobenzol-2'-sulfinsäure* (**IX**), $C_{12}H_9O_4N_3S$, F. 144—145° (gelbe Prismen aus wss. A.), a) neben **V** nach b); 94%; b) aus **VII** durch Einw. von wss. NaOH; 80%. — *Methyl-o-[o-nitrophenylazo]-phenylsulfoxyd*, $C_{13}H_{11}O_3N_3S$, F. 128—129° (orangefarbene Nadeln aus wss. CH_3OH), aus **IV** in CH_3OH durch Zugabe von wss. NaOH u. 30 Min. Schütteln mit Dimethylsulfat; 70%. — *4-Nitroazobenzol-2'-sulfinsäure* (**X**), F. 133—134° (gelbbraune Nadeln aus CH_3OH), neben **VI** nach b) 104%; nach c) 137%; oder aus **VIII** durch Einw. von wss. NaOH; 80%. — *Methyl-o-[p-nitrophenylazo]-phenylsulfoxyd*, F. 175—176° (orangefarbene Nadeln aus wss. CH_3OH), aus **III** in CH_3OH durch Zugabe von wss. NaOH u. 30 Min. Schütteln mit Dimethylsulfat; 75%. — *p-Dimethylaminophenyl-o-[p-nitrophenylazo]-phenylsulfid*, $C_{20}H_{18}O_2N_4S$, F. 187—189° (orangefarbene Nadeln aus PAe.), aus **III** u. Dimethylanilin durch 1std. Kochen in Eg.; 75%. — *p-Dimethylaminophenyl-o-[o-nitrophenylazo]-phenylsulfid*, F. 186—187° (orangefarbene Nadeln aus PAe.), analog vorst. Verbindung. — *4-Nitrobenzyl-o-[o-nitrophenylazo]-phenylsulfon*, $C_{19}H_{14}O_6N_4S$, F. 230 bis 232° (orangefarbene Nadeln aus Bzl.), aus **IX** u. 4-Nitrobenzylbromid durch 3std. Kochen mit NaOH in A.; 70%. — *4-Nitrobenzyl-o-[p-nitrophenylazo]-phenylsulfon*, F. 249—250° (orangerotes Pulver aus Bzl.), analog. — *2-Nitroazobenzol-2'-sulfenylchlorid*, $C_{12}H_8O_2 \cdot N_3ClS$, F. 237—239° (gelbe Nadeln aus Toluol), durch Zugabe von konz. HCl zu einer sd. Lsg. von **IV** in W. u. Aussalzen; 86%. — *4-Nitroazobenzol-2'-sulfenylchlorid*, F. 258 bis 259° (gelbe Platten aus Eg.), analog. — *4-Nitroazobenzol-2'-sulfenyljodid*, $C_{12}H_8O_2 \cdot N_3JS$, F. 200—202° (violettbraune Nadeln aus A.), durch Zugabe von wss. KJ-Lsg. zur sd. wss. Lsg. von **III**; 62%. — *2-Nitroazobenzol-2'-sulfenyljodid*, F. 149—150°, analog; instabil; 87%. — *2-Nitroazobenzol-2'-sulfenylperchlorat*, $C_{12}H_8O_6N_3ClS$, F. 176° (Zers.; gelbe Nadeln aus A.), durch Zugabe von wss. $NaClO_4$-Lsg. zu einer wss. 60° warmen Lsg. von **IV**; 67%. — *4-Nitroazobenzol-2'-sulfenylperchlorat*, F. 204° (Zers.; gelbbraune Nadeln aus A.), analog. — *2-Nitroazobenzol-2'-sulfenylcyanid*, $C_{13}H_8O_2N_4S$, F. 144° (gelbe Nadeln aus Bzl.), durch Zugabe von wss. KCN-Lsg. zu einer heißen wss. Lsg. von **IV**; 95%. — *4-Nitroazobenzol-2'-sulfenylcyanid*, F. 160° (orangefarbene Nadeln aus Bzl.). — *2-Nitroazobenzol-2'-sulfenylthiocyanat*, $C_{13}H_8O_2N_4S_2$, F. 132° (orangegelbe Nadeln aus Bzl.), aus einer wss. Lsg. von **IV** u. KSCN; 86%. — *4-Nitroazobenzol-2'-sulfenylthiocyanat*, F. 200° (Zers.; rotbraune Nadeln aus Bzl.), analog vorst. Verb. bei 60°; nimmt an der Luft 1 Mol W. unter Orangegelbfärbung auf. — *4-Nitroazobenzol-2'-sulfenyltribromid* (**VIII**), $C_{12}H_8O_2N_3Br_3S$, F. 232° (Zers.; aus Br_2-haltiger Eg. gelbes Pulver), durch 3 Min. Kochen von **II** mit 2,1 Mol Br_2 in Eg.; 89%. — *2-Mercapto-2'-nitroazobenzol*, F. 98—100°, durch 5 Min. Kochen einer Suspension von **V** in A. mit Na_2S in 5% wss. NaOH; 63%. — *2-Methylmercapto-2'-nitroazobenzol*, $C_{13}H_{11}O_2N_3S$, F. 114—115° (orangefarbene Nadeln aus A.), aus 2-Mercapto-2'-nitroazobenzol u. Dimethylsulfat in wss.-alkoh. NaOH; 64%; auch direkt durch Behandlung der Reduktionslsg. von **V** mit 1%ig. wss. NaOH u. Dimethylsulfat. — *Bis-[o-(p-aminophenylazo)-phenyl]-disulfid, Diperchlorat*, $C_{24}H_{20}N_6S_2 \cdot 2\,HClO_4$, F. 240° (Zers.; violette Nadeln aus wss. A.), durch Zugabe von Na_2S-Lsg. in W. u. 10%ig. wss. NaOH zu einer sd. Suspension von **VI** in A. u. 10 Min. Kochen u. Zugabe von 70% $HClO_4$; 55%. *Freies Disulfid*, $C_{24}H_{20}N_6S_2$, F. 124° (gelbbraunes Pulver aus Bzl.-PAe.), durch Zugabe von wss. $NaHCO_3$-Lsg. zur wss. alkoh. Lsg. des Perchlorats u. Extraktion mit Bzl.; 72%. — *Bis-[o-(p-benzamidophenylazo)-phenyl]-disulfid*, $C_{38}H_{28} \cdot N_6O_2S_2$, F. 190—192° (gelbes Pulver aus A.), aus vorst. Perchlorat u. Benzoylchlorid durch 30 Min. Schütteln mit wss.-alkoh. NaOH; 70%. (J. chem. Soc. [London] **1956**. 90—95. Jan. Manchester, Univ., Coll. of Technol.) H. BERTSCH. 1320

Alan H. Crosby und **Robert E. Lutz**, *Untersuchung einer oxydativen Aminierungsmethode für die Synthese von Aminochinonen.* Die oxydative Aminierung von 1.4-Benzochinon (**VIII**) mit sek. Aminen führt zu *2.5-Bis-[dialkylamino]-1.4-benzochinonen* bzw. *2-Piperidino-1.4-naphthochinon.* Diisopropylamin (**VII**), prim. Amine sowie 1.2-Naphthochinon geben die Rk. nicht. Es wird ein Reaktionsmechanismus diskutiert. Während beim Erhitzen von **VII** mit Diäthoxybenzochinon (**I**) in tert.-Butylalkohol keine Umsetzung erfolgt, gibt Piperidin *2.5-Dipiperidinobenzochinon* (**III**). In CH_3OH entsteht aus **VII** u. **I** *2.5-Dimethoxybenzochinon* (**II**), das sich aber nicht in Abwesenheit von **VII** bildet. Die Benzochinone, von denen 3 zu *2.5-Dioxybenzochinon* (**VI**) hydrolysiert werden, werden durch reduktive Acetylierung in die entsprechenden *Hydrochinondiacetate* übergeführt. **VI** wird durch mehrere Derivv. u. durch Überführung in *1.2.4.5-Tetraacetoxybenzol* charakterisiert.

V e r s u c h e: Durch Zugeben von **VIII** zu Cu(II)-Acetatmonohydrat u. sek. Amin in CH_3OH bei 20—30° unter O_2-Einleiten u. Abfiltrieren oder Einengen u. Zugeben von Ae. u. 96%ig. H_2SO_4 nachst. B e n z o c h i n o n e: *2.5-Bis-[diäthylamino]-* (**V**), $C_{14}H_{22}O_2N_2$, F. 112—114° (Isooctan u. A.), rote Nadeln; 44% (Ausbeute). — *2.5-Dimorpholino-*, $C_{14}H_{18}O_4N_2$, F. 232—238° (Zers.; Dioxan), a) analog; 96%; b) durch Erhitzen von **II** mit Morpholin; rote Nadeln. — *2.5-Dipiperidino-* (**III**), F. 179—180° (Zers.; A.), a) analog; 89%; b) aus **I**; purpurrote Würfel. — *2.5-Bis-[methylisopropylamino]-* (**IV**), $C_{14}H_{22}O_2N_2$, F. 111—113° (Isooctan u. A.), rote Nadeln; 48%. — *2.5-Bis-[di-n-propylamino]-*, $C_{18}H_{30}O_2N_2$, F. 55—57° (Isooctan), rote Büschel; 45%. — *2.5-Bis-[di-n-butylamino]-*, $C_{22}H_{38}O_2N_2$, F. 45—47° (Isooctan), rot u. wachsartig; 55%. — *2.5-Bis-[methylbenzylamino]-*, $C_{22}H_{22}O_2N_2$, F. 176—178° (Zers.; A. u. Dioxan), rote Blättchen; 86%. — *2.5-Dimethoxy-* (**II**), durch 1std. Kochen von **I** u. **VII** in CH_3OH; 88%. — *2.5-Dioxy-* (**VI**), a) durch $^1/_2$std. Erhitzen von **III** mit wss. H_2SO_4 auf 50—55°; gelborangefarbene Kristalle aus Dioxan; 50%; b) aus **IV**; c) durch 1std. Kochen von **V** in Dioxan mit 2n NaHO, Ansäuern u. Ausäthern. — *2.5-Diäthoxy-* (**I**), F. 188—189° (A.), durch 5std. Stehen von **VI** mit absol. A. u. BF_3-Ätherat; 30%. — *2.5-Diacetoxy-*, F. 150—155° (Zers.; Bzl.), aus **VI** mit Acetanhydrid u. BF_3-Ätherat; kanariengelbe Platten; 45%. — *1.2.4.5-Tetraacetoxybenzol*, F. 228—230°, a) aus **VI** mit Acetanhydrid, $(C_2H_5)_3N$ u. Zn; 32%; b) aus vorst. Verbindung. — *1.2.4.5-Tetramethoxybenzol*, F. 101—102°, aus vorst. Verb. mit methanol. HCl u. $(CH_3)_2SO_4$. — *2-Piperidino-1.4-naphthochinon*, $C_{15}H_{15}O_2N$, F. 94—96° (Isooctan), analog; 87%. — Durch Erwärmen der Benzochinone mit Acetanhydrid, $(C_2H_5)_3N$ u. Zn-Staub, Gießen in W. u. Ausäthern nachst. H y d r o c h i n o n d i a c e t a t e: *2.5-Bis-[diäthylamino]-*, $C_{18}H_{28}O_4N_2$, F. 48—50° (Isooctan), Blättchen; 40%. — *2.5-Dimorpholino-*, $C_{18}H_{24}O_6N_2$, F. 242—243° (Zers.; Butanon u. tert.-Butylalkohol); 58%. — *2.5-Dipiperidino-*, $C_{20}H_{28}O_4N_2$, F. 166—167° (Äthylacetat), Täfelchen; 90%. — *2.5-Bis-[methylisopropylamino]-*, $C_{18}H_{28}O_4N_2$, F. 117—119° (Isooctan u. Äthylacetat), Platten; 77%. — *2.5-Bis-[di-n-propylamino]-*, $C_{22}H_{36}O_4N_2$, F. 71—72° (Isooctan), Platten; 35%. — *2.5-Bis-[di-n-butylamino]-*, $C_{26}H_{44}O_4N_2$, F. 50—51° (Isooctan), Büschel; 32%. — *2.5-Bis-[methylbenzylamino]-*, $C_{26}H_{28}O_4N_2$, F. 153—155° (Dioxan u. Äthylacetat), Prismen; 80%. — *2.5-Dimethoxy-*, F. 186—188° (Acetanhydrid, CH_3OH u. Isopropylalkohol), aus **II**; 47%. — *2-Piperidino-1.4-dioxynaphthalindiacetat*, $C_{19}H_{21}O_4N$, F. 130—131° (Äthylacetat u. Isooctan); 78%. (J. Amer. chem. Soc. **78**. 1233—35. 20/3. 1956. Charlottesville, Va., Univ., Cobb Chem. Labor.) R. PASEDAG. 1340

D. G. Pishawikar und **S. V. Shah,** *Kondensation von Chloressigester mit Metallverbindungen der Acylderivate einiger Arylamine.* Durch Kondensation der Na- bzw. K-Verbb. acetylierter Arylamine mit Chloressigester (**I**) wurden Verbb. des Typs $R \cdot N(CH_2COOC_2H_5)COCH_3$ ($R = C_6H_5$, $CH_3 \cdot C_6H_4$) dargestellt, deren Verseifung zu den entsprechenden Säuren führte; die $COCH_3$-Gruppe wird beim Kochen mit 2n KOH nicht abgespalten.

V e r s u c h e: Durch Umsetzung von 5 g Acetanilid bzw. Acet-o-, -m- u. -p-toluidid mit 0,9 g Na in Toluol (4—6 Std.) u. dann mit 5 g **I** (2 Std. Kochen nach Auftreten einer schwachen Rotfärbung), Heißfiltration, Abdest. des Toluols u. Kochen mit W. wurden erhalten: *Acetylphenylglycinäthylester*, $C_{12}H_{15}O_3N$, Kp. 275°, $Kp._{15-20}$ 185°, n_D^{27} 1,517, $D.^{27}$ 1,109; 1,5 g (Ausbeute). bzw. 2,4 g aus der K-Verbindung. *Acetylphenylglycin*, $C_{10}H_{11}O_3N$, Nadeln aus W., F. 192°. — *Acetyl-o-tolylglycinäthylester*, $C_{13}H_{17}O_3N$, $Kp._{55}$ 210°, n_D^{27} 1,517, $D.^{27}$ 1,091; 1,6 bzw. 2,5 g. *Acetyl-o-tolylglycin*, $C_{11}H_{13}O_3N$, F. 209 bis 210° (W.). — *Acetyl-m-tolylglycinäthylester*, Kp. 299°, $Kp._{20}$ 185—187°, n_D^{27} 1,513, $D.^{27}$ 1,082; 1,8 bzw. 2,6 g. *Acetyl-m-tolylglycin*, Nadeln, F. 147° (W.). — *Acetyl-p-tolylglycinäthylester*, $Kp._{55}$ 200°, n_D^{27} 1,4835, $D.^{27}$ 1,047; 1,6 bzw. 2,6 g. *Acetyl-p-tolylglycin*, Nadeln, F. 172° (W.). (J. Univ. Bombay [N. S.] **19**. Nr. 29. Sect. A 7—10. März 1951. Kolhapur, Rajaram Coll., Chem. Dep.) K. F. MÜLLER. 1350

A. Je. Arbusow und **F. G. Walitowa,** *Derivate der phosphorigen Säure mit Cyclohexylradikal.* Es wird *Phosphorigsäuredicyclohexylester* (**I**) aus Cyclohexanol (**II**) u. PCl_3 (3 : 1 Mol) in Ae. in Ggw. von Pyridin neben wenig *Phosphorigsäuretricyclohexylester* (**III**) erhalten. **I** liefert mit Na das Na-Salz, dessen äther. Lsg. sofort die für das freie Triphenylmethylradikal charakterist. goldgelbe Färbung gibt. Aus 2 Mol **II** u. 1 Mol PCl_3 in Ggw. von Pyridin entsteht *Dicyclohexylphosphorigsäurechlorid* (**IV**), das mit **II** in Ggw. von Pyridin oder Dimethylanilin unter Bldg. von **III** reagiert. **III** entsteht auch aus **IV** u. Na-Cyclohexanolat. Aus **IV** u. den entsprechenden Alkoholaten werden *Dicyclohexylphosphorigsäureester*, $(C_6H_{11}O)_2POR$ ($R = CH_3$, C_2H_5, $n\text{-}C_4H_9$, $C_6H_5CH_2$) dargestellt.

Unter der Einw. von CH_3J im Rohr werden die vorst. Ester unter Bldg. von *Cyclohexen* u. *Alkylphosphonsäuren* nach $(C_6H_{11}O)_2POR \rightarrow 2\,C_6H_{10} + POR(OH)_2$ umgelagert. Es konnte dabei jodoch nur *Methylphosphonsäure* krist. erhalten werden. Aus Brenzcatechinphosphorigsäurechlorid u. **II** wird *Cyclohexylphosphorigsäurebrenzcatechinester* (**V**) dargestellt, der beim Behandeln mit CH_3J im Rohr nicht isomerisiert wird. Aus **III** oder **V** werden durch Rk. mit Triphenylbrommethan Prodd. erhalten, die beim Verseifen *Triphenylmethylphosphonsäure* liefern. Aus Äthyldicyclohexylphosphit entsteht mit Triphenylbrommethan *Triphenylmethan.*

Versuche: *Phosphorigsäuredicyclohexylester* (I), $C_{12}H_{23}O_3P$, Kp.$_1$ 149–150°, man läßt zu einem Gemisch aus 50 g **II**, 39,5 g Pyridin u. 50 ml absol. Ae. eine äther. Lsg. von 22,9 g PCl_3 zutropfen u. dest. nach 3 Std.; $D.^{20}{}_0$ 1,0982, $n_D{}^{20}$ 1,4800; 16 g (Ausbeute). — *Dicyclohexylphosphorigsäurechlorid* (**IV**), $C_{12}H_{22}O_2ClP$, Kp.$_1$ 152–153°, aus 100 g **II** u. 69 g PCl_3 in Ae. in Ggw. von 79 g Pyridin (Stehen über Nacht); an der Luft schwach rauchende Fl.; $D.^{20}{}_0$ 1,0811; $n_D{}^{20}$ 1,4852; 61 g. — *Phosphorigsäuretricyclohexylester* (**III**), $C_{18}H_{33}O_3P$, Kp.$_1$ 175–176°, a) aus 11,7 g **II** u. 31 g **IV** in Ggw. von 9,2 g Pyridin in Ae.; 16 g; b) analog a) aus 3,8 g **II** in Ggw. von Dimethylanilin; 4 g; c) man gibt zu einer äther. Lsg. von Na-Cyclohexanolat (0,87 g Na, 3,8 g **II**) eine äther. Lsg. von 10 g **IV**; 7,8 g (Rohprod.). *Komplexverb. mit CuBr*, $C_{36}H_{66}O_6P_2 \cdot CuBr$, F. 173–174° (absol. A.). 2 g **III** u. 2 g Triphenylbrommethan liefern nach 1 std. Erhitzen im Rohr auf 180° u. Verseifen des Reaktionsprod. mit 10 ml 15%ig. HCl (2 Std. im Rohr bei 190°) *Triphenylmethylphosphonsäure*, F. 277–278°. — Folgende *Dicyclohexylphosphorigsäureester*, $(C_6H_{11}O)_2POR$, werden dargestellt: $R = CH_3$, $C_{13}H_{25}O_3P$, Kp.$_1$ 127–128°, aus 13 g **IV** u. 1,3 g CH_3OH in Ggw. von 1,15 g Na in Ae.; $D.^{20}{}_0$ 1,0491, $n_D{}^{20}$ 1,4750; 5,3 g; gibt beim Erhitzen mit CH_3J im Rohr auf 200–215° *Cyclohexen*, Kp. 80–85°, u. *Methylphosphonsäure*, F. 103–104°. $R = C_2H_5$, $C_{14}H_{27}O_3P$, Kp.$_1$ 129–130°, $D.^{20}{}_0$ 1,0298, $n_D{}^{20}$ 1,4730; 33%. $R = n\text{-}C_4H_9$, $C_{16}H_{31}O_3P$, Kp.$_1$ 139–140°, $D.^{20}{}_0$ 0,9827, $n_D{}^{20}$ 1,4618; 30,7%. R = *Benzyl*, $C_{19}H_{29}O_3P$, Kp.$_1$ 193–195°, $D.^{20}{}_0$ 1,0594, $n_D{}^{20}$ 1,5088; 43%. — *Cyclohexylphosphorigsäurebrenzcatechinester* (**V**), $C_{12}H_{15}O_3P$, Kp.$_1$ 125–126°, aus 11,5 g **II** u. 20 g Brenzcatechinphosphorigsäurechlorid in Ggw. von 9,8 g Pyridin in Ae.; $D.^{20}{}_0$ 1,1661, $n_D{}^{20}$ 1,5270; 17 g. *Komplexverb. mit CuBr*, $C_{12}H_{15}O_3P \cdot CuBr$, F. 137 bis 138° (absol. A.), zers. sich an der Luft. Gibt beim Erhitzen mit Triphenylbrommethan im Rohr auf 180° eine schwachgelbe, viscose Fl., die nach Verseifen mit 15%ig. HCl (4 Std. im Rohr) *Triphenylmethylphosphonsäure*, F. 277–278° (absol. A.) liefert. (Известия Академии Наук СССР, Отделение Химических Наук [Nachr. Akad. Wiss. UdSSR, Abt. chem. Wiss.] **1952.** 801–08. Sept./Okt. Kasan, Zweigstelle der Akad. der Wiss. der UdSSR, Chem. Arbusow-Inst.) U. WÖRFFEL. 1380

Georg Wittig und **Werner Haag**, *Über Triphenylphosphinmethylene als olefinbildende Reagentien.* 2. Mitt. (1. vgl. C. **1955.** 2887.) In der 1. Mitt. haben WITTIG u. SCHÖLLKOPF gezeigt, daß *Triphenylphosphinmethylene* (**I**) mit *Carbonylverbb.* R′R″CO unter Bldg. von Betainen (**II**) reagieren, die in *Triphenylphosphinoxyd* (**III**) u. *Äthylene* (**IV**) zerfallen. Beim

$(C_6H_5)_3P{=}CHR$ (**I**) $\quad (C_6H_5)_3\overset{\oplus}{P}\cdot CHR\cdot CR'R''\cdot\overset{\ominus}{\underline{\overline{O}}}|$ (**II**) $\quad CHR{=}CR'R''$ (**IV**)

Vers., **I** (R = H) aus Triphenylphosphin (**V**) u. Diazomethan darzustellen, wird, auch in Ggw. von Benzophenon (**VI**), das *Triphenylphosphazin* $(C_6H_5)_3P{=}N\cdot N{=}CH_2$ (**VII**) gebildet. **VII** läßt sich in Essigsäure mit Benzaldehyd (**VIII**) in *Benzalazin* überführen. Läßt man auf Triphenylbenzylphosphoniumchlorid (**IX**) an Stelle von Phenyllithium (**X**) Na-Äthylat einwirken, so entsteht statt *Triphenylphosphinbenzyliden* [**XI**, = **I** ($R = C_6H_5$)] das *Triphenylbenzylphosphoniumäthylat* (**XII**). **XII** reagiert mit **VIII** wie **XI** unter Bldg. von *Stilben* (Unterschiede in der Isomerenausbeute vgl. Versuchsteil), es besteht also ein Gleichgewicht **XII** ⇌ **XI** + C_2H_5OH. Die Umsetzung von **XI** mit **VI** verläuft träger als mit **VIII**, p-ständige Dimethylaminogruppen im **VI** (z. B. MICHLERS Keton) verhindern die Rk. ganz, während mit p-Nitrobenzophenon das *1-p-Nitrophenyl-1.2-diphenyläthylen* erhalten wird. Fluorenon wird analog in *Benzalfluoren*, u. Cyclohexanon in *Benzylidencyclohexan* (**XIII**) übergeführt. Auch das *Carbäthoxymethyltriphenylphosphoniumbromid* (**XIV**) [aus **V** mit Bromessigester (**XV**)] läßt sich mit Na-Äthylat in das Alkoholat überführen, das mit **VIII** *Zimtsäureester* (**XVI**) liefert, so daß die Anwendbarkeit der neuen Meth. der Olefinierung von Carbonylverbb. erweitert ist. Schließlich zeigt die Umsetzung von Styroloxyd (**XVII**) u. von β-Phenylglycidester mit **V** zu *Styrol* (**XVIII**) bzw. **XVI**, daß sich **II** auch bei der Vereinigung von **V** mit Äthylenoxyden bilden können. Die benötigten hohen Tempp. ließen sich durch Zusätze von *Triphenylbor* (**XIX**) bei **XVII** bzw. von Hydrochinon (**XX**) bei β-Phenylglycidester erniedrigen; doch entsteht mit **XIX** dabei auch durch Addition an **V** der *Triphenylphosphin–Triphenylbor-Komplex* (**XXIII**), der als Fortsetzungsglied der isosteren Reihe $(C_6H_5)_3P^{\oplus}-\underline{\overline{O}}|^{\ominus}$; $(C_6H_5)_3P^{\oplus}-\underline{\overline{N}}^{\ominus}-C_6H_5$; $(C_6H_5)_3P^{\oplus}-\overline{C}^{\ominus}(C_6H_5)_2$ als $(C_6H_5)_3P^{\oplus}-B^{\ominus}(C_6H_5)_3$ bemerkenswert ist.

Versuche: *Triphenylphosphazin* (**VII**), $C_{19}H_{17}N_2P$, Zers. bei 145—146°, nach dem Versetzen der Lsg. von 4,7 g Triphenylphosphin (**V**; F. 79—79,5°) in 30 cm^3 Ae. mit 0,019 Mol Diazomethan (in Ae.) scheidet sich die Verb. in glasklaren Kristallen ab; nach einigen Std. 81% (Ausbeute). **VII** zers. sich beim Erhitzen auf den Zersetzungspunkt unter Bldg. der Ausgangsverbindung. — *Benzalazin*, F. 90—92°, aus 0,6 g **VII** u. 0,4 g Benzaldehyd (**VIII**) in äthanolhaltiger verd. Essigsäure; 79%; gelbe Nadeln; daneben *Formaldehyd* u. *Triphenylphosphinoxyd* (**III**), 82%. — *N-Methylpiperidin, Pikrat*, $C_6H_{13}N \cdot C_6H_3O_7N_3$, F. 221—222°, durch Zugeben von 1 Mol **VII** zu Li-Piperidid [aus Phenyllithium (**X**) u. Piperidin (**XXI**) in Ae.], Ausfällen des **XXI** als Benzolsulfamid (57%) u. Versetzen mit Pikrinsäure; 35%; daneben **V** (63%). — *Triphenylbenzylphosphoniumäthylat* (**XII**) u. *Triphenylphosphinbenzyliden* (**XI**), eine Gleichgewichtslsg. entsteht durch Eintragen von 9 g Triphenylbenzylphosphoniumchlorid (**IX**) (F. 314—315°) in 20 mMol Na-Äthylat in 50 cm^3 absol. A.; hellgelb bzw. orange. — *Stilben, trans-Verb.*; F. 120,5—121,5°, durch Zusatz von 2,1 g **VIII** zur vorst. **XII**-Lsg. unter N_2 u. Eingießen der Mischung nach 54 Std. in 50 cm^3 verd. HBr; Blättchen; 35%. *cis-Verb.*; nach Ausäthern des vorst. Filtrates, Eindampfen des Ae.; Digerieren mit PAe. (**III** als Rückstand, F. 151,5—152,5°; 75%) u. Dest.; 40,5%. Die wss. Phase liefert beim Eindampfen noch 20% *Triphenylbenzylphosphoniumbromid* (**XXII**), F. 277—279°. — *Triphenyläthylen*, F. 65—66° (Methanol), durch 48std. Erhitzen einer äther. Suspension von **XI** unter N_2 mit 1 Mol Benzophenon (**VI**) auf 75°, Absaugen vom Li-Halogenid u. **III** (48%), Ausschütteln mit verd. HCl u. Eindampfen, 46%. — *1-p-Nitrophenyl-1.2-diphenyläthylen, trans-Verb.*; $C_{20}H_{15}O_2N$, F. 159,5—160°, durch Versetzen einer äther. Suspension von **XI** bei 0° mit einer äther. Suspension von 1 Mol p-Nitrobenzophenon, 2tägiges Schütteln, 10std. Erhitzen auf 75°, Absaugen vom **III** u. (nach Zers. mit verd. HBr) **XXII**; nach Chromatographie des Ae.-Rückstandes (Al_2O_3, Cyclohexan; dann Cyclohexan–Bzl. 4 : 1; Bzl.; Bzl.–Chlf. 3 : 1; Chlf.) aus den ersten Fraktionen; 38%, gelbe Nadeln. *cis-Verb.*, $C_{20}H_{15}O_2N$, F. 115—115,3°, aus den folgenden Eluaten der vorst. Chromatographie, durch Wiederholung derselben u. Umkristallisieren der Endfraktionen aus Methanol, blaßgelbe derbe Kristalle; 9%. Proben der *cis-* bzw. *trans*-Form werden in Eisessig (u. einige Tropfen konz. HBr) 2 Std. gekocht, mit W. gefällt u. aus Methanol umkrist.; manuelles Auslesen führt in beiden Fällen zum Mengenverhältnis cis : trans = 5 : 2. — *Benzalfluoren*, F. 75—76° (A.), aus **XI** u. Fluorenon in Ae., Absaugen vom **III** (79%) u. **XXII** (13%), u. Eindampfen des Ae.; 75%. — *Benzylidencyclohexan* (**XIII**), $Kp._{12}$ 124,5 bis 126,5°, n_D^{20} 1,5604, UV-Spektr. in Cyclohexan λ_{max} 240—250 mμ, bei der Zugabe von Cyclohexanon zur äther. Suspension von **XI** (aus **IX** u. Butyl-Li zur Vermeidung des bei der Dest. schwer abtrennbaren, aus **X** eingeschleppten Diphenyl), 4std. Schütteln, 24std. Erwärmen auf 70°; nach Absaugen von **III** (56%) u. **XXII** (34%), erhält man aus dem äther. Filtrat durch Dest. (Vigreux-Kolonne) 60%. Die Ozonisierung von **XIII** in Essigester bei —30° u. oxydative Spaltung mit Peressigsäure in Essigsäure (7 Std. bei 40°) lieferte Cyclohexanon u. Benzoesäure. — *Carbäthoxymethyltriphenylphosphoniumbromid* (**XIV**), $C_{22}H_{22}O_2BrP$, F. 155—155,5°, aus mol. Mengen **V** u. Bromessigsäureäthylester (**XV**) in Bzl. u. Umlösen aus Chlf.–Äthyläther. — *trans-Zimtsäureäthylester* (**XVI**), $Kp._{732}$ 265—267°, bei der Umsetzung mol. Mengen von **XIV** mit Na-Äthylat in absol. A. u. Zugabe von **VIII**; nach 48 Std. bei 25° Abdest. des A.; Digerieren mit PAe. (**III** als Rückstand; 88%) u. Dest.; 77%. — *Triphenylphosphin–Triphenylbor-Komplex* (**XXIII**), $C_{36}H_{30}BP$, F. 210—210,5 (unter N_2), bei der Vereinigung von **V** mit Triphenylbor (**XIX**) in absol. Ae.; aus Methanol verfilzte Nadeln. — *Styrol* (**XVIII**), Kp. 146—147°, a) durch Erhitzen mol. Mengen von Styroloxyd (**XVII**) mit **V** in Ggw. einer Spur Hydrochinon (**XX**) auf 165—170°; 50%, neben **III** (aus dem Rückstand mit Methanol extrahiert; 86%) u. Polystyrol; b) durch Zugeben von **XVII** u. **V** (je mol.) in absol. Ae. zur Lsg. von **XIX** (F. 139—140°) in absol. Ae. unter N_2 (Nd.), 15std. Schütteln, 42std. Erhitzen auf 70°, Absaugen vom **XXIII** (48%), Ausschütteln von Phenylborsäure mit 2n NaOH, Eindampfen, Digerieren mit PAe. (**III** als Rückstand; 33%) u. Dest.; 32%. — *Zimtsäureäthylester* (**XVI**), a) durch Erhitzen von mol. Mengen **V** u. β-Phenylglycidester auf 210°; oder b) in Ggw. von 1/3 Mol **XX** auf 125° u. dann 30 Min. auf 170° u. Dest. im Vakuum; 61 bzw. 92% Rohausbeute. — Der vorst. **XVI** (4,9 g) wird mit alkoh. NaOH durch 2½std. Kochen verseift, das Lösungsm. im Vakuum abgedampft. Im Rückstand wurde neben β-Phenylglycidsäure (4,5%) (nachgewiesen als Phenylacetaldehydsemicarbazon) 31% trans-Zimtsäure u. 29% cis-Zimtsäure gefunden. (Chem. Ber. **88**. 1654—66. 1955. Tübingen, Univ., Chem. Inst.) F. J. Meyer. 1380

Paul Fleury, *Einige Betrachtungen über die Untersuchung und Bestimmung von Inositen.* Überblick über die Charakterisierung von *Inositen* u. die damit zusammen-

hängenden Probleme u. die Methoden zur Best. von *Inosit* (bes. die Oxydation mit Perjodsäure) u. dessen Isolierung; auf das Problem der isomeren *Inosite* in bezug auf ihre Wachstumsbeeinflussung wird hingewiesen. Ein Beispiel für die Best. bei Inosurie wird angegeben. (Bull. Soc. Chim. biol. **33.** 1061—74. 1951. Paris, Fac. de Pharm.)
W. Lindenberg. 1860

Théodore Posternak, *Bericht über die Chemie der natürlichen Cyclite.* Überblick über die Stereochemie, die allg. Rkk. zur Konstitutionsermittlung u. die Eigg. von *Condurit, d-Quercit, l-Viburnit, Mesoinosit, d-* u. *l-Inosit, Scyllit* u. *Mytilit.* Auch einige *Cyclosen* (*Polyoxycyclohexanone*), *Hexachlorcyclohexanverbb., Streptamin* u. *Streptomicin* werden in diesem Zusammenhang besprochen sowie die Regeln der biochem. Oxydation u. die Totalsynthesen u. Biogenese der *Cyclite.* — 66 Literaturangaben. (Bull. Soc. Chim. biol. **33.** 1041—58. 1951.) W. Lindenberg. 1860

A. Ja. Berlin und **L. W. Ssokolowa,** *Untersuchung der Umlagerung von 1.1-Pentamethylenglycerin-2.3-diacetat zu ω-Acetoxyhexahydroacetophenon.* Zur Klärung des Mechanismus der Serini-Rk. wurde die Umlagerung von 1.1-Pentamethylenglycerin-2.3-diacetat untersucht. Als Hauptprod. entstand *ω-Acetoxyhexahydroacetophenon,* als Nebenprodd. wurden *Cyclohexylacetaldehyd* (**I**), *Cyclohexylidenacetaldehyd* (**II**) u. *Δ^1-Cyclohexenyläthylenglykoldiacetat* (**III**) erhalten. Die Struktur von **II** wurde durch Ag_2O-Oxydation zu *Cyclohexylidenessigsäure* bewiesen, die Struktur von **I** durch die Identität des **I**-Semicarbazons mit dem Semicarbazon des Hydrierungsprod. von **II.** Ferner wurden **I** u. **II** auf einem unabhängigen Wege synthetisiert. Die Struktur von **III** wurde durch Hydrolyse zu *Δ^1-Cyclohexenyläthylenglykol* u. dessen HJO_4-Oxydation bewiesen, wobei *2.3.4.5-Tetrahydrobenzaldehyd* u. *Formaldehyd* erhalten wurden.

Versuche: In ein Gemisch aus 1,6 Litern Xylol u. 300 g Zn-Staub werden bei 90—100° 29,75 g 1.1-Pentamethylenglycerin-2.3-diacetat in Xylol eingetragen, u. das Gemisch wird 5—6 Std. unter ständiger Abdest. der Essigsäure zum Sieden erhitzt; nach dem Filtrieren wird im Vakuum fraktioniert. Es werden erhalten: *Cyclohexylacetaldehyd* (**I**), $Kp._{1,5-2}$ 48—50°; 0,4 g (Ausbeute); *Semicarbazon,* $C_9H_{17}ON_3$, F. 156—157° (verd. A.). *Cyclohexylidenacetaldehyd* (**II**), $Kp._2$ 76—80°; λ_{max} 2400 Å (in A.); *Semicarbazon,* $C_9H_{15}ON_3$, F. 208—209° (Zers.; verd. A.); λ_{max} 2730 Å (A.); 1,45 g; *2.4-Dinitrophenylhydrazon,* $C_{14}H_{16}O_4N_4$, F. 200—200,5°; rote Blättchen aus A.-Äthylacetat-Gemisch; *Thiosemicarbazon,* $C_9H_{15}N_3S$, F. 166° (65%ig. A.). *ω-Acetoxyhexahydroacetophenon,* $C_{10}H_{16}O_3$, $Kp._2$ 103—104°, F. 42—43°; 10,83 g; *Semicarbazon,* $C_{11}H_{19}O_3N_3$, F. 149 bis 150° (50%ig. A.); *2.4-Dinitrophenylhydrazon,* $C_{16}H_{20}O_6N_4$, F. 130,5—131° (A.). *Δ^1-Cyclohexenyläthylenglykoldiacetat* (**III**), $C_{12}H_{18}O_4$, $Kp._3$ 113—114,5°; $D._{19,45}$ 1,076; $n_D^{19,5}$ 1,4692; 1,4 g. — *Δ^1-Cyclohexenyläthylenglykol,* $C_8H_{14}O_2$, F. 52—52,8° (PAe.), durch Verseifung von **III** mit alkoh. KOH. Gibt bei der Oxydation mit HJO_4 *Formaldehyd* u. *2.3.4.5-Tetrahydrobenzaldehyd; Semicarbazon,* $C_8H_{13}ON_3$, F. 212—213° (A.). — *ω-Oxyhexahydroacetophenon,* $Kp._4$ 95—97°; durch Hydrolyse von ω-Acetoxyhexahydroacetophenon mit alkoh. KOH (12—14 Std. bei Zimmertemp.); *2.4-Dinitrophenylosazon,* $C_{20}H_{20}O_8N_8$, F. 259—260° (Zers.); gelbrote Kristalle aus Nitrobenzol. — *Cyclohexylidenessigsäure,* $C_8H_{12}O_2$, F. 91—92° (50%ig. Methanol), durch Oxydation von **II** mit Ag_2O; *Amid,* $C_8H_{13}ON$, F. 146,5—147,5° (W.). (Журнал Общей Химии [J. allg. Chem.] **25** (**87**). 347—58. Febr. 1955. Allunions-Chem.-Pharm. Ordshonikidse-Forschungsinst.)
Ch. Weiske. 1960

A. Ja. Berlin und **L. W. Ssokolowa,** *Über die Oxydation von ω-Acetoxyhexahydroacetophenon.* Die im alkal. Medium mit Ag_2O durchgeführte Oxydation von ω-Acetoxyhexahydroacetophenon (**I**) verlief unter Bldg. von *Hexahydromandelsäure* (**II**) u. der 5fachen Menge *Hexahydrobenzoesäure* (**III**). Da **II** unter den vorst. Bedingungen nicht zu **III** oxydiert werden kann, wurde der Reaktionsverlauf wie folgt erklärt: 1. Verseifung von **I** zum α-Ketoalkohol, 2. Oxydation zu Cyclohexylglyoxal, 3. hauptsächlich Oxydation zu Cyclohexylglyoxylsäure, daneben innermol. Cannizzarosche Rk. des Glyoxals zu **II**, 4. Oxydation der Glyoxylsäure zu **III.** (Vgl. vorst. Ref.)

Versuche: *Oxydation von* **I**: durch Zugabe von zunächst $AgNO_3$-Lsg. dann Natronlauge zu einer Emulsion von 1,54 g **I** in A. u. W. bei Zimmertemp.; nach weiterem ½std. Rühren 10 Min. auf dem Wasserbad erwärmen u. Nd. abtrennen. Die Trennung der Komponenten erfolgt durch Benzol. *Hexahydromandelsäure* (**II**), $C_8H_{14}O_3$, F. 134,5 bis 135° (Bzl.); 0,17 g (Ausbeute). *Hexahydrobenzoesäure* (**III**); 0,8 g. *Amid,* $C_7H_{13}ON$, F. 186 bis 187° (Bzl.). (Журнал Общей Химии [J. allg. Chem.] **25** (**87**). 344—47. Febr. 1955. Allunions-Chem.-Pharm. Ordshonikidse-Forschungsinst.) Ch. Weiske. 1960

I. A. Djakonow und **T. W. Domarewa,** *Reaktionen aliphatischer Diazoverbindungen mit ungesättigten Verbindungen.* 19. Mitt. *Reaktion von Diazoessigester mit 2.3-Dichlorpropen in Gegenwart von Kupfersulfat.* (18. vgl. C. **1956.** 1275.) Die Rk. von 2.3-Dichlorpropen-(1) mit Diazoessigester in Ggw. von Kupfersulfat liefert 27,6% *α.γ-Dichlor-*

allylessigsäureäthylester (I), 42,9% *cis-* u. 20,8% *trans-2-Chlor-2-chlormethylcyclopropan-carbonsäure-(1)-äthylester* (IIa u. IIb), 2,7% *Chloressigsäureäthylester* (III) u. 5,9% *Fumarsäurediäthylester* (IV). Nur III konnte aus dem Reaktionsprod. durch Dest. abgetrennt werden. Das zurückbleibende Gemisch der übrigen wird bei 0° mit $KMnO_4$ behandelt, wodurch I u. IV oxydiert, IIa u. IIb aber nicht angegriffen werden; diese können durch fraktionierte Dest. getrennt werden. I wird nicht isoliert, seine Ggw. aber durch die Unters. der von der $KMnO_4$-Oxydation herrührenden wss. Lsg. bewiesen; diese enthält *Chlorbernsteinsäuremonoäthylester* (V), entstanden nach dem Schema: $I \xrightarrow{KnMO_4} CO_2 + HO_2CCH_2CHClCO_2C_2H_5 + Cl^-$, der isoliert, an $Pd/CaCO_3$ dehalogeniert u. anschließend verseift wird, wobei *Bernsteinsäure* resultiert. Zur quantitativen Best. von I dient das bei der Oxydation ionisierte Cl^-, das titriert wird. Auch IV wird nicht isoliert, auf seine Ggw. vielmehr indirekt aus den Elementaranalysen geschlossen. Der Bildungsmechanismus der Prodd. I—IV wird besprochen. Aus IIa u. IIb entstehen bei der alkal. Hydrolyse *cis-* bzw. *trans-2-Chlor-2-oxymethylcyclopropancarbonsäure-(1)* (VIa u. VIb), die bei der Oxydation *cis-* bzw. *trans-1-Chlorcyclopropandicarbonsäure-(1.2)* (VIIa u. VIIb) geben. Dabei dienen als Grundlage für die konfigurativen Zuordnungen aller stereoisomeren Verbb. die Formen letztgenannter Verb., deren niedrigerschm. als cis-, deren höherschm. als trans-Form angesehen wird.

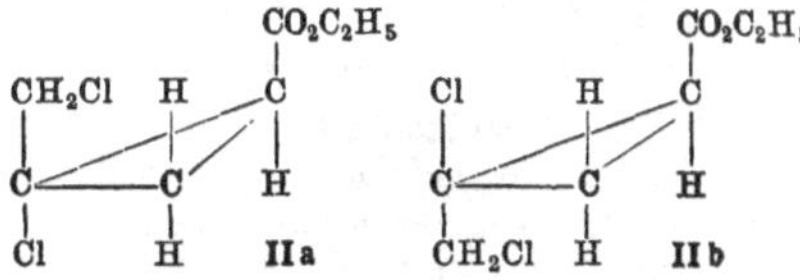

Versuche: Zu 280 g 2.3-Dichlorpropen-(1) + 1,8 g wasserfreiem $CuSO_4$ wird bei 70—80° in 6—7 Std. eine Lsg. von 160 g Diazoessigester in 200 g 2.3-Dichlorpropen-(1) hinzugesetzt; Fraktionieren des Reaktionsprod. liefert hauptsächlich 84,4 g eines Gemischs von I, IIa u. IV vom $Kp._3$ 72—78° u. 30,9 g eines Gemischs von IIb u. wenig I vom $Kp._3$ 85—94°, außerdem 3,1 g III vom $Kp._{14}$ 47,5—49° u. viel wiedergewonnenes 2.3-Dichlorpropen-(1). — *cis-2-Chlor-2-chlormethylcyclopropancarbonsäure-(1)-äthylester* (IIa), $C_7H_{10}O_2Cl_2$, $Kp._2$ 72—73°; die Fraktion (84,4 g) vom $Kp._3$ 72—78° wird in Ggw. von 42 ml W. bei 0° mit allmählich zugesetztem $KMnO_4$ (insgesamt 90,8 g) oxydiert u. die Ölschicht dest.; $D.^{20}_4$ 1,234; n_D^{20} 1,469; 48,7 g; die wss. Lsg. enthält V. — *Chlorbernsteinsäuremonoäthylester* (*α-Chlor-β-carboxypropionsäureäthylester*; V), $C_6H_9O_4Cl$; mit Kristallen durchsetztes Öl; nicht rein erhalten. Hieraus durch Hydrieren ($Pd/CaCO_3$; alkoh. KOH) u. alkal. Verseifen *Bernsteinsäure*, F. 180—181°; 1,5 g aus 3 g. — *trans-2-Chlor-2-chlormethylcyclopropancarbonsäure-(1)-äthylester* (IIb), $C_7H_{10}O_2Cl_2$, $Kp._5$ 98 bis 99°; die Fraktion (30,9 g) vom $Kp._3$ 85—94° wird in 200 ml W. ohne Kühlung mit $KMnO_4$ (4,6 g) oxydiert u. die Ölschicht dest.; $D.^{20}_4$ 1,244; n_D^{20} 1,473; 23,6 g; die wss. Lsg. enthält wenig *Oxalsäure*. — *cis-2-Chlor-2-oxymethylcyclopropancarbonsäure-(1)* (VIa), $C_5H_7O_3Cl$, F. 106—107°; man kocht 5 g IIa in 300 ml 10%ig. Na_2CO_3-Lsg. unter Rühren bis zur völligen Auflsg., neutralisiert, dest. den A. mit Wasserdampf ab, konz. die Lsg. auf dem Wasserbad, säuert an u. extrahiert mit Ae.; aus Bzl. + Aceton Kristalle; 0,9 g. — *cis-1-Chlorcyclopropandicarbonsäure-(1.2)* (VIIa), $C_5H_5O_4Cl$, F. 156—157°; eine aus 10 g IIa wie vorst. hergestellte Lsg. des Na-Salzes von VIa wird mit $KMnO_4$ (insgesamt 18 g) behandelt u. nach Ansäuern mit Ae. extrahiert; aus Bzl. + Aceton Kristalle; ca. 1,8 g. — *trans-2-Chlor-2-oxymethylcyclopropancarbonsäure-(1)* (VIb), $C_5H_7O_3Cl$, F. 108 bis 109°; aus IIb; aus Bzl. + Aceton Kristalle; 0,5 g aus 5 g. — *trans-1-Chlorcyclopropandicarbonsäure-(1.2)* (VIIb), $C_5H_5O_4Cl$, F. 194—195° (Bzl. + Aceton); aus IIb durch Hydrolyse u. Oxydation analog Vorst.; 0,8 g aus 6 g IIb. (Журнал Общей Химии [J. allg. Chem.] **25** (**87**). 1486—93. Aug. 1955. Leningrad, Univ.) R. Knobloch. 2010

Antonio Luis Palomo Coll, *α-Halogenderivate des p-Methoxypropylbenzols und die Synthese des p.p'-Dioxydiphenyl-n-hexans* (*Hexöstrols*). — *Sein Ringschluß*. *α-Chlor-p-methoxypropylbenzol* (I) wird aus Anisol, Propionaldehyd u. HCl, am besten in Ggw. von p-Toluolsulfonsäurechlorid als Kondensationsmittel, gewonnen; Verss. zur Darst. von I aus α-Oxy-p-methoxypropylbenzol u. HCl verliefen wegen der leichten Dehydratisierbarkeit des Alkohols unbefriedigend. 2 Mol I werden in üblicher Weise mit Mg, Zn oder Fe-Pulver zu *3.4-Bis-*[*p-methoxyphenyl*]*-hexan* kondensiert, letzteres wird mit alkoh. KOH oder HJ quantitativ zu *Hexöstrol* (II) entmethyliert. Die hypothet. Cyclisierung von II wird diskutiert.

Versuche: *α-Chlor-p-methoxypropylbenzol* (I), durch Sättigen eines Gemisches von Eisessig, konz. HCl u. H_3PO_4 bei 0—5° mit HCl-Gas, Zugabe von Propionaldehyd u. dann von Anisol, 5std. Rühren < 5°, Vertreiben von HCl mit CO_2, Versetzen mit Eiswasser u. Ae.-Extraktion; 50—60% (Ausbeute). — *3.4-Bis-*[*p-methoxyphenyl*]*-n-hexan*, F. 143—144° (Aceton), aus I mit Mg in sd. Ae.; 95%. — *3.4-Bis-*[*p-oxyphenyl*]*-n-hexan*

(II), F. 186° (Bzl.), durch Kochen vorst. Verb. in Eisessig mit HJ (D. 1,7) unter Abdest. von CH_3J; 95,4%. (Afinidad [3] **28.** 264—69. Nov./Dez. 1951.) F. Montfort. 2260

N. N. Karandaschewa und **Ss. W. Bogdanow,** *Die Bisulfitverbindung von Naphthol-(1). 7-Nitronaphthol-(1).* Beim Kochen des Na-Salzes von 1-Oxynaphthoesäure-(2) (I) mit $NaHSO_3$-Lsg. entsteht *Naphthol-(1)* (II), das bei längerem Kochen des Reaktionsgemischs in *Naphthol-(1)-natriumbisulfit* (III) übergeht. Eine Lsg., die NH_3 u. $(NH_4)_2SO_3$ enthält, wandelt **III** bei 60° in *Naphthylamin-(1)* um. In saurem Medium läßt sich **III** nitrieren, wobei die Natriumbisulfitverbb. von Nitronaphtholen u. hieraus diese selbst durch Einw. von NaOH gebildet werden; *7-Nitronaphthol-(1)* (**IV**) wird als Hauptprod., *5-Nitronaphthol-(1)* (**V**) als Nebenprod. erhalten. Die Konst. von **IV** wird durch Oxydation zu *4-Nitrophthalsäure* u. Red. zu *7-Aminonaphthol-(1)* bestätigt; **V** wird durch Vgl. mit einem authent. Präp. identifiziert.

Versuche: *Naphthol-(1)* (II), F. 95,3—95,5°; 21 g des Na-Salzes von **I** werden mit 286 g 36,3%ig. $NaHSO_3$-Lsg. 3 Std. gekocht; **II** scheidet sich geschmolzen ab; 7 g (Ausbeute). — *Naphthol-(1)-natriumbisulfit* (III), $C_{10}H_9O_4SNa$; 10,5 g des Na-Salzes von **I** werden mit 143 g 36,3%ig. $NaHSO_3$-Lsg. 23 Std. gekocht; nach Filtrieren der Lsg. u. Verdünnen mit einer größeren Menge W. (wobei sich etwas **II** abscheidet) wird mit Na_2CO_3 teilweise neutralisiert, auf 150 ml eingedampft u. auf 7° abgekühlt; **III** krist. u. wird aus wss. A. in Nadeln mit 1 H_2O erhalten; 8,73 g. — *Naphthylamin-(1)*; ein Gemisch von 24,8 g **III**, 35 ml NH_4HSO_3-Lsg. (21 g SO_2-Geh.) u. 45 g 29,7%ig. NH_3 wird 20 Std. bei 60° gehalten; 6,43 g (neben 4,93 g **II**). — *7-Nitronaphthol-(1)* (**IV**), $C_{10}H_7O_3N$, F. 213,8 bis 214,5°; man trägt 53,2 g **III** allmählich bei 3—5° in 300 ml H_2SO_4 ein, fügt in 1½ Std. bei —2 bis 0° 8,8 ml 97%ig. HNO_3 + 60 ml H_2SO_4 hinzu, rührt 2 Std., gießt in W. + Eis, neutralisiert mit Kreide, erwärmt die die Bisulfitverbb. von **IV** u. **V** enthaltende Lsg. nach Zusatz von NaOH auf 50—60° u. säuert mit H_2SO_4 an; das ausfallende Gemisch von **IV** u. **V** wird durch Kristallisation aus verschied. Lösungsmitteln ($C_2H_4Cl_2$, CH_3CO_2H, wss. CH_3OH, W.) getrennt; **IV** krist. in gelben Nadeln; Ausbeute an **IV** + **V** 87,8%, davon **IV** überwiegend. — *4-Nitrophthalsäure*, F. 161—161,5°; 1,9 g **IV** werden mit 9,5 g $KMnO_4$ + 0,5 g KOH in 175 ml W. 3 Std. gekocht; aus Ae. gelbliche Nadeln; 1,45 g. — *7-Aminonaphthol-(1)*, F. 154,5—155° (Zers.); durch Red. von **IV** (1,9 g) mit Gußeisenspänen in wss.-methanol. HCl; aus W. 4- u. 6eckige Tafeln; 1,4 g. *N-Acetylderiv.*, F. 220 bis 221° (Zers.); Tafeln. — *5-Nitronaphthol-(1)* (**V**), F. 171,5—172°; aus W. lange gelbe Nadeln; die Löslichkeit in organ. Lösungsmitteln u. W. ist bei **V** größer als bei **IV**. (Журнал Общей Химии [J. allg. Chem.] **25** (**87**). 1152—56. Juni 1955. Wiss. Woroschilow-Forschungsinst. für organ. Zwischenprodd. u. Farbstoffe.) E. Gulinsky. 2700

A. A. Sprysskow und **O. Ss. Iwanowa,** *Untersuchung der Sulfurierungsreaktion. 28. Mitt. Gewinnung und Eigenschaften der Naphthalin-1.3-disulfonsäure und ihrer Derivate.* (27. vgl. C. **1956.** 7759.) *Naphthalin-1.3-disulfonsäure* wird nach Literaturvorschriften aus Naphthylamin-(2) durch Sulfurieren zu dem Gemisch von 2-Aminonaphthalin-6.8- u. 2-Aminonaphthalin-5.7-disulfonsäure, Diazotieren des Gemischs u. Ersatz von NH_2 durch H durch Kochen mit A. in Ggw. von CuO hergestellt; die Ausbeute an Dinatriumsalz (Rohprod.) beträgt 87%. *Dichlorid*, F. 137°; aus dem Dinatriumsalz durch 2std. Erwärmen mit $ClSO_3H$ auf 60°; zum Umkristallisieren eignet sich CS_2; ca. 70% (Ausbeute aus chem. reinem Salz). Hieraus die *freie Säure* durch Erhitzen mit wss. A. auf 80°; durch Eindampfen der Lsg. auf dem Wasserbad, Lösen des Rückstands in HCl (D. 1,19) u. Abkühlen mit Eis werden große Kristalle mit 4½ H_2O (über NaOH getrocknet) erhalten; die Säure ist bei 100° in Ggw. von HCl prakt. hydrolysenbeständig (sehr wenig Abspaltung von H_2SO_4). *Dinatriumsalz*, $C_{10}H_6O_6S_2Na_2$, krist. aus W. mit 2½ H_2O u. enthält bei 140—200° 1 H_2O; durch NaCl aus wss. Lsg. nicht aussalzbar. *Magnesiumsalz*, $C_{10}H_6O_6 \cdot S_2Mg$, lufttrocken mit 8 H_2O, bei 200° wasserfrei. *Calciumsalz*, $C_{10}H_6O_6S_2Ca$, lufttrocken mit 4 H_2O, bei 130° mit 1½ H_2O, bei 200° wasserfrei. *Bariumsalz*, $C_{10}H_6O_6S_2Ba$, lufttrocken mit 3 H_2O, bei 200° mit 2 H_2O. *Benzidinsalz*, $C_{22}H_{20}O_6N_2S_2$, lufttrocken mit 3 H_2O, im Exsiccator über $CaCl_2$ mit 1 H_2O, bei 100° wasserfrei; die Lösungswärme (L) wird nach der Formel $d \ln c/dT = L/RT^2$ (c = Konz. an wasserfreiem Salz) berechnet u. beträgt bei 0—20° —12,6 kcal/Mol. *Salz mit Benzylisothioharnstoff*, F. 92,5°; Kristalle aus 0,1 n HCl. Für die Salze werden die Löslichkeiten angegeben. (Сборник Статей по Общей Химии [Samml. Aufsätze allg. Chem.] **1.** 564—67. 1953. Iwanowo, chem.-technol. Inst., Labor. für organ. Chem.) R. Knobloch. 2700

A. A. Sprysskow, *Untersuchung der Sulfurierungsreaktion. 29. Mitt. Relative Aktivität der sulfurierenden Agentien.* (28. vgl. vorst. Ref.) In einer Reihe von Verss. werden *Naphthalin-1.3.5-trisulfochlorid* (F. 145°) u. *Naphthalin-1.3.7-trisulfochlorid* (F. 164°) mit $ClSO_3H$, SO_3, $ClSO_3H$ + SO_3 u. Oleum von 55—73% SO_3-Geh. bei Tempp. von 150 bis

170° behandelt; Reaktionsdauer 2—6 Stunden. Für die Wirksamkeit der Sulfurierungsmittel wird der F. des Reaktionsprod. zugrunde gelegt, der möglichst den von Naphthalin-1.3.5.7-tetrasulfochlorid (F. 262°) erreichen soll. Weiter wird *Naphthalin-1.5-disulfochlorid* (F. 184°) zu Naphthalin-1.3.5-trisulfochlorid sulfuriert; Sulfurierungsmittel $ClSO_3H$, SO_3, $ClSO_3H + SO_3$ u. Gemische von Monohydrat mit $ClSO_3H$; Temp. 100°; Reaktionsdauer 30 Minuten. Der Sulfurierungsgrad wird mittels therm. Analyse ermittelt. Das F.-Diagramm hat ein Eutektikum bei 130°, entsprechend 30 Mol-% 1.5-Disulfochlorid. Aus den Verss. wird der Schluß gezogen, daß die Aktivitäten sich in folgender Reihe anordnen lassen: 55%ig. Oleum > 73%ig. Oleum > SO_3 > $ClSO_3H$ > H_2SO_4. (Сборник Статей по Общей Химии [Samml. Aufsätze allg. Chem.] **2.** 878—81. 1953.)
R. Knobloch. 2700

A. A. Sprysskow und **B. I. Karawajew,** *Untersuchung der Sulfurierungsreaktion.* 31. Mitt. *Bildungsverhältnis der Naphthalindisulfonsäuren.* (30. vgl. C. **1956.** 7761.) Vff. bestimmten das Verhältnis der isomeren Sulfonsäuren, die bei der Monosulfurierung von Naphthalin u. der Sulfurierung von α- (**I**) u. β-Naphthalinsulfonsäure (**II**) zu den Disulfonsäuren unter Bedingungen (56—57°), die eine nachträgliche Umwandlung in andere Isomere ausschließen, entstehen. Das Gemisch der aus Naphthalin erhaltenen Monosulfonsäuren besteht zu 85% aus **I** u. 15% aus **III**. Wird **I** mit 20,4%ig. Oleum sulfuriert, so werden die Disulfonsäuren im Verhältnis 75% *1.5-* (**III**), 10% *1.6-* (**IV**) u. 15% *1.3-* (**V**) + *1.7-Naphthalindisulfonsäure* (**VI**) gebildet. Beim Sulfurieren von **II** mit 99,5%ig. H_2SO_4 ist das Verhältnis 67% **IV**, 21% **V** + **VI**, 11% *2.7-* (**VII**) u. 1% *2.6-Naphthalindisulfonsäure* (**VIII**); hier befinden sich unter den Sulfonsäuren auch einige % an *Trisulfonsäuren.* Auf Grund dieser Ergebnisse läßt sich errechnen, in welchem Verhältnis die Disulfonsäuren entstehen, wenn diese durch direkte Sulfurierung von Naphthalin gewonnen werden: 64% **III**, 18% **IV**, 16% **V** + **VI**, 1,7% **VII** u. 0,2% **VIII**. Die am leichtesten. hydrolysierbaren Isomeren werden somit bei relativ niedriger Temp. bevorzugt gebildet. (Журнал Общей Химии [J. allg. Chem.] **23** (**85**). 1712—16. Okt. 1953. Iwanowo, Chem.-Technol. Inst.)
J. Queck. 2700

A. A. Sprysskow und **B. I. Karawajew,** *Untersuchung der Sulfurierungsreaktion.* 32. Mitt. *Isomerisation der Naphthalindisulfonsäuren.* (31. vgl. vorst. Ref.) Eine Unters. über das Verhältnis der bei der Isomerisierung der Naphthalindisulfonsäuren durch Einw. von mäßig verd. H_2SO_4 auftretenden Isomeren. Bei 100° u. bei 130° bildet sich aus *Naphthalin-1.5-disulfonsäure* zunächst hauptsächlich das *1.6-Isomere.* Bei länger dauernder Einw. erfolgt Anhäufung des *1.3-* u. *1.7-* u. schließlich des *2.6-* u. *2.7-Isomeren* aus den anfangs gebildeten labileren Isomeren bis zur Erreichung eines Gleichgewichts. Da die Isomerisierung durch eine Hydrolyse + Resulfurierung zustande kommt, ist das 1.6-Isomere unter den α.β-Isomeren als das gegenüber einer Hydrolyse labilste anzusehen. Die β.β-Isomeren (2.6- u. 2.7-Isomeres) sind dagegen bes. stabil; sie entstehen im Verhältnis 1 : 8,5. Bei 140° u. 160° verlaufen die Isomerisierungen des 1.5- u. 1.6-Isomeren in der gleichen Richtung, nur schneller; allerdings bildet sich mehr das 2.6-Isomere. Bei den Isomerisierungen des 2.6- u. 2.7-Isomeren bei 160° kommt es nach 300 Std. zu einem Gleichgewicht mit 49% 2.7-, 31% 2.6-, 9% 1.6- u. 11% 1.3- + 1.7-Isomerem. (Журнал Общей Химии [J. allg. Chem.] **23** (**85**). 1182—88. Juli 1953.)
H. Winter. 2700

A. Burawoy, A. Chaudhuri und **W. I. Hyslop,** *o-Mercaptoazoverbindungen.* 9. Mitt. *Debenzylierung von 1-Benzylmercapto-2-phenylazonaphthalin.* (8. vgl. C. **1956.** 7789.) Das durch Kondensation von 1-Benzylmercaptonaphthylamin-(2) mit Nitrosobenzol dargestellte *1-Benzylmercapto-2-phenylazonaphthalin* (**I**) gab durch Einw. von Br_2 in Essigsäure unter Debenzylierung *2-Phenylazonaphthalin-1-sulfenylbromid* (**II**) bzw. *-tribromid* (**III**). **II** ließ sich leicht in das *Chlorid, Jodid, Thiocyanat, Perchlorat* u. *Cyanid* überführen. Das Chlorid krist. mit 1 Mol Kristallwasser u. zers. sich beim Vers. des Trocknens oberhalb 100°. Das stabile Jodid zeigt in Lsg. charakterist. Farbänderungen. Die Eigg. obiger Verbb. sind denen der entsprechenden Azobenzol-2-sulfenylderivv. ähnlich; auch hier ist Salzstruktur (2-Phenylnaphtho-[2'.1':4.5]-1-thia-2.3-diazoliumkation) möglich. **III** wird durch NaOH in das orangefarbene *Na-2-Phenylazonaphthalin-1-sulfinat* (**IV**) übergeführt. Die aus **IV** erhaltene *freie Säure* (**V**) krist. in farblosen Platten, weshalb wie bei Azobenzol-2-sulfinsäure cyl. Strukturen (**A, B**) wahrscheinlich sind. **IV** zerfällt in Lsg. schon bei Raumtemp. in Phenylazonaphthalin u. SO_2, ebenso beim Schmelzen oder Erwärmen mit Alkali. Durch Rk. von **IV** mit 4-Nitrobenzylchlorid oder Dimethylsulfat in wss.-alkal. Lsg. konnten daher keine Sulfone erhalten werden. Die Stabilität von **V** in un-

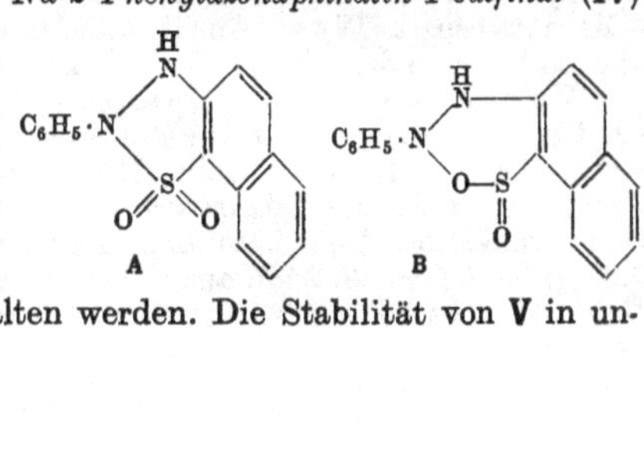

A B

polaren Lösungsmitteln u. die Zunahme der Zerfallsgeschwindigkeit in Chlf. < Ae. < A. deutete darauf hin, daß die Zers. mit einer Ionisierung u. Tautomerisierung zur instabilen wirklichen 2-Phenylazonaphthalin-1-sulfinsäure beginnt. Die Instabilität wird auf ster. Hinderung von SO_2H u. dem o-Substituenten zurückgeführt. **II** gab durch Einw. von überschüssiger NaOH in A. sofort *Bis-[2-phenylazonaphthyl-(1)]-disulfid* (**VI**), das auch durch Rk. mit Zn erhalten wurde, u. **IV**, ohne daß die Bldg. von blauem Na-Sulfenat beobachtet wurde; daneben konnte auch wenig *2-Phenylazonaphthol-(1)* isoliert werden. Während 2-Benzylmercaptoazobenzol durch Na in fl. NH_3 auch in Ggw. von Ae. unverändert blieb, wird **I** leicht unter Bldg. von **VI** oder *Na-2-Phenylazonaphthalin-1-mercaptid* debenzyliert. Letzteres wurde auch durch Red. von **VI** mit alkoh. Na_2S erhalten; das *freie Thiol* wird beim Stehen oder Umkristallisieren leicht zu **VI** oxydiert. 2.2'-Dibenzylmercaptoazobenzol ergab analog behandelt je nach der Na-Menge *Poly-2.2'-dimercaptoazobenzol* oder das *Na-Salz* des *2.2'-Dimercaptoazobenzols*.

Versuche: *1-Benzylmercapto-2-phenylazonaphthalin* (**I**), $C_{23}H_{18}N_2S$, F. 122° (orangerote Nadeln aus A.), aus 1-Benzylmercaptonaphthylamin-(2) u. Nitrosobenzol in Essigsäure in 24 Std. bei Raumtemp.; 70% (Ausbeute). — *2-Phenylazonaphthalin-1-sulfenylbromid* (**II**), $C_{16}H_{11}N_2BrS$, F. 245° (gelbe Nadeln aus Essigsäure), aus **I** u. Br_2 durch 3 Min. Kochen in Eisessig; 82%. — *2-Phenylazonaphthalin-1-sulfenylchlorid*, $C_{16}H_{11}N_2ClS \cdot H_2O$, F. 222° (gelbe Nadeln aus Chlorbenzol), aus **II** in W. u. konz. HCl; 69%. — *2-Phenylazonaphthalin-1-sulfenyljodid*, $C_{16}H_{11}N_2JS$, F. 228° (nahezu schwarze Nadeln aus A.), durch Zugabe von KJ-Lsg. zu **II** in W.; löst sich in W. gelb, in A. orangefarben, in Chlf. tiefgrün, in Bzl. grün; ~ 100%. — *2-Phenylazonaphthalin-1-sulfenylthiocyanat*, $C_{17}H_{11}N_3S_2$, F. 160° (orangefarbene Nadeln aus A.), durch Zugabe von wss. KCNS-Lsg. zu **II** in W.; 74%. — *2-Phenylazonaphthalin-1-sulfenylperchlorat*, $C_{16}H_{11}O_4 \cdot N_2ClS$, F. 216° (Zers.; gelbe Nadeln aus A.), durch Zugabe von wss. $NaClO_4$-Lsg. zu **II** in W.; ~ 100%. — *2-Phenylazonaphthalin-1-sulfenylcyanid*, $C_{17}H_{11}N_3S$, F. 116° (orangefarbene Nadeln aus A.), a) aus wss. KCN-Lsg. u. **II** in W.; 95%; b) aus dem Chloridhydrat analog; ~ 100%. — *2-Phenylazonaphthalin-1-sulfenyltribromid* (**III**), $C_{16}H_{11}N_2Br_3S$, F. 170—171° (gelbbraune Platten aus bromhaltiger Essigsäure), aus **I** u. 2,1 Mol Br_2 durch 3 Min. kochen in Essigsäure; 76%. — *2-Phenylazonaphthalin-1-sulfinsäure* (**V**), $C_{16}H_{11}N_2 \cdot SO_2H$, F. 146—148° (Platten aus Bzl.–PAe.), a) aus **III** in A. durch Zugabe überschüssiger wss. NaOH, Verdünnen u. Zugabe von HCl; 66%; b) aus **II** in A. durch Zugabe von wss. NaOH; 41%; gibt beim Schmelzen *2-Phenylazonaphthalin*, $C_{16}H_{12}N_2$, F. 84° (orangegelbe Nadeln aus A.); ~ 100%. — *Bis-[2-phenylazonaphthyl-(1)]-disulfid* (**VI**), $C_{32}H_{22}N_4S_2$, F. 205° (rote Prismen aus Bzl.), a) aus **II** in W. u. Bzl. durch 3std. Rühren mit Zn-Staub; 80%; b) aus **III** analog; c) aus **II** in A. durch Zugabe von 10%ig. wss. NaOH; 78%; d) aus **I** durch Zugabe zu einer Lsg. von Na in fl. NH_3 unterhalb −50° u. 5std. Rühren, Zugabe von NH_4Cl u. Verdunsten des NH_3; 86%; e) analog d) mit überschüssigem Na ohne NH_4Cl-Zugabe; 29%; daneben 48% nachst. Verbindung. — *1-Mercapto-2-phenylazonaphthalin*, aus **VI** in A. durch Zugabe von wss. Na_2S-Lsg., 24std. Rühren u. Ansäuern; 70%. — *2-Phenylazonaphthol-(1)*, F. 138° (rote Nadeln aus A.), aus **II** in A. durch Zugabe von wss. NaOH neben **VI** u. **V**. — *Poly-2.2'-dimercaptoazobenzol*, F. 266—268° (Chlorbenzol–Nitrobenzol), aus 2.2'-Dibenzylmercaptoazobenzol durch Zugabe zu einer Lsg. von Na in fl. NH_3 unterhalb −50°, Zugabe von NH_4Cl nach 3std. Rühren u. Eindunsten; 87%. — *2.2'-Dimercaptoazobenzol*, aus 2.2'-Dibenzylmercaptoazobenzol durch Zugabe zu überschüssigem Na in fl. NH_3 u. 3std. Rühren unterhalb −50° u. Ansäuern; 54%. — *2.2'-Dibenzylmercaptoazobenzol*, F. 222° (Toluol), analog vorst. Verb. u. Schütteln des Na-Salzes mit Benzylchlorid; 74%. — *2.2'-Dimethylmercaptoazobenzol*, F. 155° (A.), analog vorst. Verb., Ansäuern der Na-Salzlsg., Lösen des Nd. in wss. NaOH u. Schütteln mit Dimethylsulfat; 38%. (J. chem. Soc. [London] **1956**. 96—99. Jan.) H. Bertsch. 2700

L'. Krasnec und **J. Heger**, *Synthese einiger Derivate des Bis-[diphenylen]-butadiens.* Zur Herst. von an $C_{(2)}$- u. $C_{(3)}$ der Butadienkette durch Phenylgruppen substituierten Derivv. des *Bis-[diphenylen]-butadiens* wird die Fähigkeit des Fluoren (**II**), sich mit Aldehyden u. Ketonen kondensieren zu lassen, ausgenützt, u. dieses mit Benzil (**III**), 4-Methoxybenzil (**IV**) u. Anisil [4.4'-Dimethoxybenzil] (**V**) in verschied. Medien, am zweckmäßigsten jedoch in Alkalien, kondensiert.

Versuche: *1.4-Bis-[diphenylen]-2.3-diphenylbutadien-(1.3)* (**I**), $C_{40}H_{26}$, F. 369,3°, aus Cyclohexanol gelbrote Nadeln, durch 3std. Kochen von **III** u. **II** mit 0,25n alkoh. KOH; 0,4% (Ausbeute). Keine Erhöhung der Ausbeute durch Änderung des **II** : **III**-Verhältnisses, der Laugenkonz. u. der Kochdauer. Beim Erhitzen starke Thermochromie nach Dunkelrot. Unlösl. in den üblichen Lösungsmitteln. — *1.2-Bis-[fluorenyl-(9)]-1.2-diphenyläthan*, F. 228°, aus Cyclohexanol Kristalle, durch Erhitzen von **I** mit HJ in Ggw. von rotem P auf 220° im Einschlußrohr; Mol.-Gew. (Rast) 494,5. — Durch oxydativen Abbau mit CrO_3 entsteht aus **I** neben **II** auch *Benzoesäure,* die identifiziert wird. Die Doppelbindungen in **I** werden durch Entfärbung von Br_2-Lsg. nachgewiesen, das isolierte *Additionsprod.* läßt sich aber nicht krist. gewinnen. Seine Red. führt wieder zu **I**. — *Kondensationsprod. aus* **II** *u.* **IV** (*1.4-Bis-diphenylen-2-[p-methoxyphenyl]-3-phenylbutadien-(1.3)*), F. 360°, aus Cyclohexanol hellere gelbrote Kristalle als **I**, in den üblichen Lösungsmitteln lösl.; geringe Ausbeute. — Das *Kondensationsprod. aus* **II** *u.* **V** kann wegen zu guter Löslichkeit nicht isoliert werden. (Chem. Zvesti **8**. 333—36. Juni 1954. Preßburg [Bratislava], Slov. Univ., Farm. fak., Chem. ústav.) E. ROTTER. 2750

Wayland E. Noland, Howard I. Freeman und **M. Scott Baker,** *Die Diels-Alder-Reaktion von Anthracen mit Nitroolefinen. Ein neuer Weg zu 11-Nitro- und 11-Amino-9.10-dihydro-9.10-äthanoanthracenen.* Vff. stellten durch Rk. von Anthracen (**I**) mit Nitroäthylen, β-Nitrostyrol (**II**), 1- (**III**) bzw. 2-Nitropropen (**IV**), 2-Methyl-1-nitropropen (**V**), 1-Phenyl-2-nitropropen (**VI**) u. 2-Nitrobuten-(2) (**VII**) 11- bzw. 11.12-substituierte 9.10-Dihydro-9.10-äthanoanthracene dar. Die Addukte von **V**, **VI** u. **VII** konnten in nur 0,5—2%ig. Ausbeute erhalten werden. Mit Ausnahme von **II** u. **V** tritt als Konkurrenz-Rk. die Polymerisation der Nitroolefine ein. Die tert. Nitrogruppe in *9.10-Dihydro-9.10-[11-nitro-11-methyläthano]-anthracen* (**VIII**) bildet sich noch verhältnismäßig leicht, die Ggw. eines Substituenten am zweiten an der Doppelbindung beteiligten C-Atom jedoch setzt die Ausbeute sehr herab. Aus **I** u. 1-Phenyl-2-nitrobuten-(1) konnte weder in sd. Xylol noch in sd. o-Dichlorbenzol ein Addukt erhalten werden. Die dargestellten Nitroolefinaddukte ließen sich durch Chromatographie reinigen. Dem **I**-**II**- bzw. **I**-**III**-Addukt wird die Konfiguration eines *9.10-Dihydro-9.10-[trans-11-nitro-12-phenyläthano]-anthracens* (**IX**) bzw. *-[trans-11-nitro-12-methyläthano]-anthracens* (**X**) zugeordnet, da beim Überführen in das K-Salz u. Zerlegen des Salzes mit Säure die Konfiguration erhalten bleibt, was für die stabilere trans-Form spricht, u. da **II** u. **III** frei in der trans-Form vorliegen. Aus *9.10-Dihydro-9.10-[11-nitroäthano]-anthracen* (**XI**), **VIII**, **IX** u. **X** wurden durch katalyt. Red. oder Red. mit Fe u. NH_4Cl-Lsg. die entsprechenden Amine erhalten. Bei der Benzoylierung des aus **IX** dargestellten Amins wurde als Nebenprod. eine *Verb.* erhalten, der die Zus. eines Benzoylderiv. der Enolform der Benzoylaminoverb. entspricht. Neben *9.10-Dihydro-9.10-[11-nitro-11-methyl-12-phenyläthano]-anthracen* (**XII**) bildete sich aus **I** u. **VI** eine geringe Menge eines KW-stoffes, bei dem es sich nach Analyse, Eigg. u. Spektr. um *9.10-Dihydro-9.10-[11-methyl-12-phenyläthеno]-anthracen* handelt. Die Bildungsmöglichkeiten dieser Verb. werden diskutiert. Die Kondensation von CH_2O mit Nitromethan u. folgende azeotrope Dest. mit Diphenyläther erwies sich als beste Darstellungsmeth. für Nitroäthanol. Die Verwendung von Diphenyläther bei der Dest. von 1-Nitropropanol-(2) wird empfohlen. Die UV-Spektren werden angegeben.

Versuche: *9.10-Dihydro-9.10-[11-nitroäthano]-anthracen* (**XI**), $C_{16}H_{13}O_2N$, F. 109 bis 110° (A.), durch 8std. Erhitzen von Nitroäthylen u. **I** in Bzl. auf 110° im Rohr u. Reinigung durch Chromatographieren an Al_2O_3; 31% Ausbeute. — *9.10-Dihydro-9.10-[11-aminoäthano]-anthracen,* F. 103,5—104,5° (PAe.), durch Red. von **XI** in A. mit Pt bei 2 atü H_2 in 12 Std.; 86%. — *9.10-Dihydro-9.10-[trans-11-nitro-12-phenyläthano]-anthracen* (**IX**), $C_{22}H_{17}O_2N$, F. 150—151° (A.), durch 20std. Kochen von **I** u. **II** in Xylol; 36%. — *9.10-Dihydro-9.10-[trans-11-acetamido-12-phenyläthano]-anthracen,* $C_{24}H_{21}ON$, F. 230,5—231,5° (CH_3OH), durch 16std. Schütteln von **IX** mit RANEY-Ni in Aceton (2 atü H_2) u. 6std. Erhitzen des entstandenen Amins mit Acetanhydrid auf dem Dampfbad. — *9.10-Dihydro-9.10-[trans-11-benzamido-12-phenyläthano]-anthracen,* $C_{29}H_{23}ON$, F. 248—248,5° (Ae.-W.), durch Red. von **IX** in Aceton mit Fe u. wss. NH_4Cl-Lsg. u. 12std. Kochen, Abdestillieren des Acetons, 8std. Kochen u. 1std. Erhitzen des entstandenen Amins mit Benzoylchlorid u. Pyridin auf dem Dampfbad; daneben *Verb.* $C_{36}H_{27}O_2N$, F. 179,5—181°. — *9.10-Dihydro-9.10-[trans-11-nitro-12-methyläthano]-anthracen* (**X**), $C_{17}H_{15}O_2N$, F. 122,5—123,5° (A.), durch Zutropfen einer Lsg. von **III** in Dichlorbenzol zu einer unter N_2 sd. Lsg. von **I** in Dichlorbenzol in 5 Min. u. 80 Min. Kochen; 62%. — *9.10-Dihydro-9.10-[trans-11-amino-12-methyläthano]-anthracen,* $C_{17}H_{17}N$, F. 111 bis 113° (wss. A.), durch 4½std. Schütteln von **X** in A. mit H_2 u. RANEY-Ni (2 atü H_2); 47%. *Acetylverb.*, $C_{19}H_{19}ON$, F. 234,5—235° (W.-Essigsäure), durch 30 Min. Erwärmen mit Acetanhydrid, *Benzoylverb.*, $C_{24}H_{21}ON$, F. 239,5—240,5° (W.-A.). — *9.10-Dihydro-9.10-[11-nitro-11-methyläthano]-anthracen* (**VIII**), $C_{17}H_{15}O_2N$, F. 159 bis 159,5° (A.), durch 12std. Schütteln von **IV** u. **I** in Bzl. bei 110° im Rohr; 19%. — *9.10-Dihydro-9.10-[11-amino-11-methyläthano]-anthracen,* $C_{17}H_{17}N$, F. 99,5—101,5° (PAe.), durch 30std. Schütteln von **VIII** mit Pt in A. bei 2 atü H_2; 84%. *Acetylverb.*, $C_{19}H_{19}ON$, F. 148—149° (PAe.); 70%. — *9.10-Dihydro-9.10-[11-nitro-11.12-dimethyläthano]-anthracen,* $C_{18}H_{17}O_2N$, F. 130,5—132,5° (A.), durch Zutropfen von **VII** in Dichlorbenzol zu einer sd. Lsg. von **I** in Dichlorbenzol unter N_2 in 2¼ Std. u. 1std. Kochen; 0,4%;

daneben wurde eine *isomorphe Form* vom F. 109,5—110,5° erhalten; 0,1%. — *9.10-Dihydro-9.10-[11-nitro-11-methyl-12-phenyläthano]-anthracen* (**XII**), $C_{23}H_{19}O_2N$, F. 142 bis 143° (PAe.), durch Zutropfen von **VI** in Dichlorbenzol zu einer sd. Lsg. von **I** in Dichlorbenzol in 8 Min. u. 4std. Kochen; Reinigung durch Chromatographie an Al_2O_3; 2%; daneben *9.10-Dihydro-9.10-[11-methyl-12-phenylätheno]-anthracen*, $C_{23}H_{18}$, F. 171,5 bis 172° (PAe.); 1,4%. — *9.10-Dihydro-9.10-[11-methyl-11.12-dibrom-12-phenyläthano]-anthracen*, $C_{23}H_{18}Br_2$, F. 189—190,5° (Bzl.–A.), aus vorst. Verb. in Chlf. u. Br_2 in Chlf. im Eis–Kochsalz-Bad; 44%. — *9.10-Dihydro-9.10-[11-nitro-12.12-dimethyläthano]-anthracen*, $C_{18}H_{17}O_2N$, F. 149—150° (A.), analog **XII** aus **V** u. **I** unter N_2; 0,6%. (J. Amer. chem. Soc. **78**. 188—92. 5/1. 1956. Minneapolis, Minn., Univ., School of Chem.)

H. Bertsch. 2800

Richard M. Peck, *Funktionelle Derivate des 1.2-Benzanthracens.* Durch Grignard-Rk. von p-Methoxyphenyl-MgBr (**VI**) bzw. durch Friedel-Crafts-Rk. von Anisol mit Naphthalsäure-(1.2)-anhydrid (**VII**) werden *2-[p-Anisoyl)-naphthoesäure-(1)* (**I**) u. *1-[p-Anisoyl]-naphthoesäure-(2)* (**II**) dargestellt, deren Pyrolyse zu *p-Methoxyphenyl-β-* u. *-α-naphthylketon* führt, die auch aus β- bzw. α-Naphthonitril u. **VI** mit nachfolgender Hydrolyse erhalten werden. Aus **I** wird über *2-[α-Oxy-α-(4-methoxyphenyl)-äthyl]-naphthoesäure-(1)-lacton*, Red. zu *2-[α-(4-Methoxyphenyl)-äthyl]-naphthoesäure-(1)* (**V**), Cyclisierung zu *9.10-Dimethyl-7-methoxy-1.2-benzanthracen* (**III**), Bucherer-Rk. u. Umsetzung des gebildeten *7-Amino-9.10-dimethyl-1.2-benzanthracens* mit Phosgen *9.10-Dimethyl-1.2-benzanthryl-(7)-isocyanat* (**IV**) dargestellt. Die analoge Behandlung von **II** führte nicht zum Erfolg; bei der direkten Red. mit Zn-Staub wird in geringer Ausbeute *1-p-Methoxybenzylnaphthoesäure-(2)* erhalten, deren Cyclisierung *6-Methoxy-10-methyl-1.2-benzanthracen* gibt. Daraus wird analog **IV** *10-Methyl-1.2-benzanthryl-(6)-isocyanat* erhalten. Verss., aus dem Gemisch von 2-Benzoyl-7-methoxynaphthoesäure-(1) u. 1-Benzoyl-7-methoxynaphthoesäure-(2) über *2'-Methoxy-9.10-dimethyl-1.2-benzanthracen* das 2'-Isocyanat darzustellen, führten nicht zum Ziel, da eine Hydrolyse der 2'-Methoxygruppe nicht möglich war.

Versuche: *2-[p-Anisoyl]-naphthoesäure-(1)* (**I**), $C_{19}H_{14}O_4$, F. 179,5—181° (Aceton u. Zusatz von Bzl.), a) durch langsames Zugeben von p-Bromanisol zu Mg in sd. absol. Ae. unter Rühren, Kochen über Nacht, Filtration durch Glaswolle, Verdünnen mit Ae., Eingießen in **VII** in Bzl. in 1 Std. unter Rühren, 1std. Rühren, Hydrolyse mit Eis u. HCl unter Zusatz von Aceton, Extraktion der wss. Schicht mit Bzl./Aceton, Ausziehen mit $^1/_3$n NaOH, Acetonzusatz u. Ausfällen im Gemisch mit **II** durch Eintropfen von verd. HCl; 33% (Ausbeute); b) durch portionsweises Eintragen von $AlCl_3$ in Anisol u. **VII** in Tetrachloräthan unter Rühren bei ~15°, 6std. Rühren, Stehen über Nacht bei vorst. Temp. u. Hydrolyse mit Eis u. HCl unter Rühren; 12%. — *1-[p-Anisoyl]-naphthoesäure-(2)* (**II**), F. 217,4—218,4°, a) durch Einengen der unter **I** nach a) erhaltenen Mutterlauge, Versetzen mit PAe., Lösen des Nd. in Aceton, Neutralisieren gegen Phenolphthalein, Verdünnen mit W., Eintropfen von verd. HCl unter Rühren u. Vervollständigen der Kristallisation durch Zutropfen von n/3 HCl; 11,5%; b) aus dem unter **I** nach b) erhaltenen 2-Phasenfiltrat durch Versetzen der organ. Schicht mit W. u. überschüssiger Soda, Vertreiben des Tetrachloräthans durch Wasserdampfdest., Filtration, Eingießen in W., Aceton u. HCl, Lösen des krist. Prod. in Aceton, Wasserzusatz, Neutralisation mit 0,5n NaOH gegen Phenolphthalein u. sorgfältiges Ausfällen durch Eintropfen von verd. Säure; 28%. — *p-Methoxyphenyl-β-naphthylketon*, $C_{18}H_{14}O_2$, F. 91 bis 92° (Aceton/W., Bzl./PAe. oder Aceton/Bzl.), $Kp._{90\mu}$ 179°, $Kp._{50\mu}$ 171°, a) durch Zutropfen von p-Bromanisol in Ae. zu Mg in sd. absol. Ae. unter Rühren u. N_2, 1std. Kochen u. Rühren, Zugeben von β-Naphthonitril in Bzl., 1std. Kochen, Eingießen in Eis u. HCl, Verseifen des gebildeten *Ketiminhydrochlorids* durch Kochen mit W. u. Benzolextraktion; 57%; b) durch 10 Min. Erhitzen von 0,40 g **I** u. **I**-Cu-Salz auf 230 bis 245° u. Dest. bei 9 mm; 0,20 g. — *p-Methoxyphenyl-α-naphthylketon*, $C_{18}H_{14}O_2$, F. 81—82°, a) analog vorst. Verb. nach a) mit α-Naphthonitril; 44% (roh); b) analog vorst. Verb. nach b) aus 0,5 g **II** u. **II**-Cu-Salz; 185 mg (roh). — *2-[α-Oxy-α-(4-methoxyphenyl)-äthyl]-naphthoesäure-(1)-lacton*, $C_{20}H_{16}O_3$, F. 130—131° (A.), durch Zutropfen von CH_3MgBr zu **I** in absol. Ae./Bzl. unter Rühren, 4std. Weiterrühren bei 40° u. über Nacht bei Raumtemp., Zers. mit gesätt. NH_4Cl-Lsg., Eis u. HCl u. Einengen der organ. Phase; 75%. — *2-[α-(4-Methoxyphenyl)-äthyl]-naphthoesäure-(1)* (**V**), $C_{20}H_{18}O_3$, F. 168,5 bis 169,2°, durch 20std. Kochen vorst. Lactons in A. u. 40%ig. NaOH, Abdest. des größten Teiles des Lösungsm. u. Ersetzen durch W., Zugeben von Zn-Staub (aktiviert mit $CuSO_4$), 40%ig. NaOH u. W., 24std. Kochen, Filtration in der Kälte, starkes Ansäuern des Filtrats u. Umfällen über das *Na-Salz* aus Aceton mit verd. Säure; 95%. — *9.10-Dimethyl-7-methoxy-1.2-benzanthracen* (**III**), $C_{21}H_{18}O$, F. 137—138,5° [nach Chromatographie an Al_2O_3/Celite (5:1) u. Eluieren mit 2% PAe. in Bzl.], durch 20 Min.

Schütteln von **V** mit wasserfreier HF, Gießen auf Eis unter Rühren, Filtration, Lösen des gebildeten rohen *Anthrons* in Bzl., Hineinfiltrieren der trockenen Lsg. in CH_3MgBr in Ae. unter Rühren, 1½std. Weiterrühren bei 40—45°, Zers. mit gesätt. NH_4Cl-Lsg., Eis u. HCl, Schütteln, Einengen der organ. Phase u. ~3 Min. Erhitzen auf ~185° bis zum Aufhören der Wasserabgabe; 54%. — *9.10-Dimethyl-1.2-benzanthryl-(7)-isocyanat* (**IV**), $C_{21}H_{15}ON$, F. 113,8—114,6° (nach Sublimation bei 115—120°/0,1 μ), durch 2½std. Erhitzen von **III** mit Dioxan, wenig Hydrochinon u. HBr unter N_2 auf dem Dampfbad, dann auf 150° unter Abdest. einer kleinen Menge Lösungsm., Dekantieren der wss. Phase in der Kälte, Lösen des rötlichen Öls in Dioxan, Zugeben zu wss. $NaHSO_3$, Versetzen mit konz. NH_4OH, 30std. Schütteln bei 180—190° im Rohr, Extraktion der wss. Lsg. mit Ae., Einengen, Gießen der Benzollsg. über eine Säule von SiO_2/Celite (6:1), Eluieren mit Bzl./PAe. (9:1) → unumgesetztes Ausgangsprod. zurück, mit Bzl./PAe. (30:1) → *7-Amino-9.10-dimethyl-1.2-benzanthracen* ($C_{20}H_{17}N$, F. 107,5—108,5°), Einengen, Zugeben zu $COCl_2$ in kaltem absol. Toluol unter Rühren, Kochen bis zur klaren Lsg., Einengen u. Versetzen mit PAe.; 17,2%. — *ε-[9.10-Dimethyl-1.2-benzanthryl-(7)-carbamido]-ε-aminocapronsäure*, $C_{27}H_{28}O_3N_2$, durch Zutropfen von **IV** in Dioxan zu ε-Aminocapronsäure in wss. NaOH/Dioxan unter Rühren, 10 Min. Weiterrühren, Ansäuern, Verdünnen u. Reinigen durch Umfällen des *Na-Salzes* aus 40, 50 u. 70%ig. A. mit Säure unter Verfolgung der Absorptionskurve ($E^{1\%}_{1cm}$ 209 bei 372,5 mμ; Na-Salz in 15%ig. A.); 69% (roh). — *1-p-Methoxybenzylnaphthoesäure-(2)*, $C_{19}H_{16}O_3$, F. 172—172,9° (Methanol u. Zusatz von W.), durch Zugeben von aktiviertem Zn-Staub u. 40%ig. NaOH zu **II**-Na-Salz in W., 6std. starkes Kochen u. schwächer über Nacht, 7std. starkes Kochen nach erneutem Zn-Zusatz, Weiterkochen über Nacht, Kaltfiltration, Ansäuern, Dekantieren, Aufnehmen des Öles in Methanol, Neutralisieren gegen Phenolphthalein, Filtrieren, Ansäuern mit n-H_2SO_4, Versetzen mit Bzl. u. Verdünnen der organ. Phase mit PAe.; 15%. — *Verb.* $C_{19}H_{20}O_4$(?), F. 152—153,5° (Zers.; Bzl.), durch Versetzen der wss. Methanollsg. bei vorst. Verb. mit überschüssiger n-H_2SO_4; gibt beim Einengen der aceton. Lsg. in Ggw. von wenig Säure ein *Lacton* u. verhält sich bei Verss. zur Red. mit Zn-Staub bzw. zur Oxydation mit $KMnO_4$ indifferent. — *6-Methoxy-10-methyl-1.2-benzanthracen*, $C_{20}H_{16}O$, F. 174,1—175,1° (Sublimation), durch Cyclisierung vorvorst. Verb. mit HF, Rk. mit 4 Mol CH_3MgHal, Aromatisierung unter Erhitzen u. Isolieren wie **III**; 18,4%. — *10-Methyl-1.2-benzanthryl-(6)-isocyanat*, $C_{20}H_{13}ON$, F. 134,5—135,5° (Bzl./PAe.), aus vorst. Verb. analog **IV**; 12,5%. — *Gemisch* von *2-Benzoyl-7-methoxynaphthoesäure-(1)* u. *1-Benzoyl-7-methoxynaphthoesäure-(2)*, F. 169—181°, durch Zugeben der GRIGNARD-Verb. aus Brombenzol in absol. Ae. zu 7-Methoxynaphthalsäure-(1.2)-anhydrid in Bzl. unter Rühren, 1std. Rühren bei 45°, Gießen auf Eis u. HCl, Zugeben von Aceton, Extraktion der wss. Phase mit Bzl./Ae., Ausziehen der organ. Schicht mit 0,5n NaOH, Versetzen mit Aceton u. tropfenweises Ansäuern mit n-H_2SO_4 unter Rühren; 68,2%. — *2-Benzoyl-7-methoxynaphthoesäure-(1)* (?), F. 203,5—204,5°, aus vorst. Gemisch. — *2-[α-Oxy-α-phenyläthyl]-7-methoxynaphthoesäure-(1)-lacton*, $C_{20}H_{16}O_3$, F. 138,0—138,6°, a) durch Zugeben von CH_3MgBr zu dem Gemisch vorvorst. Verbb. in absol. Ae./Bzl. unter Rühren, 2std. Weiterrühren bei 45° u. über Nacht bei 30°, Zers. mit Eis u. HCl, Einengen auf dem Dampfbad u. Versetzen mit A. u. PAe.; 67,7%; b) aus vorst. Verb.; 92,5%. — *7-Methoxy-2-(α-phenyläthyl)-naphthoesäure-(1)*, $C_{20}H_{18}O_3$, F. 155 bis 155,5° (Vakuumsublimation), analog **V** aus vorst. Lacton; 97%. — *2'-Methoxy-9.10-dimethyl-1.2-benzanthracen*, $C_{21}H_{18}O$, F. 131,0—132,5°, durch Cyclisierung vorst. Verb. analog **III** u. Einengen der Bzl./PAe.-Lsg. (20:1) nach Elution des Chromatogramms; 45,7%. (J. Amer. chem. Soc. **78**. 997—1001. 5/3. 1956. Philadelphia, Pa., Inst. for Cancer Res., u. Lankenau Hosp. Res. Inst.) W. GEHRMANN. 2950

Dhirendra Nath Chatterjee, *Spiroverbindungen.* 2. Mitt. *Synthese von 1.2.3.4-Tetrahydronaphthalin-2-spiro-[2'-n-butylcyclopentan] und seine Umlagerung bei katalytischer Dehydrierung.* (1. vgl. C. **1955**. 8148.) Analog der l. c. beschriebenen Meth. zur Darst. von 1.2.3.4-Tetrahydronaphthalin-2-spiro-[2'-n-propylcyclopentan] (**Ia**) wird die homologe *n-Butylverb.* (**Ib**) dargestellt, welche bei der katalyt. Dehydrierung *1-Äthylpyren* (**IIb**) ergibt. Die Vermutung des Vf., daß die Bldg. von *1-Methylpyren* (**IIa**) bzw. **IIb** aus **Ia** bzw. **Ib** über 4-n-Propyl- bzw. 4-n-Butyl-1.2.3.4.4a.9.10.10a-oktahydrophenanthren verläuft, wird durch die Beobachtung gestützt, daß **IIa** bzw. **IIb** auch bei der Dehydrierung von 4-n-Propyl- bzw. 4-n-Butyl-1.2-dihydrophenanthren entstehen.

Versuche: *2-n-Butyl-2-carbäthoxycyclopentanon*, $C_{12}H_{20}O_3$, Kp.$_9$ 127—128°, durch 12std. Rk. der K-Verb. aus 2-Carbäthoxycyclopentanon mit n-Butyljodid in Xylol bei 120—130° (Bad); n_D^{30} 1,4480; 82% (Ausbeute). *Semicarbazon*, $C_{13}H_{23}O_3N_3$, F. 162—163°, aus wss. A. Prismen. — *2-n-Butylcyclopentanon*, Kp. 196—198°, durch 36std. Kochen vorst. Verb. in HCl; n_D^{30} 1,4418; 80%. *Semicarbazon*, $C_{10}H_{19}ON_3$, F. 190°

(Zers.), aus wss. A. Nadeln. — *[2-n-Butylcyclopentyliden]-cyanessigsäureäthylester*, $C_{14}H_{21}O_2N$, Kp.$_{10}$ 165—167°, aus vorst. Verb. mit Cyanessigsäureäthylester in Ggw. von NH_4-Acetat in Eisessig-Bzl. (18 Std. bei 130—150°); n_D^{31} 1,4784; 90%. — *1-Carboxy-2-n-butylcyclopentan-1-essigsäure*, $C_{12}H_{20}O_4$, F. 125—126° (Zers.), durch Zugabe von KCN in W. zu vorst. Verb. in A., 1wöchiges Stehen, Einengen, Ansäuern mit H_2SO_4, Ausäthern, 24std. Stehen in konz. H_2SO_4 u. 36std. Kochen in verd. H_2SO_4; aus Bzl.-Hexan Nadeln; 60% (bezogen auf vorvorst. Keton). Daraus durch 6std. Erhitzen in Acetanhydrid das *Anhydrid*, $C_{12}H_{18}O_3$, Kp.$_{14}$ 173—175°; n_D^{29} 1,4725. — *1-Phenacyl-2-n-butylcyclopentan-1-carbonsäure*, $C_{18}H_{24}O_3$, F. 126—127°, aus vorst. Anhydrid u. Bzl. mit $AlCl_3$; aus PAe., dann wss. A. Nadeln; 83%; gibt mit Salicylaldehyd in äthanol. HCl ein karmesinrotes *Pyryliumsalz*, F. $>$290°. *2.4-Dinitrophenylhydrazon*, $C_{24}H_{28}O_6N_4$, F. 181°, aus A. gelbe Prismen. *Methylester*, $C_{19}H_{26}O_3$, Kp.$_8$ 187—188°, aus der Säure mit methanol. HCl; n_D^{23} 1,5205. — *1-Phenäthyl-2-n-butylcyclopentan-1-carbonsäure*, $C_{18}H_{26}O_2$, F. 119—120°, Kp.$_{6-7}$ 195—197°, durch 36std. Rk. vorst. Säure mit amalgamiertem Zn in sd. W.-HCl-Toluol, Verdünnen, Ausäthern u. Behandeln mit Sodalsg.; aus PAe. Nadeln; 60%. — *1-Keto-1.2.3.4-tetrahydronaphthalin-2-spiro-[2'-n-butylcyclopentan]*, $C_{18}H_{24}O$, Kp.$_7$ 175—177°, durch 1½std. Erhitzen vorst. Verb. in H_2SO_4-W. (3:1), Gießen auf Eis u. Ausäthern; n_D^{23} 1,5600; 77%; gibt keine definierten Prodd. bei Kondensationsverss. mit Oxalsäurediäthylester u. C_2H_5OK in Äther. — *1.2.3.4-Tetrahydronaphthalin-2-spiro-[2'-n-butylcyclopentan]* (**Ib**), $C_{18}H_{26}$, Kp.$_7$ 155—157°, aus vorst. Verb. mit amalgamiertem Zn wie oben in 48std. Rk.; n_D^{22} 1,5318; 50%. — *1-Äthylpyren* (**IIb**), $C_{18}H_{14}$, F. 74—75°, a) durch 6std. Dehydrierung von 1 g **Ib** mit Pt-Kohle bei 300—350° unter CO_2, Aufnehmen in Ae., Dest., Überführen in das *Pikrat* ($C_{24}H_{17}O_7N_3$, F. 184 bis 185°, aus absol. A. rote Nadeln; 0,25 g) u. Behandeln mit NH_4OH u. Ae.; aus Methanol Blättchen mit blauvioletter Fluorescenz; 0,1 g; b) ähnlich aus 1 g nachst. Verb.; 0,4 *Pikrat*, *symm.-Trinitrobenzolat*, $C_{24}H_{17}O_6N_3$, F. 213—214°, aus absol. A. orangefarbene Nadeln. — *4-n-Butyl-1.2-dihydrophenanthren*, $C_{18}H_{20}$, Kp.$_8$ 180—182°, durch Rk. von 4-Keto-1.2.3.4-tetrahydrophenanthren (**III**) mit n-C_4H_9MgJ in Ae., 4std. Kochen, Zers. mit verd. H_2SO_4, Behandeln mit 5%ig. $Na_2S_2O_3$-Lsg., Einengen, Abtrennen von nichtumgesetztem **III** als Semicarbazon, Aufnehmen in Ae., Dehydratation durch 1std. Erhitzen in Ameisensäure, Verdünnen mit W. u. Ausäthern; 45%. *Pikrat*, $C_{24}H_{23}O_7N_3$, F. 115—116°, aus Methanol rote Nadeln. — *4-n-Propyl-1.2-dihydrophenanthren*, $C_{17}H_{18}$, Kp.$_8$ 177—180°, analog vorst. Verb. aus **III** u. n-C_3H_7MgJ; 70%. *Pikrat*, $C_{23}H_{21}O_7N_3$, aus Methanol scharlachrote Nadeln. — *1-Methylpyren* (**IIa**), $C_{17}H_{12}$, F. 146—147°, analog **IIb** aus 1 g vorst. Verb.; aus Methanol Flocken. *Pikrat*, F. 227°, aus absol. A. rote Nadeln; 0,7 g. *symm.-Trinitrobenzolat*, F. 250°, aus A. orangefarbene Nadeln. (J. Amer. chem. Soc. **77**. 5131—33. 5/10. 1955. Krishnagar, West Bengal, India, Krishnagar Coll., Dep. of Chem.) W. HOFFMANN. 2950

Niels Clauson-Kaas und **Jørgen Tormod Nielsen**, *Reaktion von Furfurylalkohol, Furfurylmethyläther und 2.5-Dimethoxy-2.5-dihydrosilvan mit methanolischer Salzsäure.* Durch Kochen von Furfurylalkohol (**I**), Furfurylmethyläther (**II**) bzw. 2.5-Dimethoxy-2.5-dihydrosilvan (**III**) mit methanol. HCl entstehen folgende Prodd.: Aus **I** *2.3*(oder *4*)*.5-Trimethoxytetrahydrosilvan* (**IV**), 3,0% (Ausbeute), *Methyllävulinat* (**V**), 27,7%, *Methyllävulinatdimethylketal* (**VI**), 1,2%, α(oder *β*)*-Methoxylävulinaldehyddimethylacetal* (**VII**), 10,1%, unbekannte Prodd., 0,3%; aus **II** 1,8% **IV**, 11,2% **V**, 15,3% **VI**, 6,2% unbekannte Prodd.; aus **III** 2,8% **IV**, 15,2% **V**, 33,8% **VI**, 17,3% unbekannte Produkte. **IV** ist alkalistabil u. zeigt keine Absorption bei 5,8 μ. Hydrolyse mit HCl gibt α(oder *β*)*-Methoxylävulinaldehyd* (**VIII**), nachgewiesen durch Kondensation mit Methylamin u. Acetondicarbonsäure zu einem bisher unbekannten Tropinon, das nur *1-Methyl-6*(oder *7*)*-methoxytropinon* (**IX**) sein kann. Daraus u. aus der Tatsache, daß **IV** auch aus **III** gebildet wird, folgt die angegebene Struktur von **IV**. Die Konst. von **VI** folgt aus der Verseifung zu **V** mit wasserhaltiger methanol. HCl u. aus der Rk. mit NH_3 zum entsprechenden *Amid.* **VII** ist nicht alkalistabil u. gibt mit HCl **VIII**. Die unbekannten Prodd. entstehen vermutlich aus *1.1.2*(oder *3*)*.4.4-Pentamethoxypentan* (**X**) durch Methanolabspaltung. **X** wird aus der Reaktionsmischung von **II** durch Kochen mit methanol. NaOH in 0,7%ig. Ausbeute neben **IV** (1,1%) u. unbekannten Prodd. (2,5%) erhalten. **X** liefert **VIII** u. **IX** analog **IV**. Die Bldg. von **VII** aus **III** entspricht der bekannten, durch starke Säuren katalysierten Anlagerung von Alkoholen an die Doppelbindung von 2.5-Dimethoxy-2.5-dihydrofuran; die Bldg. aus **I** u. **II** zeigt, daß **III** oder entsprechende Verbb. Zwischenprodd. der Spaltung sind. Die Ergebnisse von PUMMERER u. Mitarbeitern (C. **1935**. I. 2984 u. früher) werden grundsätzlich bestätigt. Er hat jedoch nicht immer reine Verbb. in Händen gehabt.

Versuche (FF. korr.): Arbeitsweise: **I**, **II** oder **III** mit trockenem Methanol u. Acetylchlorid 3 Std. kochen, mit Na-Methylat genau neutralisieren u. gut fraktionieren. —

2.3(oder *4*)*.5-Trimethoxytetrahydrosilvan* (**IV**), $C_8H_{16}O_4$, Kp.$_{10}$ 75°, aus der bei 88°/21 mm sd. Fraktion nach Verseifen von **V**; n_D^{25} 1,4239. — *1-Methyl-6*(oder *7*)*-methoxytropinon* (**IX**)*-Pikrat*, $C_{16}H_{20}O_9N_4$, F. 135—136°: **IV** mit 0,025n HCl 10 Min. kochen, dann mit Acetondicarbonsäure, Methylaminhydrochlorid, Citronensäure u. NaOH 48 Std. stehenlassen; mit Pikrinsäure in A. fällen. — *Methyllävulinat* (**V**), $C_6H_{10}O_3$, Kp.$_{15}$ 89—91°, Kp.$_{21}$ 94°; n_D^{20} 1,4223; n_D^{25} 1,4201; D.$^{20}{}_4$ 1,0490. — α(oder β)*-Methoxylävulinaldehyddimethylacetal* (**VII**), $C_8H_{16}O_3$, Kp.$_{21}$ 112°; n_D^{25} 1,4229. — *Methyllävulinatdimethylketal* (**VI**), $C_8H_{16}O_4$, Kp.$_{21}$ 103°; n_D^{25} 1,4239. — *Lävulinamiddimethylketal*, $C_7H_{15}O_3N$, F. 67—70°, aus **VI** u. NH_3 in wss. Methanol (3 Tage); aus Bzl.-PAe. schwachgelbe Kristalle. — *1.1.2*(oder *3*)*.4.4-Pentamethoxypentan* (**X**), $C_{10}H_{22}O_5$, Kp.$_{12}$ 104°, durch Kochen des Reaktionsgemisches von **II** mit NaOH (18 Std.). — Die Destillationskurven sind für alle 3 Umsetzungen angegeben. (Acta chem. scand. **9**. 475—85. 1955. Kopenhagen, Sadolin & Holmblad A/S, Centrallabor.) F. SCHAUDER. 3061

Roger Ratouis und **Antoine Willemart**, *Über die Reduktionsprodukte des Phthalsäureanhydrids: Gewinnung von Phthalan und Hexahydrophthalan.* Die katalyt. Hydrierung von Phthalsäureanhydrid (Dioxan, 120 at) in Ggw. von Cu-Chromit liefert *Phthalan* (**I**; Kp.$_{18}$ 78°, D.$^{17}{}_4$ 1,0799, n_D^{18} 1,5324; identifiziert durch Vgl. mit einem durch Dehydratisierung von *Phthalalkohol* — dieser aus Phthalsäureanhydrid durch $LiAlH_4$-Red. — mit $KHSO_4$ gewonnenen Präparat. Die Rk. hat ein Ausbeutemaximum (30%) bei 330°. Bei niedrigerer Temp. entsteht infolge unvollständiger Hydrierung *Phthalid* (**II**), bei höheren Tempp. entstehen durch Hydrogenolyse u. Decarboxylierung *o-Xylol* (6—8%), *Toluol* (10—23%), *Bzl.* (6—22%) u. *o-Toluylalkohol* (9—10%; F. 35°). *Hexahydrophthalan*, Kp.$_{15}$ 62°, D.$^{20}{}_4$ 0,9790, n_D^{17} 1,4665, entsteht neben *Hexahydro-o-toluylalkohol* (**III**) aus **I** durch RANEY-Ni-Hydrierung (200°, 120 at, 7 Std.; 10—20%) oder aus **II** durch RANEY-Ni-Hydrierung (220°, 80 at, 4 Std. in Dioxan) zunächst zu *Hexahydrophthalid* (**IV**; 70%), das dann mit Cu-Chromit (300°, 130 at, 2 Std.) weiterhydriert wurde (Nebenprod. 50% **III**), oder aus cis-Δ^4-Tetrahydrophthalsäureanhydrid (durch Kondensation von Butadien mit Maleinsäureanhydrid) durch Hydrierung mit Cu-Chromit (300°, 130 at, 5 Std. in Dioxan; 20%; Nebenprod. 20% **IV**) oder aus Hexahydrophthalalkohol (F. 43°, aus **IV** durch $LiAlH_4$-Red.) durch Dehydratisierung mit 50%ig. H_3PO_4 (90%). (C. R. hebd. Séances Acad. Sci. **233**. 1124—25. 5/11. 1951.) H. LIEBIG. 3061

W. M. Rodionow und **Je. F. Polunina**, *Einwirkung von Schwefelsäure auf 2-Methylthiophen.* Zur Unters. der sek. Rkk. bei der Ichthyoldarst. wurde 2-Methylthiophen (**I**) als Modellsubstanz bei verschied. H_2SO_4-Menge u. -Konz. sowie verschied. Reaktionstemp. u. -dauer sulfuriert. Bei der Einw. von $H_2SO_4 \cdot H_2O$ auf **I** bei 30° fanden folgende Rkk. statt: 1. Sulfurierung von **I** zu Sulfonsäuren, 2. oxydierende Kondensation zu Di- u. Trithienyl, 3. Sulfurierung der Thienyle. Aus dem Reaktionsgemisch wurden in Form ihrer Salze nicht weiter identifizierte **I**-*Mono-* u. *Disulfonsäuren*, eine *Verb.* vom F. 63—66° (vermutlich *2.2'-Dimethyl-5.5'-dithienyl*) u. als *sulfuriertes Trithienyl* (**II**) eine *Sulfonsäure* $C_{15}H_{14}O_3S_4$ isoliert. Von **II** konnten nur Salze dargestellt werden. Verss., das Chlorid oder Amid zu erhalten, mißlangen.

V e r s u c h e: Sulfurierung von **I**: Man läßt zu einer Lsg. von 10 g **I** in 200 ml PAe. bei 30° 200 g $H_2SO_4 \cdot H_2O$ zutropfen, rührt 3 Std. bei 25—30°, gießt auf Eiswasser, trennt PAe. ab, gibt zur wss. Phase Ae. u. neutralisiert die mittlere Schicht mit NH_3: **II**-*NH_4-Salz*, $C_{15}H_{13}S_3 \cdot SO_3NH_4$, aus W. Schuppen; 36,9% (Ausbeute). Beim Neutralisieren mit Sodalsg. das **II**-*Na-Salz*, $C_{15}H_{13}S_3 \cdot SO_3Na$; 42,3%. Aus dem NH_4-Salz mit $BaCl_2$ in salzsaurer Lsg. das **II**-*Ba-Salz*, $(C_{15}H_{13}S_3 \cdot SO_3)_2Ba$, mit p-Toluidin in Essigsäure bei 50—60° das **II**-*p-Toluidinsalz*, $C_{15}H_{13}S_3 \cdot SO_3 \cdot NH_3C_6H_4CH_3$, F. 170—171° (W.). Die Mutterlaugen vorst. NH_4-Salzes enthalten **I**-*Mono-* u. *Disulfonsäuren*. Aus der unteren Schicht vorst. Reaktionsgemisches *2.2'-Dimethyl-5.5'-dithienyl* (?), F. 63—66°. (Известия Академии Наук, Отделение Химических Наук [Nachr. Akad. Wiss. UdSSR, Abt. chem. Wiss.] **1954**. 983—86. Nov./Dez. Moskau, 2. Med. Stalin-Inst.)

CH. WEISKE. 3071

Leonard M. Rice, Charles H. Grogan und **E. Emmet Reid**, *Hypotensive Verbindungen.* 3. Mitt. *Dialkylaminoalkylpyrrolidinderivate.* (2. vgl. C. **1954**. 527.) In Fortführung der Unterss. über wirksame hypotensive Verbb. werden die Reduktionsprodd. von N-Dialkylaminoalkylbernsteinsäureimid, *N-Dialkylaminoalkylpyrrolidine*, dargestellt. Erstere entstehen durch Rk. von Dialkylaminoalkylaminen u. Succinanhydrid. Die Red. erfolgt mit $LiAlH_4$ in 90—95%ig. Ausbeute. Die Struktur von *N-[β-Diäthylaminoäthyl]-pyrrolidin* wurde durch Synth. aus β-Diäthylaminoäthylchlorid u. Pyrrolidin sichergestellt.

V e r s u c h e: Die *N-substituierten Succinimide* entstehen aus äquimol. Mengen Succinanhydrid + Dialkylaminoalkylamin, 2std. Erhitzen auf 175° (Bad) u. Vakuumdest.: *N-[β-Dimethylaminoäthyl]-*, $C_8H_{14}O_2N_2$, F. 40—41°, Kp.$_2$ 93—97°. *Hydrochlorid*, F. 198—199°. — *N-[β-Diäthylaminoäthyl]-*, $C_{10}H_{18}O_2N_2$, Kp.$_3$ 122—124°. *Hydrochlorid*, F. 208—209°. — *N-[γ-Dimethylaminopropyl]-*, $C_9H_{16}O_2N_2$, Kp.$_2$ 105—107°. *Hydrochlorid*, F. 196—197°. — *N-[β-Morpholinoäthyl]-*, $C_{10}H_{16}O_3N_2$, Kp.$_2$ 140—144°. *Hydrochlorid*, F. 217—218°. — *N-substituierte Pyrrolidine*, aus vorst. Verbb. in Ae. mit $LiAlH_4$ unter Kochen, 12std. Stehen, Zers. mit W., Rühren, Abdampfen u. Vakuumdest.: *N-[β-Dimethylaminoäthyl]-*, $C_8H_{18}N_2$, Kp.$_{48}$ 92—94°. *Hydrochlorid*, F. 294—295°. *Dimethojodid*, F. 261—262°. — *N-[β-Diäthylaminoäthyl]-*, $C_{10}H_{22}N_2$, Kp.$_3$ 56—58°. *Hydrochlorid*, F. 245—246°. *Dimethojodid*, F. 228—229°. — *N-[-γDimethylaminopropyl]-*, $C_9H_{20}N_2$, Kp.$_3$ 50—55°. *Hydrochlorid*, F. 264—265°. *Dimethojodid*, F. 295—297°. — *N-[β-Morpholinoäthyl]-*, $C_{10}H_{20}ON_2$, Kp.$_2$ 78—80°. *Hydrochlorid*, F. 295—296°. *Dimethojodid*, F. 245 bis 246°. (J. Amer. chem. Soc. **75.** 2261—62. 5/5. 1953. Washington, D. C., Georgetown, Univ., Med. Center.) H. LEHWALD. 3081

Leonard M. Rice, Charles H. Grogan und **E. Emmet Reid,** *Hypotensive Verbindungen*. 4. Mitt. *Hydrierte Dialkylaminoalkylisoindolderivate.* (3. vgl. vorst. Ref.) Aus Dialkylaminoalkylaminen u. entsprechenden Dicarbonsäureanhydriden werden bei 160—170° *N-substituierte Dialkylaminoalkylderivv.* von *Phthalsäure-*, *cis-Δ⁴-Tetrahydrophthalsäure-*, *3.6-Endomethylen-cisΔ⁴-tetrahydrophthalsäure-*, *3.6-Endoxido-cis-hexahydrophthalsäure-*, *Hexahydrophthalsäure-*, *3-Methyl-3.6-endoxidohexahydrophthalsäure-*, *5-Methyl-cis-Δ⁴-tetrahydrophthalsäure-*, *Cantharidin-* u. *Chinolinsäureimid* dargestellt, die mit $LiAlH_4$ zu *N-substituierten Dialkylaminoalkylderivv.* von *Isoindolinen* red. u. als *Dihydrochloride* u. *Dimethojodide* charakterisiert werden. Die Ausbeuten sind bei allen Rkk. gut. Die pharmakol. Unterss. an Hunden ergaben für die Imidhydrochloride keine hypotensive Aktivität, ihre quaternären Salze sind weniger giftig u. bereits in Dosierungen von 3 mg/kg Lebendgewicht stark wirksam.

Versuche: Die *Dicarbonsäureimide* entstehen aus den Anhydriden u. den Dialkylaminoalkylaminen unter Kühlen, 2std. Erhitzen bei 175° (Bad) u. Vakuumdestillation. Die Red. zu *Isoindolen* erfolgt mit $LiAlH_4$ in Ae. unter Rühren, 2std. Kochen, Stehen, Zers. mit W. unter Kühlung u. Vakuumdestillation. Δ⁴-Tetrahydrophthalimide: *N-[β-Diäthylaminoäthyl]-*, $C_{14}H_{22}O_2N_2$, Kp.$_2$ 132—134°. *Hydrochlorid*, F. 214—215°. — *N-[γ-Dimethylaminopropyl]-*, $C_{13}H_{20}O_2N_2$, Kp.$_2$ 140—144°. *Hydrochlorid*, F. 172—173°. — *N-[γ-Diäthylaminopropyl]-*, $C_{15}H_{24}O_2N_2$, Kp.$_3$ 162—165°. *Hydrochlorid*, F. 114—115°. — *N-[γ-Morpholinopropyl]-*, $C_{15}H_{22}O_3N_2$, Kp.$_2$ 175—178°. *Hydrochlorid*, F. 203—204°. — 3.6-Endomethylen-Δ⁴-tetrahydrophthalimide: *N-[β-Diäthylaminoäthyl]*, $C_{15}H_{22}O_2N_2$, Kp.$_2$ 142—144°. *Hydrochlorid*, F. 219—220°. — *N-[γ-Dimethylaminopropyl]-*, $C_{14}H_{20}O_2N_2$, F. 63—64°, Kp.$_2$ 139 bis 142°. *Hydrochlorid*, F. 206—207°. — *N-[γ-Morpholinopropyl]-*, $C_{16}H_{22}O_3N_2$, Kp.$_2$ 190 bis 194°. *Hydrochlorid*, F. 191—193°. — *N-[β-Dimethylaminoäthyl]-3.6-endoxidohexahydrophthalimid*, $C_{12}H_{18}O_3N_2$, Kp.$_{0,5}$ 140—145°, F. 55—56°. *Hydrochlorid*, F. 244—245°. — *N-[β-Diäthylaminoäthyl]-chinolinsäureimid*, $C_{13}H_{17}O_2N_3$, Kp.$_3$ 155—160°. — Phthalimide: *N-[β-Diäthylaminoäthyl]-*, $C_{14}H_{18}O_2N_2$, F. 45—46°, Kp.$_2$ 140—143°. *Hydrochlorid*, F. 232—233°. — *N-[γ-Dimethylaminopropyl]-*, $C_{13}H_{16}O_2N_2$, Kp.$_2$ 140—145°. *Hydrochlorid*, F. 206—207°. — *N-[γ-Morpholinopropyl]-*, $C_{15}H_{18}O_3N_2$, Kp.$_2$ 173—177°. *Hydrochlorid*, F. 247—248°. — Hexahydrophthalimide: *N-[β-Dimethylaminoäthyl]-*, $C_{12}H_{20}O_2N_2$, Kp.$_2$ 116—119°. *Hydrochlorid*, F. 191—192°. — *N-[β-Diäthylaminoäthyl]-*, $C_{14}H_{24}O_2N_2$, Kp.$_2$ 132—135°; 81%. *Hydrochlorid*, F. 196—197°. — *N-[γ-Dimethylaminopropyl]-*, $C_{13}H_{22}O_2N_2$, Kp.$_2$ 130—132°. *Hydrochlorid*, F. 176—177°. — *N-[γ-Diäthylaminopropyl]-*, $C_{15}H_{26}O_2N_2$, Kp.$_2$ 150—153°. *Hydrochlorid*, F. 123—124°. — *N-[β-Morpholinoäthyl]-*, $C_{14}H_{22}O_3N_2$, Kp.$_2$ 162—164°. *Hydrochlorid*, F. 235—236°. — *N-[γ-Morpholinopropyl]-*, $C_{15}H_{24}O_3N_2$, Kp.$_2$ 173—177°. *Hydrochlorid*, F. 162—163°. — *N-[γ-Dibutylaminopropyl]-*, $C_{19}H_{34}O_2N_2$, Kp.$_{0,1}$ 155—160°. *Hydrochlorid*, F. 107—109°. — *N-[β-Dihexylaminoäthyl]-*, $C_{22}H_{40}O_2N_2$, Kp.$_{0,2}$ 170—175°. — *N-[ω-Diäthylaminohexyl]-*, $C_{18}H_{32}O_2N_2$, Kp.$_{0,1}$ 158—163°. *Hydrochlorid*, F. 113—114°. — *N-[β-Piperidinoäthyl]-*, $C_{15}H_{24}O_2N_2$, F. 50—51°, Kp.$_{0,1}$ 138—142°. *Hydrochlorid*, F. 212—213°. — *N-[δ-Diäthylaminobutyl]-*, $C_{16}H_{28}O_2N_2$, Kp.$_{0,02}$ 134—139°. *Hydrochlorid*, F. 95—96°. — *N-[3-Diäthylamino-2-oxypropyl]-*, $C_{15}H_{26}O_3N_2$, Kp.$_1$ 146—148°. *Hydrochlorid*, F. 138°. — *N-[β-Dimethylaminoäthyl]-5-methyl-Δ⁴-tetrahydrophthalimid*, $C_{13}H_{20}O_2N_2$, Kp.$_{0,2}$ 106—112°. *Hydrochlorid*, F. 228—229°. — *N-[β-Dimethylaminoäthyl]-3-methyl-3.6-endoxidohexahydrophthalimid*, $C_{13}H_{20}O_3N_2$, Kp.$_{0,2}$ 124—130°. *Hydrochlorid*, F. 260°. — *N-[β-Dimethylaminoäthyl]-1.2-dimethyl-3.6-endoxidohexahydrophthalimid*, $C_{14}H_{22}O_3N_2$, Kp.$_{0,4}$ 1.5 bis 145°, F. 77—77,5°. *Hydrochlorid*, F. 249—251°. — *N-[β-Dimethylaminoäthyl]-3.6-dimethyl-3.6-endoxidohexahydrophthalimid*, $C_{14}H_{22}O_3N_2$, Kp.$_{0,05}$ 130—135°. *Hydrochlorid*, F. 249—251°. — 4.7.8.9-Tetrahydroisoindoline: *N-[β-Diäthylaminoäthyl]-*, $C_{14}H_{26}N_2$, Kp.$_2$ 96—98°. *Dihydrochlorid*, F. 161—163°. *Dimethojodid (DMJ)*,

F. 219—221°. — *N-[γ-Dimethylaminopropyl]-*, $C_{13}H_{24}N_2$, Kp.$_2$ 88—92°. *Dihydrochlorid*, F. 220—222°. *DMJ*, F. 234—235°. — *N-[γ-Diäthylaminopropyl]-*, $C_{15}H_{28}N_2$, Kp.$_2$ 106 bis 108°. *Dihydrochlorid*, F. 137—138°. *DMJ*, F. 228—229°. — *N-[γ-Morpholinopropyl]-* $C_{15}H_{26}ON_2$, Kp.$_2$ 126—130°. *Dihydrochlorid*, F. 216—217°. *DMJ*, F. 216—217°. — 4.7.8.9-Tetrahydro-4.7-endomethanoisoindoline: *N-[β-Diäthylaminoäthyl]-*, $C_{15}H_{26}N_2$, Kp.$_2$ 122—124°. *Dihydrochlorid*, F. 175—176°. *DMJ*, F. 208 bis 210°. — *N-[γ-Dimethylaminopropyl]-*, $C_{14}H_{24}N_2$, Kp.$_2$ 91—94°. *Dihydrochlorid*, F. 244—246°. *DMJ*, F. 278—280°. — *N-[γ-Morpholinopropyl]-*, $C_{16}H_{26}ON_2$, Kp.$_2$ 136 bis 138°. *Dihydrochlorid*, F. 243—244°. *DMJ*, F. 247—248°. — Isoindoline: *N-[β-Diäthylaminoäthyl]-*, $C_{14}H_{22}N_2$, Kp.$_2$ 101—104°. *Dihydrochlorid*, F. 234—235°. *DMJ*, F. 193—194°. — *N-[γ-Dimethylaminopropyl]-*, $C_{13}H_{20}N_2$, Kp.$_3$ 120—123°. *Dihydrochlorid*, F. 246—247°. *DMJ*, F. 237—238°. — *N-[γ-Morpholinopropyl]-*, $C_{15}H_{22}ON_2$, Kp.$_3$ 164—168°. *Dihydrochlorid*, F. 247—248°. *DMJ*, F. 230—231°. — *N-[β-Dimethylaminoäthyl]-4.7-endoxidooktahydroisoindol*, $C_{12}H_{22}ON_2$, Kp.$_{0,6}$ 98—101°. *Dihydrochlorid*, F. 265—267°. *DMJ*, F. 231—233°. — *6-Diäthylaminoäthyl-5.7-dihydropyrrolo-[3.4:b]-pyridin*, $C_{13}H_{21}N_3$, Kp.$_2$ 145—155°. — Oktahydroisoindole: *N-[β-Dimethylaminoäthyl]-*, $C_{12}H_{24}N_2$, Kp.$_2$ 77—80°. *Dihydrochlorid*, F. 276—278°. *DMJ*, F. 228—230°. — *N-[β-Diäthylaminoäthyl]-*, $C_{14}H_{28}N_2$, Kp.$_2$ 93—96° (an anderer Stelle Kp.$_2$ 77—80°); 92%. *Dihydrochlorid*, F. 177—178°. *DMJ*, F. 222—223°. — *N-[γ-Dimethylaminopropyl]-*, $C_{13}H_{26}N_2$, Kp.$_2$ 85—88°. *Dihydrochlorid*, F. 236—237°. *DMJ*, F. 246—247°. — *N-[γ-Diäthylaminopropyl]-*, $C_{15}H_{30}N_2$, Kp.$_2$ 105—107°. *DMJ*, F. 224 bis 225°. — *N-[β-Morpholinoäthyl]-*, $C_{14}H_{26}ON_2$, Kp.$_5$ 147—149°. *Dihydrochlorid*, F. 260 bis 264°. *Monomethojodid*, F. 203—204°. — *N-[γ-Morpholinopropyl]-*, $C_{15}H_{28}ON_2$, Kp.$_2$ 132—135°. *Dihydrochlorid*, F. 253—254°. *DMJ*, F. 230—231°. — *N-[γ-Dibutylaminopropyl]-*, $C_{19}H_{38}N_2$, Kp.$_{0,1}$ 116—121°. *Dihydrochlorid*, F. 76—78°. — *N-[β-Dihexylaminoäthyl]-*, $C_{22}H_{44}N_2$, Kp.$_{0,1}$ 140—145°. *Dihydrochlorid*, F. 115—117°. *DMJ*, F. 150 bis 152°. — *N-[ω-Diäthylaminohexyl]-*, $C_{18}H_{36}N_2$, Kp.$_{0,1}$ 110—120°. *Dihydrochlorid*, F. 203—204°. *DMJ*, F. 230—231°. — *N-[β-Piperidinoäthyl]-*, $C_{15}H_{28}N_2$, Kp.$_{0,1}$ 103—107°. *Dihydrochlorid*, F. 300—302°. *DMJ*, F. 249—250°. — *N-[δ-Diäthylaminobutyl]-*, $C_{16}H_{32}N_2$, Kp.$_{0,2}$ 83—87°. *Dihydrochlorid*, F. 198—199°. *DMJ*, F. 201—202°. — *N-[3-Diäthylamino-2-oxypropyl]-*, $C_{15}H_{30}ON_2$, Kp.$_{0,1}$ 105—115°. *Dihydrochlorid*, F. 196—198°. *DMJ*, F. 155—156°. — *N-[β-Dimethylaminoäthyl]-6-methyl-4.7.8.9-tetrahydroisoindolin*, $C_{13}H_{24}N_2$, Kp.$_{0,1}$ 78—85°. *Dihydrochlorid*, F. 262—263°. *DMJ*, F. 203—205°. — *N-[β-Dimethylaminoäthyl]-4-methyl-4.7-endoxidohexahydroisoindolin*, $C_{13}H_{24}ON_2$, Kp.$_{0,2}$ 100 bis 105°. *Dihydrochlorid*, F. 237°. *DMJ*, F. 231—233°. — *N-[β-Dimethylaminoäthyl]-8.9-dimethyl-4.7-endoxidohexahydroisoindolin*, $C_{14}H_{26}ON_2$, Kp.$_{0,2}$ 110—115°. *Dihydrochlorid*, F. 264—265°. *DMJ*, F. 206—207°. — *N-[β-Dimethylaminoäthyl]-4.7-dimethyl-4.7-endoxidohexahydroisoindolin*, $C_{14}H_{26}ON_2$, Kp.$_{0,2}$ 94°. *Dihydrochlorid*, F. 249—250°. *DMJ*, F. 258—260°. (J. Amer. chem. Soc. **75.** 4911—15. 20/10. 1953.) H. LEHWALD. 3081

Leonard M. Rice, Charles H. Grogan und **E. Emmet Reid,** *Hypotensive Verbindungen.* 5. Mitt. *Hydrierte quaternäre Salze von Bis-isoindolen.* (4. vgl. vorst. Ref.) Eine Anzahl *diquartärer Salze* von *α.ω-Bis-[perhydroisoindolyl-(2)-alkanen* mit verschied. substituierten endständigen Perhydroisoindolringen werden durch Kondensation der entsprechend substituierten u. hydrierten *N-Methylisoindole* (entstanden aus den entsprechenden Perhydrophthalsäureanhydriden u. wss. 25%ig. Methylamin u. $LiAlH_4$-Red.) mit α.ω-halogenierten Alkanen dargestellt. Wird Methylendijodid oder Äthylendibromid zur Kondensation verwendet, so entstehen nur die monoquartären Salze, jedoch konnten die Bis-[perhydroisoindolyl-(2)]-äthanderivv. durch Kondensation von Hexahydrophthalsäureanhydrid mit Äthylendiamin u. anschließende $LiAlH_4$-Red. erhalten werden. Ferner werden einige *N-[Dialkylaminoalkyl]-4.7-endoxidoperhydroisoindole* einschließlich der *Bis-methojodide* über die entsprechenden *Hexahydrophthalimide* dargestellt. Betreffs der Daten über die Giftigkeit dieser Verbb. gegenüber Ratten u. der hieraus ableitbaren Beziehungen zwischen Struktur u. Toxizität vgl. Original.

Versuche: *3.N-Dimethyl-3.6-endoxidohexahydrophthalimid*, $C_{10}H_{13}O_3N$, F. 108° (Bzl.–PAe.), aus 3-Methyl-3.6-endoxidohexahydrophthalsäureanhydrid + überschüssiger wss. 25%ig. CH_3NH_2-Lsg. unter Kühlen, Abdest. des W. u. Erhitzen auf 240—250°; 83% (Ausbeute). — *N-Methyl-3.6-endoxidohexahydrophthalimid*, $C_9H_{11}O_3N$, F. 135°. — *3.6.N-Trimethyl-3.6-endoxidohexahydrophthalimid*, $C_{11}H_{15}O_3N$, F. 128,5°. — *4.N-Dimethyl-4.7-endoxidoperhydroisoindol* (I), $C_{10}H_{17}ON$, Kp.$_{16}$ 100—102°, durch Red. der drittvorst. Verb. mit $LiAlH_4$ in Ae. im SOXHLET, Zers. mit W. u. Dest.; n_D^{25} 1,4782; 68%. *Pikrat*, $C_{16}H_{20}O_8N_4$, F. 209—211°. *Methojodid*, $C_{11}H_{20}ONJ$, F. 157—157,5°. — *N-Methylperhydroisoindol*, $C_9H_{17}N$, Kp.$_{20}$ 72°; n_D^{25} 1,4770. *Pikrat*, $C_{15}H_{20}O_7N_4$, F. 225 bis 227°. *Methojodid*, $C_{10}H_{20}NJ$, F. 230—232°. — *N-Methyl-4.7.8.9-tetrahydroisoindolin*,

$C_9H_{15}N$, Kp.$_{11}$ 60—63°; n_D^{25} 1,4849. *Pikrat*, $C_{15}H_{18}O_7N_4$, F. 206—208°. *Methojodid*, $C_{10}H_{18}NJ$, F. 213—214°. — *N-Methyl-4.7-endoxidoperhydroisoindol*, $C_9H_{15}ON$, F. 30 bis 32°, Kp.$_{10}$ 82—83°. *Pikrat*, $C_{15}H_{18}O_8N_4$, F. 208,5—210°. *Methojodid*, $C_{10}H_{18}ONJ$, F. 192—193°. — *4.7-N-Trimethyl-4.7-endoxidoperhydroisoindol*, $C_{11}H_{19}ON$, Kp.$_7$ 90—91°; n_D^{25} 1,4743. *Pikrat*, $C_{17}H_{22}O_8N_4$, F. 196—197°. *Methojodid*, $C_{12}H_{22}ONJ$, F. 191—193°. — *N-Methyl-4.7-endomethano-4.7.8.9-tetrahydroisoindolin*, $C_{10}H_{15}N$, Kp.$_{10}$ 70—74°; n_D^{25} 1,5003. *Pikrat*, $C_{16}H_{18}O_7N_4$, F. 224—225°. *Methojodid*, $C_{11}H_{18}NJ$, F. 252,5—254°. — *N-Methylisoindolin*, $C_9H_{11}N$, Kp.$_{25}$ 92—95°. *Pikrat*, $C_{15}H_{14}O_7N_4$, F. 128—129°. *Methojodid*, $C_{10}H_{14}NJ$, F. 253—255°. — Bis-methojodide von α.ω-Bis-[*4*-methyl-4.7-endoxidoperhydroisoindolyl-(2)]alkanen: *-pentan*, $C_{25}H_{44}O_2N_2J_2$, F. 257—258° (CH_3OH–Ae.), aus I in Aceton u. Pentamethylendijodid durch Stehen u. kurzes Aufkochen. — *-propan*, $C_{23}H_{40}O_2N_2J_2$, F. 265—267°. — *-butan*, $C_{24}H_{42}O_2N_2J_2$, F. 255—256°. — *-hexan*, $C_{26}H_{46}O_2N_2J_2$, F. 232—233°. — *-nonan*, $C_{29}H_{52}O_2N_2J_2$, F. 210—211°. — *-decan*, $C_{30}H_{54}O_2N_2J_2$, F. 223—224°. — Bis-methojodide von α.ω-Bis-[4.7-endoxidoperhydroisoindolyl-(2)]-alkanen: *-propan*, $C_{21}H_{36}O_2N_2J_2$, F. 255—256°. — *-butan*, $C_{22}H_{38}O_2N_2J_2$, F. 294—295°. — *-pentan*, $C_{23}H_{40}O_2N_2J_2$, F. 233—234°. — *-hexan*, $C_{24}H_{42}O_2N_2J_2$, F. 263—264°. — *-nonan*, $C_{27}H_{48}O_2N_2J_2$, F. 227—229°. — *-decan*, $C_{28}H_{50}O_2N_2J_2$, F. 235—236°. — *N.N'-[p-Xylylen]-bis-[4.7-endoxidoperhydroisoindol]*, *Bis-methobromid*, $C_{26}H_{38}O_2N_2$, F. 267—268°. — Bis-methojodide von α.ω-Bis-[isoindolino]-alkanen: *-propan*, $C_{21}H_{28}N_2J_2$ F. 240—241°. — *-butan*, $C_{22}H_{30}N_2J_2$, F. 224—226°. — *-pentan*, $C_{23}H_{32}N_2J_2$, F. 227—228°. — *-hexan*, $C_{24}H_{34}N_2J_2$, F. 251—253°. — *-nonan*, $C_{27}H_{40}N_2J_2$, F. 215—216°. — *-decan*, $C_{28}H_{42}N_2J_2$, F. 217—218°. — Bis-methojodide von α.ω-Bis-[4.7.8.9-tetrahydro-4.7-endomethanoisoindolinyl-(2)]-alkanen: *-propan*, $C_{23}H_{36}N_2J_2$, F. 301—303°. — *-butan*, $C_{24}H_{38}N_2J_2$, F. 294—296°. — *-pentan*, $C_{25}H_{40}N_2J_2$, F. 291—292°. — *-hexan*, $C_{26}H_{42}N_2J_2$, F. 260—261°. — *-nonan*, $C_{29}H_{48}N_2J_2$, F. 222—223°. — *-decan*, $C_{30}H_{50}N_2J_2$, F. 225—226°. — Bis-methojodide von α.ω-Bis-[4.7-dimethyl-4.7-endoxidoperhydroisoindolyl-(2)]-alkanen: *-propan*, $C_{25}H_{44}O_2N_2J_2$, F. 261—262°. — *-butan*, $C_{26}H_{46}O_2N_2J_2$, F. 217—219°. — *-pentan*, $C_{27}H_{48}O_2N_2J_2$, F. 257—259°. — *-hexan*, $C_{28}H_{50}O_2N_2J_2$, F. 234—235°. — *-nonan*, $C_{31}H_{56}O_2N_2J_2$, F. 215—217°. — *-decan*, $C_{32}H_{58}O_2N_2J_2$, F. 238—239°. — α.ω-Bis-[4.7.8.9-tetrahydroisoindolinyl-(2)]-alkane: *-propan*, *Bis-methojodid*, $C_{21}H_{36}N_2J_2$, F. 256—257,5°. *Bis-methobromid*, $C_{21}H_{36}N_2Br_2$, F. 250—251°. — *-butan*, *Bis-methojodid*, $C_{22}H_{38}N_2J_2$, F. 242—243°. *Bis-methobromid*, $C_{22}H_{38}N_2Br_2$, F. 260—261°. — *-pentan*, *Bis-methojodid*, $C_{23}H_{40}N_2J_2$, F. 253—254°. *Bis-methobromid*, $C_{23}H_{40}N_2Br_2$, F. 241 bis 241,5°. — *-hexan*, *Bis-methojodid*, $C_{24}H_{42}N_2J_2$, F. 232—233°. *Bis-methobromid*, $C_{24}H_{42}N_2Br_2$, F. 236—238°. — *-nonan*, *Bis-methojodid*, $C_{27}H_{48}N_2J_2$, F. 185,5—187°. *Bis-methobromid*, $C_{27}H_{48}N_2Br_2$, F. 195—196°. — *-decan*, *Bis-methojodid*, $C_{28}H_{50}N_2J_2$, F. 218 bis 219°. *Bis-methobromid*, $C_{28}H_{50}N_2Br_2$, F. 201—203°. — *N.N'-[p-Xylylen]-bis-[4.7.8.9-tetrahydroisoindolinmethobromid]*, $C_{26}H_{38}N_2Br_2$, F. 252—253°. — *β-[4-Methyl-4.7-endoxidoperhydroisoindolyl-(2)]-äthylbromid*, *Methobromid*, $C_{12}H_{21}ONBr_2$, F. 205—207° (Zers.; CH_3OH), aus I + Dibromäthan in Aceton (1/4 Std. kochen u. Fällen mit Ae.). — *N-Jodmethyl-N-methylperhydroisoindoliumjodid*, $C_{10}H_{19}NJ_2$, F. 151—152°. — *N-[β-Bromäthyl]-N-methylperhydroisoindoliumbromid*, $C_{11}H_{21}NBr_2$, F. 181—182°. — *N-Jodmethyl-N-methyl-4.7.8.9-tetrahydroisoindoliniumjodid*, $C_{10}H_{17}NJ_2$, F. 147—149°. — *N-[β-Bromäthyl]-N-methyl-4.7.8.9-tetrahydroisoindoliniumbromid*, $C_{11}H_{19}NBr_2$, F. 166—168°. — *N-Jodmethyl-N-methyl-4.7-endoxidoperhydroisoindoliumjodid*, $C_{10}H_{17}ONJ_2$, F. 177—178°. — *N-[β-Bromäthyl]-N-methyl-4.7-endoxidoperhydroisoindoliumbromid*, $C_{11}H_{19}ONBr_2$, F. 210—212°. — *N-Jodmethyl-N-methyl-4-methyl-4.7-endoxidoperhydroisoindoliumjodid*, $C_{11}H_{19}ONJ_2$, F. 167—167,5°. — *N-Jodmethyl-N-methyl-4.7-dimethyl-4.7-endoxidoperhydroisoindoliumjodid*, $C_{12}H_{21}ONJ_2$, F. 180—181°. — *N-[β-Bromäthyl]-N-methyl-4.7-dimethyl-4.7-endoxidoperhydroisoindoliumbromid*, $C_{13}H_{23}ONBr_2$, F. 194—195°. — *N-Jodmethyl-N-methyl-4.7-endomethano-4.7.8.9-tetrahydroisoindoliniumjodid*, $C_{11}H_{17}NJ_2$, F. 197 bis 200°. — *N-[β-Bromäthyl]-N-methyl-4.7-endomethano-4.7.8.9-tetrahydroisoindoliniumbromid*, $C_{12}H_{19}NBr_2$, F. 207—209°. — *N-Jodmethyl-N-methylisoindoliniumjodid*, $C_{10}H_{13}NJ_2$, F. 161—162°. — *N-[β-Bromäthyl]-N-methylisoindoliniumbromid*, $C_{11}H_{15}NBr_2$, F. 223—224°. — *1.6-Bis-[hexahydrophthalimido]-hexan*, $C_{22}H_{32}O_4N_2$, F. 81—82,5° (Bzl.–PAe.), aus Hexahydrophthalsäureanhydrid u. Hexamethylendiamin in wenig Bzl. durch Abdampfen des Bzl. u. Erhitzen auf 190°. — *1.6-Bis-[perhydroisoindolyl-(2)]-hexan*, $C_{22}H_{40}N_2$, Kp.$_{0,05}$ 160—165°, aus vorst. Verb. durch Red. mit $LiAlH_4$ in Ae. wie oben. *Dihydrochlorid*, $C_{22}H_{42}N_2Cl_2$, F. 203—204°. *Bis-methojodid*, $C_{24}H_{46}N_2J_2$, F. 250—252°. *Bis-methobromid*, $C_{24}H_{46}N_2Br_2$, F. 264—264,5°. — *1.2-Bis-[hexahydrophthalimido]-äthan*, $C_{18}H_{24}O_4N_2$, F. 147—148° (A.), analog vorvorst. Verb. mit Äthylendiamin. — *1.2-Bis-[perhydroisoindolyl-(2)]-äthan*, $C_{18}H_{32}N_2$, Kp.$_{0,1}$ 120—132°, aus vorst. Verb. durch

$LiAlH_4$-Reduktion. *Dihydrochlorid*, $C_{18}H_{34}N_2Cl_2$, F. 300—301°. *Bis-methojodid*, $C_{20}H_{38}\cdot N_2J_2$, F. 270—271°. — α.ω.-Bis-[perhydroisoindolyl-(2)]-alkane: *-propan*, *Bis-methojodid*, $C_{21}H_{40}N_2J_2$, F. 264—265°. *Bis-methobromid*, $C_{21}H_{40}N_2Br_2$, F. 284—285°. — *-butan*, *Bis-methojodid*, $C_{22}H_{42}N_2J_2$, F. 266—267°. *Bis-methobromid*, $C_{22}H_{42}N_2Br_2$, F. 290—291°. — *-pentan*, *Bis-methojodid*, $C_{23}H_{44}N_2J_2$, F. 290—291°. *Bis-methobromid*, $C_{23}H_{44}N_2Br_2$, F. 284—285°. — *-nonan*, *Bis-methojodid*, $C_{27}H_{52}N_2J_2$, F. 224,5 bis 225,5°. *Bis-methobromid*, $C_{27}H_{52}N_2Br_2$, F. 234—235°. — *-decan*, *Bis-methojodid*, $C_{28}H_{54}N_2J_2$, F. 217—218°. *Bis-methobromid*, $C_{28}H_{54}N_2Br_2$, F. 237—238°. — *N.N'-[p-Xylylen]-bis-perhydroisoindol*, *Bis-methobromid*, $C_{26}H_{42}N_2Br_2$, F. 269—270°. — 3.6-Endoxidohexahydrophthalimide: *N-[β-Diäthylaminoäthyl]-*, $C_{14}H_{22}O_3N_2$, $Kp._{0,4}$ 141—146°. *Hydrochlorid*, F. 199—200°. — *N-[γ-Dimethylaminopropyl]-*, $C_{13}H_{20}O_3N_2$, $Kp._{0,1}$ 134—140°. *Hydrochlorid*, F. 212—213°. — *N-[γ-Diäthylaminopropyl]-*, $C_{15}H_{24}O_3N_2$, F. 159—163°. *Hydrochlorid*, F. 160—161°. — *N-β-Morpholinoäthyl-*, $C_{14}H_{20}O_4N_2$, F. 120 bis 122°, $Kp._{0,1}$ 168—173°. *Hydrochlorid*, F. 250—252°. — *N-[γ-Dibutylaminopropyl]-*, $C_{19}H_{32}O_3N_2$, F. 185—190°. *Hydrochlorid*, F. 158—159°. — *N-γ-Morpholinopropyl-*, $C_{15}H_{22}O_4N_2$, F. 175—185°. *Hydrochlorid*, F. 233°. — 4.7-Endoxidoperhydroisoindole: *N-[β-Diäthylaminoäthyl]-*, $C_{14}H_{26}ON_2$, $Kp._{0,1}$ 88—93°. *Dihydrochlorid*, F. 207—208°. *Bis-methojodid*, $C_{16}H_{32}ON_2J_2$, F. 234—236°. — *N-[γ-Dimethylaminopropyl]-*, $C_{13}H_{24}ON_2$, $Kp._{0,1}$ 87—94°. *Dihydrochlorid*, F. 241—243°. *Bis-methojodid*, $C_{15}H_{30}ON_2J_2$, F. 264—266°. — *N-[γ-Diäthylaminopropyl]-*, $C_{15}H_{28}ON_2$, $Kp._{0,2}$ 93—97°. *Bis-methojodid*, $C_{17}H_{34}ON_2J_2$, F. 217—219°. — *N-[β-Morpholinoäthyl]-*, $C_{14}H_{24}O_2N_2$, F. 76—78°, $Kp._{0,3}$ 117—122°. *Dihydrochlorid*, F. 261—263°. *Bis-methojodid*, $C_{16}H_{30}O_2\cdot N_2J_2$, F. 229—230°. *Monomethojodid*, $C_{15}H_{27}O_2N_2J$, F. 161—163°. — *N-[γ-Dibutylaminopropyl]-*, $C_{19}H_{36}ON_2$, $Kp._{0,1}$ 126—130°. *Bis-methojodid*, $C_{21}H_{42}ON_2J_2$, F. 166—168°. — *N-[γ-Morpholinopropyl]-*, $C_{15}H_{26}O_2N_2$, $Kp._{0,1}$ 128—133°. *Dihydrochlorid*, F. 249—250°. *Bis-methojodid*, $C_{17}H_{32}O_2N_2J_2$, F. 231—233°. Viele der angeführten Verbb. schm. unter Zersetzung. (J. Amer. chem. Soc. **77**. 616—21. 5/2. 1955.) H. Lehwald. 3081

Charles H. Grogan, E. Emmet Reid und **Leonard M. Rice**, *Saccharinderivate: 3-Alkylamino- und 3-Dialkylaminoalkylamino-1.2-benzisosulfonazole und 2-Dialkylaminoalkyl-o-benzoesäuresulfimide.* 3-Chlor-1.2-benzisosulfonazol (**I**; Pseudosaccharinchlorid) liefert mit Alkylaminen, Dialkylaminoalkylaminen u. Dialkylaminoalkoholen in inerten Lösungsmitteln *3-Alkylamino-*, *3-Dialkylaminoalkylamino-* bzw. *3-Dialkylaminoalkoxy-1.2-benzisosulfonazole.* Na-Saccharin (**II**) reagiert in Dimethylformamid mit Dialkylaminoalkylhalogeniden zu *2-Dialkylaminoalkyl-o-benzoesäuresulfimiden.*

Versuche: 3-Dialkylaminoalkoxy-1.2-benzisosulfonazolhydrochloride: *3-Dimethylaminoäthoxy-*, $C_{11}H_{15}O_3N_2ClS$, F. 178—179° (Chlf.–Ae.), aus **I** u. Dimethylaminoäthanol in Aceton (30 Min. kochen). — *3-Diäthylaminoäthoxy-*, $C_{13}H_{19}O_3N_2ClS$, F. 144—145°. — *3-[γ-Diäthylaminopropoxy]-*, $C_{14}H_{21}O_3N_2ClS$, F. 186 bis 187°. — *3-[β-Di-n-butylaminopropoxy]-*, $C_{18}H_{29}O_3N_2ClS$, F. 135—127°. — *3-[γ-Di-n-butylaminopropoxy]*, $C_{18}H_{29}O_3N_2ClS$, F. 131—132°. — *3-[β-Pyridyl-(2)-äthoxy]-*, $C_{14}H_{13}O_3N_2ClS$, F. 156—157°. — *3-[δ-Diäthylaminopentyl-(2)-oxy]-*, $C_{16}H_{25}O_3N_2ClS$, F. 141—142°. — *3-[β-Di-n-butylaminoäthoxy]-*, $C_{17}H_{27}O_3N_2ClS$, F. 130—131°. — *3-Pyrrolidinoäthoxy-*, $C_{13}H_{17}O_3N_2ClS$, F. 151—152°. — *3-Piperidinoäthoxy-*, $C_{14}H_{19}O_3N_2ClS$, F. 151—152°. — *3-Morpholinoäthoxy-*, $C_{13}H_{17}O_4N_2ClS$, F. 150—151°. — 3-Alkylamino-1.2-benzisosulfonazole: *3-n-Propylamino-*, $C_{10}H_{12}O_2N_2S$, F. 223 bis 224° (Aceton–W.), aus **I** u. n-Propylamin in Bzl. (10 Min. kochen). — *3-Methylamino-*, $C_8H_8O_2N_2S$, F. 303—304°. — *3-Äthylamino-*, $C_9H_{10}O_2N_2S$, F. 289—290°. — *3-n-Butylamino-*, $C_{11}H_{14}O_2N_2S$, F. 185—185,5°. — *3-n-Amylamino-*, $C_{12}H_{16}O_2N_2S$, F. 163—164°. — *3-n-Hexylamino-*, $C_{13}H_{18}O_2N_2S$, F. 177—178°. — *3-n-Heptylamino-*, $C_{14}H_{20}O_2N_2S$, F. 165 bis 165,5°. — *3-n-Octylamino-*, $C_{15}H_{22}O_2N_2S$, F. 155—156°. — *3-n-Nonylamino-*, $C_{16}H_{24}\cdot O_2N_2S$, F. 147—148°. — *3-n-Decylamino-*, $C_{17}H_{26}O_2N_2S$, F. 149—150°. — *3-n-Undecylamino-*, $C_{18}H_{28}O_2N_2S$, F. 148—149°. — *3-n-Dodecylamino-*, $C_{19}H_{30}O_2N_2S$, F. 150—151°. — 3-Dialkylaminoalkylamino-1.2-benzisosulfonazolhydrochloride: *3-Dimethylaminoäthylamino-*, $C_{11}H_{16}O_2N_3ClS$, F. 261—263° (Aceton–Ae.), **I** u. Dimethylaminoäthylamin in Aceton (10 Min. kochen); 95% Ausbeute. — *3-[γ-Dimethylaminopropylamino]-*, $C_{12}H_{18}O_2N_3ClS$, F. 206—207°. — *3-Diäthylaminoäthylamino-*, $C_{13}H_{20}O_2N_3ClS$, F. 165—166°. — *3-[γ-Diäthylaminopropylamino]-*, $C_{14}H_{22}O_2N_3ClS$, F. 210 bis 212°. — *3-[δ-Diäthylaminobutylamino]-*, $C_{15}H_{24}O_2N_3ClS$, F. 199—200°. — *3-[ε-Diäthylaminoamylamino]-*, $C_{16}H_{26}O_2N_3ClS$, glasig. — *3-[γ-Dibutylaminopropylamino]-*, $C_{18}H_{30}O_2N_3ClS$, F. 186—187°. — *3-Morpholinoäthylamino-*, $C_{13}H_{18}O_3N_3ClS$, F. 269—271°. — *3-Pyrrolidinoäthylamino-*, $C_{13}H_{18}O_2N_3ClS$, F. 202—203°. — 2-Dialkylaminoalkylsaccharine: *2-Diäthylaminoäthyl-*, $C_{13}H_{18}O_3N_2S$, F. 61—63°, $Kp._{0,06}$ 144 bis 154°, aus **II** u. Diäthylaminoäthylchlorid in Dimethylformamid (4 Std. kochen),

Eindampfen auf dem Wasserbad u. Heißfiltration. *Hydrochlorid*, F. 217—218°. *Methojodid*, $C_{14}H_{21}O_3N_2JS$, F. 200—201°. — *2-Morpholinoäthyl-*, $C_{13}H_{16}O_4N_2S$, F. 103—104°, Kp.$_{0,10}$ 178—186°. *Hydrochlorid*, F. 236°. *Methojodid*, $C_{14}H_{19}O_4N_2JS$, F. 236°. — *2-Piperidinoäthyl-*, $C_{14}H_{18}O_3N_2S$, F. 80—81°, Kp.$_{0,10}$ 160—163°. *Hydrochlorid*, F. 252—254°. *Methojodid*, $C_{15}H_{21}O_3N_2JS$, F. 260—261°. — *2-[γ-Diäthylaminopropyl]-*, $C_{14}H_{20}O_3N_2S$, Kp.$_{0,20}$ 163—166°. *Hydrochlorid*, F. 166—167°. *Methojodid*, $C_{15}H_{23}O_3N_2JS$, F. 220—221°. — *2-[γ-Di-n-butylaminopropyl]-*, $C_{18}H_{28}O_3N_2S$, Kp.$_{0,10}$ 175—185°. *Hydrochlorid*, F. 90 bis 92°. *Methojodid*, $C_{19}H_{31}O_3N_2JS$, F. 150—152°. (J. org. Chemistry **20**. 1425—29. Okt. 1955. Washington, D. C., Georgetown Univ., Med. Center, Dep. of Pathol.)

E. Gross. 3142

Sp. Shanmuganathan, *Die Mercurierung des Xanthons und einiger seiner Derivate.* Während die Bromierung bzw. Nitrierung des Xanthons (**I**) vorwiegend disubstituierte **I**-Derivv. liefert, wird durch Mercurierung mit Hg(II)-Acetat (**II**) in A. das *1-Acetoxymercurixanthon* (**III**) u. durch Mercurierung in Essigsäure das *2-Acetoxymercurixanthon* (**IV**) erhalten, die durch Behandlung mit Br_2 in die *Monobromxanthone* übergehen. Mit 2 Mol **II** werden im Gemisch das *1.8-* u. *2.7-Diacetoxymercurixanthon* (**V** u. **VI**) erhalten, deren Umsetzung mit Br_2 die entsprechenden *Dibromxanthone* liefert. Auch die Mercurierung der 4-Nitroxanthone führte zu Monoacetoxymercuriverbb., die in die Monobromderivv. übergeführt wurden. Dagegen wurde aus 1-Aminoxanthon das *1-Amino-2.4.8-triacetoxymercurixanthon* (**VII**) u. aus 2-Aminoxanthon das *2-Amino-1.3-diacetoxymercurixanthon* (**VIII**) erhalten sowie aus 1.8-Diaminoxanthon das *2.4.5.7-Tetraacetoxymercuri-1.8-diaminoxanthon* (**IX**) u. aus 2.7-Diaminoxanthon das *1.3.6.8-Tetraacetoxymercuri-2.7-diaminoxanthon* (**X**). Aus 3- u. 4-Aminoxanthon entstehen die monomercurierten Prodd. *2-Acetoxymercuri-3-aminoxanthon* u. *1-Acetoxymercuri-4-aminoxanthon.* 1-Nitro-8-aminoxanthon u. 2-Nitro-7-aminoxanthon werden 3fach mercuriert zu *2.5.7-Triacetoxymercuri-1-nitro-8-aminoxanthon* (**XI**) u. *1.6.8-Triacetoxymercuri-2-nitro-7-aminoxanthon* (**XII**), während 1.8-Dinitroxanthon nicht angegriffen wird.

V e r s u c h e : Aminoxanthone durch Red. der entsprechenden Nitroxanthone. — *Mercurierung* durch Kochen von Xanthon (**I**) bzw. des **I**-Deriv. mit Hg(II)-Acetat (**II**) (geringer Überschuß) in A. oder in Essigsäure, bis sich ein Nd. abscheidet (nach 1 bis 2 Std.), Filtrieren u. Kochen des Filtrats, Wiederholung bis weiteres Kochen kein Prod. mehr liefert. Umkristallisieren (wo nicht anders angegeben) aus Alkohol. — *Xanthone: 1-Acetoxymercuri-* (**III**), $C_{15}H_{10}O_4Hg$, F. 223—224°, aus **I** u. **II** in A.; 70% (Ausbeute). *2-Acetoxymercuri-* (**IV**), $C_{15}H_{10}O_4Hg$, F. 207—208°, aus **I** mit **II** in Eisessig; 61%. *2.7-Diacetoxymercuri-* (**VI**), $C_{17}H_{12}O_6Hg_2$, F. 280—300° (Zers.; aus Bzl.), aus **I** mit 2 Mol **II** in A. oder in Essigsäure; 24%; daneben *1.8-Diacetoxymercuri-* (**V**), $C_{17}H_{12}O_6Hg_2$, F. > 300° (Dioxan); 30%. *2-Acetoxymercuri-1-nitro-*, $C_{15}H_9O_6NHg$, F. 279—280°, aus 1-Nitroxanthon; 71%. *1-Acetoxymercuri-2-nitro-*, $C_{15}H_9O_6NHg$, F. 214—215° (Bzl.), aus 2-Nitroxanthon; 60%. *2-Acetoxymercuri-3-nitro-*, $C_{15}H_9O_6NHg$, F. 197—199°, aus 3-Nitroxanthon; 81%. *1-Acetoxymercuri-4-nitro-*, $C_{15}H_9O_6NHg$, F. 291—292° (Bzl.), aus 4-Nitroxanthon; 72%. *2.4.8-Triacetoxymercuri-1-amino-* (**VII**), $C_{19}H_{15}O_8NHg_3$, F. 331—332°, aus 1-Aminoxanthon; 86%. *1.3-Diacetoxymercuri-2-amino-* (**VIII**), $C_{17}H_{13}O_6NHg_2$, F. 312 bis 314°, aus 2-Aminoxanthon; 91%. *2-Acetoxymercuri-3-amino-*, $C_{15}H_{11}O_4NHg$, F. 248 bis 250°, aus 3-Aminoxanthon; 87%. *1-Acetoxymercuri-4-amino-*, $C_{15}H_{11}O_4NHg$, F. 262 bis 263°, aus 4-Aminoxanthon; 91%. *2.4.5.7-Tetraacetoxymercuri-1.8-diamino-* (**IX**), $C_{21}H_{18}O_{10}N_2Hg_4$, F. 310° (Zers.), aus 1.8-Diaminoxanthon; 93%. *1.3.6.8-Tetraacetoxymercuri-2.7-diamino-* (**X**), $C_{21}H_{18}O_{10}N_2Hg_4$, F. 280° (Zers.), aus 2.7-Diaminoxanthon; 91%. *2.5.7-Triacetoxymercuri-1-nitro-8-amino-* (**XI**), $C_{19}H_{14}O_{10}N_2Hg_3$, F. > 350°, aus 1-Nitro-8-aminoxanthon; 51%. *1.6.8-Triacetoxymercuri-2-nitro-7-amino-* (**XII**), $C_{19}H_{14}\cdot O_{10}N_2Hg_3$, F. 295° (Zers.), aus 2-Nitro-7-aminoxanthon; 53%. — Überführung der Acetoxymercurixanthone in *Bromxanthone* durch Behandeln mit Br_2 (geringer Überschuß) in Essigsäure. Die Konst. der Bromnitroxanthone wird durch Red. zu den Aminoverbb. u. Desaminierung zu den Bromxanthonen aufgeklärt. Umkristallisieren (wo nicht bes. vermerkt) aus Alkohol. — *Xanthone: 1-Brom-*, $C_{13}H_7O_2Br$, F. 166—167°, aus **III**; 91%. *2-Brom-*, $C_{13}H_7O_2Br$, F. 150—151°, aus **IV**; 82%. *1.8-Dibrom-*, $C_{13}H_6O_2Br_2$, F. 182—183°, aus **V**; 86%. *2.7-Dibrom-*, $C_{13}H_6O_2Br_2$, F. 210—212°, aus **VI**; 79%. *2-Brom-1-nitro-*, $C_{13}H_6O_4NBr$, F. 172—173°; 81%. *2-Brom-1-amino-*, $C_{13}H_8O_2NBr$, F. 198—199°; 67%. *1-Brom-2-nitro-*, $C_{13}H_6O_4NBr$, F. 192—193°; 86%. *2-Amino-1-brom-*, $C_{13}H_8O_2NBr$, F. 182 bis 183°; 88%. *2-Brom-3-nitro-*, $C_{13}H_6O_4NBr$, F. 203—204°; 97%. *3-Amino-2-brom-*, $C_{13}H_8O_2NBr$, F. 178—179°; 89%. *1-Brom-4-nitro-*, $C_{13}H_6O_4NBr$, F. 207—208°; 69%. *4-Amino-1-brom-*, $C_{13}H_8O_2NBr$, F. 186—187° (Bzl.); 75%. *1-Amino-2.4.8-tribrom-*, $C_{13}H_6O_2NBr_3$, F. > 350°, aus **VII**; 75%. *2-Amino-1.3-dibrom-*, $C_{13}H_7O_2NBr_2$, F. 266—267° aus **VIII**; 84%. *1.8-Diamino-2.4.5.7-tetrabrom-*, $C_{13}H_6O_2N_2Br_4$, F. 253° (Zers.), aus **IX**; 82%. *2.7-Diamino-1.3.6.8-tetrabrom-*, $C_{13}H_6O_2N_2Br_4$, F. 286—287°, aus **X**; 95%. *8-Amino-*

2.5.7-tribrom-1-nitro-, $C_{13}H_5O_4N_2Br_3$, F. 290° (Zers.), aus **XI**; 85%. *7-Amino-1.6.8-tribrom-2-nitro-*, $C_{13}H_5O_4N_2Br_3$, F. > 350°, aus **XII**; 88%. (J. Annamalai Univ. **19**.189—200. Juli 1954. Annamalainagar, Indien, Univ.) F. J. MEYER. 3211

Wilhelm Mathes und **Walter Sauermilch**, *Die katalytische Oxydation von Pyridinhomologen in der Gasphase.* Durch katalyt. Oxydation von Methylpyridinen am schwebenden Kontakt unter milden Bedingungen haben Vff. in Fortführung ihrer Arbeiten (vgl. C. **1952**. 844) folgende Pyridinaldehyde erhalten: *Pyridin-2-aldehyd*, Kp. 181°, $Kp._{16}$ 70 bis 71°, aus α-Picolin; gibt bei der Pyridoin-Rk. *α-Pyridoin* (F. 156°) u. bei der H_2O_2-Oxydation *Picolinsäure*. — *Pyridin-3-aldehyd*, $Kp._{13}$ 85—90°, aus β-Picolin; gibt bei der H_2O_2-Oxydation *Nicotinsäure*. — *Pyridin-4-aldehyd*, $Kp._7$ 67,5° (*Hydrat*, F. 78°), aus γ-Picolin; gibt bei der Pyridoin-Rk. oder Oxydation *Isonicotinsäure*. — *4-Methylpyridin-2-aldehyd*, $Kp._{10}$ 82—84°, aus 2.4-Lutidin; gibt bei der Oxydation *4-Methylpicolinsäure*. — *5-Äthylpyridin-2-aldehyd*, $Kp._5$ 83,5—84,2°, aus 2-Methyl-5-äthylpyridin; gibt bei der Pyridoin-Rk. ein unreines *Pyridoin*, F. 98—105°. — *4-Methylpyridin-2.6-dialdehyd*, F. 103—105°, aus 2.4.6-Kollidin; gibt bei der Oxydation *4-Methyldipicolinsäure*. Daneben *4.6-Dimethylpyridin-2-aldehyd*, $Kp._5$ 74—77°; gibt bei der Oxydation *4.6-Dimethylpyridin-2-carbonsäure*. — Oxydation von 2.6-Lutidin vgl. C. **1954**. 3939. (Chemiker-Ztg. **76**. 518—19. 5/8. 1952.) H. LEHWALD. 3231

Zoltan Welvart, *Über eine neue Reduktionsmethode von α-Dialkylaminonitrilen.* Die Red. von α-Dialkylaminonitrilen mit $LiAlH_4$ liefert *β-Dialkylaminoalkylamine*, *Bis-[β-dialkylaminoalkyl]-amine* u. weitere Kondensationsprodd., wobei bei $LiAlH_4$-Überschuß die Bldg. der Diamine, bei Nitrilüberschuß die der Triamine begünstigt ist.

V e r s u c h e: Zutropfen von 0,6 Mol äther. 0,1mol. $LiAlH_4$-Lsg. zu der äther. Lsg. des Aminonitrils (1 Mol) bei —5° lieferte eine Ausbeute von 45—60% an *Bis-[β-dialkylaminoalkyl]-amin* u. 20—25% *β-Dialkylaminoalkylamin*. Umgekehrte Arbeitsweise lieferte inverse Ausbeuten. Es wurden erhalten: *β-Piperidinoäthylamin*, $Kp._{14}$ 73 bis 75°. — *β-Piperidino-n-butylamin*, $Kp._{17}$ 102—104°. — *β-Piperidinoisoamylamin*, $C_{10}H_{22}N_2$, $Kp._3$ 84—85°. — *β-Piperidinophenäthylamin*, $C_{13}H_{20}N_2$, $Kp._5$ 157°. — *β-Piperidino-β-methyl-n-butylamin*, $C_{10}H_{22}N_2$, $Kp._2$ 79—80°. — *1-Aminomethyl-1-piperidinocyclohexan*, $C_{12}H_{24}N_2$, $Kp._3$ 120—150°, F. 88°. *Dihydrochlorid*, $C_{12}H_{24}N_2 \cdot 2HCl$, F. 210—212°. — *Bis-[β-piperidino-n-butyl]-amin*, $C_{18}H_{37}N_3$, $Kp._{2,5}$ 159—161°. — *Bis-[β-piperidinoisoamyl]-amin*, $C_{20}H_{41}N_3$, $Kp._2$ 163°. — *Bis-[β-piperidino-β-methyl-n-butyl]-amin*, $C_{20}H_{41}N_3$, $Kp._2$ 187—189°. *Diperchlorat*, $C_{20}H_{41}N_3 \cdot 2\ HClO_4$, F. 246—248° (im Block). — *Bis-[1-piperidinocyclohexylmethyl]-amin*, $C_{24}H_{45}N_3$, $Kp._3$ 240°. *Dihydrochlorid*, $C_{24}H_{45}N_3 \cdot 2\ HCl$, F. 213—215°. — Piperidinophenyl- u. Piperidinoacetonitril liefern kein Triamin, sondern nur Kondensationsprodukte. (C. R. hebd. Séances Acad. Sci. **233**. 1121—23. 5/11. 1951.) H. LIEBIG. 3231

Jack M. Tien und **I. Moyer Hunsberger**, *Darstellung substituierter Hydrazine.* 2. Mitt. *Pyridyl-(3)-hydrazin über das phototrope N-[Pyridyl-(3)]-sydnon.* (1. vgl. FUGGER u. Mitarbeiter, C. **1955**. 8361.) Das zur Darst. von *N-[Pyridyl-(3)]-sydnon* (**I**) benötigte *N-[Pyridyl-(3)]-glycin* (**II**) konnte nicht durch Rk. von 3-Aminopyridin (**III**) mit Jodessigsäure, Chloressigsäure oder Bromessigsäureäthylester dargestellt werden, wurde jedoch in guter Ausbeute durch Hydrieren äquimol. Mengen Äthylglyoxylat (**IV**) u. **III** in HCl in Ggw. von Pd erhalten. Die Hydrierung verläuft bei Raumtemp. rasch u. der Ester wird dabei verseift. Die Meth. scheint allg. zur Darst. N-substituierter Aminosäuren geeignet. 2 Mol **III** reagieren in wss. Lsg. bei Raumtemp. mit 1 Mol **IV** unter Bldg. von *Bis-[pyridyl-(3)-amino]-essigsäureäthylester* (**V**), der durch Hydrierung **II** u. **III** ergibt. Da bei der Rk. von äquimol. Mengen **III** u. **IV** keine Abscheidung von **V** u. bei der Hydrierung kein **III** zurückgebildet wird, ist anzunehmen, daß entweder die SCHIFFsche Base oder der Oxyester intermediär gebildet wird. Die Nitrosierung von **II** gelang nur, wenn farbloses oder schwach gefärbtes **II** · HCl eingesetzt wurde. Durch Erhitzen von *N-Nitroso-N-[pyridyl-(3)]-glycin* (**VI**) mit Acetanhydrid wurde **I** in Form farbloses Kristalle erhalten. Nach kurzem Belichten mit direktem Sonnenlicht wurde **I** blau, durch Erhitzen der blauen Modifikation auf 80° oder langes Stehen im Dunkeln regeneriert sich die farblose Form. Lange UV-Belichtung von N-Benzylsydnon zeigte keine Phototropie. Die Infrarotspektren der beiden Formen von **I** sind ident., das Spektr. ist angegeben u. wird diskutiert. **I** wird bei Raumtemp. in wenigen Min. durch konz. HCl zu *Pyridyl-(3)-hydrazin* (**VII**) hydrolysiert. Die Isolierung von **VII** erfolgt am besten als *Dioxalat*. **I** muß zur Darst. von **VII** weder gereinigt noch isoliert werden. Die Ausbeute an **VII** bezogen auf **III** betrug 50%.

V e r s u c h e: *3-Aminopyridin* (**III**), F. 63—64° [blaßgelbe Platten aus PAe.–Bzl. (1:4)], a) aus Nicotinamid; b) aus **V** in 6nHCl durch Hydrieren in Ggw. von Pd-Kohle u. Extraktion bei p_H 9; 64% (Ausbeute); daneben das Na-Salz von **II**. — *Äthylglyoxylat* (**IV**), $Kp._{20}$ 65—70°, aus Diäthyltartrat nach VARGHA u. REMÉNYI (J. chem. Soc. [London] **1951**. 1068); 60%ig. *Phenylhydrazon*, F. 128°. — *Bis-[pyridyl-(3)-amino]-essigsäureäthyl-*

ester (V), $C_{14}H_{16}O_2N_4$, F. 130—131° (Nadeln aus wss. A.), aus 1 g **III** in W. u. 1 g 60%ig. **IV** durch Schütteln bis zur Lsg. u. 2std. Stehen; 23%. — *N-[Pyridyl-(3)]-glycin* (**II**), *Hydrochlorid*, $C_7H_9O_2N_2Cl$, F. 223—225°, a) aus äquimol. Mengen **III** u. **IV** in 6nHCl durch Hydrieren über Pd-Kohle (1 Std., 29°, 24,3 lbs./sq. in.); 90%; b) analog durch Hydrieren in 95%ig. A. oder Essigsäure (15 Min. bis mehrere Std.); 81%. *Methylester*, $C_8H_{11}O_2N_2Cl$, F. 147—148° (Nadeln aus CH_3OH), aus **II** · HCl in CH_3OH durch Sättigen mit HCl u. Abkühlen der heißen Lsg.; 90%. — *N-Nitroso-N-[pyridyl-(3)]-glycin* (**VI**), $C_7H_7O_3N_3$, F. 158—159°, aus **II** · HCl in W. durch portionsweise Zugabe von $NaNO_2$; 70—94%. — *N-[Pyridyl-(3)]-sydnon* (**I**), $C_7H_5O_2N_3$, F. 120,3—121,9° (korr.; W.), aus **VI** durch 30 Min. Erhitzen in Acetanhydrid auf 95—105° u. Einengen im Vakuum unter N_2; wird bei Belichtung blau, beim Erhitzen auf 80° oder Stehen im Dunkeln wieder farblos; 70%. — *Acetophenonpyridyl-(3)-hydrazon*, $C_{13}H_{13}N_3$, F. 151—152,5° (70%ig. A.), aus **I** in HCl durch Erwärmen auf dem Dampfbad bis zur Beendigung der Gasentw., Alkalisieren, Ätherextraktion u. 5std. Kochen des entstandenen *Pyridyl-(3)-hydrazins* (**VII**; F. 52,5—54,5°; 18%) mit Acetophenon in Alkohol. — **VII**-*Dioxalat*, $C_9H_{11}O_8N_3$, F. 226 bis 227,5° (50%ig. A.), a) aus **I** durch Behandeln mit konz. HCl bei Raumtemp., Alkalisieren der gefrorenen Mischung mit 20%ig. NaOH, Sättigen mit K_2CO_3, Ätherextraktion u. Behandeln des Ätherextraktes mit 10%ig. alkoh. Oxalsäurelsg.; 89%; b) aus **VI** ohne Isolierung von **I** analog a); 73%; c) aus **III** durch Diazotieren, Red., Ätherextraktion u. Rk. des Extraktes mit 10%ig. alkoh. Oxalsäurelösung. (J. Amer. chem. Soc. **77.** 6604 bis 6607. 20/12. 1955. Yellow Springs, O., Antioch Coll., Dep. of Chem.) H. Bertsch. 3231

C. G. Overberger und **Burton S. Marks**, *Azoverbindungen. Eine erneute Überprüfung der Struktur des Produktes aus der Reaktion von Heptandion-(2.6) mit Hydrazinsulfat und Natriumcyanid in verdünnter Lösung.* 12. Mitt. *über die Darstellung und Zersetzung von Azoverbindungen.* (11. (über Azo-bis-nitrile) vgl. C. **1956.** 7503.) Eine erneute Unters. vorst. genannter Rk. zeigte, daß das Endprod. nicht, wie C. **1953.** 2744 berichtet, 3.7-Dicyan-3.7-dimethylhomopiperidazin, sondern *1-Amino-2.6-dicyan-2.6-dimethylpiperidin* (**I**) ist, da **I** ein anderen Verbb. dieser Klasse ähnliches Infrarotspektr. (s. Original) besitzt, mit Benzaldehyd u. Acetanhydrid *1-Benzylidenamino-2.6-dicyan-2.6-dimethylpiperidin* u. bei der Oxydation mit $KMnO_4$ *2.6.2'.6'-Tetramethyl-2.6.2'.6'-tetracyan-N.N'-azopiperidin* (**II**) ergibt, nachdem Oxydationsverss. mit gelbem HgO u. Benzochinon erfolglos blieben. Bei der sauren Zers. von **II** entsteht als Hauptprod. *2.6-Dicyan-2.6-dimethylpiperidin*, das sich auch aus **I** u. HNO_2 bildet, ebenso gibt das **II**-Analoge 2.6.2'.6'-Tetramethyl-N.N'-azopiperidin (**III**) *2.6-Dimethylpiperidin*, das auch aus **I** durch Rk. mit Ag-Acetat u. Hydrierung über $Rh-Al_2O_3$ erhalten wird.

V e r s u c h e (FF. korr.): *1-Benzylidenamino-2.6-dicyan-2.6-dimethylpiperidin*, $C_{16}H_{18}N_4$, F. 147—148° (Zers.), durch $^1/_4$std. Kochen von **I**, Benzaldehyd u. Acetanhydrid in CH_3OH, Verdünnen mit W. u. Ausäthern; glänzende Nadeln aus PAe.–Ae.; 21,4%. — *2.6.2'.6'-Tetracyan-2.6.2'.6'-tetramethyl-N.N'-azopiperidin* (**II**), $C_{18}H_{24}N_8$, F. 65—65,3°, aus **I** u. $KMnO_4$ in Aceton (6 Std. rühren); gelbe Kristalle aus Ae.; 20,1%. — *2.6-Dicyan-2.6-dimethylpiperidin*, $C_9H_{13}N_3$, F. 125,5—127°, a) aus **II** durch Einleiten von HBr zunächst in äther. Lsg., dann unter Zusatz von Aceton, Abfiltrieren des Hydrobromids u. Zers. mit KOH; Nadeln aus A.; 44,2%; b) aus **I** in Eisessig u. $NaNO_2$ bei 15°, Stehen, Alkalisieren u. Ausziehen mit CH_2Cl_2; 64%. — *2.6-Dimethylpiperidin*, Kp. 124—127°, a) durch 2std. Rühren von **I** u. Ag-Acetat in wss. Dioxan, zunächst 20 Min. bis 60°, dann $1^1/_2$ Std. bei Raumtemp. u. Hydrieren des Filtrats über $Rh-Al_2O_3$ bei 55°/3 at; 16,1%; b) aus **III** durch Zutropfen von 40%ig. HBr (12std. Stehen); n_D^{25} 1,4372; 30,2%. *Pikrat*, F. 165—166°. (J. Amer. chem. Soc. **77.** 4097—4100. 5/8. 1955. Brooklyn, N. Y., Polytechn. Inst., Inst. of Polymer Res., Dep. of Chem.) H. Lehwald. 3231

C. G. Overberger, Louis C. Palmer, Burton S. Marks und **Norman R. Byrd**, *Azoverbindungen. Biradikalquellen. Die Synthese einiger 1.1-disubstituierter Hydrazine.* 13. Mitt. *über die Darstellung und Zersetzung von Azoverbindungen.* (12. vgl. vorst. Ref.) Zwecks Synth. von 1.1-disubstituierten Hydrazinen wird 2.6-Lutidin über $Rh-Al_2O_3$ zu *2.6-Dimethylpiperidin* (**I**) hydriert, nitrosiert u. zu *1-Amino-2.6-dimethylpiperidin* (**II**) reduziert. Analog entsteht *1.1-Dibenzylhydrazin* (**III**) u. *cis-1-Amino-2.5-dimethylpyrrolidin* (cis-**IV**). *cis*-**IV** wird ferner aus 2.5-Dibromhexan u. Hydrazinhydrat (als Nebenprodd. treten hierbei *trans*-**IV** u. *3.6-Dimethyltetrahydropyridazin* auf) u. schließlich nach einer neuen Meth. aus Acetonylaceton u. $C_6H_5CH_2OCONHNH_2$ erhalten, wobei zunächst das gebildete *1-Carbobenzoxyamido-2.5-dimethylpyrrol* decarbobenzoxyliert u. hydriert wird. Die Oxydation von **II**, **III** u. den beiden **IV** zu den entsprechenden *Tetrazenen* erfolgte bei **II** mit gelbem HgO, bei **III** mit $KMnO_4$ u. bei **IV** mit Chinon. Die Desaminierung von **II** über $Rh-Al_2O_3$ ergab **I**. Die Infrarotspektren der Verbb. werden diskutiert.

V e r s u c h e (FF. korr.): *cis-2.6-Dimethylpiperidin* (cis-**I**), Kp. 127—128°, a) durch Hydrieren von 2.6-Lutidin in Eisessig über 5%ig. $Rh-Al_2O_3$ bei 60°/3 at; 88,5% (Ausbeute); b) aus **II** durch Hydrieren wie vorst.; $n_D^{26,5}$ 1,4352; 59%. Pikrat, F. 165—166° (Zers.). — *cis(?)-1-Nitroso-2.6-dimethylpiperidin*, $C_7H_{14}ON_2$, F. 33—35°, Kp.$_{2,5}$ 83—85°, aus cis-**I** in wss. HCl durch Zutropfen von $NaNO_2$ in W. bei 75°, Ausäthern u. Dest.; 72,2%. — *N-Nitrosodibenzylamin*, F. 60—61° (Ligroin), analog vorst. Verb. aus Dibenzylamin; gelbe Kristalle; 80%. — *cis(?)-1-Amino-2.6-dimethylpiperidin* (**II**), $C_7H_{16}N_2$, Kp. 165—167°, durch Zutropfen vorvorst. Verb. zu $LiAlH_4$ in Ae. bei 0°; $n_D^{25,5}$ 1,4688; 84%. *Pikrat*, $C_{13}H_{19}O_7N_5$, F. 168—169° (A.). — *1.1-Dibenzylhydrazin* (**III**), F. 60—61°, analog aus vorvorst. Verb.; 78%. *Pikrat*, $C_{20}H_{19}O_7N_5$, F. 136—137° (Zers.). — *1.1.4.4-Tetrabenzyltetrazen*, F. 99—100° (Ae.), aus vorst. Verb. nach WIELAND u. FRESSEL [1912]. — *Tetrazen* von **II** (*2.6.2'.6'-Tetramethyl-N.N'-azopiperidin*), $C_{14}H_{28}N_4$, F. 44—45° (A.), aus **II** u. gelbem HgO in Ae. (3 Std. rühren) u. Fällen mit PAe. bei —80°; 76%. — *cis-2.5-Dimethylpyrrolidin*, Kp. 106—106,7°, aus 2.5-Dimethylpyrrol durch Hydrieren wie cis-**I**; D.$^{20}_4$ 0,8205; n_D^{25} 1,4276; 70%. *Pikrat*, F. 119,5—121° (Bzl.). — *cis-1-Nitroso-2.5-dimethylpyrrolidin*, $C_6H_{12}ON_2$, Kp.$_{1,4}$ 72°, aus vorst. Verb. nach Org. Syntheses (Coll. Vol. II. **1943**. 219); n_D^{25} 1,4696; 58%. — *cis-1-Amino-2.5-dimethylpyrrolidin* (cis-**IV**), $C_6H_{14}N_2$, Kp.$_{35}$ 56—57°, a) aus vorst. Verb. u. $LiAlH_4$; D.$^{20}_4$ 0,8774; n_D^{25} 1,4520; 72%. *Pikrat*, $C_{12}H_{17}O_7N_5$, F. 154—156° (Zers.); b) durch 23std. Kochen von 2.5-Dibromhexan + Hydrazinhydrat in A., Zutropfen von konz. H_2SO_4 unter Kühlung, Abdampfen, Alkalisieren, Ausäthern u. Dest.; 37%. *p-Nitrobenzylidenderiv.*, $C_{13}H_{17}O_2N_3$, F. 67,5—68° (wss. A.). Daneben bei der Dest. von b) *trans*-**IV** [$C_6H_{14}N_2$, Kp.$_{20}$ 56°; D.$^{20}_4$ 0,9004, n_D^{25} 1,4580; 21%. *Pikrat*, $C_{12}H_{17}O_7N_5$, F. 162—164° (Zers.)] u. *3.6-Dimethyltetrahydropyridazin* (Kp.$_7$ 65—66°; n_D^{18} 1,4711; 1,2%. *Pikrat*, $C_{12}H_{15}O_7N_5$, F. 109—110°). — *Tetrazen* von *cis*-**IV** (*cis-2.5.2'.5'-Tetramethyl-N.N'-azopyrrolidin*), $C_{12}H_{24}N_4$, F. 43,5—45°, aus cis-**IV** u. $KMnO_4$ in Aceton bei 0°; Platten aus wss. A.; 51%. — *Tetrazen* von *trans*-**IV**, $C_{12}H_{24}N_4$, F. 67,8 bis 68,8°; 46%. — *trans-2.5-Dimethylpyrrolidin*, $C_6H_{13}N$, Kp. 108—109°, durch Hydrieren von trans-**IV** über PtO_2 bei 48 lbs./sq. in.; n_D^{23} 1,4291; 67%. *Pikrat*, $C_{12}H_{16}O_7N_4$, F. 130—131°. — *trans-1-Nitroso-2.5-dimethylpyrrolidin*, $C_6H_{12}ON_2$, Kp.$_1$ 57°; n_D^{25} 1,4673; 54%; gibt bei der Red. 70% *trans*-**IV**. — *Carbobenzoxyhydrazin*, F. 68—69° (Bzl.-Ae.), durch Rk. von Benzylalkohol in $(C_2H_5)_3N$ + Carbobenzoxychlorid in Toluol bei 0° (Rühren, Abfiltrieren u. Dest.) zu *Dibenzylcarbonat* (Kp.$_{1,1}$ 157°; n_D^{28} 1,5448; 52%) u. Behandeln mit 85%ig. Hydrazinhydrat in sd. A.; 56%. — *1-Carbobenzoxyamido-2.5-dimethylpyrrol*, $C_{14}H_{16}O_2N_2$, F. 107,5—108° (Bzl.-PAe.), aus Acetonylaceton + vorst. Verb. in sd. A.-Bzl., Stehen, Vakuumabdampfen u. Fällen mit W.; 74,2%. — *1-Amino-2.5-dimethylpyrrol*, $C_6H_{10}N_2$, F. 51,5—52°, durch Hydrieren vorst. Verb. in Eisessig über 10%ig. Pd-Kohle bei 3 at in $1^1/_2$ Std.; 72,5%; gibt bei der Hydrierung über Rh-Al_2O_3 39% **IV**. *Benzoylderiv.*, F. 184—185,5° (A.); 49%. (J. Amer. chem. Soc. **77**. 4100—04. 5/8. 1955.)

H. LEHWALD. 3231

C. G. Overberger und **Burton S. Marks**, *Azoverbindungen. Oxydationsuntersuchungen von 1.1-disubstituierten Hydrazinen.* 14. Mitt. *über die Darstellung und Zersetzung von Azoverbindungen.* (13. vgl. vorst. Ref.) Die genaue Aufarbeitung der Oxydationsprodd. von 1-Amino-2.6-dicyan-2.6-dimethylpiperidin (**I**) mit $KMnO_4$ ergab 26,3% des *Tetrazens* von **I** (vgl. zweitvorst. Ref.) u. 32,4% eines Gemisches aus *cis-* u. *trans-1.2-Dicyan-1.2-dimethylcyclopentan.* Die Oxydation von 1.1-Dibenzylhydrazin (**II**) mit Br_2 in wss. A. liefert die Zersetzungsprodd. des 1.1.4.4-Tetrabenzyltetrazens (**VI**), nämlich *Benzylamin* (**V**), *Dibenzylamin* (**III**)-*hydrobromid*, *Benzaldehyd*, *Äthylbenzoat*, *Bibenzyl* (**IV**) neben wenig **VI**. **IV** ist wahrscheinlich kein Zersetzungsprod. von **VI** (Reaktionsschema über die Entstehung der verschied. Komponenten s. Original). Demgegenüber konnte bei der Oxydation von 1-Amino-2.6-dimethylpiperidin mit Cl_2 oder Br_2 aus den Reaktionsprodd. nur *2.6-Dimethylpiperidin* isoliert werden. **II** gibt bei der Oxydation mit äquimol. Mengen tert.-Butylhypochlorit u. anschließender Behandlung mit alkoh. KOH **VI**, **III** u. **IV**, ferner in geringer Menge die Hydrolyseprodd. von Benzylidenbenzylamin, wie *trans-Stilben* u. *Tribenzylhydrazin.* Letzteres entsteht auch bei der gleichen Rk., wenn nicht mit Alkali behandelt wurde. 2 verschied. Mechanismen, die die Entstehung von **IV** durch Biradikal-Rk. erklären, werden angeführt.

Versuche (FF. korr.): *Dibenzylamin* (**III**), F. 258—259°, durch Zutropfen von Br_2 zu 0,2 Mol **II** in A.-W. (1:2) (68% N_2-Entw.), 18std. Rühren u. Vakuumeinengen; 14 g. *Hydrobromid*, F. 265—266° (Ae.). Aus der Mutterlauge durch Verdünnen, Ausäthern u. fraktionierte Dest. *Bibenzyl* (**IV**), F. 52—53° (wss. A.); 9%. Ferner durch Behandeln des Destillats mit $NaHSO_3$ *Benzaldehyd* (*2.4-Dinitrophenylhydrazon*, F. 234 bis 236°) u. aus der Bisulfitmutterlauge *Äthylbenzoat* (Kp.$_{3,25}$ 64,5—67°; n_D^{26} 1,5090; 1,73 g). Aus den durch Ae. nicht isolierbaren Bestandteilen der Rk. durch Alkalisieren, Ausäthern u. Dest. *Benzylamin* (**V**), Kp.$_{1,3}$ 36—38°; $n_D^{25,5}$ 1,5385; 5,1 g. *Pikrat*, F. 196—198° (Zers.). — *cis-* u. *trans-1.2-Dicyan-1.2-dimethylcyclopentan*, F. 162—163°, durch $KMnO_4$ Oxydation von **I**; 32,4%. — *1.1.4.4-Tetrabenzyltetrazen* (**VI**), F. 99—100° (Ae.), aus 15 g **II** in Ae. durch Zutropfen von tert.-Butylhypochlorit bei 0°, Alkalisieren mit KOH, Zufügen von absol. A., 12std. Rühren unter Wasserausschluß u. Eindampfen bei Raumtemp.; 15,5%. Daneben aus den fl. Bestandteilen durch Dest. 12,04% **IV**, 12,71% **III**-*Hydrochlorid* u. 4,5% *Tribenzylhydrazin* [$C_{21}H_{22}N_2$, F. 84—87°. *Pikrat*, $C_{27}H_{25}O_7N_5$, F. 140—141° (Zers.; aus A.)]. Ferner *trans-Stilben*, F. 122°, **V** u. C_6H_5CHO. (J. Amer. chem. Soc. **77**. 4104—07. 5/8. 1955.) H. LEHWALD. 3231

W. H. Linnell und **L. K. Sharp**, *Antimalariamittel: Derivate von Tetrahydroacridin.* Zur Überprüfung der Wrkg. auf Malariakeime wurde *4-[ω-Diäthylamino-α-methylbutylamino]-9-chlor-1.2.3.4-tetrahydroacridin* (**III**) synthetisiert. Als Ausgangsmaterial diente *4.9-Dichlor 1.2.3.4-tetrahydroacridin* (**I**), das durch Kondensation von 2-Chlorcyclohexanon mit Anthranilsäure in Ggw. von $POCl_3$ entsteht. **I** ist gegen hydrolysierende Agentien bemerkenswert beständig u. erleidet erst bei längerem Erhitzen mit 20%ig. H_2SO_4 Umwandlung zu *4.9-Dioxy-1.2.3.4-tetrahydroacridin* (**II**). Die Abspaltung eines Halogenatoms in Form von HCl bei gleichzeitiger Hydrolyse des anderen erfolgt beim Erhitzen mit Methylanilin, als Endprod. fällt *1.2-Dihydroacridon* an. Behandlung von **I** mit sd. Eisessig liefert das **II**-*Monoacetat*. **III** entsteht durch Erhitzen von **I** mit einem Gemisch von ω-Diäthylamino-α-methylbutylamin (**IV**) u. wasserfreier Pottasche auf 150°. Als Nebenprodd. lassen sich *1.2-Dihydro-9-chloracridin* u. *4-Oxy-9-chlor-1.2.3.4-tetrahydroacridin* isolieren. Im Tiervers. erwies sich **III** als unwirksam.

Versuche: *4.9-Dichlor-1.2.3.4-tetrahydroacridin* (**I**), $C_{13}H_{11}NCl_2$, F. 141°, durch Erhitzen von 2-Chlorcyclohexanon (Kp.$_9$ 69—70°) u. Anthranilsäure mit $POCl_3$, Gießen auf Eis u. Ausfällen mit NH_4OH; cremefarbene Nadeln aus Diäthylamin; 95% (Ausbeute). — *4.9-Dioxy-1.2.3.4-tetrahydroacridin* (**II**; *4-Oxy-1.2.3.4-tetrahydroacridon*), $C_{13}H_{13}O_2N \cdot H_2O$, F. 280—284°, aus 2 g **I** durch Erhitzen mit 20%ig. H_2SO_4, Isolierung wie vorst.; aus A. blaßgelbe Substanz; 1,7 g. — *1.2-Dihydroacridon*, F. 192°, durch Erhitzen von **I** mit Methylanilin unter Zusatz von krist. Soda, Dampfdest. des Rückstandes in Bzl.; Reinigung über eine Al_2O_3-Kolonne; aus Diäthylamin orangegelbes Pulver; 76%. Das *Hydrochlorid*, $C_{13}H_{11}ON \cdot HCl$, ist blau. *Pikrat*, F. 205°. — *4-[ω-Diäthylamino-α-methylbutylamino]-9-chlor-1.2.3.4-tetrahydroacridin* (**III**), $C_{22}H_{32}N_3Cl$, durch Erhitzen von **I** mit **IV** u. K_2CO_3 auf 140—150° (3 Std.); Isolierung durch Extraktion aus wss. Lsg. mit Ae., Aufnehmen in 33%ig. Essigsäure u. Abscheidung mit NaOH; tiefrotes Öl, auch nach mehrfacher Chromatographie über Al_2O_3 mit Bzl. u. A. als Elutionsmittel nicht vollkommen rein; 5%. *Dipikrat*, $C_{22}H_{32}N_3Cl \cdot 2C_6H_3O_7N_3$, F. 164°, grüngelbes Pulver. *Methylenbis-oxynaphthoat*, $C_{45}H_{48}O_6N_3Cl$, F. ca. 260°. — Nebenprodd. bei der Isolierung von **III**: *1.2-Dihydro-9-chloracridin*, $C_{13}H_{10}NCl$, F. 142° (Aceton u. Diäthylamin), u. *4-Oxy-9-chlortetrahydroacridin*, $C_{13}H_{12}ONCl$, F. 166°, blaßgelb. — *4.9-Dioxytetrahydroacridin-4-acetat*, $C_{15}H_{15}O_3N$, F. 276°, durch Erhitzen von 0,5 g **I** mit Eisessig + Acetanhydrid in Ggw. von **IV**; aus A. cremefarbene Kristalle; 0,4 g; in A. blaue Fluorescenz, die auf Zusatz von alkoh. Lauge nach Grün umschlägt; das gleiche Prod. entsteht auch bei der Acetylierung ohne Ggw. von **IV**. (J. Pharmacy Pharmacol. **2**. 145—51. März 1950. London, Univ., School of Pharmacy, Pharmaceut. Chem. Res. Labors.) K. ZOPFF. 3231

H. J. Backer und **R. van der Ley**, *Addition reaktionsfähiger nucleophiler Verbindungen an Diallylsulfon. Eigenschaften der Sulfonylgruppe.* 20. Mitt. (19. vgl. C. **1956**. 7780; 21. vgl. C. **1954**. 2599.) *Diallylsulfon* (**I**) addiert im alkal. Medium Alkohole u. sek. Amine unter Bldg. von β.β'-substituierten Dipropylsulfonen, W., H_2S u. NH_3 unter Bldg. von cycl. Verbindungen.

Versuche: *Diallylsulfon* (**I**), aus Diallylsulfid u. H_2O_2 in CH_3COOH. — *Bis-[2-methoxypropyl]-sulfon*, $C_8H_{18}O_4S$, F. 75°, durch 6std. Kochen von **I** in CH_3OH, Ansäuern u. Eindampfen; aus W. Nadeln. — *Bis-[2-äthoxypropyl]-sulfon*, $C_{10}H_{22}O_4S$, F. 56 bis 57° (A.), durch 8std. Kochen von **I** u. Na in absol. A., Ansäuern u. Eindampfen des Filtrats. — *Bis-[2-piperidinopropyl]-sulfon*, $C_{16}H_{32}O_2N_2S$, F. 122°, durch 8std. Kochen von **I** u. Piperidin; aus A. Nadeln. — *2.6-Dimethyl-1-oxa-4-thiacyclohexan-4.4-dioxyd*, $C_6H_{12}O_3S$, F. 107°, durch 2std. Kochen von **I** mit wss. Soda; aus W. Nadeln. — *3.5-Dimethyl-1.4-dithiacyclohexan-1.1-dioxyd*, $C_6H_{12}O_2S_2$, F. 146°, durch 48std. Erhitzen von **I** u. Na_2S im Rohr auf 100°, Aufnehmen des krist. Prod. in W. u. Zugabe von A.; Nadeln. — *2.6-Dimethyl-1.4-dithiacyclohexan-1.1.4.4-tetroxyd*, F. 320°, durch Oxydation der vorst. Verb. mit H_2O_2 + CH_3COOH. — *3.5-Dimethyl-1-thia-4-azacyclohexan-1.1-dioxyd, Hydrochlorid*, $C_6H_{14}O_2NClS$, Zers. bei 260°, durch 72std. Erhitzen von **I** mit konz. NH_4OH im Rohr auf 100°, Eindampfen im Vakuum, Kristallisation aus Dioxan, Aufnehmen in A. u. Zugabe von HCl; aus verd. HCl Nadeln. (Recueil Trav. chim. Pays-Bas **70**. 564—66. Juli 1951. Groningue, Univ., Labor. de chim. organ.) HILDEGARD BAGANZ. 3262

Sheldon B. Greenbaum, *Stoffwechselantagonisten der Orotsäure: Uracil-6-sulfonamid und Uracil-6-methylsulfon.* (Vgl. C. **1955**. 3622.) Beim Vers., 2.4-Dimethoxypyrimidin-

6-sulfonsäure (IV) mit PCl_5 in das Säurechlorid zu überführen, erhielten Vff. je nach der angewandten Menge PCl_5 *2.4-Dimethoxy-5.6-dichlorpyrimidin* (V) oder *2.4-Dimethoxy-6-chlorpyrimidin* (VI). Die Darst. von *Uracil-6-sulfonamid* (I) gelang aus *2.4-Dimethoxy-6-mercaptopyrimidin* (II); II reagiert mit ammoniakal. Hypochloritlsg. (Chloramin) unter Bldg. des *2.4-Dimethoxypyrimidin-6-sulfenamids*, das durch Oxydation mit $KMnO_4$ u. Entmethylieren mit verd. Säure leicht in I verwandelt werden kann. II reagiert mit Dimethylsulfat zu *2.4-Dimethoxy-6-methylmercaptopyrimidin*, das mit Perameisensäure zum entsprechenden *Methylsulfon* oxydiert werden kann; verd. HCl entmethyliert dann zum *Uracil-6-methylsulfon* (III). I u. III erwiesen sich im biol. Test als wirksame Antagonisten der Orotsäure (Uracil-6-carbonsäure). Die UV-Maxima von I, III u. der I entsprechenden *Säure* in 0,1nHCl u. 0,1nNaOH sind tabellar. angegeben.

Versuche: *2.4-Dimethoxy-5.6-dichlorpyrimidin* (V), $C_6H_6O_2N_2Cl_2$, F. 103—104° (A. + W.), aus 0,5 g **IV** (vgl. GREENBAUM u. HOLMES, C. **1955**. 3622) u. 2,25 g PCl_5 durch ½std. Erhitzen auf 130°; 0,26 g (Ausbeute). — *2.4-Dimethoxy-6-chlorpyrimidin* (VI), F. 73—74° (A. + W.), aus 0,5 g IV durch 1std. Erhitzen mit 0,5 g PCl_5 u. 5 ml $POCl_3$ auf 120°; 0,2 g. — **V**, auch aus 0,5 g vorst. Verb. durch 1std. Erhitzen mit 2,25 g PCl_5 auf 140°; 0,1 g. — *2.4-Dimethoxy-6-mercaptopyrimidin* (II), aus **VI** u. absol. alkoh. NaSH nach Erhitzen über Nacht auf 50—55° u. anschließendem 4std. Kochen. — *2.4-Dimethoxypyrimidin-6-sulfenamid*, $C_6H_9O_2N_3S$, F. 123—124° (Bzl. + PAe.), aus 10,3 g **II** in n NaOH u. einer Mischung von 180 ml NH_4OH (D. 0,9) mit 90 ml 5,25%ig. NaOCl-Lsg. bei 15°; 7,3 g. — *2.4-Dimethoxypyrimidin-6-sulfonamid*, $C_6H_9O_4N_3S$, F. 189—190°, aus vorst. Verb. durch Oxydation mit $KMnO_4$-Lsg. unter 30°; Nadeln aus A. + PAe.; 64% (Ausbeute). — *Uracil-6-sulfonamid* (I), $C_4H_5O_4N_3S$, Zers. über 235° (W.), aus vorst. Verb. mit 0,1nHCl im Autoklaven; 58%. — *2.4-Dimethoxy-6-methylmercaptopyrimidin*, $C_7H_{10}\cdot O_2N_2S$, F. 45—46° (A. + W.), aus **II** u. Dimethylsulfat in Alkali; 80%. — *2.4-Dimethoxypyrimidyl-(6)-methylsulfon*, $C_7H_{10}O_4N_2S$, F. 122—123°, aus vorst. Verb. mit 88%ig. HCOOH u. H_2O_2; Nadeln aus absol. A.; 82%. — *Uracil-6-methylsulfon* (III), $C_5H_6O_4N_2S$, F. 307—308° (W.), aus vorst. Verb. mit 0,1nHCl im Autoklaven; 45%; beim Entmethylieren mit 0,2nHCl in 90%ig. Essigsäure 54%. (J. Amer. chem. Soc. **76**. 6052—54. 5/12. 1954. New Haven, Conn., Yale Univ., School of Med., Dep. of Pharmacol.)

G. REINISCH. 3272

E. F. M. Stephenson, *Heterocyclische Stickstoffverbindungen.* 4. Mitt. *Weitere Kondensationen mit Aldehydsäuren und Diaminen.* (3. vgl. C. **1954**. 549.) o-Phthalaldehydsäure kondensiert mit o-Aminobenzylamindihydrochlorid (I) wahrscheinlich zu *5.6.11·6a-Tetrahydro-11-oxoisoindolo-[2.1:a]-chinazolin* (II), da bei der Behandlung des Nitrosoderiv. von II mit alkoh. HCl Entnitrosierung eintritt, während bei einer [2.1:b]-Kondensation infolge der am aromat. Kern gebundenen N·NO-Gruppe wahrscheinlich eine Umlagerung der NO-Gruppe stattgefunden hätte. II entsteht ferner in geringer Menge bei der Behandlung von 2-[o-Carboxyphenyl]-1.2.3.4-tetrahydrochinazolin mit konz. H_2SO_4. 8-Formyl-α-naphthoesäure reagiert mit I zu *7-Oxo-7H·9H-8.14-diazabenzo-[de]-naphthacen* (III), das ebenfalls durch Kondensation von Naphthalsäure mit I zu *N-[o-Aminobenzylnaphthalimid* u. Cyclisierung bei 300° erhalten wird, nachdem Cyclisierungsverss. mit Acetanhydrid nur das *Diacetat* ergaben. Die Kondensation von 2'-Formyldiphenyl-2-carbonsäure mit o-Phenylendiamin u. mit 2.2'-Diaminobiphenyl ergab keine einheitlichen Produkte.

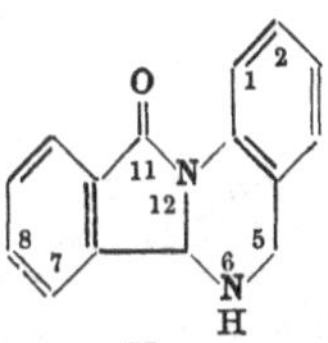

II

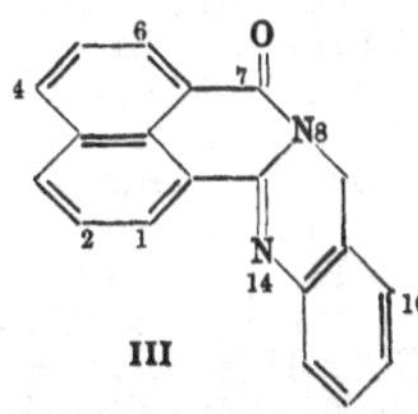

III

Versuche: *o-Nitrobenzylaminhydrochlorid*, F. 248—250° (Zers.), aus 6,5 g NaN_3 + 7,24 g o-Nitrophenylessigsäure in Chlf. u. konz. H_2SO_4 unter Rühren bei 30—35°, Erwärmen auf 47—48° u. dann (3 Std.) auf 43—46° unter Rühren, Zers. der H_2SO_4-Lsg. mit Eis, Alkalisieren, 9std. Ausziehen mit Bzl. u. Fällen aus A. mit HCl; 2,2—2,5 g (Ausbeute). *Benzolsulfonylderiv.*, $C_{13}H_{12}O_4N_2S$, F. 92—93°, aus wss. A. Prismen. — *N-[o-Nitrobenzyl]-phthalimid*, F. 219—221°, cremefarbene Kristalle aus Essigsäure. — *o-Aminobenzylamin*, F. 60—62°, aus vorst. Hydrochlorid durch Hydrieren in Ggw. von Na-Acetat über RANEY-Ni u. Alkalisieren des Filtrats; 85%. *Dihydrochlorid* (I), F. 218 bis 221° (Zers.). *Dibenzoylderiv.*, $C_{21}H_{18}O_2N_2$, F. 195—196°, aus A. Nadeln. — *5.6.11·6a-Tetrahydro-11-oxoisoindolo-[2.1:a]-chinazolin* (II), $C_{15}H_{12}ON_2$, F. 204,5—205,5°, a) aus 0,75 g o-Phthalaldehydsäure + 0,98 g I u. Na-Acetat in Essigsäure durch 8std. Kochen, Abstumpfen mit NaOH u. Chromatographieren des nach Stehen ausfallenden Nd. in Bzl. an Al_2O_3; Prismen aus A.; 0,44 g. *Acetylderiv.*, $C_{17}H_{14}O_2N_2$, F. 163—164,5°, Prismen.

Nitrosoderiv., $C_{15}H_{11}O_2N_3$, F. 212,5—213,5 (Zers.), mit $NaNO_2$ in Essigsäure bei 0 ; aus A. cremefarbene, haarartige Prismen; gibt positive LIEBERMANN-Rk.; wird mit alkoh. HCl zu **II** regeneriert. b) Aus 0,2 g 2-[o-Carboxyphenyl]-1.2.3.4-tetrahydrochinazolin + konz. H_2SO_4 durch 7 Min. Erwärmen, Gießen auf Eis, Alkalisieren mit NH_4OH, 12std. Stehen u. Chromatographieren; 35 mg. — *7-Oxo-7H.9H-8.14-diazabenzo-[de]-naphthacen* (**III**), $C_{19}H_{12}ON_2$, F. 211—212°, durch 7std. Kochen von 1 g 8-Formyl-α-naphthoesäure, 1 g **I** u. 1,5 g Na-Acetat in Essigsäure, Abstumpfen mit NaOH, 20std. Stehen u. Chromatographieren; gelborangefarbene Prismen aus Bzl.; 140 mg. — *N-[o-Aminobenzyl]-naphthalimid*, $C_{19}H_{14}O_2N_2$, F. 233,5—235°, durch 4std. Kochen von 2 g **I**, 2 g Naphthalanhydrid, 1,8 g Na-Acetat in Eisessig, Behandeln mit 5%ig. NaOH, 60std. Stehen u. Alkalisieren des Filtrats mit NaOH; gelbliche Prismen aus Butanol; 1,2 g. *Diacetylderiv.*, $C_{23}H_{18}O_4N_2$, F. 190—191,5°, aus A. cremefarbene Platten; wird bei 300° zu **III** cyclisiert. — *2'-Formyldiphenyl-2-carbonsäure*, $C_{14}H_{10}O_3$, F. 135—136°, durch Zufügen von 6,4 g Diphensäuremonohydrazid in 8% ig. NH_4OH unter Rühren zu 6 g H_5JO_6 in W. + NH_4OH, Rühren bis zur Beendigung der Gasentw., Ansäuern mit H_2SO_4 u. Reinigen über das Acetylderiv.; Prismen aus Essigsäure; 5,1 g (aus 6,7 g des Acetates). *Acetylderiv.*, $C_{16}H_{12}O_4$, F. 137—138° (wss. A.); Prismen aus wss. A.; 2,2—2,5 g. *Phenylhydrazon*, $C_{20}H_{16}O_2N_2$, F. 194—195° (Zers.), aus wss. A. cremefarbene Prismen. *Oxim*, $C_{14}H_{11}O_3N$, F. 173,5—174,5°, aus wss. A. Platten. — *2.2'-Diaminobiphenyl*, F. 81—82° (wss. A.), aus 9,7 g Diphensäure + 11,7 g NaN_3 in konz. H_2SO_4 unterhalb 30—40°, dann 1std. Stehen bei gleicher Temp., Gießen auf Eis, Abfiltrieren von *Phenanthridon* (1 g), Alkalisieren, Ausziehen mit Bzl. u. Chromatographie; 4,9 g. (J. chem. Soc. [London] **1954**. 2354—57. Juli. Melbourne, Australien, Univ.) H. LEHWALD. 3272

Aaron Bendich, Percy J. Russell jr. und **Jack J. Fox**, *Synthese und Eigenschaften von 6-Chlorpurin und Purin.* Vff. verwandeln Hypoxanthin mit $POCl_3$ in Ggw. von Dimethylanilin in *6-Chlorpurin* (**I**); ohne Dimethylanilin entsteht **I** auf diesem Wege nicht, auch kann es nicht aus Adenin durch SANDMEYER-Rk. erhalten werden. **I** kann durch katalyt. Hydrierung mit Pd-Kohle in *Purin* (**II**) übergeführt werden. Mit Thioharnstoff reagiert **I** unter Bldg. von *6-Mercaptopurin* (**III**), das mit RANEY-Ni wiederum in **II** übergeht. Das für die **II**-Synth. nach ALBERT u. BROWN (C. **1955**. 1235) benötigte *4.5-Diaminopyrimidin* wird von Vff. durch katalyt. Dechlorierung von 6-Chlor-4.5-diaminopyrimidin gewonnen. — Die UV-Spektren von **I**, **II**, *7-Methylpurin* u. *9-Methylpurin* werden in Abhängigkeit vom p_H-Wert graph. u. tabellar. angegeben u. diskutiert.

V e r s u c h e (FF. korr.): *6-Chlorpurin* (**I**), $C_5H_3N_4Cl$, F. 175—177° (Zers.), eutekt. F. mit Diacyandiamid 180—181° (Zers.), aus Hypoxanthin durch Erhitzen mit $POCl_3$ u. N.N-Dimethylanilin; Nadeln aus W.; 61—70% (Ausbeute). *Pikrat*, $C_5H_3N_4Cl \cdot C_6H_3O_7N_3$, F. 164—165° (Zers.); aus W. lange Nadeln. — Siedendes W. oder konz. NH_4OH lassen **I** unverändert. 0,1 n HCl oder NaOH führen **I** beim Kochen quantitativ in *Hypoxanthin* über. Bei 10std. Erhitzen von **I** in 10%ig. ammoniakal. Butanol auf 150° entstehen 10% *Adenin.* — *6-Mercaptopurin* (**III**)-*Hydrat*, $C_5H_4N_4S \cdot H_2O$, F. 312—315° (Zers.), aus **I** u. Thioharnstoff nach 1std. Erhitzen in absol. A.; gelbe Prismen aus W.; 67%. — *Purin* (**II**), $C_5H_4N_4$, F. 216°, a) aus **I** durch katalyt. Hydrierung mit Pd-Kohle in W.; 83%; b) aus **III** mit RANEY-Ni in sd. W.; 41%; c) aus 4.5-Diaminopyrimidin durch Erhitzen mit 98—100% ig. HCOOH in CO_2-Strom auf dem Ölbad; 69%. *Pikrat*, $C_5H_4N_4 \cdot C_6H_3O_7N_3$, F. 207—209° (Zers.); gelbe Plättchen. — **II** wurde mit H_2 u. Pd-Kohle nur in saurer Lsg. reduziert; auch mit Zn u. H_2SO_4 tritt Red. ein. 2-Oxypurin nimmt in Ggw. von Pd-Kohle H_2 auf. Bei 100° ist **II** gegen 0,1 n HCl u. NaOH beständig. — *9-Methylpurin*, $C_6H_6N_4$, F. 163 bis 164°, aus 5-Amino-4-methylaminopyrimidin u. HCOOH. — *7-Methylpurin*, F. 183—184°, durch katalyt. Hydrierung von 2.6-Dichlor-7-methylpurin. — *6-Chlor-4.5-diaminopyrimidin*, $C_4H_5N_4Cl$, F. 249—250°, aus 5-Amino-4.6-dichlorpyrimidin u. 10%ig. alkoh. NH_3 nach 6 Std. bei 130° im Einschlußrohr; Nadeln; 76%. — *4.5-Diaminopyrimidin*, $C_4H_6N_4$, F. 205—206°, aus vorst. Verb. mit H_2 u. Pd-Kohle; quadrat. u. rechteckige Platten aus Essigester; 74%. — Mit einer Reihe von Lösungsmitteln wurden R_f-Werte von **I**, **II**, *Adenin*, *Hypoxanthin*, **III**, 7-Methylpurin u. 9-Methylpurin bestimmt. (J. Amer. chem. Soc. **76**. 6073—77. 5/12. 1954. New York, N. Y., Cornell Univ., Med. Coll., Labor. of Sloan-Kettering Div.) G. REINISCH. 3272

Arthur Roe, John A. Montgomery, Willis A. Yarnall und **V. A. Hoyle jr.**, *Die Darstellung einiger Fluorphenothiazine.* (Vgl. C. **1956**. 5832.) Durch Umsetzung der entsprechenden Diphenylaminderivv. mit Schwefel in Ggw. von J_2 als Katalysator wurden *2.7-Difluorphenothiazin* (**XIII**) aus *3.4'-Difluordiphenylamin* (**VII**), *3.7-Difluorphenothiazin* aus *4.4'-Difluordiphenylamin* (**XII**), *2.8-Difluorphenothiazin* aus *3.3'-Difluordiphenylamin* (**V**) u. *8-Fluor-3.4-benzophenothiazin* aus *N-[3-Fluorphenyl]-β-naphthylamin* (**X**) dar-

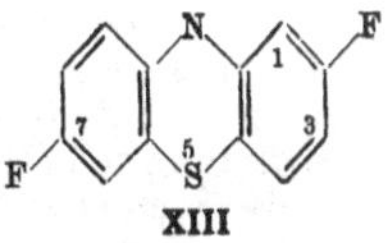

XIII

gestellt. Das Verf. gelingt nicht bei 2.2'-Difluordiphenylamin, 3.3'.4.4'-Tetrafluordiphenylamin, 3-Trifluormethyl-4'-fluordiphenylamin, 4.4'-Bis-[trifluormethyl]-diphenylamin, N-[3-Fluorphenyl]-α-naphthylamin, N-[4-Fluorphenyl]-α- u. -β-naphthylamin u. N-Phenyl-4-fluor-α-naphthylamin. Auch Modifikationen der Reaktionsbedingungen, wie Temp. u. Reaktionsdauer, Anwendung von $AlCl_3$ als Katalysator u. von Nitrobenzol als Lösungsm. u. das Arbeiten mit S_2Cl_2 in Bzl. an Stelle von S führten bei diesen Aminen nicht zum Ziel. Ebensowenig gelang der Ringschluß von 4.4'-Bis-[trifluormethyl]-diphenylamin mit $SOCl_2$ u. $AlCl_3$. Auch das bei der Darst. von Phenazinen angewandte Erhitzen eines Diaminodiphenylsulfids war bei 2.2'-Diamino-4.4'-bis-[trifluormethyl]-diphenylsulfid erfolglos. — Bei der Umsetzung von *2-Brom-4.5-difluornitrobenzol* (**IV**) mit Na_2S reagiert wider Erwarten das p-F-Atom u. nicht das o-Br-Atom, u. es entsteht *2.2'-Difluor-4.4'-dinitro-5.5'-dibromdiphenylsulfid*. In *2.4.5-Trifluornitrobenzol* ist das o-F-Atom reaktionsfähiger als das p-F-Atom u. setzt sich mit Na_2S zu *2.2'-Dinitro-4.4'.5.5'-tetrafluordiphenylsulfid* um.

Versuche: *3.4-Difluoracetanilid* (**I**), $C_8H_7ONF_2$, F. 125—126°; durch Acetylierung von 3.4-Difluoranilin mit Essigsäureanhydrid u. Na-Acetat in W.; 90% (Ausbeute). — *2-Fluor-5-bromanilin* (**II**), C_6H_5NBrF, Kp.$_9$ 91—92°, n_D^{25} 1,5875; durch tropfenweise Zugabe von 355 g 2-Fluor-5-bromnitrobenzol zu einer Suspension von 324 g Eisenfeilspänen in einer Lsg. von 60 g NH_4Cl in 1200 cm³ W., 6std. Kochen am Rückflußkühler, Wasserdampfdest. u. Ausäthern; 66%. — *3.4-Difluorbrombenzol* (**III**), $C_6H_3BrF_2$, Kp. 150,5 bis 151,5°, n_D^{25} 1,5038; durch Bromierung von o-Difluorbenzol in Ggw. von Eisenfeilspänen; 60%. — Die Anwendung des SCHIEMANN-Verf. auf **II** liefert *2-Fluor-5-brombenzoldiazoniumfluoborat* in 84%ig. Ausbeute; aber die therm. Zers. des letzteren ergibt nur 8% **III**. — *2-Brom-4.5-difluornitrobenzol* (**IV**), $C_6H_2O_2NBrF_2$, Kp.$_4$ 72—74°, n_D^{20} 1,5484; durch Zutropfen von 9,5 g **III** zu einem gerührten Gemisch aus 12 cm³ rauchender HNO_3 u. 50 cm³ konz. H_2SO_4 bei nicht über 38°, 2std. Nachrühren, Gießen auf Eis u. Ausäthern; 80%. — Die Darst. der folgenden Fluordiphenylamine erfolgte nach dem l. c. beschriebenen Verfahren. *2.2'-Difluordiphenylamin*, Kp.$_5$ 120°; aus 2-Fluoracetanilid u. 2-Fluorbrombenzol; 6%. — *3.3'-Difluordiphenylamin* (**V**), Kp.$_6$ 138—140°; aus 3-Fluoracetanilid u. 3-Fluorbrombenzol (**VI**); 51%. — *3.4'-Difluordiphenylamin* (**VII**), Kp.$_{10}$ 159°; aus 4-Fluoracetanilid u. **VI**; 11%. — *3-Trifluormethyl-4'-fluordiphenylamin*, Kp.$_6$ 127 bis 128°; aus 3-Trifluormethylacetanilid u. 4-Fluorbrombenzol (**VIII**); 49%. — *4.4'-Bis-[trifluormethyl]-diphenylamin*, F. 55—57°, Kp.$_4$ 133°; aus 4-Trifluormethylacetanilid u. 4-Trifluormethylbrombenzol; 67%. — *3.3'.4.4'-Tetrafluordiphenylamin*, F. 58—60°, Kp.$_5$ 125—127°; aus **I** u. **III**; 50%. — *N-[3-Fluorphenyl]-α-naphthylamin*, Kp.$_{2-3}$ 180°; aus 1-Acetylaminonaphthalin (**IX**) u. **VI**; 72%. — *N-[3-Fluorphenyl]-β-naphthylamin* (**X**), F. 74—75°, Kp.$_{5-6}$ 212—214°; aus 2-Acetylaminonaphthalin (**XI**) u. **VI**; 73%. — *N-[4-Fluorphenyl]-α-naphthylamin*, F. 92—93°, Kp.$_{5-6}$ 189°; aus **IX** u. **VIII**; 88%. — *N-[4-Fluorphenyl]-β-naphthylamin*, F. 86°, Kp.$_3$ 189°; aus **XI** u. **VIII**; 85%. — *4-Fluor-N-phenyl-α-naphthylamin*, F. 74—75°; aus 4-Fluor-1-acetylaminonaphthalin u. Brombenzol; 30%. — *3.7-Difluorphenothiazin*, $C_{12}H_7NF_2S$, aus CCl_4 gelbe Tafeln, F. 165—167°; durch 25 Min. langes Erhitzen von 1 g **XII**, 0,25 g S u. einem Kristall J_2 im Reagenzglas auf 190 bis 200°; 39%. — *2.7-Difluorphenothiazin* (**XIII**), $C_{12}H_7NF_2S$, F. 153—155° (CCl_4); aus 3,5 g **VII**, 0,9 g S u. J_2 bei 210—215° in 15 Min. unter N_2; 0,25 g. — *2.8-Difluorphenothiazin*, $C_{12}H_7NF_2S$, aus CCl_4 hellgelbe Kristalle, F. 198° (Zers.); aus 3,4 g **V**, 0,84 g S u. einigen J_2-Kristallen bei 205—210° in 15 Min. unter N_2; 50%. — *8-Fluor-3.4-benzophenothiazin*, $C_{16}H_{10}NFS$, aus CCl_4 hellgrüne Kristalle, F. 159—160°; aus 2 g **X**, 0,5 g S u. J_2 bei 175 bis 185°; 1 g. — *2.2'-Difluor-4.4'-dinitro-5.5'-dibromdiphenylsulfid*, $C_{12}H_4O_4N_2Br_2F_2S$, F. 143—144° (A.); aus 1,2 g **IV** u. Na_2S nach CALDWELL u. SAYIN (vgl. C. **1952.** 5399); 1 g. — *2.2'-Dinitro-4.4'.5.5'-tetrafluordiphenylsulfid*, $C_{12}H_4O_4N_2F_4S$, F. 109—111° (Methanol); ebenso aus 7,4 g 2.4.5-Trifluornitrobenzol; 3 g. — *2.2'-Diamino-4.4'.5.5'-tetrafluordiphenylsulfid*, $C_{12}H_8N_2F_4S$, F. 119—120°; durch 3tägiges Kochen von 2 g der vorst. Verb., 2,5 g Fe-Pulver u. 2 g NH_4Cl in 60 cm³ 60%ig. A.; 0,9 g. — *2.2'-Dinitro-4.4'-bis-[trifluormethyl]-diphenylsulfid*, $C_{14}H_6O_4N_2F_6S$, F. 142—143° (95%ig. A.); durch ³/₄std. Kochen einer Lsg. von 19 g 3-Nitro-4-chlorbenzotrifluorid u. 10,8 g $Na_2S \cdot 9\,H_2O$ in 60 cm³ A.; 90%. — *2.2'-Diamino-4.4'-bis-[trifluormethyl]-diphenylsulfid*, $C_{14}H_{10}N_2F_6S$, F. 89—90°; durch Red. von 3 g der vorst. Verb. mit Fe-Pulver u. NH_4Cl in A.; 1,5 g. (J. org. Chemistry **21.** 28—31. Jan. 1956. Chapel Hill, N. C., Univ. of North Carolina, Venable Chem. Labor.) E. FORCHE. 3292

J. M. Anderson und **Elizabeth Percival**, *Die Ammonolyse von Methyl-2.3-anhydro-D-lyxofuranosid.* Vff. bestätigen die Befunde von BAKER u. Mitarbeitern (J. Amer. chem. Soc. **76.** [1954.] 4044), wonach bei der Ammonolyse mit nachfolgender N-Acetylierung von Methyl-2.3-anhydro-α- (**I**) u. -β-D-lyxofuranosid (**II**) *Methyl-3-acetamido-3-desoxy-α-*

(III) u. -*β-D-arabofuranosid* u. nicht die bei anderer Spaltung der O-Brücke mögliche 2-Amino-2-desoxy-D-xylose entstehen. Dementsprechend kondensierte III auch nicht mit Aceton. Der Beweis, daß die Furanosestruktur erhalten geblieben war, wurde durch die Tosylierung von III geführt, bei der *Methyl-3-acetamido-3-desoxy-2.5-di-O-p-tosyl-D-arabofuranosid* entstand, dessen prim. p-Tosylgruppe erwartungsgemäß unter den hierfür üblichen Bedingungen mit NaJ als *Na-p-Toluolsulfonat* abspaltbar war.

Versuche: *Methyl-3-acetamido-3-desoxy-α-D-arabofuranosid* (III), $C_8H_{15}O_5N$, F. 120—121°, durch 48std. Erhitzen von 0,9 g I in absol. CH_3OH/NH_3 im Rohr auf 120° u. 90 Min. Behandlung mit Amberlite IR 400 u. 0,6 g Acetanhydrid bei 5°; Prismen aus Aceton; $[\alpha]_D^{20}$ +124° (c = 0,7; A.); +134° (c = 1; W.); 0,52 g (Ausbeute). — *Methyl-3-acetamido-3-desoxy-β-D-arabofuranosid*, $C_8H_{15}O_5N$, F. 156°, analog III durch Ammonolyse von II u. Behandlung mit Acetanhydrid (18 Std. bei 18°); Nadeln aus CH_3OH/Aceton/Ae.; $[\alpha]_D^{18}$ —165° (c = 1; A.); —120° (c = 1,2; W.). — *Methyl-3-acetamido-3-desoxy-2.5-di-O-p-tosyl-α-D-arabofuranosid*, durch 60std. Einw. von p-Tosylchlorid auf III in Pyridin in Ggw. von Drierite bei Raumtemperatur. — *3-Amino-3-desoxy-D-arabinosehydrochlorid*, F. 161° (Zers.), durch 1std. Erhitzen von III in 3n HCl auf 100°; Kristalle aus CH_3OH; $[\alpha]_D^{18}$ —109° (c = 0,3; W.). (J. chem. Soc. [London] **1955**. 1042—43. März. Edinburgh, Univ.) H.-J. KRAEGE. 3400

J. Staněk und **I. Hauzar**, *Darstellung von 6-Acetyl-1.2-isopropyliden-α-D-glucofuranose*. Zur Verbesserung der Ausbeuten anderer Verff. wird *1.2-Isopropyliden-α-D-glucofuranoseborsäureester* (I) durch Einw. von p-Toluolsulfochlorid (II) in vollkommen wasser- u. alkoholfreiem Medium in das *6-[p-Toluolsulfo]-*, durch Benzoylierung in das *6-Benzoyl-* u. durch Acetylierung in das *6-Acetylderiv.* übergeführt, das durch kurzes Kochen mit Methanol die gesuchte *6-Acetyl-1.2-isopropyliden-α-D-glucofuranose* gibt.

Versuche: *1.2-Isopropyliden-α-D-glucofuranoseborsäureester* (I), $C_9H_{17}O_8B$, F. 95 bis 108°, durch Fällung mit PAe. aus Äthylacetat Kristalle, durch 24std. Schütteln von reinster Glucose mit H_3BO_3 in Aceton in Ggw. von konz. H_2SO_4; $[\alpha]_D^{16}$ —8,3° (c = 10; Pyridin); 25% (Ausbeute). — *6-[p-Toluolsulfo]-1.2-isopropyliden-α-D-glucofuranose*, $C_{16}H_{22}O_8S$, F. 116° (Aceton), durch 24std. Behandeln von I in Pyridin mit II; $[\alpha]^{16}$ —5,0° (c = 1; Pyridin); 41%. — *6-Benzoyl-1.2-isopropyliden-α-D-glucofuranose*, $C_{16}H_{20}O_7$, F. 196° (Äthylacetat), wie vorst. mit Benzoylchlorid; $[\alpha]_D^{16}$ —12,0° (c = 1; Pyridin); $[\alpha]_D^{17}$ —7,9 (c = 1; A.); 25%. — *6-Acetyl-1.2-isopropyliden-α-D-glucofuranoseborsäureester*, $C_{11}H_{19}O_9B$, F. 120°, aus Ae. Kristalle, mit Essigsäureanhydrid; $[\alpha]_D^{16}$ —7,8° (c = 5; Pyridin); 26%. — *6-Acetyl-1.2-isopropyliden-α-D-glucofuranose*, $C_{11}H_{18}O_7$, F. 147°, aus Methanol Kristalle, durch kurzes Kochen vorst. Verb. mit Methanol; $[\alpha]_D^{20}$ —6,5° (A.); 80%. (Chem. Zvesti **8**. 337—41. Juni 1954. Prag [Praha], Karlova univ., Matemat.-fysik. fak., Katedra organ. chem.) E. ROTTER. 3400

I. A. Wolff und **R. L. Mellies**, *Methyl-D-glucosidtetrakis-[chlorcarbanilate]*. Die Darst. der *Tetrakis-[o- u. m-chlorcarbanilate]* von α- u. *β-Methyl-D-glucosid* wird beschrieben. Im Gegensatz zu den analogen Derivv. aus Maisstärke (vgl. C. **1953**. 3895) zeigen die o- u. m-Chlorverbb. keine wesentlichen Unterschiede ihrer opt. Drehung, dagegen haben die o-Verbb. niedrigere FF. u. höhere Löslichkeit in Chlf. u. Bzl. als die m-Isomeren, was Vff. auf eine Chelatisierung bei den o-Verbb. zurückführen.

Versuche: Aus den Glucosiden in Pyridin u. dem Isocyanat in exothermer Rk., dann Stehen über Nacht bei Raumtemp. u. Zugabe von CH_3OH u. dann W. nachst. Methyl-D-glucosidtetrakis-[chlorcarbanilate]: *α-o-*, F. 139,5 bis 140,5° (absol. A.), $[\alpha]_D^{25}$ +83,6° (c ≅ 1; Pyridin), +50,4° (c ≅ 1; Morpholin). — *α-m-*, F. 208,5—210,5° (Aceton–Heptan, wss. CH_3OH), $[\alpha]_D^{25}$ +79,1° (c ≅ 1; Pyridin), +52,2° (c ≅ 1; Morpholin). — *β-o-*, F. 202—205° (Aceton–W., n-Butanol), $[\alpha]_D^{25}$ +3,5° (c ≅ 1; Pyridin), $[\alpha]_D^{25}$ —1,3° (c ≅ 1; Morpholin). — *β-m-*, F. 223—226° (A.–W.), $[\alpha]_D^{25}$ +6,3° (c ≅ 1; Pyridin), —3,0° (c ≅ 1; Morpholin). (J. Amer. chem. Soc. **77**. 5449—50. 20/10. 1955. Peoria, Ill., U. S. Dep. of Agricult., North. Utilizat. Res. Branch.) J. MILLER. 3400

G. Fodor, *Stereochemie der Tropanalkaloide*. Vorl. Mitt. zu der C. **1954**. 4855 referierten Arbeit. (Nature [London] **170**. 278—79. 16/8. 1952.) H. GRALHEER. 3500

Wesley L. Archer, Chester J. Cavallito und **Allan P. Gray**, *Bis-ammoniumsalze. Unsymmetrische Derivate von Tropan und verwandten Basen*. (Vgl. C. **1956**. 1891 u. 1892.) Durch Quaternisierung mit quaternären 3-Brompropylammoniumbromiden in Acetonitril werden in 50—60%ig. Ausbeute *Bis-ammoniumsalze des Tropans u. seiner Derivv.* erhalten. Es werden Zusammenhänge zwischen Konst. u. hypotensiver Wrkg. diskutiert. *N-[γ-Trimethylammoniopropyl]-tropinoniumdibromid* ist am labilsten u. geht nach seinem UV-Absorptionsspektr. zunächst in ein α.β-ungesätt. Keton über.

Versuche (FF. korr.): *Tropidin*, Kp. 158—161°, durch Dehydratation von Tropin mit H_2SO_4–Essigsäure; n_D^{25} 1,4860; 70% (Ausbeute). *Pikrat*, F. 289—290° (Zers.). — *Tropan*, Kp. 166—169°, durch Hydrierung vorst. Verb. in CH_3OH in Ggw. von ADAMS-PtO_2; n_D^{25} 1,4732. *Pikrat*, F. 284—285°. — Dibromide: *N-[γ-Trimethylammoniopropyl]-tropinium-*, $C_{14}H_{30}ON_2Br_2$, F. 247° (Zers.; A.–Äthylacetat), durch 24std. Kochen von Tropin u. 3-Brompropyltrimethylammoniumbromid in Acetonitril; 63%. — *N-[γ-Trimethylammoniopropyl]-atropinium-*, $C_{23}H_{38}O_3N_2Br_2$, F. 207° (Zers.). — *N-[γ-Methylpyrrolidiniopropyl]-tropinium-*, $C_{16}H_{32}ON_2Br_2$, F. 268° (Zers.). — *N-[γ-Methylpiperidiniopropyl]-tropinium-*, $C_{17}H_{34}ON_2Br_2$, F. $>$270° (Zers.). — *N-[γ-Trimethylammoniopropyl]-tropinonium-*, $C_{14}H_{28}ON_2Br_2$, F. 204° (Zers.). — *N-[γ-Trimethylammoniopropyl]-tropanium-*, $C_{14}H_{30}N_2Br_2$, F. $>$270° (Zers.). — *N-[γ-Trimethylammoniopropyl]-N-methylpiperidinium-*, $C_{12}H_{28}N_2Br_2$, F. 268° (Zers.). — Die UV-Absorptionsspektren sind angegeben. (J. Amer. chem. Soc. **78.** 1227—28. 20/3. 1956. Decatur, Ill., Irwin, Neisler & Co., Res. Labors.)
R. PASEDAG. 3500

Robert E. Harman, James Cason, Frank H. Stodola und **A. Lester Adkins**, *Strukturelle Eigenschaften des Herqueinons, eines roten Farbstoffes aus Penicillium herquei.* Der aus *Penicillium herquei* isolierte rote Farbstoff zeigt im Infrarot eine bei 6 μ liegende CO-Bande, was Vff. Anlaß gab, die bisher konstitutionell noch nicht aufgeklärte Verb. als „*Herqueinon*" (I) zu bezeichnen. I enthält vermutlich weiterhin eine phenol. OH-Gruppe, die jedoch, entweder durch ster. Hinderung oder durch eine Chelatbrücke, weiteren Umsetzungen, z. B. Acylierung oder Methylierung, unzugänglich ist. Red. von I in äther. Lsg. bildet nach Aufnahme von 1 Mol H_2 u. gleichzeitiger Neubldg. einer endständigen CH_3-Gruppe die ziemlich unbeständige *Herqueinsäure* (II), die mit Diazomethan einen stabilen *Methylester* liefert, in dem noch eine intakte OH-Gruppe nachweisbar ist. Bei saurer Hydrolyse von I tritt als einziges identifizierbares Spaltprod. *Methylisopropylketon* (III) auf, von dem Vff. annehmen, daß es vielleicht durch Pinakolinumlagerung eines *2-Methylbutandiols-(2.3)* entstanden ist. Die alkal. Spaltung der Verb. führt zu einer flüchtigen *Säure*, die auf ein Dicarbonylsyst. in I hindeutet; III war jedoch nicht nachweisbar. Die weiteren nichtaufgeklärten Spaltprodd. zeigten positive Aldehydreaktionen. Alkal. H_2O_2-Oxydation von I bildete ein *Methoxyketon* $C_{10}H_{12}O_3$.

Versuche: *Herqueinon* (I), $C_{20}H_{20}O_7$, F. 221—223° (Zers.), orangerote Nadeln mit kupferartigem Glanz aus Bzl./Hexan, durch mehrfache erschöpfende Extraktion von 50—75 g getrocknetem Pilzmycel mit Ae. bei 20° nach 24 Std.; Ausziehen des Extraktes mit $NaHCO_3$-Lsg. u. Ansäuern lieferte 0,2—0,4 g eines nicht näher untersuchten Körpers. Waschen des Ae.-Extraktes mit W. u. Eindampfen ergab rohes I; 3,5 bis 5 g (Ausbeute); weitere Reinigung durch Chromatographie an Magnesol/Cellit. $[\alpha]_D^{23}$ +345° in Chlf., keine Mutarotation; $[\alpha]_D^{23}$ +5,5° in 0,1n NaOH. I ist unlösl. in verd. Säuren, lösl. in 12n HCl. — *Herqueinsäure* (II), $C_{20}H_{22}O_7$, F. 230—250° (Zers.), gelb aus Aceton/Hexan, durch Red. einer äther. Lsg. von I mit H_2 in Ggw. von PtO_2 nach 5 Std./3 at. Die Hydrierung gelingt auch in Dioxan. Verss., den *p-Bromphenacylester* darzustellen, mißlangen. — *Herqueinsäuremethylester*, $C_{21}H_{24}O_7$, F. 179—180°, sintert ab 175°, gelb aus Hexan, aus II mit CH_2N_2 in CH_2Cl_2/Ae. nach 5 Std. bei 0°. Die Lsgg. besitzen leuchtendgelbgrüne Fluorescenz. — *Methylisopropylketon* (III)-*2.4-dinitrophenylhydrazon*, $C_{11}H_{14}O_4N_4$, F. 121—122°, gelborange aus A., aus 100 mg I mit konz. H_2SO_4, Verdünnen mit W. u.Dampfdest., Zugabe von 60 mg 2.4-Dinitrophenylhydrazin in 1,5n HCl; 40 mg. — III-*p-Nitrophenylhydrazon*, F. 106,2—107° (Zers. nach 48std. Stehen), aus 50%ig. A.; wie vorstehend. — III-*2.4-dinitrophenylsemicarbazon*, $C_{12}H_{15}O_5N_5$, F. 218,5 bis 219,5° (Bzl.). — Aus der nach der Dampfdest. verbleibenden gelborangefarbenen Lsg. wurde noch eine gelbe *Verb.* $C_{15}H_{12}O_7$ isoliert; in Bicarbonat grünlichbraun löslich. — Dampfdest. von I in n-NaOH ergab neben anderen nichtaufgeklärten Prodd. eine Verb., die ein anscheinend polymorphes *2.4-Dinitrophenylhydrazon* bildete; $C_8H_8O_4N_4$, F. 145—150°, aus A. gelbe Nadeln u. orangefarbene Platten. (J. org. Chemistry **20.** 1260—69. Sept. 1955. Berkeley, Calif., Univ., Chem. Labor.; Peoria, Ill., U. S. Dep. of Agric., Agric. Res. Serv., Northern Utilizat. Res. Branch.) M. KÜHNEL. 3550

I. K. Ssarytschewa, N. G. Morosowa, W. A. Abramowitsch, Ss. A. Breitburt, L. F. Ssergijenko und **N. A. Preobrashenski**, *Synthese von Farnesol und Farnesal.* Es werden *Farnesol* u. *Farnesal* auf folgendem Wege synthetisiert; γ-Acetylpropylalkohol wird über *2-Methylpentandiol-(2.5)* in *2.5-Dibrom-2-methylpentan* übergeführt, das beim Behandeln mit Pyridin *5-Brom-2-methylpenten-(2)* liefert. Daraus wird durch Kondensation mit Methylvinylketon oder β-Oxyäthylmethylketon *2.6-Dimethyloctadien-(2.7)-ol-(6)* (*Linalool*) erhalten, das beim Behandeln mit $SOCl_2$ oder HCl *Geranylchlorid* liefert. Dieses gibt bei der Kondensation mit Acetessigester *α.β-Dihydropseudojonon* (I), aus dem durch

Kondensation mit Chloressigsäureäthylester in Ggw. von Mg *Farnesylsäureäthylester* gewonnen wird, dessen Red. mit $LiAlH_4$, *Farnesol* gibt. *Farnesal* wird daraus durch Dehydrierung mit MnO_2 erhalten. Bei Verss., I auf kürzeren Wegen durch Kondensation von 2-Methylhepten-(2)-on-(6) mit γ-Jodbuttersäureäthylester, γ-Jodpropylmethylketon oder γ-Li-Propylmethylketon zu gewinnen, wurden nur geringe (<20%) Ausbeuten an I erhalten.

Versuche: *2-Methylpentandiol-(2,5)*, $C_6H_{14}O_2$, Kp.$_{16}$ 126—127°; aus γ-Acetylpropylalkohol in Ae. mit CH_3MgJ, 8 Std. Stehen bei Zimmertemp., Zers. mit Eis–Essigsäure; $D.^{20}_4$ 0,9645; n_D^{20} 1,4492; 51,4% (Ausbeute). — *2.5-Dibrom-2-methylpentan*, $C_6H_{12}Br_2$, Kp.$_{40}$ 94—95°, aus vorst. Verb. in Bzl. mit PBr_3, 3 Std. Erhitzen; $D.^{20}_4$ 1,5400, n_D^{20} 1,4888; 56,1%. — *5-Brom-2-methylpenten-(2)*, $C_6H_{11}Br$, Kp.$_{100}$ 96°, aus vorst. Verb. durch 2std. Erhitzen mit Pyridin auf 60—70°/150 mm; $D.^{20}_4$ 1,2172, n_D^{20} 1,4720; 76,4%. — *2.6-Dimethyloctadien-(2.7)-ol-(6)* (*Linalool*), $C_{10}H_{18}O$, Kp.$_{20}$ 128—130°, zu der Grignard-Verb. aus 8 g vorst. Verb. u. 1,2 g Mg (in 20 ml Ae.) gibt man bei 0° 3,43 g Vinylmethylketon in 40 ml Ae., rührt 2 Std. bei Zimmertemp. u. zers. mit Eis–20% ig. Essigsäure; $D.^{20}_4$ 0,8724, n_D^{20} 1,4625; 29,3%. — *Geranylchlorid*, $C_{10}H_{17}Cl$, Kp.$_{17}$ 105 bis 110°, durch Einleiten von trockenem HCl in eine sd. Lsg. vorst. Verb.; $D.^{20}_4$ 0,9315, n_D^{20} 1,4799; 87,5%. — *α.β-Dihydropseudojonon* (I), $C_{13}H_{22}O$, Kp.$_{10}$ 136—138°; zu 66,37 g Acetessigester gibt man in Ggw. von Na-Äthylat (11,73 g Na, 200 ml A.) 88,08 g Geranylchlorid, erhitzt bis zur neutralen Rk., gibt W. u. $Ba(OH)_2$ hinzu, kocht 8 Std. u. behandelt das entstandene Ba-Salz des Geranylacetessigesters mit 20% ig. HCl, $D.^{20}_4$ 0,8812, n_D^{20} 1,4690; 79,6%. — *β-Oxyhydrofarnesylsäureäthylester*, Kp.$_{12}$ 163—170° (Rohprod.); aus 38,86 g I u. 24,4 g Chloressigsäureäthylester in Ggw. von Mg in sd. Bzl. (1 Std.) Zers. mit 10% ig. Essigsäure. *Farnesylsäureäthylester*, $C_{17}H_{28}O_2$, Kp.$_{10}$ 162—164°, aus vorst. Verb. (Rohprod.) durch 45 Min. Kochen mit $POCl_3$ u. Pyridin u. Gießen auf Eis, $D.^{20}_4$ 0,9230, n_D^{20} 1,4792; 4,5 g (bezogen auf I). — *Farnesol*, $C_{15}H_{26}O$, Kp.$_2$ 142—143°, aus vorst. Ester durch Red. mit $LiAlH_4$ bei —30°, $D.^{20}_4$ 0,9016, n_D^{20} 1,4887; 84%. — *Farnesylacetat*, $C_{17}H_{28}O_2$, Kp.$_2$ 105—107°, aus Farnesol u. Acetylchlorid in Bzl. in Ggw. von Pyridin (8 Std. Rühren unter Kühlung), $D.^{20}_4$ 0,9247, n_D^{20} 1,4770; 70,1%. — *Farnesal*, $C_{15}H_{24}O$, Kp.$_3$ 105—106°, aus Farnesol in PAe. durch Dehydrierung mit MnO_2 (4 Std. Schütteln), $D.^{20}_4$ 0,8999, n_D^{20} 1,4871; 62,1%. *Semicarbazon*, F. 136—137°. (Журнал Общей Химии [J. allg. Chem.] **25** (**87**). 2001—06. Sept. 1955. Moskau, Inst. für feinchem. Technol.) G. Froelich. 3600

G. I. Ssamochwalow, M. A. Miropolskaja, L. A. Wakulowa und **N. A. Preobrashenski**, *Totalsynthese von Pseudojonon.* Es wird *Pseudojonon* auf folgendem Wege synthetisiert: Durch Addition von HBr an Isopren wird *γ.γ-Dimethylallylbromid* erhalten, das mit Acetessigester zu *2-Methylhepten-(2)-on-(6)* (I) kondensiert wird. Die Darst. von I wird gegenüber der Meth. von Arens u. van Dorp (Recueil Trav. chim. Pays-Bas **67**. [1948.] 973) verbessert. Aus I wird durch Kondensation mit γ-Bromcrotonsäureäthylester in Ggw. von Zinkamalgam *5.9-Dimethyldecadien-(2.8)-ol-(5)-säureäthylester* dargestellt, der durch $POCl_3$ in Pyridin zu *5.9-Dimethyldecatrien-(2.4.8)-säureäthylester* dehydratisiert wird. Die daraus erhaltene *Säure* reagiert mit Methyl-Li unter Bldg. von *Pseudojonon.* Ein Vgl. des Infrarotspektr. mit dem Spektr. eines aus Citral u. Aceton erhaltenen Präp. ergab Identität. Ringschluß in Ggw. von konz. H_2SO_4 führt zu *β-Jonon.*

Versuche: *γ.γ-Dimethylallylbromid*, Kp.$_{60}$ 52—53,5°, aus Isopren u. HBr in Eisessig unter Kühlung (2 Tage Stehen); 73% (Ausbeute). — *2-Methylhepten-(2)-on-(6)* (I), Kp.$_{12}$ 61—62°, aus 60 g vorst. Verb. u. 52 g Acetessigester in Ggw. von Na-Äthylat, Filtrieren, Abdampfen des A., Behandeln mit 2n NaOH bei 50—60°, Ansäuern mit $H_2 \cdot SO_4$ u. Dest. mit Wasserdampf; n_D^{20} 1,4408; 29,5 g. — *β-Oxybuttersäureäthylester*, Kp.$_4$ 67—68°; durch Hydrierung von Acetessigester in Ggw. von Raney-Ni bei 100—120 at u. 100—150° (1—1½ Std.); 84%. — *Crotonsäureäthylester*, Kp. 136—140°; aus vorst. Verb. mit Acetanhydrid in Ggw. von wenig H_2SO_4 unter Kühlung; n_D^{20} 1,4252; 68,5 bis 70%. — *Crotonsäure*, F. 70—71°; aus dem Ester mit 10% ig. KOH auf dem sd. Wasserbad (40—45 Min.); 85—90%. — *γ-Bromcrotonsäureäthylester*, Kp.$_{10}$ 111—113°; aus Crotonsäureäthylester mit Bromsuccinimid in Ggw. von wenig Benzoylperoxyd in Bzl. unter Erwärmen; 56—59%. — *5.9-Dimethyldecatrien-(2.4.8)-säureäthylester*, $C_{14}H_{22}O_2$, Kp.$_{0,2}$ 90—92°, Kp.$_4$ 102—104°; zu 13 g Zn-Amalgam in Bzl. gibt man tropfenweise 12,6 g I u. 25,8 g γ-Bromcrotonsäureäthylester in Bzl., kocht nach Beendigung der Rk. noch 40—45 Min., gibt 50 ml 10% ig. Essigsäure zu, dampft die benzol. Schicht des *5.9-Dimethyldecadien-(2.8)-ol-(5)-säureäthylesters* auf 50 ml ein, gibt sie tropfenweise zu einem sd. Gemisch von 50 ml Bzl., 50 ml Pyridin u. 10 ml $POCl_3$, kocht noch 45 Min. u. gießt auf Eis; $D.^{20}_4$ 0,93397; n_D^{20} 1,4952; λ_{max} 275 mμ $\left(E^{1\%}_{1\,cm}\ 518\right)$; 14,2 g. Daraus durch Verseifen mit 10% ig. alkoh. KOH (2 Std. auf dem sd. Wasserbad), die *Säure*; 81—85%;

p-Brombenzylisothiuroniumsalz, $C_{20}H_{27}O_2N_2BrS$, F. 151,5—152° (A.). — *Pseudojonon*, $C_{13}H_{20}O$, $Kp._{0,2}$ 91—92°; zu 9,2 g vorst. Säure in Ae. gibt man 3,2 g Methyl-Li in Ae. u. rührt 30—40 Min.; n_D^{20} 1,5262; λ_{max} 290 mμ (log ε = 4,4); 80—85%. *β-Jonon*, $Kp._{0,1}$ 72—74°; die Lsg. von 5 g vorst. Verb. in Ae. gibt man bei —10 bis —20 g zu 20 ml konz. H_2SO_4 u. gießt auf Eis; 3,2 g. *Semicarbazon*, $C_{14}H_{23}ON_3$, F. 146—147° (A.). (Журнал Общей Химии [J. allg. Chem.] **25** (**87**). 545—50. März 1955.) H. HINTZ. 3600

William G. Dauben, Paul D. Hance und **William K. Hayes**, *Säurekatalysierte Umlagerungen von Pseudosantonin.* (Vgl. C. **1956**. 2479.) *Pseudosantonin* (**III**) gibt mit 6n HCl unter Eliminierung der lacton. OH-Gruppe u. Wanderung der Doppelbindung *Pseudosantonsäure*, die als *1-Keto-7-oxy-$\Delta^{3.5.10}$-santadiensäure* (I) erkannt wurde. Ähnlich reagiert 1-Keto-$\Delta^{4,10.7}$-santadienolid- (12 → 5) zu *1-Keto-$\Delta^{3.5,10.7}$-santatriensäure*. Erhitzen von I auf 200° führt unter Wanderung des konjugierten Diensyst. zu *1-Keto-$\Delta^{2.4,10}$-santadienolid-(12 → 7)*; dieses läßt sich mit $NaBH_4$ zum *α-[1.4-Dimethyl-7-oxy-5.6.7.8-tetrahydronaphthyl-(6)]-propionsäurelacton* red., während das erwartete Dienol nicht gefaßt werden konnte. Mit 50%ig. H_2SO_4 erleidet **III** eine weitgehende Umlagerung zu *Desmotropopseudosantonin* (**II**), wofür ein Mechanismus angegeben wird. — Die Strukturen der einzelnen Verbb. werden besprochen u. mit Hilfe der Infrarot- u. UV-Spektren geklärt. Die Arbeiten von COCKER u. Mitarbeitern (C. **1950**. I. 1983; **1952**. 532 u. 535) werden teilweise berichtigt, da in ihnen von einer anderen Konstitutionsformel für **III** ausgegangen wurde; nach den Ergebnissen der Vff. muß **III** aber die obenst. Konst. haben.

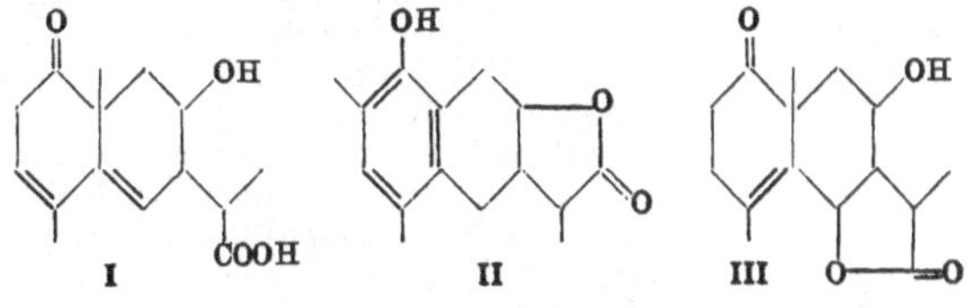

I II III

V e r s u c h e (FF. korr.): *1-Keto-7-oxy-$\Delta^{3.5.10}$-santadiensäure* (I), $C_{15}H_{20}O_4$, F. 173,4 bis 174,7° (A.), aus **III** u. 6n HCl durch 24std. Schütteln unter N_2; $[\alpha]_D^{25}$ +63,0° (c = 0,80; A.); 80% (Ausbeute). *2.4-Dinitrophenylhydrazon*, $C_{21}H_{26}O_8N_4$, F. 190,0—191,6° (wss. Methanol). — *1-Keto-$\Delta^{2.4,10}$-santadienolid-(12 → 7)*, F. 192,8—194,0°, aus I durch 10 Min. Erhitzen auf 200° unter N_2; gelbe Kristalle aus A.; $[\alpha]_D^{20}$ +113° (c = 1,03; A.); 77%. — *α-[1.4-Dimethyl-7-oxy-5.6.7.8-tetrahydronaphthyl-(6)]-propionsäurelacton*, F. 142—143°, aus 2 g vorst. Verb. in wss. Methanol u. 0,46 g $NaBH_4$ durch 6tägiges Stehen bei Zimmertemp., Verdünnen mit 6n HCl bis zur Abscheidung einer öligen Phase, Konzentrieren u. Zugabe von Essigsäure; Nadeln aus Bzl./PAe.; 0,4 g. — *1-Keto-$\Delta^{3.5,10.7}$-santatriensäure*, $C_{15}H_{18}O_3$, F. 130,9—132,0° (wss. Methanol), aus 1-Keto-$\Delta^{4,10.7}$-santadienolid-(12 → 5) u. 6n HCl durch 24std. Schütteln unter N_2; $[\alpha]_D^{25}$ +29,6° (c = 0,30; A.); Behandeln mit 50%ig. H_2SO_4 bei 50° ergibt nur ein dunkles, nicht-charakterisierbares Öl. — (+)-*β-Desmotropopseudosantonin* (**II**), F. 186,2—188,5° (wss. A. u. Äthylacetat/Hexan), durch Einrühren von **III** in 50%ig. H_2SO_4, 20std. Erwärmen auf 50°, Gießen in W. u. Extraktion mit Chlf.; $[\alpha]_D^{25}$ +68,7° (c = 0,95; A.); 58% roh. Red. zur Säure mit Zn/Essigsäure durch 3std. Kochen gelang nicht. (J. Amer. chem. Soc. **77**. 4609—12. 5/9. 1955. Berkeley, Calif., Univ., Chem. Labor.) H. FECHTER. 3600

Hans Reich, *Phenylglyoxylate von Steroidalkoholen.* α-Campher-10-sulfosäure wurde verestert zum *α-Campher-10-sulfosäurecholesterylester*; er bildete ein *2.4-Dinitrophenylhydrazon* nur in schlechter Ausbeute, da die Ketogruppe ziemlich wenig reakt. ist. Dagegen bildeten *Cholestan-3β-ylphenylglyoxylat* u. *Cholesterylphenylglyoxylat* die *2.4-Dinitrophenylhydrazone* in quantitativen Ausbeuten. *Dehydroepiandrosterylphenylglyoxylat* bildet ein *Bis-[2.4-dinitrophenylhydrazon]*. Die so dargestellten Dinitrophenylhydrazone liefern bei der Hydrolyse mit $KHCO_3$ in wss. Methanol *Phenylglyoxylsäuredinitrophenylhydrazon* u. die freien *Steroidalkohole* in quantitativen Ausbeuten.

V e r s u c h e (FF. auf dem KOFLER-Heiztisch): *α-Campher-10-sulfonsäureäthylester-2.4-dinitrophenylhydrazon*, $C_{18}H_{24}O_7N_4S$, F. 156—158° (Chlf./A.), durch Chromatographie des Rohprod. u. Eluierung mit Bzl./Chloroform. — *α-Campher-10-sulfonsäurecholesterylester*, $C_{37}H_{60}O_4S$, F. 162—164,5°, aus Cholesterin u. α-Campher-10-sulfochlorid in Pyridin (über Nacht in der Kälte, 1 Std. bei Zimmertemp.); Blättchen aus Ae./Methanol. *2.4-Dinitrophenylhydrazon*, $C_{43}H_{64}O_7N_4S$, F. 97—102°. (Chlf./A.) — *Cholestan-3β-ylphenylglyoxylatdinitrophenylhydrazon*, $C_{41}H_{56}O_6N_4$, F. 244—246,5°, aus dem Ketoester u. 2.4-Dinitrophenylhydrazin in A. u. Chlf. in Ggw. von etwas konz. HCl (1 Std.), Chromatographie u. Eluierung mit Hexan/Bzl.; gelbe Körner aus Chlf./A.; entsteht auch in Chlf./Eisessig. Hydrolyse durch 23std. Kochen mit $KHCO_3$ in wss. Methanol liefert *Phenylglyoxylsäuredinitrophenylhydrazon*, F. 202—203,5° (wss. Essigsäure), u. nach Chromatographie der Neutralanteile *Cholestan-3β-ol*, F. 143—144° (wss. A.). —

Cholesterylphenylglyoxylat, $C_{35}H_{50}O_3$, F. 120—122°, aus Phenylglyoxylsäurechlorid u. Cholesterin in Bzl. u. Pyridin (über Nacht); Chromatographie u. Eluierung mit Hexan/Bzl.; Blättchen aus Ae./Methanol. *2.4-Dinitrophenylhydrazon*, $C_{41}H_{54}O_6N_4$, F. 233—235° (Chlf./A.). — *Dehydroepiandrosterylphenylglyoxylat*, $C_{27}H_{32}O_4$, F. 186—187°, aus Dehydroepiandrosteron u. Phenylglyoxylsäurechlorid; Chromatographie u. Eluierung mit Hexan/Bzl.; Kristalle aus Chlf./Methanol. *Bis-[2.4-dinitrophenylhydrazon]*, $C_{39}H_{40}O_{10}N_8$, F. 264—266° (Zers.; Chlf./A.). Die UV-Maxima sind angegeben. (J. Amer. chem. Soc. **77**. 2562—63. 5/5. 1955. Salt Lake City, Ut., Univ., Coll. of Med., Dep. of Biol. Chem.) WALTER SIMON. 3700

Quentin R. Petersen und **C. T. Chen**, *Pseudocholesterin*. 1. Mitt. *Darstellung und Konfiguration*. Kocht man *7-Ketocholesterylacetat* (III) mit HCl, so entsteht *$\Delta^{3.5}$-Cholestadien-7-on*, welches sich mit Na red. läßt zum *Pseudocholesterin* (I). Aus dieser Rk. geht die 7-Stellung der OH-Gruppe in I eindeutig hervor, während die Stellung der Doppelbindung durch WINDAUS u. RESAU [1915] geklärt wurde. I läßt sich zu *Δ^4-Cholesten-7-ylbenzoat* (IV) benzoylieren. Bei dessen CrO_3-Oxydation entsteht *Δ^4-Cholesten-3-on-7β-ylbenzoat* (II), welches auch durch OPPENAUER-Oxydation von *7β-Oxycholesterin* zu *Δ^4-Cholesten-3-on-7β-ol* u. dessen Benzoylierung erhalten wurde; daraus geht die 7β-Konfiguration von II u. damit von I hervor. — Die direkte OPPENAUER-Oxydation von *7β-Benzoyloxycholesterin* ergibt *$\Delta^{4.6}$-Cholestadien-3-on*.

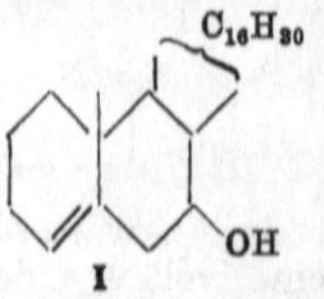

I

Versuche (FF. korr., $[\alpha]_D$ in Chlf.): *$\Delta^{3.5}$-Cholestadien-7-on*, F. 113—114°, aus III u. 6n HCl in absol. A. (1 Std. unter Rückfluß); Kristalle aus A.; $[\alpha]_D^{2.5}$ —305° (c = 2,4). — *Pseudocholesterin* (I), F. 110—118°, aus vorst. Verb. u. Na in Isopropanol (5 Std. unter Rückfluß); Kristalle aus Aceton/W. oder A./W.; opt. Drehung schwankt zwischen +50 u. +80°; gelbbraune Kristalle; 79% (Ausbeute). — *Δ^4-Cholesten-7β-ylbenzoat* (IV), $C_{34}H_{50}O_2$, F. 158—160°, aus vorst. Verb. u. Benzoylchlorid in Pyridin (24 Std. bei 10°); glänzende Nadeln aus Ae./Methanol; $[\alpha]_D^{26}$ +94° (c = 0,558); 33%. — *Pseudocholesterin* (*Δ^4-Cholesten-7-ol*; I), $C_{27}H_{46}O$, F. 122,5—124°, aus vorst. Verb. u. KOH in A. (5 Std. unter Rückfluß); Nadeln aus Aceton/W.; $[\alpha]_D^{26}$ +90° (c = 0,628); 86%. *Acetat*, $C_{29}H_{48}O_2$, F. 96—97°; $[\alpha]_D^{27}$ +78° (c = 2,200); *Tosylat*, $C_{34}H_{52}O_3S$, F. 125,5 bis 126° (Zers.), Stäbchen aus Aceton/W.; $[\alpha]_D^{27}$ +27,6°. — *Δ^4-Cholesten-3-on-7β-ylbenzoat* (II), $C_{34}H_{48}O_3$, F. 165—167°, aus **IV** u. CrO_3 in Eisessig bei 52—54°; Reinigung durch Al_2O_3-Chromatographie; Nadeln aus A.; $[\alpha]_D^{28}$ +79° (c = 1,368). — OPPENAUER-Oxydation von Δ^5-Cholesten-3β.7β-diol-7-benzoat, durch Kochen einer Mischung aus dem 7-Benzoat, Al-Isopropylat, Cyclohexanon u. Toluol (1 Std.), Zugabe von Eisessig, 1½ std. Durchleiten von Dampf u. Extraktion mit Ae.; Reinigung durch Chromatographie; liefert neben öligen Rückständen *$\Delta^{4.6}$-Cholestadien-3-on*; kristallin. (J. Amer. chem. Soc. **77**. 2557—59. 5/5. 1955. Middletown, Conn., Weslevan Univ., Hall Labor. of Chem.) WALTER SIMON. 3700

Charles J. Stewart, Vernon H. Cheldelin und **Tsoo E. King**, *Untersuchungen über Pantothensäure*. 16. Mitt. *Synthese und biologische Aktivität von Pantetheinanalogen*. (13. vgl. KING u. Mitarbeiter, C. **1954**. 5763.) *β-Alethein-* (*N-[β-Alanyl]-2-aminoäthylmercaptan-*) u. *Pantethein* (I)-*Derivv.* wurden synthetisiert u. ihre mikrobiol. Eigg. an *Lactobacillus helveticus 80*, *Lactobacillus bulgaricus ATCC 8001*, *Lactobacillus fermenti ATCC 9338* u. *Acetobacter suboxydans* geprüft. *N-Pantoyl-2-aminoäthylmercaptan*, *N-Pantoyläthanolamin* u. *Bis-[N-pantoylnorvalyl-2-aminoäthyl]-disulfid* sind mikrobiol. inaktiv. **I**-Analoga mit verändertem β-Alanylrest zeigen nur noch schwache Wuchsstoffwrkg., u. zwar besitzt *N-Pantoylglycyl-2-aminoäthylmercaptan* 0,02%, *N-Pantoylalanyl-2-aminoäthylmercaptan* (IV) 0,01% u. *Bis-[N-(γ-oxybutyryl)-β-alanylaminoäthyl]-disulfid* 0,07% der Wuchsstoffaktivität von **I**. *N-Pantothenyltaurin* stimuliert etwas das Wachstum; dies könnte aber auf einer Hydrolyse zu Pantothensäure beruhen. *N-Pantothenyläthanolamin* (*Oxypantethein*) ist ein kompetitiver Antagonist von **I** bei Lactobacillus helveticus mit einem Hemmungsindex von 100—200. Geringe Konzz. von Oxypantethein besitzen schwache Wuchsstoffwrkg. für Lactobacillus fermenti.

Versuche: *Pantothenyltaurin–Na-Salz*, $C_{11}H_{21}O_7N_2SNa$, F. 102°, durch Oxydation des Na-Salzes von I (hergestellt aus **I** u. Na-Methylat) mit Perameisensäure (15 Min. bei 20°). — *Bis-[N-(γ-oxybutyryl)-β-alanyl-2-aminoäthyl]-disulfid*, $C_{18}H_{34}O_6N_4S_2$, F. 196,5 bis 198°, durch Verschmelzen von 500 mg β-Alethein u. 350 mg γ-Oxybuttersäurelacton für 1 Std. bei 70—80° u. anschließende Oxydation an der Luft in Methanol; gelblichweiße Kristalle aus A.; 100 mg (Ausbeute). — *N-[Carbobenzoxy-β-alanyl]-äthanolamin*, $C_{13}H_{18}O_4N_2$, F. 126—126,5°, aus 10 g Carbobenzoxy-β-alanin, 2,8 g Äthanolamin u. $NaHCO_3$; 6 g. — *N-β-Alanyläthanolaminoxalat*, $C_7H_{14}O_6N_2$, F. 122—123°, aus 7 g vorst.

Verb. u. Na in fl. NH_3 u. anschließendem Zusatz von 3 g Oxalsäure in A.; 3,1 g. — *N-Pantothenyläthanolamin*, $C_{11}H_{22}O_5N_2$, durch Hydrolyse vorst. Verb. mit Na-Methylat u. anschließendem Erhitzen mit Pantolacton (II) auf 65—70° für 4 Std. im Einschlußrohr; Reinigung durch Gegenstromextraktion mit Butanol–Essigsäure–W. (4:1:5). — *Bis-[N-(carbobenzoxyglycyl)-2-aminoäthyl]-disulfid*, $C_{24}H_{30}O_6N_4S_2$, F. 175 bis 178°, aus 3,4 g 2-Aminoäthylmercaptan (III) u. H_2O_2 u. Carbobenzoxyglycylchlorid; 3 g. — *N-Glycyl-2-aminoäthylmercaptanoxalat*, $C_6H_{12}O_5N_2S$, F. 165—167° (Zers.), aus 3,8 g vorst. Verb. u. 1 g Na in fl. NH_3 u. anschließendem Zusatz von Oxalsäure; 1 g. — *N-[Pantoylglycyl]-2-aminoäthylmercaptan*, $C_{10}H_{20}O_4N_2S$, durch Hydrolyse vorst. Verb. mit Na-Methylat u. anschließendem Verschmelzen mit II bei 65—70° im Einschlußrohr; Reinigung durch Gegenstromverteilung. — *Bis-[N-(phthalylalanyl)-2-aminoäthyl]-disulfid*, $C_{26}H_{26}O_6N_4S_2$, F. 217—221°, aus III u. H_2O_2 u. Phthalylalanylchlorid. — *N-Alanyl-2-aminoäthylmercaptanoxalat*, F. 141—143°, aus 11,1 g vorst. Verb. nach Hydrolyse mit 40 cm³ 1 mol. Hydrazinhydrat in A., Red. mit 2,8 g Na in fl. NH_3 u. Zusatz von Oxalsäure in A.; 2 g. — *N-[Pantoylalanyl]-2-aminoäthylmercaptan* (IV), $C_{11}H_{22}$·O_4N_2S, durch Hydrolyse vorst. Verb. mit Na-Methylat u. anschließendem Verschmelzen mit II bei 85—90°; Reinigung durch Gegenstromverteilung mit Butanol/Essigsäure/W. (4:1:5). Aus der wss. Phase wurde hierbei durch Zusatz von HgO das *Quecksilbermercaptid* von IV, $C_{22}H_{42}O_8N_4S_2Hg$, isoliert. — *Phthalylnorvalin*, $C_{13}H_{13}O_4N$, F. 103—104°, durch Verschmelzen von 10 g dl-Norvalin u. Phthalsäureanhydrid bei 170—180°; 18 g. — *Phthalylnorvalylchlorid*, aus vorst. Verb. u. Thionylchlorid. — *Bis-[N-(phthalylnorvalyl)-2-aminoäthyl]-disulfid*, $C_{30}H_{34}O_6N_4S_2$, F. 173—175°, aus III, H_2O_2 u. vorst. Verb. bei 0—5°. — *Bis-[N-norvalyl-2-aminoäthyl]-disulfiddihydrochlorid*, $C_{14}H_{28}O_2N_4S_2Cl_2$, F. 160°, aus 6,1 g vorst. Verb. u. Hydrazinhydrat in A.; 2 g. — *Bis-[N-(pantoylnorvalyl)-2-aminoäthyl]-disulfid*, aus vorst. Verb. u. Na-Methylat u. anschließendem Verschmelzen mit II bei 85—90° im Einschlußrohr für 8 Std.; Reinigung durch Gegenstromverteilung. (J. biol. Chemistry **215.** 319—35. Juli 1955. Corvallis, Ore., State Coll., Dep. of Chem. and Sci. Res. Inst.) A. TREBST. 3800

Léon Velluz, Gaston Amiard und **Bernard Goffinet,** *Photochemische Überführung von Praecalciferol in Tachysterin. Praecalciferol* (I) u. *Tachysterin* (II) sind cis–trans-Isomere bzgl. der Doppelbindung in 6.7-Stellung. Eine 2,5%ig. Lsg. von I in Ae. zeigt nach Bestrahlung mit einer Hg-Dampflampe das Spektr. von II (λ_{max} 269 u. 280 mμ, Schulter bei 293 mμ). Aus der bestrahlten Lsg. erhält man bei Behandlung mit Citraconsäureanhydrid neben 40% unverändertem I 30% (bzgl. des eingesetzten I) Citraconsäureaddukt von II, nachgewiesen als *Acetat*, F. 164°, $[\alpha]_D^{20}$ $+75\pm1°$ (Chlf.). I erscheint demnach als photochem. Vorprod. von II. (C. R. hebd. Séances Acad. Sci. **240.** 2156—57. 1/6. 1955.) F. SCHAUDER. 3800

George B. Whitfield, Thomas D. Brock, Alfred Ammann, David Gottlieb und **Herbert E. Carter,** *Filipin, ein fungicides Antibioticum: Isolierung und Eigenschaften. Filipin* (I), $C_{30}H_{50}O_{10}$, F. 195—205°, wurde aus *Streptomyces filipinensis* isoliert u. gegen Saccharomyces pastorianus ATCC 2360 u. Penicillium oxalicum getestet; aus Chlf. gelbe Kristalle, Mol.-Gew. 571; nach den Spektren handelt es sich um ein Polyen; $[\alpha]_D^{22}$ $-148,3°$ (c = 0,89; Methanol); lösl. in Dimethylformamid, Pyridin, A., Methanol, n-Butanol, tert.-Butylalkohol, Ae., Äthylacetat, Amylacetat, Eisessig, Isopropylalkohol; unlösl. in W., Chlf., 50%ig. A., CH_2Cl_2. UV- u. Infrarotspektr. sind angegeben u. werden diskutiert. MOLISCH-Probe positiv, Ninhydrin-, BENEDICT-, Anthron-, $FeCl_3$- u. 2.4-Dinitrophenylhydrazin-Rk. negativ. Bei 147° geht I in eine andere Modifikation über, deren F. gleich dem von I ist. R_F-Wert von I in saurem oder bas. wss. Butanol 0,85, damit vom Fungichromin (R_F = 0,70) zu trennen. Zu konz. äthanol. oder methanol. Lsg. Autoxydation zu heißer krist. *Verb.* $C_{30}H_{50}O_{11}$. Das Oxydationsprod., dessen UV- u. Infrarotmaxima angegeben sind, besitzt keine fungicide Wrkg., ist nicht opt.-akt. in konz. H_2SO_4 weinrot lösl. (I wird in konz. H_2SO_4 blau purpurfarben gelöst). Im Gegensatz zu I (4 Mol H_2) bei katalyt. Hydrierung nur Aufnahme von 2,9 Mol H_2 (3% Pd), 3,3 Mol H_2 (Pt).

V e r s u c h e: Isolierung des Antibioticums: Absorption an Kieselgur, danach Extraktion mit n-Butanol oder Äthylacetat, daraufhin Abzentrifugieren der wss. Phase, Einengen im Vakuum. Bei Zugabe von PAe. tritt ein Nd. auf, dieser wird abfiltriert u. im Vakuum getrocknet. Der amorphe Nd. wird zur Herst. krist. I in Chlf. gelöst u. danach mit PAe. gefällt; die Kristalle werden im Vakuum getrocknet. (J. Amer. chem. Soc. **77.** 4799—4801. 20/9. 1955. Kalamazoo, Mich., Upjohn Co., u. Urbana, Ill.) G. MÖNCH. 3900

Adolfo Quilico, Cesare Cardani und **Franco Piozzi,** *Über die Struktur des Echinulins.* Der oxydative Abbau des *Hexahydroechinulins* (I), $C_{28}H_{43}O_2N_3$, ergibt *Kryptoechinulinsäure* (II), $C_{16}H_{17}O_8N$, während der therm. Abbau des K-Salzes von I die *Base* $C_{21}H_{29}N$

oder $C_{22}H_{31}N$ (III), neben *Methylamin* u. *Äthylamin* gibt. Der Verb. III liegt ein 2.5.7-trisubstituiertes Indolsyst. mit freier NH-Gruppe zugrunde, wie durch das Infrarotspektr., sowie Diazotierung gezeigt wurde. Substitution in 2-Stellung erfolgt durch $-C(CH_3)_2-C_2H_5$ in I, bzw. durch $-C(CH_3)_2-CH=CH_2$ im *Echinulin* (IV), $C_{28}H_{37}O_2N_3$. II enthält eine Säureamidgruppe, die auch im Infrarotspektr. von I u. IV vorkommt. Nebenst. Konst. von II zeigt die Beziehung zum Indolsystem. Die 7-Stellung im Indolring ist durch ein substituiertes Diketopiperazin belegt. Dies folgt aus der Bldg. eines Nitrosoderiv., dem Infrarotspektr. u. der Säurespaltung mit 48%ig. HBr, die *l*(+)-*Alanin* ergibt. Nach den bisherigen Unterss. folgt damit für IV u. I nebenst. Konstitution. Eine der R_1-oder R_2-Gruppen enthält die Gruppe $(CH_3)_2C=CH-$ in IV u. hydriert in I. I u. II enthalten 2 Aktivitätszentren. Die gefundene Konst. entspricht auch den biogenet. Gesichtspunkten. (Atti Accad. naz. Lincei, Rend., Cl. Sci. fisiche, mat. natur. [8] **17.** 315–22. Dez. 1954. Milano, Politecn., Ist. di chim. gen.) H. NÖTH. 3950

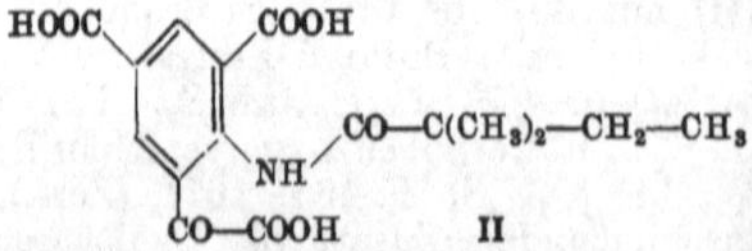

II

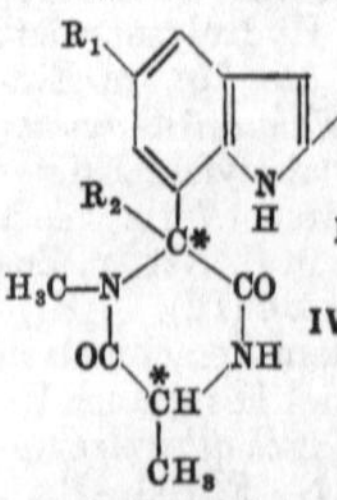

I $R_1 + R_2 = C_9H_{20}$, $R_3 = C(CH_3)_2C_2H_5$

IV $R_1 + R_2 = C_9H_{16}$, $R_3 = C(CH_3)_2CH=CH_2$

Wolfgang Riedl, *Über Hopfenbitterstoffe.* 6. Mitt. *Synthese einiger Lupulonanaloga mit abgewandeltem Acylrest.* (5. vgl. C. **1953.** 8878.) Die Darst. einer Reihe von *Lupuphenonen* (I) durch Rk. der Tri-Na-Verbb. der entsprechenden Phloracylophenone mit Prenylbromid ($\gamma.\gamma$-Dimethylallylbromid; II) sowie von *Lupulal* (I; R = CHO) u. *Lupucarbonsäuremethylester* (I; R = $COOCH_3$) wird beschrieben. Die Wirksamkeit der dargestellten Verbb. gegen *Staph. aureus* u. *Mycob. tub.* (H37 Rv) sowie die UV-Absorptionsmaxima von I (R = $COCH_3$) u. I (R = CHO) in A. sind angegeben.

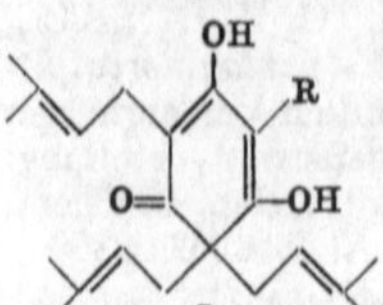

I

Versuche: *Phlorisobutyrophenon* (III), F. 138°, durch Zutropfen von Nitrobenzol zu Phloroglucin in CS_2 in Ggw. von $AlCl_3$ während ½ Std., Erhitzen bis zum Kp., Zugabe von Isobutyrylchlorid innerhalb ½ Std., Gießen in Eis–W.–HCl u. Entfernen des Lösungsm. durch Dampfdest.; aus W. Rhomboeder des *Dihydrats* (F. 70°); 53,5% (Ausbeute). — Analog: *Phlorbutyrophenon,* F. 179–180°; 53%. — *Phlorisovalerophenon,* F. 145°; 47%. — *Phlorcaprophenon,* F. 118°; 51%. — *Phlorisocaprophenon,* F. 122°; 67%. — *Isobutyrolupuphenon* [I, R = $COCH(CH_3)_2$], $C_{25}H_{36}O_4$, F. 91–93°, durch Rk. von II ($Kp._{12}$ 32,5–33,7°, aus Isopren nach JONES u. CHORLEY, C. **1946.** II. 188; 82,5%) mit III in Ggw. von CH_3ONa in Methanol; aus PAe. (Kp. 40–60°) lange Nadeln; 19%. — Analog folgende Lupuphenone (I): *Capro-*, $C_{27}H_{40}O_4$, F. 89 bis 90°, aus PAe. Prismen; 21,4%. — *Isocapro-*, $C_{27}H_{40}O_4$, F. 89–91°, aus PAe. lange Prismen; 13,5%. — *Aceto-*, F. 119–120°; 26,2%. — *Benzo-*, F. 149–152°; 27%. — *Butyro-*, F. 106–107°; 21,6%. — *Isovalero-* (*Lupulon*), F. 93°; 20,8%. — *Phenaceto-*, $C_{29}H_{36}O_4$, F. 109°, aus II u. Phlorphenacetophenon (F. 163°); aus Hexan Prismen; 30%; daneben aus der wss.-methanol. Mutterlauge eine *Verb.* $C_{19}H_{20}O_4 \cdot CH_3OH$ (F. 163°, aus 60%ig. CH_3OH gelbliche Prismen, die bei 100° über P_4O_{10} den Kristallalkohol abgeben), wahrscheinlich *3-[γ.γ-Dimethylallyl]-phlorphenacetophenon.* — *Lupucarbonsäuremethylester* (I; R = $COOCH_3$), $C_{23}H_{32}O_5$, F. 121–124° (Zers.), aus II u. Phloroglucincarbonsäuremethylester; aus Hexan Prismen; 7,3%. — *Lupulal* (I; R = CHO), $C_{22}H_{30}O_4$, F. 100–101°, durch Rk. von Phloroglucinaldehyd (nach MALKIN u. NIERENSTEIN, J. Amer. chem. Soc. **53.** [1931.] 241; 50%) u. II in Ggw. von CH_3ONa in Methanol–Ae., 12std. Stehen bei 0°, Behandeln mit 1%ig. H_2SO_4, dann $NaHCO_3$-Lsg., Eindampfen unter N_2, Lösen in Methanol, Ausschütteln mit Hexan, Eindampfen, Aufnehmen in Bzl., Chromatographie an Kieselgel, Eluieren mit absol. Bzl. u. Aufnehmen in Hexan; aus verd. A. lange Prismen; 9,85%. (Liebigs Ann. Chem. **585.** 38–42. 1954. München, TH, organ.-chem. Inst.) W. HOFFMANN. 3950

Wolfgang Riedl und **Klaus Heinz Risse,** *Kernmethylierung von Phloracetophenon.* 2. Mitt. *über Bestandteile von Filix mas.* 7. Mitt. *über Hopfenbitterstoffe.* (1. vgl. C. **1954.** 6248; 6. vgl. vorst. Ref.) Bei der Rk. von Phloracetophenon (I) mit 3 Mol CH_3ONa u. 6 Mol CH_3J bzw. 4 Mol CH_3ONa u. 8 Mol CH_3J in verschied. Lösungsmitteln werden in ihrer Zus. von den Versuchsbedingungen abhängige Gemische kernmethylierter I-Derivv. erhalten u. durch Behandeln mit $KHCO_3$, Soda u. NaOH zerlegt. Isoliert wurden: *5-Acetyl-3-methylfilicinsäure* (II), *1-Acetyl-3.3.5.5-tetramethylcyclohexen-(1)-ol-(2)-dion-(4.6)* (III), *3-Methylphloracetophenon* (IV), ein *dimethyliertes Phloraceto-*

phenon (V) nicht näher untersuchter Konst., in einigen Fällen *3-Methylphloracetophenon-4.6-dimethyläther* (VI) u. je einmal *3-Acetylfilicinsäure* (VII) u. *3.5-Dimethylphloracetophenon*. Ein Reaktionsmechanismus, der die geringe Ausbeute an letztgenannter Verb. u. zugleich von 4-Desoxyhumulon (3.5-Diprenylphlorisovalerophenon) bei früheren Kernprenylierungen erklärt, wird diskutiert. Die Strukturen von II, III u. VII werden bewiesen durch Entacetylierung, Methoxylbest. (negativ) u. Auswertung der UV-Spektren (graph. zwischen 200 u. 400 mμ in A.); angegeben sind auch die Spektren von *Acetolupuphenon* (*Tris-[dimethylallyl]-phloracetophenon*) u. *3-Butyrylfilicinsäure* („*Filicinsäurebutanon*").

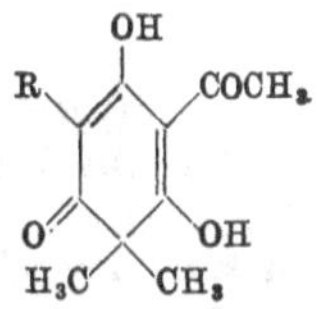

II R = CH_3
VII R = H

V e r s u c h e : Methylierungen von I mit 3 Mol CH_3ONa u. 6 Mol CH_3J: a) durch 120std. Rk. bei 20° in absol. Methanol, Einengen im Vakuum, Aufnehmen in W.-Ae. u. Behandeln der äther. Lsg. mit gesätt. $KHCO_3$ (→ Lsg. **A**), dann 10%ig. Sodalsg. (→ Lsg. **B**), dann 2n NaOH (→ Lsg. **C**). Aus **A** durch Ansäuern, Waschen des Nd. mit Bzl. u. Umkristallisieren aus 30%ig. Methanol *5-Acetyl-3-methylfilicinsäure* (II), $C_{11}H_{14}O_4$, F. 160—161°, aus A., Methanol, viel Bzl. oder W. Prismen; 40,8—42,0% (Ausbeute). Durch Verdünnen der methanol. Mutterlauge mit W. *3-Acetylfilicinsäure* (VII), $C_{10}H_{12}O_4$, F. 174—176°, aus viel W. oder verd. Methanol Oktaeder; 4,1—4,3%. Aus der benzol. Lsg. *1-Acetyl-3.3.5.5-tetramethylcyclohexen-(1)-ol-(2)-dion-(4.6)* (III; *Tetramethylphloracetophenon*), F. 54° (aus verd. Methanol Prismen) bzw. 37° (aus verd. A. Blättchen); 4,1—4,3%. Aus **B** beim Ansäuern *3-Methylphloracetophenon* (IV), $C_9H_{10}O_4$, F. 211°, aus W. Nadeln; 24,6%. *Triacetat*, F. 111°, aus 50%ig. Methanol Nadeln. *5-Phenylazoderiv.*, $C_{15}H_{14}O_4N_2$, F. 202°, aus Methanol rote Nadeln. Aus **C** beim Ansäuern ein *dimethyliertes Phloracetophenon* (V), $C_{10}H_{12}O_4$, F. 176—178°, aus Bzl.-PA., Essigester-PAe., Chlf.-PAe., 30%ig. Methanol oder viel W. gelbbraune Prismen; 2,3—2,4%. b) Analog durch 120std. Rk. bei 20° in A.: 41,2% II, 3,0% III, 20,0% IV u. 8,4% V. c) Bei 30std. Rk. bei 32°, dann 10 Std. bei 20° in Ae.-Methanol (3:1): 35,2% II, 1,1% III, 27,2% IV, 5,4% V u. als in 2n NaOH schwerlösl. Anteil *3-Methylphloracetophenon-4.6-dimethyläther* (VI), $C_{11}H_{14}O_4$, F. 141°, aus A. oder Methanol Prismen; 1,2%. *Acetat*, F. 87°. d) In 44 Std. bei 32° in Ae.-A. (1:1): 12,4% II, 44,0 IV, 2,4% V, 2,4% VI u. aus **B** durch Lösen des rohen IV in sd. W. als Rückstand *3.5-Dimethylphloracetophenon*, F. 222°, aus 30%ig. Methanol Nadeln; 2,8%. e) Durch 13std. Rk. bei 56° u. 24 Std. bei 20° in Aceton-Methanol (8:1): 19,5% III, 10,4% IV, 33,4% V u. 19,0% VI. f) Durch Eindampfen der methanol. Lsg. der Ausgangsprodd. unter N_2 u. 120std. Rk. bei 20° in absol. Aceton: 15,0% II, 17,8% III, 33,2% IV u. 11,6% V. — Methylierungen von I mit 4 Mol CH_3ONa bzw. KOH u. 8 Mol CH_3J: a) durch 120std. Rk. bei 20° in absol. Methanol: 30,8% II, 35,8% III, 6,0% IV u. 2,5% V. b) Durch 72std. Rk. bei 65—70° in W. im Rohr: 3,0% II, 15,9% III, 6,3% IV u. 5,0% V. — *Filicinsäure*, F. 214—215°, durch 4std. Kochen von VII in 2n HCl u. Kühlen; aus Methanol Würfel; 89%. — *3-Methylfilicinsäure*, F. 179—180° (Methanol), a) durch 8std. Erhitzen von II mit Zinkstaub in 15%ig. NaOH auf dem Wasserbad u. Filtrieren in 25%ig. H_2SO_4; b) durch 5std. Kochen von II in 2n HCl; aus Essigester gelbliche Oktaeder; 69%. — *3.3.5.5-Tetramethylcyclohexen-(1)-ol-(2)-dion-(4.6)* (*Tetramethylphloroglucin*), $C_{10}H_{14}O_3$, F. 187—190°, aus III in sd. 2n HCl (5 Std.); aus Bzl. Nadeln; 98,5%. (Liebigs Ann. Chem. **585**. 209—19. 1954.) W. HOFFMANN. 3950

Wolfgang Riedl und **Klaus Heinz Risse**, *Synthese des Filicinsäurebutanons*. 3. Mitt. *über Bestandteile von Filix mas*. (2. vgl. vorst. Ref.) Nach dem im vorvorst. Ref. beschriebenen Verf. zur Darst. von Phloracylophenonen wird aus Filicinsäure u. Butyrylchlorid (I) *3-Butyrylfilicinsäure* (*Filicinsäurebutanon*) gewonnen. In Modellverss. werden aus der leicht zugänglichen 3-Methylfilicinsäure (II) *5-Acetyl-* bzw. *5-Butyryl-3-methylfilicinsäure* dargestellt; die Umsetzungen von II mit Acetanhydrid-Na-Acetat bzw. Acetonitril führten dagegen nicht zum Ziel.

V e r s u c h e : *5-Acetyl-3-methylfilicinsäure*, F. 160°, aus II u. Acetylchlorid mit $AlCl_3$ in CS_2-Nitrobenzol; aus wss. Methanol Prismen; 64% (Ausbeute). — *5-n-Butyryl-3-methylfilicinsäure*, $C_{13}H_{18}O_4$, F. 87°, analog vorst. Verb. aus II u. I als *Monohydrat*; nach 12std. Trocknen über P_2O_5 bei 64°/0,2 Torr aus Hexan wasserfreie Prismen vom gleichen F.; 28%. — *3-Butyrylfilicinsäure*, $C_{12}H_{16}O_4$, F. 97°, aus Filicinsäure u. I; aus Hexan Prismen; 14%; daneben eine nichtidentifizierte amorphe *Verb. vom F. 110°*. (Chem. Ber. **87**. 865—68. 30/6. 1954.) W. HOFFMANN. 3950

T. L. Cairns, Ed. Organic Syntheses. Vol. 35. London: (VI + 122 S.) 30 s.

T. P. Hilditch, The chemical constitution of natural fats. 3rd edn. London: Chapman & H. 1956. (XIX + 664 S.) 95 s.

Arthur I. Vogel, A textbook of practical organic chemistry including qualitative organic analysis. 3rd edn. London: Longmans. 1956. (1188 S. m. Abb. u. Diagr.) 8°. 60 s.

D. Makromolekulare Chemie.

W. R. Krigbaum, *Beziehungen zwischen [η] oder $(\bar{R}^2)^{3/2}$ und dem 2. Virialkoeffizienten.* Die Beziehungen zwischen der Intrinsicviscosität [η] bzw. der Fadenmolekül-dimension $(\bar{R}^2)^{3/2}$ u. dem 2. Virialkoeff. A_2 werden theoret. erörtert. Für Poly-[dimethyl-siloxan], Polyvinylacetat, Polyisobutylen u. Polystyrol werden die aus Literaturdaten abgeleiteten Neigungen der $[\eta]/A_2$- bzw. $(\bar{R}^2)^{3/2}/A_2$-Kurven den aus der Theorie berechneten Neigungen vergleichend gegenübergestellt. Obgleich die Theorie eine anfängliche lineare Abhängigkeit von [η] u. $(\bar{R}^2)^{3/2}$ von A_2 voraussagt u. eine ausreichende Erklärung für die beobachteten Neigungen liefert, wird die bei höheren A_2-Werten beobachtete Linearität nicht erwartet. Beim augenblicklichen Stand der theoret. Entw. kann dieser Befund nur einer zufälligen Entwertung der verschied. unberücksichtigten Faktoren zugeschrieben werden. Andererseits wurde eine Proportionalität zwischen [η] u. $(\bar{R}^2)^{3/2}$ stillschweigend vorausgesetzt. Offenbar nimmt aber $(\bar{R}^2)^{3/2}$ schneller zu als [η]. (J. Polymer Sci. **18.** 315–20. Okt. 1955. Durham, N. C., Duke Univ., Dep. of Chem.) R. SCHÄFF. 4000

W. H. T. Davison, S. Slaney und **A. L. Wragg,** *Neue Methode zur Identifizierung von Polymeren.* Durch Gasphasenverteilungschromatographie von Pyrolyseprodd. von Polymeren u. Auswertung der erhaltenen Chromatogramme lassen sich Polymere identifizieren. Chromatogramme für Naturkautschuk, synthet. Kautschuke, Polyäthyl- u. -methylacrylat u. Polyvinylacetat sind wiedergegeben. Meth.: Das Polymerisat wird bei 650° im N_2-Strom zers. u. die Spaltprodd. kondensiert. Eine Fraktion vom Kp. unter ca. 100° wird in einer ca. 2 m-Säule, die mit Celite/Dinonylphthalat gefüllt ist, bei 111° (Toluoldampf) chromatographiert. Eingangs- u. Ausgangsdruck ist 740 bzw. 180 mm Hg (N_2-Strom: 21 cm^3/Min.). (Chem. and Ind. **1954.** 1356. 30/10. Birmingham, Erdington, Dunlop Res. Centre.) R. SCHÄFF. 4000

S. A. Glikman und **L. A. Root,** *Die Charakteristik energetischer Effekte der Lösungsverdünnung von Hochpolymeren nach der dilatometrischen Methode.* Ident. mit der C. **1951.** II. 682 referierten Arbeit. (Chem. Techn. **5.** 99–103. Febr. 1953. Saratow, Univ., Labor. of Koll.-Chem.) O. FUCHS. 4000

Robert MacFarlane jr. und **Raymond M. Fuoss,** *Vernetzung von Polymeren durch Peroxyde im Dioxan.* 0,4 g *Polyvinylpyridin* (I) wurden in 25 cm^3 Methanol gelöst u. die Lsg. halbiert. Die eine Hälfte wurde mit 150 cm^3 peroxydhaltigem Dioxan, die andere mit peroxydfreiem Dioxan versetzt, wobei I ausfiel. Nach 72 Std. wurde das Dioxan bei beiden Proben dekantiert; die erste Probe ging dann in Methanol nicht mehr in Lsg., während die zweite leicht gelöst wurde. Es fand also eine Vernetzung von **I** durch die Peroxyde statt. Das nichtgereinigte Dioxan enthielt maximal 1,10 Milliäquivalente Peroxyde/Liter; Reinigung mit schwefelsaurer $FeSO_4$-Lsg. u. Dest. im Vakuum. (J. Amer. chem. Soc. **77.** 2194–95. 20/4. 1955. New Haven, Conn., Yale Univ., Sterling Chem. Labor.) O. FUCHS. 4010

W. Kern, H. Paul und **W. Mehren,** *Über die Polymerisation der Cyansäure und die Struktur des Cyamelids.* Der zeitliche Verlauf der Polymerisation von *Cyansäure* (I) u. die Zus. der Polymerisate aus *Cyanursäure* u. *Cyamelid* (**II**) werden untersucht. Die Rk. wird durch p-Toluolsulfochlorid, Triphenylchlormethan, Cyclohexanol u. Benzylalkohol gut inhibiert; tert. Amine u. $SnCl_4$ beschleunigen sie. Vff. schließen auf einen ionalen Polymerisationsmechanismus. Eine Copolymerisation von **I** mit Styrol gelingt nicht; mit Keten wird ein in H_2O u. Dimethylformamid lösl. Prod. vom Schmelzbereich 180–200° erhalten. Ein Vgl. der Eigg. des **II** mit seinen „Oligomeren" zeigt, daß **II** vermutlich Kettenstruktur u. Carbonamidendgruppen besitzt; viscosimetr. Messungen in konz. H_2SO_4 stehen mit dieser Annahme in Übereinstimmung. (Makromolekulare Chem. **14.** 146–55. Dez. 1954. Mainz, Univ., Organ.-chem. Inst.) R. LAFFERENZ. 4010

J. T. Maynard und **W. E. Mochel,** *Die Struktur von Neopren.* 8. Mitt. *Einfluß der Polymerisationstemperatur auf die Polymerisateigenschaften.* (7. vgl. C. **1955.** 2446.) Auf Grund der Kenntnis der Struktur von *Polychloroprenen* (**I**), die aus Unterss. des Kristallisationsverh. u. der Infrarotspektren (vgl. 6. u. 7. Mitt.) erhalten wird, werden die chem. u. physikal. Eigg. von **I**-Prodd., die bei verschied. Tempp. (–60 bis 200°) hergestellt wurden, erörtert. Die Eigg. der unterhalb 0° erhaltenen **I**-Prodd. werden durch das Überwiegen von trans-2-Chlorbuten-(2)-yl-Einheiten in der Polymerisatstruktur bestimmt; sie sind daher hochkristallin u. relativ wenig reaktionsfähig. Die bei 10–90° hergestellten **I**-Prodd. zeigen typ. elastomere Eigg. u. eine chem. Reaktionsfähigkeit, die auf Grund der Ggw. eines größeren Anteils von Allylchlorideinheiten (aus der 1.2-Polymerisation) erwartet wird. Die bei oberhalb 100° erhaltenen **I**-Prodd. weisen einen noch größeren Anteil an 1.2-Einheiten auf; daher sind sie chem. instabil. Im allg. werden sie als vernetzte Gele erhalten. Ion. polymerisierte Chloroprene sind chem. instabil, niedermol. Massen oder Harze. Ihre Struktur ist noch nicht untersucht. (J. Polymer Sci. **18.** 227—34. Okt. 1955. Wilmington, Del., E. I. du Pont de Nemours & Co., Chem. Dep., Exp. Stat.) R. SCHÄFF. 4030

Paul L.-E. Fournier, *Darstellung und Eigenschaften der Oxyäthyläther der Cellulose und ihrer Derivate.* Übersicht über die Darst. u. Struktur der *Cellulose-β-oxyäthyläther* (I) (101 Literaturhinweise). Vf. fand als Ergebnis seiner Unterss.: Die I besitzen die gleichen chem. Eigg. wie Cellulose, zeigen aber eine größere chem. Reaktionsfähigkeit der substituierten OH-Gruppen. Der Vgl. der Veresterungsgeschwindigkeiten zeigt einen Unterschied zwischen den Rkk. der OH-Gruppen der Oxyäthylgruppen u. denen der Cellulose. Die Derivv. der I sind leichter u. mit besserer Ausbeute darzustellen als die entsprechenden Derivv. der Cellulose. Die Wirkungsweise verschied. Verätherungs-Rkk. wurde geprüft u. die Einw. von Äthylenimin auf Cellulose geklärt. Es wird keine definierte Verb. von Äthylenimin u. Cellulose gebildet. Die Rk. von p-Toluolsulfochlorid auf β-Oxyäthylcellulose ergab *p-Toluolsulfonylderivv.*, deren chem. Eigg. denen der Halogenide entsprechen. Ein Vgl. der Veresterungsgeschwindigkeiten zeigt erneut, daß die prim. OH-Gruppe der Cellulose viel reaktionsfähiger ist als die übrigen. Die Verseifung der *β-Oxyäthylcellulose-p-toluolsulfonate* zeigt, daß Äthylenoxyd bevorzugt mit den prim. OH-Gruppen der Cellulose reagiert. Die Sulfonate liefern durch doppelte Umsetzung mit Alkalisalzen neue Derivv., wie *β-Amino-*, *β-Jod-*, *β-Mercapto-* u. *β-Thiocyanatoäthylcellulosen* mit einem höheren Substitutionsgrad als bei den entsprechenden Cellulosederivaten. Die Bldg. dieser Derivv. in Verbindung mit einer inneren Verätherung oder Verätherung zwischen benachbarten Ketten bestimmt ihren unlösl. Charakter. (Ann. Chimie [12] **7.** 75—127. Jan./Febr. 1952.) D. AMELUNG. 4050

Roger Thiébaut, *Einwirkung von organischen Diisocyanaten auf Cellulose und Celluloseacetate.* Vff. berichten über die Einw. von organ. *Diisocyanaten* auf *Cellulose* u. *Celluloseacetate* unter Bldg. von inter- u. intramol. Brücken u. Verzweigungen. In jedem dieser Fälle enthält das Polymere N, der nach KJELDAHL bestimmt werden kann. Die Rk. der Cellulose mit einem Diisocyanat in heterogener Phase führt nur zu einer schwachen Bindung von N (0,125% im Maximum bei *Hexamethylendiisocyanat*). Die Rk. scheint nicht von der Natur des angewandten Diisocyanats abzuhängen; so zeigt das *m-Tolylen-2.4-diisocyanat* keine stärkere Rk. als *Hexamethylendiisocyanat.* Mit einem wasserlösl. Celluloseacetat bleibt der N-Geh. noch sehr schwach. Die maximalen Mengen N variieren mit der Zahl der freien Hydroxylgruppen. Die intermol. Brücken werden durch die Gelierung der Celluloseacetatlsgg. angezeigt, die das Diisocyanat enthalten, u. durch eine Erhöhung der spezif. Viscosität. Die Unlöslichkeit der so erhaltenen vernetzten Polymeren u. ihre Infusibilität sind ein Zeichen für dreidimensionale Makromolekülbldg. mit Brückenbildungen vom Typus $>ROCO-NH-(CH_2)_6-NH-COOR<$ (R = linearer Celluloseacetatmakromolekülrest). Bei einem *Celluloseacetat* mit acetylierter sek. OH-Gruppe (39% CH_3CO-Geh.) erscheinen diese neuen Eigg. durch einen N-Geh. von ca. 0,5%. Bei Celluloseacetaten mit hohem Acetylierungsgrad zeigen sich die intermol. Brücken durch die Vergrößerung der numer. Molekulargröße. Diese kann sich verdoppeln, ohne daß das Polymere in dem ursprünglichen Lösungsm. unlösl. wird. Die intramol. Brücken wurden beim Vgl. der Rkk. des Hexamethylendiisocyanats auf Celluloseacetat in konz. u. verd. Lsg. festgestellt. Während die spezif. Viscosität der konz. Lsgg. bis zum Gelierungspunkt wächst, variiert die Viscosität der verd. Lsgg. wenig oder erreicht ein Minimum. Die Verästelungen entsprechen der Fixierung eines einzigen Mol. Diisocyanat unter Bldg. des Monourethans $ROCO-NH-(CH_2)_6-N=C=O$ mit einer freien Cyanatogruppe. — 73 Literaturhinweise. (Ann. Chimie [12] **8.** 39—100. Jan./Febr. 1953. Vincennes, Société Kodak-Pathé, Labor. de Recherches.) D. AMELUNG. 4050

Roy L. Whistler, James D. Byrd und **W. L. Thornburg,** *Oberflächenstruktur von Stärkekörnern.* (Vgl. C. **1956.** 5302.) Arbeitsvorschriften zur Herst. von Schnitten von Stärkekörnern u. zur Darst. von Oberflächenbildner zur elektronenmkr. Beobachtung. — 4 Abbildungen. (Biochim. biophysica Acta [Amsterdam] **18.** 146—47. Sept. 1955. Lafayette, Ind., USA, Purdue Univ., Dep. of Biochem.) F. KRUSEN. 4050

Tsukinaka Yamana, *Untersuchungen über die unvergärbaren Bestandteile des Stärkezuckers.* 3. Mitt. *Über das Gleichgewicht zwischen Glucose und unvergärbarem Zucker.* (2. vgl. J. pharmac. Soc. Japan **70.** [1950.] 641.) Aus Beobachtungen über den unvergärbaren Zucker (*Gentiobiose* u. *6-α-Glucosylglucose*), der aus *Glucose* (I) unter der Wrkg. von Säure wechselnder Konz., bei verschied. I-Konzz. u. verschied. Tempp. entsteht, ergibt sich folgendes: Die Einstellung eines Gleichgewichtszustands entspricht der Gleichung $K = [\text{Biose}] \cdot [H_2O]/[\text{Glucose}]$ (Konz. in Mol/Liter). Die Gleichgewichtskonstanten sind (im Mittel) bei 100, 80 u. 60° 1,84, 1,51 u. 1,20. Es gilt die thermochem. Gleichung

$2\,C_6H_{12}O_6 \rightleftharpoons C_{12}H_{22}O_{11} + H_2O - 2{,}90$ kcal. Da eine endotherme Rk. vorliegt, verschiebt eine Temperatursteigerung das Gleichgewicht nach rechts, d. h., die Bldg. der unvergärbaren Zucker nimmt zu. Die Gleichgewichtskonstante nach der VAN'T HOFFschen Gleichung bei 120° ist 2,32. Dies entspricht genau dem erhaltenen Wert bei Verwendung von 0,5n H_2SO_4 u. 10%ig. I-Lsg. bei 120° nach 90 Min. (unter der Annahme, daß dann Gleichgewicht erreicht ist). (J. pharmac. Soc. Japan [Yakugakuzasshi] **71.** 185—88. März 1951. Tokyo, Governm. Chem. Industr. Res. Inst. [Orig.: japan.; Auszug: engl.])
L. SCHULER. 4050

Tsukinaka Yamana, *Untersuchungen über die unvergärbaren Bestandteile des Stärkezuckers.* 4. Mitt. *Über die Kinetik der Bildung unvergärbaren Zuckers aus Glucose.* (3. vgl. vorst. Ref.) Daß die Bldg. unvergärbarer Zucker, die nach der chem. Gleichgewichtstheorie angenommen wurde, der Gleichung $2\,C_6H_{12}O_6 \rightleftharpoons C_{12}H_{22}O_{11} + H_2O$ folgt, wurde durch die Ergebnisse der reaktionskinet. Prüfung bestätigt. Die Geschwindigkeitskonstanten für die Bldg. unvergärbaren Zuckers aus 0,5n, 1,0n u. 2,0n H_2SO_4-Lsgg. von 10% *Glucose* (bestimmt bei 100°) betragen $2{,}77\cdot10^{-3}$, $3{,}30\cdot10^{-3}$ u. $8{,}94\cdot10^{-3}$. Die Konstanten nehmen mit der Säurekonz. zu, aber es scheint keine durch eine einfache Gleichung darstellbare Beziehung zwischen ihnen zu bestehen. Die Reaktionsgeschwindigkeitskonstanten k (10^{-3}) in 0,5n H_2SO_4-Lsgg. von 5, 10 u. 20% Glucose sind 2,61, 2,86 u. 2,95. Die Beziehung zwischen Glucosekonz. u. Geschwindigkeitskonstante läßt sich durch die Gleichung $k_1\cdot10^4 = 0{,}215\,c + 25{,}65$ (c = Konz. der Glucose in Gew.-%) darstellen. (J. pharmac. Soc. Japan [Yakugakuzasshi] **71.** 189—92. März 1951. [Orig.: japan.; Auszug: engl.])
L. SCHULER. 4050

Tsukinaka Yamana, *Untersuchungen über die unvergärbaren Bestandteile des Stärkezuckers.* 5. Mitt. *Die Aktivierungswärme der Bildung unvergärbaren Zuckers aus Glucose.* (4. vgl. vorst. Ref.) Die Geschwindigkeitskonstanten der Bildungs-Rk. unvergärbarer Zucker aus Glucose wurden für verschied. Tempp. bestimmt. Sie sind in 0,5n H_2SO_4- u. 10%ig. Glucoselsg. $1{,}68\cdot10^{-4}$ bei 80° u. $2{,}24\cdot10^{-4}$ bei 60°. Diese Werte, zusammen mit denen bei 100° (vgl. l. c.), genügen der ARRHENIUSschen Gleichung. Aus dieser berechnet sich die Aktivierungsenergie zu 29700 cal. Die daraus berechnete Geschwindigkeitskonstante für 120° ist $1{,}78\cdot10^{-2}$. Die Versuchswerte für unvergärbaren Zucker für die Reaktionsdauer von 15, 45 u. 90 Min. sind in guter Übereinstimmung mit den auf Grund der Geschwindigkeits- u. Gleichgewichtskonstanten bei 120° (vgl. zweitvorst. Ref.) berechneten. (J. pharmac. Soc. Japan [Yakugakuzasshi] **71.** 192—94. März 1951. [Orig.: japan.; Auszugg: engl.])
L. SCHULER. 4050

Karl Myrbäck und **Ebba Willstaedt,** *Stärkeabbau durch α-Amylasen.* 2. Mitt. *Papierchromatographie der niedrigmolekularen Abbauprodukte.* Vff. hydrolysieren mittels Speichel-α-Amylase *Kartoffelstärke* (I) 19 Tage bei 45° bis zu einem Hydrolysengrad von 50% u. stellen nach Abtrennung unvergärbarer Dextrine durch Fällung mit A. 7 Fraktionen her, die papierchromatograph. analysiert werden. Es wird eine Trennung von Sacchariden der *Maltose-* u. *Isomaltosegruppe* bis zu einem DP-Wert von 8 durchgeführt. Die einzelnen Zuckerarten werden durch das Verhältnis ihrer Wanderungsgeschwindigkeit zu der von Glucose (R_g-Wert) charakterisiert. (Ark. Kemi **6.** Nr. 39. 417—25. 1954. Stockholm, Univ., Inst. for organ. Chem. and Biochem.) P. FAHRNLAENDER. 4050

Karl Myrbäck und **Ebba Willstaedt,** *Stärkeabbau durch α-Amylasen.* 3. Mitt. *Endprodukte der Speichelamylasewirkung.* (2. vgl. vorst. Ref.) Vff. hydrolysieren 33 Tage lang *Kartoffelstärke* bei 40° u. p_H 6,8 mit Speichel-α-amylase (I) bis zu einem Hydrolysengrad von 51%. Aus dem Reaktionsgemisch, das 10,7% *Glucose* (**III**) u. 71,3% *Maltose* (**II**) enthält, werden 15,4% an unvergärbaren Dextrinen mit einer durchschnittlichen Kettenlänge von 7 **III**-Einheiten abgetrennt. Sie werden durch fraktionierte Fällung mit A. in 10 Fraktionen getrennt, deren Kettenlänge zwischen 2 u. 9 Einheiten u. deren Geh. an durch Bäckerhefe vergärbaren Zuckern zwischen 5 u. 60% liegt. Die papierchromatograph. Analyse ergab *Maltotriose* (**IV**) u. **II** u. als Hauptbestandteile Saccharide der *Isomaltose* (**V**)-Gruppe mit 4—8 **III**-Einheiten; **V** u. **III** werden in keiner der Fraktionen gefunden. Bei Behandlung der Dextrinfraktion (mit dem Geh. an Oligosacchariden der **V**-Gruppe mit 4—7 **III**-Einheiten) mit großen Mengen **I** (200 Tage lang) werden nach sehr langsamer Hydrolyse vergärbare Zucker (**II** u. **III**) sowie ein gegen **I** beständiges *Tetrasaccharid* der **V**-Gruppe erhalten. Wird dieselbe Dextrinfraktion mit Malz-α-amylase behandelt, so entstehen neben **IV** dieselben Hydrolysenprodd. wie bei Einw. von **I.** (Ark. Kemi **6.** Nr. 41. 443—54. 1954.) P. FAHRNLAENDER. 4050

Diarmuid Murphy, *Die Struktur eines von Bacillus polymyxa produzierten Lävans.* Die Hydrolyse, Perjodatoxydation u. Methylierung eines von *Bacillus polymyxa* produzierten *Lävans* ergaben die Anwesenheit von *3.4-Dimethyl-* (**III**), *1.3.4-Trimethyl-* (**II**) u. *1.3.4.6-Tetramethyl-D-fructofuranose* (**I**) im Verhältnis 1,5 : 6 : 1.

Versuche: Nährlsg. für Bacillus polymyxa C 3 (2):0,5 g Difcohefeextrakt, 0,05 g K_2HPO_4, 0,05 g KH_2PO_4, 0,02 g $MgSO_4 \cdot 7 H_2O$, 7 g Saccharose u. 100 cm^3 Wasser. Die Extraktion des Lävans $(C_6H_{10}O_5)_n$ erfolgte mit 95% ig. A., die Reinigung mit tert.-Amylalkohol u. Chlf.; Pulver, leicht lösl. in W.; $[\alpha]_D^{25}$ -43^0 (c = 1,042) → $-83,5^0$ nach 1 std. Hydrolyse bei 100° in 1% ig. Oxalsäure, keine Selbsthydrolyse bei längerem Erhitzen in W. bei 100°. Die Papierchromatographie des Hydrolysats ergab nur einen Fleck mit dem gleichen R_F-Wert wie bei Fructose mit der charakterist. grünblauen Farbe der Ketosen bei Entw. mit Harnstoffoxalat bei 115°. Mol.-Gew. 3300—4000 entsprechend 20—25 Hexoseeinheiten. *Acetylverb.*, $C_6H_7O_5(COCH_3)_3$, F. 243—245° (Erweichen bei 180°). — Die Methylierung lieferte ein dunkelgelbes Öl mit 42,87% OCH_3; $[\alpha]_D^{25}$ $-50,4^0$ (c = 0,5; Chlf.), $-45,1^0$ (c = 1,72; 72% ig. A.). — Die Hydrolyse des *methylierten Lävans* in 95% ig. A. mit Oxalsäure in W. bei 100° (9 Std.) ergab nach Chromatographie u. Eluierung mit Toluol *1.3.4.6-Tetramethyl-D-fructose* (I; mittels Anthron u. synthet. I colorimetr. bestimmt), durch Eluierung mit Chlf. *1.3.4-Trimethyl-D-fructose* (II) u. durch Eluierung mit Methanol *3.4-Dimethyl-D-fructose* (III). Nach 3 getrennten Hydrolysen konnten I, II u. III im Gewichtsverhältnis von 1 : 6 : 1,5 erhalten werden. — I, hellgelbes Öl; R_F in Butanol–W. (1 : 1) 0,80, in tert. Amylalkohol–A.–W. (3 : 1 : 4) 0,78—0,80; OCH_3-Geh. nach Trocknen im Vakuum 51,94 u. 51,14%; n_D^{25} 1,4516; $[\alpha]_D^{25}$ $+28,63^0$ (c = 1,426; W.), nach Vakuumdest.: $+16,98^0$ (0 Std.), $+20,97^0$ (4 Std.), $+22,56^0$ (22 Std.). — II, F. 75—76° (Erweichen bei 72°), krist. aus PAe.-Chlf. nach langem Stehen u. kräftigem Reiben; R_F in Butanol–W. (1 : 1) 0,68—0,70; in tert.-Amylalkohol–A.–W. (3 : 1 : 4) 0,74; OCH_3-Geh. 41,69%; n_D^{25} 1,4655; $[\alpha]_D^{25}$ 53,47° (c = 0,871; W.), nach Vakuumdest. $-40,57^0$ (c = 0,769; W.) (0 Std.), $-48,14^0$ (23 Std.). Die Perjodatoxydation ergab die theoret. Menge HCHO (mit Chromotropsäure colorimetr. bestimmt). — III, hellgelbes Öl, nach Stehen dunkelbraun, R_F in Butanol–W. (1 : 1) 0,48—0,52; OCH_3-Geh. 29,25%; spezif. Drehung der frisch bereiteten Lsg. $[\alpha]_D^{25}$ $-15,43^0$ (c = 0,584; CH_3OH) → $-17,33^0$ (24 Std.); das dunkelbraune Prod. zeigte in CH_3OH mit dem Alter zunehmende positive Drehwerte, $[\alpha]_D^{25}$ $+15^0$, $+31,5^0$ u. $+51,5^0$. (Canad. J. Chem. **30.** 872—78. Nov. 1952. Ottawa, Canada, Nat. Res. Labor., Div. of Appl. Biology.) D. AMELUNG. 4050

F. A. Henglein, *Chemie sowie Technik der Pektine.* (Zucker **6.** 578—83. 15/12.1953. Karlsruhe, TH, Inst. für Chem. Technik. — C. **1954.** 2636.) M. WINIKER. 4050

J. Gordin Kaplan und **M. J. Fraser,** *Die Analyse von Kraft–Feld-Kurven von Proteinen.* Wird die Oberflächenspannung ($dyn \cdot cm^{-1}$) monomol. Proteinfilme (Grenzfläche gegen W. u. Luft) gegen die von dem Film bedeckte Oberfläche (Feld) ($m^2 \cdot mg^{-1}$) aufgetragen, während durch veränderten seitlichen Druck diese Fläche komprimiert oder entspannt wird, so ergeben sich Kurven, deren Auswertung hier qualitativ vorgenommen wird. Folgende Daten werden gewonnen: 1. Die spezif. Feldgröße beim Druck Null (durch Extrapolation), die zur Unterscheidung verschied. filmbildender Substanzen dienen kann. 2. Der Linearitätspunkt als derjenige, bei dem die genannte Kurve linear zu werden beginnt. Wahrscheinliche Deutung: Je niedriger der zugehörige Druck ist, desto stärker sind die Anziehungskräfte zwischen den Moll. des Films. 3. Die Neigung des linearen Kurventeils. Deutung: Je schwächer die Neigung, desto höher die Kompressibilität des Films u. damit die Deformierbarkeit der Moleküle. 4. Der Kollapspunkt, bei dem der lineare Verlauf der Kurve endet, u. der vermutlich die Bldg. intermol. Bindungen anzeigt. Je niedriger der zugehörige Druck, desto stärker die Attraktionskräfte. 5. Die Fähigkeit der monomol. Schicht, bei vollkommenem Zerfall (Kollaps) sichtbare Fasern zu bilden. Der Vgl. von Kurven, die an UV-bestrahlten u. nichtbestrahlten Proteinen gewonnen wurden, ergibt charakterist. Unterschiede, aus denen geschlossen wird, daß durch UV-Bestrahlung das Mol.-Gew. erniedrigt wird, die Moll. steifer u. weniger deformierbar werden u. die intermol. Attraktionskräfte abnehmen. Diese Art von Analyse ist schon möglich an Proteinen in Konzz. von 0,01%. (Proc. Nova Scotian Inst. Sci. **23.** 91—98. 1950/1951. Halifax, N. S., Dalhousie Univ., Dep. of Physiol.)
K. HEYNS. 4070

R. Lontie, *Symposium über die Struktur der Proteine.* Zusammenfassung der auf der Tagung behandelten Themen [Abtrennung u. Darst. von reinen Verbb., bes. mit Hilfe der Elektrophorese, Best. der Zus. (Art der Aminosäuren) u. der Struktur dieser Verbindungen]. (Meded. vlaamse chem. Veren. **16.** 224. Nov./Dez. 1955.)
W. WESLY. 4070

D. T. Elmore und **P. A. Toseland,** *Abbaustudien an Peptiden und Proteinen.* 2. Mitt. *Synthese und Verhalten von 3-Benzoyl-1-phenyl-2-thiohydantoin.* (1. vgl. C. **1956.** 4401.) *N-Benzoylthiocarbamoyl-N-phenylglycin* (I), sein *Äthylester*, das *p-Toluidid* sowie *N-Benzoylthiocarbamoyl-N-phenylglycylglycinäthylester* werden in 98% ig. H_2SO_4 oder Trifluoressigsäure in *3-Benzoyl-1-phenyl-2-thiohydantoin* (II) übergeführt, das durch wss. H_2SO_4

zu *1-Phenyl-2-thiohydantoin* verseift wird. Cyclohexylamin führt II in *N-Benzoylthiocarbamoyl-N-phenylglycincyclohexylamid* (VI) über. Infrarotspektren von I, I-*Äthylester* u. II vgl. Original.

Versuche: *N-Benzoylthiocarbamoyl-N-phenylglycin* (I), $C_{16}H_{14}O_3N_2S$, F. 167 bis 168°, nach Douglass u. Dains [1934]. *Äthylester*, $C_{18}H_{18}O_3N_2S$, F. 158—159°, aus N-Phenylglycinäthylester analog I. — *N-Phenylglycin-p-toluidid*, F. 170—171° (A.), aus 4,17 g N-Phenylglycin (III), 3,21 g p-Toluidin u. 6,8 g Tetraäthylpyrophosphit (IV) in Diäthylhydrogenphosphit, 90 Min. bei 90—100°; 6,5 g (Ausbeute). — *N-Phenylglycylglycinäthylester* (V), F. 84° (Essigester/PAe.), analog aus 3,02 g III, 2,54 g Glycinäthylesterhydrochlorid, 2,08 g Triäthylamin u. 4,5 g IV, 40 Min. bei 90—95°; 3,1 g. — *N-Benzoylthiocarbamoyl-N-phenylglycin-p-toluidid*, $C_{23}H_{21}O_2N_3S$, F. 151° (aus A. schwach gelbes Prod.), aus Benzoylisothiocyanat u. I-Äthylester in absol. Aceton; 90%. — *N-Benzoylthiocarbamoyl-N-phenylglycylglycinäthylester*, $C_{20}H_{21}O_4N_3S$, F. 125° (wss. A.), aus V analog vorst. Verb.; 55%. — *1-Phenyl-2-thiohydantoin*, F. 175°, a) aus 300 mg I in 2n H_2SO_4–A., 5 Std. unter Kochen; 170 mg, daneben I u. *Benzoesäure*; b) aus II u. 2n HCl–A., $2^1/_2$ Std. bei 100°; Identifizierung durch Papierchromatographie [n-Butanol–W. oder Bzl.–Eisessig–W. (1 : 1 : 1)]. — *3-Benzoyl-1-phenyl-2-thiohydantoin* (II), $C_{16}H_{12}O_2N_2S$, F. 155 bis 157°, schwach purpurne Kristalle aus Essigester–PAe., a) aus 2 g I in 98%ig. H_2SO_4, 4 Tage bei Raumtemp.; 0,84 g; b) aus I u. Trifluoressigsäure bei Raumtemp. (24 Std.); 84%; aus I-Äthylester ($^1/_4$ Std.); 92%; aus VI 65%. — *N-Benzoylthiocarbamoyl-N-phenylglycincyclohexylamid* (VI), $C_{22}H_{25}O_2N_3S$, F. 167°, blaßgelbe Prismen aus Essigester–PAe., aus 2 g II u. 0,7 g Cyclohexylamin in Chlf. bei 100°. (J. chem. Soc. [London] **1956**. 188—91. Jan. Sheffield, Univ., Starveley Res. Labors.) H. Gnichtel. 4070

D. T. Elmore, J. R. Ogle und **P. A. Toseland**, *Abbaustudien an Peptiden und Proteinen.* 3. Mitt. *Die Synthese einiger 2-Thiohydantoine als Vergleichsverbindungen.* (2. vgl. vorst. Ref.) Vff. beschreiben die Darst. von 2-Thiohydantoinen, die in Beziehung zu Histidin, Arginin, Ornithin, Lysin, Prolin, Methioninsulfon, Cysteinsäure, S-Methylcystein, Glutaminsäure u. Sarkosin stehen.

Versuche: *1-Acetyl-5-[2′-methoxycarbonyläthyl]-2-thiohydantoin*, $C_9H_{12}O_4N_2S$ F. 102° (Chlf.–PAe.), aus 2,4 g L-Glutaminsäure-γ-methylester u. 1,4 g NH_4SCN in Acetanhydrid–Eisessig, 10 Min. bei 100°; 2,2 g (Ausbeute). — *5-[2′-Carbamoyläthyl]-2-thiohydantoin*, $C_6H_9O_2N_3S$, F. 193° (A.–PAe.), aus 3 g 5′-Oxopyrrolidino-[1′.2′:1.5]-2-thiohydantoin in alkoh. NH_3 (5 Min.); 2,8 g. — *5-[Glyoxalinyl-(4′)-methyl]-2-thiohydantoinhydrochlorid*, $C_7H_9ON_4ClS$, F. 285—288° (Zers.), gelbliche Nadeln aus wss. A., durch 2std. Kochen von 0,5 g 1-Acetyl-5-[1-acetylglyoxalinyl-(4′)-methyl]-2-thiohydantoin in A.–10n HCl (1 : 1); 0,26 g. — *Pyrrolidino-[1′.2′:1.5]-2-thiohydantoin* (I), $C_6H_8ON_2S$, F. 161 bis 163° (A.–PAe.), aus L-Prolinäthylesterhydrochlorid, Triäthylamin u. Benzoylisothiocyanat (aus NH_4SCN u. Benzoylchlorid in Aceton durch 5 Min. langes Kochen) in Aceton, 15 Min. Kochen u. das nach Zugabe von W. mit Essigester extrahierte Öl in A.–3n HCl weitere 3 Std. kochen; 380 mg. — *N^{α}-[Acetylthiocarbamoyl]-L-arginin*, $C_9H_{17}O_3N_5S \cdot H_2O$, F. 252° (Zers.; W.), aus 1,05 g L-Argininmonohydrochlorid u. 1,49 g N-Acetyldithiocarbaminsäuremethylester (II) in wss. A. bei p_H 8,8; 511 mg. — *5-[3′-Guanidinopropyl]-2-thiohydantoinhydrochlorid*, $C_7H_{14}ON_5ClS$, F. 208—209° (Zers.; A.–Ae.), aus vorst. Verb. durch $1^1/_2$std. Kochen in 2n HCl; 150 mg. — *5-[3′-Aminopropyl]-2-thiohydantoinhydrochlorid*, $C_6H_{12}ON_3ClS \cdot 0,5\ H_2O$, F. 210° (A.–Ae.), durch 3std. Kochen von 4 g DL-Ornithinmonohydrochlorid in 50%ig. wss. Pyridin u. Triäthylamin (p_H 9), dann 2tägiges Stehen bei Raumtemp., Ansäuern der wss. Phase nach Extraktion mit Bzl. u. Erhitzen des Prod. mit 5n HCl; 860 mg. — *5-[4′-Aminobutyl]-2-thiohydantoinhydrochlorid*, $C_7H_{14}ON_3 \cdot ClS$, F. 235—237° (wss. Aceton), aus 3,5 g N^{ε}-Benzyloxycarbonyl-L-lysin u. 2,1 g $NH_4 \cdot SCN$ in Acetanhydrid–Eisessig unter 20 Min. langem Kochen u. Hydrolyse mit 3n HCl; 320 mg. — *N-Benzoylthiocarbamoylsarkosinäthylester*, $C_{13}H_{16}O_3N_2S$, F. 132° (A.), aus Sarkosinäthylester (III)-Hydrochlorid analog I; 47%. — *1-Methyl-2-thiohydantoin*, $C_4H_6ON_2S$, F. 224—226° (Zers.; wss. A.), a) aus 300 mg vorst. Verb. durch 2std. Erhitzen in A.–10n HCl (1 : 1) u. nachfolgendes Schütteln mit Sodalsg.; 42 mg; b) aus II u. III in A.–Ae. (1 : 1), 7 Tage bei 37° u. nachfolgender Hydrolyse mit 2n HCl (2 Std. bei Raumtemp.); 15 mg; c) aus 1,5 g III-Hydrochlorid u. 1,5 g NaSCN unter 6std. Kochen in A. u. 2std. Hydrolyse mit 3n HCl; 17 mg. — *5-Sulfomethyl-2-thiohydantoin*, $C_4H_6O_4N_2S_2 \cdot H_2O$, aus 3,4 g Cysteinsäure u. 4,5 g II in W.–A. (p_H 8,5), 24 Std. bei 40°, Reinigung am Austauscher Dowex 50 u. 1std. Hydrolyse mit 1n HCl; 3 g. — *1-Acetyl-5-[2′-methylsulfonyläthyl]-2-thiohydantoin*, $C_8H_{12}O_4N_2S_2$, F. 195,5° (wss. A.), aus 4 g DL-Methioninsulfon u. 3,4 g NH_4SCN in Acetanhydrid–Eisessig (30 Min. Kochen). — *5-[2′-Methylsulfonyläthyl]-2-thiohydantoin*, $C_6H_{10}O_3N_2S_2$, F. 228—229° (Zers.; cremefarbene Nadeln aus W.), durch $1^1/_2$std. Hydrolyse von 3 g vorst. Verb. mit 2n HCl; 2,45 g. — *5-Methylmercaptomethyl-2-thio-*

hydantoin, $C_5H_8ON_2S_2$, F. 169—170°, aus 811 mg S-Methylcystein u. 912 mg NH_4SCN in Acetanhydrid-Eisessig durch 25 Min. langes Kochen u. 1 std. Hydrolyse mit 2n HCl; 56 mg. (J. chem. Soc. [London] **1956.** 192—96. Jan.) H. Gnichtel. 4070

Hajime Shiio, *Untersuchung hydrophiler Sole mit dem Ultraschallinterferometer.* 3. Mitt. *Entzug von gebundenem Wasser durch Alkohol.* (2. vgl. J. chem. Soc. Japan, pure Chem. Sect. [Nippon Kagaku Zassi] **73.** [1952.] 265.) Aus der Best. der Schallgeschwindigkeit in wss. *Stärke-* u. *Gelatine*-Solen in Mischungen mit A. wurde, unter bestimmten Voraussetzungen, die Änderung im Geh. an gebundenem W. berechnet. (J. chem. Soc. Japan, pure Chem. Sect. [Nippon Kagaku Zassi] **74.** 203—04. März 1953. Nagoya, Univ. [Orig.: japan.]) L. Schuler. 4070

Anne-Marie Venet und **Jacques Pouradier,** *Gerbung von Gelatine mit Chromalaun.* 2. Mitt. *Bindung von Chrom in der Gelatine.* (1. vgl. Pouradier u. Mitarbeiter, C. **1953.** 4633.) Um den Mechanismus der Chromfixierung in der Gelatine (I) genauer kennenzulernen, wurde die Rk. mit Chromalaun (II) in I-Lsgg. in Abhängigkeit von der I- u. II-Konz. sowie vom p_H untersucht. Das gebundene Cr, bei dem in weitem p_H-Bereich jeweils auf 2 Cr-Atome eine SO_4^{2+}-Gruppe kommt, bildet Cr-Brücken zwischen den reaktionsfähigen Gruppen, die zum selben oder zu 2 benachbarten I-Moll. gehören. Nach den maximal gebundenen Cr-Menge sowie dem Verh. in Abhängigkeit vom p_H scheinen im Fall bas. Cr-Komplexe die sauren Gruppen der I als Reaktionspartner, bei höheren p_H-Werten, bei denen die Gerblsg. neutrale oder anion. Komplexe enthält, auch andere reaktionsfähige Gruppen der I zu reagieren. (Bull. Soc. chim. France, Mém. [5] **1955.** 1336—41. Okt. Soc. Kodak-Pathé, Labor. de Rech.) W. Königsdorf. 4070

Helmut Zahn und **Herbert Zuber,** *über das Reaktionsprodukt von p.p'-Difluor-m.m'-dinitrodiphenylsulfon mit Seidenfibrion. Verhalten gegen Salzsäure, Ameisensäure, Cupriäthylendiamin und Lithiumbromid.* 8. Mitt. *Über Reaktionen aromatischer aktiver Fluorverbindungen mit Aminosäuren und Proteinen.* (7. vgl. C. **1955.** 2581.) Mit *p.p'-Difluor-m.m'-dinitrodiphenylsulfon* (I) behandeltes *Seidenfibroin* (II) wurde zur Klärung der Frage, ob die hierbei auftretende Vernetzung durch den bifunktionellen Diphenylsulfonrest zwischen Tyrosinresten derselben oder benachbarter Ketten verursacht wird, mit konz. HCl, Cupriäthylendiamin (III; 6 g $Cu[OH]_2$ u. 8 g Diamin/100 cm^3), 60%ig. wss. LiBr u. HCOOH behandelt. In konz. HCl tritt gegenüber unbehandelter II erst nach 5 Std. völlige Auflösung ein, die jedoch auf hydrolyt. Spaltung der Peptidbindungen beruht. Innerhalb 45 Sek. weist das vernetzte II eine Kontraktion von 53% auf. In III wird das vernetzte II nicht gelöst, sondern kontrahiert nach wenigen Sek. um 60%, in LiBr-Lsg. um 63%. In HCOOH beträgt die Kontraktion nur 2—4%, während das mit monofunktionellem *p-Fluor-m.m'-dinitrodiphenylsulfon* behandelte II wieder die für II spezif. n. Kontraktion von 20—22% aufweist. Nach der Kontraktion verschwindet die Doppelbrechung u. Orientierung des Röntgenogrammes. Die mit I behandelten Präpp. enthalten echte Hauptvalenzbrücken, wobei die Diphenylsulfonbrücken verschied. Ketten verbinden. Das vernetzte II zeigt Superkontraktion, wenn es mit wasserstoffbrückenspaltenden Mitteln behandelt wird. Die Länge der tyrosinbrückenfreien Segmente des II ist relativ groß. (Mh. Chem. **85.** 759—78. 15/8. 1954. Heidelberg, Univ., Chem. Inst.) H. Liese. 4070

Erich Baer, *Chemie der Phosphatide.* Übersicht (bis Oktober 1954). Trennung der *Phosphatide* (I), analyt. Methoden, natürlich vorkommende I, I-Komponenten, Konst., Synth., chem. Hydrolyse, Röntgendiagramme. — 129 Literaturangaben. (Annu. Rev. Biochem. **24.** 135—56. 1955. Toronto, Canada, Univ., Banting and Best Dep. of Med. Res.) K. Maier. 4070

K. Linderstrøm-Lang, *Der Deuteriumaustausch von Insulin und seine Abhängigkeit vom p_H.* Die Reaktionsgeschwindigkeit von Deuterium-haltigem *Insulin* wird durch n_I, d. h. der Anzahl der Deuteriumatome, die pro Insulinmonomerem (Mol.-Gew. 5777) ausgetauscht werden, ausgedrückt u. beträgt bei p_H 2,66 in 0 Min. 50, in 5 Min. 60 u. in 20 Min. 62; bei p_H 3,50 in 0 Min. 58, in 5 Min. 68 u. in 20 Min. 70; bei p_H 7,1 in 0 Min. 78, in 5 u. in 20 Min. 84. (Biochim. biophysica Acta [Amsterdam] **18.** 308. Okt. 1955. Kopenhagen, Carlsberg Labor.) F. W. van Klaveren. 4070

P. Vignais, M. Macheboeuf und **J. Basset,** *Das physikochemische Verhalten der Einwirkung hoher Drucke ausgesetzter Heferibonucleinsäure.* Bei Einw. hoher hydrostat. Drucke (2000—14000 kg/cm^2) auf eine *Ribonucleinsäure*-Lsg. treten neue polymere Formen auf, die aus *Nucleotid*-Einheiten durch verschied. Bindungstypen entstanden sind. Die meisten der neuen Bindungen sind extrem labil u. zerfallen sofort nach Wegnahme des Druckes. Eine Minderzahl ist durch eine größere Stabilität bei gewöhnlichem Druck u. einem in der Nähe des Neutralpunkts gelegenen p_H sowie durch eine Resistenz gegenüber der Einw. von *Ribonuclease* u. durch Empfindlichkeit gegenüber verd. Alkalien ausgezeichnet. Anscheinend handelt es sich um Bindungen unter Beteiligung sek. Phosphorsäuregruppen. Vff. nehmen an, daß sich unter Druck zwischen freien Phosphorsäuregruppen möglicherweise *Pyrophosphat*-Bindungen ausbilden. Hierfür spricht auch die p_H-Verschiebung von 4,54 nach 4,76 bei 16 std. Einw. von 14000 kg bei 37° auf eine 0,1 mol. KH_2PO_4-Lösung. (Ann. Inst. Pasteur **85.** 629—45. Nov. 1953. Inst. Pasteur.) K. Maier. 4090

Ross H. Hall und **R. S. De Ropp,** *Bildung von 6-Furfurylaminopurin aus DNA-Abbauprodukten.* Zur Klärung, ob *6-Furfurylaminopurin* (I; *Kinetin*) in *Desoxyribonucleinsäure* (II) nativ vorkommt oder aus II-Komponenten entsteht, wurde eine Lsg. von *Adenin* (III) u. *2-Desoxy-D-ribose* (IV) in 0,148 mol. Phosphatpuffer (p_H 4,0) 30 Min. im Autoklaven (15 lb.) erhitzt. 10 γ Lsg./cm³ Testmedium wiesen dann die gleiche biol. Aktivität wie 0,1 γ I/cm³ auf. Die Verteilungschromatographie der Lsg. (nach Abtrennung der Phosphationen) an Cellulosepulversäule (W.–n-Butanol–1% konz. NH_3) u. Passage der biol. akt. Fraktion durch Dowex 1 lieferten krist. I (Elution mit 0,01 mol. HCOOH), F. 266—267° (Ausbeute 0,54%). Autoklavieren (p_H 4,0, 15 lb., 30 Min.) der Lsg. von Desoxyadenosin oder Furfurylalkohol u. Adenin gab ebenfalls biol. akt. Material (im 2. Fall 2% I). Lachssperma-II nach Kay, Simmons u. Dounce (C. **1953.** 4542) zeigte vor oder nach dem Autoklavieren keine biol. Aktivität (Wachstumswrkg. eines bestimmten Karottengewebsstammes). In autoklavierter Handels-II enthaltenes I ist demnach ein Kunstprod. aus **III** u. **IV**. (J. Amer. chem. Soc. **77.** 6400. 5/12. 1955. Pearl River, N. Y., Amer. Cyanamid Co., Lederle Labors., Res. Div.) K. Maier. 4090

E. Biologische Chemie. Physiologie. Medizin.

E_1. Allgemeine Biologie und Biochemie.

Mario Ravera und **Roberto Bellotti,** *Physiopathologie des Mangans.* Übersicht. Behandelt werden: Physiol. u. pathol. Bedeutung von *Mn* für Pflanzen, Mn-Geh. tier. Organe, Resorption, Ausscheidung, Mn als Aktivator für Enzyme, Beziehung zu Vitaminen u. Hormonen, Bedeutung für das tier. Wachstum, pharmakol. Wirkungen von Mn auf Blut, das cardiovaskuläre, respirator. Syst. u. den Verdauungsapp., die Leber, den uropoiet. App. u. das Nervensyst., ferner Mn-Mangelkrankheiten u. die Bestimmungsmethoden für Mn. — 250 Literaturangaben. (Arch. „E. Maragliano" Patol. Clin. **9.** 1311—71. Sept./Okt. 1954. Genua, Univ., Ist. di Chimica med.) P. Loch. 4100

Georges Morin, *Radioelemente und ihre Verwendung als Tracer in der Biologie.* An einigen Beispielen aus der Biologie werden die Möglichkeiten der Anwendung künstlich radioaktiver Atome für Unterss. über den Stoffwechsel, die Permeabilität von Zellmembranen usw. demonstriert. (Cahiers de Physique **1953.** Nr. 46. 34—43. Nov. Inst. du Radium.) W. Reusse. 4100

T. S. England, *Die dielektrischen Eigenschaften menschlicher Körpergewebe im Wellenlängenbereich zwischen 1 und 10 cm.* Durch Einbringen in einem Hohlleiter wurden an chirurg. gewonnenen menschlichen Gewebeproben Absorptionsmessungen bei den Wellenlängen 1,27, 3,18 u. 10 cm durchgeführt. Die gemessenen Absorptionskoeffizienten betragen (1. Zahl bei $\lambda = 1{,}27$ cm, 2. Zahl bei $\lambda = 10{,}0$ cm) für gewöhnliches Blut 9,6; 0,65; Blutserum 10,3; 0,84; Haut 6,3; 0,72; Fett 1,5; 0,20; Knochen 1,1; —; Brustcarcinomgewebe 7,5; 0,66; Wasser 12,3; 0,3. Die entsprechenden Werte für die DK. lauten (1. Zahl bei $\lambda = 1{,}27$ cm, 2. Zahl bei $\lambda = 3{,}18$ cm, 3. Zahl bei $\lambda = 10{,}0$ cm): gewöhnliches Blut 53; 45; 32; Blutserum 70; 57,5; 45,5; Haut 43,5; 35,5; 23; Fett 6,9; 4,5; 3,4; Knochen —; 7,6; 6,3. Die wasserhaltigen Substanzen zeigen Werte ähnlich denen des W., während die der wasserarmen (Fett, Knochen) erheblich abweichen. (Nature [London] **166.** 480—81. 16/9. 1950. Newcastle-upon-Tyne, Univ. of Durham, King's Coll.) W. Reusse. 4102

Van R. Potter, *Gewebehomogenisate.* Übersicht u. Methoden. — 22 Literaturangaben. (Methods Enzymol. **1.** 10—15. 1955. Madison, Wis., Univ. of Wisconsin, McCardle Labor.) K. Maier. 4150

Robert Love, Ernest V. Orsi und **Eugenia E. Berry,** *Eine einfache Färbung für Mitochondrien.* Beschreibung eines Anfärbeverf. für Mitochondrien, bei dem die *Ribonucleinsäure* der Mitochondrienlipide zunächst in Rk. mit $HgCl_2$ u. *Toluidinblau* gebracht u. der entstehende Komplex mit *NH_4-Molybdat* u. *$K_4Fe(CN)_6$* ausgefällt wird. (Proc. Soc. exp. Biol. Med. **88.** 666—69. April 1955. Pearl River, N. Y., American Cyanamid Co.) F. Krusen. 4150

Elisabeth Bautz, *Cytologische Untersuchungen an „Mitochondrienfraktionen" von Hefen.* Vf. hat Homogenisate von *Saccharomyces cerevisiae* wiederholt zentrifugiert u. in den einzelnen Fraktionen mit Hilfe des Phasenkontrastverf. u. verschied. Färbemethoden die einzelnen Bestandteile mkr. zu identifizieren versucht. Dabei zeigte sich, daß sich die Mitochondrienfraktionen durch die mechan. Zertrümmerung der Zellen verändert haben u. die *Janusgrün-B*-Färbung u. -Entfärbung durch O_2 nur undeutlich war. (Z. Naturforsch. **11b.** 26—31. Jan. 1956. Freiburg i. Br., Univ., Forstbotan. Inst.) E. DEHN. 4150

C. A. Price und **R. E. Davies,** *Aktiver Transport von Wasser durch Mitochondrien.* Beim Schütteln von Mitochondrien aus Rattenleber bei 35° unter Luft mit 0,02 mol. Succinat in Ggw. von 0,001 mol. ATP oder AMP behalten die Mitochondrien ihren anfänglich niedrigen H_2O-Geh. bei, während sie in Abwesenheit von ATP oder AMP W. aufnehmen. Diese Aufnahme ist durch Zusatz von ATP oder AMP umkehrbar. 2.4-Dinitrophenol in einer Konz. von $3 \cdot 10^{-5}$ mol. verhindet die Abgabe des W. nach ATP-Zusatz, 10^{-4} mol. führt zu einem schnellen Anschwellen der Teilchen. (Biochem. J. **58.** XVII. Okt. 1954. Sheffield, Univ., Med. Res. Council Unit. for Res. in Cell Metabolism., Dep. Biochem.) H.-G. SCHWEIGER. 4150

A. J. Hale und **E. R. M. Kay,** *Vergleich der durch chemische und interferometrische Methoden bestimmten Trockengewichte isolierter Zellkerne.* Zur Klärung der Frage, ob das chem. bestimmte mittlere Trockengewicht von Millionen von Zellkernen mit dem interferenzmkr. aus wenigen Kernen ermittelten ident. ist, u. wieweit die Isolierungsmeth. einen Einfl. hat, wurden Kalbsthymuszellkerne nach der Citronensäuremeth. (**A**), der „nicht-wss." Meth. von KAY u. Mitarbeitern (Biochem. J. **62.** [1956.] 160) (**B**) u. der Saccharose–$CaCl_2$-Meth. (**C**) isoliert u. folgende Werte auf chem. Wege bzw. interferometr./Nucleus gefunden: **A**, 19,1 u. 19,8 pg (1 pg = 10^{-12} g), **B** 33,0 u. 35,2 pg, **C** 23,0 u. 21,1 pg. (Biochem. J. **61.** XXII—XXIII. Dez. 1955. Glasgow, Univ., Inst. of Physiol. and Dep. of Biochem.) K. MAIER. 4150

Paul Mandel, Jacques-David Weill und **Marc Ledig,** *Vergleichende Untersuchungen über die Zusammensetzung der Ribonucleinsäuren von Pankreas und Leber der Ratte.* Es wird eine Meth. zur quantitativen Best. der *Ribonucleotide* (**I**) von *Ribonucleinsäuren* (**II**) des Zellgewebes beschrieben, die ohne vorherige Reinigung u. Proteinabtrennung erfolgt. Nach Abtrennung des Säurelöslichen mit Trichloressigsäure sowie des Lipoidlöslichen wird 18 Std. mit 0,3 n Na_2CO_3 bei 37° hydrolysiert, die **I** nach SCHMIDT u. THANNHAUSER isoliert u. als Pb-Salze gefällt; nach deren quantitativer Zers. mit verd. H_2SO_4 erfolgt chromatograph. Best. der **I** im UV. Von Pankreas, Leber u. isolierten Leberzellkernen der Ratte wird der Geh. an *Guanylsäure* (**III**), Uridylsäure, Cytidylsäure u. Adenylsäure der **II** bestimmt. Die Zus. der **II** war fast gleich. Die bisher gefundenen höheren Gehh. an **III** der Pankreas-**II** werden von Vff. auf Wrkg. der Pankreasribonuclease zurückgeführt, wobei **II** von größerem **III**-Geh. entsteht. Dieses kann durch Einfrieren der Gewebe in Aceton–CO_2-Schnee vor der Unters. vermieden werden. (C. R. hebd. Séances Acad. Sci. **241.** 257—59. 11/7. 1955.) R. LAFFERENZ. 4150

Lawrence Grossman und **Donald W. Visser,** *Isolierung von 5.6-Dihydrocytidylsäure aus der säurelöslichen Fraktion von Rattenlebergewebe.* Mit Hilfe von Ionenaustauschchromatographie an einer Anionenaustauschsäule (Dowex 2) konnten Vff. aus der säurelösl. Fraktion aus Rattenlebergewebe, das mit $^{14}C_{(4)}$-Cytidin bebrütet war, ein bislang unbekanntes Nucleotid isolieren. Durch Papierchromatographie konnte diese Verb. als *5.6-Dihydrocytidin-5'-phosphat* identifiziert werden. Das mögliche Vork. gesätt. Pyrimidinnucleotide bei der Nucleinsäurebiosynth. wird diskutiert. (J. biol. Chemistry **216.** 775—81. Okt. 1955. Los Angeles, Calif., Univ. of South California, School of Med., Dep. of Biochem. and Nutrit.) H. GOEBEL. 4150

Friedrich Weygand, Adolf Wacker und **Kashiram Motiram Patil,** *Isolierung von 5-Bromuracildesoxyribosid aus Bakterien-Desoxyribonucleinsäure nach Züchtung der Bakterien in 5-Bromuracil-haltigem Medium.* Nach Züchtung von *Enterococcus Stei* in einem *5-Bromuracil* (**I**)-haltigen synthet. Nährmedium unter Zusatz von enzymat. verdautem Casein wurde aus der getrockneten Bakterienmasse (80 g) die *Desoxyribonucleinsäure* (**III**) extrahliert u. enzymat. in die *Desoxyribonucleoside* gespalten. Die Trennung der Desoxyriboside erfolgt mittels Ionenaustauschchromatographie. Hierbei wurde durch fraktionierte Elution mit NH_4-Formiat *5-Bromuracildesoxyribosid* (**II**) isoliert u. papierchromatograph. vom Elutionsmittel befreit (R_F für **II**, 1. n-Butanol–W., 86/14; 2. n-Butanol–W.–konz. NH_3, 86/13/1, SCHLEICHER & SCHÜLL, Nr. 2045b, säuregewaschen, 0,50 bzw. 0,20); **II**, $C_9H_{11}O_6N_2Br$, F. 190° (CH_3OH), $[\alpha]_D^{18}$ 17 ± 4° (c = 0,115; W.), λ_{max} 279 mμ, ε_{max} $9{,}7 \cdot 10^3$ (0,1 n HCl), 277 mμ, ε_{max} $6{,}9 \cdot 10^3$ (0,1 n NaOH); Ausbeute 19 mg. Je nach den Züchtungsbedingungen ist **II** für Milchsäurebakterien, z. B. *Lactobacillus leichmannii 313* ein Wuchsstoff oder ein Hemmstoff. Nach vorl. Verss. bei *E.* Stei wurden dessen Eigg. hinsichtlich Wuchstoffbedürfnis u. Hemmbarkeit durch verschied. Substanzen durch die **I**-Aufnahme nicht verändert. Nach dem frühere Verss. gezeigt hatten, daß nur ca. 70% des Thymins in **III** durch **I** austauschbar sind, u. die

II-Bldg., wie nun gefunden wurde, erst in Ggw. genügend großer Konzz. an Purinen u. Uracil im Nährmedium erfolgen kann, scheint **III** eine nichtkonstante Zus. aufzuweisen. (Chem. Ber. **89.** 475—80. 31/1. 1956. Tübingen, Univ., Chem. Inst.; Berlin-Charlottenburg, Techn. Univ., Organ.-Chem. Inst.) K. Maier. 4150

Elda Quercioli, *Über die cytologische Wirkung substituierter Cumarine in Beziehung zu ihrer chemischen Struktur.* Es wurden geprüft: 3.4-Diphenyl-7.8-dioxycumarin (= Diphenyldaftnetin), 3.4-Diphenyl-7-oxycumarin (= Diphenylumbelliferon), 6-Chlorcumarin, 3-Acetylcumarin, 4-Methylcumarin, 6-Methylcumarin, 5-Methylcumarin, 7-Methylcumarin, 7-Methoxycumarin u. 4-Methylumbelliferon. Als Testobjekte dienten keimende Zwiebelwurzeln (Allium cepa L.) mit einer Länge von 2—3 cm. Die Cumaringabe erfolgte bei den in W. unlösl. Verbb. nach der Meth. von Patton u. Nebel, bei den in W. lösl. in mol. Konzentration. Aus den Ergebnissen der Verss. kann vorläufig gefolgert werden, daß an c-Mitosen eine Bldg. von Pseudochiasmen bemerkbar ist. (Atti Accad. naz. Lincei, Rend., Cl. Sci. fisiche, mat. natur. [8] **16.** 645—49. Mai 1954. Florenz, Botan. Inst. der Univ.) C. Grimme. 4150

Dietrich Hofmann und **Kurt Müller,** *Über die Wirkung einer ultrafraktionierten Radium-Betastrahlung auf einzellige Eier von Ascaris megalocephala.* Mit Hilfe einer neuen Ultrafraktionierungsapp. wurden Verss. mit verschied. Impulsfrequenzen u. Impuls-Pausen-Verhältnissen (I) angestellt. Angewendet wurden Radium-β-Strahlen. Als Versuchsobjekt wurden einzellige Eier von *Ascaris megalocephala* verwendet. Die Effekte hatten ein Maximum bei bestimmten Frequenzen, **I** u. kontinuierlicher Bestrahlung. (Strahlentherapie **95.** 296—301. Okt. 1954. Göttingen, Univ. Frauenklinik.) J. Miller. 4150

P. N. Campbell, H. E. H. Jones und **Mancy E. Stone,** *Plasmaprotein als Vorstufe für Rattenleber- und Hepatomprotein.* Vff. injizierten einer Hepatomratte intravenös ^{14}*C-Lysin* (I)-Serumalbumin (von einer anderen Ratte stammend) zusammen mit ^{14}*C-L-Alanin* (**II**). Nach 95 Min. wurde das Tier getötet, das Hepatomgewebe vom gesunden Lebergewebe getrennt; aus beiden Anteilen wurden die NaCl-lösl. Proteine extrahiert, mit Trichloressigsäure gefällt, hydrolysiert u. durch Säulenchromatographie die Anteile an ^{14}C-markiertem **I** u. **II** bestimmt. Das Verhältnis der spezif. Aktivitäten von **II**:**I** beträgt für das Hepatomprotein 9,8 u. für die Leber 10,3. Dies deutet darauf hin, daß die Aminosäuren des injizierten Albumins nicht bevorzugt in die lösl. Proteine des Hepatomgewebes eingebaut wurden. Albuminbestimmungen durch Fällung mit spezif. Antiserum ergaben, daß 8,4% des lösl. Hepatomproteins u. 4,0% des lösl. Leberproteins aus Serumalbumin bestehen. (Nature [London] **177.** 138—39. 21/1. 1956. London, Middlesex Hosp. Med. School, Courtauld Inst. of Biochem.) E. Schwerdtfeger. 4160

Eberhardt Weiler, *Die Änderung der serologischen Spezifität von Leberzellen der Ratte während der Cancerogenese durch β-Dimethylaminoazobenzol.* (Vgl. C. **1955.** 10050.) Vf. hat Ratten verschied. hohe Gesamtdosen *p-Dimethylaminoazobenzol* in Tagesdosen von 2—6 mg verfüttert u. festgestellt, daß die Mikrosomen u. Mitochondrien aus den einzelnen nichtneoplast. Lebern mit leberspezif. Antiserum im Komplementärentbindungstest eine verminderte serolog. Aktivität zeigten. In mkr. untersuchten Leberschnitten wurden Gewebeinseln beobachtet, in denen die Antigenkonz. gegenüber dem umliegenden Gewebe vermindert war. Der Grad der Antigenverminderung erwies sich als abhängig von der verfütterten Gesamtdosis des Cancerogens u. von der Latenzzeit. (Z. Naturforsch. **11 b.** 31—38. Jan. 1956. Tübingen, Max-Planck-Inst. f. Virusforsch.) E. Dehn. 4160

W. C. Hueper, *Lungenkrebs und exogene Umgebungsfaktoren.* In zusammenfassender Übersicht wird der heutige Wissensstand über die exogenen Krebsnoxen des Respirationstraktes diskutiert u. im einzelnen auf statist. Probleme (Zunahme des Lungenkrebses, seine Geschlechts- u. Rassenverteilung), die histolog. Typen u. schließlich die exogenen krebserzeugenden Agentien, gegliedert nach organ. Stoffen, wie Ruß- u. Teerprodd., Tabakteer, Diesel- u. Gasolinabgase, Petroleum- u. Schieferöl, Isopropylöl —den anorgan. Stoffen, wie Arsenik, Asbest, Chrom u. Nickel, sowie physikal. Noxen (Röntgenstrahlen, radioakt. Substanzen) eingegangen. Obgleich die erwiesene Zahl der durch exogene Krebsnoxen erzeugten Lungen-, Nasen- u. Kehlkopfcarcinome gegenüber der Gesamtzahl der Krebse dieser Organe noch relativ gering ist, besteht kein Zweifel, daß Umgebungsfaktoren eine signifikante Rolle spielen u. in immer größerer Zahl erkannt werden dürften. (Ind. Med. Surgery **20.** 49—62. Febr. 1951. Bethesda, Md., Nat. Cancer Inst.) H. Gummel. 4160

Rieva Rosh und **George G. Green,** *Steroide bei Brustkrebs.* Vff. berichten zusammenfassend über die Erfahrungen der Behandlung von Brustkrebs mit Steroidhormonen bei 50 Patienten (52% subjektiv, 24% objektiv gebessert). In den meisten Fällen wurde *Testosteronpropionat* (I) (100 mg 3mal wöchentlich) gegeben. Als bes. günstig erwies sich

Röntgenbehandlung kombiniert mit *Testosteron*-Gaben. Eine Heilung der Krankheit durch Steroidbehandlung (I oder *Östrogene*) allein wurde in keinem Fall beobachtet. (Radiology **57**. 837–44. Dez. 1951. New York, N. Y., Bellevue Hospital, Radiation Therapy Dep.) W. FRUHSTORFER. 4160

C. C. McClure jr., E. L. Carothers und **P. F. Hahn**, *Räumliche Verteilung und pathologische Wirkung von intracerebral und intraventricular injiziertem kolloidalem Radiogold, und silberbedecktem Radiogold.* Bei Hunden wurde koll. Lsg. von ^{198}*Au*, teilweise mit Ag-Bedeckung, im Gehirn oder den Ventrikeln injiziert. Die Verteilung des Isotops im Gehirn, das nach Tötung der Tiere entnommen u. fixiert wurde, ist nahezu gleichmäßig. Die Anwendung von ^{198}*Au* bei der Therapie von intracranialen Tumoren u. bei Hydrocephalus wird erörtert. Silberbedeckung der koll. ^{198}Au-Teilchen ist ohne Einfluß. (Amer. J. Roentgenol., Radium Therapy Nuclear Med. **73**. 81–87. Jan. 1955. Nashville, Tenn., Meharry Med. Coll., Cancer Res. Labor.) W. REUSSE. 4160

E. Quagliariello, Metodi microbiologici in Biochimica. Perugia: Simonelli. 1955. (130 S.) 8°. L. 600,—

E₂. Enzymologie. Gärung.

Bernard Axelrod, *Nichtoxydative, nichtproteolytische Enzyme.* Übersicht (bis November 1954). *Phosphatasen, phosphatübertragende Enzyme, Carbonsäureesterasen, Glykosidasen, Sulfatase, Methyltransferase*, Enzymwrkg. auf *Carbonsäuren, S-Verbb., Ureidylsubstrate* bzw. auf *γ-Glutamylpeptidbindungen* wirkende Enzyme, *Aminosäuredecarboxylase, Transaminasen*, Aktivität „unnatürlicher" opt. Enzymisomerer, verschied. Enzyme. — 228 Literaturangaben. (Annu. Rev. Biochem. **24**. 45–82. 1955. Lafayette, Ind., Purdue Univ., Dep. of Biochem.) K. MAIER. 4210

H. Vasken Aposhian und **John P. Lambooy**, *Die in vivo-Synthese von Diäthylriboflavinphosphat.* Zur Klärung des Wirkungsmechanismus von *Diäthylriboflavin* (**I**), einem wirkungsvollen *Riboflavin* (**II**)-Antagonisten bei Ratten, erhielt eine Gruppe (**A**) von Tieren täglich 2 mg **I** (maximal 36 Tage), eine andere (**B**) eine flavinfreie Diät. Die Papierchromatographie (WHATMAN Nr. 1, W.–n-Butanol–Essigsäure, 5/4/1, obere Phase) protein- u. salzfreier Leberextrakte ergab bei **A** u. **B II**, **II**-*Phosphat* u. *Flavinadenindinucleotid*. Im **A**-Chromatogramm traten ferner 2 weitere, im UV-Licht gelbgrün fluorescierende Flecken auf, die die gleichen R_F-Werte wie synthet. **I**-*5'-Phosphat* (0,19) u. **I** (0,54) besaßen u. sich im 2-dimensionalen Chromatogramm ident. wie diese beiden Verbb. verhielten. (J. Amer. chem. Soc. **77**. 6368. 5/12. 1955. Rochester, N. Y., Univ., School of Med. and Dentistry, Dep. of Physiol.) K. MAIER. 4210

Charles J. Stewart und **Theodor Wieland**, *Synthese und Eigenschaften des S-Alanylcoenzyms A.* Analog der Synth. von S-Alanylglutathion u. a. S-Acylverbb. wurde *S-Alanylcoenzym A* (**I**) durch Übertragung des Alanylrestes von *S-Alanylthiophenolhydrochlorid* (**II**) auf Coenzym A (**III**) dargestellt: $C_6H_5SCOCH(CH_3)NH_3^+Cl^- + CoA-SH \rightarrow C_6H_5SH + CoA-SCOCH(CH_3)NH_3^+Cl^-$. Bei 2–3 std. Incubation von **I** mit überschüssiger Glutaminsäure bei p_H 8 ($NaHCO_3$-Puffer, 20°) entsteht eine neue ninhydrinpositive Verb., vermutlich *Alanylglutaminsäure.* Taubenleberhomogenisat hydrolysiert **I** rasch zu Alanin u. **III**. Die hierbei wirksame *Desacylase* (**IV**) ist von *Glyoxalase II* (vgl. RACKER, C. **1952**. 383) verschied., die **I** prakt. nicht spaltet. **IV** findet sich vorwiegend in der Mikrosomen- u. Mitochondrienfraktion der Leber. Eine enzymat. Acylübertragung der Alanylgruppe auf andere Aminosäuren oder auf die SH-Gruppe des Cysteins gelang bislang nicht.

Versuch: **I**; 50 mg 70%ig. **III** u. 25 mg **II** in 0,2 cm³ W. bei p_H 5–6 3 Tage bei 4° reagieren lassen, Isolierung von **I** durch Papierelektrophorese (50 V/cm) in neutralem Puffer (Pyridin–Essigester–W., 10:1:89), Entfernen des Puffers durch Gefriertrocknung, Elution von **I** mit kaltem W., Gefriertrocknung; Ausbeute 20 mg. (Nature [London] **176**. 316–17. 13/8. 1955. Frankfurt/M., Univ., Inst. f. organ. Chem.) K. MAIER. 4210

E. R. Stadtman, *Die enzymatische Synthese von β-Alanylcoenzym A.* Aus *Clostridium propionicum*-Extrakten wurde durch Protamin- u. $(NH_4)_2SO_4$-Fällung in 10facher Anreicherung ein Enzym (**I**) erhalten, das die Rk. zwischen *Acrylylcoenzym A* (**II**) u. NH_3 unter Bldg. von *β-Alanylcoenzym A* (**III**), das erste, biol. gebildete CoA-Deriv. einer Aminosäure, katalysiert: $CH_2{=}CHCOSCoA$ (**II**) $+ NH_3 \rightarrow CH_2NH_2CH_2COS\cdot CoA$ (**III**). Da **I** auch die entsprechende Rk. zwischen *Acrylylpantothein* (**IV**) u. NH_3 zu *β-Alanylpantothein* (**V**) katalysiert u. **IV** relativ rein darstellbar ist, wurde für die meisten Verss. **IV** verwendet. **IV** absorbiert stark bei 240–300 mμ. Bei Incubation von **IV** u. NH_4-Salzen entsteht eine neue Verb. mit λ_{max} 230–235 mμ, die papierchromatograph. isoliert u. mit **V** identifiziert wurde (R_F 0,42, W.–Propanol, 20:80; mit Ninhydrin gelber Flecken; mit NH_2OH Hydroxamsäure, R_F 0,052, W.–Butanol, 18:100). **III** wurde z. T.

papierchromatograph. gereinigt u. auf Grund der Rk. mit Ninhydrin, NH_2OH u. verd. Alkali identifiziert. Die Rk. ist nicht reversibel. Die Funktion von III im *C. proponicum*-Stoffwechsel ist unbekannt. Möglicherweise ist II eine Zwischenstufe der Propionatoxydation. (J. Amer. chem. Soc. **77.** 5765—66. 5/11. 1955. Bethesda, Md., Publ. Health Service, Dep. of Health, Education and Welfare, Nat. Insts. of Health, Nat. Heart Inst.)
K. MAIER. 4210

Bimal K. Bachhawat, William G. Robinson und **Minor J. Coon,** *Die enzymatische Spaltung von β-Oxy-β-methylglutarylcoenzym A in Acetoacetat und Acetylcoenzym A.* Leber-, Nieren- u. Herzextrakte enthalten ein Enzym (I), das die Spaltung *β-Oxy-β-methylglutarsäure–Coenzym A-Ester* (II) zwischen α u. β in äquimol. Mengen Acetoacetat (III) u. Acetylcoenzym A katalysiert. I wurde aus Schweineherzextrakten durch $(NH_4)_2SO_4$-Fraktionierung u. isoelektr. Fällung in 15facher Anreicherung erhalten.

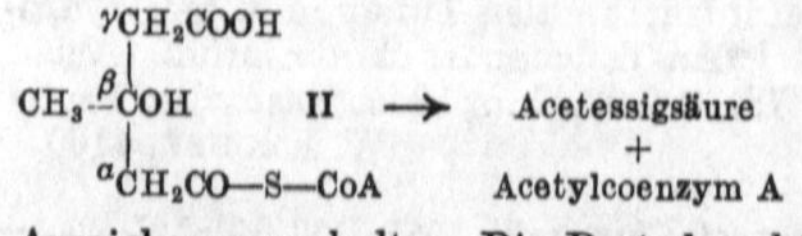

Die Best. beruht auf der III-Bldg. aus synthet. II. Die II-Spaltung benötigt Mg^{2+}- oder Mn^{2+}-Ionen sowie eine Thiolverb., z. B. Cystein (IV), Thioäthanolamin, Thioglykolat. I ist im p_H-Gebiet 7,4—10,5, mit einem Maximum bei ca. 10,0, wirksam. *β-Oxy-β-methylglutarsäure* (V) u. deren Thiolester aus IV, Glutathion oder N-Acetylthioäthanolamin, ferner *β-Oxyisovaleryl–Coenzym A* werden von I nicht gespalten. Die Ergebnisse sprechen dafür, daß III, nicht Aceton, das Stoffwechselendprod. der Leucinisopropylgruppe darstellt. V wurde durch Ozonisierung von Diallylmethylcarbinol synthetisiert. (J. biol. Chemistry **216.** 727—36. Okt. 1955. Philadelphia, Univ. of Pennsylvania, School of Med., Dep. of Biochem.) K. MAIER. 4210

Seymour Korkes, *Enzymatische Reduktion von Pyridinnucleotiden durch molekularen Wasserstoff.* Zellfreie *Clostridium kluyveri*-Extrakte katalysieren die Red. von *Diphosphopyridinnucleotid* u. *Triphosphorpyridinnucleotid* durch mol. H_2, wobei ein hitzestabiler säure- u. alkaliempfindlicher Cofaktor (I) erforderlich ist. Cystein u. Glutathion steigern in Ggw. von Kochsaft die *Hydrogenase*-Aktivität. Fe^{2+} aktiviert das Enzymsystem. I ist aus wss. Lsg. bei p_H 2—3 an Kohle bzw. aus saurer Lsg. an Florisil adsorbierbar u. durch NH_3-Aceton bzw. W. oder verd. neutrale Puffer eluierbar, hat in neutraler Lsg. anion. Charakter (Adsorption an Dowex 1) u. ist aus saurer Lsg. schwierig mit Ae. extrahierbar. I kann nicht durch Purinbasen, deren Nucleotide, Adenosintriphosphat, Coenzym A, Liposäure oder Lipothiamid ersetzt werden. (J. biol. Chemistry **216.** 737—48. Okt. 1955. Durham, N. C., Duke Univ., School of Med., Dep. of Biochem.)
K. MAIER. 4210

Irving Lieberman, Arthur Kornberg und **Ernest S. Simms,** *Enzymatische Synthese von Pyrimidinnucleotiden. Orotidin-5′-phosphat und Uridin-5′-phosphat.* Die Bldg. von *Uridin-5′-phosphat* (I) aus Orotat (II) u. 5-Phosphoribosylpyrophosphat (III) wird durch zwei Fermente bewirkt; Orotidin-5′-phosphat (IV) entsteht als Zwischenprodukt. IV-Pyrophosphorylase wurde aus Bierhefe auf das 20fache angereichert u. von IV-Decarboxylase befreit. Sie findet sich auch in der Leber verschied. Tierarten. Die erste Rk. ist reversibel, die Gleichgewichtskonstante ist in Richtung zum IV ca. 0,1; MICHAELIS-Konstanten: Für II u. III $K_S = 2 \cdot 10^{-5}$, für Pyrophosphat $K_S = 1{,}2 \cdot 10^{-4}$ Mol. Das p_H-Optimum liegt zwischen 7,5 u. 8,5. Mg^{2+} beschleunigt die Rk. um 25%. Das Ferment ist streng spezif., denn Adenin, Uracil, DL-Ureidosuccinat, L-Dihydroorotat, Ribose-1.5-diphosphat u. anorgan. Triphosphat sind wirkungslos. Die zweite Rk. scheint irreversibel zu sein, da $^{14}CO_2$ nicht eingebaut wird. (J. biol. Chemistry **215.** 403—15. Juli 1955. St. Louis, Washington Univ., School of Med., Dep. of Microbiol.) A. DILLMANN. 4210

Eugene Goldwasser, *Einbau von Adenosin-5′-phosphat in Ribonucleinsäure.* Da zellfreie Taubenleberpräpp., die *Adenin* (I) in *Ribonucleinsäure* (II) einbauen, I auch in *Adenosin-5′-phosphat* (III) umwandeln, wurde untersucht, ob III eine II-Vorstufe bildet. $^{14}C_{(4.6\text{-}I)}$–III (aus Mäusen nach Injektion von $^{14}C_{(4.6)}$–I erhalten) u. $^{14}C_{(8)}$–I wurden mit Überstand von Taubenleberhomogenisat incubiert, wobei sich III als II-Vorstufe mindestens ebenso wirksam wie I erwies. III wird anscheinend mit intakter Ribose–Phosphat-Bindung eingebaut, wie Verss. mit ^{32}P–III ergaben. (J. Amer. chem. Soc. **77.** 6083—84. 20/11. 1955. Chicago, Ill., Univ., Dep. of Biochem., and Argonne Cancer Res. Hospital.)
K. MAIER. 4210

F. Lee Rodkey, *Oxydation–Reduktions-Potentiale des Diphosphopyridinnucleotidsystems.* Die Oxydations–Reduktions-Potentiale des *Diphosphopyridinnucleotidsyst.* wurden potentiometr. bei 30° zwischen p_H 6,5—10,5 — in Veronalpuffer von p_H 7,0 bis 8,0, in Tris-[oxymethyl]-aminomethan/Glycinpuffer von p_H 7,2—9,8 u. in Äthylendiamintetraessigsäure von p_H 6,5—10,5 — bei Ggw. von Xanthinoxydase (ca. 10^{-6} mol.) u. von den Farbstoffen Rosindulin, Benzylviologen, Alizarin S oder Safranin T (jeweils

10^{-5} mol.) bestimmt; Benzylviologen erwies sich als am günstigsten. Die Best. erfolgte sowohl durch Mischung von 10^{-3} bis 10^{-4} mol. *Diphosphopyridinnucleotid* u. *red. Diphosphopyridinnucleotid* (I), als auch durch Titration von I mit 0,01 mol. Ferricyanid bestimmt. E_0' des Diphosphopyridinnucleotidsyst. ist danach 0,318 V bei p_H 7, die Neigung der E_0'-p_H-Kurve beträgt 0,0301 V p_H. Der Temperaturkoeff. beträgt nach vorläufigen Messungen $\Delta E_0'/\Delta T = 0{,}001$ V. Es ergab sich kein Unterschied zwischen chem. u. zwischen enzymat. hergestelltem I. (J. biol. Chemistry **213.** 777—86. April 1955. Boston, Mass., Havard Med. School, Dep. biol. Chem.) A. TREBST. 4210

P. G. Avis, F. Bergel und **R. C. Bray,** *Zellbestandteile. Die Chemie der Xanthinoxydase.* 1. Mitt. *Darstellung einer kristallisierten Xanthinoxydase aus Kuhmilch.* Aus Buttermilch wurde durch Entfernen des Caseins mittels Pankreatin, Chromatographieren des Filtrats an Ca-Phosphat, Eluieren mit Phosphatpuffer, Fällen von Verunreinigungen bei niedrigen Salzkonzz. (Acetatpuffer), Fraktionieren u. Kristallisieren in Ggw. von A. u. stark verd. Phosphatpuffer ein krist. *Metallflavoprotein* (I) erhalten. I besitzt hohe *Xanthinoxydase*-Aktivität (Q_{O_2} 2300 [23,5°], spektrophotometr. Best.). Das Protein/Flavin-Verhältnis (E_{280}/E_{450}) beträgt 5,0—5,2. (J. chem. Soc. [London] **1955.** 1100—05. April. London, Royal Cancer Hospital, Chester Beatty Res. Inst., Inst. of Cancer Res.) K. MAIER. 4210

André DesMarais, *Hautstoffwechsel bei Kälte ausgesetzten Ratten.* Im Tiervers. an Ratten wurde nachgewiesen, daß bei Tieren, die bei +2° 4 Tage gehalten wurden, die Aktivität der *Bernsteinsäuredehydrogenase* in den untersuchten Hautgewebsstücken ansteigt, während bei vorheriger Verfütterung von Na-Ascorbinat unter den gleichen Bedingungen keine Steigerung der Fermentaktivität beobachtet wurde. (Canad. J. Biochem. Physiol. **33.** 758—60. Sept. 1955. Quebec, Laval Univ., Dep. of Exp. Physiol. 1955.) H. HRUSCHKA. 4210

Stanley Peat, W. J. Whelan und **Kathleen A. Hinson,** *Die enzymatische Polymerisation der Glucose.* Aus *Aspergillus niger* wurde ein Enzymsyst. isoliert, daß eine Polymerisation der *D-Glucose* zu verschied. α- u. β-verknüpften *Bisacchariden* bewirkt. Die β-Disaccharide (es wurden aus ihnen *Gentiobiose, Cellobiose* u. *Laminaribiose* isoliert u. identifiziert) konnten durch eine enzymat. Meth. entfernt werden. Die α-Disaccharide ergaben neben *Isomaltose, Maltose, α.α-Trehalose* u. *Nigerose* noch ein fünftes Disaccharid, bei dem es sich wahrscheinlich um die bisher unbekannte α-1.2-verknüpfte Diglucose handelt. (Chem. and Ind. **1955.** 385. 2/4. Bangor, Caernarvonshire, Univ., Coll. of NorthWales, Dep. of Chem.) G. REMBARZ. 4210

G. E. Glock und **P. McLean,** *Der Weg der Oxydation von Hexosemonophosphat bei Alloxandiabetes.* Vorläufige Ergebnisse zeigen, daß die Aktivitäten von *Glucose-6-phosphatdehydrogenase* u. von *6-Phosphogluconatdehydrogenase* bei experimentell erzeugtem Alloxandiabetes (Ratten) bedeutend erniedrigt sind. (Biochim. biophysica Acta [Amsterdam] **16.** 446. März 1955. London, Middlesex Hosp., Courtauld Inst. of Biochem.) A. HESSE. 4210

R. E. Parks jr., Julius Adler und **J. H. Copenhaver jr.,** *Leistungsfähigkeit der oxydativen Phosphorylierung in Mitochondrien aus diabetischen Ratten.* Untersucht wurde das Verhältnis P/O bei oxydativer Phosphorylierung verschied. Substrate (Pyruvat, α-Ketoglutarat, Succinat) in Mitochondrien der Leber von Alloxan (I)-diabet. Ratten u. Kontrolltieren. Bei kurzer Zeit nach Behandlung mit I (6—10 Tage) wurde keine wesentliche Änderung von P/O beobachtet, obwohl im Durchschnitt die behandelten Tiere niedrigere Werte ergaben. Längere Zeit nach Behandlung mit I (3 Wochen bis 6 Monate) konnte keine Änderung der oxydativen Phosphorylierung festgestellt werden. *Insulin* beeinflußt in vitro weder bei behandelten, noch bei unbehandelten Tieren das Verhältnis P/O. (J. biol. Chemistry **214.** 693—98. Juni 1955. Madison, Univ. of Wisconsin, Dep. of Biochemistry und Inst. f. Enzyme Res.) A. HESSE. 4210

H. E. Robertson und **P. D. Boyer,** *Einfluß von Azid auf die den Elektronentransport und die Glykolyse begleitende Phosphorylierung.* Aus der Beobachtung, daß *Azid* (I) in Konzz. von 0,025 mol. ohne Einfl. auf den Bedarf an Phosphatacceptoren oder an anorgan. Phosphat für die *Glykolyse* bei Hefeextrakt ist, sowie aus anderen Überlegungen wird geschlossen, daß die derzeitigen Kenntnisse nicht die Annahme stützen, daß I nicht die bei Glykolyse auftretenden Phosphorylierungen beeinflusse. — Durch $5 \cdot 10^{-3}$ mol. I wird weder der reversible, durch gewaschene Lebermitochondrien katalysierte Austausch von ^{32}P des anorgan. Phosphates mit *Adenosintriphosphat* (II), noch der rascher verlaufende Austausch von Phosphat-O (gemessen mit ^{18}O) gehemmt. Wenn, wie angenommen wird, diese Austausch-Rkk. in erster Linie aus dynam. Umkehr der oxydativen Phosphorylierung resultieren, müßte demnach I die mit Elektronentransport gekoppelte, anfängliche Aufnahme von anorgan. Phosphat verhindern. — Die Bldg. von anorgan. Phosphat aus II durch Lebermitochondrien war bei $5 \cdot 10^{-4}$ mol. an I maximal, dagegen klein bei

$5 \cdot 10^{-3}$ molar. — Die deutlich durch $3 \cdot 10^{-5}$ mol. *2.4-Dinitrophenol* (**III**) beschleunigte Anhäufung von anorgan. Phosphat wird durch $5 \cdot 10^{-4}$ mol. **I** teilweise, durch $5 \cdot 10^{-3}$ mol. **I** vollständig verhindert. Die Anhäufung von anorgan. Phosphat kann aus Umkehr der mit Elektronentransport gekoppelten Aufnahme von Phosphat in das **II** u. Verhinderung der Aufnahme des gebildeten anorgan. Phosphats herrühren. Dem **I** wird danach eine sekundäre Inhibitorwrkg. zugeschrieben, welche **III** bei den genannten Rkk. nicht zeigt. (J. biol. Chemistry **214**. 295—305. Mai 1955. St. Paul, Minn., Univ. of Minnesota, Dep. of Agric. Biochem.) A. HESSE. 4210

W. Ss. Iljin und **G. W. Titowa,** *Oxydierende Phosphorylierung in den großen cytoplasmatischen Granula aus Leber, Herz und Nieren des hungernden Organismus.* Bei den großen Granula aus dem Herzmuskel verläuft die oxydierende Phosphorylierung (OP) bei hungernden Kaninchen in gleicher Größenordnung wie bei n. ernährten Tieren. Granula aus den Nieren zeigen etwas verminderte, solche aus der Leber stark verminderte OP. Dies läßt darauf schließen, daß die OP bei den Lebergranula von der Atmung weitgehend unabhängig ist u. daß beim Hungern die Aktivität der die „Kupplung" bewirkenden Fermentsysteme erheblich rascher abnimmt als die Menge der Leberproteine. Verabreichung von Glucose, Fructose, Insulin oder Kreatin an die hungernden Tiere verstärkt die OP der Lebergranula etwas, ohne daß diese jedoch den Normwert erreicht, wie dies bei Zufuhr von Hexokinase aus Hefe der Fall ist. (Вопросы Медицинской Химии [Fragen med. Chem.] **1.** 245—51. Juli/Aug. 1955. Inst. für exp. Medizin der Akad. der Med. Wiss. der UdSSR, Abt. für Biochemie.) R. K. MÜLLER. 4210

N. P. Badenhuizen und **M. I. Malkin,** *Phosphorylaseaktivität und Ablagerung der Stärkegranula.* Best. der *Phosphorylase* (I)-Aktivität wachsender Kartoffeln während 24 Std. ließ keine merklichen Schwankungen erkennen, so daß anscheinend kein Zusammenhang zwischen den period. Ablagerungen in den Stärkegranula u. **I** besteht. (Nature [London] **175.** 1134. 25/6. 1955. Johannesburg, Univ. of the Witwatersrand, Dep. of Bot.) K. MAIER. 4210

A. Kornberg, B. L. Horecker und **P. Z. Smyrniotis,** *Glucose-6-phosphatdehydrogenase. 6-Phosphogluconsäuredehydrogenase. Glucose-6-phosphatdehydrogenase,* katalysierte Rk.: Glucose-6-phosphat + Triphosphopyridinnucleotid (TPN^+) $\rightleftharpoons$ 6-Phosphogluconat (I) + TPNH + H^+; *6-Phosphogluconsäuredehydrogenase,* Rk.: **I** + TPN $\rightleftharpoons$ Ribulose-5-phosphat + CO_2 + TPNH + H^+; Best., Reinigung, Eigenschaften. — 13 Literaturangaben. (Methods Enzymol. **1.** 323—27. 1955. St. Louis, Mo., Washington Univ.; Bethesda, Md., Nat. Insts. of Health.) K. MAIER. 4210

F. Bruns und **S. Okada,** *Thermodynamische Aspekte der Wirkung von Phosphohexoseisomerase.* Die Änderung der freien Energie des durch *Phosphohexoseisomerase* Isomerisierungsprozesses *Glucose-6-phosphat* (I) $\rightleftharpoons$ *Fructose-6-phosphat* berechnet sich aus der Gleichgewichtskonstante K nach der Gleichung $\Delta F^0 = -RT \ln K$ zu -84 cal · Mol^{-1}. Die Reaktionskinetik ist in Ggw. eines **I**-Überschusses von pseudo-0ter Ordnung: $v_i = k_1$ E · S_0, wobei v_i die Anfangsreaktionsgeschwindigkeit, S_0 die anfängliche Substratkonz., E die Enzymkonz. u. k_1 die Reaktionskonstante ist. Wenn k_1 durch die Größen der ARRHENIUS-Gleichung wiedergegeben wird, läßt sich die Aktivierungsenergie Δ E zu $-11{,}3$ kcal/Mol berechnen. Mit Hilfe der Gleichung von EYRING berechnet sich die Aktivierungswärme, ΔH^*, zu 10,4 kcal/Mol. Aus Bindungsenergien ergibt sich bei Annahme bestimmter „aktivierter Komplexe" der intermediären Endiole zu -9 bzw. -14 kcal/Mol. Die Aktivierungsenergie der Hitzedenaturisierung ergibt sich aus der ARRHENIUS-Gleichung auf Grund der linearen Beziehung zwischen log v_i u. $1/T$ bei höherer Temp. zu 26,8 kcal/Mol. (Nature [London] **177.** 87—88. 14/1. 1956. Rochester, Univ., Dep. of Exp. Radiol., and School of Med. and Dentistry.) K. MAIER. 4210

S. L. Friess und **H. D. Baldridge,** *Die Beschaffenheit der Acetylcholinesteraseoberfläche.* 4. Mitt. *Die Steuerung der Enzymhemmung durch die Basizität substituierter Äthylendiamine.* (3. vgl. BALDRIDGE JR u. Mitarbeiter. C. **1956.** 2776.) Nachdem frühere Unterss. ergeben hatten, daß bei p_H 7,4 die substituierten Äthylendiamine des Typs $(CH_3)_2NCH_2CH_2N(CH_2)_n$, n=4; 5, *Dimethylaminoäthylpyrrolidin* (**I**) bzw. *Dimethylaminoäthylpiperidin* (**II**) wirksame kompetitive Inhibitoren der *Acetylcholinesterase* (**III**; aus dem elektr. Organ von *Electrophorus electricus*) sind, wurde nun die Beziehung zwischen Inhibitorwrkg. u. Basizität der Aminfunktionen untersucht. Die Best. der pK_a'-Werte der N-Funktionen ergab, daß die Basizität des einen Endes eines Inhibitormol. durch Protonisierung des anderen erheblich beeinflußt wird (vgl. GERO, C. **1955.** 4791). $pK_a' \sim 9{,}5$ ist wahrscheinlich der $(CH_3)_2$N-Funktion von **I** u. **II** zuzuordnen, $pK_a' \sim 6{,}3$ der heterocycl. Gruppierung. Bei p_H 7,4, wo die N-Funktion mit dem Wert $\sim 9{,}5$ zu ca. 95% im protonisierten Zustand vorliegt u. die 2. N-Funktion prakt. tertiär ist, sind **I** u. **II** hochwirksame **III**-Inhibitoren mit Enzym–Inhibitor-Dissoziationskonstanten, K_J, von ca. 10^{-8}. Die etwas wirksameren quartären Derivv. $(CH_3)_3$-

$N^+CH_2CH_2N(CH_2)_x$ X^- besitzen ebenfalls K_I-Werte der gleichen Größenordnung. Dies spricht für eine gleichartige Ladungsverteilung in der quaternisierten u. nichtquaternisierten Inhibitorspecies bei p_H 7,4, wobei **I** u. **II** die entsprechende positive Ladung anscheinend in der Form $(CH_3)_2\overset{+}{N}HCH_2CH_2N(CH_2)_n$ enthalten. Auf diese Weise steht das geladene, polymethylierte N-Atom zur Verfügung, das für die starke Bindung an das anion. Zentrum von **III** erforderlich ist. Die Unters. der p_H-Wrkg. auf die prozentuale Hemmung von **III** bei gleichbleibender Inhibitorkonz. ergab, daß im Bereich von 5,5—7,5 die monoprotonisierte Form $\geq\overset{+}{N}-CH_2CH_2-\ddot{N}<$ die wirksame Inhibitorform darstellt, u. der bei den verschied. p_H vorhandene %-Satz derselben einen wesentlichen Faktor bei der Hemmung durch **II** bildet. (J. Amer. chem. Soc. **78.** 199—202. 5/1. 1956. Bethesda, Md., U. S. Naval Med. Res. Inst.) K. MAIER. 4210

Sumitsugu Yoshie und **Shunji Kozawa**, *Die Bildung von Acetylcholin in Großhirngewebe.* (*Untersuchungen über Acetylcholinase.*) Während *Acetylcholinase* (**I**) nach NACHMANSOHN aerob wie anaerob in erheblichem Maße *Acetylcholin* (**II**) synthetisiert, wird in dem Syst. **I** + Cyclophorase (**III**) (GREEN) + Pyruvat ebenso wie in dem Syst. **I** + Adenosintriphosphat + Acetat nur aerob, kaum jedoch anaerob **II** synthetisiert. Es zeigt sich also hier die gleiche Tendenz wie bei Verwendung von Großhirnschnitten. So scheint bei der **II**-Synth. im Körper auch das **III**-Syst. als Acetyldonator u. Energiequelle eng mit **I** verknüpft zu sein. (Folia pharmacol. japon. **49.** 115§—117§. 20/7. 1953. Kyoto Med. Univ. [Orig.: japan.]) L. SCHULER. 4210

Leon D. Freedman und **G. O. Doak**, *Die Anticholinesteraseaktivität von Arylarsonsäuren und Diarylarsinsäuren.* Es wurde die *Anticholinesterase*-Aktivität von *Arylarsonsäuren* (**I**) u. *Diarylarsinsäuren* (**II**) bestimmt. Alle geprüften **I** besaßen eine gewisse Wirksamkeit, wobei zwischen der Aktivität entsprechend **I** u. *Phosphonsäuren* (**III**) keine Beziehung bestand. Während die Hemmung der *Plasmacholinesterase* (**VI**) durch **III**, *Phosphinsäuren* (**IV**) u. *Arsinsäuren* (**V**) durch Dialyse aufhebbar ist, gelingt dies bei der Inaktivierung durch **I** nicht. **III**, **IV** u. **V** reagieren mit **VI** rasch, **I** langsam. Die Hemmung durch **I** ähnelt der durch $HgCl_2$. In beiden Fällen bewirkt 2.3-Dimercaptopropanol keine Reaktivierung. Die **VI**-Inaktivierung durch **III**, **IV** u. **V** bzw. durch **I** erfolgt nach 2 verschied. Mechanismen. Untersuchte Verbb.: *Phenylarsonsäure*, 50%ig. Hemmung bei Incubation von **I** u. **VI** bei 23°, 20 Min., vor Substratzusatz: $1{,}1 \cdot 10^{-5}$ Mol/Liter, *m-Chlorphenylarsonsäure*, $2 \cdot 10^{-5}$, *p-Chlorphenylarsonsäure*, $4 \cdot 10^{-5}$, *p-Toluylarsonsäure*, $4 \cdot 10^{-5}$, *p-Bromphenylarsonsäure*, $4 \cdot 10^{-5}$, *o-Chlorphenylarsonsäure*, $7 \cdot 10^{-5}$, *p-Oxyphenylarsonsäure*, $1{,}2 \cdot 10^{-4}$, *p-Aminophenylarsonsäure*, $1{,}2 \cdot 10^{-4}$, *o-Bromphenylarsonsäure*, $1{,}4 \cdot 10^{-4}$, *m-Nitrophenylarsonsäure*, $4 \cdot 10^{-4}$, *p-Nitrophenylarsonsäure*, $8 \cdot 10^{-4}$, *p-Sulfamylphenylarsonsäure*, $4 \cdot 10^{-3}$, *Bis-[o-bromphenyl]-arsinsäure*, $5 \cdot 10^{-5}$ u. $2 \cdot 10^{-4}$ (verschied. Präpp.), *Bis-[o-chlorphenyl]-arsinsäure*, $5 \cdot 10^{-5}$ u. $2 \cdot 10^{-4}$, *[o-Bromphenyl]-phenylarsinsäure*, $5 \cdot 10^{-4}$, *Bis-[m-chlorphenyl]-arsinsäure*, 10^{-3}, *Bis-[p-chlorphenyl]-arsinsäure*, $2 \cdot 10^{-3}$, *Bis-[m-nitrophenyl]-arsinsäure*, 0,003 mol., prakt. keine Hemmung, *Bis-[p-Nitrophenyl]-arsinsäure*, wie vorstehend.

Versuche: *o-Bromphenylarsonsäure*, $o\text{-}BrC_6H_4AsO_3H_2 \cdot H_2O$, F. 173—175°, aus dem entsprechenden Diazoniumfluoborat in 80%ig. A. mit CuBr bzw. absol. A. mit CuBr; Ausbeute 29 bzw. 46%. — *p-Bromphenylarsonsäure*, $p\text{-}BrC_6H_4AsO_3H_2 \cdot {}^1/_2\,H_2O$, F. >300°, 35%. — *Bis-[o-bromphenyl]-arsinsäure*, $[o\text{-}BrC_6H_4)_2AsO_2H$, F. 275—278°, 12 bzw. 5% (wie oben). — *Bis-[p-bromphenyl]-arsinsäure*, $(p\text{-}BrC_6H_4)_2AsO_2H$, F. 189 bis 190°, 3%. — *(o-Bromphenyl)-phenylarsinsäure*, $(o\text{-}BrC_6H_4)C_6H_5AsO_2H$, F. 191—198°, 13%. (J. Amer. chem. Soc. **77.** 6374—76. 5/12. 1955. Chapel Hill, N. C., School of Publ. Health.) K. MAIER. 4210

H. S. Mason, *Strukturen und Funktionen des Phenolasekomplexes.* (Vgl. C. **1956.** 2207.) Aus den bisherigen Unterss. des *Phenolase* (**I**)-Komplexes, der 2 enzymat. Aktivitäten, *Phenol-o-hydroxylase* („*Kresolase*"; **II**) u. *o-Diphenoldehydrogenase* („*Catecholase*"; **III**), resultiert die Frage nach der chem. Grundlage der **II**-Aktivität u. nach dem Zusammenhang zwischen **II**- u. **III**-Aktivität. Vf. diskutiert einen neuen Wirkungsmechanismus der durch den **I**-Komplex katalysierten Rkk., wobei Katalyse durch das gleiche Cu-Protein („*Phenolase*") angenommen wird. In Ggw. von 1 Mol *o-Diphenol* (**IV**) werden *2 Cu^{2+}*-Atome in **I** zu Cu^+ reduziert. Da Hydroxylierung durch **I** in Abwesenheit von o-Diphenolen (**V**) oder anderen reduzierenden Agentien nicht erfolgen kann, ist die Grundlage der **II**-Aktivität red. **I**, d. h. Cu^+-Enzym. **V** wirken als spezif. **II**-Aktivatoren u. als **III**-Substrate. Da 1 Mol CO je 2 Atome **I**–Cu^+ gebunden wird, besteht wahrscheinlich die bei der **II**-Aktivität wirksame katalyt. Konfiguration in 2 benachbarten, mit dem Protein verbundenen Cu^+-Atomen. Ebenso kann sich wahrscheinlich 1 O_2 mit dieser Gruppierung verbinden. Der **II**-Wirkungsmechanismus läßt sich durch die Gleichung 1, 2 u. 3 wiedergeben: 1. Protein–Cu_2^+ + O_2 = Protein–Cu_2–O_2; 2. Protein–Cu_2–O_2 + Monophenol + 2 H^+ = Protein–Cu_2^{2+} + **IV** + H_2O; 3. Protein–Cu_2^{2+} + 2 e^- = Protein–Cu_2^+. Am Ende der Hydroxylierungsphase (2) müssen dann erneut nach Gleichung 4 2 Cu^+-Atome regeneriert werden: Protein–Cu_2^{2+} + **IV** = Protein–Cu_2^+ + o-Chinon + 2 H^+. Wahrscheinlich verlaufen die Rkk. 2, 3 u. 4 in einer Stufe: Protein–Cu_2–O_2 + Monophenol = Protein–Cu_2^+ + o-Chinon + H_2O. Diese Hypothese erklärt die enge Verknüpfung von **III**- u. **II**-Aktivität u. ermöglicht eine Deutung des leicht erfolgenden Verlustes der **II**-Aktivität bei der **I**-Reinigung, für den eine Änderung der **II**-akt. Konfiguration („geschlossene **I**", red., gegen Mono- u. Diphenole wirksames Enzym) in eine nur gegen **V** wirksame Form („offene **I**") verantwortlich gemacht wird. (Nature [London] **177.** 79–81. 14/1. 1956. Portland, Univ. of Oregon, Med. School, Dep. of Biochem.) K. MAIER. 4210

Osamu Hayaishi, Masayuki Katagiri und **Simon Rothberg,** *Der Mechanismus der Pyrocatechasereaktion.* Verss. unter Verwendung von $^{18}O_2$ u. $H_2{}^{18}O$ zur Klärung des Mechanismus der *Pseudomonas–Pyrocatechase* (**I**)-Rk. [oxydative Spaltung des Brenzcatechin zu *cis.cis-Muconsäure* (**II**)] ergaben kein ^{18}O in **II**, wenn sie in $H_2{}^{18}O$ vorgenommen wurden. In Ggw. von $^{18}O_2$ stammte aller enzymat. in **II** eingeführte O aus mol. O_2. **I** stellt eher eine *O-Transferase* als eine *Dehydrogenase* dar. Die Gesamt-Rk. verläuft ohne Wasseranlagerung, so daß **II**-Semialdehyd als Zwischenstufe der Rk. ausscheidet u. eine Verb. wie **III** als Intermediärprod. wahrscheinlicher ist. *o-Benzochinon* ist als Zwischenstufe unwahrscheinlich. Außer **I** scheinen *Homogentisicase, 3-Oxyanthranilsäureoxydase* u. *Protocatechusäureoxydase* zu einer neuen Gruppe von Metallproteinenzymen zu gehören, die unter Zerstörung der aromat. Struktur 2 O-Atome direkt an der der OH-Gruppe benachbarten Bindung einführen. (J. Amer. chem. Soc. **77.** 5450–51. 20/10. 1955. Bethesda, Nat. Inst. of Health, Nat. Inst. of Arthritis and Metabolic Dis. and Nat. Heart Inst.) K. MAIER. 4210

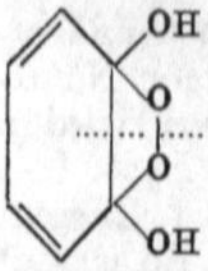

III

Madeline K. Keech, *Humanes Hautkollagen von verschiedenen Altersgruppen vor und nach Kollagenasebehandlung. Eine elektronenmikroskopische Untersuchung.* Der Abbau von humanem *Hautkollagen* (**I**) durch *Kollagenase* (**II**) kann unter dem Bild von 3 verschied. Strukturveränderungen vor sich gehen, führt jedoch in jedem Fall zum gleichen Endprodukt. Mit zunehmendem Alter verlangsamt sich der **I**-Abbau durch **II**. In 8 Fällen fand aus ungeklärten Gründen kein **I**-Angriff durch **II** statt. In patholog. Gewebe kann **I** so weit verändert sein, daß es als solches nicht mehr erkennbar ist. — 30 elektronenmkr. Abbildungen. (Ann. rheumatic Diseases **14.** 19–50. März 1955. New Haven, Conn., Yale Univ., School of Med., Sect. of Preventive Med.) F. KRUSEN. 4210

M. Ja. Golowanowa, *Die Bedingungen der Aktivierung und Hemmung der Fibrinogenase.* Es gelang, trockene u. gut lösl. Präpp. akt. *Globuline* ohne Verlust ihrer *Fibrinogenase* (**I**)-Aktivität zu gewinnen. Während der Fibrinolyse kommt es zu keiner wesentlichen Änderung des p_H. Das Optimum liegt bei 7,4 u. höher. Durchleiten von O_2 durch die Lsg. der **I** Präpp. hemmt deren fibrinolyt. Wrkg. oder hebt sie ganz auf. Durch Benutzung einer *Fibrinogen* (**II**)-Lsg. (statt Citratplasma) u. der Trockenglobuline als Enzym statt Lungenextrakten konnte eine Meth. zur quantitativen Best. der **I**-Aktivität ausgearbeitet werden, nach welcher die **I**-Aktivität aus der Menge **II** ermittelt wird, die in 10 u. 60 Min. durch 100 mg Trockenenzym zerstört wird. (Биохимия [Biochemie] **18.** 239–45. März/April 1953. Leningrad, Med. Stomatol. Inst., Lehrstuhl für Biochem.) E. RENTZ. 4210

H. T. Huang und **Carl Niemann,** *Nochmalige Bestimmung der kinetischen Konstanten für das System α-Chymotrypsin–Nicotinoyl-l-tryptophanamid.* Die Best. der K_S- u. k_3-Werte mit einem Enzympräp. anderen Ursprungs (WORTHINGTON BIOCHEM. LABOR. u. WESTERN REGIONAL RES. LABOR.) ergab so gute Übereinstimmung mit den früher erhaltenen Werten (C. **1952.** 1179 u. **1953.** 8108), daß diese kinet. Konstanten als einem Syst. zugehörig betrachtet werden dürfen, das eine reproduzierbare, charakterist. katalyt. Gattung von beträchtlicher Stabilität darstellt. — Diese Übereinstimmung besagt allerdings wenig hinsichtlich der Genauigkeit dieser Werte, da die Best. der Anfangsgeschwindigkeiten durch Anwendung des annähernd gleichen Verf. in gewissem Sinn standardisiert worden ist. (J. Amer. chem. Soc. **74.** 4713–14. 20/9. 1952. Pasadena, Pa., California Inst. of Technol., Gates and Crellin Labors. of Chem.)
E. FRÜHWALD. 4210

John R. Whitaker und **F. E. Deatherage,** *Das Verhalten von Dowex-50 als eine Aminopeptidase. Dowex-50* (**I**), ein sulfoniertes Polystyrolharz, spaltet in der sauren Form bei 104° *Glycylglycin* im Vgl. zu Acetylglycin sehr rasch. *Asparagin* wird durch **I** rascher hydrolysiert als Acetamid. **I** benötigt zur Entfaltung seiner katalyt. Aktivität als „*Aminopeptidase*" eine freie Substrat-Aminogruppe. Zwischen dieser u. der Sulfonsäuregruppe erfolgt Komplexbldg., wodurch die Peptidbindung gelockert u. leichter gespalten wird.

Die Bldg. des I-Substrat-Komplexes läßt sich mathemat. in der gleichen Weise wie bei Enzymsystemen behandeln. Die Dissoziationskonst. des Komplexes hängt von der Art des Substrats, der Temp., dem p_H u. von Inhibitoren ab (Hemmung durch Glycin, Lysin-HCl, NaCl). Ein Reaktionsmechanismus für die I-Katalyse wird diskutiert. (J. Amer. chem. Soc. **77.** 5298—5303. 20/10. 1955. Columbus, O., Ohio State Univ., Dep. of Agric. Biochem.) K. MAIER. 4210

George C. Webster und **J. E. Varner,** *Asparaginsäurestoffwechsel und Asparaginsynthese in pflanzlichen Systemen.* Vff. wiesen die Synth. von *Asparagin* aus Asparaginsäure (I) u. NH_3 in Lupinensämlingen (L.), Extrakten daraus u. in Weizenkeimen nach; im letzteren Fall sind zur Synth. Mg^{2+} u. ATP notwendig. L.-Extrakte katalysierten die Bldg. von *Asparagylhydroxamat* aus **I**, Hydroxylamin, Mg^{2+} u. ATP; die optimalen Bedingungen für diese Synth. unterscheiden sich von den Optimalbedingungen der Glutaminbildung. Es gelang nicht, mit L.-Extrakten Asparagin durch Carboxylierung von β-Alanylamid oder durch Transamidierung mit Glutamin zu erhalten. (J. biol. Chemistry **215.** 91—99. Juli 1955. Pasadena, Calif., California Inst. of Technol., Kerckhoff Labors. of Biol.) H. GOEBEL. 4210

W. Eugene Knox und **V. H. Auerbach,** *Die hormonale Kontrolle der Tryptophanperoxydase in der Ratte.* Die Wrkg. der *Tryptophanperoxydase* (**I**; spektrophotometr. gemessen an Bldg. von *Kynurenin* aus *L-Tryptophan* bei p_H 7,0) der Rattenleber wird durch Adrenalektomie erniedrigt, kann aber bei den so behandelten Tieren ebenso wie bei n. Tieren durch Behandlung mit *Cortison* (**II**) erhöht werden. Auch durch *Histidin* sowie *Epinephrin, Histamin* oder *Tryptophan* erfolgt bei n. Ratten eine Erhöhung der Aktivität von **I**; auch diese Wrkg. beruht weitgehend auf Freiwerden von **II** u. ähnlichen Hormonen. Danach wird zwischen Hormon-induzierter u. Substrat-induzierter Adaptation der **I** unterschieden. (J. biol. Chemistry **214.** 307—13. Mai 1955. Boston, Mass., New England Deaconess Hosp., Cancer Res. Inst., u. Harvard Med. School, Dep. of Biol. Chem.) A. HESSE. 4210

Jorma Erkama, Jarl Häggman und **Ö. Wahlroos,** *Die Rolle des Eisens im nitratreduzierenden System von Escherichia coli.* Die Unters. der Wrkg. eines Fe-Mangels (Fe-Geh. der Zellen in Fe-Nährlsg. 0,0216% des Trockengew., in Fe-Mangelzellen 0,0033%) auf das *Nitrat* (**I**)-reduzierende Syst. von *E. coli* ergab in synthet. **I–II**-Medium beträchtliche Hemmung der **I**-Red., während die *Nitrit*-Red. nicht beeinflußt wurde. Die Glucoseoxydation blieb bei Fe-Mangel relativ unbeeinflußt. *E. coli*-Zellen, die in Schwermetall-freiem **I–II** unter semiaeroben Bedingungen nicht wuchsen, vermochten sich in synthet. **I–II**-Medium letzteren anzupassen, wenn *Mo* (500 γ/Liter) oder *Co* (25 γ) der sterilisierten Lsg. zugesetzt wurden. Die Abtrennung des **I**-reduzierenden Syst. aus den Zellen mißlang. Ultraschalleinw. lieferte eine akt. Dispersion, jedoch die **I**-reduzierende Wrkg. des zellfreien Homogeniats während der Lagerung bei -25^0 rasch zurück. Die Fe-Mangelzellen u. deren zellfreier durch Ultraschallbehandlung gewonnener Überstand besitzen ein Enzymsyst., das *Lactat* (**III**) mit *Methylenblau.* Mit **III** als H-Donator aktiviert dieses H-übertragende Syst. die **I**-Red. durch die gereinigte Proteinfraktion aus n. *E. coli*-Zellen. *E. coli*-Zellen red. **I** mit mol. H_2 zu Nitrit. Diese Red. wird ebenfalls durch Fe-Mangel beeinflußt, was auf Mitwrkg. des Hydrogenaseenzyms als *H*-Aktivator bei der **I**-Red. hindeutet. Es wird ein Schema des Elektronentransports bei der **I**-Red. angegeben. Die Wrkg. des Fe-Mangels setzt anscheinend prim. beim *Cytochrom*-Syst. ein. (Suomalaisen Tiedeakatemian Toimituksia [Ann. Acad. Sci. fennicae], Sarja A. II. Nr. **60.** 460—70. 1955. Helsinki, Univ., Labor. of Biochem.) K. MAIER. 4210

Shigehiko Taniguchi, Hiromi Mitsui, Kaname Nakamura und **Fujio Egami,** *Hydroxylaminreduktase.* Die biol. Red. von *Nitrat* zu NH_3 erfolgt ohne Zwischenschaltung organ. Stufen durch 3 Enzyme *Nitratreduktase* (**I**), *Nitritreduktase* (**II**) u. *Hydroxylaminreduktase* (**III**): $NO_3^- \xrightarrow{I} NO_2^- \xrightarrow{II} (\ ) \rightarrow NH_2OH \xrightarrow{III} NH_3$. Aus lyophil getrockneten Zellen von 48 Std. Kulturen eines gramnegativen, aeroben Kokkus (Nr. 203) wurden **I**, **II** u. **III** nach Dialyse u. Ultraschalleinw. durch $(NH_4)_2SO_4$-Fraktionierung getrennt. **III** wurde bei $< 4^0$ Aceton- u. A.-Fällung, Adsorption an $Ca_3(PO_4)_2$-Gel u. Elution mit Phosphatpuffer (p_H 6,8) gereinigt. Die Endfraktion bestand auf Grund des Verh. bei der Elektrophorese (p_H 7,42, Ionenstärke 0,1) aus 3 Komponenten u. wies im UV ein Maximum bei 278 mμ (Proteine), nach $NaBH_4$-Red. im Sichtbaren drei kleine Maxima bei 554, 521 u. 418 mμ auf (*Cytochrom* b_4*?*). Dialyse gegen W. u. Fällung bei p_H 4,1 bewirkten weitere Reinigung von **III**, so daß elektrophoret. bei p_H 7,45 nur eine Hauptkomponente neben einem fast unlösl. Bestandteil nachweisbar war. **III** red. prakt. keine *Oxime.* *Brenztraubensäureoxim* wirkte als kompetitiver Inhibitor. Die Hemmwrkg. von Aceton, Oxalessigsäure u. α-Ketoglutarsäure beruht anscheinend teilweise auf Oximbildung. Die

Unters. der intermediären H-Übertragung im **III**-Syst. ergab, daß mindestens einer der natürlichen Elektronenüberträger für das NH_2OH-III-Syst. Flavinadenindinucleotid ist. Verss. mit Metallenzym-Inhibitoren deuteten auf eine Beteiligung von Fe an der **III**-Aktivität hin. (Suomalaisen Tiedeakatemian Toimituksia [Ann. Acad. Sci. fennicae], Sarja A. II. Nr. **60**. 200—15. 1955. Nagoya, Japan, Univ., Fac. of Sci., Chem. Inst.)
K. Maier. 4210

J. Harley-Mason, *Die Biosynthese des Indols.* Der biol. *Tryptophan*-Aufbau erfolgt bei mehreren Mikroorganismen aus *Anthranilsäure* (**I**) über *Indol* (**II**), wobei die für die **II**-Bldg. aus **I** erforderliche Komponente noch unbekannt ist. Eine in vitro-Analogie dieser Synth. besteht in der Umsetzung von *N-Methylanthranilsäure* (**III**) mit *Glykolaldehyd* (**IV**; aus Dioxyfumarsäure) in heißer wss. Lsg. zu *N-Methylindol* (**V**), das durch Wasserdampfdest. isoliert u. als *Pikrat* charakterisiert werden kann. **IV** reagiert vermutlich in der Endiolform unter Bldg. der Zwischenstufe **VI**. Eine ähnliche Rk. erfolgt mit *N-Methylanilin*, während aus Anilin oder Anthranilsäure kein **II** erhalten wird.

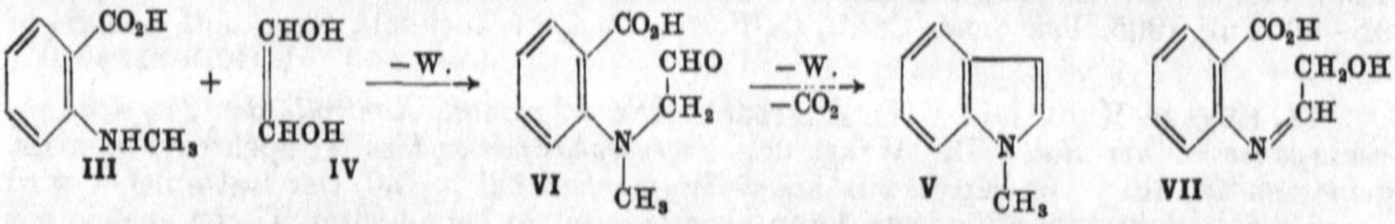

Möglicherweise entsteht hier als Intermediärprod. **VII**, das nicht cyclisiert. Sollte die Biosynth. über eine Verb. des Typs **VII** verlaufen, dann müßte **VII** enzymat. in den entsprechenden Aldehyd umgewandelt werden. **IV** könnte biol. durch oxydative Desaminierung von Serin zu *Oxybrenztraubensäure* (**VIII**) u. anschließende Decarboxylierung entstehen, oder **VIII** stellt möglicherweise die akt. Komponente dar, die bei der Kondensations-Rk. decarboxyliert wird. (Chem. and Ind. **1955**. 355. 26/3. Cambridge, Univ., Chem. Labor.)
K. Maier. 4210

Artturi I. Virtanen und **Nils-Erik Saris**, *Aus Nitrit durch Torulopsis utilis gebildete organische Hydroxylaminverbindungen.* Vff. konnten zeigen, daß es sich bei dem „*gebundenen Hydroxylamin*", das Torulopsis utilis bei der Nitrit-Red. bildet, um *Oxime* von *α-Ketosäuren* handelt. Es wird angenommen, daß die Bldg. von Aminosäuren bei grünen Pflanzen u. Mikroorganismen mit Nitrat als N-Quelle über 2 verschied. Wege abläuft: über NH_3 u. NH_2OH (Schema). Die Red. der Oximinosäuren in Organismen ist unbekannt. (Acta chem. scand. **9**. 337—39. 1955. Helsinki, Finnland, Labor. of Found. for Chem. Res. Biochem. Inst.)
H. Goebel. 4270

$NO_3 \longrightarrow NO_2 \longrightarrow NH_2OH \longrightarrow NH_3$

NH_2OH + α-Ketosäure ↓ Oxim $\longrightarrow$ α-Aminosäure

NH_3 + α-Ketosäure ↓ α-Aminosäure

A. A. Eddy und **Barbara Kirsop**, *Anreicherung von Indolverbindungen und Anthranilsäure in Kulturen von Saccharomyces cerevisiae bei Pyridoxin-Mangel.* Kulturlsgg. verschied., in Abwesenheit von *Pyridoxin* gewachsener Sacch. cerevisiae-Stämme zeigten im UV eine blaue Fluorescenz u. gaben mit Ehrlich-Reagens eine positive Rk. auf Substanzen vom Indol-Typ. Mit Hilfe chromatograph. Analysen von Ae.-Extrakten der Kulturlsgg., in welche die betreffenden Substanzen übergingen, wurden *Indol*, *Tryptophol* u. 2 weitere nichtidentifizierte mit Ehrlich-Reagens positiv reagierende Verbb. nachgewiesen. Die Fluorescenz wird durch Anthranilsäure hervorgerufen. Die Bldg. von Indol u. *Anthranilsäure* wird mit dem Tryptophan-Stoffwechsel in Zusammenhang gebracht. (J. Inst. Brewing **61** ([N. S.] **52**). 382—85. Sept./Okt. 1955. Nutfield, Surrey, Brewing Ind. Res. Found.)
D. Claus. 4270

E_3. Mikrobiologie. Bakteriologie. Immunologie.

G. N. Blinkow, *Organische Säuren als Produkte des Kohlenhydratumsatzes bei Azotobacter.* Bei ca. p_H 11 durchgeführte Verss. ergaben, daß die Reinkulturen von Azotobacter chroococcum u. Azotobacter vinelandii bei ihrem Wachstum auf 2%ig. Substrat oder Silicagel in Ggw. von Saccharose den Nährboden ansäuern u. *Ameisen*- (**I**), *Essig*- (**II**) u. *Milchsäure* (**III**) speichern. Hierbei ist in der Kultur der Geh. an **I** mehr als 3mal, an **II** fast 2mal, an **III** mehr als 2mal höher als im Substrat. Aus den Ergebnissen wird geschlossen, daß der Azotobacter zu Unrecht als absol. Laugenbildner angesehen wird. (Микробиология [Mikrobiologie] **22**. 49—53. Jan./Febr. 1953. Tomsk, Pädagog. Inst.)
O. Lebtag. 4320

Josephine O. Meinhart und **Sofia Simmonds**, *Stoffwechsel von Serin und Glycinpeptiden durch Mutanten von Escherichia coli Stamm K-12.* Die Wachstumsreaktion von 2 *Serin* (**I**) benötigenden Mutanten von *Escherichia coli K-12* (Stamm S u. S/G) auf einige

Serindipeptide bestätigt die Ansicht, daß die Verwertung des Peptid-I für das Wachstum vorherige Hydrolyse der Peptidbindung einschließt; das in Freiheit gesetzte I kann in den mit dem Wachstum verknüpften anabol. Rkk. verwertet oder desaminiert werden. *L-Serylglycin* (II) ist ein besserer Wachstumsfaktor als *L-Serin* allein oder zusammen mit *Glycin*. II wurde durch Extrakte aus Stamm S hydrolysiert u. I abgebaut; die hervorragende wachstumsfördernde Wrkg. von II kann aber nicht allein auf einem Schutz des Serinrestes vor katabol. Rkk., denen I allein unterworfen ist, beruhen. Für Stamm S/G war kein anderes Glycinpeptid außer II, einem Gemisch von I u. Glycin, als Wachstumsfaktor überlegen. Hydrolyse der Glycinpeptide scheint bei beiden untersuchten Auxotrophen eine Voraussetzung zu sein für die Verwertung der zum Wachstum benötigten Aminosäurespaltstücke. (J. biol. Chemistry **216**. 51–65. Sept. 1955. New Haven, Conn., Yale Univ., Dep. of Biochem.) H. Goebel. 4320

Veikko Nurmikko, *Anwendung des Symbiosephänomens zwischen Milchsäurebakterien auf die Untersuchung der Biosynthese von Wuchsfaktoren.* Mit Hilfe der Symbiosemeth. wurde bei *Lactobacillus arabinosus 17–5* die Biosynth. von *p-Aminobenzoesäure* (I), *Folsäure* (III) u. *Folinsäure* untersucht. Verschied. Beobachtungen sprechen für *Phenylalanin* (II) als I-Vorstufe. *Sulfanilamid* u. *Benzoesäure* hemmten die II-Verwertung durch *L. arabinosus 17–5*, wenn I in der Nährlsg. fehlte. Ohne I, II, III u. der Purine kam das symbiot. Wachstum von *L. arabinosus 17–5* u. *Streptococcus faecalis R* prakt. vollständig zum Stillstand. *p-Aminophenylessigsäure, p-Nitrophenylessigsäure, p-Nitrobenzoesäure* u. *p-Jodbenzoesäure,* nicht dagegen *Phenylessigsäure, Phenylpropionsäure, Phenylbrenztraubensäure* u. *Shikimisäure* (IV), vermochten das ursprüngliche kräftige symbiot. Wachstum wiederherzustellen u. damit I zu ersetzen. Für die Überführung von II in I wird die Reaktionsfolge: II → *p-Aminophenylbrenztraubensäure* oder *p-Aminophenylpropionsäure* → *p-Aminophenylessigsäure* vorgeschlagen. Da IV bei *L. arabinosus 17–5* II, wenn auch nur langsam, vertreten kann, stellt IV wahrscheinlich eine II-Vorstufe dar. (Suomalaisen Tiedeakatemian Toimituksia [Ann. Acad. Sci. fennicae], Sarja A. II. Nr. **60**. 216–25. 1955. Helsinki, Biochem. Inst., Labor. of Valio.) K. Maier. 4320

J. Supniewski, T. Bany und **J. Krupińska,** *Pyridinhydrazide und Thiosemicarbazone als Antituberkulostatica.* Nach bekannten Methoden wurden eine Reihe von *Pyridincarbonsäurehydrazide* u. *Pyridinaldehydsemicarbazonen* synthetisiert u. deren Na-Verbb. auf Hemmwrkg. gegenüber Bakterien untersucht. *St. aureus* oder *E. coli* werden prakt. nicht, *B. subtilis* in einigen Fällen geringfügig gehemmt. Alle Verbb. hemmen säurefeste Bakterien, *Mycobacterium phlei* u. *M. smegmatis* schwächer ab als die Erreger der menschlichen Tuberkulose u. den BCG-Stamm. Synthetisierte Verbb.: *Picolinsäure*(I), F. 134 bis 136°; 52,5% (Ausbeute); *Nicotinsäure* (II), F. 232°; 100%; *Isonicotinsäure*, F. 315–317°; 47%; *2.3-Pyridindicarbonsäure* (IV), F. 190° (Zers.); 38%; *2.4-Pyridindicarbonsäure* (V), F. 246°; 40%; *2.5-Pyridindicarbonsäure* (VI), F. 237° (Zers.); 27,8%; *2.6-Pyridindicarbonsäure* (VII), F. 224° (Zers.); 21,4%; *2.4.6-Pyridintricarbonsäure* (VIII), 227° (Zers.); 30%; I-*Äthylester*, Kp. 240–241°; 49,4%; II-*Äthylester*, Kp. 220–222°; 56,3%; III-*Äthylester*, Kp. 218°; 90%; IV-*Diäthylester*, Kp. 282°; 58,8%; VI-*Dimethylester*, F. 164°; 69,3%; VII-*Diäthylester*, Kp.$_{12}$ 187°; 49,8%; VIII-*Triäthylester*, F. 218 bis 222°; 41,4%; I-*Hydrazid*, F. 100°; 69%; II-*Hydrazid*, F. 163–164°; 94,4%; *Vanillin-[nicotinoylhydrazon]*, F. 213–216°; 89%; III-*Hydrazin*, F. 172–173°; 55,7%; *Benzaldehyd-[isonicotinoylhydrazon]*, F. 198–199°; 73,1%; *Salicylaldehyd-[isonicotinoylhydrazon]*, F. 242–244°; 88%; *Vanillin-[isonicotinoylhydrazon]*, F. 227–228°, 81,8%; *Zimtsäurealdehyd-[isonicotinoylhydrazon]*, F. 201°; 74,7%; IV-*Dihydrazid*, F. 222°; 91,5%; V-*Dihydrazid*, F. 252° (Zers.); 34,5%; VI-*Dihydrazid*, F. 268° (Zers.); 87,2%; VII-*Dihydrazid*, F. 287° (Zers.); VIII-*Trihydrazid*, F. 258,5°; 42,4%; I-*Benzolsulfohydrazid*, F. 204–205°; 75%; II-*Benzolsulfohydrazid*, F. 186–187° (Zers.); 87,5%; III-*Benzolsulfohydrazid*; F. 193°; 66,6%; IV-*Di-[benzosulfohydrazid]*, F. 195°; 68,9%; V-*Di-[benzosulfohydrazid]*, F. 246° (Zers.); 71%; VI-*Di-[benzolsulfohydrazid]*, F. 255° (Zers.); 63,2%; VII-*Di-[benzosulfohydrazid]*, F. 230,5° (Zers.); 91,5%; VIII-*Tri-[benzosulfohydrazid]*, F. 227° (Zers.); 99,3%; *Picolinaldehydthiosemicarbazid*, F. 209–210°; 23,1%; *Pyridin-3-aldehydthiosemicarbazon*, F. 223–224° (Zers.); 60,1%; *Pyridin-4-aldehydthiosemicarbazon*, F. 221° (Zers.); 18,4%; *Pyridin-2.3-dialdehyddithiosemicarbazon*, Zers. >350°; 8,7%; *Pyridin-2.4-dialdehyddithiosemicarbazon*, F. 240,5°; 74%; *Pyridin-2.5-dialdehyddithiosemicarbazon*, F. 239°; 28,7%; *Pyridin-2.6-dialdehyddithiosemicarbazon*, F. 242°; 22%; *Pyridin-2.4.6-trialdehydtrithiosemicarbazon*, F. 166°; 16,7%; *Cyanessigsäurehydrazid*, F. 115°; 77,1%; *Brenzschleimsäurehydrazid*, F. 86°; 50%. (Bull. Acad. polon. Sci., Cl. II **3**. 55–63. 1955. Cracow, School of Med., Dep. of Pharmacol.) K. Maier. 4330

Masahiko Kuroya, Nobuo Ouchi, Masami Kikuchi und **Masa Kuroya,** *Untersuchungen über antibiotische Substanzen aus Actinomyceten.* 1. Mitt. *Über die Isolierung und Klassi-*

fizierung Antibiotica produzierender Actinomyceten. Der *Asparagin–Glucose-Agar* von KRAINSKY ist zur Isolierung von *Actinomyces*-Arten aus dem Boden bes. geeignet. Die Verbreitung der Actinomyceten ist abhängig von der Beschaffenheit des Bodens, dem p_H u. der Jahreszeit bei der Probennahme. Von 1223 Stämmen hemmten die Kulturfiltrate von 157 (13%) das Wachstum von Staphylococcus aureus (Teroshima-Stamm). (Tohoku J. exp. Med. **54.** 371—83. 25/10. 1951. Sendai, Tohoku Univ., Fac. of Med., Dep. of Bacteriol. [Orig.: engl.]) R. RUTKOWSKI. 4340

Masahiko Kuroya, Nobuo Ouchi und **Masanori Katsuno,** *Untersuchungen über antibiotische Substanzen aus Actinomyceten.* 2. Mitt. *Über die Klassifizierung antibiotischer Actinomyceten durch die „Strich-Schalen-Methode“ (Sogenanntes „Primary Screening“).* (1. vgl. vorst. Ref.) Aus 1800 *Actinomyces*-Stämmen wurden mit Hilfe einer neuartigen Testmeth. 360 akt. Stämme ausgewählt u. nach ihrem antibiot. Wirkungsspektr. in 4 große Gruppen eingeteilt: a) Hemmwrkg. auf grampositive, gramnegative u. säurefeste Organismen: 56% der Stämme. b) Hemmwrkg. auf grampositive u. säurefeste Bakterien: 36%. c) Hemmwrkg. allein auf grampositive Bakterien: 4%. d) Hemmwrkg. allein auf säurefeste Organismen: 4%. Stämme, die nur gramnegative Bakterien hemmen, wurden nicht gefunden. (Tohoku J. exp. Med. **55.** 203—07. 25/2. 1952. [Orig.: engl.]) R. RUTKOWSKI. 4340

Masahiko Kuroya, Nakao Ishida, Shina Kobayashi, Jiro Konno und **Reiko Chida,** *Untersuchungen über antibiotische Substanzen aus Actinomyceten.* 3. Mitt. *Über die Identifizierung der Antibiotica von Actinomyceten durch Spezifierung der Kulturfiltrate.* (2. vgl. vorst. Ref.) 58 von 201 *Actinomyces*-Stämmen, deren Hemmwrkg. sich auf grampositive, gramnegative u. säurefeste Organismen erstreckte, wurden auf halbfestem, gegebenenfalls modifiziertem WAKSMAN-Nährboden gezüchtet u. durch die Aktivität ihrer Kulturfiltrate gegen 12 Bakterienarten identifiziert. Danach gehören 50 Stämme zur *Streptomycin–Streptothricin*-Gruppe, die in bas. Medium (p_H 7,5) aktiver sind, u. 8 Stämme zur nichtbas. Gruppe, die bei p_H 6,5 ihre größte Aktivität besitzt. Verschied. bekannte u. unbekannte Antibiotica wurden isoliert u. gereinigt. (Tohoku J. exp. Med. **55.** 209—17. 25/2. 1952. [Orig.: engl.]) R. RUTKOWSKI. 4340

Shina Kobayashi, Jiro Sato, Nakao Ishida und **Yoriko Owaki,** *Untersuchungen über antibiotische Substanzen aus Actinomyceten.* 4. Mitt. *Isolierung von Streptomycin aus Str. olivaceus.* (3. vgl. vorst. Ref.) Von 6 *Streptomycin* (**I**) produziernden Stämmen wurde einer als *Streptomyces olivaceus* (**A**) identifiziert u. seine Wachstumsbedingungen untersucht u. mit denen von *Str. griseus* verglichen. Aus dem Filtrat der Oberflächenkultur von **A** auf THORNBERRYs Medium wurde **I** als HCl-Salz in reiner Form (800 E./mg) gewonnen. Es gibt positiven SAKAGUCHI u. Maltoltest. F. des Reineckates 161—164°. (Tohoku J. exp. Med. **55.** 273—82. 25/2. 1952. [Orig.: engl.]) R. RUTKOWSKI. 4340

Masahiko Kuroya, Nakao Ishida, Ken Katagiri, Takehiko Shiratori und **Reiko Chida,** *Untersuchungen über antibiotische Substanzen aus Actinomyceten.* 5. Mitt. *„Secondary Screening“-Test von 15 Stämmen von Actinomyceten, speziell der Antagonisten säurefester Bakterien.* (4. vgl. vorst. Ref.) Von 15 Actinomycesstämmen wurden im Kulturfiltrattest in verschied. Medien 11 als mäßig aktiv gegen säurefeste Bakterien festgestellt. (Tohoku J. exp. Med. **55.** 283—88. 25/2. 1952. [Orig.: engl.]) R. RUTKOWSKI. 4340

Masahiko Kuroya, Nakao Ishida, Ken Katagiri, Jiro Konno, Masami Kikuchi und **Ryutaro Mizuguchi,** *Untersuchungen über antibiotische Substanzen aus Actinomyceten.* 6. Mitt. *Über die Eigenschaften von 5 Arten streptothricinähnlicher Substanzen.* (5. vgl. vorst. Ref.) Von 5 aus der Gruppe der gegen grampositive, gramnegative u. säurefeste Bakterien hemmend wirkenden Actinomycesstämme wurden die wirksamen Substanzen bei p_H 3,5 aus dem Kulturfiltrat als Hydrochloride isoliert u. durch chromatograph. Adsorption an Al_2O_3 oder über die Reineckate oder Helianthate gereinigt. In ihren antibakteriellen Spektren ähneln die 5 Substanzen dem *Streptothricin* u. unterscheiden sich bakteriol. u. chem. vom *Streptomycin.* (Tohoku J. exp. Med. **55.** 289—97. 25/2. 1952. [Orig.: engl.]) R. RUTKOWSKI. 4340

Masahiko Kuroya, Nakao Ishida, Ken Katagiri, Bunji Takahashi und **Takehiko Shiratori,** *Untersuchungen über antibiotische Substanzen aus Actinomyceten.* 15. Mitt. (*Vorl. Mitt.*) (Vorangegangene Mitteilungen vgl. die 6 vorst. Ref.) 8 zum *Streptothricin* (**I**)-Typ 1 u. 2 gehörende Actinomycetenstämme u. die daraus isolierten, gereinigten, akt. **I**-Hydrochloride wurden auf ihr antibakterielles Spektr. gegen 1 Streptomycinresistenten E. coli-Stamm u. 4 **I**-resistente E. coli-Stämme (**II**) getestet. Alle **II** waren resistent gegen jede der genannten Lsgg. beider Typen von **I**, so daß auf diese Weise die Typen 1 u. 2 von **I** nicht differenziert werden konnten, jedoch ließen sich mit ihrer Hilfe die Streptomyceskulturen selbst unterscheiden. (Tohoku J. exp. Med. **54.** 308. 25/10. 1951· [Orig.: engl.]) R. RUTKOWSKI. 4340

Masahiko Kuroya, Bunji Takahashi, Nakao Ishida, Ken Katagiri und **Ihoko Shimizu,** *Untersuchungen über antibiotische Substanzen aus Actinomyceten.* 16. Mitt. (*Vorl. Mitt.*) (15. vgl. vorst. Ref.) Alle *Streptomyces*-Arten, die spezif. Antibiotica produzieren, wie *Streptomycin, Streptothricin* Typus 1, 2 u. 3, *Chloramphenicol, Aureomycin,* hemmen in der Regel nicht ihre eigenen Arten, sondern nur die anderen Stämme mehr oder weniger. (Tohoku J. exp. Med. **54.** 318. 25/10. 1951. Sendai, Tohoku Univ., Fac. of Med., Dep. of Bacteriol. [Orig.: engl.]) R. RUTKOWSKI. 4340

J. Vadász und **I. Juhász,** *Bildung von Plasmaglobulen bei Salmonella enteritidis unter dem Einfluß von Penicillin und deren Rückverwandlung in die ursprünglichen Bakterienformen.* Unter der Einw. von 30—40 E. *Penicillin* auf Zellen von *S. enteritidis,* var. *Lanysz,* treten Veränderungen ein, bei denen u. a. aus zerfallenden Zellen kleinere Protoplasmaglobulen entstehen, die sich wieder über irreguläre Zwischenformen zu typ. oder atyp. Bakterien regenerieren können. (Nature [London] **176.** 168—69. 23/7. 1955. Budapest, Univ., Med. School, Inst. of Histol. and Embryol., and Inst. of Microbiol.) K. MAIER. 4340

F. Gibson, Marjorie J. Jones und **H. Teltscher,** *Die Wirkung von Antibioticis auf die Indolsynthese von Escherichia coli 7-4.* Die *Indol* (I)-Bldg. aus Glucose u. NH_4Cl durch gewaschene Zellsuspensionen der in der **I** → *Tryptophan*-Umwandlung blockierten *E. coli*-Mutante *7-4* wird durch die Antibiotica *Chloramphenicol* (**II**), *Terramycin* (**III**), *Aureomycin* (**IV**), wenig durch *Penicillin,* gehemmt. Die hierfür notwendigen Minimalkonzz. von **II—IV** entsprechen weitgehend den entsprechenden bakteriostat. Konzz. im fl. Medium von DAVIS u. MINGIOLI (J. Bacteriol. **60.** [1950.] 17). Die Hemmung von **II—IV** auf die Bldg. adaptiver Enzyme hat in bezug auf die Hemmung der Bldg. essentieller aromat. Verbb. sek. Charakter. *Streptomycin* (**V**) hemmte die **I**-Synth. in bakteriostat. Konz. ($3\,\gamma/cm^3$) nicht, sondern war erst bei höheren Konzz. wirksam. Bei maximaler **I**-Bldg. störten auch $150\,\gamma$ **V** nicht. Anscheinend blockiert **V** irgendeinen mit der **I**-Synth. zusammenhängenden adaptiven Prozeß. (Nature [London] **176.** 164. 23/7. 1955. Melbourne, Univ., Bacteriol. School.) K. MAIER. 4340

Stig K. L. Freyschuss, Stig O. Pehrson und **Borje Steenberg,** *Coliformin: Herstellung und Isolierung.* Ein spezieller *Bacillus coli*-Typ bildet in synthet. Nährlsg. (Ruhe- u. Schüttelkulturen), die *Glucose* (**I**), *NH_4-Tartrat* (**III**), KH_2PO_4, $MgSO_4$ u. als Spurenelemente Zer, Mn u. Ca enthält, rasch in guter Ausbeute *Coliformin* (**II**), ein neues fungicides Antibioticum. In Ggw. von Maltose u. Lactose erfolgen schlechte Entw. u. keine **II**-Bldg., während **I**, Fructose, Mannose u. Saccharose gutes Wachstum u. **II**-Bldg. ermöglichen. Xylose u. Arabinose wachsen nach einer ausgedehnten Latenzphase rasch unter starker **II**-Produktion. Polysaccharide werden nicht verwertet. Als N-Quelle war **III** allen anderen getesteten N-Verbb. überlegen (keine **II**-Bldg. in Ggw. von Nitrat). **II** ist selektiv aus Kulturfiltrat an *Benzoesäure* (**IV**), unter Bldg. unlösl. Ndd., adsorbiert worden. Das durch Ae.-Extraktion von **IV** getrennte Roh-**II** ist in den meisten organ. Lösungsmitteln, außer Pyridin, Phenol u. niedrigen Alkoholen, unlöslich. Das aus methanol. **II**-Lsg. mit äthanol. HCl u. Ae.-Fällung gewonnene **II**-*Hydrochlorid* (**V**) enthält, wie durch CRAIG-Verteilung u. Papierchromatographie nachweisbar, noch inakt. u. mindestens 2 akt. Komponenten. Im **V**-Hydrolysat (n-HCl, 110°, 24 Std.) sind papierchromatograph. *Alanin, Glycin, Serin, Glutaminsäure, Asparaginsäure, Lysin, Valin* u. *Leucin* nachweisbar. Das Hydrolysat gibt positive MOLISCH-Rk. auf Kohlenhydrate. Papierchromatograph. sind **I** (14,8%) u. Xylose (4,3%) nachzuweisen. **V** hat ein Mol.-Gew. von 4000 ± 400 (durch isotherme Dest. mit Pyridin als Lösungsm.), λ_{max} 272 mμ, ist in neutraler u. schwach saurer Lsg. hitzebeständig, in alkal. nicht. **II** besitzt eine breite fungicide Wirksamkeit, die sich auch auf human- u. pflanzenpathogene Pilze erstreckt, z. B.: *Candida albicans* (fungicide Dosis $0{,}6-3\,\gamma/cm^3$; verschied. Stämme), *C. tropicalis* (3), *Hormodendrum pedrosoi* (3), *Microsporum gypseum* (3), *Sporotrichum schenekii* (20), *Torulopsis neoformans* (0,6), *Trichophyton mentagrophytes* (3), *T. tonsurans* (3). (Antibiotics and Chemotherapy **5.** 218—23. April 1955. Stockholm, Swedish Forest Products, Res. Labor.) K. MAIER. 4340

Dale A. Harris, Myrle Ruger, Mary Ann Reagan, Frank J. Wolf, Robert L. Peck, Hyman Wallick und **H. Boyd Woodruff,** *Entdeckung, Entwicklung und antimikrobielle Eigenschaften von D-4-Amino-3-isoxazolidon (Oxamycin), einem neuen von Streptomyces garyphalus n. sp. gebildeten Antibioticum. Streptomyces garyphalus,* eine neue Species (gerade, sporulierende Hyphen, stäbchenförmige Conidien, Gelatineverflüssiger, Stärkehydrolyse, Nitritbldg. [aus Nitrat], Temperaturoptimum 24—37°, p_H-Optimum 7,0 bis

7,2), bildet in Schüttelkultur wie in den gebräuchlichen Fermentatoren durch aerobe Submerskulturen in einem aus Sojamehl, Glucose u. $CaCO_3$ bestehenden Medium ein neues, gegen grampositive u. gramnegative Bakterien wirksames Antibioticum, *D-4-Amino-3-isoxazolidon* (*Oxamycin*, **I**). Die I-Bldg. fällt mit dem Verschwinden des Zuckers u. dem anschließenden p_H-Anstieg zusammen. Maximale Mycelentw. u. maximale I-Konz. gehen einander parallel. Konzentrate mit in vivo-Aktivität wurden durch Entfernung von Verunreinigungen aus dem Kulturfiltrat mittels Aktivkohle u. lyophile Trocknung erhalten (R_F 0,4, 80% A.–W.). I enthält in Verbindung mit anderen Antibioticis, wie Penicillin, Oxytetracyclin, Chlortetracyclin, Chloramphenicol u. Bacitracin, eine synergist. baktericide Wirkung. (Antibiotics and Chemotherapy **5.** 183—90. April 1955. Rahway, N. J., Merck & Co., Inc., Chem. Div., Res. Labors.) K. MAIER. 4340

Ashton C. Cuckler, Bettina M. Frost, Laurella McClelland und **Morris Solotorovsky,** *Die antimikrobielle Auswertung von Oxamycin (D-4-Amino-3-isoxazolidon), einem neuen Antibioticum mit breitem Wirkungsspektrum. Oxamycin, D-4-Amino-3-isoxazolidon* (**I**), ein aus der Kultur-Fl. einer neuen *Streptomyces*-Species isoliertes Antibioticum mit breitem Wirkungsbereich, ist gegen alkal. Behandlung sehr beständig, in saurer u. neutraler Lsg. jedoch etwas instabil. **I** ist gegen grampositive Bakterien wirksamer als gegen gramnegative. Die in vivo-Aktivität liegt höher als die in vitro getestete. **I** ist oral u. subcutan gleich wirksam. Die Best. der in vitro-Wrkg. auf *M. tuberculosis* (*T. humanus, bovinus, gallinaceus*) ergab bei allen Stämmen, einschließlich Streptomycin-, Viomycin-, Isoniazid-, Pyrazinamid- u. PAS-resistenten, Hemmung durch 5—10 γ/cm³. Die therapeut. Wrkg. bei Mäusen war mit H 37 Rv-Infektion gering, in Verbindung mit *Dihydrostreptomycin* jedoch höher als mit diesem allein. Eine antifungielle Aktivität war bis zur Konz. von 100 γ/cm³ nicht feststellbar. Bei der *Rickettsia mooseri* (Castaneda-Stamm)-Infektion von Hühnerembryonen erwies sich auf Gewichtsbasis **I** als 1/10, bei infizierten (Brigham-Stamm) Mäusen als 1/50 so wirksam wie *Chlortetracyclin* (**II**). **I** besaß eine schwache Wrkg. gegenüber der Katzenviruspneumonieinfektion (Psittakosis–Lymphogranulom-Gruppe) von Hühnerembryonen. Die Spirochäte des Rückfallfiebers, *Borrelia novyi*, wird bei infizierten Mäusen durch **I** eliminiert (subcutan 1/10 der *Penicillin*-, oral $^1/_4$ der *Oxytetracyclin*-Wirksamkeit). Bei der Hühnermalaria (*Plasmodium gallinaceum*) war **I** oral u. subcutan in Dosen, die fast die maximal verträgliche erreichten, wirksam ($^1/_{20}$—$^1/_{50}$ der Chininsulfatwirksamkeit). Ferner war gegenüber *Endamoeba histolytica* eine geringe Aktivität (ca. $^1/_5$ der von **II**) feststellbar. (Antibiotics and Chemotherapy **5.** 191—97. April 1955. Rahway, N. J., Merck Inst. for Therapeutic Res.)
K. MAIER. 4340

Edward A. Kaczka, Frank J. Wolf, Fern P. Rathe und **Karl Folkers,** *Cathomycin.* 1. Mitt. *Isolierung und Charakterisierung.* Die Isolierung von *Cathomycin* (**I**), einem bes. gegenüber Staphylokokken wirksamen, neuen Antibioticum aus der neuen Actinomycesspecies *Streptomyces spheroides*, erfolgte durch Fällen der wss. Lsg. des eingedampften Kulturfiltrates mit Säure (p_H ca. 2), Lösen des Nd. in Aceton, Eindampfen, Lösen in CH_3OH, Eindampfen, Lösen des mit PAe. behandelten Rückstandes in verd. NaOH, Fällen mit HCl u. Eindampfen des Ae.-Extraktes des Nd.; **I**, $C_{30}H_{36}O_{11}N_2$ (?), 2 Formen, F. 152—154° u. 170—172°, hellgelbe Kristalle (wss. Aceton oder A., PAe.–Aceton), $[\alpha]_D^{25}$ —27° (c = 1; n-NaOH), —44° (Pyridin), UV λ_{max} 307 mμ (0,1 n NaOH), 324 mμ (0,1 HCl–CH_3OH), 304 mμ (Phosphatpuffer (p_H 7), Infrarot 5,8—6,0, 6,10, 6,21, 6,30, 6,49, 6,63, 7,4—7,6, 7,78, 7,96, 8,27, 8,60, 8,7, 9,13, 9,40, 10,0—10,1, 10,28, 10,60, 12,0—12,30, 12,60—12,75, 13,07, 13,39. **I** enthält auf Grund der potentiometr. Titration in W.–Aceton 2 saure Gruppen (p_{H1} $^1/_2$ ca. 4,7, p_{H2} $^1/_2$ ca. 10). (J. Amer. chem. Soc. **77.** 6404—05. 5/12. 1955. Rahway, N. J., Merck & Co., Inc., Chem. Div., Res. Labors.) K. MAIER. 4340

R. S. Desowitz, *Die Wirkung von Antikörpern auf den Respirationsquotienten des Trypanosoma vivax.* In Ggw. von spezif. Serumantikörpern tritt in vitro eine Lyse der Trypanosomen (**I**) ein u. führt zur Abnahme des O-Verbrauchs durch eine Lebendaufschwemmung dieser Erreger. Im WARBURG-App. (2 cm² Rinderserum + 30—60 Millionen Erreger/cm³, 1 Std. 36,5°) ergeben sich Meßwerte, die für die quantitative Bewertung der Antikörperkonz. sehr gut verwendbar sind. Bei Rindern der N'Dama-Rasse, die nach einer experimentellen Infektion mit **I** selten manifest erkranken, konnten mit dieser Meth. noch 2 Jahre später Antikörper nachgewiesen werden. (Nature [London] **177.** 132—33. 21/1. 1956. P. O. Vom, Northern Nigeria, West African Inst. for Trypanosomiasis Research.) E. FISCHOEDER. 4370

Wolfhard Weidel, *Viren. Bakteriophagen.* (Vgl. C. **1955.** 2459.) Übersicht. Freie Phagen (Morphologie, chem. Zus., Stabilität, Serologie, Virusmutanten, Strahlungseffekte), Adsorption, Verschmelzung, Vermehrung, Reifung, Genetik-Mischinfektionen,

Reaktivierungsphänomene, Lysogenese, Bactocine. — 64 Literaturangaben. (Fortschr. Bot. **17.** 856—82. 1955. Tübingen, Max-Planck-Inst. für Biol.) K. Maier. 4374

Louis W. Labaw und **Ralph W. G. Wyckoff,** *Die Molekülanordnung in Kristallen des „Southern bean"-Mosaikvirusproteins.* Es wurden elektronenmkr. Aufnahmen von Kristallen des „Southern bean"-Mosaikvirusproteins auf Kohlefilmen angefertigt. Die Kristallsymmetrie ist kubisch. Die Kristalle zeigen Flächen der Form [1 0 0], [1 1 1], [1 2 0], [1 1 3] u. vorwiegend [1 1 0]. Es liegt eine kub. dichte Packung von prakt. sphär. Mol.-Partikeln (Durchmesser ca. 230 Å) vor. Die Kantenlänge des Einheitswürfels, der 4 dieser Moll. enthält, beträgt ca. 325 Å. (Nature [London]. **176.** 455. 3/9. 1955. Bethesda, Md., Dep. of Health, Education and Welfare, Publ. Health Service, Nat. Insts. of Health, Nat. Inst. of Arthritis and Metabolic Diseases.) K. Maier. 4374

Roger G. Hart, *Die Reaktivierung eines teilweise abgebauten Tabakmosaikvirus.* Durch Erhitzung in einem Detergens wird ein großer Teil der Proteinhülle von dem aus Ribonucleinsäure bestehenden Tabakmosaikviruskern abgelöst. Ein derartiges Virus ist dann weniger infektiös. Um die Frage zu klären, ob denn die Proteinhülle bei der Virulenz eine wesentliche Rolle spielt, wurde das Virus nach einer Hitze–Detergens-Behandlung mit einem rein dargestellten Tabakmosaikvirus-Protein in einer 0,01 mol. Acetatlsg. p_H 6,0 gemischt u. nach 24 Std. auf Pflanzen verimpft. Die Virulenz erwies sich als teilweise reaktiviert. Weitere Verss. zeigen, daß der Viruskern durch die Proteinhülle gegen Ribonuclease geschützt wird. (Nature [London] **177.** 130—31. 21/1. 1956. Berkeley, Calif., Univ. of California, Virus-Labor.) E. Fischoeder. 4374

Sven Bergman, *In vitro-Untersuchungen an Antimykotica. Ein Vergleich zwischen verschiedenen Testmethoden.* 30 Antimykotica (**I**), *1.1.1-Trichlor-2-methyl-2-propanol* (*Chlorbutol*), *Propionsäure, Caprylsäure, Na-Caprylat, Undecylensäure, Phenol, Benzoesäure, Salicylsäure, p-Kresol, p-Oxybenzoesäureäthylester, p-Chlorphenyl-α-glycerinäther, 3.5-Dibromsalicylaldehyd, p-Chlorthymol, 4-Hexylresorcin, Dodecyldimethylphenylphosphoniumbromid* (*Myxal*), *2.5-Dimethylchinon, 5-Chlorsalicylanilid, 2.2'-Dioxy-5.5'-dichlordiphenylsulfid, p-[β-Diäthylaminoäthoxy]-phenylphenäthylketonoxalat, Brillantgrün, Gentianaviolett, Phenylmercuriacetat, Phenylmercuriborat* (*Merfen*), *N¹-Äthylmercuriacetylsulfonamid* (*Äthylmercurialbucid*), *5-Nitro-2-furfurylmethyläther* (*Furaspor*), *5-Chlor-7-jod-8-oxychinolin* (*Vioform*), *2-Phenylbenzimidazol, 2-Dimethylamino-6-[β-diäthylaminoäthoxy]-benzthiazoldihydrochlorid* (*Asterol*), *Borsäure,* Lsg. von Schwefelleber, wurden nach 7 verschied. in vitro-Methoden auf Wrkg. gegenüber 10 pathogenen Hautpilzen (*Trichophyton, Microsporum, Epidermophyton*) getestet. Serumzusatz zum Kulturmedium (p_H 5,5—6,5, 28°, 14 Tage) verringerte die Wrkg. mehrerer **I**. Keine der Verbb. erwies sich als Antimykoticum (Acta pathol. microbiol. scand., Suppl. **104.** 1—130. 1955. Lund, Univ., Dermato-Venereol. Klin.) K. Maier. 4380

E_4. Pflanzenchemie. Pflanzenphysiologie. Pflanzenpathologie.

C. R. Scholfield und **H. J. Dutton,** *Darstellung von Phosphatidyläthanolamin aus Sojabohnenphosphatiden.* Nach Behandlung von Sojabohnenphosphatiden mit absol. A. findet sich *Phosphatidyläthanolamin* (**I**) in der A.-lösl. wie -unlösl. Fraktion. Während eine **I**-Isolierung aus dem lösl. Anteil bislang nicht in befriedigender Weise gelang, ist dies aus der unlösl. Fraktion (**II**) möglich, z. B. a) durch Lösen von **II** mit 95%ig. CH_3OH äquilibriertem Hexan, 10fache Extraktion dieser Lsg. mit Hexan-gesätt. 95%ig. CH_3OH, Extraktion der vereinigten Fraktionen 1—5 u. 6—10 mit äquilibriertem Hexan, Entfernen des Hexan aus beiden Lsgg., Fällung mit Bleiacetat nach Klärung durch CH_3OH-Zugabe, Abtrennung von Pb aus den Filtraten als Carbonat, Einengen, Ae.-Extraktion nach Wasserzusatz u. Eindampfen des Ae.-Extraktes (Ausbeute 8,4% von **II**), oder besser nach b) durch Lösen von **II** in wassergesätt. Chlf., Fällen in CH_3OH, 5 mal Umfällen des Nd. aus Chlf. mit CH_3OH, Fällen der vereinigten **I**-haltigen CH_3OH-Filtrate mit Bleiacetat, Entfernen von Pb aus dem Filtrat, Verteilen der eingeengten Lsg. zwischen Hexan–W. u. Eindampfen des Hexanextraktes (Konzentrat mit 85% **I**; 19,8%). Das Konzentrat ist fast frei von anderen Phosphatiden u. enthält als wesentliche Verunreinigung wahrscheinlich noch Steringlykoside. (J. biol. Chemistry **214.** 633—38. Juni 1955. Peoria, Ill., U. S. Dep. of Agric., Agric. Res. Serv., Northern Utilization Res. Branch.) K. Maier. 4420

J. J. Wolken und **F. A. Schwertz,** *Molekulargewicht von Algenchloroplastin.* Vff. bestimmten das Mol.-Gew. des Chloroplastins (**I**) von Euglena gracilis (E.g.) u. Poteriochromonas stipitata (P.s.) nach Extraktion des eingeengten NaCl-Extraktes mit 2%ig. Lsgg. der N-freien Detergentien „Digitonin" (**II**; nichtion. Detergens; $C_{55}H_{90}O_{29}$) oder „Nacconal NRSF" (**III**; anion. Detergens, Alkylsulfonat) durch 2 voneinander unabhängige Methoden. Aus Pigmentkonz., Sedimentationskonstanten, N-Geh. u. Trockensubstanz der I-Detergentextrakte errechnen Vff. für E.g. I in II ein Mol.-Gew. von ~3790 u. in III von ~ 29000. Aus den geometr. Daten der Elektronenmikroskopie u. der Chlorophyllkonz. läßt sich unter der Annahme, daß die Pigmentmoll. in Einzelschichten angeordnet sind, ein Mol.-Gew. von ~21000 für E.g. u. von ~37000 für P.s. errechnen. Anwendung der gleichen Methoden auf Retinastäbchen ergaben für Rinderrhodopsin ein Mol.-Gew. von ~40000 u. für Froschrhodopsin von ~60000. (Nature [London] **177.** 136—38. 21/1. 1956. Pittsburgh, Pa., Univ., School of Med., Eye and Ear Hosp., Biophys. Res., Lab. of molecular Biol. and Mellon Inst. of Industr. Res.) E. SCHWERDTFEGER. 4420

C. V. Ramakrishnan und **K. S. Sreenivasan,** *Synthese von Thiamin durch Schimmelpilze.* Die Pilze Aspergillus flavus u. A. fumigatus erzeugen auf einem Erdnußkuchennährboden im Mycel beachtliche Mengen von Thiamin. Nach der Meth. von CLAUSEN u. BROWNS wurden Werte von 49,8 μ bzw. 46,3 μ/1 g gefunden. (Research **4.** 142—43. März 1951. Bangalore, Indien, Dep. of Biochem., Inst. of Sci.) C. GRIMME. 4425

L. J. Dewey, R. U. Byerrum und **C. D. Ball,** *Die Biosynthese des Pyrrolidinrings von Nicotin.* Mit Hilfe von $^{14}C_{(2)}$-*Ornithin* (I) wurde nachgewiesen, daß die Tabakpflanze das I-Mol. zum Aufbau des *Pyrrolidin* (II)-Rings des *Nicotins* (III) verwertet. *Nicotiana rustica*-Pflanzen wurden in einer Nährlsg. gezogen, die DL-$^{14}C_{(2)}$-I-HCl enthält, nach 14 Tagen II als Dipikrat isoliert, das hieraus erhaltene III mit wss. $KMnO_4$ oxydiert, das Filtrat eingedampft u. das beim Ansäuern gebildete CO_2, das vermutlich ausschließlich aus dem $C_{(3,4,5)}$ des II-Ringes stammt, auf Aktivität untersucht. Ca. die halbe I-Aktivität fand sich im COOH–C der entstandenen Nicotinsäure, während der Pyridinring kein ^{14}C enthielt, die andere Hälfte im II-Ring (wahrscheinlich in 5-Stellung). Weniger als 2% der III-Aktivität erschienen im N–CH_3-C-Atom, d. h., das C_α-Atom von I ist für diese Gruppe als Vorstufe unwesentlich. (Biochim. biophysica Acta [Amsterdam] **18.** 141—42. Sept. 1955. East Lansing, Mich., Michigan State Coll., Kedzie Chem. Labor.) K. MAIER. 4460

N. A. Krassilnikow und **A. P. Bessubenkowa,** *Einfluß der Bakterien auf die Aufnahme von organischen Stoffen durch Pflanzen.* Weizen, Mais u. Erbsen wurden unter sterilen Bedingungen gezüchtet. Später wurden dem Boden Penicillin (I) u. Streptomycin (II) hinzugefügt. Ein Teil des Bodens wurde mit Azotobacter chroococcum (A.ch.), Rhizobium trifoli (Rh.t.), Pseudomonas fluorescens Nr. 4 (P.f.), Bacterium sp. Nr. 25 (B.sp.) infiziert. Die Bakterien zeigten einen erheblichen Einfl. auf die Intensität der Aufnahme von I u. II durch die Pflanzen. A.ch. u. Rh.t. haben diese beschleunigt, P.f. u. B.sp. gehemmt. Die steril gezogenen Pflanzen zeigten nur unbedeutende Mengen I u. II in den unteren Teilen des Stammes. Die auf infiziertem Nährboden gezüchteten enthielten I u. II auch in den Blättern und in ihren oberen Teilen. Die von den Pflanzen aufgenommenen I u. II werden fortlaufend inaktiviert. Ausgeschieden mit den Wurzeln wird nur ein unbedeutender Teil. Bakterien produzieren also nicht nur die von Pflanzen aufgenommenen organ. Stoffe, sondern regulieren auch ihre Aufnahme durch dieselben. (Доклады Академии Наук СССР [Ber. Akad. Wiss. UdSSR] **101.** 1127—30. 21/4. 1955.) F. DU MANS. 4460

K. Aastveit und **E. Strand,** *Untersuchungen über die Atmungsgeschwindigkeit kleinkörniger Samen von verschiedenem Feuchtigkeitsgehalt und geerntet bei verschiedenen Reifegraden.* Unterss. an frisch geernteten Samen kleinkörniger Arten von Weizen, Hafer u. Gerste zeigen, daß bemerkenswerte Unterschiede in der Atmungsgeschwindigkeit dieser Getreide bestehen u. daß diese Geschwindigkeit eine Funktion des Feuchtigkeitsgeh. der Samen ist. Im Bereich von ca. 22—40% Feuchtigkeit ist die Zunahme der Geschwindigkeit linear. Sichtbare Unterschiede bestehen bei Samen, die bei früheren, u. solchen, die bei späteren Reifegraden geerntet wurden. (Acta Agric. scand. **5.** 76—84. 1954/55. Norway, Agricult. Coll.) H. BENISCHKE. 4462

L. K. Osstrowskaja, *Der Eintritt von Kupfer in die Pflanzen auf verschiedenen Torfböden.* Der Eintritt von *Cu* in die Haferpflanze hängt nicht nur vom Cu-Geh. des Torfs, sondern auch von der Beweglichkeit des Cu ab. Die Aufnahme von Cu durch die Pflanzen war aus saurem Torf 8—12 mal höher als aus alkalischem. Die geringe Beweglichkeit des Cu ist durch dessen Fähigkeit bedingt, mit verschied. organ. Stoffen Komplexverbb. zu bilden. Neutrale u. alkal. Medien sind für die Bldg. dieser Cu-Komplexe günstiger, so daß die Aufnahme des Cu durch die Pflanzen vermindert wird. Bei ungenügender Cu-Versorgung der Pflanzen vermindert sich die Aktivität der Fermente der Cu-Proteide, bes. der *Polyphenoloxydase* u. bei Getreide auch der *Ascorbinoxydase.* Dies führt bei Zuckerrübe u. Hafer zu einer Behinderung der Atmung u. der Photosynthese. Der Cu-Mangel kann bei den verschied. Torfarten bei verschied. Cu-Gehh. des Torfs auftreten; bei der einen Torfart wurde er bei einem Geh. von $2-3 \cdot 10^{-4}$%, bei einer anderen bei weniger als $6-7 \cdot 10^{-4}$% beobachtet. (Доклады Академии Наук СССР [Ber. Akad.

Wiss. UdSSR] **102.** 391—94. 11/5. 1955. Inst. für Pflanzenphysiol. u. Agrochem. der Akad. der Wiss. der UkrSSR.) A. JACOB. 4470

E. M. Shantz und **F. C. Steward,** *Die Identifizierung der Verbindung A aus Cocosnußmilch als N.N'-Diphenylharnstoff.* Bei einer Unters. über die wachstumsfördernden Stoffe in der *Milch von Cocosnüssen* waren bereits früher drei Substanzen **A, B** u. C isoliert worden (vgl. SHANTZ u. STEWARD, C. **1954.** 4644). **A** fällt aus der Cocosnußmilch bei Zusatz von Mercuriacetat in 50%ig. A., geht bei Entfernung des Hg in das Filtrat über u. kann daraus mit Ae. extrahiert werden. Bei übereinstimmenden analyt. u. opt. Daten ist die Substanz mit *N.N'-Diphenylharnstoff,* $C_{13}H_{12}N_2O$, F. 241—243,5° (aus PAe. in Nadeln) identisch. 0,1%ig. Lsgg. von **A** führen an Präpp. aus dem Wurzelgewebe von Karotten zu ausgeprägter Zellvermehrung des Phloems sofern gleichzeitig Caseinhydrolysat oder die anderen Komponenten der Cocosnußmilch vorhanden sind. Einen erstmaligen Hinweis auf die wachstumsfördernde Wrkg. von *N.N'-Diphenylharnstoff* lieferte die große Testreihe organ. Verbb. von THOMPSON, SWANSON u. NORMAN (C. **1948.** I. 1420). Die Aktivität wurde dabei zu 50% des von 2.4-D (2.4-Dichlorphenoxyessigsäure) ermittelt. (J. Amer. chem. Soc. **77.** 6351—53. 5/12. 1955. Ithaka, N. Y., Cornell Univ., Bot. Dep.) K. ZOPFF. 4485

S. H. Crowdy, *Antibiotica zur systemischen Behandlung von Pflanzenkrankheiten.* Eine neue Meth. zur Bekämpfung durch Pilze u. Bakterien hervorgerufener Pflanzenkrankheiten besteht in der innertherapeut. Behandlung mit bestimmten Antibioticis, die spezif. biol. Wrkg. besitzen, das Wirtsgewebe ohne Schädigung passieren u. gleichzeitig auf die Erreger tox. wirken. Laboratoriumsverss. zeigten, daß *Aureomycin,* in wss. Lsg. Tomatenwurzeln zugeführt, die durch *Bacterium tumefaciens* hervorgerufene Gallenentw., *Streptomycin* (u. schwächer *Terramycin*), als Paste auf die Stiele aufgebracht die Pseudomonas phaseoli-Infektion bei Feldbohnen, *Thiolutin* die Phytophthora infectans-Infektion von Kartoffeln u. *Griseofulvin* den Botrytis cinerea-Befall von Salat, die Alternaria solani-Infektion von Tomaten u. den Erysiphe graminis-Befall von Hafer verhinderten oder abschwächten. (Research **7.** 483—86. Dez. 1954. Welwyn, Hertfordshire, Imp. Chem. Inds. Ltd.) K. MAIER. 4490

M. Klinkowski, *Die Antibiotica und ihre Bedeutung in der Phytopathologie.* Übersicht über die Bekämpfung von Pflanzenkrankheiten mit Antibioticis. — 95 Literaturangaben. (S.-B. dtsch. Akad. Landwirtschaftswiss. Berlin. **III.** Nr. **17.** 1—35. 1954. Aschersleben, Deutsche Akademie der Landwirtschaftswissenschaften zu Berlin, Inst. für Phytopathol. Halle/Saale, Martin-Luther-Univ., Phytopathol. Inst.) P. LOCH. 4490

Ornella Vergnano und **James G. Hunter,** *Die Giftigkeit von Kobalt und Nickel beim Hafer.* Anatom. Unterss. ergaben, daß ein Überschuß an *Nickel* (bis 30 p.p.m.) bei Sandkultur von Hafer etwa die gleiche Wrkg. auf die Pflanzen hatte wie ein Überschuß an *Kobalt* (bis 50 p.p.m.). Dabei waren die chlorot. u. nekrot. Erscheinungen denen eines Eisenmangels sehr ähnlich. Vff. führen die zwar nicht gleichen, aber sehr ähnlichen Chloroseerscheinungen an Hafer auf verschied. Feldern in der Gegend von Aberdeenshire auf Ni- u. Co-Überschuß im Boden zurück. (Ann. Botany [N. S.] **17.** 317—28. April 1953. Aberdeen, Craigiebuckler, Macauley Inst. for Soil Res.) W. SCHUPHAN. 4495

E$_5$. Tierchemie. Tierphysiologie. Tierpathologie.

Guy Périnet und **Roger Michaud,** *Das Magnesium der Skelette maritimer Organismen.* Durch röntgenograph. Pulveraufnahmen 25 verschiedener Skelette maritimer Organismen wurde festgestellt, daß *Mg* sich nur im Calcit befindet, für dessen Gitterkonstanten sich in diesem Fall kleinere Werte ergeben, während der Aragonit sich stets rein fand. (C. R. hebd. Séances Acad. Sci. **240.** 633—34. 7/2. 1955.) H. MENKE. 4510

S. U. Gurnani und **M. B. Sahasrabudhe,** *Wirkung von Ameisensäure auf die Hydrolyse von Gewebe-(Leber)-proteinen.* Wird frisches Lebergewebe mit 5 ml 85%ig. *Ameisensäure* (**I**)/g versetzt u. zum Kochen erhitzt, so geht das Gewebe in Lösung. Es wurde die Hydrolysegeschwindigkeit mit 2n, 4n u. 6n HCl durch Formoltitration der gebildeten Aminosäuren u. Biuret-Rk. zur Erkennung restlicher Peptidbindungen untersucht. Die Hydrolysezeit wurde in jedem Fall durch die Vorbehandlung mit **I** verkürzt, während **I** allein kaum hydrolyt. Wirkungen ausübt, aber die Aminosäuren gegen Oxydation schützt. Nach Vorbehandlung reiner Aminosäuren (Glycin, Tryptophan, Glutaminsäure, Cystin, Leucin, Lysin, Phenylalanin) mit **I** u. nachfolgendem Kochen mit HCl verschied. Konzz. ließen sich diese zu 94,0—99,7% wiederfinden. Eine Vorbehandlung von Casein u. Gelatine mit **I** hatte keinen Einfl. auf deren Hydrolysegeschwindigkeiten. (Current Sci. **22.** 269—70. Sept. 1953. Bombay, Parel, Indian Cancer Res. Center.)
K. NEHRING. 4520

Roberto Arosio und **Annamaria Orlandi,** *Über die Eiweißstoffe des elektrischen Organs des Zitterrochens.* Nach der Methode von WEBER u. ESDALL ließen sich eindeutig merkliche Mengen eines Actomyosin-ähnlichen Proteins feststellen. Seine Konz. betrug 3,9% des gesamtkoagulierbaren N. Die Menge des koagulierbaren Proteins machte 2,75% des frischen Gewebes aus. (Atti Accad. naz. Lincei, Rend., Cl. Sci. fisiche, mat. natur. [8] **10.** 422—26. Mai 1951. Mailand.) C. GRIMME. 4520

Jean Roche, Gilbert Ranson und **Marcelle Eysseric-Lafon,** *Über die Zusammensetzung der Skleroproteine (Conchioline) der Muschelschalen.* Unterss. über den Geh. an *Arginin, Histidin, Lysin, Glykokoll, Leucin, Tryptophan, Thyrosin, Valin, Cystin, Methionin u. Serin* innerhalb der Prismenschicht (*Calcit*) u./bzw. der Perlmuttschicht (*Aragonit*) bei *Meleagrina margaritifera, Pinna nigra, Pinna nobilis, Gryphaea angulata, Ostrea edulis Pecten maximus, Turbo marmorata* u. dem Stachelhäuter *Arbacia aequituberculata.* Die Gehh. an *Aminen* sind artspezif. verschied., ebenso kommen den einzelnen Schichten (*Calcit bzw. Aaragonit*) spezif. *Pseudokeratine* zu. (C. R. Séances Soc. Biol. Filiales **145.** 1474—77. Okt. 1951.) F. LÜPNITZ. 4520

G. C. Wood, *Die Stabilisierung von Elastin durch ein Polysaccharid.* Gereinigtes *Elastin* (I) enthält interfibrillär ein Polysaccharid, das sich zum großen Teil mit alkal. 10%ig. $CaCl_2$-Lsg. extrahieren läßt u. das in seiner Zus. — es enthält SO_4^{2-}, Galaktosamin u. eine Uronsäure — der *Chondroitinschwefelsäure* (II) ähnelt. Da **II** jedoch im Incubationsversuch von unfraktionierter *Elastase* (**III**) nicht angegriffen wurde, muß es sich um ein anderes Polysaccharid handeln. Für **I**-Fasern ergibt sich für die Abhängigkeit 0—20%ig. Dehnung von der Belastung eine lineare Kurve. Extraktion mit 10%ig. alkal. $CaCl_2$-Lsg. hat hierauf weder bei der gereinigten noch bei der kollagenhaltigen I-Faser (A) einen Einfl., Hyaluronidase-Einw. vermindert nur die Belastbarkeit von A, während Behandlung mit **III** in beiden Fällen schließlich zur Belastbarkeit 0 führt. Danach erscheint es zweifelhaft, ob das in **I** vorhandene Polysaccharid eine wesentliche Rolle hinsichtlich der **I**-Stabilität spielt. (Biochem. J. **55.** XXXIV. Dez. 1953. Leeds, Univ., Dep. of Med.) W. KÖNIGSDORF. 4520

Rodolfo R. Brenner, Abel R. San Martín und **Pedro Cattaneo,** *Die chemische Zusammensetzung der Fettablagerung im Mesenterium von Pterodoras granulosus (Armado).* Im Mesenterium des Süßwasserfisches Armado aus dem Río de la Plata findet sich Fett mit JZ. 65,0—68,3. Als Hauptbestandteile werden Palmitin- u. Stearinsäure u. ungesätt. Säuren C_{18} —2,3 H, als Nebenbestandteile ungesätt. Säuren C_{20} —3,6 H, *Palmitöl-, Myristin-, Myristol-* u. *Arachinsäure* in mit dieser Reihenfolge abnehmenden Mengen. Ölsäure wird in den „fl." Fraktionen von Pb-Salzen durch sein Deriv. 9.10-Dioxystearinsäure nachgewiesen. Die Absorptionsspektrophotometrie im UV zeigt Maxima, die der Octadecadien- u. Octadecatriensäure entsprechen. Die Mengenverhältnisse der C_{16}-, C_{18}- u. C_{20}-Säuren entsprechen den auch sonst bei Süßwasserfischen gefundenen, die Menge der ungesätt. Säuren ist geringer, wie auch schon bei Prochilodus lineatus festgestellt, vielleicht infolge der Diät. (An. Asoc. quím. argent. **42.** 95—107. Juni 1954. Buenos Aires, Fac. de Ci. exact. y natur., Cát. de Bromatol. y Anál. industr.) R. K. MÜLLER. 4520

Roland Lenel (unter Mitarbeit von **Louis Fage**), *Ergänzung zum Artikel über die carotinoiden Pigmente im Rückenschilddach der Krabbe Carcinus maenas Pennant.* Vff. bearbeiten nach der Pigmentbest. des Gesamttieres (C. **1954.** 8615) die im Rückenschilddach enthaltenen Pigmente. Das pulverisierte Rückenschilddach wird mit PAe. ausgezogen. Die Lsg. wird von einer Al_2O_3-Säule orangerot adsorbiert. Durch methanolgesättigten PAe. wird die goldgelbe Komponente des Pigments frei gemacht u. spektrometr. als *Xanthophyll* identifiziert. Die zurückgebliebene rosaviolette Pigmentkomponente wird mit PAe., der mit Essigsäure gesättigt ist, entfernt u. als *Astaxanthin* identifiziert. Das Pigment des Rückenschilddachs von Crustaceen setzt sich demnach aus zwei einander sehr ähnlichen Carotinoiden zusammen, deren Adsorption am $CaCO_3$ des Rückenschildes dem Vorgang an der chromatograph. Absorptionskolonne entspricht. (C. R. hebd. Séances Acad. Sci. **240.** 2020—22. 16/5. 1955.) R. LENSCHAU. 4520

Denis L. Fox, *Astaxanthin beim Amerikanischen Flamingo.* Ausgehend von der Beobachtung, daß Flamingos (Phoenicopterus ruber) in der Gefangenschaft die leuchtendrosarote Färbung von Federn u. Haut verlieren, unternahm Vf. Fütterungsverss. mit Schalen von Panulirus interruptus, nachdem von anderer Seite das Vorhandensein eines astacinähnlichen Carotinoides in Flamingofett nachgewiesen wurde. Bei so gefütterten Tieren wurde die Entw. kräftiger Hautfärbung erzielt. *Astaxanthin* wurde in den Federn, jedoch nicht in Fett u. Organen nachgewiesen (Nature [London] **175.** 942—43. 28/5. 1955. La Jolla, Calif., Univ. of California, Div. of Biochem., Scripps Inst. of Oceanography.) F. KRUSEN. 4520

Leonard B. Kirschner, *Über den Mechanismus des aktiven Natriumtransportes auf der Froschhaut.* (Vgl. C. **1956**. 7878.) Vf. nimmt an, daß der elektrochem. Transport von Na-Ionen auf der Froschhaut die Bldg. eines Komplexes zwischen Na u. einem Trägermolekül erfordert, das in der Membran vorhanden ist. Auf dieser Basis werden Gleichungen abgeleitet, die sich auf Zu-, Ab- u. Netzfluß des Ions beim Baden jeder Hautseite in vitro beziehen. Der Verlauf der Konzentrationskurven entspricht den Gleichungen; Abweichungen davon werden erörtert. (J. cellular comparat. Physiol. **45**. 61—87. Febr. 1955. Copenhagen, Univ., Labor. of Zoophysiol., Dep. of Biol., Isotope Res.) REINHARD HÜTTENRAUCH. 4550

Charles F. Code und **Geoffrey Watkinson,** *Die Bedeutung der Innervation durch den N. vagus bei der die Magensäureproduktion regulierenden Wirkung durch Säure im Duodenalinhalt.* Wie Infusionsverss. von Säure in das Duodenum beim Hund ergaben, bewirkt Säurung des Duodenalinhalts eine starke Hemmung der vagusinnervierten Mucosa des Magens, welche nach Unterbrechung der Vagusinnervation völlig aufgehoben ist. Reizung der Magensekretion durch Fleischmahlzeiten oder *Histamin.* (J. Physiology **130**. 233—52. 28/10. 1955. Rochester, Minn., Mayo Clinic and Mayo Found., Sect. of Physiol.) WOLFGANG ALBRECHT. 4555

Frank L. Engel und **James L. Scott jr.,** *Die Rolle der Hormone bei der Glykogensynthese im Fettgewebe der Ratte: Die Nebennierenrinde.* (Vgl. C. **1951**. I. 742.) Das Glykogen im dorsalen interscapulären Fett von Ratten wird durch die Gabe von *ACTH* oder Nebennierenextrakt auch bei intrastomachaler Glucoseverabfolgung nicht verändert. Dagegen waren bei adrenalektomierten Tieren die Werte bei fastenden Tieren die gleichen. Nach Glucosegabe aber war keine Zunahme gegenüber den fastenden Tieren wie bei den nicht adrenalektomierten Ratten zu finden. Wird Glucose mit *Insulin* u. *Cortison* gegeben, so steigt das Glykogen im Fett stärker an als ohne Cortison. (Endocrinology **48**. 56—69. Jan. 1951. Durham, Duke Univ., Dep. of Med.) G. GERBER. 4558

F. G. Sternina, *Über den Einfluß von Synöstrol auf die Fettlipoide des Blutes bei Kranken mit Atherosklerose. Synöstrol* (I), ein synthet. Östrogen, wurde 55—75 Jahre alten Frauen mit Atherosklerose in Dosen von 0,001 g 3 mal täglich verabreicht u. bewirkte nach 10 Tagen in der Mehrzahl der Fälle eine Herabsetzung des erhöhten Neutralfett- u. Cholesteringeh. im Blut. Niedrige Cholesterinreste wurden normalisiert. Der Lecithin-Cholesterin-Koeff., welcher bei der Atherosklerose häufig etwas herabgesetzt ist, steigt unter **I** in der Mehrzahl der Fälle an, bei einigen Patienten bleibt er unverändert, während er in den seltenen Fällen mit erhöhtem Wert zur Norm gesenkt wird. (Терапевтический Архив [Therap. Arch.] **26**. Nr. 3. 38—72. Mai/Juni 1954. Nowosibirsk, Inst. für Ärztefortbildung, Therapeut. Klinik.) E. RENTZ. 4559

Fred V. Lucas, Harold A. Neufeld, James G. Utterback, Arlene P. Martin und **Elmer Stotz,** *Einfluß von Östrogen auf die Bildung einer Peroxydase im Uterus der Ratte.* Injektion von *Diäthylstilböstrol* oder *17 β-Östradiol* bewirkt bei ovarektomierten Ratten eine ausgeprägte *Peroxydase* (**I**)-Wrkg. im Uterus, deren Stärke von der injizierten Hormonmenge abhängt u. die 72 Std. nach der Injektion ihr Maximum erreicht. Demnach scheint ein Zusammenhang zwischen **I** u. dem Stoffwechsel von n. u. anomal wachsendem Gewebe zu bestehen. (J. biol. Chemistry **214**. 775—80. Juni 1955. Rochester, N. Y., Univ. of Rochester, School of Med. and Dent., Dep. of Biochem. and Path.) A. HESSE. 4559

D. Pauline Alexander, J. F. D. Frazer und **J. Lee,** *Die Wirkung von Steroiden auf die Erhaltung der Gravidität bei kastrierten Ratten.* Am 9. Tag der Gravidität wurden bei trächtigen Ratten die Feten bis auf 6 operativ entfernt u. am gleichen oder am 17. Tag der Gravidität die Kastratation durchgeführt. Im allg. erfolgte 2 Tage nach Kastration Verlust der Frucht nach Injektion von *Progesteron* oder *Desoxycorticosteronacetat* (*DCA*) blieb die Resorption aus bzw. wurde ihre Häufigkeit herabgesetzt. *Testosteron, Testosteronpropionat, Äthisteron, ACTH, Cortison* u. *Methyltestosteron* hatten auf die Resorption der Feten keinen Einfluß. (J. Physiology **130**. 148—55. 28/10. 1955. London, St. Mary's Hosp., Med. School, Dep. of Physiol., and Charing Cross Hosp., Med. School.) WOLFGANG ALBRECHT. 4559

M. F. Aisenberg, *Änderung der Schamfuge unter dem Einfluß von Hormonen.* In Verss. an 70 3 Monate alten jungfräulichen Meerschweinchen ließ sich nach täglichen subcutanen Injektionen von *Follikelhormon* (**I**; 500 I.E.) in Kombination mit *Gelbkörperhormon* (**II**; 1 K.E.) über 15 Tage sowohl palpator. als auch röntgenolog. eine deutliche Auflockerung u. Erweiterung der Schamfuge feststellen. **I** allein ist weniger, *Prolanol* (50 I.E.) noch weniger u. der Harn schwangerer Frauen (1 ml) am wenigsten wirksam, während **II** für sich allein völlig wirkungslos ist. Auf Grund obiger Versuchsergebnisse wird die Auffassung von HISAW über einen angeblich spezif. Einfl. von **II** auf die Auflockerung der Symphyse abgelehnt. (Проблемы Эндокринологии и Гормонотерапии

[Probleme Endokrinol. Hormontherap.] **1.** Nr. 3. 99—102. Mai/Juni 1955. Kurort-Verwaltung des Gesundheitsminist. der UkrSSR, Kurort-Poliklinik.) E. RENTZ. 4559

D. Je. Alpern, *Über die Eigenschaften eines Hypophysenextraktes und dessen Beziehungen zum adrenocorticotropen Hormon. Mesophysin* (**I**), ein vorwiegend aus dem Mittel- u. teilweise aus dem Hinterlappen der Hypophyse hergestellter wss. bzw. alkoh. wss. u. Acetonextrakt, hatte experimentell u. klin. eine ähnliche Wrkg. wie das *adrenocorticotrope Hormon* (**II**) u. enthielt auch das Melanophorenhormon. **I** war sogar stärker wirksam als ein aus dem Hypophysenvorderlappen hergestellter Extrakt. Aus den Verss. wird geschlossen, daß an der Bldg. von **II** alle Teile der Hypophyse beteiligt sein können. (Проблемы Эндокринологии и Гормонотерапии [Probleme Endokrinol. Hormontherap.] **1.** Nr. 3. 16—18. Mai/Juni 1955. Charkow, Med. Inst., Lehrstuhl für Pathol. Physiol.) E. RENTZ. 4560

E. Engel, M. L. Helmreich, J. Hertoghe und **R. Borth,** *Änderungen der Plasmawerte der 17-Oxycorticosteroide im Verlauf des 24 Stunden-Tages und nach Zufuhr von ACTH.* Vff. fanden, daß die Plasmawerte für *17-Oxycorticosteroide* (**I**) mit 16,4 γ/100 ml $\pm$ 3,8 γ bei jungen Männern morgens nüchtern zwischen 8^{00} u. 8^{30} Uhr am höchsten sind. Während des 24 Std.-Tages ändern sich die Werte u. sind bes. zwischen Mitternacht u. 4^{00} Uhr früh sehr niedrig. Die Eosinophilen im Blut nehmen grundsätzlich zwischen 8^{00} u. 12^{00} Uhr ab, im Laufe der Nacht steigen ihre Werte an. Es scheint eine gewisse Parallele zwischen den Änderungen der Steroidwerte im Blut u. der stündlichen Urinausscheidung der Corticosteroide zu bestehen. Intramuskuläre Injektion einer Einzeldosis von *ACTH* läßt die **I**-Werte im Plasma mit einem Maximum nach 2—3 Std. ansteigen. (Semaine Hôpitaux Paris **31.** 70—78. 6/1. 1955.) K. BÖHM. 4561

A. M. Utewski und **M. L. Butom,** *Einfluß der Erregung des Zentralnervensystems auf einige Prozesse des Adrenalinumsatzes in der Gefäßwand und in den Nebennieren.* (Vgl. C. **1953.** 3266.) Nach Verabreichung von 1 ml 5%ig. *Coffein* (**I**) je 1 kg Körpergewicht erhöht sich bei einem Teil der als Versuchstiere benutzten Kaninchen der *Adrenalin* (**II**)-Geh. in der Gefäßwand u. in den Nebenieren. *Dehydroadrenalin* (**III**) ist dabei in der Gefäßwand nicht nachzuweisen. Zufuhr von **II** während der **I**-Wrkg. führt zu keiner gesetzmäßigen Veränderung des **II**-Geh. in der Gefäßwand, während Zufuhr von **III** gewöhnlich den **II**-Geh. herabsetzt. In den Nebennieren nimmt die Menge von **II** u. **III** während der **I**-Wrkg. ab. Aus den Verss. wird geschlossen, daß der funktionelle Zustand des Zentralnervensyst. für den **II**-Umsatz von Bedeutung ist. (Биохимия [Biochemie] **18.** 195—200. März/April 1953. Charkow, Ukr. Inst. für exp. Endokrinol., Biochem. Abt.) E. RENTZ. 4561

Claude J. Migeon, *Einfluß des Cortisons auf die Serumlipide, Leber und Testes bei normalen und adrenalektomierten Ratten.* Nach erfolgter Adrenalektomie wurden bei den Versuchsratten 15 mg *Desoxycorticosteronacetat* (*Percorten*; **I**) implantiert. Um den Einfl. des Cortisons zu prüfen, wurden täglich 4 mg *Cortisonacetat* (**II**) (0,5 ml in 0,9%ig. NaCl-Lsg.) 28 Tage lang subcutan injiziert. Die Ergebnisse zeigen, daß **II** bei n. Ratten den Cholesteringeh. u. den *Lipid-P* (**III**) des Serums erhöht, während bei adrenalektomierten Ratten, die **I** erhalten hatten, diese Zunahme nicht festgestellt werden konnte. Hier wurde dagegen ein beträchtlicher Anstieg des Leber-**III** beobachtet, welcher zur Norm zurückkehrte nach Verabreichung von **II**, das bei n. Ratten keinen Einfl. auf den Leber-**III**-Geh. zeigte. Die **II**-Therapie verursachte bei n. u. adrenalektomierten Ratten eine Abnahme des Testesgewichtes, übte jedoch keinen Einfl. aus auf den Cholesterin- u. **III**-Geh. der Testes. (Proc. Soc. exp. Biol. Med. **80.** 571—74. Aug./Sept. 1952. Baltimore, Md., Johns Hopkins Univ., School of Med., Dep. of Pediatr., and Johns Hopkins Hosp., Harriet Lane Home.) H. P. FIEDLER. 4561

L. Benda, H. Ellegast und **E. Rissel,** *Über die Verteilung der Körperflüssigkeit bei chronischer Verabreichung von Nebennierenrindenhormonen.* Nüchterne, von Medikamenten freigehaltene u. in Bettruhe befindliche Patienten erhielten 10—14 Tage lang entweder *Desoxycorticosteron, Cortison* oder *Substanz „S“* (REICHSTEIN). Zu Beginn u. nach Beendigung des Vers. wurde das Plasmavol. mit Kongorot, der Hämatokrit u. unter Auswertung dieser Werte die Blutmenge, ferner der Thiocyanatraum u. die Gesamtwassermenge mit Antipyrin ermittelt. Eine eindeutige Wrkg. der genannten Nebennierenrindenhormone auf die Verteilung der Körper-Fl. kann jedoch nicht nachgewiesen werden. Wenn nach Verabreichung von Nebennierenrindenhormonen Ödemneigung oder Ödeme beobachtet werden, so unterliegen diese bisher nicht erkannten Bedingungen, woraus gefolgert wird, daß Störungen des Wasserhaushaltes nach Verabreichung von Nebennierenrindenhormonen möglich sind, aber nicht unbedingt auftreten müssen. (Wiener Z. inn. Med. Grenzgebiete **36.** 382—88. Sept. 1955. Wien, I. Med. Univ.-Klinik.) H. P. FIEDLER. 4561

S. T. Ssamoilowa und **N. K. Beljajewa,** *Der Einfluß einiger Hormone auf den Blutdruck und den Blutkreislauf der Niere bei Hunden.* An 14 Hunden, davon 5 mit experimenteller renaler Hypertonie (durch Kompression der Nierenarterien) u. 2 mit spontaner Hypertonie, wird festgestellt, daß *Adrenalin* (**I**; 1—2 ml 1: 1000 subcutan), *Pituitrin* (**II**; 0,5—1 ml intravenös) u. *Insulin* (**III**; 0,7—1 ml intramuskulär) den peritubulären Blutkreislauf unter gleichzeitiger Steigerung des Blutdruckes herabsetzen, während *Desoxycorticosteronacetat* (**IV**; 20 mg in Form der 1%ig. öligen Lsg. intramuskulär) denselben steigert u. *Folliculin* (**V**; 5000—10000 I.E. intramuskulär) ihn unbeeinflußt läßt. Gleichzeitig wird der glomeruläre Blutkreislauf durch **I** unwesentlich u. durch **IV** gar nicht verändert, durch **II** herabgesetzt u. durch **V** gesteigert. Der glomeruläre Blutkreislauf nach **III** wurde nicht untersucht. (Проблемы Эндокринологии и Гормонотерапии [Probleme Endokrinol. Hormontherap.] **1.** Nr. 3. 103—07. Mai/Juni 1955. Moskau, Therapeut. Inst. der Akad. der Med. Wiss. der UdSSR.) E. RENTZ. 4561

L. M. Golber und **M. P. Ratnijetze,** *Änderung der glykämischen Reaktion auf Zufuhr von Adrenalin unter dem Einfluß von Natriumbromid bei der experimentellen toxischen Hepatitis.* In Verss. an Kaninchen mit experimentell erzeugter Hepatitis (durch Zufuhr von täglich 0,25 ml/kg CCl_4 über 3 Tage) ist die glykäm. Rk. auf *Adrenalin* (0,25 ml 1: 1000/kg subcutan) abgeschwächt, kann aber durch Verabreichung von *NaBr* (3 ml 10%ig/kg täglich) wieder normalisiert werden. Nach Meinung der Vff. verstärkt NaBr die Prozesse der Hemmung der Großhirnrinde u. verhindert dadurch die Verarmung der Leber an Glykogen. (Проблемы Эндокринологии и Гормонотерапии [Probleme Endokrinol. Hormontherap.] **1.** Nr. 3. 92—94. Mai/Juni 1955. Riga, Med. Inst., Lehrstuhl für Pathol. Physiol.) E. RENTZ. 4561

Donald Earl Bernstein und **Ilse Enoch,** *Die Wirkung der Hypoglykämie auf Ratten mit Nebennierentransplantaten im Zwischenhirn.* Bei bilateral adrenalektomierten Ratten bewirkt die Injektion von *Alloxan* innerhalb von 2 Std. Tod durch hypoglykäm. Krampf. Wird aber bei Tieren nur eine Nebenniere entfernt u. die andere in das Gehirn oder die Niere autotransplantiert, so überleben sie diese Behandlung. Dadurch wollen Vff. indirekt beweisen, daß die Sekrete der Nebennierenrinde, die am Kohlenhydratstoffwechsel beteiligt sind, nicht in der Leber zerstört werden. (Proc. Soc. exp. Biol. Med. **78.** 215—17. Okt. 1951. San Francisco, Calif., Mount Zion Hosp., Dep. of Pathol.) H. SCHEURLEN. 4561

François Gros, Serge Bonfils und **Michel Machebœuf,** *Der Einfluß von Cortison auf den Gehalt an Nucleinsäure in verschiedenen Geweben.* Die Behandlung mit *Cortison* (**I**) bewirkt in der Leber von Kaninchen eine frühzeitige Abnahme des Geh. an *Desoxypentosenucleinsäure* (**II**), während der Geh. an **II** in Milz, Gehirn, Muskel u. Niere leicht erhöht wird. Der Geh. an *Pentosenucleinsäure* bleibt dabei in allen untersuchten Geweben unverändert. Das *Desoxycorticosteronacetat* zeigt keine Wirkung. Die *Carboxylase* wirkt gegenüber **I** antagonistisch. (C. R. hebd. Séances Acad. Sci. **233.** 990—92. 22/10. 1951.) H. LAMP. 4561

B. N. Halpern, B. Benacerraf und **M. Briot,** *Schutzwirkung des Cortisons beim hämorrhagischen, traumatischen und toxischen Schock beim nebennierenlosen Tier. Mögliches Zusammenwirken mit Adrenalin.* Die Mortalität von nebennierenlosen Ratten durch hämorrhag. Schock (Entnahme von ca. 50% des gesamten Blutes u. Retransfusion) wird durch *Cortison* (**I**)-Gabe wesentlich kleiner. Die mit **I** behandelten Tiere zeigen dabei eine geringere Blutdruckabnahme u. nach Retransfusion erreicht der Blutdruck, im Gegensatz zu den Verhältnissen bei den unbehandelten Kontrolltieren, bald wieder Normalwerte. Der durch 2std. Abbinden der hinteren Extremitäten erzielte traumat. Schock durch Ischämie bewirkt bei den nebennierenlosen Ratten fast 100%ig. Mortalität. Die Mortalität der mit **I** behandelten Tiere war = 0. Bei nebennierenlosen Mäusen beträgt die letale Dosis für *Histamin* 0,5 mg/20 g, durch **I**-Behandlung steigt sie auf 2,5 mg/20 g, durch *Adrenalin* (**II**) auf 5 mg/20 g u. nach kombinierter Behandlung mit **I** u. **II** beträgt sie 50 mg/20 g u. ist damit ebensogroß wie die letale Dosis bei n. Tieren. (C. R. Séances Soc. Biol. Filiales **145.** 1770—75. Dez. 1951.) H. SCHEURLEN. 4561

Robert Vargues, *Chemischer Nachweis der antiinflammatorischen Wirkung des Cortisons: Hemmung der Euglobin I_1 (nach Sandor)-Bildung.* Das *Euglobin I_1* (**I**) ist nach SANDOR ein nur unter patholog. Bedingungen in größeren Mengen auftretendes seröses Globulin der Histiocyten u. kann als Zeichen der inflammator. Rk. gewertet werden. Man kann nun durch Inoculation von Ratten mit *Plasmodium berghei* eine künstliche Inflammation hervorrufen, wobei der **I**-Spiegel von 0,3—0,5 auf 2,0—5,0 g/1000 ml Serum ansteigen kann. Cortison (2—20 mg/Tier) setzt bei diesen Tieren den **I**-Spiegel auf 0,5 bis 0,8 g/1000 ml Serum herab. (C. R. hebd. Séances Acad. Sci. **235.** 838—39. 13/10. 1952.) H. P. FIEDLER. 4561

Louis Chedid und **Fernand Boyer**, *Die antitoxische Wirkung von Desoxycorticosteron in Verbindung mit Cortison.* Vff. injizieren Mäusen subcutan 2 mg bzw. 0,1 mg *Cortison* (**I**) bzw. 0,5 mg *Desoxycorticosteron* (**II**) neben 0,1 mg **I** u. geben ihnen 1 Std. nach der Injektion 0,3 mg des glucido-lipoiden Antigens aus Salmonella enteritidis. In einer 2. Versuchsserie werden Ratten, die eine subcutane Injektion von 5 mg **I**, 0,5 mg **I**, 0,5 mg **I** + 2 mg **II** bzw. 2 mg **II** allein erhalten haben, mit Typhusbakterien infiziert. Die Injektion von **I** u. **II** wird in beiden Versuchsserien wiederholt u. über 4 bzw. 8 Tage durchgeführt. Die Versuchsergebnisse zeigen, daß zwar beide Hormone synerg. Wirkungen besitzen, daß aber **I** allein, wiederholt injiziert, die Widerstandsfähigkeit des Tieres gegen Endotoxine vermindert, während **II** allein injiziert auch bei größeren Dosen ohne Wrkg. ist. Erst **I** + **II** zusammen injiziert ergeben eine Schutzwrkg. gegen Toxine ohne Verminderung der Widerstandsfähigkeit des Tieres bei längerer Behandlung. **II** wirkt also der tox. Wrkg. des **I** entgegen. (C. R. Séances Soc. Biol. Filiales **146.** 1677—79. Nov. 1952.) P. FAHRNLAENDER. 4561

Adrian M. Ostfeld und **Harold G. Wolff**, *Arterenol* (*Norepinephrin*) *und vasculärer Kopfschmerz beim Migränetyp.* Verabfolgung von 4 cm^3 *Arterenol* (0,2%ig, Tropfinfusion) führte in den meisten Fällen von 116 an Migräne leidenden Patienten zum Verschwinden der Kopfschmerzen u. zum Rückgang der Ödeme. — Diskussion des Wirkungsmechanismus. (A. M. A. Arch. Neurol. Psychiatry **74.** 131—36. Aug. 1955. New York, Hosp.-Cornell Med. Center, Dep. of Med. and Psych.) W. DRECHSLER. 4561

Jens Ugland, *Cortisonbehandlung einer Hautkrankheit, Akrodermatitis enteropathica, bei einem Fall von cystischer Pankreasfibrose.* Krankenbericht über die erfolgreiche *Cortison* (**I**)-Behandlung einer Hauterscheinung, die als Akrodermatitis enteropathica (AE) angesehen wurde, u. die in Begleitung einer cyst. Pankreasfibrose auftrat. Es wird die Möglichkeit diskutiert, daß AE immer im Laufe einer Pankreasfibrose auftritt. Es wird ferner über die guten Erfolge einer versuchsweisen **I**-Behandlung von Coeliakie berichtet. (Acta paediatrica [Uppsala] **41.** 483—93. Sept. 1952. Oslo, Univ. Clin., Pediatr. Dep.) H.-J. KOCH/Berlin. 4561

Hans Selye, *Die Vermeidung der Wirkungen von Cortisonüberdosierungen durch somatotropes Hormon* (*STH*). Verss. an Ratten mit *Cortison* (**I**) u. bzw. oder *somatotropem Hormon* (**II**) in verschied. Dosen zeigten, daß **II** nicht nur die Wachstumshemmung durch **I** kompensiert, sondern sogar an manchen Erfolgsorganen antagonist. gegenüber **I** wirken kann. Herz, Niere, Leber oder andere Organe, die durch **I** oder **II** Größenzunahme erfahren, zeigen bei kombinierter Behandlung mit **I** u. **II** n. Gewichtsverhältnisse. (Amer. J. Physiol. **171.** 381—84. Nov. 1952. Montreal, Quebec, Can., Univ., Inst. of exp. Med. and Surg.) H. SCHEURLEN. 4561

G. M. Shull, J. L. Sardinas und **R. C. Nubel**, *Papierchromatographie von Steroiden.* Das Filtrierpapier wurde in eine 13%ig. Lsg. von $Al_2(SO_4)_3 \cdot 18\,H_2O$ getaucht, anschließend 15 Std. einer NH_3-Atmosphäre ausgesetzt u. 6 Std. in W. gewaschen. Um 32 natürliche u. substituierte Steroide zu trennen, waren 5 Verteilergemische erforderlich: 1. Hexan (**I**), 2. **I**–Ae. (19: 1), 3. **I**–Ae. (15: 5), 4. Ae., 5. unvorbehandeltes Papier mit mit W. gesätt. Benzol. Es wurde aufsteigend mit 0,005 ml bei 4—8° chromatographiert. Das fertige Chromatogramm blieb 20 Min. in einer Cl_2-Atmosphäre, wurde danach mit einer Lsg. von 380 g $SbCl_3$ in 100 ml Essigsäureanhydrid besprüht, getrocknet u. im UV-Licht geprüft. Für Steroide mit einer 21-Oxy-20-ketoseitenkette eignete sich auch eine Mischung aus 20 g KOH, 20 ml W. u. 100 ml 95%ig. A. mit 0,5 g Triphenyltetrazoliumchlorid als Entwickler. Die zum Nachw. erforderlichen Mindestmengen lagen zwischen 0,5 u. 5 γ. — Bestimmte funktionelle Gruppen hemmten die Wanderungsgeschwindigkeit, u. zwar in der Reihenfolge Carboxyl $>$ Hydroxyl (**II**) $>$ Carbonyl $>$ Ester. Prim. **II** hatte einen größeren Effekt als sek. oder sogar tertiäres. Konjugierte Doppelbindungen im Kern erniedrigten den R_F-Wert. Bei der Unters. biol. Materials befriedigte die Meth. nicht, wenn auch *Stigmasterin, Sitosterin* u. *Ergosterin* (in pflanzlichen Ölen u. in Pilzen) sowie KENDALLs *Verbb. A* u. *F*, *Cortison* u. *Corticosteron* (in Nebennierenrindenextrakt), nachgewiesen werden konnten. (Arch. Biochem. Biophysics **37.** 186—98. Mai 1952. New York, Biol. Res. Labor. of Chas. Pfizer & Co.) D. DRESSLER. 4561

Je. A. Kolli, *Trijodthyronin, ein neues Hormon der Schilddrüse.* Übersicht über die physikal.-chem. Eigg., die Biosynth. u. die pharmakol. Wrkg. an Hand der Literatur. — 24 Literaturangaben. (Проблемы Эндокринологии и Гормонотерапии [Probleme Endokrinol. Hormontherap.] **1.** Nr. 3. 119—22. Mai/Juni 1955. Allunions-Inst. für exp. Endokrinol., Biochem. Abt.) E. RENTZ. 4562

W. Tong, Alvin Taurog und **I. L. Chaikoff**, *Nichtthyreoglobulinjod der Schilddrüse.* 1. Mitt. *Freies Thyroxin und Dijodtyrosin.* Vff. gewannen nach Injektion von ^{131}J aus Rattenschilddrüsen durch Homogenisieren u. Extraktion mit wenig eiskalter, 0,9%ig.,

0,01% NaOH enthaltender NaCl-Lsg. ein Präp., das nach Papierchromatographie u. autoradiograph. Identifizierung der Flecke von *Thyreoglobulin* (I), *Thyrosin* (II), *Dijodtyrosin* (III) u. anorgan. J^- zur quantitativen Analyse der J-Verteilung diente. Freies II u. III enthielten je ca. 0,5% des Gesamtjods, also ca. 100mal mehr als die Proteine des Plasmas. Da 3 Std. nach Injektion die spezif. Aktivität des J in I höher war als in II u. III, u. da es nicht gelang, II u. III als Vorstufen von I nachzuweisen, vermuten Vff., daß die Jodierung des Tyrosins zu III u. II im Proteinmol. erfolgt. (J. biol. Chemistry **191**. 665—75. Aug. 1951. Berkeley, Calif., Univ. of California, Div. of Physiol.)
W. ZILLIG. 4562

Alvin Taurog, W. Tong und **I. L. Chaikoff,** *Nichtthyroglobulinjod der Schilddrüse. 2. Mitt. Anorganisches Jod.* (1. vgl. vorst. Ref.) Die früher verwendete papierchromatograph. Meth. wurde zur Unters. von Salz- u. Trichloressigsäureextrakten aus Schilddrüsen von Ratten, Kaninchen, Hunden u. Schafen angewandt, die ^{131}J durch Injektion erhalten hatten. Das ^{127}J der anorgan. Fraktion wurde chem. bestimmt. Das gefundene anorgan. J (a. J.) war nur ca. 1% (0,6—2%) des Gesamt-J der Drüse, also viel weniger als mit bisherigen Methoden gefunden wurde. Es wird angenommen, daß die vorliegende Meth. viel spezifischer für die Best. des a. J. ist. Trotz des absol. geringen Geh. der Drüse an a. J. ist dessen Konz. mindestens 500mal größer als im Serum. Nach Behandlung mit *Propylthiouracil* ist alles von der Schilddrüse aufgenommene ^{131}J anorganisch. (J. biol. Chemistry **191**. 677—82. Aug. 1951. Berkeley, Univ., School of Med., Div. of Physiol.)
J. SCHWAIBOLD. 4562

Le van Hung und **Paul Delost,** *Beeinflussung der Kropfwirkung von PAB und Sulfanilamid bei der Ratte durch Natriumacetat.* Verglichen wurde die Wrkg. von *p-Aminobenzoesäure* (I) u. seinem *acetylierten Deriv.* (II) auf die Schilddrüse von Ratten. II wurde zu 2,5% unter das Futter gemischt, nach 1 Monat wurden die Tiere getötet u. histolog. untersucht. Bei I-haltigem Futter waren die Schilddrüsen hypertrophiert im Vgl. zu den Tieren mit II-haltigem oder n. Futter. Ferner ergab Zusatz von *Na-Acetat* (III) 12,5 bzw. 24% deutliche Schutzwrkg. gegenüber I. Die *Sulfanilamid* (IV)-Wrkg. wird durch III nicht beeinflußt, IV-Hypertrophie war größer als mit I. (C. R. Séances Soc. Biol. Filiales **146**. 665—67. Mai 1952. Paris, Labor. de Physiol gén. de la Sorbonne.)
H. DOSSMANN. 4562

A. Ss. Bresslawski und **N. W. Ssimon,** *Experimentelle Untersuchung der thyreostatischen Aktivität von Kaliumperchlorat.* Wie Verss. an weißen Ratten ergaben, ist $KClO_4$ (I; täglich 10 mg/100 g) thyreostat. wirksamer u. senkt den Grundumsatz intensiver als *Methylthiouracil* (II) in äquimol. Dosen. Die strumigene Wrkg. von I ist geringer als bei II, auch fehlen sonstige tox. Nebenwirkungen. Wie Verss. mit radioakt. J ergaben, blockiert I die J-Speicherung in der Schilddrüse ähnlich wie II. Auf Grund obiger Ergebnisse wird die klin. Erprobung von I an Stelle von II bei Thyreotoxikosen empfohlen. (Проблемы Эндокринологии и Гормонотерапии [Probleme Endokrinol. Hormontherap.] **1**. Nr. 3. 25—32. Mai/Juni 1955. Charkow, Ukrain. Inst. für exp. Endokrinol., Abt. für Histophysiol. u. Abt. für Hormonchem.) E. RENTZ. 4562

Richard Valencia, *Veränderungen des Na, K, und Mg-Gehalts von Plasma nach Verabreichung von Insulin.* 25 I.E. *Insulin* (I) rufen beim Menschen nach 45 Min. schwere Schocksymptome hervor. Dabei sind Blutzucker u. Plasma-K stark erniedrigt, während Plasma-Mg auf $>$ 30% des Ausgangswertes erhöht ist. 3—5 Std. später sind die Ausgangswerte wiederhergestellt. Ähnliche K-, Mg- u. Blutzuckerkurven wurden bei Kaninchen, denen in 150 Min. 2mal 4 I.E. I verabreicht wurden, beobachtet. Ca u. Na waren kaum verändert. (C. R. hebd. Séances Acad. Sci. **241**. 244—46. 11/7. 1955.)
F. W. VAN KLAVEREN. 4564

A. N. Petrowa, *Über die Störung der Glucoseaufnahme durch die Leber beim Alloxandiabetes.* Unterss. von Lebergewebebrei u. Leberschnitten von Kaninchen, die durch *Alloxan* (160—170 mg/kg) diabet. gemacht wurden, ergaben, daß im Gegensatz zur Norm die Aufnahme von Glucose durch die Leberzellen gehemmt ist. Die hierfür verantwortlich gemachte Permeabilitätsverminderung der Leberzellen wird als eine der wesentlichsten Ursachen für die diabet. Hyperglykämie angesehen. (Проблемы Эндокринологии и Гормонотерапии [Probleme Endokrinol. Hormontherap.] **1**. Nr. 3. 80—85. Mai/Juni 1955. Physiol.-Chem. Labor. der Akad. der Wiss. der UdSSR.) E. RENTZ. 4564

Daniel Santenoise, Thérèse Santenoise, Michel Polonovski und **Georges Michel,** *Fraktionierung von Vagotonin in zwei Hormonen von unterschiedlicher physiologischer Aktivität.* Die durch Pankreatomie hervorgerufene starke Verminderung der parasympath. u. der chem. Reizbarkeit der Atmungszentren kann durch Injektion von *Vagotonin* (I)-Extrakt wiederhergestellt werden. Wie Reinigungsverss. zeigten, beruht die Wrkg. von I auf Anwesenheit zweier Hormone. Hierbei wurde I-Extrakt aus Pferdepankreas mit Li_2SO_4 bei verschied. p_H fraktioniert gefällt u. die Löslichkeit des Proteines durch N-Best. ermittelt. Die verschied. Löslichkeit der Proteine ist nach Vff. eine Beweis für die Ggw. von mindestens 2 homogenen Fraktionen. Die weniger lösl. Fraktion (ca. $^1/_5$ der Gesamtmenge) wirkt nur auf die Reizbarkeit der Atmungszentren, während der besser lösl. Anteil (ca. $^4/_5$ der Gesamtmenge) nur auf die parasympath. Reizbarkeit Einfl. hat. (C. R. hebd. Séances Acad. Sci. **232.** 447–48. 29/1. 1951.) R. GRAU. 4564

M. A. Gubernijew, I. G. Kowyrew und **M. D. Uschakowa,** *Der Einfluß von neuralen und humoralen Faktoren auf die Synthese von Polynucleotiden und Adenosintriphosphorsäure in der Bauchspeicheldrüse des Hundes.* (Vgl. C. **1951.** II. 840.) Bei Einw. von *Sekretin* (I) nimmt im Pankreas von Hunden die Menge der *Desoxyribonucleinsäure* (II) um 18,3–74,1% (im Mittel 33,13%), die der *Ribonucleinsäure* (III) um 8–45% (22,7%) zu, die der *Adenosintriphosphorsäure* (IV) um 31–83% (54,6%) ab. Bei Vagusreizung mit Induktionsstrom nimmt **II** um 5–60% (20,3%), **III** um 6–31% (16,65%) zu. Bei Novocainblockade des oberen Halsganglion u. des Vagus geht die Sekretion von Pankreassaft bei **I**-Einw. um fast 50% zurück; die Änderung der Zus. der *Polynucleotide* erreicht bis zu 59% (im Mittel 28,4%). Ihre Menge, bes. die der **IV**, nimmt nicht ab, dagegen wird die Eiweißausscheidung um bis 31% (21,9%) vermindert. (Вопросы Медицинской Химии [Fragen med. Chem.] **1.** 252–55. Juli/Aug. 1955. Moskau, Inst. für biol. u. med. Chem. der Akad. der Med. Wiss. der UdSSR u. Lehrstuhl für Physiol. des Pädagog. Lenin-Inst.) R. K. MÜLLER. 4564

H. M. Gerson, *Vorläufiger Bericht über die erfolgreiche Behandlung von peptischen Geschwüren mit Extrakten aus Zirbeldrüse und Tuber cinereum.* Von der Beobachtung ausgehend, daß im Experiment durch Läsionen im Bereich des Hypothalamus u. Tuber cinereum Schleimhautläsionen im Magen–Darm-Trakt, Hämorrhagien oder Ulcera hervorgerufen werden können u. daß *Zirbeldrüsenextrakte* den Blut-P-Spiegel beeinflussen, wandte Vf. bei über 100 Patienten mit Ulcus ventriculi u. duodeni eine mehrjährige Behandlung mit Extrakten von Zirbeldrüse u. Tuber cinereum an. Gemessen an der Häufigkeit der Schmerzattacken, Gewichtszunahme u. Arbeitsfähigkeit wirkte das in Tablettenform gegebene Präp. bei den chron. Geschwüren günstig. (Acta med. scand. **145.** 370–81. 27/5. 1953. London, Marylebone Road.) P. G. SCHEURLEN. 4565

S. Yokoyama, *Acetylcholingehalt der Muskelschichten des Verdauungstraktus und des Herz- und Gefäßsystems von Hunden.* Vf. gibt den *Acetylcholin*-Geh. (in γ) der Muskelschichten verschied. Teile des Verdauungstraktus u. des Kreislaufsyst. von Hunden an. Einerseits weisen das Duodenum (2,41), andererseits die speziellen Herzmuskeln (1,75), also ausgesprochen automotor. Muskelpartien, den höchsten Acetylcholingeh. auf. (C. R. Séances Soc. Biol. Filiales **149.** 850–51. April 1955. Hukusima, Fac. de Méd.) H. KOCKERT. 4569

Lucie Arvy und **D. Quivy,** *Beziehungen zwischen der Anzahl der Labrocyten und dem Histamingehalt in den verschiedenen Abschnitten des Verdauungsapparates beim Hund.* Von den einzelnen Abschnitten des Verdauungsapp. werden Schnitte hergestellt, mit Toluidinblau angefärbt, u. ihr Labrocytengeh. mkr. bestimmt. Dabei wird ein Anwachsen der Labrocytenkonz. bis zum Magen u. nachfolgend eine Verminderung zum Darmende hin festgestellt. Die gleiche Verteilung wird auch bei der Best. des Histamingeh. beobachtet. Vff. schließen aus beiden Ergebnissen, daß das *Histamin* in den Labrocyten enthalten ist. (C. R. Séances Soc. Biol. Filiales **149.** 658–62. April 1955.) R. LENSCHAU. 4569

Olaf Klamerth, *Zur Frage der Histaminbindung an Plasmaproteine.* Dialyseverss. haben gezeigt, daß in rein wss. Lsg. sowohl *Albumin* als auch in etwas geringerem Ausmaße *Globulin Histamin* zu binden vermögen, während in Pufferlsgg. infolge Konkurrenz der im Überschuß vorhandenen Alkaliionen keine dialysefeste Fixierung des organ. Kations stattfindet; daß zwischen Albumin u. Histamin jedoch auch in Pufferlsg. zwischen p_H 5,0 u. 8,0 Bindung besteht, konnte durch die beobachtete Verschiebung der Extinktionsmaxima von Histamin gezeigt werden. Die Verschiebung ist im alkal. Bereich größer als im sauren. (Biochem. Z. **327.** 62–71. 1955. Berlin-Dahlem, Max-Planck-Inst. für vergleichende Erbbiol. u. Erbpathol., Abt. für Gewebeforsch.) H. GOEBEL. 4569

W. T. Beraldo, *Substanz U — ein blutdrucksenkendes und die glatte Muskulatur anregendes Prinzip im Urin.* Es wird in Urin von Hunden ein muskelkontrahierender, blutdrucksenkender Anteil (*Substanz U*; **I**) festgestellt, dessen Wrkg. durch Zusatz von *Chymotrypsin* oder *Bothrops jaraca* aufgehoben wird. **I** ist dialysierbar, thermolabil, wird durch Kochen von Säuren u. Laugen zers., wird durch Ultrazentrifugieren nicht entfernt, kann aber an Permutit adsorbiert, jedoch nur unvollkommen desorbiert werden. Anreicherung von **I** ist bisher nicht gelungen. Vf. vermutet in **I** ein Polypeptid oder eine Substanz mit Peptidbindungen. (Amer. J. Physiol. **171.** 371–77. Nov. 1952. São Paulo, Brasilien, Univ., Med. School, Dep. of Physiol.) H. FINDEISEN. 4569

O. I. Moissejewa, *Zur Frage der Teilnahme der Leber an der Regulation der Zusammensetzung des Blutes.* 1. Mitt. *Änderung des Blutes bei experimenteller Hepatitis und mechanischer Gelbsucht von Kaninchen.* Bei Zufuhr von CCl_4 (0,3 ml/kg Körpergewicht 3 Tage) zur Erzeugung einer tox. Hepatitis des Kaninchens steigt der *Hämoglobin*-Geh. um 7—24%, der Geh. an Reticulocyten um 1—4%. Die Monocyten nehmen um 10—25% zu. Der *Bilirubin*-Geh. des Blutserums steigt bis 12,4—99,6 mg% an. Bei Unterbindung des Gallenzuflusses zum Zwölffingerdarm nimmt der Bilirubingeh. des Blutserums allmählich zu, wobei die Bilirubinämie in den Grenzen von 49,9 u. 1597,8 mg% schwankt. Die Leukocytenformel wird dahin verändert, daß der %-Geh. der segmentkernigen Pseudoeosinophilen, der Stäbchenkernformen u. der Monocyten zunimmt. In den gefärbten Abstrichen steigt die Zahl der Normoblasten auf 26 je 200 Leukocyten an. Während bei der tox. Hepatitis der Durchmesser der Erythrocyten zunimmt, nimmt er bei der mechan. Gelbsucht ab. (Бюллетень Экспериментальной Биологии и Медицины [Bull. exp. Biol. Med.] **37.** Nr. 6. 33—36. Juni 1954.) O. Lebtag. 4572

O. I. Moissejewa, *Zur Frage der Teilnahme der Leber an der Regulation der Zusammensetzung des Blutes.* 2. Mitt. *Änderung der Zusammensetzung des Blutes nach teilweiser Denervierung der Leber.* (1. vgl. vorst. Ref.) Bei 14 Katern wurde die Leber denerviert. Während der ersten 10 Tage wurde eine nur mäßige Leukocytose mit Vermehrung der polynuclearen Neutrophilen beobachtet. Nach 1 Woche nahm das Hämoglobin um 12—30% ab, unmittelbar danach die Erythrocytenzahl um 24—55,8%. Morpholog. Veränderungen der Zellen traten nicht ein. Es wurde auch keine Vermehrung, eher eine Verminderung, der Reticulocyten beobachtet. Die Anämie hielt ca. 2 Monate an; darauf trat Besserung ein; eine Rückkehr zur Norm war jedoch auch nach 4 Monaten noch nicht erreicht. Die Unters. des Knochenmarkpunktats ergab keine Anhaltspunkte für eine Störung der Erythro- bzw. Leukopoese. Vf. nimmt eine Störung des Übertritts der Erythrocyten in das periphere Blut an. Die Rk. des Blutsyst. auf das Aufblasen des Magens blieb bei Tieren mit denervierter Leber normal. Histolog. Veränderungen der Leber konnten bei diesen Tieren nicht festgestellt werden. Eine ähnliche Entw. der Anämie tritt auch nach Denervierung des Carotissinus der Milz u. nach Entfernung der Bauch- u. oberen Halsknoten des Sympaticus auf. Das Trauma des Nervensyst. wird als Grundursache dieser Veränderungen angenommen. (Бюллетень Экспериментальной Биологии и Медицины [Bull. exp. Biol. Med.] **38.** Nr. 8. 29—32. Aug. 1954. Leningrad, Physiol. Pawlow-Inst. der Akad. der Wiss. der UdSSR, Labor. für Physiol. der Receptoren; 1. Med. Inst., Klinik für Propädeutik der inneren Krankheiten.) F. du Mans. 4572

O. I. Moissejewa, *Zur Frage der Teilnahme der Leber an der Regulation der Zusammensetzung des Blutes.* 3. Mitt. *Änderung der Zusammensetzung des Blutes bei der Reizung der Chemoreceptoren der Leber.* (2. vgl. vorst. Ref.) In Verss. mit Kaninchen blieb bei Laparotomie in 18% der Fälle die Zahl der Leukocyten unverändert; 30% zeigten einen mittleren Anstieg um 3000/mm³, 52% eine Abnahme von 2000/mm³. Unabhängig von der Leukocyten-Rk. auf die Laparotomie bewirkte ein Reiz der Leber durch *Acetylcholin* (I) oder *Nicotin* (II) zunächst eine Leukopenie von 15—90 Min. Dauer (15—80%ig. Abnahme der Leukocyten), dann eine 200—300%ig. Zunahme. Zahl der Erythrocyten u. Hämoglobingeh. nahmen häufig während oder nach dem Reiz durch **I** oder **II** zu, unabhängig von der Leukocytenreaktion. In dem aus den Capillaren der Leber entnommenen Blut war die Leukocytenzahl während der Leukopenie stark erhöht. Bei der Reizung der Chemoreceptoren erfolgte demnach eine Abwanderung der Leukocyten nach der Reizstelle. Wurden die Receptoren der Leber durch 2%ig. Novocain ausgeschaltet, so trat nach **I**- oder **II**-Reiz keine Leukopenie auf; die Zahl der Leukocyten blieb 1½ bis 2 Std. ohne Veränderung. Die Änderung der Leukocytenzahl durch Reizung der Receptoren der Leber ist keine spezif. Reaktion. (Бюллетень Экспериментальной Биологии и Медицины [Bull. exp. Biol. Med.] **38.** Nr. 10. 19—21. Okt. 1954.) O. Lebtag. 4572

S. P. Masouredis und **L. R. Melcher** (unter techn. Mitarbeit von **Patricia Miller** und **Roswell Reed**), *Blut-, Plasma- und „Globulinraum" von Meerschweinchen, bestimmt unter Verwendung von mit ¹³¹J markiertem Kaninchenglobulin.* (Vgl. C. **1951.** II. 2204.) Das durchschnittliche Blutvol. wurde zu 7,53 ± 0,71 ml/100 g (Körpergewicht), das Plasmavol. zu 3,94 ± 0,37 ml/100 g u. der „Globulinraum" zu 7,58 ml/100 g bestimmt. Einzelheiten vgl. Original. (Proc. Soc. exp. Biol. Med. **78.** 264—66. Okt. 1951. San Francisco, Calif., Univ., School of Med., Nat. Cancer Inst.) F. Krusen. 4572

Suzanne Bazin, Roger Robineaux und **Albert Delaunay,** *Über den Glykogengehalt der polynuclearen Leukocyten.* In Dosen von 250 γ auf 100 g Tier (Ratte) führt ACTH eine Erhöhung des intraleukocytären Glykogens um ungefähr 40/100 herbei. Die Erhöhung bei größeren Dosen (500—2000 γ/100 g Tier) hält sich in den gleichen Grenzen. (C. R. Séances Soc. Biol. Filiales **145.** 1855—57. Dez. 1951. C. N. S. R. Inst. nat. d'Hygiène, Inst. Pasteur.) D. Itzerott. 4573

Richard Kuhn und **Hussein Ghaleb Osman,** *Über die serologische Spezifität von* D- *und* L-*Fucosiden.* Die Hemmung der Hämagglutination menschlicher O(H)-Erythrocyten durch Aalserum mittels *Fucosiden* (I) hat hinsichtlich Konst. u. Konfiguration folgende Voraussetzungen: 1. L-Konfiguration, 2. pyranoside Struktur, 3. α-Konfiguration an $C_{(1)}$ von **I**. Von den 4 aus Frauenmilch isolierten L-**I** wiesen nur *Fucosidolactose*, die die 3 Bedingungen erfüllt, eine mäßige u. eines der isomeren *Pentasaccharide* eine sehr geringe Aktivität auf, während diese erwartungsgemäß zwischen derjenigen von L-*Fucose* (**II**) u. von den L-**II**-Reste enthaltenden Blutgruppensubstanzen (**III**) liegen sollte. Die Oligosaccharide der Frauenmilch nehmen nicht nur chem., sondern auch serolog. eine Sonderstellung ein. Die große serolog. Wirksamkeit von **III** wird anscheinend noch durch ein weiteres Bauprinzip im **II**-freien Teil bewirkt.

Versuche: *α-Äthyl-D-fucopyranosid*, $C_8H_{16}O_5$, F. 146°, aus D-**II** (vgl. Chem. Ber. **88.** [1955.] 1135), $[\alpha]_D^{18}$ 190° (c = 1; W.). — *β-Äthyl-D-fucopyranosid*, $C_8H_{16}O_5$, F. 94 bis 95°, aus der Mutterlauge vorst. Verb. über die *K-Acetatverb.*; $[\alpha]_D^{23}$ −21,7° (c = 2; W.). *K-Acetatverb.* (**IV**), F. 220°, $[\alpha]_D^{22}$ −14,0° (c = 2; W.). — *β-Äthyl-L-fucopyranosid*, $C_8H_{16}O_5$, F. 94—95°, 1,5 g **IV** in W. mit Amberlite IR-120 15 Min. schütteln, Filtrat u. Waschwasser im Vakuum (35—40°) eindampfen, trocken in Essigester lösen, etwas PAe. zusetzen, Nadeln im Hochvakuum sublimieren (10^{-3} Torr, 110—120°); $[\alpha]_D^{20}$ 21,2° (c = 2; W.). Weitere getestete Fucoside: *D-Fucopyranose, α-Methyl-D-fucopyranosid, L-Fucopyranose, α-Methyl-L-fucopyranosid, β-Methyl-L-fucopyranosid, β-Äthyl-L-fucopyranosid, α-Methyl-L-fucofuranosid, β-Methyl-L-fucofuranosid, Fucosidolactose, Pentasaccharid I, II* u. *Hexasaccharid* aus Frauenmilch. (Hoppe-Seyler's Z. physiol. Chem. **303.** 1—8. 1956. Heidelberg, Max-Planck-Inst. für Med. Forsch., Inst. für Chem.)

K. Maier. 4573

M. W. Bawina und **M. G. Kritzman,** *Untersuchung des Eiweißumsatzes bei der experimentellen Atherosklerose. Elektrophoretische Bestimmung der Eiweißfraktionen des Blutes bei der experimentellen Atherosklerose.* Die Entw. der experimentellen Cholesterin-Atherosklerose des Kaninchens ist, wie Vff. mit Hilfe der Elektrophorese nachweisen, nicht nur von einer Zunahme der *β-Lipoproteide*, sondern auch von einem Absinken der *Albumin*-Konz. u. einer Zunahme des *γ-Globulins* neben dem *β-Globulin* begleitet. Die angegebenen Veränderungen werden als Resultat der spezif. Wrkg. der im Überschuß vorhandenen freien u. gebundenen Lipide auf diejenigen Fermentsysteme angesehen, welche Bldg. u. Zerfall der Eiweißfraktionen des Blutes katalysieren. (Доклады Академии Наук СССР [Ber. Akad. Wiss. UdSSR] [N. S.] **88.** 313—16. 11/1. 1953. Therap. Inst. der Akad. der Med. Wiss. der UdSSR.) E. Rentz. 4574

A. F. Grischajew, *Die Dynamik des Prothrombins des Blutes während der Schwangerschaft.* Die Unters. des *Prothrombin* (**I**)-Geh. im Blut bei 144 Frauen mit n. Schwangerschaft ergab eine progressive Zunahme von **I**, beginnend mit dem 2. Monat. Nach 4½ Monaten ist **I** im Vgl. zur Norm um 26% erhöht. Zwischen dem 5. u. 8. Monat ist der **I**-Geh. etwas niedriger, im 9. Monat jedoch wieder erhöht (30—34% über der Norm). Die Geburt erhöht den **I**-Index noch weiter (um 68%). Mit der Zunahme von **I** nimmt die Dauer der Gerinnung ab. 7 Tage nach der Geburt ist der **I**-Index wieder normal. Auch am Kaninchen beobachtet man ähnliche **I**-Veränderungen (Zunahme, beginnend mit dem 8. Tage, Erhöhung kurz vor der Geburt um 31%, Normalisierung 4 Tage nach der Geburt). (Акушерство и Гинекология [Geburtshilfe u. Gynäkol.] **1953.** Nr. 2. 43—45. März/April. Saratow, Med. Inst., Physiol. Labor.) E. Rentz. 4574

John B. Field, Leonard Spero und **Karl Paul Link,** *Der Prothrombin- und Fibrinogenmangel bei neugeborenen Hunden und Lämmern.* Neugeborene Hunde zeigen in den ersten 48 Std., neugeborene Lämmer in den ersten 78 Std. starke Prothrombin- u. Fibrinogendefizite, die durch *Vitamin K* nicht beeinflußbar sind. (Amer. J. Physiol. **165.** 188—94. 1/4. 1951. Madison, Wis., Univ. of Wisconsin, Dep. of Biochem.)

J. Jürgens. 4574

R. A. Rutberg, *Zur Frage der katalytischen Beschleunigung der Plasmakoagulation.* In Vergleichsverss. wird je 1 cm³ *Citratplasma* mit 2,0—0,015 mg 5%ig. $CaCl_2$ (**I**) u. pulverförmigen Substanzen (*Infusorienerde, Al_2O_3, Talk, Fibrin, akt. Kohle, Kaolin, Quarz* usw.) versetzt. Ohne letztere nimmt die Koagulationsgeschwindigkeit (KG) bei Verminderung des **I**-Zusatzes von 2 auf 0,5 mg ab (45 Min. gegen 15 Min.). Bei weiterer Verminderung der **I**-Menge findet überhaupt keine Koagulation mehr statt. Bei Verss. mit einem Katalysator verursachen noch 0,06 mg **I** eine Koagulation. Es wird angenommen, daß Ca^{2+} an der Thrombinbldg. nicht unmittelbar teilnimmt, sondern nur zur Einleitung der Umwandlung von Prothrombin in Thrombin erforderlich ist, die dann als Ketten-Rk. an der Kontaktoberfläche stattfindet. Am wirksamsten ist Infusorienerde. Die Zusatzmenge ist von untergeordneter Bedeutung. Wird der Zusatzstoff nach

10—20 Min. entfernt u. dann erst I zugegeben, dann ist die KG in fast allen Fällen erhöht. Bei 24std. Einw. des Zusatzes erfolgt keine Koagulation nach I-Zugabe. (Доклады Академии Наук СССР [Ber. Akad. Wiss. UdSSR] [N. S.] **89.** 535—38. 21/3. 1953. Zentralinst. für Hämatol. u. Bluttransfusion.) R. K. MÜLLER. 4574

Merrill E. Speeter, Richard V. Heinzelmann und **David I. Weisblat,** *Synthese von Serotonin-Kreatininsulfat des vasoconstrictorischen Prinzips des Blutserums. Serotonin (5-Oxy-3-β-aminoäthylindol, 5-Oxytryptamin)* wurde aus *5-Benzyloxyindol* folgendermaßen dargestellt: Überführung in *5-Benzyloxyindolacetonitril,* Red. mittels $LiAlH_4$ zu *Benzyloxytryptamin* (*Hydrochlorid,* $C_{17}H_{18}ON_2 \cdot HCl$, F. 248—250°), katalyt. Debenzylierung mittels 10%ig. *Pd*-Kohle, Zugabe von H_2SO_4 u. schließlich *Kreatininsulfat.* Die Substanz wurde analyt. mittels Infrarotabsorption u. biol. mit *Serotonin-Kreatininsulfat* identifiziert. (J. Amer. chem. Soc. **73.** 5514—15. Nov. 1951. Kalamazoo, Mich., Upjohn Comp.) F. JUNG. 4574

Mino Bolognesi, *Das Protamin in der Geburtshilfe und Gynäkologie. Experimentelle Untersuchungen und klinische Anwendung.* Überblick über die Anwendung des *Protamins* (Protaminsulfat, BOOTS; ROCHE) bei Heparinüberdosierung u. verschied. Metrorrhagien. (Gazz. med. ital. **114.** 181—87. Sept. 1955. Genova, Univ., Ist. Clin. Obstetr.) P. G. SCHEURLEN. 4574

J. A. Nissim, *Eisenspeicherung in Rinde und Mark der Nebenniere und Schädigung der Rindenzellen nach Anwendung verschiedener Eisenpräparate.* Vf. verabreicht Mäusen, Ratten u. Kaninchen Eisenoxydsaccharat intravenös oder subcutan u. stellt starke Fe-Färbung der Epithelzellen der Rinde fest (Angabe der Verteilung in den Zellen der verschied. Zonen u. Schichten). Die Verteilung war ähnlich der von Ascorbinsäure. Bei Meerschweinchen wurde nach Injektionen von „Ferrihydroxydferroascorbat" sehr wenig Fe in der Rinde u. keins im Mark gefunden. Die Rinde zeigte jedoch starke Zellnekrose mit Hämorrhagien. Es werden Veränderungen im Cytoplasma der Zellen angeführt u. Erklärungsverss. für diese Schädigungen gemacht. Bei Anwendung von „Ferrichloridkaramelat" traten keine Schädigungen auf, jedoch starke Fe-Anreicherung in der Medulla. (J. Physiology **119.** 1P—2P. 28/1. 1953. London, Guy's Hosp., Med. School, Dep. of Pharmacol.) J. SCHWAIBOLD. 4575

Miles D. McCarthy und **Jerry W. Draheim,** *Die Lebensdauer thermisch verletzter Ratten bei Infusionsbehandlung mit Kochsalzlösung, Polyvinylpyrrolidon, Dextran und Oxypolygelatine.* Das Überleben von Ratten mit experimentell gesetzter Brandwunde am Rücken von 32% der Körperoberfläche diente als Test zur Prüfung der Wirksamkeit verschied. Substanzen, die zur Behandlung von Verbrennungsschock verwendet werden. Es ergab sich, daß alle unbehandelten Kontrolltiere nach 10 Std. tot waren. Hyperton. *Kochsalzlsgg.* erwiesen sich wirkungsvoller als isoton., nach 10 Tagen lebten noch 75%, während bei letzteren nur 60% am Leben blieben. Auch bei der Prüfung der Hämatokritwerte zeigte sich die bessere Wrkg. der hyperton. Lösungen. Die makromol. Lsgg. reagierten umgekehrt, die besten Ergebnisse brachte eine 0,875%ig. Lsg. von *Polyvinylpyrrolidon* mit 65% überlebender Ratten. Die Wrkg. des *Dextrans* läßt sich nicht durch Ratten kontrollieren, da diese eine spezif. Allergie dagegen zeigen. *Oxypolygelatine* war mit 25% nach 10 Tagen noch lebender Tiere nur wenig wirksam. (Proc. Soc. exp. Biol. Med. **79.** 346—49. März 1952. Philadelphia, Pa., Univ. of Pennsylvania, Harrison Dep. of Surg. Res.) L. BERGER. 4576

Doriano Cavallini, Bruno Mondovì und **Carlo De Marco,** *Isolierung von reinem Hypotaurin aus dem Urin von mit Cystin gefütterten Ratten.* (Vgl. C. **1956.** 3353.) Durch Adsorption an Ionenaustauschharze konnte aus dem Urin von mit Cystin gefütterten Ratten *Hypotaurin* (I, *2-Aminoäthansulfinsäure*), $C_2H_7O_2NS$, F. 175—177°, isoliert werden. Die natürliche Verb. wurde mit synthet. dargestelltem I verglichen (Infrarotabsorptionsspektr., Röntgendiagramm, Papierchromatographie). (J. biol. Chemistry **216.** 577—82. Okt. 1955. Rom, Univ., Biochem. Inst.) H. GOEBEL. 4577

J. M. Searle und **R. G. Westall,** *Das Auftreten von freiem Methylhistidin im Urin.* Die von DENT (C. **1948.** E. 1792) häufig bei papierchromatograph. Unterss. in n. u. patholog. Urinen gefundene, auf Grund der Ninhydrin-Rk. als „green-spot" bezeichnete Verb. wird als *Methylhistidin* (*β-[3-Methylglyoxalinyl-(4)]-alanin,* $C_7H_{11}O_2N_3$, F. 246 bis 247° [Zers.]) erkannt u. aus Katzenharn, in dem sie in relativ großen Mengen vorkommt, durch Chromatographie an Zeo-Karb 215 (Elution mit wss. NH_4OH) u. an Dowex II (Elution mit 0,1n HCl) isoliert. (Biochem. J. **48.** L. April 1951. London, Univ. Coll. Hosp. Med. School, Med. Unit.) H.-J. KOCH/Berlin. 4577

Marjorie D. Eastham und **K. R. Keay,** *Die Kohlenhydrate der menschlichen Cerebrospinalflüssigkeit.* Kurze Mitt. über die Best. der red. Substanz in n. Cerebrospinal-Fl.; gefunden wurden *Glucose, Fructose* u. *Glucosamin.* (Biochem. J. **50.** IV. Dez. 1951. Dundee, Univ. Coll., Dep. of Biochem.) K. GENEST. 4578

Albert A. Fisk, Alfred Chanutin und **Walter O. Klingman,** *Beobachtungen über eine schnellwandernde elektrophoretische Komponente der Cerebrospinalflüssigkeit.* Vff. untersuchten 65 konz. Cerebrospinal-Fll. elektrophoret. bei p_H 7,9 (Ionenstärke 0,05) u. fanden dabei in allen Fällen eine *Substanz X*, deren Wanderungsgeschwindigkeit 1,3mal größer als die von Albumin ist, sich aber in der Ultrazentrifuge nicht davon unterscheidet. Sie macht ca. 9% des Gesamtproteins aus. In 9 Fällen wurde eine noch schneller wandernde *Substanz* X_1 gefunden, die jedoch nur in sehr kleiner Menge vorkommt (1%). (Proc. Soc. exp. Biol. Med. **78.** 1—3. Okt. 1951. Charlottesville, Va., Univ., Med. School, Biochem. Labor. and Dep. of Psychiatry and Neurol.) H. SCHEURLEN. 4578

Irwin H. Kaiser und **Irwin M. Cushner,** *Die Wirksamkeit des placentären Austausches beim Menschen zur Zeit der Entbindung auf Grund der Bestimmung mittels radioaktiven Natriums.* Austausch des radioakt. Na findet während der Entbindung bis zur vollständigen Ausstoßung der Placenta unvermindert statt, sofern keine Unterbrechung mit dem fötalen Kreislauf besteht. (Amer. J. Obstetr. Gynecol. **62.** 1300—06. Dez. 1951. Baltimore, Sinai Hosp. of Baltimore.) R. HEINZE. 4583

Jean Roche und **George Desruisseaux,** *Über die Konzentrierung von Jod durch das Ovar der Henne in der Legeperiode.* (Vgl. C. **1951.** II. 3044.) Die Henne nimmt während der Legeperiode aus den Nahrungsjodsalzen das Jod heraus u. speichert es im Eidotter, aber nicht im Eiweiß ihrer Eier. (C. R. Séances Soc. Biol. Filiales **145.** 1831—33. Dez. 1951. Marseille, Fac. de Méd. et de Pharmacie, Coll. de France et Labor. de Chim. biol.) D. ITZEROTT. 4583

Jean Roche, Odette Michel, Raymond Michel und **Maurice Marois,** *Über die Art der Konzentrierung des Radiojods* (^{131}J) *im Eidotter der Henne und über die ovarielle Bildung von Jodverbindungen.* (Vgl. vorst. Ref.) Werden Hennen mit einer einzigen Dosis markierten Jods behandelt (intramuskuläre Injektion), so lassen sich 4—8/100 des Jods im Gelbei der Eier nachweisen, die im Verlauf der folgenden 8—10 Tage gelegt werden. Das Eiweiß enthält in den ersten Tagen nur Spuren von J, die aus dem Blut stammen. In der Zeit, in der das Eidotter eine stark erhöhte Radioaktivität zeigt, hat das Eiweiß gar keine. Das Hennenovar konz. also J im Eidotter mit einer Intensität u. Schnelligkeit, die zwar geringer als die der Schilddrüse ist, die aber trotzdem groß genug ist, um physiol. bedeutsam zu sein. Dieser Vorgang führt zur Bldg. eines Jodproteins, dessen Rolle in den Thyreoid-ovariellen Beziehungen Beachtung verdient. (C. R. Séances Soc. Biol. Filiales **145.** 1833—36. Dez. 1951.) D. ITZEROTT. 4583

R. Tupper, R. W. E. Watts und **A. Wormall,** *Beobachtungen über das Zink in den Eiern des Haushuhnes.* Nach einmaliger intramuskulärer Injektion von ^{65}Zn als neutraler Zinkglycinkomplex erschien das Isotop selektiv im Eidotter. Es wurde festgestellt, daß diese Einlagerung nur vor sich geht, solange der Dotter mit dem Ovar verbunden ist. Dieses Zn ist relativ fest gebunden. Ca. 20% des zugeführten Zn wurden in 37 Tagen in die Eier eingelagert, wobei die letzten Eier noch ca. $^1/_3$ des ^{65}Zn-Geh. der zuerst gelegten enthielten. (J. Physiology **119.** 13P—14P. 28/1. 1953. London, Med. Coll. of St. Bartholomew's Hosp., Deps. of Biochem. and Physiol.) J. SCHWAIBOLD. 4583

John B. Thiersch und **Frederick S. Philips,** *Wirkung von 4-Aminopteroylglutaminsäure (Aminopterin) auf die frühe Schwangerschaft.* Injektionen von *Aminopterin* (*4-Aminopteroylglutaminsäure*; 0,15 mg/kg, 3mal mit 12—24std. Abständen) bei trächtigen Ratten u. Mäusen haben innerhalb der ersten 7—8 Tage eine sicher tödliche Wrkg. auf die Föten, die innerhalb von 23 Tagen restlos resorbiert werden. Die gleiche Dosierung hat auf die Muttertiere außer einer vorübergehenden Schädigung des Knochenmarks bzgl. der myelo- u. erythropoet. Aktivität keine nachweisbare tox. Wirkung. (Proc. Soc. exp. Biol. Med. **74.** 204—08. Mai 1950. New York City, N. Y., Sloan-Kettering Inst. for Cancer Res., Div. of exp. Chemother., Pharmacol. Sect.) H.-J. KOCH/Berlin. 4583

Esmond E. Snell und **W. W. Cravens,** *Aufhebung der Aminopterinhemmung beim Kükenembryo durch Desoxyriboside.* Injektionen von 10 μg *Aminopterin* (**I**; *4-Aminofolsäure, 4-Aminopteroylglutaminsäure*) in das Hühnerei vor oder während der ersten Tage der Bebrütungsperiode wirken 100%ig. tödlich auf das Embryo. Während eine Injektion von 20 μg **I** nach 3tägiger Bebrütung fast sofort tödlich wirkt, ist dieselbe Dosis nach 9 Tagen nicht mehr toxisch. *Thymidin* (**II**) hebt die Hemmwrkg. von **I** teilweise auf, eine Kombination mit *Hypoxanthindesoxyribosid*, das allein unwirksam ist, verstärkt die Aufhebung der Hemmung. Thymin, Hypoxanthin, *Folsäure* (**III**), Vitamin B_{12} u. Konzentrate von Citrovorumfaktor allein oder in verschied. Kombinationen haben keinen Einfl. auf die **I**-Hemmung. Danach wirkt **I** durch eine Hemmung der Synth. von **II** u. eines oder mehrerer Purindesoxyriboside, die für das Embryonenwachstum notwendig sind. Unter der Annahme, daß **I** einen **III**-Mangel hervorruft, wird eine Einbeziehung von **III** in die **II**- u. Desoxyribosidsynth. angenommen. (Proc. Soc.

exp. Biol. Med. **74.** 87—91. Mai 1950. Madison, Wis., Univ. of Wisconsin, Dep. of Biochem. and Poultry Husbandry.) H.-J. KOCH/Berlin. 4583

A. E. Harper, D. A. Benton und **C. A. Elvehjem,** *L-Leucin, ein Antagonist des Isoleucins bei der Ratte.* Ein Zusatz von *Leucin* (I) zu einer eiweißarmen Diät (9% Casein) bzw. zu einer isoleucinarmen Diät (Rinderblutmehl) bewirkte eine Wachstumshemmung bei Ratten. Durch Zugabe von *Isoleucin* (II) konnte die wachstumshemmende Wrkg. von I wieder aufgehoben werden. Es wird angenommen, daß bei Überschuß von I dieses als Antimetabolit von II wirken kann u. so den Bedarf der Ratte an II vermehrt. (Arch. Biochem. Biophysics **57.** 1—12. Juli 1955. Madison, Wis., Univ. of Wisconsin, Dep. of Biochem.) K. NEHRING. 4585

D. A. Benton, A. E. Harper und **C. A. Elvehjem,** *Die Wirkung einer Ergänzung mit Isoleucin auf das Wachstum von Ratten, die auf einer Zein- oder Maisration gehalten wurden. Zein,* das alkohollösl. Protein des Maiskorns, besitzt einen Geh. von 23% *Leucin* (I). Bei Verss. an Ratten war die Zufuhr von *Isoleucin* (II) Voraussetzung für das Wachstum auf einer Maisration, die mit Lysin, Tryptophan, Valin u. Threonin ergänzt war. Diese Tatsache ist überraschend, da Zein ca. die 2fache Menge des Bedarfs der Ratte an II enthält. Es wird angenommen, daß die Ggw. des Zeins mit dem hohen I-Geh. die Verwertung von II hemmt oder daß II nur teilweise ausnutzbar ist. Ähnlich liegen die Verhältnisse beim Phenylalanin, das gleichfalls in relativ hohen, aber doch für das Wachstum der Ratten unzureichenden Mengen vorhanden ist, so daß es als limitierend angesehen werden muß. Diese Beobachtungen sprechen dafür, daß die essentiellen Aminosäuren ganz allg. in Zein nur z. T. ausgenutzt werden. (Arch. Biochem. Biophysics **57.** 13—15. Juli 1955. Madison, Wis., Univ. of Wisconsin, Dep. of Biochem.) K. NEHRING. 4585

D. A. Benton, H. E. Spivey, A. E. Harper und **C. A. Elvehjem,** *Faktoren, die das Wachstum von Küken bei Aminosäurenrationen beeinflussen.* Von verschied. Seite wurde festgestellt, daß das Wachstum der Küken, die auf einer dem Bedarf angepaßten Ration mit synthet. Aminosäuren gehalten werden, geringer ist als bei einer Ration mit natürlichen Eiweißfutterstoffen u. der gleichen Menge an Aminosäuren. Zusatz von 5% Casein ergab ein erheblich verbessertes Wachstum, 5% Gelatine nahezu die doppelten Zunahmen. Ein Säurehydrolysat aus Gelatine zeigte etwa die gleiche Wirkung. Es wird als wahrscheinlich angenommen, daß nicht die Ggw. von Peptiden für das bessere Wachstum verantwortlich ist, sondern das Vork. von bestimmten Faktoren, die noch unbekannt sind. (Arch. Biochem. Biophysics **57.** 262—63. Juli 1955. Madison, Wis., Univ. of Wisconsin, Coll. of Agric., Dep. of Biochem.) K. NEHRING. 4585

John J. Travers und **Leopold R. Cerecedo,** *Wirkungen von Methoxinin auf die Maus.* Die Verfütterung einer 0,25% *Methoxinin* (I) enthaltenden Kost an Mäuse (20—22 mg/ 100 g täglich) führte zu Red. des Futterverbrauchs u. Gewichtsabnahme. Gleichzeitige Zufütterung von 0,25% *Methionin* verringerte die tox. Eigg. von I. Da die bei I-Zufütterung beobachtete Abnahme von Gewicht u. Lipidgeh. der Leber auch bei entsprechend verminderter Futterzufuhr ohne I-Beigabe auftritt, kann dem I eine lipotrope Wrkg. nicht zugesprochen werden. (Proc. Soc. exp. Biol. Med. **76.** 497—99. März 1951. New York, N. Y., Fordham Univ., Dep. of Biochem.) F. KRUSEN. 4585

Robert S. Harris, Henry Sherman und **Walter W. Jetter,** *Ernährungs- und pathologische Wirkungen von Sorbitanmonolaurat, Polyoxyäthylensorbitanmonolaurat und Polyoxyäthylenmonostearat bei der Fütterung an Ratten.* 67 Ratten erhielten 59 Tage lang in Gruppen zu 13—14 eine Nahrung mit 25% oberflächenakt. Stoffen. 210 Tiere in Gruppen zu 30 dasselbe während 70 Tagen. Untersucht wurden *Sorbitanmonolaurat* (*Span 20*; I), *Polyoxyäthylensorbitanmonolaurat* (*Tween 20*; II), *Polyoxyäthylenmonolaurat* (*G-2129*; IV). Kontrollgruppen erhielten 25% hydriertes Öl. Die höchste Toxizität zeigte I, bei dem von einer Gruppe von 14 nur 1, von einer weiteren Gruppe von 30 nur 7 Tiere die Versuchsdauer überlebten. Diese Tiere zeigten Nekrose der Hinterbeine u. Anämie. IV erzeugte außer Wachstumshinderung keine tox. Symptome. I, II u. III riefen bei den meisten Tieren Diarrhoe, Veränderungen im Verdauungstraktus, Nieren, Lungen u. Milz hervor, I außerdem Leberschäden. Einige mit III gefütterte Tiere wiesen Oxalatsteine in der Blase auf. Die Nahrungsausnutzung war im Vgl. zu den Kontrollen bei allen Gruppen vermindert. (Arch. Biochem. Biophysics **34.** 249—58. Dez. 1951. Cambridge, Mass., Inst. of Techn.; Boston, Mass., Univ., School of Med.) F. KRUSEN. 4585

Robert S. Harris, Henry Sherman und **Walter W. Jetter,** *Ernährungs- und pathologische Wirkungen von Sorbitanmonolaurat, Polyoxyäthylensorbitanmonolaurat und Polyoxyäthylenmonolaurat bei der Fütterung an Hamster.* (Vgl. vorst. Ref.) Gruppen von 36 Hamstern erhielten Nahrung mit 5 u. 15% *Sorbitanmonolaurat* (I), *Polyoxyäthylenmonolaurat* (II) u. *Polyoxyäthylenmonolaurat* (III) u. zeigten dabei geringere Gewichtszunahme u. Nahrungsausnutzung als Kontrolltiere, die 5 bzw. 15% hydriertes Öl erhielten. Außer denjenigen, die 5% I erhielten, zeigten alle Versuchstiere Diarrhoe u. höhere Mortalität als die Kontrollen. Alle Tiere, die 15% II u. III erhielten, kamen in dem 68 Tage dauernden Vers. ad exitum. Histopatholog. Unterss. ergaben Veränderungen im Verdauungstraktus, im Tubularepithel der Nieren u. in den Sexualdrüsen. (Arch. Biochem. Biophysics **34**. 259—65. Dez. 1951.) F. Krusen. 4585

H. S. Perdue und **P. H. Phillips,** *Wirkung einer fettreichen Diät auf das Kaliummangelsyndrom bei der Ratte.* Unter Hinweis auf frühere, noch nicht veröffentlichte Verss. werden 6 ♂ Ratten mit einer definierten, wirkstoffkompletten Diät gefüttert, die 20 bzw. 5% Maiskeimöl sowie 0,25% Na + 0,03% K bzw. 0,25% Na + 0,5% K enthält; Versuchsdauer 24 Tage; Tötung der Tiere; histolog. Prüfung sowie analyt. Unters. auf W., Na, K. Als Ergebnis wird ermittelt, daß die Tiere mit der 0,03% K u. 20% Öl enthaltenden Diät ein verstärktes Auftreten von myocardialer Nekrose, von Fibrose u. Dilatation der Nierentubuli zeigen gegenüber jenen, die die isocalor. Nahrung mit nur 5% Öl bei gleicher Menge an K erhalten; sonstige statist. erfaßbare Unterschiede für den K-Mangel werden nicht beobachtet. (Proc. Soc. exp. Biol. Med. **81**. 405—07. Nov. 1952. Madison, Wis., Univ. of Wisconsin, Coll. of Agric., Dep. of Biochem.) K. Täufel. 4585

D. Ss. Saprudskaja und **N. I. Petrowskaja,** *Die Verteilung von Thiamin in verschiedenen Teilen des Nervensystems wachsender Tiere bei der Entwicklung einer experimentellen Thiamin-Avitaminose. Thiamin* (I)-Mangel setzt den I-Geh. des Gehirns bei Welpen verschied. Alters stetig herab. Bei 3 Wochen alten Tieren macht sich I-Mangel schon in den ersten 2 Wochen in einer Verminderung des I-Geh. der Gewebe geltend, bei 3 Monate alten Tieren erst nach 2 Wochen. Der I-Geh. bleibt dann ziemlich konstant, fällt aber kurz vor dem Tod wieder rasch ab. Ausgewachsene Hunde zeigen erst nach 35—40 Tagen Anzeichen von Avitaminose, zugleich mit einer Abnahme des I-Geh. in den Geweben. (Вопросы Медицинской Химии [Fragen med. Chem.] **1**. 269—72. Juli/Aug. 1955. Rostow, Pädiatr. wiss. Forschungsinst. des Gebiets, Exp. Sekt.) R. K. Müller. 4587

S. C. Fang und **Joseph S. Butts,** *Mikrobiologische Bestimmungsmethode für Thiamin unter Verwendung von Lactobacillus fermenti 36 als Testorganismus.* Wie bei Verss. verschied. Autoren mit anderen Vitaminen u. Mikroorganismen eine Wachstumswrkg. gewisser vitaminfreier Substanzen, wurde auch von Vff. unter Anwendung des Verf. von Sarett u. Cheldelin (C. **1946**. I. 1897) eine scheinbar unspezif. Wachstumswrkg. verschied. Stoffe, wie Hefeextrakt, Leberextrakt, Ascorbinsäure, durch Papain verdautes vitaminfreies Casein u. bes. Maltose u. durch Takadiastase verdaute Stärke, festgestellt. Letztere erwiesen sich auch bei der Best. von *Pantothensäure* u. *Pyridoxin* mit *Lactobacillus arabinosus* 17-5 u. *Streptococcus faecalis R.* als wirksam. Bei der Best. von *Thiamin* mit *L. fermenti 36* in stärkehaltigen Materialien wird daher ein Zusatz von *enzymat. verdauter Stärke* oder *Maltose* zum Nährmedium empfohlen, da sonst mit fehlerhaften Ergebnissen zu rechnen ist. (Proc. Soc. exp. Biol. Med. **78**. 463—66. Nov. 1951. Corvallis, Ore., Oregon Agric. Exp. Stat., Dep. of Agric. Chem.) J. Schwaibold. 4587

Je. M. Masslenikowa, *Der Einfluß des Riboflavins auf den Vitamin-C-Stoffwechsel im tierischen Organismus.* In Verss. an jungen Ratten (34—50 g) erhielten die Tiere ein Nahrungsgemisch, das kein *Riboflavin* (I) enthielt. Die Kontrolltiere bekamen zusätzlich 25 γ I. Das Leben der Versuchstiere wurde dadurch erhalten, daß sie von Zeit zu Zeit 2,5—5 γ I erhielten, so daß Größe u. Gewicht unverändert blieben. *Ascorbinsäure* (II) wurde bei n. wachsenden Ratten mit I-Zusatz in der Ernährung ständig mit dem Urin ausgeschieden, u. zwar bis zu einigen 100 γ in 24 Stunden. Bei I-Mangeldiät hörte die II-Ausscheidung nach u. nach auf, u. zwar noch vor der I-Avitaminose. Die von Zeit zu Zeit den kranken Tieren verabreichten kleinen I-Dosen führen nicht zur Ausscheidung von II im Urin. Führt man ausreichende Mengen I zu, so tritt einige Tage danach II-Ausscheidung im Urin ein. Bei I-Mangel findet man eine erhebliche Minderung des II-Geh. in Leber, Nebennieren u. Darm, bei allen schwerkranken Tieren völliges Fehlen von II in Nieren, Herz u. Milz. Führt man solchen Tieren einige Tage vor ihrer Tötung I ein, so findet man in der Niere bereits wieder II. Der II-Geh. im Blutplasma ist bei den Kontrollratten hoch, bei den kranken Versuchsratten sehr niedrig. Zusatz von I steigert sehr schnell den II-Geh. im Blut. Erst nachträglich tritt II-Ausscheidung im Urin u. noch langsamer II-Anstieg in den Geweben ein. Einführung von II (10 mg/100 g) per os oder subcutan führt bei den Kontrolltieren zu einem Anstieg der II-Ausscheidung im Urin. Einführung von II per os bei kranken Tieren ist ohne Einfl. auf die II-Ausscheidung im Urin. Bei subcutaner Injektion ist nur vorübergehender Anstieg zu beobachten. Das Fehlen von I bedingt anscheinend nicht nur die Störung der Biosynth. der II, sondern auch einen Anstieg der II-Zerstörung im Blut. (Вопросы Питания [Fragen d. Ernähr.] **13**. Nr. 5. 11—18. Sept./Okt. 1954. Moskau, Ernährungsinst. der Akad. der Med. Wiss. der UdSSR, Labor. für Vitaminforsch.) F. du Mans. 4587

O. W. Hills, E. Liebert, D. L. Steinberg und **M. K. Horwitt,** *Klinische Beobachtungen bei Riboflavinmangel.* 15 ♂ Versuchspersonen wurden 9—17 Monate lang mit einer nur 0,55 mg *Riboflavin* (I) enthaltenden, im übrigen jedoch adäquaten Diät ernährt. Dabei stellten sich anguläre Stomatitis, seborrhoische Dermatitis u. Hautschäden am Scrotum ein. In parallellaufenden Rattenverss. wurde verzögerte Wundheilung beobachtet. Der Geh. des Blutes an Milch- u. Brenztraubensäure blieb unverändert. Unterss. der Menge an ausgeschiedenem I zeigten, daß der Bedarf an diesem Vitamin für den erwachsenen Menschen in Ruhe 1,1—1,6 mg/Tag beträgt. (A. M. A. Arch. intern. Med. **87.** 682—93. Mai 1951. Chicago, Ill., Elgin State Hosp.) P. LOCH. 4587

Thérèse Terroine und **Pierre Rombauts,** *Mitwirkung des Biotins an der Harnstoffbildung in vivo.* Bei Ratten kommt es unter *Biotin* (I)-Mangel außer zu den bekannten Ausfallserscheinungen sowohl bei proteinreicher als auch bei Proteinmangeldiät zu einer Verminderung der urinalen *Harnstoff* (II)-Exkretion, während die Werte für NH_3- u. *Amino-N* erhöht werden. Durch einsetzende I-Zufuhr werden die Werte normalisiert. Hierdurch wird die Annahme, daß I in den zur II-Bldg. führenden Stoffwechsel, vermutlich bei der Überführung von *Ornithin* in *Citrullin,* eingreift, experimentell bestätigt. (C. R. hebd. Séances Acad. Sci. **233.** 1141—42. 5/11. 1951.) F. KRUSEN. 4587

Charles A. Nichol und **Arnold D. Welch,** *Synthese von Citrovorumfaktor aus Folsäure durch Leberschnitte; Stimulierung durch Ascorbinsäure.* Leberschnitte von n. oder von Folsäuremangelratten können aus *Pteroylglutaminsäure* (I) einen für das Wachstum von Leuconostoc citrovorum 8081 benötigten *Faktor* (*CF*) bilden, dessen Ausbeute bei Ggw. von Ascorbinsäure (II) auf ca. das Doppelte gesteigert wird. Die II-Wrkg. ist nicht spezif., da die Stimulierung auch durch Glucoascorbinsäure, dagegen nur in geringem Maße auch durch Glutathion hervorgerufen wird. Leberhomogenate synthetisieren im Gegensatz zu Schnitten nur wenig CF aus I. (Proc. Soc. exp. Biol. Med. **74.** 52—55. Mai 1950. Cleveland, O., Western Reserve Univ., School of Med., Dep. of Pharmacol.) H.-J. KOCH/Berlin. 4587

R. Viviani, M. Marchetti, A. Rabbi und **G. Moruzzi,** *Beziehung zwischen Orotsäure und den „animal protein"-Faktoren des Caseins.* Eine aus Getreide, Weizenkeimen, gereinigtem Casein (I), Ca-Lactat, NaCl, Karotten u. Frischgemüse bestehende Diät ruft bei Ratten Veränderung der Körpergewichtskurve, hohe Sterblichkeit der neugeborenen Tiere, Zellschädigungen (Lyse u. Nekrobiose der Leberzellen), Hautschädigungen u. erhöhte Neoplasmenbldg. bei den überlebenden Tieren der 1. Generation hervor, die in der 2. Generation noch verstärkt sind. Sie beruhen vermutlich auf einer Erschöpfung der Reserven an „animal protein"-Faktoren (III). Da kleine Mengen Kuhmilch, die sehr reich an *Orotsäure* (II) ist, die hohe Sterblichkeit bei vorst. Diät herabsetzten u. gereinigtes I nur einen geringen II-Geh. aufwies, wurde die Wrkg. von II auf die Körpergewichtskurve von III-Mangeltieren untersucht u. bei Zusatz von 1 mg II zu 100 g der Mangeldiät ein ähnlicher Verlauf wie bei n. Diät (mit Roh-I) erhalten. Anscheinend stellt hiernach II für Ratten mit III-Mangel einen Wuchsfaktor dar. (Nature [London] **176.** 464—65. 3/9. 1955. Bologna, Univ., Ist. di Chim. Biol.) K. MAIER. 4587

Alfred E. Harper, Robert M. Richard und **Richard A. Collins,** *Der Einfluß von Kobalt in der Nahrung auf den Vitamin-B_{12}-Gehalt der Schafsmilch.* Bei Schafen bewirkt *Co*-freie Nahrung keine Mangelerscheinungen bei Muttertier u. Lamm. Mikrobiol. Best. des *Vitamin-B_{12}* (I)-Geh. der Milch zeigt bei Co-Zusatz zur Nahrung eine starke Zunahme von I, wohl auf Grund einer erhöhten I-Synth. durch die Mikroorganismen des Rumens. (Arch. Biochem. Biophysics **31.** 328—29. April 1951. Madison, Wis., Univ., Dep. of Biochem. and Animal Husbandry.) H. SCHEURLEN. 4587

Margaret E. Gregory, J. E. Ford und **S. K. Kon,** *Ein Vitamin-B_{12}-bindender Faktor in Schweinemilch.* In Schweinemilch vorhandenes bzw. zugefügtes *Vitamin B_{12}* (I) läßt sich weder nach Erwärmen in Ggw. einer Spur NaCN durch Lactobacillus leichmannii 4997, noch im Ultrafiltrat bzw. Dialysat nachweisen. Es liegt im Gegensatz zu Kuhmilch an Eiweiß gebunden vor u. ist mikrobiol. inaktiv. Der bindende Faktor ist bei 100° 30 Min. stabil, erst nach Autoklavenbehandlung bei p_H 12 zerstörbar u. ist mit 35—55% $(NH_4)_2SO_4$ aus der Molke fällbar. Schweinemilchcasein besitzt kein Bindevermögen für I. Das Verh. ist dem von „intrinsic factor" aus Schweinemagen ähnlich. (Biochem. J. **51.** XXIX. Juli 1952. Reading, Univ., Nat. Inst. for Res. in Dairying.) R. GRAU. 4587

Harold E. Scheid, Mona M. Andrews und **B. S. Schweigert,** *Speicherung von Vitamin B_{12} in der Leber durch die Ratte.* Vorliegende Unterss. wurden durchgeführt zur Feststellung des Verhältnisses der Speicherung von *Vitamin B_{12}* (I) in der Leber zu dem zugeführten I u. zur Prüfung, ob diese Speicherung zur Feststellung des I-Geh. in Lebensmitteln dienen kann. Die Tiere erhielten Gaben von krist. I von 0—24 μg/kg Nahrung oder Materialien mit unbekanntem I-Geh. nach dem früher angegebenen Verf.

(vgl. C. **1951.** II. 401). Der I-Geh. der Leber wurde mikrobiol. mit *Lactobacillus leichmannii* nach kurzdauernder Behandlung im Autoklav ohne enzymat. Abbau bestimmt. In verschied. Verss. war der I-Geh. der Leber von Tieren mit I-armer Nahrung (0,026 bis 0,046 μg/g) oder von solchen mit optimaler I-Zufuhr (0,066—0,108 μg/g Leber) nicht konstant, doch stieg der I-Geh. der Leber mit steigender I-Zufuhr. In Rattenleber wurde nur $^1/_{10}$—$^1{}_{20}$ des I-Geh. von Rinderleber gefunden. Dagegen erwies sich der größte Teil der I-wirksamen Stoffe in der Rattenleber im Gegensatz zu denen in Rinderleber u. zu I selbst als stabil gegen Alkalibehandlung. Es scheint sich dabei um Desoxyriboside u. stabile I-Formen zu handeln. Bei I-Mangelnahrung war das relative Lebergewicht erhöht. (Proc. Soc. exp. Biol. Med. **78.** 558—60. Nov. 1951. Chicago, Ill., Univ., Amer. Meat Inst. Foundat. and Dep. of Biochem.) J. SCHWAIBOLD. 4587

J. E. Ford, S. K. Kon und **J. W. G. Porter,** *Einige Eigenschaften Vitamin-B_{12}-ähnlicher Faktoren aus Kälberfaeces.* 3. Mitt. *Weitere biologische Eigenschaften und Beziehungen.* (2. vgl. COATES u. Mitarbeiter, C. **1954.** 6989.) Kälberfaecesextrakte enthalten 4 Substanzen mit *Vitamin-B_{12}* (I)-Aktivität bei *Escherichia coli*: *Cyano-ω-cobalamin* (II), Fraktion *B* u. *C*, sowie I. Zellextrakte in I-freiem, mit *B* ergänztem Nährmedium gezüchteter *E. coli*-Bakterien enthielten nur *C* u. gelegentlich II, die beide bei *Lactobacillus leichmannii* stark wirksam sind. I u. II wurden nach Passage durch *E. coli* größtenteils unverändert erhalten. Bei Küken mit I-Mangel wurden intramuskulär gegebenes *B* u. I teilweise in der Leber gespeichert. Die bioautograph. Unters. von Leberextrakten ließ keine gegenseitige Umwandlung der verschied. Substanzen erkennen. Auch bei in vitro-Verss., wobei I, II oder *B* mit zerkleinerter Leber von I-Mangelküken in Ggw. von 0,36% Glucose in Bicarbonat–NaCl-Lsg. u. in CO_2–O_2 (5 + 95%)-Atmosphäre bebrütet wurden (37°), blieben die Substanzen unverändert. Bei Verfütterung von I (2 γ/Tier), II (2 oder 20 γ) oder *B* (100 γ) an I-Mangelküken wurde I gut resorbiert u. erschien in der Leber (0,4 γ/Leber). II trat in viel geringeren Konzz. in der Leber auf, während *B* nicht nachweisbar war. Gelegentlich konnten nach *B* I-Spuren gefunden werden. Das Verh. von II, *B* u. *C* läßt vermuten, daß sie mehr am Stoffwechsel der Darmflora als an dem des Wirtstieres beteiligt sind. (Biochem. J. **52.** VIII. Sept. 1952. Reading, Univ., Nat. Inst. for Res. in Dairying.) K. MAIER. 4587

M. V. Lakshminarayan Rao und **M. R. Sahasrabudhe,** *B-Vitamine und Proteinspeicherung in der Leber.* Für den Bestand der Proteindepots in der Leber der heranwachsenden u. der erwachsenen Ratte ist die Gruppe der *B-Vitamine* von großer Bedeutung, bes. *Vitamin B_{12}*. Dieses spielt eine große Rolle bei der Bldg. der Nucleinsäuren, bes. bei der Bldg. der Desoxyribonucleinsäure. (Proc. Soc. biol. Chemists, India **13.** 45—46. 1955. Mysore, Indien, Central Food Technol. Res. Inst.) H. HERMANN. 4587

A. Ja. Rosanow, *Der Bedarf des Organismus an Vitamin C während des langdauernden medikamentösen Schlafes.* In Verss. mit Meerschweinchen u. weißen Ratten wird mit enteraler Zufuhr von *Barbamyl* u. *Luminal* 8—10 Tage lang eine Schlafdauer von täglich 8—10 Std. erzielt. Dabei wird in beiden Fällen ein erhöhter Bedarf an *Vitamin C* festgestellt, der bei den Ratten eine erhebliche Verstärkung der Biosynth. zur Folge hat u. auf die erhöhte Zerstörung von Ascorbinsäure im tier. Organismus zurückgeführt wird. (Вопросы Медицинской Химии [Fragen med. Chem.] **1.** 285—89. Juli/Aug. 1955. Odessa, Med. Pirogow-Inst., Lehrstuhl für Biochem.) R. K. MÜLLER. 4587

Maurice E. Langham, *Die Verwendung von Ascorbinsäure zur Messung der Durchströmungsgeschwindigkeit von Plasma durch die Processus ciliares.* Wie Unterbindungsverss. der A. carotis beim Kaninchen zeigen, ist die Geschwindigkeit des Durchtritts von *Ascorbinsäure* durch die Processus ciliares von der jeweiligen Konz. abhängig u. wird durch Änderungen der Blutdurchströmung beeinflußt. (J. Physiology **130.** 1—8. 28/10. 1955. London, Inst. of Ophthalmology, Ophthalmological Res. Unit, Med. Res. Council.) WOLFGANG ALBRECHT. 4587

L. Justin-Besançon, H.-P. Klotz und **H. Goudal,** *Die Veränderungen der Calcifizierung der Zähne bei der parathyreoidektomierten Ratte. Vorbeugende und heilende Wirkung von Calciferolimplantaten.* Bei Ratten, die eine Parathyreoidektomie überstehen (die meisten Tiere gehen an Tetanie ein), werden in 92 von 100 Fällen starke Veränderungen an den Zähnen beobachtet; die Zähne, bes. die Nagezähne, brechen ab. Implantationen von *Calciferol* (I) schützen die Tiere vor der Tetanie nur, wenn sie 15—30 Tage vor der Parathyreoidektomie vorgenommen werden. Auf die Zahnläsionen haben I-Implantationen dagegen eine deutliche Wirkung. Makroskop. haben die Nagezähne wieder n. Aussehen, histolog. wurde allerdings eine „Dyscalcifizierung“ gefunden, die damit erklärt wird, daß das Implantat mit einer gewissen Verzögerung calcifizierend wirkt. Bei Implantationen von I mit *Cholesterin* waren nach 3 Monaten noch nicht 0,5 mg resorbiert worden, wurde I mit *Lactose* implantiert, so betrug die Abnahme nicht mehr als 5 mg. Klin. u. histolog. war jedoch kein Unterschied zwischen den beiden Implantationsarten festzustellen. (Ann. d'Endocrinol. **16.** 179—98. 225—26. 1955. Paris, Hôpital Bichat.) G. KLESSE. 4587

Akiji Fujita und **Masataro Aoyama,** *Chemische Bestimmung von Vitamin D.* Die Versuchsbedingungen für die Farb-Rk., Chromatographie u. Entfernung der störenden Carotinoide u. Steroide wurden eingehend untersucht. Auf Grund der Ergebnisse dieser Unterss. wurde ein Verf. ausgearbeitet, das darauf beruht, daß die unverseifbare Fraktion von Lebertran chromatograph. in *Vitamin-A* (I)- u. *-D* (II)-Fraktionen getrennt wird. Aus rotem Pfeffer wurde ein *Pigment X* isoliert, das sich chromatograph. ebenso verhält wie **I**, wodurch die Lage des letzteren erkannt werden kann. Die **II**-Fraktion wird in 2 Teile geteilt. Der eine davon wird 10 Min. bei 80° mit Maleinsäureanhydrid in Dioxan behandelt, wodurch >50% der störenden Carotinoide u. Steroide zerstört werden; der andere Teil wird in gleicher Weise 30 Min. auf 100° erhitzt, wodurch die störenden Stoffe gleich stark, **II** aber vollständig zerstört werden. Aus der Differenz der Extinktionen ergibt sich der wahre **I**-Gehalt. (J. Biochemistry **37.** 113—27. Juni 1950. Tokyo, Kitasato Inst., Biochem. Labor. [Orig.: engl.]) J. SCHWAIBOLD. 4587

K. S. Kim und **A. C. Ivy,** *Faktoren, die die Cholesterinresorption beeinflussen.* **Verss.** an Ratten ergaben, daß Fett die Resorption von *Cholesterin* (I) im Organismus steigert, wobei der Fettsäureanteil des Fettes den wirksamen Bestandteil darstellt. *Ölsäure* (II) erhöht den **I**-Spiegel im Serum stärker als *Maisöl* (III). Durch *Cholsäure* wird der durch **I** + **II** erhaltene **I**-Spiegel weiter gesteigert. Die Ausscheidungen von Phospholipoiden in den Faeces sind bei fettfreier Nahrung auch nach Zusatz von **I** oder *Glycerin* sehr gering, sie nehmen jedoch nach Zusatz von **III** u. noch mehr nach Zugabe von **II** zu. *Thiouracil* erhöht den **I**-Spiegel im Serum, auch wenn die Diät kein Fett u. kein **I** enthält. Der durch Verfütterung von Schilddrüsenpulver bedingte Gewichtsverlust wird nicht durch **I**, wohl aber durch Zugabe von Maisöl vermindert. (Amer. J. Physiol. **171.** 302—17. Nov. 1952. Chicago, Ill., Univ. of Illinois, Coll. of Med., Dep. of Clin. Sci.) H. SCHEURLEN. 4594

Robert F. Furchtgott und **Marilyn R. Wales,** *Die Ausnutzung der im Krebscyclus auftretenden Verbindungen für die Energielieferung bei der Kontraktion des Dünndarmmuskels vom Kaninchen.* Entgegen früheren Unterss. (vgl. FURCHGOTT u. SHORR, Proc. Soc. exp. Biol. Med. **61.** [1946.] 280) werden jetzt höhere Substratkonzz. u. höhere $[H^+]$ verwendet, wobei die Permeierbarkeit vor allem der Dicarbonsäuren in die Muskelzelle größer ist. Es ist sehr wahrscheinlich, daß die im KREBS-Cyclus auftretenden Verbb. eine wichtige Rolle im intermediären Energiestoffwechsel auch des Kaninchendünndarms spielen. Bei p_H 7,4 wurde mit hohen Konzz. von 0,01—0,02 mol. *Succinat* (I), *α-Ketoglutarat* (II), *Fumarat* (III), *l-Malat* (IV) u. *Citrat* eine schwache Erholung der Kontraktionsamplitude erhalten, die mit **I**, **II** u. **III** von p_H 7,4 auf 6,1 deutlich weiter anstieg. **IV** war bei p_H 6,8—6,5 am wirksamsten. Die Wrkg. von Citrat war bei p_H 7,4 bis 6,1 etwa gleich. Oxalacetat wirkt bei p_H 7,4 durch Anhäufung der durch Decarboxylierung frei gewordenen Brenztraubensäure. (Amer. J. Physiol. **169.** 326—36. 1/5. 1952. St. Louis, Mo., Washington Univ., School of Med., Dep. of Pharmacol.) K. LOHMANN. 4595

N. S. C. Heilskov, F. Schønheyder und **K. Olesen,** *Untersuchungen mit ^{15}N über den Mechanismus des N-Zwischenstoffwechsels bei normalem und ruhendem Organismus.* An Medizinstudenten wurde die N-Ausscheidung nach Verabreichung von *^{15}N-Glycin* bei n. (im N-Gleichgewicht befindlichen) u. bei Personen in völliger Bettruhe (mit negativer N-Bilanz) untersucht. Die Ergebnisse deuten im Gegensatz zu denen anderer Forscher darauf hin, daß die negative N-Bilanz während der Bettruhe durch einen verminderten Aufbau der Gewebeproteine bedingt ist, während der Abbau unverändert bleibt. (Recueil Trav. chim. Pays-Bas **74.** 423—31. Mai 1955. Aarhus, Univ., Biochem. Inst.) K. NEHRING. 4595

P. Storie Pugh und **R. Scarisbrick,** *Acetatstoffwechsel während der Ketonämie des Schafes.* Wird Schafen 500 mg *Acetat* (I)/kg Körpergewicht als *Na-Acetat* intravenös injiziert, so nimmt der **I**-Geh. des Blutes bei an Ketonämie leidenden Tieren langsamer ab als bei n. Tieren. Ketosis u. **I**-Stoffwechsel scheinen demnach in enger Beziehung zu stehen. (Nature [London] **170.** 978—79. 6/12. 1952. Cambridge, Univ., Dep. of Animal Pathol. and Animal Health Trust.) H. P. FIEDLER. 4596

Henri Hermann und **J. F. Cier,** *Leberanämie und glykogene Wirksamkeit.* Der Geh. an Leberglykogen erniedrigt sich bei Aufhören der Zirkulation in der Leber durch Hydrolyse des *Glykogens* (I) zu *Glucose*; ebenso erniedrigt sich die arterielle Glykämie sehr regelmäßig. Nach Wiedereintritt der Zirkulation tritt Hyperglykämie im Blut ein, wobei das Leber-I mitunter völlig verschwinden kann. (J. de Physiol. **44.** 266—68. 1952. Lyon, Fac. de Méd., Labor. de Physiol.) R. GRAU. 4596

A. Aschkenasy, *Über den Schutz der Leber durch Methionin vor den Folgen einer eiweißarmen Ernährung bei der Entfernung der Nebennieren.* Vf. hält männliche Ratten 35 Tage bei einer Diät variierenden Proteingehalts. Einigen Tieren werden die Nebennieren entfernt, u. ihr Verh. im Vgl. zu den n. wird beobachtet. Bei allen nebennierenlosen Tieren tritt tödliche Verkleinerung der Leber ein, die aber durch Methioningaben verhindert werden kann, während bei den gesunden Tieren nach Methioningaben Leberhypertrophie beobachtet wird. Es wird angenommen, daß *Methionin* zum Aufbau des Lebereiweißes benötigt wird u. beim Fehlen der Nebennieren den Leberstoffwechsel direkt anregt. (C. R. Séances Soc. Biol. Filiales **149.** 663—66. April 1955.) R. LENSCHAU. 4596

H. G. Bray und **K. White,** *Weitere Beobachtungen über die Schwefelsäureesterbildung in vivo.* Im fastenden Tier folgt die Schwefelsäurekonjugation einer Rk. nullter Ordnung. Sie geht bei Verabreichung genügender Mengen von Sulfatvorstufen (Sulfit, Cystin) für die meisten Phenole in eine Rk. 1. Ordnung über. Blut- u. Urinunterss. ergaben, daß die SO_4''-Konz. im Blut ansteigt bei Verabfolgung von Sulfatvorstufen u. abfällt durch Phenole. Bei gleichzeitiger Verabreichung beider steigt der Sulfatblutspiegel nur geringfügig an. Der Blutspiegel an konjugierten Sulfaten bleibt dagegen konstant, selbst bei starker Ausscheidung im Urin. (Biochem. J. **49.** LIII. Sept. 1951. Birmingham, Univ., Med. School, Dep. of Physiol.) H. GRALHEER. 4596

M. D. Siperstein, H. H. Hernandez und **I. L. Chaikoff,** *Der Kreislauf des $C_{(4)}$-Atoms von Cholesterin in der Leber.* Ratten, die intravenös $^{14}C_{(4)}$-markiertes *Cholesterin* (I) erhielten, wurden mit einer Gallenkanüle die markierten Stoffwechselprodd. entnommen u. einem 2. Tier in den Magen–Darm-Trakt injiziert. Das 2mal ausgeschiedene ^{14}C-Prod. wird ein 3. Mal von der Galle bis zu 90% reabsorbiert. Im Gegensatz zu **I**, das auf dem Lymphwege absorbiert wird, gelangen die **I**-Prodd. aus dem Gallenstoffwechsel in das Pfortaderblut. (Amer. J. Physiol. **171.** 297—301. Nov. 1952. Berkeley, Calif., Univ. of California, School of Med.) H. SCHEURLEN. 4596

Robert B. Hurlbert und **Van R. Potter,** *Über den Orotsäurestoffwechsel der Ratte.* ♀ Ratten erhielten interperitoneal eine einmalige Dosis von 1,0 mg neutralisierter, markierter *Orotsäure* (*$^{14}C_{(6)}$-4-Carboxyuracil;* I), die als Vorstufe der Nucleinsäurepyrimidine des tier. Gewebes angesehen wird. 10 Tage vor der Tötung wurden den Tieren FLEXNER-JOBLING-Tumoren unter die Haut implantiert. Innerhalb der ersten 2 Std. wurden 30% ^{14}C, wahrscheinlich als unveränderte **I**, mit dem Urin ausgeschieden. Die später in Urin oder Faeces nachweisbaren Mengen waren gering. 35% ^{14}C wurden nach 2 Std. in der Leber in dem in Trichloressigsäure lösl. Anteil, wahrscheinlich nicht mehr als freie **I**, wiedergefunden. Der säurelösl. Teil des ^{14}C nimmt sehr schnell ab, während der Geh. an ^{14}C in der Atmungs-CO_2 u. in den Lebernucleinsäuren zunimmt. Letztere wiesen einen maximalen Geh. an ^{14}C von 16% nach 20 Std. auf, der nach 91 Std. wieder auf 8% absank. Nach 91 Std. war gleichzeitig der maximale Geh. an ^{14}C von 35% in der Atmungs-CO_2 feststellbar. Die Pentosenucleinsäurefraktion (**II**) der Lebernucleinsäuren erreichte den maximalen Geh. an ^{14}C zwischen 4 u. 8 Std., während die **II** der Cytoplasmafraktion den maximalen Geh. an ^{14}C nach ca. 20 Std. erreichte. Dabei wurde festgestellt, daß die Radioaktivität der **II** fast ausschließlich in den Pyrimidinnucleotiden lokalisiert ist. Im Eingeweide (gesamter Bauchinhalt außer Leber, Magen- u. Darminhalt) wurden 8% ^{14}C in der säurelösl. Fraktion nach 2 Std. u. 1,5% in der Nucleinsäurefraktion, vornehmlich in **II**, wiedergefunden. In den Tumoren wurde auffallend wenig ^{14}C gefunden; nach 48 Std. wurde in der Nucleinsäurefraktion, u. zwar vornehmlich in der Desoxyribonucleinsäurefraktion, 0,2% ^{14}C festgestellt. Die Pyrimidinnucleotide waren radioakt., die Purine dagegen nicht. (J. biol. Chemistry **195.** 257—70. März 1952. Madison, Wis., Univ., Med. School, McArdle Memorial Labor.) H. P. FIEDLER. 4596

Donald L. Buchanan und **Akira Nakao,** *Der Austausch von Knochencarbonat.* Mit der früher angegebenen Meth. (vgl. C. **1954.** 11260) wurden bei 76 Mäusen u. Ratten, die bis zu 6 Std. einer mit *$^{14}CO_2$* markierten Luft ausgesetzt waren, Unterss. durchgeführt, die ergaben, daß das Carbonat (**I**) neugebildeter Knochen ganz oder teilweise aus lösl. anorgan. C gebildet wird. Unter den Versuchsbedingungen entsprach die spezif. Aktivität des **I** der neuen Knochen ca. 70% der spezif. Aktivität des alveolaren CO_2. Bei längerer Einw. von Luft mit $^{14}CO_2$ steigt die spezif. Aktivität des Knochen-**I** nicht weiter an. Dabei ist die spezif. Aktivität des Knochen-**I** das 0,32fache derjenigen eines Liters der Luft. Ein erheblicher Teil des **I** der Knochen ausgewachsener Tiere zeigt raschen Austausch mit dem lösl. **I**-Syst., ein großer Teil aber nur einen sehr langsamen. Der Austausch ist bei Ratte u. Maus u. bei verschied. Knochen der Ratte sehr ähnlich u. wahrscheinlich bedingt durch die physikal. u. chem. Eigg. der Knochensalze. Das Knochenwachstum verursacht eine unverhältnismäßig starke Beschleunigung des I-Austausches (Abbau neben Aufbau von Knochensubstanz). (J. biol. Chemistry **198.** 245—57. Sept. 1952. Chicago, Ill., Argonne Nat. Labor., Div. of Biol. and Med. Res.) J. SCHWAIBOLD. 4596

E_6. Pharmakologie. Therapie. Toxikologie. Hygiene.

Lee E. Farr, *Der Einbruch der Kernphysik in die Medizin.* Zusammenfassender Bericht über verschied. Anwendungen von radioakt. Leitisotopen in der Medizin: Interne therapeut. Anwendung von ^{131}J bei Schilddrüsencarcinomen u. deren Metastasen. Die Wrkg. von ^{60}Co-Strahlung auf Antikörperbldg. u. Immunität. Das Verh. der Aminosäuren u. deren Best. durch ^{14}C-getracerte Injektionen. Die Behandlung von intracranialen Tumoren durch *B*-Injektionen u. Bestrahlung mit Neutronen. (Amer. Scientist **41.** 556—71. Okt. 1953. Upton, N. Y., Brookhaven Nat. Labor.) W. REUSSE. 4601

A. Ratti, *Hypothesen zur Wirkung ionisierender Strahlen auf die Zellbausteine im Lichte der Histochemie.* Kurze zusammenfassende Darst. des Standes der Theorien über die Wrkg. ionisierender Strahlen auf das biol. Objekt (direkte u. indirekte Wrkg., strahlenempfindliches Vol., Treffertheorie) unter besonderer Berücksichtigung der Histochemie. (J. Radiol. Électrol. Arch. Électr. méd. **34.** 172. 1953. Pavia.) W. REUSSE. 4601

A. P. Lachapèle, P. Blanquet, L. Capot und **J. M. Meunier,** *Die Hämolyse durch ionisierende Strahlen.* Vff. berichten über Verss. zur Strahlenhämolyse (Sh) des Blutes bei Zusatz eines antikoagulierenden Mittels (3,5- bzw. 25%-Lsg. von *Subtosan*; **I**). Die Strahlendosis wurde von 3000—36000 r variiert. Die Verss. ergaben, daß die Sh bei wachsender Strahlendosis u. -dosisleistung beschleunigt eintritt; schnellere Koagulation als bei Totalblut erhält man bei Suspension in physiol. Kochsalzlsg. u. in 25%ig. I, langsamere in 3,5%ig. I. Da unbestrahlte Blutkörperchen, in eine bestrahlte Suspension eingebracht, hämolysiert werden, schließen Vff. auf das Vorhandensein tox. Stoffe in der Suspension als Bestrahlungswirkung. Andere Befunde, z. B. aus Verss. mit ^{32}P, lassen den Schluß auf eine gleichzeitige direkte Strahlenwrkg. auf die Erythrocyten zu. (J. Radiol. Électrol. Arch. Électr. méd. **34.** 199—200. 1953. Bordeaux, Centre anticancéreux de Bordeaux et de Sud-Ouest, Fondat. Bergonié.) W. REUSSE. 4601

William E. Nolan, *Strahlenschäden am Patienten durch orale Röntgenographie.* (J. Amer. Dental Assoc. **47.** 681—84. Dez. 1953. Univ. of California, Dep. of Phys., Radiat. Labor.) W. REUSSE. 4601

Pablo L. Morales, *Der Einfluß von ACTH und Cortison auf die Erythemreaktion nach Behandlung mit weicher Strahlung.* Die Beobachtung des Eintrittes von Erythemen am Vorderarm von Patienten nach lokaler Bestrahlung mit 350, 300 oder 200 r (120 kV, 5 mA, kein Filter, FHA 20,4 cm, HWS 0,8 mm Al) ergab, daß weder die Zeit des Eintritts noch die Intensität des Erythems signifikant geändert werden, wenn die Patienten *ACTH* oder *Cortison* erhalten. (Amer. J. Roentgenol., Radium Therapy Nuclear Med. **70.** 1015—16. Dez. 1953. New York, N. Y., Presbyterian Hosp., Dep. of Radiol.) W. REUSSE. 4601

J. E. Campbell und **L. H. Talley,** *Verbindung von ^{210}Po mit Blut.* Beim Fraktionieren des Gesamtblutes von Ratten u. Hunden, denen intravenös ca. 50 μC Po/kg Körpergewicht injiziert worden waren, wurden durch Zentrifugieren ca. 90% des Po an die Erythrocyten gebunden wiedergefunden. Eine weitere Fraktionierung des Hämoglobins in Globin (**I**) u. Häm zeigte das Po in Verbindung mit **I.** (Proc. Soc. exp. Biol. Med. **87.** 221—23. Okt. 1954. Miamisburg, Monsanto Chem. Co.) G. BRATFISCH. 4601

F. Leupold und **F. Heuck,** *Untersuchungen über die Anwendung der neuen Gallekontrastmittel bei Gesunden und Leberkranken.* Unterss. mit den Gallekontrastpräpp. *Biligrafin* u. *SH 307 Schering* an Leberkranken ergaben neben der bekannten hypotensiven Wrkg. der Kontrastmittel keine Unverträglichkeitserscheinung u. keine Verschlimmerung der Leberleiden. Voraussetzung für Anwendung der genannten Präpp. ist eine n. Nierenfunktion. (Fortschr. Gebiete Röntgenstrahlen verein. Röntgenprax. **83.** 464—70. Okt. 1955. Kiel, Univ., Med. Klinik.) F. KRUSEN. 4601

Everett E. Seedorf und **William N. Powell,** *Erfahrung mit fünf oral zu gebenden Mitteln zur Cholecystographie.* Die Eignung von *Jodphthaleinnatrium, Priodax, Monophen* u. *Teridax* zur Cholecystographie wurde untersucht u. die möglichen Nebenwirkungen aufgezeichnet. (J. Amer. med. Assoc. **159.** 1361—62. 3/12. 1955. Temple, Tex., Scott and White Clin., Dep. of Radiol. and Dep. of Clin. Pathol.) WOLFGANG ALBRECHT. 4601

Ejnar Gilg, *Der Einfluß von Diphenhydramin (Benadryl) auf die störenden Nebenwirkungen von Diodone bei der Urographie.* Bei der Anwendung des Röntgenkontrastmittels *Diodone* (**I**) für Aufnahmen des Harntraktes treten bei den Patienten als störende

Begleiterscheinungen vor allem Hitzegefühl u. Blutandrang zum Kopf auf. Als Gegenmittel wird *Benadryl* (*Diphenhydramin;* **II**) empfohlen. Vf. berichtet über Erfahrungen mit dem kombinierten Präp. *Diodone* + *Diphenylhydramino*, LUNDBECK (**III**), in dem **II** in einer Konz. von 1 mg/ml enthalten ist. Die bei alleiniger Anwendung von **I** in 8,1% der Fälle auftretenden Störungen werden auf 5,5% verringert, wenn mit **III** gearbeitet wird, dagegen tritt in diesem Fall eine gewisse Schläfrigkeit auf, die aber vom Patienten als angenehm empfunden wird. Klin. Anwendbarkeit von **III** u. Kontraindikationen werden diskutiert. (Acta radiologica [Stockholm] **39.** 299—307. April 1953. Kopenhagen, Kommunehospitalet, Roentgen Dep.) W. REUSSE. 4601

N. W. Boldyrewa, *Die Wirkung von kurzwelliger Ultraviolettstrahlung auf die Harnstoffbildung in der Leber weißer Ratten.* In Verss. mit weißen Ratten wird der Einfl. von kurzwelligen UV-Strahlen (Hg-Quarzlampe, 85% 254 mμ) auf die Bldg. von *Harnstoff* (**I**) in der Leber in vivo u. in vitro (Leberschnitte) untersucht. Bei einer Dosis 200 ($\cdot 10^3$ Erg/cm^2) wird kein Unterschied der **I**-Bldg. gegenüber der Kontrolle festgestellt, bei 800 eine starke Zunahme, bei 2010 prakt. keine Bldg. von **I**. Durch Ganzbestrahlung mit 4020 wird die **I**-Bldg. gehemmt. Der Einfl. der UV-Bestrahlung auf die **I**-Bldg. ist reversibel; nach ihrer Unterbrechung erfolgt in einiger Zeit Rückkehr zur Norm. Bei Lebergewebe beseitigt Zusatz von Ornithin teilweise die Hemmung der **I**-Bldg. durch UV-Strahlen. Inaktivierung der Arginase wird nicht beobachtet. Junge Ratten sind gegen UV-Bestrahlung empfindlicher als ältere Tiere. Zusatz von Chloralhydrat zu Leberschnitten beeinflußt die **I**-Bldg. nicht, in vivo bewirkt jedoch eine zu narkot. Schlaf führende Dosis, daß UV-Strahlen die **I**-Bldg. in der Leber nicht beeinflussen. (Вопросы Медицинской Химии [Fragen med. Chem.] **1.** 256—62. Juli/Aug. 1955.) R. K. MÜLLER. 4601

I. Leusen, *Einfluß verschiedener CO_2- und Bicarbonatdosen auf das Atmungszentrum.* Werden Hunde mit einer Lsg. perfundiert, die einen größeren Anteil an $CO_2/NaHCO_3$ enthält, so wird zunächst eine geringe Zunahme der Atmungsaktivität, dann eine Rückkehr zur Norm u. gelegentlich auch eine Abnahme festgestellt. Ist der Anteil an $CO_2/NaHCO_3$ kleiner, wird zunächst eine Hemmung, dann jedoch eine wesentliche Förderung der Atmungsaktivität beobachtet. (Arch. int. Pharmacodynam. Thérap. **87.** 248—49. 1/7. 1951. Ghent, Univ., Labor. of General Pathol. and General Therapeutics.) H.-P. FIEDLER. 4606

Nils Thyresson, *Experimentelle Erforschung der Thalliumvergiftung. Die Wirkung des Thalliums auf das Wachstum und die Differenzierung von Haaren und Epidermis, untersucht bei jungen Ratten und Gewebekulturen der Haut von Rattenembryonen.* (Vgl. C. **1953.** 8916.) Vf. gibt 0—18 Tage alten Ratten eine subcutane Injektion von 30 μg *Tl-Acetat* (**I**)/g Körpergewicht u. untersucht Hautproben u. Haarwachstum der dorsalen Körperpartien. Sowohl bei den Verss. am lebenden Tier, als auch an Gewebekulturen mit embryonaler Rattenhaut (**I**-Dosis: 13 μg/g Substrat) wird festgestellt, daß **I** die mitot. Zellteilung nicht beeinträchtigt u. auch die Entw. der Haarfollikel nicht hemmt, jedoch die n. Differenzierung u. Keratinisierung der Haare stört. Es werden charakterist. histolog. Veränderungen in den Stratum spinosum-Zellen der Epidermis beobachtet, in denen sich der zur Keratinbldg. führende Differenzierungsprozeß abspielt. (Acta dermato-venereol. [Stockholm] **31.** 133—46. 1951. Stockholm, Caroline Inst., Dep. of Exp. Histol. and Nat. Inst. of Publ. Health, Dep. of Dermato-Venereol., Dep. of Occupat. Health.) P. FAHRNLAENDER. 4606

Fernand Caujolle, Michel Lesbre, Denise Meynier und **André Blaizot,** *Toxizitätsvergleich zwischen symmetrischem n-Propylstannan und Isopropylstannan.* Beim narkotisierten Hund wirken 0,99—1,03 mMol/kg *n-Propylstannan* (**I**) in 58—65 Min. tödlich, während für *Isopropylstannan* (**II**) die in 60 Min. tödlich wirkende Dosis bei 0,53 mMol/kg liegt. Die halbe tödliche Dosis bewirkt Abnahme des Blutdrucks u. Beschleunigung der Atmung. Auch bei Mäusen ist **II** wesentlich toxischer als **I**; **II** ruft dieselben paralyt. Toxizitätserscheinungen wie **I** hervor. — *Isopropylstannan*: Darst. durch Kondensation von $SnCl_2$ mit Isopropylmagnesiumchlorid in sd. Xylol u. Abtrennung von Nebenprodd.; wenig stabil gegenüber Luft- u. Lichteinfluß. $E_4 = 89$ (?), $n_D^{20,2}$ 1,4851, $D.^{20}_4$ 1,1237, Zers. bei 200°. (C. R. hebd. Séances Acad. Sci. **240.** 1732—34. 25/4. 1955.) F. KRUSEN. 4607

F. W. Kinard, J. W. Zemp und **J. C. Aull jr.,** *Äthanolstoffwechsel und Leberenzymaktivität.* Unterss. mit Hunden zeigten, daß die Geschwindigkeit der Abnahme des Blut-A.-Spiegels nach intravenöser A.-Zufuhr in sehr enger Abhängigkeit von der A.-Oxydationsfähigkeit der Leber, zu deren Best. eine Meth. angegeben wird, steht. Außerdem sind Gewicht u. Katalaseaktivität der Leber von Einfl. auf den A.-Abbau. (Proc. Soc. exp. Biol. Med. **88.** 663—65. April 1955. Charleston, S. C., Med. Coll. of South Carolina, Dep. of Physiol. and Chem.) F. KRUSEN. 4607

Gerda Meyer und **Heinz Schürmeyer,** *Über die Wirkung von 1.3-Butylenglykol auf die generativen Vorgänge bei Ratten.* Durch langfristige Verabfolgung von 1.3-Butylenglykol (0,5 bzw. 1,0 cm^3 je 100 g Körpergewicht einer 50%ig. wss. Lsg.) blieb die Fortpflanzungsfähigkeit u. die Fruchtbarkeit von Ratten unbeeinflußt. (Klin. Wschr. **29.** 231–32. 15/3. 1951. Münster/Westf., Pharmakol. Inst., Univ.) H.-R. HENSEL. 4607

K. Felix, G. Leonhardi und **I. von Glasenapp,** *Über die Ausscheidung von p-Oxyphenylbrenztraubensäure, Brenztraubensäure, Phenol und Acetessigsäure im Harn nach Verabreichung von p-Oxyphenylbrenztraubensäure an Gesunde und Leberkranke.* Vff. untersuchten den Einfl. einer Gabe von 2 g *p-Oxyphenylbrenztraubensäure* (I) auf die MILLON-Werte im Harn bei gesunden u. leberkranken Versuchspersonen. Die MILLON-Werte nehmen mit dem Grad des Leberschadens zu; I wird jedoch nur bei schwerem Leberschaden (Cirrhose) ausgeschieden. Bei leichten u. schweren Leberschäden tritt ferner nach Belastung Phenol im Harn auf, während gleichzeitig Brenztraubensäure vermehrt ausgeschieden wird. Acetessigsäure nimmt nur bei gesunden, nicht aber bei leberkranken Versuchspersonen zu. (Hoppe-Seyler's Z. physiol. Chem. **287.** 133–41. Juni 1951. Frankfurt/M., Univ., Inst. für vegetative Physiol.) K. HEYNS. 4607

R. Mariani, *Klinische Untersuchungen über ein neues Calciumpräparat hoher Löslichkeit (Calciumheptagluconat).* Kasuist. Bericht über die Anwendung von *Calciumheptagluconat,* das bis 70–80% lösl. ist. (Gazz. med. ital. **112.** 213–15. Aug. 1953. Milano, Ospedale Maggiore.) P. G. SCHEURLEN. 4607

N. A. Troitzkaja, *Untersuchung der Beziehungen von Citral zu den Eiweißstoffen des Blutserums. Citral* (I) führt bei subcutaner Zufuhr (0,1–1 ml) an Kaninchen zu einer bedeutenden Zunahme der α- u. β- u. zu einer geringen Zunahme der *γ-Globuline.* Die elektrophoret. Blutkurve der Versuchstiere erinnert an die Kurven der Proteine des Blutserums nephrosekranker Menschen. Es ist denkbar, daß I, indem es sich mit dem α_2-Globulin bindet, eine Inaktivierung des darin enthaltenen *Hypertensinogens* herbeiführt. (Биохимия [Biochemie] **18.** 151–58. März/April 1953. Moskau, Bach-Inst. für Biochem. der Akad. der Med. Wiss. der UdSSR.) E. RENTZ. 4607

W. R. Jondorf, D. V. Parke und **R. T. Williams,** *Der Stoffwechsel der isomeren Trichlorbenzole.* Die 3 isomeren *Trichlorbenzole* werden im Stoffwechsel des Kaninchens hauptsächlich in *Trichlorphenole* umgewandelt u. diese als Glucuronide sowie H_2SO_4-Ester ausgeschieden. Nach Verabreichung von *1.2.3-Trichlorbenzol* wurde viel *2.3.4-Trichlorphenol* (Benzoylderiv., F. 141°), wenig *3.4.5-Trichlorphenol* u. Spuren von *3.4.5-Trichlorbrenzcatechin* ausgeschieden; dazu geringe Mengen *Mercaptursäure* (I), die als *Hexachlordiphenyldisulfid,* F. 151°, isoliert wurde. Nach *1.2.4-Trichlorbenzol* wurden *2.4.5-Trichlorphenol* (Benzoylderiv., F. 92°), *2.3.5-Trichlorphenol* u. *3.4.6-Trichlorbrenzcatechin* sowie I gefunden. *1.3.5-Trichlorbenzol* scheint als einziges Stoffwechselprod. *2.4.6-Trichlorphenol* (Benzoylderiv., F. 74°) zu geben. (Biochem. J. **58.** XXXV–XXXVI. Dez. 1954. London, St. Mary's Hosp., Med. School, Dep. of Biochem.) R. LAFFERENZ. 4607

E. Leong Way, Chin-Tzu Peng, Naseem Allawala und **T. C. Daniels,** *p-Aminosalicylsäure im Stoffwechsel des Menschen.* Es wurde eine quantitative Unters. einer Reihe von im menschlichen Harn ausgeschiedenen Stoffwechselendprodd. der *PAS* unter Anwendung der Extraktionstechnik durch Gegenstromverteilung u. Papierchromatographie durchgeführt. Es konnten *PAS, N-Acetyl-p-aminosalicylsäure, p-Aminosalicylursäure* u. *m-Aminophenol* identifiziert werden; vier andere Verbb. wurden in Spuren als Amine charakterisiert. (J. Amer. pharmac. Assoc., sci. Edit. **44.** 65–69. Febr. 1955. San Francisco, Calif., Univ. of California, School of Med., Coll. of Pharmacy, Dep. of Pharmacol.) H. KOCKERT. 4607

Karl H. Beyer, Horace F. Russo, Grace S. Schuchardt, Jacqueline A. Fishman, Virgil D. Wiebelhaus und **Robert L. Kemp,** *3-Oxy-2-phenylcinchoninsäure. Ihre Absorption, Ausscheidung und Einfluß auf gewisse Nierenfunktionen sowie Enzymsysteme. 3-Oxy-2-phenylcinchoninsäure* (I) zeigt ungewöhnlich viele verschied. pharmakodynam. Wirkungen. Die akute orale DL_{50} bei der Maus beträgt 495 ± 48 mg/kg, intravenös 144 ± 14 mg/kg. Es werden untersucht: Der Effekt von I auf intestinale Aktivität, die Ausscheidung von I, die renale Extraktion, die Bindung an Plasmaprotein, der Einfl. auf die Glomerulafiltration, Inhibierung der renalen Ausscheidung von *Phenolsulfophthalein* (II), Inhibierung der renalen Tubularsekretion von *p-Aminohippurat* u. *Penicillin,* die Beeinflussung der Readsorption von *Glucose* u. *Sulfonamiden* sowie die Ausscheidung von *Harnsäure, Harnstoff,* Na u. K. Enzymolog. Unterss. deuten an, daß an der Inhibierung der II-Ausscheidung oxydative Rkk. nicht beteiligt sind. (J. Pharmacol. exp. Therapeut. **103.** 79–92. Sept. 1951. Glenolden, Pa., Sharp and Dohme, Inc., Pharmacol. Sect., Res. Div.) H. GEHM. 4607

Gertrud Kuhl, *Über die Wirkung von Coffein auf unbesamte Eier von Psammechinus miliaris Gmel. Coffein* in Verdünnungen von 1:250—1:2000 im Seewasser bewirkt eine Verlängerung der Lebensdauer u. Entwicklungsfähigkeit unbesamter Seeigeleier. Daneben werden Veränderungen an den Eiern beobachtet, wie Aufblähung der Zellkerne, Aneinanderlagerung der Eier zu Reiheneiern u. Pflasterbildungen sowie Verschmelzungen zu Rieseneiern, welche nicht mehr entwicklungsfähig, gegen Zerfall aber sehr widerstandsfähig sind. (Z. Naturforsch. **10b.** 96—100. Febr. 1955. Frankfurt/M., Inst. für kinemat. Zellforschung.) H. LAMP. 4607

Hiroshi Miyazawa, *Pharmakologische Untersuchungen über Atropanal. Atropanal* (I) (= *Formylphenylessigsäure-Tropinester*), das Oxydationsprod. des *Atropins* (II) im lebenden Körper, hat deutlich stimulierende Wrkg. auf das Atmungszentrum. Es bewirkt zwar Blutdrucksteigerung, die aber größtenteils von einer zentralen Vagusanregung herrührt. Am Darmtrakt zeigt sich deutliche Bewegungsförderung. Nur bei größeren Gaben von **I** zeigt sich **II**-Wirkung. Die eigentliche **I**-Wrkg. ist aber dazu antagonist., u. so bewirkt die Fähigkeit des Körpers, **II** in **I** zu verwandeln, ein kompliziertes Erscheinungsbild. (Folia pharmacol. japon. **49.** 75§—76§. 20/7. 1953. Niigata Univ. [Orig.: japan.]) L. SCHULER. 4607

D. Je. Alpern und **R. U. Lipschitz,** *Über den reflektorischen Wirkungsmechanismus der Adenosintriphosphorsäure auf die Durchlässigkeit der Gefäße und die Emigrierung der Leukocyten bei Entzündung.* Vff. weisen am Kaninchen nach, daß die Wirksamkeit der *Adenosintriphosphorsäure* (I) u. der *Adenylsäure* (II) auf die Permeabilität u. Emigration der Leukocyten bei der Entzündung wesentlich höher ist als diejenige des hypothet. MENKINschen Leukotaxins. Die chemotakt. Wrkg. von **I** zeigt sich bereits nach intracutaner Injektion von 0,25—2 mg. Die Permeabilität der Gefäße u. die Emigration der Leukocyten werden sogar schon durch 2—20 γ **I** gesteigert. Die Wrkg. von **I** u. **II** ist — wie Verss. mit Novocain ergaben — reflektor. Natur. (Доклады Академии Наук СССР [Ber. Akad. Wiss. UdSSR] [N. S.] **89.** 363—64. 11/3. 1953. Charkow, Med. Inst.) E. RENTZ. 4607

Nils Emmelin und **Anders Muren,** *Erzeugung einer Überempfindlichkeit der Unterzungendrüse gegen chemische Stimulantia.* (Vgl. auch EULER u. PURKHOLD, C. **1956.** 7869.) Vff. beobachten bei Verss. an Katzen u. Hunden nach Durchschnitt der Chorda tympani bzw. der Entfernung des oberen Ganglion cervicale eine Überempfindlichkeit der Unterzungendrüse gegen *Adrenalin* (I; 10—50 μg/kg Körpergewicht), *dl-Noradrenalin* (II; 10—65 μg/kg), *Acetylcholin* (IV; bis 10 μg/kg), *Pilocarpin* (III; 20 μg/kg) u. *Ephedrin* (bis 5 μg/kg). Auch längere Behandlung mit *Atropin* (**V**; subcutane Injektion von 0,5—20 mg/kg innerhalb eines Zeitraums von 4 bzw. 14 Tagen) oder *Cocain* (**VI**; 2—4 mg/kg) ruft vermehrte Speichelabsonderung der Submaxillaris bei Einw. von **I** (2,4 μg/kg) u. **II** (14 μg/kg) hervor, während **III** u. **IV** nicht ansprechen. Es wird darauf hingewiesen, daß alle beobachteten Rkk. unspezif. sind, daß sich aber der Typus der Überempfindlichkeit, der beim Durchschneiden der Chorda tympani u. bei Behandlung mit **V** hervorgerufen wird, von demjenigen, der bei Entfernung des Ganglion cervicale oder Injektion von **VI** zu beobachten ist, unterscheidet. (Acta physiol. scand. **24.** 103—27. 8/12. 1951. Lund, Univ., Dep. of Physiol.) P. FAHRNLAENDER. 4607

N. Emmelin, Dora Jacobsohn und **A. Muren,** *Die Wirkungen einer verlängerten Zufuhr von Atropin und Pilocarpin auf die Unterzungendrüse der Katze.* (Vgl. vorst. Ref.) Vff. geben Katzen innerhalb einer Periode von 7 Tagen 2mal täglich eine subcutane Injektion von *Atropinsulfat* (I) in von 1 mg/kg bis auf 12 bzw. 20 mg/kg steigenden Dosen u. stellen an der Submaxillaris Veränderungen in der Empfindlichkeit gegen *Adrenalin* (II) u. der Struktur der Drüsenzellen fest (Bldg. von Vacuolen, Verkleinerung der serösen Zellen). Die gleichen strukturellen u. funktionellen Veränderungen der Drüse werden 2—4 Tage nach Durchtrennung der Chorda tympani beobachtet. Dagegen sind 2mal täglich vorgenommene Injektionen von *Pilocarpinhydrochlorid* (0,5—1,0 mg/kg, 8—13 Tage lang) auf die Struktur u. Funktion der parasympathet. dezentralisierten Drüsen ohne Einfluß. (Acta physiol. scand. **24.** 128—43. 8/12. 1951. Lund, Univ., Dep. of Physiol.) P. FAHRNLAENDER. 4607

E. H. Walker, J. M. Parker und **John Hunter,** *Die Wirkung von Atropinsulfat auf Blut- und Urinelektrolyte beim Menschen.* Vff. injizierten 1 oder 2 mg *Atropinsulfat* intramuskulär u. bestimmten *Na* u. *K* im Blut u. Urin. Es traten keine wesentlichen Änderungen auf. Das Gesamtzellvol. im Blut sinkt ab, was auf Einströmen von interstitieller Fl. ins Blut beruhen kann. (Canad. J. Biochem. Physiol. **33.** 256—62. Mai 1955. Toronto, Ontario, Can., Defence Res. Med. Labor., Physiol. and Toxicol. Groups.) K. BÖHM. 4607

C. E. Powell, E. E. Swanson und **K. K. Chen,** *Die pharmakologische Wirkung von Indolverbindungen.* Vff. berichten über die pharmakol. Wrkg. von *Serotonin, Cinobufotenin, Tryptamin, Gramin* u. *β-[N-Methyl-N-β-oxyäthylaminoäthyl]-indol* an anästhesierten Katzen, Hühnchen u. am Uterus (in situ u. isoliert). (J. Amer. pharmac. Assoc., sci. Edit. **44.** 399–404. Juli 1955. Indianapolis, Ind., Lilly Res. Labors.) H. GOEBEL. 4607

C. W. Gowdey und **G. W. Stavraky,** *Untersuchung der autonomen Manifestationen bei akuter Aldrin- und Dieldrinvergiftung.* Bei vagotomisierten, adrenalektomierten u. narkotisierten Katzen verstärkt *Aldrin* (I) die Wrkg. von elektr. Reizung des peripheren Vagus auf das Herz. I bei intaktem Vagus bewirkt ebenfalls eine gewisse, jedoch nicht wesentlich geringere Verlangsamung der Herzarbeit. Ebenso wird die durch elektr. Reizung der Chorda tympani verursachte Speichelsekretion durch I deutlich erhöht. *Dieldrin* (II) hat nicht diese peripheren Effekte. Wie am Frosch-Rectalmuskelpräp. gezeigt wurde, wird bei der Katze der Abbau von zugeführtem *Acetylcholin* durch intravenöse I-Applikation, nicht jedoch durch II wesentlich verzögert. (Canad. J. Biochem. Physiol. **33.** 272–82. Mai 1955. London, Ontario, Can., Univ. of Western Ontario, Fac. of Med., Dep. of Pharmacol. and Physiol.) F. KRUSEN. 4607

George F. Wilgram, Charles H. Best und **J. Blumenstein,** *Verstärkereffekt von Cholesterin auf die cardiovasculären Veränderungen bei Ratten im Cholinmangel.* Bei Ratten beiderlei Geschlechts, die sich als resistent gegen eine Cholinmangeldiät erwiesen, konnte eine Diätzufütterung von *Cholesterin* (I) die stärkere Ausbldg. cardiovasculärer Schäden (cardiale Nekrosen, Coronarlipoidose, Aortensklerose, auch Nierennekrosen) erzeugen. Dabei bestand ein gesenkter Serumcholesterinspiegel. Möglicherweise geht dieser additive I-Effekt über eine Störung in der Bldg. von Phosphatidylcholin, das für den n. I-Stoffwechsel notwendig ist. Die hier beobachteten atherosklerot. Schäden entsprechen dem MOENCKEBERG-Typus. (Proc. Soc. exp. Biol. Med. **89.** 476–79. Juli 1955. Toronto, Univ., Banting and Best Dep. of Med. Res.) H. JORDAN. 4607

M. Sirsi, S. Natarajan, M. O. Tirunarayanan und **P. Suryanarayana Murthy,** *Studien an indischen Heilpflanzen. Pharmakologische Wirkung und antibakterielle Aktivität von Anisochilus carnosus.* Das Öl der Pflanze besitzt direkte muskelerschlaffende Wrkg., Antiacetylcholin- u. Antihistamineigenschaften. In einer Verdünnung von 1:10 wurde eine schwache anästhet. Wrkg. auf die Cornea des Meerschweinchens festgestellt. Das Öl hemmt das Wachstum von Staph. aureus, E. coli u. B. typhosus u. besitzt fungicide Wrkg. gegenüber Aspergillus flavus u. Fusarium moniliforme. In Dosen von 0,2 ml der 1:10-Emulsion ist das Öl gegenüber Ratten nicht giftig. (J. Indian Inst. Sci. **37.** Sect. A 98–105. April 1955. Bangalore, Ind., Inst. of Sci., Pharmacol. Labor. and Dep. of Biochem.) REINHARD HÜTTENRAUCH. 4608

A. Vasold und **F. Händel,** *Über die kombinierte intracutane und intravenöse Anwendung von Plenosol bei degenerativen Gelenkerkrankungen.* Mit dem Mistelextrakt *Plenosol* (MADAUS & CO., Köln-Merheim) konnte bei kombinierter intracutaner u. intravenöser Therapie bei 21 therapieresistenten degenerativen Gelenkerkrankungen in 17 Fällen ausreichende bzw. mäßige Besserung erzielt werden. (Therap. d. Gegenwart **93.** 456–58. Dez. 1954. Nürnberg, Städt. Krankenhaus.) H. DOSSMANN. 4608

C. Wilmer Wirts, Martin E. Refuss, William J. Snape und **Paul C. Swenson,** *Wirkung von Chinesischem Tee auf die Sekretion und Motilität des Magens.* Vff. kommen auf Grund ihrer eingehenden Unterss. zu dem Ergebnis, daß der Genuß von schwarzem Tee bei den meisten Magenleiden nicht kontraindiziert ist, da er zwar etwas die Motilität herabsetzt. aber die Sekretion kaum beeinflußt. (J. Amer. med. Assoc. **155.** 725–29. 19/6. 1954. Jefferson Med. Coll and Hosp., Dep. of Med. and Radiol. and Therapeut. Labor.) G. WELTZIEN. 4608

H. Szperl-Seyfried, *Experimentelle Untersuchungen über die Toxizität des Phasins.* Vf. injiziert Meerschweinchen *Phasin* (I; isoliert aus dem wss. Extrakt von Bohnensamen durch Fällung mit 96%ig. A. u. das in einer Verdünnung 1:32000 menschliche Erythrocyten agglutiniert) in einer Dosis unterhalb 0,01/100 g Körpergewicht in die Bauchhöhle u. beobachtet auch bei weiteren I-Applikationen keinerlei tox. Symptome. Sie treten jedoch auf, wenn die I-Menge auf 0,01/100 g erhöht wird, u. äußern sich in Körperschwäche, Anschwellung des Bauches u. Erhöhung der Puls- u. Atmungsfrequenz. 2–7 Tage nach der I-Injektion tritt der Tod der Tiere ein. Eine I-Lsg. (0,01 g/100 g), die ½ Std. auf 100° erhitzt worden ist, verliert ihre Wirksamkeit; dagegen bleibt eine nur ½–1 Std. auf 75° erwärmte toxisch. Auch auf Kaninchen wirkt die intravenöse Injektion von 0,03 g/kg tödlich. Aus anatom.-histopatholog. Unterss. geht hervor, daß I einen schädigenden Einfl. auf die Zellen der parenchymatösen Organe (Lungen, Leber, Milz, Eingeweide) u. das Gefäßsyst. besitzt. Infolge Störung des Kolloidgleichgewichts u. der intracellulären Oxydation werden neben ödematösen u. nekrot. Veränderungen in den betreffenden Organen auch (bes. in der Leber) Fettdegenerationen der Zellen beobachtet. Das Vergiftungsbild von I ähnelt somit dem anderer Phytotoxine (*Ricin*,

Colchicin, Pilzgifte) bzw. dem von P oder As. (Bull. Soc. Amis Sci. Lettres Poznań, Sér. C **1951.** Nr. 2. 23—30. Poznań, Med. Acad., Inst. of Forensic Med.)
P. FAHRNLAENDER. 4608

J. Cochin, L. A. Woods und M. H. Seevers, *Die Aufnahme, Verteilung und Harnausscheidung von Mescalin bei Hunden.* Best. der *Mescalin* (I)-Verteilung (als Sulfat gegeben) bei Hunden (20 mg/kg oral, intramuskulär u. intravenös). Unverändertes I wird zu 26—48% im Urin (Mensch u. Hund) ausgeschieden, davon der größte Teil in den ersten 4½ Std., der Rest innerhalb 24 Stunden. In den ersten 4 Std. ist der I-Geh. in Niere, Leber u. Milz 3—6mal höher als in Plasma u. Gehirn. (J. Pharmacol. exp. Therapeut. **101.** 205—09. Febr. 1951. Ann Arbor Mich., Michigan Med. School, Pharmacol. Dep.)
F. W. HOHENSEE. 4608

Theodor Wieland und Klaus Dose, *Veränderungen der Proteinverteilung im Blutserum bei der Amanitinvergiftung.* Die Vergiftung von Mäusen u. Ratten mit *α-Amanitin* u. *Phalloidin* führt neben der bekannten, rasch eintretenden Verarmung der Leber an *Glykogen* zu einer langsamer einsetzenden Abnahme des Proteingeh. im Blutserum. Ähnliche Vorgänge wurden auch bei Kaltblütern (Fröschen) beobachtet. Elektrophoret. Unterss. zeigten, daß die Verminderung des Serumproteins fast ausschließlich auf eine starke Abnahme des Albumins zurückzuführen ist. Da die durch die genannten Gifte verursachte Erhöhung der urinalen Proteinausscheidung sich auf sämtliche Serumproteine bezieht u. außerdem die ausgeschiedenen Mengen wesentlich geringer sind als die Abnahme im Blut, führen Vff. diese auf eine Hemmung der Albuminsynth. der Leber durch die Gifte zurück. (Biochem. Z. **325.** 439—47. 1954. Frankfurt/M., Univ., Inst. für organ. Chem.)
F. KRUSEN. 4608

Tomio Takahashi und Shuji Yagi, *Über einen den Speichelfluß anregenden Faktor von Nikujuyo (Boschniaka glabra, C. A. Mey) bei Mäusen.* Durch Verss. an Mäusen ließen sich bis jetzt in Nikujuyo unterscheiden: Ein den Speichelfluß befördernder Inhaltsstoff von der Art einer organ. Säure u. ein die Atmung herabsetzender von glykosid. Natur. (Folia pharmacol. japon. **49.** 74§—75§. 20/7. 1953. Iwate Med. Univ. [Orig.: japan.])
L. SCHULER. 4608

M. L. Chatterjee und H. F. Häusler, *Antiacetylcholin- und Antihistaminwirkungen der Totalalkaloide von Rauwolfia serpentina Benth.* Am isolierten Streifenpräp. des Meerschweinchenileums (in O_2-RINGER-LOCKE-Lsg. von 25°) wurde der Effekt von 10^{-6} bis 10^{-4} g/ml *Rauwolfia*-Totalextrakt (2% HCl; RE) gegen *Acetylcholin* (I; 10^{-1} g/ml) u. *Histamin* (II; 10^{-8} bis 10^{-7} g/ml) geprüft. In allen 12 Experimenten wurde die I-Wrkg. durch RE gehemmt; 5mal 10^{-5} g/ml RE blockierte den Effekt von 10^{-8} g/ml I. Die gleiche Konz. RE verhinderte die Wrkg. von 10^{-8} oder 5mal 10^{-8} g/ml II. (Nature [London] **176.** 701. 8/10. 1955. Calcutta, School of Tropic. Med., Dep. of Pharmacol.)
H. JORDAN. 4608

Fernand Boyer, Micheline Saviard und Monique Dechavassine (unter Mitarbeit von **Jacques Tréfouel**), *Einleitende Betrachtung über den Reaktionsmechanismus des p-Aminophenylsulfonamids in vivo.* Der Urin mit *p-Aminophenylsulfonamid* (I) gefütterter Ratten u. anderer Nagetiere wird papierchromatograph. analysiert. Im Gegensatz zu MARSHALL, CUTTING u. EMERSON (Science [New York] **85.** [1937.] 202) finden Vff. im untersuchten Urin: unverändertes I, am Amidstickstoff acetyliertes I, am Aminostickstoff acetyliertes I u. diacetyliertes I. (C. R. hebd. Séances Acad. Sci. **240.** 2023—24. 16/5. 1955.)
R. LENSCHAU. 4610

H. Hillmann, *Sulfonamid–Fluor-Behandlung und Trichomoniasisproblem.* Von den verschied. deutschen Sulfonamid–Fluor-Mitteln wird ein *Marbadal–Badional*-Pudergemisch, kombiniert mit *Devegan*, zur Therapie empfohlen. (Z. Tropenmed. Parasitol. **3.** 180—91. Okt. 1951.)
H. GOHR. 4610

W. Schaaf, *Ein Diphenylmethansäurederivat als Spezificum zur Sterilitätsbehandlung des Rindes.* Zur Endometritisbehandlung beim Rind verwendete Vf. eine 40%ig. wss. koll. Lsg. der polymerisierten *Dioxydimethyldiphenylmethandisulfonsäure* (*Lotagen*; I). I hat die Eig., krankes Gewebe zu koagulieren. Daher reinigt es bes. gut die geschädigte Schleimhaut bei Endometritiden (auch durch Trichomonas hervorgerufene). I (200 cm^3) wurde mittels Katheter 2%ig in den Uterus infundiert. I greift gesundes Gewebe nicht an u. kann auch von hautempfindlichen Tierärzten angewandt werden. Bei allen 463 behandelten Tieren waren die Ergebnisse sehr gut. (Tierärztl. Umschau **9.** 207—09. Juni 1954. Weilheim, Obb.)
L. BERGER. 4610

Franz Otto Lamatsch, *Klinische und therapeutische Erfahrungen bei der Pferdegrippe.* Die Sulfonamidtherapie mit *Diazil* hat sich als wirksames Mittel gegen Pferdegrippe erwiesen, wie Verss. an Rennpferden ergaben. (Wiener tierärztl. Mschr. **40.** 432—35. Juli 1953. Wien.)
K. J. SCHMERSAHL. 4610

Janusz Supniewski, *Chemotherapie der durch Protozoen verursachten Krankheiten.* Die zur Bekämpfung der Malaria u. Schlafkrankheit bekannten Mittel werden besprochen. (Wiadomości chem. **5.** 164—72. April 1951. Kraków, Med. Akad.) H. FREYTAG. 4610

Avemaria Vila Coro, *Die Behandlung der Malaria tropica in Äquatorial-Westafrika mit „Resochin".* Es wird über die Erfahrungen bei der Behandlung von Malaria tropica mit dem BAYER-Präp. *„Resochin"* (*7-Chlor-4-[4'-diäthylamino-1-methylbutyl-amino]-chinolindiphosphat*) u. seine zweckmäßige Anwendung bei Eingeborenen berichtet. Es besitzt gute u. schnelle Wirksamkeit, gute Verträglichkeit. (Z. Tropenmed. Parasitol. **3.** 158—68. Okt. 1951.) H. GOHR. 4610

A. Ravina und **M. Pestel,** *Gegenwärtiger Stand der antituberkulösen Chemotherapie.* Übersicht über die therapeut. Eigg. des *Isoniazids.* (Presse méd. **61.** 564—66. 18/4. 1953.) R. RUTKOWSKI. 4610

M. Rolle und **W. Hausmann,** *Über ein neues, Tuberkelbakterien abtötendes Mittel.* Flüchtige Stoffe in *Koniferenölen* zeigen eine gute Wirksamkeit gegenüber Tuberkelbacillen. Auch Tierverss. ergaben Erfolge. Ein Teil der Tiere ging zwar trotz Rückgangs der tuberkulösen Veränderungen ein. Doch wird dies auf Schädigung der Darmsymbionten zurückgeführt. (Münchener med. Wschr. **93.** 1101—06. 1/6. 1951. München, Tierhygien. Inst.) G. GERBER. 4610

J. A. McLeod, F. W. A. Turnbull und **J. W. Crofton,** *Die Anwendung von Benemid zur Erhöhung des Blutspiegels von p-aminosalicylsaurem Natrium.* Bei Verabreichung von *Benemid* (**I**; *p-[Di-n-propylsulfamyl]-benzoesäure*; SHARP & DOHME, INC., Philadelphia, Pa.) in Dosen von 5mal 0,5 g täglich per os scheint die Hälfte der üblichen täglichen *PAS* (**II**)-Dosis auszureichen, um den gleichen **II**-Blutspiegel zu gewährleisten wie er mit der vollen Dosis **II** allein erhalten wird. In den Fällen jedoch, in denen **I** gastrointestinale Störungen hervorruft, liegt der **II**-Blutspiegel merklich niedriger. (Tubercle **34.** 152—55. Juni 1953. Edinburgh, Univ., Dep. of Tuberculosis and Diseases of the Chest, u. Southfield Hosp.) R. RUTKOWSKI. 4610

H. Van Cauwenberge, *Die Wirkung von Salicylaten auf die Hypophyse und die Nebennieren.* Die Befunde der Nebennierenrindenaktivität nach *Na-Benzoat, Na-p-Aminosalicylat* u. *Na-Salicylat* werden nicht auf NaCl-Einspritzung beobachtet, so daß die physiol. Wrkg. der Substanzen offenbar ausschließlich auf dem organ. Ion beruht. (Lancet **261.** 686—87. 13/10. 1951. Liège, Univ., Dep. of Internal Med. and Med., Labor. of Chem. Res.) R. HEINZE. 4610

G. D. W. McKendrick, *Toxische Hepatitis infolge p-Aminosalicylsäure.* Mitt. eines Tuberkulosefalles, der nach *Streptomycin*-Behandlung auf *p-Aminosalicylsäure* mit schwerer tox. Hepatitis u. sept. Ausschlag antwortete. Spontane Besserung auch der Leberschwellungen nach Absetzen des Mittels. Es wird geraten, nach den ersten tox. Erscheinungen das Mittel abzusetzen. (Lancet **261.** 668—69. 13/10. 1951. Bristol, Ham Green Hosp.) R. HEINZE. 4610

A. G. McManis und **W. J. D. Mira,** *Hepatitis nach Behandlung mit PAS.* Schilderung eines Falles, der nach kombinierter Behandlung von Tbc mit *Streptomycin* u. *p-Aminosalicylsäure* mit Hepatitis antwortete. Nach Fieber, Schweiß, Erbrechen traten Hautausschlag u. Gelbsucht auf. Heilung mit Phenergan. (Med. J. Australia **38.** II. 747—48. 1/12. 1951. Sidney, Hosp.) R. HEINZE. 4610

R. Wilder, *Zwei Fälle von Neutropenie bei Kindern, die möglicherweise auf Streptomycin- und PAS-Therapie zurückzuführen sind.* Nach kurzer Behandlungsdauer mit *Streptomycin* (**I**) u. *PAS* (**II**) traten bei dem einen Kind Hautausschlag, Fieber u. Neutropenie (**III**) auf. Für **III** waren sowohl **I** als auch **II**, für das Fieber u. den Ausschlag dagegen nur **II** verantwortlich. Bei dem 2. Fall war die **III** noch mit einer Eosinophilie verbunden. Nach Absetzen der Medikamente bildeten sich die krankhaften Symptome zurück. (Tubercle **34.** 163—65. Juni 1953. Stanmore, Middlesex, Royal Nat. Orthopaedic Hosp., Inst. of Orthopaedics, Dep. of Pathol.) R. RUTKOWSKI. 4610

Georg Glogowski, *Ausgewählte Kasuistik aus 423 antibiotisch-chemotherapeutisch behandelten Knochen- und Gelenktuberkulosen im Hinblick auf den heutigen Literaturstand.* *Streptomycin* (**I**), *PAS* (**II**), *Conteben* (**III**) u. *Isoniazid* (**IV**) können die bisherige orthopäd. Behandlung der Knochen- u. Gelenktuberkulose nicht ersetzen. Während der therapeut. Wert von **I** nur gering ist, tragen die anderen Tuberkulostatica zur Heilung von Abscessen u. Fisteln u. zur Vermeidung von Streuungen bei. Hinsichtlich der Dauerverträglichkeit ist **IV** auch bei hoher u. langdauernder Dosierung **II** u. **III** überlegen. (Münchener med. Wschr. **95.** 841—44. 31/7. 876—79. 14/8. 1953. Bad Tölz, Staatl. orthopäd. Versorgungskrankenhaus.) R. RUTKOWSKI. 4610

Helmut Kilchling und **Max Matthes,** *Blutsenkungsbeeinflussung durch Conteben (TB I).* Um festzustellen, ob die senkungsbremsende Wrkg. von TB I (I) im Plasma oder an den Blutkörperchen (BK) sitzt, wurden Verss. mit gekreuzten Senkungen durchgeführt. Untersucht wurde das Blut eines I-behandelten Patienten, das eines Patienten mit hoher Senkung u. das einer Normalperson. Die I-behandelten BK wiesen eine sehr niedrige Senkungsgeschwindigkeit auf; im I-Plasma hingegen waren die Senkungen mit BK der beiden anderen Blutarten stark beschleunigt. Es wird angenommen, daß der Senkungssturz durch Veränderungen an den Erythrocyten verursacht wird, die ihrerseits von einer Verschiebung der Plasmakoll. herrühren. (Klin. Wschr. **29**. 227—28. 15/3. 1951, Freiburg/Br., Univ., Med. Klin.) H. R. HENSEL. 4610

L. Benda und **A. Locker**, *Zur Frage der Leberschädigung durch TB I nach Untersuchungen der Gewebsatmung.* Die perorale Applikation von *TB I* hatte bei Ratten eine initiale Zunahme der Kohlenhydratverbrennung u. eine dosisabhängige Steigerung der Fettverbrennung zur Folge. Letzte verursachte eine Zunahme der Gesamtgewebeatmung u. ging mit einer Verfettung der Leber einher. Dem TB I wird eine geringe zellschädigende Wrkg. zugesprochen. (Z. ges. exp. Med. **124**. 418—31. 1954. Wien, Univ., I. Med. Klin.) L. BARTH. 4610

G. Previtera und **C. Grassi Bertazzi**, *Beziehungen zwischen Isonicotinsäurehydrazid und Niacin.* Vff. fanden an Kulturen von Lactobacillus arabinosus keine konkurrierende Wrkg. zwischen *Isonicotinsäurehydrazid* (I) u. *Niacin* (II). Auch der Geh. an II im Blut von Kaninchen wird durch gleichzeitige Gaben von I nicht beeinflußt. (Patol. sperim. **41**. 59—64. 1953.) P. G. SCHEURLEN. 4610

L. Ramoino und **G. C. Minola**, *Isonicotinsäurehydrazid ist kein Mittel mit Antihyaluronidasewirkung.* Unterss. an Kaninchen zeigten, daß *Isonicotinsäurehydrazid* (I) keinen Einfl. auf die Diffusion von Farbstoffpartikeln hat. I entwickelt nicht die Eigg. von *Hyaluronidase* (II). Es konnte auch bei kombinierter Anwendung von I u. II keine hemmende Wrkg. des I gegenüber II beobachtet werden. (Patol. sperim. **41**. 14—22. 1953. Genova, Univ., Ist. di Clin. chir.) P. G. SCHEURLEN. 4610

H. J. Wolf und **Klaus Dziuba**, *Kritischer Beitrag zur Behandlung der Lungentuberkulose mit Isonicotinsäurehydrazid.* 147 Patienten mit Lungentuberkulose wurden täglich mit 5mal 0,2 g *Neoteben* (I) bis zu einer Gesamtmenge von 40—50 g behandelt. Die Röntgenbefunde zeigten keine wesentlichen Änderungen des klin. Krankheitsbildes. Dagegen wurden auffallende Veränderungen des Allgemeinbefindens, wie Gewichtszunahme, Fieberabfall, Rückgang von Husten u. Auswurf, beobachtet. Nebenerscheinungen (Parästhesien, Kribbeln, Brennen, Polyneuritiden) wurden mit 5mal 0,3 g *Pyramidon* oder intravenösen *Vitamin-B-Komplex*-Injektionen behandelt. Nach Vff. entspricht I nicht den an ein Tuberkuloseheilmittel zu stellenden Anforderungen. (Die Medizinische **1953**. 807—12. 13/6. Bielefeld, Städt. Krankenhaus.) R. RUTKOWSKI. 4610

Heinrich Wiesener, *Klinische und tierexperimentelle Untersuchungen zur biologischen Wirkung von Isonicotinsäurehydrazid.* Nach klin. Beobachtungen kommen als Nebenwirkungen von *INH* (I) Beeinflussung des Kohlenhydratstoffwechsels, neurotox. Wirkungen u. Schädigungen von parenchymatösen Organen vor, wegen Kumulationsgefahr infolge langer Verweildauer im Körper ist I-Therapie in der Kinderklinik nicht ungefährlich. Einzeller (Paramaecien) sind selbst bei Einw. hoher I-Konzz. gegenüber I unempfindlich. Der Kohlenhydratstoffwechsel an Leber u. Zwerchfell von weißen Mäusen wird durch I in Konzz. von $10-10^3\,\gamma/cm^3$ beeinflußt. I hemmt den oxydativen Abbau der Muskulatur. Nachw. der Hemmwrkg. von I auf *Hefehexokinase* in Konzz. von 10 bis $100\,\gamma/cm^3$. Ferner Nachw. der Störung der Blutzuckerregulation beim Kaninchen. (Z. Kinderheilkunde **75**. 422—37. 1954. Berlin, Freie Univ., Kinderklinik Kaiserin-Augusta-Viktoria-Haus.) H. DOSSMANN. 4610

T. Anderson, **Mary R. Kerr** und **Joan B. Landsman**, *Behandlung der tuberkulösen Meningitis mit Isoniazid.* 7 Patienten mit Meningitis tuberculosa haben nach täglicher Behandlung mit 10 mg *Isoniazid*/kg 16 Wochen lang die Krankheit gut überstanden. Die Cerebrospinal-Fl. normalisierte sich rascher als bei Behandlung mit *Streptomycin.* (Lancet **265**. 691—93. 3/10. 1953. Glasgow, Ruchill Hosp.) R. RUTKOWSKI. 4610

Juan Torres-Gost, *Behandlung der tuberkulösen Meningitis mit Streptomycin und Isoniazid.* Von 100 Patienten mit tuberkulöser Meningitis überlebten nach kombinierter Behandlung mit *Streptomycin* u. *Isoniazid* 94, von denen 7 bemerkbare, aber nicht ernsthafte Folgeerscheinungen zeigten. (Lancet **265**. 693—94. 3/10. 1953. Madrid, Hosp. del Rey Para Enfermadades Infecciosas, Clin. Dep.) R. RUTKOWSKI. 4610

A. P. Fletcher, *Isoniazidspiegel in der Cerebrospinalflüssigkeit bei der tuberkulösen Meningitis.* Nach peroraler Verabreichung von *Isoniazid* (I) in abwechselnd hohen u. niedrigen Dosen von 200 mg/Tag bis 10 mg/kg Tag war I in der Cerebrospinal-Fl. nach

1–2 Std. nachzuweisen u. der höchste I-Spiegel nach 4–6 Std. erreicht. Nach 24 Std. war I noch bei einigen Patienten nachweisbar. I wurde colorimetr. mit p-Dimethylaminobenzaldehyd, mit Pikrylchlorid u. biol. am Mycobact. tubercul. Stamm H 37 Rv bestimmt. (Lancet **265**. 694–96. 3/10. 1953. London, St. Mary's Hosp., Wright-Fleming Inst. of Microbiol.) R. RUTKOWSKI. 4610

R. Benda, R. Morelec und **Guilbert,** *Blutspiegel von Isoniazid bei einer dreimaligen Dosis von 250 mg täglich per os.* (Vgl. auch C. **1954**. 2869 u. **1955**. 2476.) Die Konz. von *Isoniazid* im Blut sank bei Applikation von 3mal täglich 250 mg in 8std. Abstand per os nicht unter 3 γ. Unverträglichkeitserscheinungen wurden nicht beobachtet. (Rev. Tuberculose [5] **17**. 1067–70. 1953. Paris.) R. RUTKOWSKI. 4610

Brian Russell, N. A. Thorne und **R. V. Grange,** *Behandlung von Lupus vulgaris mit Isoniazid. Bericht über 15 Fälle.* 15 Patienten mit Lupus vulgaris wurden mit *Isoniazid* behandelt, teils oral mit 300 mg täglich, teils durch Injektion von 1mal wöchentlich 50 bis 250 mg in das kranke Gewebe, teils kombiniert mit 300 mg täglich oral u. 400 mg wöchentlich durch Injektion. Alle Kranken bis auf einen zeigten Besserung des Krankheitsbildes. Nur in 1 Fall wurde leichte Urticaria beobachtet. (Lancet **264**. 964–68. 16/5. 1953. London Hosp., Skin Dep.) R. RUTKOWSKI. 4610

H. Pichler, *Zur bakteriostatischen Wirkung von Derivaten vom Typus der Nicotinsäure und Isonicotinsäure.* Im Gegensatz zum *Pyridin-3-carbonsäure-N-methylolamid*, das gute bakteriostat. Wrkg. auf Keime der Streptokokken-, Pyocyaneus- u. Paracoligruppe besitzt, sind *Pyridin-3-aldehydthiosemicarbazon* u. *Pyridin-3-aldehydhydrazon* sowie *Hydrazone des Isonicotinsäurehydrazids* mit aliphat. u. aromat. Aldehyden nur tuberkulostat. wirksam. (Wiener med. Wschr. **103**. 587–89. 8/8. 1953. Wien, I. Univ.-Klinik für Ohren-, Nasen- u. Kehlkopfkrankheiten.) R. RUTKOWSKI. 4610

G. Ceriotti und **J. Franceschini,** *Biologische und mikrobiologische Daten über ein neues, durch geringe Toxizität und hohe Wirksamkeit ausgezeichnetes Derivat des Isonicotinsäurehydrazids* (*Methansulfonat des Isonicotinsäurehydrazids*). Die Toxizitätsbest. an weißen Mäusen ergab eine DL_{50} für das Na-Salz des *Methansulfonats des Isonicotinsäurehydrazids* (I) bei 1,4 g/kg gegenüber einer DL_{50} für *Isonicotinsäurehydrazid* allein (II) bei 500 mg/kg. Mit Hilfe des Bromsulphaleintests wurde die Wrkg. von I auf die Leber untersucht, wobei ebenfalls eine geringere Toxizität als nach II festgestellt wurde. Gleiches wurde nach Galaktosebelastung beobachtet. In vivo ist I in seiner bakteriostat. Wrkg. dem II überlegen. I besitzt keinen bakteriostat. Effekt gegenüber Salmonella typhi, Salmonella enteritidis, Escherichia coli, Staphylococcus aureus, Micrococcus pyogenes, Bacillus subtilis u. Bacillus cereus. (Arch. int. Pharmacodynam. Thérap. **93**. 105–17. 1/2. 1953. Milano, Ist. Carlo Erba per Ric. Terapeut.) P. G. SCHEURLEN. 4610

Ch. Gernez-Rieux, M. Gervois, H. Beerens und **P. Fournier,** *Ergebnisse bei der Behandlung der geschwürig-verkästen Lungentuberkulose mit wenigstens sechsmonatiger Verabfolgung der Kombination Streptomycin, Isonicotinsäurehydrazid und p-Aminosalicylsäure.* Bei einer Dosierung von 1 g *Streptomycin* alle zwei Tage (intramuskulär), 15 g *p-Aminosalicylsäure*/Tag (in den ersten beiden Monaten intravenöse Perfusion, später buccal) u. 5 mg *Isonicotinsäurehydrazid*/kg/Tag wurden innerhalb 6 Monate 29% Heilungen u. 36% Besserungen erzielt. Durch 12monatige Behandlung konnten noch 84% der noch nicht Geheilten gebessert werden. (Rev. Tuberculose [5] **18**. 1–25. 1954. Lille.) P. LOCH. 4610

William S. Schwartz, *Chemotherapie der Tuberkulose.* Zusammenfassende Besprechung der klin. Wrkg. von *Streptomycin, PAS, Amithiozon, Neomycin, Viomycin, Terramycin, Aureomycin, Pyrazinamid* u. *Isoniazid.* (New England J. Med. **248**. 717–20. 23/4. 1953. Oteen, N. C., Veterans Administrat. Hosp.) R. RUTKOWSKI. 4611

Hiroshi Okubo, Yasuo Fujimoto und **Haruaki Hoshizaki,** *Untersuchungen über die Verteilung von Tetracyclin (Achromycin) in Organen und die Exkretion durch die Galle im Vergleich mit Chlortetracyclin und Oxytetracyclin. Tetracyclin* (I) diffundiert nach intramuskulärer Injektion rascher in die Gewebe als *Chlor-* (II) u. *Oxytetracyclin* (III); die Konz. ist nach 24 Std. bei allen etwa gleich. I tritt rascher u. in höherer Konz. in der Galle auf als II u. III. (J. Antibiotics [Tokyo], Ser. B **7**. 287–89. Nov. 1954. Referiert nach engl. Zusammenfassung: Ser. A **7**. 177–78. Dez. 1954. Kyoto, Univ., Sec. Med. Clin., Dep. of Med.) H. GOEBEL. 4611

M. de Alda Calleja, *Syndrom einer akuten Intoxikation durch Dihydrostreptomycin.* Bericht über die akuten Intoxikationserscheinungen, die sich nach einer versehentlichen Dosierung von 3,5 g *Dihydrostreptomycin* bei einem Säugling einstellten u. sich unter dem Bild einer akuten Encephalo-Meningo-Myelo-Neuritis äußerten. (Rev. clín. españ. **50**. 449–51. 30/9. 1953.) P. G. SCHEURLEN. 4611

Yasushi Miyamoto, Nobuyuki Sato, Kaoru Miura und **Ken Yanagisawa,** *Chemotherapeutische Wirksamkeit von Reticulin bei experimenteller Meerschweinchentuberkulose, mit besonderer Berücksichtigung von Streptomycin. Reticulin* (I, = *Oxystreptomycin*) wirkt in vitro u. in vivo gegen menschliche Tuberkelbacillen etwa gleich wie *Streptomycin* (II). Zwischen I u. II besteht Kreuzresistenz. (J. Antibiotics [Tokyo], Ser. B **7.** 246–50. Sept. 1954. Referiert nach engl. Zusammenfassung: Ser. A **7.** 175. Dez. 1954. Tokyo, Japan, Nat. Inst. of Health.) H. GOEBEL. 4611

Stig Borgström, Anders Muren und **Ingemar Erici,** *Die Wirkung der Kombination von Heparin und Penicillin auf lokale septische Herde. Untersuchung nach Tierexperimenten.* Bericht über Verss. an mit Staphylococcus aureus Fleming infizierten Kaninchen bei Behandlung mit *Penicillin* (I) u. *Heparin* (II), wobei als Maßstab für die Beurteilung der Durchmesser der durch die Inoculation hervorgerufene sept. Herd diente. Die Kombination I + II in je allein unwirksamen Dosen zeigte deutliche Wrkg. auf die Infektionsherde, die zusätzliche II-Wrkg. trat erst nach ca. 6 Std. ein. Zwischen der Menge der injizierten Erreger u. der I-Dosis muß ein bestimmtes Verhältnis bestehen. Mit I + II ist ein signifikant größerer Effekt als mit I allein u. eine schnellere Heilung der Infektionsherde zu erzielen. (Acta chirurg. scand. **108.** 114–24. 20/11. 1954. Lund, Sweden, Univ., Lasarettet, Dep. of Surg.) H. DOSSMANN. 4611

Mario Serembe, *Hemmende Wirkung des Chloramphenicols auf die Hydrolyse des Novocains in der Leber.* Unterss. an Meerschweinchen u. Kaninchen zeigten, daß bei gleichzeitiger Verabreichung von *Chloramphenicol* (I; Dosen von 200–600 mg/kg) nach *Novocain* (II; 200/mg) Krämpfe auftraten, die als Folge eines mangelhaften Abbaus des II angesehen werden. Es wird angenommen, daß I die Hydrolyse des II in der Leber hemmt. (Arch. int. Pharmacodynam. Thérap. **93.** 83–94. 1/2. 1953. Padova, Univ., Ist. di Farmacol.) P. G. SCHEURLEN. 4611

Masamichi Ozaki, Yasuo Kataoka, Tadao Maesawa, Akio Tashima und **Hiroshi Kubo,** *Pharmakologische Wirkung von Trichomycin. Trichomycin* (1900 Einheiten/mg) besitzt bei der Maus eine DL_{50} von **34**000 E./kg subcutan, 4200 E./kg intraperitoneal u. 4300 E./kg intravenös. Es bewirkt Kontraktion der Lungenarterie, Lungenanämie u. erhöht die Atmung von Herzmuskel-, Nebennierenrinden- u. Gehirngewebepräparaten. (J. Antibiotics [Tokyo], Ser. A **7.** 159–64. Dez. 1954. Kumamoto, Univ., Coll. of Med., 1 st Dep. of Pharmacol.) H. GOEBEL. 4611

M. Magara, E. Yokouti, T. Senda und **E. Amino,** *Die Wirkung von Trichomycin, einem neuen Antibioticum, auf Trichomonas vaginalis, Candida albicans und anaerobe Bakterien. Trichomycin* (I) besitzt ausgezeichnete Wrkg. gegen Trichomonas vaginalis, Candida albicans u. anaerobe Bakterien (Staphylococcus anaerobius, Streptococcus anaerobius, Bacillus ramosus, Clostridium perfringens; Konz. 0,5–1,5 mg/cm^3). I-Vaginaltabletten wirkten sehr gut bei T. vaginalis-Vaginitis, Vaginalmoniliasis u. anaeroben Infektionen der Vagina. (Antibiotics and Chemotherapy **4.** 433–38. April 1954. Tokyo, Japan, Nippon Med. Coll.) H. GOEBEL. 4611

W. Meisl, *Lokale antibiotische Therapie mit Tyrosolvin in der Kleintierpraxis.* (Wiener tierärztl. Mschr. **40.** 435–38. Juli 1953. Wien.) K. J. SCHMERSAHL. 4611

Warnery, G. Dumon, Brin, R. Voisin und **Chanas,** *Die Kombination von Antibioticis und Hyaluronidase zur Behandlung von Lungentuberkulose mittels Aerosolen.* (Vgl. C. **1954.** 7916.) Vff. berichten über gute Erfahrungen an 166 Fällen. Einmal wurde als Nebenwrkg. Atemnot mit Bronchorrhoe beobachtet, die innerhalb 6 Tagen langsam abklang. (Rev. Tuberculose [5] **18.** 37–45. 1954. Marseille.) P. LOCH. 4611

R. K. Ratliff und **Ann Arbor,** *Hyaluronidase in der Behandlung der Paraphimose.* Bei 4 Patienten wurde infolge anderweitiger Operationen entstandene Paraphimose durch Injektion von *Hyaluronidase* in sehr kurzer Zeit behoben. (J. Amer. med. Assoc. **155.** 746. 19/6. 1954. Ann Arbor, Mich., St. Joseph Mercy Hosp., Dep. of Urol.) G. WELTZIEN. 4614

H. David Roach und **Harold Laufman,** *Intravenöse Trypsinanwendung bei experimenteller Lungenembolie. Trypsin* (I) hatte bei Hunden keinen fibrinolyt. Effekt wenn es nach der experimentellen Thrombenbldg. injiziert wurde. Jedoch autolysierte das Fibrin des Thrombus dann in vitro, wenn vorher 13000 E. I schnell oder 19000 E. I langsam (70 Min.) injiziert u. nach der Bldg. des Thrombus die gleiche Gabe wiederholt wurde. Durch diese Maßnahmen ließ sich auch die Lungenembolie verhindern. Vff. warnen vor der Anwendung von I beim Menschen wegen der Gefahr der Afribrinogenämie. (Surgery **35.** 45–55. Jan. 1954. Chicago, Ill., Northwestern Univ., Med. School.) L. BERGER. 4614

M. Pestel und **A. Ravina,** *Wirkung verschiedener Pyrazolderivate auf die allgemeinen und funktionellen Symptome der serofibrinösen Pleuritis und der Lungentuberkulose.*

Durch Applikation einer Kombination von *Dimethylaminophenyldimethylpyrazolon* (I; *Amidopyrin* oder *Pyramidon*) u. *3.5-Dioxo-1.2-diphenyl-4-n-butylpyrazolidin* (*Irgapyrin, Butapyrin*) oder I + *Phenylbutazon* (*Butazolidin*) wurde eine sofortige Entfieberung von schweren sero-fibrinösen Pleuritiden u. ausgedehnten Lungentuberkulosen, bei denen Tuberkulostatica ohne jeden Erfolg blieben, erzielt. (Presse méd. **61.** 805—07. 6/6. 1953. Clichy-Paris, Hôpital Beaujon.) R. RUTKOWSKI. 4615

P. Deutelmoser, „*Ein Beitrag zur Überempfindlichkeit gegen Pyrazolonderivate.*" (Vgl. KRAUCHER, C. **1952.** 4334.) Bericht über eine Überempfindlichkeit gegen *Pyramidon* (I), die sich durch heftige, kolikartige Leibschmerzen, Hautjucken (bes. im Gehörgang u. in den Handflächen) u. scharlachrote Hautfärbung bei einer Patientin nach Einnahme von 0,3 g I bemerkbar machte. (Med. Klin. **46.** 277—78. 2/3. 1951. Porta Westfalica.) P. FAHRNLAENDER. 4615

Ss. W. Anitschkow und **M. L. Belenki,** *Über die Beziehungen zwischen chemischer Struktur und pharmakologischer Wirkung der cholinolytischen Mittel.* Vff. berichten über eine Reihe cholinolyt. u. cholinomimet. Stoffe (*Spasmolytin, Lachesin, Dibutolin, Homatropin, Trasentin, Deka, Thiphen, Hexenal, Diphenin*) u. weisen darauf hin, daß die cholinolyt. Wrkg. nicht unbedingt an die Beeinflussung des gleichen cholinoreaktiven Syst. gebunden zu sein braucht, an welchem Acetylcholin angreift. Auch durch Blockierung biochem. Prozesse in der nächstfolgenden Phase des Gewebeumsatzes lassen sich ähnliche Wirkungen erzielen. (Фармакология и Токсикология [Pharmakol. u. Toxikol.] **16.** Nr. 1. 5—10. Jan./Febr. 1953.) E. RENTZ. 4620

Arne P. Skouby, *Erzeugung einer Überempfindlichkeit der Schmerzreceptoren durch cholinergische Substanzen.* Vf. bestimmt die Schmerzschwellentemp. einer Hautfläche des Unterarms bei 4 Versuchspersonen vor u. nach Applikation von *Acetyl-β-methylcholinchlorid* (I), *Acetylcholinchlorid* (II), *Prostigmin* (III) u. *Atropinsulfat* (IV). Diese Substanzen, gelöst in isoosmot. NaCl-Lsg., werden entweder intracutan neben die zu untersuchende Hautfläche injiziert oder als alkoh. Lsgg. durch Iontophorese direkt in die Testfläche eingeführt. Die Hauttemp. beträgt vor den Verss. 27—33,5°, die Schmerzschwellentemp. der unbehandelten Haut 47,1—48,1°. Es wird festgestellt, daß I (Konzz. 1 : 100 bis 1 : 1000; Iontophorese) die Schmerzschwellentemp. um 3,5—5,5° erniedrigt; in gleicher Weise führt die Injektion geringer I-Mengen (1—40 μg) zu einer Erniedrigung; eine größere Dosis (100—300 μg) dagegen zu einer Erhöhung der Schwellentemperatur. Die Dauer der Wrkg. beträgt ca. ½ Std. Injektion von II (0,1—1 μg) erniedrigt die Schmerzschwellentemp. ebenfalls (bis zu 2,2°), doch verschwindet die II-Wrkg. schon nach 8 bis 10 Minuten. III (0,5—1,0 $\cdot 10^{-1}$ bzw. 10^{-2} μg) ruft erst 10—30 Min. nach der Injektion ein Absinken (bis zu 1,6°), IV dagegen eine Erhöhung (bis zu 0,8°) der Schmerzschwellentemp. hervor, wobei in beiden Fällen diese Wirkungen von längerer Dauer sind (45 bis 70 Min.). Aus den Versuchsergebnissen geht hervor, daß die Veränderungen der Schmerzschwellentemp. durch direkte Einw. von II auf die Schmerzreceptoren oder mit ihnen verbundene Nervenfasern hervorgerufen werden u. nicht mit Veränderungen der Hautgefäße oder Hauttemp. zusammenhängen. Auch die Verss. mit III u. IV zeigen, daß Veränderungen in der Konz. von II, das im Hautzellengewebe in Freiheit gesetzt wird, die Schmerzempfindlichkeit beeinflussen. Daher wird angenommen, daß die Funktionsfähigkeit der Schmerzreceptoren durch Veränderungen des II-Geh. in der Haut beeinflußt wird. (Acta physiol. scand. **24.** 174—91. 8/12. 1951. Copenhagen, Univ., Inst. of Neurophysiol.) P. FAHRNLAENDER. 4620

Z. Supek und **V. Eisen,** *Die Wirkung von Nervodepressoren auf die die Diurese hemmenden und die Chlorausscheidung steigernden Eigenschaften der Nicotinsäure.* Bei ♂ weißen Ratten wird durch *Nicotinsäuretartrat* (I; 5 mg/kg Körpergewicht) die Diurese gegenüber n. Kontrollen auf die Hälfte red., während die Ausscheidung von Cl^- um mehr als das Doppelte gesteigert wird. Vff. stellten fest, daß dieser Effekt durch *Tetraäthylammoniumbromid, Diparcol* (*N-[β-Diäthylaminoäthyl]-phenothiazin*), *Parpanit* (*β-Diäthylaminoäthyl-1-phenylcyclopentan-1-carboxylhydroxyd*), *Procain* oder *Atropin* nicht beeinflußt wird, es besteht also kein Antagonismus zwischen den genannten Substanzen u. der auf den Hypophysenhinterlappen gerichteten Wrkg. des I. *Phenobarbital* hemmt in hohen Dosen den antidiuret. Effekt des I, während es die Cl^--Ausscheidung des I eher steigert. *Urethan* steigert die Antidiurese, läßt aber die Cl^--Ausscheidung unbeeinflußt. (Arch. int. Pharmacodynam. Thérap. **93.** 75—82. 1/2. 1953. Zagreb, Univ., Dep. of Pharmacol.) P. G. SCHEURLEN. 4620

Hans Kosidowski, *Über die Therapie mit Weckaminen. Pervitin* (I)-Kuren, vorsichtig angewandt, sind erfolgreich bei *Heufieber, Adipositas*, allen grippösen Effekten sowie bei Kreislauflabilität. I-Injektionen werden empfohlen bei Intoxikationen, bes. durch Äthylalkohol. (Die Medizinische **1954.** 467—69. 3/4. Berlin.) T. KUNZMANN. 4622

G. Lienert, *Über die Wirkungen des Oxazinderivatives Preludin (2-Phenyl-3-methyltetrahydro-1.4-oxazinhydrochlorid) auf die psychische Leistungsfähigkeit.* 16 Versuchspersonen wurden in Kurz- u. Dauerverss. Rechenaufgaben gestellt, die nach einem besonderen Verf. zu lösen waren. Im Vgl. zu Leerverss. ergab sich nach Einnahme von 37,5 mg *Preludin* (I; *2-Phenyl-3-methyltetrahydro-1.4-oxazinhydrochlorid*; C. F. BOEHRINGER SÖHNE, Ingelheim) nach 40 Min. eine durchschnittliche 9%ig. Mehrleistung u. im Dauervers. nach 2—3 Std. ein Maximum von 40% Leistungssteigerung. Dabei waren erhöhte Konzentrationssteigerung, geringere Ermüdbarkeit u. eine gehobene Stimmungslage bei unverändertem Puls u. Blutdruck zu beobachten. Die feinmotor. Koordinaten im Tremometervers. wurden durch I nicht beeinflußt. (Psychiatrie, Neurol. med. Psychol. **6.** 237—42. Sept. 1954. Marburg, Univ., Inst. für Psychologie.) W. DRECHSLER. 4622

Tohoru Uchida, *Über die Wirkungsmechanismen der Antihistaminica.* Es wird untersucht, ob außer der eigentlichen dem Histamin antagonist. Wrkg. der *Antihistaminica* (I) noch Beziehungen zu den autonomen Nerven u. deren Erfolgsorganen bzw. chem. Wirkstoffen bestehen, bes. bzgl. der I, die im chem. Bau Ähnlichkeit mit synthet. Lokalanästheticis (Novocain) haben, wie z. B. *Epirenamin* (II). Dieses wirkt sensibilisierend auf Histamine wie *Benadryl.* Diese Erscheinung beruht auf Reizung der sensor. Nerven, u. die Erscheinung ist nicht allg. auf andre I, wie Anergen u. Diatrin, ausdehnbar, deren Wirkungsmechanismus demnach verschieden zu sein scheint. Auch Aminoxydase wird von II nicht gehemmt. (Folia pharmacol. japon. **49.** 82 §—83 §. 20/7. 1953. Kurume Univ. [Orig.: japan.]) L. SCHULER. 4625

K. Kuriaki und **R. Uchida,** *Wirkung von Antihistaminen auf die Permeabilität der Zellmembran.* Vff. untersuchen die Wirkungsweise von zwei Antihistaminen, *Benadryl* u. *Anergen*, auf das Kaliumion der Erythrocyten; danach beschleunigen die beiden Präpp. mit steigenden Konzz. die Abgabe von Kaliumionen aus den Blutkörperchen, während sie bei niedrigen Konzz. die Abgabe hemmen. (C. R. Séances Soc. Biol. Filiales **149.** 851—52. April 1955.) H. KOCKERT. 4625

D. G. R. Findeisen, *Erfahrungen mit einem neuartigen Antiallergicum bei 310 Pollenallergikern. Plimasin* erwies sich bei 310 Pollenallergikern als wirksamstes Mittel zur Verhinderung des Heufiebers. Es war in bezug auf geringe Toxizität anderen Antiallergicis überlegen. Nebenwirkungen gab es nur nach Einnahme größerer Mengen (5 Tabletten) in Form von Tätigkeitsdrang, leichtem Kopfschmerz u. Einschlafstörung. Die Kombination eines Antihistaminicums (25 mg *Pyribenzamin*) u. eines zentralen Stimulans (5 mg *Ritalin*; *α-Phenyl-α-piperidyl-(2)-essigsäuremethylesterhydrochlorid*) stellt nach Ansicht des Vf. einen wesentlichen Fortschritt dar. (Die Medizinische **1954.** 685—87. 8/5. Coswig-Dresden.) L. BERGER. 4625

F. Reimann, W. Laquer und **I. Ulagay,** *Die antiallergischen Eigenschaften von p-Aminosalicylsäure. — Tierversuche und Besprechung der klinischen Ergebnisse.* Vff. geben männlichen Kaninchen nach einer Vorbehandlung mit *Acetylsalicylsäure* (I) (3mal 0,3 g/kg per os bzw. 0,5 g/kg intravenös) bzw. *p-Aminosalicylsäure* (II) (0,3 g/kg bzw. 3mal 0,25—0,5 g/kg per os oder intravenös), eine intravenöse Injektion von 0,5 bis 1 ml *Eiweiß* (III) (gelöst in der gleichen Menge physiol. NaCl-Lsg.). Es wird beobachtet, daß die mit I oder II behandelten u. gegen III sensibilisierten Tiere vollständig vor dem anaphylakt. Schock geschützt sind. Dabei entfaltet bes. I in hohen Dosen eine antianaphylakt. Wirkung. Auch wenn sich der anaphylakt. Mechanismus in voller Entw. befindet, wird er durch I unterdrückt. Ferner wird gezeigt, daß die besten Ergebnisse nach der intravenösen Zufuhr von I u. kurz vor einer Neuinjektion von III erzielt werden, da zu diesem Zeitpunkt die höchste I-Konz. (bis 36 mg%) im Blut vorhanden ist. Diese Befunde stimmen mit klin. Beobachtungen an mit I behandelten Tuberkulosekranken überein. Die Hauptwrkg. von I besteht danach in einer Besserung des Allgemeinzustandes, wodurch die natürliche Widerstandskraft des Körpers gesteigert, die Heftigkeit der Erkrankung gedämpft u. die therapeut. Wrkg. eines verabreichten Antibioticums (z. B. *Streptomycin*) stark vergrößert wird. (Istanbul Contr. clin. Sci. **1.** 171—90. März 1951. Istanbul, Inst. of Med. Res.) P. FAHRNLAENDER. 4625

Irving H. Uvitsky, *Durch Antihistaminica hervorgerufene Blutfleckenkrankheit* (*Purpura simplex*). Vf. berichtet über das Auftreten von Purpura simplex an beiden Beinen bei einer 44jährigen Patientin nach Einnahme von *Pyribenzamin* (I) (3mal täglich 50 mg, 3 Tage lang) oder *Neohetramin* (II) (4mal täglich 25 mg). Die Petechien verschwanden nach der Absetzung von I bzw. II innerhalb von 10 Tagen. Bei der gleichen Patientin traten dagegen bei der Applikation von *Thephorin* (III) (4mal täglich 25 mg) oder *Benadryl* (IV) (3mal täglich 50 mg) keine Nebenwirkungen auf. Es wird angeführt, daß das Auftreten von Purpura nicht mit der Einnahme übermäßiger Dosen von Antihistaminicis zusammenzuhängen braucht. (J. Allergy **22.** 544—46. Nov. 1951. Bridgeport, Conn.) P. FAHRNLAENDER. 4625

M. Bongioanni und **T. Canavese,** *Nierenfunktion und Barbitursäurenarkose.* Vff. untersuchten die Wrkg. von *Pentothal* (20 mg/kg) bei Kaninchen, denen die Ureteren unterbunden bzw. die Nieren entfernt worden waren. Wurden die Unterss. unmittelbar nach dem Eingriff vorgenommen, so konnte gegenüber Kontrollen kein Unterschied in der Zeit des Narkoseeintritts u. der Narkosedauer festgestellt werden, auch dann nicht, wenn Nierenextrakte gegeben worden waren. (Patol. sperim. **41.** 23—33. 1953. Torino, Univ., Ist. di Clin. Chir. Gen.) P. G. Scheurlen. 4627

Marcello Cereser und **Mario Umidon,** *Leberautolyse und Thiobarbitursäurenarkose.* Vff. fanden, daß die durch *Pentothal* (25 mg/kg) erzeugte Narkose bei Meerschweinchen, die durch Gaben von Leberautolysaten präpariert worden waren, verzögert eintrat, länger dauerte u. zu deutlichen Änderungen der Körpertemp. führte. (Patol. sperim. **41.** 34—47. 1953. Torino, Univ., Ist. di Patol. Gen.) P. G. Scheurlen. 4627

Franco Ferrero, *Klinische Erfahrungen bei „Cliradon"-Medikation vor der Narkose. Cliradon (1-Methyl-4-[m-oxyphenyl]-piperidyl-4-äthylketon-Hydrochlorid)* (Ciba) hat sich (50 Fälle), in Dosen von 10—15 mg 1 Std. vor der Narkose verabreicht, in der Lokal- u. Allgemeinanästhesie u. einigen wenigen Fällen von Lumbalanästhesie als Analgeticum bewährt. Puls, Atmung u. arterieller Druck waren zufriedenstellend, über die Norm hinausgehende postoperative Erscheinungen traten nicht ein. Die Gaben von Barbitursäurederivv. konnten erniedrigt werden. (Giorn. ital. Anestesia Analgesia **17.** 268—71. Juli/Okt. 1951. Torino, Clinica Chirurg. Generale.) E. Frühwald. 4627

Kikuo Kojima und **Kichihiko Matsusaki,** *Über die Blockade der Gehirnzirkulation. Beziehung zwischen der Gehirnzirkulationsblockade und Arzneimittelvergiftung. Procain* (1%ig, 1 cm^3/kg/Min.), *Dibucain* (0,1%ig) u. *Aconitin* (0,005%ig, 0,5 cm^3/kg/Min.) werden mit oder ohne Urethan Kaninchen intravenös bzw. intraarteriell injiziert u. verschied. zum Gehirn führende Gefäße abgebunden u. die Wrkg. (tödliche Dosis) mit der bei Injektion in Gehirnblutgefäße u. den gleichen Abbindungsstellen verglichen. (Folia pharmacol. japon. **49.** 89§—90§. 20/7. 1953. [Orig.: japan.]) L. Schuler. 4627

Daniel C. Moore, *Komplikationen nach Anwendung von Efocaine.* (Surgery **35.** 109—14. Jan. 1954. Seattle, Wash., Mason Clin., Dep. of Anesthesia. — C. **1954.** 3515.) L. Berger. 4627

Toshiaki Yoshino, *Zentrale Wirkung von Arzneimitteln auf die Darmbewegung.* Durch Vgl. der darmbewegungshemmenden bzw. -anregenden Wirkungen von *Pentothal-Na, Evipan-Na, Morphin* u. *Aminocodin* bei intravenöser Verabreichung, bei Zugabe zu einer Nährlsg., durch die eine (lebende) Kaninchendarmschlinge mit automat. Bewegungsaufzeichnung (Magnus) geführt ist, sowie bei Unterbrechung der beiderseitigen Vagusnerven bzw. des entsprechenden Rückenmarksabschnitts, kommt Vf. zur Unterscheidung der durch die Vagusnerven bzw. das Rückenmark u. vielleicht die sympath. Nerven erfolgende Anregungs- bzw. Hemmwrkg., die durch Wrkg. auf ein Zentrum im Rückenmark für die Vagus- bzw. sympath. Nerven erklärbar wird. (Folia pharmacol. japon. **49.** 96§—97§. 20/7. 1953. Fukuoka, Kyushu Univ. [Orig.: japan.]) L. Schuler. 4627

Luigi Rigoletti, *Einfluß des Strychnins auf die Anästhesie der Hornhaut nach Cocain.* An weißen Ratten fand Vf., daß nach einer subcutanen Injektion von 1,5 mg/kg *Strychninnitrat* die Dauer der mittels *Cocain* (2%) erzeugten Hornhautanästhesie um etwa die Hälfte verkürzt war. (Patol. sperim. **41.** 65—72. 1953. Torino, Univ., Ist. di Patol. Gen.) P. G. Scheurlen. 4627

E. E. Martinsson und **L. Ja. Tjachepyld,** *Störung der Harnstoffsynthese und der Glykogenbildungsfunktion der Leber bei langdauerndem medikamentösem Schlaf.* Bei Verss. an Meerschweinchen u. weißen Mäusen wird der Einfl. von längerem Schlaf unter Einw. von *Medinal* auf die Leberfunktion untersucht. Es wird eine in den ersten Tagen einsetzende Verminderung der Harnstoffbldg. u. des Glykogengeh. beobachtet; beide Werte stellen sich allmählich auf einen unter der Norm liegenden Wert ein. Auch der Geh. an Vitamin C in der Leber nimmt ab. Die Wiederherst. der Harnstoffbldg. nach Unterbrechung des künstlichen Schlafs erfolgt allmählich innerhalb einiger Tage. Bei Leberkrankheiten ist der Einfl. des künstlichen Schlafes auf die Leberfunktionen zu beachten. (Вопросы Медицинской Химии [Fragen med. Chem.] **1.** 263—68. Juli/Aug. 1955. Tartu [Dorpat], Univ., Lehrstuhl für Biochem.) R. K. Müller. 4627

A. Ss. Wassilenko, *Angaben über den Gehalt an Adenosintriphosphorsäure und die Adenosintriphosphataseaktivität des Nebennierengewebes.* Der Geh. der Nebennieren n. Kaninchen an *Adenosintriphosphorsäure* (5,7—10,4 mg%), *anorgan. P* (13,5—21,5 mg%) u. *Adrenalin* (**I;** 18—54 mg%) sowie die Adenosintriphosphataseaktivität der Nebennieren werden durch 1std. Narkose (2 g Urethan/kg Körpergewicht) nicht wesentlich verändert. Der **I**-Geh. der Nebennieren war in 4 von 8 Verss. etwas erhöht, in 2 Verss.

niedriger als bei der Kontrolle. (Проблемы Эндокринологии и Гормонотерапии [Probleme Endokrinol. Hormontherap.] **1.** Nr. 3. 95—98. Mai/Juni 1955. Ukrain. Inst. für exp. Endokrinol., Biochem. Abt.) E. RENTZ. 4627

Leonard B. Kirschner, *Die Wirkung von Atropin und Curare auf den aktiven Transport des Natriums auf der Haut von Rana esculenta.* (Vgl. C. **1956.** 7849.) Eine Reihe pharmakolog. verschied. Substanzen steigern den Transport des Na-Ions auf der Froschhaut um eine Größenordnung. Die deutliche Wrkg. tritt nur bei R. esculenta auf, bei anderen Arten zeigt sie sich nur schwach oder gar nicht. Sie ist nur vorhanden, wenn die äußere Oberfläche der Haut mit RINGER-Lsg. benetzt wird; sie ist vollständig reversibel u. bleibt nur bestehen solange die Stoffe einwirken. Wirksam waren Histamin, Atropin, d-Tubocurarin u. Pilocarpin; Acetylcholin erwies sich als unwirksam. Die induzierte Zunahme der Ionenbewegung konnte nur beobachtet werden, wenn eine hohe Na-Ionenkonz. (ca. 30 mMol/Liter) vorhanden war. Wurde ein großer Teil des Na durch Cholin ersetzt, so blieb die Wrkg. der Substanzen aus. Der Sauerstoffverbrauch der Haut verlief unbeeinflußt. (J. cellular comparat. Physiol. **45.** 89—102. Febr. 1955. Copenhagen, Univ., Labor. of Zoophysiol., Div. of Biol. Isotope Res.) REINHARD HÜTTENRAUCH. 4628

Benjamin E. Marbury, Joseph F. Artusio jr., W. Clarke Wescoe und Walter F. Riker jr., *Die Wirkung der synthetischen curareähnlichen Verbindung 1.2.3-Tris-[β-diäthylaminoäthoxy]-benzol-tris-äthojodid (Flaxedil) auf anästhesierte Patienten bei operativen Eingriffen.* An 57 erwachsenen Patienten wurde unter Cyclopropan- bzw. Ae.-Narkose die Wrkg. des *Flaxedils* (I) untersucht, es wurden dabei das respirator. Minutenvol., der Blutdruck, der arterielle Puls u. die Atemfrequenz beobachtet. Bei einer Dosierung von 0,5 mg/kg I (intravenös) wurde die erste sichere Wrkg. gesehen, 2,0 mg/kg erzeugten eine vollständige Lähmung, die Wiederholung der I-Gabe innerhalb 40 Min. zeigte kumulative Effekte. Die Lähmung nach I wurde durch die Basisnarkose nicht beeinflußt. Die Herzaktion wurde durch I immer beschleunigt, u. zwar dann, wenn die muskuläre Wrkg. abzuklingen begann. Die lähmende I-Wrkg. wurde durch *Ro 2-2561* (*3-Oxyphenyltrimethylammoniumbromid*) u. *Ro 2-3198* (*3-Oxyphenyldimethyläthylammoniumbromid*) sicher aufgehoben (5—15 mg). Blutdruckveränderungen oder cardiale Rhythmusstörungen wurden nicht beobachtet, I wird daher in einer Dosierung von 1,0—1,5 mg/kg als Narkosehilfsmittel empfohlen. (J. Pharmacol. exp. Therapeut. **103.** 280—87. Nov. 1951. New York, N. Y., New York Hosp.; Cornell Univ., Med. Coll., Dep. of Pharmacol. and Surg.) F. W. HOHENSEE. 4628

Masao Morita, *Curareähnliche Wirkungen quartärer Basen auf den Rectummuskel vom Frosch und deren gegen Vagostigmin antagonistische Wirkung. Magnocurarin* u. *Laurifolinchlorid* sind nach Prüfung nach dem Acetylcholinesterase (ChE)-Verf. am Froschrectusmuskel (FM) schwächer wirksam als *d-Tubocurarin* (I), zeigen aber dem ebenfalls curareähnlich wirkenden *Vagostigmin* (II) gegenüber Antagonismus. *Dauricindimethojodid* zeigt die stärkste ChE-Hemmung (50%) im Verf. nach HALL u. LUCAS von den untersuchten quartären Salzen; dies scheint der Grund für dessen unvollständigen Antagonismus gegen II zu sein, trotz der dem I gleichen Wirksamkeit am FM. (Folia pharmacol. japon. **49.** 120 §—121 §. 20/7. 1953. Osaka u. Kyoto, Univ. [Orig.: japan.]) L. SCHULER. 4628

W. J. Garrett, *Wirkung von l-Adrenalin, l-Noradrenalin und Dihydroergotamin auf den menschlichen Uterus.* Vf. fand, daß *l-Adrenalin* (I) u. *l-Noradrenalin* (II) an menschlichen Myometriumstreifen in vitro das Myometrium zur Kontraktion anregen. Dieser Effekt tritt sowohl am schwangeren als auch am nichtschwangeren Uterus auf. In vivo hemmt I in vorgerückten Schwangerschaftsstadien u. in Wehen die Uteruskontraktion, während II sie anregt. *Dihydroergotamin* hebt in vitro die stimulierenden Wirkungen von I u. II auf. In vivo beeinflußt es in späteren Schwangerschaftsstadien oder in Wehen weder die hemmende Wrkg. von I noch die stimulierende von II. (Lancet **266.** 1060. 22/5. 1954. Oxford, Radcliffe Infirmary.) K. BÖHM. 4628

A. D. Turowa, W. W. Bereshinskaja und **A. I. Lesskow,** *Die Amur-Berberitze als Uterusmittel.* Der alkoh. Auszug aus *Berberis amurensis* ($D.^{20}$ 0,97, Trockenrückstand 4,31%, A. 36 Vol.-%) erwies sich im Tiervers. als wenig toxisch. Er senkt den Blutdruck, kontrahiert die Muskulatur des isolierten Uterus u. beschleunigt die Blutgerinnung. Klin. erwies sich der Auszug als gutes Hämostrypticum, bes. bei aton. Uterusblutungen u. Metroendometritiden. Dosierung: 25—30 Tropfen 3mal täglich. Dauer der Behandlung 2—3 Wochen. (Акушерство и Гинекология [Geburtshilfe u. Gynäkol.] **1953.** Nr. 2. 50—51. März/April. Allunions Wiss. Forschungsinst. für Arznei- u. aromat. Pflanzen, Pharmakol. Abt.) E. RENTZ. 4628

Graham Chen, Barbara Bohner und **Charles R. Ensor,** *Bewertung von fünf Methoden zur Testung anticonvulsiver Aktivität.* Unterss. mit fünf verschied., Convulsionen erzeugenden Maßnahmen an Mäusen unter Verwendung der Anticonvulsantien *5.5-Diphenylhydantoin-Na* (*Dilantin-Na*), *5-Äthyl-5-phenylbarbitursaures Na* (*Phenobarbital-Na*), *N-Methyl-α-phenylsuccinimid* (*Milontin*), *3.5.5-Trimethyloxazolidindion-(2.4)* (*Tridione*), *N-Methyl-α-phenyl-α-methylsuccinimid* (*PM 396*), *Phenylacetylharnstoff* (*Phenuron*), *5.5-Diäthylbarbitursaures Na* (*Barbital*), *Bromdiäthylacetylharnstoff* (*Carbromal*), *3-o-Toloxy-1.2-propandiol* (*Mephenesin*) u. *NaBr* ergaben als geeignetste Verff. zur Testung anconvulsanter Aktivität den supramaximalen Elektroschock u. die subcutane Verabreichung von *Metrazol*. (Proc. Soc. exp. Biol. Med. **87.** 334—39. Nov. 1954. Detroit, Mich., Parke, Davis & Co.) F. KRUSEN. 4628

A. Sidney Harris und **Abdo Bisteni,** *Die Wirkung von Sympathicusblockern auf die ventriculäre Tachycardie im Anschluß an einen Herzinfarkt.* Bei experimentell erzeugten Herzinfarkten (Hunde) konnte ein gewisser günstiger Einfl. von *Dihydroergotamin, Dibenamin* (I), *Dibenzylin* (II), *Regitin* (III) u. *Priscolin* (Sympathicusblocker) auf die ventriculäre Tachycardie festgestellt werden. Die Mittel wurden intravenös injiziert, III auch zusätzlich direkt distal der Coronarligatur. II war in kleinen Dosen am wirksamsten, III bei intracoronarer Applikation u. I in großen Dosen. Andererseits sind die durch Noradrenalin experimentell erzeugten Arrhythmien mit III sehr viel schwieriger zu beherrschen als solche durch Adrenalin, weshalb Beziehungen zwischen letzteren u. der Infarktarrhythmie gesucht werden, wobei K offenbar eine synergist. Rolle spielt. (Amer. J. Physiol. **181.** 559—66. Juni 1955. Bethesda, Nat. Inst. of Health, Nat. Heart Inst.) H. JORDAN. 4630

Willi Riechert und **Hans Klein,** *Zur Beeinflussung der Ödemphase der Hühnereiweißentzündung der Ratte durch Ergotamin, Dihydroergotamin und Hydergin.* Das durch Injektion von Hühnereiweiß in die Rattenpfote gebildete Ödem tritt nach vorheriger Gabe von 1 mg/kg *Dihydroergotamin, Ergotamin* bzw. *Hydergin* (0,6 mg/kg) nur kurzfristig (30 Min.) auf. Bes. eindrucksvoll war die Beeinflussung der 2. Ödemphase, welche morpholog. als seröse Entzündung gek. ist. (Naunyn-Schmiedebergs Arch. exp. Pathol. Pharmakol. **213.** 425—28. 1951. Heidelberg, Univ., Pharmakol. Inst. u. Inst. für gerichtl. Med.) F. W. HOHENSEE. 4630

J. M. White jr., Milton H. Noltensmeyer und **Lucien E. Morris,** *Der Einfluß von Dihydroergotaminmethansulfonat (DHE-45) auf die durch Adrenalin hervorgerufenen Herzunregelmäßigkeiten unter der Narkose mit verschiedenen Narkoticis.* Verss. an Hunden (intratracheale Narkose mit Cyclopropan, Trichloräthylen, Äthylchlorid u. Chlf. ohne medikamentöse Vorbehandlung) ergaben, daß nach 0,2 mg/kg DHE-45 (nur in 5 Verss. wurde diese Dosis zweimal gegeben) die Herzunregelmäßigkeiten, welche nach 0,03 bis 0,005 mg/kg Adrenalin auftreten, verringert bzw. manchmal ganz aufgehoben waren. (Arch. int. Pharmacodynam. Thérap. **88.** 361—67. 1/12. 1951. Iowa, Io., Univ. of Iowa, Coll. of Med., Dep. of Surg.) F. W. HOHENSEE. 4630

Abraham I. Schaffer, Serge Blumenfeld, Ernest R. Pitman und **J. Harlan Dix,** *Procainamid: Seine Wirkung auf Vorhofarrhythmien. Procainamid* wurde als 10%ig. Lsg. in Dosen zwischen 0,25 u. 1 g innerhalb von 4—17 Min. intravenös verabreicht. Während der Injektion wurde elektrocardiograph. die Reizleitung usw. kontrolliert. Im Gegensatz zu anderen Autoren werden gute therapeut. Effekte bei Vorhofextrasystolen, -tachycardie, -flattern u. -flimmern gesehen. Die Wrkg. wird bei oraler Gabe durch Nausea u. Erbrechen begrenzt. Es wird angenommen, daß die Wrkg. von 0,25 g etwa der von 0,065 g *Chinidinsulfat* äquivalent ist. (Amer. Heart J. **42.** 115—23. Juli 1951. New York, N. Y., Metropolitan Hosp. Div., New York Med. Coll., Med. Dep.) F. JUNG. 4630

Mary Karp und **J. Kenneth Sokol,** *Intravenöse Verwendung von Alkohol bei chirurgischen Patienten.* In Konzz. von 5; 7,5 u. 10% intravenös verbessert Alkohol die Durchblutung, wirkt schmerzlindernd u. vasodilatorisch. (J. Amer. med. Assoc. **146.** 21. 5/5. 1951. Chicago.) G. GERBER. 4630

William J. Reedy, *Vergleich der gefäßerweiternden Wirkungen von Äther, Alkohol, Tetraäthylammonium und Priscolin bei peripheren Gefäßerkrankungen.* Vf. untersucht bei 16 Patienten, die an Arteriosklerose u. Gefäßkrämpfen der Extremitäten leiden, die gefäßerweiternde Wrkg. von Ae. (I), A. (II), Tetraäthylammoniumchlorid (III) u. Priscolin (= Benzylimidazol) (IV). Es werden jeweils 25 cm^3 I oder II (in ½ Liter 5%ig. Glucoselsg. oder physiol. NaCl-Lsg.), 500 mg III bzw. 75 mg IV intravenös gegeben u. die Hauttemp. der Finger u. Zehen sowie der Blutdruck bis zu 1 Std. nach der Injektion gemessen. Während I, II u. III in ihrer gefäßerweiternden Wrkg. gering u. unzuverlässig sind, zeigt nur IV eine Milderung der Vasoconstriction, indem ein Anstieg der Hautoberflächentemp. beobachtet wird. Auch läßt sich IV gut verwenden, um die Ausdehnung u. den Grad der arteriellen Erkrankungen auf Grund der gefäßerweiternden Wrkg. festzustellen. (J. Lab. clin. Med. **37.** 365—73. März 1951. Creighton, Univ., School of Med., Dep. of Med.) P. FAHRNLAENDER. 4630

Vagn Rønnov-Jessen, *Bewegungsteste während der Behandlung von Hypertensionen mit Hexamethonium.* Bewegungsteste mit dem KROGHschen-Fahrrad-Ergometer bei Patienten, deren Hypertension mit *Hexamethonium* behandelt wurde, zeigten, daß in einigen Fällen schon nach geringer Anstrengung ein zusätzlicher Blutdruckabfall auftrat, der zu hypotensiven Symptomen führte. Bei diesen Patienten muß der Blutdruck so hoch gehalten werden, daß er bei Anstrengungen nur wenig fluktuiert. (Lancet **265.** 706—07. 3/10. 1953. Hillerød, Dänemark, Frederiksborg County Central Hosp., Med. Dep.) R. RUTKOWSKI. 4630

J. Fabre und **A. Berger,** *Der Einfluß von Phenylbutazon, Cortison und einem Antihistaminicum auf die experimentelle allergische Myocarditis.* Vff. erzeugten bei 50 Kaninchen mit Pferdeserum (10 cm^3/kg) eine allerg. Myocarditis u. untersuchten den Einfl. von täglich 30 mg/kg *Phenylbutazon* (I), von zweimal täglich 1 mg/kg *Synopen* (II) u. von täglich 4 mg/kg *Cortison* (III) auf deren Verlauf. III verringert die Schwere der Erkrankung, I u. II wirken weniger deutlich. Dies bezieht sich nur auf die periarteriellen u. interstitiellen Infiltrate, die Nekrose u. Degeneration der Muskelfibrillen u. der kollagenen Substanz werden nicht beeinflußt. I u. II vermögen die beim Serumschock auftretenden ventriculären Rhythmusstörungen zu unterdrücken u. die Zeichen der Ischämie im EKG. zu vermindern, nur III aber unterdrückt die Rhythmusstörungen vollständig. III u. I greifen direkt am Myocard an, indem sie die Capillarpermeabilität u. die Histiocytenproliferation verringern, nicht aber die Antigen–Antikörper-Rkk. unterdrücken. (Semaine Hôpitaux Paris **31.** 87—93. 6/1. 1955.) K. BÖHM. 4630

Koroku Hashimoto und **Yoshiko Morita,** *Die Wirkung von Campherabkömmlingen und Coramin auf die Funktion des isolierten Froschherzens und die Atmung tierischen Gewebes. Trans-π-Oxocampher* (I) zeigt auf den Schlag (20 Min.) des isolierten Froschherzens keinerlei Einfl., *Coramin* (II) u. *10-Oxocampher* (III) hemmen. II ist ohne Wrkg. auf den Stoffwechsel (im physiol. Vers.), während CO-Gruppen enthaltende Verbb. wie I u. III den O_2-Verbrauch senken u. die Milchsäurebldg. fördern. Die Hemmung des O_2-Verbrauch ist eine Dehydrierung; die Wrkg. auf Cytochromoxydase u. Katalase ist schwach. I fördert den O_2-freien Stoffwechsel, nicht aber III. (Folia pharmacol. japon. **49.** 85 §—86 §. 20/7. 1953. Tokyo, Univ. [Orig.: japan.]) L. SCHULER. 4630

Andres Goth und **Frank Harrison,** *Einfluß von Protoveratrin auf die Wirkung gefäßaktiver Substanzen.* Die blutdruckbeeinflussenden Wirkungen von *l-Norepinephrin* u. *Histamin* bei Hunden u. Katzen werden durch *Protoveratrin* verstärkt. Dieser Effekt bleibt jedoch aus bei Tieren, deren 9. u. 10. Nerv bilateral durchtrennt oder deren Rückenmark unterbrochen ist. (Proc. Soc. exp. Biol. Med. **87.** 437—39. Nov. 1954. Dallas, Tex., Univ. of Texas, Southwestern Med. School, Dep. of Pharmacol., Anatomy and Pathol.) F. KRUSEN. 4630

L. Lendle und **H. Wienke,** *Zur Frage der Sensibilisierung von Vaguswirkungen auf die Herzfrequenz durch Digitalis.* Es wurde versucht, an Ratten, Meerschweinchen, Katzen u. Kaninchen durch intravenöse Injektion von Acetylcholin (I) vor u. nach der Gabe von Glykosiden (II; *Digitoxin* u. *k-Strophanthin*) Vagussensibilisierungen zu erzeugen. Nach hohen Dosen der II konnten diese wohl an sich eine Bradycardie hervorrufen, es wurde aber keine Veränderung der I-Wrkg. gefunden. Die durch II bedingte Bradycardie tritt erst bei der halben letalen Dosis auf. Die Registrierung der Aktionsströme im EKG. (beim Meerschweinchen) zeigte, daß Procain (15 mg/kg) die durch II erzeugte Bradycardie kurzfristig aufhebt. Auch bei der Perfusion von Froschherzen in situ vom Sinus her mit I ließ sich in der Kombination mit II keine Vagussensibilisierung erkennen. (Naunyn-Schmiedebergs Arch. exp. Pathol. Pharmakol. **213.** 373—86. 1951. Göttingen, Univ., Pharmakol. Inst.) F. W. HOHENSEE. 4630

J. Duchoň, V. Haviar und **O. Hefka,** *Der Einfluß von Digitalis auf den Blutdruck im rechten Vorhof.* Nach intravenöser Applikation von *Digitalis* (I) tritt schon nach ca. 10 Min. Dekompensation der Zirkulation auf, was bisher nicht allg. bekannt war. Im rechten Vorhof wird der patholog. erhöhte Druck herabgesetzt. Die Verss. konnten aber noch nicht den diese Erscheinung verursachenden Mechanismus wegen der komplizierten Wrkg. von I aufklären. (Bratislavské Lekárske Listy **31.** 89—94. Jan./Febr. 1951. Bratislava, II. Interne Klinik, med. Fak., Slowak. Univ.) H. FREYTAG. 4630

G. Buhr, *Über den am Venendruckverhalten beurteilten Wirkungseintritt des Digitoxins bei cardialen Rechtsinsuffizienzen.* Nach intravenöser Injektion von 0,5 mg *Digitoxin* (MERCK) sank bereits nach 5 Min. der Venendruck. Bis zum Abschluß der Messung nach 40 Min. war kontinuierlich ein weiterer Druckabfall eingetreten, was als verbesserte Leistung des rechten Herzens gedeutet werden muß. Vf. empfiehlt die Meth. der blutigen Venendruckmessung zur Objektivierung der Wrkg. von *Digitaloiden.* (Die Medizinische **1954.** 682—83. 8/5. Bremen-Blumenthal, Städt. Krankenhaus.) L. BERGER. 4630

W. Heinen, H. Loosen und **A. Siebolds,** *Über die therapeutische Anwendung eines neuen Kationenaustauschers bei cardialen Insuffizienzen und Hochdruckkrankheiten.* Vff. verwendeten bei Hochdruckkranken als Kationenaustauscher das Präp. *Sch 7038* (I) vom Typ der Carbonsäureharze (*Masoten*, BAYER). Es ist ein vernetztes unlösl. Polymerisat mit endständiger Carboxylgruppe, ist genügend quellbar, gut temperaturbeständig u. prakt. frei von niedermol. oder lösl. Anteilen. Zur Vermeidung von *K*-Verlusten sind 20% in Form des *K*-Salzes enthalten. Die Bindungsfähigkeit für Na^+ beträgt in vitro für 1 g **I** 184 mg Na^+, in vivo ist sie etwas geringer. Klin. wurden Hochdruckkranke verschied. Genese mit **I** behandelt. In den meisten Fällen ließ sich eine Blutdrucksenkung auch ohne *NaCl*-freie Diät erreichen. Ödeme wurden rasch ausgeschwemmt. Die Wrkg. der Diuretica wurde gut unterstützt. (Die Medizinische **1954.** 689—91. 8/5. Köln, Univ., Med. Klinik.) L. BERGER. 4630

Fritz Hoevels, *Therapeutische Erfahrungen mit einem neuen wasserlöslichen Theophyllinpräparat.* Die bisher verwendeten *Theophyllin* (**I**)-Präpp. wurden erst durch Lösungsvermittler, meist *Äthylendiamin* (**II**) wasserlösl. gemacht u. zeigten durch den Zusatz von **II** Nebenwirkungen. *Dioxypropyltheophyllin* (DT; **III**) ist wasserlösl. u. zeigt im Vgl. mit dem mit **II** wasserlösl. gemachten **I** die gleiche therapeut. Wrkg., jedoch keine Nebenerscheinungen. (Die Medizinische **1954.** 470—72. 3/4. Frankfurt/M., Med. Univ.-Klinik.) TH. KUNZMANN. 4630

Atsuhiko Yamaki, *Einfluß von Hinokitiol auf die Nierenfunktion bei Kaninchen.* Gegenüber der Wrkg. von *Hinokitiol* allein nimmt die Harnmenge bei zusätzlicher Verabreichung von *Theophyllin* (**I**) bzw. *Novasurol* weiter zu, ebenso die Nierendurchblutung u. Glomerulifilterleistung, dabei ist die Zunahme im Falle des **I** bes. groß. (Folia pharmacol. japon. **49.** 78 §—79 §. 20/7. 1953. Sendai, Tohoku Univ. [Orig.: japan.]) L. SCHULER. 4634

Erwin Levin, Joseph B. Kirsner und **Walter L. Palmer,** *Die unterschiedliche Wirkung des Atropinsulfats auf die Magensekretion beim Menschen in nüchternem Zustand.* Vff. untersuchen an 35 Patienten mit Zwölffingerdarm- u. Magengeschwüren u. hypertroph. Gastritis die Wrkg. von *Atropinsulfat* (**I**) auf die Magensaftsekretion. Es werden auf nüchternen Magen 1,0—2,0 mg **I** intramuskulär gegeben als einmalige Dosis bzw. 3,0, 4,0 u. 6,0 mg **I**, aufgeteilt in je 3 Dosen zu 1,0—2,0 mg alle 4 Stunden. Es wird festgestellt, daß die Wrkg. des **I** sehr verschieden ist u. nur bei 25% der untersuchten Patienten die Magensaftsekretion vermindert wird. Dabei zeigt die **I**-Wrkg. keine Abhängigkeit von der Dosierung. Die Verminderung der Magensaftsekretion wird in fast jedem Falle von schweren tox. Symptomen begleitet, u. es wird eine Empfindlichkeit des ganzen Organismus gegen **I** beobachtet. (J. Lab. clin. Med. **37.** 415—24. März 1951. Chicago, Ill.) P. FAHRNLAENDER. 4645

Ichika Yamagami und **Tamotsu Yamada,** *Experimentelle Untersuchungen über Antiemetica.* Bei 6—10 kg schweren Hunden sind 30 cm^3 4%ig. $CuSO_4$-Lsg. (**I**) oral die geringste emet. wirksame Dosis. Der milchige Acetonauszug von gerösteter Evodia rutaecarpa (chines.: Wu Chu Yü) zeigt keinerlei den Brechreiz von **I** unterdrückende Wirkung. 30 cm^3 von 10—50%ig. Preßsaft von gemahlenem Ingwer wirken antiemet., nicht dagegen der 5%ige. (Folia pharmacol. japon. **49.** 73 §—74 §. 20/7. 1953. Gifu Med. Univ. [Orig.: japan.]) L. SCHULER. 4646

H. Gerhard, *Zur Hyperämisierung durch Senföle.* Unters. der hyperämisierenden Wrkg. verschied. *Senföle* (**I**). Niedrigmol. **I** wirken, luftdicht verschlossen angewandt, stärker als höhermol. **I**. In emulgierter Form ohne luftdichten Verschluß wirkt *Benzylsenföl* (Kresseöl) am stärksten reizend. (Pharmaz. Zentralhalle Deutschland **92.** 165—66. Mai 1953. Würzburg.) K. J. SCHMERSAHL. 4660

Morton Marks, *Betrachtungen über die kürzlich gegen die multiple Sklerose vorgeschlagenen pharmakologischen Agentien.* Eine Kritik über die seit 1950 gegen die multiple Sklerose angewandten u. empfohlenen neuen pharmakol. Mittel, bei der abschließend festgestellt wird, daß es noch kein therapeut. Heilmittel gegen diese Krankheit gibt. — 52 Literaturangaben. (Ann. New York Acad. Sci. **58.** 705—14. 28/7. 1954. New York, N. Y., Univ., Coll. of Med.) H. LEHWALD. 4670

Arthur Shapiro, *Die Wirkung von Muskeladenylsäure bei multipler Sklerose.* 26 an multipler Sklerose leidende Patienten wurden 2mal wöchentlich intramuskulär mit wss. *Muskeladenylsäure* (*Adenosin-5-dihydrophosphorsäure*) u. gleichzeitig intravenös mit einer Kombination wasserlösl. Vitamine (B_1, C, Riboflavin, Pyridoxin-HCl, Ca-Pantothenat u. Nicotinamid) behandelt. In allen Fällen traten Besserungen ein. (Ann. New York Acad. Sci. **58.** 633—44. 28/7. 1954. Brooklyn, N. Y., St. John's Episcopal Hosp.; Port Washington, N. Y., Waldemar Med. Res. Foundation.) H. LEHWALD. 4670

V. Köhler, L. Penew und **E. A. Wehner**, *Beitrag zur Therapie rheumatischer Erkrankungen mit Ionophorese.* An 12 rheumat. Patienten, die sich als resistent gegen die gebräuchlichen Mittel erwiesen hatten, durchgeführte Ionophorese mit *Monojodessigsäure* brachte Besserungen bzw. Heilungen in allen Fällen. Die Frage des Rezidivs bleibt allerdings offenstehen. *Phloridzin* wirkte in gleicher Richtung. (Aerztl. Wschr. **6.** 1086—89. 16/11. 1951. Würzburg, Schweinfurt, Städt. Krankenhaus.) R. Heinze. 4670

R. Schirmer, *Methylviolettverätzungen des Auges und ihre Behandlung.* Vf. behandelt Tintenstiftverätzungen des Auges mit *Ascorbinsäure* mit neutralisierender u. reduzierender Wirkung. (Med. Klin. **48.** 959—60. 3/7. 1953. Wiesbaden, Augenheilanst.) D. Zemke. 4675

Axel Ahlmark und **Sven Forssman,** *Auswertung von Trichloräthyleninhalationen durch Bestimmung der im Urin ausgeschiedenen Mengen Trichloressigsäure.* Zur Feststellung der Einw. von eingeatmeten *Trichloräthylen* (I)-Dämpfen auf 122 Personen, die in techn. Betrieben mit diesem Lösungsm. in Berührung kommen, verwenden Vff. die mit dem Urin ausgeschiedene Menge *Trichloressigsäure* (II), die aus I durch Oxydation im Organismus gebildet wird. Es wird gefunden, daß nach 1maliger Einatmung einer gewissen Menge I die maximale Konz. an II im Urin erst nach 20—50 Std. eintritt. Eine schädigende Wrkg. von I tritt aber erst nach Ausscheidung von 100—200 mg II pro Liter Urin auf; dagegen wird eine dauernde Einatmung von I, die eine II-Ausscheidung von 20 mg pro Liter Urin hervorruft, als unschädlich angesehen. (A. M. A. Arch. ind. Hyg. occupat. Med. **3.** 386—98. April 1951. Stockholm u. Tomteboda.) P. Fahrnlaender. 4681

Wilhelm Pfannenstiel, *Über die Giftigkeit der Cyclohexane.* Polemik zu den Ausführungen von Sroka (vgl. C. **1952.** 1886) über die Gesundheitsgefährdung durch Cyclohexan u. seine Homologen. Bzl. u. γ-HCH besitzen trotz ihrer chem. Verwandtschaft ganz verschied. Toxizität, da ersteres ein Blutgift u. letzteres ein Nervengift ist. Nach Velbinger (Pharmazie **4.** [1949.] 165) erwies sich das reine γ-HCH als 1½—2fach weniger giftig als das DDT, während Sroka γ-HCH als 10fach toxischer angab. Vf. ist der Ansicht, daß eine ausgeprochene Gesundheitsgefährdung nicht besteht, verweist dabei auf die Erreichung eines bedeutend höheren Reinheitsgrades der Kontaktinsekticide bei der Herst. u. auf die Verwendung viel geringerer Konzz. bei der Bekämpfung, da mit der Isolierung des γ-Wirkstoffes die Wrkg. bedeutend ansteigt. (Österr. Apotheker-Ztg. **5.** 632—33. 13/10. 1951. Marburg/Lahn.) J. Falenski. 4681

Renata Trivellato Veronese, La reserpina. Nuovo alcaloide ad azione ipotensiva e sedativa. Padova: Tip. Stediv, Società tip. editoriale de „Il Veneto". 1955. (11 S. m. Abb.) 8°.

F. Pharmazie. Desinfektion.

Hubert Žáček, *Das neue Tschechoslowakische Arzneibuch Pharmacopoea Bohemoslovenica. Editio secunda.* Überblick über Inhalt u. Besonderheiten der PhBs II. (Pharmaz. Zentralhalle Deutschland **94.** 255—58. Juli 1955. Brünn.) Ph. Fresenius. 4750

Gottfried Schramm, *Das Arzneibuch der Volksrepublik China, Ausgabe 1953. (chinesischer Titel: Chung hua jên min kung hê kuo yao tien 1953 nien pan).* Das nach modernen Gesichtspunkten aufgemachte Arzneibuch enthält 531 Artikel über Arzneistoffe u. -zubereitungen mit chines. u. latein. Bezeichnung. Unter den Drogen befinden sich einige typ. chines. z. B. *Coptis* (aus *Coptis chinensis* Franch) u. *Pinellia* (aus *P. ternata* Breitenbach). Im Anhang: Methoden zur Best. u. Unters. von Arzneimitteln. (Pharmaz. Zentralhalle Deutschland **94.** 173—75. Mai 1955. Leipzig, Univ. Ostasiat. Inst.) W. Schulenburg. 4750

K. A. Mitchell, *Das Überziehen von Tabletten mittels Druck.* Im Jahre 1897 wurde die erste Maschine zum Überziehen von Tabletten entwickelt, aber erst die vor kurzem herausgebrachte Maschine „DryCota" dürfte das Problem des maschinellen Dragierens von Tabletten mittels Druck gelöst haben. Der Entwicklungsgang wird ausführlich beschrieben. (Manufact. Chemist **26.** 107—11. März 1955.) H. P. Fiedler. 4766

C. W. Robinson, *Das Überziehen von Tabletten mittels Druck. Entwicklung des Evans Medical-Kilian „Prescoter".* Ausführliche Beschreibung der „Prescoter"-Tablettendragiermaschine (Abb.). (Manufact. Chemist **26.** 164—65. April 1955. Evans Med. Suppl. Ltd.) H. P. Fiedler. 4766

Holger Rosenblad, *Suppositoria.* Übersicht, bes. über verschied. Grundmassen u. die Problematik der gleichmäßigen Verteilung der wirksamen Stoffe in der Grundmasse. (Farmaseuttinen Aikakauslehti [Farmac. Notisbl.] **64.** 29—45. Febr. 1955.) S. Beckmann. 4766

L. V. L. Sastry, M. Srinivasan und **V. Subrahmanyan,** *Safran (Crocus sativus Linn.).* Übersicht über die Inhaltsstoffe mit Gehaltsangaben, einen Vgl. der bestehenden Standardisierungen, Verfälschungen u. ihre Erkennung; Analyse von zwei Proben. — 56 Literaturangaben. (J. sci. ind. Res. [New Delhi], Sect. A **14.** 178—84. April 1955. Mysore, Centr. Food Technol. Res. Inst.) Reinhard Hüttenrauch. 4782

D. Markovič, *Identifizierung der Anthracenderivate in Mikrosublimaten aus Drogen.* 2. Mitt. (1. vgl. Farmac. Glasnik **4.** [1948.] 181.) In Fortsetzung früherer Arbeiten (C. **1954.** 1561) wurden Anthracenderivv. der Extrakte (1%ig. $NaHCO_3$- oder NaOH-Lsg.) von Sennafrüchten u. Rhizoma Rhei chinensis mittels der Mikromethoden von Kofler gereinigt u. identifiziert. Direkte Mikrosublimation von Folia u. Folliculi Sennae liefert immer fl. Sublimate, die selten Kristalle enthalten u. sich durch *KOH* rot färben. In den hydrolysierten u. oxydierten Extrakten der Sennafrüchte wurde *Rhein* (eutekt. Temp. mit Salophen 185°, mit Dicyandiamid 199°) nachgewiesen, auch Rhizoma Rhei chinensis liefert bei der fraktionierten Mikrosublimation Chrysophansäureanthron, Emodinanthronmonomethyläther u. Rheum (Frangula)-Emodin. (Mikrochem. verein. Mikrochim. Acta **38.** 419—27. 1951. Zagreb, Pharmazeut. Fak., Pharmakognost. Inst.) H. Gehlen. 4782

M. Kučera, *Ein Beitrag zur Untersuchung der späten Ernte der Mohnkapseln und ihr Einfluß auf den Morphingehalt der Mohnköpfe.* Es wird der Morphingeh. in den von Samen befreiten Mohnköpfen untersucht. Dieser ist in der unreifen Kapsel am höchsten (0,208—0,235%) u. nimmt mit dem Reifen der Kapsel ab. In der überreifen Kapsel ist er 0,188—0,131%. (Českoslov. Farmac. **4.** 308—09. Juli 1955. Praha, Výzk. úst. léč. rostlin.) E. Vevera. 4782

Henryk Bukowiecki und **Miroslawa Goleniewska-Furmanowa,** *Die Variabilität der Zahl der Spaltöffnungen in den Blättern der Tollkirsche (Atropa Belladonna L.).* Die Zahl der Spaltöffnungen ist lediglich vom Blattstand bzw. vom -alter abhängig, diese Zahl hat aber keinen absol. Wert für die Pharmakognosie. (Acta polon. pharmac. **10.** 155—59. 1953. Warszawa, Akad. Med., Zakł. botaniki farmaceut.) E. Fischoeder. 4782

E. Sorsa, Sylvi Aakala und **I. Mattila,** *Über in Finnland angebaute Ammi visnaga und deren wirksame Bestandteile.* In verschied. Teilen von in Finnland angebauter *Ammi visnaga* wurde der Geh. an den therapeut. wirksamen Furanochromonen *Khellin* (**I**) u. *Visnagin* (**II**) nach der Meth. von Fahmy u. Badran (C. **1951.** I. 1912) spektrophotometr. bestimmt. Um eine bei der Messung störende Trübung der Lsg. durch Fett auszuschalten, wurden die Drogen vor der Extraktion kurz mit etwas kaltem PAe. behandelt; der dadurch verursachte Fehler beträgt $< 1\%$. Es wurden gefunden: in Blüten 1,146—1,590, in Blättern 0,408—0,488, in Stengeln 0,020—0,026 u. in Wurzeln 0,007—0,012% **I** + **II**. Reife Früchte wurden in Finnland nicht erhalten; Früchte französ. Provenienz enthielten 0,944—0,980% **I** + **II**. Bei der Isolierung von **I** u. **II** erhält man nur einen Bruchteil der spektrophotometr. ermittelten Mengen. Verss. zur Isolierung von Khelloglykosid aus fruchtlosen Sprossen waren erfolglos. (Farmaseuttinen Aikakauslehti [Farmac. Notisbl.] **64.** 81—108. April 1955. Helsinki, Yliopiston Farmas. laitos.) S. Beckmann. 4782

R. Paris und **H. Moyse-Mignon,** *Untersuchungen über die afrikanischen Fagaraarten.* 3. Mitt. *Fagara macrophylla Engler.* In der Wurzelrinde (**I**) von *Fagara macrophylla* fanden Vff. geringe Mengen von Gerbstoff u. äther. Öl mit einem stechend schmeckenden krist. Anteil (F. ca. 50°). Mit PAe. wurde aus der Droge das schon bekannte *Fagaramid* (F. 118—119°) erhalten sowie ein aus *Fagara xanthoxyloides* bekanntes Sterin (F. 214°) u. (nach Verseifung) ein anscheinendes dem Herculin verwandtes, stechend schmeckendes Amid (**II**). Aus der mit PAe. entfetteten u. mit Ammoniak befeuchteten Droge wurden mit Ae. 3 Alkaloide isoliert: **A** (F. 209—211°; Pikrat F. 230—232°, Rk. auf Methylendioxygruppe nach Labat positiv); **B** *Xanthofagarin,* $C_{18}H_{22}O_8N$, in W. weniger lösl. als **A**; aus A. oder Methanol Nadeln mit F. 278 bis 280°, Absorptionsmaxima im UV bei 270, 290 u. 330 mμ; Pikrat F. 270°; Hydrochlorid F. 245°; **C** (rot gefärbt), ident. mit *Fagarin* (*Erythrofagarin*), aus Fagara xanthoxyloides. Die gleichen Stoffe wurden in der Rinde der Zweige gefunden, in den Blättern neben Spuren von Alkaloiden Gerbstoffe u. Flavone. Auszüge der **I** waren tox. bei Paramaecien, Daphnien, Fischen, Mäusen u. zeigten beim Hund zunächst Bradykardie u. Senkung, dann Steigerung des Blutdruckes. Hierbei ist **B** der Wirkstoff, während die sehr starke Fischgiftwrkg. hauptsächlich auf **II** zurückzuführen ist. (Ann. pharmac. franç. **9.** 479—93. Juli/Aug. 1951.) F. v. Gizycki. 4782

E. Sorsa, R. Kananen und **H. Torvinen,** *Über durch Ionenaustauscher enthärtetes Wasser und dessen Eigenschaften.* Übersicht über Herst. u. Eigg. von Ionenaustauschharzen (**I**) u. die Grundbegriffe des Ionenaustausches u. der Regenerierung. —Nach dem „mixed bed"-Verf. mit Amberlite MB-1 (= Kationenaustauscher IR-120 + Anionenaustauscher IRA-400, 1 : 2) entmineralisiertes W. hatte einen Widerstand von 10^6—10^7 Ω, vor der Enthärtung 1000—6000 Ω; der $KMnO_4$-Verbrauch betrug 3—6 mg pro Liter. Die Entsalzung ist so vollständig, daß sämtliche Reinheitsproben nach dem finn. Arzneibuch negativ ausfallen. In chem. Hinsicht ist das durch I enthärtete W. besser als dest. W., dagegen kann es sowohl Bakterien, als auch schädliche Zersetzungs- u. Stoffwechselprodd. von Bakterien enthalten. Es ist daher für pharmazeut. Zwecke nur sehr beschränkt verwendbar, keinesfalls für Injektionslsgg. u. Augentropfen. Bakterienfreies W. kann mit I nur erhalten werden, wenn die Regenerierung der I sehr wirksam ist u. alle 3—4 Tage erfolgt, die Säulen ohne größere Unterbrechungen benutzt werden u. das verwendete W. möglichst bakterienfrei ist. — Koll. Fe wird von I nicht zurückgehalten. (Semina [Helsinki] **39.** 390—403. Okt.; 419—34. Nov. 1955. Helsinki, Yliopiston farmaseutt. laitos.) S. BECKMANN. 4786

Ronald Levin, *Silicone in Medizin und Pharmazie.* Übersicht über die Herst. der Silicone u. ihre vielfältigen Einsatzmöglichkeiten in pharmazeut. u. kosmet. Präparaten. — 14 Literaturangaben. (Manufact. Chemist **26.** 157—60. April 1955. Distillers Co. [Biochemicals] Ltd.) H. P. FIEDLER. 4786

Alexander Janković, *Tinctura Capsici.* Auf Grund der Ergebnisse zahlreicher Analysen empfiehlt Vf. bei der Herst. von *Tinctura Capsici* an Stelle der von der Jugoslaw. Pharmakopoe vorgeschriebenen Verwendung der ganzen Früchte von *Capsicum annuum L.* dieselben gemahlen oder noch besser nur deren Placenta zu verwenden. Die Vorteile der Verwendung der Placenta, die durchschnittlich 4—5mal mehr *Capsaicin* als die Gesamtdroge enthält, werden erläutert. (Dtsch. Apotheker-Ztg. **95.** 1149—51. 1/12. 1955. Belgrad.) M. NEGWER. 4790

H. Haas, *Zentrale Analgetica.* Vortrag. — Eingehende Abhandlung über die zentralen *Analgetica* (I): Ausführungen über das Wesen des Schmerzes u. die Möglichkeiten seiner Bekämpfung, beginnend mit der Entdeckung des *Morphins* (II). An Hand zahlreicher Strukturformeln werden die konstitutionschem. Zusammenhänge zwischen II u. den neu entwickelten I, z. B. *Dromoran, Dolantin, Cliradon, Nisentil* oder *Polamidon,* erläutert. Vgll. der analget. Wirkdosen verschied. I im Tierexperiment u. Erläuterungen über die Angriffsmöglichkeiten der I an den Schaltstellen im Verlauf der Schmerzbahn. Angaben über die allg. Giftigkeit, speziell die atemschädigende Wrkg., der I u. die Möglichkeit derselben, z. B. mit *Nallin,* entgegenzuwirken. (Dtsch. Apotheker-Ztg. **95.** 1143—48. 1/12. 1171—75. 8/12. 1955. Mannheim-Almenhof.) M. NEGWER. 4806

Alois Borovanský und **Aleš Sekera,** *Über Glucochloralose.* 1. Mitt. *Herstellung von α- und β-Glucochloralose. α-Glucochloralose* (I), ein lang andauerndes Narkoticum, wird in einem einphasigen Syst. hergestellt. Daneben entsteht auch *β-Glucochloralose* (II), das tox. Exzitation des zentralen Nervensyst. hervorruft. Versuchsteil: 30 g Glucose u. 170 g Chloralhydrat (III) werden unter Rückfluß bei 75—85° geschmolzen u. nach Zugabe von 3 Tropfen H_2SO_4 u. 130 ml Chlf. auf 110° solange erhitzt, bis kein W. mehr zu sehen ist (8—10 Std.). Dann wird das Chlf. abdest., zum Rückstand werden 100 ml W. zugesetzt, u. III wird durch Wasserdest. entfernt. Dabei Abscheidung von II, F. 235—236°, $[\alpha]_D^{20}$ —13,82° (c = 4,07; Pyridin). II wird nach Zugabe von 200 ml W. u. Abkühlen auf 55—60° nach 15 Min. schnell abgesaugt. Zum Filtrat fügt man n-NaOH (p_H 6—7), läßt abkühlen, I scheidet sich ab, F. 187°, $[\alpha]_D^{20}$ +19,50° (c = 10,86; Pyridin), Ausbeute 31% (der Theorie). (Českoslov. Farmac. **4.** 292—93. Juli 1955. Brno [Brünn], Masaryk-Univ., Úst. pro chem. farm.) E. VEVERA. 4806

J. D. P. Graham, *Die gebräuchlichsten Antihistamine.* 1. Mitt. *Chemie und Gewinnung.* Besprechung der Wrkg. des Histamins, der Chemie u. der Herst. der nachfolgend aufgeführten, von der „British Pharmacopoeia Commission" zugelassenen Antihistamine: *Diphenhydramin, Doxylamine, Antazoline, Mepyramin, Methaphenilene, Thonzylamin, Promethazin, Phenindamin* u. *Chlorcyclizine.* (Manufact. Chemist **26.** 154—56. 163. April 1955.) H. P. FIEDLER. 4806

Bohuslav Melichar, Ivo Jakubec und **Naděžda Zelnerová.** *Die basischen Salze der Aminosäuren als Antacida mit protahierter Wirkung.* Vff. stellen eine Reihe bas. *Al-* u. *Mg-Al-Salze* der *Aminosäuren* (I) her, vergleichen sie in der Wrkg. mit den gebräuchlichen *Antacida* (II) u. kommen zu dem Schluß, daß die I-Verbb., in kleineren Dosen gegeben, schneller u. anhaltender wirken als die anorgan. II. Die Wrkg. wurde elektrometr. in vitro verfolgt. Von den verschied. bas. Al-Salzen der I wirkt das bas. Al-Salz des Caseinhydrolysates am besten. Vff. empfehlen, dieses über das Al-Propanolat herzustellen. (Českoslov. Farmac. **4.** 294—97. Juli 1955. Brno [Brünn], Farm. fak., Ústav pro Chem. farm.) E. VEVERA. 4806

M. Beran, J. V. Koštíř und **Z. Pádr,** *Künstlich jodierte Eiweißstoffe.* 2. Mitt. *Herstellung von jodiertem Casein. Casein* (I) wurde sowohl nach REINEKE u. TURNER (A. P. 2 478 065) in 7%ig. $NaHCO_3$-Lsg. als auch nach eigenen Verss. in 1,5%ig. NaOH jodiert. Bei beiden Verff. ist der Hydrolysegrad von Einfl. auf die Menge des aufgenommenen J. — 100 g I werden in 1600 cm^3 auf 38° erwärmtem W. suspendiert u. in einer Lsg. von 25 g I in 80 cm^3 W. gelöst. Nach 2 std. Rühren bei 38° zwecks Hydrolyse wurden bei 38° während $1^1/_2$ Std. 17,6 g pulverisiertes J_2 zugefügt, 12 Std. in Ruhe belassen, das *Jodcasein* (**II**) mit HCl (1 : 1) bei p_H 3,9—4,0 gefällt, die Fl. abgezogen, 700 cm^3 W. zugefügt, mit 18 g NaOH in 50 cm^3 W. gelöst u. sofort mit verd. HCl gefällt, gewaschen, abgesaugt u. im Vakuum getrocknet. Ausbeute 70—80%, J-Geh. von **II** 7,24—7,78%, gelbliches Pulver. (Časopis českého Lékárnictva, vědecká Příloha **63.** 136—38. 1950. Praha, Karl. univ., Úst. org. chem., u. Spofa, Výzk. Kontr. úst.) K. STEINER. 4806

J. Teichmann, *Über Herstellung von Sera und Impfstoffen.* Vortrag. Nach einleitender Skizzierung des Immunitätsproblems beschreibt Vf. die Herst. antitox. (Diphtherie-, Tetanus-, Botulismus-, Gasödem- u. Peritonitisserum) u. antibakterieller Seren (Schweinerotlaufserum) sowie bakterieller (Coli-, Streptokokken-, Staphylokokken-, Ruhr-, Typhus-, Cholera-, Keuchhusten-, Blenno- u. Mischvaccine) u. aus Stoffwechselprodd. einzelner Bakterien gewonnener Impfstoffe (Diphtherie-, Scharlach- u. Tetanusimpfstoff). (Österr. Apotheker-Ztg. **7.** 235—41. 11/4. 1953. Wien, Bundesstaatl. Serotherapeut. Inst.) R. REISS. 4812

Rolf Preuss, *„Kristall-Insulin".* Eine Schmuggelware wurde als Gemisch von Rohrzucker, Coffein u. Aminophenazon erkannt. (Süddtsch. Apotheker-Ztg. **90.** 138. 24/2. 1950. Freiburg, Univ., Pharmaz. Inst.) A. HOTZEL. 4818

K. Müller und **K. Täufel,** *Zur Veränderung von Traubenzucker- und Invertzuckerlösungen bei der Erhitzung (Sterilisation).* Im Rahmen von Unterss. über die sogenannte Reversion von Monosacchariden werden unter Anwendung der absteigenden Arbeitsweise mit Butanol/Eisessig/W. als mobiler Phase papierchromatograph. Verss. an nichterhitzten u. erhitzten wss. Lsgg. von Saccharose, Fructose, Glucose sowie an sterilisierten, für die Therapie bestimmten Lsgg. von Glucose u. von Calorose (Invertzucker) durchgeführt. Die krit. Auswertung der Ergebnisse lehrt, daß in den in üblicher Weise sterilisierten Glucoselsgg. im Einklang mit den Erwartungen Reversion chromatograph. nicht nachweisbar ist. Demgegenüber tritt eine solche Aufbau-Rk. bei den sterilisierten Lsgg. von Calorose deutlich in Erscheinung; es werden ketosehaltige, nichtreduzierende Reversionsprodd. gebildet. Letztere erweisen sich als vergleichsweise stabil u. werden auf Grund von vergleichenden Verss. mit Fructoselsgg. als Difructosedianhydride verschied. Konst. hingestellt; es werden einige Folgerungen für die Zuckeranalytik erörtert u. auf eine mögliche chem.-physiol. Einflußnahme der gebildeten Reversionsprodd. bei der intravenösen Verabfolgung hingewiesen. (Biochem. Z. **324.** 221—27. 1953. Potsdam-Rehbrücke, Inst. für Ernährungsforschung.) K. TÄUFEL. 4832

Hermann Gubitz, *Die Anwendung des Stereomikroskops im Apothekenlaboratorium.* Eine Übersicht über die Einsatzmöglichkeiten des Stereomikroskops (ZEISS) auf pharmazeut. u. medizin.-klin. Gebiet. (Pharmaz. Ztg. **91/100.** 744—46. 7/7. 1955. Heidenheim/Brenz.) H. P. FIEDLER. 4880

Pekka Heinänen (unter Mitarbeit von **Hellin Eloranta-Peltola, Mirja Jouhki, Meeri Järvi** und **Maija Lähteenmäki**), *Über chemische Kennzahlen zur Identifizierung von Ölen, Fetten und Wachsen.* 2. Mitt. (1. vgl. Farmaseuttinen Aikakauslehti **61.** [1952.] 219.) Die Rhodanzahl verschied. Öle, Wachse u. Fette des finn. Arzneibuches, sowie von Öl- u. Linolsäure u. finn. Winterrübsenöl wurde in üblicher Weise bestimmt. Die erhaltenen Werte stimmten mit den Literaturangaben überein; die Abweichungen vom Mittelwert betrugen selten $>1\%$, nur bei Wollfett waren sie etwas höher. Die Rhodanzahl für finn. Rübsenöl beträgt 81,8 (roh), 81,2 (gereinigt). (Farmaseuttinen Aikakauslehti [Farmac. Notisbl.] **64.** 121—30. Mai 1955.) S. BECKMANN. 4880

—, *Eine Apparatur zur quantitativen Bestimmung von ätherischem Öl in Drogen.* Zu der im Titel genannten Arbeit von PETERSEN (vgl. C. **1952.** 6899) machten Diskussionsbemerkungen **U. Hagenström** sowie **Klaus J. Schmersahl,** worauf **E. Petersen** in einem Schlußwort erwiderte. (Pharmaz. Ztg.-Nachr. **89.** 48—51. 15/1. 1953.) M. NEGWER. 4880

Jan Štěpán, *Neue empfindliche Proben auf die Reinheit des Narkoseäthers.* 3. Mitt. (2. vgl. Časopis lékařů čes. **83.** [1949.] 510.) *Narkoseäther* (**I**) verschied. Herkunft wurde auf D. u. Rk. mit festem KOH, Vanadium-H_2SO_4, H_2SO_4 u. NESSLERS Reagens (**II**) geprüft u. mit vollständig gereinigtem Ae. verglichen. Äther. u. untere Schicht wurden bei den Rkk. mit V-H_2SO_4 u. **II** spektrophotometr. geprüft. Zwecks Erhöhung der Empfindlichkeit der Rk. mit H_2SO_4 wurden 2,5 cm^3 der Mischung gleicher Teile **I** u. H_2SO_4 mit 0,05 cm^3 5%ig. Lsgg. folgender Reagentien versetzt: *Supriphen, Vanillin, Resorcin, Hydrochinon, Pyrogallol, α-* u. *β-Naphthol* sowie *Resorcin—Phthalsäureanhydrid.* Da alle **I**-Proben mit KOH positiv reagierten, die bei **II** u. bei fluorimetr. mit Fluorescein vorgenommenen Prüfungen bei verschied. I verschied. Ergebnisse zeigten, wird auf vorhandene Verunreinigungen des I geschlossen. Diese Verunreinigungen haben teils größeren Verbrauch an I bei der Narkose zur Folge, teils verursachen sie Cyanose, ohne daß man diese Substanzen trotz verwandter Struktur mit Peroxyden identifizieren kann. Bei Narkosen vorkommende Todesfälle scheinen meist auf Überdosierung mit verunreinigtem I zurückzuführen zu sein. Die meisten untersuchten I waren überdies durch aus verwendetem Kork stammende Substanzen verunreinigt. Vf. empfiehlt Prüfung eines jeden I vor der Narkose sowie Vermeidung einer Zers. durch Aufbewahrung in Cu-Gefäßen mit luftdichtem Verschluß. (Časopis českého Lékárnictva, vědecká Příloha **63.** 306—24. 1950. Hradci Králový, pobočk. Karl. univ., Úst. lék. chem.) K. STEINER. 4880

S. Vach und **F. Horák**, *Papierchromatographie als Prüfungsvorschrift des Arzneibuches. Bestimmung von Saccharose in Glucose.* Es wird eine papierchromatograph. Meth. ausgearbeitet, die es gestattet, noch kleinste Mengen von *Saccharose* (I) in *Glucose* (II) nachzuweisen. R_F von I 0,1, von II 0,21. Verwendet wird WHATMAN-Papier Nr. 4, als Entwickler dient Butanol–Essigsäure–W. (4 : 1 : 5), Dauer der Chromatographie 4 Std., Steighöhe 25 cm, Arbeitstemp. 18°. Vor dem Besprühen läßt man das Papier bei 80° trocknen. Flecke werden im UV-Licht kenntlich gemacht. (Českoslov. Farmac. **4.** 310—11. Juli 1955. Plzeň, Medika, Krajsk. kontr. labor.) E. VEVERA. 4880

Jaroslav Reichelt, *Papierchromatographie von Lokalanästheticis.* Lokalanästhetica, in kleinster Menge in pharmazeut. Präpp. gemischt, können papierchromatograph. getrennt u. nachgewiesen werden. Verwendet wird mit Formamid getränktes WHATMAN-Papier Nr. 1. Entwickelt wird mit Bzl., Chlf. oder einem Gemisch beider (6 : 4). Zum Kenntlichmachen der Flecke verwendet man p-Dimethylaminobenzaldehyd u. DRAGENDORFF-Reagens oder man beobachtet im UV-Licht. Procain kann von Tetracain aus einem Gemenge 1 : 50 gut abgetrennt werden, so daß man es auch in Ampullenlsg. bestimmen kann. (Českoslov. Farmac. **4.** 297—301. Juli 1955. Praha, Kontr. úst. farm.) E. VEVERA. 4880

B. Novotný, *Polarographische Bestimmung von Sanorin. Sanorin* [*Privin, Naphazolin*; *2-[Naphthyl-(1')-methyl]-imidazolin* (I)] wird mit *Pikrinsäure* (II) gefällt u. polarograph. bestimmt. In 50 ml-Kolben wird 1 ml der I-Emulsion abpippetiert u. 20 ml der Lsg. von II zugefügt. Nach 10 Min. den entstandenen Nd. auf Weißband Nr. 597 abfiltrieren, waschen mit 2 ml 1%ig. Lsg. von II in 1 Liter W., das abfiltrierte I-Pikrat in 5 ml Eisessig lösen, 10 ml W. zusetzen u. dann durch Glasfilter 3 G4 absaugen. Von dieser Lsg. 2 ml abpippetieren, 8 ml W. zufügen u. nach Durchblasen von N_2 polarographieren. (Českoslov. Farmac. **4.** 309—10. Juli 1955. Praha, Ústav. pro kontr. léčiv.) E. VEVERA. 4880

Joachim Hülser, *Untersuchungen über eine Farbreaktion zwischen Novocain und Chinin.* Schüttelt man 20 mg eines Chinin (I)-Monosalzes mit 10 Tropfen W. u. gibt 1 Tropfen 5%ig. HCl, dann 10 Tropfen einer 10%ig. wss. Novocain (II)-Hydrochloridlsg. hinzu, so tritt Gelbfärbung ein. Bei I-Disalzen ist die HCl-Zugabe u. damit die Einstellung auf ca. p_H 3 wie bei I-Monosalzen nicht erforderlich. Die Rk. wird nicht gestört durch die Anwesenheit von Luminal, Coffein, Euphyllin, Aspirin, Phenolphthalein, Supronal, Ephetonin, Eleudron, Kodeinphosphat, Melubrin, Papaverinhydrochlorid, Salicylsäure u. Novalgin, sofern diese in einer dem I entsprechenden Menge vorliegen. Die Intensität der Gelbfärbung ist offensichtlich konzentrationsabhängig u. könnte daher colorimetr. zur I- oder II-Best. herangezogen werden. Der Chemismus der Farb-Rk. wird mit der Bldg. einer SCHIFFschen Base erklärt. (Pharmaz. Ztg. **91/100.** 1272. 10/11. 1955. Ludwigshafen-Mundenheim, Fortuna-Apotheke.) H. P. FIEDLER. 4880

Maximilian Pöhm, *Die Kontrolle der Mutterkornalkaloide.* Zur quantitativen Best. von Mutterkornalkaloiden in pharmazeut. Zubereitungen (Tabletten u. Dragées) empfiehlt Vf. folgendes Verf.: 10 Dragées oder Tabletten werden pulverisiert, mit 100 ml Ae. u. 2 ml 10%ig. Ammoniak versetzt u. 2 Std. geschüttelt. Nach dem Absetzen werden 5 ml der klaren Ae.-Lsg. auf 0,5 ml eingeengt, mit 4 ml 2%ig. wss. Weinsäurelsg. sowie nach dem Abdampfen des restlichen Ae. mit 8 ml p-Dimethylaminobenzaldehyd (I)-Reagens (B.Ph.) versetzt u. 1 Std. geschüttelt. Filtration der blauen Lsg. durch Quarzsand u. Messung der Farbintensität im PULFRICH-Photometer mit Filter S 61. Die abgelesene Extinktion pro cm Schichtdicke multipliziert mit 0,852 (0,901) ergibt den Gesamtalkaloidgeh. pro Dragée bzw. Tablette in mg, berechnet als Ergotaminbase (Ergotamintartrat). Bei der dieser Meth. zugrunde liegenden Rk. zwischen Lysergsäure u. I werden sämtliche Mutterkornalkaloide sowie einige Abbauprodd. erfaßt. Zur Unterscheidung zwischen natürlichen, dihydrierten u. stärker hydrierten Alkaloiden wird folgende Meth. empfohlen: 1 Volumteil Alkaloidlsg. (5—10 mg/100 ml) wird mit 2 Volumteilen I-Reagens versetzt. Die Farbintensität wird im PULFRICH-Photometer (Filter S 57 u. S 61) gemessen.

Bei den natürlichen Mutterkornalkaloiden wird mit S 61 ein um 3% höherer Wert als mit S 57, bei den Dihydroverbb. mit S 57 ein um 22% höherer Wert als mit S 61 gefunden. Stärker hydrierte Alkaloide geben die Farb-Rk. überhaupt nicht. (Österr. Apotheker-Ztg. **7.** 345—46. 30/5. 1953; **8.** 712—13. 13/11. 1954. Wien, Pharm.-Chem. Fabrik Anton v. Waldheim.) R. REISS. 4880

Anna Liukkonen, *Über die quantitative Bestimmung und qualitative Trennung der Mutterkornalkaloide auf papierchromatographischem Wege.* Vortrag (Übersicht). (Farmaseuttinen Aikakauslehti [Farmac. Notisbl.] **64.** 165—73. Juli/Aug. 1955.) S. BECKMANN. 4880

Aneri Penttilä und **Jacobus Sundman,** *Chromatographische Methoden in der Pharmazie. Bestimmung der Mutterkornalkaloide. Methylergometrin* (I) läßt sich von *Ergometrin* (II) chromatograph. an einer Cellulosepulversäule nach CARLESS [1953] trennen, wenn man bei p_H 5 mit 3% Pyridin enthaltendem wassergesätt. Ae. eluiert; **II** wird anschließend mit 0,1% Diäthylamin enthaltendem Ae. eluiert. Eine Abtrennung von zuerst Dihydroergotamin u. dann Dihydroergotoxin von **I** u. **II** gelingt an einer auf p_H 5 gepufferten Säule mit 0,05% Pyridin enthaltendem Ae. als Eluierungsflüssigkeit. — In ungar. Mutterkorn wurde mehr *Ergotamin* (**III**) u. weniger **II** u. Ergometrinin gefunden als in portugiesischem. Ein in Finnland kultiviertes Mutterkorn war sehr reich an Alkaloiden, bes. **III**, während wildwachsendes dort fast alkaloidfrei ist. — Bei der Best. der Mutterkornalkaloide mit Dimethylaminobenzaldehyd werden die therapeut. wertlosen Lysergsäuren ebenfalls erfaßt, während sie bei der chromatograph. Best. zurückbleiben. Chromatograph. Analysen verschied. Injektionspräpp. von Mutterkornalkaloiden ergaben vielfasch beträchtliche Abweichungen von den deklarierten Werten. (Farmaseuttinen Aikakauslehti [Farmac. Notisbl.] **64.** 63—74. März 1955.) S. BECKMANN. 4880

L. Grénman und **U. Nyberg,** *Über eine titrimetrische Bestimmungsmethode für Chloramphenicol.* Für Apotheken ist die titrimetr. Best. von *Chloramphenicol* (**I**) durch Überführung des Cl in Ionenform u. Titration mit $AgNO_3$ am besten geeignet. **I** wird mit 10%ig. KOH im Quarztiegel eingedampft u. verascht u. im gelösten Rückstand Cl nach VOLHARD titriert; mittlerer Fehler —2,8% (Cl-Verluste beim Veraschen). Nach ROBLES u. UNZUETA (Bol. Soc. quím. Perú **18.** [1952.] 6) wird **I** in absol. A. u. Amylalkohol mit überschüssigem Na behandelt u. Cl titriert; Fehler 0,01—0,57%. — Die Abtrennung u. Best. von **I** aus galen. Präpp. wird im einzelnen beschrieben. (Farmaseuttinen Aikakauslehti [Farmac. Notisbl.] **64.** 14—25. Jan. 1955.) S. BECKMANN. 4880

Hans Köhler und **Erwin Schmidt,** *Lager- und zerfallfähige Tabletten aus mehreren Arzneimitteln,* die nicht miteinander verträglich zu sein brauchen, durch Überziehen der einzelnen Granulate oder Pulver mit gut haftender hochdisperser Kieselsäure, gegebenenfalls im Dragierkessel. (**D. B. P. 938 566** Kl. 30h vom 22/2. 1953, ausg. 2/2. 1956. Anmeldung bekanntgemacht 4/8. 1955.) K. HEINZE. 4767

E. Fougera & Co., Inc., New York, N. Y., V. St. A. (Erfinder: **A. H. Halpern** und **C. H. Bradney**), *Klare Lösungen organischer Verbindungen* erhält man durch Behandeln der festen Substanzen oder auch deren Lsgg. mit einem Polyäthylenglykol oder dessen Teilestern mit langkettigen Fettsäuren oder mit Propylenglykol oder deren Mischungen unter Zusatz einer geringen Menge Wasser. Die homogenen Lsgg. bleiben beim Lagern stabil, u. durch Zusatz einer weiteren Menge W. kann die gelöste Verb. ausgefällt werden. — Man löst z. B. 5 mg Stilböstrol in 0,2 cm^3 Polyoxyäthylenglykol mit einem Mol.-Gew. von ca. 300 u. 0,3 cm^3 Propylenglykol unter Erwärmen auf 60^0 u. verd. dann die Lsg. mit W. auf 1 cm^3. Die Viscosität dieser Lsg. entspricht der des Wassers. Auf Zusatz einer weiteren Menge W. fällt das Silböstrol aus. Ferner kann von folgenden Verbb. in gleicher Weise eine stabile Lsg. bereitet werden: Progesteron, Testosteronpropionat, Pyranisamin, Procain, Procain–Penicillin, Östron, Östradiol, Dienöstrol $HOC_6H_4C\cdot(=CHCH_3)C(=CHCH_3)C_6H_4OH$; 2.4-Di-(p-oxyphenyl)-3-äthylhexan (= Benzöstrol); 3.4-Di-p-oxyphenyl-n-hexan (= Hexöstrol), deren Palmitate, Propionate, Äthinylöstradiol; 2-(N-Benzylanilinomethyl)-2-imidazolin (= Antazoline), 2-(Benzohydryloxy)-N.N-dimethyläthylamin (= Diphenhydramine); 2-[α-(2-Dimethylaminoäthoxy)-α-methylbenzyl]-pyridin (= Doxylamine), 2-[(Dimethylaminoäthyl)-2-thenylamino]-pyridin (= Méthapyrilène); 1-Phenyl-1-(2-pyridyl)-3-dimethylaminopropan (= Prophénpyridamine); 2-[(Dimethylaminoäthyl)-(p-methoxybenzyl)-amino]-pyrimidin (= Thonzylamine); 2-[Benzyl-(2-dimethylaminoäthyl)-amino]-pyridin (= Tripelennamine); m-Oxy-p-aminobenzoesäuremethylester; p-Aminobenzoyl-γ-di-n-butylaminopropanol (= Butacaine); Aminobenzoesäureäthylester (= Benzocaine); p-Aminobenzoesäurebutylester; p-Aminobenzoesäure-2-isobutylaminoäthylester (= Buthétamine); 2-Butoxy-N-(2-diäthylaminoäthyl)-cinchoninamid (= Dibucaine); 3-(1-Piperidyl)-1.2-propandioldicarbanilat (= Dipérodone); α-Diäthylamino-2.6-acetoxylidid (= Lidocaine); 2-Amylaminoäthyl-p-aminobenzoat (= Naopaine); 3-(2-Methyl-1-piperidyl)-propylbenzoat (= Pipérocaine); Äthenyl-p-diäthoxydiphenylamid (= Phénacaine); p-Butylaminobenzoyldimethylaminoäthanol (= Tétracaine); Desoxycorticosteron; Epinephrin; Cortison; Pituitrin; Streptomycin; Aureomycin; Terramycin; Chloromycetin. — Weitere Lösungsvermittler sind: Polyoxyäthylensorbitanmonolaurat; -trioleat; Polyoxyäthylensorbithexastearat. (**Belg. P. 510 947** vom 24/4. 1952, ausg. 6/11. 1953. A. Priorr. 28/4. 1951 u. 21/3. 1952.) G. KRAUSS. 4787

Diwag Chemische Fabriken Akt.-Ges., Hann.-Münden, *Protrahiert wirkende Acetoxythymoxäthyldimethylaminpräparate* durch Zusatz etwa der 25fachen Menge an Polyvinylpyrrolidon vom Mol.-Gew. zwischen 10000 u. 100000. Die Komponenten können zusammengeschmolzen oder gemeinsam in W., A., Methanol, Aceton, Methyläthylketon gelöst werden. (**D. B. P. 939 282** Kl. 30h vom 14/2. 1952, ausg. 16/2. 1956. Anmeldung bekanntgemacht 25/8. 1955.) K. HEINZE. 4787

Mohammed Hassan Fahmy Bassiouni, Maidenhead, England, *Heparingewinnung* aus Rohkonzentraten durch Fällung des Heparins mit Thiazinfarbstoffen, Auswaschen des Nd. mit W. u. 0,05n HCl, Lösen in Formamid bei 50°, Abzentrifugieren der Verunreinigungen, Fällen des Heparins aus der Lsg. mit NaCl u. Methanol u. gegebenenfalls Wiederholen des Lösens in Formamid u. der Ausfällung mit NaCl u. Methanol. Gewinnung eines eiweißfreien Prod., Ausgangsmaterial aus Lungengewebe. (**E. P. 735 739** vom 28/4. 1953, ausg. 24/8. 1955.) K. HEINZE. 4791

American Cyanamid Co., New York, N. Y., V. St. A., *Konservieren von chirurgischem Nähmaterial*, bes. *Catgut*, unter Erhaltung der Elastizität der Fäden, durch Aufbewahren in tert.-Butanol, das 5—15% W. enthält. Ein baktericides Mittel, wie Phenylquecksilberbenzoat, kann zugesetzt werden. (**E. P. 740 141** vom 5/7. 1954, ausg. 9/11. 1955. A. Prior. 31/7. 1953.) K. HEINZE. 4795

G. D. Searle & Co., Chicago, übert. von: **Viktor Papesch**, Morton Grove, und **Elmer F. Schroeder**, Chicago, Ill., V. St. A., *Disubstituierte Cyanalkanoylharnstoffe und -thioharnstoffe* der Formel $R \cdot NH \cdot C(:X) \cdot N(R') \cdot CO \cdot (CH_2)_n \cdot CN$, worin n = 1 oder 2, X = O oder S, R u. R' Alkyl, Cycloalkyl u. Aralkyl bedeuten, wirken *cardiovasculär*, *diuret.* u. dienen als *Zwischenprodukte*. — Sie entstehen beim Erhitzen von 1.3-disubstituierten Harnstoffen oder Thioharnstoffen mit Acetanhydrid u. Cyanessigsäure oder Cyanpropionsäure, oder aus einem substituierten Cyanacylamin $R' \cdot NH \cdot CO \cdot (CH_2)_n \cdot CN$ durch Rk. mit einem Isocyanat oder Isothiocyanat der Formel $R \cdot N:C:X$. — *N-Isopropyl-N'-methylharnstoff* (I). Aus Methylisocyanat u. Isopropylamin in Bzl. unter Kühlung. F. 94—96°. — *N-Methyl-N-cyanacetyl-N'-isopropylharnstoff*. Beim Erhitzen von I mit Cyanessigsäure u. Acetanhydrid auf 70—80°. Farblose Flüssigkeit. Gibt mit NaOH bei 75° *1-Isopropyl-3-methyl-6-amino-1.2.3.4-tetrahydropyrimidindion-(2.4)* vom F. 210 bis 212°. — Analog: *N-Isopropyl-N'-methylthioharnstoff* (F. 98—100°) → *N-Methyl-N-cyanacetyl-N'-isopropylthioharnstoff* (farblose Fl.) → *1-Isopropyl-2-thio-3-methyl-6-amino-1.2.3.4-tetrahydropyrimidindion-(2.4)*, F. 247—248°. — *N-Propyl-N'-äthylharnstoff* (F. 79 bis 80°) → *N-Äthyl-N-cyanacetyl-N'-n-propylharnstoff* (Sirup) → *1-Propyl-3-äthyl-6-amino-1.2.3.4-tetrahydropyrimidindion-(2.4)*, F. 166—167°; *Monohydrat*, F. 86—87°. — *N-Äthyl-N-cyanacetyl-N'-propylthioharnstoff* (Sirup) → *1-n-Propyl-2-thio-3-äthyl-6-amino-1.2.3.4-tetrahydropyrimidindion-(2.4)*. — *N-Isopropyl-N'-äthylharnstoff* (F. 158—159°) → *N-Äthyl-N-cyanacetyl-N'-isopropylharnstoff* (Sirup) → *1-Isopropyl-3-äthyl-6-amino-1.2.3.4-tetrahydropyrimidindion-(2.4)*, F. 200—201°. — *N.N'-Di-n-propylharnstoff* → *N.N'-Di-n-propyl-N-cyanacetylharnstoff* (farblose Fl.) → *1.3-Di-n-propyl-6-amino-1.2.3.4-tetrahydropyrimidindion-(2.4)*, F. 136—138,5°; *Monohydrat*, F. 98—100°. — *N.N'-Di-n-propyl-N-cyanacetylthioharnstoff* (Sirup) → *1.3-Di-n-propyl-2-thio-6-amino-1.2.3.4-tetrahydropyrimidindion-(2.4)*. — *N-Äthyl-N'-n-butylharnstoff* → *N-Äthyl-N-cyanacetyl-N'-n-butylharnstoff* → *1-n-Butyl-3-äthyl-6-amino-1.2.3.4-tetrahydropyrimidindion-(2.4)*, *Monohydrat*, F. 70—72°. — *N.N'-Di-n-butylharnstoff* → *N.N'-Di-n-butyl-N-cyanacetylharnstoff* (Sirup) → *1.3-Di-n-butyl-6-amino-1.2.3.4-tetrahydropyrimidindion-(2.4)-hydrat*, F. 100—104°. — *1.3-Diisobutylthioharnstoff* → *N.N'-Diisobutyl-N-cyanacetylthioharnstoff* (Sirup) → *1.3-Diisobutyl-2-thio-6-amino-1.2.3.4-tetrahydropyrimidindion-(2.4)*. — *Äthylisocyanat* → *N-n-Hexyl-N'-äthylharnstoff* → *N-Äthyl-N-cyanacetyl-N'-hexylharnstoff* → *1-Hexyl-3-äthyl-6-amino-1.2.3.4-tetrahydropyrimidindion-(2.4)*, F. 160 bis 163°. — *Äthylisocyanat* → *N-Cyclohexyl-N'-äthylharnstoff* (F. 113—115°) → *N-Äthyl-N-cyanacetyl-N'-cyclohexylharnstoff* (F. 110—112°) → *1-Cyclohexyl-3-äthyl-6-amino-1.2.3.4-tetrahydropyrimidindion-(2.4)*. — *1-Benzyl-3-äthylthioharnstoff* → *N-Äthyl-N-cyanacetyl-N'-benzylthioharnstoff* → *1-Benzyl-2-thio-3-äthyl-6-amino-1.2.3.4-tetrahydropyrimidindion-(2.4)*. — *N.N'-Dibenzylharnstoff* → *N.N'-Dibenzyl-N-cyanacetylharnstoff* → *1.3-Dibenzyl-6-amino-1.2.3.4-tetrahydropyrimidindion-(2.4)*, F. 120—125°. (**A. P. 2 598 936** vom 13/4. 1950, ausg. 3/6. 1952.) G. LANGER. 4807

Merck & Co., Inc., Rahway, N. J. (Erfinder: **Edward Louis Engelhardt**, Collingdale, Pa.), V. St. A., *Herstellung von 3.4-Dioxy-α-isopropylaminopropiophenon* u. seinen Salzen, dad. gek., daß man 3.4-Dibenzyloxy-α-brompropiophenon mit Isopropylamin umsetzt u. das entstandene 3.4-Dibenzyloxy-α-isopropylaminopropiophenon, vorzugsweise in Form seines Hydrobromids, bei Ggw. von Pd auf Kohle unter n. Druck oder höherem Druck hydriert. — *Freie Base*, F. 174—174,5° (Zers.); *Sulfat*, F. 218—219° (Zers.); *Hydrochlorid*. — *Bronchodilatatoren*. (**D. B. P. 924 985** Kl. 12q vom 3/5. 1950, ausg. 10/3. 1955. Anmeldung bekanntgemacht 2/5. 1951. A. Prior. 9/8. 1949.) E. CARL. 4807

Troponwerke Dinklage & Co., übert. von: **Erwin Bumm**, Köln, *1-(m-Oxyphenyl)-1-oxy-2-aralkylaminopropane* der Formel (m)HO·C_6H_4·CH(OH)·CH(CH_3)·NH·R·C_6H_5, worin R einen Rest aus 2—5 Methylengruppen bedeutet, der auch verzweigt sein kann, wirken auf den *Blutkreislauf* u. die *Atmung*. Sie entstehen 1. aus Ketonen HO·C_6H_4·CO·CH(CH_3)·NH·R·C_6H_5 durch Red., bes. katalyt. Reduktion; 2. aus Verbb. (m)R_1O·C_6H_4·CH(OH)·CH(CH_3)·NH·R·C_6H_5, worin R_1 einen Benzylrest, eine Sulfonsäure- oder Carbonsäuregruppe bedeutet, durch katalyt. Red. bzw. Verseifung; 3. aus Verbb. (m)HO·C_6H_4·CH(OH)·CH(CH_3)·NH_2 oder (m)HO·C_6H_4·CO·CH(CH_3)·NH_2 durch Red., bes. katalyt. Red., in Ggw. von Aldehyden oder Ketonen, wie Hydrozimtaldehyd, Zimtaldehyd, Benzyl- oder Benzalaceton oder von den entsprechenden SCHIFFschen Basen; 4. aus Verbb. (m)HO·C_6H_4·CO·CO·CH_3 oder (m)HO·C_6H_4·CH(OH)·CO·CH_3 durch Red. in Ggw. eines Aralkylamins oder der entsprechenden SCHIFFschen Basen. — *m-Benzyloxybenzaldoxim* (**I**). Aus m-Benzyloxybenzaldehyd u. Hydroxylamin. F. 79—81°. — *m-Benzyloxybenzonitril* (**II**). Beim Kochen von **I** mit Acetanhydrid. F. 40—41°. — *m-Benzyloxypropiophenon* (**III**). Aus **II** u. C_2H_5Mg·Br, Kp.$_{0,4}$ 174—177°; F. 30°. — *m-Benzyloxy-α-brompropiophenon* (**IV**). Aus **III**, Br_2 u. K_2CO_3 in CCl_4, Kp.$_{0,1}$ 182—186°. — *1-(m-Benzyloxyphenyl)-2-(γ-phenylpropylamino)-propanon-(1)-hydrobromid* (**V**). Aus **IV** u. γ-Phenylpropylamin bei 55°. F. 176—177°. — *1-(m-Oxyphenyl)-2-(γ-phenylpropylamino)-propanol-(1)* (**VI**). Man red. **V** mit H_2 u. Pd–$BaSO_4$ in Methanol u. setzt mit Na_2CO_3 um, F. 108 bis 109°; *Hydrochlorid*, F. 98—100°. — Analog: **IV** + α-Methyl-β-phenyläthylamin → *1-(m-Benzyloxyphenyl)-2-(α-methyl-β-phenyläthylamino)-propanon-(1)-hydrobromid* (F. 182°) → *1-(m-Oxyphenyl)-2-(α-methyl-β-phenyläthylamino)-propanol-(1)* (**VII**; F. 153 bis 154°); *Hydrochlorid*, F. 216—217°. — *1-(m-Benzyloxyphenyl)-2-(α-methyl-γ-phenylpropylamino)-propanon-(1)-hydrobromid* (F. 167°) → *1-(m-Oxyphenyl)-2-(α-methyl-γ-phenylpropylamino)-propanol-(1)*, F. 134—135°; *Hydrochlorid*, F. 211 bis 212°. — *1-(m-Benzyloxyphenyl)-2-(α-methyl-γ-phenylbutylamino)-propanon-(1)-hydrobromid* (F. 191—192°) → *1-(m-Oxyphenyl)-2-(α-methyl-γ-phenylbutylamino)-propanol-(1)*, F. 106—107°; *Hydrobromid*, F. 222—224°. — *1-(m-Benzyloxyphenyl)-2-(β-phenyläthylamino)-propanon-(1)-hydrobromid* (F. 199—201°) → *1-(m-Oxyphenyl)-2-(β-phenyläthylamino)-propanon-(1)-hydrobromid* (F. 208—210°) → *1-(m-Oxyphenyl)-2-(β-phenyläthylamino)-propanol-(1)*, F. 125—126°; *Hydrochlorid*, F. 115—117°. — **V** → *1-(m-Benzyloxyphenyl)-2-(γ-phenylpropylamino)-propanol-(1)-hydrobromid* (F. 182—183°) → **VI**. — p-Toluolsulfonsäurechlorid + m-Oxypropiophenon → *m-Oxypropiophenon-p-toluolsulfonat*, F. 58—59°. Gibt mit Br_2 *m-Oxy-α-brompropiophenon-p-toluolsulfonat* (F. 65 bis 66°) → *1-(m-Oxyphenyl)-2-(γ-phenylpropylamino)-propanon-(1)-p-toluolsulfonathydrochlorid* (F. 180—182°) → **VI**. — *m-Benzyloxyisonitrosopropiophenon* (F. 94—95°) gibt mit H_2 u. Pd(OH)$_2$ in methylalkoh. HCl *1-(m-Oxyphenyl)-2-aminopropanol-(1)-hydrochlorid* (F. 180—181°); dieses gibt mit Zimtaldehyd oder Hydrozimtaldehyd, H_2 u. Pt-Oxyd in Methanol **VI**. — *1-(m-Oxyphenyl)-2-aminopropanol-(1)-hydrochlorid* (F. 180 bis 181°) gibt mit Phenylaceton, H_2 u. Pt-Oxyd **VII**. — *1-(m-Oxyphenyl)-2-aminopropanol-(1)-hydrochlorid* gibt mit 1-Phenylpentanon-(4), H_2 u. Pt-Oxyd in Methanol *1-(m-Oxyphenyl)-2-(α-methyl-γ-phenylbutylamino)-propanol-(1)*, F. 121—122°; *Hydrochlorid*, F. 193—194°. Ist ein Diastereoisomeres der obengenannten Verb. vom F. 106 bis 107°. — *Linksdrehendes 1-(m-Oxyphenyl)-propanol-(1)-on-(2)* (F. 126°) + β-Phenyläthylamin → *opt.-akt. 1-(m-Oxyphenyl)-2-(β-phenyläthylamino)-propanol-(1)-hydrochlorid*, F. 141—145°. — *Linksdrehendes m-Oxyphenylacetylcarbinol* + α-Methyl-γ-phenylpropylamin → *opt.-akt. 1-(m-Oxyphenyl)-2-(α-methyl-γ-phenylpropylamino)-propanol-(1)-hydrochlorid*, F. 220—222°. (**E. P. 711 905** vom 15/5. 1951, ausg. 14/7. 1954. Holl. Prior. 12/5. 1950.) G. LANGER. 4807

Aktiebolaget Bofors, Bofors, Schweden, *Anästheticum. 2.6-Dimethyl-4-n-butoxycarbanilsäure-β-diäthylaminoäthylester*, *Hydrochlorid*, F. 100—103°, erhält man durch Rk. von 2.6-Dimethyl-4-n-butoxyanilin mit Chlorameisensäure-β-diäthylaminoäthylester oder von 2.6-Dimethyl-4-n-butoxyphenylisocyanat mit β-Diäthylaminoäthanol. (**Schwz. PP. 309 716** u. **309 717** vom 14/7. 1952, ausg. 16/11. 1955. Schwed. Priorr. 14/7. u. 28/12. 1951.) A. BRÖSAMLE. 4807

Cilag Akt.-Ges. (Erfinder: **Hans Suter, Hans Zutter** und **Hans Widler**), Schaffhausen, Schweiz, *Herstellung von basisch substituierten aliphatischen Carbonsäureamiden*

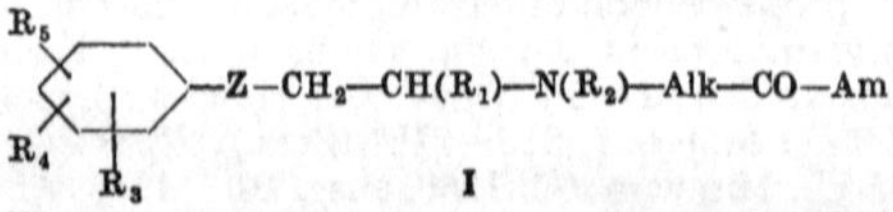

I

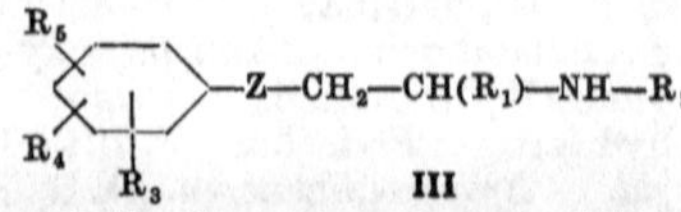

III

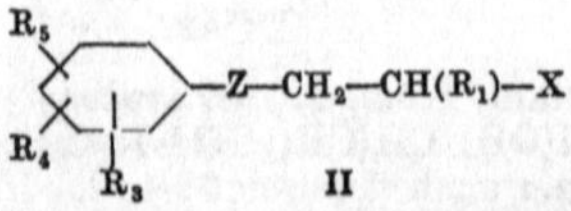

II

der Formel I, in welcher R_1 H oder einen niederen Alkylrest, R_2 H oder einen niederen Alkyl- oder Aralkylrest, Am eine bas. Gruppe, wie eine Amid-, Alkylamid-, Dialkylamid-, Cycloalkylenamid-, Oxyalkyl-, Benzyloxyalkyl- bzw. Benzhydryloxyalkylamidgruppe, R_3, R_4 u. R_5 H, Halogen, Oxy-, Alkyloxy-, Alkyl-, Amino- oder Acylaminogruppen, Z = O oder S u. Alk einen geradkettigen oder verzweigten Alkylenrest bedeuten, dad. gek., daß man 1. eine Verb. der Formel **II** mit einer Verb. Y—Alk—CO—V umsetzt, worin X u. Y mit Ausnahme einer in einem von ihnen enthaltenen Gruppe $R_2 \cdot N$— leicht abspaltbare Reste bedeuten u. V der bas. Gruppe Am entsprechen kann oder ein Rest ist, der sich leicht in diese bas. Gruppe umwandeln läßt, u. daß man sodann gegebenenfalls den Rest V im Reaktionsprod. in eine bas. Gruppe Am umwandelt, oder daß man 2. auf eine Verb. der Formel **III** eine Verb. der Formel Alkylen–CO–V einwirken läßt, worin V = Am oder einen Rest bedeutet, der durch bekannte Methoden in Am übergeführt werden kann, u. daß man gegebenenfalls im Reaktionsprod. einen oder mehrere der Reste R_3 bis R_5 in Atome oder Gruppen der eingangs erwähnten Bedeutung u. V gegebenenfalls in Am überführt. — Die Verbb. wirken *spasmolyt.* u. *uteruskontrahierend.* — *β-[N-Methyl-N-(β-phenoxyisopropyl)-amino]-propionsäuremethylester* (**IV**). Aus 1-Phenoxy-2-methylaminopropan, β-Brompropionsäuremethylester u. Triäthylamin in Methanol bei 60°. $Kp._{0,02}$ 114°. Analog entsteht der *Äthylester* (**V**), $Kp._{0,009-0,01}$ 112°. — *β-[N-Methyl-N-(β-phenoxyisopropyl)-amino]-propionsäure-(β-oxyisopropylamid)* (**VI**). Beim Erhitzen von **IV** oder **V** mit 2-Aminopropanol-(1) auf 165—190°. Wird als p-Aminosalicylat gefällt. **VI** entsteht auch beim Erwärmen von 1-Phenoxy-2-methylaminopropan mit β-Brompropionsäureisopropanolamid u. Triäthylamin in Dioxan auf 70°. **VI** entsteht auch aus **V** beim Erhitzen mit Hydrazin auf 125°, Umsetzen mit $NaNO_2$ u. HCl u. Behandeln des Azids mit 2-Aminopropanol-(1) in Ggw. von Triäthylamin in Ae. bei 20°; *Hydrochlorid*, F. 132 bis 134°. — *1-Benzyloxy-2-chloracetaminopropan* (**VII**). Aus β-Aminopropylbenzyläther, Chloracetylchlorid u. Triäthylamin in Äther. Öl, $Kp._{0,04}$ 135°. — *[N-Methyl-N-(β-phenoxyisopropyl)-amino]-essigsäure-(β-benzyloxyisopropylamid)*. Aus **VII**, 1-Phenoxy-2-methylaminopropan u. Triäthylamin in sd. Benzol. Braunes Öl, $Kp._{0,02}$ 203°. Gibt mit H_2 u. Pd in HCl *[N-Methyl-N-(β-phenoxyisopropyl)-amino]-essigsäure-(β-oxyisopropylamid)*, $Kp._{0,02}$ 183°; *Perchlorat*, F. 174—175°. — *β-[N-Methyl-N-(β-phenoxyisopropyl)-amino]-propionsäure-(β-benzyloxyisopropylamid)* (**VIII**). Beim Erhitzen von β-Acroylaminopropylbenzyläther mit 1-Phenoxy-2-methylaminopropan u. wenig Trimethylbenzylammoniumhydroxyd auf dem Wasserbad. $Kp._{0,02}$ 213—214°. Aus **VIII**, H_2 u. Pd in HCl → **VI**. Viscose M.; *Hydrochlorid*, F. 132—134°. — *β-[N-Methyl-N-(β-2-acetaminophenoxyisopropyl)-amino]-propionsäure-(β-benzyloxyisopropylamid)* (**IX**). Aus 1-(2-Acetaminophenoxy)-2-methylaminopropan, (β-Acroylaminopropyl)-benzyläther u. wenig Trimethylbenzylammoniumhydroxyd auf dem Wasserbad. Gelbliches Öl. — *β-[N-Methyl-N-(β-2-acetaminophenoxyisopropyl)-amino]-propionsäure-(β-oxypropylamid)*. Aus **IX**, H_2 u. Pd in HCl. *Pikrat*, F. 149—150°. (**D. B. P. 922 712** Kl. 12q vom 20/5. 1953, ausg. 24/1. 1955. Anmeldung bekanntgemacht 16/6. 1954. Schwz. Prior. 8/6. 1952.) G. LANGER. 4807

Rheinpreussen Akt.-Ges. für Bergbau und Chemie, Homberg/Ndrh. (Erfinder: **Johannes Wöllner**, Moers), *4-Amino-2-oxybenzoesäureacylamide* gemäß Verf. nach D. B. P. 930 688, dad. gek., daß man 4-Amino-2-oxybenzoesäure (**I**) mit durch Säurereste substituierten Harnstoffen bei erhöhten Tempp., gegebenenfalls in Ggw. eines indifferenten Lösungsm., umsetzt. — *4-Amino-2-oxybenzoesäure-n-butyramid.* n-Butyroylharnstoff wird mit **I** in 5-Methyl-5-acetyl-1.3-dioxan auf 150—155° erhitzt. F. 193 bis 194°. — *4-Amino-2-oxybenzoesäureundecenoylamid.* Analog aus Undecenoylharnstoff u. **I**, F. 142—143°. — *4-Amino-2-oxybenzoesäurebenzoylamid.* Aus Benzoylharnstoff u. **I**, F. 218°. — *Tuberkulostat.* Wirksamkeit. (**D. B. P. 932 553** Kl. 12q vom 19/3. 1953, ausg. 5/9. 1955. Anmeldung bekanntgemacht 30/12. 1954. **Zusatz zu D. B. P. 930 688; C. 1956. 3945.**) G. LANGER. 4807

Badische Anilin- & Soda-Fabrik Akt.-Ges., übert. von: **Walter Reppe, Otto Schlichting, Franz Westphal** und **August Amann**, Ludwigshafen/Rh., *2.4-Dithio-5.5-heptamethylenspirohydantoin*, F. 262—263,5°. Man läßt Cyclooctanon mit mindestens äquivalenten Mengen eines Alkalicyanids, eines NH_4-Salzes (Chlorid, Sulfat, Bicarbonat) u. CS_2 bei ca. 80—90° unter n. oder erhöhtem Druck (bis 50 at) in Ggw. eines inerten Lösungsm. (Alkohol, Äther, Dioxan) reagieren. — *Therapeuticum.* (**A. P. 2 732 380** vom 26/7. 1954, ausg. 24/1. 1956. D. Prior. 31/7. 1953.) A. BRÖSAMLE. 4807

G. D. Searle & Co., Chicago, übert. von: **Kurt J. Rorig,** Evanston, Ill., V.St. A., *5-Thenylidenderivate des Kreatinins.* Durch Rk. von Kreatinin, CH_3COONa, 2-Thiophenaldehyd in Essigsäureanhydrid unter Erhitzen (Rückfluß) erhält man *1-Methyl-2-acetylimino-5-(2'-thenyliden)-4-imidazolidon,* F. 239—240°. Läßt man auf dieses konz. HCl bei erhöhter Temp. einwirken, so erhält man *5-(2'-Thenyliden)-kreatinin,* F. 279 bis 280° (Zers.). — *1-Methyl-2-butyrylimino-5-(3'-thenyliden)-4-imidazolidon.* — *Diuretica.* (**A. P. 2 729 648** vom 17/6. 1954, ausg. 3/1. 1956.) A. BRÖSAMLE. 4807

Eaton Laboratories, Inc., Norwich, N. Y., V. St. A., *Herstellung von N-(5-Nitro-2-furylacyliden)-3'-aminooxazolidonen-(2')* der allg. Formel I (R = H, CH_3, C_2H_5; R_1, R_2, R_3, R_4 = H, Alkyl, Oxyalkyl, Halogenalkyl), dad. gek., daß man entweder 5-Nitro-2-acylfurane mit 3-Aminooxazolidonen-(2) kondensiert, oder 5-Nitro-2-furylacylidenhydrazinderivv. der allg. Formel II (X = Alkoxy-, Aralkoxy-, Aryloxy- oder Aminogruppe) in Ggw. saurer oder bas. Kondensationsmittel cyclisiert. — Z. B. liefert 2-Acetyl-5-nitrofuran mit 3-Aminooxazolidon-(2) *N-(5-Nitro-2-furylacetyliden)-3'-aminooxazolidon-(2'),* I (R = CH_3; R_1—R_4 = H), F. 132,5—133°. — Weitere Beispiele: I (R—R_4 = H), F. 256—257°. — I (R—R_3 = H; R_4 = CH_3), F. 255—256°. — I (R_1 = CH_3; R, R_2—R_4 = H), F. 199—200°. — I (R—R_3 = H; R_4 = C_4H_9), F. 194°. — I (R_1 = C_4H_9; R, R_2—R_4 = H), F. 150—151°. — I (R—R_3 = H; R_4 = C_2H_5), F. 215 bis 216°. — I (R_1 u. R_4 = H; R_2 = CH_3; R_3 = H oder CH_3), F. 152—153°. — I (R—R_3 = H; R_4 = —CH_2OH), F. 241—243°. — I (R—R_3 = H; R_4 = —CH_2Cl), F. 196—197°. — I (R, R_2 u. R_4 = H; R_1 u. R_3 = CH_3), F. 143—144°. Ferner wird die Herst. folgender Zwischenprodd. beschrieben: *N-(5-Nitro-2-furfuryliden)-3'-amino-2'-iminooxazolidin, Hydrochlorid,* F. 175—185°. — *N-(5-Nitro-2-furfuryliden)-N'-carbäthoxy-N'-(β-oxyäthyl)-hydrazin.* — *2-Oxypropylhydrazin.* — *2-Hydrazinopropanol-(1).* — *1-Hydrazinohexanol-(2).* — *2-Hydrazinohexanol-(1).* — *1-Hydrazinobutanol-(2).* — *3-Hydrazinobutanol-(2).* — *Baktericide,* die oral gut verträglich sind. (**Belg. P. 518 034** vom 27/2. 1953, ausg. 4/2. 1955. A. Prior. 28/2. 1952.) O. SCHÖN. 4807

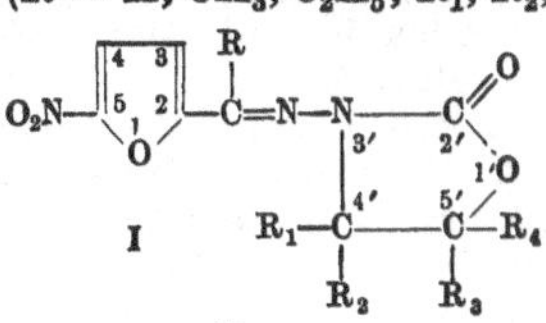

I

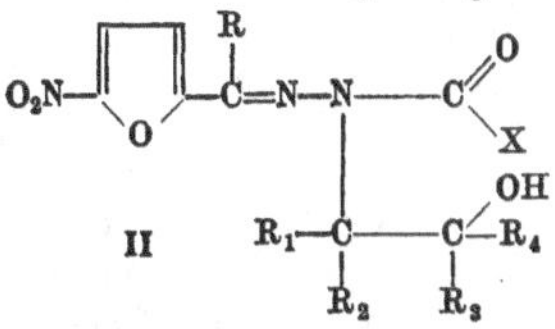

II

Eli Lilly & Co., übert. von: **Donald A. Zuck** und **Warren H. Rix,** Indianapolis, Ind., V. St. A., *Arzneimittel mit Antihistaminwirkung,* bestehend aus dem o-(4-oxybenzoyl)-benzoesauren Salz des N.N-Dimethyl-N'-(2-thenyl)-N'-(2-pyridyl)-äthylendiamins, dem 1.5-naphthalindisulfonsauren Salz des 1-p-Chlorphenyl-2-phenyl-4-pyrrolidino-2-butens u. dem o-(4-oxybenzoyl)-benzoesauren Salz des 1-Cyclopentyl-2-methylaminopropans. (**A. P. 2 718 486** vom 28/1. 1954, ausg. 20/9. 1955.) K. HEINZE. 4807

Farbenfabriken Bayer Akt.-Ges. (Erfinder: **Hans-Heinz Daab**), Leverkusen, *Penicillinpräparat* durch Auftragen einer Lsg. von Lecithin in einem über 100° sd. Lösungsm., z. B. n-Butylacetat, auf trockene Penicillinsalze, wie Procainpenicillin, u. Verdampfen des Lösungsm. im Vakuum. (**D. B. P. 938 208** Kl. 30h vom 10/6. 1954, ausg. 26/1. 1956, Anmeldung bekanntgemacht 4/8. 1955.) K. HEINZE. 4811

N. M. Ferguson, Textbook of pharmacognosy. New York: Macmillan. 1956. (416 S. m. Abb.) 42 s.

Renata Trivellato Veronese, Gli alginati in farmacia. Padova: Tip. Stediv, Società tip. editoriale de „Il Veneto". 1955. (19 S. m. Abb.) 8°.

—, Pharmacopoea Danica 1948. Addendum (1954). 2. opl. Udg. af Farmakopékommissionen. København: Nyt nordisk forlag. 1956. (422 S. m. Abb.) kr. 50,25.

G. Analyse. Laboratorium.

Elio Scarano, *Zwei Mikrogasentwickler.* Beschreibung der beiden App. zur Erzeugung von H_2S. (Ricerca sci. **25.** 2125—26. Juli 1955. Roma, Univ., Ist. di Chim. analitica.) C. GOTTFRIED. 5006

F. L. Christiansen, *Einige Gesichtspunkte zur Probenahme mit besonderer Berücksichtigung von Reduktionsmaterialien (Kohle und Koks).* Zusammenfassender Vortrag. (Tidsskr. Kjemi, Bergves. Metallurgi **15.** 78—84. 1955. Sauda, Electric Furnace Products Co.) R. K. MÜLLER. 5012

W. Nunner, *Oberflächentemperaturmessung mit ausgewalzten Thermoelementen.* Ein aufklappbarer Ober- u. Unterteil tragen je eine Walze, zwischen denen ein Thermodraht von 0,3—0,5 mm Durchmesser mittels einer Handkurbel auf ein Zehntel seines Durchmessers ausgewalzt werden kann. Die Kaltverformung ändert die thermoelektr. Kräfte, durch Ausglühen wird der alte Zustand wiederhergestellt. Die flachen Thermoelemente werden zweckmäßig mittels Lack aufgeklebt; dadurch entsteht ein Meßfehler, der sich meist abschätzen läßt u. bei Luft oder Heißdampf zu vernachlässigen ist. Für andere Fälle werden Diagramme angegeben. (Chemie-Ing.-Techn. **25.** 386—90. Juli 1953. Göttingen, Forsch.-Gruppe für Wärme- u. Kältetechn.) H. PAULI. 5016

Andrew J. Franklin und **Sterling E. Voltz,** *Trockenkasten aus plastischem Stoff.* Beschreibung des Kastens u. seiner Herstellung. (Analytic. Chem. **27.** 865—66. Mai 1955. Marcus Hook, Pa., Houdry Process Corp.) C. GOTTFRIED. 5022

R. Pietsch, *Ein Beitrag zur Filtration schwer filtrierbarer Niederschläge.* Vf. schlägt vor, bei der Filtration schleimiger u. gelatinöser Ndd. in Fritten oder Filtertiegeln, das Absitzen durch Rühren mit einem in Glas oder Quarz eingeschlossenen Eisenkern zu verhindern, um die Filtration zu beschleunigen. Der Eisenkern wird durch einen ringförmigen Permanentmagneten, in dessen Mitte sich der Tiegel befindet, bewegt. Zur Prüfung der Meth. wurde unter sonst gleichen Bedingungen mit Rühren u. ohne Rühren filtriert u. die Zunahme an Filtrat, gegenüber einer Filtration, bei der nicht gerührt wurde, als Ausdruck der Wirksamkeit betrachtet. Feinpulverige Ndd., wie $BaSO_4$, ergaben keine oder nur geringe Zunahme, während sich bei Hydroxyd-Ndd. teilweise sehr erhebliche Zunahmen ergaben; z. B. bei aus wss.-ammoniakal. Lsg. gefälltem $Al(OH)_3$ auf einem Porzellanfiltertiegel A 2 bis zur 30fachen Menge. Zur gravimetr. Best. wird der Kern mit dem Tiegel bis zur Konstanz geglüht, was bei einem in Quarz eingeschlossenen Kern bis zu Tempp. von über 1000° durchführbar ist. (Mikrochim. Acta [Wien] **1955.** 859—63. Graz, Univ., Inst. für anorg. u. analyt. Chem.) FRIEDRICH WOLF/Berlin. 5024

J. S. George, *Hochvakuumdüsensystem für Kondensationspumpen.* Es wird eine Düse für eine Öldiffusionspumpe beschrieben, welche das Zurücksickern von Luft nach Durchlaufen der Düse verhindern soll. (Rev. sci. Instruments **26.** 303—04. März 1955. Wellington, New Zealand, Dep. of Scient. and Ind. Res., Fats Res. Labor.) C. GOTTFRIED. 5026

A. H. Cockett, *Verwendung von flüssigem Propan als Kühlmittel.* Um bei der Verflüssigung von Propan die mögliche Mitverflüssigung von O_2 zu vermeiden, schlägt Vf. das folgende Verf. vor. Die Fl. befindet sich in einem doppelwandigen Gefäß, wobei der Zwischenraum zwischen den Wänden mit He gefüllt ist, das in fl. N_2 taucht. Das Innere befindet sich demnach auf einer Temp., die beträchtlich höher ist als die des Bades mit fl. N_2. Beim Füllen wird gasförmiges Propan durch eine gekühlte Spirale geleitet, in der es sich kondensiert u. bei ca. 95° K in das Gefäß fließt. Die weitere Abkühlung auf 86° K erfolgt in dem Gefäß, bei welcher Temp. Verflüssigung von atmosphär. O_2 nicht stattfindet. (Nature [London] **175.** 780. 30/4. 1955. London, Brit. Oxygen Co. Ltd., Res. and Developm. Dep.) C. GOTTFRIED. 5038

Erich Helmes, *Ein registrierendes Viscosimeter zur Aufnahme von Fließkurven.* Das neue Gerät mißt zwischen 2 Zylindern, von denen der innere stillgehalten wird, während der äußere gedreht wird. Das Drehmoment des inneren wird gemessen, beim schreibenden Gerät durch ein Nullverf.: ein Hilfsmotor spannt eine Gegenfeder, bis eine Photozelle mit Verstärker die Rückkehr in die Nullstellung meldet u. den Hilfsmotor wieder stillsetzt. Die Längenänderung der Gegenfeder bewegt den Schreibstift. (Chemie-Ing.-Techn. **25.** 390—94. Juli 1953. Frankfurt/M., Farbwerke Hoechst.) H. PAULI. 5040

John G. Honig und **C. R. Singleterry,** *Ein Capillarviscosimeter mit 3 Meßkugeln. Zum Studium nichtnewtonschen Fließens in abgeschlossenen Systemen.* Für die Unters. des rheolog. Verh. öllösl. Seifen in einem flüchtigen KW-stoff benutzen Vff. ein neuartiges Capillarviscosimeter, mit dem unter Ausschluß von Luftfeuchtigkeit u. O_2 wiederholte Messungen der gleichen Lsg. vorgenommen werden können. Best. der Apparatedimensionen mittels Röntgenphotographien u. direkte Messungen erlauben die Berechnung der Schergeschwindigkeit, der Scherkraft u. der rheolog. Konstanten, die das nichtnewtonsche Fließen beschreiben. Die Meth. zur Erlangung dieser Konstanten wird für typ. Daten erläutert. (Analytic. Chem. **26.** 677—80. April 1954. Washington, D. C., Naval Res. Labor.) J. PETER. 5040

J. W. Davis, *Eine Apparatur zur Molekulargewichtsbestimmung durch Messen des Dampfdruckes.* (School Sci. Rev. **35.** 434—45. Juni 1954. Sittingbourne, Borden Grammar School.) H.-G. MOSLÉ. 5044

C. A. Swenson und **R. H. Stahl,** *Ein wirksamer Kryostat, um Temperaturen zwischen 4 und 80° K zu erzeugen. Die Herstellung von flüssigen Wasserstofftargets mit Hilfe von* *flüssigem Helium.* Die Konstruktion eines Kälteerzeugers, bei dem die Tatsache ausgenutzt wird, daß die latente Verdampfungswärme des He klein u. die Wärmekapazität groß ist, wird beschrieben u. abgebildet. Durch ein feines Nadelventil wird die Druckdifferenz zwischen der Experimentierkammer u. dem Raum, der die Temp. auf dem gewünschten Wert konstant hält, einreguliert. Schwierigkeiten liegen hauptsächlich in der genauen techn. Ausführung (Lötungen usw.). Nachteilig ist der 3 kg schwere Wärmeaustauscher, der anfänglich große Mengen He zum Abkühlen benötigt. Das H_2-Target besteht aus einer 17 cm langen u. 3 cm weiten Röhre aus 0,015 mm dickem Cu-Be-Blech. Es wird beim Bombardieren im Cyclotron benutzt. (Rev. sci. Instruments **25.** 608—11. Juni 1954. Cambridge, Mass., MIT, Cryogen. Engng. Labor., u. Harvard Univ., Cyclotron Labor.) H. MIETHING. 5046

C. R. Meissner, *Kühlfallen für flüssigen Stickstoff.* Beschreibung der Kühlfalle. (Rev. sci. Instruments **26.** 305. März 1955. Murray Hill, N. J., Bell Telephone Laborr., Inc.) C. GOTTFRIED. 5048

Marvin Moss, *Apparat zur Messung der Wärmeleitfähigkeit von Metallen im Vakuum bei hohen Temperaturen.* Vf. beschreibt eine Meth. zur Messung der Wärmeleitfähigkeit von Metallen bei hohen Tempp. im Vakuum, welche darin besteht, den axialen Temperaturgradienten u. den Wärmefluß unter konstanten Bedingungen zu messen. Der axiale Wärmefluß wird bestimmt durch Erhitzen des einen Endes des zylindr. Versuchsstabes, während ein Wassercalorimeter bei konstanter Fließgeschwindigkeit an dem anderen Ende den Wärmefluß anzeigt. Die axialen Temperaturgradienten erhält man durch Thermoelemente, die sich in abgemessenen Entfernungen in Schlitzen des Versuchsstabes befinden. Ein erhitztes, den Versuchsstab umgebendes Porzellanrohr, ebenfalls mit Thermoelementen ausgerüstet, red. den Wärmestrahlungsverlust. Die Wärmeleitfähigkeit errechnet sich nach der Formel $K_T = QL/A(T_2-T_1)$, wo K_T die Wärmeleitfähigkeit bei der Temp. T, T_2-T_1 den axialen Temperaturgradienten, L den Abstand, über den der Temperaturgradient gemessen wird, Q die konstante Geschwindigkeit des Wärmeflusses, A den Querschnitt des Versuchsstabes u. $T = (T_1 + T_2)/_2$ bedeuten. Mit dem genau beschriebenen App. wurden nach dieser Meth. die Wärmeleitfähigkeiten von *Ni*, *Zr* u. einer *Zr-Sn*-Legierung mit 3% Sn gemessen, u. zwar bei Tempp. zwischen 500 u. 700°. Die erhaltenen Werte standen in Übereinstimmung mit den genauesten Daten aus der Literatur. (Rev. sci. Instruments **26.** 276—80. März 1955. Bayside, N. Y., Sylvania Electric Products, Inc., Atomic Energy Division.) C. GOTTFRIED. 5048

Michael K. Zacherl, *Der Antrieb der Mikrochemie auf die analytische Forschung.* Allg. Überblick über die Bedeutung u. die Entw. der Mikrochemie u. bes. der mikroanalyt. Arbeitsmethoden seit ihrer Begründung durch PREGL u. EMICH. (Mikrochim. Acta [Wien] **1954.** 719—29. Wien, Univ., Inst. für Mediz. Chemie.) A.-M. FRETZDORFF. 5050

Hans L. Jakl, *Die mikrochemische Kristallfällung.* Anleitung zum mkr. Nachw. von Metall- u. Anionen durch Beobachten charakterist. Kristalle. (Mikrokosmos **44.** 190—92. Mai 1955. Wien.) K. BLUMRICH. 5050

J. T. Stock und **M. A. Fill,** *Eine kontrollierbare Heizvorrichtung für mikrochemische Arbeiten.* Es wird eine einfache Anordnung zur Beheizung mikrochem. App. beschrieben. (Chem. Age **71.** 889—90. 23/10. 1954. Norwood Techn. College.) A.-M. FRETZDORFF. 5050

J. T. Stock und **M. A. Fill,** *Halbmikroapparat für organisch-präparative Arbeit.* Es wird eine App. ohne Anwendung von Schliffen beschrieben, die durch eine gewisse Normung sich für die Ausführung organ.-präparativer Arbeiten eignet. Als Beispiel für die Möglichkeiten der Anwendung des App. wird die Darst. von *Äthyljodid* nach WALKER u. die Darst. von *o-Nitrophenol*, beide im Halbmikromaßstab, beschrieben. (Chem. Age **71.** 933—35. 30/10. 1954. London, S. E. 27, Norwood Techn. College.) A.-M. FRETZDORFF. 5056

Friedrich Coulon, *Einfache fluorescenzmikroskopische Untersuchungen.* App. u. Anleitung zum Beobachten selbstfluorescierender u. fluorochromierter mkr. Objekte. (Mikrokosmos **44.** 186—90. Mai 1955. Wetzlar.) K. BLUMRICH. 5063

George Eakins, William Hoffman und **Melvin Rice,** *Die Messung des Brechungsindex mit Hilfe des Interferometers.* Das Prinzip der Meth. ist, daß z. B. ein Glasblättchen gleichförmiger Dicke in einen Arm des MICHELSONschen Interferometers eingespannt u. rotiert wird. Hierbei ändert sich die opt. Weglänge des Armes. Diese Änderung der Weglänge läßt sich durch Abzählen der Änderung der Anzahl von Interferenzstreifen bei der Drehung des Glases aus einer Stellung senkrecht zu dem einfallenden Licht um einen Winkel α messen. Eine angenäherte Gleichung zur Berechnung des Brechungsindex n ist $n = 1/(1-m\lambda/\alpha^2 d)$, wo m die Anzahl der Interferenzstreifen, λ die benutzte Wellenlänge u. d die Dicke des Blättchens bedeuten. (Proc. South Dakota Acad. Sci. [52] **31.** 219—20. 1/12. 1952. Rapid City, S. D., School of Mines and Technol.) C. Gottfried. 5063

Klaus-Dieter Mielenz, *Die Metallspektroskopie als bewährtes Mittel der Betriebskontrolle.* Die Geräte u. die Analysentechnik werden unter Mitteilung von Arbeitsbeispielen besprochen u. Anwendungsmöglichkeiten bei der Unters. verschied. Legierungsarten, wie Eisen u. Stahl, Aluminium- u. Kupferlegierungen, Weißmetalle, Hart- u. Edelmetalle, erörtert. (Werkstattstechn. u. Maschinenbau **44.** 113—17. März 1954. Berlin.) H. Hochstein. 5063

Bernard E. Saltzman, *Passende Versuchsröhrchen für das Beckmansche DU-Spektrophotometer.* Zur schnelleren Durchführung von colorimetr. Reihenanalysen empfiehlt Vf., an Stelle von Photometerzellen Reihen von Proberöhrchen mit angenähert den gleichen Abmessungen herzustellen. (Analytic. Chem. **27.** 1207—08. Juli 1955. Cincinnati, O., U. S. Dep. of Health, Educat. and Welfare, Div. of Special Health Services.) C. Gottfried. 5063

Erica Meyer-Arendt und **J. Meyer-Arendt,** *Grundlagen der Photometrie mit Wechsellicht.* Bei der Mikrospektrophotometrie lichtempfindlicher Präpp. ist zur Vermeidung von Schädigungen eine möglichst rasche Aufnahme des Absorptionsspektr. erwünscht. Hierfür geeignete Zusatzeinrichtungen werden beschrieben; u. a. eine Vorr. zur Erzeugung von Wechsellicht mittels einer rotierenden Sektorenblende geeigneter Form u. die Aufzeichnung des Absorptionsdiagramms mit Hilfe eines mit dem Verstärkerteil des Spektrophotometers verbundenen Oscillographen. (Exp. Cell Res. **8.** 387—93. April 1955. Hamburg, Univ., Pathol. Inst.) K. Prchal. 5064

G. M. Reiner, *Analytisches Verfahren zur Bestimmung des Titers der 2-Naphthol-1-sulfonsäure.* Es wurde versucht, die *2-Naphthol-1-sulfonsäure* (**I**) im techn. Prod. neben den Verunreinigungen durch das Ausgangsmaterial, *β-Naphthol* (**II**) u. isomeren 2-Naphtholsulfonsäuren in der Weise zu bestimmen, daß **I** mit diazotiertem o-Nitroanilin in schwach saurer Lsg. zu der krist. ausfallenden *2-Oxo-1-(o-nitrobenzolazo)-1.2-dihydronaphthalinsulfonsäure-(1)* (**III**) gekuppelt wurde. **III** ist mit gelber Farbe in Na_2CO_3- oder $NaHCO_3$-Lsg. lösl.; beim Ansäuern wird $NaHSO_3$ abgespalten, u. es entsteht *1-(o-Nitrobenzolazo)-naphthol-(2).* Mit NaOH erleidet **III** Ringspaltung u. -neubldg. unter Bldg. von *2-(o-Nitrophenyl)-1-carboxymethylphthalazin.* Diese Reaktionsfolge ist jedoch zur Best. unbrauchbar, weil schon die 1. Stufe nicht quantitativ verläuft. Dagegen führten die Beobachtungen, daß **I** sich in alkal. Lsg. nicht mit den üblichen Kuppelungskomponenten umsetzt, während seine Isomeren u. **II** dies tun, u. daß andererseits nur die Sulfogruppe in 1-Stellung des **II** durch Säure abgespalten wird, zu einem brauchbaren Verfahren. Es besteht darin, daß eine mit kaltem W. gewaschene Probe in saurer Lsg. mit 0,1 n Lsg. von diazotiertem Anilin zur Best. der Verunreinigungen titriert wird u. daß eine 2. Probe mit der 10fachen Gewichtsmenge 20%ig. H_2SO_4 3 Std. unter Rückfluß gekocht, das Prod. gerade mit Soda alkalisiert u. dann die Summe des aus **I** entstandenen u. des ursprünglich vorhandenen **II** zusammen mit den isomeren 2-Naphtholsulfonsäuren wie vorst. oder mit anderen Diazoniumsalzlsgg. titriert oder jodometr. oder durch Fällung mit n/20 Pikrinsäure u. Titration des Überschusses derselben oder als unlösl. Azoverb. gravimetr. bestimmt wird. Doch erfordert die Titration mit diazotiertem Anilin weniger Zeit als die anderen Verfahren. Aus der Differenz der Werte der beiden Bestimmungen ergibt sich der Geh. an **I.** (Chimica [Milano] [N. S.] **9** (**30**). 81—83. März 1954. Garessio, Stabilim. Ledoga S. p. A.) W. Metzener. 5066

Paul Delahay und **Gleb Mamantov,** *Voltametrie bei konstanter Stromstärke. Überblick über die theoretischen Prinzipien.* Die theoret. Grundlagen der Voltametrie bei konstanter Stromstärke (= Chronopotentiometrie), bei der das Potential der Arbeitselektrode in Abhängigkeit von der Zeit gemessen wird, werden besprochen. Die Zeit τ bis zum Verschwinden des reduzierbaren (bzw. oxydierbaren) Ions ist proportional dem Quadrat der Konz. des Ions; dadurch ist eine Anwendung des Verf. zur quantitativen Best. gegeben. Der Potentialwert für $\tau/4$ entspricht dem betreffenden polarograph. Halbstufenpotential. Die Potential–Zeit-Kurven für reversible u. irreversible Rkk., für mehrere aufeinanderfolgende Elektrodenvorgänge sowie für mehrstufige Rkk. werden untersucht sowie einige Fehlerquellen des Verf. erwähnt. (Analytic. Chem. **27.** 478—83. April 1955. (Part I). Baton Rouge, La., Univ., Dep. of Chem.) E. Moisar. 5066

Charles N. Reilley, Grover W. Everett und **Richard H. Johns,** *Voltametrie bei konstanter Stromstärke. Experimentelle Auswertung.* Nach einer apparativen Beschreibung der Chronopotentiometrie (vgl. vorst. Ref.) wird an Hand einiger Beispiele ihre Anwendbarkeit zur quantitativen Analyse reduzierbarer u. oxydierbarer Ionen untersucht. Es wurden im Konzentrationsbereich von $5 \cdot 10^{-5}$ bis 10^{-2} mol. an großflächigen Hg-Elektroden bzw. Pt-Elektroden Pb^{2+}, Zn^{2+} u. Cd^{2+} einzeln u. nebeneinander sowie Fe(II)/Fe(III) bestimmt. (Analytic. Chem. **27.** 483—91. April 1955. [Part I.]) E. MOISAR. 5066

James J. Lingane, *Eine konstante Stromquelle für coulometrische Titrationen.* Für coulometr. Titrationen wird ein einfaches elektromechan. Servogerät zur Konstanthaltung der Stromstärke auf $\pm 0{,}01\%$ für die Dauer der Elektrolyse beschrieben. Als Kontrollinstrument dient ein auf geringe Stromstärkeänderungen reagierender BROWN-Verstärker, welcher einen Motor steuert, wodurch der Widerstand im Elektrolysierstromkreis entsprechend verändert wird u. damit die Stromstärkeschwankungen kompensiert werden können. (Analytic. Chem. **26.** 1021—22. 21/6. 1954. Cambridge, Harvard Univ., Dep. of Chem.) H. BERG. 5066

E. F. Hartree, *Eine Mikroglaselektrode.* Vf. beschreibt eine relativ einfache u. robuste Glaselektrode, die eine p_H-Messung kleiner Flüssigkeitsmengen gestattet (bis zu 0,3 ml bei Rückgewinnung der Fl.). Die neue Elektrode stellt eine Weiterentw. der von MICHAELIS [1936] entwickelten dar. Sie hat einen inneren Widerstand von 20—30 $M\Omega$, besteht aus dem Syst. Ag/AgCl u. ist mit 0,1nHCl gefüllt. (Biochem. J. **52.** 619—21. Dez. 1952. Cambridge, Univ., Molteno Inst.) H. ROEPKE. 5066

Paul A. Giguère und **D. Lamontagne,** *Polarographie mit einer tropfenden Galliumelektrode.* Unter Verwendung einer Mikrotropfapp. wird eine Ga-Tropfelektrode nur zur Aufnahme einer O_2-Stufe in 0,1nKCl-Lsg. verwendet. Im Vgl. zur Hg-Tropfelektrode sind jedoch die Schwierigkeiten mit Ga (Oxydierbarkeit, Tropfenbldg., Inlösunggehen) so groß, daß weitere Unterss. nicht unternommen wurden. (Science [Washington] **120.** 390—91. 3/9. 1954. Quebec, Laval Univ., Dep. of Chem.) H. BERG. 5066

Albert C. Holler, *Haltbare Stärkelösungen für die Jodometrie.* Eine haltbare, 5%ig. Stärkelsg. wird dargestellt durch Einrühren einer Aufschlämmung von 5 g „lösl." Stärke u. 30 cm^3 Formamid in auf 100—110° erhitztes Formamid. Die Haltbarkeit der Lsg. ist ausgezeichnet. Nach 2monatiger Incubationszeit konnte ein Wachstum von Aspergillus nicht beobachtet werden. (Analytic. Chem. **27.** 866. Mai 1955. St. Paul, Minn., Twin City Testing and Engng. Labor.) C. GOTTFRIED. 5068

Antoni Basiński, *Die Bedeutung radioaktiver Indicatoren für analytische Untersuchungen.* Es wird die Anwendung *radioakt. Indicatoren* bei Unterss. der Löslichkeit schwerlösl. Verbb., der Adsorption u. Kristallisation, der quantitativen Fällung u. des quantitativen Verlaufs chem. Rkk. an verschied. Beispielen besprochen. — 21 Literaturzitate. (Wiadomości chem. **4.** 1—8. Jan./Febr. 1950. Toruń, M. Kopernikus Univ.) H. FREYTAG. 5068

E. Gagliardi und **W. Haas,** *Metallfällungen mit monosubstituierten Dithiocarbaminaten.* Die Fällung von Metallen mit *o-, m-* u. *p-aminophenyldithiocarbaminsaurem Ammonium* wurden untersucht. Darst. der Reagentien aus CS_2 in A. u. dem entsprechenden Phenylendiamin wird beschrieben. Fällungen ergeben sich nicht für die Metalle der I. bis IV. Haupt- u. Nebengruppe aber für zahlreiche Metalle der höheren Gruppen. Die Niederschlagsbldg. mit der o-Verb. ist p_H-Wert-abhängig, teilweise stark selektiv. Die einzelnen Fällungen u. ihr Verh. werden beschrieben. Die p_H-Fällungsbereiche für alle drei Verbb. sind graph. dargestellt. Die Ndd. sind zum großen Teil schwerlösl. u. gut filtrierbar. Vff. glauben, daß durch die p_H-Selektivität u. auch durch wechselnde Anwendung von o- oder m-Verb. Trennungen möglich sind. (Mikrochim. Acta [Wien] **1955.** 864—78. Graz, Univ., Inst. für anorg. u. analyt. Chem.) FRIEDRICH WOLF/Berlin. 5072

H. G. Clamann, *Das Gasrefraktometer, ein kontinuierliches Schnellgasanalysengerät.* Es wird ein Refraktometer zur Analyse von Gasen beschrieben, bei dem ein Lichtstrahl einen konstanten laminaren Strom des Versuchs- u. Vergleichsgases trifft u. auf einem Schirm bei unterschiedlichem Brechungsindex ein Bild verschied. Helligkeit erzeugt. Im Schirmbild befinden sich 2 Photozellen, die zum Ausgleich der Helligkeitsunterschiede in Brückenschaltung verbunden sind. Nach Verstärkung wird der Photostrom mit einem Mikroamperemeter oder Galvanometer angezeigt. (Instruments **26.** 740—42. Mai 1953. Randolph Field, Tex., USAF School of Aviat. Med., Dep. of Physiol. and Biophys.) W. LUCHSINGER. 5086

Edward M. Fredericks und **Francis R. Brooks,** *Gaschromatographie. Analyse gasförmiger Kohlenwasserstoffe durch Gas–Flüssigkeits-Verteilungschromatographie.* Die Möglichkeiten zur Trennung u. quantitativen Analyse komplexer gasförmiger KW-stoffgemische durch Gas–Fl.-Verteilungschromatographie (Skizze der App.) werden unter Verwendung folgender Flüssigkeitssysteme untersucht: 1. *Diisodecylphthalat* (**I**) auf *Celite 545* als Träger. 2. *2.4-Dimethyltetrahydrothiophen-1.1-dioxyd* (**II**; *„Dimethylsulfolan"*) auf Celite 545. 3. **II** auf *C-22 firebrick* (50 ft-Säule). Aus den Ergebnissen geht hervor, daß eine gute Trennung der meisten KW-stoffe mit 5 C-Atomen erzielt werden kann, wenn eine 2 Stufensäule verwendet wird, in der die Probe zuerst die **I**-Schicht u. danach eine Schicht von **II** auf Celite passiert. Durch Verwendung einer 50 ft-Säule von II können die Pentane voneinander u. Isobutylen von Buten-(3) getrennt werden. Als Trägergas dient He. Der Abfluß von den Säulen wird durch kontinuierliche Registrierung der therm. Leitfähigkeit kontolliert. Die Meth. erlaubt sowohl die qualitative Trennung u. Identifizierung der üblichen gasförmigen KW-stoffe als auch deren quantitative Best. auf Grund der Flächenverteilung unter den Maxima der graph. Auswertungen der Chromatogramme. Einige Ergebnisse sind in Diagrammen wiedergegeben. (Analytic. Chem. **28.** 297–306. März 1956. Emeryville, Calif., Shell Development Co.) H. Hofmann. 5086

Bernard D. Tebbens und **Jack D. Torrey,** *Papierchromatographie für die Feststellung von Luftverunreinigungen.* Papierchromatograph. Unterss. von Filterpapierscheiben, durch die größere Mengen Außenluft durchgesaugt worden waren, zeigten, daß äther. Extrakte der angeschmutzten Papierstücke Acetat- oder Formiatgehh. von $<0,5\ \gamma/m^3$ bis $1\ \gamma/m^3$ Luft aufweisen. Vergleichende Laboratoriumsverss. mit Essigsäure- oder Ameisensäuredämpfe enthaltender Luft ergaben negative Resultate. Die Vermutung, daß in der kohlenstaubhaltigen Luft geringe Mengen von Acetaten oder Formiaten vorhanden sind, schien berechtigt, da äther. Extrakte von essigsauren Salzen ebenfalls diese Acetatflecken ergaben. Vergleichsunterss. von Kraftfahrzeugauspuffgasen, von Abgasen aus Verbrennungsöfen, von Gas- u. Holzfeuer zeigten Acetat- oder Formiatgehh. von $<300\ \gamma/m^3$ bis $>3000\ \gamma/m^3$ auf. Diese Ergebnisse deuten darauf hin, daß die Gehh. von Acetat oder Formiat bes. dort zu finden sind, wo unvollständige Verbrennung auftritt. So dürfte auch der Befund öligen Materials in Form fluorescierender, langgestreckter Flecken zu erklären sein. (Science [Washington] **120.** 662–63. 22/10. 1954. Berkeley, Calif., Univ. of California, School of Public Health.) H. Endrass. 5088

M. W. Alexejewa, R. Ja. Ssamorodina, *Die colorimetrische Bestimmung des Gehaltes an Schwefligsäuregas in der atmosphärischen Luft.* Die beschriebene colorimetr. Best. beruht auf der Rk. von SO_2-Gas mit der Fuchsinlsg. von Formaldehyd (Violettfärbung der Lsg.). SO_2 wird mit Hilfe einer 0,01 n NaJ-Lsg. in 5%ig. Glycerin absorbiert. Die Genauigkeit der Best. soll $0,5\ \gamma\ SO_2$/2 ml Lsg. betragen. (Гигиена и Санитария [Hyg. u. Sanitätswes.] **1953.** Nr. 10. 42–44. Okt. Wiss. Erissman-Forschungsinst. für Sanitätswesen.) J. Kamski. 5088

a) Elemente u. anorganische Verbindungen.

Manlio La Sorsa, *Neue colorimetrische Bestimmungsmethode für salpetrige Säure.* 1%ig. Resorcinlsg. (0,5–1 cm³) u. 10%ig. $FeCl_3$-Lsg. (einige Tropfen) geben mit *Nitrit* (I)-Lsgg. eine gelbbraune Färbung, deren Intensität sich je nach Menge des I ändert. Darauf läßt sich eine colorimetr., quantitative Bestimmungsmeth. aufbauen, die es im Gegensatz zu dem Griess-Reagens (II) erlaubt, auch große Mengen I (20% u. mehr) zu bestimmen. Die Färbung geht dann von Rotbraun in Dunkelgrün über unter gleichzeitiger Bldg. eines flockigen Niederschlags. Bei sehr kleinen Mengen I ist II vorzuziehen, bei höheren Konzz. ist die neue Meth. leichter u. sicherer anzuwenden. Die Reaktionsgleichungen werden diskutiert. (Boll. chim. farmac. **94.** 391–97. Okt. 1955. Taranto, Osped. Milit. Maritt.) B. Stieb. G 243

H. Jurány, *Zur Kenntnis des Mikrohalogennachweises mit der Beilstein-Probe.* Zum Halogennachw. mit der Beilstein-Probe bei sehr kleinen Substanzmengen wird ein neues einfaches Gerät beschrieben. Es besteht aus einem Glasrohr, dessen eines Ende zu einer Capillare ausgezogen ist, in die ein dünnes Cu-Röhrchen eingeschmolzen wird. Während durch das Rohr Leuchtgas geleitet wird, das aus dem Cu-Röhrchen herausbrennt, wird die im Inneren des Glasrohrs befindliche Substanz durch Erhitzen mit einer Sparflamme verdampft. Halogene färben dann das Mikroflämmchen grün, selbst wenn sie in ganz geringen Mengen vorhanden sind. Zum Halogennachw. in gasförmigen Substanzen kann man in das Glasrohr einige Holzkohlekörner einfüllen. Die Desorption erfolgt wieder durch Erhitzen der Kohle im Leuchtgasstrom. (Mikrochim. Acta [Wien] **1955.** 134–38. Bremen.) G. Ackermann. G 245

E. D. Schall und **H. G. Williamson,** *Ein einfacher Apparat zur automatischen Kontrolle der Destillation von Fluor als Kieselfluorwasserstoffsäure.* (J. Assoc. off. agric. Chemists **38.** 452–54. 15/5. 1955. Lafayette, Ind., Purdue Univ., Dep. of Biochem.) R. Beythien. G 246

J. M. Peixoto Cabral und **Hans Götte,** *Quantitativer Fluornachweis mit Hilfe von Radiophosphor. Ein Beispiel für die Verwendung radioaktiver Indicatoren in der Papierchromatographie.* Zr-Phosphat setzt sich in saurer Lsg. mit F^- um unter Bldg. der äquivalenten Menge freier H_3PO_4. Mit Hilfe von ^{32}P läßt sich auf dieser Grundlage eine quantitative F-Best. wss. Lsgg. ausführen: Man gibt $ZrOCl_2$ zu $H_3{}^{32}PO_4$ u. chromatographiert ca. 14 Std. mit einer Lsg. aus 30 Volumenteilen W. u. 70 Isopropanol + 5 g

Trichloressigsäure zur Entfernung der überschüssigen H_3PO_4. Dann wird die auf F^- zu prüfende Lsg. auf den $Zr_3(PO_4)_4$-Fleck aufgebracht u. erneut 2 Std. chromatographiert. Die Größe dieses zweiten ^{32}P-Fleckes wird mit einem Glockenzähler ermittelt, der Fleck ausgeschnitten, in Ggw. von inakt. H_3PO_4 als Träger eluiert u. mittels eines Flüssigkeitszählers die ^{32}P-Aktivität gemessen. (Z. Naturforsch. **10b.** 440—42. Aug. 1955. Lissabon, Inst. de Alta Cultura, u. Mainz, MPI für Chem.) F. Umland. G 246

Zoltán G. Szabó und **László Csányi**, *Über die jodometrische Bestimmung des Bromidions.* Vff. untersuchten die bei der jodometr. Best. von Br^- (C. **1951.** II. 111) auftretenden Zwischenprodukte. Sie fanden, daß bei der Oxydation durch Cl_2 bei p_H 6,5—7,5 Br^+-OH^- gebildet wird, das weiter zu $BrCl_5$ oxydiert u. zu Bromat hydrolysiert wird. Bei p_H 8,5—9, das für die Analyse durch Zusatz von Borax u. $KHCO_3$ (1:1) eingestellt wird, geht die Hydrolyse sehr rasch vor sich. Mit Ausnahme der Oxydationsmittel stören nur Fe, Cu, Hg u. Mo, die mit Hilfe von Soda oder H_2S entfernt werden können. Einfacher ist es aber, Br^- durch MnO_4^- zu Br_2 zu oxydieren, in eine alkal. Lsg. zu dest. u. das neutralisierte Destillat nach dem früher beschriebenen Verf. zu analysieren. (Analytica chim. Acta [Amsterdam] **6.** 208—16. März 1952. Szeged, Univ., Inst. for Inorg. and analyt. Chem.) H. Pluskal. G 248

N. G. Cassidy, *Eine elektrometrische Methode zur Bestimmung des Sulfations.* Eine genaue u. schnelle Meth. zur quantitativen Best. von SO_4^{2-} besteht darin, daß SO_4^{2-} mit einer bekannten Menge von $Pb(NO_3)_2$ in alkoh. Lsg. ausgefällt u. anschließend überschüssiges Pb^{2+} mit K_2CrO_4 zurücktitriert wird. Der Endpunkt der Titration wird elektrometr. mit Hilfe einer Glaselektrode erkannt, da ein Überschuß von K_2CrO_4 infolge von Hydrolyse eine p_H-Änderung bewirkt. Durchführung: 10 cm^3 Lsg., die ca. 0,2 mVal SO_4^{2-} enthält, wird in einem 100 cm^3-Meßkolben zur Ausfällung von PO_4^{3-} mit genügend $FeCl_3$ versetzt u. der p_H-Wert anschließend mit HCl bzw. NaOH auf 5,5 eingestellt. Zu der Lsg. werden unter Kühlen u. Schütteln 5 cm^3 0,1n $Pb(NO_3)_2$-Lsg. u. 25 cm^3 A. gegeben u. darauf verdünnt. 50 cm^3 des Filtrats werden mit 0,02n K_2CrO_4-Lsg. bis zum p_H 5,5 titriert. Blindbestimmungen mit dest. W. sind durchzuführen. Das Verf. findet bes. Anwendung in der Analyse von landwirtschaftlichen Materialien, von W. (Be- u. Entwässerung) u. Gips. Die Genauigkeit der Best. liegt unter den angegebenen Bedingungen innerhalb von $\pm 0,001$ mVal SO_4^{2-}. (Analyst **81.** 169—75. März 1956. Suva, Fiji Islands, Dep. of Agric.) W. Krönert. G 253

C. L. Luke, *Bestimmung von Spuren von Bor in Silicium, Germanium und Germaniumdioxyd.* Das Prinzip der Meth. zur Best. von Spuren von B in Si, Ge u. GeO_2 besteht darin, die Proben in wss. NaOH-Lsg. aufzulösen, das Na-Silicat oder Na-Germanat mit Methylalkohol auszufällen u. das B durch Dest. als Methylborat abzutrennen. Die quantitative Best. des B geschieht spektrophotometr. nach der von Dible u. Mitarbeitern (vgl. C. **1955.** 428) entwickelten Methode. (Analytic. Chem. **27.** 1150—53. Juli 1955. Murray Hill, N. J., Bell Telephone Labors.) C. Gottfried. G 258

Aleksey A. Sirotenko, *Mikrobestimmung von Kohlenstoff in Alkalimetall enthaltenden Verbindungen.* Auf Grund der Beobachtung, daß bei organ. Verbb., die außer Alkalimetallen noch eine dem Metall mindestens äquivalente Menge S enthalten, der Verbrennungsrückstand aus Alkalisulfat besteht, kommt Vf. zu dem Ergebnis, daß auch $K_2S_2O_8$ außer $K_2Cr_2O_7$ u. V_2O_5 sich als oxydierender Zusatz zu organ. Substanzen für die Verdrängung des CO_2 aus der Asche eignet. (Mikrochem. verein. Mikrochim. Acta **40.** 30—31. 1952. New York, N. Y., Univ., Fordham.) A.-M. Fretzdorff. G 260

J. H. Wood, *Ein neues organisches Reagens zur Bestimmung von Mikrogrammmengen von Beryllium mittels einer spektrophotometrischen Methode.* Als geeignetes Reagens für die Best. sehr kleiner Be-Mengen (z. B. in Luft) wurde das Na-Salz der Sulfodichlorooxydimethylfuchsoncarbonsäure (Solochrombrilliantblau B, Chromazurol S) erkannt. Die spektrophotometr. Best. erfolgt bei 550 mμ, bei der das Reagens unter den Versuchsbedingungen eine hohe Durchlässigkeit (75%) zeigt, während diese bei der Be-Verb. nur 20% beträgt. Die untersuchten Konzz. lagen zwischen 0,1 u. 1,6 μg/ml. Die Best. wird bei p_H 7 (NH_4-Acetatpuffer) durchgeführt, wobei aber geringe Abweichungen bedeutungslos sind. Gestört wird die Best. durch Cu, Bi, Sn, Sb, Al, Fe, Ni, Ti. (Mikrochim. Acta [Wien] **1955.** 11—24. Manchester, Nat. Coal Board, Central Labor.) G. Ackermann. G 281

Dan N. Campbell und **Charles T. Kenner**, *Trennung von Magnesium und Calcium durch Anwendung von Ionenaustauschchromatographie zur Bestimmung von Calcium- und Magnesiumoxyd in Kalkstein und Dolomit.* Vff. beschreiben die Trennung des Ca von Mg über den Kationenaustauscher *Dowex 50* in der H^+-Form u. durch darauffolgende Elution mit HCl verschied. Konz., wobei die beste Trennung mit 1,07 mol. u. 1,21 mol. HCl erreicht wird. Titriert wird mit Äthylendiamintetraessigsäure u. dem Indicator F 241 (Ciba). Die Ca-Werte der einzelnen Verss. werden aus der Differenz der Gesamt-

titration u. der Mg-Best. erhalten. Die Meth. eignet sich bes. für Bestimmungen, bei denen der Mg-Geh. nicht wesentlich größer als der Ca-Geh. ist. (Analytic. Chem. **26.** 560—61. März 1954. Dallas, Tex., South Methodist Univ., Dep. of Chem.)
Günther Lange. G 283

J. A. Brabson und **W. D. Wilhide,** *Flammenphotometrische Bestimmung von Calcium in technischer Phosphorsäure.* Vff. beschreiben eine flammenphotometr. Ca-Best. in der im Naßverf. hergestellten H_3PO_4. Zunächst wird der Einfl. der H_3PO_4 selbst sowie der übrigen Verunreiniungen Fe, Al, F u. S untersucht. Fe, F u. S stören den Ca-Nachw. nicht, Al u. H_3PO_4 setzen die Ca-Werte herab. Der Einfl. des Al wird durch Verwendung von Sr als innerem Standard eliminiert, während durch Abtrennen des Ca mit einem Ionenaustauscher der störende Einfl. der H_3PO_4 beseitigt wird. Der Ionenaustauscher wird verascht u. der Rückstand auf Ca untersucht. Bei gegebenenfalls vorhandenem Na wird der Ionenaustauscher mit 0,1nHCl gewaschen u. so ein Teil des Na entfernt. (Analytic. Chem. **26.** 1060—61. 21/6. 1954. Wilson Dam, Ala., Tennessee Valley Authority, Div. of Chem. Developm.) P. Münchow. G 283

Hélène Ostertag und **Émile Rinck,** *Einfluß von Fremdionen auf die colorimetrische Bestimmung des Calciums mit Hilfe von Murexid.* Vff. untersuchen den Einfl. von Alkali- u. Erdalkaliionen (Li^+, Na^+, K^+, NH_4^+ u. Mg^{2+}, Sr^{2+} u. Ba^{2+}) auf die colorimetr. Best. des *Ca* mit Murexid u. stellen fest, daß in Ggw. dieser Ionen die Empfindlichkeit der Meth. herabgesetzt wird. Es existiert, wie ferner gezeigt wird, für jedes Ion eine bestimmte Konz., von den Vff. „indifferente" Konz. genannt, bei deren Überschreitung keine Beeinflussung der Murexidbest. mehr erfolgt. Im Fall einer Mischung genügt es, daß irgendeins dieser Ionen, entweder Na^+ oder Mg^{2+}, in indifferenter Konz. vorliegt, damit die durch die anderen Ionen verursachten Störungen zu vernachlässigen sind. (C. R. hebd. Séances Acad. Sci. **232.** 629—30. 12/2. 1951.) H. Surawski. G 283

A. Ss. Masslennikow, *Die colorimetrische Bestimmung von Zinkphosphid in technischen Produkten und in Ködern.* Die Meth. beruht auf Überführung des im Zn-Phosphid enthaltenen P in H_3PO_4 u. deren colorimetr. Best. nach der Farbtiefe des blauen Phosphormolybdänkomplexes. Sie soll an Stelle der zeit- u. platzraubenden jodometr. Best. des Zn-Phosphids angewandt werden. Die Darst. der Reagentien u. Arbeitsvorschrift werden angegeben. (Гигиена и Санитария [Hyg. u. Sanitätswes.] **1953.** Nr. 10. 47—49. Okt. Gorki, Labor. der Kreisabt. für prophylakt. Desinfekt.)
J. Kamski. G 288

J. Carroll, I. Geld und **G. Norwitz,** *Colorimetrische Bestimmung von Aluminium in Titanstählen.* Man löst 0,1—1 g Probe in einer Mischung von je 8 cm^3 HCl u. HNO_3, versetzt mit 8 cm^3 $HClO_4$, erhitzt bis zur Entwässerung der SiO_2, versetzt mit 30 cm^3 W., filtriert, wäscht mit 1%ig. H_2SO_4, verascht das Filter mit Inhalt, befeuchtet den Rückstand mit H_2SO_4 u. HF, verascht wieder, schm. mit 0,5 g $NaHSO_4$, löst die Schmelze in W., vereinigt die Lsg. mit der Hauptlsg., elektrolysiert mit einer Hg-Kathode zur Entfernung von Fe, versetzt mit 10 cm^3 H_2SO_4, kühlt auf 10° ab, versetzt langsam mit 6%ig. *Cupferron* (**I**)-Lsg., filtriert, wäscht mit 2%ig. H_2SO_4, versetzt mit 25 cm^3 HNO_3, dampft bis zum Auftreten von $HClO_4$-Dämpfen ein (Zers. des **I**), dampft auf 2 cm^3 ein, versetzt mit 50 cm^3 W., kocht einige Min., kühlt ab, verd. auf 200 cm^3, versetzt 5 cm^3 davon mit 15 cm^3 Al-Reagens (0,3 g reines Aluminon in 200 cm^3 W., versetzt mit 60 cm^3 10%ig. Benzoesäurelsg., verd. auf 300 cm^3, versetzt mit 300 cm^3 Pufferlsg. aus 470 cm^3 NH_3-W. u. 430 cm^3 Eisessig, p_H 5,25—5,35, u. mit 300 cm^3 1%ig. Gelatinelsg.), erhitzt 20 Min. auf dem Wasserbad, kühlt 5 Min. in kaltem W. ab, verd. auf 100 cm^3, schüttelt u. mißt die Farbstärke der Lsg. in einem photoelektr. Colorimeter. (Amer. Foundryman **19.** Nr. 6. 57. Juni 1951. Brooklyn, N. Y., New York Naval Shipyard, Material Labor.) W. Wesly. G 294

H. Flaschka, *Mikrotitrationen mit Äthylendiamintetraessigsäure.* 6. Mitt. *Die Bestimmung von Thallium.* (5. vgl. C. **195.** 7621.) Tl(III) bildet im Gegensatz zu Tl(II) u. Tl(I) mit Komplexon stabile Komplexe u. ist somit der komplexometr. Titration zugänglich. Man versetzt die Tl(III)-Salzlsg. mit überschüssigem Mg-Komplexon u. titriert das verdrängte Mg gegen Eriochromschwarz T. Beleganalysen guter Genauigkeit für Mengen von 0,025—5 mg Tl werden angegeben. (Mikrochem. verein. Mikrochim. Acta **40.** 42—45. 1952. Graz-Gösting, Fa. A. Zankl Söhne.) A.-M. Fretzdorff. G 297

T. C. J. Ovenston und **C. Kenyon,** *Die absorptiometrische Bestimmung von Zinn mit Hilfe von Dithiol.* Das am besten geeignete Dispergiermittel für den roten Sn-Komplex des Dithiols ist das *Lorol* (**I**; Natriumlaurylsulfat). Der Komplex, in Ggw. von **I** gebildet, zeigt bei 533 mμ ein Absorptionsmaximum u. den spezif. Extinktionskoeff. bei dieser Wellenlänge 0,061 cm^{-1} je p.p.m. Sn (oder 7100 cm^{-1} je Grammatom Sn/Liter). Wird **I** erst unmittelbar nach der Zugabe des Dithiols zugefügt, so liegt das Absorptionsmaximum bei 545 mμ. — Durch Variation der Mengen der Komplexbildner schlossen Vff. auf Bldg. eines Komplexes vom Mol-Verhältnis 1:2 von Sn zu Dithiol, im Gegensatz zu Feigl, der einen 1:1-Komplex annimmt. (Analyst **80**. 566—67. Juli 1955. Poole, Dorset, Holton Heath, Admirality Materials Labor.) R. Borchardt. G 327

M. M. Nicholson und **J. H. Karchmer,** *Voltametrie bei konstanter Stromstärke. Anwendung auf Blei in salpetersaurer Lösung.* Es wird eine mit einem Tintenschreiber geringer Trägheit versehene App. zur Durchführung der Voltametrie bei konstanter Stromstärke („Chronopotentiometrie") sowie eine zur Durchführung der Messungen geeignete Elektrolysenzelle beschrieben. An Pb^{2+}-Lsgg. wurde eine Konstanz der „Übergangszeitkonstanten" $i_0 \cdot \tau^{1/2}/C$ (i_0 = Stromdichte, τ = Übergangszeit, C = Konz.), die der Diffusionsstromkonstanten der n. Polarographie analog ist, im Konzentrationsbereich $2 \cdot 10^{-2}$ bis $2 \cdot 10^{-4}$ Mol Pb/Liter festgestellt. Das Viertelwellenpotential entspricht mit —0,383 V (gegen gesätt. Hg_2Cl_2-Elektrode) dem polarograph. Halbstufenpotential von —0,386 Volt. Eine Beeinflussung der Kinetik des Elektrodenvorganges durch den Komplex $[PbNO_3]^+$ konnte nicht nachgewiesen werden. (Analytic. Chem. **27**. 1095—98. Juli 1955. Baytown, Tex., Humble Oil and Refining Co.) E. Moisar. G 328

Mario Scalise, *Die spektrographische Bestimmung der Verunreinigungen in Blei.* Entw. einer spektrograph. Meth. zur Best. von *Cu, Bi, Sb, Sn, Ag, Cd, As* u. *Zn* als Verunreinigungen in Pb. (Metallurgia ital. **44**. 568—69. Nov. 1952. Mailand, Politecn., Ist. di Elettrochim., Chimica-fisica e Metallurgia.) K. Rumpf. G 328

Richard N. Wilhite und **A. L. Underwood,** *Ultraviolettphotometrische Titration von Wismut und Blei mit Äthylendiamintetraessigsäure.* Die Absorptionsspektren von Pb- u. Bi-Äthylendiamintetraacetat sind aufgenommen worden. Der Pb-Komplex zeigt ein Absorptionsmaximum bei 240 mμ, der des Bi bei 265 mμ. Diese Wellenlängen eignen sich zur titrimetr. Best. der Metalle, wobei diese als Perchlorate vorliegen. Die Kurven der Absorption gegen zugefügte Menge des Di-Na-Äthylendiamintetraacetats bei p_H 1,5 zeigen einen scharfen Knickpunkt, den Endpunkt der Titration. Da sich die beiden Komplexe durch ihre Stabilitätskonstanten hinreichend unterscheiden, ist auch gleichzeitige Titration von Bi u. Pb bei 240 mμ möglich, wobei sich zuerst der stabilere Bi-Komplex u. danach der Pb-Komplex bildet u. so zwei Knickpunkte der Kurve erkennbar werden. — Fe^{3+} u. Th stören die Best. von Bi; Fe^{2+}, Cu, Co, Ni, Cd u. Zn stören nicht, falls sie in nicht allzu großen Konz. vorliegen. Die Pb-Titration wird durch viele Kationen, die eine ähnliche Bildungskonstante wie der Pb-Komplex aufweisen, gestört. NO_3^- ist wegen seiner starken UV-Absorption vor der Best. zu entfernen. (Analytic. Chem. **27**. 1334—36. Aug. 1955. Emory Univ., Ga., Dep. of Chem.)
R. Borchardt. G 334

Philip W. West und **Hans Coll,** *Spektralphotometrische Bestimmung von Wismut mit Äthylendiamintetraessigsäure.* Für die quantitative Best. von Bi-Äthylendiamintetraacetat ist die Wellenlänge von 263 mμ geeignet. Vff. haben eine Meth. entwickelt, die 2—25 p.p.m. Bi zu bestimmen gestattet. Man arbeitet dabei entweder im schwach sauren Gebiet oder, bei Ggw. anderer Kationen, bei p_H 1. Fe^{3+}, Cu^{2+} u. große Mengen Pb^{2+} müssen vor der Best. entfernt werden. Sb u. Sn in mäßigen Gehh. sowie Ba u. Sr in Ggw. eines Perchloratpuffers (200 g $NaClO_4$ in 1 Liter n-$HClO_4$) verfälschen das Ergebnis prakt. nicht. — Außer NO_3^- stören gewöhnliche Anionen die Best. nicht. Das Verf. geht schnell u. liefert verläßliche Werte. (Analytic. Chem. **27**. 1221—24. Aug. 1955. Baton Rouge, La., Louisiana State Univ., Coates Chem. Laborr.)
R. Borchardt. G 334

Z. Zábranský, *Polarographische Bestimmung kleiner Wismutmengen in Kupfer.* 5 g Kupferspäne (mit mindestens 0,0005% Bi) werden in 50 ml konz. HNO_3 gelöst u. die Lsg. nach Zugabe von 8 ml konz. H_2SO_4 bis zum Auftreten weißer Dämpfe eingedampft. Nach Abkühlen fügt man 50 ml W. u 1 ml 50%ig. Citronensäure zu u. anschließend NH_3 bis zur Auflsg. des Niederschlags. Zur kalten Lsg. pipettiert man 50 ml 50%ig. KCN-Lsg. u. füllt auf 200 ml auf. Diese Lsg. wird ca. 6 mal mit je 3 ml 0,1%ig. Dithizonlsg. extrahiert. Nach Trocknen wird 0,5 ml konz. H_2SO_4 zugefügt u. der Rückstand nach Zugabe von 30%ig. H_2O_2 mineralisiert. Danach wird mit 5 ml 2 mol. Na-Acetatlsg. (mit 0,05 mol. Äthylendiamintetraessigsäure) verdünnt. Unter den beschriebenen Bedingungen wird Bi bei —0,6 V u. Pb bei —1,1 V reduziert. (Chem. Listy **48**. 617—18. April 1954. Praha, Československá akad věd., Polarografický ústav. [Orig.: tschech.]) P. Zuman/Prag. G 334

N. M. Silverstone und **D. W. D. Showell,** *Bestimmung von Eisen, Nickel und Mangan in Kupferlegierungen.* Die photometr. Verff. zur Best. von Fe, Ni u. Mn in Cu-Legierungen werden mit den chem. Bestimmungsverff. verglichen; die Ergebnisse stimmen gut überein. (Metal Ind. [London] **80**. 467—69. 6/6. 1952. Birmingham, Battery and Metal Co. Ltd.) W. Wesly. G 355

Walter Koch und **Knut Behrens**, *Beitrag zur schnellen photometrischen Kupferbestimmung in Stählen.* Die photometr. Cu-Best. in Stahl als Ammoniakat wird durch Ni, Co u. bes. Cr gestört. Cu wird daher jetzt aus der nichtoxydierten salzsauren Lsg. mit Na_2S gefällt, der Nd. in HNO_3 gelöst u. Cu dann nach NH_3-Zusatz bei 620 mμ photometriert. (Arch. Eisenhüttenwes. **23**. 35—36. Jan./Febr. 1952. Düsseldorf, MPI für Eisenforsch.) Ph. Fresenius. G 358

Wilhelm Werz und **Alfred Neuberger**, *Ein Beitrag zur photometrischen Kupferbestimmung in Roheisen und unlegiertem Stahl.* (Vgl. vorst. Ref.) Vff. verwenden zum Lösen des Stahls zur Cu-Best. H_2SO_4 statt HCl, da dann fast alles vorhandene Cu als Metall im säureunlösl. Rückstand bleibt u. man vor dem Na_2S-Zusatz weniger verdünnen muß. Das Filter mit dem CuS-Nd. wird mit HNO_3 zerkocht, statt den Nd. nur durch Übergießen mit HNO_3 vom Filter zu lösen, was mit der angegebenen Säuremenge nicht geht. Die NH_3-Menge wird reduziert. Das verwendete Rotfilter schaltet eine Störung durch die durch vorhandenes Eisencarbid entstehende grüne Mischfarbe aus. (Arch. Eisenhüttenwes. **23**. 37—38. Jan./Febr. 1952. Duisburg, Niederrhein. Hütte A.-G., Chem. metallurg. Versuchsanstalt.) Ph. Fresenius. G 358

W. C. Coppins und **J. W. Price**, *Kupfer in Weißmetall. Ein photometrisches Bestimmungsverfahren.* Man löst 0,1 g Probe in 5 cm^3 HBr, die 10% Br_2 enthält, dampft zur Trockne, verd. den abgekühlten Rückstand mit der HBr-Mischung auf 50 cm^3 u. mißt die Extinktion der Lsg. in einem geeigneten Photometer. (Metal Ind. [London] **78**. 203—04. 16/3. 1951. Tin Res. Inst.) W. Wesly. G 358

Kuang Lu Cheng, *Fällung von Cuprohydroxyd durch Fe(II)-Äthylendiamintetraacetat.* Fe^{2+} ist nicht in der Lage, Cu^{2+} zu red.; in Ggw. von Äthylendiamintetraacetat, Tartrat u. NaOH fällt gelbliches CuOH aus, das sich für nephelometr. Messung zur Best. der Cu-Konz. eignet. Es wird ein Verf. dafür beschrieben. — Al, NH_4^+, Sb^{3+}, As^{3+}, Ba, Be, Bi^{3+}, Ca, Cd, Ce^{3+}, Cs, Cr^{3+}, Co, Nb, Gd, Ga, Ge, Hf, In, Fe^{3+}, La, Pb, Li, Mg, Mn^{2+}, Hg^{2+}, Nd, Ni, Os^{8+}, K, Pr, Rh, Rb, Ru, Sm, Sc, Se^{4+}, Na, Sr, Ta, Te^{4+}, Tl^+, Th, Sn^{3+}, Ti^{3+}, UO_2^{2+}, Y, Zn, Zr^{3+}, Br^-, Cl^-, CH_3COO^-, BO_3^{3-}, F^-, J^-, NO_3^-, SO_4^{2-}, MoO_4^{2-}, WO_4^{2-}, PO_4^{3-} u. VO_4^{3-} sind untersucht worden, sie geben keine Fällung. Pt^{4+} gibt eine graue Färbung, Ag^+, Au^{3+}, Pd^{2+} u. Ir^{3+} dunkle Fällungen. Gd u. Sm zeigen in saurem Medium eine intensiv gelbe Färbung, im alkal. Medium keine Reaktion. — CuOH ist bei Zimmertemp. stabil, geht aber beim Erhitzen oder durch Zugabe von konz. H_2SO_4 in rotes Cu_2O über. Der Nd. ist lösl. in: Mineralsäuren, NH_4OH, Cyaniden u. Thiosulfat. Waschen des Nd. mit W. oder verd. NaOH führt zur Peptisation, die durch Waschen mit $MgSO_4$-Lsg. vom p_H 10 vermieden werden kann. (Analytic. Chem. **27**. 1165—66. Juli 1955. Storrs, Conn., Univ. of Connecticut, Dep. of Chem.) R. Borchardt. G 358

H. Flaschka, *Mikrotitrationen mit Äthylendiamintetraessigsäure.* 7. Mitt. *Die Bestimmung von Palladium.* (6. vgl. C. **1956**. 7898.) Zu der schwach sauren Pd-Lsg. gibt man eine konz., frisch bereitete K-Ni-Tetracyanid-Lsg., $K_2[Ni(CN)_4]$, deren Ni-Geh. dem Pd mindestens äquivalent sein muß. Die Fl. wird rasch durchmischt u. sofort mit verd. NH_4OH alkal. gemacht. Nun wird die Lsg. soweit verd., daß sie an Pd ca. 0,001 mol. ist. Das durch den Austausch mit Pd freigesetzte Ni wird komplexometr. mit Murexid als Indicator bestimmt. 1 ml 0,01 mol. Komplexonlsg. entspricht 1,067 mg Pd. (Mikrochim. Acta [Wien] **1953**. 226—28. Graz, Univ., Med.-chem. Inst. u. Pregl-Labor.) A.-M. Fretzdorff. G 365

N. W. Iwanow, *Über die quantitative Bestimmung von Mineralien.* Beim vorgeschlagenen Bestimmungsverf. wird die Mineralienprobe durch 7 Siebe (mit im Verhältnis $\sqrt{2}$ von Sieb zu Sieb sich verändernder linearer Lochgröße) in 6 Fraktionen 1,25—0,068 mm eingeteilt, jede Fraktion (nach progressiver Vierteilung) gewogen, die Gesamtanzahl der Körner sowie die von je nicht mehr als 2 Mineralien enthaltenden Körnern ausgezählt u. daraus der Geh. an beiden Mineralien errechnet. — Bei dieser Bestimmungsart wurden weitläufige Rechnungen vermieden. Die Ergebnisse wurden durch Trennung mit einer schweren Fl. (Thulet-) an 87 Proben sowie durch elektromagnet. Separation (insgesamt 1044 Bestimmungen) endlich durch chem. Analyse kontrolliert, wobei zur chem. Analyse auch noch 24 Einzel- u. 17 Sammelproben des „Schlammes" (feinste Fraktion $<$0,068 mm) ergänzend hinzugezogen wurden (nur zur Kontrolle, diese Feinstfraktion wurde vom Verf. nicht mit berücksichtigt). — Die Ergebnisse des Verf. deckten sich für das erste (Haupt-) Mineral sehr weitgehend mit den Kontrollen, während beim zweiten Mineral die Abweichungen ca. 20% betrugen. Das

Verf. hat sich somit für Massenanalysen bewährt. (Записки Всесоюзного Минералогического Общества [Schr. Allunions mineralog. Ges.] [2] **83.** 95—105. 1954.)
A. v. Wilpert. 5290

Josef Švasta und **Zdeněk Šulcek,** *Blei — Zink — Erze.* Zusammenstellung erprobter Analyseverff. für die Best. von SiO_2, Pb (auch polarograph.), Bi, Cu, Cd, Zn (auch 2 polarograph. Verff.), As, Sb, Fe, S, Ge, In, Ag u. Au in *Bleiglanz, Zinkblende, Cerussit, Anglesit, Smithsonit, Hemimorphit* usw. (Chem. Rozbory nerostných Surovin **1954.** Nr. 7. 1—41.)
R. K. Müller. 5290

b) Organische Verbindungen.

B. Boothroyd, Stewart A. Brown, J. A. Thorn und **A. C. Neish,** *Eine chemische Methode zur Bestimmung der ^14^C-Verteilung in markierter Glucose.* Von der Arbeit von Jackson u. Hudson (J. Amer. chem. Soc. **59.** [1937.] 994) ausgehend, wurde eine Meth. zum Abbau von *Methyl-α-D-glucopyranosid* (**I**), das aus 2 mMol Glucose (**II**) erhalten worden war, entwickelt. Oxydation von **I** mit H_5JO_6 lieferte $C_{(3)}$ als *Ameisensäure* u. einen *Dialdehyd* (**III**), der in das *Sr-Salz* (**IV**) der *D'-Methoxy-D-oxymethyldiglykolsäure* übergeführt wurde. Das gereinigte Salz gab bei der Hydrolyse *Glyoxylsäure* (**V**) u. *Glycerinsäure.* Die erste, $C_{(1)}$ u. $C_{(2)}$ entsprechend, wurde als *2.4-Dinitrophenylhydrazon* isoliert u. durch Hitzeeinw. decarboxyliert ($C_{(2)} \rightarrow CO_2$), die letzte mit Perjodat oxydiert, wobei $C_{(4)}$ als CO_2, $C_{(5)}$ als HCOOH u. $C_{(6)}$ als CH_2O erschienen. Dieser Abbau ermöglicht die Best. von ^{14}C in jeder Stellung des **II**-Mol., wobei die $C_{(1)}$-Aktivität aus der Differenz bestimmbar ist. Die Meth. lieferte bei $^{14}C_{(1)}$-**II** u. einer in allen *C*-Atomen markierten **II**-Probe befriedigende Resultate.

Versuche: *Methyl-α-D-glucopyranosid* (**I**), F. 164—165° (A.-CH_3OH); 0,5 g wasserfreie D-**II** mit 5 cm³ 3%ig. methanol. HCl 1½ Std. auf 100° erhitzen, kalt mit 3—4 Teilen W. verdünnen, durch ca. 10 cm³ *IRA-400*-Harz geben, Filtrat bei Raumtemp. im Luftstrom eindunsten, A. zugeben, Kristalle; 64% (Ausbeute). *H_5JO_6-Oxydation* von **I**: 1 mMol **I** in 3 cm³ W. 3 Std. bei Raumtemp. mit 5,5 cm³ 0,4mol. H_5JO_6 behandeln; Lsg. durch *Amberlite IR-4B* (1,9×6 cm) geben, mit W. nachwaschen, **III**-haltiges Eluat (110 cm³, **A**); HCOOH aus Säule mit 50 cm³ 0,25n $Ba(OH)_2$-Lsg. u. 50 cm³ W. extrahieren, mit 6 cm³ 85%ig. H_3PO_4 ansäuern, mit 3 g HgO 1½ Std. unter Rückfluß zu CO_2 oxydieren, mittels N_2 in 25 cm³ 0,2n NaOH überführen, ^{14}C-Aktivität ($C_{(3)}$) bestimmen; 80%. — *Sr-D'-Methoxy-D-oxymethyldiglykolat* (**IV**), *Dihydrat*; Eluat **A** (vorst.) 30 Min. mit 2 g $SrCO_3$ u. 0,4 cm³ Br_2 rühren, Br_2 durch Luftstrom entfernen, 15 Min. mit 2 g Ag_2CO_3 rühren, Filtrat + 1 g $SrCO_3$ 1 Min. mit H_2S-Strom behandeln, 30 Min. Luft einleiten, auf 15 cm³ bei 40° (Vakuum) eingeengtes Filtrat nach Behandlung mit Kohle auf ca. 2 cm³ einengen, bis zur Trübung CH_3OH zusetzen; Nadeln (W. + CH_3OH), $[\alpha]_D$ —56,4° (c = 1; W.); 70%. — Trennung von Glyoxylsäure u. Glycerinsäure: 0,221 g **IV** 1 Std. mit 2 cm³ 2n HCl auf dem Dampfbad erhitzen, Hydrolysat in 35 cm³ 0,025mol. 2.4-Dinitrophenylhydrazinlsg. in 2n HCl geben, **V**-Hydrazon in 3,4%ig. $NaHCO_3$-Lsg. lösen, nach Extraktion mit Äthylacetat in 2n HCl fällen; 70%; Filtrat des **V**-Hydrazons + Wasch-Fl. mit 1 g *Darco G-60*, Filtrat mit 12 g Ag_2CO_3 behandeln, Filtrat durch *Amberlite IR-120* (2,8×13,0 cm) geben, schwach alkal. gestelltes Filtrat bei ca. 40° (Vakuum) einengen. — Best. von ^{14}C in $C_{(4)}$, $C_{(5)}$ u. $C_{(6)}$: Na-Glyceratlsg. (s. oben) schwach ansäuern, 5 Min. im Vakuum schütteln mit 5 cm³ 0,55mol. Na_2HPO_4-Lsg. auf p_H 8 stellen, 30 Min. mit 3,3 cm³ 0,55mol. $NaJO_4$-Lsg. im geschlossenen Gefäß schütteln, nach Ansäuern mit 4 cm³ n-H_2SO_4 u. CO_2 ($C_{(4)}$) mit N_2 in NaOH einleiten; Filtrat der mit $CaCO_3$ neutralisierten Lsg. ansäuern, Destillat (HCOOH $\sim C_{(5)}$, HCHO $\sim C_{(6)}$) in 15 cm³ Dimedon-Phosphatpuffer (1 g in 5,9 cm³ n-NaOH + 10 cm³ mol. KH_2PO_4-Lsg., ad 100 cm³) auffangen (2mal 10 cm³ W. nachfüllen), Nd. ($C_{(6)}$) zur ^{14}C-Best. mittels Van Slyke-Reagenses in CO_2 überführen, Filtrat ($C_{(5)}$) mit HgO wie bei $C_{(3)}$-Best. oxydieren. — Best. von ^{14}C in $C_{(1)}$ u. $C_{(2)}$: 0,08 g **V**-Hydrazon rasch von 180° auf 205° (20 Min.) erhitzen, CO_2 ($C_{(1)}$) mit N_2 in NaOH einleiten; eine andere Probe (0,01 g) mit Van Slyke-Reagens vollständig oxydieren, im CO_2 ^{14}C-Aktivität ($C_{(1+2)}$) u. $C_{(1)}$ aus Differenz bestimmen. (Canad. J. Biochem. Physiol. **33.** 62—68. Jan. 1955. Saskatoon, Saskatchewan, Prairie Regional Labor.)
K. Maier. G 480

Robert B. Seligman, Marvin D. Edmonds, Andrew E. O'Keeffe und **Leonard A. Lee,** *Papierchromatographie von Aldehyden und Ketonen als Girardderivate.* Zur papierchromatograph. Trennung von Aldehyden u. Ketonen empfehlen Vff. die Umwandlung in die entsprechenden Derivv. mit Girards Reagens T oder P. Sie entwickeln mit Butanol/A./W. (27:3:10) auf Whatman-Papier Nr. 1 u. tauchen zum Sichtbarmachen in verd. wss. Lsg. von K-Jodoplatinat. Die Derivv. zeichnen sich als dunkle Flecken auf hellem Grund ab. Überschüssiges Reagens ist von den Derivv. leicht zu unterscheiden, da es im UV-Licht im Gegensatz zu ihnen unsichtbar bleibt. Bemerkenswert ist die leichte Erkennbarkeit einiger Ketone neben Aldehyden, da ihre GIRARD-Derivv. mit Jodoplatinat blaue, die der Aldehyde aber dunkelpurpurrote Flecken geben. (Chem. and Ind. **1954.** 1195. 25/9. Richmond, Va., Philip Morris & Co., Inc., Res. and Developm. Dep.) H. ENDRASS. G 700

F. de Lorenzi, *Eine neue volumetrische Bestimmungsmethode für Äthylendiamin. Äthylendiamin* (I) gibt mit Formaldehyd eine SCHIFFsche Base. Dabei wird aus dem Hydrochlorid immer nur 1 Mol. HCl frei, das sich titrimetr. mit 0,1n Alkali bestimmen läßt. Die Meth. ist schnell u. hat gute Resultate, auch bei Ggw. von sek. u. tert. Aminen u. wenn I teilweise oder vollständig an starke Mineralsäuren gebunden ist. (Boll. chim. farmaç. **94.** 343—45. Sept. 1955. Labor. Farmacol.; Rep. Analisi, Dr. Recordati.) B. STIEB. G 910

Hans Brockmann und **Hans Musso,** *Die papierchromatographische Trennung von Glycinpeptiden.* Der Verlauf der Kondensation von *Glycinestern* unter milden Bedingungen, wobei vorwiegend niedermol. *Glycinpeptide* (P.) entstehen, wurde papierchromatograph. untersucht, u. zunächst wurden die R_F-Werte der einzelnen P. beim Entwickeln mit verschied. Solventien (als absteigende Phase, WHATMAN-Papier Nr. 1, 56 cm lang) bestimmt. Mit steigender Zahl der Glycin (I)-Reste nehmen die R_F in Butanol, Butanol–Eisessig u. Benzylalkohol ab, in Phenol zu. Reihenfolge in Kresol nach steigenden R_F-Werten: Tripeptid (**II**), Dipeptid (**III**), Tetrapeptid (**IV**), **I**, Pentapeptid (**V**). Während die Violettfärbung mit Ninhydrin (0,1%ig. Lsg. in Butanol, 100°) der **I**-Flecken sehr rasch eintrat, wurden die P.-Flecken erst gelb, dann nach ca 20 Min. violett. Chromatographie einer Mischung von **I** u. P. mit 2—6 **I**-Resten mit Phenol als mobiler Phase (Laufstrecke 45 cm) gab gute Trennung von **IV**, **V** u. Hexapeptid (**VI**), während sich **II** u. **III** berührten, **I** u. **III** teilweise überlappten. Eine vollständige Trennung aller Komponenten wurde mit Kresol bei 336 Std. Laufzeit erzielt. Aus eingeschmolzenem **I**-*Methylester* (**VII**) bildete sich im Verlauf von 6 Monaten (Raumtemp.) eine Mischung gleicher Teile *Diketopiperazin* (**IX**) u. *Tetraglycinmethylester* („*Biuretbase*“, **VIII**), neben wenig **V**- u. **VI**-*Methylester.* **IV**-Ester u. freie P. waren nicht nachweisbar. Aus einer 50%ig. Lsg. von **VII** in Ae. entstand (gleiche Bedingungen) als Hauptprod. **VIII**, ferner fanden sich in abnehmender Menge **IX**, **V**-Ester, **VI** u. **VI**-Ester. Aus gleichen Teilen **VII** u. W. bildete sich als Hauptprod. **IX** u. in kleiner Menge **II**, **III**, **IV**, **V** u. **VI**. Bei wochenlangem Stehen (Raumtemp.) oder längerem Kochen von P. in dest. W. tritt Spaltung zu **I** ein. (Naturwissenschaften **38.** 11—12. Jan. 1951. Göttingen, Univ., Organ.-chem. Inst.) K. MAIER. G 950

F. Schneider, E. Reinefeld und **H. Müller,** *Zur schnellen quantitativen Bestimmung von Aminosäuren, insbesondere von Glutaminsäure.* Mit der von Vff. vorgeschlagenen Meth. lassen sich *Glutaminsäure* (**I**), *Asparaginsäure* (**II**) auch im Gemenge mit hohem Fremdstoffgeh. (Rübenmelasse) u. *γ-Aminobuttersäure* (**III**) nach Vorreinigung bestimmen. Durch Papierelektrophorese in 0,2n Acetatpuffer (p_H 3,8) wird das Gemisch in **II**, **I**, neutrale Aminosäuren, **III** u. bas. Aminosäuren getrennt. Nach Anfärben mit Ninhydrin unter Zusatz von $SnCl_2$ erfolgt die Auswertung durch Direktphotometrie der Streifen. Beleganalysen an Gemischen von **I** + **II** + **III**, Rübenmelasse u. Rübenmelasse mit zugesetzter **I**, **II** u. **III** werden angeführt. Die Fehlergrenze liegt zwischen ±2 u. 4% bei einer eingesetzten Aminosäuremenge von 10—20 γ. (Biochem. Z. **327.** 189—94. 11/10. 1955. Braunschweig, TH, Inst. für landw. Technol. u. Zuckerind.) E. SCHWERDTFEGER. G 950

Norman Kharasch und **Milton M. Wald,** *Quantitative Bestimmung gewisser Sulfenylhalogenide.* Gewisse aromat. Sulfenylhalogenide [z. B. *2.4-Dinitrobenzolsulfenylchlorid* (**I**), *-bromid, -rhodanid, 2-Nitrobenzolsulfenylchlorid*] lassen sich nach der Reaktionsgleichung: $2ArSCl + 2J^- \rightarrow ArSSAr + J_2 + 2Cl^-$ jodometr. mit einer Genauigkeit von ±1% bestimmen, wenn W. im Reaktionsmedium ausgeschlossen wird. In wasserfreiem Eisessig als Lösungsm. ist der Blindwert dem O_2-Druck proportional. Zusatz folgender reiner Verbb. störte die Best. von **I** nicht: Penten-2, absol. A., Dimethylanilin, Benzylalkohol, Acetessigester (**II**), Aceton, Cyclohexen, α-2.4-Dinitrophenylthio-β-ketobuttersäureäthylester ($C_{12}H_{12}O_7N_2S$, F. 112—113°, gelbe Nadeln aus A., aus **I** u. **II**), 2-Chlorcyclohexyl-2'.4'-dinitrophenylsulfid, 2.4-Dinitrobenzolsulfinsäureäthylester, 2-Chlor-2-phenyläthyl-2'.4'-dinitrophenylsulfid u. Acetonyl-2.4-dinitrophenylsulfid. Ausführung: 4—6 g KJ (1 Std. bei 110° getrocknet) werden in 10—20 ml wasserfreiem Eisessig gelöst, mit der Probelsg. versetzt, u. im verschlossenen 250 ml-ERLENMEYER-Kolben wird 1½ Min. umgeschüttelt. Nach Zusatz von 120 ml W. u. überschüssiger Thiosulfatlsg. wird mit Jodlsg. zurücktitriert. (Analytic. Chem. **27.** 996—97. Juni 1955. Los Angeles, Calif., Univ. of Southern California, Dep. of Chem.) K. F. MÜLLER. G 1090

Gy. Varsányi, *Verwendung von Ultraviolettabsorptionsspektren gesättigter Dampfgemische zur Bestimmung chemischer Verbindungen einer Lösung. Bestimmung von Naphthalin und Tetralin nebeneinander.* Vf. bestimmt aromat. KW-stoffe auf Grund des UV-Spektr. gesätt. Dämpfe am Beispiel des *Naphthalins* (**I**) u. *Tetralins* (**II**). Die Konz. von **I** wurde aus dem fl. Gemenge, die Konz. von **II** aus dem Dampfspektr. ermittelt. Störungen durch den kontinuierlichen Untergrund der Fluorescenz bei Best. von **I** wurden durch Korrekturrechnungen (Untergrund im untersuchten Intervall von 40 Å als gleichmäßig angenommen) ausgeschaltet. Berechnung der Zus. der Fl. aus den Dampfkonzentrationsdaten wurde auf Grund der Theorie der regulären Gemenge unter Anwendung der tern. MARGULES-Gleichung durchgeführt. Die β-Konstante des Aktivitätskoeff. im **I**–**II**-Gemenge wurde durch direkte Messung, die übrigen β-Konstanten aus den analyt. Daten zusammengesetzter Gemische festgestellt. Vf. ermittelte durch Vgl. der Flüssigkeits- u. Dampfkonzz. das durchschnittliche Mol.-Gewicht. Der maximale Fehler beträgt bei **I** 5%, bei **II** 10%. Die Meth. ist anwendbar auf Bzl., Toluol u. die Monomethylnaphthaline in Ggw. von **I** u. **II**. Xylol stört bei der Best., kann jedoch gegebenenfalls durch Sondermessungen von Xyloldampfspektren ausgeschaltet werden. (Acta chim. Acad. Sci. hung. **5**. 255—66. 1955. Budapest, TU, Inst. für physik. Chem.) M.-L. KLAAR. G 2700

E. Kodicek und **K. K. Reddi**, *Papierchromatographie von Nicotinsäurederivaten.* Vff. beschreiben eine qualitative Meth. zum papierchromatograph. Nachw. von tert. (**A**) u. quart. (**B**) Pyridiniumverbindungen. Die **A** wurden nach dem Farbtest von KÖNIG [1904] mit prim. Amin + CNBr, die **B** nach einem Fluorescenztest von CARPENTER u. KODICEK (C. **1951**. I. 3099) mit NH_3 + Methyläthylketon nachgewiesen. R_F-Werte nach ca. 12std. absteigender Chromatographie auf WHATMAN-Papier Nr. 1. für *Nicotinsäure, Nicotinamid, Nicotinursäure* bzw. *Diäthylnicotinamid* (*Coramin*) in n-Butanol/W. 0,21 gelb (Farbe beim Farbtest nach KÖNIG); 0,69 tiefgelb; 0,11 orange bzw. 0,90 rosa. In n-Butanol/W. + 0,1% NH_4OH 0,19; 0,69; 0,06 bzw. 0,89. In Isobutanol/W. 0,17; 0,69; 0,08 bzw. 0,91. In 80%ig. Aceton: 0,55; 0,78; 0,44 bzw. 0,89. In Methyläthylketon/Essigsäure/W. 49:1:50 0,68, 0,59; 0,45 bzw. 0,90. — Stärker saure Verbb. wandern in neutralen oder alkal. Lösungsmitteln langsamer als in sauren; gebundene Nicotinsäure wandert nicht. — Für *N'-Methylnicotinamid, N'-Methylnicotinursäurebetain, Carbamyl-N'-[2¹-oxyäthyl]-pyridiniumbromid, Diphosphopyridinnucleotid, Triphosphopyridinnucleotid, 3-Carbamyltetraacetyl-N'-D-glucosidylpyridiniumbromid* bzw. *3-Carbamyl-N'-ribosidylpyridiniumbromid* in 60%ig. Aceton, 0,71; 0,57; 0,74; 0,43; 0,30; 0,94 bzw. 0,62. In 80%ig. Aceton 0,47; 0,26; 0,36; 0,10; 0; 0,84 bzw. 0,33. In 60%ig. n-Propanol 0,54; 0,43; 0,57; 0,26; 0,15; 0,81 bzw. 0,48. In 60%ig. $(NH_4)_2SO_4$ in Phosphatpuffer (p_H 6,8) mit 2% n-Propanol 0,83; —; —; 0,38; 0,54; — bzw. 0,86. Fluorescenz durchweg bläulichweiß. (Nature [London] **168**. 475—77. 15/9. 1951. Cambridge, Univ., Dunn Nutrit. Labor. u. Med. Res. Council.) H. GOEBEL. G 3231

M. Morrison, A. C. Kuyper und **J. M. Orten**, *Eine Studie der Perjodatmethode zur Bestimmung der Endgruppenwerte.* Die bisherigen Verff. der Endgruppenbest. von Kohlenhydraten mittels der *Perjodat* (**I**)-Meth. ergeben keine exakten Werte. Vff. nehmen an, daß bei der Titration neben *Ameisensäure* (**II**) andere Säuren erfaßt werden. Sie vergleichen Kurven potentiometr. Titrationen der **I**-Oxydationsprodd. mit theoret. Kurven, die mit der zu erwartenden Menge **II** (pK' für **II** 3,56) erhalten werden. Als Korrektur berücksichtigen sie die bei der Oxydation u. Titration sich anhäufenden H^+- u. OH^--Ionen u. aus dem Glas stammendes *Silicat*. Titrationen unterhalb p_H 4,2 stimmen mit den theoret. überein, während bei höheren p_H u. Alkalizugabe sich zu niedrige Werte ergeben. Bei *Maltose* (**III**) in Pyranoseform erscheint von den 3 Mol **II** ein Mol als Ester. Die Rk. Alkali–Ester erklärt den kriechenden Endpunkt der Titrationskurve, während nur bei höherem p_H alle 3 Mol **II** erfaßt werden. Bei *Saccharose* (**IV**) werden bei p_H 6,0 ca. nur 80—90%, bei p_H 8,0 100% der theoret. Menge **II** gefunden. Bei der alkal. Titration wird mehr Säure in Freiheit gesetzt als bei der sauren. Ähnliches gilt für *Glykogen*. Als Modelltitration für Polysaccharid eignet sich **IV** besser als **III**, da die **IV**-Kurve trotz nur 80—90% erfaßter **II** einen definierten Endpunkt gibt. Das Verf. zeigt, daß im Polysaccharid pro Endgruppe 12,4—14,5 Einheiten Glucose vorhanden sind. Vff. beschreiben Oxydationsmeth. mit Perjodat u. Titration genau. (J. Amer. chem. Soc. **75**. 1502—04. 20/3. 1953. Detroit, Mich., Wayne Univ., Coll. of Med., Dep. of Physiol. Chem.) J. MILLER. G 3400

George B. Pleat, John H. Harley und **Stephen E. Wiberley**, *Die Verwendung von Ultrarotspektren bei der qualitativen und quantitativen Bestimmung von Alkaloiden.* Die Banden folgender Alkaloide u. N-Basen im Bereich von 3,0—14 μ sind wiedergegeben: *Pilocarpin·HCl, Codein·HCl, Hydrastin* (**I**), *Morphin, Narcein, Narcotin, Papaverin·HCl, Coffein, Theobromin, Coniin·HBr, Nicotin* (**II**), *Piperidin* (**III**), *Piperin* (**IV**),

Pyridin, Brucin, Cinchonin, Chinin, Chinin·HCl, Chinolin, Strychnin (**V**), *Atropin, Cocain·HCl, Homatropin·HCl, Aconitin.* Jedes Alkaloid hat ein charakterist. Ultrarotspektr., die einzelnen Alkaloide sind auch in Gemischen unterscheidbar u. quantitativ bestimmbar; auch zwischen der freien Alkaloidbase u. deren Salz kann unterschieden werden. Bestimmbar sind: **I** bei 12,579 μ (in Chlf.-CS_2 [1:50]), **II** bei 13,966 μ (in CS_2), **III** bei 9,921 μ (in CCl_4), **IV** bei 7,968 μ (in Chlf.-CS_2 [1:50]), **V** bei 6,006 μ (in Chlf.). Die Eichkurven verlaufen in Konzentrationsbereichen von 1—100 mg/ml linear. Die Genauigkeit der Analyse beträgt bei größeren Mengen 1%; bei Mengen von ca. 1 mg beträgt sie ca. 20%. (J. Amer. pharmac. Assoc., sci. Edit. **40.** 107—10. Febr. 1951. Troy, N. Y., Rensselaer Polytechn. Inst., Walker Labor.) K. F. Müller. G 3500

Walter L. Wuggatzer und **John E. Christian**, *Eine Bemerkung zur Polarographie und Chromatographie einiger im Handel zugänglicher Chlorophylline.* Vff. berichten über ergänzende Unterss. zu ihrer polarograph. Unters. (C. **1955.** 8693) einiger handelsüblicher Chlorophylline, die sich auch auf chromatograph. Adsorptionsanalyse erstrecken, u. in denen versucht wird, die für die beobachtete polarograph. Welle verantwortliche Fraktion der Verbb. zu bestimmen. Entgegen der bisherigen Annahme, daß die Aldehydgruppe polarograph. red. wird, besteht nach den vorliegenden Unterss. mehr Veranlassung zu der Annahme, daß die Carbonylgruppe in dem isocycl. Ring der dicarboxylhaltigen Chlorophylline red. wird. (J. Amer. pharmac. Assoc., sci. Edit. **44.** 30—31. Jan. 1955. Lafayette, Ind., Purdue Univ., School of Pharmacy, Res. Labor.) W. Niemitz. G 3550

P. Valls, A. M. Venet und **J. Pouradier**, *Radiochemische Bestimmung von Säuregruppen der Cellulose.* Vff. entwickeln ein empfindliches Verf. zur Best. von Carboxylgruppen in *Cellulose* (**I**), da COOH-Gruppen selbst in kleiner Menge die Eigg. der **I** beeinflussen. Zur Ausführung der Meth. wird die zu untersuchende **I** eine bestimmte Zeit lang mit HCl zur Freisetzung der COOH-Gruppen behandelt, hierauf das HCl mit W. ausgewaschen u. danach **I** mit markierter Cersalzlsg. bis zur Gleichgewichtseinstellung gerührt. Das nichtgebundene Cer wird mit W. ausgewaschen u. danach die β-Aktivität der Probe gemessen. Die β-Aktivität einer Probe von **I** mit bekanntem COOH-Geh. dient als Vergleichsmaßstab. Die Meth. hat den Vorteil, daß mit ihr sehr geringe Mengen COOH-Gruppen in **I** bequem bestimmt werden können u. nur Grammengen für die Unters. benötigt werden. (Bull. Soc. chim. France, Mém. [5] **20.** C 106—C 109. Nov./Dez. 1953. Labors. de Rech. Kodak-Pathé.) H. Gedschold. G 4050

c) Bestandteile von Pflanzen und Tieren.

H. F. Linskens, *Schnelleinbettung mit Aquaffin unter Umgehung der Alkoholstufen.* Es wird eine Einbettungsmeth. für biol. Objekte mittels Aquaffins (Farbenfabriken Bayer) beschrieben. Sie eignet sich bes. für Präpp., in denen ein Fettnachw. erfolgen soll, da Alkohol- u. Xylolstufen umgangen werden. Auch Autoradiographien lassen sich nach der Meth. anfertigen. Die Erprobung erfolgte an zahlreichen botan. u. zoolog. Objekten (Schnittdicke 10—20 μ bzw. 2 μ). Die Einbettungsdauer beträgt ca. 14 Stunden. (Mikrokosmos **43.** 237—38. Juli 1954. Zürich.) K. Kraft. 5661

E. P. Samuel, *Erzielen einer regelbaren Silberimprägnierung.* Entsprechend den erkannten Vorgängen bei der Ag-Imprägnierung wird vorgeschlagen, nach der Bldg. von Ag-Keimen das überschüssige Ag^+ gründlich zu entfernen u. an die Keime weiteres Ag durch eine physikal. Entw. anzulagern. — Vorschriften für vorteilhafte Arten der Fixierung u. die weitere Behandlung einschließlich Au-Tonung. (Anatom. Rec. **116.** 511—17. Aug. 1953. Manchester, Univ., Anatom. Dep.) K. Blumrich. 5661

Hermann Geidies, *Abgeänderte Azan-Methoden.* Es werden zwei Vorschriften für die Azanfärbung angegeben. Die erste verwendet wie die Original-Azanmeth. zur Vorfärbung Azokarmin B, liefert jedoch ähnlich wie diese Färbungen, die für die Dauer nicht immer farbbeständig sind. In der zweiten, vom Vf. als *Azan novum*-Meth. bezeichneten Vorschrift wird das Azocarmin B durch Kernechtrot ersetzt, wodurch die Färbefolge vereinfacht wird u. echtere Färbungen erhalten werden. Eine größere Anzahl zoolog. Objekte werden aufgezählt, an denen die Azan novum-Meth. mit Erfolg erprobt wurde (Mikrokosmos **43.** 239—40. Juli 1954. Karlshafen.) K. Kraft. 5661

M. Mokranjac und **B. Medaković**, *Die biochemische Bedeutung des Cobalts und dessen Bestimmung in biologischem Material.* Die für die photometr. Best. von Co verwendete Rotfärbung mit Nitroso-R-Salz (**I**) wird in direktem Sonnenlicht in 4—5 Std. zerstört; in diffusem Tageslicht ist der Rückgang der Farbintensität langsamer, doch sollte die photometr. Best. spätestens nach 2 Std. erfolgen; im Dunklen ist die Rotfärbung noch nach 24 Std. unverändert. — Mehr als 1 mg Ni in der Analysenprobe bewirkt eine merkliche Herabsetzung der Farbintensität des Co-Komplexes. — Die verlustlose Anreicherung des Co ist nach der Dithizonmeth. nur bei sehr kleinen Mengen (einige γ) möglich u. wird bei Ggw. von Zn, Ni u. Cu sehr kompliziert; besser ist die Zinkatmeth. von BERTRAND u. Mitarbeiter (C. **1924**. I. 2459), wobei Co, Zn, Ni u. Cu mit Kalkmilch gefällt, Cu mit H_2S abgetrennt u. Co nach MCNAUGHT (C. **1939**. I. 4368) mit I photometr. bestimmt wird. Es lassen sich so 5 γ bis 5 mg Co in 150—250 cm^3 Lsg. quantitativ erfassen. (Acta pharmac. jugosl. **3**. 5—13. 1953. Belgrad, Hemiski inst. Srpske Akad. Nauk u. Farmac. fak., Toksikol. inst.) S. BECKMANN. 5664

E. Zymny, *Zur Bestimmung des Gesamtstickstoffs im biologischen Material.* Besprechung der Meth. zur Gesamt-N-Best. nach AUTENRIETH u. TAEGE (Münchener med. Wschr. **31**. [1922.] 1141), die biol. Material naß in Ggw. von Se aufschließen, eine Dest. vermeiden u. N colorimetr. mit NESSLER-Reagens bestimmen. (Dtsch. Apotheker-Ztg. **95**. 1035—36. 27/10. 1955. München.) PH. FRESENIUS. 5666

d) Medizinische und toxikologische Analyse.

S. D. Vesselinovitch und **H. S. Funnell,** *Eine Schnellmethode zur Filterpapierelektrophorese.* Eine modifizierte App. u. Technik werden beschrieben, die eine *Serum*-Trennung in z. B. 2 Std. gestatten. Die einfach konstruierte Kammer weist u. a. eine Lagerung der Streifen auf einer „Bürste" aus Nylonborsten (5 mm lange Borsten im Abstand von 15 mm) auf. Dadurch sollen durch Erwärmung u. Verdampfung verursachte Störungen red. werden. Als zweckmäßigste Versuchsbedingungen werden genannt: WHATMAN Nr. 1-Papier 26—34×4 cm; Barbituratpuffer p_H 8,6, Ionenstärke 0,05; Serum 0,005—0,01 ml; Laufzeit 2 Std. bei 12—14 V/cm. Für andere Laufzeiten (½ bis 5 Std.) werden die zweckmäßigsten Potentiale angegeben. Anfärbung (vgl. DURRUM, C. **1951**. I. 866) erfolgt durch 5 Min. Baden der 10 Min. bei 120° getrockneten Streifen in einer Lsg. von 1% Bromphenolblau in $HgCl_2$-gesätt. A.; wiederholtes Waschen mit 0,2%ig. Essigsäure. Nach 2 Min. in absol. A. Blaufärbung. (Canad. J. Biochem. Physiol. **32**. 567—70. Sept. 1954. Guelph, Can., Ontario Veterin. Coll.) K. PRCHAL. 5728

F. Sauermann, *Die photometrische Takata-Reaktion. Ein abgekürztes Verfahren für die von Mancke und Sommer modifizierte Takata-Reaktion im Serum.* 0,1 ml Serum wird nacheinander mit 5 ml physiol. NaCl-Lsg., 0,4 ml 10%ig. Na_2CO_3-Lsg. u. 0,5 ml 0,25%ig. $HgCl_2$-Lsg. gemischt. Nach 5—10 Min. mißt man die Lichtdurchlässigkeit D in 1 cm Schichtdicke mit Filter S 42 gegen dest. W. im ZEISS-Stufenphotometer. Die D% entsprechen annähernd den mg% der sogenannten „abgestuften TAKATA-Reaktion". (Dtsch. Gesundheitswes. **9**. 1141—42. 23/9. 1954. Burg, Bez. Magdeburg, Stadtkrankenhaus.) F. KRUSEN. 5728

E. Dannenberg, *Automatische Rapidanalyse — Chloridbestimmung nach dem Tropfenverfahren. NaCl* im Harn wird mit einer $AgNO_3$-Lsg. titriert, von der bei 0,2 cm^3 Harn 1 cm^3 10 g NaCl/Liter entspricht. Der Verbrauch wird nach Tropfen aus einer selbst geeichten Gummipipette gemessen. (Münchener med. Wschr. **97**. 1397—98. 21/10. 1955. Santiago del Estero, Argentinien, Hosp. Mixto.) PH. FRESENIUS. 5732

Taft Y. Toribara und **Ruth E. Sherman,** *Analytische Chemie kleinster Mengen Beryllium.* Wegen der großen Toxizität von Be ist der Nachw. von Mengen kleiner als 1γ in biol. Material erwünscht. Die Probleme der Be-Best. können in 3 Gruppen eingeteilt werden: Meßmethodik, Entfernung organ. Substanzen u. Entfernung störender Beimengungen. Die bekannten Meßverff. der colorimetr., fluorimetr. u. spektrograph. Best. werden verglichen. Als zuverlässigste colorimetr. Verff. werden die *Alkannin-* bzw. *Naphthazarin*-Meth. gefunden. Jedoch ist die fluorimetr. Meth., die auf der Wechselwrkg. von Be mit hochgereinigtem *Morin* beruht, die genaueste Meth. u. gleichzeitig ebenso empfindlich wie das spektrograph. Verfahren. Die Abtrennung von Be aus Knochensubstanz wurde wegen der großen Menge $Ca_3(PO_4)_2$ als am schwierigsten festgestellt. Durch Kombination verschied. Trennoperationen war es aber möglich, auch die kleinste noch meßbare Be-Menge aus biol. Substanzen vollständig zu isolieren: Fällung, Elektrolyse mit Hg-Elektrode zur Entfernung störender Ionen, Adsorption an einem Kunstharzionenaustauscher u. Extraktion mit *Acetylaceton.* Die Trennwrkg. wurde nach jeder Operation mit Hilfe des Radioisotops ^{7}Be geprüft. Die beschriebenen Trennverff. gestatten z. B. 1,3γ Be aus 500 ml *Urin* nahezu vollständig zurückzugewinnen u. quantitativ zu bestimmen. Die Genauigkeit der fluorimetr. Messung beträgt bei 0,004γ Be ± 20%. (Analytic. Chem. **25**. 1594—97. Nov. 1953. Rochester, N. Y., Univ. of Rochester, Div. of Pharmacol. and Toxicol., Dep. of Radiat. Biol., School of Med. and Dent.) H. SCHÖTTLER. 5732

Grant S. Winn, Edna L. Godfrey und **K. W. Nelson,** *Polarographisches Verfahren zur Bestimmung von Thallium im Urin.* Um Tl in sehr kleinen Mengen (Bereich 0—10γ) im Urin polarograph. bestimmen zu können, wird folgendes Verf. zur Abtrennung des störenden Pb angewandt: Nach Kochen des Urins mit einem Gemisch von 80 ml konz. H_2SO_4, 400 ml konz. HNO_3 u. 40 ml 72%ig. $HClO_4$ u. nach Oxydation des Tl mit Br_2–W. im Scheidetrichter wird das Tl^{III}-Jon in saurer Lsg. mit Dithizon in Chlf. extrahiert, wobei das Pb in Lsg. bleibt. Die Chloroformlsg. wird eingedampft u. mit dem H_2SO_4–HNO_3–$HClO_4$-Gemisch gekocht u. schließlich die restliche H_2SO_4 in einem Muffelofen entfernt. Der Rückstand kann nach Aufnahme in NH_4-Acetatlsg. polarograph. untersucht u. die Tl-Menge durch Vgl. mit einer mittels bekannter Tl-Konzz. aufgenommenen Eichkurve bestimmt werden. (A. M. A. Arch. ind. Hyg. occupat. Med. **6.** 14—19. Juli 1952. Salt Lake City.) J. Rudolph. 5732

Hans Dieter Goppelt, *Vortäuschung von Zucker im Harn.* Mitt. über eine Vortäuschung von *Zucker* (I) im Harn (II) durch Verzehr von viel *Sauerkraut* (III). **II** gab kräftige Nylander- u. Fehling-Probe, jedoch ließ sich polarimetr. u. im Gärungssaccharimeter I nicht nachweisen. Unterss. zeigten, daß die Vortäuschung von I nicht durch Gärungsmilchsäure, sondern durch einen anderen Inhaltsstoff des **III** hervorgerufen wurde. (Dtsch. Apotheker-Ztg. **93.** 338. 7/5. 1953. Giengen/Brenz, Stadtapotheke.) M. Negwer. 5732

Klaus Soehring und **Hanns Löhr jr.,** *Experimentelle Beiträge zum Nachweis von Polamidon (Hoechst 10820) im Harn.* Vff. verbessern die von Cronheim u. Ware (C. **1948.** E. 2162) vorgeschlagene Meth. zum Nachw. von Polamidon (I) im Harn. Herst. der Komplexverb. von I mit Bromkresolpurpur, Ausschütteln derselben mit Bzl. u. Best. der Farbintensität mittels Stufenphotometers, weil bisher vorgeschlagene Methoden zur **I**-Best. nicht befriedigen. Vff. weisen darauf hin, daß die Einstellung des Urins auf p_H 5,0 bei Verwendung des Sörensen-Puffers bzw. auf 6,0 bei Verwendung des von Cronheim u. Ware vorgeschlagenen Na-Phosphatpuffers für die Richtigkeit der ermittelten **I**-Werte von Bedeutung ist. — Für eine Schätzung des **I**-Geh. wird ferner eine papierchromatograph. Best. empfohlen. (Pharmazie **5.** 569—71. Dez. 1950. Hamburg, Univ., Pharmakol. Inst.) H. P. Fiedler. 5732

Sigrid von Eicken, *Zur Ausscheidung von p-Nitrophenol im Urin nach Einwirkung von Pflanzenschutzmittel „E 605".* Ein empfindlicher Nachw. von *p-Nitrophenol* (**I**) im Urin, als Zeichen einer Einw. des Pflanzenschutzmittels *„E 605"* (*O.O-Diäthylthiophosphorsäure-O-p-nitrophenylester*), besteht in der **I**-Extraktion mit organ. Lösungsmitteln (Ae.–PAe.–Isoamylalkohol), **I**-Extraktion hieraus mit 2n NH_3, Red. mit $TiCl_3$, Umsetzung mit *o-Kresol* zu *Indophenolblau*, das bei 620 mμ photometriert wird. Da wahrscheinlich **I** größtenteils als Glucuron- u. H_2SO_4-Ester vorliegt, muß zur Best. des Gesamt-**I** der Urin sauer hydrolysiert werden. Die Auswertung erfolgt nach einer Urineichkurve, die den Mittelwert dreier Meßreihen darstellt. Bei 10 γ ist der relative Fehler ± 3 %. Bei niedrigen **I**-Konzz. wird nach der Hydrolyse eine Reinigung nach Waldman u. Krause (Occupat. Health **12.** [1952.] 37) eingeschaltet. Die untere Erfassungsgrenze der Meth. liegt bei 0,025 mg%, so daß noch subtox. *E 605*-Dosen eindeutig erfaßbar sind. Besteht eine klin. Vergiftung oder Verdacht auf eine solche, so kann die Diagnose durch Best. der *Cholinesterase* des Serums bzw. der Erythrocyten, direkten *E 605*-Nachw. nach Averell u. Norris (wenn Mageninhalt oder Giftreste verfügbar), den angegebenen **I**-Nachw. in einer Harnprobe aus den ersten 24 Std. nach der Giftaufnahme gesichert werden. Da **I** auch bei schwerer Vergiftung in zu kleinen Mengen im Blut vorhanden ist ($<$ 0,25 mg%), eignet sich die Meth. nicht zum Nachw. einer Vergiftung durch Unters. des Blutes. (Angew. Chem. **66.** 551—53. 7/9. 1954. Wuppertal-Elberfeld, Farbenfabriken Bayer, Toxikol. u. Gewerbehyg. Labor.) K. Maier. 5764

Günther Dotzauer und **Werner Naeve,** *Biologischer Test zum Nachweis von Insekticiden im Mageninhalt.* Vff. empfehlen, zum Insekticidnachw. einige ml Mageninhalt in einem Uhrglas in eine Petri-Schale mit ca. 50 Kornkäfern (Calandria granaria L.) zu geben. Bei Ggw. von *E 605, Systox* u. *Metasystox* sterben innerhalb von 3 Tagen sämtliche Tiere. (Zbl. allg. Pathol. pathol. Anatom. **94.** 123—24. 30/9. 1955. Hamburg, Univ., Inst. für gerichtl. Med. u. Kriminol.; Prosektur des Gerichtsärztl. Dienstes der Gesundheitsbehörde.) F. Krusen. 5764

Seiya Yamaguchi, *Experimentelle Untersuchungen über Bleivergiftung.* 1. Mitt. *Dithizonpolarographische Bestimmung kleiner Bleimengen in biologischem Material.* Die bei 450—490° erhaltene Asche der Probe wird mit 10%ig. HNO_3 versetzt, Pb mit 0,02 bis 0,03%ig. Dithizonlsg. in Chlf. extrahiert u. aus dem so erhaltenen Extrakt wiederum mit 1%ig. HNO_3 extrahiert. Die Lsg. wird unter 100° eingedampft, der Rückstand mit 1 ml 1%ig. HNO_3 aufgenommen u. soviel W. u. KCl-Lsg. zugegeben, daß 5 ml einer n/10 KCl-Lsg. erhalten werden, mit der die polarograph. Best. bei p_H 1,0—1,2 durchgeführt wird. Aus organ. Material werden 107% bei 1 γ/ml u. 93,7% bei 5 γ/ml wiedergefunden. Zur Entfernung des O_2 aus der Untersuchungslsg. muß gereinigter N_2 oder H_2

verwendet werden, u. zwar ist für 5 ml eine Durchströmung mit 13 ml H_2/Min. für 9 bis 10 Min. erforderlich. (Fukuoka Acta med. [Fukuoka-Igaku-Zassi] **45.** 57—64. Juli 1954. Fukuoka, Kyushu Univ., Fac. of Med. [Orig.: japan., Auszug: engl.]) F. KRUSEN. 5764

Wallace & Tiernan Products, Inc., Belleville, übert. von: **Charles F. Wallace,** Westfield, N. J., V. St. A., *Bestimmung des Chlorgehaltes von kontinuierlich der Entchlorung zugeleiteten Flüssigkeiten.* Man zweigt einen kleinen Strom der Fl. vom Hauptstrom ab, entchlort diesen, z. B. durch Adsorption oder Chemikalien, worauf er durch Zugabe von Cl_2 erneut gechlort wird, bis die relative Konz. des erneut gechlorten Stromes u. des Hauptstromes, durch analyt. Methoden, z. B. durch potentiometr. Best., miteinander verglichen, keinen Unterschied mehr aufweisen. Die Menge des dem entchlorten Teilstrom zugesetzten Cl_2 entspricht dann prozentual dem im Hauptstrom vorhandenen Cl_2. — Zeichnung. (**A. P. 2 560 317** vom 27/2. 1946, ausg. 10/7. 1951.) C. LÜTTGEN. 5067

Walter Petzold, Die Cerimetrie und die Anwendung der Ferroine als maßanalytische Redoxindikatoren. Eine zusammenfassende Darstell. Hrsg. v. E. Merck AG., Darmstadt. Weinheim/Bergstr.: Verl. Chemie. 1955. (VII + 340 S.) 8°. DM 29,80.

Mark v. Stackelberg u. **Willi Hans,** Untersuchungen zur Ausarbeitung und Verbesserung von polarographischen Analysenmethoden. Als Ms. gedr. Köln, Opladen: Westdt. Verl. 1955. (33 S. m. 14 Abb.) 4° = Forschungsberichte des Wirtschafts- und Verkehrsministeriums Nordrhein-Westfalen. Nr. 178. DM 10,50.

H. Angewandte Chemie.

I. Allgemeine chemische Technologie.

W. T. Colyer, *Behälter aus Holz in der chemischen Industrie.* Besprechung von Eigg., Anwendungsgebieten, Konstruktionseigenheiten u. Wirtschaftlichkeitsfragen. (Chem. Process Engng. **36.** 50—51. Febr. 1955.) GERHARD GÜNTHER. 5804

J. R. Kyte, A. J. Madden und **Edgar L. Piret,** *Wärmeübertragung durch natürliche Konvektion bei reduzierten Drucken.* Nach theoret. Erörterungen wird eine App. beschrieben, mit der an horizontalen u. vertikalen Drähten (Zylindern) u. Kugeln die Abkühlung elektr. durch Widerstandsabnahme infolge der Konvektion gemessen wird. Außerdem wird die Temp. in verschied. Entfernung von Draht u. Kugel in verschied. Gasen (Luft, Ar, He) festgestellt. Die Messungen wurden bei verschied. Drucken (0,1—1 at) ausgeführt. Durch Einführung der dimensionslosen GRASHOFschen Zahl wurden die Messungen an Zylinder u. Kugel zur Übereinstimmung gebracht. (Chem. Engng. Progr. **49.** 653—62. Dez. 1953. Minneapolis, Minn., Univ. of Minnesota.) H. MIETHING. 5816

D. F. Riley, *Mischen.* Besprechung einiger neuerer Arbeiten auf dem Gebiet der Verfahrenstechnik des Rührens u. Mischens. (Chem. Process Engng. **35.** 343—47. Nov. 1954.) GERHARD GÜNTHER. 5822

F. J. Carrasco, *Struktur und Eigenschaften der synthetischen Ionenaustauschharze.* Überblick: Definitionen u. Klassifizierung, Struktur, Austauschmechanismus, physikal. u. chem. Eigenschaften. — 22 Literaturhinweise. (Rev. Plásticos **6.** 10—17. Jan./Febr. 1955.) R. K. MÜLLER. 5826

S. B. Hudson, *Neue Untersuchungen zur elektrostatischen Trennung.* Beschreibung erfolgversprechender Kleinverss. zur Trennung von kleinkörnigen Mineralgemischen (wie Kalk u. Sand, oder Diamanten u. Quarz u. a.) dadurch, daß man die Gemische in dünner Schicht über eine ruhende ebene, oder eine rotierende Walzenfläche in einem elektrostat. Feld bis zu 30 kV gleiten läßt. Die Diamanten z. B. konnten bei einmaligem Durchgang quantitativ in einer Menge von nur 0,5% des Ausgangsmaterials konz. werden. Die Einfll. von Durchsatz, Korngröße, Spannungsgefälle, Temp., Mineralzus. u. a. wurden ermittelt. (Australas. Inst. Mining Metallurgy, Proc. **1954.** Nr. 172. 149—61. März/Juni. Melbourne, Commonw. Sc. and Ind. Res. Org.) H. ECKHARD. 5828

K. Fischbeck, *Die Filtration.* Nach grundsätzlichen Betrachtungen über die Charakteristik der Filtrationsvorgänge bespricht Vf. an Hand von schemat. Abb. u. Photographien Aufbau u. Wirkungsweise zahlreicher Typen diskontinuierlich u. kontinuierlich arbeitender Filter. (Chim. et Ind. **72.** 1159—68. Dez. 1954.) GERHARD GÜNTHER. 5830

R. Gelman, *Die Gewinnung von Trockeneis nach dem Preßverfahren.* Es wird ein neu eingeführtes Verf. zur Herst. von Trockeneis beschrieben. Durch Kompression über 2 Stufen wird CO_2 bei 60—65 at verflüssigt, durch Expansion auf 4,28 at daraus CO_2-Schnee gewonnen, der in Pressen mit 300—320 at zu Blöcken von 100 kg Trockeneis gepreßt wird; D. 1,6. (Холодильная Техника [Kälte-Techn.] **32.** Nr. 4. 56—60. Okt./Dez. 1955. Moskau, Mikojan-Kältekombinat, Trockeneisfabrik.) H. HUBER-EMDEN. 5858

D. C. Freshwater, *Extraktionsapparaturen.* Kurze Einführung in die Theorie der Extraktionsvorgänge fl.-fl. sowie Beschreibung mehrerer Typen von Extraktionseinrichtungen, ihrer Wirkungsweise u. spezieller Anwendungsgebiete. — 34 Zitate, bes. aus den Jahren 1952—1954. (Chem. Age **71.** 647—52. 25/9. 1954.)
GERHARD GÜNTHER. 5862

A. Pennell, *Heizmethoden für Destillationsanlagen.* Beurteilung verschied. Verff. zur Beheizung von Destillationsanlagen, bes. im Hinblick auf ihre Eignung für bestimmte Bedingungen des Druckes u. der Temperatur. (Chem. Process Engng. **35.** 313—16. Okt. 1954. Birmingham, Univ., Dep. of Chem. Engng.) GERHARD GÜNTHER. 5862

Ján Beňa, *Einführung in die Theorie der Wirbelschicht.* (Paliva **34.** 174—79. Juli 1954. Bratislava.) E. UMLAUF. 5906

Livio Cambi, Le grandi conquiste della chimica industriale. Parte I. Torino: radio italiana. 1955. (68 S.) 16°.

II. Betriebsschutz. Feuerschutz.

M. K. Chatschatrjan, *Die Anreicherung der Böden mit schweren Metallen als Folge der Verunreinigung der Atmosphäre.* In der Gegend von Unternehmungen, welche Buntmetalle verarbeiten, wird der Boden an diesen infolge Verunreinigung der Luft stark angereichert. Die Hauptmenge der in die Luft entweichenden Stoffe lagert sich in einem Umkreis von 1000 m ab. Die Intensität der Anreicherung steht in Beziehung zur vorherrschenden Windrichtung. Die Metalle häufen sich in der obersten Schicht von 25 cm an u. dringen nicht in die darunterliegenden Schichten ein. Man beobachtet eine Erhöhung der Metallkonz. im Boden bis zur Entfernung von 2000 m von der Fabrik. Die Pflanzen, bes. Gemüsekulturen, entwickeln sich hier schlecht, die Erträge vermindern sich. Die Verwendung des hier gezogenen Futters verursacht eine Anhäufung von Pb im Organismus der Tiere über die Schädlichkeitsgrenze hinaus. Um die Anhäufung von Schwermetallen zu verhüten, müssen zusätzliche Staubfangeinrichtungen vorgesehen werden, die eine wesentliche Verminderung der Verunreinigung der Atmosphäre ermöglichen. (Известия Академии Наук Армянской ССР, Биологические и Сельскохозяйственные Науки [Nachr. Akad. Wiss. ArmenSSR, biol. landwirtsch. Wiss.] **8.** Nr. 11. 105—13. 1955. Erewan, Med. Inst., Lehrstuhl für Kommunalhygiene.)
A. JACOB. 5930

O. Blumenthal, *Schutzgläser für schädliche Strahlungen.* Es wird zusammenfassend über die Schutzwrkg. von Gläsern im UV-, sichtbaren u. ultraroten Spektralgebiet berichtet. (Rass. Med. ind. **23.** 166—85. Mai/Juni 1954.) W. REUSSE. 5932

F. Rác, *Selbstentzündung von Zinkstaub.* Mit Lauge getränktes Papier führte die Selbstentzündung des Zn-Staubs in einem Fasse herbei. Bei Abwesenheit von Papier trat weder durch NaOH-Lauge noch durch festes NaOH Selbstentzündung auf. (Chem. Průmysl **4 (29).** 469—70. Dez. 1954. Vychodočeské chém. zavody.) K. STEINER. 5936

J. F. Haller und **W. W. Northgraves,** *Chlordioxyd und Sicherheit.* Einige physikal. Eigg. von ClO_2 werden beschrieben. Die Explosionstemp. u. die Explosionsgeschwindigkeit werden behandelt. Bei einem Geh. von 20 Vol.-% ClO_2 treten in Apparaturen prakt. keine Explosionen auf, wenn oxydierbares Material fehlt. Bei Konzz. über 10 Vol.-% muß größter Wert auf Abwesenheit oxydierbarer Stoffe gelegt werden. Der MAK-Wert (Maximale Arbeitsplatzkonz.) für ClO_2 beträgt 1 p.p.m.; 19 p.p.m. können für den Menschen gefährlich sein. Chron. Vergiftungen scheinen nicht aufzutreten. Über Tierverss. mit ClO_2 wird berichtet. Persönliche Schutzausrüstungen entsprechend denen gegen Cl_2 sollen bei der Herst. u. Verwendung von ClO_2 getragen werden. (Tappi **38.** 199—202. April 1955. Niagara Falls, N. Y., Res. Div., und Baltimore, Md., Olin Mathieson Chem. Corp.) H. EISENBARTH. 5936

III. Elektrotechnik.

General Electric Co., Schenectady, N. Y. (Erfinder: **Mary Schuster Jaffe,** Cleveland Heights, O.), V. St. A., *Elektrisch leitende Glasgegenstände.* Auf Glas- oder dgl. Gegenstände wird ein in W. nichtlösl., lichtdurchlässiger u. elektr. leitender Überzug aus einer *In*-Verb. bzw. einer F-haltigen In-Verb. mit einem Brechungsindex kleiner als 2, z. B. einem solchen zwischen 1,5 u. 1,8, aufgebracht. Dieser Überzug kann ein Sn-Salz als Aktivator enthalten. Beispielsweise wird auf den glasartigen Grundkörper ein bas. *In-Trifluoracetatlack* mit Zusatz eines Sn-Salzes aufgebracht, der dann bis zur Zers. des Lackes erhitzt wird. (**D. B. P. 934 848** Kl. 32b vom 7/4. 1954, ausg. 3/11. 1955. Anmeldung bekanntgemacht 12/5. 1955. A. Prior. 8/4. 1953.) HANS HOFFMANN. 5953

General Electric Co., New York, N. Y., übert. von: **Milton S. Greenhalgh,** Bridgeport, und **Stanton C. Martens,** New Haven, Conn., V. St. A., *Isoliermittel für elektrische*

Leiter, die bei Tempp. von 90° u. in feuchter Umgebung benutzt werden, bestehend aus *Polyvinylchlorid* u. *Pentaerythritdibutyratdicaprylat* als Weichmacher. (**A. P. 2 708 173** vom 27/5. 1954, ausg. 10/5. 1955.) G. SALZMANN. 5957

Badische Anilin- & Soda-Fabrik Akt.-Ges. (Erfinder: **Leo Schlecht** und **Ernst Oestreicher**), Ludwigshafen/Rh., *Herstellung von Metallpulvern* mit einheitlicher Teilchengröße, bes. von Ni-, Fe- u. Fe–Ni-Pulvern für die Herst. von porösen *Elektroden für alkal. Akkumulatoren*, durch therm. Zers. der Metallcarbonyle in dem freien Raum eines von außen erhitzten Behälters. Dabei kühlt man diejenigen Flächen der Behälterwandung, die nicht der Zuführung der für die Zers. erforderlichen Wärme dienen bzw. hält sie auf einer Temp., die bei oder wenig $>$ der Kondensationstemp. des Metallcarbonyls liegt. — Vorrichtung. (**D. B. P. 936 391** Kl. 12n vom 6/1. 1954, ausg. 29/12. 1955. Anmeldung bekanntgemacht 12/5. 1955.) H. NEBELSIEK. 5971

Westinghouse Electrical International Co., New York, N. Y., V. St. A., *Leuchtschirm für Kathodenstrahlröhren.* Auf eine Glasschicht wird mit einem Alkalisilicatbindemittel eine bei ca. 650° prakt. noch beständige Leuchtschicht aufgebracht. Diese wird mit einer sehr dünnen Schicht eines feinpulverigen Glases bestreut, dessen E. $<$ 650° liegt; z. B. 60—75 (%) B_2O_3, 15—25 SiO_2, 1—4 Al_2O_3, 1—3 MgO, 7—15 Na_2O, K_2O u. Li_2O, wobei Na_2O ca. $^1/_2$, K_2O u. Li_2O je ca. $^1/_4$ des Alkalioxydgeh. ausmachen. Das Glaspulver kann auch aus einer Fl., die B_2O_3 prakt. nicht löst (z. B. CCl_4, Trichloräthylen, Ae.), sedimentiert werden, worauf die Sedimentations-Fl. entfernt wird. Dann wird die Glasschicht in inerter Atmosphäre bei ca. 650° in ca. 1 Std. niedergeschmolzen. (**E. P. 722 082** vom 27/11. 1952, ausg. 19/1. 1955. A. Prior. 5/12. 1951.) H. KESSEL. 5975

Westinghouse Electric International Co., New York, N. Y., V. St. A., *Leuchtschirm für Kathodenstrahlröhren.* Eine mit Ag aktivierte ZnS-Schicht trägt eine im Roten oder Ultraroten leuchtende, mit Mn aktivierte ZnS-Schicht, die zur Löschung des Nachleuchtens der 1. Schicht dient u. mit einer Sb–Cs-Schicht bedeckt ist. (**E. P. 729 521** vom 24/2. 1953, ausg. 4/5. 1955. A. Prior. 29/3. 1952.) H. KESSEL. 5975

General Electric Co., New York, N. Y., V. St. A., *Transparenter Leuchtschirm für Kathodenstrahlröhren.* Eine Trägerfläche wird im Vakuum mit geeigneten Metallen, z. B. Zn oder Cd, oder deren Halogeniden bedampft, unter Zusatz des Aktivators; z. B. 85 (%) Zn, 15 Cd, 0,1 Cu. Der Nd. wird dann bei ca. 500° mit H_2S oder H_2Se behandelt. (**E. P. 735 235** vom 25/8. 1952, ausg. 17/8. 1955. A. Prior. 25/8. 1951.) H. KESSEL. 5975

Louis Christian Thévenot, und **Max Simon Fischer,** Seine, Frankreich, *Kühlung von Trockengleichrichtern.* Die aus Al bestehenden Kühlrippen werden zweckmäßig geschwärzt, u. zwar mit CuO. Das Al wird durch Eintauchen in ein passendes Bad mit einer Haut aus Fe versehen, auf der elektrolyt. im bas. Bad Cu in einer Dicke von 0,2 bis 0,3 mm niedergeschlagen wird. Nach Entfetten wird das Cu z. B. 0,1 Min. lang in einem 100 (g) NaOH u. 10 K-Persulfat enthaltenden, mit W. auf 1 Liter aufgefüllten Bad oxydiert. (**F. P. 980 715** vom 11/2. 1943, ausg. 17/5. 1951.) B. SCHMIDT. 5977

Battelle Development Corp., Wilmington, Del., V. St. A., *Lichtempfindliche Widerstandszelle.* Auf einer Trägerfläche wird mit Hilfe einer Kunstharz–Bindemittel-Lsg. (bes. Polystyrol, Mischpolymerisat aus Vinylchlorid u. Vinylacetat, oder Silicon) eine aus feinstvermahlenem amorphem oder monoklinem α-Se bestehende Halbleiterschicht aufgebracht, wobei durch Begrenzung der Trägerflächentemp. auf 50° die Bldg. der hexagonalen Se-Modifikation vermieden wird. (**Schwz. P. 290 324** vom 23/5. 1950, ausg. 1/8. 1953. A. Prior. 25/5. 1949.) H. KESSEL. 5977

André Thomas, Seine, Frankreich, *Elektrische Kondensatoren.* Kondensatoren, die aus Bändern von Papier u. Al-Folie gewickelt werden, werden vor dem Einführen des Dielektrikums getrocknet, indem sie in einen luftdicht abgeschlossenen, mit Öl oder Wasserdampf geheizten Behälter gestellt werden u. in diesen stoßweise oder stetig H_2 unter einem Druck $<$ 1 at eingeleitet wird. H_2 diffundiert bei guter Wärmeleitfähigkeit leicht durch das Papier. (**F. P. 1 005 976** vom 23/10. 1947, ausg. 17/4. 1952.) B. SCHMIDT. 5983

Siemens & Halske Akt.-Ges., Berlin und München (Erfinder: **Werner Herrmann**), *Elektrolytkondensator.* Der Elektrolyt enthält einen Stoff, der mit ihm so reagiert, daß sich eine Verb. bildet, die der Zus. der auf der Anode befindlichen Sperrschicht entspricht. Bei der Verwendung von Al-Elektroden mit einer aus Al_2O_3 oder einem Al-Hydroxyd bestehenden Sperrschicht ist z. B. ein Salz geeignet, das sich mit dem Elektrolyten durch Hydrolyse zu $Al(OH)_3$ oder Al_2O_3 umsetzt, z. B. Al-Acetat. Geeignet sind auch Zusätze, die nur die Löslichkeit der Schicht im Elektrolyten herabsetzen, z. B. dadurch, daß sie ein Ion mit dem in Lsg. gehenden Stoff gemeinsam haben, z. B. bei Verwendung von Al-Elektroden ein Al-Salz, bes. Al-Borat. (**D. B. P. 935 261** Kl. 21g vom 17/5. 1935, ausg. 17/11. 1955. Anmeldung bekanntgemacht 12/5. 1955.) H. KESSEL. 5983

IV. Wasser. Abwasser.

W. I. Usspenskaja, *Untersuchung der Ernährungsphysiologie von Oscillatoria splendida Grew u. Oscillatoria agardhii Gom im Zusammenhang mit der Bildung und Verstärkung von Gerüchen und des Beigeschmackes von Wasser.* 2. Mitt. *Versuche mit Bodenschlamm.* (1. vgl. C. **1954.** 8645.) Die Verss. mit Schlamm einer Wasserpumpstation u. eines Teiches ergaben, daß das Wachstum von Oscillatoria splendida (O. sp.) u. Oscillatoria agardhii (O.a.) durch die Ggw. von viel organ. Substanz begünstigt wird. O.sp. u. O.a. scheiden Stoffe aus, welche sich im Schlamm ansammeln u. vom W. leicht ausgewaschen werden, wodurch das W. einen Geruch u. erdigen Beigeschmack bekommt u. als Trinkwasser unbrauchbar wird. Soll der erdige Geschmack des W. verhindert werden, so darf der Geh. an organ. Stoffen 1% nicht übersteigen. (Микробиология [Mikrobiologie] **22.** 669—74. Nov./Dez. 1953. Moskau, Lomonossow-Univ.; Wiss. Forschungsinst. für Bodenbiol.) O. Lebtag. 6014

Ross A. Thuma, *Erhebliche Verzögerung der Wasserenthärtungsreaktion durch kaltes Wetter.* Das aus einem See entnommene Rohwasser in St. Paul ist im Winter bei 2—4° Wasserwärme härter als im Sommer bei 17—27°. Laboratoriumsverss. zeigten, daß eine Enthärtung u. Klärung mit Kalk u. Alaun bei 20° in 60 Min. eine Resthärte von 46 mg/Liter ergab, während bei 10 u. 2° in 120 Min. nur 62 bzw. 75 mg erreicht wurden. Die höhere Härte u. die durch die niedrigere Temp. bedingte langsamere Enthärtung machten eine längere Verweilzeit notwendig. (Water Works Engng. **108.** 1132—33. 1166—67. Dez. 1955. St. Paul, Minn.) H. Mühlmeister. 6024

C. Chaussin, *Kesselspeisewasserreinigung.* Zus. der Wasser, des Kesselsteins, Höhe der Überhitzung und Korrosion der Kesselwände, Laugensprödigkeit, Wasserreinigung durch Koagulation, Filtration, Bauart der Filter. (Métallurgie Construct. mécan. **83.** 115—21. Febr. 1951.) W. Katz. 6030

Karl Stundl, *Zur Biologie des biochemischen Sauerstoffbedarfs (BSB).* Vortragsreferat. (Zbl. Bakteriol., Parasitenkunde, Infektionskrankh. Hyg., I. Abt., Orig. **160.** 62—64. 21/12. 1953. Graz.) W. Niemitz. 6044

W. Fuchs, H. E. Hömig und **A. Leyer,** *Das Problem der Behandlung von Gleichgewichten mit vielen Komponenten im Rahmen der Technologie des Kesselspeisewassers.* Als Beispiel für eine Meth. zur Berechnung von Vielkomponentengleichgewichten in Elektrolytlsgg. mit Bodenkörpern werden aus der Kesselspeisewassertechnik unter Vernachlässigung der Aktivitätskoeffizienten behandelt; a) die Berechnung der Gleichgewichtszus. des Syst. H_2O, NH_3, CO_2 aus bekanntem p_H-Wert u. bekannter Total-CO_2 zur Feststellung der freien CO_2 bis zu 0,01 mg; b) die Berechnung von Leitfähigkeit u. p_H-Wert eines Filtrates beim Ionenaustausch zur Beurteilung der Erschöpfung von Ionenaustauschern (**I**); es wurde beobachtet, daß die konstant bleibende Leitfähigkeitsänderung des Filtrates gegenüber dem Rohwasser (**II**) kurz vor der Erschöpfung von **I** nicht auf den Wert von **II** stetig zurückgeht, sondern ein charakterist. Minimum durchläuft, das nur dann auftritt, wenn infolge von Sekundär-Rkk. im Filtrat Ionen zu undissoziierten Moll. zusammentreten können. Darstellungen ermöglichen eine einfache graph. Ablesung auch durch techn. Hilfspersonal. (Z. analyt. Chem. **141.** 102—17. 1954. Aachen, TH, Techn.-chem. Inst.) H. Mühlmeister. 6060

James Boyd Smith, Everett K. Gilbert und **Malcolm P. Howie,** *Bestimmung von niedrigen Kohlendioxydkonzentrationen in Wasser.* Es wurde eine modifizierte Entgasungsmeth. entwickelt, bei der das CO_2 aus der angesäuerten u. erhitzten Probe mit Umluft ausgetrieben wird. Anschließend wird es in Bariumhydroxyd absorbiert. Die Meth. wurde erprobt in Konzentrationsbereichen von 0,00 bis 1,50 p.p.m. Die Messungen waren gleichmäßig im ganzen Konzentrationsbereich mit einem Fehler von 0,045 p.p.m. behaftet. Verschied. Tabellen veranschaulichen den Einfl. von Entgasungszeit u. Na_2S- u. Na_2SO_4–Beimengungen auf das Ergebnis, sowie an Hand von Standardlsgg. u. Blindbestimmungen die Genauigkeit der Messungen. Diese Meth. ist zur Best. des CO_2-Geh. unter 1,5 p.p.m. allen anderen bisherigen Methoden überlegen. (Analytic. Chem. **26.** 667—70. April 1954. New York, N. Y., Permutit Co.) G. Petsch. 6060

H. S. Levine, W. V. Warren, E. C. Tsivoglou und **W. W. Walker,** *Kontinuierliche Messung von in Wasser gelöstem Sauerstoff.* Auf Grund eingehender theoret. Betrachtungen der Bedingungen für das Gleichgewicht des O_2-Geh. in fließendem W. u. einer angrenzenden Gasphase bei konstantem Druck u. Vol. wird eine Meth. zur kontinuierlichen Messung von in W. gelöstem O_2 beschrieben (Skizze der App.) u. diskutiert. Die mit dieser Meth. erzielten Ergebnisse werden durch Temp., Salzgeh., Verunreinigungen sowie durch die Belüftungskonstante, den Luftdruck u. den N_2-Geh. des W. nicht beeinflußt. (Analytic. Chem. **28.** 343—49. März 1856. Cincinnati, O., U. S. Public Health Service, Robert A. Taft Sanitary Engng. Center.) H. Hofmann. 6060

John F. Ferns, *Untersuchungen zur Bestimmung der Flußverunreinigung*. 1. bis 3. Mitt. Nach allg. Gesichtspunkten für die Beurteilung der zulässigen Verunreinigung eines Flusses unter Abwägung aller Interessen werden zur Prüfung eines Gewässers oder Zuflusses die Best. von Schwebstoffen, BSB, p_H u. Temp. als verbindlich empfohlen u. nähere Angaben über ihre Ausführung gemacht; um vergleichbare Werte zu erhalten, soll sie genau nach den Standard-Vorschriften erfolgen. (Munic. Engng. **132.** 1109—10. 2/9., 1313—14. 14/10., 1481—82. 18/11. 1955.) H. MÜHLMEISTER. 6068

John F. Ferns, *Untersuchungen zur Bestimmung der Flußverunreinigung*, Teil II, 4. Mitt. (3. vgl. vorst. Ref.) Es wurde davon abgesehen, außer den in der 3. Mitt. genannten Prüfungen auch die Best. des organ. C durch Veraschung, $KMnO_4$ oder $K_2Cr_2O_7$, sowie der Giftigkeit für Fische als Folge von O_2-Mangel oder direkter Giftwrkg., als verbindlich zu empfehlen. Vf. gibt die Begründung hierfür in einer Besprechung dieser Methoden u. ihrer Unsicherheiten u. Nachteile. (Munic. Engng. **132.** 1654—55. 30/12. 1955.) H. MÜHLMEISTER. 6068

G. C. Ware, *Bakteriologische Prüfung von verunreinigten Wässern und Abflüssen häuslicher Abwässer*. Nach kurzem Überblick über Nachw. u. Unterscheidung von *Bact. coli*, *B. aerogenes*, *Streptococcus faecalis* u. *Clostridium welchii* u. ihre Rolle bei der Abwasserbeurteilung werden die Vorzüge der Membranfiltertechnik u. Einzelheiten ihrer Anwendung ausführlich besprochen. (Lab. Pract. **4.** 444—48. Nov. 1955. Stevenage, Herts., Water Poll. Res. Lab.) ——————— H. MÜHLMEISTER. 6068

Barnstead Still and Sterilizer Co., Jamaica Plain, übert. von: **Russel N. Dwyer**, Needham, und **Verity C. Smith**, West Roxbury, Mass., V. St. A., *Regenerieren von Kationenaustauschern*, die *Erdalkalien* enthalten u. unlösl. Sulfate bilden, z. B. mit Ca beladene Kationenaustauscher (I) bei der *Wasserbehandlung*. Um die I in die H-Form zu regenerieren, wird eine 5—15% ig. Säurelsg. verwendet, die 75—95 (%) H_2SO_4 u. 5—25 HNO_3 enthält. (**A. P. 2 683 695** vom 27/6. 1952, ausg. 13/7. 1954.) E. REICHELT. 6021

A. E. Bengtsson, Höganäs, Schweden, *Kontrolle der Wasserenthärtungsfilter* nach dem Basenaustauschprinzip. Eine Probe des enthärteten W. wird mit einem Seifenschaum in einer *automat.* arbeitenden Vorr. zusammengebracht, u. zwar in der Weise, daß der Schaum kontinuierlich auf eine ebenfalls kontinuierlich strömende Probe von enthärtetem W. gebracht wird u. an dem Verh. des Schaumes die jeweilige Enthärtung abgelesen werden kann, wodurch die manuelle Probeentnahme in Fortfall kommt. — Abbildung. (**Schwed. P. 143 024** vom 29/12. 1951, ausg. 17/11. 1953.) K. H. KÄHLER. 6021

Quinn Products, Inc., Boston, übert. von: **David H. Quinn**, Brookline, Mass., V. St. A., *Sterilisieren von Wasser* in einem transportablen Filtergerät. Das zu filtrierende W. wird mittels eines in einem dehnbaren Behälter angeordneten, mit einem Baktericid imprägnierten Filterbeutels von Algen u. größeren Verunreinigungen befreit u. anschließend in einer unter dem Behälter befindlichen, z. B. aus Polystyrol hergestellten Filterkammer mittels einer baktericid imprägnierten Filterscheibe, die außer AgCl noch akt. Kohle u. Ionenaustauschharz enthalten kann, weitersterilisiert. — Vorrichtung. (**A. P. 2 711 994** vom 26/5. 1950, ausg. 28/6. 1955.) K. DEMMLER. 6025

National Aluminate Corp., Chicago, übert. von: **John W. Ryznar**, La Grange Park, Ill., V. St. A., *Antischaummittel*. Man setzt dem zur Dampferzeugung bestimmten W. Additionsprodd. von prim. u. sek. Aminen u. Äthylen- oder 1,2-Propenylenoxyd mit durchschnittlichem Mol.-Gew. von 1200 zu. (**A. P. 2 701 239** vom 16/1. 1952, ausg. 1/2. 1955.) C. LÜTTGEN. 6031

United States of America, übert. von: **Jacob M. Fain**, Brooklyn, N. Y., und **Norman L. Hewitt**, Red Bank, N. J., V. St. A., *Mittel zum Herabsetzen des Gefrierpunktes von Wasser und zum Enteisen von Flugzeugteilen*, bestehend aus: ca. 60—80 (Teilen) Äthylendiamin oder Monoäthanolamin u. ca. 20—40 KSCN; oder Morpholin u. K-Acetat; oder Äthylenglykol u. KSCN u. $NaNO_2$. Mengenbeispiele — Tabellen. (**A. PP. 2 716 067** vom 26/9. 1952 u. **2 716 068** vom 21/10. 1952, beide ausg. 23/8. 1955.) A. SCHINDLER. 6031

V. Anorganische Industrie.

H. G. Emblem, *Die Herstellung und industrielle Verwendung von Hydrazin*. Zusammenfassender Überblick an Hand der Literatur (34 Hinweise). (Chem. Age **73.** 1265—66. 1268. 10/12. 1955.) M. WINIKER. H 243

Kurt Leicht, *Kalkstickstoff als Ausgangsstoff für chemische Erzeugnisse*. Vf. beschreibt nach kurzem histor. Rückblick auf die Kalkstickstofferzeugung die Verwendung des $CaCN_2$ in der Metallurgie zur Roheisenentschwefelung u. Härtung, zur Erzeugung von Cyaniden, Dicyandiamid, Melaminharzen, Harnstoff u. Thioharnstoff, Guanidin, Nitroguanidin, Sprengstoffen. (Chemiker-Ztg. **79.** 290—94. 5/5. 1955. Karlsruhe.) H. ECKHARD. H 283

Mario Pieri, *Über die Feuchtigkeitsabsorption von technischem Kalkstickstoff.* Vf. empfiehlt Maßnahmen zur Verminderung der durch den Feuchtigkeitsgeh. von techn. Kalkstickstoff bedingten Explosionsgefahr bei der Lagerung in Speichern. (Chimica [Milano] [N. S.] **7** (**28**). 158—160. April 1952. Annania-Carrara u. Univ. Pisa.)

F. GROH. H 283

Imperial Chemical Industries Ltd., London, England, *Ammoniumnitrat enthaltendes Produkt,* das die Eig. aufweist, nicht oder nur wenig zusammenzubacken bzw. zu erhärten, und dessen Herstellung. Das Prod. enthält auf 100 (Teile) NH_4NO_3 0,01—1,0 mindestens eines sulfonierten aromat. Farbstoffes, der in Mengen von mindestens 0,01% in gesätt. wss. NH_4NO_3-Lsgg. bei 20° lösl. ist u. die Kristallisation von NH_4NO_3 aus wss., den Farbstoff in Lsg. enthaltenden NH_4NO_3-Lsgg. in Form von [010]-Prismen, Plättchen, Stäbchen oder Schuppen, an Stelle der üblichen länglichen [110]-Prismen oder Nadeln, bewirkt. Herst. des Prod. durch Zusatz des Farbstoffes zu NH_4NO_3-Lsgg., die zur Kristallisation gebracht, granuliert oder zerstäubt werden. Geeignete Farbstoffe sind: Disulfonsäurederivv. von Methylviolett (Colour Index Nr. 680), das Na-Salz von 4-Sulfo-α-naphthalinazo-β-naphthol-3.6-disulfonsäure („Amaranth"; Colour Index Nr. 184) u. das Na-Salz der Disulfonsäure von m-Oxytetraäthyldiaminotriphenylcarbinol-anhydrid („Disulphine Blue V"; Rowes Colour Index Nr. 712). (**Schwz. P. 308 900** vom 10/9. 1948, ausg. 17/10. 1955. E. Prior. 10/9. 1947.) H. KARST. H 243

Fritz Frutiger, Merligen, Schweiz, *Herstellung von Hydrazin.* Man zers. Hydrazincarbonat durch Erhitzen auf 90—100°, bes. in einem inerten Gas, wie N_2. Wenn man bei n. oder erhöhtem Druck (bis 15 atü) arbeitet, kann man ein wasserbindendes Mittel zusetzen, so daß wasserfreies N_2H_4 erhalten wird. Arbeitet man im Vakuum, so kann man die bei der Zers. entstehenden Dämpfe von N_2H_4, CO_2 u. W. durch ein gekörntes Gemisch von CaO, $Ca(OH)_2$ u. NaOH leiten, das W. u. CO_2 bindet. (**Schwz. P. 309 916** vom 8/1. 1953, ausg. 1/12. 1955.) A. ZÜRN. H 243

„Terni" Soc. per l'Industrie e Elettricitta, Rom, Italien, *Kalkstickstoffgewinnung* durch Rk. von $CaCO_3$ u. einem Gasgemisch (NH_3 + CO). Dabei sind Korngröße des $CaCO_3$ u. Strömungsgeschwindigkeit des Gasgemisches aufeinander abgestellt. (**E. P. 739 106** vom 11/6. 1953, ausg. 26/10. 1955. It. Prior. 24/6. 1952.) H. NEBELSIEK. H 283

United States Atomic Energy Commission, übert. von: **Ivor E. Campbell,** Gahanna, Ohio, V. St. A., *Gewinnung von Zirkonhalogeniden.* Man erhitzt Zirkoncarbonitrid bei ca. 1000—1100° einige Std. im J_2-Strom unter Bldg. von ZrJ_4. (**A. P. 2 716 051** vom 13/11. 1953, ausg. 23/8. 1955.) H. NEBELSIEK. H 322

VI. Silicatchemie. Baustoffe.

Rudolf Günther, *Temperaturmessung in Glasschmelzwannen.* Diskussion der bekannten Meßverff. unter besonderer Berücksichtigung neuer Methoden. Die Temperaturmessungen an Glasschmelzwannen dienen bes. zur Festlegung einer kennzeichnenden Betriebstemp., zur Best. der Temperaturverteilung längs der Wannenachse u. zur Ermittlung zeitlicher Schwankungen der Betriebstemperatur. Anwendungsmöglichkeiten, Vor- u. Nachteile der einzelnen Meßgeräte (Thermoelemente, Strahlungspyrometer) werden erörtert u. das Ergebnis in einer Tabelle zusammengefaßt. (Glastechn. Ber. **28.** 295—99. Aug. 1955. Frankfurt/Main, Deutsche Glastechnische Ges.) E. DEEG. 6172

Derald A. Stuart und **Orson L. Anderson,** *Die Abhängigkeit der Festigkeit von Glas unter konstanter Belastung von Temperatur, Atmosphäre und Zeit.* Ableitung einiger theoret. Gleichungen, die die Festigkeit von Gläsern unter konstanter Belastung als Funktion der Belastungszeit, der Temp. u. der umgebenden Atmosphäre ausdrücken. Die in den Gleichungen auftretenden Konstanten werden aus den Meßergebnissen von BAKER u. PRESTON (C. **1946.** I. 860) ermittelt. Mit Hilfe dieser Gleichungen lassen sich die Bruchgrenzen für Gläser in Abhängigkeit obiger Parameter berechnen. (J. Amer. ceram. Soc. **36.** 416—24. 1/12. 1953. Ithaca, New York, Cornell Univ. u. Salt Lake City, Utah, Univ. of Utah.) H. SCHOLZE. 6200

J. O. Isard und **R. W. Douglas,** *Die Relaxation der Spannungen im Quarzglas.* 1. Mitt. *Experimentelles.* Beschreibung der Meßapp. u. der Meßergebnisse. Die Auswertung der Meßergebnisse zeigt, daß die Relaxation der Spannungen im Quarzglas durch die Gleichung S/So = f(t) ausgedrückt werden kann, aber nicht der Gleichung für einen Maxwellschen Körper genügt. (J. Soc. Glass Technol. **39.** 61 T—82 T. April 1955. Wembley, Staff of the Res. Labor. of the General Electric Comp., Ltd.)

H. SCHOLZE. 6200

J. O. Isard und **R. W. Douglas,** *Die Relaxation der Spannungen im Quarzglas.* 2. Mitt. *Theoretisches.* (1. vgl. vorst. Ref.) Die experimentell gefundene Beziehung für die Relaxation der Spannungen im Quarzglas $S/S_0 = f(t)$ wird theoret. untersucht. Von bes. Einfl. ist die Änderung der Viscosität mit der Zeit u. die verzögerte Elastizität (Viscoelastizität) beim Quarzglas. Die empir. Gleichungen von ADAMS u. WILLIAMSON (J. Franklin Inst. **190.** [1920.] 597. 835) u. von BAILEY u. SHARP (J. Amer. ceram. Soc. **16.** [1933.] 367) erweisen sich als Spezialfälle einer allg. Gleichung. (J. Soc. Glass Technol. **39.** 83T—98T. April 1955. Wembley, Staff of the Res. Labor. of General Electric Company Ltd.) H. SCHOLZE. 6200

T. W. Bernett, *Emaillieren geschweißter Lebensmittelbehälterauskleidungen.* Die beim Schweißen von Stahlblechen auftretenden Fehler werden behandelt, ihre Wrkg. auf das Emaillieren wird erörtert. (J. Canad. ceram. Soc. **24.** 36—40. 1955. Weston, Ont., Moffats Ltd.) F. VIER. 6212

W. O. Williamson, *Orientierte Aggregate, Differential-Trockenschwindung und Erholungserscheinungen nach erfolgter Deformation eines Kaolinit-Illit-Tones.* Tone besitzen oft ein Erholungsvermögen sowie eine „Erinnerung" an frühere Deformationen. Untersucht wurde ein kaolinit.-illit. Ballclay, aus dem Plättchen geformt u. gegossen worden sind. Probeplättchen erstreben nach einer Biegung wieder den flachen Ausgangszustand, während die nach der Biegung wieder glatt gewalzten Plättchen beim Trocknen eine schwache Krümmung erleiden. Trockenschwindung u. Quellvermögen senkrecht u. parallel zur Orientierungsrichtung der Tonteilchen wurden gemessen. Erklärt werden die Erscheinungen mit der Annahme, daß die Tonteilchen durch Wasserhüllen voneinander getrennt sind u. in Lagen geringster potentieller Energie sitzen, die sie auch nach Deformation wieder einzunehmen trachten. (Trans. Brit. ceram. Soc. **54.** 413—42. Juli 1955. Div. Ind. Chem. Res. Org. Melbourne, Australia.) H. SAALFELD. 6216

Johannes Wohlfarth, *Die Herstellung von Sulfathüttenzement.* Erfahrungsbericht mit Aufzeigung der Eigg., Zus. u. Herst. von Sulfathüttenzement u. Mitt. von Verss. über den Einfl. der Mahlfeinheit auf die Festigkeiten bei Verwendung von Schlacken mit verschied. Al_2O_3-Geh. Durch Feinstmahlung auf Siebrückstände unter 3% auf dem Sieb mit 10000 Maschen/cm^2 werden die Festigkeiten beträchtlich gesteigert, in bes. starkem Maße bei tonerdearmen Hochofenschlacken, so daß auch diese zu hochwertigen Zementen verwendet werden können. Bei dieser Feinstmahlung wurden allerdings nur geringe spezif. Mahlleistungen (10—20 kg/kWh) erzielt. (Tonind.-Ztg. keram. Rdsch. **78.** 280—83. Sept. 1954. Braunschweig.) W. GELMROTH. 6222

A. I. Minass, *Über Geschwindigkeit und Beschleunigung der Erhärtung von Portlandzementbeton.* Die Kurven für den zeitlichen Verlauf der Festigkeitsgrenze von Portlandzementbeton sowie der Geschwindigkeit u. Beschleunigung der Erhärtung zeigen, daß Geschwindigkeit u. Beschleunigung zu Beginn ein Maximum aufweisen u. hyperbol. abnehmen. (Вестник Академии Наук Казахской ССР [Nachr. Akad. Wiss. Kasach-SSR] **1955.** Nr. 8. 78—81. Aug.) A. v. WILPERT. 6222

Peter Senio und **Charles W. Tucker jr.,** *Keramische Kugelschleifscheibe.* Vff. beschreiben die Herst., speziell von *Borcarbideinkristallkugeln* mit einer von BOND (vgl. C. **1954.** 3760) beschriebenen Kugelschleifmaschine. Außer Borcarbidkugeln werden noch Kugeln mehrerer Metalle nach dieser Meth. dargestellt. (Rev. sci. Instruments **24.** 549. Juli 1953. Schenectady, N. Y., General Electric. Co., Knolls Atomic Power Labor.) C. GOTTFRIED. 6238

Wilhelm Geilmann und **Günther Tölg,** *Die Verwendung des Lackabdruckverfahrens zur mikroskopischen Untersuchung von Glasoberflächen.* Bei opt. inhomogenen oder stark gefärbten Gläsern, an Bruchstellen u. in Hohlgläsern wird eine direkte mkr. Oberflächenunters. schwierig. Hier kann das Lackabdruckverf. mit Vorteil verwendet werden. Die Vorzüge dieser Meth. werden durch einige Mikrophotographien belegt. Von einigen gut geeigneten Lacken wird die Zus. angegeben. Herst. der Lacke u. Abzüge sowie die Beobachtungstechnik werden beschrieben. (Glastechn. Ber. **28.** 299—307. Aug. 1955. Mainz, Univ., Inst. für anorgan. und analyt. Chemie.) E. DEEG. 6242

E. I. du Pont de Nemours & Co., Wilmington, Del., übert. von: **Charles H. Jarboe,** Louisville, Ky., V. St. A., *Wärmestabilisiertes Polyvinylacetal* für Zwischenschichten von Sicherheitsglas. Polyvinylbutyral wird mit 0,05—5% 2-Imidazolin-2-thiol u. einem Weichmacher in A. gelöst, über eine Glasscheibe gestrichen, mit W. gewaschen, der Film abgezogen u. getrocknet. (**A. P. 2 700 028** vom 14/5. 1953, ausg. 18/1. 1955.) G. SALZMANN. 6201

Ewart Sydney Heath und **Wilfrid Seaman Heath,** Burslem, Stoke-on-Trent, England, *Filterpresse,* bes. für die Herst. von *Töpferlehm,* bei der die über die beiden Flächen der Filterplatten gespannten Filtertücher durch einen durch eine Kautschukscheibe abgedichteten, metall. Ringkörper im Zentrum der Filterplatte befestigt sind. — Abbildungen. (**E. P. 666 576** vom 4/12. 1948, ausg. 13/2. 1952.) K. Demmler. 6209

Höganäs-Billesholms Aktiebolag, Höganäs, Schweden (Erfinder: **R. Norin** und **K. J. Leander**), *Herstellung keramischer Massen.* Das zerkleinerte keram. Material wird mit Pechpulver vermischt; hierauf wird Teeröl bei ca. 40° zugegeben u. ca. 2—5 Min. mit der M. im Kollergang verarbeitet, wobei die Pechteilchen nur oberflächlich vom Teeröl gelöst werden. Dadurch wird die ganze M. plast. u. verformbar. Beim Brennen der geformten M. entweicht das Teeröl vollständig. (**Schwed. P. 143 344** vom 17/1. 1952, ausg. 15/12. 1953.) K. H. Kähler. 6209

Ferro Corp., Ohio, übert. von: **Monroe J. Bahnsen,** Lakewood, **Ernest H. Goda,** East Cleveland, und **Glenn H. McIntyre,** Cleveland Heights, O., V. St. A., *Raffinieren von titanhaltigem Gut.* Handelsüblicher *Rutil* mit geringen Gehh. an *Cr* u. *V* wird mit 50—100% calciniertem Na_2CO_3 u. bis zu 25% $NaClO_3$ u. $NaNO_3$ bei 1550—2000° F (843—1093° C) gesintert, zerkleinert u. mit W. ausgewaschen. Dabei werden alle Chromate u. Nitrate entfernt. Das so gereinigte Gut ist als Schmelzkomponente bei der Herst. von Porzellanemail geeignet. (**A. P. 2 702 757** vom 28/7. 1951, ausg. 22/2. 1955.) G. Apel. 6213

Mannesmann Akt.-Ges., Düsseldorf (Erfinder: **Gerhard Naeser,** Duisburg), *Steine und Konverterböden aus Dolomit und Teerdolomit.* Gebrannter Dolomit wird einer mechan. Behandlung, z. B. durch Pressen, Hämmern oder Walzen, gegebenenfalls mehrmals unterworfen, darauf evtl. zerkleinert, geformt u. gebrannt. Durch die mechan. Behandlung konnte die Festigkeit der aus solchem Dolomit erzeugten Steine etwa verzehnfacht werden. (**D. P. B. 927 916** Kl. 80b vom 13/7. 1944, ausg. 20/5. 1955. Anmeldung bekanntgemacht 21/5. 1952.) F. Reinhart. 6219

Fulmer Research Institute Ltd. und **Eric Adolph Brandes,** Stoke Poges, Buckinghamshire, England, *Keramisches Formverfahren.* Metallpulver oder keram. oder feuerfestes Pulver oder eine Mischung derselben wird mit gepulvertem γ-Al_2O_3 oder einem Bindemittel versetzt, das γ-Al_2O_3 enthält, wobei das Al_2O_3 mindestens 20 Gew.-% der M. ausmacht. Die M. wird geformt u. bei Tempp. von etwa 1600° gebrannt. Das γ-Al_2O_3 kann durch Zers. von Ammoniumalaun oder $Al_2(SO_4)_3$ durch Erhitzen auf 900—1100° hergestellt werden. Die Prodd. sind für *feuerfeste Zwecke* geeignet. (**E. P. 717 541** vom 22/4. 1952, ausg. 27/10. 1954.) F. Reinhart. 6219

Western Electric Co., Inc., New York, N. Y. (Erfinder: **Carl John Frosch,** Summit, N. J.), V. St. A., *Herstellung von Varistoren aus Siliciumcarbid.* Unraffinierte Siliciumcarbidstücke, wie sie aus Ofenblöcken gewonnen werden, werden soweit zerkleinert, daß wenigstens 20 (Gew.-%) bis höchstens 80 durch ein Sieb mit Öffnungen von 0,76 mm gehen, worauf der Siebrückstand, auf Körner von 0,05 bis 0,25 mm zerkleinert, zu Varistoren verarbeitet wird. Zur Verarbeitung wird das zerkleinerte Prod. gewaschen, mit einem keram. Bindemittel, wie Ton, vermischt u. bei hohem Druck z. B. zu dünnen Scheiben gepreßt, die bei ca. 1300° in einer nichtoxydierenden Atmosphäre gebrannt u. beidseitig mit Metallschichten versehen werden. (**D. B. P. 936 495** Kl. 80b, vom 21/5. 1954, ausg. 15/12. 1955. Anmeldung bekanntgemacht 26/5. 1955. A. Prior. 23/7. 1953.) F. Reinhart. 6221

Certain-Teed Products Corp., Ardmore, Pa. (Erfinder: **Michele Croce** und **Clarence George Shuttleworth**), V. St. A., *Gipsmischung zur Herstellung hitzebeständiger Formkörper.* Diese besteht aus in Ggw. von W. erhärtungsfähigem Gips, dem 0,03 bis 1 Gew.-% spinnbare, zerschnittene Glasfasern von ca. 6,3—25,4 mm Länge sowie zerkleinertes Vermiculitmineral beigemischt sind, welches sich bei späterer Erhitzung unter Entblätterung aufbläht. (**E. P. 721 410** vom 29/9. 1952, ausg. 5/1. 1955.) Hans Hoffmann. 6227

Magnesit- und Chemikalien-Handels-G. m. b. H., München (Erfinder: **Theodor Schauer,** Fürstenfeldbruck), *Beseitigen der Quellfähigkeit von Holz- oder Korkmehlen sowie von organischen Faserstoffen.* Zwecks Herst. volumenbeständiger Baustoffe, wie Steinholz oder dgl., werden die üblicherweise benutzten organ. Füllstoffe (Holz- oder Korkmehle u. organ. Faserstoffe) vor ihrer Verarbeitung mit wasserlösl. halogenierten Phenolaten behandelt, worauf die Phenole mit verd. Säuren oder sauren Salzen ausgefällt werden. Als Phenolat kann z. B. Pentachlorphenolnatrium verwendet werden. (**D. B. P. 932 778** Kl. 80b vom 15/5. 1954, ausg. 8/9. 1955. Anmeldung bekanntgemacht 17/3. 1955.) Hans Hoffmann. 6229

Willem Cornelis Petrus Smout, Wittlaer, *Herstellung von Mineral- oder Schlackenwolle.* Zwecks Herst. v. Mineral- oder Schlackenwolle, bes. aus Hochofenschlacke, wird das Zerstäubungsmittel, z. B. Luft, beiderseits auf den senkrecht fallenden Gießstrahl in Form von zwei breiten ebenen, zueinander parallelen Bändern senkrecht zu dessen

Fließrichtung in einer Länge zur Einw. gebracht, die größer ist als seine doppelte Dicke; hierbei findet ein allmähliches Abtragen des Gießstrahles von den Seiten her u. damit ein Ausgießen desselben zu Wolle statt. (**D. B. P. 936 853** Kl. 80b vom 15/1. 1952, ausg. 29/12. 1955. Anmeldung bekanntgemacht 11/6. 1953.) Hans Hoffmann. 6235

Deutsche Norton Ges. m. b. H., Wesseling (Erfinder: **Hyman Nathan Stone**, Worcester, Mass., V. St. A.), *Phenolharzhaltige freifließende körnige Schleifmasse* erhält man aus mit einem fl. Weichmacher in einem Mischvorgang mit pulverförmigem härtbarem Kunstharz überzogenen Schleifkörnern (Siliconcarbid, Aluminaten, Diamant oder Corund), indem auf das Gemisch ein Luftstrom von 40—200° so lange auflockernd einwirkt, bis es freifließend geworden ist, aber eine Härtung des Harzes noch nicht erfolgt ist. Die weniger als 1% Harz aufweisende M. kann kalt zu Schleifscheiben gepreßt werden. — Zeichnung. (**D. B. P. 937 730** Kl. 39b vom 9/9. 1952, ausg. 12/1. 1956. Anmeldung bekanntgemacht 21/7. 1955. A. Prior. 20/10. 1951. **A. P. 2 708 622** vom 20/10. 1951, ausg. 17/5. 1955.) G. Salzmann. 6239

VII. Agrikulturchemie. Schädlingsbekämpfung.

A. Mariakulandai, S. Venkatachalam und **M. R. Balakrishnan**, *Eine neue Aussicht für Trichy-Phosphatkörner.* Das Gestein widerstand bisher wegen seines hohen $CaCO_3$-Geh. den Verss. zum Aufschluß mit H_2SO_4 zu Superphosphat. Nach Vorverss. mit $MgSO_4$ u. Na_2SiO_3, wurde gefunden, daß sich durch Schmelzen mit Serpentin u. Na_2SO_4, je 3 Teile auf 10 Teile Trichyphosphat, u. sofortiges Abschrecken durch kaltes W. ein Prod. erzielen läßt, dessen P_2O_5-Geh. zu 95% citratlösl. ist. (Madras agric. J. **42.** 425—34. Okt. 1955. Coimbatore, Madras, Agric. College u. Res. Inst.) H. Eckhard. 6282

B. L. Elphick, *Untersuchungen über die Verwendung von Kalkstein in der Landwirtschaft.* 1. Mitt. *Chemische und physikalische Eigenschaften von Kalkstein aus dem Süden von Neuseeland.* Bericht über einzelne Unterss. der chem. u. physikal. Eigg. von landwirtschaftlich genutztem Kalkstein aus dem Süden von Neuseeland. Die untersuchten Proben waren zu über 80% von niedrigem Mg- u. P-Geh., Spurenelemente wurden nicht festgestellt. Die physikal. Eigg. waren sehr unterschiedlich. (New Zealand J. Sci. Technol., Sect. A. **36.** 134—66. Aug. 1954. Lincoln, Canterbury Agric. Coll.) C. Grimme. 6288

J. W. Holmes, *Wassersorption und Quellen von Tonblöcken.* Die Wassersorption von gekneteten Tonblöcken wurde im Bereich von pF 6,0—2,0 beobachtet. Für die Best. der gesamten Wasseraufnahme zwischen diesen Werten war die Veränderung des Porenvol. (**a**) wichtiger als das Füllen oder Leeren des **a** durch Wasser. Zwischen pF 2,0 u. 5,0 wurde die Veränderung des Wassergeh. begleitet von einer entsprechenden Veränderung des **a**, abgesehen von einer kleinen Hysterese beim Anfeuchten. Das Verhältnis von Wasserspannung zu Wassergeh. einiger natürlicher Tonaggregate war ähnlich dem von Böden aus dem gleichen Material, ein Zeichen, daß das W. in beiden in der gleichen Art festgehalten wird. Die Hysterese des Verhältnisses Wasserspannung/Wassergeh. scheint mit plast. Anpassungen der Tonteilchen an ihre Nachbarn in Verbindung zu stehen. (J. Soil Sci. **6.** 200—08. Juli 1955. Adelaide, South Australia, C. S. I. R. O., Division of Soils.) A. Jacob. 6302

W. S. Chepil, *Einflüsse von Asphalt auf einige Phasen der Bodenstruktur und der Erodierbarkeit durch Wind.* Versprühung von Asphaltemulsionen erzeugte einen Film, der zunächst vollkommen wirksam war, um die verschied. Böden gegen Winderosion zu schützen. Je verdünnter die Lsg. war, desto gleichmäßiger u. stabiler war der Film. Die Wrkg. hielt 14 Tage auf Tonboden u. mindestens 2 Monate auf Sand u. lehmigem Sand vor. Der Film war porös u. ließ Regenw. bereitwillig durch. Keimung u. Wachstum von Weizen, Gras u. Leguminosen wurden nicht beeinträchtigt. Wurde Asphalt mit dem Boden vermischt, so wurde die Erodierbarkeit durch Wind für die Dauer von etwa 2 Jahren vermindert. (Proc. Soil Sci. Soc. America. **19.** 125—28. April 1955. Manhattan, Kansas Agr. Exp. Station, Dep. of Agronomy.) A. Jacob. 6302

M. Schnitzer und **W. A. DeLong**, *Eine Bemerkung zum Podsolierungsvorgang.* Es wurde das Aufnahmevermögen natürlicher Auslaugungen von abgefallenen, in Zers. begriffenen Blättern mehrerer Baumarten (**a**) u. von wss. Extrakten abgefallener, noch unzersetzter Blätter (**b**) für Fe aus mit $Fe^{\cdots}$ gesättigtem Kationenaustauscher *Dowex-50* untersucht. Die aus dem Kationenaustauscher entfernten Fe-Mengen waren je nach Baumart verschieden groß. Mindestens 80% des im Ausfluß enthaltenen Fe reagierten mit *α.α'-Dipyridyl* (**I**). Der langsame Reaktionsablauf dieser Rk. (Dauer 8 Std.) u. das Nicht-in-Erscheinung-Treten von mit Fe(III)-Cyanid reagierendem $Fe^{\cdot\cdot}$ zu Beginn der Titrierung mit Fe(III)-Alaun weisen auf Komplexbldg. zwischen $Fe^{\cdot\cdot}$ u. Komponenten der **a** u. **l** hin. Die Komplexbldg. wurde durch konduktometr. Titrierungen mit Fe(III)-Salzlsgg. u. elektrophoret. Verss. mit Fe-angereicherten **a** u. **l** bestätigt. Das mit **I** reagierende Fe der mit Fe angereicherten **a** war gegen Durchlüftung mit O_2 24 Std. lang stabil. Beim Passieren von mit Fe angereichertem **l** über mit H, Al bzw. Ca-Ionen gesättigte Kationenaustauscher wurden in der angegebenen Ionenreihenfolge abnehmende Fe-Mengen ersetzt. Dieses Verh. kann in Beziehung gesetzt werden zu der variierenden Stärke bestimmter Horizonte der Podsolböden. (Sci. Agric. **32.** 680–81. Dez. 1952. Quebec, Canada, Macdonald Coll.) F. RANG. 6304

H. J. Atkinson, G. R. Giles und **A. J. MacLean,** *Fruchtbarkeitsuntersuchungen von Bodentypen.* 2. Mitt. *Die physikalische und chemische Zusammensetzung von Böden aus Carleton und Grenville in Ontario.* (1. vgl. MACLEAN, ATKINSON, TURNER, RIPLEY u. WRIGHT, Sci. Agric. **29.** [1949.] 1–12.) Die Unters. von 90 Proben 10 verschied. Bodentypen (Sand- bis Tonböden; Rk. von schwach sauer bis schwach alkal.; es wurde jeweils nur die Oberkrume untersucht) ergab, daß, abgesehen von den leichten Böden, der Geh. an organ. Substanz u. Stickstoff meist ausreichend war. Bzgl. der Spurenelemente B, Mn, Co u. Cu wurden starke Schwankungen auch bei Proben desselben Bodentyps beobachtet. Ferner wurden gewisse Zusammenhänge zwischen Ton- u. Co-Geh. sowie zwischen Ton- u. Cu-Geh. festgestellt. — 13 Literaturhinweise. (Canad. J. agric. Sci. **33.** 116–24. März/April 1953.) C. GRIMME. 6304

A. J. MacLean, R. F. Bishop und **L. E. Lutwick,** *Fruchtbarkeitsuntersuchungen von Bodentypen.* 3. Mitt. *Aus Laboratoriums- und Gewächshausversuchen ermittelter Phosphorgehalt und -bedarf.* (2. vgl. vorst. Ref.) Als Versuchspflanzen dienten Hafer u. Luzerne, welche kultiviert wurden. Die P_2O_5-Ausnutzung war sehr von der Bodenzus. abhängig. Bei der chem. Bodenanalyse ergaben sich ebenfalls signifikante Unterschiede, welche nur auf die Bodenart zurückzuführen sind. — 18 Literaturhinweise. (Canad. J. agric. Sci. **33.** 330–42. Juli/Aug. 1953.) C. GRIMME. 6304

R. F. Bishop, A. J. MacLean und **L. E. Lutwick,** *Fruchtbarkeitsuntersuchungen von Bodentypen.* 4. Mitt. *Aus Laboratoriums- und Gewächshausversuchen ermittelter Kaligehalt und -bedarf.* (3. vgl. vorst. Ref.) Es wurde festgestellt, daß Kaligeh. u. -bedarf stark abhängig waren vom Bodentyp (Testpflanzen: Hafer u. Luzerne). (Canad. J. agric. Sci. **34.** 374–84. Juli/Aug. 1954.) C. GRIMME. 6304

E. Ohms, *Neuzeitliche Düngung des Grünlandes.* An Hand der Ergebnisse eigener Verss. werden Hinweise zur zweckmäßigen Anwendung von P-, K- sowie N-Düngern bei Grünlandpflanzen gegeben. (Dtsch. Landwirtsch. **6.** 595–96. Dez. 1955. Wernigerode, Inst. für Tierzuchtforsch. Dummerstorf, Zweigstellen Harz u. Thüringer Wald.) M. WINIKER. 6304

Sándor Kúthy, *Über die Wirkung der Düngung durch das Laub von Salat- und Erbsenpflanzen.* Die Kopfdüngung 1 Monat alter Salatstecklinge mit 3% ig. K_2HPO_4–NH_4NO_3 (2:1)- bzw. 3% ig. NH_4NO_3-Lsgg. ergab gegenüber unbehandelten Kontrollpflanzen nach 10 Tagen einen Mehrertrag von 10–25% an Frisch- u. Trockengewicht sowie an organ. Substanz. Die Düngesalze sind von den Pflanzen zu 15–50% ausgenutzt worden. Besprühungsverss. an Erbsen im Freilandvers. mit K–P–N-Lsg. (1,5% NH_4NO_3; 1,5% KCl; 1,5% KH_2PO_4) u. K–P-Lsg. (2,5% KH_2PO_4; 1,5% KCl) zur Blütezeit u. während der Grünreife brachten gegenüber Kontrollpflanzen u. der üblichen Bodendüngung nur bei Anwendung von K–P-Lsg. während der Blütezeit einen Mehrertrag von ca. 10% an Samen u. Eiweiß. Die anderen Methoden waren diesbzgl. indifferent bis im negativen Sinne wirksam. Es wurde ferner festgestellt, daß Salzkonzz. <4% keine Blattschädigung hervorrufen. (Agrokémia és Talajtan **3.** 189–96. Sept. 1954. Budapest, Agrártudom. Egyet., Szerv. és Biokém. Tanszék.) G. v. PILINSZKY. 6304

Raymond F. Finn, *Blattstickstoffgehalt und Wachstum bei verschiedenen gemischten und reinen Waldpflanzungen.* Bestimmte junge Bäume, hauptsächlich Liriodendron tulipfera L., wuchsen schneller u. wiesen einen höheren Blattstickstoffgeh. auf, wenn sie unter schattenspendenden Bäumen (Robinia pseudoacacia L., Pinus echinata Mill., Sassafras variifolium (Salisb. Ktze.) standen. Von diesen eignete sich am besten Robinia pseudoacacia, weil sie als Leguminose die Stickstoffverhältnisse im Boden verbesserte. (J. Forestry **51.** 31–33. Jan. 1953. Athens, O., Central States Forest Exp. Stat.) W. SCHUPHAN. 6304

I. D. Geard, *Erfolgsbericht über Spritzversuche bei Beerenfrüchten.* Zweijährige Spritzverss. bei Himbeeren zeigten, daß *Bordeauxbrühe* (**I**), *TMTD* (**II**), *S. R. 406* (**III**) u. *Ferbam* gegen Anthracnose u. Didymella applanata gleich wirksam sind. *DNOC* (**IV**) darf nur während des grünen Knospenstadiums gespritzt werden, bei späterer Anwendung besteht die Gefahr von Blattschäden. — Phragmidium Rubi-Idaei kann nur mit **I** bekämpft werden. — Gegen Septoria ribis bei schwarzen Johannisbeeren sind **I** u. **IV** (grünes Knospenstadium) sowie **II** u. **III** (halbe Fruchtgröße) wirksam. (Tasmanian J. Agric. **26.** 243 bis 253. Aug. 1955.) F. RANG. 6312

M. C. Strong, *Fungicide zur Bekämpfung von damping-off bei Tomaten.* Die damping-off-Krankheit der Tomatenpflanze wurde durch Vermischen der Anzuchterde oder Stäuben der Sämlinge mit *Cuprocide* (Cu-Mittel), den Tetramethylthiuramdisulfidpräpp. *Crag 658* (*Cu-Zn-Chromat*) u. *Crag 5400* (Versuchspräp., Zus. nicht angegeben) wirksam u. ohne schädliche Folgen für die Sämlinge bekämpft. *Manzate* (Mn-Äthylen-bis-dithiocarbamat) war nur wirksam, wenn es mit der Anzuchterde vermischt wurde. (Michigan State Coll. Agric. appl. Sci., agric. Exp. Stat., quart. Bull. **36.** 285—90. Febr. 1954.) F. RANG. 6312

L. Dubois, *Die Wasserhyazinthe in Belgisch-Kongo.* Eichhornia crassipes Solms, genannt Wasserhyazinthe, gefährdet Reisbau u. Fischzucht. In Florida u. Indonesien wurden Phytohormone mit Erfolg angewendet, so *2.4-D* bzw. dessen Na- u. Aminsalz, u. MCPA. Auch 1—4 Liter einer 1—2%ig. $NaClO_3$-Lsg./m^2 haben Erfolg. — 12 Literaturhinweise. (Bull. agric. Congo belge **46.** 893—900. Aug. 1955.) H. GUDE. 6312

Merle G. Payne, Jess L. Fults, Ruth J. Hay und **Clark H. Livingston,** *Steigerung von Proteingehalt und spezifischem Gewicht der roten McClure-Kartoffeln durch Behandlung mit 2.4-D.* Nach Behandlung von roten MCCLURE-Kartoffeln mit *2.4-D* (Na-Salz; ½ pound/acre) zu Beginn der Blüte wurde festgestellt, daß bei gleichem Ertrag nicht nur ein höherer Vitamin-C-Geh. u. eine intensivere Färbung der Knollen, sondern auch ein besserer Proteingeh. u. ein höheres spezif. Gewicht zu verzeichnen war. (Amer. Potato J. **30.** 46—49. Febr. 1953. Fort Collins, Colo., Colorado Agric. and Mechanical Coll.) W. SCHUPHAN. 6312

Robert J. Weaver und **W. O. Williams,** *Empfänglichkeit bestimmter Weintraubenvarietäten für Pflanzenwuchsstoffe.* (Vgl. C. **1955.** 5158.) Black Corinth-Weintrauben wurden mit Wuchsstoffen durch Eintauchen der Blütentrauben bei Vollblüte in wss. Lsg. oder Ölemulsion behandelt. Anwendung von *4-Chlorphenoxyessigsäure* (**I**; 0,5, 5 u. 50 p.p.m.), *α-(1-Naphthoxy)-propionsäure* (**II**; 20 u. 200 p.p.m.), *2.3.5-Trijodbenzoesäure* (20 u. 200 p.p.m.), *N-[2-Chlorphenyl]-phthalamidsäure* (50 u. 500 p.p.m.), *N-Naphthyl-(1)-phthalamidsäure* (2, 20 u. 200 p.p.m.) u. *N-Phenylphthalimid* (100 u. 1000 p.p.m.) bewirkte die Bldg. kompakter Trauben mit ziemlich großen samenhaltigen Beeren. In einem weiteren Vers. wurden die Trauben bei Vollblüte oder 4 Tage später in **I** oder in **II** getaucht. **II** blieb wirkungslos. Beide Behandlungsweisen mit **I** ergaben große, kompakte Trauben. Das Gewicht derselben nahm mit steigenden Konzz. (10, 50 u. 100 p.p.m.) zu. Nach **I**-Applikation durch Spritzen (25 p.p.m.) entwickelten sich viele schwere Trauben (Durchschnittsgewicht 17,3, unbehandelt 1,8 lb.). **I**-Tauchbehandlung bei Vollblüte (5 u. 50 p.p.m.) förderte auch bei White Corinth u. Black Monukka die Traubenentw., während bei 4 weiteren Weinsorten die Bldg. von parthenocarpen „Schrot"-Beeren bewirkt wurde. (Bot. Gaz. **113.** 75—85. Sept. 1951. Davis, Calif., Univ. of California, Div. of Viticult.) F. RANG. 6312

G. A. Darbinjan, T. G. Stepanjan und **Ch. M. Arutjunjan,** *Versuche zur chemischen „Ausjätung" von Getreidefeldern in der Armenischen SSR.* Durch rechtzeitige Anwendung von 2.4-D u. MCPA in Mengen von 0,5 kg/ha wurden in Gebirgs- u. Vorgebirgsgegenden die Unkräuter der Kreuzblütler in den Getreidefeldern fast restlos vernichtet. Zur Vernichtung oder Unterdrückung von Disteln, Ackerwinde u. anderen gefährlichen zweikeimblättrigen Unkräutern muß die Menge der genannten Präpp. bis zu 1 kg/ha erhöht werden. (Известия Академии Наук Армянской ССР, Биологические и Сельскохозяйственные Науки [Nachr. Akad. Wiss. ArmenSSR, biol. landwirtsch. Wiss.] **8.** Nr. 8. 35—47. Aug. 1955.) E. LINTER. 6312

A. C. Leopold und **Frances S. Guernsey,** *Auslösung des Blühens von Alaskaerbsen.* 1. Mitt. *Beleg für die Bedeutung von Auxin. Auxin* (**I**; Naphthalinessigsäure), das den Blühbeginn bei Alaskaerbsen bei 18—20° hindert, fördert denselben, wenn die Erbsen nach **I**-Anwendung kurze Zeit einer Temp. von 10° ausgesetzt werden. Auch durch Saccharose, Maleinsäure u. Arginin bedingte Blühverzögerungen können durch **I** behoben werden. (Amer. J. Bot. **40.** 46—50. Jan. 1953. Lafayette, Ind., Purdue Univ., Agric. Exp. Stat.) C. GRIMME. 6312

A. C. Leopold und **Frances S. Guernsey,** *Auslösung des Blühens von Alaskaerbsen.* 2. Mitt. *Chemische Vernalisation.* (1. vgl. vorst. Ref.) Alaskaerbsen lassen sich chem. vernalisieren durch Behandlung mit Naphthalinessigsäure u. β-Naphthoxyessigsäure, sowie mit den Auxinsynergisten 2.3.5-Trijodbenzoesäure u. Thiamin. Durch starke Belichtung, Erwärmung (18—24 Std. auf 39°), durch Lagerung in N- oder CO_2-freier Luft geht die Wrkg. sehr schnell zurück. Vff. folgern aus ihren Verss., daß die chem. Vernalisation in 2 Etappen verläuft. In der ersten wird Auxin u. niedrige Temp. u. in der zweiten CO_2 benötigt. (Amer. J. Bot. **41.** 181–85. März 1954.) C. GRIMME. 6312

G. K. Voigt, *Die Wirkung der Anwendung von Fungiciden, Herbiciden und Insekticiden auf den Nährstoffgehalt im Gewebe von Coniferensämlingen.* Pinus banksiana u. Pinus radiata wurden in Pflanzbeeten gezogen, die mit verschied. Biociden behandelt worden waren, wie Aluminiumsulfat, Kalomel, Formaldehyd, Thiosan, Allylalkohol, γ-HCH u. Chlordan. Die Sämlinge reagierten z. T. mit einer Wachstumsstimulation u. einer Erhöhung des Nährstoffgeh., z. T. aber auch durch eine starke Wachstumsdepression u. eine Verminderung des Nährstoffgehaltes. Die Analyse der Gewebe kann als nützliche Meth. dienen, um die Wrkg. von Bekämpfungsmitteln auf die Aufnehmbarkeit der Nährstoffe für Baumsämlinge zu verfolgen. (Proc. Soil Sci. Soc. America **19.** 237–39. April 1955. Madison,Wis., Agr. Exp. Stat.) A. JACOB. 6312

Oliver I. Snapp, *Schädigung von Pfirsichen durch Propylendichlorid.* Bei Spritzungen mit *Propylendichlorid*-Emulsionen bei Pfirsichen zur Bekämpfung von Sanninoidea exitiosa wurden starke Schäden am Cambium beobachtet. Die Erfahrungen haben gezeigt, daß die phytotox. Wrkg. bes. bei wassergesätt. Böden u. bei tiefen Tempp. auftritt. (J. Econ. Entomol. **45.** 890 Okt. 1952.) W. KNÖPKE. 6312

Roy D. Shenefelt, *Dauerwirkung von Chlordan auf Crabgras bei der Anwendung auf Wiesen zur Bekämpfung von Crambus sp.* Auf einem Rasen, der zur Bekämpfung von Crambus sp. mit einer *Chlordan*-Emulsion behandelt worden war, wuchs nach einem Jahr kein Crabgras. Auch in der nächsten Vegetationsperiode war das Wachstum dieser Pflanzenart verhindert. Bei einer Nachprüfung auf mit Crabgras bewachsenem Boden konnten keine Ergebnisse erzielt werden, so daß die Schädigung beim Saatgut oder der sehr jungen Pflanze erfolgen muß. (J. econ. Entomol. **45.** 895. Okt. 1952. Madison, Wis., Univ. of Wisconsin, Dep. of Entomol.) W. KNÖPKE. 6312

M. W. Shaw, *Bekämpfung von Psila rosae F.* Saatbehandlung mit BHC zeitigte gute Ergebnisse bei der Bekämpfung des Schädlings (Psila rosae F.). — 10 Literaturhinweise. (Scott. Agric. **32.** 152–58. Winter 1952/1953. North of Scotland Coll. of Agric.) C. GRIMME. 6312

A. W. Iwantschenko, *Einfluß der Temperatur auf die Dauer der toxischen Wirkung von Hexachloran.* Die Dauer der tox. Wrkg. von *Hexachloran* variiert von einigen Tagen bis zu mehreren Jahren, u. zwar in Abhängigkeit von den Eigg. des Bodens u. den Außenfaktoren. Unter den Eigg. des Bodens spielen hauptsächlich der Humusgeh. u. der p_H-Wert, unter den Außenfaktoren die Temp. eine Rolle. Bei alkal. Rk. u. hoher Temp. erlischt die Wrkg. in mittlerem lehmigem Boden nach 2 Monaten, bei saurer Rk. u. niedriger Temp. bleibt sie viel länger bestehen. Bei einer Erhöhung der Temp. von 20° auf 55° steigt die Verdunstung von Hexachloran um das 22fache. (Доклады Всесоюзной ордена Ленина Академии Сельскохозяйственных Наук имени В. И. Ленина [Ber. Allunions landwirtsch. (Lenin-Orden) Lenin-Akad.] **20.** Nr. 6. 26–28. 1955. Allunions Wiss. Forschungsinst. für Pflanzenschutz.) M. GORDIENKO. 6312

G. Richter, *Untersuchungen über die Stabilität von Hexa-Präparaten in verschiedenen Böden im Hinblick auf die Engerlingsbekämpfung.* Bedeutende Wirkstoffverluste durch übliche Bodenbearbeitung sind bei hexabegifteten humosen Sand- u. Lehmböden nicht zu erwarten. So zeigten vier Jahre alte Giftböden, als Mischböden von Kiefernkulturen entnommen, gegen Melolontha-Engerlinge noch hohe Toxizität. — 16 Literaturhinweise. (Nachrichtenbl. dtsch. Pflanzenschutzdienst [Berlin] [N. F.] **10 (36).** 7–13. Jan. 1956. Berlin-Kleinmachnow, Biol. Zentralanst.) M. WINIKER. 6312

V. Koula, M. Durasová und **H. Arbatskaja,** *Einwirkung von DDT, HCH, organischen Phosphorverbindungen und Mineralölen auf Hyphantria cunea.* Die Einw. von *DDT, HCH, Mineralölen, organ. P-, As-* u. *Nicotinverbb.* auf die Eier u. Larven der 1. u. 2. Generation von Hyphantria cunea werden untersucht. Von den in 5 Tabellen zusammengefaßten Versuchsergebnissen ist hervorzuheben, daß der Schädling ohne Rücksicht auf sein Entwicklungsstadium mit *1%ig. DDT*-Emulsion bekämpft werden kann. (Zool. entomol. Listy **2 (16).** 289–93. 1953. Praha, Výzk. úst. rostl. výrobu u. Ivanec/Dun.) E. VEVERA. 6312

J. T. Martin, R. F. Batt und **Pauline Jackson,** *Probleme bei der Anwendung von Sprays.* 2. Mitt. *DDT und Kupferrückstände auf weichen Früchten.* (1. vgl. C. **1956.** 4259.) Die Rückstände von *DDT* auf verschied. Beerensorten u. Tomaten sowie von *Cu* auf Tomaten (bei Verwendung der üblichen Spraykonzz.) wurden bestimmt. Es wurde festgestellt, daß bei frühzeitiger Anwendung dieser Mittel nur geringe Rückstände auf den Früchten verbleiben. (Annu. Rep. agric. horticult. Res. Stat., Long Ashton, Bristol **1952.** 75–83.) C. GRIMME. 6312

M. P. Nepveu, *Schädliche Insekten bei Faserginster, besonders Uresiphita gilvata F.* Die Bekämpfung gelang durch Stäubungen mit *DDT*- u. *SNP*-Präparaten. (C. R. hebd. Séances Acad. Agric. France **39**. 228–31. 1953. Villeneuve-les-Avignon, Gard., Stat. Régionale de Zool. Agric.) C. GRIMME. 6312

P. Anglade und **J. Berjon**, *Unwirksamkeit der Samenbehandlung gegen die maisschädigenden Maulwurfsgrillen im Südwesten und Verfahren zur Bekämpfung dieser Insekten.* Die Verss. wurden mit *Lindan, Parathion, Aldrin* u. *Dieldrin* durchgeführt. Die Trockenbeize von Maiskörnern ergab keine erhebliche Abnahme der Schädlinge auf den Feldern. Sehr merkliche Erfolge wurden erzielt, wenn die Insekticide dem Boden einverleibt wurden. (C. R. hebd. Séances Acad. Agric. France **39**. 201–06. 1953.) C. GRIMME. 6312

R. N. Hofmaster und **D. E. Greenwood**, *Bekämpfung von Gurkenschädlingen.* Gute Bekämpfungsergebnisse wurden durch Anwendung von 1%ig. *Lindan* (**I**)-Staub (30 lbs./acre) oder 25%ig. benetzbarem **I**-Pulver (1 lb./100 gallons W.) erzielt, sofern nicht Kartoffeln als Nachfrucht folgten (Geschmacksbeeinträchtigung). An Stelle von **I** kann 1%ig. *Parathion* (**II**)-Staub (30 lbs./acre) oder 15%ig. benetzbares **II**-Pulver (2 lbs./100 gallons W.) bis zu 2 Wochen vor der Gurkenernte angewandt werden. (Canner **117**. Nr. 16. 18–19. 19/10. 1953. Virginia, Polytechn. Inst.) F. RANG. 6312

L. Bonnemaison und **P. Jourdheuil**, *Versuche zur Behandlung der Samen ölhaltiger Cruciferen gegen Blattläuse.* Bericht über vergleichende Bekämpfungsmaßnahmen durch Naß- u. Trockenbeize mit *Lindan, DDT, Aldrin, Äthylparathion* u. *Methylparathion.* Die verwendeten Mittel erwiesen sich als gut wirksam gegen den Befall der aufgelaufenen Pflanzen mit Blattläusen. (C. R. hebd. Séances Acad. Agric. France **40**. 491–93. 1954. Stat. Centrale de Zool. Agric.) C. GRIMME. 6312

H. Jacks und **K. P. Lamb**, *Gewächshausprüfung organischer Insekticide gegen Blattläuse an Kohlrüben.* Folgende Mittel wurden in Gewächshausverss. bzgl. ihrer Eignung zur Bekämpfung von Brevicoryne brassicae L. (**a**) bzw. Myzus persicae Sulz. (**b**) erprobt: *Nicotinsulfat* (**I**), *EPN 300* (**II**), *Pestox III* (**III**), *Hexone* (**IV**; enthaltend 15–20% Tetraäthylpyrophosphat), *Folidol* (**V**; 22,4%ig. emulgierbares Parathionpräp.), *Thiophos* (**VI**), *Aldrin, Dieldrin* (**VII**), *Higam* (**VIII**; enthaltend 25% Lindan), *Arathane* (**IX**; enthaltend 25% Dinitrocaprylphenylcrotonat), *Aramite, Midol T 10* (**X**; enthaltend 2,7% BHC + 4% Azobenzol + 0,3% Parathion), Midol 100 (**XI**; enthaltend 4% Azobenzol + 0,4% Rotenon + 2% eines 10%ig. Pyrethrumextrakts). Gegen **a** bes. kontaktwirksam waren (Konzentrationsangaben jeweils pro 100 gall. W.): **V** (1 lb.), **VI** (1 lb.) u. **IV** (1 pt). Gegen **b** waren bes. kontaktwirksam: **V, VI, VIII** u. **X** (jeweils 0,06–0,5 lb.), **II** (0,25–1 lb.), **I** (0,083–0,166 gal.), **XI** (0,5 gal.). Phytotox. Erscheinungen wurden nur bei Anwendung von **VII** (2 lb.) u. **IX** (3 lb.) beobachtet. Deutliche system. bzw. Nachwrkg. wurde festgestellt bei **III** sowie (in geringerem Maße) bei **II, VI** u. **VIII**. (New Zealand J. Sci. Technol., Sect. A **34**. 172–78. Aug. 1952. Auckland, Dep. of Sci. and Ind. Res., Plant Diseases Div.) F. RANG. 6312

M. Drachovská und **C. T. Blattny jr.**, *Mitteilung über Versuche zur Vernichtung von Doralis fabae Scop.* Ein Teil der Pflanzen wurde mit 1%ig. Lsg. von *Phosphorsäureoctomethyltetraamid* (**I**), der andere Teil mit 0,65%ig. *p-Nitrophenyldiäthylmonothiophosphat* (**II**) behandelt. **I** bewirkt bis zu 3 Wochen noch eine Immunität der Pflanze gegenüber den Schädlingen, wobei zu bemerken ist, daß diese nicht gleich absterben, also Pflanzenviruskrankheiten noch übertragen können. Die Behandlung mit **I** muß alle 3 Wochen wiederholt werden. **II** wirkt 12 Tage. (Zoolog. entomol. Listy **2** (**16**). 294–98. 1953. Praha, Vys. šk. chem., Potravín fak.) E. VEVERA. 6312

G. E. Carman, F. A. Gunther, R. C. Blinn und **R. D. Garmus**, *Das physikalische Verhalten von Parathion bei der Anwendung an Citrusfrüchten.* Vff. untersuchten die Abgasung von *Parathion* (**I**) auf behandelten Orangen mit einer besonderen App. im Luftstrom. Das gasförmige **I** wurde durch Test mit Musca domestica u. durch analyt. Best. nach der Meth. von AVERELL u. NORRIS nachgewiesen. Es konnten nur sehr geringe Mengen nachgewiesen werden, es fand in keinem Falle eine Abtötung der eingesetzten Fliegen statt. Bei Feldverss. lagen die auftretenden **I**-Mengen in der Luft unter der Nachweisgrenze der benutzten Methode. (J. econ. Entomol. **45**. 767–77. Okt. 1952.) W. KNÖPKE. 6312

Herbert Bruns, *Behandlung von Vogelnistkästen mit Kontaktinsekticiden und ihre Auswirkung auf Hornissen, Wespen und Vögel.* Es wurden 2jährige Verss. zur Bekämpfung von Hornissen u. Wespen mit Kontaktinsekticiden (*Diditanol, Gesarol, Jacutin, Gix, Paral, Chlordan, Lindan, E 605 forte, γ-HCH* bzw. *HCC*) in über 300 Vogelnistkästen in verschied. Waldarten ausgeführt. Behandlung der Innenfläche der Bruthöhlen erfolgte mit ca. 15 cm^3 Spritz-Fl. (Konz. zwischen 0,035 u. 5%) oder Puder Anfang bzw. Mitte

April. Diese Kästen waren im Spätsommer fast frei von Hornissen u. Wespen. Die Vogelwelt wurde nicht gefährdet. (Anz. Schädlingskunde **26.** 182—85. Dez. **1953.** Würzburg, Univ., Inst. für Angew. Zool.) F. RANG. 6312

G. Mathys, *Das Problem der Bekämpfung der Roten Spinne auf Reben.* Allg. Ausführungen, wobei bes. vor der kritiklosen Anwendung von S-Verbb. gewarnt wird. (Progr. agric. viticole **142.** **(71).** 299—306. 21—28. 11. 1954. Lausanne, Stat. fédérales d'Essais agric.) C. GRIMME. 6312

Donald A. Wilbur, *Wirkung von Piperonylbutoxyd u. Pyrethrin enthaltenden insekticiden Stäuben auf den Geruch von Eiern bei der Zumischung zu Weizen.* Bei Verfütterung von Weizen, der mit Pyrethrum-Piperonylbutoxyd-Staub behandelt war, an Hennen konnten keine Unterschiede in der Legetätigkeit u. in der Beschaffenheit der Eier festgestellt werden. (J. econ. Entomol. **45.** 899. Okt. 1952. Manhattan, Kans., Kansas State Coll.) W. KNÖPKE. 6312

G. L. Bridger, *Düngemittel.* Übersicht über das Schrifttum betreffend die Fortschritte der Unters. von Düngemitteln seit 1953. — 152 Literaturangaben. (Analytic. Chem. **27.** 632—36. April 1955. Ames, Io., Iowa State Coll., Dep. of Chem. and Mining Engng.) PH. FRESENIUS. 6322

A. I. Danilin, *Messung der Bodenfeuchtigkeit mit Hilfe von Gammastrahlen.* Die Abschwächung der γ-Strahlen bei Durchgang durch eine bestimmte Bodenschicht wurde zur Best. des Feuchtigkeitsgeh. derselben benutzt, da die Schwächung um so stärker erfolgt, je mehr Feuchtigkeit die Bodenporen enthalten. Die Messung kann am gewachsenen Boden erfolgen, also ohne daß Proben entnommen zu werden brauchen. Sie ermöglicht es auch, Veränderungen in der Bodenfeuchtigkeit fortlaufend zu verfolgen. An Genauigkeit kommt die Meth. der direkten Best. der Feuchtigkeit zumindest gleich. (Почвоведение [Bodenkunde] **1955.** Nr. 7. 74—83. Juli. Wiss. Forschungsinst. für hydrometerol. Gerätebau.) A. JACOB. 6324

W. D. E. Thomas und **A. J. Sims,** *Probleme bei der Anwendung von Sprays.* 3. Mitt. *Eine Sedimentierungsmethode zur Bestimmung der wirksamen Teilchenverteilung von dispergierbaren Stäuben.* (2. vgl. MARTIN, BATT u. JACKSON, C. **1956.** 7918.) Beschreibung einer apparativ einfachen Meth. zur Best. der Teilchengrößenverteilung in Insekticidemulsionen. — Skizze der Apparatur. (Annu. Rep. agric. horticult. Res. Stat., Long Ashton, Bristol **1952.** 84—89.) C. GRIMME. 6328

Ruhrchemie Akt.-Ges. (Erfinder: **Adolf Schmatloch**), Oberhausen, Rhld., *Herstellung von Ammonsulfatsalpeterschmelzen* durch Umsetzung von gasförmigem NH_3 mit H_2SO_4 u. HNO_3 unter fast vollständiger Abdampfung des von den Reaktionsteilnehmern eingebrachten W., wobei die Hauptmenge der freien Säuren in einem Sättiger u. der Rest der freien Säure abschließend in einem kleinen nachgeschalteten zylindr. Sättiger mit NH_3 nachneutralisiert wird, dad. gek., daß die abschließende Neutralisation der Schmelze in einem mit mehreren übereinanderliegenden Siebplatten ausgestatteten Gefäß (Neutralisierflasche) erfolgt, in das die noch nicht völlig neutralisierte Ammonsulfatsalpeterschmelze in der Nähe des Bodens eintritt, während man unterhalb der untersten Siebplatte so viel gasförmiges NH_3 einleitet, als zur Neutralisierung der noch vorhandenen Säurereste erforderlich ist u. die fertig behandelte Schmelze aus dem oberen Teil dieses Gefäßes ablaufen läßt. In die Neutralisierflasche wird so viel NH_3 eingeleitet, daß Metallsalze, bes. Fe-Sulfat, die der Schmelze gegebenenfalls zugesetzt wurden, in Form von Oxyden ausfallen, d. h. bei Fe-Ausfällung bis zum Auftreten einer Braunfärbung der aus der Neutralisierflasche ablaufenden Schmelze. NH_3-Verluste werden vermieden. — Vorrichtung. (**D. B. P. 936 510** Kl. 16 vom 26/2. 1954, ausg. 15/12. 1955. Anmeldung bekanntgemacht 8/6. 1955.) H. KARST. 6285

Ferdinand Zunker, Dresden, *Herstellung von streufähigem Kompost aus Fäkalien oder Stallmist und Zuschlagstoffen* pflanzlicher oder tier. Art durch Gärung in einem um eine waagerechte bzw. geneigte Längsachse drehbaren, röhrenartigen Behälter mit eine Durchmischung des Behandlungsgutes begünstigenden Mitnehmerorganen an der Innenwand, dad. gek., daß die zu kompostierenden Massen zur Erzeugung eines nach Beendigung der Behandlung sofort verwendbaren streufähigen Kompostes in solchen anteiligen Mengenverhältnissen in die Trommel eingefüllt werden, daß die M. alsbald eine nur feuchte Beschaffenheit in dem Gärraum aufweist u. die Temp. des gegen die Umgebung abgeschlossenen Gärraumes durch Wärmeisolierung seiner Außenwandungen hochgetrieben wird, so daß die Auflockerung der M. u. die Erreichung einer hohen Gärtemp. beschleunigt wird. Die pathogenen Keime der M. werden abgetötet u. gegebenenfalls methanhaltige Gase gewonnen. — Vorrichtung. (**D. B. P. 936 691** Kl. 16 vom 9/1. 1954, ausg. 22/12. 1955. Anmeldung bekanntgemacht 2/6. 1955.) H. KARST. 6295

Ernst Seifert und **Heinz Lohmann** (Erfinder: **Ernst Seifert**), Hamburg, *Herstellung von Bodenverbesserungsmitteln*, dad. gek., daß Zn- u./oder Mg-Carbonat enthaltende Carbonate mit einer oder mehreren, vorzugsweise ein- oder zweiwertigen aliphat. Hydroxylverbb. versetzt werden u. das Gemisch in streufähige Form übergeführt wird. Die Hydroxylverb. kann z. T. durch eine niedere gesätt. Fettsäure verestert werden. Zur Veresterung können auch organ. Salze zweiwertiger Metalle dienen. Feinverteilte Polymerisate einer oder mehrerer dieser Fettsäuren, pflanzenphysiol. wirksame Adsorptionskomplexe, Kompost oder kompostartige Düngestoffe können dem Gemisch zugesetzt werden. (**D. B. P. 936 512** Kl. 16 vom 3/4. 1953, ausg. 15/12. 1955. Anmeldung bekanntgemacht 8/6. 1955.) H. KARST. 6303

University of Illinois Foundation, übert. von: **Ludwig F. Audrieth**, Urbana, Ill., und **Perry Ross Kippur**, Buffalo, N. Y., V. St. A., *Thiocarbohydrazid*, $S:C(NHNH_2)_2$, erhält man, indem man eine wss. Lsg. von Hydraziniumdithiocarbazinat ($N_2H_4 \cdot HSCSN_2H_3$; aus CS_2 u. Hydrazin) in Ggw. von Hydrazin unter Rückfluß erhitzt. — Verwendung zur Herst. von *Insekticiden* u. *Fungiciden*. (**A. P. 2 726 263** vom 1/6. 1953, ausg. 6/12. 1955). A. BRÖSAMLE. 6313

Commercial Solvents Corp., Terre Haute, Ind., übert. von: **Arnold N. Johnson**, Paterson, N. J., V. St. A., *2-Halogen-2-nitro-1-aryl-1-thiocyanalkane* der Formel **I** (X = Cl, Br; Ar = Phenyl, p-Chlorphenyl; R = H, CH_3, C_2H_5) erhält man durch Kondensation von 1.2-Dihalogen-2-nitro-1-arylalkanen (hergestellt durch Photohalogenierung z. B. von 2-Nitro-1-phenyläthen, -propen oder -buten in CCl_4 oder Chlf. bei 40—45°) mit einem Alkalithiocyanat in einem inerten Lösungsm. (Toluol) bei ca. 15—110°. — Aus 0,031 (Mol) 1.2-Dibrom-2-nitro-1-phenyläthan u. 0,086 NaSCN in 400 cm³ Bzl. nach 5½ std. Rückfluß bei 78° u. 2mal 6std. nach 2maligem Zusatz von Aceton → *2-Brom-2-nitro-1-phenyl-1-thiocyanäthan*. — 1.2-Dichlor-2-nitro-1-phenyläthan → *2-Chlor-2-nitro-1-phenyl-1-thiocyanäthan*. — 1.2-Dichlor-2-nitro-1-p-chlorphenyläthan → *2-Chlor-2-nitro-1-p-chlorphenyl-1-thiocyanäthan*. — *2-Brom-2-nitro-1-p-chlorphenyl-1-thiocyanäthan*. — 1.2-Dibrom-2-nitro-1-phenylbutan → *2-Brom-2-nitro-1-phenyl-1-thiocyanbutan*. — *2-Chlor-2-nitro-1-phenyl-1-thiocyanpropan*. — *2-Chlor-2-nitro-1-p-chlorphenyl-1-thiocyanpropan*. — *2-Brom-2-nitro-1-phenyl-1-thiocyanpropan*. — *2-Brom-2-nitro-1-p-chlorphenyl-1-thiocyanpropan*. — *2-Chlor-2-nitro-1-phenyl-1-thiocyanbutan*. — *2-Chlor-2-nitro-1-p-chlorphenyl-1-thiocyanbutan*. — *2-Brom-2-nitro-1-p-chlorphenyl-1-thiocyanbutan*. — Die Verbb. sind braune bis schwarze Öle; sie werden in aceton. Lsg. an „Attaclay" (= hydratisiertes Al–Mg-Silicat) adsorbiert u. dienen dann als miticidwirksame Stäubepulver bes. gegen *Tetranychus atlanticus* (Tabelle). (**A. P. 2 692 889** vom 17/4. 1953, ausg. 26/10. 1954.) G. KRAUSS. 6313

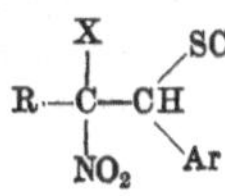

I

Ciba Akt.-Ges., Basel, Schweiz, *Herstellung eines Schädlingsbekämpfungsmittels*. Man mischt eine Verb. der allg. Formel **I**, in der A_1 u. A_2 über ein Heteroatom an das Phosphoratom gebundene, organ. Reste, Z entweder O oder S u. Hal ein Halogenatom bedeuten, mit mindestens einem inerten Trägerstoff. Man verwendet z. B. Kondensationsprodd. aus einem Trialkylphosphit u. Chloral der allg. Formel **II**, worin R_1 u. R_2 Alkylreste bedeuten [z. B. aus 1 (Mol) Trimethylphosphit u. 1 Chloral Verb. **III**], oder aus einem Trialkylphosphit u. einem Trichloressigsäurealkylester der allg. Formel **IV**, in der R_1 u. R_2 Alkylreste u. R_5 einen Alkoxyrest bedeuten. — Beispiele der

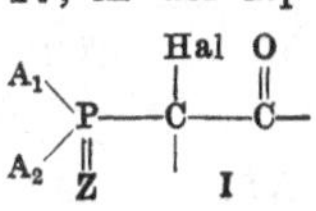

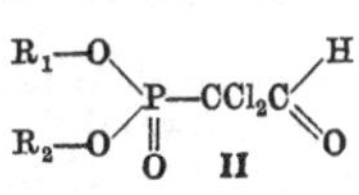

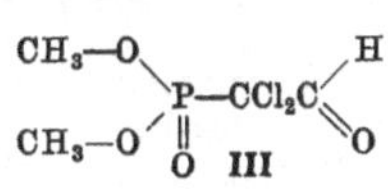

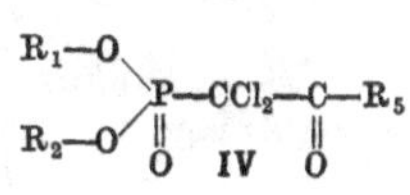

letzteren Verbb. sind noch Kondensationsprodd. aus 1 Triäthylphosphit u. 1 Trichloressigsäureäthylester der Formel **V** u. aus 1 Triäthylphosphit u. 1 Trichloressigsäure-(β-chloräthyl)-ester der Formel **VI**. (**Schwz. P. 307 235** vom 25/9. 1951, ausg. 1/8. 1955.) H. NEBELSIEK. 6313

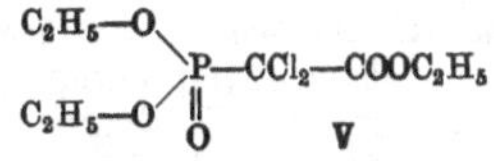

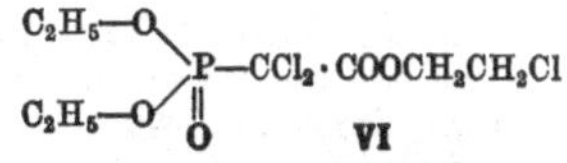

Norddeutsche Affinerie, Hamburg, und **C. F. Spiess & Sohn**, Kleinkarlbach (Erfinder: **Werner Perkow** und **Hubert Koddebusch**), *Phosphorhaltige Schädlingsbekämpfungsmittel* erhält man durch Rk. eines Trialkylphosphits mit einem Thiohalogenid oder mit Chloral (**I**) bzw. Bromal ohne äußere Wärmezufuhr. $P(OC_2H_5)_3$ gibt mit **I** in Bzl. Diäthyldichlorvinylphosphat, Kp.$_2$ 113—115°. Analog aus Triisopropylphosphit u. **I** Diisopropyldichlorvinylphosphat, Kp.$_{1,5}$ 112—113°; Diisobutyldichlorvinylphosphat, Kp.$_{0,5}$ 125—127°; Diäthyldibromvinylphosphat, Kp.$_{2,5}$ 129—132°; aus $P(OC_2H_5)_3$ u.

p-Nitrophenylthiochlorid O.O-Diäthyl-S-(p-nitrophenyl)-phosphorthiolat; aus $P(OC_2H_5)_3$ u. Äthylthiochlorid O.O-Diäthyl-S-äthylphosphorthiolat, $Kp._{16}$ 120°. (**E. P. 739 726** vom 5/2. 1953, ausg. 2/11. 1955.) J. MÜHLEISEN. 6313

Prochim (Soc. An.), Pas-de-Calais, Frankreich, *Desinfektionsmittel*, bestehend aus einer organ. Quecksilberverb. der Formel R—Hg—X (R = organ. Rest, z. B. Methoxyäthyl, u. X = Rest einer höheren organ. Säure, z. B. Palmitin- oder Stearinsäure, oder ein Halogen). Das Präp. wird in W. emulgiert oder in Bzl. gelöst u. dient zum Schutz von Geweben, Holz, Leder, Unterwasserfarben gegen Schädlingsbefall. (**F. P. 1 072 903** vom 12/3. 1953, ausg. 16/9. 1954.) G. WELTZIEN. 6313

Deutsche Gold- & Silberscheideanstalt vormals Roessler, Frankfurt/M.(Erfinder: **Hans-Joachim Mann**, Offenbach/M.), *Herstellung von Pentaerythrittetrachlorid* (**I**) durch Rk. von Pentaerythrit (**II**) mit HCl bei erhöhter Temp. unter Druck, dad. gek., daß je 1 (Mol) **II** mindestens 4 HCl verwendet werden u. daß die Rk. in Ggw. von W. u. von $^1/_{10}$—$^1/_2$ einer in W. lösl. aliphat. Carbonsäure bei ca. 180—200° erfolgt. Zweckmäßig wird 40—60%ig. wss. HCl verwendet. — 136,1 g **II** werden in 500 cm^3 W. unter Zusatz von 6 g CH_3COOH eingerührt; das Gemisch wird in einem versilberten Autoklav mit 500 HCl 3 Std. auf 200° erhitzt. Nach Erkalten wird überschüssiges HCl abgeblasen. Man erhält **I**, umkrist. aus CH_3OH (unter Zusatz von Aktivkohle), in weißen Kristallen vom F. 97° in 78%ig. Ausbeute, bezogen auf **II**. — Verwendung zur Herst. von *Schädlingsbekämpfungsmitteln*. (**D. B. P. 935 362** Kl. 12o vom 28/2. 1954, ausg. 17/11. 1955. Anmeldung bekanntgemacht 18/5. 1955.) J. MÜHLEISEN. 6313

VIII. Metallurgie. Metallographie. Metallverarbeitung.

C. E. Grigsby, T. M. Mordaunt und **G. S. Kennelley**, *Feuerfeste Baustoffe für den sauren Elektrostahlofen.* Ausdehnungskurven, Betriebsangaben und Anleitungen für Gewölbe, konstruktive Ausführung. — Diskussion. (Electr. Furnace Steel Conf., Proc., Iron Steel Divis., Amer. Inst. Mining metallurg. Engr. **9.** 250—59. 1951.) K. STEIN. 6370

M. W. Demler und **J. A. Pierce**, *Feuerfeste Stoffe für den sauren Elektrostahlofen.* Verwendet werden Silica, Schamotte und hochtonerdehaltige Steine. Eigg. der feuerfesten Stoffe und konstruktive Gestaltung des Gewölbes. (Electr. Furnace Steel Conf., Proc., Iron Steel Divis., Amer. Inst. Mining metallurg. Engr. **9.** 241—50. 1951.) K. STEIN. 6370

—, *Imprägnieren poröser Gußstücke.* Die Gußstücke werden mit einem Kunstharz, z. B. *Polyplastex MC*, behandelt, das mit Hilfe von Druck oder Unterdruck in die Poren gepreßt wird. (Canad. Metals **16.** Nr. 1. 34—35. Jan. 1953.) F. MARKHOFF. 6382

K. Åkesson, *Erstarrung und Speisen beim Gießen.* Ausführliche Übersicht der in der Literatur veröffentlichten Unterss. über Erstarrung u. Speisen beim Gießen von Metallen, bes. Gußstahl. — 83 Literaturangaben. (Gjuteriet **43.** 209—21. Dez. 1953. **44.** 1—10. Jan. 43—50. März. 170—79. Okt. 1954. **45.** 31—38. März 1955. Stockholm.) S. BECKMANN. 6382

J. P. Walsted, *Metallurgische Untersuchungen an Eisenerz von Scappoose (Oregon).* Beschreibung des Vork. u. der Verhüttung von Eisenerz (49,3—51,0% Fe) von Scappoose u. der dazu erforderlichen Einrichtungen u. Rohstoffe. (U. S. Dep. Interior, Bur. Mines, Rep. Invest. **1954.** Nr. 5079. 1—46. Okt. Albany, Ore., Bur. of Mines.) W. WESLY. 6390

W. A. Walton, *Die Rückgewinnung von Eisenerzen aus Hochofengas.* Beschreibung einer Anlage zur Anreicherung des Fe aus dem Flugstaubwäscher. (Iron Steel Engr. **30.** Nr. 4. 121—22. April 1953. Pittburgh, Pa., Dravo Corp., App. Dep.) W. WESLY. 6390

Gyula Bella, *Schutz- und Absaugvorrichtung bei der Herstellung von kugelgraphitischen Walzwerkswalzen.* Zum Schutz gegen Verspritzen, Hitze u. Rauch beim Impfen des fl. Eisens mit Mg oder Elektronmetall konstruierte Vf. einen die Gießgrube überdeckenden kon. Deckel, durch dessen zentrale Öffnung das Modifiziermetall in belastetem Korb eingeführt wird. Aus dem abgeschlossenen Raum wird Rauch mittels Exhaustors abgesaugt. (Kohászati Lapok **10** (**88**). Nr. 3. Öntöde **6.** 45—47. März 1955.) J. PLANK. 6404

A. B. Everest, *Mechanische Eigenschaften und Anwendungen von Eisen mit sphärolithischem Graphit.* 1. u. 2. Mitt. Übersicht über Geschichte, Gewinnung, Eigg. u. Anwendung von Gußeisen mit sphärolith. Graphit. — 23 Schrifttumhinweise. (Engineer **193.** 795—97. 13/6. 838—40. 20/6. 1952. Mond Nickel Co.) W. WESLY. 6404

Kurt Guthmann, *Stand der Temperaturüberwachung von Stahlschmelzen und beim Gießen.* Die Entw. störungsfrei arbeitender Tauchthermoelementmeßanlagen u. der Einsatz von seit über 20 Jahren bewährten Farbpyrometern hat brauchbare Hilfsmittel für die Temperaturüberwachung von Stahlschmelzen u. beim Gießen gegeben. Wert u. Brauchbarkeit gemeinsamer Tauchthermoelement- u. Farbpyrometermessungen in Verbindung mit der Strahlungsanalyse werden festgestellt. — 12 Schrifttumsangaben. Diskussion. (Stahl u. Eisen **75.** 1317—24. 6/10. 1955. Düsseldorf.) H. HOCHSTEIN. 6408

S. S. Carlisle, *Strahlungspyrometrie. Grundsätzliches über Arbeitsweise, Bauarten und Anwendung in Stahlwerken.* Grundlage der Strahlungspyrometrie. Spektrale Strahlungsverteilung, WIENsches Verschiebungsgesetz, STEFAN-BOLTZMANNsches Gesetz über die abgestrahlte Leistung, die von WIEN abgeleitete Formel für die Intensität der monochromat. Strahlung und Emissionsfähigkeit der strahlenden Oberfläche. Gesamtstrahlungspyrometer messen die über den ganzen Wellenbereich abgestrahlte Energie, Teilstrahlungspyrometer die Abstrahlung innerhalb eines schmalen Teiles des Spektrums. Mit Farbpyrometern wird die Änderung der spektralen Energieverteilung bei Änderung der Temp. gemessen. Verschied. Pyrometertypen gestatten zweckmäßige Auswahl nach Wirkungsweise und Anwendungsmöglichkeit. Keine konstruktiven Einzelheiten. — 12 Literaturzitate. (Iron Coal Trades Rev. **164.** 637—43. 21/3. 697—701. 28/3. 1952.) W. DEUTSCH. 6408

Sam F. Carter, *Basisches oder saures Schmelzverfahren für Stahlgußstücke.* Die bas. Arbeitsweise ist sehr wendig und für verschied. Zwecke anwendbar. Sie ist aber teuer und dem sauren Verf. unterlegen, wenn einfache Stähle aus gutem Schrott erzeugt werden. (Electr. Furnace Steel Conf., Proc., Iron Steel Divis., Amer. Inst. Mining metallurg. Engr. **9.** 230—40. 1951.) K. STEIN. 6408

Alexander Finlayson, *Der basische Elektroofen für die Herstellung von Stahlguß.* Betriebserfahrungen u. Schmelzverlauf. (Electr. Furnace Steel Conf., Proc., Iron Steel Divis., Amer. Inst. Mining metallurg. Engr. **9.** 193—209. 1951.) K. STEIN. 6408

E. H. Berry jr., *Bor beim Elektroschmelzverfahren, besonders im sauren Ofen.* Die Verwendung von B bei der Erzeugung üblicher Stahlgußsorten erhöht die Härte und spart dadurch Legierungen. Den besten Erfolg erreicht man mit einem Zusatz von 0,003—0,0045%. Das beste Ausbringen an B erzielt man, wenn der Stahl mit Al gut desoxydiert und die Stahloberfläche schlackenfrei ist. (Electr. Furnace Steel Conf., Proc., Iron Steel Divis., Amer. Inst. Mining metallurg. Engr. **9.** 60—64. 1951.) K. STEIN. 6408

George C. Delplace, *Schmelzenkontrolle von Elektroofenstahl mit einem Quantometer.* Analysengenauigkeit und Konzentrationsgrenzen bei einem Quantometer für 7 Elemente. — Probenahme. (Electr. Furnace Steel Conf., Proc., Iron Steel Divis., Amer. Inst. Mining metallurg. Engr. **11.** 77—79. 1953.) K. STEIN. 6408

D. V. Atterton, *Oberflächenfehler an Stahlgußstücken.* Überblick unter besonderer Berücksichtigung der Kaltschweiße. Bei den Abhilfemaßnahmen spielt die Formsandauswahl u. -behandlung eine große Rolle. (Iron and Steel **26.** 93—97. März 1953.) W. BÜLTMANN. 6408

S. B. Batdorf und **A. W. Hoppe,** *Die Erzeugung von Hochtemperaturlegierungen für Strahltriebwerke.* Die in Frage kommenden aushärtbaren Austenite werden bei der Westinghouse Corp. in einem MgO–Al_2O_3-Tiegel als Aufbauchargen erschmolzen. Aus den Gußlegierungen werden nach dem Wachsausschmelz- oder Maskenverf. Gußteile erzeugt. Beim Gießen von Blöcken sind wegen der starken Schwindung besondere Maßnahmen erforderlich. Verformung und Wärmebehandlung zielen auf Erreichung der gewünschten Korngröße und Festigkeitswerte. — Diskussion. (Electr. Furnace Steel Conf., Proc., Iron Steel Divis., Amer. Inst. Mining metallurg. Engr. **11.** 54—69. 1953.) K. STEIN. 6408

—, *Verschiedene Methoden zur Entschwefelung und Entkieselung bei der Stahlerzeugung.* Nach Erörterungen über die Bedeutung der Rohstoffqualitäten u. theoret. Betrachtungen zur Chemie der Hochofen-Rkk. werden auf Grund von Literaturangaben die Vor- u. Nachteile der in der internationalen Stahlwerkspraxis eingeführten Entschwefelungsverff. einzeln besprochen. — 72 Literaturstellen. (Iron Coal Trades Rev. **171.** 201—08. 22/7. 253—60. 29/7. 1955.) H. ECKHARDT. 6408

E. T. Turkdogan, R. A. Hancock und **J. Pearson,** *Die Entschwefelung von mit Kohlenstoff gesättigtem Eisen: Einfluß von Silicium, Mangan und Aluminium.* Der Übergang von S aus einem mit C gesättigten Eisen in eine Schlacke, die aus 50% CaO u. 50% Al_2O_3 bestand, wurde bei 1505° in Graphittiegeln untersucht. Die Einfl. von Si, Mn u. Al auf die S-Reaktionsgeschwindigkeit wurde für eine Reihe experimenteller Bedingungen ermittelt. Hierbei zeigte sich, daß diese Desoxydationsmittel die Entschwefelungsgeschwindigkeit erhöhen. Der Reaktionsvorgang unter Berücksichtigung des

S-Überganges aus dem Eisen in die Schlacke u. der Trägheit der C–O-Rk. wird erörtert. — Schrifttumsangaben. (J. Iron Steel Inst. **179.** 338—41. April 1955.)
H. HOCHSTEIN. 6408

W. R. Lysobey und **R. L. Deily,** *Verringerung der Lunkerbildung bei beruhigten Stählen.* Über den Blöcken wird ein Behälter aus feuerfestem Material für fl. Stahl gebildet, der durch eine O_2-Brennstoffflamme beheizt wird u. beim Erkalten des Blockes den Lunker ausfüllt. Durch die Beheizung des verlorenen Kopfes wird die Ausbeute um ca. 5—7% erhöht. — Diskussion. (Electr. Furnace Steel Conf., Proc., Iron Steel Divis., Amer. Inst. Mining metallurg. Engr. **10.** 184—88. 4—6/12. 1952.)
W. HAUG. 6408

H. Carr, *Unlegierte und legierte Werkzeugstähle. Probleme ihrer Normung.* Angaben über Normen u. Zusammenstellungen für Werkzeugstähle in verschied. Ländern. Gegenüberstellung von Prüfverff. der Härtbarkeit u. Einhärtetiefen aus dem Schrifttum — 11 Schrifttumsangaben. (Iron and Steel **25.** 401—05. Sept. 1952.)
H. HOCHSTEIN. 6408

James T. Gow und **Vincent E. Belusko,** *Der basische Lichtbogenofen in der Stahlgießerei.* Betriebserfahrungen einer Stahlgießerei, die austenit. Mn-Stähle, rostfreie Stähle u. legierte Stähle herstellt. (Electr. Furnace Steel Conf., Proc., Iron Steel Divis., Amer. Inst. Mining metallurg. Engr. **9.** 174—92. 1951.) K. STEIN. 6410

D. D. Howat, *Elektrische Stahlerzeugung.* 2. Mitt. *Chrom im Elektrostahl.* 3. Mitt. *Die Verwendung von Sauerstoff im elektrischen Lichtbogenofen.* 4. Mitt. *Technologische Entwicklungen.* (1. vgl. C. **1955.** 916.) Überblick über das metallurg. Verh. von Cr im Elektroofen, bes. über die Verteilung von Cr zwischen Stahlbad u. Schlacke bei der Stahlerzeugung sowie über das Frischen hochchromhaltiger Stähle, über die Verwendung von O_2 im besonderen Elektroofen u. das O_2-Einblasen bei der Herst. von austenit. nichtrostenden Stählen sowie über die Entw. des Elektroofenbaues. — 118 Schrifttumsangaben. (Iron and Steel **27.** 341—45. Juli. 403—07. Aug. 446—50. Sept. 1954.)
H. HOCHSTEIN. 6410

J. W. Juppenlatz, *Gutes Verhalten von austenitischem nichtrostendem Stahlguß bei niedrigen Temperaturen.* Mitgeteilt werden die Kerbschlagzähigkeits–Temp.-Kurven bis -185^0 von Stahlguß mit 19—24(%) Cr, 8—28 Ni u. bis 2,5 Mo ohne u. mit Stabilisierung durch Nb oder Ti nach dem Abschrecken. Hierbei werden die Besonderheiten des Kurvenverlaufs bei nach dem Abschrecken auf 560 oder 675^0 verschieden lange erwärmten Proben erwähnt. Gleichzeitig werden auch die Kerbschlagzähigkeitswerte der zugehörigen Schweißzusatzwerkstoffe mitgeteilt. Hierbei zeigt sich u. a., daß ein rein austenit. Gefüge oder eine geringe magnet. Permeabilität keine Sicherheit für hohe Kerbschlagwerte bei niedrigen Tempp. sind. (Iron Age **170.** Nr. 10. 147—51. 4/9. 1952. Lebanon, Pa., Lebanon Steel Foundry Co.) H. HOCHSTEIN. 6410

A. A. Krishnan und **Ved Prakash,** *Die Kennwerte der Oxydation einiger Mangan–Aluminium-Stähle bei hoher Temperatur.* 1. Mitt. Verss. über die Oxydation einiger Mn–Al-Stähle (0,4—26,2% Mn; 8—11% Al) zeigen: Die Oxydation der meisten Stähle folgt bei 600 u. 700^0 dem parabol. Gesetz. Mn-Zusätze verstärken die Oxydation bei Tempp. zwischen 600 u. 1100^0. Niedrige Mn-Gehh. führen oberhalb von 700^0 zu einer größeren Oxydationsfestigkeit als hohe Mn-Gehalte. Ein Stahl mit 6% Mn u. 8% Al widersteht der Oxydation bei 1100^0 besser als ein Stahl mit 11% Al. (J. sci. ind. Res. [New Delhi] **13B.** 444—49. Juni 1954. Jamshedpur, Nat. Metallurg. Labor.) W. WESLY. 6410

Sidney Low, *Nitrierung rostfreier Stähle zur Erzielung höherer Verschleißfestigkeit.* Die Nitrierung (40 std. Behandlung der Stähle mit dissoziiertem u. ionisiertem NH_3 bei 1000^0 F u. Beseitigung der Oxydschicht mit nascierendem H), die erforderliche techn. Einrichtung u. die Eigg. der nitrierten Stähle werden im einzelnen beschrieben. (Steel **129.** Nr. 6. 82. 84. 87. 6/8. 1951. Indian Orchard, Mass., Chapman Valve Mfg. Co., Res. and Dev. Labor.) W. WESLY. 6410

Maurice Cook, *Fortschritte bei den Nichteisenmetallen seit dem ersten Weltkrieg.* Aus einem Rückblick auf die Entw. der letzten 36 Jahre wird der heutige Stand auf folgenden Gebieten angegeben: Schmelzen u. Gießen, Walzen, Herst. von Rohren, Strangpressen u. Ziehen, Ausscheidungshärtung, Einfl. von Spurenelementen, verschied. Legierungen, Schweißen u. Löten, Oberflächenbehandlung u. Werkstoffprüfung. (Metallurgia [Manchester] **51.** 227—30. Mai 1955.) K. STEIN. 6420

W. H. L. Hooper und **N. P. Inglis,** *Nichteisenmetall-Daten für den Chemieingenieur.* Mechan. Eigg. Verarbeitungseigg. u. Angreifbarkeit durch Korrosion von *Cu* u. *Cu-Legierungen, Al* u. *Al-Legierungen, Ti, TiCrFe, TiCrFeMo, TiMn, TiMnAl, TiCrAl* u. *Ag* werden ausführlich besprochen u. tabellar. über Zerreißfestigkeit, Dehnung u. Härte Auskunft gegeben. Über das Schweißen der verschied. Werkstoffe wird ausführlich berichtet. (Chem. and Ind. **1954.** 1334–48. 30/10. Birmingham, Kynoch Works, Imp. Chem. Ind. Ltd.) P. WOLF. 6420

K. K. Kershner und **A. A. Cochran,** *Die Wiedergewinnung von sehr feinen Mineralteilchen. Ein Fortschrittsbericht.* Verss. zeigen, daß physikal. Verff. zur Wiedergewinnung von feinstverteiltem *Cassiterit* aus Sn-Schlamm keine befriedigenden Ergebnisse liefern. Dagegen gelingt es, 40–50% des *Sn* durch Red. mit elektrolyt., bei 85–90° aus saurer Lsg. unter Verwendung einer Graphitanode u. einer Hg-Kathode u. Zusatz von KCl oder $CaCl_2$ erzeugtem H_2 wiederzugewinnen. (U.S. Dep. Interior, Bur. Mines, Rep. Invest. **1954.** Nr. 5076. 1–7. Sept. Rolla, Mo., Bur. of Mines.) W. WESLY. 6428

R. T. MacMillan und **T. L. Turner,** *Mangangewinnung aus Erzen des Aroostook-Gebietes, Maine.* Mehrere niedergrädige Mn-Erze, die sich nach üblichen Verff. mit nur geringer Ausbeute aufarbeiten ließen, wurden im Labor. einer chem. Behandlung mit Mineralsäuren, Sulfaten, Chloriden u. Fluoriden unterzogen, wobei mit HCl-Gas, mit u. ohne Zwischenröstung die besten Ergebnisse erzielt wurden. (U. S. Dep. Interior, Bur. Mines, Rep. Invest. **1954.** Nr. 5082. 1–41. Okt. Coll. Park, Md., Bur. of Mines.) H. ECHARD. 6436

H. Anders, *Über die Verarbeitung von Magnesiumschrott.* (Metall **7.** 615–17. Aug. 1953. Nürnberg. — C. **1956.** 246.) F. VIER. 6444

Karl Ernst Mann, *Ein Beitrag über die Wirkung kleinster Berylliumgehalte in Magnesiumlegierungen.* Die Vorzüge der Verwendung Be-haltiger Mg-Legierungschargen liegen bes. in der Luftverbesserung in der Gießerei durch Wegfall des lästigen S beim Gießen. Außerdem bedingt der Be-Zusatz eine Verminderung der Lunkeranfälligkeit u. Verringerung des Abbrandes u. des Salzverbrauchs. Die Festigkeit wird bei Verwendung von Umschmelzlegierungen durch Zusätze von bis zu 0,01% Be nicht nachteilig beeinflußt. Höchste Festigkeitswerte sind bei Verwendung von Be-haltigen Hüttenlegierungen nur unter besonderer Schmelzbehandlung zu erzielen. Eine Kornvergröberung durch einen Be-Zusatz wirkt sich bis zu 0,01% Be im unbehandelten Gußzustand bei beliebigem Einsatzmaterial nicht nachteilig auf die Festigkeitseigg. aus. Das Korrosionsverh. wird günstig beeinflußt, wenn hoch Fe-haltiges Material zur Verwendung kommt. (Z. Metallkunde **46.** 17–24. Jan. 1955. Meinerzhagen.) H. HOCHSTEIN. 6444

Graham Oldham, *Titan, Vorkommen und Verwendung.* Vork. von Titan in prim. u. sek. Lagerstätten sowie seine Verwendungsmöglichkeiten als Metall u. in Form seiner Verbindungen. (Mining J. [London] **239.** 68–69. 18/7. 1952.) GERHARD GÜNTHER. 6448

A. M. Bounds und **H. W. Cooper,** *Glühen von Titan und Zirkonium.* Beim Glühen von Ti u. Zr in Luft oder anderen akt. Gasen wird die Bldg. von Zunder u. eine Oberflächenhärtung bewirkt, die durch Beizen nicht entfernt werden kann. Inerte Gase verhindern diese Wirkung. Für kleine Werkstücke eignet sich das Glühen im Vakuum. Das Abbeizen stark verzunderter Werkstücke ist schwierig. (Metal Progr. **59.** Nr. 1. 69. 100. 102. Jan. 1951. Norristown, Pa., Superior Tube Co.) W. WESLY. 6448

G. T. Harris, H. C. Child und **J. A. Kerr,** *Einfluß der Zusammensetzung von Gasturbinenlegierungen auf die Zunderbeständigkeit und den Vanadinpentoxydangriff.* Die Zunderbeständigkeit einiger typ. Gasturbinenlegierungen mit u. ohne Überzüge aus V_2O_5 wurde in bewegter Luft bei Tempp. von 640–1250° bei einer Dauer bis zu 1120 Std. untersucht. In allen Fällen hatten die V_2O_5-Überzüge einen schädlichen Einfl., welcher bei den Legierungen auf Eisenbasis u. Tempp. oberhalb von 750° am ausgeprägtesten ist. Untersucht wurde auch der Einfl. des Grundmetalls der Legierungen (Fe, Co, Ni u. Cr) sowie der zugesetzten festigkeitssteigernden Elemente (Mo, W, Nb, V u. Ti) auf die Zunderbeständigkeit der Legierungen mit u. ohne V_2O_5-Überzüge. Hierbei zeigte sich u. a., daß Mo-Zusätze in Werkstoffen, die 30% Fe oder weniger enthalten, die Zunderbeständigkeit in ruhiger oder bewegter Luft bei Tempp. bis zu 950° sicherstellen unter der Voraussetzung, daß der Cr-Geh. wenigstens 16% beträgt u. der V-Geh. der Legierung 2% nicht überschreitet. Um eine ausreichende Zunderbeständigkeit bei Legierungen mit über 30% Fe zu erhalten, muß der Cr-Geh. ebenfalls mindestens 16% betragen, während der Ni-Geh. nicht im Bereich von 10–40% liegen darf. Der V-Geh. muß unter 0,5% u. der Mo-Geh. unter 3% liegen. — Schrifttumsangaben. (J. Iron Steel Inst. **179.** 241–48. März 1955. William Jessop and Sons Ltd.) H. HOCHSTEIN. 6470

Chalvet, *Ausführung der Pulvermetallurgie bei maschineller Fertigung.* Überblick. (Rev. gén. Mécan. **34.** 395–403. Nov. 439–44. Dez. 1950.) H. HOCHSTEIN. 6474

B. E. Berry, *Die Herstellung von Wolframsintercarbid* (*Hartmetall*). (Vgl. C. **1954.** 1336.) Kurze Beschreibung der Aufarbeitung von W-Erzen, der Darst. von Wolframsäure, W-Pulver, W-Carbid, W-Ti-Carbid u. den Hartmetallpulvern. (Int. chem. Engng. Process Ind. **32.** 533–37. Nov. 1951. Murex Ltd.) A. GEITZ. 6476

G. Dassetto, *Fahrleitungen aus Stahlaluminium.* Die Verss. ergaben, daß mit einer 10fachen Lebensdauer gegenüber Fahrleitungen aus *Cu* gerechnet werden kann. (Aluminium Suisse **3.** 104—05. Mai 1953.) F. VIER. 6478

Anton de S. Brasunas und **Herbert H. Uhlig,** *Die Prüfung der Oxydation von Legierungen nach dem Verfahren der Drahtlebensdauer.* Ein Gerät zur Prüfung der Oxydation von Legierungen wird beschrieben, mit dem ein aus der Legierung verfertigter Draht von bestimmten Abmessungen abwechselnd 2 Min. elektr. erhitzt u. abkühlen gelassen wird, bis er reißt oder sein elektr. Widerstand um 10% zugenommen hat. Die Einw. mehrerer Faktoren (Feuchtigkeit, Temp., Oberflächenverschmutzung, Vorbehandlung) auf das Verh. des Drahtes wird für eine Reihe von Legierungen ermittelt. (ASTM Bull. **1952.** Nr. 182. 71—75. Mai. Oak Ridge, Tenn., Oak Ridge Nat. Labor., Metallurgy Div.; Cambridge, Mass. Inst. of Technol., Dep. of Metallurgy Corrosion Labor.) W. WESLY. 6480

Ludwig Bergmann, *Zerstörungsfreie Werkstoffprüfung mittels Ultraschall.* (Industrie-Anz. **73.** 346—48. 27/4. 1951. Wetzlar. — C. **1951.** I. 778.) H. HOCHSTEIN. 6480

Max Hetzler und **Alfred Michalski,** *Ultraschallschrumpfsitzprüfung von Blockaufnehmern für Strangpressen.* Wenn auch der Schaltwiderstand der Schrumpffläche zunächst als Anzeichen für schlechte Pressung erscheint, so wird doch die quantitative Beurteilung durch Zusatzeinfll., wie Rauheit der Schrumpfflächen, Schallbedingungen u. dgl. erschwert. Aus der Verteilung der Echostärke über die Aufnehmerlänge läßt sich jedoch eine Einstufung in Güteklassen vornehmen. Es werden Beispiele für Schrumpfsitzreflektogramme erörtert. — Schrifttumsangaben. (Z. Metallkunde **46.** 6—11. Jan. 1955. Völklingen/Saar.) H. HOCHSTEIN. 6480

L. M. Nash, *Qualitätskontrolle von Leichtmetallgußstücken mit Hilfe einer fluorescierenden Flüssigkeit.* Fehlstellen an Gußstücken aus Leichtmetall können vor der Weiterverarbeitung leicht erkannt werden, indem man die Werkstücke mit einer fluorescierenden Fl. tränkt, einen Entwickler zufügt u. unter UV-Licht betrachtet. (Mod. Metals **11.** Nr. 2. 44—45. März 1955. Compton, Cal., Magnesium Alloy Products Co.) H.-J. HEINRICHS. 6480

F. W. Rohde, *Eine neue Zyglo-Untersuchungsmethode.* Bei der Prüfung von Gußstücken mit einer fluorescierenden Fl. ergeben sich infolge der Capillarwrkg. erst nach 8—12 Std. ausreichende Resultate. Eine Abkürzung läßt sich durch Einschaltung eines Emulgiervorganges nach dem Tauchen in die fluorescierende Fl. erreichen. (Mod. Metals **11.** Nr. 4. 42. 44. 46. Mai 1955. Kansas City, Mo., Westinghouse Electric Corp.) H.-J. HEINRICHS. 6480

Boh. Otta, *Der Einfluß des Phosphors auf die Tiefziehfähigkeit der Weichstahlbleche.* Tiefziehfähige Bleche mit einem P+C-Geh. von (in %) ~0,080 u. einem Gesamt-P+C von ~0,17 in der Schmelze weisen bei der ERICHSEN-Probe die vorgeschriebene Eindringtiefe aus. Zum Unterschied von den tiefziehfähigen Blechen mit üblichem P-Geh. lassen sich von Blechen mit höherem P-Geh. nur ca. $^2/_3$ der Proben auf 66,7% eindrücken. Durch Seigern steigt der P-Geh. im oberen Ingot-Teil bis zum 87%, auf den P-Geh. der Schmelzprobe bezogen, wodurch sich die verminderte Verformbarkeit beim Pressen erklärt. Bei höherem P-Geh. läßt sich daher keine 100%ig. Ausbeute an Blech erzielen. (Hutnické Listy **9.** 144—47. März 1954. Mistek, Železárny Stalingrad.) K. STEINER. 6490

K. Gottwein, *Thermoelektrische Messungen von Schneidentemperaturen beim Thermopaar- und beim Zweistahlverfahren.* Es wird gezeigt, daß das Thermopaar- u. das Zweistahlverf. bes. dem prakt. Betrieb dienen können, weil das Messen der Schneidentempp. hiernach in einfacher Weise durchführbar ist. — 20 Schrifttumsstellen. (Industrie-Anz. **72.** 396—99. 5/5. 1950.) H. HOCHSTEIN. 6490

C. Panseri und **G. Bedeschi,** *Schnellprüfmethode zur Bestimmung der Schneidhaltigkeit spanabhebender Werkzeuge gegenüber Leichtmetallegierungen.* Bericht über Versuchsergebnisse zur Best. der Schneidhaltigkeit spanabhebender Schneidegeräte gegenüber verschied. Leichtmetallegierungen. Die Schneidhaltigkeit hängt nach Vff. weniger von der Härte der Legierungen als von deren Gefüge ab. Am günstigsten verhielt sich die Legierung *Reflectal 45,* deren Verschleißwrkg. etwa der der Schnelldrehmessingarten gleichkam. (Alluminio **23.** 651—59. Dez.; Ist. Sperim. Metalli leggeri, Mem. Rapp. [6] Nr. 135. 1—11. 1954. Mailand-Novara, Ist. Sper. Metalli Legg.) A. SANDER. 6490

Jean-Jacques Desherault, *Die spanabhebende Bearbeitung der Leichtmetalle.* Überblick über die die Spanabhebung beeinflussenden Faktoren, die verschied. Arbeitsverff. u. eine unter diesen Gesichtspunkten getroffene Einteilung der Leichtmetalle. (Aluminium Suisse **5.** 76—92. Mai 1955. Paris, Centre Techn. de l'Aluminium.) F. VIER. 6490

—, *Aufkohlen mit behandeltem Stadtgas.* Zur Vermeidung von Ruß-Ndd. auf mit Stadtgas aufzukohlenden *Stahl*-Teilen wird das Rohgas z. B. mit einer Zus. von 3,3 (%) CO_2, 0,6 O_2, 2,1 ungesätt. KW-stoffen, 16,4 CO, 24,0 CH_4, 49,5 H_2 u. 4,1 N_2 sofort aus den Rohrleitungen einem Kompressor zugeführt u. von dort über einem Katalysator sowie durch Luftkühler u. Silicageltrockner den Aufkohlungsretorten zugeleitet. Nach dieser Behandlung besteht das Gas aus 0,6 ungesätt. KW-stoffen, 20,2 CO, 23,6 CH_4, 51,2 H_2 u. Rest 4,4 N_2. Es werden Angaben über die mit dem behandelten Stadtgas in Abhängigkeit von Zeit u. Temp. erreichbaren Aufkohlungstiefen gemacht. (Iron Coal Trades Rev. **163.** 149. 20/7. 1951.) H. HOCHSTEIN. 6492

E. Voce, *Eine praktische Kalthärtungsfunktion.* Es wird eine Exponentialfunktion zwischen wahrer Spannung u. Verformung im doppelt-logarithm. Syst. untersucht. Auf Grund der Ergebnisse theoret. u. prakt. Unterss. wird festgestellt, daß diese Funktion den wirklichen Verhältnissen besser gerecht wird als die Abhängigkeit von Verformung u. Kraft. — 13 Schrifttumsangaben. (Metallurgia [Manchester] **51.** 219—26. Mai 1955.) K. STEIN. 6492

Ludwig Arthur Dreyfus, *Hochfrequenzheizung und Temperaturverteilung beim Oberflächenhärten von Stahl.* Für verschied. Frequenzgebiete u. entsprechend abgestufte Eindringtiefen der Felder wird die Wärmeerzeugung durch Wirbelströme mathemat. für den Fall behandelt, daß eine ferromagnet. Substanz eine bereits heiße, also unmagnet. Außenschicht besitzt. Die örtliche u. zeitliche Temperaturverteilung, die sich bei dem gleichzeitigen Wärmefluß in die noch kühleren Teile ausbildet, wird für den Fall der einseitig beheizten dicken Wand und für Zylindersymmetrie mit Hilfe von speziellen tabellierten Funktionen beschrieben. Zahlenbeispiele gelten u. a. der Frage, unter welchen Umständen beim Arbeiten mit nur 40 kHz die Härtung auf die Oberfläche von kleinen Teilen beschränkt bleibt. (Acta polytechn. [Stockholm], electr. Engng. Ser. **4.** Nr. 5. Ingeniösvetenskapsakad., Handl. Nr. 208. 1—115. 1952.) G. LOCHMANN. 6492

K. Boeckhaus, *Verschleißminderung an Oberflächen härtbarer Eisenwerkstoffe durch Flammhärten.* Beschreibung des Verf. u. Anwendungsmöglichkeiten der Flammhärtung. — 19 Literaturstellen. (Metalloberfläche, Ausg. B **9.** 74—78. Mai 1955.) F. MARKHOFF. 6492

Richard B. Belser, *Eine Löttechnik für dünne Metallfilme.* (Physic. Rev. [2] **89.** 915. 15/2. 1953. Georgia Inst. of Technol. — C. **1955.** 3478.) C. GOTTFRIED. 6504

Ernst Blohm, *Die Plattierlötung von Aluminium- und Aluminiumlegierungen.* (Industrie-Anz. **72.** 604—05. 4/7. 1950. Tutzing/Obb.) — C. **1954.** 4021.) H. HOCHSTEIN. 6504

H. E. Dixon und **J. E. Roberts,** *Die Punktschweißung von Stählen mit niedrigem Kohlenstoffgehalt.* (*Stärke entsprechend Drahtlehre 24 und $^1/_8$ inch.*) 1. u. 2. Mitt. Die günstigsten Bedingungen zum Punktschweißen von Stahlblechen mit 0,075 (0,145)% C u. von verschied. Dicke werden im einzelnen beschrieben. (Welding Res. **7.** 3r—15r. Febr. 1953.) W. WESLY. 6506

Arthur R. Butler, *Das Schweißen von Preßgesenken mit dem Metallichtbogen.* 1. Mitt. Die die Härte von Schweißen beeinflussenden Faktoren (Vorbehandlung, bes. Vorwärmtemp., Schweißverf., Vermischung des Grundwerkstoffes mit dem Schmelzgut, Abkühlungsgeschwindigkeit, Härtungstemp.) werden im einzelnen besprochen. (Welding Engr. **36.** Nr. 6. 28—30. Juni 1951. Detroit, Welding Equipment & Supply Co.) W. WESLY. 6506

Arthur R. Butler, *Das Schweißen von Preßgesenken mit dem Metallichtbogen.* 2. Mitt. (1. Mitt. vgl. vorst. Ref.) Die Erzeugung neuer u. die Wiederherst. beschädigter Werkzeuge u. Preßgesenke durch Schweißen wird beschrieben. (Welding Engr. **36.** Nr. 7. 32 bis 35. Juli 1951.) W. WESLY. 6506

—, *Beitrag zur Untersuchung der Schweißbarkeit von Stählen.* Bei der Unters. der Schweißbarkeit von Stahlgußplatten mittels eines Biegevers. wurde festgestellt, daß diese Platten die gleiche ausreichende Schweißbarkeit wie gewalzte Stahlplatten besitzen. Eine Verringerung der Verformbarkeit der geschweißten Stahlplatten wird durch eine Glühung bei etwa 650° nach der Schweißung behoben. (Fonderie **1953.** 3639—52. Okt.) H. HOCHSTEIN. 6506

W. R. Apblett und **W. S. Pellini,** *Die Schweißnahtgüte geschweißter hochfester Aluminiumlegierungen.* Da die bei den üblichen $^1/_2$ in. breiten Zugproben in der Schweißzone auftretenden Spannungen u. Deformationen beträchtlich von denen bei geschweißten breiten Tafeln auftretenden abweichen, wird eine 12 in. breite Probe entwickelt, die geeignet ist, die im prakt. Gebrauch an geschweißten Blechen von Al-Legierungen auftretenden Bedingungen anzunähern. Beide Probenformen werden miteinander verglichen. Zwar gibt die ältere Probenform relativ vergleichbare Werte, doch sind quantitative

Aussagen damit nicht möglich. Unterss. über die Spannungsverteilungen neben dem Bruch in der neuen Probenform ergeben bei Quernähten, daß die Spannungen in der Schweißnaht u. in den benachbarten Härtungszonen ihren Ausgang nehmen. Bei Längsnähten treten die Spannungen sowohl in der Naht, wie auch in dem angrenzenden Grundwerkstoff auf. Die Dehnungswerte sind hier größer, als in den Quernähten. (Welding J. **30.** Nr. 10. Welding Res. Council Engng. Foundat. 473s—481s. Okt. 1951.)
O. WERNER. 6506

Allan W. Levy und **Robert Wickham,** *Schmelzschweißung von Titanblech ohne Elektrodenmetall.* Ti besitzt in geschmolzenem Zustand hohes} Fließvermögen u. eignet sich daher gut für Schmelzschweißung ohne Elektrodenmetall. Hierfür werden techn. Daten angeführt u. auf den besonderen Einfl. des Ar-Gasdruckes hingewiesen. Die mechan. Eigg. der Schweißstellen entsprechen denen des Grundmetalls. (Mod. Metals **11.** Nr. 4. 48. 50. 52. Mai 1955. Van Nuys, Cal., Marquardt Aircraft Co.)
H.-J. HEINRICHS. 6506

Eugene F. Anderson, *Herabsetzen der Porosität in Spritzguß durch Kugelstrahlen.* Überblick über Verwendung der Kugelstrahlen. (Mod. Metals **9.** Nr. 1. 46. Febr. 1953. Mishawaka, Indiana, American Wheelabrator & Equipment Corp.) J. FISCHER. 6508

A. Lüttringhaus und **H. Goetze,** *Über die Sparbeizwirkung der Trithione. Zum Chemismus der Inhibitorwirkung.* 1. Mitt. zugleich 7. Mitt. *Über Trithione.* (6. vgl. C. **1956.** 2457.) Auf Grund einer besonderen Affinität der *Trithione* (**I**) zu Metalloberflächen können diese als „*Sparbeizmittel*" (Zusätze zu Metallbeizen) verwendet werden.

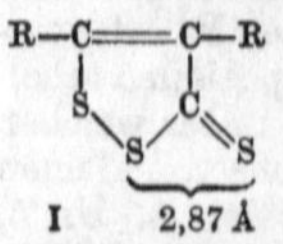

I

Geprüft wurden *2-Methyl-*, *2-Isoamyl-*, *2.3-Dimethyl-*, *3-Phenyl-*, *2.3-Diphenyl-*, *3-[p-Methoxyphenyl]-* u. *Benzotrithion* in ihrer Schutzwirkung gegen HCl, H_2, SO_4'' u. Essigsäure bei Eisenblechen. Ihre Wrkg. ist besser als die von Mercaptobenzthiazol u. Dibenzylsulfoxyd; beim Vgl. mit bekannten Sparbeizmitteln ergab sich, daß $-C{\equiv}C-CH_2OH$, $-NH-CS-$ u. $-S-CS-$ wirksame Gruppierungen sind, wobei sich die **I** bes. in HCl u. bei höheren Tempp. auch den besten bekannten Schutzmitteln überlegen zeigen. Auch bei Zink u. Aluminium zeigen die **I** eine Schutzwrkg., die jedoch durch Reduktion bald aufgehoben wird. — Ein wesentlicher Faktor in der Deutung der Schutzwrkg. für Metalle durch Trithione ist die Tatsache, daß der S—S-Abstand der **I** (2,87 Å) etwa dem des Fe—Fe-Abstandes in α-Eisen (2,86 Å) entspricht, wodurch der Verteilungsquotient der **I** zwischen Lsg. u. Metalloberfläche sehr zu Gunsten der letzteren verschoben wird. (Angew. Chem. **64.** 661—70. 21/12. 1952. Halle/Saale u. Freiburg/Breisgau, Univ., Chem. Inst.)
H. GOLD. 6512

G. Batta, L. Scheepers, L. Winandy und **G. Dallemagne,** *Das Beizen von Sonderstählen. Belgische Untersuchungen an 18-8-rostfreiem Stahl.* (Vgl. C. **1953.** 8972.) Verss. über die Einw. von Säuremischungen auf rostfreie 18-8-Stähle zeigen: Zum Beizen der Stähle eignet sich $FeSO_4$ in Ggw. von *HF* oder von H_2SO_4 oder *HCl*. Die letzteren Mischungen rufen keinen Metallverlust wie HCl-HF-HNO_3-Mischungen hervor. — Zahlentafeln, Abbildungen, Diagramme. (Metal Treatment Drop Forging **20.** 347—52. Aug. 1953. Lüttich, Univ.)
W. WESLY. 6512

Rudolf Freitag, *Abwasserbeseitigung in Metallbeizereien.* (Vgl. C. **1950.** II. 1280.) Die Abwässer können nach Neutralisation der Säure mit Kalk, eventuell nach vorheriger Verdünnung, den Vorflutern zugeleitet werden. In manchen Fällen ist es notwendig, die Metalle vorher abzuscheiden, z. B. *Cu* nach Behandeln mit Eisenspänen. Auf die Möglichkeit bei *Fe-Salze* enthaltenden Abwässern durch Umsetzen mit Alkalien u. nachfolgendes Oxydieren Eisenoxydfarben herzustellen, wird hingewiesen. (Industrie-Anz. **72.** 94—95. 31/1. 1950)
F. VIER. 6512

Oskar Rösner, *Einfluß verschiedener Ätzmittel auf Germanium.* 1. Mitt. *Chemische Wirkung einiger Agentien auf Germanium.* Die Einw. verschied. fl. u. gasförmiger Agentien auf Ge wird mkr. u. gravimetr. untersucht. Es wird dabei gefunden, daß W. Ge merklich angreift, bes. durch längeres Kochen. Die Oxydation von Ge in Luft wird durch Gefügeaufnahmen veranschaulicht, wobei bes. auf die bei 900° auftretende Rk. $GeO_2 + Ge = 2\,GeO$ hingewiesen wird. In CO_2 wird Ge ab 700° merklich angegriffen. Unterss. über die Rückgewinnung von Ge aus gebrauchten Ätzlsgg. ergaben, daß aus NaOCl-Bädern etwa 90%, aus HF-Bädern dagegen nur etwa 50% Ge zurückgewonnen werden können. Die Ursache der Instabilität von Dioden u. Transistoren wurde mit Löchern in der Oberfläche, die beim Ätzen entstehen, in Beziehung gebracht. (Z. Metallkunde **46.** 225—29. März 1955. Düsseldorf, Labor der Intermetall G. m. b. H.)
H. HOCHSTEIN. 6512

Gotthold Zielasek, *Einfluß verschiedener Ätzmittel auf Germanium.* 2. Mitt. *Physikalische Betrachtungen.* (1. vgl. vorst. Ref.) Verschied. Ätzungen von Ge dienen zur Sichtbarmachung des Kristallgefüges oder der Korngrenzen bei polykristallinem Material. Eine Behandlung in CO_2 bei 850° ergab eine Strukturätzung, wobei größtenteils eine Umwandlung von n- in p-Ge eintritt. Potentialmessungen auf der Oberfläche polykristalliner Ge-Proben ergaben Widerstandssprünge von einigen 100Ω.·cm. Sie treten an Korngrenzen auf. Eine Auftragung der Äquipotentiallinien zeigt sowohl die Stellen mit Widerstandssprüngen bei polykristallinem Material als auch die regelmäßige Widerstandsverteilung bei einkristallinem Ge. Eine n. Widerstandsmessung am polykristallinem Halbleiter kann bei Nichtbeachtung solcher Potentialdifferenzen zu falschen Werten führen. Zur Auswahl des Halbleitermaterials für Gleichrichterzwecke ist neben der Kenntnis des elektr. Widerstandes auch die der Lebensdauer der elektr. Ladungsträger notwendig. Diese kann z. B. nach der MORTON-HAYNES-Meth. bestimmt werden. Polykristalline Ge-Proben weisen wegen der größeren Rekombination eine weitaus geringere Lebensdauer ihrer Ladungsträger auf als einkristallines Material. — Schrifttumsangabe. (Z. Metallkunde **46.** 229—33. März 1955. Düsseldorf, Labor der Intermetall G. m. b. H.) H. HOCHSTEIN. 6512

D. Gardner Foulke und **Raymond F. Ledford,** *Abwässer aus galvanischen Betrieben — ein Überblick über Untersuchungen.* Überblick über die Abwasserbeseitigung u. aufarbeitung unter Wiedergewinnung der gelösten Chemikalien. — 63 Literaturstellen. (Metal Finishing **53.** Nr. 1. 67—75. Jan. 1955. Hanson-Van Winkle-Munning Co. u. Industrial Filter & Pump Mfg. Co.) F. MARKHOFF. 6514

C. Fred Gurnham, *Die Verhinderung der Rißbildung in elektrolytisch erzeugten Nickelniederschlägen.* Innere Spannungen im Nd. u. seine Duktilität beeinflussen die Rißbildung. Beide Faktoren müssen durch ständige Kontrolle überwacht werden, da Glanz- u. andere Zusätze ungünstig auf innere Spannungen u. Duktilität einwirken. (Products Finishing **19.** Nr. 10. 62. 64. 66. 68. Juli 1955. Michigan State Coll.) F. MARKHOFF. 6520

D. J. Swaine, *Andere Elemente in Zinküberzügen.* Vf. untersuchte heißgalvanisierte Dachplatten die ohne Schäden aufzuweisen, 55 Jahre einer ländlichen Atmosphäre ausgesetzt waren sowie zwei ähnliche, noch nicht gebrauchte Platten der austral. u. brit. Industrie. Alle Proben enthielten chem. nachweisbare geringe Mengen *Pb*, *Sn* u. *Fe*, spektrograph. konnte *Cd*, *Cu*, *Al*, *Si*, *In*, *Mn* u. *Ni* nachgewiesen werden. So scheinen geringe Mengen anderer Elemente in galvan. Zn-Überzügen nicht zu schaden. (Chem. and Ind. **1953.** 799—800. 25/7. Melbourne, Univ., Chem. Dep.) C. GOTTFRIED. 6522

J. Foryst, J. Madejski und **I. Zarzycki,** *Inmet, ein Ersatzöl für die Feuerverzinnung von Blechen.* Die Unterss. hatten das Ziel, das ausländ. Cocos- u. Palmöl durch ein gleichwertiges inländ. Öl zu ersetzen. Eine Anzahl von tier. u. pflanzlichen Ölen u. Fetten, darunter *Inmet* (50[%] Baumwollkernöl, 40 Sonnenblumenöl u. 10 Walfischtran) wurde auf ihr Verh. beim Erhitzen auf 260 ± 4° untersucht (SZ., JZ., Viscosität, D. u. Flüchtigkeit). Es wurde festgestellt, daß *Inmet* in den geforderten Eigg. Cocosöl-I nicht nachsteht. Entsprechende Verss. im Fabrikationsmaßstab zeigten zwar andere Ergebnisse, die Güte der Verzinnung ist aber dieselbe. (Prace Inst. Ministerstwa Hutnictwa **7.** 11—16. 1955.) F. URBAN. 6524

C. Fred Gurnham, *Zinnüberzüge auf Kupferdraht.* Beschreibung des elektrolyt. Verzinnungsverf. der Allied Chemical & Dye Corp., das mit einem $Sn(BF_4)_2$-Elektrolyt arbeitet. (Products Finishing **19.** Nr. 8. 56. 58. 60. 62. 64. 66. Mai 1955. Michigan State Coll.) F. MARKHOFF. 6524

—, *Hart-Eloxierung von Aluminium.* Harteloxalschichten der ALUMINUM CO. OF AMERICA haben eine VICKERS-Härte von 520 kg/mm². Sie haben je nach der Legierung eine helle bis dunkle Eigenfärbung, besitzen eine bes. dichte Struktur u. sehr gute Gleiteigenschaften. Zur Harteloxierung eignen sich nur bestimmte Knet- u. Gußlegierungen. (Aluminium **30.** 115. März 1954.) F. MARKHOFF. 6530

J. A. Henricks, *Amorphe Phosphatüberzüge aus Metabondbädern.* Das Metabondbad ist die Lsg. eines sehr leicht lösl. Zn-Salzes in gepufferter H_3PO_4. Es bildet beim Phosphatieren keinen Schlamm, da der Fe-Komplex gelöst wird. Auch $Zn_3(PO_4)_2$ wird nicht gebildet. — Literaturstellen. (Products Finishing **19.** Nr. 10. 74—76. Juli 1955. International Rustproof Corp.) F. MARKHOFF. 6532

H. Bethge, *Phosphatieren zur Standzeiterhöhung spanabhebender Werkzeuge.* Verss. mit phosphatierten Spiralbohrern, Schaftfräsern u. Gewindebohrern ergeben eine bis 10fache Standzeiterhöhung. (Fertigungstechnik **2.** 292. Okt. 1952. Riesa.) F. VIER. 6532

H. Bethge und **W. O. Sommerfeld,** *Standzeiterhöhung an Zerspanungswerkzeugen durch Phosphatieren.* Verss. mit verschiedenartigen Werkzeugen ergeben Standzeiterhöhungen bis 300%. (Fertigungstechnik **3.** 51—53. Febr. 1953. Riesa u. Berlin.) F. MARKHOFF. 6532.

J. W. Boon, *Die Theorie der elektrochemischen Korrosion von Metallen.* 1. Teil. *Übersicht über die Verfahren zu ihrer Bekämpfung.* 2. Teil. Übersicht über die Grundlagen der elektrochem. Korrosion, bes. die Vorgänge in einem EVANSschen Belüftungselement, u. die zur Bekämpfung der Korrosion angewandten Verff. (Wahl solcher Arbeitsbedingungen, die das Metall gegen das angreifende Medium immun machen u. Schutz des Metalls durch Passivierung). (Chem. Weekbl. **51.** 687–96. 1/10. 1955. Metaalinst. T. N. O., Afd. Corrosie.) W. WESLY. 6538

G. Bianchi, *Untersuchungen über die Korrosion des Zinns und dessen eisenschützende Wirkung.* Bericht über Korrosionsverss. mit Sn allein u. in Verb. mit Fe in luftfreien Lsgg. von H_2SO_4, Carbon- u. Oxycarbonsäuren sowie in wss. NaOH mit u. ohne Zusatz von Chloriden u. Sulfaten, ferner über das Verh. von schwach Pb-haltigen SnPb-Legierungen. In Verb. mit Fe wurde in *Oxal-* u. *Citronensäure* sowie in wss. *NaOH* das Sn bevorzugt korrodiert, weniger stark auch in Wein- u. Milchsäure, während bei Zusatz von SO_4-Ionen (als 0,1 n. $Na_2SO_4^-$-Lsg.) beide Metalle gleich angegriffen wurden. In Ggw. von NaCl griff Oxalsäure nur das Fe an, das hierbei schützend auf das Sn wirkt. Ähnlich verhielten sich gesätt. Lsgg. von *Salicylsäure* in Ggw. von NaCl u. Na_2SO_4. Nach Vf. tritt in diesen Säuren eine Passivierung des Fe durch Bldg. unlösl. anod. Schutzschichten ein. Ggw. von NaCl hebt wegen der stark korrodierenden anod. Cl'-Ionen die Passivierung des Fe auf, u. das nun bevorzugt korrodierte Fe wirkt schützend auf das zur Kathode gewordene Sn. — Bis 2% Pb enthaltende Sn–Pb-Legierungen verhielten sich wie reines Sn, ohne daß eine bevorzugte Korrosion des Pb beobachtet werden konnte. (Metallurgia ital. **47.** 216–17. Mai 1955. Mailand, Polytechn., Ist. di Chimica-Fisica, Elettrochimica e Metallurgia.) A. SANDER. 6538

F. Wormwell und **A. D. Mercer,** *Natriumbenzoat und andere Metallbenzoate als Korrosionsinhibitoren in Wasser und wässerigen Lösungen.* Na-Benzoat ist ein wirksamer Inhibitor gegen die Korrosion von Flußstahl in dest. W., mäßig hartem Seewasser u. 0,03% NaCl-Lösung. Die Konz. des Benzoates ist abhängig von der Art der Metalloberfläche u. der Cl-Konz. u. liegt zwischen 0,1 u. 1,5%. Wasserbewegung oder O_2-Geh. des W. begünstigen die Inhibition, solange der p_H-Wert über 6 liegt. Benzoate gehören nicht zu den sicheren Inhibitoren. Wirksam sind die Benzoate von Na, K, Li, Zn u. Mg dagegen begünstigen Al- u. Mn-Salze den Angriff. Cu u. Al können durch Benzoate geschützt werden. Bei Zn ist der Schutz nicht vollständig. Bei ungenügenden Mengen von Benzoat wird in verd. NaCl-Lsgg. H_2-Entw. beobachtet. Der Mechanismus der Schutzwrkg. ist noch ungeklärt. Messungen lassen aber erkennen, daß es sich hier um einen anod. Inhibitor handelt. Der auf Fe entstandene Schutzfilm besteht aus γ-Fe_2O_3 oder Fe_3O_4. (J. appl. Chem. **2.** 150–60. März 1952. Teddington, Middlesex. Chemical Res. Lab. D. S. I. R.) J. FISCHER. 6538

W. W. Binger, R. H. Wagner und **R. H. Brown,** *Die Widerstandsfähigkeit von Aluminium gegenüber durch Chemikalien verunreinigte Atmosphäre.* (Vgl. C. **1955.** 7072.) Al-Legierungen werden auf ihre Widerstandsfähigkeit gegenüber H_2S, CO_2 u. SO_2 in mit diesen Gasen gesätt. Lsgg. u. in den mit Wasserdampf gesätt. Gasen untersucht. Es wird festgestellt, daß der Angriff mit zunehmender Dauer der Einw. abnimmt, daß also ein Selbstschutz einsetzt. Feste Salze verhalten sich gegenüber Al-Legierung bei 100% Luftfeuchtigkeit sehr verschieden. Bes. greifen $AlCl_3$, $FeCl_3$, $CaCl_2$, $KMnO_4$, Na_2CO_3, *NaF* an. Unterss. in der Nähe von chem. Anlagen wie Kokereien, Sodafabriken, Ölraffinerien, Salzgruben u. Salzaufbereitungsanlagen, hatten ein ähnliches Ergebnis wie die Laboratoriumsversuche. Der Angriff auf Al kommt nach einiger Zeit zum Stillstand. Es wird weiter über einige Beispiele aus der chem. Industrie berichtet, wo sich Al als Baustoff z. B. für Dach- u. Gebäudekonstruktionen, als Rohrsysteme u. a. schon seit Jahren bewährt hat. (Mod. Metals **9.** Nr. 3. 66–68, 70–72. April 1953. Aluminum Co. of America, Aluminum Res. Labor.) J. FISCHER. 6538

Sidney Sussman und **J. R. Akers,** *Korrosion und ihre Lenkung in Aluminiumkühltürmen.* Unters. des Verh. 6 verschied. Bleche aus Al u. Al-Legierungen (Rein-Al mit 99,87[%] Al; Al 2S mit 99,45 Al; 61 S mit 0,6 Si, 1,0 Mg, 0,25 Cr, 0,25 Cu; Alclad 4 S mit 1,2 Mn u. 1,0 Mg; u. Al 3 S mit 1,2 Mn in 2 verschied. Zuständen) gegenüber strömendem W. in Kühltürmen dreier amerikan. Städte. Stärkere Schäden treten nur durch Einwrkg. unbehandelter oder schlecht gereinigter Wässer auf. Die Rohwasser hatten p_H-Werte zwischen 3,2 u. 6,1 sowie Gesamthärten von 136 bis 1000. Beim Betrieb von Aluminium-Kühltürmen ist neben der Auswahl der geeignetsten Al-Legierung, guter Wasseraufbereitung u. günstiger Konstruktion die Benutzung von Inhibitoren (Phosphate, Chromate) sowie ein Anstrich der besonders gefährdeten Stellen zu empfehlen. (Corrosion [Houston] **10.** 151–159. Mai 1954.) H. SPINDLER. 6538

Marula Čubelić, *Kathodischer Schutz von Rohrleitungen.* Überblick über das Problem, die Grundlagen u. prakt. Ausführungsformen seiner Lösung mit Nomogramm der

Potentiale von H_2- u. Hg_2Cl_2-Elektrode u. Syst. $Cu/CuSO_4$ u. $Zn/ZnSO_4$. (Nafta [Zagreb] **6.** 227—30. Juli 1955. Zagreb, Inst. za naftu.) R. K. MÜLLER. 6538

—, *Berichte des VGB-Ausschusses für Materialfragen.* Zusammenstellung von Betriebserfahrungen mit *Mn-* u. *Cr-V-Austausch-Röhrenstählen* u. von Schadensberichten. (Rundrisse an Walzstellen; Außenkorrosionen an Brennkammerrohren, Rohrreißer in einem Zwangsdurchlaufkessel; Risse in Schweißnähten; Überhitzerschäden.) (Mitt. Vereinig. Großkesselbesitzer **1952.** 110—19.) W. WESLY. 6538

S. K. Coburn, *Ein neues Gerät zur beschleunigten Korrosionsprüfung.* Beschreibung eines von den General Motors Res. Laborr. entwickelten Korrosions-Kurzprüfgerätes, vorzugsweise zur Prüfung von Stahl, das den Einfl. der tägl. Schwankungen der relativen Luftfeuchtigkeit u. den Einfl. der Erwärmung durch Sonneneinstrahlung berücksichtigt. Die Prüfung erstreckt sich über 20 Tage mit achtstündigen Beanspruchungskreisläufen, innerhalb derer die relative Luftfeuchtigkeit zwischen 10 u. 100% schwankt. Die Prüftemp. ist 125 ± 2° F; als Korrosionsmittel dient eine wss. Lsg. von 1(%) NaCl, 1 $CaCl_2$ u. 0,1 H_2SO_4. (Corrosion [Houston] **10.** Nr. 5. Topic of the Month 1—2. Mai 1954. Chicago, Ill., Association of American Railroads.) H. SPINDLER. 6540

H. F. Ebling und **M. A. Scheil,** *Eine Standardprüfmethode für Metalle, die gegen Phosphorsäure beständig sein müssen.* Proben von 2 in. Länge u. 1 in. Breite werden geschliffen u. poliert, ohne daß an irgendeiner Stelle eine Überhitzung auftritt. Nach dem Entfetten wird gewogen. Einhängen in einem ERLMEYER-Kolben mit 85%iger H_3PO_4. Am Rückflußkühler wird 24 Std. zum Sieden erhitzt. Die Prüfanordnung ist so eingerichtet, daß mindestens 60 ml Säure für sq.in. verwendet werden. Nach einer 24 std. Kochperiode wird wieder gewogen. In den meisten Fällen genügen 3 mal 24 Stunden. Nach jeweils 24 Std. wird die Säure erneuert. Die Korrosion errechnet sich nach W/(1,9·D·T) (W = Gewichtsverlust in mg, D = D. des Materials, A = Fläche in sq. in., T = Zeit in Std.). Die Laborprüfmeth. ist mit einer Unsicherheit von ± 10% reproduzierbar, unter prakt. Bedingungen mit ± 25%. In der Praxis haben sich *Hastelloy* A, B, C, D, Ta, *Chlorimet 2, La Bour R-55* u. *Sterlingsilber* bewährt. Im katalyt. Prozeß mit 65%iger H_3PO_4 u. bei Drucken von 1000—1350 lbs./sq.in. u. 500—600° F nur Ag, Cu u. Cu-Legierungen. — 13 Literaturangaben, Diskussion. (Trans. Amer. Soc. mechan. Engr. **73.** 975—87. Okt. 1951. Milwaukee, Wis. A. O. Smith Corp.) J. FISCHER. 6540

Aktiengesellschaft für Unternehmungen der Eisen- und Stahlindustrie (Erfinder: **Walter Hilbes**), Essen, *Herstellung von Sinterkörpern.* Um zu verhindern, daß C u. andere Verunreinigungen vom Sinterkörper aufgenommen werden, werden die Preßformen mit einer Lsg. von C nicht abgebenden Kunststoffen, z. B. einer Lsg. von *Polystyrol* oder *Trolitul* in *Xylol*, geschmiert. Diese Stoffe verdampfen bei der Sintertemp. restlos ohne eine Aufkohlung zu bewirken. (**D. B. P. 933 063** Kl. 40b vom 28/4. 1951, ausg. 15/9. 1955. Anmeldung bekanntgemacht 10/7. 1952.) C. GÖTZE. 6379

Friedrich Kocks, Düsseldorf, *Herstellung von Eisen und Stahl unmittelbar aus Erzen.* (**E. P. 717 957** vom 5/12. 1952, ausg. 3/11. 1954. D. Prior. 8/12. 1951. — C. **1955.** 7542 [F. P. 1 067 381].) H. HOCHSTEIN. 6391

Friedrich Kocks, Düsseldorf, *Herstellung von Eisen und Stahl unmittelbar aus Erzen.* In weiterer Ausbldg. des Verf. des Hauptpatents E. P. 717 957 wird zur Durchführung dieses Verf. ein einseitig oder zweiseitig beheizter Flamm- oder SIEMENS-MARTIN-Ofen, zweckmäßig ein kippbarer SIEMENS-MARTIN-Ofen, verwendet, in dem das bei der Red. der Erze frei werdende CO zusammen mit weiteren Heizgasen unmittelbar verbrannt u. zum Aufheizen der Charge verwendet wird. — Abbildung. (**E. P. 724 780** vom 14/1. 1953, ausg. 23/2. 1955. D. Prior 26/1. 1952. **Zusatz zu E. P. 717 957 [vorst. Ref.].** H. HOCHSTEIN. 6391

Mond Nickel Co. Ltd., London, England, *Herstellung von legiertem oder unlegiertem graphitischem Gußeisen* mit einem Geh. an Kugelgraphit durch Zusatz von *Mg* zum geschmolzenen Eisen nach dem Oe. P. 177 437 ist dad. gekennzeichnet, daß die Schmelze auf einen S-Geh. von unter 0,02% entschwefelt wird, bevor irgendwelche Mg-Zuschläge gemacht werden, wobei die Menge des zur Erzeugung eines gewünschten Anteiles von Kugelgraphit erforderlichen Mg geringer ist als die zur Herst. des gleichen Anteiles von Kugelgraphit benötigte Mg-Menge bei einem nicht entschwefelten Eisen derselben Zusammensetzung. Zweckmäßig wird der Schmelze, nachdem sie auf einen S-Geh. von weniger als 0,02% entschwefelt worden ist, Mg in solch einer Menge u. in solcher Form zugesetzt, daß mindestens 0,02% Mg in der Schmelze verbleibt, u. die Schmelze so schnell vergossen wird, daß der Mg-Geh. im Fertigguß keine wesentliche Veränderung erfährt. (**Oe. P. 180 282** vom 19/7. 1949, ausg. 25/11. 1954. E. Prior. 29/7. 1948. **Zusatz zu Oe. P. 177 437; C. 1955. 11 743.**) H. HOCHSTEIN. 6405

Comp. Generale des Conduites d'Eau, Lüttich, Belgien, *Erzeugung eines manganreichen Gußeisens.* Eine Charge, die Manganoxyde sowie Si-reiches Material enthält, wird in einem Heißwind-Kupolofen mit einer neutralen oder bas. Auskleidung eingeschmolzen u. unter reduzierenden Bedingungen mit einem Brennstoffüberschuß behandelt, wobei im Kupolofen eine Säule einer geschmolzenen bas. Schlacke mit einer Tiefe von 30—60 cm aufrechterhalten wird. Hierdurch wird ein Teil der Manganoxyde in der Charge red. u. das hierbei erhaltene Mn in das Gußeisen übergeführt. (**E. P. 733 581** vom 22/6. 1953, ausg. 13/7. 1955. D. Prior. 4/11. 1952.) H. HOCHSTEIN. 6405

Lawrence M. Burns, Apollo, Pa., V. St. A., *Herstellung von siliziertem Stahl.* Stahl mit über 3% Si wird dad. hergestellt, daß zunächst Stahl mit geringem Si- u. C-Geh. eingeschmolzen u. in eine Gießpfanne gegossen wird, in der ihm genügend *Ferrosilicium* zugesetzt wird, um den Si-Geh. auf über 3% zu bringen. Darauf wird eine ausreichende Menge kalter *Si-Stahl-Schrott* zugegeben, um die Temp. des Stahles in der Pfanne auf die geeignete Gießtemp. zu senken, worauf der Stahl in die Blockformen abgegossen wird. (**A. P. 2 715 064** vom 1/9. 1954, ausg. 9/8. 1955.) H. HOCHSTEIN. 6409

Hadfields Ltd., übert. von: **Winearls Colbeck, John Rhynas Rait, John Oliver Ward** und **Hadfields Ltd.,** England, *Ferritische Stahllegierung mit hoher Zunderbeständigkeit und Dauerfestigkeit bis 700°* besteht aus 0,05—0,50(%) *C*, 8—17 *Cr*, mindestens 4 *Mo*, mindestens 2 *W*, 0,01—0,25 N_2, 0,1—2 *Si*, 0,1—4 *Mn*, drei oder mehr carbidbildende Elemente wie *Ti, V, Nb, Ta, Hf, Zr, Th* mit 0,5—4%, Rest im wesentlichen Eisen. Die Legierung kann auch noch mindestens eins der folgenden Elemente enthalten: mindestens 2 *Ni*, mindestens 0,5 *B*, mindestens 10 *Co* u. mindestens 2 *Cu*. (**F. P. 1 082 371** vom 22/8. 1953, ausg. 29/12. 1954. E. Prior. 22/8. 1952.) H. HOCHSTEIN. 6411

Adolf Fry, Lübeck, *Schweißbarer Baustahl,* besteht aus über 0,15—0,50(%) *C*, bis zu 1,00 *Si*, bis zu 2,00 *Mn*, bis zu 0,6 *Ti*, 0,03—0,08 *P*, 0,03—0,08 *S*, Rest Eisen mit der Maßgabe, daß die Summe der S- u. P-Gehh. größer als 0,07 u. bis zu höchstens 0,16 u. der Geh. an Ti wenigstens das 1,5fache desjenigen des S-Geh. beträgt. Der Baustahl besitzt im ungealterten Zustand eine hohe Festigkeit, Elastizitätsgrenze u. Zähigkeit u. weist im gealterten Zustand bei niedriger Temp. eine gute Kerbschlagzähigkeit auf. (**E. P. 736 137** vom 26/10. 1953, ausg. 31/8. 1955. D. Prior 27/10. 1952.) H. HOCHSTEIN. 6411

William Jessop & Sons Ltd., übert. von: **Dennis Hadfield,** Sheffield, England, *Anisotropische Fe–Ni–Al–Co–Cu-Dauermagnetlegierung* besteht aus 12,5—14,5(%) *Ni*, 7,5—8,5 *Al*, 23,5—25,5 *Co*, 2,9—3,3 *Cu*, weniger als 0,5 *C*, 1,5 *Nb*, 1,5 *Ta*, Rest Eisen mit einer Koerzitivkraft (I) von wenigstens 800 Oe in einer Vorzugsrichtung u. einem $(B \cdot H)_{max}$-Wert (II) von wenigstens $3{,}8 \cdot 10^6$ Gauß · Oe, wobei das Prod. von I u. II des Dauermagneten wenigstens $3{,}0 \cdot 10^9$ beträgt. (**A. P. 2 694 167** vom 10/7. 1951, ausg. 9/11. 1954.) H. HOCHSTEIN. 6411

Imperial Chemical Industries Ltd., übert. von: **James Barton,** Widnes, England, *Destillation von Calcium u. Magnesium,* die ein Alkalimetall außer Li als Verunreinigung enthalten, dad. gek., daß die Charge in zwei Stufen dest. wird. In der ersten Stufe wird die Dest. in Ggw. eines inerten Gases bei einem Druck ausgeführt, der größer ist als der Dampfdruck des Ca oder Mg, aber kleiner als der Dampfdruck des Alkalimetalls, so daß nur das Alkalimetall verdampft u. an einer Kondensfläche niedergeschlagen wird. In der zweiten Stufe findet die Dest. ohne ein inertes Gas in der Weise statt, daß nur das Ca oder Mg unter seinem eigenen Dampfdruck dest. u. in fester Form an einer niedrigeren Kondensfläche kondensiert. — Zeichnungen. (**A. P. 2 684 898** vom 29/12. 1947, ausg. 27/7. 1954. E. Prior. 3/1. 1947.) G. APEL. 6443

I. G. Farbenindustrie Akt.-Ges. in Liqu., Frankfurt/M. (Erfinder: **Franz Sauerwald,** Halle/Saale), *Magnesiumlegierungen hoher Warmfestigkeit* bestehen aus 0,1—12(%) *Th*, 0,1—2 *Zr*, Rest *Mg*. Sie können außerdem noch enthalten bis 12 *Ce*, sowie bis 10 *Ag, Tl, Cu, Be, Bi, Pb, Ca, Zn* u. *Cd* einzelen oder zu mehreren. Die Legierungen können sowohl im Gußzustand als auch in Form von Kneterzeugnissen verwendet werden. (**D. B. P. 932 987** Kl. 40b vom 11/2. 1940, ausg. 15/9. 1955. Anmeldung bekanntgemacht 3/2. 1955.) C. GÖTZE. 6445

Aluminum Co. of America, V. St. A., *Einführung von Zirkonium in Magnesium und Magnesiumlegierungen.* In einer Mg-Schmelze wird $ZrCl_4$ eingerührt. Unter Aufrechterhaltung der Temp. läßt man die Mischung absitzen, wobei sich eine untere metall. u. eine obere nichtmetall. Schicht bilden. Die Temp. wird darauf so weit erniedrigt, daß mindestens ein Teil des Metalls erstarrt u. die nichtmetall. Schicht abgehoben. Die Metallschmelze wird darauf nochmals bis zur beginnenden Erstarrung erhitzt. Um ein zu starkes Verdampfen des $ZrCl_4$ zu vermeiden, werden ihm neutrale Salze, wie *Alkali-* u.

Erdalkalichloride zugesetzt. Nach dem Verf. entstehen Mg-Legierungen mit bis zu 49% Zr. (**F. P. 1 074 803** vom 21/1. 1953, ausg. 8/10. 1954. A. Prior. 22/1. 1952.) C. GÖTZE. 6445

Theodor Münker, Langenberg, *Regelung der Temperatur des Einsatzgutes in Durchlauföfen*, dad. gek., daß das in einer ersten Heizregion (I) vorgewärmte Einsatzgut zwecks weiteren Erwärmens auf eine gewünschte höhere Temp. durch mindestens eine zweite Heizregion (II) hindurchgeschickt wird, deren Temp. über dieser gewünschten Behandlungstemp. des Einsatzgutes gehalten wird, wobei dessen Temp. an einem Punkt (M) von dem Eintritt des Einsatzgutes in **II** festgestellt u. die Durchlaufgeschwindigkeit entsprechend seiner Temp. bei **M** so eingeregelt wird, daß die gewünschte Temp. des Einsatzgutes während dessen Durchlauf durch **II** erreicht wird. — Abbildungen. (**Oe. P. 182 886** vom 2/9. 1952, ausg. 10/8. 1955.) H. HOCHSTEIN. 6493

Magnasca Ltd., Tanger, Marokko, und **Friedrich Hansen**, Genf, *Reduktionsmittel, geeignet als Zusatz zu Thermitmischungen* besteht aus körnigem *Al*, *Si* oder *C* mit einem Überzug einer Verb. von *Li* mit dem Grundstoff. Es wird in der Weise hergestellt, daß die Körner in Ggw. von Li-Pulver im Vakuum auf 800° erhitzt werden, wobei sich an der Oberfläche die entsprechenden Verbb. bilden. Durch Zusatz eines solchen Stoffes wird die aluminotherm. Rk. aktiviert. (**E. P. 736 825** vom 26/2. 1953, ausg. 14/9. 1955. Lux. Prior. 1/3. 1952.) F. VIER. 6507

Soc. des Soudures Castolin Soc. An., Schweiz (Erfinder: **Réne D. Wasserman**), *Aufschweißen von Gußeisen*. Es wird mit einem senkrecht zu einer O_2–H_2C_2-Flamme gehaltenen Schweißstab aus Gußeisen unter Verwendung eines Flußmittels geschweißt. Die zu behandelnde Oberfläche wird vorher mit dem Brenner auf 425—480° erhitzt. Das Gußeisen kann Zusätze von *Ni*, *Cu* oder *Mo* zur Verbesserung der Festigkeit der Schweiße oder von *P*, *S* *Si*, *Ti*, *Mn* oder *Al* zur Herabsetzung des F. haben. Das Flußmittel kann aus *Borax* mit Zusätzen von *KCl*, $B(OH)_3$, KNO_3, *Na-Perborat*, *NaCl*, *Fe-Pulver* u. *Fluoriden* bestehen. (**F. P. 1 077 374** vom 18/5. 1953, ausg. 8/11. 1954.) F. VIER. 6507

Administration-Séquestre des „Röchlingsche Eisen- und Stahlwerke G. m. b. H.“, Saargebiet, *Dekapieren, Spülen und Neutralisieren von Metallgegenständen in Flüssigkeiten*. Während der Behandlung werden die Gegenstände Schwingungen von einer Frequenz zwischen 20 u. 15000 Perioden/Sek. ausgesetzt, um die Behandlungsdauer abzukürzen u. die Wrkg. der Bäder zu intensivieren. (**F. P. 1 074 724** vom 27/12. 1952, ausg. 7/10. 1954. D. Prior. 27/12. 1951.) D. MARKHOFF. 6513

Dow Corning Corp., übert. von: **James A. McHard** und **Robert A. Winger**, Midland, Mich., V. St. A., *Entfernen von Siliciumverbindungen von Platinoberflächen*. Die Oberflächen werden bei 500—1100° mit SF_6 in Kontakt gebracht, wobei 1 (Gewichtsteil) SF_6 auf 1 Si-Verbb. zur Anwendung kommen. Das Verf. findet bes. bei Pt Anwendung, das als Katalysator in Gasanalysenapparaten dient. (**A. P. 2 699 411** vom 21/10. 1953, ausg. 11/1. 1955.) F. MARKHOFF. 6513

Poor & Co., Chicago, übert. von: **Allan E. Chester**, Highland Park, Ill., und **Joseph T. Irwin**, Lakewood, O., V. St. A., *Beizen von Metallen, besonders von Stahl*. Der Beizsäure werden ein *Cr-Aldonat* u. eine Verb. zugesetzt, die in der Lsg. koll. S abspaltet, wie *Alkalithiosulfat*. Die Lsg. arbeitet noch bei verhältnismäßig hohen Fe-Konzz. u. eignet sich bes. zum Beizen vor dem Galvanisieren. — Nach A. P. 2 692 188 wird in der Beizlsg. an Stelle von Cr-Aldonat ein wasserlösl. *Thiocyanat* verwendet. (**A. PP. 2 692 187** u. **2 692 188** vom 18/10. 1951, ausg. 19/10. 1954.) F. MARKHOFF. 6513

Cleveland Industrial Research, Inc., übert. von: **Clark O. Miller**, Cleveland, O., V. St. A., *Beizen von Eisen und Wiedergewinnung des Beizmittels*. Die Beizung wird in einer Lsg. von $(NH_4)HSO_4$ durchgeführt. Hierbei entsteht $(NH_4)_2Fe(SO_4)_2$, das mit NH_4OH zu $(NH_4)_2SO_4$ u. $Fe(OH)_2$ umgesetzt wird. Das $Fe(OH)_2$ wird dann oxydiert zu unlösl. $Fe(OH)_3$. Das in der Lsg. verbleibende $(NH_4)_2SO_4$ wird durch Eindampfen isoliert u. durch Erhitzen unter Abgabe von NH_3 in $(NH_4)HSO_4$ verwandelt, das dann der Beizlsg. wieder zugeführt wird. Reaktionsschema. (**A. P. 2 700 004** vom 15/7. 1953, ausg. 18/1. 1955.) F. MARKHOFF. 6513

A. O. Smith Corp., übert. von: **Lorenz William Heise**, Milwaukee, und **Milton Johnson**, Menomonee Falls, Wis., V. St. A., *Beseitigung von verbrauchten Beizlösungen*. Die H_2SO_4 u. *Fe-Salze* enthaltende Beizlsg. wird mit einem *Erdalkalioxyd*, wie *CaO*, versetzt, um die Lsg. zu neutralisieren u. das Fe auszufällen. Ein Teil des ausgefällten Fe^{II}, ca. 2—5%, wird zu Fe^{III} oxydiert u. der gesamte Nd. abfiltriert. Das Filtrat wird wieder mit Erdalkalioxyd versetzt u. zum Neutralisieren u. Ausfällen verwendet. — Abbildung. (**A. P. 2 692 229** vom 5/5. 1952, ausg. 19/10. 1954.) F. MARKHOFF. 6513

Commonwealth Engineering Co. of Ohio, Dayton, übert. von: **Herman Nack**, Troy, O., *Herstellung von Metallüberzügen auf Stahl, Gußeisen, Kupfer, Aluminium, Messing, Magnesium* durch therm. Zers. der entsprechenden dampfförmigen Metallverbb.

in einem elektr. Feld, wobei der zu überziehende Gegenstand als Kathode geschaltet ist. Die dampfförmigen Metallverbb., z. B. die *Carbonyle* von *Fe, Cr, W, Co, Mo, Te, Rh* oder *Ni*, werden durch Einw. von radioakt. Material, z. B. *Ra* oder *U*, ionisiert, um die Metallabscheidung unter der Wrkg. des elektr. Feldes zu erleichtern. (**A. P. 2 685 535** vom 1/2. 1951, ausg. 3/8. 1954.) F. VIER. 6517

Comp. Française Thomson-Houston, Frankreich, *Herstellung von Schutzüberzügen aus Cr, Al, Ni, Co, Fe, Th, Zr, Pt, Si, Ti oder deren Legierungen auf Gegenständen aus Molybdän oder Wolfram.* Die Überzüge können außer durch Aufdampfen auch elektrolyt. aufgebracht werden oder durch Abscheiden aus den entsprechenden Halogeniden bei hoher Temperatur. So behandelte Teile sind bes. zum Einschmelzen in Glas für elektr. u. elektron. Apparaturen geeignet. (**F. P. 1 083 144** vom 8/9. 1953, ausg. 5/1. 1955. E. Prior. 8/9. 1952.) F. VIER. 6517

Dr. Hesse & Cie., Bielefeld (Erfinder: **Robert Weiner,** Innsbruck, Österreich, und **Artur Kutzelnigg,** Bielefeld), *Tetrachromatbad zur galvanischen Chromabscheidung* enthält als Zusatz 0,5—10 (g/Liter) *Mg* u. 0,01—10 lösl. *Wolframat.* Man erhält aus diesem Bad starke einwandfrei u. leicht polierbare Cr-Überzüge. (**D. B. P. 933 906** Kl. 48a vom 29/12. 1953, ausg. 6/10. 1955. Anmeldung bekanntgemacht 24/3. 1955.) F. MARKHOFF. 6519

Albert Cœudevez, La Chaux-de-Fonds, Schweiz, *Galvanisches Überziehen von Teilen einer Oberfläche mit einem Edelmetall.* Die gesamte Oberfläche des Gegenstandes wird galvan. verchromt. Dann werden von den mit dem Edelmetall zu überziehenden Teilen der Oberfläche die Cr-Schicht mechan. entfernt u. der ganze Gegenstand schließlich in das galvan. Edelmetallbad gebracht. Das Edelmetall schlägt sich nur an den entchromten Teilen der Oberfläche festhaftend nieder. — Abbildung. (**Schwz. P. 305 501** vom 20/1. 1953, ausg. 2/5. 1955.) F. MARKHOFF. 6527

Metals & Controls Corp., übert. von: **Sidney Siegel,** Attleboro, Mass., *Herstellung von Edelmetallplattierungen.* Das Verf. wird in 3 Stufen durchgeführt. In der 1. Stufe wird das Edelmetall auf eine Teilschicht des Grundmetalls durch Walzen aufplattiert. In der 2. Stufe wird das Zwischenprod. ausgewalzt u. in der 3. Stufe mit einer zweiten Schicht des Grundmetalls zu den endgültigen Ausmaßen verwalzt. Das Verf. eignet sich bes. zur Herst. sehr dünner Edelmetallplattierungen, da es die Einhaltung der erforderlichen Dickenabmessungen ohne besondere Maßnahmen gestattet. Z. B. wird ein Pt-Blech von 0,015 in. (0,038 cm) Dicke durch das übliche Heißwalzen auf eine 0,375 in. (0,94 cm) dicke Ni-Schicht aufplattiert. Dann wird auf 0,030 in. (0,075 cm) Dicke ausgewalzt. Das Prod. wird mit einer Ni-Schicht von 0,0277 in. (0,07 cm) Dicke zu einem Blech von 0,010 in. (0,025 cm) Dicke ausgewalzt, enthaltend eine Pt-Schicht von 0,0002 in. (0,0005 cm) Dicke. (**A. P. 2 691 816** vom 4/1. 1951, ausg. 19/10. 1954.) F. VIER. 6527

N. V. Metallic Industry (Erfinder: **Hendrikus Andreas van Oosterhout** und **Rolf Cransberg**), Loosdrecht, Holland, *Glanzsilberbad* besteht aus einem alkal. Elektrolyt mit einem Geh. an komplexem *Ag-Cyanid* u. einem andern Cyanid sowie oberflächenakt. Stoffen, dem ein *isothiocyansaurer* oder *thiocyansaurer Ester eines Alkohols* oder *Phenols* zugesetzt ist, wie *Allylisothiocyanat.* (**D. B. P. 937 211** Kl. 48a vom 10/7. 1952, ausg. 29/12. 1955. Anmeldung bekanntgemacht 30/6. 1955.) F. MARKHOFF. 6527

Comp. des Meules Norton, Soc. An., Frankreich, *Herstellung von Oxydüberzügen auf Metallen und anderen Werkstoffen,* z. B. Graphit. Die Oxyde, z. B. Spinelle, werden zu einem Stab verformt, in einer heißen Flamme geschmolzen u. mit Druckluft auf den zu überziehenden Gegenstand aufgestäubt. — Vorrichtung. (**F. P. 1 086 520** vom 3/8. 1953, ausg. 14/2. 1955. A. Prior. 8/8. 1952.) F. VIER. 6529

Ohio Plate Glass Co., Toledo, übert. von: **Leslie D. McGraw** und **Charles L. Faust,** Columbus, O., V. St. A., *Schützen von reflektierenden Metalloberflächen, besonders von Silberspiegeln.* Es wird auf der Spiegelrückseite eine Oxydschicht von Metallen, wie Al, Pb, Tl, Sn oder Zn, erzeugt. Hierzu werden 225 g eines Gemisches von 83—92 (%) *Alkali-* oder *Ammoniumhydroxyd* u. 17—8 einer Metallverb., die in der Hydroxydlsg. lösl. ist, wie $ZnCl_2$, in 0,5—1,5 kg *W.* gelöst u. 1—3 Wochen gealtert. Dann wird die Lsg. auf das 5—20fache verd., die zu überziehende Metallfläche in die Lsg. getaucht, auf eine Temp. nicht über 70° erhitzt, wodurch ein haftender Nd. erzeugt wird; dann wird gespült, getrocknet u. die Überzugsschicht auf höchstens 130° erhitzt. — Arbeitsschema. (**A. P. 2 698 258** vom 25/5. 1950, ausg. 28/12. 1954.) F. MARKHOFF. 6529

Aluminum Co. of America, Pittsburgh, Pa., übert. von: **Charles F. Burrows,** Baltimore, Md., V. St. A., *Erzeugung harter, abriebfester Oxydüberzüge auf Aluminium und seinen Legierungen.* Nach A. P. 2 692 851 werden die Gegenstände in einem schwefelsauren Elektrolyten bei Tempp. von unterhalb 35° F (1,7° C) anod. behandelt. — Nach

A. P. 2 692 852 werden Tempp. unterhalb 40° F (4,4° C) angewendet, wobei der schwefelsaure Elektrolyt mit CO_2 gesätt. ist. (**A. PP. 2 692 851** vom 22/4. 1950 u. **2 692 852** vom 9/2. 1952, beide ausg. 26/10. 1954.) F. MARKHOFF. 6531

Vereinigte Aluminium-Werke Akt.-Ges., Bonn (Erfinder: **Werner Helling**, Grevenbroich, und **Adolf Müller**, Gindorf), *Nachbehandlung von durch Auskochen in Wasser nachverdichteten, chemisch oder anodisch oxydierten Deckschichten auf Aluminium oder seinen Legierungen.* Die sich bildende stark hydratisierte Deckschicht wird mit HNO_3 einer solchen Konz. abgelöst, durch die die Grundschicht prakt. nicht angegriffen wird, z. B. einer 30%ig. HNO_3. Die Schicht ist danach abriebfest. (**D. B. P. 930 548** Kl. 48d vom 26/7. 1953, ausg. 18/7. 1955. Anmeldung bekanntgemacht 27/1. 1955.) F. MARKHOFF. 6531

IX. Organische Industrie.

A. N. Schaschkow, I. I. Strishewski, W. F. Olkowski und **N. N. Matwejew**, *Leistungssteigerung und Automatisierung des Betriebes einer Acetylen-Abfüllstation.* Die Leistung der beschriebenen App. wird dadurch ohne Gefahr erhöht, daß die Kompressorenleistung von 5,2 auf 7,1 m^3/Std. gesteigert wird, indem man die Umdrehungszahl je Min. von 153 auf 195 erhöht; die Eintrittstemp. des C_2H_2 darf hierbei 90° nicht übersteigen. Beim Betrieb mit Leitungswasser als Energieüberträger wird die hydraul. Anlage automat. mit dem Zulauf des C_2H_2-Erzeugers u. dem Elektromotor des Kompressors gekoppelt. (Химическая Промышленность [Chem. Ind.] **1955**. Nr. 4. 30—35. Juni. Allunions Wiss. Forschungsinst. für autogene Metallbearbeitung.) R. K. MÜLLER. H 530

John F. Nobis und **Louis F. Moormeier**, *Umwandlung von Phenylnatrium in Phenylessigsäure und Phenylmalonsäuredimethylester.* Es wird ein Verf. zur industriellen Herst. von *Phenylessigsäure* (I) u. *Phenylmalonsäure*(II)-*dimethylester*, ausgehend von Chlorbenzol (III) beschrieben. Bei der Einw. von Na auf III in Toluol entsteht Phenyl-Na, das beim Erhitzen mit Toluol unter Bldg. von Benzyl-Na (IV) reagiert. Läßt man auf IV CO_2 einwirken, so wird je nach den Reaktionsbedingungen nur I oder ein Gemisch aus I u. II erhalten. Dieses läßt sich über die Methylester leicht trennen.

Versuche: Zu einer Suspension von 54 g Na in 275 g Toluol gibt man bei 25—30° unter N_2 langsam 112,6 g III in 100 g Toluol (gegebenenfalls wenig Amylalkohol zur Initiierung), erhitzt nach Beendigung der Rk. 2 Std. zum Sieden, läßt abkühlen u. gießt die Suspension von Benzyl-Na (IV) auf feste CO_2: *Phenylessigsäure* (I), F. 72—74°; 95—99% (Ausbeute). Zur Gewinnung von *Phenylmalonsäure* (II) sättigt man die IV-Suspension mit CO_2, gießt auf W., dest. mit Wasserdampf u. extrahiert II (F. 145 bis 148°) mit Ae. u. I mit Benzol. Bei 5std. Erhitzen von II in Bzl. mit HCl auf 60° entsteht 94% II-*Dimethylester*, Kp.$_{10}$ 148—152°, F. 47—49°. Der als Nebenprod. entstehende I-*Methylester* hat Kp.$_{10}$ 100—110°. — Skizzen von Apparaturen zur Carbonisierung u. zur Entfernung der Na-Reste. (Ind. Engng. Chem. **46**. 539—44. März 1954. Cincinnati, O., Nat. Distillers Chem. Co.) I. FESTL. H 1220

Gian Maurizio Reiner, *Einige mögliche Anwendungen des Morpholins und seiner Derivate in der Industrie.* Morpholin u. seine Derivv., bes. das N-Methylderiv., können als Emulgator, in der pharmazeut. Industrie (anästhesierende Wrkg. des N-Äthanol- u. des N-Benzylderiv.) als organ. Reagens, als Zusatz bei der Darst. von Benzoenzoesäurebenzylester aus Benzylchlorid u. Na-Benzoat, als Textilhilfsmittel u. als Farbstoffstabilisator (Bindung der SO_3-Gruppe in Azofarbstoffen) verwendet werden. (Chimica [Milano] [N. S.] **9** (**30**). 299—302. Sept. 1954.) R. K. MÜLLER. H 3282

Chemische Werke Hüls Akt.-Ges. (Erfinder: **Ricardo Marin, Rudolf Baumbach, Alfred Schmidt**, Marl, und **Rudolf Krüger**, Recklinghausen), *Kontinuierliche Herstellung von Alkylchloriden* aus den entsprechenden Alkoholen u. HCl, dad. gek., daß Alkohol u. HCl in einem Molverhältnis wie 1 zu über 1,5 in mehreren Stufen derart umgesetzt werden, daß die Rk. in der ersten Stufe in der Gasphase u. in Abwesenheit von fl. W. erfolgt, worauf das von der ersten Stufe kommende Reaktionsgemisch in weiteren Stufen mit 20—26%ig. wss. HCl bei 95—105° umgesetzt wird, wobei die zugeführte Alkoholmenge höchstens 5 Vol.-% (fl. gemessen) der vorhandenen wss. HCl beträgt. Ein Teil der benötigten HCl-Menge kann unmittelbar in die einzelnen Stufen eingeführt werden. (**D. B. P. 934 701** Kl. 12o vom 13/5. 1952, ausg. 3/11. 1955. Anmeldung bekanntgemacht 14/1. 1954.) J. MÜHLEISEN. H 510

Allied Chemical & Dye Corp., New York, N. Y., übert. von: **Cyril Woolf**, Morristown, N. J., V. St. A., *1.1.2.2-Tetrachlor-1.2-difluoräthan* erhält man durch Erhitzen eines Gasgemisches von Tetrachloräthylen, wasserfreiem HF u. Cl_2 in Ggw. eines mit ZrF_4 aktivierten Kohlenstoffkatalysators auf 300—600°. Zur Gewinnung des Katalysators wird z. B. akt. granulierte Kohle mit einem Zr-Salz, z. B. $ZrOCl_2$-Lsg., imprägniert u. unter N_2 bei 125—200° getrocknet. Das Prod. wird bei 150—200° mit HF-Gas behandelt, wobei W. u. HCl entfernt werden. (**A. P. 2 714 618** vom 21/6. 1954, ausg. 2/8. 1955.)

J. MÜHLEISEN. H 510

E. I. du Pont de Nemours & Co., übert. von: **Mark W. Farlow,** Wilmington, und **Earl L. Muetterties,** Hockessin, Del., V. St. A., *Fluorkohlenwasserstoffe*, bes. *Tetrafluoräthylen* (I), erhält man durch Erhitzen von Kohlenstoff (Kohle, Graphit, Diamant, Holzkohle, Ruß u. bes. akt. Kohle) auf mindestens 1500° mit einer Verb., die C, F u. mindestens ein weiteres Element (II) enthält, wobei das Verhältnis von F zu dem weiteren Element mindestens 1 : 1 beträgt. **II** können H, Cl, Br u. bes. O bzw. S sein. Bes. geeignet sind Verbb. der Formel $F_2C = X$, wobei X O oder S ist. Zweckmäßig läßt man $F_2C = X$ einen Kohlelichtbogen von 2500—4000° Temp. passieren u. kühlt sehr schnell das Gas auf unter 400° ab. Neben I erhält man CF_4 u. geringere Mengen von Hexafluoräthan, Hexafluorpropen u. Oktafluorpropan. (**A. P. 2 709 189** vom 1/4. 1954, ausg. 24/5. 1955.)

J. MÜHLEISEN. H 520

Dow Chemical Co., übert. von: **William C. Baumann** und **Elmer L. McMaster,** Midland, Mich., V. St. A., *Chlormethylmethyläther* erhält man beim Einleiten von HCl in eine vorzugsweise stöchiometr. Mischung von Methylal (**I**) u. CH_2O (**II**) in Ggw. oder Abwesenheit von $CaCl_2$ bei 0—60° u. n. oder erhöhten Drucken (5—20 lbs./sq.in.). **I** kann auch in Mischung mit Methylalkohol angewendet werden. **II** wird in wss. Lsg. oder fest als Para-, Metaformaldehyd, Polytrioxymethylen, oder α-Trioxymethylen angewendet. $CaCl_2$ soll mit entstehendem Reaktionswasser eine gesätt. oder fast gesätt. Lsg. bilden. Man trennt durch Schichten die organ. Schicht, enthält den *Chlormethylmethyläther* $D.^{25}_{25}$ 1,070—1,075. Durch Dest. kann man das Reaktionsprod. in völlig reinem Zustand erhalten. Zwischenprod. für Chlormethylierungen aromat. Verbb. z. B. von Bzl. oder Toluol. (**A. P. 2 681 939** vom 7/6. 1950, ausg. 22/6. 1954.)

G. KÖNIG. H 560

Bombrini Parodi-Delfino S. A. (Erfinder: **Francesco Serra di Cassano**), Rom, Italien, *Herstellung von Methyltrimethylolmethan* (*Pentaglycerin*) (F. 199°), dad. gek., daß 2-Methyl-3-äthylacrolein mit der entsprechenden Menge CH_2O kondensiert wird, worauf nach Einengung der Reaktionsfl. Kristallisation u. Entwässerung des feuchten Prod. das Endprod. erhalten wird. (**D. B. P. 938 614** Kl. 12o vom 2/7. 1944, ausg. 2/2. 1956. Anmeldung bekanntgemacht 11/6. 1953. It. Prior. 17/6. 1943.) G. KÖNIG. H 580

Distillers Co. Ltd. (Erfinder: **David James Hadley** und **Charles Albin Woodcock**), Edinburgh, England, *Ungesättigte Nitrile* erhält man durch Oxydation einer Verb. der Formel $CH_3-C(R_1)=CH-R_2$ (R_1 u. R_2=H, Alkyl) in der Gasphase bei ca. 200—400° in Ggw. eines Katalysators (Cu, zweckmäßig auf einem Träger, wie Silicagel) oder Se mit O_2. Der entstandene gasförmige ungesätt. Aldehyd wird dann mit NH_3 in Ggw. eines Oxydationskatalysators (Cu, Cr, V, Mn, Fe, Co, Ni, Mo, Ag, Zn, Cd, Sn, W, Re, Pb, Pt, Au, Al, Pd, Rh, Bi, U, deren Verbb. oder Mischungen) mit O_2 bei ca. 250—600° in das Nitril übergeführt. — Man leitet eine Mischung aus 2% Propylen u. 98% Luft über geschmolzenes Se. Die mit Se beladene Gasmischung wird dann über Al_2O_3, das mit $CuNO_3$ getränkt u. auf 850° erhitzt worden ist, bei 320° geleitet. Das abgeführte Gas gibt dann nach Zusatz von NH_3 in Ggw. von Phosphormolybdänsäure auf Silicagel bei 400° u. anschließendem Abkühlen auf 150°, um Se zu entfernen, in 48%ig. Ausbeute *Acrylnitril*. — Isobutylen → *α-Methylacrylnitril*. — Zwischenprodukte. (**Schwz. P. 306 049** vom 16/10. 1952, ausg. 1/6. 1955. **Belg. P. 514 875** vom 16/10. 1952, ausg. 9/7. 1954. Beide E. Prior. 18/10. 1951. **E. P. 723 003** vom 18/10. 1951, ausg. 2/2. 1955.)

G. KRAUSS. H 810

B. F. Goodrich Co., New York, N. Y., V. St. A., *Blausäuregewinnung* durch katalyt. Rk. (Pt-Rh-Katalysator) von NH_3, gasförmigen KW-stoffen, z. B. CH_4, u. O_2 bei 750—1250°. Dabei wird die Rk. durch elektr. Beheizung einer Startspule aus Pt-Rh eingeleitet. (**E. P. 729 502** vom 5/12. 1952, ausg. 4/5. 1955. A. Prior. 6/12. 1951.)

H. NEBELSIEK. H 890

Dow Chemical Co., Midland, Mich., V. St. A. (Erfinder: **Frederick Charles Bersworth**), *Aliphatische Epoxyaminocarbonsäuren und ihre Salze* wirken als *Chelatbildner*. *2.3-Epoxypropylamin-N.N-diessigsaures Na*. Man setzt 2.3-Dioxypropylamin in NaOH mit NaCN bei p_H 7,4—8,5 u. 80—85° um, versetzt mit CH_2O, erwärmt auf 80—85°, dampft trocken, erhitzt den Rückstand in Xylol oder Toluol auf 110° bis kein azeotrop. Gemisch mit W. mehr übergeht. — Analog: die Na-Salze von *3.4-Epoxybutylamin-N.N-diessigsäure* u. *2.3-Epoxybutylamin-N.N-diessigsäure*. (**E. P. 738 199** vom 30/3. 1953, ausg. 12/10. 1955.)

G. LANGER. H 950

International Minerals & Chemicals Corp., New York, übert. von: **Earl V. Cardinal**, Deerfield, Ill., V. St. A., *Gewinnung von Glutaminsäure* (I). Man versetzt ein salzsaures I enthaltendes Eiweißhydrolysat mit Isopropylalkohol oder tert.-Butylalkohol, trennt vom Nd. ab, dest. aus dem Filtrat den Alkohol ab u. scheidet aus der zurückbleibenden Fl. I ab. (**A. P. 2 706 737** vom 16/12. 1953, ausg. 19/4. 1955.) G. LANGER. H 950

Midland Silicones Ltd., London, England, *Trichlorvinylsilane* der Formel $(CCl_2{=}CCl)_nR_mSiCl_{4-(n+m)}$, wobei R ein KW-stoffrest, n 1 oder 2, m 0, 1, 2 oder 3 ist, erhält man durch Rk. von $CCl_2{=}CCl_2$ mit $HSiCl_3$ oder einem Monoorganodichlorsilan unter Druck bei 250—230° (soll wahrscheinlich 330° heißen, der Referent). In den Prodd. ist das β-Chlor gegen Hydrolyse stabil. Bei der Hydrolyse erhält man die entsprechenden Siloxane, die in üblicher Weise verwendet werden können. Durch Rk. von $HSiCl_3$ u. $CCl_2{=}CCl_2$ in einem Autoklaven bei 296—316° erhält man $(CCl_2{=}CCl)SiCl_3$, $Kp._{30}$ 93°. Analog erhält man $(CCl_2{=}CCl)CH_3SiCl_2$, $Kp._{30}$ 94—96,5°. (**E. P. 737 963** vom 27/8. 1953, ausg. 5/10. 1955. A. Prior. 17/11. 1952.) J. MÜHLEISEN. H 980

Szerves Vegyipari Intézet (Erfinder: **Oszkár Meyer** und **Ferenc Kallay**), Budapest, Ungarn, *Reinigung der für die Herstellung von Alkyl- und/oder Arylphosphorsäureester geeigneten Verbindungen.* Die OH-haltigen organ. Ausgangsstoffe werden mit geringen Mengen (1—3%) $POCl_3$ bis unterhalb des Kp. erhitzt u. vorteilhaft im Vakuum von den dunklen Polymerisationsprodd. getrennt. (**Ung. P. 142 523** vom 26/2. 1951, ausg. 1/12. 1954.) G. KÖNIG. H 980

American Cyanamid Co., New York, N. Y., übert. von: **Herman Cherlow**, North Plainfield, **Edward H. Bart**, Elizabeth und **Alfred G. Hill**, Martinsville, N. J., V. St. A., *Trennen von p-Nitrochlorbenzol von o-Nitrochlorbenzol* (I). Man erhitzt das Isomergemisch mit überschüssigem Anilin, wobei I 2-Nitrodiphenylamin (II) bildet. Durch Dest. läßt sich die p-Verb. von II trennen. (**A. P. 2 700 060** vom 23/3. 1953, ausg. 18/1. 1955.) J. MÜHLEISEN. H 1010

Riedel-de Haën Akt.-Ges., Seelze (Erfinder: **Friedrich Boedecker** und **Hans Volk**, Berlin), *Herstellung von Guajacol aus Brenzcatechin* (I). Man setzt $(CH_3)_2SO_4$ u. wss. NaOH anteilweise einer sd. wss. Lsg. von I bei p_H 6—9 zu, kondensiert die entstehenden Dämpfe, trennt Guajacol ab u. führt den wss. Anteil des Kondensats, gegebenenfalls nach einer Extraktion mit z. B. Bzl., dem Reaktionsraum wieder zu. Bei einer bes. Ausführungsform regelt man unter Verwendung von unter 1 (Mol) $(CH_3)_2SO_4$, bes. 0,75, den Zulauf der Lauge so, daß nach Verbrauch von 1 NaOH der p_H auf 9—11 ansteigt. (**D. B. P. 936 632** Kl. 12q vom 5/8. 1944, ausg. 15/12. 1955. Anmeldung bekanntgemacht 6/8. 1953.) K. FABEL. H 1060

Distillers Co. Ltd., Edinburgh, Schottland, übert. von: **David Jan Hutchinson Jacobs**, *Herstellung von Resorcin* (I) durch Zers. von m-Diisopropylbenzoldihydroperoxyd in einer Mischung, die außerdem m-Diisopropylbenzolmonohydroperoxyd u./oder andere Nebenprodd. der Oxydation enthält. Man dest. die Zersetzungsprodd. in Ggw. einer inerten hochsd. Substanz (Methylnaphthalin, chloriertes Diphenyl), gewinnt I aus dem Destillat durch Auskristallisieren u. extrahiert den Rückstand der Dest. mit 4—8%ig. NaOH zur Gewinnung von *m-Isopropylphenol* (**II**) u. *m-Isopropenylphenol* (**III**). Aus dem Extrakt erhält man **II** u. **III** durch Ansäuern, Extrahieren mit einem organ. Lösungsm. u. Destillation. Vor der Alkaliextraktion kann der Rückstand zur Polymerisation von **III** in Ggw. eines sauren Katalysators erhitzt werden, worauf anschließend dest. wird. (**E. P. 743 740** vom 4/7. 1953, ausg. 25/1. 1956.) K. FABEL. H 1060

Food Machinery & Chemical Corp., San Jose, Calif., übert. von: **Edward F. Orwoll**, Medina, N. Y., V. St. A., *Herstellung von 2.4.5-Trichlorphenoxyessigsäure.* Man setzt 2.5-Dichlorphenol mit $ClCH_2COOH$ in Ggw. von NaOH zum Na-Salz der 2.5-Dichlorphenoxyessigsäure um. Dieses wird in W. suspendiert u. mit der berechneten Menge Cl_2 behandelt. (**A. P. 2 717 907** vom 12/11. 1952, ausg. 13/9. 1955.) K. FABEL. H 1250

Farmaceutici Italia S. A., Mailand, Italien, *d-threo-1-Phenyl-2-amino-1.3-propandiol.* Man red. 3-Phenylserincyclohexylester (F. 49—50°) in Tetrahydrofuran mit $LiAlH_4$. F. 112—113°; [α] —26,4° (c = 3 in Methanol). (**E. P. 729 597** vom 27/1. 1953, ausg. 11/5. 1955. It. Prior. 19/9. 1952.) G. LANGER. H 1320

General Electric Co., übert. von: **Kurt C. Frisch** und **Paul A. Goodwin**, Pittsfield, Mass., V. St. A., *Herstellung von ungesättigten Siloxandiolen* der Formel $OH-Si(R)(R_1)-O-Si(R)(R_1)OH$, wobei R einen Aryl- oder Halogenaryl- u. R_1 einen Alkenylrest bedeuten. Man hydrolysiert bei —10 bis +20° ein Silan der Formel $RR_1Si(OCOCH_3)_2$ mit einem Überschuß von W. in Form einer gesätt. NaCl-Lösung. — Aus Phenylvinyldichlorsilan erhält man durch Rk. mit $(CH_3CO)_2O$ in Ggw. von Triäthanolamin unter Rückflußerhitzung *Phenylvinyldiacetoxysilan* (farblose Fl. von $Kp._{0,2}$ 86—88°), aus dem durch Rk. mit gesätt. NaCl-Lsg. *Bis-(phenylvinyl)-disiloxandiol* in Form von farblosen Nadeln, F. 107°, erhalten wird. — Analog: aus der p-Chlorphenylvinylacetoxyverb. (farblose Fl. von $Kp._{0,4}$ 132) das *Bis-(p-chlorphenylvinyl)-disiloxandiol*, farblose Nadeln, F. 121 bis 122°; aus der Allylphenylverb., farblose Fl., $Kp._{1,3}$ 134°, das *Bis-(allylphenyl)-disiloxandiol*, farblose Nadeln. — Zwischenprodd. u. Polymerisationsausgangsstoffe. (**A. P. 2 678 938** vom 9/4. 1952, ausg. 18/5. 1954.) J. Mühleisen. H 1380

Schering Akt.-Ges. (Erfinder: **Joachim Mattner**), Berlin, *Abscheidung von Polychlorbenzolen* bei deren Herst. aus Hexachlorcyclohexanen durch Einw. von O_2, bes. in Form von Luft, bei erhöhten Tempp. unter den Bedingungen der HCl-Abspaltung u. der Deacon-Rk., dad. gek., daß die chlorhaltigen organ. Reaktionsprodd. durch Einleiten der die Reaktionszone verlassenden Gase in Lösungsm. (I), bes. in Trichlorbenzole, aus der Gasphase abgeschieden werden. Zweckmäßig werden die I auf Temp. $> 100°$ gehalten u. es werden von den I solche Mengen genommen, daß die I in der Kälte mit Tetrachlorbenzol noch nicht oder gerade gesätt. sein würden. (**D. B. P. 938 727** Kl. 12o vom 21/11. 1953, ausg. 9/2. 1956. Anmeldung bekanntgemacht 11/8. 1955.) J. Mühleisen. H 1410

United States of America, übert. von: **Porter W. Erickson**, Silver Springs, und **Irving Silver**, Mount Rainier, Md., V. St. A., *Allylaroxydichlorsilane* erhält man durch Rk. äquimol. Mengen von armoat. Oxyverbb. u. Allyltrichlorsilan (I). 1 (Mol) I wird mit 1.3.5-Xylenol 6 Std. auf 100° erhitzt. Durch fraktionierte Dest. des Reaktionsgemisches bei Unterdruck erhält man *Allyl-3.5-xyloxydichlorsilan*, $Kp._{10}$ 144°, n_D^{26} 1,5032; analog erhält man *Allylphenoxydichlorsilan*, $Kp._{14}$ 110°, n_D^{26} 1,5050; *Allyl-m-kresoxydichlorsilan*, $Kp._{20}$ 125°, n_D^{26} 1,5058; *Allyl-m-methoxyphenoxydichlorsilan*, $Kp._{8}$ 147°. *Bindemittel für glasverstärkte Kunststoffe*. (**A. P. 2 720 470** vom 15/9. 1954, ausg. 11/10. 1955.) J. Mühleisen. H 1780

N. V. de Bataafsche Petroleum Mij., Den Haag, Holland, *Herstellung von Bis-(oxyphenyl)-alkanen*, z. B. *2.2-Diphenylolpropan*, durch Zers. von aromat. Hydroperoxyden, bes. Cumolhydroperoxyd, in Ggw. einer Säure mit einer Dissoziationskonstante $> 10^{-3}$ (H_2SO_4, HCl), sowie eines Mercaptans, bes. CH_3SH oder C_2H_5SH, u. bevorzugt eines Phenols, bes. bei 0—10°. (**E. P. 736 943** vom 24/11. 1953, ausg. 14/9. 1955. A. Prior. 24/11. 1952.) K. Fabel. H 2270

Farbwerke Hoechst Akt.-Ges., vormals Meister Lucius & Brüning (Erfinder: **Wilhelm Eckert** und **Otto Fuchs**), Frankfurt/M., *Herstellung von 3.5.8.10-Tetrabrompyren* (II), dad. gek., daß man Pyren (I) in wss. Suspension mit Br_2 behandelt. In I, das mit dibutylnaphthalinsulfosaurem Na u. W. längere Zeit vermahlen wurde, wird innerhalb 5 Std. Br_2 zugetropft. Man erhitzt dann 10—12 Std. auf 80—90°. Man erhält II in 96—97%ig. Ausbeute. — Zwischenprodukt. (**D. B. P. 937 646** Kl. 12o vom 15/7. 1953, ausg. 12/1. 1956. Anmeldung bekanntgemacht 21/7. 1955.) J. Mühleisen. H 2950

E. I. du Pont de Nemours & Co., Wilmington, Del., übert. von: **Donald D. Coffman**, West Chester, Pa., und **Mark W. Farlow**, Wilmington, Del., V. St. A., *5-(4-Oxybutyl)-hydantoin* erhält man durch Einw. von H_2 auf 5-(2-Furyl)-hydantoin bei 10—2000 at u. 100—250° in Ggw. eines Ni- bzw. Co-Katalysators. — Zwischenprodukt. (**A. P. 2 728 777** vom 24/9. 1953, ausg. 27/12. 1955.) A. Brösamle. H 3122

Ilford Ltd., Ilford, Essex, England, *3-Amino-5-mercapto-1.2.4-triazol*, F. 300—302°, erhält man durch Erhitzen von Guanidinodithiocarbaminsäure in wss. Medium unter stark alkal. Bedingungen auf $> 100°$. Erhitzt man unter schwach alkal. Bedingungen oder bei p_H 7 auf $< 100°$, so entsteht *2-Mercapto-5-amino-1.3.4-thiadiazol*, F. 240—243°. — Zwischenprodukte. (**E. P. 737 568** vom 11/6. 1952, ausg. 28/9. 1955.) A. Brösamle. H 3153

Union Carbide & Carbon Corp., New York, N. Y., V. St. A., *Herstellung von 2-Alkoxy-3.4-dihydro-2.1-pyranen*. Man erhitzt unter Druck, gegebenenfalls in Ggw. eines Polymerisationsverzögerers, einen ungesätt. Äther der Formel $R \cdot O \cdot CH = CR^1R^2$ (R u. R^1 = Alkyl mit 1—12 C-Atomen, R^2 = H oder Alkyl mit 1—12 C-Atomen) mit einem ungesätt. Aldehyd $R^3CH = CR^4 - CHO$ (R^3 u. R^4 = H oder Alkyl mit 1—5 C-Atomen). — Z. B. erhält man aus Acrolein u. 1-Butenylmethyläther in Ggw. von Hydrochinon bei 180° *2-Methoxy-3-äthyl-3.4-dihydro-1.2-pyran*, $Kp._{20}$ 59° (I). Analog lassen sich herstellen („*3.4-dihydro-1.2-pyran*" = **II**): *2-Methoxy-3-methyl-4-propyl-5-äthyl*-**II**, $Kp._{5}$ 83—86°; *2-Methoxy-3-methyl*-**II**, $Kp._{20}$ 43°; *2-Methoxy-3-äthyl-4-methyl*-**II**, $Kp._{20}$ 72—75°. — Zwischenprodukte. (**E. P. 739 128** vom 9/9. 1954, ausg. 26/10. 1955. A. Prior. 2/10. 1952.) K. Fabel. H 3211

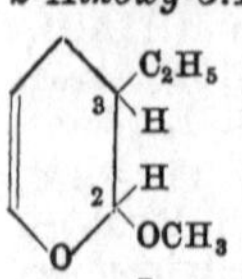

I

General Aniline & Film Corp., New York, N. Y., übert. von: **William W. Williams,** Easton, Pa., und **William E. Wallace,** Philippsburg, N. J., V. St. A., *Bis-[2-Morpholino-4-amino-1.3.5-triazinyl-(6)]-4.4-diaminostilbendisulfon- bzw. -dicarbonsäuren* der allg. Formel I, worin Z eine HSO_3- oder COOH-Gruppe, Y u. X — gegebenenfalls einander gleich — ein H-Atom oder gegebenenfalls substituierte Alkyl- [CH_3-, C_2H_5-, $(CH_3)_2CH$-, n-C_4H_9-, sek. C_4H_9-, CH_2CH_2OH-], Aryl- (C_6H_5-, ClC_6H_4-, $CH_3O\cdot C_6H_4$-, $C_{10}H_7$-, $HO_3SC_6H_4$-), heterocycl. (Thiazol-, Benzthiazol-, Pyrimidin-) oder alicycl. (Cyclohexyl-, Tetrahydronaphthyl-) Reste bedeuten oder X u. Y zusammen cycl. Reste (Pyrimidin, Morpholin, Thiomorpholin) sein können, werden hergestellt, indem man 1 Mol 4.4'-Diaminostilben-2.2'-disulfon- oder -carbonsäure nacheinander mit je 2 Mol Cyanurchlorid, NH_3 oder prim./sek., zur Bldg. von (4)-$N\langle^{X}_{Y}$ befähigtem Amin u. schließlich Morpholin kondensiert. Infolge ihrer Fluorescenz u. ihrer Licht- u. Chlorbeständigkeit werden sie als *opt. Bleichmittel* Papier, Textilfasern, Anstrichen, Seifen u. Waschmitteln zugesetzt. — Beispiele für Darst. von *Bis-[2-morpholino-4-phenylamino-p-sulfonsäure-1.3.5-triazinyl-(6)]-* u. *Bis-[2-morpholino-4-o-* oder *-p-anisidino-1.3.5-triazinyl-(6)]-4.4'-diaminostilben-2.2'-disulfonsäure* u. deren Alkalisalze. (**A. P. 2 618 636** vom 24/8. 1948, ausg. 18/11. 1952.)

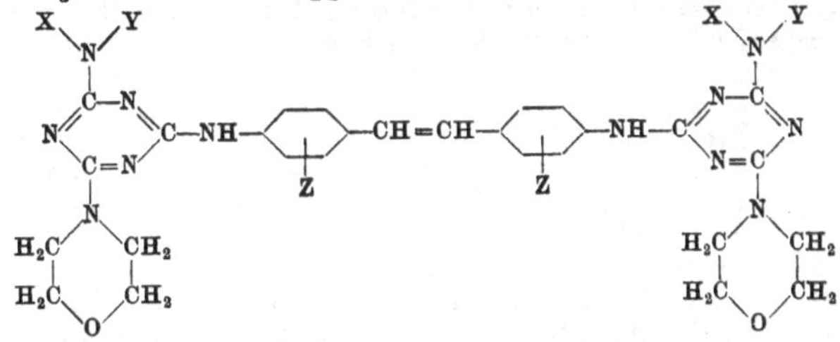

H. SCHMAUSER. H 3313

X. Färberei. Organische Farbstoffe.

—, *Farbstoffe und Textilhilfsmittel.* Prodd. der BADISCHEN ANILIN- & SODA-FABRIK AG., Ludwigshafen/Rh.: *Antistatin TT* dient dazu, Avivage-, Schmälz-, Schlichte- u. Appreturmittel antistat. zu machen. Die elektrostat. Aufladung synthet. Fasern wird vermindert. — *Soromin HS* ist ein Weichmachungsmittel mit antistat. Wrkg. für synthet., oder sonstige Chemiefasern sowie für natürliche Fasern. — *Soromin TS* ist ein Avivage- u. Appreturhilfsmittel, bes. als Zusatzmittel für Stärkeschlichten u. -appreturen geeignet. — *Lufixan LF* ist ein kationakt. Nachbehandlungsmittel zur Verbesserung der Naßechtheitseigg. von Drucken u. Färbungen. Das Prod. eignet sich bes. für Halbwollstoffe, die Farbtöne sowie Lichtechtheiten werden nur geringfügig beeinflußt. — *Fixapret JL Granulat, Fixapret JL Paste* dienen als Imprägnier- u. Appreturmittel. Das in W. unlösl. Prod. zeichnet sich durch sehr gute Wetterbeständigkeit u. Gebrauchstüchtigkeit der Ausrüstung aus. Im Trockenreinigungsgewerbe ist es als Appreturmittel mit hydrophoben Eigg. anwendbar. — *Verdickung V extra* findet als ligninhaltiges Celluloseglykolat im Maschinen-, Film- oder Handdruck als Verdickungsmittel für den Zeugdruck Verwendung. Bes. geeignet für Küpenfarbstoffe, Anthrasol-, Indigosol- u. analoge Farbstoffe sowie Rapidecht- substantive u. saure Farbstoffe. — Prodd. der CIBA AG., Basel: *Cibalanbrillantblau GL* liefert sehr reine Blautöne auf Wolle u. Polyamidfasern. Gute Echtheitseigg., reine Blau- u. Grüntöne. Das Prod. ist als Selbstfarbe u. in Mischungen mit anderen Cibalanmarken zu verwenden. — *Alizarinechtfuchsin RL* besitzt gutes Egalisiervermögen, sehr gute Licht- u. Naßechtheiten. Der Farbstoff eignet sich für Wolle, Seide u. Polyamidfasern, für Strick- u. Wirkgarne sowie für Stückware als Selbstfarbe oder als Nuancierfarbstoff. Der Farbstoff ergibt bes. reine Rotviolettöne. — Prod. der CASSELLA FARBWERKE MAINKUR AG., Frankfurt/M.-Fechenheim: *Indanthrengrau NC Supr. Tei,* ein Farbstoff, der eine neutrale Graunuance besitzt, u. sich bes. für Druckartikel eignet, die in hellen Tönen sehr gute Licht-, Wetter- u. Waschechtheiten aufweisen. — Prodd. der FARBENFABRIKEN BAYER AG., Leverkusen: *Eulan FLE,* ein im Färbebad anzuwendendes Motten- u. Käferschutzmittel. Keine Beeinträchtigung des Farbtons u. der -echtheit. Ohne Schaumbldg. auf Wannen, Haspelkufen u. Apparaten zu gebrauchen. — *Siriuslichtblau FGG,* ein Farbton mit sehr gutem Egalisier- u. Ausgleichvermögen, guter Lichtechtheit, bes. für die Reyon- u. Zellwollfärberei geeignet. Das Prod. färbt Mischgewebe aus Baumwolle u. Viscosereyon oder Zellwolle. — *Isolanfarbstoffe: Isolanbordo FBS, Isolanviolett RLS, Isolanbraun 3GLS, Isolanbraun GLS* sind vier Farbstoffe, die sich durch sehr gute Lichtechtheit in der Halbwollfärberei sowie für viele Artikel in der Seidenfärberei eignen. — *Levapon NE hochkonz.,* zum Vorreinigen sowie beim Färben von Textilien geeignet, weist gutes Netzvermögen in neutralen sowie alkal. Bädern auf. —

Impranil V ist ein Appreturmittel für die Ausrüstung von Kord- u. Velvetgeweben. — Prodd. der Farbwerke Hoechst AG., Frankfurt/M.-Höchst: *Lanigan-Schmälze KG* ist sowohl olein- als auch mineralölfrei u. enthält keine unverseifbaren Neutralöle. Das Prod. ist mit W. auswaschbar. Kammwollen sowie Mischungen derselben mit Zellwolle oder vollsynthet. Fasern erhalten weichen elast. Griff u. gute Gleitfähigkeit. — „*Saisonfarben Frühjahr–Sommer 1956*": Diese Musterkarte gibt einen Überblick über neue Wollfarbtöne. — Prod. der Rudolf & Co., Chemische Fabrik GmbH., Wolfratshausen: *Rucolin NK*, eine gelbliche, klare Fl. mit nichtionogenen Eigg., findet als Netzmittel auf Basis Äthylenoxyd Verwendung. Das Prod. eignet sich für sämtliche Faserarten. — Prodd. der Sandoz AG., Basel: *Lanasyngelb 3GL* ist ein Metallkomplexfarbstoff, welcher ökonom. u. faserschonendes Echtfärben von Wolle, Seide u. synthet. Polyamidfasern im neutralen bis schwach sauren Bereich ermöglicht. Er färbt grünstichige u. reinste Gelbtöne. Sehr gute Licht-, Wasch- u. alkal. Walkechtheiten. — *Artisilorange GFL ultradispers* färbt Acetatreyon, Triacetatreyon, synthet. Polyamidfasern, Polyester- u. Polyacrylnitrilfasern in brillanten gelbstichigen Orangetönen. Sehr gute Licht- u. Naßechtheiten. (Melliand Textilber. **36**. 1050—51. Okt. 1955.) P. Eckert. 7018

C. W. Pohlmann, *Die Reaktion von Formaldehyd mit Naphtholen AS (Derivaten von 2-Oxy-3-naphthoesäure)*. Für das Reaktionsprod. aus *2-Oxy-3-naphthoesäurearylamid* (I) u. *Formaldehyd* (II) sind in der Literatur 4 verschied. Formeln angegeben, wobei Angriff des **II**-Sauerstoffs am α-ständigen H der Naphthoesäure bzw. an dem an N gebundenen H der —NHAryl-Gruppe angenommen wird. Auf Grund eigener Unterss. über die Kupplungsfähigkeit mit Diazoniumverbb. kommt Vf. zu dem Schluß, daß **II** an der NHAryl-Gruppe angreift, entweder unter Rk. im Mol-Verhältnis 1 **I** : 1 **II** mit Bldg. einer $-N(CH_2OH)$Aryl-Gruppe oder im Mol-Verhältnis 2 **I** : 1 **II** unter CH_2-Brückenbldg. zwischen den beiden N-Aryl-Gruppen der **I**-Radikale. (De Tex **11**. 1041—42. 15/11. 1952. Enschede, Labor. HTS.) Gerhard Günther. 7020

C. O. Eriksson, N. Landquist und **B. Mellbin**, *Das „Pad-Roll" Färbeverfahren und dessen Anwendung*. (Amer. Dyestuff Reporter **44**. P 877—81. 5/12. 1955. — C. **1955**. 6854 u. **1956**. 575.) P. Eckert. 7020

Albrecht Würz, *Chemische Zusammenhänge bei der Wollfärbung*. (Vgl. C. **1956**. 7663.) Bei der Wollfärbung spielen außer den elektrochem. auch absorptive Bindungen sowie die Histologie der Wolle selbst eine wichtige Rolle. Als Sonderfall wird von Vf. hierbei die Komplexfärbung der Wolle mit Chromier- u. Metallkomplexfarbstoffen mit u. ohne Sulfogruppen behandelt. (Färgeriteknik **31**. 113—17. Mai 1955.) A. Sander. 7020

G. E. Woodside, *Färben und Ausrüsten von Sweater- und feinfädigen Jerseygeweben aus Orlon 42*. Hinweise zur Naßbehandlung von Orlongeweben unter bes. Berücksichtigung der thermoplast. Natur der Faser, die zur Erhaltung der Qualität bei geringster Spannung durchgeführt werden muß u. ein langsames Abkühlen nach höheren Tempp. erforderlich macht. (Canad. Textile J. **72**. Nr. 22. 57—58. 4/11. 1955.) I. Schoenmann. 7020

W. Clarke, *Die Alcian „X"-Farbstoffe im Textildruck*. Überblick über die Entw. lösl. licht- u. waschechter Farbstoffe der Phthalocyaninreihe. Die chem. Konst. der verschied. Alcian-Handelstypen, in denen lösl. machende faseraffine quaternäre Ammonium- oder tern. Sulfoniumreste durch $-CH_2$-Brücken mit dem Phthalocyaninkomplex verbunden sind, ihre Eigg. u. Anwendung im Textildruck in Ggw. einer nicht flüchtigen organ. Säure u. eines hygroskop. Lösungsm. werden kurz gestreift. Die prakt. Ausführung der verschied. Druckverff. der Alcian-Farbstoffe für sich oder in Mischung mit anderen Farbstoffklassen auf Baumwolle u. anderen Faserstoffen wird an Hand von Rezepturen ausführlich beschrieben. (Tinctoria [Milano] **52**. 482—88. Dez. 1955. Manchester, Imp. Chem. Ind., Dyestuffs Div.) A. Sander. 7022

Lee S. Harrow und **Keith S. Heine jr.**, *Die Trennung und Bestimmung von sulfonierten Naphthalinzwischenprodukten in amtlich zugelassenen Teerfarbstoffen*. Manche zugelassene Azofarbstoffe können bei mangelhafter Herst. sulfonierte Naphthalinzwischenprodd. enthalten. Diese werden von den Farbstoffen durch Säulenchromatographie getrennt u. dann im einzelnen spektrophotometr. bestimmt. Überblick über derartige Zwischenprodd. u. ihre charakterist. Spektren. Die exakten u. auch reproduzierbaren Ergebnisse führten zur Best. von 5 derartigen Zwischenprodd. in mehreren zugelassenen Teerfarbstoffen. (J. Assoc. off. agric. Chemists **36**. 936—43. 15/8. 1953. Washington, D. C., Div. of Cosmetics, Food and Drug Admin., Dep. of Health, Educat. and Welfare.) R. Beythien. 7086

Interchemical Corp., übert. von: **Gabriel F. Goldstein**, New York, N. Y., V. St. A., *Druckpaste für Vinylharze*, bes. zur Herst. von Vorhängen u. Möbelbespannungen aus Polyvinylchlorid. Man stellt eine Mischung aus z. B. 63 (Gewichtsteilen) Alkyd–Methacrylat-Mischpolymerem, 4,5 Morpholin, 2 Ölsäure u. 27 Naphtha (Kp. 157—185°) mit einer Lsg. von 6 Vinylchloridacetat-Mischpolymerem (I) (Mol.-Gew. 10000) in Methylisobutylketon, 50 TiO_2 u. einer Lsg. von I (Mol.-Gew. 16000) in Cyclohexanon, 50 Talkum her u. dispergiert sie in 45,5 Wasser. (**A. P. 2 708 188** vom 12/6. 1952, ausg. 10/5. 1955.) G. SALZMANN. 7007

Celanese Corp. of America, New York, N. Y., V. St. A., *Färben von Textilien aus Celluloseacetat* oder organ. Polymeren, dad. gek., daß man in einem wss. Färbebad färbt, das außer dem Farbstoff noch Tetrabenzylmethylendiamin enthält. Die Färbungen sind widerstandsfähig gegen Gasschwund. (**E. P. 736 173** vom 21/3. 1953, ausg. 7/9. 1955. A. Prior. 23/5. 1952.) H. v. SCHILLER. 7021

Farbenfabriken Bayer Akt.-Ges., Deutschland, *Färben von Folien, Fäden oder Fasern aus Acrylnitrilpolymeren oder -mischpolymeren.* Man verspinnt Lsgg. aus Mischungen von Polyacrylnitrilen u. Polymeren mit tert. N-Atomen, bes. aber lineare oder schwach vernetzte hochmol. Polymere, wie Polyester, mit bas. oder quaternärem N-Atom. — Man rührt 28,7 (Teile) Hexamethylendiisocyanat in 75 Min. in 20 Methyldiäthanolamin u. heizt noch 30 Min. von 100—120°. F. des Polyurethans 96—98°. 9,1 g desselben werden in 225 g Dimethylformamid (I) gelöst, 247 g I zugegeben u. bei 40° 228 g Acrylnitril-Vinylacetat (95 : 5)-Mischpolymerisat. Man verspinnt die Lsg. trocken u. verstreckt den Faden, der sich mit sauren Farbstoffen färben läßt. Weitere Beispiele mit Polyamiden oder vernetzten Polyestern; z. B. aus Adipinsäure, Äthylenglykol u. Methyldiäthanolamin, u. Nachbehandlung des Polyesters mit Diisocyanat. (**F. P. 1 084 462** vom 5/8. 1953, ausg. 19/1. 1955. D. Prior. 8/8. 1952.) M. PANKOW. 7021

Ciba Akt.-Ges. (Erfinder: **Jacques Wegmann** und **Paul Rhyner**), Basel, Schweiz, *Färben und Bedrucken von Fasern aus Polyacrylnitril,* dad. gek., daß man als Farbstoffe aminogruppenhaltige, sulfonsäuregruppenfreie Farbstoffe der Triarylmethanreihe verwendet, welche als Aminogruppen mindestens eine u. höchstens zwei in p-Stellung zum zentralen C-Atom befindliche NH_2-Gruppen enthalten. (**D. B. P. 937 944** Kl. 8m vom 25/4. 1954, ausg. 19/1. 1956. Anmeldung bekanntgemacht 28/7. 1955. Schwz. Priorr. 30/4. 1953 u. 8/4. 1954.) H. v. SCHILLER. 7023

American Cyanamid Co., übert. von: **Frederick Brody,** New York, N. Y., V. St. A., *Azofarbstoffe der Triazinreihe* von der allg. Formel I (R = niederes Alkyl; R' = Rest einer Eisfarben-Kupplungskomponente) erhält man z. B. durch Rk. von 2.4-Diphenyl-6-chlortriazin (II) mit 2.5-Diäthoxy-4-aminoacetanilid in Dioxan u. in Ggw. von 0,1 n HCl, Verseifung der Acetylaminogruppe mit butylalkoh. HCl, Überführung in die freie Base, Diazotieren u. Kuppeln mit 2-Oxy-3-naphthoesäure; Baumwolle blaugrün. — (II + 2.5-Dimethoxy-4-aminoacetanilid) → 2-Oxynaphthoesäurearylide; die erhaltenen Farbstoffe sind blau. (**A. P. 2 690 437** vom 29/12. 1953, ausg. 28/9. 1954.) U. SIEVERS. 7053

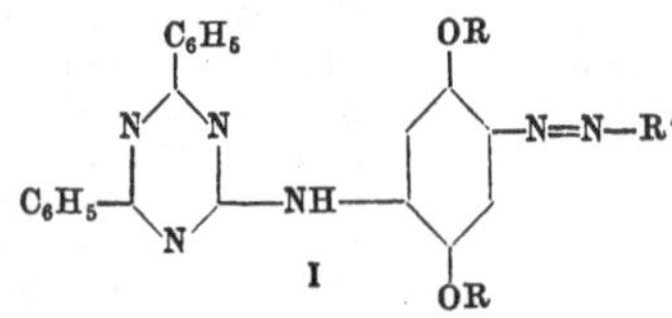

Sandoz Akt.-Ges. (Erfinder: **Willi Steinemann**), Basel, Schweiz, *Herstellung metallisierbarer Disazofarbstoffe* u. deren Metallkomplexverbb. nach D. B. P. 889 661, dad. gek., daß man 1 Mol einer Aminoazoverb. der Zus. **Ia** (Y = H-Atom oder SO_3H-Gruppe) u. 1 Mol des Aminomonopyrazolons der Zus. **Ib** mit 1 Mol eines Dicarbonsäurehalogenids der Zus.

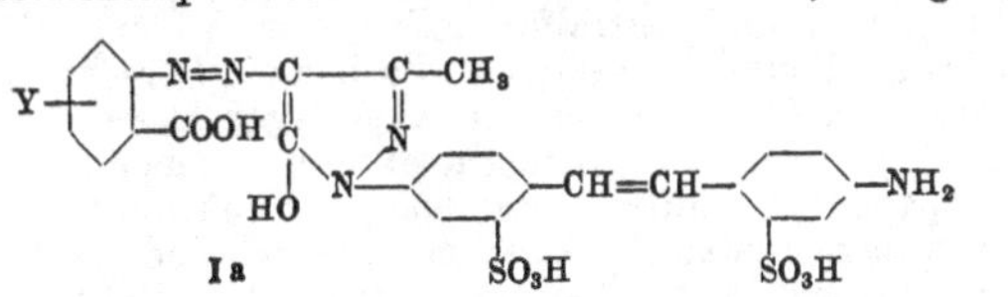

Hal.—CO—C(H)=C(A)—CO—Hal.

(Hal. = Chlor- oder Bromatom; A = H-, Cl-, Br-Atom oder CH_3-Gruppe) umsetzt, die erhaltene Zwischenverb. mit 1 Mol der

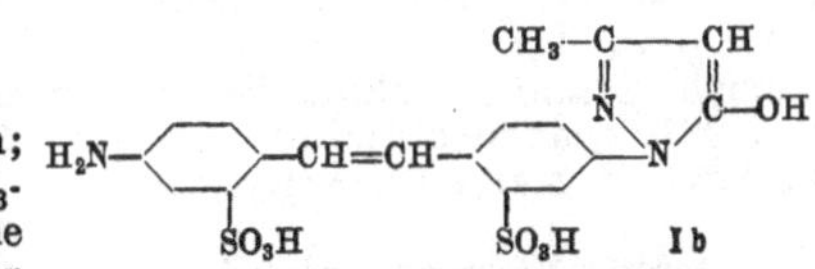

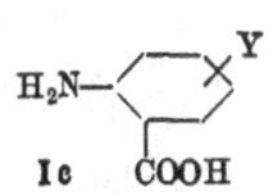

Diazoverb. aus einer 1-Aminobenzol-2-carbonsäure der Zus. **Ic** (Y = wie vorst.) kuppelt u. den erhaltenen Disazofarbstoff, wenn beide Y H-Atome bedeuten, auf der Faser u., wenn mindestens ein Y die SO_3H-Gruppe bedeutet, in Substanz oder auf der Faser metallisiert. — 1-Amino-2-carboxybenzol-4-sulfonsäure (II) → 1-[4''-Amino-1'.1''-stilbenyl-(4')]-3-methyl-5-pyrazolon-2'.2''-disulfonsäure (I). Der erhaltene Farbstoff wird mit I gemischt u. beide Komponenten mit Fumarsäuredichlorid (III) kondensiert. Das Kondensationsprod. wird mit diazotierter **II** gekuppelt; Baumwolle (**A**) u. regenerierte Cellulose (**G**) gelb. — 1-Aminobenzol-2-carbonsäure (**IV**) → **I**; man mischt mit **I** u. kondensiert mit **III**. Dieses Kondensationsprod. wird mit diazotierter **IV** gekuppelt; **A** u. **G** gelb. (**D. B. P. 925 669** Kl. 22a vom 11/9. 1952, ausg. 28/3. 1955. Anmeldung bekanntgemacht 2/9. 1954. **Zusatz zu D. B. P. 889 661; C. 1955. 8974.**) U. SIEVERS. 7055

Sandoz Akt.-Ges., Basel (Erfinder: **Philippe Grandjean**, Basel, und **Walter Wehrli**, Riehen), Schweiz, *Herstellung von Dis- und Polyazofarbstoffen* in Weiterbldg. des Verf. nach D. B. P. 877 648, dad. gek., daß man hier 2 Mol einer Aminoverb. der Zus. R_6—N =N—R_5—w—NH_2 (I) (R_5 = Rest der Benzolreihe; R_6 = Pyrenrest; w = einfache Bindung oder gegebenenfalls weiter substituierte Brückenglieder der Formel **II** u. **III**; in I stehen die Azogruppe u. —w—NH_2 in p-Stellung zueinander) bzw. 2 Mol eines beliebig zusammengesetzten Gemisches solcher Aminoazoverbb. (**Az**) oder eines Gemisches aus **Az** u. einer nichtmetallisierbaren Aminomono- oder -disazoverb. beliebiger anderer Zus. mit 1 Mol eines Dicarbonsäuredihalogenids der Zus. z—CO—C(A)=CH—CO—z (z = Chlor- oder Bromatom; A = H-Atom oder Methylgruppe) kondensiert, wobei der entstandene Dis- oder Polyazofarbstoff die zur Wasserlöslichkeit notwendige Anzahl löslichmachender Gruppen enthalten muß. — 3-Aminopyrendisulfonsäure (**IV**) → 1-Amino-3-methylbenzol (**VI**). Der Farbstoff wird mit Fumarsäuredichlorid (**V**) kondensiert; Baumwolle (**A**) u. Kunstseide (**G**) rotstichiggelb. — Ein Gemisch aus verschied. **IV** → 1-Amino-2.5-dimethylbenzol (**VII**) u. **IV** → 1-Amino-2-methoxy-5-methylbenzol (**VIII**) wird mit **V** kondensiert; **A** u. **G** orange. — **IV** → **VI**. Der Farbstoff wird mit 4-Nitrobenzoylchlorid kondensiert, die NO_2-Gruppe red. u. die entstandene Verb. mit **V** kondensiert; **A** u. **G** goldgelb. — **IV** → **VII**. Man kondensiert mit 3-Nitrobenzoylchlorid, red. die NO_2-Gruppe u. mischt mit dem Farbstoff **IV** → **VIII**; das Gemisch wird mit **V** kondensiert; **A** u. **G** orange. — **IV** → **VI** u. 2-Aminonaphthalin-4.8-disulfonsäure → **VIII** werden mit **V** kondensiert. **A** u. **G** gelbstichigorange. (**D. B. P. 925 726** Kl. 22a vom 6/3. 1953, ausg. 28/3. 1955. Anmeldung bekanntgemacht 2/9. 1954. Schwz. Prior. 7/3. 1952. **Zusatz zu D. B. P. 877 648; C. 1954. 4954.**) U. SIEVERS. 7055

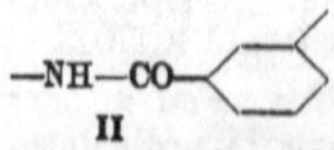

II

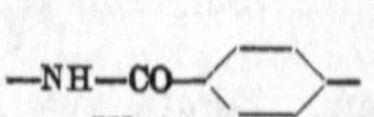

III

XIa. Farben. Anstriche. Lacke. Naturharze.

J. Maurin, *Die Theorie der verteilten Farben.* Mathemat. Berechnung der Farbstoffmischungen, die nötig sind, um einen bestimmten Farbeindruck auf einem Trägerstoff von bestimmter Farbe bei bestimmter Beleuchtung zu erzielen. Das Problem wird approximativ für den Fall einer Projektion der Farbenkomponenten auf den Farbträger gelöst. Das Verf. besteht darin, jede Farbe durch 3 Zahlen auszudrücken u. das elektromagnet. Universum (A) mit dem Universum der physiol. Farben (B) zu verknüpfen. Da eine Spektralkurve durch Variation der Intensität der zwischen 4000 u. 8000 Å liegenden Wellenlängen modifizierbar ist, enthält A unendlich viel Dimensionsparameter, wogegen B nur deren 3 enthält, nämlich die der dominierenden Wellenlänge entsprechende Farbe, die Leuchtdichte u. das Gegenteil der Bleichheit, d. h. den Reinheitsfaktor. B läßt sich durch ein dreidimensionales Diagramm darstellen, wenn man den 3 genannten Variablen eine zusätzliche Wechselbeziehung zuordnet, z. B. eine Standard-Vgl.-Leuchtdichte innerhalb einer durch die Spektralfarben begrenzten Fläche. Diese gestattet mit Hilfe der durch 3 beliebige Punkte dargestellten Farben die Berechnung aller Farben, deren entsprechende Punkte im Inneren eines Dreieckes liegen, dessen Spitzen durch die 3 gewählten Punkte (Farben) gebildet werden. Dabei wird angenommen, daß die Leuchtdichte der Farbenkomponenten additiv u. die analyt. Funktion ihrer Mischung konstant ist, eine nicht vollständig bestätigte Annahme. Daher kann die Berechnung der Farbmischungen nur approximativ sein. (Peintures, Pigments, Vernis **31.** 515—18. Juni; 618—30. Juli; 690—95. Aug. 1955. Soc. Conté.) W. WESLY. 7090

Luciano Colombo, *Technische Betrachtungen über Gebrauch und Verwendung von Farben und Lacken.* Inhaltlich ident. mit der C. **1956. 4573** referierten Arbeit. (Chim. e Ind. [Milano] **36.** 376—80. Mai 1954. Avigliana, Duco Montecatini.) K. STEINER. 7090

H. Silman und **Dorothy Wernick**, *Galvanische Überzüge als Untergrund für Anstriche.* Die Verwendung von galvan. Sn- u. Zn-Überzügen als Untergrund für Stahlblechanstriche wird unter Hinweis auf Vor- u. Nachteile dieses Verf. beschrieben. Verss. zur Elektroplattierung mit *Sn* wiesen gegenüber phosphatiertem Stahlblech mit Einschränkungen gewisse Vorzüge auf. Der Anstrich bestand aus rußpigmentiertem Alkydharz-Grundlack u. ölmodifiziertem Alkydharz-Decklack, beide eingebrannt. Elektroplattierung mit *Zn* erfordert Phosphatierung oder Passivierung nach dem CRONAK-Verf. (**C.**) (ANDERSON, Proc. Amer. Electroplaters Soc. **31.** [1943.] 6), worauf ein Anstrich mit Nitrocelluloselack oder rußpigmentiertem Einbrennlack oder Einbrennemaillack erfolgt. Prüfung auf Temperatur- u. Wasserbeständigkeit sowie im Salzsprühverf., wobei Vorbehandlung nach **C.** vorteilhaft war. Bei Verss. mit Mennige-Grundanstrich u. Alkydharzdeckanstrich verhielten sich phosphatiertes u. nach **C.** behandeltes Zn etwa gleich günstig. Bei sehr dünnem Zn-Überzug u. einfachem Anstrich ist gegenüber phosphatiertem Blech kein Vorteil feststellbar. *Cr*-Plattierungen müssen aufgerauht werden. (J. Electrodepositors' techn. Soc. **25.** 175—87. 1949/50.) K. STEINER. 7090

W. Castell, *Iridite Nr. 14 für den Schutz von Aluminiumlegierungen.* Das Iridite-Verf. erzeugt durch einfaches Eintauchen auf den Teilen aus Al-Legierungen einen hauchdünnen Film aus komplexen Chrom-Chromaten, der den Anforderungen auf Korrosionsbeständigkeit u. besserer Haftfestigkeit für Anstriche mehr entspricht als die bisherigen Verff. der Anodisierung oder Phosphatierung. (Mod. Metals **10.** Nr. 10. 42. 44.45. Nov. 1954. Lockheed Aircraft Corp.) H.-J. HEINRICHS. 7090

Angelo Angelini, *Die Kinetik der Polymerisation von Ölen.* Die Kenntnis der Polymerisationsgeschwindigkeitskonstante (P) von Ölen ermöglicht die Ermittlung der Aktivierungs- u. Polymerisationswärme, woraus sich optimale Bedingungen für die Standölkochung ableiten lassen. — Unter Verwendung der von MIKUSH u. CANNEGIETER (Verfkroniek **19.** [1946.] 126) für verschied. Öle gefundenen Werte der P wird der Einfl. verschied. Faktoren (Sauerstoff, Katalysatoren, Wärmeübertragung des Kochers) für die Herst. definierter Standöle untersucht. (Pitture e Vernici **11.** 699—704. Nov. 1955.) H. REUTHER. 7096

D. P. Wycherley, *Reinigen von Ölgemälden.* 2. Mitt. (1. vgl. C. **1956.** 5969.) Firnissen mit Dammar u. Mastix, Ausflicken von Löchern, Klebstoff aus Bienenwachs, Colophonium, venet. Terpentin (5 : 3 : 1), Retuschieren. (Decorator **51.** Nr. 604. 67—68. 15/8. 1952.) B. SCHEIFELE. 7100

C. A. Southby, *Aerosolfarbenzusammensetzung.* Der zur Erzeugung nötige Druck wird erhalten durch Verwendung verflüssigter, fluorierter KW-stoffe, die als „*Arcton*"-Sorten von der ICI geliefert werden. Es werden allg. Gesichtspunkte besprochen, um eine gute Verträglichkeit von Harz, Lösungsm. u. Treibmittel zu erreichen. Ursachen verschied. Filmfehler werden aufgeführt. Bei Aerosolfarben auf Nitrolackbasis mit Alkydmodifikationen muß beachtet werden, daß das Alkyd mit dem Treibmittel weniger verträglich ist als Nitrocellulose. Methylisobutylketon u. Butylacetat besitzen beste Verträglichkeit mit den Treibmitteln. Es wird die typ. Zus. eines Aerosolnitrolackes angegeben. Die Kontrolle der Konsistenz u. Vermeidung von Filmfehlern werden aufgeführt. (Paint Technol. **19.** 233—35. Juli 1955.) R. ZEISBERGER. 7106

W. W. Cranmer, *Benzinfeste Behälteranstriche.* (Paint Manufact. **22.** 418—27. 431. Nov. 1952. — C. **1956.** 5971.) B. SCHEIFELE. 7106

Howard D. Childers, *Oberflächenbehandlung von Magnesium für den Flugzeugbau.* Korrosionsverss. an Mg-Blechen ergaben, daß gewöhnliche Lackschichten auf der Basis von Vinylharzen den besten Korrosionsschutz ergaben. Aufgebrannte Filme hatten nicht wesentlich bessere Eigg. als luftgetrocknete. Durch den Zusatz geeigneter Pigmente konnte die Korrosionsbeständigkeit auf das 2—3fache gegenüber dem bisher Möglichen bei Schichtdicken von 1—1,5 mils (0,025—0,037 mm) gesteigert werden. (Iron Age **170.** Nr. 23. 157—61. 4/12. 1952. Hawthorne, Calif., Northrop Aircraft, Inc.) F. VIER. 7106

P. Fournier und **J. Petit,** *Makromolekulare Struktur von Kongo-Kopal.* Durch Unterss. der physikal. u. chem. Eigg. u. der Konst. von Kopal aus Belgisch-Kongo (Verseifung, Unters. der Öle, Fraktionierung u. Analyse der Säuren, Pyrolyse) wird eine weitgehende Analogie zu einem Polyester festgestellt. Die Befunde stimmen im wesentlichen mit denen von SUTTON (C. **1950.** I. 1913) überein. (J. Rech. Centre nat. Rech. sci. **1951.** 43—53. Dez. Labor. de Chim. Macromol.) R. SCHÄFF. 7140

B. L. Harris und **A. Bialecki,** *Wasserdurchlässigkeit von freien Filmen reiner trocknender Öle.* (Off. Digest Federat. Paint Varnish Product. Clubs **1952.** 884—87. Dez. Baltimore, Md., Johns Hopkins Univ. — C. **1956.** 5972.) B. SCHEIFELE. 7158

W. K. Asbeck, D. D. Laiderman und **M. Van Loo,** *Ein Verfahren mit hoher Schergeschwindigkeit zur Ermittlung der Streichfähigkeit von Anstrichfarben.* Entwickelt wurde ein Rotationsviscosimeter (Abb.), das im Bereich der beim Farbenverstreichen auftretenden hohen Schergeschwindigkeiten arbeitet. Bei Spaltbreiten von ca. 100 μ werden Schergeschwindigkeiten in der Größenordnung von $^1/_{20000}$ Sek. erreicht u. bei geringeren Spaltbreiten lassen sich diese Werte noch beträchtlich erhöhen ohne übermäßige Temperatursteigerung. Resultate: Festgestellt wurde eine gute Beziehung zwischen der prakt. ermittelten Verstreichbarkeit u. der bei Schergeschwindigkeiten von ca. $^1/_{12000}$ u. $^1/_{35000}$

ermittelten Werte. Die Temp. beeinflußt stark die Verstreichbarkeit. (J. Colloid Sci. 7. 306—15. Juni 1952. Chicago, Ill., Sherwin-Williams Co.) B. SCHEIFELE. 7158

American Cyanamid Co., New York, N. Y., V. St. A., *Titandioxydpigment*, das zuerst mit 0,1—2,5 (Gew.-%) eines wasserunlösl. mehrwertigen Metallhydroxyds, z. B. $Al(OH)_3$, u. dann mit 0,005—15 eines hitzehärtbaren Polyorganosiloxans überzogen ist, wobei letzteres das Hydrolyseprod. wenigstens eines Silans der Formel A_2SiXY ist, in der A Cl oder H, Y ein hydrophober KW-stoffrest mit $<$ 22 C-Atomen u. X A oder Y ist. (**E. P. 743 630** vom 8/12. 1953, ausg. 18/1. 1956. A. Prior. 10/12. 1952.) K. DEMMLER. 7093

Standard Oil Development Co., V. St. A., *Herstellung von trocknenden Ölen auf der Basis von polymerisierten Kohlenwasserstoffen.* In eine Polymerisationszone leitet man ein Gemisch von 75—85 (Teilen) monomerem Butadien u. 50—500 eines inerten fl. KW-stoffes mit einem Kp. 25—200° sowie von 10—35 eines Äthers mit 2—8 C-Atomen im Mol. u. 1—10 von feinverteiltem Na-Metall als Katalysator. Das Gemisch wird auf 50—95° erhitzt, bis eine Umwandlung der monomeren Verb. zu mindestens 80% eingetreten ist. Danach wird das polymerisierte Gemisch abgezogen u. mit einer wasserfreien organ. Säure im Überschuß behandelt, um das metall. Na in ein filtrierbares Salz überzuführen. Die angesäuerte M. wird danach mit überschüssigem NH_4OH neutralisiert, filtriert u. durch Dest. von den destillierbaren Begleitstoffen getrennt. Die im unteren Teil des Destillationsgefäßes verbliebene Lsg. des polymeren Prod. wird abgezogen. — In einem weiteren Beispiel wird ein Gemisch aus 75—85 (Teilen) von monomerem Butadien u. 25—15 monomerem Styrol wie vorbeschrieben polymerisiert. Zur Neutralisation des Na-Metalls wird Eisessig benutzt. — Die erhaltenen Prodd. dienen zur Herst. von Sikkativ-Firnissen. — 4 Figuren; Zeichnung. (**F. P. 1 102 676** vom 4/5. 1954, ausg. 25/10. 1955.) M. F. MÜLLER. 7107

Jérome S. Heisler und **Albert Heisler**, Wilmington, Del., V. St. A., *Herstellung von haftenden Polyäthylenüberzügen auf Metalloberflächen.* Polyäthylenpulver mit Mol.-Gew. von ca. 19000 u. einer Teilchengröße zu $>$50% von 80 Maschen (im übrigen von 40 Maschen) wird auf die gewaschene, durch Sandstrahl leicht angerauhte u. auf 350—475° F erhitzte Metallfläche in genügender Menge aufgebracht. Die Metalle werden dann während 15—40 Min. auf ca. 400° F gehalten. Es hat sich ein gleichmäßiger u. festhaftender Überzug gebildet. (**E. P. 727 470** vom 17/9. 1951, ausg. 6/4. 1955. A. Prior. 16/9. 1950.) W. GRÄGER. 7107

Imperial Chemical Industries Ltd., London, England (Erfinder: **Reginald Hurd**), *Überzüge aus Vinylacetat-Vinylchlorid-Mischpolymerisaten* haften schon bei Zimmertemp. fest auf Metallen, bes. Al, wenn den Mischpolymerisaten (I) Alkydharze u. Polyisocyanate, z. B. Toluylendi- oder Triphenylmethantriisocyanate zugesetzt werden. Die I sollen 5—40% Vinylacetat enthalten u. bis zu einem Hydroxylgeh. von 2—10% hydrolysiert sein. Der Alkydharzanteil soll 5—200% des **I** betragen. Pigmentzusatz ist vorgesehen. — Mengenbeispiele. (**E. P. 738 883** vom 1/6. 1953, ausg. 19/10. 1955.) H. SCHINDLER. 7107

Albertus Arjaan Willem Bijlsma, Amsterdam, Holland, *Herstellung einer Korrosionsschutzfarbe für Metalle.* Einer Anstrichfarbe, bes. für Grundanstriche, die aus einem Bindemittel (teilweise polymerisiertes Leinöl, Holzöl oder Ricinusöl) mit einem Geh. an adsorptionsfähigen koll. Al- u./oder Al-Si-Verbb. (Kaolin u. Bauxit) neben koll. Metalloxyden u./oder -hydroxyden (Fe_2O_3) besteht, werden die Reaktionsprodd. von Metallperverbb. (Na-Perborat, BaO_2) u. Fettsäuren (Linolensäure) zugesetzt. Diese Grundierungsmittel können auf Eisenflächen ohne vorhergehende Reinigung der Flächen oder Entrostung aufgebracht werden. (**Holl. P. 74 463** vom 16/6. 1950, ausg. 15/4. 1954.) W. GRÄGER. 7107

XIb. Plaste (Kunstharze. Plastische Massen).

H. Peukert, *Thermoplastische Kunststoffe und ihre Verarbeitung.* Übersicht über Aufbau von thermoplast. Kunststoffen, ihre Eigg. u. bes. ihre Verarbeitung im thermoelast. oder thermoplast. Zustandsbereich. Untersuchungsergebnisse werden erörtert. (Industrie-Anz. **76.** Nr. 65. 3—7. 13/8. 1954. Aachen.) R. SCHÄFF. 7170

J. Cauchetier, *Das Erweichen. Spritzen von Kunststoffen mit der Spritzpistole.* Ausführliche Besprechung des Verf. an Hand von Beispielen. — Diskussionsbemerkungen. (Soudure Techn. connexes **8.** 187—93. Juli/Aug. 1954.) R. SCHÄFF. 7170

P. Piganiol, *Schweißen von Kunststoffen.* Die Struktur von Kunststoffen u. modifizierten Kunststoffen sowie das therm. Verh. von Thermoplasten u. therm. härtbaren Prodd. werden erörtert (Naturkautschuk, Polystyrol, Polyäthylen, Teflon). Das Schweißen von Metallen u. Kunststoffen wird verglichen. Die verschied. Methoden zum Schweißen von Kunststoffen, wie Heißluft-, Hochfrequenz- u. Infrarotverf., werden besprochen (Beispiele). — Diskussionsbemerkungen. (Soudure Techn. connexes **8.** 177—86. Juli/Aug. 1954.) R. SCHÄFF. 7170

Walter Opavsky, *Das Holofol-Verfahren und seine praktische Anwendung.* Anknüpfend an die C. **1956.** 5973 referierte Arbeit behandelt Vf. die Anwendungsmöglichkeiten dieses Verf. auf dem Gebiete der Celluloseester. (Plastverarbeiter **6.** 373—75. Okt. 1955.) M. WINIKER. 7170

Maurice Fuzzard, *Oberflächenbehandlung von Preßteilen.* 1. Mitt. *Farbauftrag und Lackierung.* Die Methoden (Spritzauftrag) zur Oberflächenbehandlung von Preßteilen aus z. B. Polystyrol u. Polymethacrylsäuremethylester mit Farben u. Lacken u. die damit zusammenhängenden Probleme (z. B. Verwendung möglichst spannungsfreier Teile, Einfl. der Lösungsmittel) werden erörtert. (Brit. Plastics **28.** 413—15. 437. Okt. 1955. Universal Metal Prod. Ltd., Plast. Engng.) R. SCHÄFF. 7170

Enrico Bayer, *Zweiwertige organische Säuren.* Übersicht. Besprochen wird die Herst. von Phthal- u. Maleinsäureanhydrid sowie der Adipin-, Sebacin-, Bernstein- u. Itaconsäure u. ihre Verarbeitung auf Polyester u. Polyurethane. (Olii minerali, Grassi Saponi, Colori Vernici **31.** 41—42. März 1954. Soc. Gen. Montecatini.) K. STEINER. 7170

Georg Schulz und **Karl Mehnert,** *Ein neues Polyäthylen.* Nach einer kurzen Einleitung über die allg. Situation auf dem *Polyäthylen* (**I**)-Gebiet werden ausführliche Angaben über die physikal. Eigg. u. die Chemikalienbeständigkeit des neuen Niederdruck-I *Hostalen* gemacht. (Kunststoffe **45.** 410—14. Okt. 1955. Frankfurt/M.-Höchst.) M. WINIKER. 7172

W. T. Higgings, *Durch Strangpressen erhaltenes Polyäthylen von Zellstruktur.* Mit einem gasabspaltenden Treibmittel vermischtes Polyäthylen gibt beim Erwärmen ein Zellmaterial D. 0,47, DK. 1,48, Verlustfaktor 0,0003 u. maximal 0,35% Wasseraufnahme. Eine Vorr. zum Überziehen von Metalldrähten mit diesem Material wird beschrieben. (Materie plast. **20.** 363—69. Mai 1954.) K. STEINER. 7172

G. Wick und **H. König,** *Spritzgießen und Spritzpressen von Hart-PCV. Zur Verarbeitung von weichmacherfreien Polymerisaten halogenhaltiger Vinylverbindungen.* Beschreibung zweier zur wirtschaftlichen Herst. von Spritzteilen aus weichmacherfreiem PVC geeigneter Verff. (Spritzguß- bzw. Spritzpreßverf.), bei denen die sonst in der Kunststoffindustrie üblichen Maschinen verwendbar sind. (Kunststoffe **45.** 425—28. Okt. 1955. Chem. Werke Hüls AG., Anwendungstechn. Abt.) M. WINIKER. 7172

K. Thinius, *Zur Kenntnis der Wirksamkeit einiger Substanzen als Weichmacher für Eukolloide.* 1. Mitt. Vf. untersuchte, ob sich bei der Auflsg. von *Polyvinylchlorid* (**I**) in Weichmachern stattfindenden Solvatations- u. Immobilisationsvorgänge wesentlich von Erscheinungen unterscheiden, die sich bei der Herst. von Polymerisatlsgg. in üblichen Lösungsmitteln, wie Cyclohexanon, abspielen. An Hand von Gießfilmen aus solchen **I**-Lsgg. werden die Probleme der Solvatation des **I** u. das Verh. der Weichmacher (Dibutylphthalat Palatinol HS, Trikresylphosphat, Trimethylol-Fettsäureester u. a.) in Filmen erörtert. Es wurde kein Hinweis dafür gefunden, daß zwischen Makromol. u. Weichmacher eine hauptvalenzchem. Bindung entsteht. Walzfolien u. drucklos hergestellte Pastenfolien unterschieden sich in ihren mechan. Festigkeiten nicht; die therm. Folienbldg. aus einem **I**-Weichmacher-Gemisch erscheint daher als die Bldg. einer hochkonz. Lsg. des **I** im Weichmacher. Niedermol. Anteile des **I** scheinen ein gewisses Lösevermögen für die höhermol. Anteile aufzuweisen; eine weichmacherfreie **I**-Folie (Hart-PVC) stellt sich somit als eine feste Lsg. von verschied. höhermol. Anteilen in den niedermol. Anteilen dar. (Chem. Techn. **6.** 287—93. Mai 1954. Magdeburg.) R. SCHÄFF. 7172

James R. Jones, *Färben von Fluorkohlenstoffen.* Das Einfärben von *Polytrifluorchloräthylen* (**I**), wie *Kel-F* oder *Fluorothene,* bzw. *Polytetrafluoräthylen,* wie *Teflon,* die Auswahl der geeigneten Pigmente, wie z. B. Cd-Gelb oder -Rot, die keinen Abbau von **I** bewirken (im Gegensatz zu Fe_2O_3) u. die Methoden für die verschied. Anwendungs- u. Verarbeitungsbedingungen werden besprochen. (Mod. Plastics **32.** Nr. 2. 111—13. 224. Okt.; Materie plast. **20.** 989—92. Dez. 1954. Ferro Internat. Div., Techn.) R. SCHÄFF. 7172

E. Krell, M. Thöner und **G. Wischofsky,** *Nutzbarmachung von Mittelölphenoldestillaten und Herstellung typgerechter Preßmassen.* Die mit einer Mittelölphenolfraktion (Kp. 170—360°) mit 64% Phenolkörpern durchgeführten Verss. werden kurz beschrieben. Die Abmischung der daraus hergestellten Harze mit n. härtenden Novolaken führt zu typgerechten Preßmassen. (Chem. Techn. **4.** 12—14. Jan. 1952. Leipzig.) R. SCHÄFF. 7176

Cesare Carola, *Die Herstellung der Epoxyharze aus Propylen und ihre Verwendung auf dem Gebiete der Lacke.* Übersicht. Besprochen werden: Herst. der Ausgangsmaterialien, Epichlorhydrin (I) aus Allylchlorid u. Diphenylolpropan (II) (Dian, Bisphenol A) u. der Epoxyharze durch Kondensation von I u. II (Araldite, Epone, Epikote), ihre physikal. u. chem. Eigg., ihre Abwandlung durch Verestern, ihre Kombination mit Amin- oder Phenolharzen bzw. Aminen sowie Verwendung u. Eigg. dieser abgewandelten Prodd. (z. B. Epikote 1004, 1007, 1009). — 18 Schrifttumshinweise. (Olii minerali, Grassi Saponi, Colori Vernici **30.** 113—18. Juli 1953. Milano, Staz. Sperim. Olii e Grassi.) K. STEINER. 7176

H. Herman Abernathy, *Isocyanate und deren Reaktionsprodukte.* Kurze Übersicht über die Isocyanatchemie. Diisocyanate reagieren mit W. zu CO_2 u. Polyharnstoffen; mit Polyoxyharzen bilden sie hochmol. Prodd. mit verschied. mechan. Eigg. (hart bis elast.). Beide Rkk. lassen sich zur Herst. von Schaumstoffen kombinieren. Die auf diese Weise hergestellten Versuchsprodd. mit verschied. mechan. Eigg. werden beschrieben. (Rubber Wld. **131.** 765—69. März 1955. Wilmington, Del., E. I. du Pont de Nemours & Co., Rubber Chem. Div., Techn. Sales Manag.) R. SCHÄFF. 7180

E. A. H. Algra, *Glas als Armierung für Kunststoffe.* Auf Grund ihrer günstigen Eigg. bilden Glasfasern den wichtigsten Verstärkungswerkstoff für armierte Kunststoffe. Herst., Nachbehandlung, Eigg. u. Bezeichnung von Glasfasern- u. -garnen werden beschrieben. (Plastica [Delft] **8.** 575—79. Nov. 1955. Kunststoffinst., T.N.O.) W. WESLY. 7204

L. Riedel, *Glasfasern zur Kunststoffverstärkung.* Überblick über die bei der Kunststoffverstärkung gebräuchlichen Arten von Glasfasern, ihre Herst. u. die daraus hergestellten Erzeugnisse. (Plastverarbeiter **6.** 210—24. Juni 1955.) M. WINIKER. 7204

L. Föppl, *Beispiele zur Anwendung der Spannungsoptik.* (Vgl. C. **1955.** 956.) Elast. Spannungen lassen sich durch Spannungsoptik sichtbar machen. Man stellt zu diesem Zwecke Modelle von Konstruktionsteilen aus durchsichtigem (Phenol–Formaldehyd-) Kunstharz (z. B. Dekorit) her u. untersucht sie in belastetem Zustande in polarisiertem Licht. Die infolge von Spannungsdoppelbrechung auftretenden, abwechselnd hellen u. dunklen Linien (Isochromaten) gestatten die Ermittlung von ebenen Spannungszuständen. (Beispiele: Scheiben gleicher Dicke, belastet durch eingepreßten Keil oder beansprucht durch Aufschrumpfen oder Aufpressen auf einer Welle; Beanspruchung rotierender Scheiben; Beanspruchung einer gelochten Abdeckplatte; Beanspruchung eines Rohrbodens.) (Z. Ver. dtsch. Ing. **93.** 105—12. 11/2. 1951. München.) W. WESLY. 7210

British Resin Products Ltd. (Erfinder: **Franz Sam Deutsch, Francis Ronald Smith** und **Harold John Pratt**), London, England, *Plastische Masse von perlartigem Glanz,* bestehend aus Celluloseacetat, Polystyrol oder Phenolharz u. 1—20 (%) $(BiO)_2CO_3$ bzw. 1—10 Bi-Oxysalicylat $[Bi(C_7H_5O_3)_3 \cdot Bi_2O_3]$. Herst. von Filmen, Fäden, Schüsseln, Aschbechern u. dergleichen. (**E. P. 727 801** vom 30/1. 1952, ausg. 6/4. 1955.) G. SALZMANN. 7171

Visking Corp. (Erfinder: **Russell Franklin Pierce**), Chicago, Ill., V. St. A., *Herstellung von Filmen* aus Polyäthylen, Vinylpolymerisaten oder Mischpolymerisaten, Polyamiden, Polymethacrylsäureestern u. Cellulosederivv. nach dem Blasverfahren. Während des Austritts der Schmelze aus der Ringdüse wird der Schlauch durch Zublasen von Luft über bzw. um eine rotierende Verteilerscheibe aufgetrieben u. nach dem Strekken u. Auskoagulieren zwischen einem Walzenpaar in flachem Zustand abgezogen u. aufgeschlitzt. — Zeichnung. (**E. P. 716 160** vom 29/9. 1952, ausg. 29/9. 1954.) G. SALZMANN. 7173

Sorbo Ltd. und **Michael William Davies,** Woking, England, *Zellkörper aus Polyvinylchlorid.* Als Treibmittel verwendet man ein nichttox. Gemisch aus $(NH_4)_2CO_3$ u. Dinitrosopentamethylentetramin. Die M. kann mit Toluol angeteigt, dieses zum Verdunsten gebracht werden u. das gebildete Pulver in einer geschlossenen Form aufgetrieben werden. Herst. von Schwimmkörpern. (**E. P. 728 666** vom 6/6. 1952, ausg. 27/4. 1955.) G. SALZMANN. 7173

Ringwood Chemical Corp., Ringwood, übert. von: **Robert L. Frank,** Lake Geneva, Wis., V. St. A., *Zellkörper aus Polyvinylchlorid,* -acetal, Polystyrol, Butadien–Styrol-Mischpolymerisaten oder Phenolharzen erhält man unter Verwendung von N-Nitroso-β-aminoketonen, wie N-Methyl- (bzw. Äthyl- oder Isopropyl-) N-nitrosodiacetonamin oder N-Nitrosotriacetonamin als Treibmittel u. Eisessig, Sulfanilsäure, β-Naphthol, Saccharin, Mercaptobenzothiazol, 2-Aminoäthylschwefelsäure oder Benzoe- + Salicylsäure als Beschleuniger. (**A. P. 2 708 661** vom 12/7. 1952, ausg. 17/5. 1955.) G. SALZMANN. 7173

Metal & Thermit Corp., New York, übert. von: **Elliott L. Weinberg**, Long Island City, N. Y., V. St. A., *Stabilisierungsmittel für Polyvinylchlorid* erhält man durch Umsetzung von höheren Fettsäureglyceriden u./oder mehrbas. organ. Säuren (Sebacin-, Malein-, Phthalsäure), mehrwertigen Alkoholen u. Alkylzinnoxyd (Dimethyl-, Dibutyl-, Dilauryl- oder Diphenylzinnoxyd) bei 160—170°; gelbliches Öl. (**A. P. 2 715 111** vom 21/12. 1953, ausg. 9/8. 1955.) G. SALZMANN. 7173

Monsanto Chemical Co., St. Louis, übert. von: **Joachim Dazzi**, Dayton, O., V. St. A., *Weichmachungsmittel für Polyvinylchlorid*, bestehend aus 2- (bzw. 4- oder 4-tert.)n-Nonylphenyl-2-äthylhexyl- oder 2-(bzw. 4-)Isononylphenyl-2-äthylhexylsuccinat. (**A. P. 2 709 691** vom 21/9. 1954, ausg. 31/5. 1955.) G. SALZMANN. 7173

Dow Chemical Co., übert. von: **Robert P. Ruh** und **Marion R. Rector**, Midland, Mich., V. St. A., *Polymerisation von 1-Chlor-1.2-difluoräthylen* (F.–152°, $Kp._{744}$ —16 bis —14,5°), erhalten durch Entchlorieren von 1.1.2-Trichlor-1.2-difluoräthan mit Zn in sd. absol. Alkohol. Polymerisiert wird im Block, in Emulsion oder in Suspension, in Ggw. eines organ. Peroxydkatalysators oder Azonitrils. Dauer (bei 30°) bis zu 20 Tagen. Das Polymere ist röntgenamorph, hat gute Lichtechtheit u. zeigt keine Verfärbung. Lösl. in Aceton, Methanol, Äthylacetat, Methylenchlorid, Bzl. oder Dioxan. (**A. P. 2 716 109** vom 4/10. 1951, ausg. 23/8. 1955.) H. SCHINDLER. 7173

United States Rubber Co., New York, N. Y., übert. von: **Charles F. Fisk**, Clifton, N. J., V. St. A., *Plastische Masse aus einem Polyvinylacetal und einem Butadienmischpolymerisat* (mit Acrylnitril, Alkylacrylaten, -maleaten, Styrol, 2-Vinylpyridin) von hoher Schlagzähigkeit. Das Verhältnis der Komponenten, die auf dem Kalander bei 150° verarbeitet werden, beträgt 95—70 : 5—30. Herst. von Maschinenelementen, Wellen, Spulen, Webschützen, Pickern, (Brennstoff-) Behältern, Rohren (für Chemikalien, z. B. in Filterpressen), Schütteltrommeln für Metallbearbeitung, elektrotechn. Material, wie Endklemmen, Telefone, Kabelmuffen, Koffer, Radiogehäuse, Schachteln, Furnituren, Schallplatten, Türfüllungen, Lenkräder, Gleitschienen, Schutzhelme, Druckplatten u. dergleichen. (**A. P. 2 684 352** vom 12/10. 1953, ausg. 20/7. 1954.) G. SALZMANN. 7173

E. I. du Pont de Nemours & Co., übert. von: **Martin Eli Cupery** und **John Carl Sauer**, Wilmington, Del., V. St. A., *Mischpolymerisate aus β-Vinyloxyäthylamin und α-Methylencarbonsäureestern*, bes. die Alkylester der Acrylsäure u. Methacrylsäure, deren Alkylgruppen 1—12 C-Atome enthalten u. noch durch Alkoxygruppen substituiert sein können, wobei jedoch die Gesamt-C-Atomanzahl 1—12 sein soll. Als Katalysator dient ein Azonitril. Die Endprodd. haben ein Mol.-Gew. von 2000—10000, sind in Ketonen, Dioxan, Tetrahydrofuran u. aromat. Lösungsmitteln gut lösl. u. für viele Umwandlungen geeignet. Mengenbeispiele mit Methyl-, Methoxyäthyl-, Butyl- u. Laurylmethacrylat. — Gut haftende Filme, bes. auf Metallen, z. B. Stahl. (**A. P. 2 720 511** vom 3/6. 1954, ausg. 11/10. 1955.) H. SCHINDLER. 7173

British Thomson-Houston Co. Ltd. (Erfinder: **Ronald Snadow** und **Walter Henry Parriss**), London, England, *Formkörper aus gießfähigen Polyestern.* Ungesätt., mit Styrol vernetzte Polyester mit einem Zusatz von tert.-Butylperbenzoat u. Co-Naphthenat werden in Formen aus Polyäthylen gegossen u. 5 Std. auf 80—90° erwärmt. (**E. P. 716 033** vom 20/8. 1951, ausg. 29/9. 1954.) G. SALZMANN. 7177

Röhm & Haas G. m. b. H., Darmstadt, *Herstellung eines wasserlöslichen, härtbaren Harnstoffharzes*, dad. gek., daß man Harnstoff (I) bei p_H 2—10 zunächst mit Acetaldehyd in Mengen von weniger als 6 (Teilen) auf 100 I in Ggw. von W. bei unter 100° vorbehandelt u. hierauf die Kondensation bei saurer Rk. mit CH_2O weiterführt, derart, daß auf 1 (Mol) I, 2—4 CH_2O zur Anwendung kommen. Das Prod. ist unlösl. in Aceton, Butanol u. Toluol u. beginnt bei 170° sich zu zersetzen.| (**Schwz. P. 305 125** vom 4/9. 1944, ausg. 16/4. 1955. D. Prior. 2/11. 1943.) H. SCHINDLER. 7181

American Cyanamid Co., New York, N. Y., V. St. A., *Guanamin–Formaldehyd-Harze.* Man setzt 1—4 Mol CH_2O mit 1 Aceto- bzw. Propioguanamin bei ca. 80—100° um, bis ein Sirup erhalten wird, der eine maximale Verdünnbarkeit bei 25° mit einer 20%ig. wss. KCl-Lsg. von nicht $<$4% Harzfeststoffgeh. u. eine gleiche Verdünnbarkeit mit W. von mindestens 5% Feststoffgeh. aufweist, worauf der p_H-Wert des Gemisches auf 7,0—9,5 eingestellt u. das Reaktionsprod. bei 25—325° getrocknet wird. Man erhält einen nicht hygroskop. Feststoff, denen wss. Lsg. eine maximale Verdünnbarkeit bei 25° mit W. von 0—20% Harzfestgeh. u. denen 50%ig. wss. Lsg. bei 25° eine maximale Verdünnbarkeit mit einer 20%ig. KCl-Lsg. von nicht $<$8% Festgeh. besitzt. — 1250 (Teile) Acetoguanamin u. 3240 37%ig. wss. CH_2O werden unter Zugabe von NaOH-Lsg. auf p_H 7,4 eingestellt. Man erhitzt 33 Min. unter Rückfluß, bis eine klare Lsg. erhalten wird. Nach weiterem 30 Min. langem Erhitzen verursachen 2 Tropfen des Sirups Trübung bei Zusatz zu 10 cm^3 einer 20%ig. KCl-Lsg. bei 25°. Das p_H wird dann auf 7,9 eingestellt, der Sirup gekühlt u. filtriert, der unbegrenzt mit W. bei 25° u. zu 11% Feststoffgeh. in 20%ig. KCl-Lsg. verdünnbar ist. Der Sirup wird dann auf p_H 8 eingestellt u. in einem Sprühtrockner getrocknet. (**E. P. 727 425** vom 23/7. 1952, ausg. 30/3. 1955. A. Prior. 28/7. 1951.) J. MÜHLEISEN. 7181

Ciba Ltd., Basel, Schweiz, *Kondensationsprodukte aus Aldehyden und Guanylmelaminen.* Man setzt ein Mono-, Di- bzw. Triguanylmelamin oder ein Salz hiervon mit einem Aldehyd um. Das erhaltene Kondensationsprod. kann mit einem wasserlösl. Salz von NH_3 oder einem Amin in Ggw. eines Lösungsm. für das Kondensationsprod. weiter umgesetzt werden. Die Rk. erfolgt in Ggw. von W. oder einem wasserlösl. Lösungsm., bes. bei 50—100°, wobei zweckmäßig 2—6 Mol CH_2O auf 1 Guanylmelamin kommen. — Verwendung der Prodd. als Preßmassen u. zur Verbesserung von Färbungen u. Drucken. (**E. P. 730 018** vom 23/4. 1952, ausg. 18/5. 1955. Schwz. Priorr. 24/4. 1951 u. 9/4. 1952.) J. MÜHLEISEN. 7181

General Electric Co., Schenectady, N. Y., V. St. A., übert. von: **I. R. Elliot,** *Aminoorganosiliciumverbindungen,* bei denen Si über mindestens ein aliphat. C-Atom an N gebunden ist, erhält man durch Rk. einer chlorierten Organosiliciumverb. (I), bei der das Cl über C an Si gebunden ist, mit einem Amin der Formel $NHXX_1$, wobei X u. X_1 H, einen KW-stoff-, einen Aminoalkyl- bzw. Aminoaryl-, einen Alkylsilyl- oder einen cycloaliphat. Rest. bedeuten. I können Organosilane oder -siloxane sein. — Durch Rk. von fl. NH_3 u. Chlormethylpentamethyldisiloxan im Druckgefäß erhält man *Aminomethylpentamethyldisiloxan,* Kp. 145—148°, n_D^{20} 1,4089, $D.^{20}_4$ 0,8374, neben *Bis-(pentamethyldisiloxanylmethyl)-amin,* $[(CH_3)_3Si-O-Si(CH_3)_2-CH_2]_2NH$, $Kp._{52}$ 143—148°, n_D^{20} 1,4158, $D.^{20}_4$ 0,8496. — N-Butylamin + Chlormethyltrimethylsilan (II) → *N-Butylaminomethyltrimethylsilan,* $Kp._{760}$ 164—166°, n_D^{20} 1,4250, aus II u. $(C_2H_5)_2NH$ das analoge *Diäthylamino-,* Kp. 145—150°, n_D^{20} 1,4231; aus II + $C_6H_5NH_2$ → *N-Phenylamino-,* $Kp._1$ 60—70°, n_D^{20} 1,5245; aus II + Piperidin → *Piperidinmethyltrimethylsilan,* $Kp._2$ 52—54°, n_D^{20} 1,4512. — *Zwischenprodd.* zur Herst. von *Siloxanen.* (**Belg. P. 513 521** vom 14/8. 1952, ausg. 16/4. 1954. A. Prior. 16/8. 1951.) J. MÜHLEISEN. 7189

Diamond Alkali Co., Cleveland, O., V. St. A., *Organosilicone* erhält man bei der Kondensation von Si-Verbb. der Formel $R-Si(OR_1)_2X$ (I) mit Oxyverbb. $HOCH_2YOH$ (II) unter gelindem Erwärmen, bis eine einheitliche M. entstanden ist. Anschließend wird die Temp. (bis 180°) erhöht u. die intramol. Kondensation beendet. Das Reaktionsprod. umfaßt den Gelzustand bis zu harten, spröden Massen. In I bedeuten R niedrigmol. Alkyl-, oder einringige Aryl-, Aralkyl- u. Alkarylgruppen, R_1 einen KW-stoffrest u. X Cl oder Br. In II bedeutet Y die Gruppen $-CH_2-$, $-CO-$ oder $-CHOHCH_2-$. An Stelle von I können Mischungen von Alkyldioxyhalogensilanen u. Aryl- oder Alkaryldialkoxyhalogensilanen mit II kondensiert werden. Das Mol-Verhältnis von II : I soll $^1/_3$—2 : 1, vorteilhaft $^1/_2$—$1^1/_2$: 1 betragen. Die erhaltenen Silicone können mit anorgan. Füllstoffen, z. B. $CaCO_3$, MgO, SiO_2, Ton, oder mit anderen synthet. organ. Polymerisationsprodd. vermischt werden. (**E. P. 695 823** vom 5/1. 1951, ausg. 19/8. 1953. A. Prior. 1/2. 1950.) G. KÖNIG. 7189

Carr, Adams & Collier Co., übert. von: **William T. Glab,** Dubuque, Io., V. St. A., *Formbare Lignocellulose* (I). I [Teilchengröße (I) 30 Maschen auf 6,45 cm^2, Feuchtigkeit 30%] wird mit 0,5—20% S (I = 100) 3—10 Min. auf 204—316° erhitzt, der Rauch abgeblasen u. bei gleicher Temp. gepreßt. Das Material kann auch als Füllstoff dienen. (**A. P. 2 706 160** vom 16/6. 1951, ausg. 12/4. 1955.) G. SALZMANN. 7199

Pritchett & Gold und **E. P. S. Co., Inc.** (Erfinder: **Eric Maurice O'Conor Honey, Charles Rupert Hardy** und **Frank Sharp**), Dagenham Dock, England, *Mikroporöse Schichten.* Polyvinylchlorid, Vinylchlorid–Vinylidenchlorid-Mischpolymerisate, Nitriloder Naturkautschuk in Pulverform werden mit einem Lösungs- oder Weichmachungsmittel unter Zufügung von gegebenenfalls Vulkanisiermitteln, ferner Stärke, NaCl, Na_2SO_4 oder einem Alkali- bzw. Mg-Carbonat angeteigt, ausgewalzt u. das Lösungsm. bei 100—110° verdampft. Dann wird die Schicht bei 110—120° kalandriert u. mit W. oder 1%ig. H_2SO_4 extrahiert. — Die Porenbildner werden zweckmäßigerweise vorher gesiebt u. mit W., Glykol oder Glycerin angerührt. (**E. PP. 727 679** vom 17/7. 1952, ausg. 6/4. 1955 u. **728 600** vom 17/7. 1952, ausg. 20/4. 1955.) G. SALZMANN. 7205

Carr, Adams & Collier Co., übert. von: **William T. Glab,** Dubuque, Io., V. St. A., *Formkörper aus Lignocellulose* (I). Eine I von einer Teilchengröße 50 Maschen/cm^2 u. 30% W. wird mit 0,25—30% Alkali- oder Erdalkalihydroxyd gründlich vermischt u. 7—8 Min. auf 204—315° unter Druck erhitzt, bis sich der größte Teil des Alkalis mit der I umgesetzt hat. Nach Zugabe von Glycerin u. höheren Fettsäuren sowie Fasern wird die M. unter Druck u. Wärme verpreßt. (**A. P. 2 708 637** vom 16/6. 1951, ausg. 17/5. 1955.) G. SALZMANN. 7205

XII. Kautschuk. Guttapercha. Balata.

D. M. Alstadt, *Einige grundlegende Gesichtspunkte über die Kautschuk–Metall-Bindung.* Die für die Haftung von Kautschuk an Metall verantwortlichen Faktoren werden erörtert u. für die weitere Entwicklungsrichtung ausgewertet. Bzgl. der Herst. verbesserter Bindemittel werden Folgerungen über die Eigg. u. Struktur des Polymerisats u. Bindemittels gezogen. (Rubber Wld. **133.** 221—31. 240. Nov. 1955. Erie, Pa., Lord Manufg. Co.) R. SCHÄFF. 7220

G. Fockedey, *Vom synthetischen Kautschuk zu den Siliconen.* Vortrag. Übersicht über Eigg. von Naturkautschuk, die verschied. Wege zur Gewinnung, Eigg. u. Verwendung von synthet. Kautschuk sowie physikal. u. chem. Eigg., Herst. u. Verwendung von Siliconen. (Fermentatio [Gand] **1955.** 190—203.) W. WESLY. 7224

D. E. Andersen und **Peter Kovacic,** *Alterungsbeständigkeit von Neoprenlatex. Beziehung zwischen Vernetzung und Hydrolyse des Allylchlors.* (Vgl. C. **1955.** 8046.) Vff. untersuchten die durch Latexalterung hervorgerufene Strukturänderung des *Neopren* (I)-Polymerisats in den Latexteilchen. Diese Änderungen werden in Beziehung zur Abnahme der Zugfestigkeit u. zum Mechanismus der Vernetzung gebracht. I-Makromol.-Ketten werden zwischen den Substitutionsstellen akt. Cl-Atome vernetzt. Es treten 2 Typen akt. Zentren mit verschied. Reaktionsfähigkeit auf. Nur durch wirksamere Vulkanisationsbedingungen werden die weniger akt. Cl-Atome aktiviert. Das Polymerisat bildet sowohl während der Latexalterung als auch während der Vulkanisation Vernetzungen. Die Zugfestigkeitsabnahme mit zunehmendem Latexalter kann in umgekehrter Beziehung zu der Menge der Vernetzungsstellen während der Alterung gebracht werden. Die Zugfestigkeitsabnahme kann durch z. B. Bis-[diäthylthiocarbamyl]-disulfid verhindert werden. Die qualitativen Beobachtungen über die Quellung reichen aus, um den techn. wichtigen Effekt der Filmstruktur auf die Zugfestigkeit u. den Vulkanisationsmechanismus zu definieren. (Rubber Chem. Technol. **28.** 628—40. April/Juni 1955. Ind. Engng. Chem. **47.** 171—76. Jan. 1955. Wilmington, Del., E. I. du Pont de Nemours & Co., Jackson Labor.) R. SCHÄFF. 7224

R. Houwink und **H. J. J. Janssen,** *Füllstoffverstärkung und Strukturfestigkeit im Lichte der Thixotropie.* Kautschukmischungen mit verstärkenden Füllstoffen werden als thixotrope Systeme mit einer sehr langen Relaxationszeit betrachtet. Die Thixotropie bei der einfachen Dehnung von gefüllten Mischungen wird erörtert u. erklärt. Es wird angenommen, daß das Syst. beim Dehnen orientiert wird. Die Richtungsabhängigkeit der Strukturfestigkeit wird erläutert. Diese Strukturfestigkeit trägt vermutlich ähnlich wie die Kristallisation zur Verstärkung bei. (Kautschuk u. Gummi **7.** Nr. **4.** WT 82—WT 86. April 1954. Delft, Rubber-Stichting.) R. SCHÄFF. 7226

E. Rohde, *Korreferat zu: R. Houwink und H. J. J. Janssen, Füllstoffverstärkung und Strukturfestigkeit im Lichte der Thixotropie.* (Vgl. vorst. Ref.) Nach einem Hinweis auf eine Unters. des thixotropen Zustands von hochmol. Substanzen von MÜLLER (Kolloid-Z. **112.** [1949.] 1) weist Vf. auf eine eigene (Kautschuk **15.** [1939.] 65) u. eine andere Arbeit von KRUSE (C. **1952.** **4307**) zu dem behandelten Problem hin. Man muß sicher nicht nur den Füllstoff, sondern auch dem Kautschukmaterial eine entscheidende Rolle bei diesem Effekt zuschreiben. (Kautschuk u. Gummi **7.** Nr. **4.** WT 87. April 1954. Hamburg.) R. SCHÄFF. 7226

Julius Peter, *Die Einsatzgrenzen von Siliconkautschuk im Vergleich zu einigen wärmebeständigen organischen Elastomeren.* Zur experimentellen Prüfung der Temperaturabhängigkeit u. zur Bewertung des Alterungsverh. wurden verschied. typ. Mischungen aus Siliconkautschuk (**I**) mit solchen aus den techn. wichtigsten hitzebeständigen Kautschuktypen, wie Chloropren-Polymerisaten (**II**), Butadien–Acrylnitril-Polymerisaten (**III**) u. Butylkautschuk (**IV**) verglichen. Hierbei ergab sich, daß das gute Verh. von **I**-Vulkanisaten bei höheren Tempp. auf einer Kombination einer ausgezeichneten Wärmealterungsbeständigkeit mit einer sehr geringen Temperaturabhängigkeit vieler physikal. Eigg. beruht. Um **I**-Vulkanisate bzgl. ihres Hitzeverh. mit Vulkanisaten auf rein organ. Basis sinnvoll vergleichen zu können, müssen die physikal. Eigg. nach der Alterung nicht bei Raumtemp., sondern bei der Einsatztemp. untersucht werden. Die Einsatztemp., oberhalb welcher die **I**-Vulkanisate schon nach relativ kurzem Einsatz bessere Prüfwerte zeigen als die anderen Vulkanisate, liegt bei ca. 125° Heißluft. Weiter wurde festgestellt, daß mit Chinondioxim u. Dibenzothiazyldisulfid beschleunigte **IV**-Mischungen ein sehr gutes Alterungsverh. zeigen. **III**-Vulkanisate verhielten sich erwartungsgemäß günstiger als **II**-Vulkanisate. (Kautschuk u. Gummi **8.** WT 59—WT 63. März 1955. Leverkusen, Farbenfabriken Bayer A.G., Kautschuk -u. Kunststoff-Abt.) M. WINIKER. 7230

Ralph P. Schmuckal, *Kautschuk hat auch dynamische Eigenschaften.* Die Bedeutung von Messungen der dynam. Eigg. von Kautschuk für spezielle Anwendungsgebiete, wie

z. B. für Federungselemente im Kraftwagenbau, wird aufgezeigt. Die von FORD MOTOR CO. entwickelte Prüfmeth. eignet sich bes. für solche Teste. Diese Meth. läßt sich auch für andere dynam. beanspruchte Kautschukteile anwenden. (Rubber Wld. **133.** 69—76. Okt. 1955. Detroit, Mich., Ford Motor Co.) R. SCHÄFF. 7248

Horst Frey, ***Die Bestimmung von freiem Schwefel in vulkanisierten Gummimischungen.*** Zur Best. von freiem Schwefel in vulkanisierten Gummimischungen kommen im allg. 2 Methoden zur Anwendung. Bei der ersten wird der freie Schwefel aus der Mischung mit Aceton extrahiert u. in der Lsg. bestimmt, bei der zweiten erfolgt mittels Natriumsulfit Bldg. von Natriumthiosulfat, das jodometr. bestimmt werden kann. Vf. diskutiert Vorteile, Nachteile u. Fehlerquellen u. kommt zu dem Schluß, daß sich im Betriebslabor. beide Methoden gleichwertig gegenüberstehen u. man von Fall zu Fall entscheiden muß, welche Meth. anzuwenden ist. Außerdem wird ein Verf. angegeben, nach dem kleine Sulfatmengen mit $BaCl_2$ photometr. bis zur maximalen Trübung titriert werden können. Als Endpunktsindicator dient dabei ein Colorimeter. Der Arbeitsgang wird genau beschrieben. (Z. analyt. Chem. **133.** 274—80. 1951. Höchst/Odw., Veith-Gummiwerke A.G.)
H. STUHLDREER. 7248

Horst Frey, ***Die Bestimmung des Gesamtschwefels in vulkanisierten Gummimischungen.*** (Vgl. vorst. Ref.) Bei dem üblichen Verf., den Gesamtschwefel in vulkanisierten Kautschukmischungen nach Oxydationsaufschluß gravimetr. als Sulfat zu bestimmen, verursachen eine Anzahl in den Mischungen vorhandener Kationen, bes. Fe u. Cr, Fehler. Zur Entfernung der störenden Kationen läßt man die Lsg. nach dem Aufschluß zweckmäßig durch eine Säule fließen, die mit einem kationenaustauschenden synthet. Harz gefüllt ist. Danach wird im Filtrat in bekannter Weise mit Benzidin gefällt u. mit NaOH titriert. App. u. Arbeitsgang sind beschrieben. (Analytica chim. Acta [Amsterdam] **5.** 375—79. Aug. 1951.) H. STUHLDREER. 7248

Wacker Chemie G. m. b. H., München (Erfinder: **Siegfried Nitzsche** und **Manfred Wick,** Burghausen/Obb.), *Polymerisation von im wesentlichen diorganosubstituierten Siloxanen* zu hochmol., für die Best. von *Siloxankautschuk* geeigneten fl. oder festen elast. Stoffen, dad. gek., daß man die Siloxane mit P–N-Verbb. behandelt, die entweder P-Nitrilhalogenide oder durch organ. Reste am N substituierte Derivv. (I) der Phosphorigen oder Phosphorsäure darstellen, die gegebenenfalls noch halogensubstituiert sein können. Als I dienen Verbb. der Formeln: $RR'N{-}PX_2$, $RR'N{-}P{=}N{-}R''$, $RR'N{-}P({:}O)X_2$ u. $RR'N{-}P({:}O){=}NR''$, worin n mindestens 3, X Halogen u. R, R′, R″ Alkyl-, Aryl-, Aralkylreste oder H bedeuten, z. B. Phosphorigsäuredichloridanilid, -diphenylamid, -methylamid, -benzylamid, Phosphorigsäureanilidanil u. die entsprechenden Verbb. der Phosphorsäure. Die Polymerisation erfolgt bei Tempp. bis 150°. Die Verbb. werden in Mengen von 0,1—10 Gew.-%, berechnet auf das Siloxan, verwendet. (**D. B. P. 930 481** Kl. 39c vom 14/1. 1953, ausg. 18/7. 1955. Anmeldung bekanntgemacht 20/1. 1955.)
J. MÜHLEISEN. 7225

Shell Development Co., San Francisco, Calif., V. St. A., übert. von: **Johan Michael Goppel** und **Gottfried Ernst Rumscheidt,** Amsterdam, Holland, *Licht- und Wärmeschutzmittel für Reaktionsprodukte von Natur- und Synthesekautschuk mit Schwefeldioxyd.* Diese bestehen aus den Mg-, Ca- oder Zn-Salzen oder Estern der Salicylsäure bzw. der 3-Phenyl-, 3-Äthyl- oder 3.5-Diisopropylsalicylsäure. (**A. P. 2 583 527** vom 15/4. 1949, ausg. 29/1. 1952. Holl. Prior. 18/5. 1948.) O. SCHÖN. 7227

Wingfoot Corp., Akron, O., V. St. A. (Erfinder: **C. J. Burkley**), *Vulkanisierung von Schläuchen.* Sicherheitsschläuche, die aus 2 ineinanderliegenden Schläuchen bestehen, von denen der äußere durch Gewebeeinlage verstärkt ist, werden vulkanisiert, indem man die Schläuche in eine die äußere Form bedingende Paßform einlegt u. erhitzt, bis mindestens eine teilweise Vulkanisierung beider Schläuche stattfindet. Dann nimmt man die Schläuche heraus, pumpt mit Luft so stark auf, daß der innere Schlauch eng an den äußeren anliegt, u. führt die Vulkanisation in diesem Zustand zu Ende. (**Schwed. P. 137 318** vom 26/1. 1949, ausg. 16/9. 1952. A. Prior. 30/7. 1948.) K. H. KÄHLER. 7229

Monsanto Chemicals Ltd., London (Erfinder: **John Albert Gardner,** Llangollen, Denbighshire, Wales), England, *Organische Disulfide mit Thiazol- oder Thiuramgruppen* werden durch Wechselstromelektrolyse von wss. Lsgg. von Mercaptothiazolen oder Dithiocarbaminosäure bzw. deren Alkali- oder Erdalkalisalzen erhalten. — Verwendung als *Vulkanisationsbeschleuniger.* (**D. B. P. 841 290** Kl. 12p vom 2/9. 1950, ausg. 13/6. 1952. Anmeldung bekanntgemacht 27/9. 1951. E. Priorr. 21/7. 1941 u. 11/3. 1942.)
A. GRADL. 7229

Firestone Tire & Rubber Co., übert. von: **Louis W. Georges,** Akron, O., V. St. A., *Kautschukartikel mit Gewebeeinlage.* Zur Erhöhung der Beständigkeit gegen hohe Tempp.

u. der Bindefestigkeit an Kautschuk erhält das Gewebe eine Vorbehandlung mit dem NH_4- oder Metallsalz (bes. Alkali, Mg, Ca, Sr, Ba, Al, Cd u. Zn) des Dicyanimids. Verwendung bes. für *Reifen, Schläuche, Treibriemen* u. *Förderbänder*. (**A. P. 2 700 406** vom 20/9. 1951, ausg. 25/1. 1955.) W. Overbeck. 7231

XIII. Ätherische Öle. Parfümerie. Kosmetik.

D. Iwanow, Tsch. Iwanow und **B. Stojanowa-Iwanowa,** *Über die Zusammensetzung des Stearoptens im bulgarischen Rosenöl.* 50 g Stearopten wurden durch Lösen von 250 g Rosenöl in 70% ig. A. bei 80° u. Abkühlen auf 0° gewonnen. Die Reinigung erfolgte nach Brockmann durch Filtration durch eine Schicht von akt. Al_2O_3. Verss. zu einer weiteren Trennung durch chromatograph. Adsorption mißlangen. Aus einer Lsg. in A. konnten grobe, durchsichtige, glänzende Blättchen, F. 37—38° (unkorr.), Kp. 338° (korr.), gewonnen werden, die fast nur aus gesätt. KW-stoffen bestehen. Daraus konnte mit Ae. ein Stoff extrahiert werden u. durch Analyse n-Eikosan $C_{20}H_{42}$ nachgewiesen werden, dessen F. nach Vermischen mit synthet. Eikosan keine Depression aufwies. (Доклады Болгарской Академии Наук [C. R. Acad. bulgare Sci.] **6.** Nr. 1. 29—32. Jan./März 1953. Sofia, Univ., Lehrstuhl für organ. Chem.; Stalin-Polytechnikum, Lehrstuhl für organ. Chem.) A. v. Wilpert. 7262

W. A. Poucher, *Eine Einteilung der Gerüche und ihr Gebrauch.* Inhaltsgleich mit der C. **1956.** 5145 referierten Arbeit. (Perfum. essent. Oil Rec. **46.** 299—307. Sept. 1955.) H. Mühlmeister. 7276

Rupert Salisbury, E. E. Leuallen und **L. T. Chavkin,** *Der Einfluß des Phasenvolumenverhältnisses auf die Emulsionsart. Bienenwachs–Borax-Salben.* Mit 55 Gemischen von Bienenwachs (F. 62,5—65,5°, SZ. 17,2, EZ. 72,6; **I**), Paraffinöl (**II**) u. $Na_2B_4O_7$ (**III**) mit wechselnden Anteilen von 8,3—83,3% jedes der 3 Bestandteile wurden Emulgierungsverss. durchgeführt, bei denen **I** in **II** warm gelöst, **III** in dest. W. gelöst, beides auf 80° erwärmt, unter Rühren mit n = 1500 die wss. Phase in die ölige gegossen u. auf 30° (2° je Min.) abgekühlt wurde. Der Emulsionstyp wurde durch Aufstreuen von öllösl. Sudanrot III u. wasserlösl. Methylorange bestimmt, die in die externe Phase diffundieren. Da **III** in W. 1 : 16 lösl. ist, konnten Gemische mit $>$ 50% **I** nicht emulgiert werden, da das im Gemisch enthaltene W. nicht zum Lösen der Menge **III** genügte, die zum Verseifen der in **I** enthaltenen Cerotinsäure erforderlich war; so konnte nur etwa die Hälfte der obigen Kombinationen untersucht werden. Diese Cold-Creme-Grundlagen waren mit $<$ 45% W. vom Typ W.-in-Öl, bei 45 u. mit $>$ 45% W. vom Typ Öl-in-Wasser. (J. Amer. pharmac. Assoc., sci. Edit. **43.** 117—19. Febr.; Amer. Perfumer essent. Oil Rev. **63.** 353—56. Mai 1954. Columbia Univ., u. Ohio State Univ., Coll. of Pharm.) H. Mühlmeister. 7284

Pierre Vélon, *Einfluß der Behälterwandung auf die Zubereitung von Emulsionen.* Bei der Herst. von Emulsionen spielt der Werkstoff der Behälterwandung eine Rolle. Es gelang, in Schalen aus nichtrostendem Stahl in 20 g Vaseline (**I**), der zur Erzielung besserer Wasseraufnahmefähigkeit 0,1, 0,5, 2,0 bzw. 5,0% Cholesterin (**II**) beigemischt war, mit einem Holzspatel 4,5—6,5, 22—24, 26—28 bzw. 22—26 cm^3 W. tropfenweise einzuarbeiten, während es bei 2% **II** in Porzellanschale nur 5—10, in Glasschale nur 9—10 cm^3 waren. Letztere werden vom W. in dünner Schicht benetzt, so daß **I** an den Wänden abgleitet; beim Stahl sammelt sich das an der Wandung abgleitende W. in Tropfen am Boden, während **I** haftet. (Parfumerie mod. **47.** Nr. 42. 48—49. Nov./Dez. 1954.) H. Mühlmeister. 7284

Emilio Trabucchi, *Pharmakologische Untersuchung an Lanocerina Esperis.* Es wird festgestellt, daß die Acidität von *Lanolin* (**I**) um ca. $^1/_3$ größer ist als die von „*Lanocerina 100%*" (**II**, unter hohem Druck mit Katalysator hydriertes **I**) der Firma Esperis. Die Wasseraufnahme von **II** ist über das Doppelte von der bei **I**. Diese Eig. von **II**, sowie seine Geruchslosigkeit u. die Fähigkeit, medizin. Substanzen unter die Haut eindringen u. rasch wirken zu lassen, weiter seine lokale u. allg. Verträglichkeit sind bemerkenswerte Vorzüge gegenüber **I**. (Ind. Parfumerie **8.** 380. Okt. 1953.) E. Boye. 7284

A. M. G. Rutten, *Chlorophyll als Desodorans.* (Amer. Perfumer essent. Oil Rev. **60.** 179—81. Sept. 1952. — C. **1955.** 10082.) W. Wesly. 7284

Alex. G. Willsmer, *Feste Desinfizier- und Desodoriermittel.* (Vgl. C. **1955.** 4161.) Desinfizierende Mittel in Form fester Stücke stellen eine Emulsion von bis zu 60—80% natürlicher oder künstlicher Riechstoffe + keimtötender Mittel + Lösungsm. in fester Lsg. in Natronseife dar, die aus Stearin, Talg u. Harz, aber nicht aus Cocosöl, hergestellt werden muß. Ihr Vorzug ist ihre bequeme Handhabung u. geringe Transportkosten gegenüber fl. Mitteln. Als Germicide werden chlorierte Xylenole, als Riechstoffe solche mit Pinusgeruch empfohlen, ein Zusatz von A. ist vorteilhaft. An Hand von 6 Rezepten wird eine genaue Vorschrift über die Herst. u. die dazu nötige App. gegeben. (Soap, Perfum. Cosmet. **28.** 411—13. April 1955.) H. MÜHLMEISTER. 7284

Ernest Guenther und **Edward E. Langenau,** *Ätherische Öle und verwandte Produkte.* Übersicht über die Fortschritte der Unters. äther. Öle u. verwandter Prodd. von 1952—54. — 135 Literaturangaben. (Analytic. Chem. **27.** 672—77. April 1955 (Part II). New York, N. Y., Fritzsche Brothers, Inc.) PH. FRESENIUS. 7286

J. W. Sale, *Untersuchungen von Citronenölen.* Verkürzte Fassung der C. **1953.** 7957 referierten Arbeit. (Amer. Perfumer essent. Oil Rev. **61.** 477—85. Juni 1953. U. S. Food & Drug Administration, Div. of Food.) PH. FRESENIUS. 7286

G. Robert Clark, *Bericht über Kosmetika.* Kurze Übersicht über die zur Zeit bearbeiteten Untersuchungsmethoden. (J. Assoc. off. agric. Chemists **35.** 277. 15/5. 1952. Washington, D. C., Food & Drug Administr., Div. of Cosm.) H. MÜHLMEISTER. 7294

XIV. Zucker. Kohlenhydrate. Stärke.

F. G. W. Jones und **K. P. Humphries,** *Der Gebrauch von Saatbeizmitteln, die γ-HCH enthalten, bei der Anlage von Zuckerrübenzuchten.* Vff. untersuchten die Eigg. von γ-HCH-Saatgutpudern mit u. ohne Zusatz von organ. Hg-Verbb. bei Zuckerrübensamen. Die Phytotoxizität war je nach Bodenart verschieden, doch dürften im allg. bis zu einem Geh. von 40% γ-HCH keine Schäden auftreten. Die Kombination von HCH u. Fungicid brachte bei den Verss. das beste Ergebnis. (Ann. appl. Biol. **41.** 562—77. Dez. 1954. Cambridge, Univ., School of Agric.) W. KNÖPKE. 7406

M. Simon, *Ergebnisse der 1952 und 1953 vom Zuckerrüben-Institut in Zusammenarbeit mit dem Landwirtschaftsministerium durchgeführten Silierungs- und Fütterungsversuche.* (Vgl. C. **1954.** 9836.) Die Silierung von Zuckerrübenhalsteilen u. -blättern erfolgt am besten unmittelbar nach der Rübenernte in gut vor Witterung geschützten Silos. Vorteilhaft ist das Hacken der Blätter u. Halsteile. Bei sorgfältiger Zerkleinerung u. schneller Silierung enthält die Pulpe prakt. keine Buttersäure u. hat einen angenehmen Geruch nach frischem Futter. Es wurde festgestellt, daß bei sorgfältiger Behandlung der Ernte aus 1 ha ca. 30% mehr Futter erhalten wird als bei nachlässiger Behandlung. Die so gewonnene Pulpe hat einen hohen Nährwert. (Sucrerie belge **74.** 65—83. Okt. 1954. Belgien.) F. KRUSEN. 7406

G. Oplatka, *Die Saftgewinnung.* Zusammenfassende Darst. der vom Ungar. Forschungsinstitut durchgeführten Unterss. betreffend die Eigg. des Rübenrohstoffes, der Diffusionsvorgänge unter besonderer Hervorhebung der idealen Gegenstromdiffusion u. über verschied. Probleme der Saftgewinnung. (Z. Zuckerind. **4** (**79**). 471—77. 20/11. 511—19. 20/12. 1954. Budapest, Forschungsinst. der Ungar. Zuckerind.) M. ULMANN. 7412

W. Dörfeldt, *Einfluß verschiedener Faktoren der Saftreinigung auf die Zusammensetzung der Dicksäfte.* 3. Mitt. (2. vgl. C. **1955.** 9463.) Rohsäfte von 14 verschied. Rübensorten wurden nach 9 Scheidevarianten gereinigt u. bis zum Dicksaft verarbeitet. Das Arbeiten mit u. ohne Vorscheidung erbrachte keine eindeutigen Unterschiede im Hinblick auf den Geh. an Asche, CaO, N-Arten, Alkalität u. p_H. Dagegen ergab kalte Vorscheidung stets eine bessere Zerstörung des Invertzuckers. Eine öfters behauptete Quotientenverbesserung durch die Vorscheidung wurde nicht beobachtet. Eine Erniedrigung der Menge an Scheidekalk (I) von 2 auf 1% bewirkte keine deutlich nachweisbare Verschlechterung der Saftqualität, während eine entsprechende Erhöhung von 2 auf 3% relativ wenig oder kaum die Saftgüte verbesserte. Eindeutig enthielten die Dicksäfte bei 1% I mehr Invertzucker, Asche, Gesamt-N u. bedeutend mehr Ca-Salze. (Z. Zuckerind. **4** (**79**). 477—81. 20/11. 1954.) M. ULMANN. 7412

W. Dörfeldt, *Einfluß verschiedener Faktoren der Saftreinigung auf die Saftfarben.* 4. Mitt. (3. vgl. vorst. Ref.) Unterss. über den Einfl. der Saftreinigung auf die Farbe der Säfte unter Verwendung des Photocolorimeters nach HIRSCHMÜLLER-BECHSTEIN ergab, daß eine Verminderung der Menge an Scheidekalk (I) von 2 auf 1% sich stärker negativ auswirkt, als eine Erhöhung von 2 auf 3% positiv. Auf den relativen Effekt der Verschiebung war die Menge an I nur von geringem Einfluß. Kalte Vorscheidung bewirkte stets eine wesentliche Farbaufhellung um 20—40% gegenüber Säften ohne Vorscheidung. Bei übermäßig langer Lagerdauer nahm dieser Effekt etwas ab. Der Farbton war bei kalter Vorscheidung im 1. Saturations- u. Dünnsaft etwas besser, jedoch zeigten sich in den Dicksäften bei allen Kalkzugabearten kaum Unterschiede. Die 1. Saturationssäfte der kalten Vorscheidung verfärben sich bei der Weiterverarbeitung bis zur Füllmasse stets relativ weniger, als die entsprechenden Säfte ohne oder mit heißer Vorscheidung. (Z. Zuckerind. 5 (80). 73–80. 20/2. 1955.) M. ULMANN. 7412

Frank G. Carpenter, *Eine Übersicht über das Druckgefälle in Kolonnen von Tierkohle.* Verschied. bereits bekannte Gleichungen werden auf ihre Anwendbarkeit zur Feststellung des Druckabfalles in mit Tierkohle gefüllten Kolonnen, die mit Zuckerlsgg. beschickt werden, geprüft. Wesentliche Faktoren für die Fließgeschwindigkeit sind Teilchengröße, Packungsdichte u. Porosität der Kohle sowie die Viscosität der Lösungen. (Int. Sugar J. **57.** 12–15. Jan. 1955. Bone Char Res. Project, Inc.) R. RUTKOWSKI. 7412

Erich Lindemann, *Über Verfärbungen von Stärkesirupen beim Erhitzen und Lagern.* Die Vergilbung von *Stärkesirupen* (I) ist nicht auf eine einzige Rk. zurückzuführen. Bei 65° hat man bei im Licht lagernden I mindestens 2 Grund-Rkk. anzunehmen. Es handelt sich um die vom Licht u. vom Geh. an *5-Oxymethylfurfurol* (II) unabhängige MAILLARD-Rk. zwischen reduzierenden Zuckern u. Amino-N-haltigen Verbb. u. um Zersetzungserscheinungen von vorliegendem **II**. Erstere Rk. hängt hauptsächlich vom N-Geh. des **I** ab; Cu begünstigt die Rk., SO_2 hemmt sie. Letztere Rk. macht sich um so mehr bemerkbar, je höher der **II**-Geh. eines **I** ist. Bei Tempp. über 65° beobachtet man eine beginnende Zers. von Glucose unter Bldg. von **II**, eine Rk., die mit ansteigender Temp. stark zunimmt. Auch diese Rk. hängt wesentlich von katalyt. Einfll. ab. Es wird das UV-Spektr. einer Reihe von handelsüblichen **I** gebracht, aus welchen der mehr oder weniger große Geh. an **II**, dessen Absorptionsminimum bei 245 mμ u. dessen Maximum bei 284 mμ liegt, deutlich hervortritt. Licht einer UV-Lampe führt zu einem schnellen Absinken des **II**-Geh. eines **I**; gleichzeitig beobachtet man Vergilbungserscheinungen. (Zucker- u. Süßwaren-Wirtsch. **8.** 1008–10. 5/10. 1029–32. 20/10. 1955. Detmold, Bundesanst. für Getreideforsch.) M. ULMANN. 7446

F. C. Lanning und **H. N. Barham,** *Pyrolyse von Maisstärke in verschiedenen Lösungsmitteln.* Die Erhitzung von *Maisstärke* (I) mit absol. A. auf Tempp. von 227–229° für 20 Std. führt zu einem rotbraunen, in W., absol. A. u. Aceton weitgehend lösl. Prod., das keine **I** mehr ist, ungesätt. Charakter hat u. reduzierende u. akt. OH-Gruppen u. Glucosereste enthält u. ein Acetat mit 48,45% Acetylgruppen bildet. Es handelt sich offenbar um ein komplexes Gemisch verschied. Substanzen. Bei Erhitzung von **I** mit Aceton auf über 190° entsteht ebenfalls ein rotbraunes Prod., das in A., jedoch nur wenig in W., lösl. ist, schwach saure Eigg. u. phenol. Gruppen besitzt u. Glucosereste enthält. Die Erhitzung von **I** mit Triisobutylen führt bei Tempp. zwischen 180 u. 190° zu Dextrin u. über 200° zur vollständigen Zers. unter Bldg. von elementarem C. (Trans. Kansas Acad. Sci. **58.** 125–29. 1955. Manhattan, Kansas State Coll., Agric. Exp. Stat., Dep. of Chem.) F. KRUSEN. 7448

J. A. Shivas und **R. W. Bringhurst,** *Eine Schnellmethode zur Bestimmung von Saccharose in Bagasse.* In weniger als 10 Min. läßt sich der Saccharosegeh. der Bagasse nach folgender Meth. bestimmen: Die Fasern der Bagasse werden in einer WILEY-Mühle fein zerkleinert, dann wird 1 Teil Bagasse mit 10 Teilen W. in einem hochtourigen Mixer behandelt. Nach 1 Min. ist die Saccharose vollständig extrahiert, ohne daß eine Temperaturerhöhung eintritt. Nach Filtration wird der Extrakt mit bas. Bleiacetat gereinigt, erneut filtriert u. wie üblich polarimetr. untersucht. Die nach dieser Meth. erhaltenen Werte entsprechen denen, die nach dem alten, länger dauernden Auslaugungsverf. erhalten werden. (Sugar **50.** Nr. 4. 48. April 1955.) R. RUTKOWSKI. 7472

L. I. Onantschenko, *Die Bestimmung der Feuchtigkeit von Zucker auf Grund der elektrischen Leitfähigkeit.* Auf Grund von Unterss. über den Wassergeh. u. die elektr. Leitfähigkeit von gelbem Zucker vom Reinheitsgrad 96,1 (Einwaage 8 g) wurden Kurven für die Abhängigkeit der Leitfähigkeit vom Wassergeh. aufgenommen. Die Kurve gehorcht der Gleichung $B^2 = A(x - C)$, wo B = Wassergeh. des Zuckers in %; x = Skalenwerte des Feuchtigkeitsmessers WP-4; A = Konstante; C = Konstante, die die elektr. Leitfähigkeit der Einwaage von absol. trockenem Zucker charakterisiert. Für A ergibt sich der Mittelwert 0,0065, für C der Wert ~ 2. Die experimentelle Kurve zeigt gute Übereinstimmung mit der berechneten. (Сахарная Промышленность [Zucker-Ind.] **29.** Nr. 6. 6–8. 1955.) OTTO MAIER. 7474

Jerzy Zaleski, Franciszka Rzendowska und **Mieczyslaw Brzeski,** *Schnellmethode zur Bestimmung der Feuchtigkeit im Weiß-, Roh- und Raffinadezucker.* Ca. 10 g werden in einem Wägegefäß mit Schliffdeckel durchgemischt, analyt. gewogen u. 15 Min. bei 130° getrocknet. Nach ca. 30 Min. Abkühlen im Exsiccator Rückwägung. Gesamtdauer ca. 50 Minuten. Der Vgl. mit der alten Meth. der Trocknung bei 105° zeigt keine wesentlichen Unterschiede in den Ergebnissen. (Gaz. Cukrownicza **54.** 61–63. März 1952.) E. ROTTER. 7488

XV. Gärungsindustrie.

G. A. Miroschnitschenko, *Lagerung von Hefereinkulturen.* Die Aufbewahrung erfolgt in einem fl. Nährmedium, das aus Sirup von 28—30° (Saccharimeterangabe) unter Zugabe von Superphosphat (I) bereitet wird. Die Menge an I soll so bemessen sein, daß sich der Säuregrad auf 0,3—0,4° erhöht. Der endgültige Säuregrad von 0,9—1,1° wird mit H_2SO_4 eingestellt. Als Antisepticum kann Formalin dienen. 2—3mal im Jahr wird auf einen festen Nährboden, die besten Kolonien dann nach 10—15 Tagen wieder in das fl. Nährmedium übertragen. (Спиртовая Промышленность [Spirituosen-Ind.] **20.** Nr. 1. 11. 1954.) W. SCHMELZ. 7506

S. S. Husain und **M. M. Hardin,** *Einfluß von Kohlenhydraten und verschiedenen Stickstoffquellen auf die Lipidbildung durch Hefen.* Unter Verwendung von Glucose als Nährboden ergab bei *Torula utilis* Asparagin (I) die höchste Ausbeute an Zellmasse, während $(NH_4)_2SO_4$ u. Harnstoff nur eine Ausbeute von ca. 70% lieferten. Bactopepton gab die geringsten Ausbeuten. Bei *Candida arborea* dagegen war die Ausbeute bei den 3 genannten N-Quellen prakt. gleich. $(NH_4)_2SO_4$, Harnstoff, NH_4Cl u. Hefenextrakt wirkten nicht fördernd auf die Lipidbldg., wogegen I u. Bactopepton merkliche Mengen Lipide lieferten. Bei Kulturverss. mit *Rhodotorula gracilis* war die Wrkg. der 6 N-Quellen prakt. die gleiche. I ergab die höchste Lipidausbeute. Bei dieser Hefe war die Lipidausbeute auf Nährsubstrat mit Fructose u. Sucrose höher als bei Glucose; Xylose, Arabinose u. Maltose zeitigten schlechtes Wachstum u. wenig Lipide. (Food Res. **17.** 60—66. Jan./Febr. 1952. Lexington, Ky.) C. GRIMME. 7506

N. I. Sserbinowa und **Je. W. Ssokolskaja,** *Vergärung von Futtermelasse durch untergärige Bierhefe.* Kräftig vergärende untergärige Bierhefen (776, N, P, R u. B) haben eine sehr akt. Melibiase u. können Raffinose (I) völlig vergären, während schwachgärende untergärige Bierhefen (K-Wien) I nur teilweise u. Melibiose (II) nur zu 14% spalten können. Weinhefen u. Brennereihefen (Rasse Ja) vergären $^1/_3$ von I, II aber überhaupt nicht. Einige Rassen von untergäriger Bierhefe gewöhnen sich im Verlauf von 20 bis 30 Passagen an Melasse. Nichtadaptierte Hefen lassen nach 47std. Gärung 3—4mal so viel Zucker unvergoren u. liefern 0,58% weniger A. als adaptierte. Bei beiden bleiben 0,2—0,3% II unvergoren. Der Gärverlauf wird mit zunehmender Adaption schneller. In Autolysaten vergären adaptierte Hefen 2—3% I völlig, in Ggw. von 10% Saccharose aber nur unvollständig; je nach Rasse bleiben 11—83% II zurück. Das Nichtvergären von II ist in der Unzulänglichkeit der Melasse als Nährmedium u. der Ggw. von viel leicht vergärbarer Saccharose begründet. (Микробиология [Mikrobiologie] **22.** 695—703. Nov./Dez. 1953. Kiew, Zweigstelle des Allunions Wiss. Forschungsinst. für die Spritind.) W. SCHMELZ. 7510

W. K. Fertman und **Ss. A. Trussowa,** *Qualitätsverbesserung aromatisierter Alkohole.* Nach Abscheidung von schlecht schmeckendem Vor- u. Nachlauf gehen durchschnittlich 60—65% des im Ausgangsmaterial (Schalen von Citrusfrüchten, Anis usw.) enthaltenen äther. Öls in den zu aromatisierenden A. über. Die Best. der beim Lagern entstehenden Terpene (I) erfolgt durch Lösen des äther. Öls in A. im Verhältnis 1 : 10, Verdünnen auf 35 Vol.-% u. Abfiltrieren der I. Aus aromatisiertem A. können die I ebenfalls durch Verdünnen auf 35%, Zugabe von 1—2 g MgO/Liter, Filtrieren u. erneute Dest. entfernt werden. (Спиртовая Промышленность [Spirituosen-Ind.] **20.** Nr. 1. 29—32. 1954.) W. SCHMELZ. 7536

Ss. A. Konowalow, *Der Einfluß einiger Antiseptica auf die Amylaseaktivität von Malz.* Nach 30 Min. Einw. einer 0,05%ig. wss. Lsg. von Na-Pentachlorphenolat (I) auf Grünmalz nahm die SZ. der daraus bereiteten Malzmilch, gemessen in 24std. Abständen, um 0,2; 0,3 u. 0,5° zu (ohne Behandlung: 1,1; 1,2 u. 1,2°). Nach Behandlung mit 0,05%ig. Formalin (II): 0,2; 1,1 u. 1,0°, mit 0,05%ig. SO_2: 0,8; 0,9 u. 0,8. In dieser Konz. kann II also nur während der ersten 24 Std. eine gewisse Sterilität erhalten, SO_2 überhaupt nicht. Der Wrkg. von 0,05% I entspricht 0,1% Na-Trichlorphenolat (III), 0,2% Cetylpyridiniumbromid (IV), 0,1% II, 0,5% SO_2. I, III u. IV können somit als wirksame Antiseptica bei Grünmalz verwendet werden. In Konzz. von 0,001—0,2% u. 1std. Einw. vermindern sie weder die amylolyt. noch die verzuckernde u. dextrinolyt. Aktivität der Amylase der Malzmilch. Gleiches gilt von NaF bis zu 0,1%. Dagegen vermindert 0,1% Chloramin die amylolyt. Aktivität auf $^1/_9$, NaClO auf $^1/_{20}$ u. $CuSO_4$ auf 0. Auch die verzuckernde u. dextrinolyt. Aktivität wird sehr stark beeinträchtigt. 0,1% II erniedrigt die Amylolyse etwa auf die Hälfte, die Verzuckerung auf $^2/_3$, dagegen selbst in Konzz. bis zu 0,5% die Dextrinolyse überhaupt nicht. Auf die Amylaseaktivität von Grünmalz wirkt sich keine der genannten Antiseptica, mit Ausnahme von $CuSO_4$ in höheren Konzz. (0,5 bis 1%), nachteilig aus. (Микробиология [Mikrobiologie] **22.** 689—94. Nov./Dez. 1953. Moskau, Allunions wiss. Forschungsinst. für die Spritind.) W. SCHMELZ. 7540

Harry C. Haegelin, *Hopfenentfernung aus Würze.* Vf. unterscheidet bei der Entfernung von Hopfen zwischen Hopfenzentrifugieren u. Würzefiltration. Beim Filtrieren der Würze strömt diese durch eine Schicht von Hopfen u. wird dadurch bitterer, während beim Zentrifugieren eine geringe Hopfenmenge fortlaufend aus der Würze entfernt wird. Die zentrifugierte Würze ist meist trüb, so daß am besten anschließend filtriert wird. Vf. beschreibt einige Filter (Hop jack, MONTEJUS) u. Zentrifugen (WITTEMANN, DECKEBACH, SLAMA, WIRLPOOL) sowie kombinierte Anlagen. (Wallerstein Lab. Commun. **17.** 127—32. Juni 1954. San Antonio, Tex., Pearl Brewery.) J. MILLER. 7544

A. F. Berenstein, *Über die Verwertung von Brennereiabfällen.* Frische Melasse wird am besten an Ort u. Stelle verfüttert. Sie kann auch wegen ihres Mineralreichtums zur Bodenberieselung dienen. Die Hefe ist wegen ihres hohen Vitamingeh. bes. wertvoll. CO_2 wird zur Intensivierung des Wachstums, bes. in Treibhäusern, verwendet. Auf Versuchsfeldern wurde durch CO_2 bei Zuckerrüben eine 25%ig. Ertragssteigerung u. ein um 1,03—1,45% höherer Zuckergeh. erreicht. (Спиртовая Промышленность [Spirituosen-Ind.] **20.** Nr. 1. 17—18. 1954.) W. SCHMELZ. 7544

H. Siegfried, *Zusammenhänge zwischen Malzfarbe und Bierfarbe.* 10 verschied. helle Malze wurden in Betriebsverss. nach gleichen Verff. verarbeitet. Zwischen Malz- u. Bierfarbe besteht kein direkter Zusammenhang. Bei der Gärung findet Entfärbung statt (hier bis 0,34 nach BRAND), die durch geringe Hefegabe u. kalte Gärführung vergrößert wird. Beanstandungen von Brauereien wegen Farbdifferenzen von 0,02—0,04 nach BRAND bei 2 verschied. Stationen sind unangebracht. (Schweiz. Brauerei-Rdsch. **66.** 7. Jan. 1955. Zürich, Versuchsstat. schweiz. Brauereien.) H. G. SCHULTZE-BERNDT. 7550

K. Hennig und **S. M. Flintje,** *Papierchromatographische und retentiometrische Untersuchung der Säuren des Weines.* (Vgl. C. **1955.** 9927.) Es werden die R_F-Werte mit verschied. Lösungsmittelgemischen im aufsteigenden Lösungsmittelstrom angegeben. Am besten geeignet ist das Gemisch Äthylacetat–Ameisensäure–Wasser. Bes. empfindlich ist der Nachw. der Säuren mit Chininsulfat unter Beobachtung der Fluorescenz mit einer UV-Lampe. Zur quantitativen Best. wird die Retentionsanalyse mittels Cu-Acetat benutzt. Die Größe der dabei bei den verschied. Säuren entstehenden Retentionslücken wird (unter Diskussion ihrer Ursachen) in Modellverss. sowie bei einem Kunstwein ermittelt. Die Ergebnisse lassen sich auf natürliche Weine übertragen, so daß es möglich ist, die Säuren des Weines auf diese Weise mit einer Fehlerbreite bis zu 10% zu bestimmen. Das Verf. läßt sich auch bei Rotwein anwenden. Infolge seines C-Bindungsvermögens kann damit im Apfelwein auch der Sorbitgeh. bestimmt werden. (Wein-Wiss. **8.** 161 bis 165. Dez. 1954. **9.** 1—16. Febr. 1955. Geisenheim/Rh., Inst. für Biochem. u. Weinchemie.) E. KIELHÖFER. 7554

XVI. Nahrungs-, Genuß- und Futtermittel.

René Truhaut, *Das Problem der willkürlichen Einfügung chemischer Fremdstoffe in Nahrungsmittel.* Umfassend sind die chem. Zusätze zu Nahrungsmitteln, meist mit den Ergebnissen der Tierverss., unter den Gruppen Konservierungsmittel, Geschmackstoffe u. Schönungsmittel zusammengestellt. Bei den Azofarbstoffen wird die Cancerogenität aus den Strukturformeln abgeleitet. Über experimentelle Kriterien für die Unschädlichkeit eines Stoffes ist ein Bericht für den Fachausschuß des Brüsseler Vertrages zwischen England, Belgien, Holland, Luxemburg u. Frankreich wiedergegeben, im Anhang die Liste der im Rahmen obigen Fünfervertrages vorläufig erlaubten Farbstoffe u. die in Bad Godesberg 1954 beschlossene Farbstoffliste. — 131 Zitate. (Alimentat. et la Vie **43.** 79. 1955. Paris, Fac. de Pharm.) H. GUDE. 7630

M. A. Ter-Karapetjan, *Laboratoriumsmethoden und Geräte für die Untersuchung des Stoffwechsels von Mikroorganismen und der biologischen Verarbeitung landwirtschaftlicher Produkte.* Es wird je eine App. zur Unters. der mit der aeroben Lebenstätigkeit von Mikroorganismen verbundenen Prozesse sowie der biol. Verarbeitung von landwirtschaftlichen Prodd. u. des Stoffwechsels der Mikroorganismen in einer bestimmten Atmosphäre beschrieben. Mit diesen Apparaten können der Gasstoffwechsel, der übrige Stoffwechsel während des Wachstums, die Entw. u. die katalyt. Eigg. von Mikroorganismen u. Fermenten in verschied. Gärungsprozessen, in der Lebensmittelindustrie u. bei der Futterherst. verfolgt werden. (Известия Академии Наук Армянской ССР, Биологические и Сельскохозяйственные Науки [Nachr. Akad. Wiss. ArmenSSR, biol. landwirtsch. Wiss.] **8.** Nr. 11. 33—47. 1955. Inst. für Tierzucht des Minist. für Landwirtsch. der ArmenSSR.) A. JACOB. 7632

D. H. Greup, *Pilzenzyme und ihre Verwendung beim Brotbacken.* Zur Verstärkung des Enzymgeh. von Mehl werden Pilzenzyme aus Aspergillus oryzae zum Brotteig hinzugefügt. Vf. beschreibt Verff. zur Messung der α-Amylaseaktivität (Tabellen) u. zur Reinigung von Pilzenzympräpp. (Schema). Es wird über den Einfl. derartiger Präpp. auf Teigviscosität u. Brotqualität, bes. bei niederländ. Weißbrot, berichtet. (Wallerstein Lab. Commun. **17.** 105—17. Juni 1954. Wageningen, Holland, Zentral-Inst. für Nahrungsforsch., Getreide-Abt.) J. MILLER. 7674

Gerd Graefe, *Sorbit und seine Eignung für die Süßwarenherstellung.* Überblick über natürliches Vork., techn. Gewinnung, chem., biochem., physikal., physiol. u. pharmakol. Eigg. des Sorbits u. seine Verwendung in der Süßwarenindustrie, z. B. für Weichkaramellen, Fondant, Cocosflocken. (Zucker- u. Süßwaren-Wirtsch. **8.** 144. 146—47. 20/2. 1955. Hamburg.) M. WINIKER. 7704

Hans Lüthi, *Einige neuere Erkenntnisse in der Süßmostherstellung.* (Vortrag.) Behandelt wurden: Qualitätsveränderungen der Süßmoste durch Oxydation, Bedeutung u. Eigg. der Oxydasen, nichtenzymat. Oxydation. (Flüssiges Obst **21.** Nr. 8. 5—7. Aug. 1954. Wädenswil, Schweiz.) M. WINIKER. 7706

Hans Lück, *Zur Sauerstoffbehandlung der Milch.* 2. Mitt. *Bakterienvermehrung unter Sauerstoffdruck.* (1. vgl. C. **1954.** 4512.) Komprimierter O_2 kann Milch nur für einige Zeit stabilisieren, da unter den z. Zt. in der Praxis üblichen Drucken von 8—10 atü der Zustand der totalen Wachstumshemmung nicht von allen Bakterien erreicht wird. Bes. Streptococcus lactis erwies sich als sehr O_2-resistent. Zur Verstärkung des O_2-Effekts sind Aufbewahrung der Milch bei niedriger Temp. u. möglichst geringe Ausgangskeimzahl (bei Fehlen der O_2-resistenten Keime) von Bedeutung. (Milchwissenschaft **9.** 5—8. Jan. 1954.) M. WINIKER. 7756

Heinrich Sudholt und **Josef Pischel,** *Abstellung des Milchfehlers „ölig-schmirgelig" in kurzzeiterhitzter Milch.* Der Milchfehler „ölig-schmirgelig" wird durch Metallspuren (bes. Cu u. Fe) im Verein mit Licht u. Luft-O_2 (u. bei Kurzzeiterhitzung wahrscheinlich unter Mitwrkg. des Ferments Peroxydase) ausgelöst. Bei Anlagen aus nichtrostendem Stahl tritt der Fehler nicht auf, sachgemäße Anwendung von Reinigungs- u. Desinfektionsmitteln sowie einwandfreie Erhitzung u. Kühlung vorausgesetzt. (Molkerei- u. Käserei-Ztg. **6.** 1667—69. 24/11. 1955. Münster, Westfalen, Molkereimilch- u. Untersuchungsanst.) M. WINIKER. 7756

W. Lange, *Antibiotica in der Milchwirtschaft.* Vortrag, der einen Überblick über die durch das Vorhandensein von Antibioticis in der Anlieferungsmilch bedingten Störungen bei der Verarbeitung sowie die Möglichkeiten zu ihrer Vermeidung vermittelt. — 29 Literaturhinweise. (Dtsch. Molkerei-Ztg. **76.** 1417—19. 6/10. 1452—53. 13/10. 1955. Nürnberg, Bayer. Milchversorgung.) M. WINIKER. 7756

M. Kuleschowa, *Die Schmelzkäsefehler und ihre Beseitigung.* Deutsche Übersetzung der C. **1955.** 6877 referierten Arbeit. (Dtsch. Milch-Fett-Fleisch-Fisch-Z. **5.** 291—93. Nov. 1953.) M. WINIKER. 7760

Eugen Baumann, *Die Herstellung von Edamerkäsen und deren spezielle Fehler.* Allg. Ausführungen. (Dtsch. Molkerei-Ztg. **76.** 1674—76. 1/12. 1955. Boos.) M. WINIKER. 7760

Wilhelm Grümer, *Die Bekämpfung des falschen Schimmels in der Camembertkäserei.* Kurzer Überblick über die zur Bekämpfung des das Vergrünen der Camembertkäse bedingenden sogenannten Kellerschimmels erforderlichen Maßnahmen. (Molkerei- u. Käserei-Ztg. **4.** 620—22. 21/5. 1953.) M. WINIKER. 7760

H. W. Dougall, *Die chemische Zusammensetzung von drei „Unkräutern" des Kenya-Hochlands.* Vf. bespricht Vork. u. Zus. von *Spergula arvensis, Plantago lanceolata* u. *Silene gallica L.* im Hinblick auf eine Verwertung als Viehfutter. — 18 Literaturangaben. (East African agric. J. Kenya, Tanganyika, Uganda, Zanzibar **19.** 152—53. Jan. 1954. Kenya, Dep. of Agric.) E. HANSCHKE. 7782

Tauno Laine, *Warum die AIV-Silage mißlingen kann.* Eine der häufigsten Ursachen für das Mißlingen der A IV-Silage liegt in einer zu geringen Säurezugabe bei hohem Geh. des Frischmaterials an Trockensubstanz. (Karjatalous **29.** 384. 3/7. 1953.) S. BECKMANN. 7782

E.-R. Franke, *Der Futterwert der grünen Sonnenblume und ihrer Abfälle aus der Ölindustrie.* In Ausnutzungsverss. mit Sonnenblumen (Sorte Bernburger Futtersonnenblume bzw. Ostsonne) wurden folgende Futterwerte festgestellt: Je kg Grünmasse 10 bzw. 6 g verdauliches Eiweiß u. 50 bzw. 64 Stärkeeinheiten. Je kg Silage 10 bzw. 12 g verdauliches Eiweiß u. 50 bzw. 63 Stärkeeinheiten. Bei Verss. mit Sonnenblumenkuchen wurde beobachtet, daß bei einem Schalenanteil von 15% u. einem Rohfasergeh. von ca. 13% die Verdaulichkeit, abgesehen von der Rohfaser, am günstigsten zu sein scheint. Ähnliche Verhältnisse dürften sich auch für extrahiertes Sonnenblumenschrot ergeben.

Ein Schalengeh. von 25% scheint nicht zweckmäßig zu sein, da bei einem nur um 1% erhöhten Rohfaseranteil der Futterwert des Kuchens nicht unerheblich verschlechtert ist. (Dtsch. Landwirtsch. **7.** 98—99. Febr. 1956. Berlin, Dtsch. Akad. der Landwirtschaftswiss., Leipzig, Oskar-Kellner-Inst. für Tierernähr.) M. WINIKER. 7786

K. Richter, *Melasse als Futtermittel.* Die Verfütterung der sogenannten grünen *Melasse* (I) kann prakt. an alle Tierarten (Pferde, Rindvieh, Schafe, Schweine) erfolgen. Getrocknete I-Schnitzel sind in gleicher Weise wie Trockenschnitzel zu verfüttern. I bzw. getrocknete I-Schnitzel bzw. Trockenschnitzel enthalten pro kg 790 bzw. 900 bzw. 900 g Trockenmasse, 28 bzw. 54 bzw. 46 g verdauliches Eiweiß u. 475 bzw. 520 bzw. 510 Stärkeeinheiten. (Mitt. dtsch. Landwirtschafts-Ges. **69.** 1243—44. 30/12. 1954. Braunschweig-Völkenrode, Forschungsanst. für Landwirtschaft, Inst. für Tierernährung.) M. WINIKER. 7786

Daniel S. Ortiz, *Schnellmethode unter Anwendung von Luftströmen zur Bestimmung des freien Ammoniaks in Lebensmitteln.* Das gut zerkleinerte Probegut (10 g) wird in einem KJELDAHL-Kolben von 800 cm^3 mit 250 cm^3 dest. W. u. 20 Tropfen Kerosin zu einem gleichmäßigen Gemisch verrührt, dann, nach Vorlegen von genau 2 cm^3 0,01n H_2SO_4 + 4 Tropfen Methylrot + 100 cm^3 dest. W., mit 5 cm^3 NaOH (400 g/Liter) versetzt, Luft durchgesaugt u. die Zeit bis zum Umschlag nach Gelb in der Vorlage bestimmt. Aus Tabellen (nach Eichverss.) wird daraus der NH_3-Geh. der Probe (mg in 100 g) ermittelt. (Rev. Soc. venezolana Quim. **5.** 39—46. Dez. 1953.) R. K. MÜLLER. 7788

A. Knapp, *Die Kakaobutter-Kennzahlen und deren Bestimmungsmethoden.* Zusammenstellungen der wichtigsten z. Z. üblichen Untersuchungsmethoden. Im einzelnen wurden behandelt: Best. des F., der Refraktion, der D., des Säuregrads u. der SZ., der VZ., der EZ., der JZ., der REICHERT-MEISSL- u. POLENSKE-Zahl, der Halbmikrobuttersäurezahl sowie der Halbmikrogesamtzahl u. Halbmikrorestzahl. — 18 Literaturhinweise. (Zucker- u. Süßwaren-Wirtsch. **8.** 87—93. 5/2. 136—39. 20/2. 1955.) M. WINIKER. 7832

Heinrich Fincke, *Über den Schmelzpunkt der Kakaobutter.* Ausführliche Darlegung der bei der Best. des F. von Kakaobutter bestehenden Schwierigkeiten. — 26 Literaturhinweise. (Zucker- u. Süßwaren-Wirtsch. **8.** 140—43. 20/2. 1955. Köln, Süßwarenwissenschaftl. Zentralstelle.) M. WINIKER. 7832

M. Potterat, *Die Zuckerbestimmung nach Potterat-Eschmann in Schokolade.* Ausführliche Beschreibung der Meth., die auf der Red. des Cu in alkal. Milieu durch Zucker u. auf der komplexometr. Best. des Cu-I-Oxyds beruht. (Zucker- u. Süsswaren-Wirtsch. **8.** 46—53. 20/1. 1955. Bern, Eidg. Gesundheitsamt, Labor.) M. WINIKER. 7832

* **Wolfgang Zeller** und **Fritz Ihlow,** *Beitrag zur Milcheiweißuntersuchung nach der Kofranyi-Methode.* Bei Gesamteiweißbestimmungen in Milch nach der Meth. von KJELDAHL u. nach der Meth. von KOFRANYI wurde eine hinreichende Übereinstimmung der Werte festgestellt. Die Meth. von KOFRANYI kann also zur laufenden Milchunters. herangezogen werden. Es empfiehlt sich jedoch, den Umrechnungsfaktor von Zeit zu Zeit mit Hilfe der Meth. von KJELDAHL zu überprüfen. (Dtsch. Milchwirtsch. **3.** 62—63. März 1956. Berlin, Humboldt-Univ., Inst. für Milchwirtsch.) M. WINIKER. 7856

Irja Jarmunen, *Eine billige und ausreichend genaue Bestimmungsmethode für den Fettgehalt der Milch.* Es wird eine Abänderung der Meth. von GERBER beschrieben, die es gestattet, die Best. des Fettgeh. der Milch ohne Zentrifuge auszuführen. Die Butyrometer werden, statt zentrifugiert zu werden, 1 Std. im Wasserbad auf 65° erwärmt u. dann abgelesen. Da die Werte im Durchschnitt um 0,1% zu niedrig ausfallen, ist eine entsprechende Korrektur anzubringen. (Karjatalous **29.** 387—91. 3/7. 1953.) S. BECKMANN. 7856

M. Zühlsdorf, *Beeinflußt Bichromat als Konservierungsmittel die Fettbestimmung in Milch nach Gerber?* Wird $K_2Cr_2O_7$ (I) in fester Form der *Milch* (II) als Konservierungsmittel zugesetzt (10 mg I/10 ml II), so wird der Fettgeh. nach GERBER durchschnittlich um 0,017% zu hoch gefunden. Bei Zusatz von I als gesätt. Lsg. (1 Tropfen/10 ml II) sind die Werte um durchschnittlich 0,012% erniedrigt. Bei Verwendung einer 35%ig. $Na_2Cr_2O_7$-Lsg. (25 mg Lsg./10 ml II) hingegen war der Fettgeh. durchschnittlich genau gleich dem unbehandelter Proben. Im Einzelfall wurden allerdings bei allen 3 Konservierungsmethoden Abweichungen sowohl nach oben als auch nach unten festgestellt, die sich scheinbar regellos innerhalb der Fehlergrenzen der GERBER-Meth. bewegten. (Dtsch. Milch-Fett-Fleisch-Fisch-Z. **5.** 288—90. Nov. 1953. Jena, Inst. für Milchwirtschaft.) M. WINIKER. 7856

W. J. Jennings und **N. P. Tarassuk,** *Schnelle, genaue Ermittlung der fettfreien Trockensubstanz durch Modifikation der Mojonnier-Trockensubstanzbestimmung.* Vff. empfehlen zur schnellen u. genauen Trockensubstanzbest. in Milch das gewichtsanalyt.

Verf., wobei jedoch zur Vermeidung von Wasseranziehung nach der Trocknung schnellste Wägung (innerhalb 15—20 Sek.) unter Verwendung einer automat. Waage erforderlich ist. (Vgl. C. **1956.** 6829.) (Milk Dealer **44.** Nr. 3. 64—66. Dez. 1954.) F. KRUSEN. 7856

W. G. Jennings und **N. P. Tarassuk,** *Trockensubstanzbestimmung durch Modifikationen des Mojonnier-Tests.* (Milk Dealer **44.** Nr. 10. 46—47. Juli 1955. — C. **1956.** 6829.) F. KRUSEN. 7856

R. Illies, *Einige Versuche zur Prüfung der hygienischen Beschaffenheit von Speiseeis durch das Solothermgerät.* Bericht über Verss., deren Ergebnissen zufolge das Solothermgerät von BORNEFF zur Prüfung der hygien. Beschaffenheit von Speiseeis (Keimzahl- u. Colitest) geeignet ist. (Zucker- u. Süßwaren-Wirtsch. **8.** 1175—77. 5/12. 1955. Köln-Marienburg, Wissenschaftl. Forschungs- u. Beratungsstelle des Fachverbandes der Süßwarenindustrie Detmold.) M. WINIKER. 7856

K. Pfizenmaier, R. Schmieter und **E. Schmidt,** *Eiweißtiter und Fettgehaltseinstellung.* Kurzer Bericht über Verss., aus deren Ergebnissen die Eignung der Best. des Eiweißtiters (Formoltitration) der Kesselmilch zur Einstellung der Trockenmasse von Käse auf einen bestimmten Fettgeh. hervorgeht. Hinweise zur prakt. Durchführung der Bestimmung. (Dtsch. Milchwirtsch. **2.** 282—83. Dez. 1955. Oranienburg, Inst. für Milchwirtschaft.) M. WINIKER. 7860

Schmidt und **Härtling,** *Über die Bestimmung der Trockenmasse im Käse unter Verwendung von Kochsalz.* Bericht über Verss., deren Ergebnissen zufolge die Best. der Trockenmasse im Käse anstatt mit Seesand mit Kochsalz vorgenommen werden kann. Eine Verlängerung der zur Trocknung erforderlichen Zeit wird dadurch nicht bedingt, auch wird die Genauigkeit der Bestimmungen nicht beeinträchtigt. (Dtsch. Milchwirtsch. **3.** 58—59. März 1956. Oranienburg, Inst. für Milchwirtsch.) M. WINIKER. 7860

Monsanto Chemical Co., St. Louis, Mo., übert. von: **Barbara T. Lehmann,** Dayton, O., und **Betty M. Watts,** Tallahassee, Fla., V. St. A., *Antioxydantien,* bestehend aus einer Mischung von 1—10 (%) phenol. Oxydationsverhinderern, z. B. α-Tocopherol, 10—80 Ascorbinsäure oder deren Salzen u. 10—80 Phosphat der Formel $M_2O \cdot P_2O_5$ (M = K oder Na) im mol. Verhältnis von $M_2O:P_2O_5 = 1:1$ bis 1,9:1, z. B. Hexametaphosphat. Das Prod. eignet sich bes. für *wasserhaltige Fettsysteme,* z. B. *Fleisch, gefrorene Backwaren, Carotin, Vitamin A, C* u. *D* enthaltende *Lebensmittel* oder *pharmazeut. Präparate.* (**A. P. 2 707 154** vom 9/6. 1952, ausg. 26/4. 1955.) C. LÜTTGEN. 7635

John Norman Read, London, England, *Überzug für Backformen,* als Ersatz für Streichfett. Die auf den Innenseiten gut gereinigten u. entfetteten Formen werden in die Lsg. eines Epoxyharzes, dem ein Härtungsmittel, z. B. ein Alkalisalz oder eine organ. Base, zugesetzt ist, eingetaucht. Nach Herausnahme aus der Bad-Fl. u. Verdampfen des Lösungsm. wird die Form 40—80 Min. bei 200° oder 7—14 Min. bei 250° erhitzt. (**E. P. 738 371** vom 31/3. 1950, ausg. 12/10. 1955.) W. KRANZ. 7675

Pauncz Alfred, Jáky Miklós, Rakesányi László und **Straub Sándor,** Budapest, Ungarn, *Nahrungsmittel.* Für die Herst. von Backwaren, Zuckerwaren, Milchersatz, Fleischwaren u. als Bindemittel für die Herst. von Tabletten, verwendet man ölfreies u. $<5\%$ Schalen enthaltendes Preßgut der Sonnenblumenkerne. (**Ung. P. 142 569** vom 29/9. 1952, ausg. 15/3. 1955.) G. KÖNIG. 7697

Wallace & Tiernan Co., übert. von: **Frederick G. Merckel,** Montclair, und **Laszlo Reiner,** Essex Fells, N. J., V. St. A., *Herstellen von Fluoride enthaltendem Kaugummi.* Man verleibt einer Gummimasse, z. B. Plantagengummi, die Ca-Verbb., z. B. als Arabinat, enthält, solche Verbb. ein, die unlösl. Ca-Verbb. bilden, bes. Alkalioxalate u. -phosphate, sowie lösl. Fluoride in der zur prophylakt. *Zahnpflege* erforderlichen, jedoch nicht tox. wirkenden Menge ein. (**A. P. 2 700 012** vom 5/2. 1949, ausg. 18/1. 1955.) E. PETERSEN. 7731

Van Hees G. m. b. H., Wiesbaden-Biebrich, *Herstellung von Fischerzeugnissen.* Man setzt diesen Prodd. bei ihrer Herst. ein Salz einer Phosphorsäure, wie Ortho-, Pyro-, Meta- oder Polyphosphorsäure, in Höhe von 0,25—5,0%, bezogen auf das Gewicht des Fischerzeugnisses, zu. (**E. P. 743 196** vom 3/11. 1952, ausg. 11/1. 1956.) H. MAASS. 7753

XVII. Fette. Seifen. Wasch- u. Reinigungsmittel. Wachse. Bohnermassen usw.

Pentti Järvi, *Über Rübsenöl und seine Verwendung.* Kurze Übersicht über die Zus. u. die Verwendungsmöglichkeiten von Rübsenöl. (Kasviöljy **1953.** Nr. 4. 24—25. Dez.) S. BECKMANN. 7894

T. R. Kasturi und **B. H. Iyer,** *Fixes Öl der Samen von Elettaria cardamomum.* Die Samen enthalten ein fixes Öl, in dem Vff. folgende Fettsäuren feststellten: Capryl- u.

Capronsäure 0,3, Palmitinsäure 8,4, Stearinsäure 18,3, Oleinsäure 62,6, Linolsäure 10,5%. Der unverseifbare Anteil des Öles besteht wahrscheinlich aus β-Sitosterin. (J. Indian Inst. Sci. **37.** Sect. A 106—12. April 1955. Bangalore, Ind. Inst. of Sci., Dep. of organ. Chemist.) REINHARD HÜTTENRAUCH. 7894

R. Montequi, *Die Seetiertrane, ein spanischer Rohstoff.* (Vgl. C. **1952.** 4389.) Vortrag über die techn. Verwendung von Fisch- u. Waltranen, bes. im Hinblick auf span. Verhältnisse. — Die Acidität der Trane wird vor allem durch enzymat. Hydrolyse u. bakterielle Verunreinigung, weniger durch Ranzigwerden verursacht; Verminderung durch konservierende Zusätze ist bes. bei Lebertran problematisch. Zweckmäßig ist Verarbeitung der Fische in möglichst frischem Zustand, Pressen ohne übermäßiges Erwärmen u. schnelle Abtrennung des Trans von W. u. darin gelösten Proteinen, NH_4-Seifen u. Fettsäuren (Zentrifuge). Verarbeitung in genossenschaftlichen Betrieben wird angeregt. Der durch Aldehyde u. Ketone aus der Oxydation stark ungesätt. Fettsäuren verursachte Fischgeruch wird durch Hydrieren bis zum Verschwinden von Ketten mit mehr als 1 Doppelbindung dauernd, durch gleichzeitige Anwendung von überhitztem Wasserdampf u. Vakuum nur vorübergehend beseitigt. — Für die techn. Verwendung der Trane in trocknenden Anstrichen findet Vf. bei Vgl. mit solchen auf Leinölbasis, daß sie schneller trocknen, elastischere u. säurebeständigere Filme geben als diese u. daß die Standölbldg. schneller verläuft; die Tranfilme sind aber klebriger, weniger beständig gegen Hitze u. Feuchtigkeit u. vergilben stark. Diese Nachteile lassen sich durch Zusatz von Resinaten, Albertolen u. Phenol u. anderen Harzen ausgleichen. Zus. u. Konst. der Tranfettsäuren werden mit denen des trocknenden Öls verglichen (höherer Geh. an gesätt., aber auch an stark ungesätt. Säuren in den Tranen). Veredlung, z. B. durch Beseitigen der gesätt. Anteile, kann durch Dest. mit überhitztem Dampf, Mol.-Dest. u. bes. durch Fraktionieren mit Lösungsmitteln erfolgen. Mit Furfurol hat Vf. Extrakte mit JZ über 220 (Ausgangsprod. 186) erhalten, allerdings stark gefärbt. Von Interesse sind das Solexol-Verf. mit Propan zur Entsäuerung, Entfärbung, Fraktionierung u. Vitaminanreicherung in einem Prozeß u. die katalyt. Umesterung. — Für die Seifenindustrie werden die Trane durch Hydrierung nutzbar gemacht; durch andere Methoden läßt sich, wie auch Vf. durch Verss. bestätigt, der Trangeruch nicht zum Verschwinden bringen. Spanien hat ca. 40 Anlagen mit 80000 t Leistung zur Hydrierung von Ölen für verschied. Zwecke. — Es wird schließlich auf die Gewinnung der Lebertrane u. ihre Bedeutung (Vitamine, Lederverarbeitung) u. die wirtschaftliche Rolle der Waltrane eingegangen. (An. Real Soc. españ. Física Quím., Ser. B **47.** 76—99. Jan. 1951.)
G. v. DECHEND. 7898

R. I. Spinow und **S. I. Schkuropatowa,** *Die Filtration von Glycerinwässern und von Glycerin.* Ausführliche Beschreibung des Filtrationsschemas u. einer Glycerinfiltrationsapp. neuer Konstruktion. — 5 Zeichnungen. (Маслобойно-Жировая Промышленность [Öl- u. Fett-Ind.] **21.** Nr. 6. 33—35. 1955. Saporoshje, Öl- u. Fettkombinat.)
J. BÖSS. 7908

W. I. Polstjanoi, *Erfahrungen bei der Verwendung von Zentrifugen zur Abtrennung des Seifenleims vom Kern.* Um die 12—40 Std. Wartezeit, die zur Trennung von Leim u. Kern nach dem Aussalzverf. nötig sind, einzusparen, wurde ein carbonatverseifter Ansatz mittels Horizontalüberzentrifuge getrennt u. ein hellerer Kern erhalten, dessen Fettsäuregeh. 64—68,5% betrug. Der Seifenleim enthielt nach dem Zentrifugieren **16** bis 18% Fettsäure. (Маслобойно-Жировая Промышленность [Öl- u. Fett-Ind.] **21.** Nr. 6. 32. 1955. Charkow, Seifenfabrik Nr. 1.) J. BÖSS. 7910

—, *Untersuchung über das Anschmutzen von natürlichen und künstlichen Fasern durch wässerige Systeme.* Zu Unterss. der charakterist. Eigg. verschied. Gewebe bzgl. des Aufnahmevermögens für Schmutz u. dessen Haftfestigkeit während des Waschens, werden diese nach 3 (schemat. dargestellten) Methoden, durch Aufklotzen, Besprühen u. Tauchen mit der wss. Aufschlämmung von Staubsaugerschmutz oder einer Schmutzkomposition durchtränkt u. nach verschied. Standardmethoden, sowohl im Terg-O-tometer als auch im Launderometer gewaschen. Der Grad der Anschmutzung als auch der Weißgrad nach der Wäsche wird durch Reflektionsmessungen bestimmt, tabellar. zusammengestellt u. ausgewertet. Beispiele einiger Anschmutzungen werden durch Mikrophotographien wiedergegeben. (Amer. Dyestuff Reporter **44.** P815—26. 21/11. 1955.) I. SCHOENMANN. 7912

B. G. Ssawinow, G. M. Luschtschewskaja und **L. A. Mussiko,** *Bestimmung von Vitamin E (Summe der natürlichen Tocopherole) in Pflanzenölen.* Zur Best. der natürlichen Tocopherole (I; Vitamin E) in Pflanzenölen schlagen Vff. eine Modifikation der Fe-Pyridylmeth. vor: Die Lsg. wird hierbei verseift u. auf chromatograph. Wege mit Diatomit als Adsorbens gereinigt. Die vergleichenden Analysen von Pflanzenölen nach der Fe-Pyridyl- u. Salpetersäuremeth. auf ihren Vitamin-E-Geh. gehen stark auseinander, was durch die Ggw. von E-vitamininakt. Tocopherylchinonen in den Pflanzenölen bedingt ist, die wie Vitamin E nach der Salpetersäuremeth. mitbestimmt werden. Best. von I: Zu dem Öl gibt man 0,1 g Pyrogallol u. 4 ml CH_3OH. Die Mischung wird in einem Kolben von 25 ml unterm Rückflußkühler im Gasstrom eines inerten Gases auf dem Wasserbade bis zum Sieden erhitzt. Hierauf gibt man 1 ml 60%ig. KOH-Lsg. hinzu u. kocht 5—7 Minuten. Die Lsg. wird abgekühlt, mit H_2O auf 40 ml verd. u. quantitativ 3mal mit je 15 ml Ae. ausgeschüttelt. Die äther. Lsg. wird mit 5%ig. KOH-Lsg. zur Entfernung des *Pyrogallols* (**II**) u. dann mit W. zur Entfernung des Alkalis ausgewaschen. Das Waschwasser wird mit $FeCl_3$ u. α.α'-Dipyridyl auf **II** (Rosafärbung) u. dann mit Phenolphthalein auf Alkali geprüft. Der Ae.-Extrakt wird durch entwässertes Na_2SO_4 filtriert, der Ae. abdest. u. der Rückstand in 5 ml Bzl. gelöst. **I** ist quantitativ darin enthalten. Zur Reinigung von **I** wird die Lsg. unter vermindertem Druck durch eine Kolonne mit Diatomit filtriert (1mal 15 cm, Diatomitschicht 1 cm). Das Bzl. wird abdest. u. der Rückstand in absol. A. gelöst. Die ca. 0,15—0,36 mg I entsprechende Flüssigkeitsmenge wird mit 1 ml einer 0,2%ig. absolutalkoh. $FeCl_3$-Lsg. u. 1 ml einer ebenfalls absolutalkoh. 0,5%ig. α.α'-Dipyridyllsg. versetzt u. die so erhaltene rote Lsg. im Stufenphotometer colorimetriert. Man verwendet dazu ein grünes Lichtfilter S-50. (Украинский Химический Журнал [Ukrain. chem. J.] **20.** 573—77. 1954. Inst. für organ. Chem. der Akad. der Wiss. der UdSSR.) E. STEINBERG. 7932

H. P. Kaufmann, *Zur titrimetrischen Bestimmung des Wassergehaltes von Fetten und Glycerin.* Verss. ergaben, daß die Wasserbest. nach FISCHER (a) in hellen Fetten (in dunklen nur nach Ausschütteln mit Methanol) u. Ölen u. in allen Fetten u. Ölen nach der Acetylchlorid (b)-Meth. mit fast gleicher Genauigkeit durchgeführt werden kann. Bei hochprozentigem Glycerin ist nur die b-Meth. geeignet, während bei Glycerin mit einem Wassergeh. >12% beide gleich zuverlässig sind. Die Reagentien der b-Meth. sind beständiger als die der a-Methode. (Pharmaz. Zentralhalle Deutschland **91.** 379—83. Okt. 1952. Nordrhein-Westfalen, Chem. Landes-Untersuchungsamt.) F. GÜNTHER. 7932

Chemische Werke Albert (Erfinder: **Felix Schlenker**), Wiesbaden, *Stabilisieren von autoxydabel veränderlichen Ölen,* dad. gek., daß die Öle mit harz- oder ölartigen Kondensationsprodd. aus Alkoholaten 2- oder höherwertige Metalle u. tautomer reagierenden Ketoverbb., bes. β-Ketocarbonsäureestern, β-Diketonen oder Malonsäureestern, versetzt werden, worauf die sich hierbei abscheidenden Prodd. durch Filtrieren usw. entfernt werden. (**D. B. P. 939 164** Kl. 23a vom 18/10. 1953, ausg. 16/2. 1956. Anmeldung bekanntgemacht 18/8. 1955.) C. LÜTTGEN. 7879

Henkel & Cie. G. m. b. H. (Erfinder: **Bruno Blaser** und **Werner Stein**), Düsseldorf, *Verfahren zur Behandlung von Estern ungesättigter Fettsäuren,* dad. gek., daß man die Ester mit Metallcarbonylen oder mit carbonylbildenden Metallen unter CO-Druck erhitzt, z. B. auf 150—300°, wodurch der F. des Fettes erhöht wird. — Aus Erdnußöl (JZ. 92,4; SZ. 0,6; VZ. 199,1; CO-Zahl 4,3; OH-Zahl 0,5; Unverseifbares 0,3%; F. 7°) u. 135 at CO bei 180—190° in Ggw. eines Katalysators aus Co:ThO_2:MgO:Kieselgur = 100:5:6:200 nach 4½ Std. → bei *27° erstarrendes Öl* mit JZ. 69; SZ. 3,9; VZ. 197,1; CO-Zahl 6,0; OH-Zahl 0,6; Unverseifbarem 0,3%. Durch Verseifung u. Dest. erhält man die entsprechenden Fettsäuren. Tabellen mit Kennzahlen. — Maiskeimöl (JZ. 106; SZ. 0,4; VZ. 198,2; OH-Zahl 5,3; CO-Zahl 9,6) → bei *25° erstarrendes Öl,* JZ. 77; SZ. 4,6; VZ. 198,9; OH-Zahl 9,8; CO-Zahl 10,2. — Man erhält aus bei n. Temp. fl. Speiseölen streichfähige Speisefette. — Durch Erhöhung des F. sind die Fettsäuren zur Herst. von *Weichmachern, Seifen,* u. *Fettalkoholen* geeignet. Nicht oder nur schwer an der Luft trocknende Fettsäureester können nach der Behandlung zur Herst. *trocknender Öle* verwendet werden. (**D. B. P. 842 046** Kl. 12o vom 2/10. 1948, ausg. 3/3. 1955. Anmeldung bekanntgemacht 18/10. 1951.) G. KRAUSS. 7889

J. K. O. H. Holmberg, Stockholm, Schweden, *Herstellung von Seifen* aus Mischungen von verschied. Fettsäuren bzw. -estern, dad. gek., daß die Fettsäure- bzw. -estermischungen vollständig fraktioniert u. die Verbb. mit zu kurzen bzw. zu langen Ketten dabei entfernt werden. Anschließend erfolgt Verseifung des gereinigten Gemisches. (**Schwed. P. 143 163** vom 19/5. 1949, ausg. 1/12. 1953.) K. H. KÄHLER. 7909

XVIIIa. Holz. Cellulose. Zellstoff. Papier. Papierdruck. Celluloid. Linoleum.

Bengt G. Rånby, Edmund Heinz Immergut und **Hermann F. Mark,** *Neuere physikalisch-chemische Untersuchungen über Cellulose und verwandte Kohlenhydrate.* Es wird gezeigt, daß Cellulosen verschied. Ursprungs sich in ihrem physikal.-chem. Verh. (z. B. Röntgendiffraktion, Wasserabsorption u. Quellungsmessungen) nach ihrer kristallinen

Ordnung mit ansteigender Gitterperfektion in folgende Reihe ordnen lassen: Holz-, Baumwoll-, Bakterien-, Tier- u. Algencellulosen. Speziell der techn. wichtige Unterschied zwischen Holz- u. Baumwollcellulose wird besprochen: Mittels hydrolyt. Abbaus mit heterogenem Syst. wird durch Arbeiten von JÖRGENSEN, ferner MILLET, MOORE u. SAEMAN u. von RÅNBY u. IMMERGUT eine deutlich größere Widerstandsfähigkeit von Baumwolle gegenüber Holzcellulose bewiesen. Auch bei der homogenen Hydrolyse ist die Abbaugeschwindigkeitskonstante für Baumwoll- wesentlich kleiner als für Holzcellulosen, wie durch Arbeiten von AF EKENSTAM, STAMM u. COHEN, JÖRGENSEN u. anderen belegt wird. DYMLING, GIERTZ u. RÅNBY zeigten, daß man durch Extraktion von nitriertem delignifiziertem Fasermaterial mit Äthylacetat–Äthanol-Gemischen die Hemicellulosen abtrennen kann. Sie bestanden aus Glucose, Mannose u. Xylose mit dem Polymerisationsgrad von ca. 100. Der in 35% Äthylacetat unlösl. Rückstand war eine beinahe reine Polyglucose hohen Polymerisationsgrads (ca. 1000). (Chem. Ber. **89**. 526—34. 1956. Uppsala, Phys.-chem. Inst., u. Brooklyn, N. Y., Polytechn. Inst.)
A. MÖHRING. 7954

E. Treiber, W. Felbinger und **M. Floriantschitsch,** *Ein Beitrag zur Kenntnis der β- und γ-Cellulose.* Zugleich 4. vorläufige Mitt. *über die UV-Absorption der Cellulose.* (3. vgl. C. **1953.** **4963.**) Nach einem kurzen Überblick über den heutigen Stand der Kenntnisse hinsichtlich der Natur der Hemicellulosen werden einige vorläufige Ergebnisse der UV-Unterss. der Vff. an β- u. γ-Cellulosen phänomenolog. beschrieben. Es wird gefolgert, daß β-Cellulose nicht nur mehr oder weniger amorphe u. stark depolymerisierte Cellulose ist, sondern auch chem. differenzierte Anteile enthält. Die techn. Klassifikation nach CROSS u. BEVAN in α-, β- u. γ-Cellulose scheint 3 chem. u. physikal.-chem. stark unterschiedliche Fraktionen der Holocellulose zu charakterisieren, eine Definition, die nach dem Dargelegten auch chem. u. physikal. nicht ungerechtfertigt zu sein scheint, wenngleich sowohl die β- als auch die γ-Fraktion weder konstanter, einheitlicher noch z. Z. definierbarer Natur ist. — 20 Schrifttumsnachweise. (Österr. Chemiker-Ztg. **54**. 106—09. April 1953. Graz, Univ., Inst. für theoret. u. physikal. Chemie.)
P. ECKERT. 7954

Georg Jayme und **Werner Bergmann,** *Über sauerstoffunempfindliche alkalische Celluloselösungen.* Es werden die Unterss. über das von Vff. gefundene neue Lösungsm. für Cellulose auf Basis des Eisen–Weinsäure–Natrium-Komplexes, $[(C_4H_3O_6)_3Fe]Na_6$, gelöst in Natronlauge, weitergeführt, u. zwar hinsichtlich der Sauerstoffempfindlichkeit der damit erhaltenen Celluloselösungen. Mit Hilfe von Viscositätsmessungen konnte gezeigt werden, daß selbst auch 2std. Einw. von reinem O_2 auf die Lsgg. ein nur sehr geringer, ca. 1% betragender Abfall der Viscosität eintritt. Es wurde weiterhin gefunden, daß nach eintägiger Einw. von Luftsauerstoff auf die Lsgg. kein meßbarer Viscositätsabfall eintritt. Es sei bemerkt, daß es sich um das erste bisher bekanntgewordene alkal. Lösungsm. für Cellulose handelt, das diese unempfindlich gegenüber Sauerstoff macht. Es wurde weiterhin noch beobachtet, daß die Viscosität der Lsgg. gleichen Cellulosegeh. mit steigender Konz. der „freien“ Natronlauge zunimmt, relativ jedoch dabei abnimmt. (Papier **10**. 88—90. März 1956. Darmstadt, TH, Inst. für Cellulosechem. u. Holzforschungsstelle.)
P. ECKERT. 7954

J. R. Istas, *Untersuchung von Rohstoffen aus dem Kongo für die Zellstoff- und Papierindustrie.* Eigg., Verarbeitung u. Verwendung des im Kongo als Papier- u. Zellstoffrohstoffe zur Verfügung stehenden Laubholzes u. Papyrus werden beschrieben. (Agricultura [Louvain] **3**. [2] 341—62. Sept. 1955. Tervuren, Labor. voor Scheik. Onderz.)
W. WESLY. 7956

Anton v. Wacek, Helmut Korp und **Edith Hittl,** *Über den kurzzeitigen Sulfitaufschluß und das Zusammenwirken chemischer und mechanischer Faktoren auf den Abbau der Cellulose.* Zur Klärung der Frage, wann beim Sulfitaufschluß eine Schädigung der Cellulose eintritt, wurden Hackschnitzel verschied. Größe einem Na-Bisulfitaufschluß bei 150° unterworfen. Als Maß der Schädigung wurde der Durchschnittspolymerisationsgrad (DP) der nach neuesten Erfahrungen gewonnenen polymeranalogen Nitrocellulosen bestimmt. Die nach kurzen Aufschlußzeiten bestimmten Werte aus dem mehr oder weniger ligninhaltigen Halbstoffen blieben während längerer Zeit konstant, um erst bei Entfernung der letzten 2—3% Lignin stark abzufallen. Für die Beurteilung einer zusätzlichen mechan. Schädigung wurde ein Mahlautoklav konstruiert, in den eine kontrollierbare u. beliebig veränderliche Mahlung während des Sulfitaufschlusses vorgenommen werden konnte. Es zeigte sich, daß jeder mechan. Angriff den Abbau sehr stark fördert, daß dieser aber sehr davon abhängig zu sein scheint, in welchem Stadium des Aufschlusses er einsetzt. Bei einer sehr starken mechan. Schädigung der Fasern kommt es zu einer „Umkehr“ des Aufschlusses, d. h., das Lignin bleibt mehr oder weniger erhalten, während die Cellulose schon hydrolysiert wird. Mit der Malachitgrünanfärbung der Fasern konnte dieser Effekt auch mkr. sichtbar gemacht werden. — 27 Schrifttumsnachweise. (Papier **10.** 4—11. 5/1. 1956. Graz, TH, Inst. für organ. Chem. u. organ. chem. Technol. u. Inst. für Holzchem.) P. ECKERT. 7962

H. J. Bayer, *Peroxydbleiche von Holzschliff.* Bleichen mit Na_2O verbessert die Helligkeit, Blattbldg. u. Entwässerung auf dem Sieb u. gibt weichere Papiere, die beim Trocknen kaum Helligkeit verlieren. Nachteilig sind die schlechtere Opazität u. die höheren Kosten gegenüber anderen Bleichverfahren. (Pulp and Paper **56.** Nr. 12. 167—70. Nov. 1955. Bucksport, Me., St. Regis Paper Comp.) H. BECKER. 7974

Walter Brecht und **Sepo Pulst,** *Das Mahlverhalten chemischer Schliffe im Vergleich mit dem anderer Halbstoffe der Papierfabrikation.* Einige chem. Schliffe werden in ungemahlenem Zustand u. im Verlaufe einer Mahlung auf ihre Eigg. untersucht. Aus dem Vgl. mit den Eigg. anderer Halbstoffe ergab sich die Stelle, die die chem. Schliffe in jeder ihrer Eigg. in der von n. Holzschliff bis zu ungebleichtem Zellstoff reichenden Reihe einnehmen. (Papier **10.** 12—16. 5/1. 1956. Darmstadt, TH, Inst. für Papierfabrikation.) P. ECKERT. 7974

Helmut Roederer, *Verwendung von Stärke in der Papierindustrie.* Es werden die mannigfaltigen Verwendungsmöglichkeiten von Stärke u. Stärkeprodd. bei der Papierherst. u. -verarbeitung beschrieben u. hervorgehoben, welche Effekte man durch die Verwendung dieser Rohstoffe erzielen kann. Sehr eingehend diskutiert wurde die Verwendung von Stärkekomponenten für die Stoffleimung; ferner werden die Vor- u. Nachteile der verschied. Arbeitsweisen aufgezeigt. Hinsichtlich der Verwendung von Stärke–Seife-Komplexen für die Stoffleimung, um die Stärkeausbeute im Papier wesentlich zu erhöhen, wurde gefunden, daß sich bei der Stärke–Seife- bzw. Stärke–Harzseife-Füllung durch $Al_2(SO_4)_3$ (I) die verschied. Stärken sehr unterschiedlich verhalten. Während bestimmte Maisstärke–Seife-Komplexe durch **I** quantitativ geflockt werden, beobachtet man bei Verwendung von anderen Stärken u. anderen Seifen z. T. nur sehr geringe Füllungen. (Papier **10.** 77—83. März 1956.) P. ECKERT. 7978

Krisstofor Ssimionessku, Emanoil Poppel und **Nikolai Assandei,** *Untersuchung einiger Faktoren, die auf die Haltbarkeit des Papiers von Einfluß sind.* Verleimung von Papieren (es wurden *Bewoidleim, Chlorparaffin, pflanzliche Proteine* u. *Melamin* miteinander verglichen) bewirkt stets eine Beschleunigung des Alterungsprozesses (Prüfung der physikal.-mechan. Eigg. nach UV-Bestrahlung). Melamin ist noch am brauchbarsten, doch wird auch hier die Biegefestigkeit vermindert. Größere Leimmengen verschlechtern die Papiere noch mehr. Verleimung in alkal. Medium (Zusätze von 1—2,5% Na-Aluminat) ist im Vgl. zur sauren Bewoidleimung günstiger. Bei Vorliegen von 50% Lumpen neben der gebleichten Sulfitcellulose in den Papieren ist die Haltbarkeit der geleimten Papiere eine bessere. (Бумажная Промышленность [Papier-Ind.] **30.** Nr. 11. 5—10. Nov. 1955. Jassy, Polytechn. Inst., Labor. für Cellulose u. Papier.) M. ULMANN. 7978

Kodak Ltd., London, England, übert. von: **Carl Johan Malm** und **Carlton Lee Crane,** *Herstellung gemischter Celluloseester von Dicarbonsäuren und niederen Fettsäuren,* z. B. eines *Celluloseacetophthalats.* Man stellt ein teilweise hydrolysiertes Celluloseacetat mit H_2SO_4 als Katalysator her, fügt zur Veresterungslsg. Na-Acetat, Phthalsäureanhydrid u. Acetanhydrid hinzu u. erhitzt auf die Veresterungstemperatur. (**E. P. 742 034** vom 24/9. 1953, ausg. 21/12. 1955. A. Prior. 25/9. 1952.) K. FABEL. 7971

Dow Chemical Co., übert. von: **Arthur W. Anderson** und **Bernhard V. Moeller,** Midland, Mich., V. St. A., *Verbesserung der Löslichkeit in kaltem Wasser von Celluloseäthern,* bes. *Methylcellulose* (**I**). Man geht von faseriger **I** aus, die in heißem W. geliert, benetzt sie, ohne sie zu lösen, bei einer Temp. oberhalb ihrer Gelbildungstemp. mit einer wss., bes. 0,1—0,5%ig. Na-Laurylsulfatlsg., trocknet **I** bei einer Temp. oberhalb der Gelbildungstemp. u. zerkleinert. (**A. P. 2 720 464** vom 24/10. 1952, ausg. 11/10. 1955.) K. FABEL. 7971

E. I. du Pont de Nemours & Co., Wilmington, Del., V. St. A., *Leimen von Papier,* dad. gek., daß dem Papierstoff bes. 0,1—5% Polyäthylen in Form einer wss. Dispersion kleinster koll. Teilchen zugesetzt u. koaguliert wird. Zweckmäßig wird als Koaguliermittel Alaun (p_H des Stoffes 5—8,5) u. als Dispersionsmittel ein Alkalilaurat verwendet. (**E. P. 726 364** vom 4/6. 1953, ausg. 16/3. 1955. A. Prior. 17/7. 1952.) G. VOGEL. 7979

Soc. de Services Publics et d'Industries, Frankreich (Erfinder: **Pierre Le Goupils**), *Gegen Insektenfraß widerstandsfähiges Papier* wird dadurch erhalten, daß dem Papierbrei Glas- oder Schlackenwolle zugemischt wird. Außerdem können noch Kontaktinsekticide beigegeben werden. Das Papier eignet sich bes. für Verpackungen. (**F. P. 1 045 590** vom 20/4. 1950, ausg. 30/11. 1953.) W. WITTHOLZ. 7983

XVIIIb. Textilfasern.

A. M. Kotljar, *Methode zur Berechnung der Laugenbilanz bei der Mercerisation von Garn.* Für die Berechnung der Menge V_m (Liter) u. der Konz. α_m (g/Liter) der dem Mercerisierbad nach jeder bearbeiteten Partie zuzufügenden Frischlauge wird — unter der vereinfachenden Annahme, daß die Konz. der vom Garn aufgenommenen Lauge der Laugenkonz. im Bad entspricht — eine Formel abgeleitet: $V_m = V_1(\alpha_1 - \alpha_2)/(\alpha_m - \alpha_2)$. Hier ist V_1 das ursprüngliche Badvol., α_1 die ursprüngliche, α_2 die nach Zusatz des genetzten Garns sich ergebende Laugenkonzentration. (Легкая Промышленность [Leicht-Ind.] **15.** Nr. 11. 24—25. Nov. 1955.) N. STSCHERBINA. 8032

Carroll N. Smith und **M. M. Cole,** *Moskitoabweisende Stoffe zur Anwendung auf der Bekleidung.* Eine Reihe von Insektenschreckstoffen wurde auf Eignung zur Kleiderimprägnierung untersucht. Bei Freilandverss. mit den Moskitoarten *Aedes taeniorhynchus* u. *A. sollicitans* erwiesen sich als bes. wirksam: *N.N-Diisopropyladipamidsäuremethylester* (**I**), *2-Butyl-2-äthyl-1.3-propandiol* (**II**), *N-Butyl-1.2.3.6-tetrahydrophthalimid* (**III**), *Indalon* (**IV**) u. *Undecylensäure.* Schwächer wirksam waren: *N.N-Dibutylacetessigsäureamid* (**V**), *N.N-Diäthylsuccinamidsäurepropylester, Mandelsäurehexylester* (**VI**), *N-Isopropylacetanilid, 2.4-Nonandiol* (**VII**), *β-Phenylhydracrylsäureäthylester, Phthalsäuredimethylester* (**VIII**). Die Standardschreckstoffe *N-Butylacetanilid* (**IX**), *2-Äthyl-1.3-hexandiol* (**X**) u. eine Mischung aus 60% **VIII**, 20% **IV** u. 20% **X** waren kaum wirksam. In Laboratoriumsverss. erwiesen sich gegen *Aedes aegypti* u. *Anopheles quadrimaculatus* als gut wirksam: **VII, VIII, X, III, II.** Schwächer wirksam waren: **V, IX,** ohne besondere Wrkg.: **I, VI.** Die wirksamsten Verbb. wurden in Mischungen mit Abwehrstoffen gegen Fliegen, Zecken u. Sandflöhen auf ihre Eignung als Universalschreckstoff geprüft (alle Mischungen enthielten 10% Tween 80 als Emulgator). Am wirksamsten war eine Mischung aus je 30% **II, IX** u. *Benzylbenzoat.* Schwächer wirkten Mischungen aus je 25% **II** u. **IX,** 10% *Diphenylcarbonat* (**XI**), 30% *Xylol* (**XII**) u. aus 10% **XI,** 20% **II** u. je 30% **IV** u. **XII.** (J. nat. Malaria Soc. **10.** 206—12. Sept. 1951. U. S. Dep. of Agric., Bur. of Entomol. and Plant Quarantine.) A. HEUSNER. 8036

—, *Der Einfluß der Mercerisierung auf die Eigenschaften eines knitterfesten Baumwollgewebes.* Zur Unters., ob u. in welchem Maße das Mercerisieren die durch das Ausrüsten mit Harz gegebenen Eigg. der Baumwolle beeinflußt, werden nach 2 Methoden gebleichte Gewebe (kontinuierliche Peroxyd- u. Kierbehandlung) mit NaOH-Lsgg. verschied. Konz. mercerisiert u. die Festigkeits-, Knitterfest- u. Schrumpffesteigg. mit solchen Geweben verglichen, welche nicht mit Harz ausgerüstet sind. Zum Ausrüsten werden Harnstoff-CH_2O- u. Methylmelaminharz verwendet. Der Grad der Mercerisierung wird durch die Ba-Zahl u. Farbstoffabsorption bestimmt; die Ergebnisse werden durch Kurven dargestellt. (Amer. Dyestuff Reporter **44.** P779—85. 790. 7/11. 1955.) I. SCHOENMANN. 8044

H. R. Chipalkatti, V. B. Chipalkatti und **C. H. Giles,** *Die Adsorption einiger organischer Dämpfe durch Wolle und Nylon.* Es werden die Adsorptionsisothermen von A., CH_3OH, W., CH_3COOH, HCl u. Phenol sowie die Geschwindigkeit des Adsorptions-Desorptions-Cyclus von β-Naphthol bei 120° bestimmt, während für Aceton, Anilin, Azobenzol, Diäthylamin, Dioxan, Äthylacetat, Pyridin, Triäthylamin, Äthylenglykol, n-Propanol, Benzoesäure u. Alizarin die vorläufigen Befunde der Adsorptionsprüfungen lediglich tabellar. wiedergegeben sind. Die Nullpunktsaktivierungsenergien von $CH_3 \cdot COOH$, β-Naphthol u. Phenol für Wolle u. Nylon wurden berechnet u. für Wolle in allen Fällen höher als für Nylon gefunden. Die Versuchsanordnung sowie die Ergebnisse im einzelnen werden ausführlich beschrieben. — 4 Tabellen u. 8 Figuren, 1 Abbildung. (J. Soc. Dyers Colourists **71.** 652—60. Nov. 1955. Glasgow, Royal Technical College, Dep. of technical Chem., Colour Chem. Res. Labor.) H. G. FRÖHLICH. 8060

B. Srebrow, *Das Bleichen der Naturwolle in der Faser und im Gespinst.* 50 kg Wolle werden mit 0,75 kg $FeSO_4$ in Ggw. von 0,375 kg $(NH_4)_2SO_4$ u. 1,5 kg $Na_2S_2O_4$ in einer Flotte 1:25 bei 45° (p_H 5—6) behandelt. Hierauf wird in einer 1,3%ig. H_2O_2-Lsg. vom p_H 7,5—8 (mit NH_3), die 3 kg $Na_4P_2O_7$ bzw. Na_2HPO_4 in 1250 Liter W. enthält, $2^1/_2$ Std. bei 45—50° gebleicht. Auf diese Weise verliert die Wolle nur 10% der ursprünglichen Festigkeit. Alle anderen Eigg. bleiben erhalten. Der Bleicheffekt hängt von der natürlichen Färbung der Wolle ab. (Техника (София) [Technik (Sofia)] **4.** Nr. 6. 28—31. Aug./Sept. 1955.) O. POLLAK V. EMHOFEN. 8060

Donald J. Ott, *Identifizierung von Insektenschäden auf Wolle und verwandten animalischen Fasern.* Erkennungsmerkmale verschied. durch biol. Angriff verursachter Schäden, sowie eine Liste der üblichen u. gelegentlich auftretenden Schädlinge. (Canad. Textile J. **72.** Nr. 22. 49—56. 4/11. 1955. Bayonne, N. J., Research Labor., Geigy Chem. Corp.) I. SCHOENMANN. 8060

Christopher Earland und **David J. Raven,** *Ein neues Lösungsmittel für Naturseide.* Es wurde gefunden, daß man Naturseide in wss. HCOOH-Lsgg., die kleine Mengen an anorgan. Salzen enthalten, lösen kann. Auf diese Weise lassen sich bis zu 20%ig. Lsgg., die halbkoll. sind, herstellen. Geeignete anorgan. Salze sind: LiCl, LiBr, LiJ, Li-Thiocyanat, die Chloride von Mg, Ca, Sr, Zn u. Mn sowie die Bromide von Ca u. Ba. Die Alkalihaloide sind dagegen nicht brauchbar. Die anzuwendende Konz. an anorgan. Salz hängt vom Wassergeh. der Lsg. ab. So gibt man zu 90% HCOOH 10% des wasserfreien Salzes u. zu 98% HCOOH nur 2% (z. B. $CaCl_2$). Viscositätsbestimmungen haben gezeigt, daß der Abbau der Naturseide in diesen wss. HCOOH-Lsgg. wesentlich geringer ist als in entsprechenden H_3PO_4-Lösungen. (Nature [London] **174.** 461. 4/9. 1954. Bradford, Dep. of text. Ind., Techn. College.) H. G. FRÖHLICH. 8068

E. Treiber und **O. F. Fex,** *Über den Einfluß einiger Faktoren bei der Zerfaserung und Reife auf den Filterwert von Laboratoriumsviscosen.* In Fortführung früherer Unterss. (vgl. C. **1956.** 3729) hinsichtlich des Einfl. verschied. Faktoren auf den Filterwert werden in vorliegender Arbeit Fragen der Zerfaserung, der Reife u. der Reifezeit der Alkalicellulose behandelt. Der Einfl. alter Alkalicellulose im Zerfaserer auf den Filterwert ist von besonderer Bedeutung. Eingehend behandelt wird ferner der Einfl. der Viscosität auf den Filterwert. (Svensk Papperstidn. **59.** 51—57. 31/1. 1956.) P. ECKERT. 8074

Josef Schurz und **Richard Bartunek,** *Kugelfallviscosität und Strukturviscosität. Ein Beitrag zur Kennzeichnung des Lösungszustandes von Viscosen.* Auf der Grundlage der Viscositätsmessung nach der Kugelfallmeth. zurückgehend, werden die Möglichkeiten entwickelt, um die Nachteile u. die Fehlerquellen der Meth. zu beseitigen bzw. zu korrigieren. Es wird versucht, für die Kugelfallvicosimeter die maximale Schubspannung an der Kugeloberfläche als eine der rheolog. Grundgrößen näherungsweise zu errechnen u. die Lsgg. von makromol. Substanzen durch Variation der Kugelgröße das Vorhandensein der Strukturviscosität festzustellen (Cellulosenitratlsgg.). Unterss. über die Abhängigkeit der Kugelfallviscosität der Viscosen vom NaOH-Geh. zeigen, daß bei einem NaOH-Geh. von 8% oder etwas höher die Strukturierung der Viscose am geringsten, der Lösungszustand am besten ist. (Papier **10.** 97—101. März 1956. Oberbruch, Forschungs-Abtlg. V der Vereinigten Glanzstoff-Fabriken AG.) P. ECKERT. 8074

G. E. Cusick und **J. W. S. Hearle,** *Der elektrische Widerstand von synthetischen und Celluloseacetatfasern.* (Vgl. C. **1955.** 10413.) Messung des elektr. Widerstandes verschied. synthet. Fasern u. von Celluloseacetat in Abhängigkeit vom Feuchtigkeitsgeh. der Fasern; graph. Darst. u. tabellar. Übersicht der Meßergebnisse. (J. Textile Inst., Trans. **46.** T 699—T 711. Nov. 1955.) I. SCHOENMANN. 8080

S. C. Simmens, *Die Oberfläche und zusammenhängende strukturelle Wechselwirkungen von Nylon.* Unterss. von gestrecktem u. ungestrecktem Nylongarn mit dem Polarisationsmikroskop, belegt durch Abb. u. Erklärungen unter Bezugnahme auf bereits bestehende Theorien. (J. Textile Inst., Trans. **46.** T 715—20. Nov. 1955.) I. SCHOENMANN. 8080

I. B. Gulati und **S. K. Bhattacharyya,** *Terylen — eine neue synthetische Faser.* Entw. der Faser u. die einzelnen Stufen der Synthese. Zusammenhänge zwischen Konst. u. physikal. Eigenschaften. Verh. gegen Chemikalien. Anwendungsgebiete. (Indian Textile J. **66.** 102—07. Nov. 1955. Kharagpur, Indian Inst. of Technol.) I. SCHOENMANN. 8080

H. M. Holz, *Vereinfachtes Verfahren zur Herstellung von Faserquerschnitten.* Es handelt sich um eine Modifikation des Korkschnittverf. nach HERZOG-VIVIANI. Die Arbeitsweise wird beschrieben. Mikroaufnahmen. (Reyon, Zellwolle andere Chemiefasern **1956.** 49—50. Jan.) P. ECKERT. 8096

A. Sippel, *Ein neues Verfahren zur abgekürzten Prüfung der Lichtbeständigkeit von Textilfasermaterial unter Verwendung künstlicher Lichtquellen.* (Textile J. Australia **30.** 177—78. 20/4. 1955. — C. **1955.** 3767.) P. ECKERT. 8096

Margaret S. Furry und **Phyllis L. Bensing,** *Das Messen des Weißeffektes von Fluorescenzfarben und Perboratbleiche auf Baumwolle.* Abb. u. Beschreibung der Arbeitsweise 2 verschied. App., dem „HUNTER Farb- u. Farbdifferenzmeter" u. dem „Fluorescenz-sensitiv-Reflektometer" zur quantitativen Best. des Weißgrades. Messungen werden an ungefärbten, wiederholt mit Fluorescenzfarben u. Perborat enthaltenden Reinigungsmitteln gewaschenen Baumwollgeweben durchgeführt. Die Ergebnisse sind tabellar. zusammengestellt. (Amer. Dyestuff Reporter **44.** P 786—90. 7/11. 1955.) I. SCHOENMANN. 8102

S. L. Anderson, *Eine Korrektur der relativen Feuchtigkeitswerte zu den Bestimmungen des Wollfaserdurchmessers nach der Luftströmungsmethode.* (Vgl. C. **1955.** 5456.) Messung des Faserdurchmessers bei relativen Feuchtigkeiten zwischen 40 u. 85% u. Tempp. von

11—26° u. Berechnung des jeweiligen Korrekturfaktors zur Umrechnung der Ergebnisse auf eine relative Feuchtigkeit von 65% u. 20°. (J. Textile Inst., Trans. **46.** T675—76. Okt. 1955.) I. SCHOENMANN. 8108

Hans C. Bick, Inc., Reading, Pa., V. St. A., *Wasserlösliche Nylonderivate für Textilausrüstungen.* Ein in A. lösl. N-Alkoxyalkylnylon wird mit einem nichtion. Emulgiermittel u. einem Zuckeroktaacetat in einer wss. Alkohollsg. dispergiert. — Geeignet ist z. B. ein Ansatz aus 40 (lbs.) *N-Methoxymethylnylon* („Nylon 8"), 40 „Sucroseoktaacetat", 40 mit 9—10 Mol je Mol Octylphenol äthoxyliertes Netzmittel sowie 864 A. u. 216 Wasser. — Der Finish wird auf (gefärbte) Web- oder Strickwaren aufgebracht, z. B. Strümpfe. (**E. P. 734 791** vom 4/11. 1952, ausg. 10/8. 1955. A. Prior. 21/11. 1951.) H. MÖLLERING. 8033

Anorgana, Gendorf, Deutschland (Erfinder: **Theodor Klönne** und **Harry Meyer**), *Textilhilfsmittel*, bestehend aus einer wss. Lsg. eines Phosphats eines aliphat. Amins mit mehr als 6 C-Atomen (z. B. des Stearylamins), welches man mit Äthylenoxyd umgesetzt hat. Das Hilfsmittel erteilt z. B. Viscoseseide mercerisierter Baumwolle einen guten weichen Griff. (**F. P. 1 042 696** vom 27/12. 1950, ausg. 3/11. 1953. D. Prior. 27/12. 1949.) T. OPPERMANN. 8033

Franz Schubert, Wien, Österreich, *Schädlingsbekämpfungsmittel*, bes. für *Motten.* Atem- oder Kontaktgifte, wie „HCH" oder „DDT", u. gegebenenfalls Thiocumarin, werden in äther. Ölen, wie Terpentin-, Kien-, Patschuli- u. Lavendelöl, gelöst. Diese Lsg. läßt man von einem vegetabil. Pulver, bes. Tabakstaub, aufsaugen u. verwendet dieses Prod. als Streumittel in Kleiderschränken usw., gegebenenfalls in Mischung mit KNO_3 in Tablettenform als Räuchermittel. (**Oe. P. 182 563** vom 6/3. 1952, ausg. 11/7. 1955.) W. WITTHOLZ. 8063

Textile & Chemical Research Co. Ltd., St. Peter Port, Channel Islands, England, übert. von: **Nicolas Drisch** und **Paul Herrbach**, Paris, Frankreich, *Kunstseide, Zellwolle, Roßhaar und Bänder aus Viscose.* Eine aus Zellstoff vom Polymerisationsgrad >700, aus ungereifter Alkalicellulose u. ungereifter Viscose (Viscosität >300 cP; γ-Zahl >70) hergestellte Spinnlsg. wird in ein bis zu 25 g/Liter H_2SO_4 u. wenigstens 50 g/Liter Na_2SO_4 enthaltendes Bad unter Streckung versponnen. Nach dem Schneiden werden die Fasern in sd. W. regeneriert. (**A. P. 2 705 184** vom 3/7. 1952, ausg. 29/3. 1955. F. Prior. 15/1. 1952.) G. SALZMANN. 8075

Courtaulds Ltd., England, *Herstellung von Viscose.* Man mischt Cellulosexanthogenat mit W. oder verd. NaOH oberhalb Tempp., bei denen Viscose altert, entlüftet die Viscose, während man sie auf die Alterungstemp. abkühlt, im Vakuum, wobei man sie in dünner Schicht ausbreitet, u. entlüftet sie gegebenenfalls nochmals. Man mischt z. B. bei 23° u. altert bei 18°. — Zeichnung. (**F. P. 1 071 377** vom 20/2. 1953, ausg. 31/8. 1954. E. Prior. 25/2. 1952.) M. PANKOW. 8075

Heberlein & Co. Akt.-Ges., Wattwill, Schweiz, *Musterung von Kreppgeweben, insbesondere aus Kunstseide.* Das Gut, z. B. Viscosekreppgewebe, wird mit der wss. Lsg. eines Weichmachungsmittels, z. B. Fett(alkohol)sulfonat, behandelt, unter Streckung getrocknet, unter Musterung mit der Lsg. eines Kunstharzvorkondensats, z. B. einem Methylolmelaminvorkondensat, in einer Verdickungslsg., z. B. Carobenmehl, bedruckt, bei 35° getrocknet u. dann einer mechan. Musterung, z. B. auf einem Friktions- oder einem Prägekalander, unterworfen. Anschließend wird zur Fixierung des Vorkondensates auf $>100°$ erwärmt, worauf mit einer Alkalilsg. u. dann mit heißem u. kaltem W. gespült u. dann getrocknet wird. Man erhält so z. B. einen roten Reliefdruck auf weißem Kreppgrund. — Setzt man dem Druckteig z. B. noch Goldbronze zu, erhält man einen Golddruck auf weißem Kreppgrund. (**E. P. 732 210** vom 28/9. 1953, ausg. 22/6. 1955. Oe. Prior. 23/10. 1952.) H. MÖLLERING. 8075

Celanese Corp. of America, New York, N. Y., V. St. A., *Textilschmälze*, bes. für *Celluloseacetat-* oder andere *Regeneratcellulosefasern*, bestehend aus einem in Mineralöl gelösten Gemisch aus einem Alkylphenol, dem Ester einer niedrigmol. aliphat. Säure u. einer Fettsäure mit Glycerin oder einer auch in der OH-Gruppe veresterten höhermol. Fettsäure, einem oxydierten pflanzlichen Öl, einer höheren Fettsäure, einem Amin u. schließlich einem Alkylphosphat. — Geeignet ist z. B. ein Ansatz aus 55 (Teilen) weißem Mineralöl, 4,5 Diamylphenol, 5 Butylacetylricinoleat, 16 oxydiertem Erdnußöl, 5 Ölsäure u. 10 einer Mischung gleicher Teile Decanolphosphat u. Mineralöl. Mit 4,5 Triäthanolamin wird der Ansatz eingestellt. Die aufgebrachte Schmälze ist nicht hygroskop., korrodiert Fe nicht u. verhindert elektrostat. Aufladungen. (**E. P. 732 933** vom 6/3. 1953, ausg. 29/6. 1955. A. Prior. 7/3. 1952.) H. MÖLLERING. 8077

Eastman Kodak Co., übert. von: **Harry W. Coover**, Kingsport, **Joseph B. Dickey** und **Theodore E. Stanin**, Rochester, N. Y., V. St. A., *Kunstfasern aus Acrylnitril-*

Mischpolymerisaten von hoher Festigkeit, Dehnung u. Erweichungstemp. (>185°). Mischpolymerisate aus 65—80 (%) Acrylnitril u. 20—35 Alkyl-α-acylaminoacrylat mit einer 2—4 C-Atome aufweisenden Acylgruppe einer gesätt. aliphat. Monocarbonsäure u. 1—4 C-Atome enthaltenden Alkylgruppe (Methyl-, Äthyl-, n-Propyl-, n-Butyl-α-acetaminoacrylat u. dgl.) werden in Dimethylformamid, γ-Butyrolacton, cycl. Sulfotetramethylen oder dgl. gelöst u. in W. versponnen. Die in einem Heißluftrohr getrockneten u. gestreckten Fäden lassen sich mit Acetat-, bas., sauren u. Küpenfarbstoffen färben. (**A. P. 2 698 842** vom 17/8. 1950, ausg. 4/1. 1955.) G. SALZMANN. 8081

Imperial Chemical Industries Ltd., England, *Schmelzspinnen von Polyäthylenterephthalat.* Man schm. das Polymere in trockener Luft, leitet die Schmelze in die Spinnvorr. u. verspinnt. Kein Abbau des Polymeren. (**F. P. 1 073 059** vom 18/3. 1953, ausg. 20/9. 1954. E. Prior. 19/3. 1952.) M. PANKOW. 8081

Owens-Corning Fiberglas Corp., Toledo, O., V. St. A. (Erfinder: **J. H. Waggoner** und **W. J. Rowley**), *Textilien aus Glasfasern* mit Eigg. von solchen aus Seide oder Wolle werden hergestellt durch Wärmebehandlung der Glasfasern bei 205—705°, um die Spannungen zu beseitigen. Hierauf wird durch erneute Wärmebehandlung eine org. Si-Verb. oder ein Butadienacrylnitrilpolymer als Überzugsmaterial auf das Fasermaterial gebracht. — Abbildung. (**Schwed. P. 142 480** vom 30/6. 1951, ausg. 13/10. 1953.) K. H. KÄHLER. 8083

XIX. Brennstoffe. Erdöl. Mineralöle.

M. K. Djakowa und **W. W. Ssurowzewa**, *Über den Einfluß der fraktionellen Zusammensetzung der Lösungsmittel auf die Löslichkeit von Humus- und Sapropelkohlen.* 5. Mitt. *Untersuchungen über die thermische Auflösung von festen Brennstoffen.* (4. vgl. C. **1949**. I. 1437.) Als Lösungsm. wurden angewandt: Bzl., Toluol, Xylol, Naphthalin u. 5 Fraktionen des Anthracenöls, Kp. 225—350° (abgestuft in 25°-Fraktionen). Untersuchungsobjekte: *Kusnetzk-Steinkohle* (**I** = Humusbrennstoff) u. *Boghead* (**II**), Sapropelkohle aus dem Moskauer Becken. Es wurden 2 Teile Lösungsm. mit 1 Teil feingemahlener (0,25 mm) Kohle 30 Min. (Anheizen 55—60 Min.) im Autoklaven bei 400° (**I**) bzw. 420° (**II**) unter Druck (150 → 55 at, je nach dem Lösungsm. Bzl. → Anthracenöl) erhitzt u. nach dem Abkühlen u. Entladen des Autoklaven das Extraktionsgut im SOXHLET-App. vom überschüssigen Lösungsm. befreit. — Es zeigte sich, daß weder die fraktionelle Zus. des Lösungsm. noch sein krit. Punkt u. seine Phase (Fl.–Dampf) während der therm. Behandlung der Kohlen einen ausgesprochenen Einfl. auf die Menge der gelösten Substanz ausübte. Die Schwankungen waren zwar bei **I** stärker als bei **II**, jedoch ist anzunehmen, daß geringe Mengen polarer Beimengungen (N-Basen, Phenole) im Lösungsm. mehr Einfl. ausübten, entsprechend der früher gefundenen abfallenden Reihenfolge: Amine–Phenole–cycl. KW-stoffe–aliphat. KW-stoffe. (Журнал Прикладной Химии [J. angew. Chem.] **28**. 65—70. Jan. 1955. Inst. für brennbare Fossilien der Akad. der Wiss. der UdSSR.) A. v. WILPERT. 8126

Georg Düwel, *Aus der Praxis der Anwendung von Untersuchungsmethoden zur Bestimmung der Verkokbarkeit von Kohle.* Vf. berichtet über eine Versuchsreihe, um die verschied. Meßmethoden miteinander zu vergleichen. Die angewendeten Verff. werden genau beschrieben. Es wurde versucht, eine Vergleichbarkeit der Untersuchungsergebnisse über die Verkokungsfähigkeit der Kohle u. Beziehungen zwischen diesen Untersuchungsergebnissen u. den in der Praxis zu erwartenden Ergebnissen herzustellen. Weder die Immediat- noch die Elementaranalyse reichen aus, um ein Urteil über die Verkokbarkeit der Kohle abzugeben. Die Anwendung der Untersuchungsmethoden muß in Anlehnung an die örtlichen Betriebsverhältnisse erfolgen. Ein überörtlicher Vgl. ist nicht ohne weiteres möglich. (Gas- u. Wasserfach, Ausg. Gas **96**. 625—32. 1/10. 1955. Hamburg; Schweiz. Ver. Gas- u. Wasserfachmännern, Monatsbull. **36**. 29—40. Febr. 1956.) F. ROSENDAHL. 8126

J. Rešetňak, *Zur Frage der Verwertung von minderwertigen Kohlensorten zur Erzeugung von Hüttenkoks.* Theoret. Erwägungen. — Wie durch Labor. u. Betriebsverss. festgestellt wurde, läßt sich Kladnoer Steinkohle nach teilweiser oder vollständiger Beseitigung des Staubanteils auf trockenem oder nassem Wege, gegebenenfalls unter Zumischung von Ostrauer Steinkohle, gut verkoken. (Paliva **35**. 104—09. April 1955. Kladno, SONP, Kokslabor.) K. STEINER. 8144

J. Čipera, *Selbstständige Reinigung von Generatorgas im Gaswerk Prag-Michle.* Die Schwierigkeiten, die bei der Reinigung von Leuchtgas mit Zusatz von Propan-, Butan- u. Generatorgas (Spitzengas) auftraten (z. B. Teer- u. Flugstaubabscheidung im Einliegernetz, auf der Gasreinigungsmasse, den Laufrädern der Turbogebläse usw.) wurden dadurch ausgeschaltet, daß das Generatorgas bereits vor der Zumischung zum Leuchtgas durch Trockenreiniger gereinigt u. erst hinter den Benzolwäschern zusammen mit der

Propan–Butan-Mischung dem Carbonisiergas zudosiert wurde. Diese Anordnung gestattet eine Steigerung des Durchsatzes um 25%, was bes. für die Deckung von Verbrauchsspitzen wichtig ist. — 1 Abbildung. (Paliva **34.** 219—20. Aug. 1954.) E. Umlauf. 8156

T. H. Williams, *Erfahrungen beim Arbeiten mit einer Collin Entschwefelungsanlage.* Entschwefelung des Gases durch eine verd. NH_3-Lsg. in Spezialtürmen ist der Grundzug des Verfahrens. Die Schwierigkeiten der ersten Zeit waren durch Korrosion des Baumaterials bedingt. Teilweiser Ersatz von Gußeisen u. Stahl durch Al u. Steingut hat diese Schwierigkeiten zum größten Teil überwunden. Die Anlage ist mit einer Kontakt-Schwefelsäurefabrik verbunden. (Gas Wld. **142.** Nr. 3698. Coking Sect. **47.** 7. 2/7. 1955.) E. Flach. 8172

M. Palumbo und **F. Manfroi,** *Beiträge zur Kenntnis der natürlichen Färbung des Erdöls.* Verschied. chem. vorbehandelte oder nichtvorbehandelte Erdölfraktionen wurden bei Tempp. zwischen 40 u. 50° bis zu einer Dauer von 3 Monaten dem Sonnenlicht bei Luftzutritt ausgesetzt. Durch photochem. Autoxydation u. nachfolgende Zerstörung der Peroxyde trat eine dauerhafte citronengelbe Färbung auf, die bei Behandlung mit konz. HCl keine merkliche Rotfärbung oder Verharzung mehr ergab. Auch an 30 Jahre alten Kontrollmustern verschied. Provenienz läßt sich diese Färbung feststellen. Sie ist vermutlich auf eine Crotonisierung unter Bldg. von Hydroperoxyden u. Peroxyden, Zers. derselben zu Aldehyden u. Ketonen u. Oxydation prim. u. sek. bei diesem Abbau entstehender Alkohole zurückzuführen. (Olii minerali, Grassi Saponi, Colori Vernici **31.** 1—5. Jan. 1954. Labor. Chim. Centrale delle Dogane.) K. Steiner. 8188

M. A. Gelman, W. B. Schnejersson und **A. G. Mamikonow,** *Einfluß des Druckes auf die Änderung der Benetzung von Mineralien in Erdölkollektoren.* Es wird die Benetzung mit W. von *Kalkspat* in Ggw. einer Gasphase untersucht: a) nach Behandlung mit Toluol oder mit Toluollsgg. verschied. Erdöle bei Drucken von 1—350 kg/cm² im N_2-Medium, b) nach Behandlung mit Toluol u. 25%ig. Erdöllsg. (hoher Polarität) in Toluol im CO_2-Medium bei Drucken von 1—50 kg/cm². Bei a) bleibt die Benetzung bis 50 kg/cm² fast unverändert, erreicht bei 150 kg/cm² ein Maximum u. ist von 250—350 kg/cm² geringer als bei 760 mm. Bei b) erreicht die Benetzung bei 30—50 kg/cm² ein Maximum. Fehlt der Adsorptionsfilm aus Erdöl, so verringert sich die Benetzung mit hohen Drücken. (Известия Академии Наук СССР, Отделение Технических Наук [Nachr. Akad. Wiss. UdSSR, Abt. techn. Wiss.] **1955.** Nr. 6. 127—39. Juni. Inst. für Erdöle der Akad. der Wiss. der UdSSR.) O. Pollak v. Emhofen. 8190

R. F. Cane, *Petroleumchemikalien.* Hinweise auf die Gewinnung von NH_3, C, S, KW-stoffen u. Äthylen aus Petroleumrohstoffen. (J. Proc. Roy. Soc. New South Wales **88.** S 29—36. 1954.) H. P. Fiedler. 8192

Gustav Egloff, *Die Katalyse in der Petroleumraffination.* Nach allg. Besprechung der Wichtigkeit von katalyt. Prozessen u. wesentlichen Rkk. u. Prodd., der Stellung der Seitenketten u. Ringsysteme, wird über in der amerikan. Petrolindustrie heute angewendete Verff. an Hand von Beispielen u. über Reaktionsgeschwindigkeiten, Ausbeuten u. Katalysatoren berichtet. Von Polymerisationen werden n., gemischte u. Copolymerisationen (meistens exotherme Rkk.) behandelt; als Katalysatoren werden H_2SO_4, H_3PO_4, Cu-Pyrophosphat, $AlCl_3$ u. Peroxyde verwendet. Der Mechanismus der Äthylenpolymerisation in Ggw. von Benzoylperoxyd (Bldg. des „Carboniumions" [:C^+]) u. a. wird diskutiert. Alkylierungsverff. zur Herst. von Prodd. mit hoher Octanzahl oder von Paraffinen mit stark verzweigter Seitenkette (z. B. aus Isobutan (I) u. Äthylen; **I** u. Propylen; **I** u. 1-Butylen) u. H_2SO_4 oder HF als Katalysator werden näher erläutert. An weiteren prakt. Beispielen werden Isomerisierungen (mit $AlCl_3$ bzw. [$AlCl_4^-$] u. Dehydrierungen (mit Oxyden der 4., 5. u. 6. Gruppe bzw. Cr–Fe-Oxyden + K_2O) aufgezeigt. Der „Hydroforming"-Prozeß (in Ggw. von H_2 u. Mo-Oxyd bei 480—540° u. 14—21 atü zur Dehydrierung von Naphthenen), der vielseitige „Platforming"-Prozeß (mit Pt in Ggw. von H_2 bei 480° u. 50 atü) für Benzinprodd. u. zur Isomerisation von Paraffinen, zur Dehydrierung, H_2-Crackung, Dehydro-Ringbldg. u. zur Desulfurierung werden beschrieben. Hinweis auf Notwendigkeit der Herst. des ausgezeichneten Klopfmittels 2.2.3-Trimethylbutan (= Triptan). (Chim. e Ind. [Milano] **33.** 636—42. Okt. 1951.) Wingchen. 8200

Shingo Ando, *Neue Probleme bei Motorenbenzin und Heizöl.* Vf. bespricht Frühzündung bei Benzinmotoren u. ihre Verhinderung, ferner die jüngst entwickelte Meth. der Entschweflung von Bzn. durch H_2-Behandlung. Mischstabilität von Heizölen u. Vanadiumkorrosion des Ofenmaterials sind wichtige Probleme. (J. Fuel Soc. Japan **33.** 643. Dez. 1954. [Orig.: japan., Auszug: engl.]) E. Flach. 8200

G. W. Winogradow und **M. M. Gwosdew,** *Elastische und Festigkeitseigenschaften von Schmiermitteln.* Auf dem Torsionselastometer wurden die elast. u. Festigkeitseigg. von versch. Schmiermitteln mit Li-Stearat als Verdickungsmittel u. von Fettsolidol (**I**; hergestellt durch Verdickung von Spindelöl mit 17,5% Ca-Seifen aus Baumwollsaatöl) untersucht. Die Kurven Spannung–Deformation zeigen, daß die Ausgeprägtheit des Überganges von den elast. Deformationen zum viscosen Fließen mit steigender Konz. der dispersen Phase u. mit abnehmender Viscosität des Dispersionsmediums zunimmt. Bei gegebener Viscosität des Dispersionsmediums ist dieser Übergang um so schroffer, je höher die Festigkeitsgrenze liegt. Die Abnahme der Viscosität u. des Geh. an disperser Phase sowie die Erhöhung der Temp. bewirken neben dem schrofferen Übergang zu einer Abnahme der Erreichung von τ_t entsprechende Grenzdeformationen. Die Unters. von **I** im weiten Temperaturbereich zeigt, daß nur bei genügend tiefer Temp. ein rascher Anstieg von τ_t (Festigkeitsgrenze) u. g_{id} (Schubmodul der ideal elast. Deformationen) stattfindet. Bei Anwendung des gleichen Verdickungsmittels in Dispersionsmedien, die 365fache Unterschiede der Viscosität aufweisen, werden die Werte von g_{id} u. τ_t bei 20° weniger als um das 1,5fache verändert. Verss. mit **I** bei 20° zeigen, daß mit zunehmender Geschwindigkeit der Belastung der Übergang von der elast. Deformation zum viscosen Fließen schroffer wird. Wird die Geschwindigkeit der Belastung um das 3840fache erhöht, so nimmt τ_t nur um das 2,5fache zu. Dies widerlegt die in der Literatur vertretene Ansicht, wonach die Relaxationsprozesse, auch die Deformationsgeschwindigkeiten, von starkem Einfl. auf den τ_t-Wert sein sollen. (Доклады Академии Наук СССР [Ber. Akad. Wiss. UdSSR] [N. S] **86.** 341–44. 11/9. 1952.) O. LEBTAG. 8220

Miroslav Nedorost und **Václav Šimánek,** *Turbidimetrische Bestimmung von Naphthensäuren.* Es wird eine Meth. zur Best. kleiner Mengen (unterhalb 0,5%) von *Naphthensäuren* (**I**) in wss. Lsgg. u. Ölen beschrieben. Alkal. Lsg. von **I** wird angesäuert (optimaler p_H-Wert 1–2,5) u. nach 5 Min. die Intensität der entstandenen Emulsionstrübung unter Verwendung eines LANGE-Colorimeters bei 15–20° gegen W. als Vergleichslsg. gemessen. Die Intensität der Trübung steigt regelmäßig mit der Konz. von **I** u. wird durch Ggw. von NaCl (0,3–1,2 g/100 ml) u. von Phenolen nicht beeinflußt. Bei der genauen Best. muß eine Standardkurve für **I** von gleichem Mol.-Gew. wie in analysierter Lsg. ermittelt werden. Auf dieselbe Weise wird in Ölen die Best. von **I** nach 3maliger Verseifung (je 10 Min. lang) mit 1n KOH bei 60° u. nach Abscheidung der wss. Schichten durchgeführt. Öle mit größerem Geh. von **I** als 0,1% wurden zwecks besserer Abscheidung der wss. Schichten mit 1n alkoh. KOH-Lsg. (30–40% A.) verseift. A. muß nachher abdest. werden. 5% A. stören nicht. (Chem. Listy **49.** 1188–92. Aug. 1955 [Orig.: tschech.]; Collect. czechoslov. chem. Commun. **21.** 512–13. April 1956. [Orig.: deutsch]. Brno, Ústav pro naftový výzkum.) J. VANĚČEK/Prag. 8252

James E. McEvoy, Thomas H. Milliken und **André L. Juliard,** *Spektrographische Bestimmung von Nickel und Vanadium in Erdölprodukten durch katalytische Veraschung.* Mengen von 10^{-4} bis 1‰ Ni u. V können in Erdölprodd. schnellstens bestimmt werden durch Cracken in fl. Phase an einem oberflächenakt. Katalysator aus 87% SiO_2 u. 13% Al_2O_3 mit einer inneren Oberfläche von ca. 200 m^2/g. Zum Vgl. liefert Imprägnieren des Katalysators mit verd. Nickelnitrat- u. Ammoniumvanadatlsgg. die gleichen Spektrallinien. Die spektrograph. Best. erfolgt durch Vermischen der erhitzten Trägersubstanz mit Cr_2O_3 u. Graphit, Tablettieren u. Funkenerregung unter kontrollierten Bedingungen. Die Reproduzierbarkeit der Ergebnisse ist besser als ±5%, u. der durchschnittliche Unterschied zwischen der katalyt. u. der üblichen photometr. Meth. (aus Verss. an 8 verschied. Ölsorten) liegt innerhalb ±15%. Für Konzz. von ca. 10^{-2}‰ sind nur 2–5 g Substanz nötig; der Veraschungsprozeß erfordert ca. 3 Std., weitere 1¹/₄ Std. die spektrograph. Best. der 2 Elemente. (Analytic. Chem. **27.** 1869–72. Dez. 1955. Marcus Hook, Pa., Houdry Process Corp.) G. RUBAN. 8252

Badische Anilin- & Soda-Fabrik Akt.-Ges. (Erfinder: **Ernst Bartholomé, Hellmut Nonnenmacher** und **Otto Frey**), Ludwigshafen/Rh., *Flammenlose Umsetzung von gasförmigen Kohlenwasserstoffen an fest angeordneten Katalysatoren unter Wasserdampfzusatz* mit zur vollständigen Verbrennung unzureichenden Mengen O_2 zu *CO* u. H_2, wobei die Gase vor Einführung in den Reaktionsofen in einer oder mehreren Mischvorr. zusammengeführt werden, dad. gek., daß vor der Mischung der Gase dem O_2 enthaltenden Gas Wasserdampf in einer Menge zugeführt wird, die ausreicht, die durch Zündung an der Mischstelle auftretende Flamme aus der Mischvorr. hinauszutragen u. zu löschen, wobei das O_2-haltige Gas, in Vol.-% gerechnet, mehr Wasserdampf enthält als das kohlenwasserstoffhaltige Gas. (**D. B. P. 938 610** Kl. 12i vom 27/6. 1954, ausg. 2/2. 1956. Anmeldung bekanntgemacht 11/8. 1955.) W. MATTHAES. 8153

Standard Oil Development Co., New York, N. Y., V. St. A. (Erfinder: **C. E. Hemminger**), *Trockendestillation von kohlenstoffhaltigen Stoffen, insbesondere Ölschiefern oder*

Ölsanden, im Fluidzustand. Man hält die Schiefermenge in einer senkrechten Kammer durch nach oben strömende Gase in der Schwebe, wobei die Gase eine Lineargeschwindigkeit von 15—210 cm/Sek., bes. 30—60 cm/Sek., haben sollen. Die abgeschwelten Rückstände werden in einer 2. Zone im Fluidzustand verbrannt. Hierbei werden Gase u. Rückstände oben aus der Zone abgeführt u. in einem Abscheider getrennt. Die heißen festen Rückstände werden als Wärmeträger den Schwelzonen wieder zugeführt. (**Schwed. P. 137 200** vom 31/12. 1941, ausg. 9/9. 1952. A. Prior. 31/12. 1940.) K. H. KÄHLER. 8181

Standard Oil Co., Chicago, Ill., übert. von: **Jack H. Krause** und **Theodore B. Tom,** Hammond, Ind., V. St. A., *Entfernen von Mercaptanen aus Erdöldestillaten.* Man extrahiert aus Leuchtöl bis Heizöl bestehende Fraktionen mit wss. KOH–CH_3OH-Gemischen, in denen das Volumenverhältnis CH_3OH:wss. KOH zwischen 15—60 (%) u. das Verhältnis KOH:W. zwischen 50:50 u. 65:35 liegt, bei 80—100° F u. regeneriert diese durch Dest. bei 130—300° F, wobei nur ein Teil des CH_3OH u. kein W. oder Mercaptan entfernt u. kein W. in fl. Form oder als Dampf zugesetzt werden darf, trennt die wss. K–Mercaptid-Schicht von der wss. KOH-Phase u. führt diese nach Ersatz des fehlenden CH_3OH in das Verf. zurück. — Zeichnung. (**A. P. 2 560 178** vom 25/6. 1949, ausg. 10/7. 1951.) C. LÜTTGEN. 8195

Standard Oil Development Co., V. St. A. (Erfinder: **Walter H. Rupp**), *Katalytische Umsetzung von Kohlenwasserstoffen miteinander.* Man emulgiert einen fl., nicht mit den KW-stoffen mischbaren Katalysator (H_2SO_4) mit dem größten Teil der wenig reaktionsfähigen KW-stoffe (Isoparaffine) u. vermischt den restlichen Anteil dieser KW-stoffe mit einem überwiegenden Anteil aus der Reaktionszone entnommenem Reaktionsprodukt. Dann bringt man die katalysatorhaltige Emulsion u. das Gemisch in die Reaktionszone in Form von aufeinander gerichteten Strahlen. Hierbei bringt man mit dem aus weniger reaktionsfähigen KW-stoffen u. Reaktionsprodd. bestehenden Gemisch den sehr reaktionsfähigen KW-stoff (Olefin) in die Reaktionszone. Das Verf. dient z. B. zum Alkylieren von Isobutan mittels Butylen. — Vorrichtung. (**F. P. 1 048 641** vom 19/10. 1951, ausg. 23/12. 1953. A. Prior. 1/5. 1951.) T. OPPERMANN. 8201

E. I. du Pont de Nemours & Co., übert. von: **Ralph K. Iler,** Wilmington, Del., V. St. A., *Herstellung von Silicaorganosolen.* Aus Silicasolen, erhalten z. B. mittels Ionenaustauscher oder durch Dispergierung ausgefällter SiO_2 mit Alkali, die durch Dialyse salzfrei gemacht sein können, wird durch Zusatz einer organ. Fl., z. B. Aceton, Ae., Tributylphosphat, u. einer langkettigen substituierten quarternären Ammoniumbase das W. verdrängt u. das entstandene Organosol vom W. abgetrennt. Das Ammonium-Ion hat die Formel $[(R_1)(R_2)N(R_3)(R_4)]^+$, wobei R_{1-4} zusammen nicht >40 C-Atome enthalten, R_1 durch 8—20 C-Atome vom N getrennt ist u. R_{2-4} jedes >20 C-Atome enthalten. Als Base werden z. B. zugesetzt: Benzyldimethyloctadecylammoniumchlorid oder Dodecylpyridiniumchlorid. Die Organosole dienen als *Verdickungsmittel,* z. B. für *Schmieröle, Schmierfette* u. *hydraul. Fll.,* als Detergent für Dieselöl, Zusatz zu Insekticiden, Pasten u. Salben, Dispergiermittel für SiO_2-Zusätze zu Kunststoffen u. Kautschuk, zur Verbesserung der Härte von Lackschichten. (**A. P. 2 692 863** vom 23/11. 1951, ausg. 26/10. 1954.) W. MATTHAES. 8221

Standard Oil Co., V. St. A., *Additives für Schmierfette und Schmieröle,* welche Korrosionen u. Harzbldg. verhüten. Man erhält die Zusatzmittel durch Umsetzen eines Polyolefins mit einer O-haltigen organ. Substanz (z. B. Stearinsäure, Dipentadecylketon, n-Octylalkohol, Wollfett) u. einem P-Sulfid (P_2S_5) bei 93—260°. — Z. B. läßt man bei 150° 32 (Teile) P_2S_5 mit einem Gemisch von 50 „Motor Polymer", welches man durch nicht selektive Polymerisation von C_3- u. C_4-Olefinen erhält, u. 50 handelsüblichem Diamylphenol reagieren. (**F. P. 1 048 477** vom 17/9. 1951, ausg. 22/12. 1953.) T. OPPERMANN. 8223

Standard Oil Development Co., Elizabeth, N. J., V. St. A., *Weißöl* hoher Qualität durch raffinierende Hydrierung eines Erdöldestillates (Kp. 250—500° F) mit einem Hydrofinierungskatalysator (Co-Molybdat auf Al_2O_3) bei 500—700° F unter einem Druck von 50—500 lbs./sq.in. Anschließend behandelt man das abgetrennte hydrofinierte Erdöldestillat mit Bleiglätte bei 250—400° F, bes. bei 300—330° F. Die Bleiglätte wird in einer wss. Alkalihydroxyd-Lsg., Essigsäure oder einer wss. Bleiacetatlsg. gelöst. Menge der verwendeten Bleiglätte 0,01—1,0, bes. 0,05—0,5 lbs. pro Barrel Öl. Die Alkalihydroxyd-Lsg. enthält 2—10 Gew.-% NaOH. — Zeichnung. (**E. P. 734 047** vom 17/3. 1953, ausg. 20/7. 1955. A. Prior. 2/6. 1952.) P. UNGER. 8227

Fa. Paul Lechler, Stuttgart, *Behandeln von Gestein für den bituminösen Straßenbau.* Das Gestein wird kalt mit gepulverten bituminösen Stoffen sowie mit pulverförmigen Mineralien mit mehr als 60% CaO oder $Ca(OH)_2$ u. anschließend mit Emulsionen von

Ölen u./oder Lösungsmitteln vermischt, in denen sich die bituminösen Stoffe lösen. (**D. B. P. 936 254** Kl. 80b vom 18/1. 1952, ausg. 7/12. 1955. Anmeldung bekanntgemacht 8/6. 1955.) ——————— Hans Hoffmann. 8237

Carlo Rossi, L'industria del petrolio e derivati. Lezioni tenute da C. R., raccolte da **Estella Bianchi**. Genova: Fabiobooks. 1954. (129 S. m. Abb. u. 1 Taf.) 8°. L. 800,—.

XX. Schieß- und Sprengstoffe. Zündmittel.

J. S. Courtney-Pratt und **G. T. Rogers**, *Initiierung der Explosion durch Licht und fliegende Teilchen.* Kleine Silberazid (I)-Kristalle wurden mit dem UV-Licht (2000 bis 3600 Å) einer Kryptonblitzlampe bestrahlt. Leuchtdauer ca. 60 μSekunde. Explosion trat ein, wenn die je 1 mm² Kristalloberfläche absorbierte Energie mindestens $8 \cdot 10^{-4}$ cal war, unabhängig von der M. des Kristalls. Auf Grund der Annahme eines weitgehenden Übergangs der Elektronenanregungsenergie in therm. Freiheitsgrade (Rotation u. Schwingung) wird abgeschätzt, daß dabei eine Oberflächenschicht von $3 \cdot 10^{-4}$ cm Tiefe auf ca. 500° gebracht würde. Dies entspricht früheren Ergebnissen über Temp. u. Mindesterstreckung von „hot spots", welche die Explosion auslösen können. Bei der Initiierung handelt es sich um einen therm. Vorgang. — Der Effekt wird durch vorausgehende Ag-Abscheidung infolge längerer UV-Bestrahlung niederer Intensität nicht beeinflußt. — Verss., eine I-Ladung durch eine zweite (oder eine solche aus Bleiazid) durch das bei der Explosion ausgesandte Licht zu initiieren, wobei sich die Ladungen in den beiden Brennpunkten eines ellipt. Reflektors im Vakuum befanden u. der direkte Weg zwischen beiden Ladungen versperrt war, führten zur Explosion der 2. Ladung. Wurde ein bis herab zu 100 Å durchlässiges Fluoritfenster in den reflektierten Strahlengang gebracht, so erfolgte keine Detonationsübertragung, aber das Fenster war mit festen Partikeln bedeckt. Es wurde festgestellt, daß die Übertragung nicht durch Strahlung, sondern durch feste Partikeln aus der Erstladung geschieht. Der Energiebilanz wegen wird angenommen, daß die größeren Partikeln (von ca. 10^{-4} cm Durchmesser) bevorzugt wirksam sind, u. daß sie nach Flug u. Reflektion im unzers. Zustand erst beim Aufprall auf die Zweitladung zur chem. Reaktion kommen. (Nature [London] **175.** 632—33. 9/4. 1955. Cambridge, Res. Labor. for Phys. and Chem. of Surfaces, Dep. of Phys. Chem.) H. Ahrens. 8292

R. G. Kaiser, *Die Explosionsfähigkeit von Ammonnitrat.* Bei Erhitzen von NH_4NO_3 im Porzellantiegel entsteht zuerst NH_3, daraufhin HNO_3 u. deren Zerfallsprodd. u. erst bei weiterem Erhitzen über Atmosphärendruck neben viel Sublimationsnebeln N_2O. Das bei Verwendung eines Pt-Tiegels beobachtete ruhige Abbrennen wird auf einen katalyt. Effekt zurückgeführt. — Aus Art u. Menge der bei dreimal wiederholter Erhitzung von reinem NH_4NO_3 in einer Glasapp. unter vermindertem Druck auf 530° K im Kleinvers. abgespaltenen Gase wird auf eine endotherme Zers. nach $4\,HN_4NO_3 \rightarrow 2\,NH_3 + 3\,NO_2 + NO + N_2 + 5\,H_2O$ geschlossen. Die zu Ende des Vers. auftretende heftige Explosion des noch nicht vergasten Substanzrestes führt Vf. zur Vermutung, daß dieser hochexplosive Verbb. mit benachbarten N-Atomen enthält. (Chem. Techn. **5.** 714—16. Dez. 1953. Dresden.) H. Ahrens. 8292

John G. Kirkwood und **William W. Wood**, *Struktur einer stationären ebenen Detonationswelle mit endlicher Reaktionsgeschwindigkeit.* Theoret. Behandlung der Detonationswelle unter hydrodynam. Ableitung der Auswahlbedingung für den durch die Rk. im Verdichtungsstoß erreichten Zustand. Die Detonationsgeschwindigkeit ergibt sich wie bei Brinkley u. Richardson (Fourth Symposium on Combustion, Williams and Wilkins Comp., Baltimore 1953, S. 456) als Summe der Schwadengeschwindigkeit u. der Schallgeschwindigkeit im „eingefrorenen" Gleichgewicht der Schwaden. Gewisse, durch negatives Vorzeichen eines typ. Parameters gek. „patholog." Fälle sind denkbar, wenn eine nicht allzu stark exotherme detonative Gas-Rk. zu einer Volumverminderung führt, oder wenn auf die exotherme Umsetzung unmittelbar eine endotherme folgt; bei festen Explosivstoffen unter Umständen, wenn sie Al enthalten. (J. chem. Physics **22.** 1915—19 Nov. 1954. New Haven, Conn., Yale Univ., u. Los Alamos, N. Mex., Univ. of California.) H. Ahrens. 8294

William W. Wood und **John G. Kirkwood**, *Der Einfluß des Durchmessers bei kondensierten Sprengstoffen. Die Beziehung zwischen Geschwindigkeit und Krümmungsradius der Detonationswelle.* Theoret. Ableitung der Beziehung zwischen Detonationsgeschwindigkeit u. Krümmungsradius der Wellenfront, ausgehend von den Ergebnissen der vorst. referierten Arbeit. Dabei wird ein bestimmter Zusammenhang zwischen Detonationszonenlänge, Krümmung u. Ladungsdurchmesser vorausgesetzt. (J. chem. Physics **22.** 1920—24. Nov. 1954.) H. Ahrens. 8294

H. Ahrens, *Sicherheitssprengstoffe großer Sprengkraft.* Vf. erörtert den erhöhten Gasdruck von zwei Sprengsätzen: Nitroglycerin 15 (Wetter-Astralit); Wetter-Bikarbit 15; $NaNO_3$ 15; 13; Holzmehl 4; 4,5; $NaHCO_3$ 41; 45; NaCl 25; 22,5. Diese Sprengstoffe in %-Darst. ergeben zwar einen hohen Gasdruck, aber sie zeigen auch einen Rauch. Erniedrigt man das Sprengöl auf 10%, setzt man ein Austauschmineral für $NaNO_3$ + NaCl (in äquimol. Mengen) hinzu, ferner Holzmehl u. Al_2O_3 je 0,5%, so erhält man gleichfalls Sprengstoffe mit hoher Wirksamkeit, die aber beim Abbrand Rauch verursachen. Es handelt sich um quasi zwei Sprengstoffe, nämlich um das Öl einerseits u. den Rest andererseits, der als Eutektikum „verspritzt" werden u. dann sek. einen Glimmbrand u. damit Entzündung verursachen kann. Dieser Fall ist jedoch laboratoriumsgemäß nur einmal aufgetreten. Vorsichtshalber sorgt man für feinste Verteilung, indem man beim Mahlen portionsweise Tetryl hinzusetzt, welches sich zwischen die einzelnen Kristalle setzt. (Rev. Ind. minérale **36.** 330—34. 15/2. 1955.) O. TREICHEL. 8304

H.-C. Grimshaw und **W.-C.-F. Shepherd,** *Neue Versuchsmethode mit ummäntelten Sicherheitssprengstoffen und dem Sprengstoff Eq. S.* Bei diesen Gemischen wurde das Material des Mantels mit dem axialen Sprengstoff intim vermischt, allerdings unter Ersatz des $NaHCO_3$ durch NaCl u. unter Aufrechterhaltung des Gewichts von Mantel + Sprengsatz. Man setzte sich zum Ziel, die Gefahr gleichzusetzen, keinesfalls aber zu steigern. — Zur Prüfung wurden in Zylindern axial angeordnete Patronen aber auch lose Gemische abgeschossen innerhalb eines „schlagenden Wetters" oder von Kohlenstaub. — Man stellte 4 Gruppen von Gemischen her unter Verwendung von Nitroglycerin u. 1 Gruppe unter Verwendung von TNT. Die Charge ist 227 g, für lose Gemische 790 g (Gefahrengrenze!). Für Sprengstoffe mit minderem Volumgewicht (0,7) geht man jedoch nicht über 510 g hinaus. (Rev. Ind. minérale **36.** 325—28. 15/2. 1955.) O. TREICHEL. 8304

Louis Brissaud und **Marius Leclercq,** *Elektrophotometrische Messung der Trübung und der Farbe von Collodiumwollelösungen.* Einfaches Verf. zur gleichzeitigen Feststellung des Farbgeh. u. der Trübung von Collodiumwolleauflsgg. zum Zwecke ihrer Bewertung für die Lack-, Film- u. Celluloidherstellung. Aus Absorptionsmessungen a) bei der Wellenlänge der Eigenfarbe der Lsg. u. b) bei der zugehörigen Komplementärfarbe erhält man durch Differenzbldg. die Trübung. Anwendung auf 10%ig. Lsgg. von Collodiumwolle in Butylacetat. Für Eichzwecke dient Bismarckbraunlösung. (Mém. Poudres **33.** 473—80. 1951. Labor. Central des Poudres.) H. AHRENS. 8304

Gerald C. Whitnack, Margaret M. Mayfield und **E. St. Clair Gantz,** *Polarographische Bestimmung von Nitroglycerin in „Double-Base"-Pulver.* Nitroglycerin wird aus Schießpulvern, welche als zweite Komponente Nitrocellulose enthalten, durch Extraktion mittels A. isoliert u. anschließend in 75%ig. alkoh. Lsg. mit 0,1 mol. Tetramethylammoniumchlorid als Leitsalz polarograph. bestimmt. Das Halbstufenpotential liegt bei 0,70 V (gegen gesamt Hg_2Cl_2-Elektrode). Nitrocellulose u. Phthalsäureester stören die Best. nicht. (Analytic. Chem. **27.** 899—901. Juni 1955. Inyokern, China Lake, Calif., US Naval Ordn. Test Stat.) ——————— E. MOISAR. 8322

Dynamit Akt-Ges. vormals Alfred Nobel & Co., Troisdorf (Erfinder: **Adolf Berthmann** und **Helmut Käufer,** Leverkusen), *Sprengverfahren,* dad. gek., daß gleichzeitig mit pulverförmigem Sprengstoff ein Klebstoff so in das Bohrloch eingeführt wird, daß der Klebeeffekt erst im Bohrlochinnern wirksam wird. (**D. B. P. 938597** Kl. 78e vom 15/1. 1954, ausg. 2/2. 1956. Anmeldung bekanntgemacht 11/8. 1955.) A. GRADL. 8299

Dynamit Akt.-Ges. vormals Alfred Nobel & Co., Troisdorf (Erfinder: **Adolf Berthmann, Gotthard Kuhn** und **Helmut Käufer,** Leverkusen), *Rieselfähiger, pulverförmiger Sprengstoff* mit hoher Wasserbeständigkeit, der aus kristallinen Komponenten (bes. NH_4NO_3) u. aromat. Nitrokörpern besteht, dad. gek., daß den Nitrotoluolen bei der Warmverarbeitung zum Sprengstoff Stoffe beigegeben sind, die gegen eine der Sprengstoffkomponenten oberflächenakt. sind. Derartige Stoffe können selbst Sprengstoffe oder hochpolymere Stoffe sein, wie z. B. „Tetryl". — Beispiele: 16/16(%) Nitrotoluole, 80,7/74 NH_4NO_3, —/7,7 KNO_3, 2/2 Holzmehl, 0,1/0,1 Tonerde, 0,2/0,2 Farbstoff. 1/1 „Tetryl". (**D. B. P. 938 595** Kl. 78c vom 14/4. 1953, ausg. 2/2. 1956. Anmeldung bekanntgemacht 11/8. 1955.) A. GRADL. 8305

Dynamit Akt.-Ges. vormals Alfred Nobel & Co., Troisdorf (Erfinder: **Adol Berthmann** und **Gotthard Kuhn,** Leverkusen), *Wettersprengstoff* mit erhöhter Leistung, bestehend aus einem umsetzungsfähigen Salzpaar u. einem hochempfindlichen Sprengstoff, gek. durch eine für Leistung u. Wettersicherheit günstige Korngröße des Salzpaares u. durch eine von der Korngröße abhängige Menge des hochempfindlichen Sprengstoffs. Die Krongröße liegt so, daß mindestens 20(%) u. höchstens 90 durch ein Sieb Din 60 gehen; die Menge des hochempfindlichen Anteils liegt zwischen 6 u. 12. — Beispiele:

Nitroglycerin 4,2/6,3/7,5; Nitroglykol 2,8/4,2/5,0; Tonerde 0,5/0,5/0,5; $NaNO_3$ (32—80% feiner als 0,1 mm) 56,8/54,6/51,0; NH_4Cl (22—80% feiner als 0,1 mm) 35,7/34,4/32,0. (**D. B. P. 938 596** Kl. 78c vom 8/3. 1953, ausg. 2/2. 1956. Anmeldung bekanntgemacht 11/8. 1955.) A. GRADL. 8305

XXIV. Photographie.

Ss. G. Grenischin, *Spektrale Absorption in photographischen Schichten.* Vf. untersucht die Absorptionsspektren photochem. gefärbter photograph. Schichten u. der Absorptionszentren, die in den Emulsionskristallen bei der Emulsionsherst. entstehen. Die angewandte Differentialmeth. besteht darin, daß die Absorption der Schicht, die belichtet wurde, im Vgl. mit der gleichen unbelichteten Schicht gemessen wurde, nicht im Verhältnis zur Luft (es wird somit nicht die absol. Absorption gemessen), sondern die Differenz zwischen der belichteten u. unbelichteten Schicht. Das Absorptionsspektr. entspricht nach der Belichtung nur dem der gefärbten Zentren. Zur Messung wurde ein photoelektr. Quarzspektrophotometer SF-11 verwendet. Zur Verringerung der Lichtstreuung in der Schicht wurde eine Quarzlinse genommen u. vor der Spektrophotometrierung wird mit einer Hg-Quarzlampe PRK-4 belichtet. Nach intensiver Belichtung nichtsensibilisierter Emulsionen wurde ein breites Absorptionsband koll. Ag-Teilchen von 400—1 mμ beobachtet, deren Maximum von den Eigg. der Schicht abhängt. Im Vgl. mit AgBr-Kristallen haben die photograph. Schichten eine 100—1000fach höhere Lichtempfindlichkeit, die durch wesentlich größere Oberflächen der Emulsionskristalle u. durch koll. Teilchen bedingt sind. Die bei der Herst. der Emulsion entstandenen Zentren behindern die Bldg. eines kurzwelligen Absorptionsbandes. Bei photochem. gefärbten, wenig empfindlichen Feinkornplatten „Mikrat" wurde ein Absorptionsband mit einem Maximum bei 400—410 mμ mit verwischtem langwelligem Teil beobachtet. Nach der zweiten Reifung bildet sich bei unempfindlichen Feinkornemulsionen ein neues Absorptionsband mit zwei Maxima bei 400 u. 800—900 mμ, die zweite Reifung beeinflußt nicht das Maximum der photolyt. gebildeten koll. Ag-Teilchen. Die Bldg. von AgJ in AgBr-Emulsionen verschiebt das Maximum der Absorption der koll. Ag-Teilchen zum kurzwelligen Teil. (Журнал Экспериментальной и Теоретической Физики [J. exp. theoret. Physik] **26.** 736—43. Juni 1954.) H.-A. OEHRN. 8598

B. H. Crawford, *Die Herstellung von photographischen Ultrafeinkornemulsionen.* Vf. beschreibt ein Verf. zur Herst. von LIPPMANN-Emulsionen mit einem Auflösungsvermögen von 5000 Linien pro mm. (J. sci. Instruments **31.** 333—35. Sept. 1954. Teddington, Middlesex, Nat. Phys. Labor.) W. GÜNTHER. 8600

Antoine Hautot und **Henri Sauvenier,** *Über den Mechanismus der chemischen Sensibilisierung.* Nach der Theorie von MITCHELL über die chem. Sensibilisierung wird dem Sensibilisator die Rolle eines Halogenacceptors zugesprochen. Um diese Hypothese zu überprüfen, führten Vff. Verss. mit einer *Bromsilber*-Emulsion durch, die nur ein schwaches latentes Oberflächenbild gibt. Für Vergleichszwecke wurde die Ausgangsemulsion verschieden nachgereift. Durch Zugabe von Gelatine oder von *S*-Sensibilisatoren zur Nachreife werden Emulsionen erhalten, die ein wesentlich stärkeres äußeres latentes Bild geben als solche ohne diese Zusätze. Die Emulsionen wurden nach dem Vergießen folgenden Behandlungen unterworfen: 1. 5 Min. in W. baden, trocknen, belichten u. in einem Oberflächenentwickler entwickeln. 2. 5 Min. in *$NaNO_2$*-Lsg. baden, ebenfalls trocknen, belichten u. in einem Oberflächenentwickler entwickeln. — Durch das Wässern wird die Oberflächenempfindlichkeit wesentlich gesteigert, am stärksten bei den Emulsionen mit geringer prim. Oberflächenempfindlichkeit. Dagegen beeinflußt $NaNO_2$ die Oberflächenempfindlichkeit nicht, obwohl es die Acceptorwrkg. an der Kornoberfläche gegenüber dem in Freiheit gesetzten Halogen erhöht. (Sci. Ind. photogr. [2] **26.** 430—32. Nov. 1955. Lüttich, Univ., Labor. de Physique Générale.) W. GÜNTHER. 8604

H. W. Wood, *Desensibilisierung von silberdigerierten Emulsionen mit Hilfe optischer Sensibilisatoren.* Vf. untersucht *Halogensilber*-Emulsionen, die nach der Silberdigestionsmeth. in Ggw. von Ag- u. Hydroxylionen nachgereift wurden, auf ihr Verh. gegenüber opt. Sensibilisatoren. Eine reine Bromsilberemulsion von mittlerer Körnigkeit u. eine feinkörnige Bromjodsilberemulsion wurde wie in C. **1954.** 5904 beschrieben nachgereift u. mit Lsgg. von 9-Methylbenzthiazolcarbocyaninbromid verschied. Konzz. (10^{-4} bis 10^{-2}) opt. sensibilisiert. Die Versuchsergebnisse werden zu den an schwefelgereiften Emulsionen gemachten Beobachtungen in Beziehung gesetzt. — Es wird festgestellt, daß silberdigerierte, d. h. mit $AgNO_3$ bei p_H 7,2 nachgereifte Emulsionen, schon von wesentlich geringeren Farbstoffkonzz. desensibilisiert werden als schwefelgereifte, z. B. mit Thiosulfat behandelte Emulsionen. Zwischen der genannten Brom- u. Bromjodsilberemulsion bestehen hierbei geringe Unterschiede. Die Sensibilisierungskurve wird durch die Art der Nachreifung (mit Ag^+ oder S-Verbb.) nicht beeinflußt, woraus geschlossen wird, daß das Halogensilber selbst u. nicht die bei der Nachreife sich bildenden Keime die opt. Sensibilisierung beeinflussen. Nach den Verss. ist eine Filterwrkg. als Ursache für die Desensibilisierung auszuschließen. Als besondere Eigenart der silbersensibilisierten Emulsionen wird beobachtet, daß der Digestionsschleier bei einer ganz bestimmten Farbstoffkonz. ein Maximum erreicht. Dieses Maximum wird bei der Bromsilberemulsion mit Zunahme der Digestionszeit nach geringeren Farbstoffkonzz. hin verschoben, während es bei der Bromjodsilberemulsion annähernd bei der gleichen Konz. liegenbleibt. Desensibilisierung u. Schleierbldg. hängen von der Zeit ab, während der die fl. Emulsion mit dem Sensibilisator in Kontakt bleiben kann. Den gleichen Effekt, daß eine silbersensibilisierte Emulsion durch einen Sensibilisator desensibilisiert wird, kann man modellmäßig nachahmen, wenn die unsensibilisierte nachdigerierte Emulsion mit einem anorgan. Oxydationsmittel, z. B. 0,03%ig. Ferricyanidlsg., gebadet wird. Die Kurvenscharen, die die Abhängigkeit des Schleiers von der Ferricyanidkonz. bei verschied. Digestionszeiten zeigen, haben den gleichen Verlauf wie die Schleierkurven in Abhängigkeit von der Farbstoffkonzentration. Hieraus wird geschlossen, daß Sensibilisierungsfarbstoffe befähigt sind, das an der Kornoberfläche bei der Silberdigestionsmeth. während der chem. Sensibilisierung gebildete Keimsilber vollkommen umzubilden bzw. zu oxydieren. (J. photogr. Sci. **3.** 169—74. Nov./Dez. 1955. Ilford, Essex, Ilford Ltd., Res. Labor.) W. GÜNTHER. 8606

Howard F. Ott und **Robert C. Lovick,** *Luftbürste von hoher Wirksamkeit und Tonspurentwicklungsapparatur für Farbfilme.* Beschreibung einer App. zur Entw. von Tonspuren auf Farbfilmen mit einer Durchsatzgeschwindigkeit bis zu 340 Fuß/Min., die durch den Einbau einer „Luftbürste" zur Entfernung des dem Film anhaftenden W. erreicht wird. (J. SMPTE [Soc. Motion Picture Television Engr.] **63.** 191—94. Nov. 1954. Rochester, N. Y., Eastman Kodak Co., Color Technol. Div.) W. GÜNTHER. 8630

Friedrich Lachner, *Farbenreproduktionsverfahren mit m Aufnahme- und n Wiedergabegrundfarben.* Vf. untersucht die mathemat. Voraussetzungen für die richtige Farbenwiedergabe, ein Problem, das für die Reproduktionsverff. u. für die Farbfernsehtechnik von Wichtigkeit ist. Mit Hilfe von photograph. Schichten oder mit photoelektr. Schichten wie Photozellen bzw. Bildfängerröhren, werden m Grundfarbenauszüge gemacht. Die Auszüge müssen so durchgeführt werden, daß die Farbanalyse Zahlenwerte liefert, die das Aussehen der Farbe eindeutig kennzeichnen. Sind bei zwei Farben die entsprechenden Zahlen-m-Tripel gleich, dann muß mit Sicherheit daraus geschlossen werden können, daß die beiden Farben auch gleich aussehen. Für m = 3 muß sich bei zwei gleichaussehenden Farben das gleiche Farbwertetripel oder Farbvalenz genannte Zahlentripel ergeben. Die spektrale Verteilung der Lichtwirksamkeit der Aufnahmeschichten muß gewisse Bedingungen erfüllen, die eine einwandfreie Farbanalyse erst ermöglichen. Es wird eine Gleichung abgeleitet für die richtige Farbwiedergabe bei m Aufnahme- u. n Wiedergabegrundfarben. Diese Bedingungsgleichung kann als eine verallgemeinerte Form der sogenannten LUTHER-Bedingung angesehen werden. Die prakt. Anwendung der theoret. Überlegungen wird an einigen Beispielen erläutert. (Photogr. Korresp **91.** 145—49. 1955.) W. GÜNTHER. 8630

Adolf Hnatek, *Über die Steigerung der Lichtempfindlichkeit von braunem Ferriammoniumcitrat durch Beimengung verschiedener organischer Säuren.* Seit langem ist bekannt, daß man die Lichtempfindlichkeit von Cyanotyppapier durch Beimischen organ. Säuren zur Sensibilisierungs-Fl. erhöhen kann. In den verschied. Rezepten wird hierfür die Zugabe recht unterschiedlicher Mengen von Oxalsäure, Weinsäure oder Citronensäure vorgeschrieben. Vf. stellt fest, daß nur die beiden zweibas. Säuren Oxalsäure u. Weinsäure als Zusätze zu einer Lsg. von braunem Ferriammoniumcitrat eine Steigerung der Lichtempfindlichkeit bewirken. Beide Säuren verursachen nicht nur eine Verlängerung der photograph. brauchbaren Blauskala, sondern auch eine Hebung der Blauwerte. Da bei Zusatz von Oxalsäure ein allg. Blauschleier auftritt, wird der Verwendung von Weinsäure der Vorzug gegeben. Durch Zugabe von 4 g Weinsäure auf 50 ml Stammlsg., die 10 g Ferriammoniumcitrat enthält, wird eine Empfindlichkeitssteigerung um das 7—8fache erzielt. (Photogr. Korresp. **91.** 111—15. 1955.) W. GÜNTHER. 8646

H. W. Wood, *Papierelektrophorese reduzierender Agentien.* Bei der Unters. von Spurensubstanzen in Gelatine für die Photographie wird zur Erforschung des reduzierenden Wirkungsgrades die Papierelektrophorese gebraucht. Vf. zeigt einige Pherogramme mit Na_2SO_3, $Na_2S_2O_3$ u. *Redukton,* nach seiner Meinung sind die experimentellen Bedingungen der Papierelektrophorese noch nicht gefunden, die exakt reproduzierbare Ergebnisse für ein diesbzgl. Charakteristikum einer Substanz bringen. Wollte man eine Art R_F-Wert zugrunde legen, z. B. das Verhältnis der von einer Substanz durchwanderten

Strecke zu der einer geeigneten Bezugssubstanz, findet man Neigung zu Schwankungen. Im Zusammenhang damit wird das elektrophoret. Verh. von *Thiosulfat, Sulfit, Ascorbinsäure, Glutathion, Cystein* u. *Redukton*, bes. das Auftreten mehrerer Flecken bei alten Reduktonlsgg. beschrieben. (Nature [London] **175.** 1084—85. 18/6. 1955. London, Ilford Ltd., Ilford Res. Labor.) H. Endrass. 8658

Hubert Mansfeld, Stuttgart, *Auftragen lichtempfindlicher Stoffe auf Folien.* Es werden lichtempfindliche Stoffe verwendet, die im Vakuum ohne Zers. verdampfbar sind. Der dafür vorgesehene Schichtträger wird (im Vakuum) an der Dampfquelle vorbeigeführt. (**D. B. P. 938 644** Kl. 57b vom 3/7. 1953, ausg. 2/2. 1956. Anmeldung bekanntgemacht 11/8. 1955.) A. Kalix. 8601

Gevaert Photo-Producten N. V., übert. von: **Leo Arnold Van de Straete** und **Marcel Adam Schouwenaars,** Antwerpen, Belgien, *Herstellung von Carbocyaninfarbstoffen,* die in ms-Stellung eine substituierte Mercaptogruppe enthalten, durch Kondensation von Verbb. der Formel I mit Verbb. der Formel II in Ggw. von tert. Aminosäuren als Kupplungskomponente (X = ein Anion, R = Alkylgruppe, R_1 = S-Alkyl-, S-Aryl-, S-Aralkyl- oder S-Carboxyalkylgruppe, Y = zur Bldg. des heterocycl. 5-Ringes notwendiges, bei Cyaninfarbstoffen übliches, nichtmetall. Atom, R_2 = Alkyl- oder Arylgruppe). —

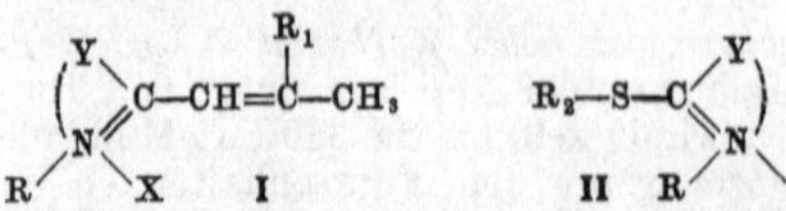

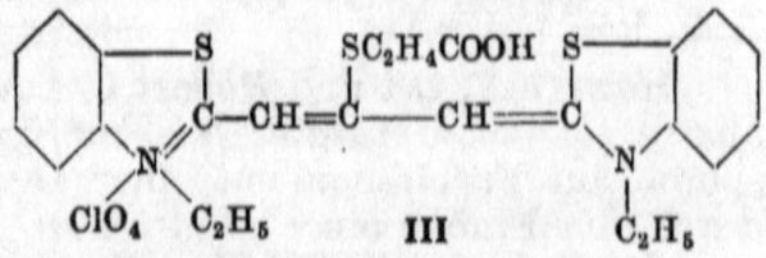

Man erhält z. B. symm. β-substituierte Farbstoffe der Formel III u. IV durch Kondensation von 2-(2-Carboxyäthylenmercaptopropenyl)-benzothiazoläthochlorid mit 2-Methylmercaptobenzothiazolätho-p-toluolsulfonat (V) u. Zugabe von $NaClO_4$ bzw. von 2-(2-Phenylmercaptopropenyl)-benzothiazoläthochlorid mit V u. unsymm. substituierte

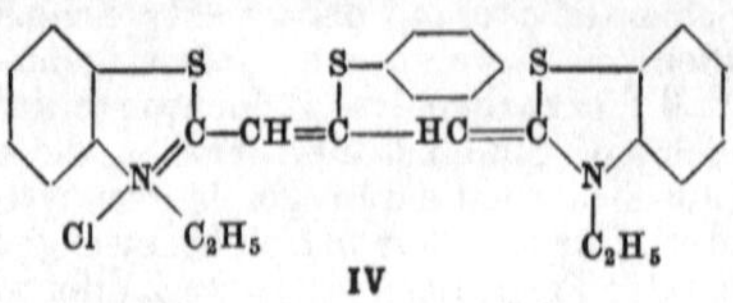

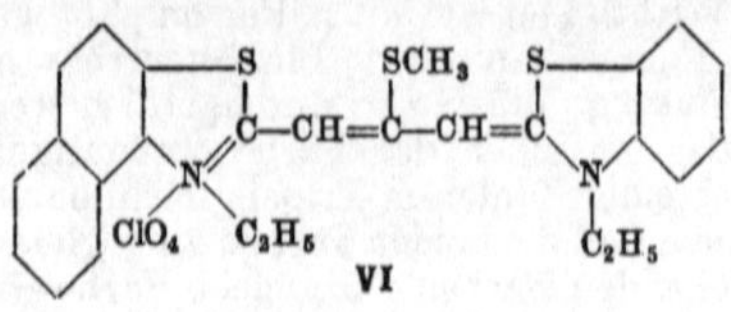

Farbstoffe der Formel VI durch Kondensieren von 2-(2-Methylmercaptopropenyl)-β-naphthothiazoläthomethylsulfat mit 2-Methylmercaptobenzothiazolätho-p-toluolsulfat u. Zugabe von $NaClO_4$. Die meisten der Farbstoffe sind u. a. als *photograph. Sensibilisatoren* verwendbar. (**A. P. 2 557 806** vom 17/6. 1947, ausg. 19/6. 1951. D. Prior. 21/8. 1943.) C. Lüttgen. 8605

Haloid Co., übert. von: **Michael A. Insalaco,** Rochester, und **John H. Dessauer,** Pittsford, N. D., V. St. A., *Orthochromatische Farbstoffe zur Steigerung der Lichtempfindlichkeit* werden durch Vermischen einer Base aus aliphat. Aminen u. gesätt. heterocycl. Aminen mit einem quaternären Salz der allg. Formel I mit einer 5-Ring heterocycl. Verb. der Formel II hergestellt. Hierbei bedeuten R_2 einen niederen Alkylrest, R_3—R_6 einen niederen Alkylrest oder H, X einen Säurerest, R_1 einen Alkyl- oder Alkylrest, Y O oder NH, u. zwar in einer Menge, die zur Bldg. eines 2-Thiohydantoins oder eines 2-Thio-4-ketotetrahydrooxazols führt. Die Mischung wird in einem wasserfreien, neutralen Lösungsm. zur Rk. gebracht, wobei die mol. Anteile des quaternären Salzes gegenüber denen des 5-Ringes im Überschuß vorhanden sind. — Beispiel: 90,3 (g) 2-Methylthiazolinätho-p-toluolsulfonat, 14 N-Methyl-2-thio-4-ketotetrahydroxazol, 150 ml wasserfreies n-Propanol u. 30,3 Triäthylamin werden 6 Std. am Rückfluß gekocht, dann gekühlt. Nach Filtrieren u. Waschen werden 4,7 g orangegelbes Kristallpulver erhalten. Nach Umkristallisation F. 179° u. ein Absorptionsmaximum (in A.) 420 bis 480 mμ. — Weitere Beispiele. (**A. P. 2 578 677** vom 20/1. 1951, ausg. 18/12. 1951.)

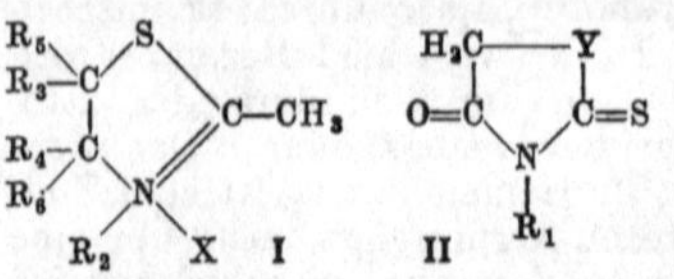

A. Gradl. 8605

Agfa, Akt.-Ges. für Photofabrikation, Leverkusen, *Sensibilisatoren.* Verwendet werden Carbocyanine, die auf einer oder beiden Seiten der Trimethinkette alkylierte Benzimidazolringe besitzen, u. in denen ein Benzimidazol-N durch einen Alkylrest substituiert ist, der eine Trialkylammoniumgruppe trägt. Sie besitzen die allg. Formel **VII**. Hierin sind R_1, R_2 u. R_3 gleiche oder verschied. Alkylgruppen, X ist ein beliebiger Säurerest u. $n > 1$. — Beispiele: Das Kondensationsprod. **VIII** aus 1.3.3-Trimethylindolin-2-methin-ω-aldehyd (**I**) u. 2.3-Dimethyl-1-(trimethylammoniumpropyl)-5-chlorbenzimidazolium-methylsulfat, wird mit $NaClO_4$-Lsg. ausgefällt. Sensibilisierungsmaximum (SM): 535 mμ. — Kondensationsprod. aus **I** u. 3-Äthyl-2-methyl-1-(dimethyläthylammoniumpropyl)-5-chlorbenzimidazoliumäthylsulfat (**II**), SM = 535 mμ. — Kondensationsprod. aus 1.3.3.5-Tetramethylindolin-2-methin-ω-aldehyd u. **II**, SM = 548 mμ. — Kondensationsprod. aus 1-Äthylbenzselenazol-2-methin-ω-aldehyd (**III**) u. 2.3-Dimethyl-1-(trimethylammoniumpropyl)-5-chlorbenzimidazoliumäthylsulfat (**IV**), SM = 560 mμ. — Kondensationsprod. aus 1-Äthylthiazolin-2-methin-ω-aldehyd (**V**) u. **IV**, SM = 500 mμ. — Kondensationsprod. aus **V** u. 2.3-Dimethyl-1-(trimethylammoniumpropyl)-benzimidazoliummethylsulfat (**VI**), SM = 495 mμ. — Kondensationsprod. aus **III** u. **VI**, SM = 555 mμ. (**D. B. P. 934 084** Kl. 57b vom 25/12. 1938, ausg. 13/10. 1955. Anmeldung bekanntgemacht 24/3. 1955.) A. KALIX. 8605

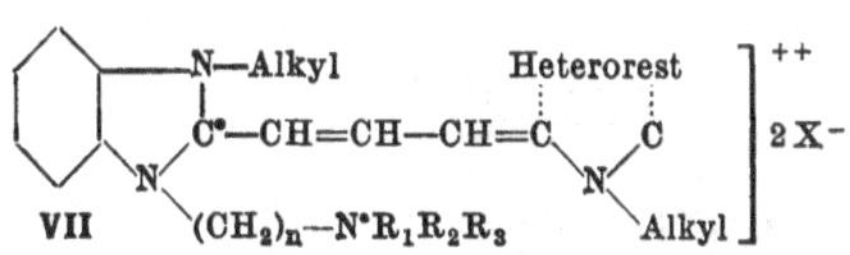

VII

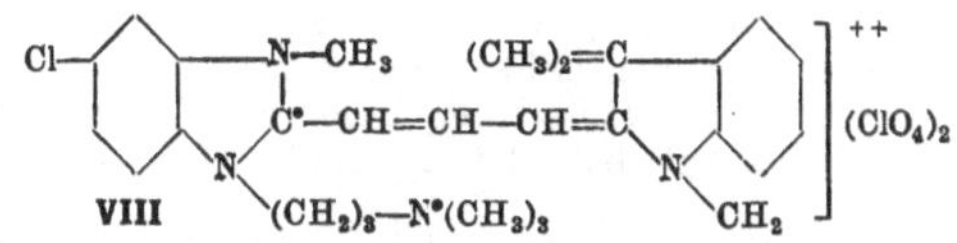

VIII

Agfa Akt.-Ges. für Photofabrikation, Leverkusen, *Farbkuppler.* Verwendet werden aromat. Oxyverbb., die mit einem oder mehreren aromat. heterocycl. Ringsystemen der allg. Formel **I** substituiert sind. Hierin bedeutet X ein Heteroatom (N, O, Se, Sa), das gegebenenfalls noch einen Substituenten tragen kann, Y u. Z aromat. Ringe, die beliebig substituiert sein können, bes. durch diffusionsfest- u. wasserlöslichmachende Gruppen. — Beispiele: 1-Oxy-2-naphthoyl-3′-amino-2′-stearoylaminodiphenylenoxyd-4-sulfonsäure, -7′-abietylaminodiphenylenoxyd-4-sulfonsäure u. -diphenylenoxyd. (**D. B. P. 936 313** Kl. 57b vom 30/11. 1940, ausg. 7/12. 1955. Anmeldung bekanntgemacht 8/6. 1955.) A. KALIX. 8631

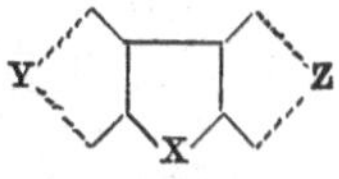

I

General Aniline & Film Corp., New York, N. Y., übert. von: **Robert C. Günther,** Easton, Pa., V. St. A., *Mehrfarbenentwicklung.* Zur Verhinderung des Überdiffundierens von Entwickleroxydationsprodd. in Nachbarschichten bei Verwendung von substituierten 2.4-Diaminoanilinen setzt man auf 1 Liter Entwicklerlsg. 1—20 g eines Phenols (**I**) zu, das frei von COOH- u. SO_3H-Gruppen ist, im übrigen aber durch 1 oder 2 Halogenatome, Alkyl-, Oxyalkyl- oder Alkoxygruppen substituiert sein kann. — Beispiel: 7,5 (g) 4-(β-Oxyäthylamino)-6-allylaminometanilsäure, 5 **I**, 1 KBr, 40 Na_2SO_3, 40 Na_3PO_4 in 1 Liter Wasser. (**A. P. 2 594 917** vom 16/12. 1949, ausg. 29/4. 1952.) A. KALIX. 8631

Agfa Akt.-Ges. für Photofabrikation, Leverkusen, *Positivmaterial für die Mehrfarbenphotographie.* Auf einem Schichtträger befinden sich übereinander 3 Halogensilberschichten, von denen mindestens 2 ganz oder überwiegend aus AgCl bestehen u. die oberste aus AgBr mit einem geringen Geh. an AgJ u. gegebenenfalls einem Blausensibilisator. Durch diese Anordnung wird die sonst notwendige Gelbfilterschicht erspart. Die Schichten können außerdem Farbkuppler u. Sensibilisatoren für 3 verschied. Spektralbereiche enthalten. (**Schwz. P. 304 742** vom 26/7. 1951, ausg. 1/4. 1955. D. Prior. 15/4. 1944.) A. KALIX. 8631

Jack Howard Coote, London, *Mehrfarbenkopien.* Als Kopiermaterial wird ein Film benutzt, der auf der einen Seite 2 Halogensilberschichten übereinander besitzt, die für verschied. Spektralbereiche sensibilisiert u. in den Komplementärfarben entwickelbar sind. Darauf werden nacheinander Negative in denjenigen Teilfarben kopiert, für die die beiden Schichten sensibilisiert sind. Dann wird eine Halogensilberschicht aufgetragen, die für den Ton des 3. Teilfarbennegativs sensibilisiert ist, dieses darauf kopiert u. zum Schluß alle 3 Schichten farbig entwickelt u. das Ag daraus entfernt. (**A. P. 2 555 681** vom 6/5. 1949, ausg. 5/6. 1951. E. Prior. 28/11. 1945.) A. KALIX. 8631

Internationale Clichéfabrieken „Pax-Holland“, Amsterdam, Holland, *Bimetalldruckplatte.* Auf einer Grundplatte (**I**) befindet sich eine dünne Schicht eines zweiten Metalls (**II**) u. darauf eine lichtempfindliche, zur Bldg. eines Auswaschreliefs geeignete Schicht (**III**). Nach der Belichtung u. Relieferzeugung wird auf den freigelegten Stellen von **II** elektrolyt. ein Metall (**IV**) niedergeschlagen, das von **II** verschieden ist, aber mit dem von **I** ident. sein kann. Nach Entfernung der Reste von **III** wird an diesen Stellen **II**

entfernt, u. zwar mit einem Mittel, das **I** u. **IV** nicht angreift. Schließlich wird mit einer Lsg., die **I** u. **IV** angreift, die **IV**-Schutzschicht auf **II** entfernt u. gleichzeitig **I** tiefgeätzt. **I** u. **IV** bestehen vorzugsweise aus Zn, **II** aus Cu. (**Holl. P. 74 259** vom 11/5. 1950, ausg. 15/3. 1954.) A. KALIX. 8645

Algraphy Ltd., London (Erfinder: **Stanley Edwin Potter**), England, *Bimetalldruckplatte.* Auf eine Al- oder Al-Legierungsplatte wird anod. eine dünne Schicht von Cu oder einem anderen Metall aufgetragen, das farbführend ist. Dann wird die ganze Platte mit einer lichtempfindlichen Schicht bedeckt, aus der sich in bekannter Weise eine Ätzreservage herstellen läßt. An den freigelegten Stellen wird dann das aufgetragene Metall bis auf das Al weggeätzt. (**E. P. 716 402** vom 5/9. 1952, ausg. 6/10. 1954.) A. KALIX. 8645

Autotype Co. Ltd., England (Erfinder: **Frank William Sharp**), *Herstellung von Siebdruckschablonen.* Eine mit Ferriammoniumoxalat (bzw. -citrat oder -tartrat) lichtempfindlich gemachte Gelatineschicht wird unter einer gerasterten Vorlage belichtet u. mittels der Lsg. eines Oxydationsmittels, z. B. Alkalibichromat, auf eine Metallfolie aufgebracht, worauf die nichtbelichteten Stellen mit warmem W. ausgewaschen werden. (**F. P. 1 037 526** vom 25/5. 1951, ausg. 17/9. 1953. E. Priorr. 26/5. 1950 u. 18/5. 1951.) G. GROTE. 8645

Eugène Georges Soulas, Seine, Frankreich, *Photomechanisches Druckverfahren.* Die lichtempfindliche Druckplatte wird durch die gerasterte Vorlage belichtet, wobei die Platte in solchem Abstand von dem Rasterklischee angeordnet wird, daß die günstigste Verteilung von Licht u. Schatten erzielt wird. Dann wird die Platte in üblicher Weise entwickelt. (**F. P. 995 510** vom 15/3. 1945, ausg. 4/12. 1951.) G. GROTE. 8645

Chemische Fabriek L. van der Grinten (Lodewijk Pieter Frans van der Grinten, Pieter Antoon Willem van der Grinten und **Karel Jan Jozef van der Grinten)**, Holland, *Lichtempfindliche Diazoverbindung.* Die photograph. Schicht enthält eine Diazoverb. der Konst. **I**, in der X ein Anion u. R_1 u. R_2 Alkylradikale mit zusammen 10, 11 oder 12 C-Atomen u. einzeln mit 4—7 C-Atomen bedeuten. Eine geeignete Diazoverb. ist z. B. das Doppelsalz von $ZnCl_2$ u. *p-Diazo-di-n-amyl-*, *-diisoamyl-*, *sek.-amyl-n-hexyl-*, *-di-n-hexyl-* oder *-n-amyl-n-hexylanilin.* Der Entwickler enthält Thioharnstoff, Phloroglucin, Resorcin, hydrochinonmonosulfonsaures K, isopropylnaphthalinsulfonsaures Na, Mannit, das K-Pentahydrat des Tetraborats, KOH u. Wasser. Die Schicht, welche die Diazoverb. enthält, ist hauptsächlich hydrolysiertes Celluloseacetat, der Träger der Schicht besteht aus Papier oder oberflächlich verseiftem Celluloseacetat. (**F. P. 1 058 926** vom 19/3. 1952, ausg. 19/3. 1954. Holl. Prior. 20/3. 1951.) G. GROTE. 8647

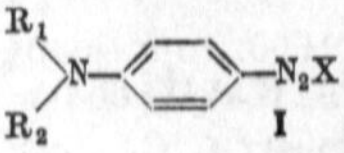

I

Kalle & Co. Akt.-Ges., Deutschland, *Lichtdruckverfahren.* Zum Reproduzieren bes. von kontrastarmen Zeichnungen werden diese auf ein Papier kopiert, auf dem zunächst eine Silicatschicht u. darüber die Diazoverbb. enthaltende lichtempfindliche Schicht aufgebracht ist. (**F. P. 1 075 711** vom 17/3. 1953, ausg. 19/10. 1954. D. Prior. 27/3. 1952.) G. GROTE. 8647

Farbenfabriken Bayer, Deutschland, *Verhinderung des Vergilbens von Photographien.* Die photograph. Schicht enthält Stoffe, die imstande sind, nach der Entw. des photograph. Bildes die Alkalien zu binden, die während der Entw. absorbiert sind. Das Verf. wird für die Herst. direkter Positive benutzt. Als geeignete Stoffe kommen Anhydride von Säuren oder Ester in Frage (Phthalsäureanhydrid, Benzoesäureanhydrid, Borsäurephthalsäureanhydrid, Borsäureglycerinester, -mannitester, -glykolester, Tetraäthylpyrophosphat). — Beispielsweise wird ein photograph. Papier mit einer 3%ig. Lsg. von $MgHPO_4$ imprägniert. Dann wird eine Schicht nach dem Verf. des F. P. 879 995 (C. **1943**. II. 2131) aufgebracht. (**F. P. 1 066 239** vom 8/8. 1952, ausg. 3/6. 1954. D. Prior. 9/8. 1951.) G. GROTE. 8649

Herausgeber u. verantwortlich für den Inhalt: Prof. Dr. Maximilian Pflücke, Berlin N 4, Schiffbauerdamm 19, Fernsprecher: 425571. Redaktion: Chefredakteure Dr. Eugen Klever und Prof. Dr. Maximilian Pflücke. Verlag: Akademie-Verlag GmbH, Berlin W 8, Mohrenstraße 39 (Fernsprecher 200386, Postscheckkonto Berlin 35021), u. Verlag Chemie, GmbH, Weinheim/Bergstraße (Fernsprecher 2017 u. 2965, Postscheckkonto Frankfurt/M. 145314 u. Berlin-West 7430). Bestell- u. Verlags-Nr.: 1007/127. Das Chemische Zentralblatt erscheint wöchentlich. Preis des Jahrganges einschl. Autoren-, Patent-, Sach- und Formelregister: DM 680,—; einseitig bedruckte Ausgabe: DM 750,—. Abgabe der Zeitschrift nur mit sämtlichen Registern.
Satz u. Druck: VEB Leipziger Druckhaus, Leipzig, III/18/203. VII. 56.
Veröffentlicht unter der Lizenznummer 1212 des Amtes für Literatur und Verlagswesen der Deutschen Demokratischen Republik.
Printed in Germany.

Zeitfracht Medien GmbH
Ferdinand-Jühlke-Straße 7
99095 Erfurt, Deutschland
produktsicherheit@kolibri360.de